チャート式® 解法と演習 数学 II

チャート研究所　編著

はじめに

CHART（チャート）とは何？

C.O.D.(*The Concise Oxford Dictionary*) には，CHART——Navigator's sea map, with coast outlines, rocks, shoals, *etc.* と説明してある。

海図——浪風荒き問題の海に船出する若き船人に捧げられた海図——問題海の全面をことごとく一眸の中に収め，もっとも安らかな航路を示し，あわせて乗り上げやすい暗礁や浅瀬を一目瞭然たらしめるCHART!

——昭和初年チャート式代数学巻頭言

本書では，このCHARTの意義に則り，下に示したチャート式編集方針で

問題の急所がどこにあるか，その解法をいかにして思いつくか

をわかりやすく示すことを主眼としています。

チャート式編集方針

1
基本となる事項を，定義や公式・定理という形で覚えるだけではなく，問題を解くうえで直接に役に立つ形でとらえるようにする。

▶

2
問題と基本となる事項の間につながりをつけることを考える——問題の条件を分析して既知の基本事項を結びつけて結論を導き出す。

▶

3
問題と基本となる事項を端的にわかりやすく示したものが **CHART** である。
CHART によって基本となる事項を問題に活かす。

問.

成長の軌跡を
振り返ってみよう。

「自信」という、太く強い軌跡。

これまでの、数学の学びを振り返ってみよう。
どれだけの数の難しい問題と向き合い、
どんなに高い壁を乗り越えてきただろう。
同じスタートラインに立っていた仲間は、いまどこにいるだろう。
君の成長の軌跡は、あらゆる難題を乗り越えてきた
「自信」によって、太く強く描かれている。

現在地を把握しよう。

チャート式との学びの旅も、やがて中間地点。
1年前の自分と比べて、どれだけ成長して、
目標までの距離は、どれくらいあるだろう。
胸を張って得意だと言えること、誰かよりも苦手なことはなんだろう。
鉛筆を握る手を少し止めて、深呼吸して、いまの君と向き合ってみよう。
自分を知ることが、目標への近道になるはずだから。

「こうありたい」を描いてみよう。

1年後、どんな目標を達成していたいだろう?
仲間も、ライバルも、自分なりのゴールを目指して、前へ前へと進んでいる。
できるだけ遠くに、手が届かないような場所でもいいから、
君の目指すゴールに向かって、理想の軌跡を描いてみよう。
たとえ、厳しい道のりであったとしても、
どんな時もチャート式が君の背中を押し続けるから。

その答えが、
君の未来を前進させる解になる。

本書の構成

章トビラのページ

各章の始めに SELECTSTUDY と例題一覧を掲載。SELECTSTUDY は目的に応じて例題を選択しながら学習する際に使用。例題一覧は，各章で掲載している例題の全体像をつかむのに役立つ。問題ごとの難易度の比較などにも使用できる。

基本事項のページ

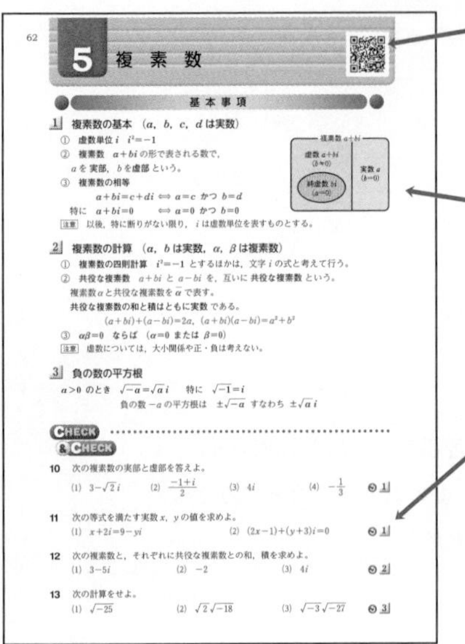

62

5 複素数

基本事項

1 複素数の基本 （a，b，c，d は実数）

① 虚数単位 i $i^2=-1$

② 複素数 $a+bi$ の形で表される数で，a を実部，b を虚部という。

③ 複素数の相等

$$a+bi=c+di \iff a=c \text{ かつ } b=d$$

特に $a+bi=0 \iff a=0$ かつ $b=0$

注意 以後，特に断りがない限り，i は虚数単位を表すものとする。

2 複素数の計算 （a，b は実数，α，β は複素数）

① 複素数の四則計算 $i^2=-1$ とするほかは，文字 i の式と考えて行う。

② 共役な複素数 $a+bi$ と $a-bi$ を，互いに共役な複素数という。

複素数 α と共役な複素数を $\overline{\alpha}$ で表す。

共役な複素数の和と積はともに実数である。

$$(a+bi)+(a-bi)=2a,\ (a+bi)(a-bi)=a^2+b^2$$

③ $\alpha\beta=0$ ならば （$\alpha=0$ または $\beta=0$）

注意 虚数については，大小関係や正・負は考えない。

3 負の数の平方根

$a>0$ のとき $\sqrt{-a}=\sqrt{a}\,i$ 特に $\sqrt{-1}=i$

負の数 $-a$ の平方根は $\pm\sqrt{-a}$ すなわち $\pm\sqrt{a}\,i$

CHECK & CHECK

10 次の複素数の実部と虚部を答えよ。

(1) $3-\sqrt{2}\,i$ (2) $\frac{-1+i}{2}$ (3) $4i$ (4) $-\frac{1}{3}$ 1

11 次の等式を満たす実数 x，y の値を求めよ。

(1) $x+2i=9-yi$ (2) $(2x-1)+(y+3)i=0$ 1

12 次の複素数と，それぞれに共役な複素数との和，積を求めよ。

(1) $3-5i$ (2) -2 (3) $4i$ 2

13 次の計算をせよ。

(1) $\sqrt{-25}$ (2) $\sqrt{2}\sqrt{-18}$ (3) $\sqrt{-3}\sqrt{-27}$ 3

デジタルコンテンツ

各節の例題解説動画や，学習を補助するコンテンツにアクセスできる（詳細は，$p.9$ を参照）。

基本事項

教科書の内容を中心に，定理・公式や重要な定義などをわかりやすくまとめた。

また，教科書で扱われていない内容に関しては解説・証明などを示した。

CHECK & CHECK

基本事項で得た知識をチェックしよう。

わからないときは に従って，基本事項を確認。答は巻末に掲載している。

例題のページ

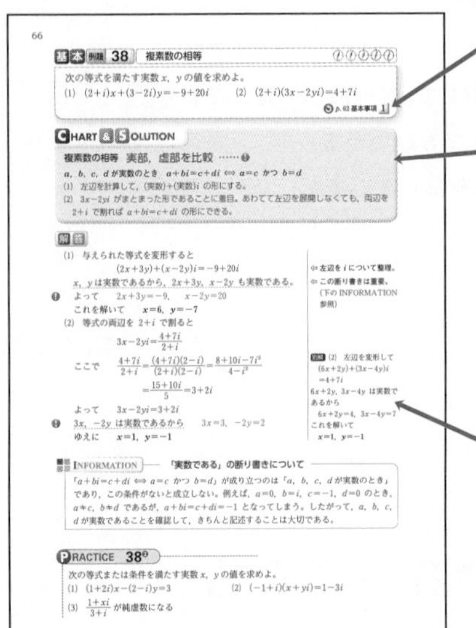

66

基本 例題 38 複素数の相等

次の等式を満たす実数 x，y の値を求めよ。

(1) $(2+i)x+(3-2i)y=-9+20i$ (2) $(2+i)(3x-2yi)=4+7i$

$p.62$ 基本事項 1

CHART & SOLUTION

複素数の相等 実部，虚部を比較 ……❶

a，b，c，d が実数のとき $a+bi=c+di \iff a=c$ かつ $b=d$

(1) 左辺を計算して，(実数)+(実数)i の形にする。

(2) $3x-2yi$ がまとまった形であることに着目。あわてて左辺を展開しなくても，両辺を $2+i$ で割れば $a+bi=c+di$ の形にできる。

解答

(1) 与えられた等式を変形すると

$$(2x+3y)+(x-2y)i=-9+20i$$

x，y は実数であるから，$2x+3y$，$x-2y$ も実数である。

❶ よって $2x+3y=-9$，$x-2y=20$

これを解いて $x=6$，$y=-7$

(2) 等式の両辺を $2+i$ で割ると

$$3x-2yi=\frac{4+7i}{2+i}$$

ここで $\frac{4+7i}{2+i}=\frac{(4+7i)(2-i)}{(2+i)(2-i)}=\frac{8+10i-7i^2}{4-i^2}$

$$=\frac{15+10i}{5}=3+2i$$

よって $3x-2yi=3+2i$

❶ $3x$，$-2y$ は実数であるから $3x=3$，$-2y=2$

ゆえに $x=1$，$y=-1$

⇐ 左辺を i について整理。

⇐ この断り書きは重要。(下の INFORMATION 参照)

別解 (2) 左辺を変形して

$(6x+2y)+(3x-4y)i=4+7i$

$6x+2y$，$3x-4y$ は実数であるから

$6x+2y=4$，$3x-4y=7$

これを解いて

$x=1$，$y=-1$

INFORMATION 「実数である」の断り書きについて

「$a+bi=c+di \iff a=c$ かつ $b=d$」が成り立つのは「a，b，c，d が実数のとき」であり，この条件がないと成立しない。例えば，$a=0$，$b=i$，$c=-1$，$d=0$ のとき，$a\neq c$，$b\neq d$ であるが，$a+bi=c+di=-1$ となってしまう。したがって，a，b，c，d が実数であることを確認して，きちんと記述することは大切である。

PRACTICE 38[⊖]

次の等式または条件を満たす実数 x，y の値を求めよ。

(1) $(1+2i)x-(2-i)y=3$ (2) $(-1+i)(x+yi)=1-3i$

(3) $\frac{1+xi}{3+i}$ が純虚数になる

フィードバック・フォワード

関連する例題番号や基本事項を示した。

CHART & SOLUTION，
CHART & THINKING

問題の重点や急所はどこか，問題解法の方針の立て方，解法上のポイントとなる式は何かを示した。特に，CHART & THINKING では，考え方の糸口を示し，何に着目して方針を立てるかを説明した。

解答 自学自習できるようていねいな解答。

解説図も豊富に取り入れた。

解答の左側に ❶ がついている部分は解答の中でも特に重要な箇所である。CHART & SOLUTION，CHART & THINKING の対応する ❶ の説明を振り返っておきたい。

基本 例題　基礎力を固めるための例題。教科書で扱われているタイプの問題が中心。
重要 例題　教科書ではあまり扱いのないタイプの問題や，代表的な入試問題が中心。
補充 例題　他科目の範囲など，教科書では扱いのない問題や，入試準備には不可欠な問題。

難易度　例題はタイトルの右に，PRACTICE，EXERCISES は問題番号の肩に示した。
①…教科書の例レベル
②…教科書の例題レベル
③…教科書の節末，章末レベル
④…入試の基本～標準レベル
⑤…入試の標準～やや難レベル

POINT　定理や公式，重要な性質をまとめた。
INFORMATION　注意事項や参考事項をまとめた。
ピンポイント解説　つまずきやすい事柄について，かみ砕いてていねいに解説した。
PRACTICE　例題の反復練習問題が中心。例題が理解できたかチェックしよう。

コラムのページ

ズーム UP　考える力を特に必要とする例題について，更に詳しく解説。重要な内容の理解を深めるとともに，**思考力**，**判断力**，**表現力**を高めるのに有効なものを扱った。
振り返り　複数の例題で学んだ解法の特徴を横断的に解説した。解法を判断するときのポイントについて，理解を深められる。
まとめ　いろいろな場所で学んできた事柄を読みやすくまとめた。定理や公式をどのように使い分けるかなども扱った。
STEP UP　教科書で扱われていない内容のうち，特に注意すべき事柄を扱った。

EXERCISES のページ

各項目に，例題に関連する問題を取り上げた。難易度により，A 問題，B 問題の 2 レベルに分けているので，目的に合わせて取り組む問題を選ぶことができる。
A問題　その項目で学習した内容の反復練習問題が中心。わからないときは ! に従って，例題を確認しよう。
B問題　応用的な問題。中にはやや難しい問題もある。HINT を参考に挑戦してみよう。
HINT　主にB問題の指針となるものを示した。

Research＆Work のページ

各分野の学習内容に関連する重要なテーマを取り上げた。各テーマについて，例題や基本事項を振り返りながら解説した。また，基本的な問題として **確認**，やや発展的な問題として **やってみよう** を掲載した。これらの問題に取り組みながら理解を深めることができる。日常・社会的な事象を扱ったテーマや，デジタルコンテンツと連動する内容を扱ったテーマもある。更に，各テーマの最後に，仕上げ問題として **問題に挑戦** を掲載した。「大学入学共通テスト」につながる問題演習として取り組むこともできる（詳細は，p.353 を参照)。

CONTENTS

1　式と証明

2　複素数と方程式

3　図形と方程式

4　三角関数

5　指数関数と対数関数

CONTENTS

問題数
① **例題 225** （基本 172，重要 48，補充 5）
② **CHECK & CHECK 77**
③ **PR 225，EX 186**（A 問題 103，B 問題 83）
④ **Research & Work 19**
（①，②，③，④の合計 **732** 題）

※ Research & Work の問題数は，確認（Q），やってみよう（問），問題に挑戦 の問題の合計。

コラムの一覧

デジタルコンテンツの活用方法

本書では，QR コード*からアクセスできるデジタルコンテンツを豊富に用意しています。これらを活用することで，わかりにくいところの理解を補ったり，学習したことを更に深めたりすることができます。

■ 解説動画

本書に掲載しているすべての例題（基本例題，重要例題，補充例題）の解説動画を配信しています。

数学講師が丁寧に解説 しているので，本書と解説動画をあわせて学習することで，例題のポイントを確実に理解することができます。

例えば，

・例題を解いたあとに，その例題の理解を確認したいとき

・例題が解けなかったときや，解説を読んでも理解できなかったとき

といった場面で活用できます。

数学講師による解説を **いつでも，どこでも，何度でも** 視聴することができます。解説動画も活用しながら，チャート式とともに数学力を高めていってください。

■ サポートコンテンツ

本書に掲載した問題や解説の理解を深めるための補助的なコンテンツも用意しています。

例えば，関数のグラフや図形の動きを考察する例題において，画面上で実際にグラフや図形を動かしてみることで，視覚的なイメージと数式を結びつけて学習できるなど，より深い理解につなげることができます。

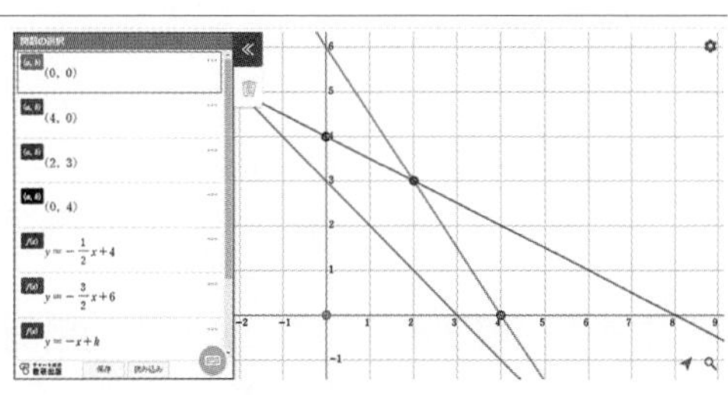

<デジタルコンテンツのご利用について>

デジタルコンテンツはインターネットに接続できるコンピュータやスマートフォン等でご利用いただけます。下記の URL，右の QR コード，もしくは「基本事項」のページにある QR コードからアクセスできます。

https://cds.chart.co.jp/books/5vrb3l96gw

※追加費用なしにご利用いただけますが，通信料はお客様のご負担となります。Wi-Fi 環境でのご利用をおすすめいたします。学校や公共の場では，マナーを守ってスマートフォンなどをご利用ください。

＊　QR コードは，（株）デンソーウェーブの登録商標です。

※　上記コンテンツは，順次配信予定です。また，画像は制作中のものです。

本書の活用方法

■ 方法1「自学自習のため」の活用例

週末・長期休暇などの時間のあるときや受験勉強などで，本書の各ページに順々に取り組む場合は，次のようにして学習を進めるとよいでしょう。

第1ステップ……**基本事項のページを読み，重要事項を確認。**
問題を解くうえでは，知識を整理しておくことが大切である。
CHECK & CHECK の問題を解いて，知識が身についたか確認するとよい。

第2ステップ……**例題に取り組み解法を習得，PRACTICE を解いて理解の確認。**

① まず，**例題を自分で解いてみよう。**
➡ 何もわからなかったら，CHART & SOLUTION，CHART & THINKING を読んで糸口をつかもう。

② CHART & SOLUTION，CHART & THINKING を読んで，**解法やポイントを確認**し，自分の解答と見比べよう。
〈$+\alpha$〉**INFORMATION** や **POINT** などの解説も読んで，応用力を身につけよう。
➡ ポイントを見抜く力をつけるために，CHART & SOLUTION，CHART & THINKING は必ず読もう。また，解答の右の ⇦ も理解の助けになる。

③ **PRACTICE** に取り組んで，そのページで学習したことを**再確認**しよう。
➡ わからなかったら，CHART & SOLUTION，CHART & THINKING をもう一度読み返そう。

第3ステップ……**EXERCISES のページで腕試し。**
例題のページの勉強がひと通り終わったら取り組もう。

■ 方法2「解法を調べるため」の活用例（解法の辞書としての使い方）

どうやって解いたらいいかわからない問題が出てきたときは，同じ（似た）タイプの例題があるページを本書で探し，**解法をまねる** ことを考えてみましょう。

同じ（似た）タイプの例題があるページを見つけるには
目次（$p.$6，7）や **例題一覧**（各章の始め）を利用するとよいでしょう。

大切なこと 解法を調べる際，解答を読むだけでは実力は定着しません。
CHART & SOLUTION，CHART & THINKING **もしっかり読んで，その問題の急所やポイントをつかんでおく** ことを意識すると，実力の定着につながります。

■ 方法3「目的に応じた学習のため」の活用例

短期間で取り組みたいときや，順々に取り組む時間がとれないときは，**目的に応じた例題を選んで学習する** ことも1つの方法です。例題の種類（基本，重要，補充）や各章の始めの SELECT STUDY を参考に，目的に応じた問題に取り組むとよいでしょう。

第  章

数学Ⅱ

式と証明

1　３次式の展開と因数分解，二項定理
2　多項式の割り算，分数式
3　恒等式
4　等式・不等式の証明

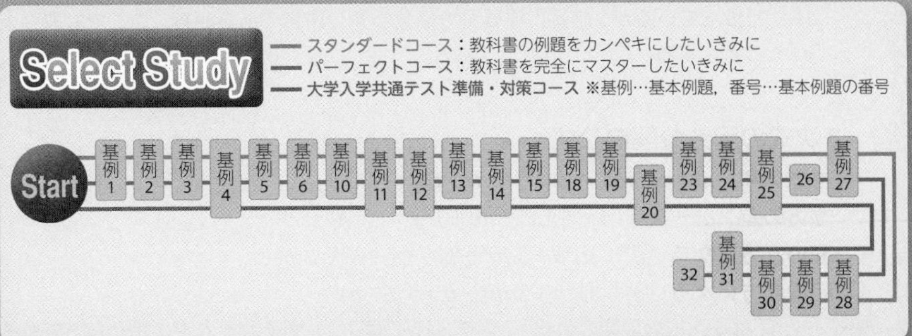

■ 例題一覧

	種類	番号	例題タイトル	難易度
1	基本	1	式の展開（3 次式の展開の公式利用）	❷
	基本	2	因数分解（3 次式の因数分解の公式利用）	❷
	基本	3	やや複雑な因数分解（3 次式）	❸
	基本	4	展開式の係数 (1)（二項定理の利用）	❷
	基本	5	二項定理を利用する式の値	❷
	基本	6	展開式の係数 (2)（多項定理の利用）	❸
	重要	7	展開式の係数 (3)（多項定理の利用）	❹
	重要	8	展開式の係数 (4)（二項・多項定理の利用）	❹
	重要	9	二項定理の利用	❹
2	基本	10	多項式の割り算	❷
	基本	11	割り算と多項式の決定 (1)	❷
	基本	12	2 つ以上の文字を含む多項式の割り算	❷
	基本	13	分数式の乗法，除法	❷
	基本	14	分数式の加法，減法 (1)	❷
	基本	15	繁分数式の計算	❷
	重要	16	部分分数に分解	❸
	重要	17	分数式の加法，減法 (2)	❸
3	基本	18	恒等式の係数決定	❷
	基本	19	分数式の恒等式（部分分数に分解）	❷
	基本	20	2 つの文字に関する恒等式	❸
	重要	21	割り算と多項式の決定 (2)	❸
	重要	22	条件式のある恒等式	❸
4	基本	23	恒等式の証明	❷
	基本	24	条件つきの等式の証明	❷
	基本	25	条件が比例式の等式の証明	❷
	基本	26	比例式の値	❸
	基本	27	不等式の証明（差を作る）	❷
	基本	28	不等式の証明（平方の差を作る）	❷
	基本	29	不等式の証明（絶対値と不等式）	❷
	基本	30	不等式の証明（相加平均・相乗平均の利用）	❸
	基本	31	相加平均・相乗平均を利用する最小値	❸
	基本	32	式の大小比較	❸
	重要	33	3 文字の不等式の証明	❹
	重要	34	「少なくとも 1 つは…」の証明	❹
	重要	35	不等式の証明の拡張	❹

1 3次式の展開と因数分解，二項定理

基本事項

1 3次式の展開の公式

1 **和の立方** $(a+b)^3=a^3+3a^2b+3ab^2+b^3$

1′ **差の立方** $(a-b)^3=a^3-3a^2b+3ab^2-b^3$

2 **立方の和** $(a+b)(a^2-ab+b^2)=a^3+b^3$

2′ **立方の差** $(a-b)(a^2+ab+b^2)=a^3-b^3$

注意　3次式の展開と因数分解の公式は，本書のシリーズ『チャート式 解法と演習 数学Ⅰ』で扱っているが，学習指導要領では数学Ⅱの内容であるから，ここでも取り上げることにする。

2 3次式の因数分解の公式

3 **立方の和** $a^3+b^3=(a+b)(a^2-ab+b^2)$

3′ **立方の差** $a^3-b^3=(a-b)(a^2+ab+b^2)$

4 **和の立方になる** $a^3+3a^2b+3ab^2+b^3=(a+b)^3$

4′ **差の立方になる** $a^3-3a^2b+3ab^2-b^3=(a-b)^3$

解説　3，3′ は3次式の展開の公式 2，2′ を，4，4′ は 1，1′ をそれぞれ逆に見たものである。

3 パスカルの三角形

$(a+b)^2$，……，$(a+b)^5$，……を展開した各項の係数だけを取り出して順に並べると，右の図のような三角形(パスカルの三角形)になる。

[1]　各行の **両端の数字は 1** である。

[2]　2行目以降の両端以外の数は，その **左上の数と右上の数の和に等しい。**

[3]　各行の数は中央に関して左右対称である。

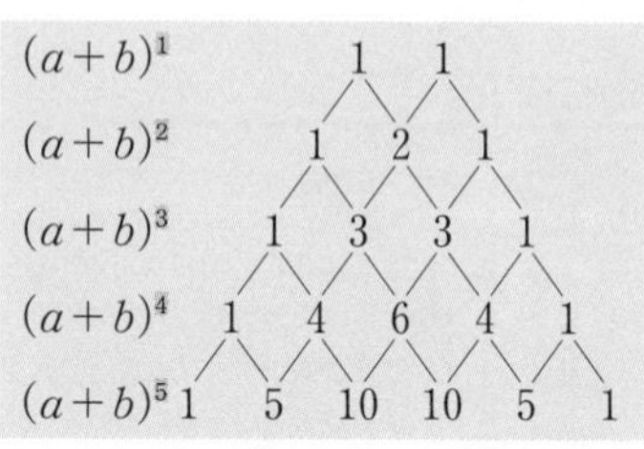

4 二項定理

$(a+b)^n={}_n\mathrm{C}_0a^n+{}_n\mathrm{C}_1a^{n-1}b+{}_n\mathrm{C}_2a^{n-2}b^2+\cdots\cdots+{}_n\mathrm{C}_ra^{n-r}b^r+\cdots\cdots+{}_n\mathrm{C}_nb^n$

この展開公式の $r+1$ 番目の項 ${}_n\mathrm{C}_ra^{n-r}b^r$ を $(a+b)^n$ の展開式の **一般項** といい，係数 ${}_n\mathrm{C}_r\,(r=0,\ 1,\ 2,\ \cdots\cdots,\ n)$ を **二項係数** という。

補足　組合せの総数については，数学Aで学習した。異なる n 個のものから異なる r 個を取り出して作る組の総数を ${}_n\mathrm{C}_r$ で表す。

$${}_n\mathrm{C}_r=\frac{{}_n\mathrm{P}_r}{r!}=\frac{n(n-1)(n-2)\cdots\cdots(n-r+1)}{r(r-1)(r-2)\cdots\cdots3\cdot2\cdot1}=\frac{n!}{r!(n-r)!}$$

ただし，$n!=n(n-1)(n-2)\cdots\cdots3\cdot2\cdot1$ である。

また，$0!=1$，${}_n\mathrm{C}_0={}_n\mathrm{C}_n=1$ である。

補足　3 パスカルの三角形の性質 [1]～[3] は，組合せで学んだ ${}_n\mathrm{C}_r$ の性質から導かれる。
[1]　${}_n\mathrm{C}_0={}_n\mathrm{C}_n=1$　　[2]　${}_n\mathrm{C}_r={}_{n-1}\mathrm{C}_{r-1}+{}_{n-1}\mathrm{C}_r$　　[3]　${}_n\mathrm{C}_r={}_n\mathrm{C}_{n-r}$

5 $(a+b+c)^n$ の展開式 (多項定理)

$(a+b+c)^n$ の展開式の一般項は　$\dfrac{n!}{p!q!r!}a^pb^qc^r$

ただし，p，q，r は整数で　$p\geqq 0$，$q\geqq 0$，$r\geqq 0$，$p+q+r=n$

解説　$(a+b+c)^n=(a+b+c)\times(a+b+c)\times\cdots\cdots\times(a+b+c)$ において
①　②　ⓝ

①～ⓝから，それぞれ a，b，c のいずれかを取り，それらを掛け合わせて，その和を作ると，$(a+b+c)^n$ の展開式になる。
よって，$a^pb^qc^r$ の項の係数は①～ⓝから，a を p 個，b を q 個，c を r 個選ぶ場合の数である。
すなわち，数学Aで学習した同じものを含む順列の数として考えて，$a^pb^qc^r$ の係数は　$\dfrac{n!}{p!q!r!}$ $(p+q+r=n)$

補足　$a^pb^qc^r$ の係数は，次のように考えることもできる。上の①～ⓝの n 個の $(a+b+c)$ から a を取り出す p 個の選び方は ${}_n\mathrm{C}_p$ (通り)，残りの $(n-p)$ 個の $(a+b+c)$ から b を取り出す q 個の選び方は ${}_{n-p}\mathrm{C}_q$ (通り)，残りの $(n-p-q)$ 個の $(a+b+c)$ からはすべて c を選び，その選び方は1通りであるから，$a^pb^qc^r$ の係数は

$$ {}_n\mathrm{C}_p\times{}_{n-p}\mathrm{C}_q\times 1=\frac{n!}{p!(n-p)!}\cdot\frac{(n-p)!}{q!(n-p-q)!} $$
$$ =\frac{n!}{p!q!(n-p-q)!}=\frac{n!}{p!q!r!}\ (p+q+r=n) $$

6 指数の拡張と指数法則

① **定義**　$a\neq 0$ で，n が正の整数のとき　$\boldsymbol{a^0=1}$，$\boldsymbol{a^{-n}=\dfrac{1}{a^n}}$　特に　$\boldsymbol{a^{-1}=\dfrac{1}{a}}$

② **指数法則**　$a\neq 0$，$b\neq 0$ で，m，n が整数のとき
1　$\boldsymbol{a^ma^n=a^{m+n}}$　2　$\boldsymbol{(a^m)^n=a^{mn}}$　3　$\boldsymbol{(ab)^n=a^nb^n}$

解説　今までに学んだ指数法則は，指数が正の整数の場合であった。指数の範囲を0および負の整数まで拡張すると，上のようになる[第5章で詳しく学習]。

CHECK & CHECK

1　次の式を展開せよ。
(1)　$(x+y)^3$　　(2)　$(a-1)(a^2+a+1)$　➡ 1

2　次の式を因数分解せよ。
(1)　a^3+27　　(2)　$8x^3-y^3$　➡ 2

3　次の式を展開せよ。
(1)　$(x+1)^6$　　(2)　$(3a-b)^5$　➡ 4

基本 例題 1　式の展開（3次式の展開の公式利用）

次の式を展開せよ。

(1) $(3x+2)^3$　　(2) $(2a-3b)^3$

(3) $(x+2)(x^2-2x+4)$　　(4) $(5a-1)(25a^2+5a+1)$

(5) $(a+b)^2(a^2-ab+b^2)^2$

p.12 基本事項 1

CHART & SOLUTION

展開の公式を利用（p.12 1 参照）

$(a+b)^3=a^3+3a^2b+3ab^2+b^3$

$(a-b)^3=a^3-3a^2b+3ab^2-b^3$

マイナスの位置に注意

$(a+b)(a^2-ab+b^2)=a^3+b^3$

$(a-b)(a^2+ab+b^2)=a^3-b^3$

同符号　異符号　関係なくプラス　同符号

解答

(1) $(3x+2)^3=(3x)^3+3(3x)^2\cdot2+3\cdot3x\cdot2^2+2^3$
$=\mathbf{27x^3+54x^2+36x+8}$

⇐ $(a+b)^3=a^3+3a^2b+3ab^2+b^3$

(2) $(2a-3b)^3=(2a)^3-3(2a)^2\cdot3b+3\cdot2a(3b)^2-(3b)^3$
$=\mathbf{8a^3-36a^2b+54ab^2-27b^3}$

⇐ $(a-b)^3=a^3-3a^2b+3ab^2-b^3$

(3) $(x+2)(x^2-2x+4)=(x+2)(x^2-x\cdot2+2^2)$
$=x^3+2^3=\mathbf{x^3+8}$

⇐ $(a+b)(a^2-ab+b^2)=a^3+b^3$

(4) $(5a-1)(25a^2+5a+1)=(5a-1)\{(5a)^2+5a\cdot1+1^2\}$
$=(5a)^3-1^3=\mathbf{125a^3-1}$

⇐ $(a-b)(a^2+ab+b^2)=a^3-b^3$

(5) $(a+b)^2(a^2-ab+b^2)^2=\{(a+b)(a^2-ab+b^2)\}^2$
$=(a^3+b^3)^2$
$=(a^3)^2+2a^3b^3+(b^3)^2$
$=\mathbf{a^6+2a^3b^3+b^6}$

⇐ $a^2b^2=(ab)^2$

⇐ $(a+b)^2=a^2+2ab+b^2$

PRACTICE 1❷

次の式を展開せよ。

(1) $\left(x-\dfrac{1}{3}\right)^3$　　(2) $(-2s+t)^3$

(3) $(3x+2y)(9x^2-6xy+4y^2)$　　(4) $(-a+3b)(a^2+3ab+9b^2)$

(5) $(2x+y)^3(2x-y)^3$

基本 例題 2 因数分解（3次式の因数分解の公式利用）

(1) 次の式を因数分解せよ。

(ア) x^3+64　　(イ) $54a^3-16b^3$

(2) $(a-b)^3=a^3-3a^2b+3ab^2-b^3$ の展開公式を用いて，$x^3-6x^2y+12xy^2-8y^3$ を因数分解せよ。

p.12 基本事項 2

CHART & SOLUTION

因数分解の公式を利用

(1) (イ) まず，共通因数をくくり出す。
$54=\mathbf{2}\cdot27$，$16=\mathbf{2}\cdot8$

(2) 差の立方の展開公式を逆に用いる。

別解 項を適当に組み合わせる。すなわち
(与式)$=(x^3-8y^3)-(6x^2y-12xy^2)$ から共通因数 $x-2y$ を見つける。

同符号　異符号

$\boldsymbol{a^3+b^3=(a+b)(a^2-ab+b^2)}$

関係なくプラス

$\boldsymbol{a^3-b^3=(a-b)(a^2+ab+b^2)}$

同符号　異符号

解答

(1) (ア) $x^3+64=x^3+4^3=(x+4)(x^2-x\cdot4+4^2)$
$=\boldsymbol{(x+4)(x^2-4x+16)}$

⇦ $x^2-4x+16$ は，これ以上因数分解できない。

(イ) $54a^3-16b^3=2(27a^3-8b^3)=2\{(3a)^3-(2b)^3\}$
$=2(3a-2b)\{(3a)^2+3a\cdot2b+(2b)^2\}$
$=\boldsymbol{2(3a-2b)(9a^2+6ab+4b^2)}$

⇦ $9a^2+6ab+4b^2$ は，これ以上因数分解できない。

(2) $x^3-6x^2y+12xy^2-8y^3$
$=x^3-3\cdot x^2\cdot2y+3\cdot x\cdot(2y)^2-(2y)^3$
$=\boldsymbol{(x-2y)^3}$

別解 $x^3-6x^2y+12xy^2-8y^3=(x^3-8y^3)-(6x^2y-12xy^2)$
$=(x-2y)(x^2+2xy+4y^2)-6xy(x-2y)$
$=(x-2y)\{(x^2+2xy+4y^2)-6xy\}$
$=(x-2y)(x^2-4xy+4y^2)$
$=(x-2y)(x-2y)^2=\boldsymbol{(x-2y)^3}$

⇦「公式を用いて」と指示がなければ，このように解いてもよい。

INFORMATION

因数分解する場合，特に断りがない限り，因数の係数は有理数の範囲とする。
(1)(ア)の $x^2-4x+16$ は積が16，和が -4 となる有理数は存在しない。よって，右辺の $x^2-4x+16$ はこれ以上因数分解できない。詳しくは，p.79 基本例題46で学習する。

PRACTICE 2②

(1) 次の式を因数分解せよ。

(ア) $27x^3-y^3$　　(イ) $9a^3+72b^3$　　(ウ) $8x^3-y^3z^3$

(2) $(a+b)^3=a^3+3a^2b+3ab^2+b^3$ の展開公式を用いて，$x^3+12x^2+48x+64$ を因数分解せよ。

基本 例題 3　やや複雑な因数分解（3次式）

(1)　$x^3+y^3=(x+y)^3-3xy(x+y)$ であることを用いて，$x^3+y^3+z^3-3xyz$ を因数分解せよ。

(2)　(1)を利用して，$a^3+6ab-8b^3+1$ を因数分解せよ。

基本 2

CHART & SOLUTION

3次式の因数分解

(1)　まず，$x^3+y^3=(x+y)^3-3xy(x+y)$ を用いて変形すると

$$x^3+y^3+z^3-3xyz=(x+y)^3-3xy(x+y)+z^3-3xyz$$
$$=(x+y)^3+z^3-3xy\{(x+y)+z\}$$

次に，$(x+y)^3+z^3$ について，立方の和の因数分解の公式を適用し，共通因数を見つける。……❗

(2)　(1)の結果と見比べて，a が x，$-2b$ が y に対応する。z に対応するものを見つけ，(1)の結果を利用する。……❗

解答

(1)　$x^3+y^3+z^3-3xyz$

$=(x+y)^3-3xy(x+y)+z^3-3xyz$　　⇦ x^3+y^3 をまず変形。

$=(x+y)^3+z^3-3xy\{(x+y)+z\}$　　⇦ $(x+y)^3$ と z^3 のペア。

❗ $=\{(x+y)+z\}\{(x+y)^2-(x+y)z+z^2\}-3xy(x+y+z)$　　⇦ 共通因数は $x+y+z$

$=(x+y+z)\{(x+y)^2-(x+y)z+z^2-3xy\}$　　⇦ 以下，{　}内を整理。

$=(x+y+z)(x^2+2xy+y^2-xz-yz+z^2-3xy)$

$=\boldsymbol{(x+y+z)(x^2+y^2+z^2-xy-yz-zx)}$　　⇦ 輪環の順

(2)　$a^3+6ab-8b^3+1$

$=a^3+(-2b)^3+1^3-3\cdot a\cdot(-2b)\cdot 1$

❗ $=\{a+(-2b)+1\}\times\{a^2+(-2b)^2+1^2-a\cdot(-2b)-(-2b)\cdot 1-1\cdot a\}$　　⇦ $x=a$，$y=-2b$，$z=1$ を(1)の結果に代入。

$=(a-2b+1)(a^2+4b^2+1+2ab+2b-a)$

$=\boldsymbol{(a-2b+1)(a^2+2ab+4b^2-a+2b+1)}$

POINT　(1)の結果はよく使われるので公式として覚えておこう。

$$\boldsymbol{a^3+b^3+c^3-3abc=(a+b+c)(a^2+b^2+c^2-ab-bc-ca)}$$

PRACTICE 3③

次の式を因数分解せよ。

(1)　$a^3+8b^3+27c^3-18abc$　　(2)　$x^3+6xy+y^3-8$

基本 例題 4 展開式の係数 (1) (二項定理の利用)

次の式の展開式における，[ ] 内に指定されたものを求めよ。

(1) $(2x^2+3)^6$ [x^6 の項の係数]　　(2) $\left(x+\dfrac{2}{x}\right)^4$ [x^2 の項の係数]

p.12 基本事項 4

CHART & SOLUTION

二項定理 $(a+b)^n$ の展開式の一般項は ${}_nC_r a^{n-r}b^r$

指定された項だけを取り出して考える。

(1) 展開式の一般項は ${}_6C_r(2x^2)^{6-r}\cdot 3^r={}_6C_r\cdot 2^{6-r}\cdot 3^r x^{12-2r}$

$x^{12-2r}=x^6$ となる r を求める。……❗

(2) 展開式の一般項は ${}_4C_r x^{4-r}\left(\dfrac{2}{x}\right)^r={}_4C_r\cdot 2^r x^{4-r}\cdot\dfrac{1}{x^r}$

$x^{4-r}\cdot\dfrac{1}{x^r}=x^2$ となる r を求める。……❗

解答

(1) $(2x^2+3)^6$ の展開式の一般項は

$${}_6C_r(2x^2)^{6-r}\cdot 3^r={}_6C_r\cdot 2^{6-r}\cdot 3^r x^{12-2r}$$

⇐ px^q の形に変形

❗ x^6 の項は $r=3$ のときであるから，その係数は

$${}_6C_3\cdot 2^3\cdot 3^3=20\times 8\times 27=\mathbf{4320}$$

⇐ $12-2r=6$ から $r=3$

(2) $\left(x+\dfrac{2}{x}\right)^4$ の展開式の一般項は

$${}_4C_r x^{4-r}\left(\frac{2}{x}\right)^r={}_4C_r\cdot 2^r x^{4-r}\cdot\frac{1}{x^r}$$

⇐ p.13 6 ① から $\dfrac{1}{x^r}=x^{-r}$

$x^{4-r}\cdot\dfrac{1}{x^r}=x^{4-r}\cdot x^{-r}$
$=x^{4-2r}$
これから $4-2r=2$ としてもよい。

❗ $x^{4-r}\cdot\dfrac{1}{x^r}=x^2$ から　$x^{4-r}=x^2x^r$

よって　$r=1$

⇐ $4-r=2+r$ から $r=1$

ゆえに，x^2 の項の係数は　${}_4C_1\cdot 2^1=4\times 2=\mathbf{8}$

INFORMATION ― 二項係数 ${}_nC_r$ について

$(a+b)^n$ の展開式は $\underset{①}{(a+b)}\underset{②}{(a+b)}\underset{③}{(a+b)}\cdots\underset{ⓝ}{(a+b)}$ の ① ～ ⓝ から，それぞれ a，b のどちらかを取り，それらを掛け合わせたものの和である。よって，$a^{n-r}b^r$ の項の係数は n 個の $(a+b)$ から b を取り出す r 個を選ぶ場合の数，すなわち ${}_nC_r$ である。

「a」を取り出す個数に注目しても ${}_nC_r={}_nC_{n-r}$ から同じ結果になる。

PRACTICE 4❷

次の式の展開式における，[ ] 内に指定されたものを求めよ。

(1) $(2x^3-3x)^5$ [x^9 の項の係数]　　(2) $\left(2x^3-\dfrac{1}{3x^2}\right)^5$ [定数項]

基本 例題 5　二項定理を利用する式の値

次の値を求めよ。

(1) ${}_nC_0+{}_nC_1+{}_nC_2+\cdots\cdots+{}_nC_r+\cdots\cdots+{}_nC_n$

(2) ${}_nC_0-{}_nC_1+{}_nC_2-\cdots\cdots+(-1)^r{}_nC_r+\cdots\cdots+(-1)^n{}_nC_n$

(3) ${}_nC_0-2{}_nC_1+2^2{}_nC_2-\cdots\cdots+(-2)^r{}_nC_r+\cdots\cdots+(-2)^n{}_nC_n$　p.12 基本事項 4

CHART & SOLUTION

${}_nC_r$ に関する式の値

二項定理 $(a+b)^n={}_nC_0a^n+{}_nC_1a^{n-1}b+{}_nC_2a^{n-2}b^2+\cdots+{}_nC_ra^{n-r}b^r+\cdots+{}_nC_nb^n$

の等式に適当な値を代入

二項定理と似た問題 ととらえて，**結果を使う** ことにする。

二項定理において，$a=1$，$b=x$ とおいた次の等式

$$(1+x)^n={}_nC_0+{}_nC_1x+{}_nC_2x^2+\cdots\cdots+{}_nC_rx^r+\cdots\cdots+{}_nC_nx^n$$

をスタートにして，この式の右辺の x にどんな値を代入すると与えられた式になるかを考える。

解答

二項定理により

$$(1+x)^n={}_nC_0+{}_nC_1x+{}_nC_2x^2+\cdots\cdots+{}_nC_rx^r+\cdots\cdots+{}_nC_nx^n \quad \cdots\cdots ①$$

(1) 等式 ① に，$x=1$ を代入すると

$$(1+1)^n={}_nC_0+{}_nC_1\cdot1+{}_nC_2\cdot1^2+\cdots\cdots+{}_nC_r\cdot1^r+\cdots\cdots+{}_nC_n\cdot1^n$$

よって　${}_nC_0+{}_nC_1+{}_nC_2+\cdots\cdots+{}_nC_r+\cdots\cdots+{}_nC_n=\mathbf{2^n}$

⇐ ① の ${}_nC_rx^r$ が ${}_nC_r$ となればよいから，$x=1$ を代入する。

⇐ この等式については，$p.19$ ③を参照。

(2) 等式 ① に，$x=-1$ を代入すると

$$(1-1)^n={}_nC_0+{}_nC_1\cdot(-1)+{}_nC_2\cdot(-1)^2+\cdots\cdots+{}_nC_r\cdot(-1)^r+\cdots\cdots+{}_nC_n\cdot(-1)^n$$

よって　${}_nC_0-{}_nC_1+{}_nC_2-\cdots\cdots+(-1)^r{}_nC_r+\cdots\cdots+(-1)^n{}_nC_n=\mathbf{0}$

⇐ ① の ${}_nC_rx^r$ が $(-1)^r{}_nC_r$ となればよいから，$x=-1$ を代入する。

(3) 等式 ① に，$x=-2$ を代入すると

$$(1-2)^n={}_nC_0+{}_nC_1\cdot(-2)+{}_nC_2\cdot(-2)^2+\cdots\cdots+{}_nC_r\cdot(-2)^r+\cdots\cdots+{}_nC_n\cdot(-2)^n$$

よって　${}_nC_0-2{}_nC_1+2^2{}_nC_2-\cdots\cdots+(-2)^r{}_nC_r+\cdots\cdots+(-2)^n{}_nC_n=\mathbf{(-1)^n}$

⇐ ① の ${}_nC_rx^r$ が $(-2)^r{}_nC_r$ となればよいから，$x=-2$ を代入する。

PRACTICE 5❷

${}_nC_0-\dfrac{{}_nC_1}{2}+\dfrac{{}_nC_2}{2^2}-\cdots\cdots+(-1)^n\dfrac{{}_nC_n}{2^n}$ の値を求めよ。

STEP UP 二項係数に成り立つ等式の意味

数学Aで学習したように，異なる n 個のものから r 個取る組合せの総数は ${}_n\mathrm{C}_r$ で表される。組合せの考え方を用いて ${}_n\mathrm{C}_r$ に関する等式について考えてみよう。

1 ${}_n\mathrm{C}_r={}_n\mathrm{C}_{n-r}$

異なる n 個から r 個取ることは，n 個から $(n-r)$ 個残すことと同じであるから，${}_n\mathrm{C}_r={}_n\mathrm{C}_{n-r}$ が成り立つことがわかる。

2 ${}_n\mathrm{C}_r={}_{n-1}\mathrm{C}_{r-1}+{}_{n-1}\mathrm{C}_r$

異なる n 個のものから r 個取る取り出し方を次のように考えてみよう。

① n 個の中の特定の1個（Aとする）に注目

[1] Aが取り出す r 個に含まれる場合
残り $(r-1)$ 個をA以外の $(n-1)$ 個から選べばよいので　${}_{n-1}\mathrm{C}_{r-1}$ 通り

[2] Aが取り出す r 個に含まれない場合
r 個すべてをA以外の $(n-1)$ 個から選べばよいので　${}_{n-1}\mathrm{C}_r$ 通り

[1]，[2] は同時に起こることはないから，異なる n 個のものから r 個取る取り出し方は　${}_{n-1}\mathrm{C}_{r-1}+{}_{n-1}\mathrm{C}_r$（通り）

② 取り出す玉の個数に注目
n 個から r 個選べばよいので　${}_n\mathrm{C}_r$ 通り

①，② より，${}_n\mathrm{C}_r={}_{n-1}\mathrm{C}_{r-1}+{}_{n-1}\mathrm{C}_r$ が成り立つことがわかる。

3 ${}_n\mathrm{C}_0+{}_n\mathrm{C}_1+{}_n\mathrm{C}_2+\cdots\cdots+{}_n\mathrm{C}_n=2^n$

異なる n 個のものをP，Qいずれかの箱に入れる入れ方を次のように考えてみよう。

① 箱Pに入れる個数に注目

0個のとき　${}_n\mathrm{C}_0$ 通り
1個のとき　${}_n\mathrm{C}_1$ 通り
2個のとき　${}_n\mathrm{C}_2$ 通り
⋮
n 個のとき　${}_n\mathrm{C}_n$ 通り

これらはすべて同時に起こることはないから，求める組合せは
${}_n\mathrm{C}_0+{}_n\mathrm{C}_1+{}_n\mathrm{C}_2+\cdots\cdots+{}_n\mathrm{C}_n$（通り）

② どちらの箱に入れるかに注目
ある1個に注目すると，箱Pに入れるか箱Qに入れるかで2通り。
全部で n 個あるから，求める組合せは　$2\cdot2\cdot\cdots\cdots\cdot2=2^n$（通り）

①，② より，${}_n\mathrm{C}_0+{}_n\mathrm{C}_1+{}_n\mathrm{C}_2+\cdots\cdots+{}_n\mathrm{C}_n=2^n$ が成り立つことがわかる。

基本 例題 6 展開式の係数 (2)(多項定理の利用)

次の式の展開式における，[　]内に指定されたものを求めよ。

(1) $(x+y+z)^5$ 　[xy^2z^2 の項の係数]

(2) $(a+b-2c)^7$ 　[$a^2b^3c^2$ の項の係数]

p.13 基本事項 5

CHART & SOLUTION

$(a+b+c)^n$ の展開式の項の係数

一般項 $\dfrac{n!}{p!q!r!}a^pb^qc^r$，$p+q+r=n$ を利用

$(a+b+c)^n=\{(a+b)+c\}^n$ として考えることもできるが，その場合，二項定理を 2 回適用する必要がある。←― 別解 を参照。

一般項 $\dfrac{n!}{p!q!r!}a^pb^qc^r$ を利用する場合，a，b，c，p，q，r，n にそれぞれ代入するだけなので，スムーズ。

解答

(1) xy^2z^2 の項の係数は 　$\dfrac{5!}{1!2!2!}=\dfrac{5\cdot4\cdot3}{2\cdot1}=\mathbf{30}$

⇐ 一般項は $\dfrac{5!}{p!q!r!}x^py^qz^r$　$p+q+r=5$

別解 $\{(x+y)+z\}^5$ の展開式において，z^2 を含む項は

$${}_5\mathrm{C}_2(x+y)^3z^2$$

また，$(x+y)^3$ の展開式において，xy^2 の項の係数は ${}_3\mathrm{C}_2$

⇐ xy^2 の項は ${}_3\mathrm{C}_2xy^2$

よって，xy^2z^2 の項の係数は

$${}_5\mathrm{C}_2\times{}_3\mathrm{C}_2=10\times3=\mathbf{30}$$

(2) $(a+b-2c)^7$ の $a^2b^3c^2$ の項は

$$\frac{7!}{2!3!2!}a^2b^3(-2c)^2=\frac{7!}{2!3!2!}(-2)^2a^2b^3c^2$$

⇐ 一般項は $\dfrac{7!}{p!q!r!}a^pb^q(-2c)^r$　$p+q+r=7$

よって，$a^2b^3c^2$ の項の係数は

$$\frac{7!}{2!3!2!}\times(-2)^2=\frac{7\cdot6\cdot5\cdot4}{2\cdot1\times2\cdot1}\times4=\mathbf{840}$$

別解 $\{(a+b)-2c\}^7$ の展開式において，c^2 を含む項は

$${}_7\mathrm{C}_2(a+b)^5(-2c)^2={}_7\mathrm{C}_2(-2)^2(a+b)^5c^2$$

また，$(a+b)^5$ の展開式において，a^2b^3 の項の係数は ${}_5\mathrm{C}_3$

⇐ a^2b^3 の項は ${}_5\mathrm{C}_3a^2b^3$

よって，$a^2b^3c^2$ の項の係数は

$${}_7\mathrm{C}_2(-2)^2\times{}_5\mathrm{C}_3=21\times4\times10=\mathbf{840}$$

PRACTICE 6③

次の式の展開式における，[　]内に指定されたものを求めよ。

(1) $(x+2y+3z)^4$ 　[x^3z の項の係数]　　(2) $\left(2x-\dfrac{1}{2}y+z\right)^4$ 　[xy^2z の項の係数]

重要例題 7　展開式の係数 (3)（多項定理の利用）

$(1+x+x^2)^7$ の展開式における，x^3 の項の係数を求めよ。

基本 6

CHART & SOLUTION

多項定理を利用して，$(1+x+x^2)^7$ の展開式の一般項を Ax^B の形で表すと

$$\frac{7!}{p!q!r!}x^{q+2r} \quad となる。$$

ここで　**p，q，r は整数で　$p \geqq 0$，$q \geqq 0$，$r \geqq 0$，$p+q+r=7$** ……①

x^3 の項であるから　　**$q+2r=3$** ……②

そこで，①，② から，p，q，r の値を求める。

p，q，r の **文字 3 つ** に対して，**等式が** $p+q+r=7$，$q+2r=3$ の **2 つ** であるが，**0 以上の整数** という条件から，p，q，r の値が求められる。……❗

解答

$(1+x+x^2)^7$ の展開式の一般項は

$$\frac{7!}{p!q!r!}\cdot 1^p\cdot x^q(x^2)^r=\frac{7!}{p!q!r!}x^{q+2r}$$

　　p，q，r は整数で　$p \geqq 0$，$q \geqq 0$，$r \geqq 0$，$p+q+r=7$

x^3 の項は $q+2r=3$　すなわち　$q=3-2r$ のときである。

$q \geqq 0$ から $3-2r \geqq 0$　　　よって　　$r=0$，1

❗ $q=3-2r$，$p=7-q-r$ から

　　$r=0$ のとき　$q=3$，$p=4$

　　$r=1$ のとき　$q=1$，$p=5$

すなわち　　$(p,\ q,\ r)=(4,\ 3,\ 0)$，$(5,\ 1,\ 1)$

ゆえに，x^3 の項の係数は

$$\frac{7!}{4!3!0!}+\frac{7!}{5!1!1!}=\frac{7\cdot 6\cdot 5}{3\cdot 2\cdot 1}+7\cdot 6=35+42=\mathbf{77}$$

別解　$(1+x+x^2)^7=\{(1+x)+x^2\}^7$ の一般項は

${}_7\mathrm{C}_r(1+x)^{7-r}(x^2)^r$ であるから，x^3 の項は，$r=0$，1 のときに現れて，また，これ以外はない。

$r=0$ のとき　　${}_7\mathrm{C}_0(1+x)^7(x^2)^0={}_7\mathrm{C}_0(1+x)^7$ ……①

$(1+x)^7$ の展開式において，x^3 の項の係数は　${}_7\mathrm{C}_3$

よって，① の展開式において，x^3 の項の係数は　${}_7\mathrm{C}_0\cdot{}_7\mathrm{C}_3$

$r=1$ のとき　　${}_7\mathrm{C}_1(1+x)^6(x^2)^1={}_7\mathrm{C}_1x^2(1+x)^6$ ……②

$(1+x)^6$ の展開式において，x の項の係数は　${}_6\mathrm{C}_1$

よって，② の展開式において，x^3 の項の係数は　${}_7\mathrm{C}_1\cdot{}_6\mathrm{C}_1$

よって，求める x^3 の項の係数は

$${}_7\mathrm{C}_0\cdot{}_7\mathrm{C}_3+{}_7\mathrm{C}_1\cdot{}_6\mathrm{C}_1=1\cdot 35+7\cdot 6=\mathbf{77}$$

⇦ $1^p\cdot x^q(x^2)^r=x^qx^{2r}$ $=x^{q+2r}$

⇦ $p>0$，$q>0$，$r>0$ とカン違いしないように。

⇦ $r=\dfrac{3-q}{2}$，r は 0 以上の整数から，$q=1$，3 としてもよい。

⇦ $x^{q+2r}=x^3$ を満たす q，r は 2 組ある。

⇦ $0!=1$

⇦ 二項定理を用いて解くと，左のようになる。

⇦ $(1+x)^7$ の x^3 の項に ${}_7\mathrm{C}_0$ をかけたものが ① の x^3 の項。

⇦ $(1+x)^6$ の x の項に ${}_7\mathrm{C}_1x^2$ をかけたものが ② の x^3 の項。

PRACTICE 7④

$(x^2-3x+1)^{10}$ の展開式における x^3 の項の係数を求めよ。

重要 例題 8 展開式の係数 (4)(二項・多項定理の利用)

(1) $\left(x-\dfrac{1}{2x^2}\right)^{12}$ の展開式における，x^3 の項の係数を求めよ。 〔愛知工大〕

(2) $\left(x+\dfrac{1}{x^2}+1\right)^5$ を展開したとき，x を含まない項を求めよ。 〔大阪薬大〕

p.13 基本事項 6，基本 4，重要 7

CHART & SOLUTION

指数・指数法則の拡張(第 5 章) $\dfrac{1}{a^n}=a^{-n}$ の利用

指数を 0 および正の整数から負の整数にまで拡張して，展開式の項の係数を求める。
まず，展開式の一般項を Ax^B の形で表す。
(2) 定数項 (x を含まない項) は x^0 の項である。

解答

(1) $\left(x-\dfrac{1}{2x^2}\right)^{12}$ の展開式の一般項は

$$ {}_{12}\mathrm{C}_r x^{12-r}\left(-\frac{1}{2x^2}\right)^r={}_{12}\mathrm{C}_r\left(-\frac{1}{2}\right)^r x^{12-r}\left(\frac{1}{x^2}\right)^r $$

$$ ={}_{12}\mathrm{C}_r\left(-\frac{1}{2}\right)^r x^{12-3r} $$

⇦ $\left(\dfrac{1}{x^2}\right)^r=\dfrac{1}{x^{2r}}=x^{-2r}$

x^3 の項は $r=3$ のときで，その係数は

⇦ $12-3r=3$

$$ {}_{12}\mathrm{C}_3\left(-\frac{1}{2}\right)^3=\frac{12\cdot11\cdot10}{3\cdot2\cdot1}\times\left(-\frac{1}{2^3}\right)=\boldsymbol{-\frac{55}{2}} $$

(2) $\left(x+\dfrac{1}{x^2}+1\right)^5$ の展開式の一般項は

$$ \frac{5!}{p!q!r!}x^p\left(\frac{1}{x^2}\right)^q\cdot1^r=\frac{5!}{p!q!r!}x^{p-2q} $$

⇦ $\left(\dfrac{1}{x^2}\right)^q=\dfrac{1}{x^{2q}}=x^{-2q}$

p，q，r は整数で $p\geqq0$，$q\geqq0$，$r\geqq0$，$p+q+r=5$

x を含まない項は $p-2q=0$ すなわち $p=2q$ のときである。

⇦ x を含まない項は定数項で x^0 の項。

$p+q+r=5$ に代入して $3q+r=5$

$r=5-3q\geqq0$，$q\geqq0$ から $q=0$，1

⇦ $0\leqq q\leqq\dfrac{5}{3}$ から，q の値を絞り込む。

よって $(p,\ q,\ r)=(0,\ 0,\ 5)$，$(2,\ 1,\ 2)$

ゆえに，x を含まない項は

$$ \frac{5!}{0!0!5!}+\frac{5!}{2!1!2!}=1+\frac{5\cdot4\cdot3}{2\cdot1}=\mathbf{31} $$

⇦ $0!=1$

PRACTICE 8④

次の式の展開式における，[ ] 内に指定されたものを求めよ。

(1) $\left(x^2+\dfrac{1}{x}\right)^6$ [x^3 の項の係数]　　(2) $\left(x^3+x-\dfrac{1}{x}\right)^9$ [x の項の係数]

重要 例題 9 二項定理の利用

(1) 101^{100} の下位 5 桁を求めよ。
(2) 29^{45} を 900 で割った余りを求めよ。 基本 4

CHART & THINKING

(1), (2) ともに，まともに計算するのは大変。
(1) は，次のように変形して，**二項定理を利用** する。

$$101^{100}=(100+1)^{100}=(1+10^2)^{100}$$

展開した後，各項に含まれる 10^n に着目し，下位 5 桁に関係する箇所のみを考える。
(2) も二項定理を利用するが，どのようにすればよいだろうか？
⟶ $900=30^2$ であることに着目し，$29=30-1$ と変形して考えよう。

解答

(1) $101^{100}=(100+1)^{100}=(1+10^2)^{100}$

$$=1+{}_{100}C_1\cdot10^2+{}_{100}C_2\cdot10^4+{}_{100}C_3\cdot10^6+{}_{100}C_4\cdot10^8+\cdots\cdots+10^{200}$$

$$=1+{}_{100}C_1\cdot10^2+{}_{100}C_2\cdot10^4+10^6({}_{100}C_3+{}_{100}C_4\cdot10^2+\cdots\cdots+10^{194})$$

ここで，$a={}_{100}C_3+{}_{100}C_4\cdot10^2+\cdots\cdots+10^{194}$ とおくと a は自然数で

$$101^{100}=1+10000+49500000+10^6a$$

$$=10001+49500000+10^6a$$

$$=10001+10^5(495+10a)$$

$10^5(495+10a)$ の下位 5 桁はすべて 0 である。
よって，101^{100} の下位 5 桁は　**10001**

(2) $29^{45}=(30-1)^{45}=(-1+30)^{45}$

$$=(-1)^{45}+{}_{45}C_1(-1)^{44}\cdot30+{}_{45}C_2(-1)^{43}\cdot30^2+{}_{45}C_3(-1)^{42}\cdot30^3+\cdots\cdots+{}_{45}C_{44}(-1)\cdot30^{44}+30^{45}$$

第 3 項以降の項はすべて $30^2=900$ で割り切れる。
また，$(-1)^{45}=-1$，$(-1)^{44}=1$ であるから

$$-1+45\cdot1\cdot30=1349=900\cdot1+449$$

よって，29^{45} を 900 で割った余りは　**449**

⇐ 第 1 項と第 2 項の和は 900 より大きい。

INFORMATION　計算への応用

上と同じ考え方で，複雑な計算を暗算で行うことができる。例えば，999^2 は
$999^2=(1000-1)^2=1000000-2000+1=998001$，$4989\times5011$ は
$4989\times5011=(5000-11)\times(5000+11)=5000^2-11^2=25000000-121=24999879$ と計算できる。

PRACTICE 9④

(1) 11^{17} の下位 3 桁を求めよ。
(2) 2024^{2024} を 9 で割った余りを求めよ。

1章 1 3次式の展開と因数分解，二項定理

EXERCISES　1 3次式の展開と因数分解，二項定理

A

1❷ 次の(1)は式を簡単にせよ。(2)は式を展開せよ。

(1) $(x-2y)^3+(x+2y)^3$　　(2) $\left(a-\dfrac{1}{a}\right)\left(a^2+\dfrac{1}{a^2}+1\right)$ ➲1

2❷ 次の式を因数分解せよ。

(1) $a^3b^3-b^3c^3$　　(2) $(x+y)^3-(y+z)^3$

(3) $8a^3-36a^2+54a-27$ ➲2

3❸ $(2+x)^6$ を展開したときの x^4 の項の係数と，$(1+x)^6(2+x)^6$ を展開したときの x^3 の項の係数を求めよ。〔関西学院大〕

➲4

4❸ 次の等式が成り立つことを証明せよ。

${}_{2n}\mathrm{C}_0+{}_{2n}\mathrm{C}_2+{}_{2n}\mathrm{C}_4+\cdots\cdots+{}_{2n}\mathrm{C}_{2n}={}_{2n}\mathrm{C}_1+{}_{2n}\mathrm{C}_3+{}_{2n}\mathrm{C}_5+\cdots\cdots+{}_{2n}\mathrm{C}_{2n-1}=2^{2n-1}$

➲5

5❸ $(a+$ア$\boxed{}$$b-2c)^5$ を展開したとき，ac^4 の項の係数は イ$\boxed{}$ であり，a^2bc^2 の項の係数は 840 である。〔帝塚山大〕

➲6

B

6❹ $\left(x+\dfrac{y}{3}\right)^{12}$ の展開式における $x^{12-k}y^k$ の係数を a_k $(k=0,\ 1,\ 2,\ \cdots\cdots,\ 12)$ とする。

(1) $1\leqq k\leqq 12$ について $\dfrac{a_k}{a_{k-1}}$ を k を用いて表せ。

(2) a_k が最大となる k の値を求めよ。〔類 南山大〕

➲4

7❹ 次の等式を証明せよ。

(1) $k{}_n\mathrm{C}_k=n{}_{n-1}\mathrm{C}_{k-1}$ （ただし $n\geqq 2,\ 1\leqq k\leqq n$）

(2) ${}_n\mathrm{C}_1+2{}_n\mathrm{C}_2+3{}_n\mathrm{C}_3+\cdots\cdots+n{}_n\mathrm{C}_n=n\cdot 2^{n-1}$ （ただし $n\geqq 1$）

(3) $2\cdot 1\cdot{}_n\mathrm{C}_2+3\cdot 2\cdot{}_n\mathrm{C}_3+\cdots\cdots+n(n-1){}_n\mathrm{C}_n=n(n-1)2^{n-2}$ （ただし $n\geqq 2$）

➲5

HINT

6 (1) $a_k=\dfrac{{}_{12}\mathrm{C}_k}{3^k}$ を利用して $\dfrac{a_k}{a_{k-1}}$ を k で表す。

(2) $\dfrac{a_k}{a_{k-1}}$ と 1 との大小を比べる。

7 (2), (3) (1)を利用する。

2 多項式の割り算，分数式

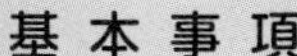

基本事項

1 多項式の割り算

① **割り算の基本公式**　同じ1つの文字についての2つの多項式 A，B $(B \neq 0)$ において，A を B で割ったときの商を Q，余りを R とすると

$\boldsymbol{A=BQ+R}$　　ただし，R は0か，B より次数の低い多項式

② 多項式 A を多項式 B で割るときは，次のことに注意する。

1　**A も B も降べきの順に整理してから，割り算を行う。**

2　**余りの次数が，割る式 B の次数より低くなるか，余りが0になるまで計算を続ける。**

2 分数式の計算

① **基本性質**　$\dfrac{A}{B}=\dfrac{AC}{BC}$（ただし $C \neq 0$）　$\dfrac{AD}{BD}=\dfrac{A}{B}$

分数式の分母と分子をその共通因数で割ることを **約分する** といい，
約分できるときは，これ以上約分できない分数式（**既約分数式**）にすること。

② **四則計算**　乗法　$\dfrac{A}{B}\times\dfrac{C}{D}=\dfrac{AC}{BD}$　　除法　$\dfrac{A}{B}\div\dfrac{C}{D}=\dfrac{A}{B}\times\dfrac{D}{C}=\dfrac{AD}{BC}$

加法　$\dfrac{A}{C}+\dfrac{B}{C}=\dfrac{A+B}{C}$　　減法　$\dfrac{A}{C}-\dfrac{B}{C}=\dfrac{A-B}{C}$

③ **繁分数式の計算**　分母や分子に分数式を含む式を **繁分数式** という。繁分数式は，

$\dfrac{A}{B}=A\div B$ を利用して，分子を分母で割る。または

$\dfrac{A}{B}=\dfrac{A\times C}{B\times C}$ を利用して，分母や分子の分数式を多項式にする。

④ **部分分数に分解**　1つの分数式を，それ以上簡単にできない2つ以上の分数式の和または差として表すことをいう。

例　$\dfrac{1}{(n+1)(n+2)}=\dfrac{1}{n+1}-\dfrac{1}{n+2}$，　$\dfrac{2x-1}{x(x-1)}=\dfrac{1}{x}+\dfrac{1}{x-1}$

CHECK & CHECK

4 次の x についての多項式 A を多項式 B で割った商と余りを求めよ。

(1) $A=2x+3$，$B=x-1$　　(2) $A=3x^2+7x+8$，$B=x+2$　→1

5 次の分数式を約分して，既約分数式にせよ。

(1) $\dfrac{18a^4bc^3}{30a^2b^2c}$　　(2) $\dfrac{x-1}{x^2-1}$　　(3) $\dfrac{x^3+1}{x^2-2x-3}$　→2

6 次の計算をせよ。

(1) $\dfrac{x^2}{x+1}-\dfrac{1}{x+1}$　　(2) $\dfrac{x^2}{x^2-1}+\dfrac{2x}{1-x^2}+\dfrac{1}{x^2-1}$　→2

基本 例題 10　多項式の割り算

次の多項式 A を多項式 B で割った商 Q と余り R を求めよ。また，その結果を $A=BQ+R$ の形に書け。

(1) $A=2x^3+8-12x$，$B=x^2+2x-2$

(2) $A=2x^3-x^2+1$，$B=3x-9$

p.25 基本事項 1

CHART & SOLUTION

多項式の割り算

① 降べきの順に整理

② 欠けている次数の項はあけておく

(1) $A=2x^3\square-12x+8$ として，2 次の項をあけて計算。

(2) 割る式 $3x-9$ の項 $3x$ で割られる式 $2x^3-x^2+1$ の項 $2x^3$ を割ると $\dfrac{2x^3}{3x}=\dfrac{2}{3}x^2$ となり，係数は分数になる。このように，商や余りの係数に分数が現れることもある。

余りの次数が割る式の次数より低くなるか，余りが 0 となったら計算終了。

解答

(1)

$$\begin{array}{r|l} & 2x-4 \\ \hline x^2+2x-2 & 2x^3\;\square\;-12x+8 \\ & 2x^3+4x^2-4x \\ \hline & -4x^2-8x+8 \\ & -4x^2-8x+8 \\ \hline & 0 \end{array}$$

上の計算から

$\boldsymbol{Q=2x-4}$

$\boldsymbol{R=0}$

↑余りが 0 になるとき割り切れるという。

ゆえに　$\boldsymbol{2x^3+8-12x}$

$\boldsymbol{=(x^2+2x-2)(2x-4)}$

(2)

$$\begin{array}{r|l} & \frac{2}{3}x^2+\frac{5}{3}x+5 \\ \hline 3x-9 & 2x^3-x^2\;\square\;+1 \\ & 2x^3-6x^2 \\ \hline & 5x^2 \\ & 5x^2-15x \\ \hline & 15x+1 \\ & 15x-45 \\ \hline & 46 \end{array}$$

上の計算から

$\boldsymbol{Q=\dfrac{2}{3}x^2+\dfrac{5}{3}x+5}$

$\boldsymbol{R=46}$

ゆえに

$\boldsymbol{2x^3-x^2+1}$

$\boldsymbol{=(3x-9)\left(\dfrac{2}{3}x^2+\dfrac{5}{3}x+5\right)+46}$

⇐ 係数だけ抜き出して計算するとスムーズ。
欠けている次数の項は 0 を記入する。

(1)

$$\begin{array}{r|l} & 2\;\;-4 \\ \hline 1\;\;2\;\;-2 & 2\;\;0\;\;-12\;\;8 \\ & 2\;\;4\;\;-4 \\ \hline & -4\;\;-8\;\;8 \\ & -4\;\;-8\;\;8 \\ \hline & 0 \end{array}$$

(2)

$$\begin{array}{r|l} & \frac{2}{3}\;\;\frac{5}{3}\;\;5 \\ \hline 3\;\;-9 & 2\;\;-1\;\;0\;\;1 \\ & 2\;\;-6 \\ \hline & 5\;\;0 \\ & 5\;\;-15 \\ \hline & 15\;\;1 \\ & 15\;\;-45 \\ \hline & 46 \end{array}$$

PRACTICE 10❷

次の多項式 A を多項式 B で割った商 Q と余り R を求めよ。また，その結果を $A=BQ+R$ の形に書け。　〔(2) 石巻専修大〕

(1) $A=6x^2-7x-20$，$B=2x-5$

(2) $A=(2x^2-3x+1)(x+1)$，$B=x^2+4$

(3) $A=x^4-2x^3-x+8$，$B=2-x-2x^2$

基本 例題 11　割り算と多項式の決定 (1)

(1)　多項式 A を多項式 $2x^2-1$ で割ると，商が $2x-1$，余りが $x-2$ であるとき，A を求めよ。

(2)　多項式 $8x^3-18x^2+19x+1$ を多項式 B で割ると，商が $4x-3$，余りが $2x+7$ であるとき，B を求めよ。

p.25 基本事項 1

CHART & SOLUTION

割り算の問題

基本公式　$A \;=\; B \;\times Q+\; R$　を利用

(割られる式) = (割る式) × (商) + (余り)

この **割り算の基本公式** にしたがって，A，B を求める。

(1)　$A=(2x^2-1)(2x-1)+(x-2)$ ⟶ 積を展開して整理する。
　　(割る式)　(商)　(余り)

(2)　$8x^3-18x^2+19x+1=B\times(4x-3)+(2x+7)$
　⟶ $2x+7$ を左辺に移項すると　$8x^3-18x^2+17x-6=B\times(4x-3)$
　方程式を解く要領で進めるとよい。

解答

(1)　この割り算について，次の等式が成り立つ。

$$A=(2x^2-1)(2x-1)+(x-2)$$

⇐ $A=BQ+R$

よって　$A=(4x^3-2x^2-2x+1)+(x-2)$

$$=\mathbf{4x^3-2x^2-x-1}$$

(2)　この割り算について，次の等式が成り立つ。

$$8x^3-18x^2+19x+1=B\times(4x-3)+(2x+7)$$

⇐ $A=BQ+R$

整理すると

$$8x^3-18x^2+17x-6=B\times(4x-3)$$

⇐ 余り $2x+7$ を左辺に移項する。

よって，$8x^3-18x^2+17x-6$ は $4x-3$ で割り切れて，その商が B である。

右の計算により

$$\mathbf{B=2x^2-3x+2}$$

$$\begin{array}{r}
2x^2-3x+2 \\
4x-3\,\big)\overline{\,8x^3-18x^2+17x-6} \\
\underline{8x^3-\;\;6x^2\qquad\qquad} \\
-12x^2+17x\qquad \\
\underline{-12x^2+\;\;9x\qquad} \\
8x-6 \\
\underline{8x-6} \\
0
\end{array}$$

⇐ 余りを引いているので，必ず割り切れる。

PRACTICE 11❷

次の条件を満たす多項式 A，B を求めよ。

(1)　A を $2x^2-x+4$ で割ると，商が $2x-1$，余りが $x-1$

(2)　x^3+x+10 を B で割ると，商が $\dfrac{x}{2}+1$，余りが $x+2$

基本 例題 12　2つ以上の文字を含む多項式の割り算

(1) $x^3+(y+1)x+2x^2-y$ を x^2+y で割った商と余りを求めたい。

(ア) x についての多項式とみて求めよ。

(イ) y についての多項式とみて求めよ。

(2) $a^3-2ab^2+4b^3$ を $a+2b$ で割った商と余りを求めよ。

基本 10

CHART & SOLUTION

2つ以上の文字を含む多項式の割り算

1つの文字に着目し，他は定数と考えて計算

(1) まず着目する文字について，**降べきの順** に整理する。

(2) 文字の指定がないので，まず a についての多項式とみて計算してみる。

解答

(1) (ア)

$$
\begin{array}{r|l}
 & x+2 \\
x^2+y & x^3+2x^2+(y+1)x-y \\
 & x^3 \qquad +yx \\ \hline
 & 2x^2+x-y \\
 & 2x^2 \qquad +2y \\ \hline
 & x-3y
\end{array}
$$

商 $\boldsymbol{x+2}$　余り $\boldsymbol{x-3y}$

(イ)

$$
\begin{array}{r|l}
 & x-1 \\
y+x^2 & (x-1)y+x^3+2x^2+x \\
 & (x-1)y+(x-1)x^2 \\ \hline
 & 3x^2+x
\end{array}
$$

商 $\boldsymbol{x-1}$　余り $\boldsymbol{3x^2+x}$

(2)

$$
\begin{array}{r|l}
 & a^2-2ba+2b^2 \\
a+2b & a^3 \qquad -2b^2a+4b^3 \\
 & a^3+2ba^2 \\ \hline
 & -2ba^2-2b^2a \\
 & -2ba^2-4b^2a \\ \hline
 & 2b^2a+4b^3 \\
 & 2b^2a+4b^3 \\ \hline
 & 0
\end{array}
$$

商 $\boldsymbol{a^2-2ab+2b^2}$　余り $\boldsymbol{0}$

(1) 左の結果からわかるように，複数の文字を含む多項式の割り算では，**着目する文字によって商も余りも異なる場合がある。** ただし，これは割り切れない場合であって，(2)のように**割り切れる場合はどの文字に着目しても商は同じである。**

(2) 余りは0であるから，a についての多項式とみても b についての多項式とみても商は一致する。

PRACTICE 12❷

(1) $2x^2+3xy+4y^2$ を $x+y$ で割った商と余りを求めたい。

(ア) x についての多項式とみて求めよ。

(イ) y についての多項式とみて求めよ。

(2) $2x^2+xy-6y^2-2x+17y-12$ を $x+2y-3$ で割った商と余りを求めよ。

基本 例題 13 分数式の乗法，除法

次の計算をせよ。

(1) $\dfrac{a^2+2a-3}{a^2-a-2}\times\dfrac{a^2-5a+6}{a^2-4a+3}$　(2) $\dfrac{x+1}{2x-1}\div\dfrac{x^2-2x-3}{2x^2+5x-3}$

(3) $\dfrac{3a^2+8a+4}{a^2-1}\div\dfrac{6a^2+a-2}{a^2+a}\times\dfrac{2a-1}{a+2}$

p.25 基本事項 2

CHART & SOLUTION

分数式の乗法，除法

まず分母・分子を因数分解

分数式の乗法 ⟶ 分母どうし・分子どうしを掛ける
分数式の除法 ⟶ 割る式の分母・分子を入れ替えて掛ける
} ⟶ **結果は約分**

約分するには，まず **分母・分子を因数分解** しておく。
結果は **既約分数式** か **多項式** にする。
なお，乗除（×，÷）は前から順に計算する。したがって
(3) $A\div B\times C$ を，$B\times C$ を先に計算して，$A\div(B\times C)$ とするのは **誤り！**

解答

(1) $\dfrac{a^2+2a-3}{a^2-a-2}\times\dfrac{a^2-5a+6}{a^2-4a+3}$

$=\dfrac{(a-1)(a+3)}{(a+1)(a-2)}\times\dfrac{(a-2)(a-3)}{(a-1)(a-3)}=\boldsymbol{\dfrac{a+3}{a+1}}$

⇦ 結果は約分する。

(2) $\dfrac{x+1}{2x-1}\div\dfrac{x^2-2x-3}{2x^2+5x-3}$

$=\dfrac{x+1}{2x-1}\times\dfrac{2x^2+5x-3}{x^2-2x-3}$

⇦ $A\div\dfrac{C}{D}=A\times\dfrac{D}{C}$

$=\dfrac{x+1}{2x-1}\times\dfrac{(x+3)(2x-1)}{(x+1)(x-3)}=\boldsymbol{\dfrac{x+3}{x-3}}$

(3) $\dfrac{3a^2+8a+4}{a^2-1}\div\dfrac{6a^2+a-2}{a^2+a}\times\dfrac{2a-1}{a+2}$

$=\dfrac{3a^2+8a+4}{a^2-1}\times\dfrac{a^2+a}{6a^2+a-2}\times\dfrac{2a-1}{a+2}$

$=\dfrac{(a+2)(3a+2)}{(a+1)(a-1)}\times\dfrac{a(a+1)}{(2a-1)(3a+2)}\times\dfrac{2a-1}{a+2}=\boldsymbol{\dfrac{a}{a-1}}$

(2) の $2x^2+5x-3$，(3) の $3a^2+8a+4$，$6a^2+a-2$ の因数分解は，たすき掛けで。
例えば (2) では

1	3	⟶	6
2	−1	⟶	−1
2	−3		5

（数学 I の内容）

PRACTICE 13②

次の計算をせよ。

(1) $\dfrac{a-b}{a+b}\times\dfrac{a^2-b^2}{(a-b)^2}$　(2) $\dfrac{x^2-x-20}{x^3+3x^2+2x}\times\dfrac{x^3+x^2-2x}{x^2-6x+5}$

(3) $\dfrac{2a^2-a-3}{3a-1}\div\dfrac{3a^2+2a-1}{9a^2-6a+1}$　(4) $\dfrac{(a+1)^2}{a^2-1}\times\dfrac{a^3-1}{a^3+1}\div\dfrac{a^2+a+1}{a^2-a+1}$

1章 2 多項式の割り算，分数式

基本 例題 14 分数式の加法，減法 (1)

次の計算をせよ。 〔(1) 駒澤大〕

(1) $\dfrac{x+11}{2x^2+7x+3}-\dfrac{x-10}{2x^2-3x-2}$　　(2) $\dfrac{4}{x^2+4}-\dfrac{1}{x-2}+\dfrac{1}{x+2}$

p.25 基本事項 2

CHART & SOLUTION

分数式の加法，減法

分母が異なるときは通分する

(1) $\left.\begin{array}{l}2x^2+7x+3=(x+3)(2x+1)\\2x^2-3x-2=(x-2)(2x+1)\end{array}\right\}\longrightarrow$ 通分すると分母は $(x+3)(x-2)(2x+1)$

(2) そのまま左から順に計算してもよいが，3 つ以上の分数式の加減では，分数式を適当に組み合わせると，計算が簡単になる場合がある。この問題では，

(与式)$=\dfrac{4}{x^2+4}-\left(\dfrac{1}{x-2}-\dfrac{1}{x+2}\right)$ とみて，(　) の部分を先に計算するとよい。

解答

(1) $\dfrac{x+11}{2x^2+7x+3}-\dfrac{x-10}{2x^2-3x-2}$

$=\dfrac{x+11}{(x+3)(2x+1)}-\dfrac{x-10}{(x-2)(2x+1)}$　⇦ まず分母を因数分解。

$=\dfrac{(x+11)(x-2)}{(x+3)(2x+1)(x-2)}-\dfrac{(x-10)(x+3)}{(x-2)(2x+1)(x+3)}$　⇦ 通分する。

$=\dfrac{(x^2+9x-22)-(x^2-7x-30)}{(x+3)(x-2)(2x+1)}=\dfrac{16x+8}{(x+3)(x-2)(2x+1)}$

$=\dfrac{8(2x+1)}{(x+3)(x-2)(2x+1)}=\boldsymbol{\dfrac{8}{(x+3)(x-2)}}$　⇦ 分子を因数分解。分母は展開しなくてよい。

(2) $\dfrac{4}{x^2+4}-\dfrac{1}{x-2}+\dfrac{1}{x+2}$

$=\dfrac{4}{x^2+4}-\left(\dfrac{1}{x-2}-\dfrac{1}{x+2}\right)=\dfrac{4}{x^2+4}-\dfrac{(x+2)-(x-2)}{(x-2)(x+2)}$

$=\dfrac{4}{x^2+4}-\dfrac{4}{x^2-4}=\dfrac{4\{x^2-4-(x^2+4)\}}{(x^2+4)(x^2-4)}$

$=\dfrac{4\cdot(-8)}{(x^2)^2-4^2}=\boldsymbol{-\dfrac{32}{x^4-16}}$

⇦ 左から順に計算した場合，最初の 2 項は
$\dfrac{4(x-2)-(x^2+4)}{(x^2+4)(x-2)}$
$=\dfrac{-x^2+4x-12}{(x^2+4)(x-2)}$
となり，後の計算が煩雑になる。

PRACTICE 14②

次の計算をせよ。

(1) $\dfrac{x+1}{3x^2-2x-1}+\dfrac{2x+1}{3x^2+4x+1}$

(2) $\dfrac{a^2}{(a-b)(a-c)}+\dfrac{b^2}{(b-c)(b-a)}+\dfrac{c^2}{(c-a)(c-b)}$

基本 例題 15 繁分数式の計算

次の式を簡単にせよ。

(1) $\dfrac{1-\dfrac{1}{x}}{x-\dfrac{1}{x}}$　　(2) $\dfrac{1}{1-\dfrac{1}{1-\dfrac{1}{1+a}}}$

p.25 基本事項 2

CHART & SOLUTION

繁分数式 $\dfrac{A}{B}$ の計算

1 $A\div B$ として計算　　2 $\dfrac{A}{B}=\dfrac{AC}{BC}$ として計算

←分子と分母に同じ式を掛ける。

方針1 分子と分母をそれぞれ計算したうえで，分子を分母で割る。
方針2 分子と分母に x を掛けて，繁分数式でない形に変形。
(2) **方針1** は考えにくいので，**方針2** で解く。

解答

(1) **方針1** (与式) $=\left(1-\dfrac{1}{x}\right)\div\left(x-\dfrac{1}{x}\right)$　⇐ $A\div B$ の形に変形。

$=\dfrac{x-1}{x}\div\dfrac{x^2-1}{x}=\dfrac{x-1}{x}\times\dfrac{x}{x^2-1}$　⇐ $A\div\dfrac{C}{D}=A\times\dfrac{D}{C}$

$=\dfrac{x-1}{x}\times\dfrac{x}{(x+1)(x-1)}=\boldsymbol{\dfrac{1}{x+1}}$　⇐ 因数分解して約分。

方針2 (与式) $=\dfrac{\left(1-\dfrac{1}{x}\right)\times x}{\left(x-\dfrac{1}{x}\right)\times x}$　⇐ 分子と分母に x を掛ける。

$=\dfrac{x-1}{x^2-1}=\dfrac{x-1}{(x+1)(x-1)}=\boldsymbol{\dfrac{1}{x+1}}$　⇐ 因数分解して約分。

(2) **方針2** (与式) $=\dfrac{1}{1-\dfrac{1+a}{(1+a)-1}}=\dfrac{1}{1-\dfrac{1+a}{a}}$　⇐ $\dfrac{1}{1-\dfrac{1}{1+a}}$ の分子と分母に $1+a$ を掛ける。

$=\dfrac{a}{a-(1+a)}=\dfrac{a}{-1}=\boldsymbol{-a}$　⇐ 分子と分母に a を掛ける。

PRACTICE 15②

次の式を簡単にせよ。

(1) $\dfrac{\dfrac{1+x}{1-x}-\dfrac{1-x}{1+x}}{\dfrac{1+x}{1-x}+\dfrac{1-x}{1+x}}$　　(2) $\dfrac{1}{x-\dfrac{x^2-1}{x-\dfrac{2}{x-1}}}$　〔久留米工大〕

重要 例題 16　部分分数に分解

次の計算をせよ。

(1) $\dfrac{1}{b-a}\left(\dfrac{1}{x+a}-\dfrac{1}{x+b}\right)$

(2) $\dfrac{1}{n(n+1)}+\dfrac{1}{(n+1)(n+2)}+\dfrac{1}{(n+2)(n+3)}$

基本 14，基本 19

CHART & SOLUTION

1 つの分数式を 2 つの分数式に分解する ……❗

(2) $p.30$ 基本例題 14 と同じように通分して計算してもよいが，分母がすべて，隣り合う 2 数の積であることに着目し，(1) の逆を利用して **部分分数に分解して** 計算する方がスムーズである。

inf. 部分分数に分解する変形については $p.38$ 基本例題 19 も参照。

解答

(1) $\dfrac{1}{b-a}\left(\dfrac{1}{x+a}-\dfrac{1}{x+b}\right)=\dfrac{1}{b-a}\cdot\dfrac{(x+b)-(x+a)}{(x+a)(x+b)}$

$=\dfrac{1}{b-a}\cdot\dfrac{b-a}{(x+a)(x+b)}$

$=\boldsymbol{\dfrac{1}{(x+a)(x+b)}}$

⇦ (　) の中を通分して計算。

⇦ 約分する。

(2) $\dfrac{1}{n(n+1)}+\dfrac{1}{(n+1)(n+2)}+\dfrac{1}{(n+2)(n+3)}$

❗ $=\left(\dfrac{1}{n}-\dfrac{1}{n+1}\right)+\left(\dfrac{1}{n+1}-\dfrac{1}{n+2}\right)+\left(\dfrac{1}{n+2}-\dfrac{1}{n+3}\right)$

$=\dfrac{1}{n}-\dfrac{1}{n+3}=\dfrac{(n+3)-n}{n(n+3)}$

$=\boldsymbol{\dfrac{3}{n(n+3)}}$

⇦ $-\dfrac{1}{n+1}$ と $\dfrac{1}{n+1}$，$-\dfrac{1}{n+2}$ と $\dfrac{1}{n+2}$ が互いに消える。

POINT　部分分数に分解する

(1) の結果から

$\boldsymbol{a \neq b}$ **のとき**　$\boldsymbol{\dfrac{1}{(x+a)(x+b)}=\dfrac{1}{b-a}\left(\dfrac{1}{x+a}-\dfrac{1}{x+b}\right)}$

PRACTICE 16[3]

次の計算をせよ。

(1) $\dfrac{1}{(x-3)(x-1)}+\dfrac{1}{(x-1)(x+1)}+\dfrac{1}{(x+1)(x+3)}$

(2) $\dfrac{1}{a^2-a}+\dfrac{1}{a^2+a}+\dfrac{1}{a^2+3a+2}$

重要 例題 17 分数式の加法，減法 (2)

次の計算をせよ。

(1) $\dfrac{x^2+4x+5}{x+3}-\dfrac{x^2+5x+6}{x+4}$ (2) $\dfrac{x+2}{x}-\dfrac{x+3}{x+1}-\dfrac{x-5}{x-3}+\dfrac{x-6}{x-4}$

基本 10, 14

CHART & SOLUTION

(分子の次数)<(分母の次数) の形に

どちらも，そのまま通分すると，分子の次数が高くなって計算が大変である。
(分子 A の次数)≧(分母 B の次数) である分数式は，A を B で割ったときの商 Q と余り R を用いて，$\dfrac{A}{B}=Q+\dfrac{R}{B}$ の形に変形すると，分子の次数が分母の次数より低くなり，計算がスムーズになる。……❗

解答

(1) $\dfrac{x^2+4x+5}{x+3}-\dfrac{x^2+5x+6}{x+4}$

$=\dfrac{(x+3)(x+1)+2}{x+3}-\dfrac{(x+4)(x+1)+2}{x+4}$

❗ $=\left(x+1+\dfrac{2}{x+3}\right)-\left(x+1+\dfrac{2}{x+4}\right)$

$=\dfrac{2}{x+3}-\dfrac{2}{x+4}=\dfrac{2\{(x+4)-(x+3)\}}{(x+3)(x+4)}$

$=\boldsymbol{\dfrac{2}{(x+3)(x+4)}}$

$$\begin{array}{r} x+1 \\ x+3\,\overline{)\,x^2+4x+5} \\ \underline{x^2+3x} \\ x+5 \\ \underline{x+3} \\ 2 \end{array}\qquad \begin{array}{r} x+1 \\ x+4\,\overline{)\,x^2+5x+6} \\ \underline{x^2+4x} \\ x+6 \\ \underline{x+4} \\ 2 \end{array}$$

(2) $\dfrac{x+2}{x}-\dfrac{x+3}{x+1}-\dfrac{x-5}{x-3}+\dfrac{x-6}{x-4}$

❗ $=\left(1+\dfrac{2}{x}\right)-\left(1+\dfrac{2}{x+1}\right)-\left(1-\dfrac{2}{x-3}\right)+\left(1-\dfrac{2}{x-4}\right)$

$=2\left(\dfrac{1}{x}-\dfrac{1}{x+1}+\dfrac{1}{x-3}-\dfrac{1}{x-4}\right)$

$=2\left\{\dfrac{1}{x(x+1)}-\dfrac{1}{(x-3)(x-4)}\right\}$

$=2\cdot\dfrac{(x-3)(x-4)-x(x+1)}{x(x+1)(x-3)(x-4)}=2\cdot\dfrac{-8x+12}{x(x+1)(x-3)(x-4)}$

$=\boldsymbol{-\dfrac{8(2x-3)}{x(x+1)(x-3)(x-4)}}$

⇐ 分母と分子がともに 1 次式であるから，次のように分子に分母と同じ式を作り出すと計算がスムーズ。
$\dfrac{x+3}{x+1}=\dfrac{(x+1)+2}{x+1}=1+\dfrac{2}{x+1}$

⇐ 2 つの分母の差が同じになる組合せを考える。
$(x+1)-x=1$
$(x-3)-(x-4)=1$
これから，前 2 つと後ろ 2 つの項を組み合わせて通分すればよい。

PRACTICE 17❸

次の計算をせよ。

(1) $\dfrac{x^2+2x+3}{x}-\dfrac{x^2+3x+5}{x+1}$ (2) $\dfrac{x+1}{x+2}-\dfrac{x+2}{x+3}-\dfrac{x+3}{x+4}+\dfrac{x+4}{x+5}$

A

8❸ 整式Aを$x+2$で割ると，商がBで余りが-5になる。その商Bをまた$x+2$で割ると，商がx^2-4で余りが2となる。整式Aを$(x+2)^2$で割ったときの余りを求めよ。〔神奈川大〕

➡11

9❷ 次の式A，Bをaについての多項式とみて，AをBで割った商と余りを求めよ。

(1) $A=a^3-3a^2b+2b^3$，$B=a^2-2ab-2b^2$

(2) $A=2a^3-6a^2b+8b^3$，$B=a-b$

➡12

10❷ 次の計算をせよ。

(1) $\dfrac{x+2}{x^2+7x+12}-\dfrac{x+4}{x^2+5x+6}-\dfrac{x^2+3x}{(x+2)(x^2+7x+12)}$ 〔近畿大〕

(2) $\dfrac{2}{1+a}+\dfrac{2}{1-a}+\dfrac{4}{1+a^2}+\dfrac{8}{1+a^4}$

(3) $\dfrac{3x-5}{1-\dfrac{1}{1-\dfrac{1}{x+1}}}-\dfrac{x(2x-3)}{1+\dfrac{1}{1-\dfrac{1}{x-1}}}$ 〔武蔵大〕

➡14, 15

B

11❸ Aを多項式とする。$x^6-6x^3+5x^2-4x+10$ をAで割ると，商はAで余りは $5x^2-4x+1$ である。多項式Aを求めよ。〔信州大〕

➡11

12❸ 次の計算をせよ。

(1) $\dfrac{1}{(2n+1)(2n+3)}+\dfrac{1}{(2n+3)(2n+5)}+\dfrac{1}{(2n+5)(2n+7)}$

(2) $\dfrac{3x-14}{x-5}-\dfrac{5x-11}{x-2}+\dfrac{x-4}{x-3}+\dfrac{x-5}{x-4}$

➡16, 17

13❸ (1) 整式$x^3-2x^2-45x-40$を整式$x-8$で割った商と余りを求めよ。

(2) $g(x)=\dfrac{x^3-2x^2-45x-40}{x-8}$ とするとき，$g(2020)$の小数部分を求めよ。

ただし，実数aの小数部分は，aを超えない最大の整数をnとしたときの$a-n$である。〔類 職能開発大〕

➡17

HINT

11 条件から $x^6-6x^3+5x^2-4x+10=A\times A+(5x^2-4x+1)$ が成り立つ。
$A^2=X^2$ のとき $A=X$ または $-X$ であることに注意する。

12 (1) 3つの分数式を，それぞれ**部分分数に分解する。**
(2) **(分子の次数)<(分母の次数)** 分子の次数が分母の次数よりも低くなるように式変形してから計算するとスムーズ。

13 (2) (1)の結果を利用し，**(分子の次数)<(分母の次数)** の形に

3 恒 等 式

基本事項

1 恒等式

含まれている各文字にどのような値を代入しても，その **両辺の式の値が存在する限り**，等式が常に成り立つとき，その等式をそれらの文字についての **恒等式** という。

2 恒等式の性質

① P，Q が x についての多項式であるとき

1 **$P=0$ が恒等式 $\iff$ P の各項の係数はすべて 0 である。**

2 **$P=Q$ が恒等式 $\iff$ P と Q の次数は等しく，両辺の同じ次数の項の係数は，それぞれ等しい。**

② P，Q が x についての n 次以下の多項式であるとき，等式 $P=Q$ が $(n+1)$ 個の異なる x の値に対して成り立つならば，等式 $P=Q$ は x についての恒等式である。

解説 一般に「**n 次方程式の異なる解は n 個以下である**」ことが知られている（証明略）。等式 $P=Q$，すなわち $P-Q=0$ は，恒等式か方程式（または定数$=0$）であるが，方程式なら n 個以下の異なる x の値でしか成立しない。よって，$(n+1)$ 個の異なる x の値で成立するならば，それは恒等式である。

3 未定係数法

恒等式の未知の係数（未定係数）を求めるには，恒等式の性質を利用した 2 通りの方法がある。

[1] **係数比較法** 両辺の同じ次数の項の係数がそれぞれ等しい。
2 −① 1，2

[2] **数値代入法** 両辺に適当な数字をいくつか代入して，連立方程式などを解く。
2 −② 数値代入法を用いた場合，逆の確認が必要となる。

CHECK & CHECK

7 次の等式が恒等式であるかどうかを調べよ。

(1) $(x-1)^2=x^2+1$

(2) $(a+b)^2+(a-b)^2=2(a^2+b^2)$

(3) $\dfrac{2x+1}{2x-1}\times\dfrac{4x^2-1}{(2x+1)^2}=1$

1

基本 例題 18 恒等式の係数決定

等式 $3x^2-2x-1=a(x+1)^2+b(x+1)+c$ が x についての恒等式となるように，定数 a，b，c の値を定めよ。

p.35 基本事項 3

CHART & SOLUTION

恒等式の係数決定

1 係数比較法

両辺の同じ次数の項の係数が，それぞれ等しい

2 数値代入法

両辺に同じ値を代入しても等式が成り立つ　逆の確認が必要

方針1　右辺を x について降べきの順に整理し，両辺の同じ次数の項の係数を等しいとおいて導かれた a，b，c についての連立方程式を解く。

別解　$x+1$ が繰り返し出てくるから，$x+1=X$ とおいて，X の等式が恒等式となるように，係数比較法を用いる。

方針2　恒等式は，どんな x の値に対しても成り立つ等式であるから，代入したときに簡単な式になるような x の値に着目して a，b，c についての連立方程式を導く。
その際，求めた a，b，c に対して，等式が恒等式になることを確認する必要がある。

解答

方針1　等式の右辺を x について整理すると

$$3x^2-2x-1=ax^2+(2a+b)x+a+b+c$$

両辺の同じ次数の項の係数を比較して

$$3=a \quad \cdots\cdots ①$$
$$-2=2a+b \quad \cdots\cdots ②$$
$$-1=a+b+c \quad \cdots\cdots ③$$

この連立方程式を解いて

$$\boldsymbol{a=3,\ b=-8,\ c=4}$$

方針2　与式が x についての恒等式であるならば，x にどのような値を代入しても等式が成り立つから

$x=-1$ を代入して　$4=c$
$x=0$ を代入して　$-1=a+b+c$
$x=-2$ を代入して　$15=a-b+c$

これを解いて

$$a=3,\ b=-8,\ c=4 \quad \cdots\cdots (*)$$

逆に，このとき与式の右辺は

$$3(x+1)^2-8(x+1)+4$$
$$=3(x^2+2x+1)-8(x+1)+4$$
$$=3x^2-2x-1$$

となり，左辺と一致するから，与式は恒等式となる。

ゆえに　$\boldsymbol{a=3,\ b=-8,\ c=4}$

⇐ x について降べきの順に整理する。

⇐ ① を ② に代入して $-2=6+b$ から $b=-8$
これと ① を ③ に代入して　$-1=3-8+c$

注意　解答の $(*)$ は $x=-1$，0，-2 に対して与式が成り立つように定めた（**必要条件**）だけであるから，すべての x について与式が成り立つ保証はない。そこで，「逆に……」以下で与式が確かに恒等式となることを確認（**十分条件**）しなければならない。

別解 (おき換えて，係数比較)

$x+1=X$ とおくと，$x=X-1$ であるから

$$(\text{左辺})=3(X-1)^2-2(X-1)-1$$
$$=3(X^2-2X+1)-2(X-1)-1$$
$$=3X^2-8X+4$$
$$(\text{右辺})=aX^2+bX+c$$

与えられた等式が x についての恒等式となるためには

$$3X^2-8X+4=aX^2+bX+c$$

が X についての恒等式となればよいから，両辺の同じ次数の項の係数を比較して

$$\boldsymbol{a=3,\ b=-8,\ c=4}$$

⇐ 繰り返し出てくる式を1文字でまとめておき換え。

⇐ どんな x の値についても成り立つのだから，x に1を加えた値の X についても成り立たなければならない。

⇐ 係数比較法

INFORMATION ―― 恒等式の係数決定

与えられた等式が恒等式になるように，係数を決定する方法を **未定係数法** という。
方針① で示した **係数比較法** の場合，両辺が同じ式になるように定数を定めたので，得られた a，b，c の値をそのまま答えとしてよい。
方針② で示した **数値代入法** の場合，求めた a，b，c の値に対して，与式が恒等式になることの確認 (**逆の確認**) を必ずしなければならない。

例えば，$ax^2-b(x-1)=x^2+2$ が x についての恒等式となるように

$x=1$ を代入して　$a=3$

$x=0$ を代入して　$b=2$

として，a，b の値を求めても，与式の左辺に代入してみると

$$3x^2-2(x-1)=3x^2-2x+2$$

となり，右辺と一致しないから恒等式とはなり得ない。
これは，代入した x の値が，2次方程式

$$3x^2-2x+2=x^2+2 \quad \text{すなわち} \quad 2x(x-1)=0$$

の2つの解 $x=0$，1 であったからである。

このように，代入した x の値が方程式の解である可能性もあるので，与えられた等式が方程式 (成り立つ x の値が有限個) ではなく，どんな x の値に対しても成り立つ恒等式であることの確認が必要になってくるのである。数値代入法で解いた場合は，最後に確認を忘れないように習慣づけることが大切である。

ただし，**方針②** は，$p.35$ 基本事項 2 ② の考え方を利用して

「与えられた等式の両辺は2次以下の整式であり，異なる3個の x の値 $x=-1$，0，-2 に対して等式が成り立つから，この等式は恒等式である。」

の断りを書けば，逆の確認を省略することができる。

PRACTICE 18❷

次の等式が x についての恒等式となるように，定数 a，b，c，d の値を定めよ。

(1) $a(x-1)^2+b(x-1)+c=x^2+x$ 〔東亜大〕

(2) $x^3-3x^2+7=a(x-2)^3+b(x-2)^2+c(x-2)+d$ 〔福島大〕

(3) $x^3+(x+1)^3+(x+2)^3=ax(x-1)(x+1)+bx(x-1)+cx+d$

基本 例題 19 分数式の恒等式（部分分数に分解）

等式 $\dfrac{5x+1}{(x+2)(x-1)}=\dfrac{a}{x+2}+\dfrac{b}{x-1}$ が x についての恒等式となるように，定数 a，b の値を定めよ。

重要16，基本18

CHART & SOLUTION

分数式の恒等式

分母を払って，多項式の恒等式に直す

分母を払った等式が恒等式ならば，もとの等式も恒等式となる。
両辺に $(x+2)(x-1)$ を掛ければ，(多項式)=(多項式) の形になる。これが恒等式となるように，係数比較法または数値代入法を利用して係数を定める。

解答

両辺に $(x+2)(x-1)$ を掛けて

$$5x+1=a(x-1)+b(x+2) \quad \cdots\cdots ①$$

方針1（係数比較法） 右辺を整理して

$$5x+1=(a+b)x+(-a+2b)$$

両辺の同じ次数の項の係数が等しいから

$$5=a+b, \quad 1=-a+2b$$

これを解いて　$\boldsymbol{a=3,\ b=2}$

方針2（数値代入法） ① が x についての恒等式ならば

$x=1$ を代入して　$6=3b$　よって　$b=2$

$x=-2$ を代入して　$-9=-3a$　よって　$a=3$

逆に，このとき ① の右辺は

$$3(x-1)+2(x+2)=5x+1$$

となり，左辺と一致するから ① は恒等式である。

よって　$\boldsymbol{a=3,\ b=2}$

⇦ 分数式の恒等式では，分母を払った等式がまた恒等式である。

⇦ もとの分数式のままでは $x=1, x=-2$ を代入することができないが，① の形ならば代入して構わない。
(解答編 PRACTICE 19 の inf. 参照)

INFORMATION

この結果，例題の左辺の分数式は $\dfrac{5x+1}{(x+2)(x-1)}=\dfrac{3}{x+2}+\dfrac{2}{x-1}$ の形の部分分数に分解することができる（$p.32$ 重要例題 16 も参照）。

PRACTICE 19②

次の等式が x についての恒等式となるように，定数 a，b，c の値を定めよ。

(1) $\dfrac{3x-1}{x^2-1}=\dfrac{a}{x-1}+\dfrac{b}{x+1}$　　(2) $\dfrac{x-5}{(x+1)^2(x-1)}=\dfrac{a}{(x+1)^2}+\dfrac{b}{x+1}+\dfrac{c}{x-1}$

〔(1) 大阪工大〕

基本 例題 20　2つの文字に関する恒等式

次の等式が x, y についての恒等式となるように，定数 a, b, c の値を定めよ。

$$2x^2-xy-3y^2+5x-5y+a=(x+y+b)(2x-3y+c)$$

基本 18, 重要 50

CHART & SOLUTION

多くの文字に関する恒等式

両辺の同類項の係数が，それぞれ等しい（係数比較法）

x, y の恒等式であっても，x だけの場合と同じように考えればよい。

$\boldsymbol{ax^2+bxy+cy^2+dx+ey+f=0}$ **が $\boldsymbol{x}$, $\boldsymbol{y}$ についての恒等式**

$\Longleftrightarrow$ $\boldsymbol{a=b=c=d=e=f=0}$ を利用する。証明は INFORMATION 参照。

解答

右辺を展開して整理すると

$$2x^2-xy-3y^2+5x-5y+a$$
$$=2x^2-xy-3y^2+(2b+c)x+(-3b+c)y+bc$$

この等式が x, y についての恒等式となるのは，両辺の各項の係数が等しいときであるから

$2b+c=5$ ……①

$-3b+c=-5$ ……②

$bc=a$ ……③

①, ② から　$b=2$, $c=1$

これを ③ に代入して　$a=2$

以上から　$\boldsymbol{a=2}$, $\boldsymbol{b=2}$, $\boldsymbol{c=1}$

この例題の設問を言い換えると「**左辺が $\boldsymbol{x}$, $\boldsymbol{y}$ の1次式の積に因数分解できるように $\boldsymbol{a}$, $\boldsymbol{b}$, $\boldsymbol{c}$ を定めよ**」となる。（$p.83$ 重要例題 50 参照）

⇐ 係数比較法

INFORMATION

$ax^2+bxy+cy^2+dx+ey+f=0$ の左辺を x について整理すると

$$a\boldsymbol{x}^2+(by+d)\boldsymbol{x}+(cy^2+ey+f)=0$$

これが **$\boldsymbol{x}$ についての恒等式** であるから

$a=0$　$b\boldsymbol{y}+d=0$　$c\boldsymbol{y}^2+e\boldsymbol{y}+f=0$ ⟵ 係数比較

が成り立つ。これらがまた **$\boldsymbol{y}$ についての恒等式** であるから

$b=d=0$　$c=e=f=0$ ⟵ 係数比較

が成り立つ。よって　$\boldsymbol{a=b=c=d=e=f=0}$

PRACTICE 20[3]

次の等式が x, y についての恒等式となるように，定数 a, b, c の値を定めよ。

(1) $x^2+axy+by^2=(cx+y)(x-4y)$

(2) $x^2-xy-2y^2+ax-y+1=(x+y+b)(x-2y+c)$　〔類 東京電機大〕

重要 例題 21 割り算と多項式の決定 (2)

x についての多項式 x^4+ax^2+3x-2 を x^2-2x+2 で割ると余りが $9x-12$ となるように，定数 a の値を定め，そのときの商を求めよ。 基本 11, 18

CHART & SOLUTION

割り算の問題

基本公式 $A=BQ+R$ を利用

(m 次式)×(n 次式)=($m+n$) 次式 であるから，4 次式を 2 次式で割った商は 2 次式。
x^4 の項の係数が 1 であるから，商は x^2+bx+c とおける。
両辺の同じ次数の項の係数が等しいことを利用する (係数比較法)。
別解 割り算を実行 する方法も有効。得られた余りが $9x-12$ に等しいと考える (余りについての恒等式)。

解答

求める商を x^2+bx+c とすると，条件から

$$x^4+ax^2+3x-2=(x^2-2x+2)(x^2+bx+c)+9x-12$$

が x についての恒等式である。
右辺を展開して整理すると

$$x^4+ax^2+3x-2=x^4+(b-2)x^3+(-2b+c+2)x^2+(2b-2c+9)x+2c-12$$

両辺の同じ次数の項の係数は等しいから

$$0=b-2$$
$$a=-2b+c+2$$
$$3=2b-2c+9$$
$$-2=2c-12$$

これを解いて　$a=3$, $b=2$, $c=5$
よって　$\boldsymbol{a=3}$　**商は** $\boldsymbol{x^2+2x+5}$

⇐ $A=BQ+R$
⇐ 両辺の定数項だけ考えると，$-2=2c-12$ から $c=5$ なので，これを代入した恒等式からスタートしてもよい。
⇐ 係数比較法

別解 右の計算から，割り算の余りは

$$(2a+3)x-2(a+3)$$

よって　$(2a+3)x-2(a+3)=9x-12$
これは x についての恒等式であるから

$$2a+3=9,\ -2(a+3)=-12$$

ゆえに　$\boldsymbol{a=3}$
また，**商は**

$$x^2+2x+(a+2)=\boldsymbol{x^2+2x+5}$$

$$\begin{array}{r|l} & x^2+2x+(a+2) \\ \hline x^2-2x+2 & x^4 \qquad + ax^2 + 3x - 2 \\ & \underline{x^4-2x^3+2x^2} \\ & 2x^3+(a-2)x^2+3x \\ & \underline{2x^3-4x^2+4x} \\ & (a+2)x^2-x-2 \\ & \underline{(a+2)x^2-2(a+2)x+2(a+2)} \\ & (2a+3)x-2(a+3) \end{array}$$

PRACTICE 21③

x についての多項式 $2x^3+ax+10$ を x^2-3x+b で割ると余りが $3x-2$ となるように，定数 a，b の値を定めよ。また，そのときの商を求めよ。

重要 例題 22 条件式のある恒等式

$2x+y-3z=3$，$3x+2y-z=2$ を満たすすべての実数 x，y，z に対して，$px^2+qy^2+rz^2=12$ が成立するような定数 p，q，r の値を求めよ。

〔立命館大〕 基本 18

CHART & SOLUTION

条件式の扱い

文字を減らす方針で，計算しやすいように

すべての x，y，z といっても，x，y，z の間には次の関係がある。

$2x+y-3z=3$ …… ①，　$3x+2y-z=2$ …… ②

つまり，①，② は条件式であるから，**文字を消去する方針で解く**。あとの計算がしやすいように消去する文字に注意する。ここでは x，y を z で表して，**z だけの恒等式** を考える（下の副文参照）。…… ❗

解答

$2x+y-3z=3$ …… ①，　$3x+2y-z=2$ …… ②　とする。

①×2−② から　$x-5z=4$　ゆえに　$x=5z+4$

①×3−②×2 から　$-y-7z=5$　ゆえに　$y=-7z-5$

これらを $px^2+qy^2+rz^2=12$ に代入すると

$$p(5z+4)^2+q(-7z-5)^2+rz^2=12$$

よって　$p(25z^2+40z+16)+q(49z^2+70z+25)+rz^2=12$

❗ 左辺を z について整理すると

$$(25p+49q+r)z^2+10(4p+7q)z+(16p+25q)=12$$

この等式が z についての恒等式となるのは，両辺の同じ次数の項の係数が等しいときであるから

$25p+49q+r=0$ …… ③

$4p+7q=0$ …… ④

$16p+25q=12$ …… ⑤

④×4−⑤ から　$3q=-12$　ゆえに　$\boldsymbol{q=-4}$

よって，④ から　$\boldsymbol{p=7}$

更に，③ から　$175-196+r=0$　ゆえに　$\boldsymbol{r=21}$

⇦ 消去する文字が
x の場合：
①×3−②×2 から
$-y-7z=5$
y の場合：
①×2−② から
$x-5z=4$
z の場合：
①−②×3 から
$-7x-5y=-3$
となる。これらを変形するとき，なるべく係数が大きくならず，分数が出てこないように考えて消去する文字を決めるとよい。

PRACTICE 22③

(1) $2x-y-3=0$ を満たすすべての x，y に対して $ax^2+by^2+2cx-9=0$ が成り立つとき，定数 a，b，c の値を求めよ。

(2) $x+y+z=2$，$x-y-5z=0$ を満たす x，y，z の任意の値に対して，常に $a(2-x)^2+b(2-y)^2+c(2-z)^2=35$ となるように定数 a，b，c の値を定めよ。

〔武庫川女子大〕

4 等式・不等式の証明

基本事項

1 等式 $A=B$ の証明

1 A か B の一方を変形して，他方を導く。複雑な式の方を変形するのが原則。

2 A，B をそれぞれ変形して，同じ式を導く。

3 $A-B$ を変形して，0 になることを示す。　$A=B \iff A-B=0$

2 実数の大小関係

任意の 2 つの実数 a，b については $a>b$，$a=b$，$a<b$ のうち，どれか 1 つの関係だけが成り立つ。

① 大小関係の基本性質

1 $a>b,\ b>c \Longrightarrow a>c$　　2 $a>b \Longrightarrow a+c>b+c,\ a-c>b-c$

3 $a>b,\ c>0 \Longrightarrow ac>bc,\ \dfrac{a}{c}>\dfrac{b}{c}$　　4 $a>b,\ c<0 \Longrightarrow ac<bc,\ \dfrac{a}{c}<\dfrac{b}{c}$

更に　$a>0,\ b>0 \Longrightarrow a+b>0$　　$a>0,\ b>0 \Longrightarrow ab>0$

② 大小関係と差の正負　5 $a>b \iff a-b>0$　6 $a<b \iff a-b<0$

③ 実数の平方　7 $a^2 \geqq 0$　等号が成り立つのは $a=0$ のとき

8 $a^2+b^2 \geqq 0$　等号が成り立つのは $a=b=0$ のとき

3 正の数の大小と平方の大小

$a>0,\ b>0$ のとき　$a^2>b^2 \iff a>b$　また　$a^2 \geqq b^2 \iff a \geqq b$

4 絶対値と不等式

$a \geqq 0$ のとき　$|a|=a$，　$a<0$ のとき　$|a|=-a$

$|a|=|-a|$，　$|a| \geqq a$，　$|a| \geqq -a$，　$|a|^2=a^2$

$|ab|=|a||b|$，　$b \neq 0$ のとき　$\left|\dfrac{a}{b}\right|=\dfrac{|a|}{|b|}$

5 相加平均と相乗平均の大小関係

$\dfrac{a+b}{2}$ を a と b の **相加平均**，$a>0$，$b>0$ のとき $\sqrt{ab}$ を a と b の **相乗平均** という。

$a>0,\ b>0$ のとき　$\dfrac{a+b}{2} \geqq \sqrt{ab}$　　等号が成り立つのは $a=b$ のとき

CHECK & CHECK

8 $a+b=p$，$ab=q$ のとき，次の等式が成り立つことを証明せよ。

(1) $p^2-4q=(a-b)^2$　　(2) $p^3-3pq=a^3+b^3$

→ 1

9 (1) $x>1$ のとき，$3x+1>x+3$ であることを証明せよ。

(2) 不等式 $a^2-2ab+3b^2 \geqq 0$ を証明せよ。また，等号が成り立つのはどのようなときか。

→ 2

基本 例題 23 恒等式の証明

次の等式を証明せよ。

(1) $x^5-1=(x-1)(x^4+x^3+x^2+x+1)$

(2) $(a^2+b^2)(c^2+d^2)=(ac+bd)^2+(ad-bc)^2$

p.42 基本事項 1

CHART & SOLUTION

等式 $A=B$ の証明

複雑な式を変形して簡単な式へ

1 A か B の一方を変形して，他方を導く

2 A，B をそれぞれ変形して，同じ式を導く

3 $A-B=0$ であることを示す

(1) **複雑な式の方（右辺）を変形** するのが原則。（方法 1）

(2) 左辺も右辺も同じような複雑さであるから，それぞれ変形。（方法 2）

解答

(1) (右辺)$=(x^5+x^4+x^3+x^2+x)-(x^4+x^3+x^2+x+1)$　⇐右辺を変形。

$=x^5-1=$(左辺)　⇐左辺が導かれた。

よって　$x^5-1=(x-1)(x^4+x^3+x^2+x+1)$

(2) (左辺)$=a^2c^2+a^2d^2+b^2c^2+b^2d^2$　⇐左辺を変形。

(右辺)$=a^2c^2+2acbd+b^2d^2+a^2d^2-2adbc+b^2c^2$　⇐右辺を変形。

$=a^2c^2+a^2d^2+b^2c^2+b^2d^2$　⇐同じ式が導かれた。

よって　$(a^2+b^2)(c^2+d^2)=(ac+bd)^2+(ad-bc)^2$

別解 (右辺)$=a^2c^2+2acbd+b^2d^2+a^2d^2-2adbc+b^2c^2$　⇐右辺を変形。（方法 1）

$=a^2c^2+a^2d^2+b^2c^2+b^2d^2$

$=a^2(c^2+d^2)+b^2(c^2+d^2)$

$=(a^2+b^2)(c^2+d^2)=$(左辺)　⇐左辺が導かれた。

よって　$(a^2+b^2)(c^2+d^2)=(ac+bd)^2+(ad-bc)^2$

INFORMATION

(1)の等式は，x^5-1 が $x-1$ で割り切れることを示している。一般に，n を自然数とすると **x^n-1 は $x-1$ で割り切れて，商は $x^{n-1}+x^{n-2}+\cdots\cdots+x+1$** となることが知られている。

PRACTICE 23❷

次の等式を証明せよ。

(1) $a^4+4b^4=\{(a+b)^2+b^2\}\{(a-b)^2+b^2\}$

(2) $(a^2-b^2)(c^2-d^2)=(ac+bd)^2-(ad+bc)^2$

基本 例題 24 条件つきの等式の証明

$a+b+c=0$ のとき，次の等式が成り立つことを証明せよ。

$$bc(b+c)+ca(c+a)+ab(a+b)=-3abc$$

p.42 基本事項 1

CHART & SOLUTION

条件式の扱い

文字を減らす方針で，計算しやすいように

条件式 $a+b+c=0$ から $c=-(a+b)$

これを，証明すべき等式に代入すると，**c が消去されて** a，b だけの等式になり，**条件なしの a，b の等式の証明** になる。**両辺を変形して同じ式を導く** 方針で解く。

解答

$a+b+c=0$ から　$c=-(a+b)$

$$\begin{aligned}(\text{左辺})&=b\{-(a+b)\}\{b-(a+b)\}\\&\quad-(a+b)a\{-(a+b)+a\}+ab(a+b)\\&=ab(a+b)+ab(a+b)+ab(a+b)\\&=3ab(a+b)\end{aligned}$$

$$\begin{aligned}(\text{右辺})&=-3ab\{-(a+b)\}\\&=3ab(a+b)\end{aligned}$$

よって　$bc(b+c)+ca(c+a)+ab(a+b)=-3abc$

⇐ **c を消去する方針。**

⇐ $3ab(a+b)=3ab(-c)=-3abc=(\text{右辺})$ としてもよい。

別解 1　(左辺)−(右辺)

$$\begin{aligned}&=bc(b+c)+ca(c+a)+ab(a+b)+\underset{\sim\sim}{3abc}\\&=\{bc(b+c)+\underset{\sim\sim}{abc}\}+\{ca(c+a)+\underset{\sim\sim}{abc}\}\\&\qquad+\{ab(a+b)+\underset{\sim\sim}{abc}\}\\&=bc(a+b+c)+ca(a+b+c)+ab(a+b+c)\\&=(bc+ca+ab)\underline{(a+b+c)}\end{aligned}$$

$a+b+c=0$ であるから　(左辺)−(右辺)$=0$

よって　$bc(b+c)+ca(c+a)+ab(a+b)=-3abc$

⇐ (左辺)−(右辺)$=0$ を示す方針。

⇐ a について整理し，因数分解してもよい。

⇐ 条件式を **丸ごと利用**。

別解 2　$b+c=-a$，$c+a=-b$，$a+b=-c$ であるから

$$\begin{aligned}(\text{左辺})&=bc(-a)+ca(-b)+ab(-c)\\&=-3abc=(\text{右辺})\end{aligned}$$

よって　$bc(b+c)+ca(c+a)+ab(a+b)=-3abc$

⇐ 左辺を変形して右辺を導く方針。

PRACTICE 24②

$a+b+c=0$ のとき，次の等式が成り立つことを証明せよ。

(1)　$a^3(b-c)+b^3(c-a)+c^3(a-b)=0$

(2)　$(b+c)^2+(c+a)^2+(a+b)^2=-2(bc+ca+ab)$

ズームUP 証明に関する補足説明

条件式を扱うときには，さまざまな方針がありますが，問題に応じて一番スムーズな方針を選択することが大切です。前のページで示した例題 24 の 3 つの解答の方針について，それぞれ詳しく見ておきましょう。

方針 1　1 文字減らす

条件式を $c=-(a+b)$ と変形し，c を消去する（a や b を消去してもよい）。
⟶ 条件式のない等式の証明（$p.43$ 基本例題 23 に帰着）

方針 2　条件式を丸ごと代入

(左辺)−(右辺) は **$\boldsymbol{a}$，$\boldsymbol{b}$，$\boldsymbol{c}$ の対称式** である。よって，基本対称式のみで表すことができ，式変形をすると **$\boldsymbol{a+b+c}$ を因数にもつことが期待できる。**
(左辺)−(右辺)$=(a+b+c)P$ と変形できれば，$a+b+c=0$ を **丸ごと代入** でき

$$(\text{左辺})-(\text{右辺})=(a+b+c)P=0\times P=0$$

と証明することができる。

方針 3　項を減らす

$b+c$，$c+a$，$a+b$ は条件式より　$b+c=-a$，$c+a=-b$，$a+b=-c$ と，1 文字で表すことができる。これらを左辺に代入すると，**項を減らす**ことができる。

次に，証明の注意点を確認しておきましょう。例題 24 を証明した次の 2 つの解答は間違っています。どこに誤りがあるか考えてみましょう。

解答 1　$a+b+c=0$ から　$c=-a-b$

これを与えられた等式の両辺に代入して

$$b(-a-b)(b-a-b)+(-a-b)a(-a-b+a)+ab(a+b)=-3ab(-a-b)$$
$$b(-a-b)(-a)+(-a-b)a(-b)+ab(a+b)=3ab(a+b)$$
$$3ab(a+b)=3ab(a+b)$$

よって，与えられた等式は成り立つ。

解答 2　$a+b+c=0$ から，$a=3$，$b=-2$，$c=-1$ とおくと

$(\text{左辺})=-2\cdot(-1)\cdot(-2-1)+(-1)\cdot3\cdot(-1+3)+3\cdot(-2)\cdot(3-2)=-18$

$(\text{右辺})=-3\cdot3\cdot(-2)\cdot(-1)=-18$

よって，(左辺)=(右辺) であるから，与えられた等式は成り立つ。

解答 1 は，証明する等式 $A=B$ …… ① の両辺を同時に変形して

$$\underline{A=B \Longrightarrow A'=B'} \Longrightarrow A''=B'' \Longrightarrow \cdots\cdots \Longrightarrow C=C$$

から，① が成り立つとしているが，$A=B$ はこれから証明する等式である。**等しいかどうかわからない $\boldsymbol{A=B}$ から式を変形し始めてはならない。**

解答 2 は，**成り立つ一例を示しただけで，$\boldsymbol{a+b+c=0}$ を満たすすべての $\boldsymbol{a}$，$\boldsymbol{b}$，$\boldsymbol{c}$ に対して成り立つことを示したことにはならない。**

基本 例題 25 条件が比例式の等式の証明

(1) $\dfrac{a}{b}=\dfrac{c}{d}$ のとき，等式 $\dfrac{a+b}{a-b}=\dfrac{c+d}{c-d}$ が成り立つことを証明せよ。

(2) $\dfrac{x}{b-c}=\dfrac{y}{c-a}=\dfrac{z}{a-b}$ のとき，等式 $ax+by+cz=0$ が成り立つことを証明せよ。

p.42 基本事項 1

CHART & SOLUTION

比例式は $=k$ とおく

(1) $\dfrac{a}{b}=\dfrac{c}{d}=k$ とおくと $a=bk$，$c=dk$ と表される。これを左辺・右辺に代入し，同じ式を導く。k が増えるが，a，c を減らすことができる。(2) も同様。

解答

(1) $\dfrac{a}{b}=\dfrac{c}{d}=k$ とおくと　$a=bk$，　$c=dk$

よって　$\dfrac{a+b}{a-b}=\dfrac{bk+b}{bk-b}=\dfrac{b(k+1)}{b(k-1)}=\dfrac{k+1}{k-1}$

$\dfrac{c+d}{c-d}=\dfrac{dk+d}{dk-d}=\dfrac{d(k+1)}{d(k-1)}=\dfrac{k+1}{k-1}$

ゆえに　$\dfrac{a+b}{a-b}=\dfrac{c+d}{c-d}$

別解 条件式 $\dfrac{a}{b}=\dfrac{c}{d}$ より，$c=\dfrac{ad}{b}$ であるから

$$(右辺)=\frac{\dfrac{ad}{b}+d}{\dfrac{ad}{b}-d}=\frac{ad+bd}{ad-bd}=\frac{a+b}{a-b}=(左辺)$$

(2) $\dfrac{x}{b-c}=\dfrac{y}{c-a}=\dfrac{z}{a-b}=k$ とおくと

$x=(b-c)k$，　$y=(c-a)k$，　$z=(a-b)k$

よって　$ax+by+cz$

$=a(b-c)k+b(c-a)k+c(a-b)k$

$=\{(ab-ac)+(bc-ba)+(ca-cb)\}k=0$

ゆえに　$ax+by+cz=0$

inf. $\dfrac{a}{p}=\dfrac{b}{q}=\dfrac{c}{r}$ のように，比の値が等しいことを示す等式を **比例式** という。比例式は

$a:b:c=p:q:r$

とも書き表す。
扱い方は例題の場合と同じで，$\dfrac{a}{p}=\dfrac{b}{q}=\dfrac{c}{r}=k$ とおき，$a=pk$，$b=qk$，$c=rk$ のように k を用いる
(下のPRACTICE 25参照)。
なお，$a:b:c$ を

a，b，c の連比

という。

PRACTICE 25[2]

(1) $a:b=c:d$ のとき，等式 $\dfrac{pa+qc}{pb+qd}=\dfrac{ra+sc}{rb+sd}$ が成り立つことを証明せよ。

(2) $\dfrac{a}{b}=\dfrac{c}{d}=\dfrac{e}{f}$ のとき，等式 $\dfrac{a+c}{b+d}=\dfrac{a+c+e}{b+d+f}$ が成り立つことを証明せよ。

基本 例題 26　比例式の値

$\dfrac{y+z}{x}=\dfrac{z+x}{y}=\dfrac{x+y}{z}$ のとき，この式の値を求めよ。

基本 25

CHART & SOLUTION

比例式は $=k$ とおく

等式の証明ではなく，ここでは比例式そのものの値を求める。

$\dfrac{y+z}{x}=\dfrac{z+x}{y}=\dfrac{x+y}{z}=k$ とおくと　$y+z=xk$，$z+x=yk$，$x+y=zk$

この 3 つの式から k の値を求める。辺々を加えると，**共通因数 $x+y+z$** が両辺にできる。これを手がかりとして，$x+y+z$ または k の値が求められる。求めた k の値に対しては，**(分母)$\neq 0$** ($x\neq 0$，$y\neq 0$，$z\neq 0$) を忘れずに確認する。

解答

分母は 0 でないから　$xyz\neq 0$

$\dfrac{y+z}{x}=\dfrac{z+x}{y}=\dfrac{x+y}{z}=k$ とおくと

$y+z=xk$ …①，$z+x=yk$ …②，$x+y=zk$ …③

①+②+③ から　$2(x+y+z)=(x+y+z)k$

よって　$(k-2)(x+y+z)=0$

ゆえに　$k=2$　または　$x+y+z=0$

[1]　$k=2$ のとき

①，②，③ から

$y+z=2x$ …④，$z+x=2y$ …⑤，$x+y=2z$ …⑥

④−⑤ から　$y-x=2x-2y$　　よって　$x=y$

これを ⑥ に代入すると　$x+x=2z$　　よって　$x=z$

したがって　$x=y=z$

$x=y=z$ かつ $xyz\neq 0$ を満たす実数 x, y, z の組は存在する。

[2]　$x+y+z=0$ のとき　$y+z=-x$

よって　$k=\dfrac{y+z}{x}=\dfrac{-x}{x}=-1$

[1]，[2] から，求める式の値は　**2，−1**

⇦ $xyz\neq 0 \iff x\neq 0$ かつ $y\neq 0$ かつ $z\neq 0$

⇦ $x+y+z$ が 0 になる可能性もあるから，両辺をこれで割ってはいけない。

⇦ 例えば $x=y=z=1$

⇦ 例えば，$x=3$，$y=-1$，$z=-2$ など，$xyz\neq 0$ かつ $x+y+z=0$ を満たす実数 x, y, z の組は存在する。

INFORMATION　循環形の式について

①〜③ の左辺は，x，y，z の **循環形** ($x\to y\to z\to x$ とおくと次の式が得られる) になっている。循環形の式は，上の解答のように，**辺々を加えたり引いたり** するとうまくいくことが多い。一般には，連立方程式を解く要領で文字を減らすのが原則である。

PRACTICE 26[3]

x，y，z は実数とする。$\dfrac{y+2z}{x}=\dfrac{z+2x}{y}=\dfrac{x+2y}{z}$ のとき，この式の値を求めよ。

STEP UP 不等式の式変形でできること，できないことは？

例えば1つの不等式が与えられたとき

両辺に c を加える，両辺から c を引く $\longrightarrow$ 不等号の向きはそのまま

両辺に c を掛ける，両辺を c で割る $\longrightarrow$ c の符号によって不等号の向きが変わる

ことは，すでに数学 I で学んだ。($p.42$ 基本事項 2 ①)

ここでは，前者のように［**無条件でやってよいこと**］と後者のように［**条件を確認してからやるべきこと**］，更に［**やってはいけないこと**］についてもまとめてみよう。

1　1つの不等式を式変形する場合

△［条件を確認してからやるべきこと］

① **両辺の逆数をとる** $\longrightarrow$ **両辺が同符号か異符号か** によって結果が異なる。

a，b が同符号のとき　$a>b \iff \dfrac{1}{a}<\dfrac{1}{b}$

a，b が異符号のとき　$a>b \iff a>0,\ b<0 \iff \dfrac{1}{a}>0,\ \dfrac{1}{b}<0$

$$\iff \frac{1}{a}>\frac{1}{b}$$

② **両辺を平方する，両辺の平方根をとる**

$\longrightarrow$ 平方するものが **ともに正ならば**，不等号はそのままでよい。

$a>0$，$b>0$ のとき　$a>b \iff a^2>b^2$　($p.42$ 基本事項 3)

2　2つの不等式を式変形する場合

○［無条件でやってよいこと］

③ **辺々を加える** $\longrightarrow$ 不等号の向きをそろえて，辺々を加えてよい。

$$\begin{cases} a>b \\ c>d \end{cases} \Longrightarrow a+c>b+d$$

△［条件を確認してからやるべきこと］

④ **辺々を掛ける** $\longrightarrow$ **各辺がすべて正ならば**，辺々を掛けてよい。

$$\begin{cases} a>b\underline{>0} \\ c>d\underline{>0} \end{cases} \Longrightarrow ac>bd$$

×［やってはいけないこと］

⑤ **辺々を引く，辺々を割る**

$\begin{cases} a>b \\ c>d \end{cases}$ から，$a-c>b-d$ や $\dfrac{a}{c}>\dfrac{b}{d}$ は，**やってはいけない！**

例　$\begin{cases} 4>3 \\ 2>1 \end{cases}$ のとき，$4-2>3-1$ や $\dfrac{4}{2}>\dfrac{3}{1}$ は成り立たない。

基本 例題 27 不等式の証明（差を作る）

次の不等式を証明せよ。また，(3) の等号が成り立つのはどのようなときか。

(1) $a>1,\ b>\dfrac{1}{2}$ のとき　$2ab+1>a+2b$

(2) $x^2>4x-7$　　(3) $a^2+3b^2 \geqq 3ab$

p.42 基本事項 2

CHART & SOLUTION

大小比較　差を作る　$A>B \iff A-B>0$

(左辺)−(右辺) の式を

(1) **因数分解**。(2) **(実数)^2+正の数** に変形。(3) **(実数)^2+(実数)^2** に変形。

注意　一般に，不等式 $A \geqq B$ の証明においては，問題で要求していない限り，必ずしも等号が成り立つ場合について書く必要はない。

解答

(1) $(2ab+1)-(a+2b)=2ab+1-a-2b$
$=(2b-1)a-(2b-1)$
$=(a-1)(2b-1)$

ここで，$a>1,\ b>\dfrac{1}{2}$ から　$a-1>0,\ 2b-1>0$

よって　$(a-1)(2b-1)>0$　ゆえに　$2ab+1>a+2b$

(2) $x^2-(4x-7)=x^2-4x+7$
$=(x^2-4x+4)-4+7$
$=(x-2)^2+3>0$

よって　$x^2>4x-7$

(3) $(a^2+3b^2)-3ab=a^2-3ab+\left(\dfrac{3}{2}b\right)^2-\left(\dfrac{3}{2}b\right)^2+3b^2$
$=\left(a-\dfrac{3}{2}b\right)^2+\dfrac{3}{4}b^2 \geqq 0$

よって　$a^2+3b^2 \geqq 3ab$

等号が成り立つのは，$a-\dfrac{3}{2}b=0$ かつ $b=0$，すなわち **$a=b=0$ のとき** である。

⇐ 差を作る。
⇐ a について整理して共通因数でくくる。
⇐ x について平方完成する。
⇐ $(x-2)^2 \geqq 0,\ 3>0$
⇐ $\left(a-\dfrac{3}{2}b\right)^2 \geqq 0,\ \dfrac{3}{4}b^2 \geqq 0$
(実数)^2+(実数)^2≧0 を利用。

PRACTICE 27②

次の不等式を証明せよ。また，(3) の等号が成り立つのはどのようなときか。

(1) $a>-2,\ b>\dfrac{1}{3}$ のとき　$3ab-2>a-6b$

(2) $4x^2+3>4x$　　(3) $2x^2 \geqq 3xy-2y^2$

基本 例題 28 不等式の証明（平方の差を作る）

次の不等式が成り立つことを証明せよ。
また，(1) の等号が成り立つのはどのようなときか。

(1) $a \geqq 0$, $b \geqq 0$ のとき　$5\sqrt{a+b} \geqq 3\sqrt{a}+4\sqrt{b}$

(2) $a>b>0$ のとき　$\sqrt{a-b}>\sqrt{a}-\sqrt{b}$

p.42 基本事項 3

CHART & SOLUTION

根号や絶対値を含む式の大小比較

$A \geqq 0$, $B \geqq 0$ のとき

$A>B \iff A^2>B^2 \iff A^2-B^2>0$

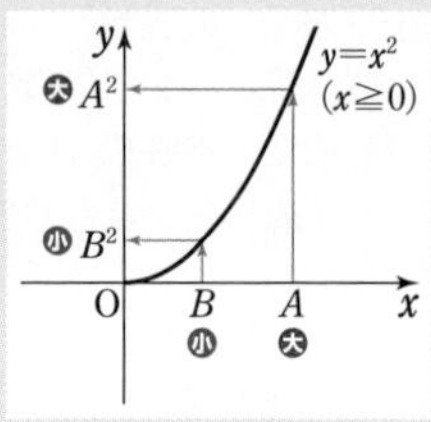

(1) 差を作ると　$5\sqrt{a+b}-(3\sqrt{a}+4\sqrt{b})$
これから $\geqq 0$ は示しにくい。
そこで，$5\sqrt{a+b} \geqq 0$, $3\sqrt{a}+4\sqrt{b} \geqq 0$ であるから，
与式は $(5\sqrt{a+b})^2 \geqq (3\sqrt{a}+4\sqrt{b})^2$ と同値。
$(5\sqrt{a+b})^2-(3\sqrt{a}+4\sqrt{b})^2$ を変形して $\geqq 0$ を示す。

(2) 与式は $(\sqrt{a-b})^2>(\sqrt{a}-\sqrt{b})^2$ と同値。

解答

(1) $(5\sqrt{a+b})^2-(3\sqrt{a}+4\sqrt{b})^2$　　⇐ 両辺の平方の差を作る。

$=25(a+b)-(9a+24\sqrt{ab}+16b)$

$=16a-24\sqrt{ab}+9b=(4\sqrt{a}-3\sqrt{b})^2 \geqq 0$ …… ①　　⇐ $(\text{実数})^2 \geqq 0$

よって　$(5\sqrt{a+b})^2 \geqq (3\sqrt{a}+4\sqrt{b})^2$

$5\sqrt{a+b} \geqq 0$, $3\sqrt{a}+4\sqrt{b} \geqq 0$ であるから　　⇐ **この断りは重要。**

$5\sqrt{a+b} \geqq 3\sqrt{a}+4\sqrt{b}$

等号が成り立つのは，① から $4\sqrt{a}=3\sqrt{b}$ すなわち
$16a=9b$ のとき である。

(2) $(\sqrt{a-b})^2-(\sqrt{a}-\sqrt{b})^2=(a-b)-(a-2\sqrt{ab}+b)$　　⇐ 両辺の平方の差を作る。

$=2\sqrt{ab}-2b=2\sqrt{b}(\sqrt{a}-\sqrt{b})$

$a>b>0$ より，$2\sqrt{b}(\sqrt{a}-\sqrt{b})>0$ であるから　　⇐ $a>b>0$ から $\sqrt{a}>\sqrt{b}$　よって　$\sqrt{a}-\sqrt{b}>0$

$(\sqrt{a-b})^2>(\sqrt{a}-\sqrt{b})^2$

$\sqrt{a-b}>0$, $\sqrt{a}-\sqrt{b}>0$ であるから　　⇐ **この断りは重要。**

$\sqrt{a-b}>\sqrt{a}-\sqrt{b}$

PRACTICE 28❷

$a \geqq 0$, $b \geqq 0$ のとき，次の不等式が成り立つことを証明せよ。また，等号が成り立つのはどのようなときか。

(1) $\sqrt{a}+2 \geqq \sqrt{a+4}$　　(2) $\sqrt{2(a+b)} \geqq \sqrt{a}+\sqrt{b}$

基本 例題 29 不等式の証明(絶対値と不等式)

次の不等式を証明せよ。

(1) $|a+b|\leqq|a|+|b|$　　(2) $|a|-|b|\leqq|a-b|$

p.42 基本事項 4，基本 28

CHART & THINKING

似た問題 1 結果を使う　2 方法をまねる

(1) 絶対値を含むので，このままでは差をとって考えにくい。$|A|^2=A^2$ を利用すると，絶対値の処理が容易になる。よって，平方の差を作ればよい。

(2) 証明したい不等式の左辺は負の場合もあるから，平方の差を作る方針は手間がかかりそうである(別解 参照)。そこで，不等式を変形すると

$|a|\leqq|a-b|+|b|$ ⟵ (1)と似た形になることに着目。

1 の方針で考えられそうだが，どのように文字をおき換えると(1)を利用できるだろうか？

解答

(1) $(|a|+|b|)^2-|a+b|^2=(|a|^2+2|a||b|+|b|^2)-(a+b)^2$

$=a^2+2|ab|+b^2-(a^2+2ab+b^2)$

$=2(|ab|-ab)\geqq0$ ……(＊)

よって　$|a+b|^2\leqq(|a|+|b|)^2$

$|a+b|\geqq0$，$|a|+|b|\geqq0$ であるから　$|a+b|\leqq|a|+|b|$

別解　$-|a|\leqq a\leqq|a|$，$-|b|\leqq b\leqq|b|$ であるから

辺々を加えて　$-(|a|+|b|)\leqq a+b\leqq|a|+|b|$

$|a|+|b|\geqq0$ であるから　$|a+b|\leqq|a|+|b|$

(2) (1)の不等式の文字 a を $a-b$ におき換えて

$|(a-b)+b|\leqq|a-b|+|b|$

よって　$|a|\leqq|a-b|+|b|$　ゆえに　$|a|-|b|\leqq|a-b|$

別解　[1] $|a|-|b|<0$ すなわち $|a|<|b|$ のとき

(左辺)<0，(右辺)>0 であるから不等式は成り立つ。

[2] $|a|-|b|\geqq0$ すなわち $|a|\geqq|b|$ のとき

$|a-b|^2-(|a|-|b|)^2=(a-b)^2-(a^2-2|ab|+b^2)$

$=2(-ab+|ab|)\geqq0$

よって　$(|a|-|b|)^2\leqq|a-b|^2$

$|a|-|b|\geqq0$，$|a-b|\geqq0$ であるから

$|a|-|b|\leqq|a-b|$

inf. $A\geqq0$ のとき
$-|A|\leqq A=|A|$
$A<0$ のとき
$-|A|=A<|A|$
であるから，一般に
$-|A|\leqq A\leqq|A|$
更に，これから
$|A|-A\geqq0$，$|A|+A\geqq0$

⇦ $c\geqq0$ のとき
$-c\leqq x\leqq c \iff |x|\leqq c$
$x\leqq -c$，$c\leqq x$
$\iff |x|\geqq c$

⇦ 2 の方針。$|a|-|b|$ が負の場合も考えられるので，平方の差を作るには場合分けが必要。

inf. 等号成立条件
(1)は(＊)から，$|ab|=ab$，すなわち，$ab\geqq0$ のとき。
よって，(2)は $(a-b)b\geqq0$
ゆえに $(a-b\geqq0$ かつ $b\geqq0)$
または $(a-b\leqq0$ かつ $b\leqq0)$
すなわち $a\geqq b\geqq0$ または $a\leqq b\leqq0$ のとき。

PRACTICE 29❷

不等式 $|a+b|\leqq|a|+|b|$ を利用して，次の不等式を証明せよ。

(1) $|a-b|\leqq|a|+|b|$　　(2) $|a-c|\leqq|a-b|+|b-c|$

(3) $|a+b+c|\leqq|a|+|b|+|c|$

基本 例題 30 不等式の証明（相加平均・相乗平均の利用）

$x>0$ のとき，次の不等式が成り立つことを証明せよ。また，等号が成り立つのはどのようなときか。

(1) $x+\dfrac{4}{x}\geqq 4$　　　(2) $\left(x+\dfrac{1}{x}\right)\left(x+\dfrac{4}{x}\right)\geqq 9$

p. 42 基本事項 5

CHART & SOLUTION

大小比較は差を作る の方針で証明してもよいが，次の方法が便利。

積が定数になる正の数の和（相加平均）≧（相乗平均）を利用

$a>0,\ b>0$ のとき $\dfrac{a+b}{2}\geqq\sqrt{ab}$ （$a+b\geqq 2\sqrt{ab}$ の形がよく使われる）……❗

(2) 左辺を展開して，$x^2+\dfrac{4}{x^2}$ の部分に（相加平均）≧（相乗平均）を利用。

解答

(1) $x>0,\ \dfrac{4}{x}>0$ であるから，相加平均と相乗平均の大小関係

❗ により $x+\dfrac{4}{x}\geqq 2\sqrt{x\cdot\dfrac{4}{x}}=2\cdot 2=4$　　よって $x+\dfrac{4}{x}\geqq 4$

等号が成り立つのは $x=\dfrac{4}{x}$ すなわち $x=2$ のとき。

別解 $\left(x+\dfrac{4}{x}\right)-4=\dfrac{x^2+4-4x}{x}=\dfrac{(x-2)^2}{x}\geqq 0$

よって $x+\dfrac{4}{x}\geqq 4$

等号が成り立つのは，$x=2$ のとき。

(2) 左辺を展開して

$$\left(x+\frac{1}{x}\right)\left(x+\frac{4}{x}\right)=x^2+x\cdot\frac{4}{x}+\frac{1}{x}\cdot x+\frac{1}{x}\cdot\frac{4}{x}=x^2+\frac{4}{x^2}+5$$

$x^2>0,\ \dfrac{4}{x^2}>0$ であるから，相加平均と相乗平均の大小関

❗ 係により $x^2+\dfrac{4}{x^2}\geqq 2\sqrt{x^2\cdot\dfrac{4}{x^2}}=2\cdot 2=4$

よって $\left(x+\dfrac{1}{x}\right)\left(x+\dfrac{4}{x}\right)=x^2+\dfrac{4}{x^2}+5\geqq 4+5=9$

等号が成り立つのは $x^2=\dfrac{4}{x^2}$ すなわち $x=\sqrt{2}$ のとき。

⇐ 文字が正で，逆数の和を含む不等式の証明は（相加平均）≧（相乗平均）がよく使われる。

⇐ $x=\dfrac{4}{x}$ から $x^2=4$
$x>0$ であるから $x=2$
これは次のように考えてもよい。
等号が成り立つとき
$x=\dfrac{4}{x}$ かつ $x+\dfrac{4}{x}=4$
ゆえに $x+x=4$
よって $x=2$

⇐ $x>0$ から $x^2>0$，$\dfrac{4}{x^2}>0$

⇐ $x^2=\dfrac{4}{x^2}$ から $x^2=2$
$x>0$ から $x=\sqrt{2}$

PRACTICE 30❸

$a,\ b,\ c,\ d$ は正の数とする。次の不等式が成り立つことを証明せよ。また，等号が成り立つのはどのようなときか。

(1) $4a+\dfrac{9}{a}\geqq 12$　　　(2) $\left(\dfrac{b}{a}+\dfrac{d}{c}\right)\left(\dfrac{a}{b}+\dfrac{c}{d}\right)\geqq 4$

ズーム UP 相加平均と相乗平均の等号成立条件に注意

例題 30 (2) を，次のように証明してしまった人はいませんか？

(A)　(2) の証明を次のように試みてみる。

$x>0$，$\dfrac{1}{x}>0$，$\dfrac{4}{x}>0$ であるから，相加平均と相乗平均の大小関係により

$$x+\frac{1}{x}\geqq 2\sqrt{x\cdot\frac{1}{x}}=2 \cdots\cdots ①,\qquad x+\frac{4}{x}\geqq 2\sqrt{x\cdot\frac{4}{x}}=4 \cdots\cdots ②$$

① と ② の辺々を掛け合わせると $\boxed{\left(x+\dfrac{1}{x}\right)\left(x+\dfrac{4}{x}\right)\geqq 2\cdot 4=8}$ ……③

となり，うまくいかない。

(B)　$a>0$，$b>0$ のとき $\left(a+\dfrac{1}{b}\right)\left(b+\dfrac{1}{a}\right)\geqq 4$ の証明を上と同様の解法で試みてみる。

$a>0$，$\dfrac{1}{b}>0$，$b>0$，$\dfrac{1}{a}>0$ であるから，相加平均と相乗平均の大小関係により

$$a+\frac{1}{b}\geqq 2\sqrt{\frac{a}{b}} \cdots\cdots ④,\qquad b+\frac{1}{a}\geqq 2\sqrt{\frac{b}{a}} \cdots\cdots ⑤$$

④ と ⑤ の辺々を掛け合わせると $\left(a+\dfrac{1}{b}\right)\left(b+\dfrac{1}{a}\right)\geqq 2\sqrt{\dfrac{a}{b}}\cdot 2\sqrt{\dfrac{b}{a}}=4$ ……⑥

となり，証明できる。

なぜ，(A)，(B) のような違いがあるのかを考えてみましょう。

(A)　①，② の等号が成り立つのはそれぞれ

$x>0$ かつ $x=\dfrac{1}{x}$　すなわち　$x=1$ のとき

$x>0$ かつ $x=\dfrac{4}{x}$　すなわち　$x=2$ のとき

であるから，③ の等号が成り立つのは，**$x=1$ かつ $x=2$ のとき** で，**そのような x の値は存在しない**。←③ は不等式としては正しいが，等号は成立しない。

したがって，解答では **先に左辺を展開** し，相加平均と相乗平均の大小関係を用いる回数を 1 回にしているのである。

(B)　④，⑤ の等号が成り立つのは

$a=\dfrac{1}{b}$　すなわち　$ab=1$ のとき

$b=\dfrac{1}{a}$　すなわち　$ab=1$ のとき

であり，ともに $ab=1$ のときであるから，⑥ の等号が成り立つのも，**$ab=1$ のとき** である。**これを満たす正の実数 a，b の値は存在する** から，不等式の証明ができたのである。

(A)，(B) 2 つの例からわかるように，(相加平均)≧(相乗平均) を利用するときは，等号の成立条件の確認をつねに意識していなければならない。

基本 例題 31 相加平均・相乗平均を利用する最小値

(1) $x>0$ のとき，$x+\dfrac{9}{x}$ の最小値を求めよ。

(2) $x>0$ のとき，$x+\dfrac{9}{x+2}$ の最小値を求めよ。

p. 42 基本事項 5，基本 30

CHART & SOLUTION

積が定数である正の数の和の最小値 (相加平均)≧(相乗平均) を利用

相加平均と相乗平均の大小関係 $\dfrac{a+b}{2}\geqq\sqrt{ab}$ において，$ab=k$ (一定) の関係が成り立つとき，$a+b\geqq2\sqrt{k}$ から $a+b$ の最小値を求めることができる。
ただし，等号の成立条件の確認が必要である。
(2) 積が定数になるように定数を補い，(相加平均)≧(相乗平均) を利用。

解答

(1) $x>0$, $\dfrac{9}{x}>0$ であるから，相加平均と相乗平均の大小関係により $\quad x+\dfrac{9}{x}\geqq2\sqrt{x\cdot\dfrac{9}{x}}=2\cdot3=6$

等号が成り立つのは $x=\dfrac{9}{x}$ すなわち $x=3$ のとき。

よって，**$x=3$ で最小値 6** をとる。

(2) $x+\dfrac{9}{x+2}=x+2+\dfrac{9}{x+2}-2$

$x>0$ より $x+2>0$, $\dfrac{9}{x+2}>0$ であるから，相加平均と相乗平均の大小関係により

$$x+2+\frac{9}{x+2}\geqq2\sqrt{(x+2)\cdot\frac{9}{x+2}}=2\cdot3=6$$

ゆえに $\quad x+\dfrac{9}{x+2}=x+2+\dfrac{9}{x+2}-2\geqq6-2=4$

等号が成り立つのは $x+2=\dfrac{9}{x+2}$ のとき。

このとき $\quad (x+2)^2=9$

$x+2>0$ であるから $\quad x+2=3 \quad$ ゆえに $\quad x=1$

したがって，**$x=1$ で最小値 4** をとる。

⇐ 相加平均と相乗平均の大小関係を利用する場合，2 数が正であることを明示する。

⇐ $x=\dfrac{9}{x}$ から $x^2=9$
$x>0$ であるから $x=3$

⇐ 2 つの項の積が定数となるように，$x+2$ の項を作る。

⇐ 式の値が 4 になるような x の値が存在することを必ず確認する。

⇐ 等号成立は
$x+2=\dfrac{9}{x+2}$
かつ $x+2+\dfrac{9}{x+2}=6$
ゆえに $2(x+2)=6$
として求めてもよい。

PRACTICE 31③

(1) $x>0$ のとき，$x+\dfrac{16}{x}$ の最小値を求めよ。

(2) $x>1$ のとき，$x+\dfrac{1}{x-1}$ の最小値を求めよ。

基本 例題 32 式の大小比較

$0<a<b$, $a+b=2$ のとき，次の 4 つの式の大小を比較せよ。

$$a,\quad b,\quad ab,\quad \frac{a^2+b^2}{2}$$

基本 27

CHART & THINKING

式の大小比較　数値代入などで 大小の見当 をつける

2 式ずつ差を作って，$a-b$, $a-ab$, ……の符号を調べればよいが，全部 (${}_4C_2=6$ 通り) 調べるのは煩雑である。そこで，$0<a<b$, $a+b=2$ を満たす a, b を代入して，4 つの式の値を求め，**大小の見当をつけよう**。例えば，$a=\frac{1}{2}$, $b=\frac{3}{2}$ を代入すると，どうだろうか？

⟶ $ab=\frac{3}{4}$, $\frac{a^2+b^2}{2}=\frac{5}{4}$ となることから，

$\boldsymbol{a<ab<\frac{a^2+b^2}{2}<b}$ **と見当がつく。**

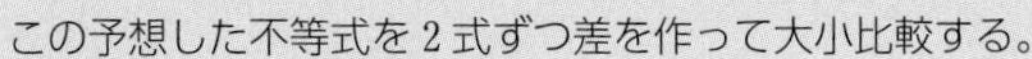

この予想した不等式を 2 式ずつ差を作って大小比較する。

解答

$a+b=2$ から　　$b=2-a$

$0<a<b$ から　　$0<a<2-a$

よって　　$0<a<1$ …… ①

また　　$ab=a(2-a)=-a^2+2a$

$$\frac{a^2+b^2}{2}=\frac{a^2+(2-a)^2}{2}=a^2-2a+2$$

[1]　① から　　$ab-a=(-a^2+2a)-a=-a^2+a$

$$=-a(a-1)>0$$

[2]　① から　　$\frac{a^2+b^2}{2}-ab=(a^2-2a+2)-(-a^2+2a)$

$$=2a^2-4a+2=2(a^2-2a+1)$$
$$=2(a-1)^2>0$$

[3]　① から　　$b-\frac{a^2+b^2}{2}=(2-a)-(a^2-2a+2)$

$$=-a^2+a=-a(a-1)>0$$

したがって　　$\boldsymbol{a<ab<\frac{a^2+b^2}{2}<b}$

⇦ $a+b=2$ は条件式。
条件式　文字を減らす
⟶ 消去する b の条件を a に残す。

⇦ $-a<0$
① から　$a-1<0$

⇦ ① から　$a\neq1$
よって　$(a-1)^2>0$

⇦ $-a<0$
① から　$a-1<0$

PRACTICE 32❸

2 つの正の数 a, b が $a+b=1$ を満たすとき，次の式の大小を比較せよ。

$$a+b,\quad a^2+b^2,\quad ab,\quad \sqrt{a}+\sqrt{b}$$

重要 例題 33　3文字の不等式の証明

次の不等式を証明せよ。また，等号が成り立つのはどのようなときか。

$$a^2+b^2+c^2 \geqq ab+bc+ca$$

基本 27

CHART & SOLUTION

2次の不等式の証明　$(実数)^2 \geqq 0$ を利用 ……❗

a，b，c が実数であるとき，$a^2 \geqq 0$，$a^2+b^2 \geqq 0$，$a^2+b^2+c^2 \geqq 0$ が成り立つ。
また，$(実数)^2=0$ となるのは，その実数が 0 のときに限られる。
2次式の場合は，まず差を作って，1文字について平方完成し，残りの文字について平方完成することにより $(\quad)^2+(\quad)^2$ の形に変形する。
別解 のように，$x^2-2xy+y^2=(x-y)^2$ を使えるように式変形し，証明する方法もある。自力で思いつくのは難しいので，この解法は覚えておこう。

解答

$$(a^2+b^2+c^2)-(ab+bc+ca)$$
$$=a^2-(b+c)a+b^2-bc+c^2$$
$$=\left(a-\frac{b+c}{2}\right)^2-\left(\frac{b+c}{2}\right)^2+b^2-bc+c^2$$
$$=\left(a-\frac{b+c}{2}\right)^2+\frac{3}{4}b^2-\frac{6}{4}bc+\frac{3}{4}c^2$$
$$=\left(a-\frac{b+c}{2}\right)^2+\frac{3}{4}(b^2-2bc+c^2)$$

❗ $$=\left(a-\frac{b+c}{2}\right)^2+\frac{3}{4}(b-c)^2 \geqq 0$$

よって　$a^2+b^2+c^2 \geqq ab+bc+ca$

等号が成り立つのは，$a=\dfrac{b+c}{2}$ かつ $b=c$ すなわち

$a=b=c$ のとき である。

⇐ a についての2次式とみて，基本形に変形。

⇐ $\left(a-\dfrac{b+c}{2}\right)^2 \geqq 0$，$\dfrac{3}{4}(b-c)^2 \geqq 0$ から。

別解　$(a^2+b^2+c^2)-(ab+bc+ca)$

$$=\frac{1}{2}\{(a^2-2ab+b^2)+(b^2-2bc+c^2)+(c^2-2ca+a^2)\}$$

❗ $$=\frac{1}{2}\{(a-b)^2+(b-c)^2+(c-a)^2\} \geqq 0$$

よって　$a^2+b^2+c^2 \geqq ab+bc+ca$

等号が成り立つのは，

$a-b=0$ かつ $b-c=0$ かつ $c-a=0$

すなわち **$a=b=c$ のとき** である。

⇐ 公式 $x^2-2xy+y^2=(x-y)^2$ が使えるように式変形する。

⇐ 実数 A，B，C に対し $\boldsymbol{A^2+B^2+C^2=0 \iff A=B=C=0}$

PRACTICE 33④

次の不等式を証明せよ。また，等号が成り立つのはどのようなときか。

(1)　$a^2+b^2+c^2+ab+bc+ca \geqq 0$

(2)　$a+b+c>0$ のとき　$a^3+b^3+c^3 \geqq 3abc$

重要 例題 34 「少なくとも1つは…」の証明

$\dfrac{1}{x}+\dfrac{1}{y}+\dfrac{1}{z}=\dfrac{1}{x+y+z}$ であるとき，$x+y$，$y+z$，$z+x$ のうち少なくとも1つは0であることを証明せよ。 〔香川大〕 基本 24

CHART & SOLUTION

証明の問題　結論からお迎えに行く

まず，結論を示すには，どんな式が成り立てばよいかを考える。

$x+y$，$y+z$，$z+x$ のうち少なくとも1つは0である。

$\iff x+y=0$　または　$y+z=0$　または　$z+x=0$

$\iff (x+y)(y+z)(z+x)=0$ …… ＊ …… !

よって，＊を証明すればよい。

解答

$\dfrac{1}{x}+\dfrac{1}{y}+\dfrac{1}{z}=\dfrac{1}{x+y+z}$ の両辺に $xyz(x+y+z)$ を掛けると

$$(x+y+z)(yz+zx+xy)=xyz$$

よって　$\{x+(y+z)\}\{(y+z)x+yz\}-xyz=0$

$$(y+z)x^2+(y+z)^2x+yz(y+z)=0$$

$$(y+z)\{x^2+(y+z)x+yz\}=0$$

! $$(y+z)(x+y)(x+z)=0$$

ゆえに　$y+z=0$　または　$x+y=0$　または　$x+z=0$

したがって，$x+y$，$y+z$，$z+x$ のうち少なくとも1つは0である。

⇐ x についての式とみて計算する。

INFORMATION

上の例題のように，結論から解決の方針を立てる考え方は大切で，証明の問題に限らず，有効な方法である。

以下には，代表的なものを紹介しておく。

① x，y，z の少なくとも2つは等しい

$\iff (x-y)(y-z)(z-x)=0$

② x，y，z の少なくとも1つは1に等しい

$\iff (x-1)(y-1)(z-1)=0$

③ 実数 x，y，z のすべてが1に等しい

$\iff (x-1)^2+(y-1)^2+(z-1)^2=0$

PRACTICE 34④

$a+b+c=1$，$\dfrac{1}{a}+\dfrac{1}{b}+\dfrac{1}{c}=1$ であるとき，a，b，c のうち少なくとも1つは1であることを証明せよ。

重要 例題 35 不等式の証明の拡張

$|a|<1$，$|b|<1$，$|c|<1$ のとき，次の不等式が成り立つことを証明せよ。

(1) $ab+1>a+b$　　(2) $abc+2>a+b+c$

基本 27, 29

CHART & THINKING

似た問題

1 結果を使う　2 方法をまねる

(1) 大小比較は差を作る方針。

(2) 文字が多いため，差を作る方針では煩雑になる。そこで，(2)は，(1)の **2 文字**(a, b)から **3 文字**(a, b, c)に **拡張** された問題であることに注目すると，**1** の方針で証明できそうだ。(1)の結果をどのように利用すればよいだろうか？

⟶ $|a|<1$，$|b|<1$ から $|ab|<1$ であることに注目。また，(1)を 1 回利用して不十分なら，2 回利用することも考えよう。……❗

解答

(1) $(ab+1)-(a+b)=(b-1)a-(b-1)=(a-1)(b-1)$

$|a|<1$，$|b|<1$ であるから　$a-1<0$，$b-1<0$

よって　$(a-1)(b-1)>0$

すなわち　$(ab+1)-(a+b)>0$

したがって　$ab+1>a+b$

(2) $|a|<1$，$|b|<1$ であるから　$|ab|<1$

$|ab|<1$，$|c|<1$ であるから，(1)を利用して

❗ $(ab)c+1>ab+c$

よって　$abc+2>ab+c+1$

❗ (1)から　$(ab+1)+c>(a+b)+c$

ゆえに　$abc+2>a+b+c$

別解 $(abc+2)-(a+b+c)=(bc-1)a+2-b-c$

$|b|<1$，$|c|<1$ であるから　$|bc|<1$

よって　$bc-1<0$

$|a|<1$ であるから　$a<1$

ゆえに　$(bc-1)a>(bc-1)\cdot 1$

よって　$(bc-1)a+2-b-c>bc-1+2-b-c$

$=(b-1)(c-1)$

$|b|<1$，$|c|<1$ であるから　$b-1<0$，$c-1<0$

ゆえに　$(b-1)(c-1)>0$

したがって　$abc+2>a+b+c$

⇐ 大小比較　差を作る

⇐ $-1<a<1$，$-1<b<1$

⇐ 1 結果を使う　(1)の不等式で a を ab に，b を c におき換える。

⇐ $ab+1>a+b$ の両辺に c を加える。

⇐ 大小比較　差を作る

⇐ $-1<bc<1$

⇐ $a<1$ の両辺に，負の数 $bc-1$ を掛ける。

PRACTICE 35[4]

$a\geqq 2$，$b\geqq 2$，$c\geqq 2$，$d\geqq 2$ のとき，次の不等式が成り立つことを証明せよ。

(1) $ab\geqq a+b$　　(2) $abcd>a+b+c+d$

EXERCISES　3 恒 等 式　4 等式・不等式の証明

A

14❸ (1) 等式 $(x-2)^3-$ア$\square(x-2)^2+$イ$\square(x-2)+$ウ$\square$
$=(x-1)^3-7(x-1)^2+17(x-1)-9$ が成り立つように $\square$ を埋めよ。

(2) $kx^2+y^2+kx-3(10k+3)=0$ がどんな k の値についても成り立つとき，x と y の値の組 $(x,\ y)$ をすべて求めよ。

⟲18

15❸ 整式 $P=2x^2+xy-y^2+5x-y+k$ は，$k=$ア$\square$ のとき，整数を係数とする1次式の積 $(2x-$イ$\square y+$ウ$\square)(x+$エ$\square y+$オ$\square)$ と表される。
〔近畿大〕

⟲20

16❷ 次の等式を証明せよ。

(1) $x^4+y^4=(x+y)^4-4xy(x+y)^2+2x^2y^2$

(2) $(a^2+b^2+c^2)(x^2+y^2+z^2)=(ax+by+cz)^2+(ay-bx)^2+(bz-cy)^2+(cx-az)^2$

(3) $a+b+c=0$ のとき　$a^2-bc=b^2-ca=c^2-ab$

⟲23, 24

17❸ (1) $\dfrac{x+y}{2}=\dfrac{y+z}{5}=\dfrac{z+x}{7}\ (\neq 0)$ であるとき，$\dfrac{xy+yz+zx}{x^2+y^2+z^2}$ の値を求めよ。
〔福島県立医大〕

(2) $\dfrac{x+y}{z}=\dfrac{y+2z}{x}=\dfrac{z-x}{y}$ のとき，この式の値を求めよ。　〔札幌大〕

⟲26

18❸ 次の不等式を証明せよ。また，等号が成り立つのはどのようなときか。

(1) $x^4+y^4 \geqq x^3y+xy^3$

(2) $(a^2+b^2)(x^2+y^2) \geqq (ax+by)^2$

(3) $(a^2+b^2+c^2)(x^2+y^2+z^2) \geqq (ax+by+cz)^2$

⟲27

19❸ 次の不等式を証明せよ。

(1) $\dfrac{x^2+y^2+z^2+u^2}{4} \geqq \sqrt{xyzu}$　(ただし，$x,\ y,\ z,\ u$ はすべて正の数)

(2) $\sqrt{2(a^2+b^2)} \geqq |a|+|b|$

⟲27, 28, 29

20❸ n は2以上の整数とする。二項定理を利用して，次の不等式を証明せよ。

(1) $a>0$ のとき　$(1+a)^n>1+na$　(2) $\left(1+\dfrac{1}{n}\right)^n>2$

⟲p.12 4

21❷ $a>0,\ b>0,\ c>0$ とする。次の不等式が成り立つことを証明せよ。

(1) $\sqrt{ab} \geqq \dfrac{2}{\dfrac{1}{a}+\dfrac{1}{b}}$　(2) $\left(a+\dfrac{1}{b}\right)\left(b+\dfrac{1}{c}\right)\left(c+\dfrac{1}{a}\right) \geqq 8$

⟲30

B

22❹ x の 3 次式 ax^3+bx^2+cx+d を x^2+x+1 で割ると $5x+8$ が余り，x^2-x+1 で割ると $-x$ が余る。このとき，a，b，c，d の値を求めよ。
〔東京理科大〕

➡ 21

23❸ a，b，x，y が正の数で $a+b=1$ のとき，$\sqrt{ax+by} \geqq a\sqrt{x}+b\sqrt{y}$ が成り立つことを示せ。また，等号が成り立つのはどのようなときか。
〔愛知学院大〕

➡ 28

24❸ (1) 正の実数 x と y が $9x^2+16y^2=144$ を満たしているとき，xy の最大値を求めよ。〔類　慶応大〕

(2) $x>1$ のとき，$4x^2+\dfrac{1}{(x+1)(x-1)}$ の最小値を求めよ。〔類　慶応大〕

➡ 31

25❸ $0<a<b$，$a+b=1$ であるとき，4 つの数 1，$\sqrt{a}+\sqrt{b}$，$\sqrt{b}-\sqrt{a}$，$\sqrt{b-a}$ の大小を比較せよ。〔倉敷芸術科学大〕

➡ 32

26❹ $x+y+z=3$，$(x-1)^3+(y-1)^3+(z-1)^3=0$ のとき，x，y，z のうち少なくとも 1 つは 1 に等しいことを証明せよ。〔広島文教女子大〕

➡ 34

27❹ 次の不等式が成り立つことを証明せよ。

(1) $a \geqq b$，$x \geqq y$ のとき　$(a+b)(x+y) \leqq 2(ax+by)$

(2) $a \geqq b \geqq c$，$x \geqq y \geqq z$ のとき　$(a+b+c)(x+y+z) \leqq 3(ax+by+cz)$

➡ 35

HINT

22　3 次式を 2 次式で割った商は 1 次式。問題の条件を $A=BQ+R$ の形に書き，恒等式の性質を利用する。

23　両辺の平方の差を作る。

24　(1) 相加平均と相乗平均の大小関係 $a+b \geqq 2\sqrt{ab}$ を，左辺を定数として利用する。

(2) $\dfrac{1}{(x+1)(x-1)}=\dfrac{1}{x^2-1}$ に着目。2 つの項の積が定数となるように定数を補い，(相加平均)≧(相乗平均) を利用。

25　$a=\dfrac{1}{4}$，$b=\dfrac{3}{4}$ などの扱いの簡単な数値を代入して，大小の見当をつける。

26　$(x-1)(y-1)(z-1)=0$ を導く。$x-1=X$，$y-1=Y$，$z-1=Z$ とすると計算がスムーズ。

27　(2) 似た問題　結果を利用　(1)の結果を繰り返し利用する。

第2章

数学Ⅱ

複素数と方程式

— スタンダードコース：教科書の例題をカンペキにしたいきみに
— パーフェクトコース：教科書を完全にマスターしたいきみに
— 大学入学共通テスト準備・対策コース ※基例…基本例題，番号…基本例題の番号

Start　基例36 → 基例37 → 基例38 → 基例39 → 基例40 → 基例41 → 基例42 → 基例44 → 基例45 → 基例46 → 基例47 → 基例48 → 基例49 → 基例52 → 基例53 → 基例54 → 55 → 基例56 → 基例58 → 基例59 → 基例60 → 基例61 → 基例62 → 基例63

■ 例題一覧

	種類	番号	例題タイトル	難易度
5	基本	36	複素数の加法・減法・乗法	❶
	基本	37	複素数の除法，負の数の平方根	❷
	基本	38	複素数の相等	❷
	基本	39	2乗して $8i$ になる数	❸
6	基本	40	解の種類の判別	❷
	基本	41	重解・虚数解をもつ条件	❷
	基本	42	2つの2次方程式の解の種類の判別	❸
	重要	43	虚数を係数とする2次方程式	❹
7	基本	44	2次方程式の2つの解の対称式の値	❷
	基本	45	2つの解の関係から係数の決定	❷
	基本	46	2次式の因数分解 (1)	❷
	基本	47	2次方程式の作成	❷
	基本	48	2次方程式の解の存在範囲 (1)	❷
	基本	49	2次方程式の解の存在範囲 (2)	❸
	重要	50	2次式の因数分解 (2)	❹
	重要	51	2次方程式の整数解	❹
8	基本	52	剰余の定理	❷
	基本	53	剰余の定理の利用 (1)	❷
	基本	54	剰余の定理の利用 (2)	❸
	基本	55	高次式の値（割り算を利用して次数を下げる）	❸
	基本	56	高次式の因数分解	❷
	重要	57	剰余の定理の利用 (3)	❹
9	基本	58	高次方程式の解法（因数分解の利用）	❷
	基本	59	高次方程式の解法（因数定理の利用）	❷
	基本	60	1の3乗根の性質	❷
	基本	61	解から係数決定（実数解）	❷
	基本	62	解から係数決定（虚数解）	❷
	基本	63	2重解をもつ条件	❸
	重要	64	3次方程式の解と係数の関係	❸

5 複素数

基本事項

1 複素数の基本 (a, b, c, d は実数)

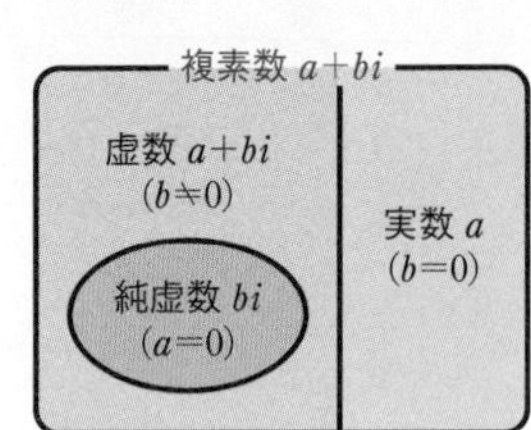

① **虚数単位 i** $i^2=-1$

② **複素数** $a+bi$ の形で表される数で,
a を **実部**, b を**虚部** という。

③ **複素数の相等**

$$a+bi=c+di \iff a=c \text{ かつ } b=d$$

特に $a+bi=0 \iff a=0$ かつ $b=0$

注意 以後, 特に断りがない限り, i は虚数単位を表すものとする。

2 複素数の計算 (a, b は実数, α, β は複素数)

① **複素数の四則計算** $i^2=-1$ とするほかは, 文字 i の式と考えて行う。

② **共役な複素数** $a+bi$ と $a-bi$ を, 互いに **共役な複素数** という。
複素数 α と共役な複素数を $\overline{\alpha}$ で表す。
共役な複素数の和と積はともに実数 である。

$$(a+bi)+(a-bi)=2a,\ (a+bi)(a-bi)=a^2+b^2$$

③ **$\alpha\beta=0$ ならば ($\alpha=0$ または $\beta=0$)**

注意 虚数については, 大小関係や正・負は考えない。

3 負の数の平方根

$a>0$ のとき $\sqrt{-a}=\sqrt{a}\,i$ 特に $\sqrt{-1}=i$

負の数 $-a$ の平方根は $\pm\sqrt{-a}$ すなわち $\pm\sqrt{a}\,i$

CHECK & CHECK

10 次の複素数の実部と虚部を答えよ。

(1) $3-\sqrt{2}\,i$ (2) $\dfrac{-1+i}{2}$ (3) $4i$ (4) $-\dfrac{1}{3}$ ↻ 1

11 次の等式を満たす実数 x, y の値を求めよ。

(1) $x+2i=9-yi$ (2) $(2x-1)+(y+3)i=0$ ↻ 1

12 次の複素数と, それぞれに共役な複素数との和, 積を求めよ。

(1) $3-5i$ (2) -2 (3) $4i$ ↻ 2

13 次の計算をせよ。

(1) $\sqrt{-25}$ (2) $\sqrt{2}\sqrt{-18}$ (3) $\sqrt{-3}\sqrt{-27}$ ↻ 3

基本 例題 36 複素数の加法・減法・乗法

次の計算をせよ。

(1) $(-3+2i)+(5-6i)$　　(2) $i-(-4+3i)$

(3) $(5-i)(-1+2i)$　　(4) $(3+4i)^2$

(5) $i(-2+i)+(1-i)^2$　　(6) $(1-i)^4$

(7) $1+i+i^2+i^3$

p.62 基本事項 2

CHART & SOLUTION

複素数の計算

i は普通の文字のように考えて計算

i^2 が出てきたら，$i^2=-1$ とする

なお，計算結果は，$a+bi$（a，b は実数）の形にまとめる。

注意　今後，$a+bi$，$c+di$ などでは文字 a，b，c，d は実数を表すものとする。

解答

(1) $(-3+2i)+(5-6i)=(-3+5)+(2-6)i$

$=\boldsymbol{2-4i}$

← 実数の計算と同様。$a+bi$ の形に整理。

(2) $i-(-4+3i)=4+(1-3)i=\boldsymbol{4-2i}$

(3) $(5-i)(-1+2i)=-5+10i+i-2i^2$

$=-5+11i-2\cdot(-1)$

$=\boldsymbol{-3+11i}$

← $i^2=-1$

(4) $(3+4i)^2=3^2+2\cdot3\cdot4i+4^2i^2=9+24i+16\cdot(-1)$

$=\boldsymbol{-7+24i}$

← $(a+b)^2=a^2+2ab+b^2$

(5) $i(-2+i)+(1-i)^2=(-2i+i^2)+(1-2i+i^2)$

$=1-4i+2i^2$

$=1-4i+2\cdot(-1)$

$=\boldsymbol{-1-4i}$

← $(a-b)^2=a^2-2ab+b^2$

(6) $(1-i)^4=\{(1-i)^2\}^2=(1-2i+i^2)^2$

$=(1-2i-1)^2=(-2i)^2$

$=(-2)^2i^2=4\cdot(-1)$

$=\boldsymbol{-4}$

← $a^4=(a^2)^2$

← $(ab)^2=a^2b^2$

(7) $1+i+i^2+i^3=1+i-1+i\cdot i^2$

$=i+i(-1)=\boldsymbol{0}$

← $i^3=i\cdot i^2=i(-1)$

PRACTICE 36[1]

次の計算をせよ。

(1) $(4+5i)-(4-5i)$　　(2) $(-6+5i)(1+2i)$　　(3) $(2-5i)(2i-5)$

(4) $(3+i)^3$　　(5) $(\sqrt{2}+i)^2-(\sqrt{2}-i)^2$　　(6) $(1+i)^8$

(7) $i-i^2+i^3+i^4+i^5-i^6+i^7+i^8$

基本 例題 37 複素数の除法，負の数の平方根 ②②②②②

次の計算をせよ。

(1) $\dfrac{1+2i}{2-i}$ (2) $\dfrac{3+2i}{2+i}-\dfrac{i}{1-2i}$

(3) $(4+\sqrt{-5})(3-\sqrt{-5})$ (4) $\dfrac{\sqrt{15}}{\sqrt{-10}}$

p.62 基本事項 2，3

CHART & SOLUTION

複素数の除法

分母の実数化　$(a+bi)(a-bi)=a^2+b^2$ を利用

(1)，(2)　分母が $a+bi$ $(b\neq0)$ であれば，$a-bi$（分母と共役な複素数）を分母・分子に掛けて，**分母を実数化**する。これは，数学Ⅰで学んだ「無理数の分母の有理化」と同じ要領である。

(3)，(4)　$\sqrt{-a}$ $(a>0)$ は，まず $\sqrt{a}\,i$ とする。

$\sqrt{a}\sqrt{b}=\sqrt{ab}$，$\dfrac{\sqrt{a}}{\sqrt{b}}=\sqrt{\dfrac{a}{b}}$ は常に成り立つとは限らない（p.65 ピンポイント解説参照）。

解答

(1) $\dfrac{1+2i}{2-i}=\dfrac{(1+2i)(2+i)}{(2-i)(2+i)}=\dfrac{2+5i+2i^2}{2^2-i^2}=\dfrac{5i}{5}=\boldsymbol{i}$

⇐ 分母の $2-i$ と共役な複素数 $2+i$ を分母・分子に掛ける。

(2) $\dfrac{3+2i}{2+i}-\dfrac{i}{1-2i}=\dfrac{(3+2i)(2-i)}{(2+i)(2-i)}-\dfrac{i(1+2i)}{(1-2i)(1+2i)}$

$=\dfrac{6+i-2i^2}{2^2-i^2}-\dfrac{i+2i^2}{1^2-(2i)^2}$

$=\dfrac{8+i}{5}-\dfrac{-2+i}{5}=\dfrac{10}{5}=\boldsymbol{2}$

⇐ まず，各項の**分母を実数化**する。

(3) $(4+\sqrt{-5})(3-\sqrt{-5})=(4+\sqrt{5}\,i)(3-\sqrt{5}\,i)$

$=12-\sqrt{5}\,i-5i^2=\boldsymbol{17-\sqrt{5}\,i}$

⇐ $\sqrt{-5}=\sqrt{5}\,i$ としてから計算する。

(4) $\dfrac{\sqrt{15}}{\sqrt{-10}}=\dfrac{\sqrt{15}}{\sqrt{10}\,i}=\dfrac{\sqrt{3}}{\sqrt{2}\,i}=\dfrac{\sqrt{3}\,i}{\sqrt{2}\,i^2}=\dfrac{\sqrt{3}}{-\sqrt{2}}i=\boldsymbol{-\dfrac{\sqrt{6}}{2}i}$

⇐ $\sqrt{-10}=\sqrt{10}\,i$ としてから計算する。

注意　(4) では，$\dfrac{\sqrt{15}}{\sqrt{-10}}=\sqrt{\dfrac{15}{-10}}=\sqrt{-\dfrac{3}{2}}=\dfrac{\sqrt{3}}{\sqrt{2}}i=\dfrac{\sqrt{6}}{2}i$ とするのは **誤り**！

解答のように，まず $\sqrt{-10}=\sqrt{10}\,i$ として計算しよう（p.65 ピンポイント解説参照）。

PRACTICE 37②

次の計算をせよ。

(1) $\dfrac{4+3i}{2i}$ (2) $\dfrac{3+2i}{2+3i}$ (3) $\dfrac{1+3\sqrt{3}\,i}{\sqrt{3}+i}+\dfrac{3\sqrt{3}+i}{1+\sqrt{3}\,i}$

(4) $\dfrac{2-i}{3-i}-\dfrac{1+2i}{3+i}$ (5) $(\sqrt{3}+\sqrt{-1})(1-\sqrt{-3})$ (6) $\dfrac{\sqrt{6}}{\sqrt{-3}}$

POINT 複素数の四則計算（加法・減法・乗法・除法）

① **加法** $(\boldsymbol{a}+\boldsymbol{bi})+(\boldsymbol{c}+\boldsymbol{di})=(\boldsymbol{a}+\boldsymbol{c})+(\boldsymbol{b}+\boldsymbol{d})\boldsymbol{i}$ ←実部どうし・虚部どうしの和

② **減法** $(\boldsymbol{a}+\boldsymbol{bi})-(\boldsymbol{c}+\boldsymbol{di})=(\boldsymbol{a}-\boldsymbol{c})+(\boldsymbol{b}-\boldsymbol{d})\boldsymbol{i}$ ←実部どうし・虚部どうしの差

③ **乗法** $(\boldsymbol{a}+\boldsymbol{bi})(\boldsymbol{c}+\boldsymbol{di})=ac+(ad+bc)i+bdi^2$ ←分配法則を利用

$$=ac+(ad+bc)i+bd\cdot(-1) \quad \leftarrow i^2=-1$$

$$=(\boldsymbol{ac}-\boldsymbol{bd})+(\boldsymbol{ad}+\boldsymbol{bc})\boldsymbol{i}$$

④ **除法** $\dfrac{\boldsymbol{c}+\boldsymbol{di}}{\boldsymbol{a}+\boldsymbol{bi}}=\dfrac{(c+di)(a-bi)}{(a+bi)(a-bi)}$ ←分母の実数化

$$=\frac{ac+(ad-bc)i-bdi^2}{a^2-b^2i^2}$$

$$=\frac{ac+(ad-bc)i-bd\cdot(-1)}{a^2-b^2\cdot(-1)} \quad \leftarrow i^2=-1$$

$$=\frac{\boldsymbol{ac}+\boldsymbol{bd}}{\boldsymbol{a}^2+\boldsymbol{b}^2}+\frac{\boldsymbol{ad}-\boldsymbol{bc}}{\boldsymbol{a}^2+\boldsymbol{b}^2}\boldsymbol{i} \qquad ただし，a+bi\neq 0$$

実数の和，差，積，商は，いずれも実数であるが，上のことからわかるように，**複素数の和，差，積，商もまた複素数である。**

ピンポイント解説 負の数の平方根の注意点

前ページの CHART&SOLUTION にもある通り，複素数の計算において，負の数の平方根 $\sqrt{-\boldsymbol{a}}$ $(a>0)$ は，まず $\sqrt{\boldsymbol{a}}\,\boldsymbol{i}$ とするのが原則である。

なぜなら，等式 $\sqrt{a}\sqrt{b}=\sqrt{ab}$，$\dfrac{\sqrt{a}}{\sqrt{b}}=\sqrt{\dfrac{a}{b}}$ は，a，b の符号により，成り立つ場合と成り立たない場合があるからである（表 1，2 参照）。

例えば，$\sqrt{-5}$ は 2 乗して -5 になる数であるから，$\sqrt{-5}\times\sqrt{-5}=-5$ である。ゆえに，

$$\sqrt{-5}\times\sqrt{-5}=\sqrt{(-5)(-5)}$$

$$=\sqrt{25}=5 \text{ は}\textbf{誤り！}$$

$\sqrt{-a}=\sqrt{a}\,i$ $(a>0)$ を利用して

$$\sqrt{-5}\times\sqrt{-5}=\sqrt{5}\,i\times\sqrt{5}\,i$$

$$=5i^2=-5$$

とするのが正しい計算である。同様に，$\sqrt{5}\times\sqrt{-5}$ は，

$$\sqrt{5}\times\sqrt{-5}=\sqrt{5}\times\sqrt{5}\,i=5i$$

と計算するのが基本である。しかし，$\sqrt{a}\sqrt{b}=\sqrt{ab}$ を最初に用いて，

$$\sqrt{5}\times\sqrt{-5}=\sqrt{5\times(-5)}=\sqrt{-25}$$

$$=\sqrt{25}\,i=5i$$

のように計算しても，結果が一致する。このような場合もあるから，負の数の平方根を計算するときは混乱しやすい。

どのような場合でも，$\sqrt{-\boldsymbol{a}}=\sqrt{\boldsymbol{a}}\,\boldsymbol{i}$ $(a>0)$ **としておけば誤ることはない**から，ルートの中のマイナスは i にして外に出すことを心がけよう。

表 1　$\sqrt{a}\sqrt{b}=\sqrt{ab}$

	$a>0$	$a<0$
$b>0$	○	○
$b<0$	○	×

表 2　$\dfrac{\sqrt{a}}{\sqrt{b}}=\sqrt{\dfrac{a}{b}}$

	$a>0$	$a<0$
$b>0$	○	○
$b<0$	×	○

○……成り立つ
×……成り立たない
（p.68 EXERCISES 32 を参照）

2章
5
複素数

基本 例題 38 複素数の相等

次の等式を満たす実数 x, y の値を求めよ。

(1) $(2+i)x+(3-2i)y=-9+20i$　　(2) $(2+i)(3x-2yi)=4+7i$

p. 62 基本事項 1

CHART & SOLUTION

複素数の相等　実部，虚部を比較 ……❶

a, b, c, d が実数のとき　$a+bi=c+di \iff a=c$ かつ $b=d$

(1) 左辺を計算して，(実数)+(実数)i の形にする。

(2) $3x-2yi$ がまとまった形であることに着目。あわてて左辺を展開しなくても，両辺を $2+i$ で割れば $a+bi=c+di$ の形にできる。

解答

(1) 与えられた等式を変形すると

$$(2x+3y)+(x-2y)i=-9+20i$$

x, y は実数であるから，$2x+3y$, $x-2y$ も実数である。

❶ よって　$2x+3y=-9$,　$x-2y=20$

これを解いて　**$x=6$, $y=-7$**

(2) 等式の両辺を $2+i$ で割ると

$$3x-2yi=\frac{4+7i}{2+i}$$

ここで　$\dfrac{4+7i}{2+i}=\dfrac{(4+7i)(2-i)}{(2+i)(2-i)}=\dfrac{8+10i-7i^2}{4-i^2}$

$$=\frac{15+10i}{5}=3+2i$$

よって　$3x-2yi=3+2i$

❶ $3x$, $-2y$ は実数であるから　$3x=3$,　$-2y=2$

ゆえに　**$x=1$, $y=-1$**

⇐ 左辺を i について整理。

⇐ この断り書きは重要。(下の INFORMATION 参照)

別解 (2) 左辺を変形して
$(6x+2y)+(3x-4y)i$
$=4+7i$
$6x+2y$, $3x-4y$ は実数であるから
$6x+2y=4$, $3x-4y=7$
これを解いて
$x=1$, $y=-1$

INFORMATION 「実数である」の断り書きについて

「$a+bi=c+di \iff a=c$ かつ $b=d$」が成り立つのは「a, b, c, d が実数のとき」であり，この条件がないと成立しない。例えば，$a=0$, $b=i$, $c=-1$, $d=0$ のとき，$a \neq c$, $b \neq d$ であるが，$a+bi=c+di=-1$ となってしまう。したがって，a, b, c, d が実数であることを確認して，きちんと記述することは大切である。

PRACTICE 38❷

次の等式または条件を満たす実数 x, y の値を求めよ。

(1) $(1+2i)x-(2-i)y=3$　　(2) $(-1+i)(x+yi)=1-3i$

(3) $\dfrac{1+xi}{3+i}$ が純虚数になる

基本 例題 39　2乗して $8i$ になる数

2乗すると $8i$ になるような複素数 $z=x+yi$ (x, y は実数) はちょうど2つ存在する。この z を求めよ。

基本 38

CHART & SOLUTION

i のある計算

$i^2=-1$ に気をつけて，i について整理する

$z^2=8i$ すなわち $(x+yi)^2=8i$ の左辺を展開し，i について整理する。そして，次の **複素数の相等** を利用する。

a, b, c, d が実数のとき　$a+bi=c+di \iff a=c$ かつ $b=d$ ……❗

「x, y は実数」であることに注意する。

解答

$$z^2=(x+yi)^2=x^2+2xyi+y^2i^2=(x^2-y^2)+2xyi$$

$z^2=8i$ のとき　$(x^2-y^2)+2xyi=8i$

x, y は実数であるから，x^2-y^2, $2xy$ も実数である。

❗ よって　$x^2-y^2=0$ ……①

❗ $2xy=8$　すなわち　$xy=4$ ……②

① から　$(x+y)(x-y)=0$　よって　$y=\pm x$

[1]　$y=x$ のとき

② から　$x^2=4$　ゆえに　$x=\pm 2$

よって　$x=2$ のとき $y=2$, $x=-2$ のとき $y=-2$

[2]　$y=-x$ のとき

② から　$-x^2=4$　これを満たす実数 x はない。

[1], [2] から，求める複素数 z は

$$z=2+2i,\ -2-2i$$

⇐ $(x+yi)^2$ を計算して $a+bi$ の形に整理。

⇐ **この断り書きは重要。**

⇐ 実部が等しい。

⇐ 虚部が等しい。

⇐ $x+y=0$ または $x-y=0$

⇐ ② より，$xy>0$ すなわち x と y が同符号であることに着目して，$y=-x$ が適さないことを判断してもよい。

⇐ $z=\pm(2+2i)$ としてもよい。

INFORMATION　虚数では，大小関係や正・負は考えない

虚数にも，実数と同じような大小関係があると仮定し，例えば，$i>0$ とする。
この両辺に i を掛けると，$i\times i>0\times i$ すなわち $i^2>0$ となるが，$i^2=-1$ であるから，これは矛盾である。

（$i<0$ から，不等号の向きは逆になる。）

一方，$i<0$ とし，両辺に i を掛けると，$i\times i>0\times i$ すなわち $i^2>0$ であるから，矛盾である。更に，$i\neq 0$ であることは明らかである。
よって，i を正の数，0，負の数のいずれかに分類することはできない。
したがって，正の数，負の数というときには，数は実数を意味する。

PRACTICE 39❸

2乗すると i になるような複素数 $z=x+yi$ (x, y は実数) はちょうど2つ存在する。このの z を求めよ。

EXERCISES　5 複素数

A

28❷ 次の計算をせよ。

(1) $\dfrac{(3-2i)(1+5i)}{2+3i}$　(2) $(\sqrt{-50}-\sqrt{72})(\sqrt{27}+\sqrt{-75})$

(3) $\dfrac{4-i}{3+2i}-\dfrac{2}{4-i}$　(4) $\left(\dfrac{\sqrt{2}}{1+i}\right)^4$　(5) $\dfrac{1}{\dfrac{1}{1+i}+\dfrac{1}{1-i}}$

→37

29❷ (1) $(2+i)x-(1-3i)y+(5+6i)=0$ を満たす実数 x，y の値を求めよ。

(2) $A=\dfrac{\sqrt{-3}\sqrt{-2}+\sqrt{-2}}{a+\sqrt{-3}}$ が実数となるような実数 a を定めると，

$a=$ ア□ であり，$A=$ イ□ である。〔(2) 慶応大〕

→38

30❷ i を虚数単位とし，$x=\sqrt{3}+\sqrt{7}i$ とおく。y は x と共役な複素数とするとき，次の値を求めよ。〔類 愛知大〕

(1) $x+y$　(2) xy　(3) x^3+y^3　(4) x^4+y^4

→p.62 2

31❸ 2つの実数 a，b は正とする。また，i は虚数単位である。

(1) $(a+bi)^2=\dfrac{1}{2}+\dfrac{\sqrt{3}}{2}i$ を満たす $(a,\ b)$ を求めよ。

(2) $(a+bi)(b+ai)=12i$ を満たしながら a，b が動くとき $\dfrac{a+bi}{ab^2+a^2bi}$ の実部は一定である。その値を求めよ。〔南山大〕

→39

B

32❸ a，b を0でない実数とする。下の(1)，(2)の等式は $a>0$，$b>0$ の場合には成り立つが，それ以外の場合はどうか。次の各場合に分けて調べよ。

[1] $a>0$，$b<0$　[2] $a<0$，$b>0$　[3] $a<0$，$b<0$

(1) $\sqrt{a}\sqrt{b}=\sqrt{ab}$　(2) $\dfrac{\sqrt{a}}{\sqrt{b}}=\sqrt{\dfrac{a}{b}}$

→p.62 3

HINT 32 例えば，[1] の場合は $b=-b'$，$b'>0$ として，a，b' で計算する。

6 2次方程式の解と判別式

基本事項

1 2次方程式 $ax^2+bx+c=0$ の解法（a，b，c は実数，$a\neq0$）

2次方程式の解の公式

2次方程式 $ax^2+bx+c=0$ の解は

$$x=\frac{-b\pm\sqrt{b^2-4ac}}{2a}$$

特に $b=2b'$ のとき，2次方程式 $ax^2+2b'x+c=0$ の解は

$$x=\frac{-b'\pm\sqrt{b'^2-ac}}{a}$$

注意　以後，特に断らない限り，**方程式の係数はすべて実数** とし，**方程式の解は複素数の範囲** で考えるものとする。

2 2次方程式の解の種類の判別

2次方程式 $ax^2+bx+c=0$（a，b，c は実数，$a\neq0$）の **判別式** を $D=b^2-4ac$ とする。

1　$D>0 \iff$ **異なる2つの実数解をもつ**
2　$D=0 \iff$ **重解をもつ**
（1，2 より）$D\geqq0 \iff$ **実数解をもつ**
3　$D<0 \iff$ **異なる2つの虚数解をもつ**　←2つの虚数解は互いに **共役な複素数**

注意　2次方程式 $ax^2+2b'x+c=0$ においては，$D=4(b'^2-ac)$ であるから，Dの代わりに $\dfrac{D}{4}=b'^2-ac$ を用いても，解の種類を判別することができる。

CHECK & CHECK

14　次の2次方程式を解け。

(1)　$x^2+14x+67=0$　　(2)　$-x^2+x-5=0$　　(3)　$(2x-3)^2=x^2-20$

↻ 1

15　次の2次方程式の解の種類を判別せよ。

(1)　$9x^2-24x+16=0$　　(2)　$9x^2+7x+2=0$　　(3)　$7x^2-27x-9=0$

↻ 2

基本 例題 40 解の種類の判別

m は定数とする。次の 2 次方程式の解の種類を判別せよ。

(1) $2x^2+8x+m=0$　　(2) $mx^2-2(m-2)x+1=0$

p. 69 基本事項 2

CHART & SOLUTION

2 次方程式 $ax^2+bx+c=0$ の判別式を $D=b^2-4ac$ とすると

$D>0 \iff$ 異なる 2 つの実数解をもつ

$D=0 \iff$ 重解をもつ

$D<0 \iff$ 異なる 2 つの虚数解をもつ

特に，$b=2b'$ のときは，$\frac{D}{4}=b'^2-ac$ を用いるとよい。

(2) 問題文に「**2 次方程式**」とあるから，**(x^2 の係数)$\neq 0$** すなわち $m\neq 0$ であることに注意する。

解答

(1) 判別式を D とすると

$$\frac{D}{4}=4^2-2\cdot m=16-2m=2(8-m)$$

$D>0$ すなわち **$m<8$ のとき，異なる 2 つの実数解をもつ。**
$D=0$ すなわち **$m=8$ のとき，重解をもつ。**
$D<0$ すなわち **$m>8$ のとき，異なる 2 つの虚数解をもつ。**

⇐ 文字係数 m を含む 2 次方程式の判別式は，m の値の範囲で，D の符号が変わる。

(2) 2 次方程式であるから　$m\neq 0$ …… ①

⇐ **(x^2 の係数)$\neq 0$**

判別式を D とすると

$$\frac{D}{4}=\{-(m-2)\}^2-m\cdot 1=m^2-5m+4=(m-1)(m-4)$$

① かつ $D>0$ すなわち **$m<0$，$0<m<1$，$4<m$ のとき，異なる 2 つの実数解をもつ。**
① かつ $D=0$ すなわち **$m=1$，4 のとき，重解をもつ。**
① かつ $D<0$ すなわち **$1<m<4$ のとき，異なる 2 つの虚数解をもつ。**

⇐ m についての 2 次不等式 $(m-1)(m-4)>0$ の解 $m<1$，$4<m$ と ① をともに満たす範囲。

INFORMATION 「2 次方程式」か，「方程式」か

上の例題の (2) において，「**2 次** 方程式」という断りがないとき，$m=0$，$m\neq 0$ に場合分けする。$m=0$ のとき，1 次方程式　$4x+1=0$ となり，1 つの実数解をもつ。

PRACTICE 40❷

m は定数とする。次の 2 次方程式の解の種類を判別せよ。

(1) $x^2-2mx+2m+3=0$　　(2) $(m^2-1)x^2-(m+1)x+1=0$

基本 例題 41 重解・虚数解をもつ条件

2 次方程式 $x^2+(5-m)x-2m+7=0$ について
(1) m が整数のとき，虚数解をもつような定数 m の値を求めよ。
(2) 重解をもつような定数 m の値と，そのときの重解を求めよ。

基本 40

CHART & SOLUTION

2 次方程式 $ax^2+bx+c=0$ の判別式を D とすると

重解をもつ $\iff D=0$ $\left(\text{重解は } x=-\dfrac{b}{2a}\right)$

虚数解をもつ $\iff D<0$

(1) 虚数解をもつ $\iff D<0$ (2) 重解をもつ $\iff D=0$
となるように，m の値を定めればよい。

解答

判別式を D とすると

$$D=(5-m)^2-4(-2m+7)=m^2-2m-3$$
$$=(m+1)(m-3)$$

(1) 虚数解をもつための条件は $D<0$
すなわち $(m+1)(m-3)<0$ ゆえに $-1<m<3$
m は整数であるから **$m=0,\ 1,\ 2$**

(2) 重解をもつための条件は $D=0$
すなわち $(m+1)(m-3)=0$ ゆえに $m=-1,\ 3$
また，重解は $x=-\dfrac{5-m}{2}$
よって **$m=-1$ のとき，重解は $x=-3$**
$m=3$ のとき，重解は $x=-1$

(2) 2 次方程式 $ax^2+bx+c=0$ が重解をもつとき，$D=0$ であるから，重解は
$\boldsymbol{x}=\dfrac{-b\pm\sqrt{D}}{2a}=-\dfrac{\boldsymbol{b}}{\boldsymbol{2a}}$
つまり，2 次方程式が重解をもつ場合，その重解は，係数 a と b だけから求められる。

INFORMATION

上の例題の (2) において
$m=-1$ のとき，方程式は $x^2+6x+9=0$ から $(x+3)^2=0$ よって $x=-3$
$m=3$ のとき，方程式は $x^2+2x+1=0$ から $(x+1)^2=0$ よって $x=-1$
このように，検算も兼ねてもとの方程式に代入して重解を求めてもよい。しかし，結局重解は 1 つしかないから，解答のようにして求める方がスムーズである。

PRACTICE 41❷

2 次方程式 $x^2+2(k-1)x-k^2+3k-1=0$ (k は定数) について
(1) 実数解をもつような k の値の範囲を求めよ。
(2) 重解をもつような k の値と，そのときの重解を求めよ。

基本 例題 42　2つの2次方程式の解の種類の判別

2つの2次方程式 $9x^2+6ax+4=0$ ……①，$x^2+2ax+3a=0$ ……② が次の条件を満たすように，定数 a の値の範囲を定めよ。

(1) ともに虚数解をもつ　　(2) 少なくとも一方が虚数解をもつ

(3) ①のみが虚数解をもつ

基本 41

CHART & SOLUTION

2次方程式 $ax^2+bx+c=0$ の判別式を D とすると

実数解をもつ $\iff D\geqq 0$　　虚数解をもつ $\iff D<0$

2次方程式①の判別式を D_1，②の判別式を D_2 とすると

(1) ともに虚数解をもつ　$\iff$ $D_1<0$ かつ $D_2<0$

(2) 少なくとも一方が虚数解をもつ $\iff$ $D_1<0$ または $D_2<0$

(3) ①のみが虚数解をもつ $\iff$ ①は虚数解をもち，②は実数解をもつ

$\iff$ $D_1<0$ かつ $D_2\geqq 0$

①，②とも x の係数は $2b'$ の形であるから，$\dfrac{D_1}{4}$，$\dfrac{D_2}{4}$ を考えるとよい。

解答

①，②の判別式をそれぞれ D_1，D_2 とすると

$$\frac{D_1}{4}=(3a)^2-9\cdot4=9(a+2)(a-2)$$

$$\frac{D_2}{4}=a^2-3a=a(a-3)$$

(1) ともに虚数解をもつための条件は　$D_1<0$ かつ $D_2<0$

$D_1<0$ から　$(a+2)(a-2)<0$　よって　$-2<a<2$ …③

$D_2<0$ から　$a(a-3)<0$　よって　$0<a<3$ …④

③と④の共通範囲を求めて　$\boldsymbol{0<a<2}$

(1)
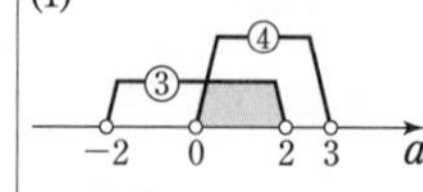

(2) 少なくとも一方が虚数解をもつための条件は

$D_1<0$ または $D_2<0$

③と④の合わせた範囲を求めて　$\boldsymbol{-2<a<3}$

(2)
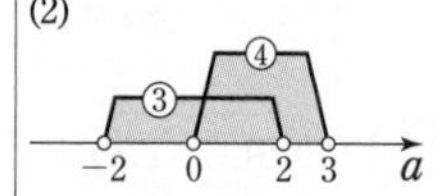

(3) ①のみが虚数解をもつための条件は

$D_1<0$ かつ $D_2\geqq 0$

$D_2\geqq 0$ から　$a(a-3)\geqq 0$

よって　$a\leqq 0,\ 3\leqq a$ ……⑤

③と⑤の共通範囲を求めて　$\boldsymbol{-2<a\leqq 0}$

(3)
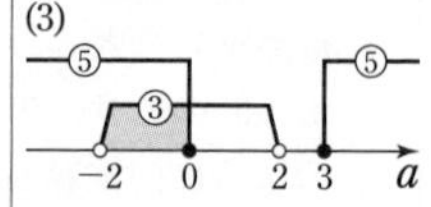

PRACTICE 42❸

a を整数とするとき，2つの方程式 $x^2-ax+3=0$，$x^2+ax+2a=0$ の一方は実数解を，他方は虚数解をもつという。このような a の値をすべて求めよ。〔類 徳島文理大〕

重要 例題 43 虚数を係数とする2次方程式

x の方程式 $(1+i)x^2+(k+i)x+3+3ki=0$ が実数解をもつように，実数 k の値を定めよ。また，その実数解を求めよ。

基本 38

CHART & SOLUTION

2次方程式の解の判別

判別式は係数が実数のときに限る

$D \geqq 0$ から求めようとするのは **完全な誤り**（下の INFORMATION 参照）。
実数解を α とすると　$(1+i)\alpha^2+(k+i)\alpha+3+3ki=0$
この左辺を $a+bi$（a，b は実数）の形に変形すれば，**複素数の相等** により
$a=0$，$b=0$ ⟵ α，k の連立方程式が得られる。……❗

解答

方程式の実数解を α とすると

$$(1+i)\alpha^2+(k+i)\alpha+3+3ki=0$$

⇦ $x=\alpha$ を代入する。

整理して　$(\alpha^2+k\alpha+3)+(\alpha^2+\alpha+3k)i=0$

⇦ $a+bi=0$ の形に整理。

α，k は実数であるから，$\alpha^2+k\alpha+3$，$\alpha^2+\alpha+3k$ も実数。

⇦ **この断り書きは重要。**

❗ よって　$\alpha^2+k\alpha+3=0$ ……①

❗ $\alpha^2+\alpha+3k=0$ ……②

⇦ **複素数の相等。**

①−② から　$(k-1)\alpha-3(k-1)=0$

⇦ α^2 を消去。

ゆえに　$(k-1)(\alpha-3)=0$

よって　$k=1$　または　$\alpha=3$

inf. k を消去すると $\alpha^3-2\alpha^2-9=0$ が得られ，因数定理（$p.87$ 基本事項 2）を利用すれば解くことができる。

[1] $k=1$ のとき
①，② はともに $\alpha^2+\alpha+3=0$ となる。
これを満たす実数 α は存在しないから，不適。

⇦ $D=1^2-4\cdot1\cdot3=-11<0$

[2] $\alpha=3$ のとき
①，② はともに $12+3k=0$ となる。
ゆえに　$k=-4$

⇦ ①：$3^2+3k+3=0$
②：$3^2+3+3k=0$

[1]，[2] から，求める k の値は　$\boldsymbol{k=-4}$
実数解は　$\boldsymbol{x=3}$

INFORMATION

2次方程式 $ax^2+bx+c=0$ の解を判別式 $D=b^2-4ac$ の符号によって判別できるのは **a，b，c が実数のとき** に限る。
例えば，$a=i$，$b=1$，$c=0$ のとき $b^2-4ac=1>0$ であるが，方程式 $ix^2+x=0$ の解は $x=0$，i であり，異なる2つの実数解をもたない（$p.85$ STEP UP 参照）。

PRACTICE 43④

x の方程式 $(1+i)x^2+(k-i)x-(k-1+2i)=0$ が実数解をもつように，実数 k の値を定めよ。また，その実数解を求めよ。

EXERCISES　6　2次方程式の解と判別式

A

33❶ 次の2次方程式を解け。

(1) $2x^2-2\sqrt{6}x+3=0$　　(2) $\frac{1}{2}x^2-\frac{2}{3}x+\frac{5}{6}=0$

(3) $(x+1)(x+3)=x(9-2x)$　　(4) $\sqrt{2}x^2+x+\sqrt{2}=0$

➲ p.65 1

34❷ 次の2次方程式の解の種類を判別せよ。ただし，a は定数とする。

(1) $x^2-(a-2)x+9-2a=0$　　(2) $2x^2-ax-3=0$

(3) $(a-1)x^2-ax+(a+1)=0$

➲ 40

35❸ (1) a を実数の定数とする。2次方程式 $x^2+4ax+8a^2-20a+25=0$ が実数解をもつとき，$a=$ア□ であり，その解は $x=$イ□ である。

〔金沢工大〕

(2) a は整数とする。2次方程式 $(3a-4)x^2-2ax+a=0$ が整数解をもつとき，a の値および，そのときの方程式の解をすべて求めよ。

➲ 41

B

36❸ 3つの2次方程式 $x^2-8ax+8-8a=0$，$20x^2-12ax+5=0$，$2x^2-6ax-9a=0$ のうち，少なくとも1つが虚数解をもつような実数 a の値の範囲を求めよ。

〔大東文化大〕

➲ 42

37❸ a は定数とする。2つの2次方程式 $x^2+2ax+3a=0$，$3x^2-2(a-3)x+(a-3)=0$ のうち，少なくとも一方は実数解をもつことを証明せよ。

➲ 42

38❸ k を0と異なる実数の定数とし，i を虚数単位とする。等式

$$x^2+(3+2i)x+k(2+i)^2=0$$

を満たす実数 x が1つ存在するとし，それを α とおく。

(1) k と α の値を求めよ。

(2) この等式を満たす複素数をすべて求めよ。

〔岡山理科大〕

➲ 43

39❸ a，b は実数の定数とする。2次方程式 $x^2+ax+b=0$ の1つの解が $x=2-3i$ であるとき，a，b の値を求めよ。また，この方程式の他の解を求めよ。

➲ 43

HINT

36 判別式を順に D_1，D_2，D_3 とすると　$D_1<0$ または $D_2<0$ または $D_3<0$

37 2つの方程式の判別式をそれぞれ D_1，D_2 として $D_1\geqq 0$ または $D_2\geqq 0$ を満たす a の値の範囲を考える。(別解) ともに虚数解をもつ，すなわち判別式がともに負であると仮定して矛盾を導く(**背理法**)。

38 (1) **a，b が実数のとき $a+bi=0 \iff a=0$ かつ $b=0$** を利用する。

(2) α 以外の解を β とおいて，係数比較する。

39 **$x=\alpha$ が $f(x)=0$ の解 $\iff f(\alpha)=0$**

7 解と係数の関係

基本事項

1 2次方程式の解と係数の関係

2次方程式 $ax^2+bx+c=0$ の2つの解を α, β とすると

$$\boldsymbol{\alpha+\beta=-\frac{b}{a},\quad \alpha\beta=\frac{c}{a}}$$

注意 以後，本書では「2次方程式の解 α, β」,「2次方程式の2つの解 α, β」と述べた場合,「異なる」と書いてない限り $\alpha=\beta$ (重解)のときも含めるものとする。

2 2次式の因数分解

2次方程式 $ax^2+bx+c=0$ の2つの解を α, β とすると

$$\boldsymbol{ax^2+bx+c=a(x-\alpha)(x-\beta)}$$

注意 係数が実数である2次式は，複素数の範囲で常に1次式の積に因数分解することができる。

3 2次方程式の作成

① **2数を解とする2次方程式**

2数 α, β を解とする2次方程式の1つは

$$\boldsymbol{(x-\alpha)(x-\beta)=0} \quad \text{すなわち} \quad \boldsymbol{x^2-(\alpha+\beta)x+\alpha\beta=0}$$

注意 $\alpha+\beta$ または $\alpha\beta$ の値が分数になる場合，両辺に適当な数を掛けて，最も簡単な整数を係数とする方程式で答えるのが普通である。

② **和・積が与えられた2数**

和が p, 積が q である2数は，2次方程式 $\boldsymbol{x^2-px+q=0}$ の2つの解である。

4 2次方程式の実数解の符号

2次方程式 $ax^2+bx+c=0$ の2つの実数解を α, β, 判別式を $D=b^2-4ac$ とする。

① $\boldsymbol{\alpha>0}$ **かつ** $\boldsymbol{\beta>0 \iff D\geqq 0,\ \alpha+\beta>0,\ \alpha\beta>0}$

② $\boldsymbol{\alpha<0}$ **かつ** $\boldsymbol{\beta<0 \iff D\geqq 0,\ \alpha+\beta<0,\ \alpha\beta>0}$

③ $\boldsymbol{\alpha}$ **と** $\boldsymbol{\beta}$ **が異符号** $\boldsymbol{\iff \alpha\beta<0}$ (このとき，$\boldsymbol{D>0}$ は成り立っている)

解説 ③ $\alpha\beta=\dfrac{c}{a}<0$ のとき，a と c は異符号であるから $ac<0$ であり，また $b^2\geqq 0$ であるから，$D=b^2-4ac>0$ は常に成り立つ。よって，$D>0$ を更に条件に加える必要はない。

5 2次方程式の解の存在範囲

2次方程式 $ax^2+bx+c=0$ の2つの実数解を α, β, 判別式を $D=b^2-4ac$ とする。

① $\boldsymbol{\alpha>k}$ **かつ** $\boldsymbol{\beta>k \iff D\geqq 0,\ (\alpha-k)+(\beta-k)>0,\ (\alpha-k)(\beta-k)>0}$

② $\boldsymbol{\alpha<k}$ **かつ** $\boldsymbol{\beta<k \iff D\geqq 0,\ (\alpha-k)+(\beta-k)<0,\ (\alpha-k)(\beta-k)>0}$

③ $\boldsymbol{\alpha<k<\beta}$ **または** $\boldsymbol{\beta<k<\alpha \iff (\alpha-k)(\beta-k)<0}$

解説 $\alpha>k \iff \alpha-k>0$, $\alpha=k \iff \alpha-k=0$, $\alpha<k \iff \alpha-k<0$ であるから，α, β と k の大小関係を調べるには $\boldsymbol{\alpha-k}$ **と** $\boldsymbol{\beta-k}$ **の符号** を調べればよい。

補足 $f(x)=ax^2+bx+c$ とすると，数学Iで学んだように，2次方程式 $f(x)=0$ の実数解は，2次関数 $y=f(x)$ のグラフと x 軸との共有点の x 座標を表す。
そこで，2次関数 $y=f(x)$ のグラフと x 軸との位置関係を考えることで，α, β の存在範囲を調べることもできる。

$\boldsymbol{a>0}$ **のとき**

① $\boldsymbol{\alpha>k}$ **かつ** $\boldsymbol{\beta>k \iff D\geqq 0}$, **軸**：$\boldsymbol{-\dfrac{b}{2a}>k,\ f(k)>0}$ $[a<0$ なら $f(k)<0]$

② $\boldsymbol{\alpha<k}$ **かつ** $\boldsymbol{\beta<k \iff D\geqq 0}$, **軸**：$\boldsymbol{-\dfrac{b}{2a}<k,\ f(k)>0}$ $[a<0$ なら $f(k)<0]$

③ $\boldsymbol{\alpha<k<\beta}$ **または** $\boldsymbol{\beta<k<\alpha \iff f(k)<0}$ $[a<0$ なら $f(k)>0]$

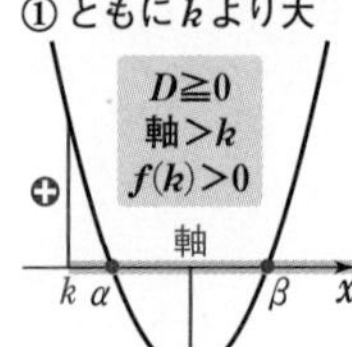

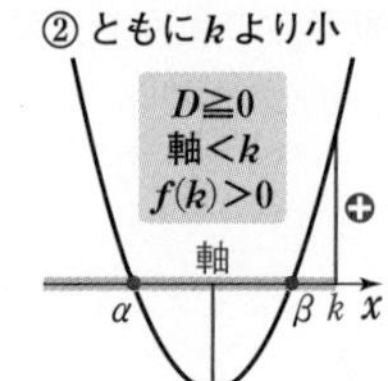

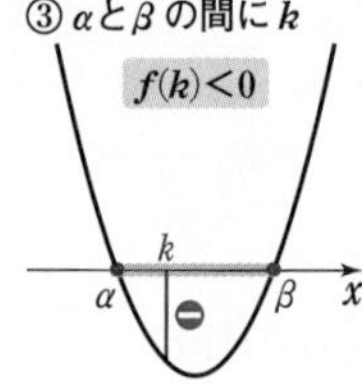

更に，$\boldsymbol{k=0}$ とすると，① $\boldsymbol{\alpha}$ **と** $\boldsymbol{\beta}$ **がともに正**，② $\boldsymbol{\alpha}$ **と** $\boldsymbol{\beta}$ **がともに負**，③ $\boldsymbol{\alpha}$ **と** $\boldsymbol{\beta}$ **が異符号** の条件（基本事項 4）となる。

CHECK & CHECK

16 次の2次方程式の2つの解の和と積を求めよ。

(1) $x^2-3x+1=0$　(2) $4x^2+2x-3=0$

(3) $2x^2+3x=0$　(4) $3x^2+5=0$　→ 1

17 次の2次式を，複素数の範囲で因数分解せよ。

(1) x^2-3　(2) x^2+4　→ 2

18 次の2数を解とする2次方程式を1つ作れ。

(1) -1, 3　(2) $\dfrac{1}{2}$, $\dfrac{1}{3}$　(3) $\dfrac{-1+\sqrt{3}i}{4}$, $\dfrac{-1-\sqrt{3}i}{4}$　→ 3

19 和と積が次のようになる2数を求めよ。

(1) 和が2，積が -2　(2) 和が -2，積が3　→ 3

基本 例題 44　2 次方程式の 2 つの解の対称式の値

2 次方程式 $x^2-3x+4=0$ の 2 つの解を α, β とするとき，次の式の値を求めよ。

(1) $(\alpha+1)(\beta+1)$　(2) $\alpha^2\beta+\alpha\beta^2$　(3) $\alpha^2+\beta^2$

(4) $\alpha^3+\beta^3$　(5) $\dfrac{\beta}{\alpha}+\dfrac{\alpha}{\beta}$　(6) $\dfrac{\beta}{\alpha-1}+\dfrac{\alpha}{\beta-1}$

p.75 基本事項 1

CHART & SOLUTION

α, β の対称式

基本対称式 $\alpha+\beta$, $\alpha\beta$ で表す

方程式の解 $x=\dfrac{3\pm\sqrt{7}i}{2}$ を α, β に代入すると，計算が煩雑。

与えられた式はいずれも α, β の **対称式**（α, β を入れ替えても同じ式）であるから，**基本対称式 $\alpha+\beta$, $\alpha\beta$ で表される**。$\alpha+\beta$, $\alpha\beta$ の値は，解と係数の関係からすぐわかる。

(3) $\boldsymbol{\alpha^2+\beta^2=(\alpha+\beta)^2-2\alpha\beta}$, (4) $\boldsymbol{\alpha^3+\beta^3=(\alpha+\beta)^3-3\alpha\beta(\alpha+\beta)}$ の式変形はよく利用されるので覚えておこう。

解答

解と係数の関係から　$\alpha+\beta=-\dfrac{-3}{1}=3$, $\alpha\beta=\dfrac{4}{1}=4$

(1) $(\alpha+1)(\beta+1)=\alpha\beta+(\alpha+\beta)+1=4+3+1=\boldsymbol{8}$

(2) $\alpha^2\beta+\alpha\beta^2=\alpha\beta(\alpha+\beta)=4\cdot3=\boldsymbol{12}$

(3) $\alpha^2+\beta^2=(\alpha+\beta)^2-2\alpha\beta=3^2-2\cdot4=\boldsymbol{1}$

(4) $\alpha^3+\beta^3=(\alpha+\beta)^3-3\alpha\beta(\alpha+\beta)=3^3-3\cdot4\cdot3=\boldsymbol{-9}$

別解　$\alpha^3+\beta^3=(\alpha+\beta)(\alpha^2-\alpha\beta+\beta^2)=3(1-4)=\boldsymbol{-9}$

(5) $\dfrac{\beta}{\alpha}+\dfrac{\alpha}{\beta}=\dfrac{\alpha^2+\beta^2}{\alpha\beta}=\boldsymbol{\dfrac{1}{4}}$

(6) $\dfrac{\beta}{\alpha-1}+\dfrac{\alpha}{\beta-1}=\dfrac{\beta(\beta-1)+\alpha(\alpha-1)}{(\alpha-1)(\beta-1)}=\dfrac{\alpha^2+\beta^2-(\alpha+\beta)}{\alpha\beta-(\alpha+\beta)+1}$

$=\dfrac{1-3}{4-3+1}=\boldsymbol{-1}$

⇐ 2 次方程式 $ax^2+bx+c=0$ の 2 つの解を α, β とすると $\boldsymbol{\alpha+\beta=-\dfrac{b}{a}}$, $\boldsymbol{\alpha\beta=\dfrac{c}{a}}$

⇐ (3) から　$\alpha^2+\beta^2=1$

⇐ (3) から　$\alpha^2+\beta^2=1$

⇐ (3) から　$\alpha^2+\beta^2=1$

PRACTICE 44❷

2 次方程式 $3x^2-2x-4=0$ の 2 つの解を α, β とするとき，次の式の値を求めよ。

(1) $\alpha^2\beta+\alpha\beta^2$　(2) $\dfrac{1}{\alpha}+\dfrac{1}{\beta}$　(3) $\alpha^2+\beta^2$

(4) $\dfrac{\beta}{\alpha}+\dfrac{\alpha}{\beta}$　(5) $(\alpha-\beta)^2$　(6) $\alpha^3+\beta^3$

基本 例題 45　2つの解の関係から係数の決定

2次方程式 $x^2-12x+k=0$ が次のような解をもつとき，定数 k の値と方程式の解を求めよ。

(1)　1つの解が他の解の2倍　　(2)　1つの解が他の解の2乗

基本 44

CHART & SOLUTION

2次方程式の2つの解の関係　2つの解を1つの文字で表す

2つの解を (1) α, 2α, (2) α, α^2 とおき，解と係数の関係を利用する。
α, k についての連立方程式を解く。

解答

(1)　1つの解が他の解の2倍であるから，2つの解は α, 2α と表すことができる。解と係数の関係から

$$\alpha+2\alpha=12 \quad \cdots\cdots ①, \qquad \alpha\cdot 2\alpha=k \quad \cdots\cdots ②$$

① から　$\alpha=4$　　これを ② に代入して　$k=32$

また，他の解は　$2\alpha=8$

よって　$\boldsymbol{k=32}$，2つの解は　$\boldsymbol{x=4,\ 8}$

(2)　1つの解が他の解の2乗であるから，2つの解は α, α^2 と表すことができる。解と係数の関係から

$$\alpha+\alpha^2=12 \quad \cdots\cdots ③, \qquad \alpha\cdot\alpha^2=k \quad \cdots\cdots ④$$

③ から　$\alpha^2+\alpha-12=0$　　よって　$(\alpha+4)(\alpha-3)=0$

ゆえに　$\alpha=-4,\ 3$

$\alpha=-4$ のとき，④ から　$k=-64$　　他の解は，$\alpha^2=16$

$\alpha=3$ のとき，④ から　$k=27$　　他の解は，$\alpha^2=9$

よって　$\boldsymbol{k=27}$ **のとき，2つの解は**　$\boldsymbol{x=3,\ 9}$

$\boldsymbol{k=-64}$ **のとき，2つの解は**　$\boldsymbol{x=-4,\ 16}$

(1)　2つの解を α, β とおくと　$\beta=2\alpha$
解と係数の関係から
$\alpha+\beta=12$, $\alpha\beta=k$
この連立方程式を解いてもよいが，左の解答のように最初から2つの解を α, 2α とおいた方が，変数が少ないのでスムーズである。

⇦ 方程式に k の値を代入して検算してみるとよい。

POINT

2つの解の表し方

1つが他の2乗 …… $\boldsymbol{\alpha,\ \alpha^2}$ **とおく**
比が $\boldsymbol{p:q}$ …… $\boldsymbol{p\alpha,\ q\alpha\ (\alpha\neq 0)}$ **とおく**
差が $\boldsymbol{p}$ …… $\boldsymbol{\alpha,\ \alpha+p}$ **とおく**

PRACTICE 45②

次の条件を満たす定数 k の値と方程式の解を，それぞれ求めよ。

(1)　2次方程式 $x^2+kx+4=0$ の1つの解が他の解の4倍

(2)　2次方程式 $6x^2-kx+k-4=0$ の2つの解の比が $3:2$

(3)　2次方程式 $3x^2+6x+k-1=0$ の2つの解の差が4

基本 例題 46 2次式の因数分解 (1)

次の2次式を，複素数の範囲で因数分解せよ。

(1) $15x^2+14x-8$　(2) x^2-2x-2　(3) x^2+2x+3

p.75 基本事項 2

CHART & SOLUTION

2次式の因数分解

=0 とおいた2次方程式の解を利用

(2次式)=0，すなわち2次方程式 $ax^2+bx+c=0$ の2つの解 α，β を解の公式によって求め，次の関係を利用する。

$$ax^2+bx+c=a(x-\alpha)(x-\beta)$$

← このaを忘れないように！

解答

(1) 2次方程式 $15x^2+14x-8=0$ を解くと

$$x=\frac{-7\pm\sqrt{7^2-15\cdot(-8)}}{15}=\frac{-7\pm13}{15}$$

すなわち　$x=\dfrac{2}{5}$，$-\dfrac{4}{3}$

よって　$15x^2+14x-8=15\left(x-\dfrac{2}{5}\right)\left\{x-\left(-\dfrac{4}{3}\right)\right\}$

$=\boldsymbol{(5x-2)(3x+4)}$

(2) 2次方程式 $x^2-2x-2=0$ を解くと　$x=1\pm\sqrt{3}$

よって　$x^2-2x-2=\{x-(1+\sqrt{3})\}\{x-(1-\sqrt{3})\}$

$=\boldsymbol{(x-1-\sqrt{3})(x-1+\sqrt{3})}$

(3) 2次方程式 $x^2+2x+3=0$ を解くと

$x=-1\pm\sqrt{1-3}=-1\pm\sqrt{2}i$

よって　$x^2+2x+3=\{x-(-1+\sqrt{2}i)\}\{x-(-1-\sqrt{2}i)\}$

$=\boldsymbol{(x+1-\sqrt{2}i)(x+1+\sqrt{2}i)}$

← **たすき掛け** の方法でも因数分解できるが，ここでは，解の公式を利用。

← **括弧の前の15を忘れないように！**

← $5\left(x-\dfrac{2}{5}\right)\cdot3\left(x+\dfrac{4}{3}\right)$

← 実数の範囲の因数分解。

← 複素数の範囲の因数分解。解が虚数の場合も，左のように因数分解できる。

INFORMATION

2次方程式は，複素数の範囲で常に解をもつ。したがって，複素数の範囲まで考えると，**2次式は常に1次式の積に因数分解できる** ことになる。なお，**特に範囲が指定されないときは，因数分解は有理数の範囲で行う。**

PRACTICE 46❷

次の2次式を，複素数の範囲で因数分解せよ。

(1) $x^2-20x+91$　(2) x^2-4x-3　(3) $3x^2-2x+3$

基本 例題 47　2次方程式の作成

(1)　2次方程式 $x^2+3x+4=0$ の2つの解を α, β とするとき, α^2, β^2 を解とする2次方程式を1つ作れ。

(2)　$a<b$ とする。2次方程式 $x^2+ax+b=0$ の2つの解の和と積が, 2次方程式 $x^2+bx+a=0$ の2つの解である。このとき, 定数 a, b の値を求めよ。

p.75 基本事項 3, 基本 44

CHART & SOLUTION

2次方程式の2つの解の関係　解と係数の関係を書き出す

(1)　2数 α^2, β^2 を解とする2次方程式の1つは　$x^2-(\underbrace{\alpha^2+\beta^2}_{\text{和}})x+\underbrace{\alpha^2\beta^2}_{\text{積}}=0$

(2)　2つの2次方程式の解と係数の関係を書き出し, a, b の関係式を導く。

解答

(1)　解と係数の関係により　$\alpha+\beta=-3$, $\alpha\beta=4$

　⇐ α, β は2次方程式 $x^2+3x+4=0$ の2つの解。

よって　$\alpha^2+\beta^2=(\alpha+\beta)^2-2\alpha\beta=(-3)^2-2\cdot4$

$=1$

　⇐ 2数 α^2, β^2 の和。

$\alpha^2\beta^2=(\alpha\beta)^2=4^2=16$

　⇐ 2数 α^2, β^2 の積。

ゆえに, 求める2次方程式の1つは　$\boldsymbol{x^2-x+16=0}$

(2)　2次方程式 $x^2+ax+b=0$ の解を α, β とすると, 解と係数の関係により　$\alpha+\beta=-a$ …①,　$\alpha\beta=b$ …②

2次方程式 $x^2+bx+a=0$ の解が $\alpha+\beta$, $\alpha\beta$ であるから, 解と係数の関係により

$(\alpha+\beta)+\alpha\beta=-b$, $(\alpha+\beta)\alpha\beta=a$

　⇐ 2つの解の和と積。

①, ② を代入して　$-a+b=-b$ …③,　$-ab=a$ …④

　⇐ 上の4つの式(赤字)から α, β を消去。

④ から　$a+ab=0$　すなわち　$a(1+b)=0$

よって　$a=0$　または　$b=-1$

[1]　$a=0$ のとき

③ から　$b=0$　これは $a<b$ を満たさない。

　⇐ ③ から　$a=2b$ 条件を確認する。

[2]　$b=-1$ のとき

③ から　$a=-2$　これは $a<b$ を満たす。

[1], [2] から　$\boldsymbol{a=-2,\ b=-1}$

PRACTICE 47[2]

(1)　2次方程式 $x^2-2x+3=0$ の2つの解を α, β とするとき, 次の2数を解とする2次方程式を1つ作れ。

(ア)　$\alpha+1$, $\beta+1$　　(イ)　$\dfrac{1}{\alpha}$, $\dfrac{1}{\beta}$　　(ウ)　α^3, β^3

(2)　p, q を0でない実数の定数とし, 2次方程式 $2x^2+px+2q=0$ の解を α, β とする。2次方程式 $x^2+qx+p=0$ の2つの解が $\alpha+\beta$ と $\alpha\beta$ であるとき, p, q の値を求めよ。

基本 例題 48　2次方程式の解の存在範囲 (1)

2次方程式 $x^2+2(a-3)x+a+3=0$ の解が次の条件を満たすような定数 a の値の範囲をそれぞれ求めよ。

(1) 異なる2つの正の解をもつ　　(2) 異符号の解をもつ

p.75 基本事項 4

CHART & SOLUTION

2次方程式の異なる2つの実数解 α, β の符号

$\alpha>0$ かつ $\beta>0 \iff D>0,\ \alpha+\beta>0,\ \alpha\beta>0$

α と β が異符号 $\iff \alpha\beta<0$

解と係数の関係を用いて，$\alpha+\beta$，$\alpha\beta$ を a を用いて表す。

解答

$x^2+2(a-3)x+a+3=0$ の2つの解を α，β とし，判別式を D とすると

$$\frac{D}{4}=(a-3)^2-(a+3)=(a-1)(a-6)$$

解と係数の関係により　$\alpha+\beta=-2(a-3)$，$\alpha\beta=a+3$

(1) α，β が異なる正の数であるための条件は，次の ①，②，③ が同時に成り立つことである。

$D>0$ …… ①，$\alpha+\beta>0$ …… ②，$\alpha\beta>0$ …… ③

① から　$a<1$，$6<a$ …… ④

② から　$a<3$ …… ⑤

③ から　$a>-3$ …… ⑥

④，⑤，⑥ の共通範囲を求めて　$\boldsymbol{-3<a<1}$

(2) α，β が異符号であるための条件は　$\alpha\beta<0$

よって，求める a の範囲は　$\boldsymbol{a<-3}$

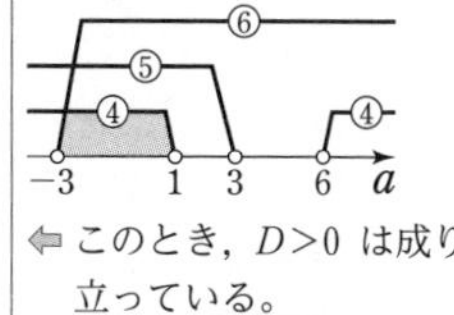

← このとき，$D>0$ は成り立っている。（p.75 4 解説 参照）

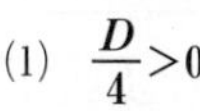

INFORMATION　2次関数のグラフを利用

$f(x)=x^2+2(a-3)x+a+3$ のグラフを利用すると，$\alpha<\beta$ として

(1) $\boldsymbol{\frac{D}{4}>0}$

(軸の位置)>0

$\boldsymbol{f(0)>0}$

(2) $\boldsymbol{f(0)<0}$　（p.76 5 補足 参照）

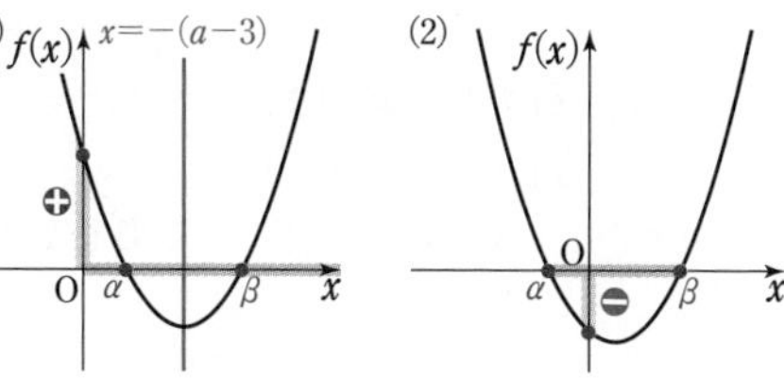

PRACTICE 48❷

x の2次方程式を $x^2-(a-4)x+a-1=0$ とする。　〔西南学院大〕

(1) 方程式が，異なる2つの負の解をもつような定数 a の値の範囲を求めよ。

(2) 方程式の一方の解が正で，他方の解が負となるような定数 a の値の範囲を求めよ。

2章 7 解と係数の関係

基本 例題 49 2次方程式の解の存在範囲 (2)

x についての2次方程式 $x^2-(a-1)x+a+6=0$ が次のような解をもつような実数 a の値の範囲をそれぞれ求めよ。

(1) 2つの解がともに2以上である。

(2) 1つの解は2より大きく，他の解は2より小さい。

p.76 基本事項 5，基本 48

CHART & SOLUTION

実数解 α, β と実数 k の大小

$\alpha-k$, $\beta-k$ の符号から考える

(1) **2以上**とは2を**含む**から，**等号が入る**ことに注意する。

$\alpha \geqq 2,\ \beta \geqq 2 \iff (\alpha-2)+(\beta-2)\geqq 0,\ (\alpha-2)(\beta-2)\geqq 0$ ……❗

(2) $\alpha<2<\beta$ または $\beta<2<\alpha \iff (\alpha-2)(\beta-2)<0$

解答

$x^2-(a-1)x+a+6=0$ の2つの解を α, β とし，判別式を D とすると　$D=\{-(a-1)\}^2-4(a+6)=a^2-6a-23$

解と係数の関係により　$\alpha+\beta=a-1$, $\alpha\beta=a+6$

(1) $\alpha\geqq 2$, $\beta\geqq 2$ であるための条件は，次の ①，②，③ が同時に成り立つことである。

❗ $D\geqq 0$ …… ①

$(\alpha-2)+(\beta-2)\geqq 0$ …… ②

$(\alpha-2)(\beta-2)\geqq 0$ …… ③

① から　$a^2-6a-23\geqq 0$

ゆえに　$a\leqq 3-4\sqrt{2}$, $3+4\sqrt{2}\leqq a$ …… ④

② から　$\alpha+\beta-4\geqq 0$　ゆえに　$(a-1)-4\geqq 0$

よって　$a\geqq 5$ …… ⑤

③ から　$\alpha\beta-2(\alpha+\beta)+4\geqq 0$

ゆえに　$a+6-2(a-1)+4\geqq 0$　よって　$a\leqq 12$ … ⑥

④，⑤，⑥ の共通範囲を求めて

$3+4\sqrt{2}\leqq a\leqq 12$

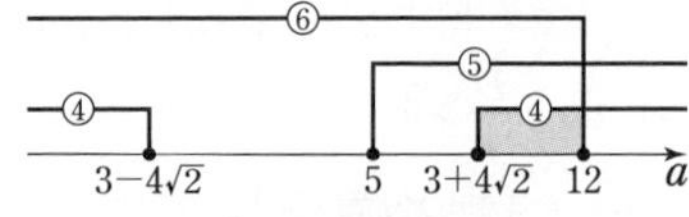

(2) $\alpha<2<\beta$ または $\beta<2<\alpha$ であるための条

❗ 件は　$(\alpha-2)(\beta-2)<0$

よって　$a+6-2(a-1)+4<0$　これを解いて　**$a>12$**

inf. 2次関数 $f(x)=x^2-(a-1)x+a+6$ のグラフを利用すると

(1) $D\geqq 0$, (軸の位置)$\geqq 2$, $f(2)\geqq 0$

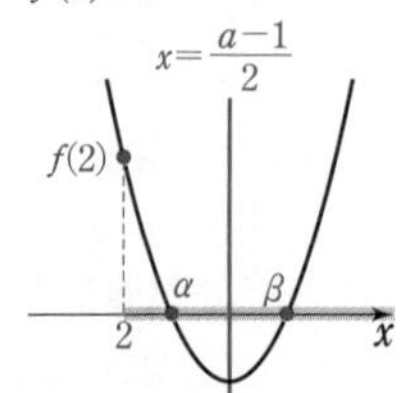

(2) $f(2)<0$

(p.76 5 補足 参照)

⇐ このとき，$D>0$ は成り立っている。

(p.75 4 解説 参照)

PRACTICE 49③

x の2次方程式 $x^2-2px+p+2=0$ について，次の条件を満たすような実数 p の値の範囲を求めよ。

(1) 3より小さい2解をもつ　　(2) 5より大きい解と小さい解をもつ

重要 例題 50　2次式の因数分解 (2)

$4x^2+7xy-2y^2-5x+8y+k$ が x，y の1次式の積に因数分解できるように，定数 k の値を定めよ。また，そのときの因数分解の結果を求めよ。〔類 創価大〕

基本 20, 46

CHART & THINKING

2次式の因数分解　＝0 とおいた2次方程式の解を利用

「x，y の1次式の積に因数分解できる」とは，(与式)$=(ax+by+c)(dx+ey+f)$ の形に表されるということである。また，与式を **x の2次式** とみたとき（y を定数とみる），(与式)$=0$ とおいた2次方程式 $4x^2+(7y-5)x-(2y^2-8y-k)=0$ の判別式を D_1 とすると，与式は $4\left\{x-\dfrac{-(7y-5)+\sqrt{D_1}}{8}\right\}\left\{x-\dfrac{-(7y-5)-\sqrt{D_1}}{8}\right\}$ の形に因数分解できる。この因数が x，y の1次式となるのは，D_1 が **(y の1次式)^2** すなわち y についての完全平方式のときである。それは，$D_1=0$ とおいて，どのような条件が成り立つときだろうか？ ……❗

解答

(与式)$=0$ とおいた方程式を x の2次方程式とみて

$$4x^2+(7y-5)x-(2y^2-8y-k)=0 \quad \cdots\cdots ①$$

の判別式を D_1 とすると

$$D_1=(7y-5)^2+4\cdot4(2y^2-8y-k)=81y^2-198y+25-16k$$

与式が x と y の1次式の積に分解されるための条件は，① の解が y の1次式となること，すなわち D_1 が y の完全平方式となることである。$D_1=0$ とおいた y の2次方程式 $81y^2-198y+25-16k=0$ の判別式を D_2 とすると

$$\frac{D_2}{4}=(-99)^2-81(25-16k)=81\{11^2-(25-16k)\}$$
$$=81(96+16k)$$

❗ $D_2=0$ となればよいから　$96+16k=0$　　よって　$\boldsymbol{k=-6}$

このとき，$D_1=81y^2-198y+121=(9y-11)^2$ であるから，① の解は

$$x=\frac{-(7y-5)\pm\sqrt{(9y-11)^2}}{8}=\frac{-(7y-5)\pm(9y-11)}{8}$$

すなわち　　$x=\dfrac{y-3}{4}$，$-2y+2$

ゆえに　　(与式)$=4\left(x-\dfrac{y-3}{4}\right)\{x-(-2y+2)\}$

$$=\boldsymbol{(4x-y+3)(x+2y-2)}$$

inf. 恒等式の考えにより解く方法もある。（解答編および $p.59$ EXERCISES 15 参照）

⇐ D_1 が完全平方式 ⟺ **2次方程式 $D_1=0$ が重解をもつ**

⇐ 計算を工夫すると $99^2=(9\cdot11)^2=81\cdot11^2$

⇐ $\sqrt{(9y-11)^2}=|9y-11|$ であるが，± がついているから，$9y-11$ の絶対値ははずしてよい。

⇐ 括弧の前の4を忘れないように。

PRACTICE 50④

k を定数とする2次式 $x^2+3xy+2y^2-3x-5y+k$ が x，y の1次式の積に因数分解できるとき，k の値を求めよ。また，そのときの因数分解の結果を求めよ。

〔東京薬大〕

重要例題 51　2次方程式の整数解

x に関する2次方程式 $x^2-(m-7)x+m=0$ の解がともに正の整数であるとき，m の値とそのときの解を求めよ。　〔類 名城大〕

数学A基本 110，p.75 基本事項 1

CHART & THINKING

方程式の整数解

(整数)×(整数)=(整数) の形にもち込む ……❗

2つの正の整数解を α，β とすると，解と係数の関係から，α，β，m について，どのような関係式が得られるだろうか？

⟶ $\boldsymbol{\alpha+\beta=m-7}$，$\boldsymbol{\alpha\beta=m}$ が得られる。この2式から (整数)×(整数)=(整数) の形にもち込もう。すなわち，**m を消去** し，**(α の1次式)(β の1次式)=(整数)** とすればよい。

解答

2次方程式 $x^2-(m-7)x+m=0$ の2つの解を α，β $(\alpha \leqq \beta)$ とすると，解と係数の関係により

$$\alpha+\beta=m-7,\ \alpha\beta=m$$

m を消去すると　$\alpha+\beta=\alpha\beta-7$

よって　$\alpha\beta-\alpha-\beta=7$

ゆえに　$(\alpha-1)(\beta-1)-1=7$

❗ よって　$(\alpha-1)(\beta-1)=8$ …… ①

α，β は正の整数であり，$\alpha \leqq \beta$ であるから

$$0 \leqq \alpha-1 \leqq \beta-1$$

よって，① から　$(\alpha-1,\ \beta-1)=(1,\ 8),\ (2,\ 4)$

すなわち　$(\alpha,\ \beta)=(2,\ 9),\ (3,\ 5)$

$m=\alpha\beta$ であるから

$(\alpha,\ \beta)=(2,\ 9)$ すなわち **$m=18$ のとき　$x=2,\ 9$**

$(\alpha,\ \beta)=(3,\ 5)$ すなわち **$m=15$ のとき　$x=3,\ 5$**

inf. 方程式を変形すると
$m(x-1)=x^2+7x$
x が正の整数ならば右辺が正。ゆえに $x \neq 1$ である。
解答にあるとおり，$\alpha\beta=m$ であるから，m も正の整数である。
よって，$m=\dfrac{x^2+7x}{x-1}$
$=x+8+\dfrac{8}{x-1}$
から $\dfrac{8}{x-1}$ も整数。x は $x>1$ の整数であるから，
$x-1=1,\ 2,\ 4,\ 8$ より
$x=2,\ 3,\ 5,\ 9$
このとき，m の値は順に
$m=18,\ 15,\ 15,\ 18$
となるから　**$m=15,\ 18$**

INFORMATION　不等式で範囲を絞り込む方法

係数が整数なら「**整数解ならば実数解 であるから 判別式 $D \geqq 0$** (必要条件)」によって，係数の整数値を求め，その中から整数解をもつものを絞り込んでいく方法がある。(p.74 EXERCISES 35 (2) 参照)

この例題では，解と係数の関係から m は整数であることがわかるが，判別式 $D=\{-(m-7)\}^2-4m=m^2-18m+49 \geqq 0$ からでは絞り込めない。

PRACTICE 51④

2次方程式 $x^2+mx+m+2=0$ が2つの整数解 α，β をもつとき，m の値を求めよ。　〔類 早稲田大〕

STEP UP 係数に虚数が含まれる2次方程式

係数が実数である2次方程式 $ax^2+bx+c=0$ について，これまで次のことを学んだ。

1 判別式 $D=b^2-4ac$ **による解の種類の判別**

$D>0 \iff$ **異なる2つの実数解，** $D=0 \iff$ **重解，**

$D<0 \iff$ **共役な2つの虚数解**

2 解の公式 解は $x=\dfrac{-b\pm\sqrt{b^2-4ac}}{2a}$

3 解と係数の関係 2つの解を α，β とすると $\alpha+\beta=-\dfrac{b}{a}$，$\alpha\beta=\dfrac{c}{a}$

ここでは，$p.73$ の重要例題43で扱ったような，係数に虚数が含まれる2次方程式に対しても上の3つの事柄が同じように適用できるかを具体例を通して考えてみよう。

1 例えば，$x=1+i$，$-1+i$ を解とする2次方程式の1つは

$\{x-(1+i)\}\{x-(-1+i)\}=0$ すなわち $x^2-2ix-2=0$ …… ①

であり，係数に虚数が含まれている。これまでと同様に $D=(-2i)^2-4\cdot1\cdot(-2)$ を計算すると，$D=4$ となり，$D>0$ である。

しかし，① の解は2つとも虚数である。

したがって，**判別式は係数に虚数が含まれている2次方程式には適用できない**。

2 例えば，$x=1$，i を解とする2次方程式の1つは

$(x-1)(x-i)=0$ すなわち $x^2-(1+i)x+i=0$ …… ②

であり，係数に虚数が含まれている。② にこれまでと同様に解の公式を用いてみると

$$x=\frac{-\{-(1+i)\}\pm\sqrt{\{-(1+i)\}^2-4\cdot i}}{2\cdot 1}=\frac{1+i\pm\sqrt{-2i}}{2}$$

ここで $\sqrt{-2i}=\pm(1-i)$ よって $x=1$，i

注意 高校数学において，根号内が虚数であるような数 $\sqrt{-2i}$ は定義されていないが，$\sqrt{-2i}$ を2乗すると $-2i$ となる複素数の1つと定義して右のように考えた（$p.67$ 基本例題39参照）。

このように，**解の公式は係数に虚数が含まれている2次方程式にも適用できるが，計算が煩雑である場合が多く，おススメできない**。

⇐ $-2i=(p+qi)^2$（p，q は実数）とおくと
$-2i=p^2-q^2+2pqi$
p，q は実数であるから，p^2-q^2，$2pq$ も実数である。よって
$p^2-q^2=0$，$2pq=-2$
これを解くと
$(p,\ q)=(\pm1,\ \mp1)$
（複号同順）
よって $-2i=(1-i)^2$

3 例えば，2次方程式①，② の2つの解の和と積をそれぞれ求めてみると

①：(和)$=(1+i)+(-1+i)=2i$，(積)$=(1+i)(-1+i)=-1+i^2=-2$

②：(和)$=1+i$，(積)$=1\cdot i=i$

となり，解と係数の関係を満たしていることがわかる。

このように，**解と係数の関係は係数に虚数が含まれている2次方程式にも適用できる**。

EXERCISES　　7 解と係数の関係

A

40❷ 2次方程式 $x^2-x+8=0$ の2つの解を α, β とするとき，次の式の値を求めよ。〔類 阪南大〕

(1) $\alpha^2+\beta^2$　　(2) $\alpha^4+\beta^4$　　(3) $\dfrac{\beta}{1+\alpha^2}+\dfrac{\alpha}{1+\beta^2}$　　→44

41❸ 次の式を，(ア) 有理数，(イ) 実数，(ウ) 複素数 の各範囲で因数分解せよ。

(1) x^4+2x^2-15　　(2) $8x^3-27$　　→46

42❸ (1) 2次方程式 $x^2-5x+9=0$ の2つの解を α, β とするとき，2数 $\alpha+\beta$, $\alpha\beta$ を解とする2次方程式を1つ作れ。

(2) x の2次方程式 $x^2+px+q=0$ の2つの解を α, β とする。$\alpha+2$, $\beta+2$ を解とする x の2次方程式が $x^2+qx+p=0$ であるとき，p, q の値を求めよ。　　→47

43❷ 連立方程式 $x^2-3xy+y^2=19$, $x+y=2$ を解け。　　→47

44❸ 2次方程式 $x^2-2ax+a+6=0$ について，次の条件を満たすような定数 a の値の範囲を求めよ。

(1) 1より大きい解と小さい解をもつ

(2) すべての解が2以上である　　→49

B

45❸ 2次方程式 $2x^2+4x+3=0$ の2つの解を α, β とする。このとき，次の値を求めよ。

(1) $(\alpha-1)(\beta-1)$　　(2) $(\alpha-1)^3+(\beta-1)^3$　　〔類 慶応大〕

→44

46❸ 2次方程式 $x^2-(a+c)x+ac-b^2=0$ …… ① を考える。ただし，a, b, c は実数で $a>0$ とする。

(1) ① が異なる2つの実数解をもつための条件を求めよ。

(2) すべての実数 t について不等式 $at^2+2bt+c>0$ が成り立つとき，① は正の解のみをもつことを示せ。　　→48

47❹ x の2次方程式 $x^2-(k+4)x+2k+10=0$ の2つの解が，ともに整数であるような整数 k の値をすべて求めよ。　　→51

HINT

45 (2) $a^3+b^3=(a+b)^3-3ab(a+b)$ を用いて式変形。(1) を利用。

46 (2) ① の解 α, β がともに正 $\iff$ $D\geqq0$, $\alpha+\beta>0$, $\alpha\beta>0$

47 解と係数の関係の2式から k を消去して，(整数)×(整数)=(整数) の形を導く。

8 剰余の定理と因数定理

基 本 事 項

1 剰余の定理

以下では，x の多項式を $\boldsymbol{P(x)}$，$Q(x)$ などと書き，x に数 k を代入したときの $P(x)$ の値を $\boldsymbol{P(k)}$ と書く。

① **多項式 $\boldsymbol{P(x)}$ を1次式 $\boldsymbol{x-k}$ で割ったときの余りは　$\boldsymbol{P(k)}$　［剰余の定理］**

② **多項式 $\boldsymbol{P(x)}$ を1次式 $\boldsymbol{ax+b}$ で割ったときの余りは　$\boldsymbol{P\left(-\frac{b}{a}\right)}$**

解説　② 多項式 $P(x)$ を $ax+b$ $(a \neq 0)$ で割ったときの商を $Q(x)$，余りを R とすると，等式　$P(x)=(ax+b)Q(x)+R$　が成り立つ。

この等式の両辺に $x=-\frac{b}{a}$ を代入すると

$$P\left(-\frac{b}{a}\right)=\left\{a\left(-\frac{b}{a}\right)+b\right\}Q\left(-\frac{b}{a}\right)+R$$
$$=(-b+b)Q\left(-\frac{b}{a}\right)+R$$
$$=0\cdot Q\left(-\frac{b}{a}\right)+R=R$$

したがって，$P(x)$ を $ax+b$ で割ったときの余りは $P\left(-\frac{b}{a}\right)$ である。

2 因数定理

① **1次式 $\boldsymbol{x-k}$ が多項式 $\boldsymbol{P(x)}$ の因数である　$\Longleftrightarrow$ $\boldsymbol{P(k)=0}$　［因数定理］**

② **1次式 $\boldsymbol{ax+b}$ が多項式 $\boldsymbol{P(x)}$ の因数である $\Longleftrightarrow$ $\boldsymbol{P\left(-\frac{b}{a}\right)=0}$**

3 組立除法

多項式 $\boldsymbol{P(x)}$ を1次式 $\boldsymbol{x-k}$ で割ったときの商 $\boldsymbol{Q(x)}$，余り $\boldsymbol{R}$ を求める簡便法。

例えば，$P(x)=ax^3+bx^2+cx+d$ を $x-k$ で割ったときの商を $Q(x)=lx^2+mx+n$，余りを R とすると，l，m，n，R は右のようにして求められる。

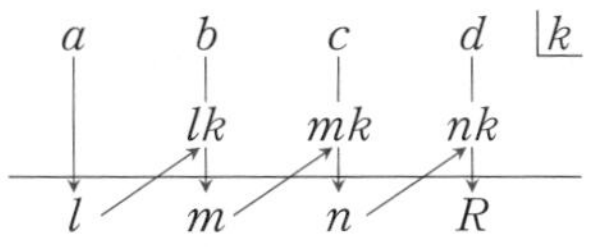

$\boldsymbol{l=a,\ m=b+lk,\ n=c+mk,\ R=d+nk}$

解説　$P(x)=(x-k)Q(x)+R$ であるから

$$ax^3+bx^2+cx+d=(x-k)(lx^2+mx+n)+R$$
$$=lx^3+(-lk+m)x^2+(-mk+n)x+(-nk+R)$$

両辺の係数を比較して　$a=l,\ b=-lk+m,\ c=-mk+n,\ d=-nk+R$

したがって　$l=a,\ m=b+lk,\ n=c+mk,\ R=d+nk$

上では $P(x)$ を3次式としたが，一般の多項式 $P(x)$ に対しても同様のことが成り立つ。

例 (1) $(x^3-10x+2)\div(x+2)$ の商と余り

まず，1 行目に，割られる式 $x^3-10x+2$ の係数 **1**, **0**, **−10**, **2** と割る式 $x+2=x-(-2)$ の -2 を $\underline{|-2}$ と書く。

最初の 1 はそのまま下に下ろして **1** と書く。

次に $(-2)\times1=\mathbf{-2}$ を 0 の下に書き，

　$0+(-2)=\mathbf{-2}$ を下に書く。

更に $(-2)\times(-2)=\mathbf{4}$ を次の −10 の下に書き，

　$(-10)+4=\mathbf{-6}$ を下に書く。

$(-2)\times(-6)=\mathbf{12}$ を次の 2 の下に書き，

$2+12=\mathbf{14}$ を下に書く。

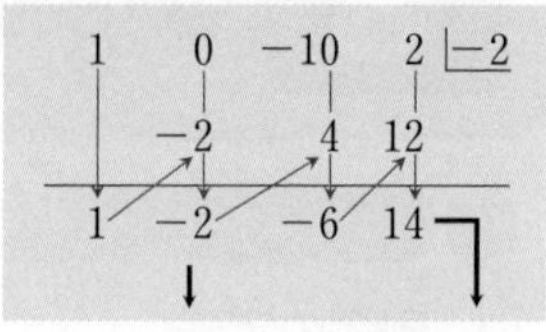

商　x^2-2x-6　余り　14

注　欠けている次数の項のところには 0 を記入する。

(2) $(8x^3-2x^2-7x+6)\div(4x-3)$ の商と余り

この場合，割る 1 次式の係数が 1 でないから，次のように変形して適用する。

$$8x^3-2x^2-7x+6=(4x-3)Q(x)+R$$

$$=\left(x-\frac{3}{4}\right)\cdot4Q(x)+R$$

右の組立除法で得られる商は $4Q(x)$ であるから，最後に係数を 4 で割る必要がある。

このように，割る 1 次式の係数が 1 でない場合，注意が必要である。

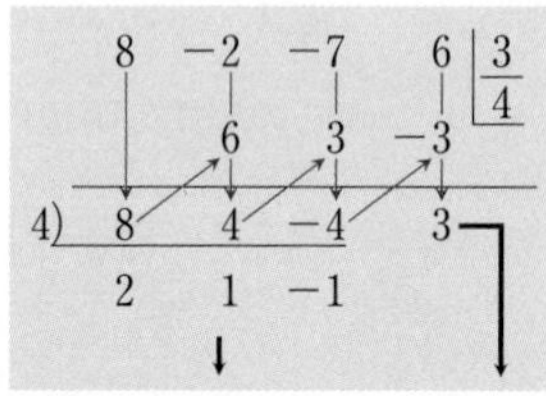

商　$2x^2+x-1$　余り　3

CHECK & CHECK

20 次の多項式を，[　] 内の 1 次式で割ったときの余りを求めよ。

(1) x^3+2x-1　$[x-3]$

(2) $2x^3-x^2+3x+1$　$[x+1]$

(3) $2x^4+3x^3-3x^2-2x+3$　$[x-1]$

(4) x^3-5x^2+4　$[2x-1]$

1

21 次の多項式は，[　] 内の 1 次式を因数にもつことを示せ。

(1) $2x^3+3x^2-11x-6$　$[x-2]$

(2) $6x^3-13x^2-14x-3$　$[2x+1]$

2

22 組立除法を用いて，次の多項式 A を多項式 B で割ったときの商と余りを求めよ。

(1) $A=x^3+2x^2-x-3$, $B=x+3$

(2) $A=2x^3+x^2+x-2$, $B=2x-1$

3

基本 例題 52 剰余の定理

次の条件を満たすように，定数 a，b の値を定めよ。

(1) x^3-3x^2+a を $x-1$ で割ると 2 余る。

(2) $2x^3-3x^2+ax+6$ が $2x+1$ で割り切れる。

(3) x^3+ax^2-5x+b が $x+2$ で割り切れ，$x+1$ で割ると 8 余る。

p.87 基本事項 1

CHART & SOLUTION

多項式を 1 次式で割ったときの余りについての問題

剰余の定理を利用

(1) $x=1$ (2) $x=-\frac{1}{2}$ を代入して a についての方程式を作る。

(3) 余りに関する 2 つの条件から a，b についての連立方程式を作る。

解答

(1) $P(x)=x^3-3x^2+a$ とする。

$P(x)$ を $x-1$ で割ったときの余りが 2 となるための条件は

$P(1)=2$ すなわち $1^3-3\cdot1^2+a=2$

よって **$a=4$**

⇐ $x-1=0$ の解 $x=1$ を代入する。

(2) $P(x)=2x^3-3x^2+ax+6$ とする。

$P(x)$ が $2x+1$ で割り切れるための条件は $P\left(-\frac{1}{2}\right)=0$

すなわち $2\cdot\left(-\frac{1}{2}\right)^3-3\cdot\left(-\frac{1}{2}\right)^2+a\left(-\frac{1}{2}\right)+6=0$

よって **$a=10$**

⇐ **割り切れる ⟺ 余りは 0**

⇐ $2x+1=0$ の解 $x=-\frac{1}{2}$ を代入する。
$-\frac{1}{4}-\frac{3}{4}-\frac{a}{2}+6=0$

(3) $P(x)=x^3+ax^2-5x+b$ とする。

$P(x)$ が $x+2$ で割り切れるための条件は $P(-2)=0$

すなわち $(-2)^3+a(-2)^2-5\cdot(-2)+b=0$

整理すると $4a+b+2=0$ …… ①

⇐ $x+2=0$ の解 $x=-2$ を代入する。
$-8+4a+10+b=0$

$P(x)$ を $x+1$ で割ったときの余りが 8 となるための条件は

$P(-1)=8$ すなわち $(-1)^3+a(-1)^2-5\cdot(-1)+b=8$

整理すると $a+b-4=0$ …… ②

①，② を解いて **$a=-2$，$b=6$**

⇐ $x+1=0$ の解 $x=-1$ を代入する。
$-1+a+5+b=8$

PRACTICE 52❷

次の条件を満たすように，定数 a，b の値を定めよ。

(1) $2x^4+3x^3-ax+1$ を $x+2$ で割ると 1 余る。

(2) x^3-3x^2-3x+a が $2x-1$ で割り切れる。

(3) $4x^3+ax+b$ は $x+1$ で割り切れ，$2x-1$ で割ると 6 余る。

基本 例題 53 剰余の定理の利用 (1)

多項式 $P(x)$ を $x-2$ で割ると 3 余り，$x+3$ で割ると -7 余る。$P(x)$ を $(x-2)(x+3)$ で割ったときの余りを求めよ。〔中央大〕

基本 52，重要 57

CHART & SOLUTION

割り算の問題　基本公式　$A=BQ+R$ を利用

(余り R の次数)<(割る式 B の次数) が決め手

割る式 $(x-2)(x+3)$ は 2 次式であるから，求める余りは 1 次式または定数である。したがって，余りは $ax+b$ (a, b は定数) とおける。$P(x)$ を商 $Q(x)$，$(x-2)(x+3)$，$ax+b$ を用いて表し，剰余の定理により a，b の連立方程式を作る。

解答

$P(x)$ を 2 次式 $(x-2)(x+3)$ で割ったときの商を $Q(x)$，余りを $ax+b$ とすると，次の等式が成り立つ。

$$P(x)=(x-2)(x+3)Q(x)+ax+b \quad \cdots\cdots ①$$

$P(x)$ を $x-2$ で割ったときの余りが 3 であるから

$$P(2)=3$$

① の両辺に $x=2$ を代入すると　$P(2)=2a+b$

よって　$2a+b=3$ ……②

また，$P(x)$ を $x+3$ で割ったときの余りが -7 であるから

$$P(-3)=-7$$

① の両辺に $x=-3$ を代入すると　$P(-3)=-3a+b$

よって　$-3a+b=-7$ ……③

②，③ を解くと　$a=2$，$b=-1$

したがって，求める余りは　$\boldsymbol{2x-1}$

別解 条件から $P(x)$ を $(x-2)(x+3)$ で割ったときの商を $Q(x)$ とする。$P(x)$ を $x-2$ で割ると余りが 3 であるから，次の等式が成り立つ。

$$P(x)=(x-2)(x+3)Q(x)+a(x-2)+3$$

ゆえに　$P(-3)=-5a+3$

条件より $P(-3)=-7$ であるから　$-5a+3=-7$

よって　$a=2$

したがって，求める余りは　$2(x-2)+3=\boldsymbol{2x-1}$

⇐ ＿部分は必ず明記する。

⇐ 余り $ax+b$ は，$a \neq 0$ ならば 1 次式，$a=0$ ならば定数となる。

⇐ $x-2=0$ の解 $x=2$ を代入する。

⇐ $x+3=0$ の解 $x=-3$ を代入する。

⇐ ②−③ から　$5a=10$

⇐ $ax+b$ に代入。

⇐ 余り $ax+b$ を更に $x-2$ で割ると商が a で余りが 3 であることを利用。

$$\begin{array}{r} a \\ x-2\overline{)\,ax+b} \\ \underline{ax-2a} \\ 3 \end{array}$$

PRACTICE 53②

多項式 $P(x)$ を $x-2$ で割ると余りは 8，$x+3$ で割ると余りは -7，$x-4$ で割ると余りは 6 である。このとき，$P(x)$ を $(x-2)(x+3)$ で割ると余りは ア□，$P(x)$ を $(x-2)(x-4)$ で割ると余りは イ□ である。

ズーム UP 余りの決定のポイント

割る式が 2 次式になると，どのようにに考えればよいのかわかりにくいです。

割り算の問題は，基本公式 $A=BQ+R$ から考えることが大切です。詳しく見てみましょう。

割る式が n 次式ならば，余りは $n-1$ 次以下の式

多項式 A を多項式 B で割ったときの商を Q，余りを R とすると

$A=BQ+R$　ただし，R は 0 か，B より次数の低い多項式

と表される（$p.25$ 基本事項 **1** で学んだ)。

基本例題 53 では，多項式 $P(x)$ を 2 次式で割ったときの余りを求めるから，余りを $R(x)$ とすると $R(x)=ax+b$（a，b は定数）とおける。この表し方で，余り $R(x)$ は $a\neq0$ のときは 1 次式，$a=0$ のときは定数（特に $a=b=0$ のときは余りが 0）となるから，余りとして起こりうる場合をすべて表現したことになる。

割る式の値が 0 となる x の値を代入

続いて，前ページ解答の等式 ① の x にどのような値を代入すれば a，b の値を求めることができるかを考えてみよう。手掛かりとなる条件は

「$x-2$ で割ると余りが 3」と「$x+3$ で割ると余りが -7」

である。この条件は剰余の定理から

$P(2)=3$ ……④　と　$P(-3)=-7$ ……⑤

のように表される。ここで現れる $x=2$，-3 はそれぞれ $x-2$，$x+3$ の値を 0，すなわち割る式 $(x-2)(x+3)$ の値を 0 とする値であるから，① に代入すると

$$\begin{cases} P(2)=0\cdot5\cdot Q(2)+2a+b & \text{すなわち}\quad P(2)=2a+b \\ P(-3)=(-5)\cdot0\cdot Q(-3)-3a+b & \text{すなわち}\quad P(-3)=-3a+b \end{cases} \quad \cdots\cdots ⑥$$

となる。$Q(x)$ の具体的な式の形がわからなくても，④，⑤，⑥ から解答の ②，③ が導かれ，この連立方程式を解くことで a，b の値が定まり，余りが求められる。

余りのおき方の工夫

別解 も見ておこう。① の右辺の $(x-2)(x+3)Q(x)$ は $x-2$ を因数にもつから，$x-2$ で割り切れる。よって，右辺全体を $x-2$ で割ったときの余りは，残っている $ax+b$ を $x-2$ で割ったときの余りに等しく，それが 3 であることから

$ax+b=a(x-2)+3$（a は定数）　⇐ $x-2$ で割ると商が a で，余りが 3

と表せる。よって，① は

$P(x)=(x-2)(x+3)Q(x)+a(x-2)+3$　⇐ $P(2)=3$ の条件を含むおき方

と表せて，⑤ の条件から a の値が定まり，余りを求めることができる。

解答の余りのおき方 $(ax+b)$ は，未知数が 2 個 $(a,\ b)$ であるのに対し，**別解** の余りのおき方 $[a(x-2)+3]$ は，未知数が 1 個 (a) で済みます。一般に，未知数が少なければ必要となる方程式の数が少なくて済み，計算量も減ります。このような工夫は今後も役立つことがあるので，しっかり身につけておきましょう。

基本 例題 54 剰余の定理の利用 (2)

多項式 $P(x)$ を $x-1$ で割ると余りが 3，x^2-x-6 で割ると余りが $-2x+17$ であるとき，$P(x)$ を $(x-1)(x+2)(x-3)$ で割った余りを求めよ。 基本 53

CHART & SOLUTION

割り算の問題　基本公式　$A=BQ+R$　を利用

3 次式で割ったときの余りは 2 次以下であるから，$\boldsymbol{R=ax^2+bx+c}$ とおける。
$x^2-x-6=(x+2)(x-3)$ であるから，まず，$x+2$，$x-3$ で割ったときの余りをそれぞれ求める。
別解　余りのおき方の工夫をする。ax^2+bx+c を更に x^2-x-6 で割った余りを考える。

解答

$P(x)$ を $(x-1)(x+2)(x-3)$ で割ったときの商を $Q_1(x)$，余りを ax^2+bx+c とすると，次の等式が成り立つ。

$P(x)=(x-1)(x+2)(x-3)Q_1(x)+ax^2+bx+c$ …… ①

$P(x)$ を $x-1$ で割ったときの余りが 3 であるから

$P(1)=3$ …… ②

また，$P(x)$ を x^2-x-6 すなわち $(x+2)(x-3)$ で割ったときの商を $Q_2(x)$ とすると，余りが $-2x+17$ であるから

$P(x)=(x+2)(x-3)Q_2(x)-2x+17$

ゆえに　$P(-2)=21$ …… ③，$P(3)=11$ …… ④

よって，① と，②～④ から

$a+b+c=3$，$4a-2b+c=21$，$9a+3b+c=11$

これを解いて　$a=2$，$b=-4$，$c=5$

したがって，求める余りは　$\boldsymbol{2x^2-4x+5}$

別解　(上の解答の等式 ② までは同じ)

① の右辺の $(x-1)(x+2)(x-3)Q_1(x)$ は x^2-x-6 すなわち $(x+2)(x-3)$ で割り切れる。

ゆえに，条件から，ax^2+bx+c を x^2-x-6 で割ると，商が a で，余りが $-2x+17$ となる。よって

$P(x)=(x-1)(x+2)(x-3)Q_1(x)+a(x^2-x-6)-2x+17$

したがって　$P(1)=-6a+15$

② から　$-6a+15=3$　よって　$a=2$

求める余りは　$2(x^2-x-6)-2x+17=\boldsymbol{2x^2-4x+5}$

⇐ 3 次式で割った余りは 2 次以下の多項式または定数である。

⇐ $\boldsymbol{A=BQ+R}$

⇐ 剰余の定理。

⇐ $\boldsymbol{A=BQ+R}$

⇐ $(x+2)(x-3)=0$ となる x の値 -2，3 を代入する。
$P(-2)=-2\cdot(-2)+17$
$P(3)=-2\cdot3+17$

⇐ 未知数が 1 個で済み，計算量が少なく済む。

⇐ $P(x)$ を x^2-x-6 で割ると余りが $-2x+17$

⇐ $\boldsymbol{A=BQ+R}$

PRACTICE 54[3]

多項式 $P(x)$ を $x-2$ で割ると余りは 13，$(x+1)(x+2)$ で割ると余りは $-10x-3$ になる。このとき $P(x)$ を $(x+1)(x-2)(x+2)$，$(x-2)(x+2)$ で割った余りをそれぞれ求めよ。

〔類　南山大〕

基本 例題 55 高次式の値（割り算を利用して次数を下げる）

$P(x)=x^3+3x^2+x+2$ について，次の問いに答えよ。

(1) $x=-1+i$ のとき，$x^2+2x+2=0$ であることを証明せよ。

(2) $P(x)$ を x^2+2x+2 で割った商と余りを求めよ。

(3) $P(-1+i)$ の値を求めよ。

基本 10，基本 60

CHART & THINKING

(1)，(2) は (3) のヒント

(3) で $P(-1+i)$ の値を求めるのに，$x=-1+i$ を直接代入すると計算が煩雑。
そこで，(1)，(2) をヒントとして利用しよう。(2) で求めた商 $Q(x)$ と余り $ax+b$ を用いると，割り算の基本公式から

$$P(x)=(x^2+2x+2)Q(x)+ax+b$$

となる。ここで，(1) の結果をどのように利用すればよいだろうか？ ……❗

解答

(1) $x=-1+i$ から　$x+1=i$

両辺を 2 乗して　$(x+1)^2=-1$

これを整理して　$x^2+2x+2=0$

⇐ i を消去。

別解 $x=-1+i$ のとき

$$\begin{aligned}x^2+2x+2&=(-1+i)^2+2(-1+i)+2\\&=1-2i+i^2-2+2i+2\\&=1-1=0\end{aligned}$$

(2) 右の計算から

商　$\boldsymbol{x+1}$

余り　$\boldsymbol{-3x}$

$$\begin{array}{r}x+1\\x^2+2x+2\,\overline{)\,x^3+3x^2+x+2}\\x^3+2x^2+2x\\\hline x^2-x+2\\x^2+2x+2\\\hline -3x\end{array}$$

(3) (2) から

$$P(x)=(x^2+2x+2)(x+1)-3x$$

❗ これに $x=-1+i$ を代入すると，(1) の結果から

$$P(-1+i)=0-3(-1+i)=\boldsymbol{3-3i}$$

(3) $P(x)$ の次数を順次下げていく方法もある。
$x^2+2x+2=0$ から
$x^2=-2x-2$
よって
$$\begin{aligned}P(x)&=x\cdot x^2+3x^2+x+2\\&=x(-2x-2)\\&\quad+3(-2x-2)+x+2\\&=-2x^2-7x-4\\&=-2(-2x-2)-7x-4\\&=-3x\end{aligned}$$

⇐ (1) から $x=-1+i$ のとき $x^2+2x+2=0$

INFORMATION ── 虚数単位 i を消去するための工夫

入試などでは，(3) だけが単独で出題されることも多い。そういう場合も遠回りに感じるかもしれないが，$x+1=i$ と変形して両辺を 2 乗すると，(1) の形のように虚数単位がなくなり実数係数の 2 次方程式となるので，計算がスムーズになる。

PRACTICE 55③

$P(x)=3x^3-8x^2+x+7$ のとき，$P(1-\sqrt{2}\,i)$ の値を求めよ。

基本 例題 56 高次式の因数分解

次の式を因数分解せよ。

(1) x^3+4x^2+x-6　　(2) $2x^3-9x^2+2$

p.87 基本事項 2, 3, 基本 59

CHART & SOLUTION

高次式 $P(x)$ の因数分解

① $P(k)=0$ となる k を見つけて　$P(x)=(x-k)Q(x)$

② 更に，$Q(x)$ を因数分解

$P(k)=0$ となるような k の候補は　$\pm\dfrac{定数項の約数}{最高次の項の係数の約数}$

(詳しくは，下の INFORMATION を参照)

$Q(x)$ を求めるには，$P(x)$ を $x-k$ で割り算してもよいが，1次式による割り算であるから，組立除法 (p.87，88 参照) を利用すると便利である。

解答

(1) $P(x)=x^3+4x^2+x-6$ とすると

$$P(1)=1^3+4\cdot1^2+1-6=0$$

よって，$P(x)$ は $x-1$ を因数にもつから

$$P(x)=(x-1)(x^2+5x+6)=\boldsymbol{(x-1)(x+2)(x+3)}$$

⇐ 組立除法

1	4	1	−6	1
	1	5	6	
1	5	6	0	

(2) $P(x)=2x^3-9x^2+2$ とすると

$$P\left(\frac{1}{2}\right)=2\cdot\left(\frac{1}{2}\right)^3-9\cdot\left(\frac{1}{2}\right)^2+2=0$$

よって，$P(x)$ は，$x-\dfrac{1}{2}$ を因数にもつから

$$P(x)=\left(x-\frac{1}{2}\right)(2x^2-8x-4)=\boldsymbol{(2x-1)(x^2-4x-2)}$$

⇐ 組立除法

2	−9	0	2	$\frac{1}{2}$
	1	−4	−2	
2	−8	−4	0	

⇐ 有理数の範囲では，これ以上因数分解できない。

INFORMATION　$P(k)=0$ となる k の見つけ方

$P(x)=ax^3+bx^2+cx+d$ に対し，$P\left(\dfrac{q}{p}\right)=0$ とすると，$P(x)$ は $px-q$ で割り切れる。

商を lx^2+mx+n とすると，次の等式が成り立つ。

$$ax^3+bx^2+cx+d=(px-q)(lx^2+mx+n)\quad(係数はすべて整数)$$

x^3 の項の係数と定数項を比較して　$a=pl$，$d=-qn$

よって，p は $P(x)$ の最高次の項の係数 a の約数，

q は $P(x)$ の定数項 d の約数　である。

すなわち，$P(k)=0$ となる k の候補は　$\pm\dfrac{定数項の約数}{最高次の項の係数の約数}$

PRACTICE 56②

次の式を因数分解せよ。

(1) x^3-4x^2+x+6　　(2) $2x^3-5x^2+5x+4$

STEP UP 暗算で行う3次式の因数分解

前ページで扱ったように3次以上の多項式の因数分解では因数定理がとても有効である。多項式 $P(x)$ について，$P(k)=0$ となる k の値が見つけられれば，1次式 $x-k$ を因数にもつことがわかり

$$P(x)=(x-k)Q(x)$$

と因数分解される。これによって $P(x)$ より次数が1つ下がった $Q(x)$ が更に因数分解できるかを考えていけばよいのである。
この商 $Q(x)$ を求める方法としては，筆算の割り算による方法，組立除法による方法の2つが一般的であるが，ここでは暗算によって求める方法を紹介しよう。
まず，(1次式)×(2次式)の展開式の構造を見てみよう。

$$(ax+b)(px^2+qx+r)=apx^3+(aq+bp)x^2+(ar+bq)x+br \quad \cdots\cdots ①$$

上の図式のように，展開式は3次式となり，x^3 の係数は，1次式と2次式の最高次の項の係数どうしの積 ap，定数項は，定数項どうしの積 br になることがわかる。因数分解は展開とは逆の操作であるから，1次式 $ax+b$ がわかれば2次式の p，r の値は簡単に求めることができる。例えば，$P(x)=3x^3-x^2-6x-8$ について

$$P(2)=3\cdot2^3-2^2-6\cdot2-8=24-4-12-8=0$$

であるから，$x-2$ を因数にもつことがわかる。したがって

$$3x^3-x^2-6x-8=(x-2)(\boxed{ア}x^2+\boxed{イ}x+\boxed{ウ})$$

のように因数分解される。ここで

$$1\times\boxed{ア}=3,\quad -2\times\boxed{ウ}=-8$$

であるから，$\boxed{ア}=3$，$\boxed{ウ}=4$ であることは簡単に求めることができる。

$$3x^3-x^2-6x-8=(x-2)(3x^2+\boxed{イ}x+4)$$

次に，$\boxed{イ}$ の値を決定するには，① の展開式における x^2 の項の係数の決まり方から

$$1\times\boxed{イ}+(-2)\times3=-1 \qquad すなわち \qquad \boxed{イ}=5$$

したがって

$$3x^3-x^2-6x-8=(x-2)(3x^2+5x+4) \quad \cdots\cdots ②$$

と因数分解できる。更に，まだ利用していない x の項の係数を確認することによって，検算することもできる。すなわち，② の右辺を展開したときの x の項の係数は

$$1\times4+(-2)\times5=4-10=-6$$

となり，左辺の x の項の係数と一致するから正しいことがわかる。
この暗算による3次式の因数分解ができるようになると，4次以上の多項式の因数分解でも応用ができるので，因数分解がスムーズにできるようになる。

重要 例題 57 剰余の定理の利用 (3)

(1) $f(x)=x^3-ax+b$ が $(x-1)^2$ で割り切れるとき，定数 a，b の値を求めよ。

(2) n を 2 以上の整数とするとき，x^n-1 を $(x-1)^2$ で割ったときの余りを求めよ。

〔学習院大〕 基本 53

CHART & SOLUTION

割り算の問題　基本公式 $A=BQ+R$ を利用

1 次数に注目　　2 余りには剰余の定理

(1) $(x-1)^2$ で割り切れる $\Longrightarrow f(x)=(x-1)^2Q$

$\Longrightarrow f(x)$ が $x-1$ で割り切れ，更にその商が $x-1$ で割り切れる。

(2) 次の恒等式を利用する。ただし，n は自然数とし，$a^0=1$，$b^0=1$ である。

$$\boldsymbol{a^n-b^n=(a-b)(a^{n-1}+a^{n-2}b+a^{n-3}b^2+\cdots\cdots+ab^{n-2}+b^{n-1})}$$

解答

(1) $f(x)$ は $x-1$ で割り切れるから　$f(1)=0$

よって　$1-a+b=0$　ゆえに　$b=a-1$ …… ①

したがって　$f(x)=x^3-ax+a-1$

$=(x-1)(x^2+x+1-a)$

$g(x)=x^2+x+1-a$ とすると　$g(1)=0$

よって　$3-a=0$　ゆえに　$\boldsymbol{a=3}$

これを ① に代入して　$\boldsymbol{b=2}$

(2) x^n-1 を 2 次式 $(x-1)^2$ で割ったときの商を $Q(x)$，余りを $ax+b$ とすると，次の等式が成り立つ。

$$x^n-1=(x-1)^2Q(x)+ax+b$$

両辺に $x=1$ を代入すると

$0=a+b$　よって　$b=-a$

ゆえに　$x^n-1=(x-1)^2Q(x)+ax-a$

$=(x-1)\{(x-1)Q(x)+a\}$

$x^n-1=(x-1)(x^{n-1}+x^{n-2}+\cdots\cdots+x+1)$ であるから

$x^{n-1}+x^{n-2}+\cdots\cdots+x+1=(x-1)Q(x)+a$

両辺に $x=1$ を代入すると　$1+1+\cdots\cdots+1+1=a$

よって　$a=n$　ゆえに　$b=-a=-n$

したがって，求める余りは　$\boldsymbol{nx-n}$

1	0	$-a$	$a-1$	1
	1	1	$-a+1$	
1	1	$-a+1$	0	

⇐ 条件から，$g(x)$ も $x-1$ で割り切れる。

⇐ **割り算の基本公式 $A=BQ+R$**

⇐ $(x-1)^2Q(x)+a(x-1)$

⇐ $1=x^0$ であるから，左辺の項数は x^0 から x^{n-1} までの $\boldsymbol{n}$ 個

PRACTICE 57④

(1) a，b は定数で，x についての整式 x^3+ax+b は $(x+1)^2$ で割り切れるとする。このとき，a，b の値を求めよ。〔早稲田大〕

(2) n を 2 以上の自然数とする。x^n+ax+b が $(x-1)^2$ で割り切れるとき，定数 a，b の値を求めよ。〔東北学院大〕

A

48❷ 次の第1式が第2式で割り切れるように，定数 a, b, c, d, e の値を定めよ。

(1) x^3+2x^2+4x+a, $x+1$　　(2) x^3+6x^2+bx+c, $(x+1)(x+2)$

(3) $dx^3+x^2+ex-40$, x^2-2x-8

➡ 52

49❷ 多項式 $x^{1010}+x^{101}+x^{10}+x$ を x^3-x で割ったときの余りを求めよ。

〔学習院大〕 ➡ 53

50❸ $P(x)=x^4-4x^3+10x^2-15x+20$ のとき，$P(2+\sqrt{3}i)$ の値を求めよ。

➡ 55

51❷ 次の式を因数分解せよ。

(1) $x^4-3x^3-3x^2+11x-6$　　(2) $x^4-x^3-4x^2-2x-12$

(3) $6x^3+x^2+7x+4$

➡ 56

B

52❸ x の多項式 $f(x)$ を $(x-1)^2$ で割ったときの商と余りはそれぞれ $g(x)$, $3x-1$ であり，$f(x)$ を $x-2$ で割ったときの余りは6であるという。このとき，$g(x)$ を $x-2$ で割ったときの余りは ア□ であり，$f(x)$ を $(x-1)(x-2)$ で割ったときの余りは イ□$x-$ウ□ である。

〔東京理科大〕 ➡ 53

53❹ 整式 $P(x)$ を x^2-4 で割った余りは $2x+1$, x^2-3x+2 で割った余りは $x+3$ である。

(1) $P(2)$ を求めよ。　　(2) $P(x)$ を x^2+x-2 で割った余りを求めよ。

(3) $P(x)$ を x^3-x^2-4x+4 で割った余りを求めよ。　〔東京女子大〕

➡ 53, 54

54❹ x についての整式 $P(x)$ は，$(x+1)^2$ で割ると $-x+4$ 余り，$(x-1)^2$ で割ると $2x+5$ 余るとする。

(1) $P(x)$ を $(x+1)(x-1)$ で割ったときの余りを求めよ。

(2) $P(x)$ を $(x+1)(x-1)^2$ で割ったときの余りを求めよ。　〔類 宮崎大〕

➡ 54

HINT

48 (2), (3) **$P(x)$ が $(x-\alpha)(x-\beta)$ で割り切れる $\Longleftrightarrow$ $P(x)$ が $x-\alpha$ で割り切れ，かつ $x-\beta$ でも割り切れる $\Longleftrightarrow$ $P(\alpha)=0$ かつ $P(\beta)=0$**

52 (ア) $f(x)=(x-1)^2g(x)+3x-1$ と表される。$f(2)=6$ から，$g(2)$ の値を求める。

53 (2) (1)と同様にして，$P(-2)$ を求める。続いて $P(x)=(x-1)(x-2)Q_2(x)+x+3$ から $P(1)$ を求め，$P(x)$ を x^2+x-2 で割った余り $ax+b$ の a, b を求める。

(3) $P(x)=(x-1)(x+2)(x-2)Q_4(x)+px^2+qx+r$ と表される。

54 (2) $P(x)$ を $(x+1)(x-1)^2$ で割った余りを cx^2+dx+e とする。$(x+1)(x-1)^2$ は $(x-1)^2$ で割り切れるから，$P(x)$ を $(x-1)^2$ で割った余りは，cx^2+dx+e を $(x-1)^2$ で割った余りと等しい。

$P(x)$ を $(x-1)^2$ で割ると余りが $2x+5$ であるから　$cx^2+dx+e=c(x-1)^2+2x+5$

9 高次方程式

基本事項

1 高次方程式

① x の多項式 $P(x)$ が n 次式のとき，方程式 $P(x)=0$ を **n 次方程式** といい，3 次以上の方程式を **高次方程式** という。

② **高次方程式 $P(x)=0$ の解法**　$P(x)$ を因数分解し，次数の低い方程式を導いて解く。高次式 $P(x)$ を因数分解するには，**公式** や **おき換え**，**因数定理** を利用する。方程式が $(x-\alpha)^nQ(x)=0$，$Q(\alpha)\neq 0$ の形になるとき，解 α をこの方程式の **n 重解** という。

③ 実数を係数とする n 次方程式が虚数解 α をもつならば，α と共役な複素数 $\overline{\alpha}$ もまた，その方程式の解である（証明は $p.99$ を参照）。

④ 2 重解は 2 個，3 重解は 3 個，…… と数えるとき，n 次方程式は，複素数の範囲に必ず n 個の解をもつ。

2 3 次方程式の解と係数の関係

3 次方程式 $ax^3+bx^2+cx+d=0$ の 3 つの解を α，β，γ とすると

① **解と係数の関係**　$\boldsymbol{\alpha+\beta+\gamma=-\dfrac{b}{a}}$，$\boldsymbol{\alpha\beta+\beta\gamma+\gamma\alpha=\dfrac{c}{a}}$，$\boldsymbol{\alpha\beta\gamma=-\dfrac{d}{a}}$

② **因数分解**　$\boldsymbol{ax^3+bx^2+cx+d=a(x-\alpha)(x-\beta)(x-\gamma)}$

解説　$P(x)=ax^3+bx^2+cx+d$ とすると，$x=\alpha$，β，γ が 3 次方程式 $P(x)=0$ の 3 つの解であるから，k を定数とすると，次の等式が成り立つ。

$$ax^3+bx^2+cx+d=k(x-\alpha)(x-\beta)(x-\gamma)$$

両辺の x^3 の項の係数を比較すると　$k=a$　　よって，② が得られる。

② の右辺を展開すると

$$ax^3+bx^2+cx+d=ax^3-a(\alpha+\beta+\gamma)x^2+a(\alpha\beta+\beta\gamma+\gamma\alpha)x-a\alpha\beta\gamma$$

この両辺の各項の係数を比較すると

$$b=-a(\alpha+\beta+\gamma),\ c=a(\alpha\beta+\beta\gamma+\gamma\alpha),\ d=-a\alpha\beta\gamma$$

したがって，① が得られる。

CHECK & CHECK

23 次の方程式を解け。

(1) $x(x-2)(x-3)=0$　　(2) $x^2(x+1)=4(x+1)$

(3) $x^3+27=0$　　(4) $x^4-16=0$　　1

24 3 次方程式 $x^3-2x^2+x+3=0$ の解を α，β，γ とするとき，次の式の値を求めよ。

(1) $\alpha+\beta+\gamma$　　(2) $\alpha\beta+\beta\gamma+\gamma\alpha$　　(3) $\alpha\beta\gamma$　　2

STEP UP 「共役な複素数もまた解である」のはなぜ？

複素数 $\alpha=a+bi$ と共役な複素数 $\overline{\alpha}=a-bi$ について，次の性質が成り立つ。

α，β を複素数とすると

1. $\overline{\alpha+\beta}=\overline{\alpha}+\overline{\beta}$，　$\overline{\alpha-\beta}=\overline{\alpha}-\overline{\beta}$
2. $\overline{\alpha\beta}=\overline{\alpha}\cdot\overline{\beta}$，　$\overline{\left(\dfrac{\alpha}{\beta}\right)}=\dfrac{\overline{\alpha}}{\overline{\beta}}$
3. $\overline{\alpha^n}=(\overline{\alpha})^n$　（n は自然数）
4. k が実数のとき　$\overline{k}=k$，　$\overline{k\alpha}=k\overline{\alpha}$

証明▶ $\alpha=a+bi$，$\beta=c+di$ とする。

（2 $\overline{\alpha\beta}=\overline{\alpha}\cdot\overline{\beta}$ について）

$$\overline{\alpha\beta}=\overline{(a+bi)(c+di)}=\overline{(ac-bd)+(ad+bc)i}$$
$$=(ac-bd)-(ad+bc)i$$
$$\overline{\alpha}\cdot\overline{\beta}=\overline{(a+bi)}\cdot\overline{(c+di)}=(a-bi)(c-di)$$
$$=(ac-bd)-(ad+bc)i$$

よって　$\overline{\alpha\beta}=\overline{\alpha}\cdot\overline{\beta}$

1，2 の他の式も，同様に証明される。

（3 について）

上の結果を用いて　$\overline{\alpha^n}=\underbrace{\overline{\alpha\alpha\cdots\cdots\alpha}}_{n\text{ 個}}=\underbrace{\overline{\alpha}\cdot\overline{\alpha}\cdot\cdots\cdots\cdot\overline{\alpha}}_{n\text{ 個}}=(\overline{\alpha})^n$

（4 について）

$k=k+0i$ であるから　$\overline{k}=k-0i=k$

これと 2 を用いて　$\overline{k\alpha}=\overline{k}\cdot\overline{\alpha}=k\overline{\alpha}$

上の性質を用いると，$p.98$ 基本事項 1 ③ が証明できる。

実数係数の n 次方程式が虚数解 α をもつならば，共役な複素数 $\overline{\alpha}$ も解である。

証明▶ 例えば，実数 a，b，c，d を係数とする 3 次方程式 $ax^3+bx^2+cx+d=0$ ……① が虚数解 α をもつとき

$$a\alpha^3+b\alpha^2+c\alpha+d=0$$

両辺の共役な複素数を考えて

$$\overline{a\alpha^3+b\alpha^2+c\alpha+d}=\overline{0}\qquad\text{また}\qquad\overline{0}=0$$

性質 1 から　$\overline{a\alpha^3}+\overline{b\alpha^2}+\overline{c\alpha}+\overline{d}=0$

a，b，c，d は実数であるから

性質 4 から　$a\overline{\alpha^3}+b\overline{\alpha^2}+c\overline{\alpha}+d=0$

性質 3 から　$a(\overline{\alpha})^3+b(\overline{\alpha})^2+c\overline{\alpha}+d=0$

この等式は ① に $x=\overline{\alpha}$ を代入したものであり，方程式 ① が $\overline{\alpha}$ を解にもつことを示している。

基本例題 58 高次方程式の解法（因数分解の利用）

次の方程式を解け。

(1) $x^4-5x^2-6=0$　　(2) $(x^2-x)^2+(x^2-x)-6=0$

(3) $x^4+2x^2+4=0$

p.98 基本事項 1，数学Ⅰ重要 17

CHART & SOLUTION

高次方程式 $P(x)=0$

$P(x)$ を 1 次式または 2 次式の積に因数分解

(1) $\boldsymbol{x^2=A}$，(2) $\boldsymbol{x^2-x=A}$ と（頭の中で）おき換えて，A の 2 次式を因数分解。

(3) $x^2=A$ とおいても，$A^2+2A+4=0$ となり，有理数の範囲でこれ以上因数分解できないから，平方の差に変形する。（数学Ⅰ p.35 重要例題 17 参照）

解答

(1) $x^4-5x^2-6=0$ から　$(x^2+1)(x^2-6)=0$

よって　$x^2+1=0$ または $x^2-6=0$

ゆえに　$x^2=-1$ または $x^2=6$

したがって　$\boldsymbol{x=\pm i,\ \pm\sqrt{6}}$

⇐ $x^2=A$ とおくと $A^2-5A-6=(A+1)(A-6)$

(2) $(x^2-x)^2+(x^2-x)-6=0$ から

$(x^2-x-2)(x^2-x+3)=0$

よって　$(x+1)(x-2)(x^2-x+3)=0$

ゆえに

$x+1=0$ または $x-2=0$ または $x^2-x+3=0$

したがって　$\boldsymbol{x=-1,\ 2,\ \dfrac{1\pm\sqrt{11}\,i}{2}}$

⇐ $x^2-x=A$ とおくと $A^2+A-6=(A-2)(A+3)$

⇐ $x^2-x+3=0$ から $x=\dfrac{1\pm\sqrt{11}\,i}{2}$

(3) $x^4+2x^2+4=(x^2+2)^2-2x^2$

$=(x^2+\sqrt{2}\,x+2)(x^2-\sqrt{2}\,x+2)$

よって，方程式は　$(x^2+\sqrt{2}\,x+2)(x^2-\sqrt{2}\,x+2)=0$

ゆえに　$x^2+\sqrt{2}\,x+2=0$ または $x^2-\sqrt{2}\,x+2=0$

$x^2+\sqrt{2}\,x+2=0$ から　$x=\dfrac{-\sqrt{2}\pm\sqrt{6}\,i}{2}$

$x^2-\sqrt{2}\,x+2=0$ から　$x=\dfrac{\sqrt{2}\pm\sqrt{6}\,i}{2}$

したがって　$\boldsymbol{x=\dfrac{-\sqrt{2}\pm\sqrt{6}\,i}{2},\ \dfrac{\sqrt{2}\pm\sqrt{6}\,i}{2}}$

⇐ $2x^2=(\sqrt{2}\,x)^2$

⇐ $a^2-b^2=(a+b)(a-b)$ を利用。

⇐ $x=\dfrac{\pm\sqrt{2}\pm\sqrt{6}\,i}{2}$（複号任意）でもよい。

PRACTICE 58❷

次の方程式を解け。

(1) $x^4+x^2-2=0$　　(2) $(x^2+6x)^2+13(x^2+6x)+30=0$

(3) $x^4+3x^2+4=0$

基本 例題 59　高次方程式の解法（因数定理の利用）

次の方程式を解け。

(1)　$x^3-x^2+12=0$　　(2)　$6x^4-11x^3+2x^2+5x-2=0$

基本 56，$p.98$ 基本事項 1

CHART & SOLUTION

高次方程式 $P(x)=0$

$P(x)$ を 1 次式または 2 次式の積に因数分解

左辺の式の因数分解は手強そうに見えるが，**因数定理**

　1 次式 $x-a$ が多項式 $P(x)$ の因数である $\Longleftrightarrow$ $P(a)=0$ ……❗

を利用して，（1 次式）×（2 次式）などの形にもち込む。

（$p.94$ 基本例題 56 を参照）

解答

(1)　$P(x)=x^3-x^2+12$ とすると

❗ $P(-2)=(-2)^3-(-2)^2+12=0$

よって，$P(x)$ は $x+2$ を因数にもつから

$P(x)=(x+2)(x^2-3x+6)$

$P(x)=0$ から　$x+2=0$　または　$x^2-3x+6=0$

ゆえに　$\boldsymbol{x=-2,\ \dfrac{3\pm\sqrt{15}i}{2}}$

⇐ 組立除法

1	−1	0	12	−2
	−2	6	−12	
1	−3	6	0	

(2)　$P(x)=6x^4-11x^3+2x^2+5x-2$ とすると

❗ $P(1)=6\cdot1^4-11\cdot1^3+2\cdot1^2+5\cdot1-2=0$

よって，$P(x)$ は $x-1$ を因数にもつから

$P(x)=(x-1)(6x^3-5x^2-3x+2)$

次に，$Q(x)=6x^3-5x^2-3x+2$ とすると

❗ $Q(1)=6\cdot1^3-5\cdot1^2-3\cdot1+2=0$

よって，$Q(x)$ は $x-1$ を因数にもつから

$Q(x)=(x-1)(6x^2+x-2)$

$=(x-1)(2x-1)(3x+2)$

ゆえに　$P(x)=(x-1)^2(2x-1)(3x+2)$

$P(x)=0$ から

$x-1=0$　または　$2x-1=0$　または　$3x+2=0$

よって　$\boldsymbol{x=1,\ \dfrac{1}{2},\ -\dfrac{2}{3}}$

⇐ 組立除法

6	−11	2	5	−2	1
	6	−5	−3	2	
6	−5	−3	2	0	1
	6	1	−2		
6	1	−2	0		

⇐ $6x^2+x-2$
$=(2x-1)(3x+2)$
…たすき掛けによる。

inf. (2) の解 $x=1$ は **2 重解** で，これを 2 個と数えると，$P(x)=0$ は 4 個の解をもつ。

PRACTICE 59❷

次の方程式を解け。

(1)　$x^3-3x^2-8x-4=0$　　(2)　$2x^3-x^2-8x+4=0$

(3)　$x^4-x^3-3x^2+x+2=0$　　(4)　$4x^4-4x^3-9x^2+x+2=0$

基本 例題 60　1の3乗根の性質

1の3乗根で虚数のものは2つあり，その一方を ω とする。
(1)　他方の虚数解は ω と共役な複素数で，ω^2 に等しいことを示せ。
(2)　$\omega^2+\omega+1$，$\omega^4+\omega^5$ の値を，それぞれ求めよ。

基本 55, 58

CHART & SOLUTION

1の3乗根の性質

1　**1の3乗根は　1，ω，ω^2**

2　$\boldsymbol{\omega^3=1}$　　3　$\boldsymbol{\omega^2+\omega+1=0}$

(1)　1の3乗根は方程式 $x^3=1$ の解であるから

$$x^3=1 \longrightarrow x^3-1=0 \longrightarrow (x-1)(x^2+x+1)=0$$

よって，1の3乗根は $x=1$ と $x^2+x+1=0$ の2つの虚数解である。

(2)　$\omega^3=1$ を使って，ω^4 と ω^5 の **次数を下げる**。

解答

(1)　x を1の3乗根とすると

$$x^3=1 \quad すなわち \quad x^3-1=0$$

左辺を因数分解して　$(x-1)(x^2+x+1)=0$

よって　$x-1=0$　または　$x^2+x+1=0$

ゆえに　$x=1,\ \dfrac{-1\pm\sqrt{3}\,i}{2}$

$\omega=\dfrac{-1+\sqrt{3}\,i}{2}$ とすると　$\omega^2=\left(\dfrac{-1+\sqrt{3}\,i}{2}\right)^2=\dfrac{-1-\sqrt{3}\,i}{2}$

$\omega=\dfrac{-1-\sqrt{3}\,i}{2}$ とすると　$\omega^2=\left(\dfrac{-1-\sqrt{3}\,i}{2}\right)^2=\dfrac{-1+\sqrt{3}\,i}{2}$

よって，1の3乗根で虚数のものの一方を ω とすると，他方は ω と共役な複素数であり，ω^2 に等しい。

(2)　ω は方程式 $x^2+x+1=0$ の解であるから

$$\boldsymbol{\omega^2+\omega+1=0}$$

また，ω は1の3乗根であるから　$\omega^3=1$

よって　$\omega^4+\omega^5=\omega^3(\omega+\omega^2)=\omega+\omega^2$

ここで，$\omega^2+\omega+1=0$ であるから　$\omega+\omega^2=-1$

ゆえに　$\boldsymbol{\omega^4+\omega^5=-1}$

⇐ $a^3-b^3=(a-b)(a^2+ab+b^2)$

⇐ 3次方程式の解は複素数の範囲で3個。

⇐ いずれの ω も $\omega^2=\overline{\omega}$

注意　2次方程式が虚数解をもつとき，それらは互いに共役な複素数である。(証明は $p.99$ を参照)

inf.　n を整数とすると
$\boldsymbol{\omega^{3n}=1}$
$\boldsymbol{\omega^{3n+1}=\omega}$
$\boldsymbol{\omega^{3n+2}=\omega^2}$

参考　ω はギリシア文字で，「オメガ」と読む。

PRACTICE 60②

x についての方程式 $x^3=1$ の虚数解の1つを ω とする。このとき
$\dfrac{1}{\omega}+\dfrac{1}{\omega^2}+1=$ ア［　］，$\omega^{100}+\omega^{50}=$ イ［　］ である。

基本 例題 61 解から係数決定（実数解）

3 次方程式 $x^3+ax^2-21x+b=0$ の解は 1，3，c である。このとき，定数 a，b，c の値を求めよ。

p.98 基本事項 2

CHART & SOLUTION

$x=\alpha$ が $f(x)=0$ の解 $\iff$ $f(\alpha)=0$

$\iff$ $f(x)$ は $x-\alpha$ を因数にもつ

与えられた方程式の左辺を $f(x)$ とすると

$x=1$，3 が $f(x)=0$ の解 $\iff$ $f(1)=0$，$f(3)=0$

これから得られる a，b の連立方程式を解く。また，

$f(1)=0$，$f(3)=0$ $\iff$ $f(x)$ は $x-1$，$x-3$ を因数にもつ

$\iff$ $f(x)$ は $(x-1)(x-3)$ で割り切れる

これを利用して，残りの解 c を求める。

解答

$x=1$，3 がこの方程式の解であるから

$$1^3+a\cdot1^2-21\cdot1+b=0$$
$$3^3+a\cdot3^2-21\cdot3+b=0$$

整理すると　$a+b=20$，$9a+b=36$

これを解いて　$\boldsymbol{a=2}$，$\boldsymbol{b=18}$

よって，方程式は　$x^3+2x^2-21x+18=0$

この方程式の左辺は $(x-1)(x-3)$ で割り切れるから，左辺を因数分解すると　$(x-1)(x-3)(x+6)=0$

ゆえに　$x=1$，3，-6

したがって　$\boldsymbol{c=-6}$

別解 1，3，c が方程式の解であり，x^3 の係数が 1 であるから　$x^3+ax^2-21x+b=(x-1)(x-3)(x-c)$ が成り立つ。

右辺を展開して整理すると

$$x^3+ax^2-21x+b=x^3-(c+4)x^2+(4c+3)x-3c$$

係数を比較して　$a=-(c+4)$，$-21=4c+3$，$b=-3c$

これを解いて　$\boldsymbol{a=2}$，$\boldsymbol{b=18}$，$\boldsymbol{c=-6}$

⇐ 1，3 が解 ⟶ $x=1$，3 を方程式に代入すると成り立つ。

⇐ $x^3+2x^2-21x+18$ $=(x-1)(x-3)(x+k)$ 定数項を比較すると，$18=3k$ から　$k=6$

⇐ 係数比較法

⇐ x についての恒等式。

inf. 3 次方程式の解と係数の関係（p.98 基本事項 2）を利用すると，**別解** と同じ式が得られる。

$1+3+c=-a$

$1\cdot3+3c+c\cdot1=-21$

$1\cdot3\cdot c=-b$

PRACTICE 61②

x の方程式 $x^4-x^3+ax^2+bx+6=0$ が $x=-1$，3 を解にもつとき，定数 a，b の値を求めよ。また，そのときの他の解を求めよ。

2章 9 高次方程式

基本 例題 62 解から係数決定（虚数解）

3 次方程式 $x^3+ax^2+bx+10=0$ の 1 つの解が $x=2+i$ であるとき，実数の定数 a，b の値と他の解を求めよ。〔山梨学院大〕

p.98 基本事項 2，基本 61

CHART & SOLUTION

$x=\alpha$ が $f(x)=0$ の解 $\Longleftrightarrow$ $f(\alpha)=0$

代入する解は 1 個（$x=2+i$）で，求める値は 2 個（a と b）であるが，

複素数の相等　A，B が実数のとき　$A+Bi=0 \Longleftrightarrow A=0$ かつ $B=0$

により，a，b に関する方程式は 2 つできるから，a，b の値を求めることができる。
また，**実数を係数とする n 次方程式が虚数解 α をもつとき，共役な複素数 $\overline{\alpha}$ も解である** ことを用いて，次のように解いてもよい。

別解 1, 2　α と $\overline{\alpha}$ が解であるから，方程式の左辺は $(x-\alpha)(x-\overline{\alpha})$ すなわち $x^2-(\alpha+\overline{\alpha})x+\alpha\overline{\alpha}$ で割り切れることを利用する。

別解 3　3 つ目の解を k として，3 次方程式の解と係数の関係を利用する。

解答

$x=2+i$ がこの方程式の解であるから

$$(2+i)^3+a(2+i)^2+b(2+i)+10=0$$

ここで，$(2+i)^3=2^3+3\cdot2^2i+3\cdot2i^2+i^3=2+11i$，
$(2+i)^2=2^2+2\cdot2i+i^2=3+4i$ であるから

$$2+11i+a(3+4i)+b(2+i)+10=0$$

i について整理すると

$$3a+2b+12+(4a+b+11)i=0$$

$3a+2b+12$，$4a+b+11$ は実数であるから

$$3a+2b+12=0,\ 4a+b+11=0$$

これを解いて　　**$a=-2$，$b=-3$**

ゆえに，方程式は　$x^3-2x^2-3x+10=0$

$f(x)=x^3-2x^2-3x+10$ とすると

$$f(-2)=(-2)^3-2\cdot(-2)^2-3\cdot(-2)+10=0$$

よって，$f(x)$ は $x+2$ を因数にもつから

$$f(x)=(x+2)(x^2-4x+5)$$

したがって，方程式は　$(x+2)(x^2-4x+5)=0$

ゆえに　$x+2=0$　または　$x^2-4x+5=0$

$x^2-4x+5=0$ を解くと　$x=2\pm i$

よって，**他の解は　$x=-2$，$2-i$**

別解 1　実数を係数とする 3 次方程式が虚数解 $2+i$ をもつから，共役な複素数 $2-i$ もこの方程式の解である。
よって，$x^3+ax^2+bx+10$ は $\{x-(2+i)\}\{x-(2-i)\}$ すなわち　x^2-4x+5 で割り切れる。

---

inf. $x-2=i$ と変形して両辺を 2 乗すると
$x^2-4x+5=0$
これを利用して $x^3+ax^2+bx+10$ の次数を下げる方法（別解 1 の 3 行目以降と同じ）もある。
（p.93 基本例題 55 参照）

⇐ **この断り書きは重要。**
A，B が実数のとき
$A+Bi=0$
$\Longleftrightarrow A=0$ かつ $B=0$

⇐ 組立除法

1	−2	−3	10	⌊−2
	−2	8	−10	
1	−4	5	0	

⇐ **---の部分の断り書きは重要。**

右の割り算における余り

$$(4a+b+11)x-5a-10$$

が0に等しいから

$$(4a+b+11)x-5a-10=0$$

これがxの恒等式であるから

$$4a+b+11=0,\ -5a-10=0$$

$$\begin{array}{r} x+(a+4) \\ x^2-4x+5\,)\overline{x^3+\ ax^2+\qquad bx+10} \\ \underline{x^3-\ 4x^2+\qquad 5x\qquad} \\ (a+4)x^2+\ (b-5)x+10 \\ \underline{(a+4)x^2-4(a+4)x+5(a+4)} \\ (4a+b+11)x-5a-10 \end{array}$$

これを解いて　**$a=-2,\ b=-3$**

このとき，方程式は

$$(x^2-4x+5)(x+2)=0$$

よって　$x^2-4x+5=0$　または　$x+2=0$

ゆえに　$x=2\pm i,\ -2$

したがって，**他の解は　$x=2-i,\ -2$**

⇐ 商 $x+(a+4)$ に $a=-2$ を代入すると $x+2$

別解 2　実数を係数とする3次方程式が虚数解 $2+i$ をもつから，共役な複素数 $2-i$ もこの方程式の解である。

$$(2+i)+(2-i)=4,\ (2+i)(2-i)=5$$

よって，$2\pm i$ を解とする2次方程式の1つは

$$x^2-4x+5=0$$

したがって

$$x^3+ax^2+bx+10=(x^2-4x+5)(x+c)$$

とおける。両辺の定数項を比較して

$$10=5c\quad すなわち\quad c=2$$

ゆえに　$x^3+ax^2+bx+10=(x^2-4x+5)(x+2)$

右辺を展開して整理すると

$$(右辺)=x^3-2x^2-3x+10$$

左辺と係数を比較して　**$a=-2,\ b=-3$**

他の解は　**$x=2-i,\ -2$**

⇐ ＿の部分の断り書きは**重要。**

⇐ $p,\ q$ を2解とする2次方程式の1つは $x^2-(p+q)x+pq=0$

⇐ 左辺の定数項は10であるから，$c=2$ となることは，すぐわかる。

⇐ 係数比較法

⇐ $x+2=0$ から $x=-2$

別解 3　実数を係数とする3次方程式が虚数解 $2+i$ をもつから，共役な複素数 $2-i$ もこの方程式の解である。

残りの解を k とすると，3次方程式の解と係数の関係により

$$(2+i)+(2-i)+k=-a \quad \cdots\cdots ①$$

$$(2+i)(2-i)+(2-i)k+k(2+i)=b \quad \cdots\cdots ②$$

$$(2+i)(2-i)k=-10 \quad \cdots\cdots ③$$

③から　$5k=-10$　　ゆえに　$k=-2$

よって，**他の解は　$x=2-i,\ -2$**

①から　**$a=-(4+k)=-2$**

②から　**$b=5+4k=-3$**

⇐ ＿の部分の断り書きは**重要。**

⇐ k は実数。

⇐ $4+k=-a$

⇐ $5+4k=b$

inf. $x^3+ax^2+bx+10=(x-k)\{x-(2+i)\}\times\{x-(2-i)\}$ として，各項の係数を比較してもよい。

PRACTICE 62❷

3次方程式 $x^3+ax^2+4x+b=0$ が解 $1+i$ をもつとき，実数の定数 $a,\ b$ の値を求めよ。また，$1+i$ 以外の解を求めよ。　〔青山学院大〕

振り返り　高次方程式の係数決定問題の解法

例題 **61**，**62** のような高次方程式の係数を決定する問題では，さまざまな解法があるので，整理しながら振り返っておきましょう。

解の条件から高次方程式の係数を求める問題では，次の [1]，[2] が問題解決の基本となる。まず，この最重要ポイントを押さえておこう。

> $x=\alpha$ が方程式 $f(x)=0$ の解 $\Longleftrightarrow$ $f(\alpha)=0$（代入すると成り立つ）　⟵ [1]
> 　　　　　　　　　　　　　　　$\Longleftrightarrow$ $f(x)$ は $x-\alpha$ を因数にもつ　⟵ [2]

最も基本的な解法は，[1] の方針「**解は代入**」である。**例題 61**，**62** では，この方針の解答を最初に示している。しかし，**例題 62** のように解が虚数の場合は，代入した後の計算がやや煩雑になる。そこで，次のような解法も身につけておきたい。

●共役な複素数も解であることを利用した解法

> 実数係数の方程式 $f(x)=0$ が虚数解 $p+qi$ を解にもつとき，$p-qi$ も解である
> ⟶ [2] から，$f(x)$ は $\{x-(p+qi)\}$，$\{x-(p-qi)\}$ を因数にもつ
> ⟶ $f(x)$ は $\{x-(p+qi)\}\{x-(p-qi)\}=x^2-2px+p^2+q^2$ ……Ⓐ で割り切れる

Ⓐ を求めた後は，次の 2 つの方法のいずれかを用いる。

① **割り算の利用**
…… 実際に Ⓐ で割り算をして，(余り)$=0$ の式を作る。
（⟶ 例題 **62** 別解 1）

② **恒等式の利用**
…… 他の解を文字でおき，因数分解した形で $f(x)$ を表す。
（⟶ 例題 **61** 別解，例題 **62** 別解 2）

参考　$p+qi$ と $p-qi$ の和が $2p$，積が p^2+q^2 であることを利用すると，Ⓐ を素早く求めることができる。

例題 61 で ① を用いる場合，右のように $x-1$，$x-3$ で組立除法を 2 回行い，どちらの余りも 0 とするとよい。

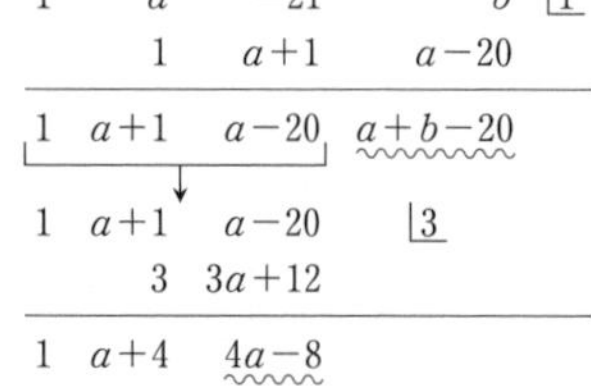

$(x-1)(x-3)$ すなわち x^2-4x+3 で割り算をするよりも，組立除法を 2 回行う方がラクですね。

● 3 次方程式の解と係数の関係を利用した解法

他の解を文字でおき，次の **3 次方程式の解と係数の関係** を利用する。

> 3 次方程式 $ax^3+bx^2+cx+d=0$ の 3 つの解を α，β，γ とすると
> $$\alpha+\beta+\gamma=-\frac{b}{a},\quad \alpha\beta+\beta\gamma+\gamma\alpha=\frac{c}{a},\quad \alpha\beta\gamma=-\frac{d}{a}$$

（⟶ 例題 **61** inf.，例題 **62** 別解 3）

この方法が最も手早く計算できるので，身につけておくとよい。ただし，3 次方程式の場合しか使えないので，4 次以上の方程式では他の方法を用いることになる。
なお，3 次方程式の解と係数の関係は，**例題 64**（$p.108$）でも学ぶ。

基本 例題 63　2重解をもつ条件

3次方程式 $x^3+(a-1)x^2+(4-a)x-4=0$ が2重解をもつように，実数の定数 a の値を定めよ。

基本 61

CHART & SOLUTION

3次方程式の問題

因数分解して（1次式）×（2次式）へもち込む ……❗

$x=1$ を代入すると成り立つから，与えられた方程式は
$(x-1)g(x)=0$ [$g(x)$ は2次式] の形となる。
ここで，「2重解をもつ」のは次の2通りで，場合分けが必要。
[1]　2次方程式 $g(x)=0$ が1でない重解をもつ。
[2]　$x=1$ が2重解 ⟶ $g(x)=0$ の解の1つが1で，他の解は1でない。

解答

$f(x)=x^3+(a-1)x^2+(4-a)x-4$ とすると

$$f(1)=1^3+(a-1)\cdot1^2+(4-a)\cdot1-4=0$$

よって，$f(x)$ は $x-1$ を因数にもつから

$$f(x)=(x-1)(x^2+ax+4)$$

❗ ゆえに，方程式は　$(x-1)(x^2+ax+4)=0$

したがって　$x-1=0$ または $x^2+ax+4=0$

この3次方程式が2重解をもつ条件は，次の[1]または[2]が成り立つことである。

[1]　$x^2+ax+4=0$ が1でない重解をもつ。

判別式を D とすると　$D=0$ かつ $1^2+a\cdot1+4=a+5\neq0$

$$D=a^2-16=(a+4)(a-4)$$

$D=0$ とすると　$a=\pm4$　　これは $a+5\neq0$ を満たす。

[2]　$x^2+ax+4=0$ の1つの解が1，他の解が1でない。

$x=1$ が解であるから　$1^2+a\cdot1+4=0$

よって　$a+5=0$　　ゆえに　$a=-5$

このとき　$x^2-5x+4=0$

よって　$(x-1)(x-4)=0$

これを解いて　$x=1,\ 4$

したがって，他の解が1でないから適する。

[1]，[2] から，求める定数 a の値は　$\boldsymbol{a=\pm4,\ -5}$

1	$a-1$	$4-a$	-4	$\lfloor 1$
	1	a	4	
1	a	4	0	

別解 **次数が最低の文字 a について整理する** 方針で，因数分解してもよい。
$x^3-x^2+4x-4+a(x^2-x)$
$=(x-1)(x^2+4)+ax(x-1)$
$=(x-1)(x^2+ax+4)$

inf. 次のように考えてもよい。
[2]　$x^2+ax+4=0$ の解が 1 と $\beta\ (\neq1)$ のとき，解と係数の関係から
$1+\beta=-a$，$1\cdot\beta=4$
$\beta=4$ は適する。
このとき　$a=-5$

PRACTICE 63③

3次方程式 $x^3+(a-2)x^2-4a=0$ が2重解をもつように実数の定数 a の値を定め，そのときの解をすべて求めよ。　〔東北学院大〕

重要 例題 64　3次方程式の解と係数の関係

3次方程式 $x^3+x^2+x+3=0$ の3つの解を α, β, γ とするとき，次の式の値を求めよ。

(1) $\alpha^2+\beta^2+\gamma^2$　　　(2) $\alpha^3+\beta^3+\gamma^3$

p.98 基本事項 2，基本 3

CHART & SOLUTION

3次方程式の解と係数の関係

3次方程式 $ax^3+bx^2+cx+d=0$ の3つの解を α, β, γ とすると

$$\alpha+\beta+\gamma=-\frac{b}{a},\quad \alpha\beta+\beta\gamma+\gamma\alpha=\frac{c}{a},\quad \alpha\beta\gamma=-\frac{d}{a}$$

(1), (2)は，ともに α, β, γ の **対称式**

⟶ **基本対称式 $\alpha+\beta+\gamma$, $\alpha\beta+\beta\gamma+\gamma\alpha$, $\alpha\beta\gamma$ で表される。**……❗

⟶ 3次方程式の解と係数の関係が利用できる。

なお，次の式変形はよく利用される。

$$a^2+b^2+c^2=(a+b+c)^2-2(ab+bc+ca)$$

$$a^3+b^3+c^3=(a+b+c)(a^2+b^2+c^2-ab-bc-ca)+3abc$$

別解　(2)は次数を下げる方法（3次 ⟶ 2次）で解いてもよい。

解答

解と係数の関係により

$$\alpha+\beta+\gamma=-1,\quad \alpha\beta+\beta\gamma+\gamma\alpha=1,\quad \alpha\beta\gamma=-3$$

❗ (1) $\alpha^2+\beta^2+\gamma^2=(\alpha+\beta+\gamma)^2-2(\alpha\beta+\beta\gamma+\gamma\alpha)$

$=(-1)^2-2\cdot1=\mathbf{-1}$

(2) (1)の結果を利用して

❗ $\alpha^3+\beta^3+\gamma^3=(\alpha+\beta+\gamma)(\alpha^2+\beta^2+\gamma^2-\alpha\beta-\beta\gamma-\gamma\alpha)+3\alpha\beta\gamma$

$=(-1)(-1-1)+3\cdot(-3)=\mathbf{-7}$

別解　$\alpha^3+\alpha^2+\alpha+3=0$, $\beta^3+\beta^2+\beta+3=0$, $\gamma^3+\gamma^2+\gamma+3=0$ であるから

⇐ $x=\alpha$ が $f(x)=0$ の解 ⟺ $f(\alpha)=0$

$$\alpha^3=-\alpha^2-\alpha-3,\quad \beta^3=-\beta^2-\beta-3,\quad \gamma^3=-\gamma^2-\gamma-3$$

⇐ 次数を下げている。

よって

$\alpha^3+\beta^3+\gamma^3=(-\alpha^2-\alpha-3)+(-\beta^2-\beta-3)+(-\gamma^2-\gamma-3)$

$=-(\alpha^2+\beta^2+\gamma^2)-(\alpha+\beta+\gamma)-9$

⇐ $\alpha^2+\beta^2+\gamma^2$ の値は，(1)の結果を利用する。

$=-(-1)-(-1)-9=\mathbf{-7}$

PRACTICE 64③

3次方程式 $x^3-3x+5=0$ の3つの解を α, β, γ とするとき，$(\alpha+\beta)(\beta+\gamma)(\gamma+\alpha)$ の値は ア□ であり，$\alpha^3+\beta^3+\gamma^3$ の値は イ□，$\alpha^5+\beta^5+\gamma^5$ の値は ウ□ である。

〔類 東京理科大〕

EXERCISES 9 高次方程式

A

55❸ 次の方程式を解け。 〔(3) 中央大，(4) 昭和女子大〕

(1) $2x^4-7x^2-4=0$ (2) $3x^3-7x^2-10x+4=0$

(3) $x^4-16x^2+16=0$ (4) $x(x+1)(x+2)(x+3)=24$

➡ 58, 59

56❸ 立方体の縦を 2 cm，横を 1 cm，それぞれ伸ばし，高さを 1 cm 縮めて直方体を作ると，体積が 50% 増加した。このとき，もとの立方体の 1 辺の長さを求めよ。

57❸ 4 次方程式 $x^4+ax^3+7x^2+bx+26=0$ は，2 次方程式 $x^2+2x+2=0$ と共通な解を 2 つもっている。 〔徳島文理大〕

(1) 実数の定数 a，b の値を求めよ。

(2) 4 次方程式の残りの解を求めよ。 ➡ 61, 62

58❸ 3 次方程式 $x^3+(a+2)x^2-4a=0$ がちょうど 2 つの実数解をもつような実数 a をすべて求めよ。 〔学習院大〕 ➡ 63

B

59❸ 方程式 $x^4-6x^3+10x^2-6x+1=0$ について，次の問いに答えよ。

(1) $x+\frac{1}{x}=X$ とおいて，与えられた方程式を X の方程式で表せ。

(2) 与えられた方程式の解を求めよ。

60❸ 次の不等式を解け。

(1) $2x^4-x^2-1>0$ (2) $x^3+2x^2-5x-6\leqq 0$

61❸ 多項式 x^3+ax^2+bx-a を x^2+x+1 で割った余りが $-x+3$ であるとき，定数 a，b の値を求めよ。 〔名城大〕 ➡ 60

62❹ 3 次方程式 $x^3+2x^2+3x+4=0$ の 3 つの解を α，β，γ とするとき，$\alpha+\beta$，$\beta+\gamma$，$\gamma+\alpha$ を 3 つの解とする 3 次方程式を作れ。ただし，x^3 の係数を 1 とする。 〔類 拓殖大〕 ➡ 47, 64

HINT

59 (1) $x=0$ が解でないから，両辺を x^2 で割る。

60 (1) (左辺)$=(x^2-1)(2x^2+1)$，常に $2x^2+1>0$

(2) 左辺を因数分解して，因数の符号を調べる。

61 A，B が実数，ω が虚数のとき $A+B\omega=0 \iff A=0$ かつ $B=0$ を利用する。

62 3 次方程式の解と係数の関係を利用する。

STEP UP 3次方程式の一般的解法

2次方程式に解の公式があるように，3次，4次方程式にも一般的な解法がある。

高校数学の範囲を超える内容であるが，ここでは **Cardano（カルダーノ）の解法** として知られる，3次方程式の一般的解法の概要について紹介しよう。

3次方程式は，x^3 の係数 $(\neq 0)$ で両辺を割ると，次の形になる。

$$x^3+ax^2+bx+c=0 \quad \cdots\cdots ①$$

ここで，$x=y-\dfrac{a}{3}$ とおく解の変換により，y^2 の項が消えて次の形になる。

$$y^3+py+q=0 \quad \cdots\cdots ②$$

更に，$y=u+v$ とおいて ② に代入し，整理すると

$$u^3+v^3+q+(3uv+p)(u+v)=0 \quad \cdots\cdots ③$$

← $y^3=(u+v)^3=u^3+v^3+3uv(u+v)$

そこで，　$u^3+v^3+q=0,\ 3uv+p=0 \quad \cdots\cdots ④$

を満たす u，v を求めれば，$y=u+v$ は ② を満たし，更に $x=y-\dfrac{a}{3}$ が ① を満たすことになる。ここで，④ より $u^3+v^3=-q$，$uv=-\dfrac{p}{3}$ すなわち $u^3v^3=-\dfrac{p^3}{27}$ であるから，u^3 と v^3 は2次方程式 $t^2+qt-\dfrac{p^3}{27}=0$ の解である。

これを解くと　$t=\dfrac{1}{2}\left\{-q\pm\sqrt{q^2-4\left(-\dfrac{p^3}{27}\right)}\right\}=-\dfrac{q}{2}\pm\sqrt{\left(\dfrac{p}{3}\right)^3+\left(\dfrac{q}{2}\right)^2}$ である。

$$u^3=-\frac{q}{2}+\sqrt{R},\quad v^3=-\frac{q}{2}-\sqrt{R} \quad \left[R=\left(\frac{p}{3}\right)^3+\left(\frac{q}{2}\right)^2\right]$$

とおくと，それぞれ右辺の3乗根が3つずつ得られる。$uv=-\dfrac{p}{3}$ より，u が1つの値をとると v は1つに定まるから，$(u,\ v)$ の組は3組ある。ゆえに，② を満たす y（すなわち ① を満たす x）が3個得られる。

ここで，④ は ③ の十分条件で必要条件ではないが，3次方程式の解は3個であるから（$p.98$ 1 ④ 参照），以上によって，3次方程式 ① が解けたことになる。

例えば，3次方程式 $(x-3)(x^2-2)=0$ すなわち $x^3-3x^2-2x+6=0$ を考えてみよう。

この方程式の解は $x=3$，$\pm\sqrt{2}$ で，実数解のみをもつが，この方程式を Cardano の解法によって解こうとすると

$a=-3$ から $x=y+1$ と変換すると

$(y+1)^3-3(y+1)^2-2(y+1)+6=0$　　整理して　　$y^3-5y+2=0$

$p=-5$，$q=2$ から　　$R=\left(\dfrac{p}{3}\right)^3+\left(\dfrac{q}{2}\right)^2=\left(-\dfrac{5}{3}\right)^3+1=-\dfrac{98}{27}<0$

よって，u^3 と v^3 の値は虚数になってしまう。← u，v から得られる x は実数となる。

すなわち，3次方程式を解くためには，たとえ実数解のみをもつ場合でも，解法の途中で虚数を扱う必要があることになる。

実はこれが，人々が虚数を認めるきっかけとなったのである。

数学Ⅱ

図形と方程式

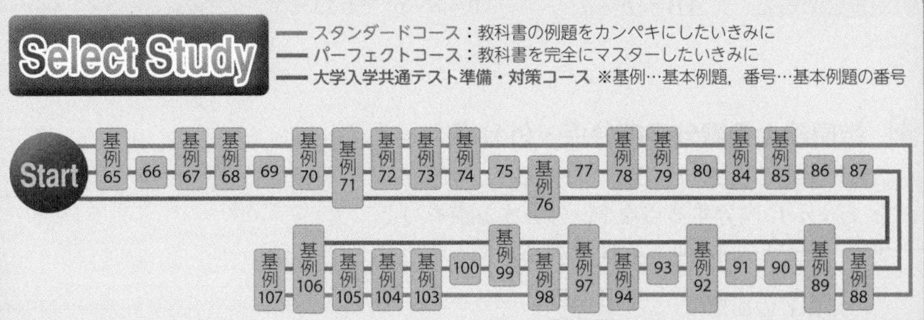

■ 例題一覧

	種類	番号	例題タイトル	難易度
10	基本	65	座標平面上の２点間の距離	2
	基本	66	２点間の距離と三角形の形状	3
	基本	67	座標を利用した証明(1)	2
	基本	68	平行四辺形の頂点の座標	2
	基本	69	三角形の重心の座標	2
11	基本	70	直線の方程式	1
	基本	71	２直線の平行条件・垂直条件	2
	基本	72	平行・垂直と直線の方程式	2
	基本	73	２直線の共有点と連立１次方程式の解	1
	基本	74	座標を利用した証明(2)，垂心	2
	基本	75	共線・共点	3
	基本	76	定点を通る直線の方程式	3
	基本	77	２直線の交点を通る直線	3
	基本	78	直線に関して対称な点	2
	基本	79	点と直線の距離	2
	基本	80	三角形の面積	3
	重要	81	共点と共線の関係	3
	重要	82	折れ線の長さの最小	3
	重要	83	垂線の長さの最小	3
12	基本	84	円の方程式の決定(1)	2
	基本	85	円の方程式の決定(2)	2
	基本	86	円の方程式の決定(3)	3
	基本	87	$x^2+y^2+lx+my+n=0$ の表す図形	2
	基本	88	円と直線の共有点の座標	2
	基本	89	円と直線の位置関係	2
	基本	90	円によって切り取られる線分の長さ	3
	基本	91	円周上の点における接線	3
	基本	92	円外の点から円に引いた接線	2
	基本	93	２つの円の位置関係	3
	基本	94	２つの円の交点を通る円・直線	2
	重要	95	放物線と円の共有点・接点	4
	重要	96	２つの円の共通接線	4
13	基本	97	２定点からの距離の比が一定な点の軌跡	2
	基本	98	曲線上の動点に連動する点の軌跡	2
	基本	99	媒介変数と軌跡	3
	基本	100	直線に関する対称移動	3
	重要	101	２直線の交点の軌跡	4
	重要	102	放物線の弦の中点の軌跡	4
14	基本	103	不等式の表す領域	2
	基本	104	連立不等式の表す領域	2
	基本	105	積の形の不等式の表す領域	2
	基本	106	領域と最大・最小(1)	2
	基本	107	領域を利用した証明法	2
	重要	108	正領域・負領域の考え	3
	重要	109	線形計画法の文章題	3
	重要	110	領域と最大・最小(2)	4
	重要	111	直線が通過する領域	5
	重要	112	点$(x+y,\ xy)$の動く領域	4

10 直線上の点，平面上の点

基本事項

1 数直線上の 2 点間の距離

① 原点Oと点 $P(a)$ の距離は　$\mathbf{OP}=|\boldsymbol{a}|$

② 2 点 $A(a)$, $B(b)$ 間の距離は

$a \leqq b$ ならば　$AB=b-a$

$a>b$ ならば　$AB=a-b$

まとめると　$\mathbf{AB}=|\boldsymbol{b}-\boldsymbol{a}|$　← $AB=|a-b|$ でもよい。

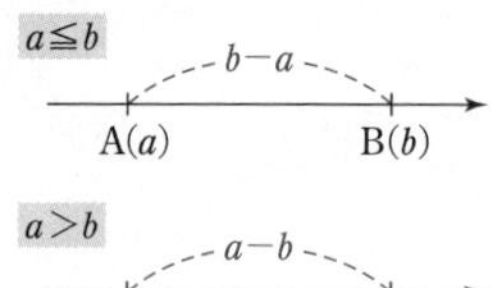

2 数直線上の線分の内分点・外分点

数直線上の 2 点 $A(a)$, $B(b)$ に対して，線分 AB を $m:n$ に内分する点をP，外分する点をQとする。ただし，$m>0$, $n>0$ とする。

点Pの座標は　$\dfrac{\boldsymbol{na+mb}}{\boldsymbol{m+n}}$

点Qの座標は　$\dfrac{\boldsymbol{-na+mb}}{\boldsymbol{m-n}}$ $(m \neq n)$

特に，線分 AB の中点の座標は　$\dfrac{\boldsymbol{a+b}}{\boldsymbol{2}}$

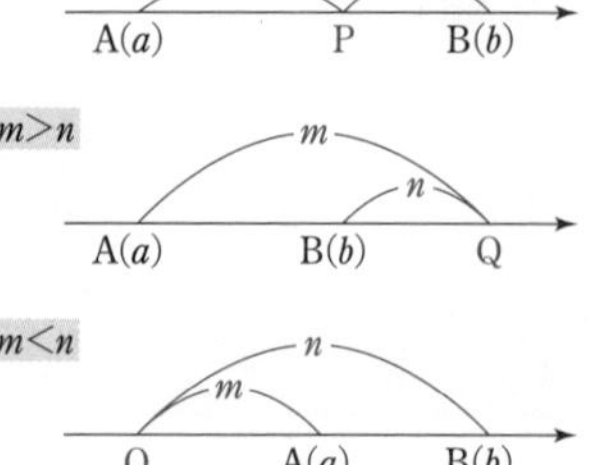

3 座標平面上の 2 点間の距離

座標平面上の 2 点 $A(x_1, y_1)$, $B(x_2, y_2)$ 間の距離は

$$\mathbf{AB}=\sqrt{(\boldsymbol{x}_2-\boldsymbol{x}_1)^2+(\boldsymbol{y}_2-\boldsymbol{y}_1)^2}$$

特に，原点Oと点 $A(x_1, y_1)$ の距離は

$$\mathbf{OA}=\sqrt{\boldsymbol{x}_1{}^2+\boldsymbol{y}_1{}^2}$$

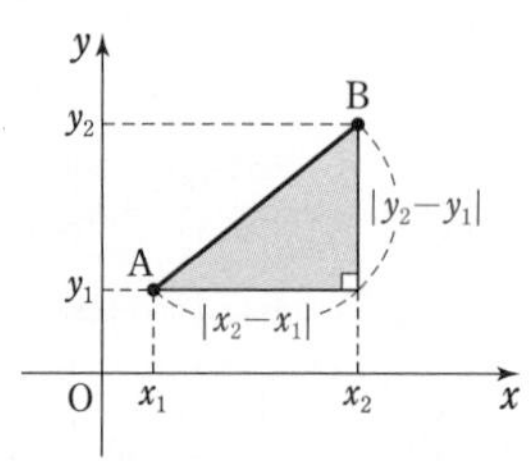

4 座標平面上の線分の内分点・外分点

$m>0$, $n>0$ のとき，2 点 $A(x_1, y_1)$, $B(x_2, y_2)$ に対して

1 線分 AB を $m:n$ に内分する点の座標は　$\left(\dfrac{\boldsymbol{nx_1+mx_2}}{\boldsymbol{m+n}}, \dfrac{\boldsymbol{ny_1+my_2}}{\boldsymbol{m+n}}\right)$

特に，線分 AB の中点の座標は　$\left(\dfrac{\boldsymbol{x_1+x_2}}{\boldsymbol{2}}, \dfrac{\boldsymbol{y_1+y_2}}{\boldsymbol{2}}\right)$

2 線分 AB を $m:n$ に外分する点の座標は　$\left(\dfrac{\boldsymbol{-nx_1+mx_2}}{\boldsymbol{m-n}}, \dfrac{\boldsymbol{-ny_1+my_2}}{\boldsymbol{m-n}}\right)$

5 三角形の重心

3 点 $A(x_1,\ y_1)$, $B(x_2,\ y_2)$, $C(x_3,\ y_3)$ を頂点とする△ABC の重心Gの座標は

$$\left(\frac{x_1+x_2+x_3}{3},\ \frac{y_1+y_2+y_3}{3}\right)$$

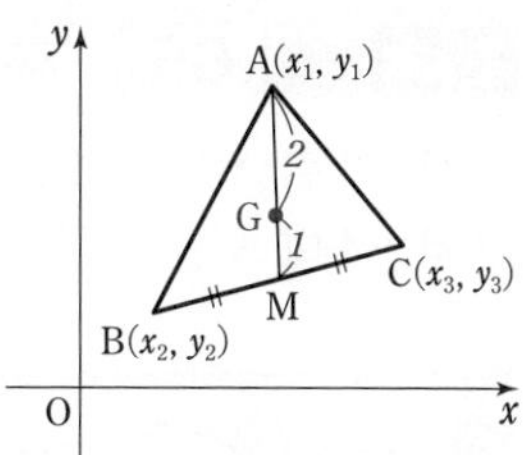

6 点に関して対称な点

点 $A(a,\ b)$ に関して，2 点 $P(x_1,\ y_1)$, $Q(x_2,\ y_2)$ が対称であるとき

$$a=\frac{x_1+x_2}{2},\qquad b=\frac{y_1+y_2}{2}$$

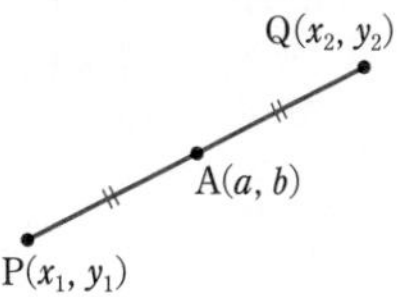

解説 点Aは線分 PQ の中点であるから，上の等式が成り立つ。
また，点Qは線分 AP を 1：2 に外分しているという見方もできる。

CHECK & CHECK

25 次の 2 点間の距離を求めよ。
(1) A(−3), B(2)　　(2) A(−2), B(−5)　　1

26 2 点 A(−2), B(6) を結ぶ線分 AB について，次の点の座標を求めよ。
(1) 3：1 に内分する点　　(2) 3：1 に外分する点
(3) 1：3 に外分する点　　(4) 中点　　2

27 次の 2 点間の距離を求めよ。
(1) A(−2, 4), B(7, −3)　　(2) O(0, 0), A(−6, 8)　　3

28 座標平面上に 3 点 A(3, 4), B(−3, 1), C(5, −2) がある。このとき，次の点の座標を求めよ。
(1) 線分 AB を 2：1 に内分する点D
(2) 線分 AC を 3：1 に外分する点E
(3) 線分 AB の中点 M　　4

29 次の 3 点を頂点とする三角形の重心の座標を求めよ。
(1) (−1, 2), (3, −4), (7, −4)
(2) (−2, 0), $(4,\ 4\sqrt{2})$, $(10,\ -\sqrt{2})$　　5

30 点 A(2, −3) に関して，点 P(−1, 0) と対称な点の座標を求めよ。　　6

基本 例題 65 座標平面上の 2 点間の距離

(1) 2 点 A$(-1,\ 4)$, B$(3,\ 2)$ から等距離にある x 軸上の点Pの座標を求めよ。
(2) 3 点 A$(-5,\ 5)$, B$(2,\ 6)$, C$(-1,\ -3)$ から等距離にある点Qの座標を求めよ。

p. 112 基本事項 3

CHART & SOLUTION

2点間の距離を条件とする問題

距離の 2 乗を利用する

(1) 条件 $\mathbf{AP=BP}$ ⟶ 同値な条件 $\mathbf{AP^2=BP^2}$ として扱うと根号が出てこない。
点Pは x 軸上にあるから, P$(x,\ 0)$ として AP^2, BP^2 を x の式で表し, x の方程式を解く。
(2) Q$(x,\ y)$ として AQ^2=BQ^2=CQ^2 から x, y の連立方程式を解く。

解答

(1) P$(x,\ 0)$ とする。 ⇐点Pは x 軸上の点。

AP=BP すなわち AP^2=BP^2 から ⇐距離の 2 乗で計算する。

$$\{x-(-1)\}^2+(0-4)^2$$
$$=(x-3)^2+(0-2)^2$$

⇐$x^2+2x+1+16=x^2-6x+9+4$

整理すると $8x=-4$

よって $x=-\dfrac{1}{2}$

ゆえに, 点Pの座標は $\left(-\dfrac{1}{2},\ 0\right)$

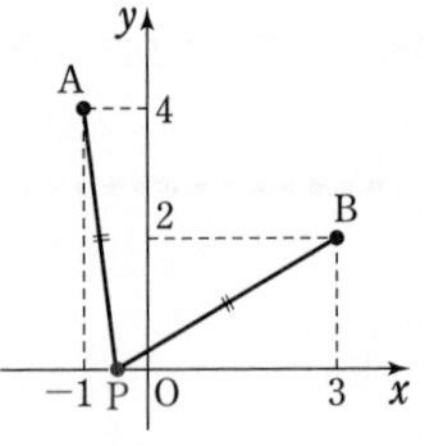

(2) Q$(x,\ y)$ とする。

AQ=BQ=CQ すなわち AQ^2=BQ^2=CQ^2

AQ^2=BQ^2 から

$$\{x-(-5)\}^2+(y-5)^2=(x-2)^2+(y-6)^2$$

BQ^2=CQ^2 から

$$(x-2)^2+(y-6)^2=\{x-(-1)\}^2+\{y-(-3)\}^2$$

それぞれ整理すると

$$7x+y=-5,\ x+3y=5$$

これを解いて $x=-1$, $y=2$

ゆえに, 点Qの座標は $(-1,\ 2)$

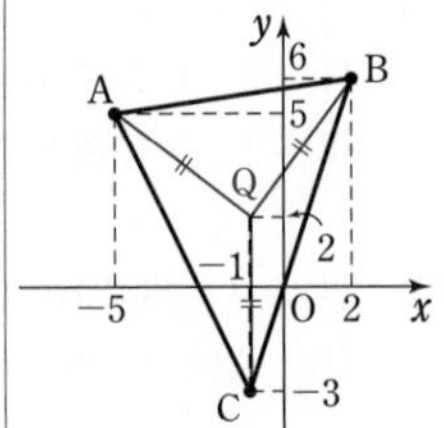

PRACTICE 65❷

(1) 座標平面上の 2 点を A$(-3,\ 2)$, B$(4,\ 0)$ とする。x 軸上, y 軸上にあって, 2 点 A, B から等距離にある点の座標をそれぞれ求めよ。
(2) 3 点 A$(1,\ 5)$, B$(0,\ 2)$, C$(-1,\ 3)$ から等距離にある点の座標を求めよ。

基本 例題 66　2点間の距離と三角形の形状

(1)　3点 A(1, −1), B(4, 1), C(−1, 2) を頂点とする △ABC はどのような三角形か。

(2)　A(1, 0), B(0, 3), C(a, b) を頂点とする △ABC が正三角形となるように，a, b の値を定めよ。

p.112 基本事項 3

CHART & SOLUTION

三角形の形状　3辺の長さの関係を調べる ……❶

(1)　**3辺が等しい ⟺ 正三角形，　2辺が等しい ⟺ 二等辺三角形，三平方の定理における等式が成り立つ ⟺ 直角三角形**

なお，二等辺三角形ならばどの2辺が等しいのか，直角三角形ならばどの角が直角なのかを明記すること。

(2)　AB=BC=CA から，a, b についての連立方程式を導く。

なお，△ABC は直線 AB に関して対称に **2つできる** ことに注意。

解答

(1)　$AB^2=(4-1)^2+\{1-(-1)\}^2=13$

$BC^2=(-1-4)^2+(2-1)^2=26$

$CA^2=\{1-(-1)\}^2+(-1-2)^2=13$

❶ よって　$AB=CA$, $BC^2=CA^2+AB^2$

ゆえに，△ABC は **∠A=90° の直角二等辺三角形** である。

⇐ (辺の長さ)^2 を調べる。

⇐ $AB^2=CA^2 \longrightarrow AB=CA$

(2)　△ABC が正三角形であるための条件は

❶ 　$AB=BC=CA$　すなわち　$AB^2=BC^2=CA^2$

$AB^2=BC^2$ から　$(0-1)^2+(3-0)^2=(a-0)^2+(b-3)^2$

よって　$a^2+(b-3)^2=10$ …… ①

$BC^2=CA^2$ から　$a^2+(b-3)^2=(a-1)^2+b^2$

よって　$a=3b-4$ …… ②

② を ① に代入して　$(3b-4)^2+(b-3)^2=10$

整理すると　$2b^2-6b+3=0$　ゆえに　$b=\dfrac{3\pm\sqrt{3}}{2}$

これを ② に代入して

$$(a,\ b)=\left(\frac{1\pm3\sqrt{3}}{2},\ \frac{3\pm\sqrt{3}}{2}\right)$$ **(複号同順)**

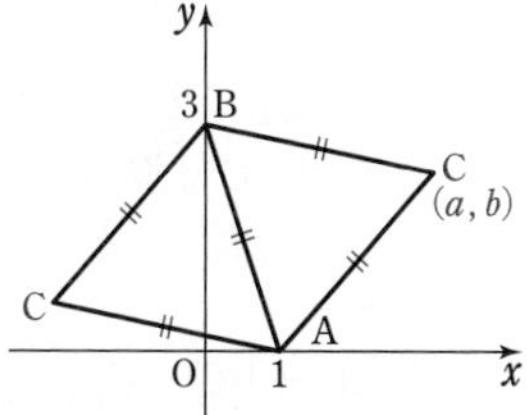

inf. 正三角形の残りの頂点については，第4章三角関数で，点の回転を利用して求める方法を学習する。

⇐ **複号同順** とは，複号 (±, ∓) の +, − がすべて上側またはすべて下側で適用されるという意味。

注意　以後，本書では，この表記を用いる。

PRACTICE 66③

3点 A(1, 1), B(2, 4), C(a, 0) を頂点とする △ABC について

(1)　△ABC が直角三角形となるとき，a の値を求めよ。

(2)　△ABC が二等辺三角形となるとき，a の値を求めよ。

基本 例題 67 座標を利用した証明 (1)

△ABC の重心を G とするとき，$AB^2+BC^2+CA^2=3(GA^2+GB^2+GC^2)$ が成り立つことを証明せよ。

p.112 基本事項 3，5

CHART & THINKING

座標を利用した証明

座標を利用すると，図形の性質が簡単に証明できる場合がある。そのとき，**座標軸をどこにとるか，与えられた図形を座標を用いてどう表すか** がポイントとなる。そこで，**あとの計算がスムーズになるように，座標軸を定める。**

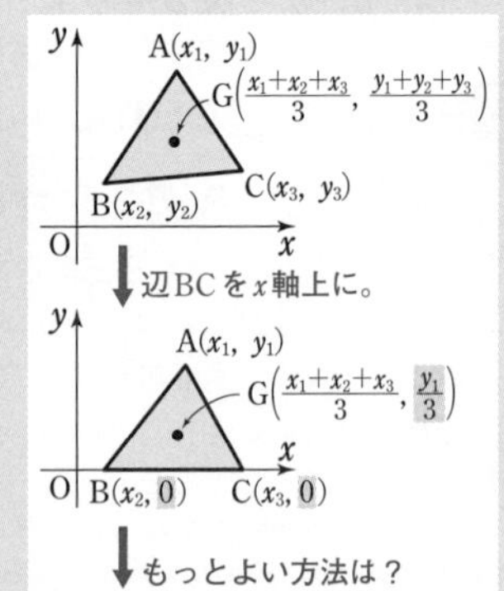

1 0 を多く　　2 変数を少なく

1 問題に出てくる点がなるべく多く座標軸上にくるように ―― **0 が多くなる** ようにとる。

2 2 つの頂点を原点に関して対称にとる ―― **変数の文字を少なく** する。

これらをもとに，点 A，B，C の座標を文字でどう表すかを考えよう。

解答

直線 BC を x 軸に，辺 BC の垂直二等分線を y 軸にとると，線分 BC の中点は原点 O になる。

A$(3a, 3b)$，B$(-c, 0)$，C$(c, 0)$ とすると，G は重心であるから，G(a, b) と表すことができる。

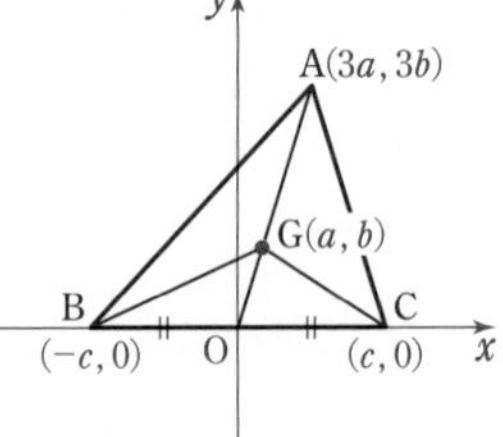

このとき

$AB^2+BC^2+CA^2$

$=\{(-c-3a)^2+(-3b)^2\}+\{c-(-c)\}^2+\{(3a-c)^2+(3b)^2\}$

$=3(6a^2+6b^2+2c^2)$ ……①

$GA^2+GB^2+GC^2$

$=\{(3a-a)^2+(3b-b)^2\}+\{(-c-a)^2+(-b)^2\}+\{(c-a)^2+(-b)^2\}$

$=6a^2+6b^2+2c^2$ ……②

①，② から　$AB^2+BC^2+CA^2=3(GA^2+GB^2+GC^2)$

⇐ 1 0 を多く

⇐ 2 変数を少なく

⇐ A(a, b) とすると，G$\left(\frac{a}{3}, \frac{b}{3}\right)$ となり計算が少し煩雑。

⇐ 両辺を別々に計算して比較する。

注意　更に都合がよくなるようにと，A$(0, 3b)$ などとおいてはいけない。この場合，A は y 軸（辺 BC の垂直二等分線）上の点に限定されてしまう。

PRACTICE 67②

(1) △ABC の辺 BC の中点を M とするとき，$AB^2+AC^2=2(AM^2+BM^2)$（**中線定理**）が成り立つことを証明せよ。

(2) △ABC において，辺 BC を 3：2 に内分する点を D とする。このとき，$3(2AB^2+3AC^2)=5(3AD^2+2BD^2)$ が成り立つことを証明せよ。

基本 例題 68 平行四辺形の頂点の座標

3点 A(5, −1), B(3, 3), C(−1, −3) を頂点とする平行四辺形の残りの頂点Dの座標を求めよ。

p.112 基本事項 4

CHART & THINKING

「平行四辺形 ABCD」の頂点Dなら1つに決まるが，この場合，**頂点の順序が示されていない** から，残りの頂点Dは **1つではないことに注意**。右の図は一例であるが，他にどのような平行四辺形のパターンが考えられるだろうか？
Dの座標を求めるときは，平行四辺形の条件のうち，

2本の対角線の中点は一致する ……❶

を利用するとよい。

平行四辺形 ABCD の場合

解答

残りの頂点Dの座標を $(x,\ y)$ とする。
平行四辺形の頂点の順序は，次の3つの場合がある。

[1] ABCD　[2] ABDC　[3] ADBC

[1] 平行四辺形 ABCD の場合
線分 DB と線分 AC の中点が一致するから

❶ $$\frac{x+3}{2}=\frac{5+(-1)}{2},\quad \frac{y+3}{2}=\frac{(-1)+(-3)}{2}$$

したがって　$x=1,\ y=-7$

[2] 平行四辺形 ABDC の場合
線分 DA と線分 BC の中点が一致するから

❶ $$\frac{x+5}{2}=\frac{3+(-1)}{2},\quad \frac{y+(-1)}{2}=\frac{3+(-3)}{2}$$

したがって　$x=-3,\ y=1$

[3] 平行四辺形 ADBC の場合
線分 DC と線分 AB の中点が一致するから

❶ $$\frac{x+(-1)}{2}=\frac{5+3}{2},\quad \frac{y+(-3)}{2}=\frac{(-1)+3}{2}$$

したがって　$x=9,\ y=5$

以上から，頂点Dの座標は　**(1, −7), (−3, 1), (9, 5)**

[1]

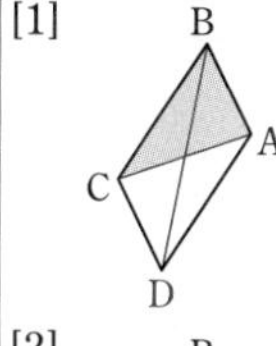

[2]

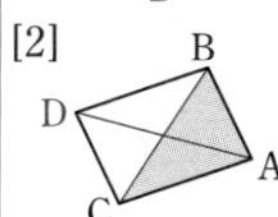

[3]

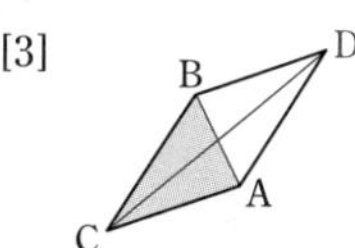

inf. 3つのDを結んでできる3つの線分の中点が点A, B, Cである。

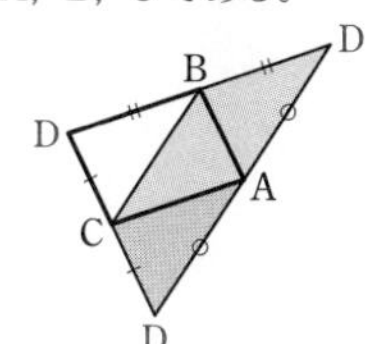

PRACTICE 68❷

3点 A(4, 5), B(6, 7), C(7, 3) を頂点とする平行四辺形の残りの頂点Dの座標を求めよ。

〔類 駒澤大〕

基本 例題 69 三角形の重心の座標

△ABC の重心を G，辺 BC の中点を L，辺 CA の中点をMとする。

A(6, 6)，M(7, 4)，G$\left(\dfrac{16}{3}, \dfrac{8}{3}\right)$であるとき，点 B，L の座標をそれぞれ求めよ。

p. 113 基本事項 5，基本 68

CHART & SOLUTION

中点は 2 点の座標の平均，重心は 3 点の座標の平均

A(x_1, y_1)，B(x_2, y_2)，C(x_3, y_3) に対して

線分 AB の中点の座標は $\left(\dfrac{x_1+x_2}{2}, \dfrac{y_1+y_2}{2}\right)$

△ABC の重心の座標は $\left(\dfrac{x_1+x_2+x_3}{3}, \dfrac{y_1+y_2+y_3}{3}\right)$

B(a, b)，C(c, d) として，辺 CA の中点が M，△ABC の重心がGであることから，a，b，c，d についての連立方程式を導く。

解答

B(a, b)，C(c, d) とする。

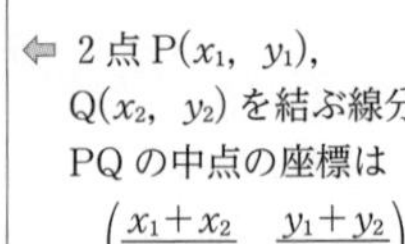

辺 CA の中点 M の座標が (7, 4) であるから　$\dfrac{c+6}{2}=7$，$\dfrac{d+6}{2}=4$

これを解いて　$c=8$，$d=2$

すなわち　C(8, 2)

⇐ 2 点 P(x_1, y_1)，Q(x_2, y_2) を結ぶ線分 PQ の中点の座標は $\left(\dfrac{x_1+x_2}{2}, \dfrac{y_1+y_2}{2}\right)$

△ABC の重心Gの座標が $\left(\dfrac{16}{3}, \dfrac{8}{3}\right)$ であるから

$$\frac{6+a+8}{3}=\frac{16}{3},\quad \frac{6+b+2}{3}=\frac{8}{3}$$

⇐ 3 点 P(x_1, y_1)，Q(x_2, y_2)，R(x_3, y_3) を頂点とする △PQR の重心の座標は $\left(\dfrac{x_1+x_2+x_3}{3}, \dfrac{y_1+y_2+y_3}{3}\right)$

これを解いて　$a=2$，$b=0$

ゆえに，点Bの座標は　**(2, 0)**

よって，辺 BC の中点Lの座標は

$\left(\dfrac{2+8}{2}, \dfrac{0+2}{2}\right)$ すなわち **(5, 1)**

PRACTICE 69❷

3 点 A(7, 6)，B(−3, 1)，C(8, 1) に対して，辺 BC の中点をP，辺 CA を 3：2 に外分する点を Q，辺 AB を 3：2 に内分する点をRとする。このとき，△PQR の重心の座標を求めよ。

EXERCISES　10 直線上の点，平面上の点

A

63❷ 数直線上に 3 点 A(3), B(−3), C(5) がある。線分 AB を 2：1 に内分する点を D，線分 AC を 3：1 に外分する点を E とするとき，線分 DE を 3：4 に内分する点の座標を求めよ。 → p.112 2

64❸ O を原点とする座標平面上に 2 点 A(−1, 2), B(4, 2) をとる。実数 t は $0<t<1$ を満たすとし，線分 OA を $t:(1-t)$ に内分する点を P，線分 OB を $(1-t):t$ に内分する点を Q とする。このとき，線分 PQ の長さの最小値，およびそのときの t の値を求めよ。 〔東京電機大〕
→ p.112 2, 65

65❸ 3 点 $A(2a,\ a+\sqrt{3}a)$, $B(3a,\ a)$, $C(4a,\ a+\sqrt{3}a)$ を頂点とする △ABC の形を調べよ。ただし，$a>0$ とする。 → 66

66❷ 三角形 ABC において，辺 BC を 3 等分する点 P，Q を BP=PQ=QC となるようにとる。このとき，次の関係式が成り立つことを証明せよ。

$$2AB^2+AC^2=3(AP^2+2BP^2)$$

〔福島大〕
→ 67

67❸ △ABC の辺 BC，CA，AB の上に，それぞれ点 D，E，F をとり，BD：DC=CE：EA=AF：FB となるようにするとき，△DEF の重心と △ABC の重心は一致することを証明せよ。 〔近畿大〕
→ 67

68❷ 3 点 A(0, 2), B(−1, −1), C(3, 0) がある。
(1) △ABC の重心 G の座標を求めよ。
(2) 3 点 A, B, C と，もう 1 つの点 D を結んで平行四辺形を作る。第 4 の頂点 D の座標を求めよ。 〔徳島文理大〕
→ 68, 69

B

69❸ 3 点 A(0, 0), B(2, 5), C(6, 0) に対し $PA^2+PB^2+PC^2$ の最小値およびそのときの点 P の座標を求めよ。 → 66

HINT

64 2 点 P，Q の座標を t で表す。
66 直線 BC を x 軸，点 B が原点となるように座標を定める。
69 $P(x,\ y)$ とすると，$PA^2+PB^2+PC^2$ は，x，y の 2 次式となる。ここで，x，y それぞれについて，基本形に変形して求める。

11 直線

基本事項

1 直線の方程式

① 基本は [1] **傾き m，y 切片 n** $\quad \boldsymbol{y=mx+n}$

[2] 点 $(p,\ 0)$ を通り，x 軸に垂直 $\quad \boldsymbol{x=p}$

一般形 $\boldsymbol{ax+by+c=0}$ （a，b，c **は定数で，** $a\neq0$ **または** $b\neq0$）

② **点 $(x_1,\ y_1)$ を通る** [1] 傾き m $\quad \boldsymbol{y-y_1=m(x-x_1)}$

[2] x 軸に垂直 $\quad \boldsymbol{x=x_1}$

③ **異なる 2 点 $(x_1,\ y_1)$，$(x_2,\ y_2)$ を通る**

[1] $x_1\neq x_2$ のとき $\quad \boldsymbol{y-y_1=\dfrac{y_2-y_1}{x_2-x_1}(x-x_1)}$ $\qquad$ [2] $x_1=x_2$ のとき $\quad \boldsymbol{x=x_1}$

[1]，[2] をまとめると $\quad \boldsymbol{(y_2-y_1)(x-x_1)-(x_2-x_1)(y-y_1)=0}$

2 2 直線の平行・垂直 (1)

2 直線 $\begin{cases} y=m_1x+n_1 \\ y=m_2x+n_2 \end{cases}$

2 直線が平行 $\iff$ $\boldsymbol{m_1=m_2}$ **（平行条件）**

2 直線が垂直 $\iff$ $\boldsymbol{m_1m_2=-1}$ **（垂直条件）**

注意 平行条件には，一致する場合も含めている。

3 2 直線の平行・垂直 (2)

2 直線 $\begin{cases} a_1x+b_1y+c_1=0 \ \cdots\cdots ① \\ a_2x+b_2y+c_2=0 \ \cdots\cdots ② \end{cases}$

2 直線が平行 $\iff$ $\boldsymbol{a_1b_2-a_2b_1=0}$ **（平行条件）**

2 直線が垂直 $\iff$ $\boldsymbol{a_1a_2+b_1b_2=0}$ **（垂直条件）**

解説 直線であるから $\quad a_1\neq0$ または $b_1\neq0$，$a_2\neq0$ または $b_2\neq0$

[1] $b_1\neq0$，$b_2\neq0$ のとき

① は $\quad y=-\dfrac{a_1}{b_1}x-\dfrac{c_1}{b_1}$ $\qquad$ ② は $\quad y=-\dfrac{a_2}{b_2}x-\dfrac{c_2}{b_2}$

よって，2 直線 ①，② が

平行であるための条件は $\quad -\dfrac{a_1}{b_1}=-\dfrac{a_2}{b_2}$ $\quad \iff a_1b_2-a_2b_1=0$

垂直であるための条件は $\quad \left(-\dfrac{a_1}{b_1}\right)\left(-\dfrac{a_2}{b_2}\right)=-1$ $\quad \iff a_1a_2+b_1b_2=0$

[2] $b_1=0$ のとき $\qquad$ ① は $\quad a_1x+c_1=0$ $\cdots\cdots$ ③

直線 ② が直線 ③ と平行であるための条件は $\quad b_2=0$

よって，$a_1b_2-a_2b_1=0$ が成り立つ。また，この逆も成り立つ。

直線 ② が直線 ③ と垂直であるための条件は $\quad a_2=0$

よって，$a_1a_2+b_1b_2=0$ が成り立つ。また，この逆も成り立つ。

[3] $b_2=0$ のとき $\qquad$ [2] と同様にして成り立つことがわかる。

4 2直線の共有点と連立1次方程式の解

2直線 $ax+by+c=0$ ……①，$a'x+b'y+c'=0$ ……② の共有点の座標は，連立方程式①，② の解として得られるから

2直線が1点で交わる $\iff$ 連立方程式①，② は **ただ1組の解をもつ**
2直線が平行で一致しない $\iff$ 連立方程式①，② は **解をもたない**
2直線が一致する $\iff$ 連立方程式①，② は **無数の解をもつ**

5 2直線の交点を通る直線

交わる2直線 $a_1x+b_1y+c_1=0$ ……Ⓐ，$a_2x+b_2y+c_2=0$ ……Ⓑ に対し，k を定数とすると，方程式 $\boldsymbol{k(a_1x+b_1y+c_1)+a_2x+b_2y+c_2=0}$ は，その2直線の交点Pを通る直線（Ⓐ を除くすべての直線）を表す。

解説 方程式 $k(a_1x+b_1y+c_1)+a_2x+b_2y+c_2=0$ ……Ⓒ は $(ka_1+a_2)x+(kb_1+b_2)y+(kc_1+c_2)=0$ の形になるから直線を表す。ここで，2直線Ⓐ，Ⓑ の交点を $\mathrm{P}(\alpha,\ \beta)$ とすると $a_1\alpha+b_1\beta+c_1=a_2\alpha+b_2\beta+c_2=0$ であるから，Ⓒ は $x=\alpha$，$y=\beta$ のとき成り立つ。すなわち，Ⓒ は交点 $\mathrm{P}(\alpha,\ \beta)$ を通る直線の方程式である。ただし，直線Ⓐ を表す k の値は存在しない。

3章 11 直線

6 直線に関して対称な点

2点A，Bが直線 ℓ に関して対称であるための条件は

[1] 直線ABが ℓ に垂直　かつ
[2] 線分ABの中点が ℓ 上にある

であり，このとき，直線 ℓ は線分ABの垂直二等分線である。

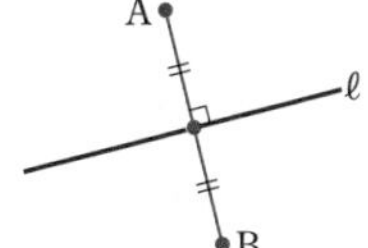

7 点と直線の距離

点 $(x_1,\ y_1)$ と直線 $ax+by+c=0$ の距離は $\dfrac{|\boldsymbol{ax_1+by_1+c}|}{\sqrt{\boldsymbol{a^2+b^2}}}$

CHECK & CHECK

31 次の方程式の表す直線を座標平面上にかけ。
(1) $3x+4y+12=0$　(2) $3x+6=0$　(3) $-2y+8=0$　➡ 1

32 次の直線の方程式を求めよ。
(1) 点 $(-1,\ 3)$ を通り，傾きが4の直線
(2) 2点 $(0,\ 5)$，$(3,\ 2)$ を通る直線　➡ 1

33 次の2直線は，平行であるか。また，垂直であるか。
(1) $y=-3x+1$，$y=-3x-2$　(2) $2x-y+4=0$，$x+2y-6=0$　➡ 2

34 次の点と直線の距離を求めよ。
(1) $(0,\ 0)$，$3x-4y+1=0$　(2) $(2,\ -1)$，$5x+12y-3=0$　➡ 7

基本 例題 70 直線の方程式

次の 2 点を通る直線の方程式を求めよ。

(1) $(3,\ -2)$, $(4,\ 1)$　　(2) $(4,\ 0)$, $(0,\ 3)$

(3) $(-2,\ 3)$, $(-2,\ -5)$　　(4) $(-3,\ 2)$, $(1,\ 2)$

p.120 基本事項 1

CHART & SOLUTION

異なる 2 点 $(x_1,\ y_1)$, $(x_2,\ y_2)$ を通る直線の方程式

[1] $x_1 \neq x_2$ のとき　$y-y_1=\dfrac{y_2-y_1}{x_2-x_1}(x-x_1)$

[2] $x_1=x_2$ のとき　$x=x_1$

解答

(1) $y-(-2)=\dfrac{1-(-2)}{4-3}(x-3)$

すなわち　$y+2=3(x-3)$

よって　$\boldsymbol{y=3x-11}$

(2) $y-0=\dfrac{3-0}{0-4}(x-4)$

よって　$\boldsymbol{y=-\dfrac{3}{4}x+3}$

(3) x 座標がともに -2 であるから

$\boldsymbol{x=-2}$

(4) y 座標がともに 2 であるから

$\boldsymbol{y=2}$

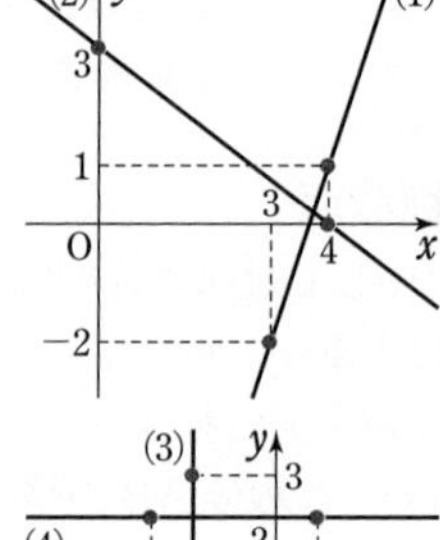

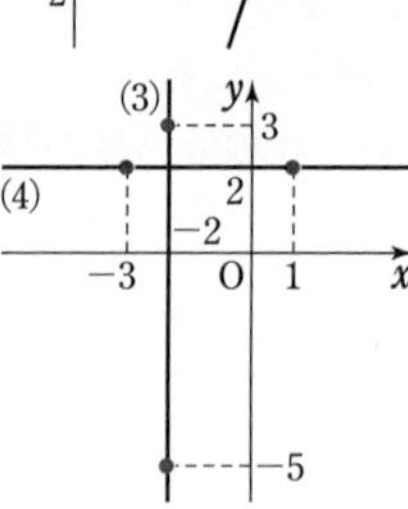

inf. 公式 [1]

$y-y_1=\dfrac{y_2-y_1}{x_2-x_1}(x-x_1)$ の

両辺に x_2-x_1 を掛けて

$(\boldsymbol{y_2-y_1})(\boldsymbol{x-x_1})$
$-(\boldsymbol{x_2-x_1})(\boldsymbol{y-y_1})=\boldsymbol{0}$ …… ＊

$x_1=x_2$ とすると

$(y_2-y_1)(x-x_1)=0$

$y_1 \neq y_2$ であるから

$x=x_1$ (公式 [2])

よって，＊は公式 [1]，[2] をまとめたものである。

(p.120 基本事項 1 ③)

POINT

$a \neq 0$, $b \neq 0$ のとき，2 点 $(a,\ 0)$, $(0,\ b)$ を通る直線 ℓ の方程式は

$$y-0=\frac{b-0}{0-a}(x-a)\quad \text{すなわち}\quad \frac{x}{a}+\frac{y}{b}=1$$

このとき，a を直線 ℓ の **x 切片**，b を直線 ℓ の **y 切片** という。

(2) は，これを公式として用いてもよい。

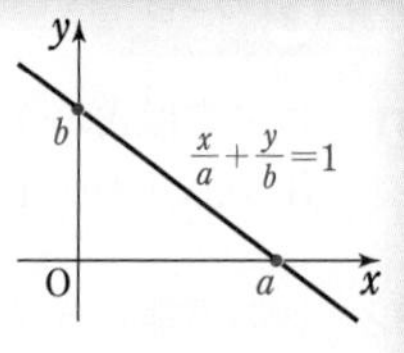

PRACTICE 70①

次の直線の方程式を求めよ。

(1) 点 $(-3,\ 5)$ を通り，傾きが $\sqrt{3}$　　(2) 2 点 $(5,\ -3)$, $(-7,\ 3)$ を通る

(3) 2 点 $(5,\ 1)$, $(3,\ 2)$ を通る　　(4) x 切片が 4，y 切片が -2

(5) 2 点 $(-3,\ 1)$, $(-3,\ -3)$ を通る　　(6) 2 点 $(1,\ -2)$, $(-5,\ -2)$ を通る

基本 例題 71 2直線の平行条件・垂直条件 ①①①①①

2直線 $2x+5y-3=0$ …… ①，$5x+ky-2=0$ …… ② が平行になるときと垂直になるときの定数 k の値を，それぞれ求めよ。 ⊃ p.120 基本事項 2，3

CHART & SOLUTION

2直線の平行・垂直　傾きに着目

平行 ⟺ 傾きが一致　　垂直 ⟺ 傾きの積が −1

①，② を $y=mx+n$ の形に変形して，傾きに着目すればよい。

別解 一般形で考えるなら，$a_1x+b_1y+c_1=0$，$a_2x+b_2y+c_2=0$ について

平行 ⟺ $a_1b_2-a_2b_1=0$　　垂直 ⟺ $a_1a_2+b_1b_2=0$

を利用する。(p.120 基本事項 3 参照)

解答

$k=0$ のとき，直線 ② は $x=\frac{2}{5}$ となり，① と ② は平行でも垂直でもないから　$k \neq 0$

⇐ 直線 ② は x 軸に垂直でない。

ゆえに，直線 ① の傾きは $-\frac{2}{5}$，　直線 ② の傾きは $-\frac{5}{k}$

2直線 ①，② が平行であるための条件は

$-\frac{2}{5}=-\frac{5}{k}$　　これを解いて　$\boldsymbol{k=\frac{25}{2}}$

⇐ 平行 ⟺ 傾きが一致

2直線 ①，② が垂直であるための条件は

$-\frac{2}{5}\cdot\left(-\frac{5}{k}\right)=-1$　　これを解いて　$\boldsymbol{k=-2}$

⇐ 垂直 ⟺ 傾きの積が −1

別解 2直線 ①，② が平行であるための条件は

$2\cdot k-5\cdot 5=0$　　よって　$\boldsymbol{k=\frac{25}{2}}$

⇐ $a_1b_2-a_2b_1=0$

2直線 ①，② が垂直であるための条件は

$2\cdot 5+5\cdot k=0$　　よって　$\boldsymbol{k=-2}$

⇐ $a_1a_2+b_1b_2=0$

INFORMATION — 直線の方程式の一般形について

$y=mx+n$ の形の方程式は，x 軸に垂直な直線を表すことができないのに対して，一般形 $ax+by+c=0$ はすべての直線を表すことができる。

2直線の平行・垂直も上の 別解 のように一般形で考えれば，直線が x 軸に垂直となる場合（$b=0$ のとき）の考察を省くことができる。

PRACTICE 71❷

2直線 $3x+y=17$，$x+ay=9$ がある。これらが平行であるとき $a=$ ア□，垂直であるとき $a=$ イ□ である。 〔大阪産大〕

基本 例題 72　平行・垂直と直線の方程式

次の直線の方程式を求めよ。

(1)　点 $(2,\ -4)$ を通り，直線 $2x+y-3=0$ に平行な直線

(2)　点 $(-2,\ 3)$ を通り，直線 $x-3y-1=0$ に垂直な直線

基本 71

CHART & SOLUTION

2直線の平行・垂直　傾きに着目

平行 ⟺ 傾きが一致　　垂直 ⟺ 傾きの積が -1

求める直線の傾き m がわかれば，後は基本形 $y-y_1=m(x-x_1)$ で求まる。

解答

(1)　直線 $2x+y-3=0$ の傾きは　-2

よって，求める直線の方程式は

$$y-(-4)=-2(x-2)$$

すなわち　　$\boldsymbol{y=-2x}$

(2)　直線 $x-3y-1=0$ の傾きは　$\dfrac{1}{3}$

この直線に垂直な直線の傾きを m とすると　　$m\cdot\dfrac{1}{3}=-1$

これを解いて　　$m=-3$

よって，求める直線の方程式は

$$y-3=-3\{x-(-2)\}$$

すなわち　　$\boldsymbol{y=-3x-3}$

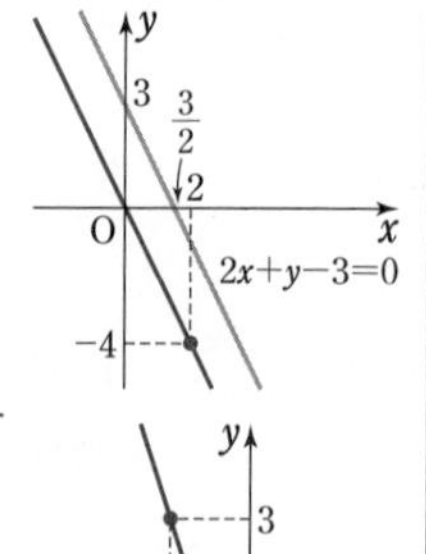

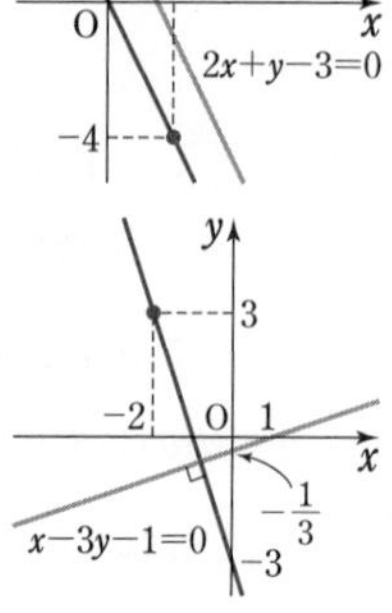

⇐ $y=-2x+3$

⇐ 平行 ⟺ 傾きが一致

⇐ $2x+y=0$ でもよい。

⇐ $y=\dfrac{1}{3}x-\dfrac{1}{3}$

⇐ 垂直 ⟺ 傾きの積が -1

⇐ $3x+y+3=0$ でもよい。

POINT

点 $(x_1,\ y_1)$ を通り，直線 $ax+by+c=0$ に

平行な直線の方程式は　　$a(x-x_1)+b(y-y_1)=0$

垂直な直線の方程式は　　$b(x-x_1)-a(y-y_1)=0$

($a=0$ または $b=0$ の場合も成り立つ。)

これを公式として用いると次のようになる。

(1)　$2(x-2)+1\cdot(y+4)=0$ から　　$\boldsymbol{2x+y=0}$

(2)　$-3(x+2)-1\cdot(y-3)=0$ から　　$-3x-y-3=0$　　すなわち　　$\boldsymbol{3x+y+3=0}$

PRACTICE 72②

直線 $\ell：2x+3y=4$ に平行で点 $(1,\ 2)$ を通る直線の方程式を求めよ。また，直線 ℓ に垂直で点 $(2,\ 3)$ を通る直線の方程式を求めよ。　〔足利工大〕

基本 例題 73　2 直線の共有点と連立 1 次方程式の解

連立方程式 $ax+3y-1=0$, $3x-2y+c=0$ が，次のようになるための条件を求めよ。

(1) ただ 1 組の解をもつ　(2) 解をもたない　(3) 無数の解をもつ

p.121 基本事項 4

CHART & SOLUTION

2 直線 Ⓐ, Ⓑ の共有点の座標 ⟺ 連立方程式 Ⓐ, Ⓑ の解

2 直線が　　　　　　　　　　　　　　連立方程式が

[1] 1 点で交わる　(共有点は 1 つ)　⟺ 1 組の解をもつ

[2] 平行で一致しない　(共有点はない)　⟺ 解をもたない

[3] 一致する　(共有点は直線上の点全体)　⟺ 無数の解をもつ

……❗

解答

$ax+3y-1=0$ から　$y=-\dfrac{a}{3}x+\dfrac{1}{3}$　……①

$3x-2y+c=0$ から　$y=\dfrac{3}{2}x+\dfrac{c}{2}$　……②

(1) 連立方程式 ①，② がただ 1 組の解をもつための条件は，2 直線 ①，② が 1 点で交わる，すなわち平行でないことである。

❗ よって　$-\dfrac{a}{3}\neq\dfrac{3}{2}$

ゆえに　$\boldsymbol{a\neq-\dfrac{9}{2}}$，**$c$ は任意の実数**

(2) 連立方程式 ①，② が解をもたないための条件は，2 直線 ①，② が平行で一致しないことである。

❗ よって　$-\dfrac{a}{3}=\dfrac{3}{2}$，$\dfrac{1}{3}\neq\dfrac{c}{2}$

ゆえに　$\boldsymbol{a=-\dfrac{9}{2}}$，$\boldsymbol{c\neq\dfrac{2}{3}}$

(3) 連立方程式 ①，② が無数の解をもつための条件は，2 直線 ①，② が一致することである。

❗ よって　$-\dfrac{a}{3}=\dfrac{3}{2}$，$\dfrac{1}{3}=\dfrac{c}{2}$

ゆえに　$\boldsymbol{a=-\dfrac{9}{2}}$，$\boldsymbol{c=\dfrac{2}{3}}$

inf. 2 直線 $a_1x+b_1y+c_1=0$，$a_2x+b_2y+c_2=0$ が**平行であるための条件は**

$$\boldsymbol{a_1b_2-a_2b_1=0}$$

である（p.120 基本事項 3）から，(1) は $a_1b_2-a_2b_1\neq0$ より求めてもよい。
なお，$a_2\neq0$，$b_2\neq0$，$c_2\neq0$ のとき，2 直線が**一致するための条件は**

$$\boldsymbol{\frac{a_1}{a_2}=\frac{b_1}{b_2}=\frac{c_1}{c_2}}$$

である。(3) は，この式から求めてもよい。

⇐ ①，② は同じ方程式 $9x-6y+2=0$ となる。

PRACTICE 73❶

連立方程式 $3x-2y+4=0$, $ax+3y+c=0$ が，次のようになるための条件を求めよ。

(1) ただ 1 組の解をもつ　(2) 解をもたない　(3) 無数の解をもつ

基本 例題 74　座標を利用した証明 (2)，垂心

座標平面上の 3 点 O(0, 0)，A(2, 5)，B(6, 0) を頂点とする △OAB の各頂点から対辺に下ろした 3 つの垂線は 1 点で交わることを証明せよ。 基本 72

CHART & SOLUTION

3 直線が 1 点で交わることを証明するには，2 直線の交点が第 3 の直線上にあることを示すのが一般的 (p.127 基本例題 75 (2)) であるが，本問では，△OAB の頂点Aから対辺に下ろした垂線が直線 $x=2$ となるから，**頂点 O，B から対辺に下ろした垂線と直線 $x=2$ の交点をそれぞれ求め，それらが一致する** ことを示せばよい。

解答

直線 AB の傾きは　$\dfrac{0-5}{6-2}=-\dfrac{5}{4}$

よって，頂点Oから対辺 AB に下ろした垂線 OC の方程式は

$y=\dfrac{4}{5}x$ ……①

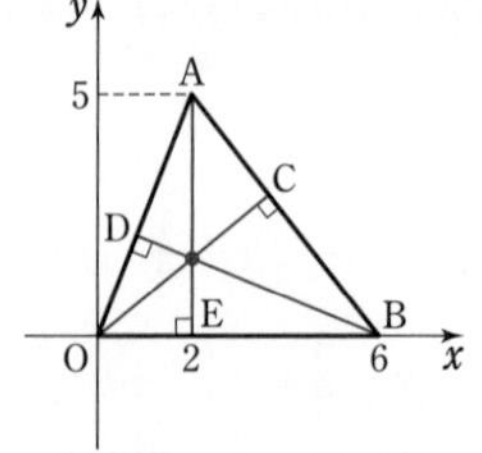

⇐ 垂直 ⟺ 傾きの積が −1
直線 OC の傾きを m とすると　$-\dfrac{5}{4}m=-1$
よって　$m=\dfrac{4}{5}$

また，直線 OA の傾きは　$\dfrac{5}{2}$

よって，頂点Bから対辺 OA に下ろした垂線 BD の方程式は

$y-0=-\dfrac{2}{5}(x-6)$　すなわち　$y=-\dfrac{2}{5}x+\dfrac{12}{5}$ ……②

頂点Aから対辺 OB に下ろした垂線 AE の方程式は

$x=2$ ……③

① に $x=2$ を代入すると　$y=\dfrac{4}{5}\cdot 2=\dfrac{8}{5}$

⇐ ① と ③ の交点の y 座標

② に $x=2$ を代入すると　$y=-\dfrac{2}{5}\cdot 2+\dfrac{12}{5}=\dfrac{8}{5}$

⇐ ② と ③ の交点の y 座標

ゆえに，3 直線 ①，②，③ は 1 点 $\left(2,\ \dfrac{8}{5}\right)$ で交わる。

したがって，△OAB の各頂点から対辺に下ろした 3 つの垂線は 1 点で交わる。

別解 ① と ② の交点 $\left(2,\ \dfrac{8}{5}\right)$ が ③ 上にあることを述べてもよい。

inf. 一般に，三角形の 3 つの頂点から，それぞれの対辺に下ろした垂線は 1 点で交わる。この交点を，その三角形の **垂心** という。

PRACTICE 74[2]

xy 平面上に 3 点 A(2, −2)，B(5, 7)，C(6, 0) がある。△ABC の各辺の垂直二等分線は 1 点で交わることを証明せよ (この交点は，△ABC の外接円の中心であり **外心** という)。

基本 例題 75　共線・共点

(1)　3 点 A(a, -2), B(3, 2), C(-1, 4) が同じ直線上にあるとき，定数 a の値を求めよ。

(2)　3 直線 $2x+y+3=0$, $x-y+6=0$, $ax+y+24=0$ が 1 点で交わるとき，定数 a の値を求めよ。

基本 70，重要 81

CHART & SOLUTION

3 点が同じ直線上にある（共線）

2 点を通る直線上に第 3 の点がある ……❶

3 直線が 1 点で交わる（共点）

2 直線の交点が第 3 の直線上にある ……❶

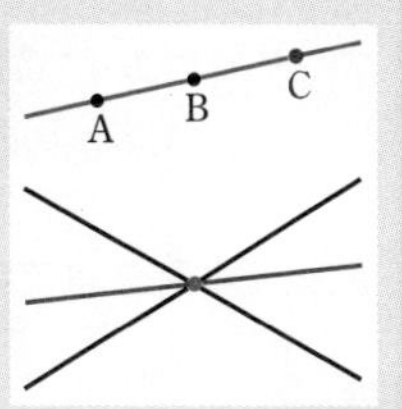

(1)　直線 BC 上に点 A(a, -2) がある。

(2)　最初の 2 直線の交点の座標を求めて，第 3 の式に代入。

解答

(1)　2 点 B，C を通る直線の方程式は

$$y-2=\frac{4-2}{-1-3}(x-3)\quad \text{すなわち}\quad x+2y-7=0$$

❶ 直線 BC 上に点 A があるから

$$a+2\cdot(-2)-7=0$$

これを解いて　$\boldsymbol{a=11}$

(2)　$2x+y+3=0$ ……①，$x-y+6=0$ ……②，$ax+y+24=0$ ……③　とする。

2 直線 ①，② の交点を P とすると，その座標は方程式 ①，② を連立させて解いて　$x=-3$, $y=3$

よって　P(-3, 3)

❶ 点 P は直線 ③ 上にもあるから

$$a\cdot(-3)+3+24=0$$

これを解いて　$\boldsymbol{a=9}$

別解 (1)
(AB の傾き)=(BC の傾き)
から　$\dfrac{2-(-2)}{3-a}=\dfrac{4-2}{-1-3}$

$$\frac{4}{3-a}=-\frac{1}{2}$$

これを解いて　$\boldsymbol{a=11}$

inf.　2 点 (x_1, y_1), (x_2, y_2) を通る直線の方程式
$\boldsymbol{(y_2-y_1)(x-x_1)-(x_2-x_1)(y-y_1)=0}$
を利用して
$(4-2)(x-3)-(-1-3)(y-2)=0$
と求めてもよい。

PRACTICE 75③

(1)　3 点 A(a, -1), B(1, 3), C(4, -2) が同じ直線上にあるとき，定数 a の値を求めよ。

(2)　3 直線 $2x-y-1=0$, $3x+2y-2=0$, $y=\dfrac{1}{2}x+k$ が 1 点 A で交わるとき，$k=$ア［　］であり，点 A の座標は (イ［　］，ウ［　］) である。　［(2) 大阪工大］

3章 11 直線

基本 例題 76 定点を通る直線の方程式

直線 $(4k-3)y=(3k-1)x-1$ …… ① は，実数 k の値にかかわらず，定点Aを通ることを示し，この点Aの座標を求めよ。

基本 18

CHART & SOLUTION

どんな k についても成り立つ …… k についての恒等式

方針1　k について整理して係数比較（← 係数比較法）

方針2　k に適当な値を代入（← 数値代入法）

k の値にかかわらず通る ⟶ k の値にかかわらず直線の式が成立
⟶ k についての恒等式

$p.36$ 基本例題 18 で学習した恒等式の問題解法の方針で解いてみよう。

解答

方針1　直線の方程式を k について整理すると

$$(3x-4y)k-(x-3y+1)=0 \quad \cdots\cdots ①'$$

①′ が実数 k の恒等式となるための条件は

$$3x-4y=0,\ x-3y+1=0$$

これを解いて　$x=\dfrac{4}{5},\ y=\dfrac{3}{5}$

このとき，①′ は k の値にかかわらず成り立つ。

よって，①′ は k の値にかかわらず定点 $\mathbf{A}\left(\dfrac{4}{5},\ \dfrac{3}{5}\right)$ を通る。

方針2

$k=0$ のとき，① は　$(4\cdot0-3)y=(3\cdot0-1)x-1$

整理すると　$x-3y+1=0$ …… ②

$k=1$ のとき，① は　$(4\cdot1-3)y=(3\cdot1-1)x-1$

整理すると　$2x-y-1=0$ …… ③

2 直線 ②，③ の交点の座標は　$\left(\dfrac{4}{5},\ \dfrac{3}{5}\right)$

逆に，このとき

$$(①\text{ の左辺})=(4k-3)\cdot\frac{3}{5}=\frac{12}{5}k-\frac{9}{5}$$

$$(①\text{ の右辺})=(3k-1)\cdot\frac{4}{5}-1=\frac{12}{5}k-\frac{9}{5}$$

ゆえに，① は k の値にかかわらず成り立つ。

よって，① は k の値にかかわらず定点 $\mathbf{A}\left(\dfrac{4}{5},\ \dfrac{3}{5}\right)$ を通る。

⇐ 係数比較法
$kf+g=0$ が k の恒等式 ⟺ $f=0,\ g=0$

inf. 次の基本例題 77 で学習するように，①′ は，2 直線 $3x-4y=0$，$x-3y+1=0$ の交点を通る直線を表すから，これら 2 直線の交点が定点Aである。

⇐ 数値代入法
k に適当な値を代入
x，y の係数を 0 にする
$k=\dfrac{1}{3},\ k=\dfrac{3}{4}$
を代入してもよい。

⇐ **必要条件。**

⇐ **十分条件の確認。**

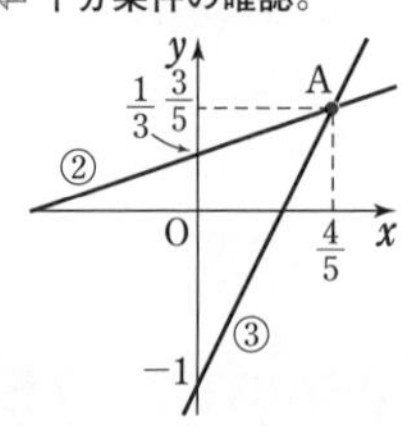

PRACTICE 76③

直線 $(5k+3)x-(3k+5)y-10k+10=0$ …… ① は，実数 k の値にかかわらず，定点Aを通ることを示し，この点Aの座標を求めよ。　〔類 北海学園大〕

基本 例題 77　2直線の交点を通る直線

2直線 $2x+3y=7$ ……①，$4x+11y=19$ ……② の交点と点 $(5,\ 4)$ を通る直線の方程式を求めよ。

p.121 基本事項 5，基本 76

CHART & SOLUTION

2直線 $f(x,\ y)=0$，$g(x,\ y)=0$ の交点を通る直線

方程式 $kf(x,\ y)+g(x,\ y)=0$ （k は定数）を考える

└ x，y で表される式を $f(x,\ y)$ などと表す。

問題の条件は 2 つある。

[1]　2直線 ①，② の交点を通る　　[2]　点 $(5,\ 4)$ を通る

そこで，まず，①，② の**交点を通る直線**（条件 [1]）を考え，次に，**この直線が点 $(5,\ 4)$ を通る**（条件 [2]）ようにする。

解答

k を定数とするとき，次の方程式 ③ は，2直線 ①，② の交点を通る直線を表す。

$k(2x+3y-7)+(4x+11y-19)=0$ ……③

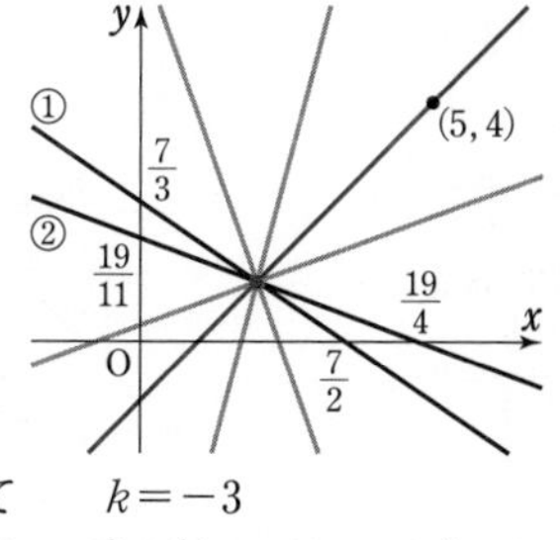

③ が，点 $(5,\ 4)$ を通るとすると，③ に $x=5$，$y=4$ を代入して

$15k+45=0$　　よって　　$k=-3$

これを ③ に代入すると　$-3(2x+3y-7)+(4x+11y-19)=0$

整理すると　　$\boldsymbol{x-y-1=0}$

別解　2直線 ①，② の交点の座標は　$(2,\ 1)$

よって，2点 $(2,\ 1)$，$(5,\ 4)$ を通る直線の方程式は

$$y-1=\frac{4-1}{5-2}(x-2)$$

すなわち

$\boldsymbol{x-y-1=0}$

INFORMATION　2直線の交点を通る直線

交わる2直線 $a_1x+b_1y+c_1=0$，$a_2x+b_2y+c_2=0$ に対して

$k(a_1x+b_1y+c_1)+a_2x+b_2y+c_2=0$ （k は定数）……(*)

は，k の値にかかわらず2直線の交点を通る直線を表している。（ただし，直線 $a_1x+b_1y+c_1=0$ は除く。）

2直線の交点 $(x,\ y)$ は，$a_1x+b_1y+c_1=0$，$a_2x+b_2y+c_2=0$ を同時に満たす点であるから，(*) は k の値にかかわらず成り立つ。すなわち，(*) は2直線の交点を必ず通る直線になる。この考え方は直線以外の図形を表す場合にも通用するので，応用範囲が広い（$p.154$ 例題 94 参照）。

PRACTICE 77[3]

次の直線の方程式を求めよ。

(1)　2直線 $x+y-4=0$，$2x-y+1=0$ の交点と点 $(-2,\ 1)$ を通る直線

(2)　2直線 $x-2y+2=0$，$x+2y-3=0$ の交点を通り，直線 $5x+4y+7=0$ に垂直な直線

基本 例題 78 直線に関して対称な点 ②②②②②

直線 $\ell: x+y+1=0$ に関して点 P(3, 2) と対称な点 Q の座標を求めよ。

p.121 基本事項 6, 重要 82, 基本 100

CHART & SOLUTION

線対称

直線 ℓ に関して 2 点 P，Q が対称

$\Longleftrightarrow$ [1] 直線 PQ が ℓ に垂直
[2] 線分 PQ の中点が ℓ 上にある ……❗

点 Q の座標を (a, b) として，上の [1]，[2] が成り立つように，a，b についての連立方程式を作る。

解答

点 Q の座標を (a, b) とする。

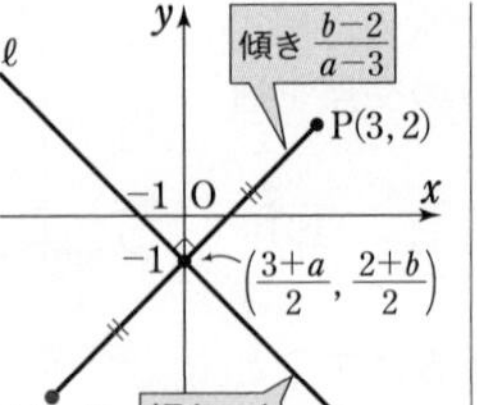

直線 ℓ の傾きは　-1

⇐ $\ell: y=-x-1$

直線 PQ の傾きは　$\dfrac{b-2}{a-3}$

⇐ 直線 PQ は x 軸に垂直ではないから　$a \neq 3$

直線 PQ が ℓ に垂直であるから

❗ $$(-1)\cdot\frac{b-2}{a-3}=-1$$

⇐ 両辺に $-(a-3)$ を掛けて　$b-2=a-3$

よって　$a-b-1=0$ …… ①

また，線分 PQ の中点 $\left(\dfrac{3+a}{2}, \dfrac{2+b}{2}\right)$ が直線 ℓ 上にあるから

❗ $$\frac{3+a}{2}+\frac{2+b}{2}+1=0$$

よって　$a+b+7=0$ …… ②

①，② を連立させて解くと　$a=-3$，$b=-4$

⇐ ①+② から $2a+6=0$ など。

したがって，点 Q の座標は　$\mathbf{(-3,\ -4)}$

POINT 直線 ℓ は線分 PQ の **垂直二等分線** である。

PRACTICE 78②

直線 $\ell: y=2x$ に関して点 P(3, 1) と対称な点 Q の座標を求めよ。　〔類 立教大〕

基本 例題 79 点と直線の距離

(1) 座標平面において，直線 $y=-2x$ に平行で，原点からの距離が $\sqrt{5}$ である直線の方程式をすべて求めよ。〔東京電機大〕

(2) 平行な 2 直線 $2x-3y=1$，$2x-3y=-6$ の間の距離を求めよ。

p. 121 基本事項 7

CHART & SOLUTION

点と直線の距離　点と直線の距離の公式を利用

点 $(x_1,\ y_1)$ と直線 $ax+by+c=0$ の距離 d は　　$d=\dfrac{|ax_1+by_1+c|}{\sqrt{a^2+b^2}}$

直線の方程式は必ず一般形に変形してから利用する。

(1) 直線 $y=-2x$ に平行な直線を $y=-2x+k$ すなわち $2x+y-k=0$ と表し，原点からの距離の条件から k の値を決定する。

(2) **平行な 2 直線 ℓ，m 間の距離**

ℓ 上の点Pと m の距離 d は，Pのとり方によらず一定である。
この距離 d を **2 直線 ℓ と m の距離** という。
よって，2 直線のうち，いずれかの上にある 1 点をうまく選び，これともう一方の直線の距離を求めればよい。

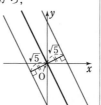

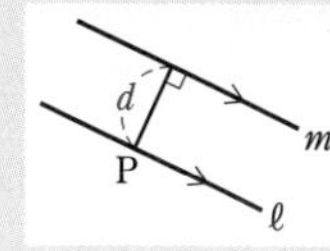

解答

(1) 求める直線は $y=-2x$ に平行であるから，$y=-2x+k$ と表せる。　⇦ 傾きが一致。

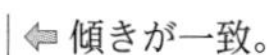

原点と直線 $2x+y-k=0$ の距離が $\sqrt{5}$ であるから　⇦ 一般形に変形する。

$$\frac{|-k|}{\sqrt{2^2+1^2}}=\sqrt{5}$$

すなわち　$|k|=5$　⇦ $|-k|=|k|$

ゆえに　$k=\pm 5$

したがって，求める直線の方程式は

$$\boldsymbol{y=-2x\pm 5}$$

(2) 求める距離は，直線 $2x-3y=1$ 上の点 $(2,\ 1)$ と直線 $2x-3y+6=0$ の距離と等しいから

$$\frac{|2\cdot 2-3\cdot 1+6|}{\sqrt{2^2+(-3)^2}}=\boldsymbol{\frac{7}{\sqrt{13}}}$$

⇦ 計算に都合のよい点，例えば，座標が整数になるような点を選ぶ。$(-1,\ -1)$ などでもよい。

PRACTICE 79②

(1) 直線 $y=\dfrac{4}{3}x-2$ に平行で，原点からの距離が 6 である直線の方程式をすべて求めよ。

(2) 平行な 2 直線 $x-2y+3=0$，$x-2y-1=0$ の間の距離を求めよ。

基本 例題 80　三角形の面積

3 点 A(1, 1), B(3, 5), C(5, 2) について，次のものを求めよ。

(1)　直線 BC の方程式　　　　(2)　線分 BC の長さ

(3)　点Aと直線 BC の距離　　　(4)　△ABC の面積

p.121 基本事項 7，基本 65，70

CHART & SOLUTION

(4)　(三角形の面積)$=\dfrac{1}{2}\times$(底辺)$\times$(高さ)

三角形の高さは，頂点と対辺 (底辺) の距離，すなわち **点と直線の距離** として求める。点 $(x_1,\ y_1)$ と直線 $ax+by+c=0$ の距離は　$\dfrac{|ax_1+by_1+c|}{\sqrt{a^2+b^2}}$

解答

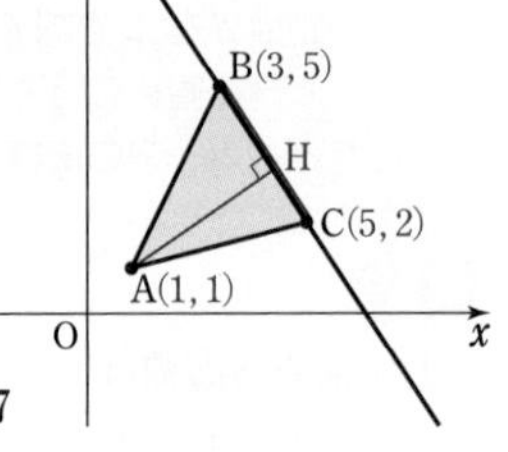

(1)　直線 BC の方程式は　$y-5=\dfrac{2-5}{5-3}(x-3)$

すなわち　$\boldsymbol{3x+2y-19=0}$

(2)　$\mathrm{BC}=\sqrt{(5-3)^2+(2-5)^2}=\sqrt{4+9}=\boldsymbol{\sqrt{13}}$

(3)　点Aと直線 BC の距離，すなわち，点Aから BC に下ろした垂線 AH の長さは　$\mathrm{AH}=\dfrac{|3\cdot1+2\cdot1-19|}{\sqrt{3^2+2^2}}=\boldsymbol{\dfrac{14}{\sqrt{13}}}$

(4)　(2), (3) から　$\triangle\mathrm{ABC}=\dfrac{1}{2}\cdot\mathrm{BC}\cdot\mathrm{AH}=\dfrac{1}{2}\cdot\sqrt{13}\cdot\dfrac{14}{\sqrt{13}}=\boldsymbol{7}$

別解　(軸に平行な直線で 2 つの三角形に分ける)

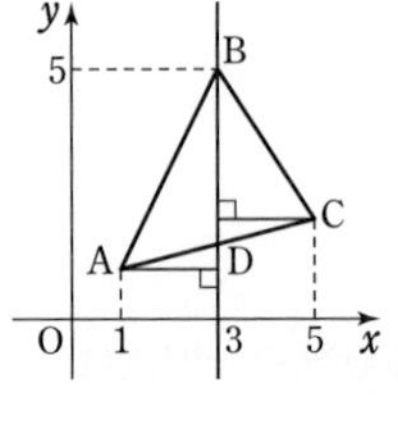

直線 AC の方程式は　$y=\dfrac{1}{4}x+\dfrac{3}{4}$

⇐ $y-1=\dfrac{2-1}{5-1}(x-1)$

点Bを通り，y 軸に平行な直線 $x=3$ と直線 AC との交点Dの y 座標は

$y=\dfrac{1}{4}\cdot3+\dfrac{3}{4}=\dfrac{3}{2}$

したがって，$\mathrm{BD}=5-\dfrac{3}{2}=\dfrac{7}{2}$ となるから　$\triangle\mathrm{ABC}=\triangle\mathrm{ABD}+\triangle\mathrm{CBD}$

$=\dfrac{1}{2}\cdot\dfrac{7}{2}\cdot2+\dfrac{1}{2}\cdot\dfrac{7}{2}\cdot2=\boldsymbol{7}$

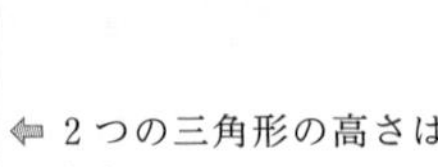

⇐ 2 つの三角形の高さはともに 2

別解　(長方形から余分な三角形を引く)

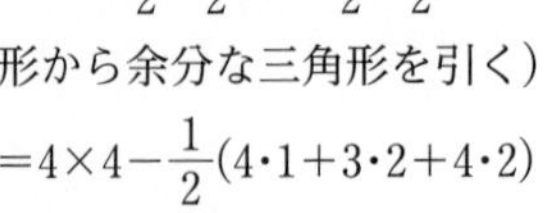

$\triangle\mathrm{ABC}=4\times4-\dfrac{1}{2}(4\cdot1+3\cdot2+4\cdot2)$

$=16-9=\boldsymbol{7}$

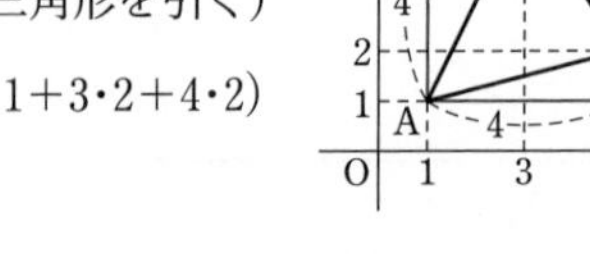

PRACTICE 80③

3 点 A(−4, 3), B(−1, 2), C(3, −1) について次のものを求めよ。

(1)　点Aと直線 BC の距離　　　(2)　△ABC の面積　　〔類 広島修道大〕

STEP UP 座標平面上の三角形の面積

1 三角形の面積公式

座標平面上の 3 点 O(0, 0), A$(x_1,\ y_1)$, B$(x_2,\ y_2)$ を頂点とする三角形の面積 S は

$$S=\frac{1}{2}|x_1y_2-x_2y_1|$$

証明 [1] $x_1 \neq x_2$ のとき，2 点A，Bを通る直線の方程式は

$$y-y_1=\frac{y_2-y_1}{x_2-x_1}(x-x_1)$$

よって　$(y_2-y_1)x-(x_2-x_1)y+x_2y_1-x_1y_2=0$

⇦ 一般形に変形する。

原点Oと直線 AB の距離 d は

$$d=\frac{|x_2y_1-x_1y_2|}{\sqrt{(y_2-y_1)^2+(x_2-x_1)^2}}=\frac{|x_1y_2-x_2y_1|}{\mathrm{AB}}$$

⇦ 点と直線の距離の公式

よって　$S=\frac{1}{2}\mathrm{AB}\cdot d=\frac{1}{2}\mathrm{AB}\cdot\frac{|x_1y_2-x_2y_1|}{\mathrm{AB}}$

$$=\frac{1}{2}|x_1y_2-x_2y_1|$$

[2] $x_1=x_2$ のとき，$\mathrm{AB}=|y_2-y_1|$，$d=|x_1|$ から

$$S=\frac{1}{2}|y_2-y_1||x_1|=\frac{1}{2}|x_1y_2-x_1y_1|$$

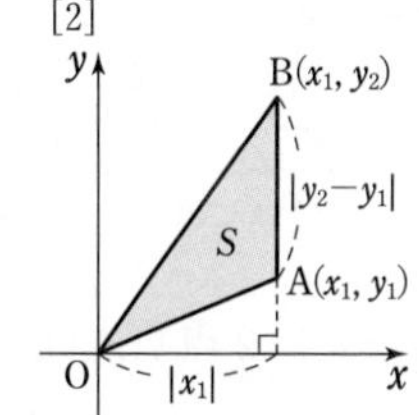

この場合は [1] の結果に含めることができる。

以上から　$S=\frac{1}{2}|x_1y_2-x_2y_1|$

⇦ 絶対値の中はたすき掛けの差

A$(x_1,\ y_1)$
B$(x_2,\ y_2)$

2 頂点に原点が含まれない場合

いずれも原点でない 3 点 A$(x_1,\ y_1)$, B$(x_2,\ y_2)$, C$(x_3,\ y_3)$ を頂点とする △ABC の面積を求めるには，1 つの頂点が原点にくるように △ABC を平行移動し，1 の公式を適用すればよい。

すなわち，点Aが原点にくるような平行移動 (x 軸方向 $-x_1$, y 軸方向 $-y_1$ だけの平行移動) を点B，Cに行うと，それぞれ点 B'$(x_2-x_1,\ y_2-y_1)$, C'$(x_3-x_1,\ y_3-y_1)$ に移動するから

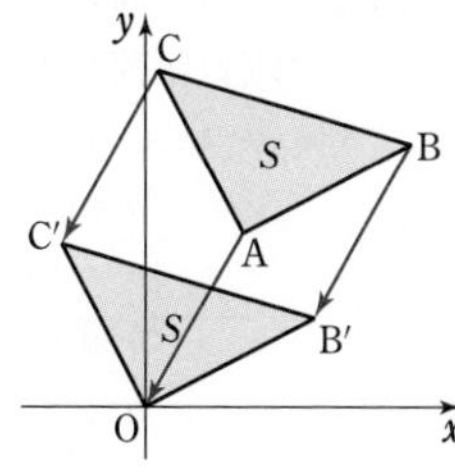

$$S=\triangle\mathrm{ABC}=\triangle\mathrm{OB'C'}=\frac{1}{2}|(x_2-x_1)(y_3-y_1)-(x_3-x_1)(y_2-y_1)|$$

例　基本例題 80 の場合，点Aが原点にくるには，x 軸方向に -1，y 軸方向に -1 だけ平行移動すればよい。このとき，点Bは点 B'(2, 4)，点Cは点 C'(4, 1) にそれぞれ移動するから　$S=\triangle\mathrm{OB'C'}=\frac{1}{2}|2\cdot1-4\cdot4|=7$

3章 11 直線

重要 例題 81 共点と共線の関係

異なる 3 直線 $x+y=1$ …… ①, $4x+5y=1$ …… ②, $ax+by=1$ …… ③ が 1 点で交わるとき, 3 点 $(1,\ 1)$, $(4,\ 5)$, $(a,\ b)$ は, 同じ直線上にあることを示せ。

基本 75

CHART & SOLUTION

2 直線 ①, ② の交点を求め, それが直線 ③ 上にあるための条件式を導く。
そして, 2 点 $(1,\ 1)$, $(4,\ 5)$ を通る直線上に点 $(a,\ b)$ があることを示す。
また, 別解 のように, 次の性質を利用する方法もある。

点 $(p,\ q)$ が直線 $ax+by+c=0$ 上にある
$\iff ap+bq+c=0$
$\iff$ 点 $(a,\ b)$ が直線 $px+qy+c=0$ 上にある

解答

①, ② を連立して解くと　$x=4$, $y=-3$
よって, 2 直線 ①, ② の交点の座標は　$(4,\ -3)$
この交点 $(4,\ -3)$ は直線 ③ 上にもあるから

$4a-3b=1$ …… ④

また, 2 点 $(1,\ 1)$, $(4,\ 5)$ を通る直線の方程式は

$y-1=\dfrac{5-1}{4-1}(x-1)$　すなわち　$4x-3y=1$

④ から, $x=a$, $y=b$ は $4x-3y=1$ を満たす。
よって, 点 $(a,\ b)$ は, 直線 $4x-3y=1$ 上にある。
したがって, 3 点 $(1,\ 1)$, $(4,\ 5)$, $(a,\ b)$ は, 同じ直線 $4x-3y=1$ 上にある。

別解　原点を通らない 3 直線 ①, ②, ③ が 1 点で交わるから, その点の座標を $\mathrm{P}(p,\ q)$ とすると, P は原点にはならない。
3 直線 ①, ②, ③ が, 点 P を通ることから

$p+q=1$, $4p+5q=1$, $ap+bq=1$

つまり　$p\cdot1+q\cdot1=1$ …… ⑤
　　　　$p\cdot4+q\cdot5=1$ …… ⑥
　　　　$p\cdot a+q\cdot b=1$ …… ⑦

であり　$p\neq0$ または $q\neq0$
ゆえに, 方程式 $px+qy=1$ …… ⑧ を考えると, ⑧ は直線を表し, ⑤～⑦ から, 3 点 $(1,\ 1)$, $(4,\ 5)$, $(a,\ b)$ は, 直線 ⑧ 上にある。

⇐ 係数に文字を含まない ①, ② を使用する。

⇐ 3 直線が 1 点で交わるから, 2 直線 ①, ② の交点が直線 ③ 上にもある。

⇐ 3 点が同じ直線上にあることを示すには, 2 点を通る直線上にもう 1 点があることを示す。

⇐ $4a-3b=1$
$\iff$ 点 $(a,\ b)$ は直線 $4x-3y=1$ 上にある。

⇐「$p=0$ かつ $q=0$」ではない。……(＊)

⇐ 点 $(p,\ q)$ が直線 $x+y=1$ 上にある。
$\iff$ **$p+q=1$**
$\iff$ 点 $(1,\ 1)$ が直線 $px+qy=1$ 上にある。

⇐ (＊) より, $p\neq0$ または $q\neq0$ であるから, ⑧ は直線を表す。

PRACTICE 81[3]

異なる 3 直線 $x-y=1$ …… ①, $2x+3y=1$ …… ②, $ax+by=1$ …… ③ が 1 点で交わるとき, 3 点 $(1,\ -1)$, $(2,\ 3)$, $(a,\ b)$ は, 同じ直線上にあることを示せ。

重要例題 82　折れ線の長さの最小

A(2, 5), B(9, 0) とするとき，直線 $x+y=5$ 上に点Pをとり，AP+PB を最小にする点Pの座標を求めよ。　〔日本獣畜大〕　基本 78

CHART & SOLUTION

折れ線の問題には　線対称移動

直線 $\ell : x+y=5$ に関して2点A，Bが同じ側にあるから考えにくい。
そこで，直線 ℓ に関してAと対称な点A′をとると

$$AP+PB=A'P+PB \geqq A'B$$

等号が成り立つのは，3点A′，P，Bが一直線上にあるときである。……❗
ゆえに，直線 ℓ と直線A′Bの交点が求める点Pである。

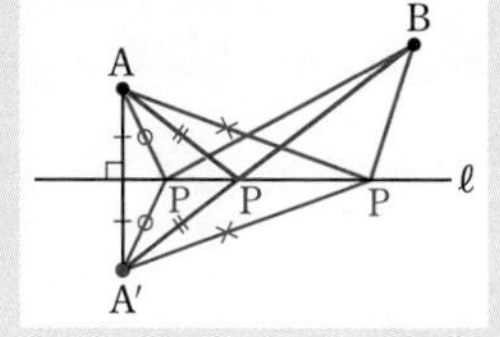

解答

2点A，Bは直線 ℓ に関して同じ側にある。
直線 $\ell : x+y=5$ ……① に関してAと対称な点を A′(a, b) とする。

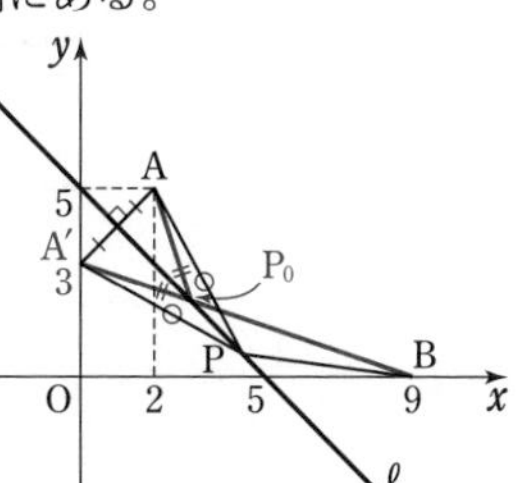

AA′⊥ℓ から

$$\frac{b-5}{a-2}\cdot(-1)=-1$$

よって　$a-b=-3$ ……②

線分AA′の中点が直線 ℓ 上にあるから　$\frac{2+a}{2}+\frac{5+b}{2}=5$

よって　$a+b=3$ ……③

②，③を解いて　$a=0,\ b=3$　ゆえに　A′(0, 3)

このとき　AP+PB=A′P+PB≧A′B

❗ よって，3点A′，P，Bが一直線上にあるとき，AP+PB は最小になる*。

直線A′Bの方程式は　$\frac{x}{9}+\frac{y}{3}=1$　すなわち　$x+3y=9$ …④

直線A′Bと直線 ℓ の交点を P_0 とすると，その座標は
①，④を解いて　$x=3,\ y=2$　ゆえに　$P_0(3, 2)$

したがって，AP+PB を最小にする点Pの座標は　**(3, 2)**

⇐ 直線 ℓ に関して点Pと点Qが対称 ⟺
[1] PQ⊥ℓ
[2] 線分PQの中点が直線 ℓ 上にある

⇐ 直線AA′は x 軸に垂直ではないから $a \neq 2$
垂直 ⟺ 傾きの積が −1

⇐ 線分AA′の垂直二等分線上の点は，**2点A，A′から等距離** にある。
よって　AP=A′P

＊2点A′，B間の **最短経路** は，**2点を結ぶ線分** A′Bである。

PRACTICE 82③

直線 $\ell : y=\frac{1}{2}x+1$ と2点A(1, 4)，B(5, 6)がある。直線 ℓ 上の点Pで，AP+PB を最小にする点Pの座標を求めよ。　〔類 富山大〕

重要 例題 83 垂線の長さの最小

放物線 $y=x^2$ ……① と直線 $y=x-1$ ……② がある。直線②上の点で，放物線①との距離が最小となる点の座標と，その距離の最小値を求めよ。

〔類 中央大〕 p.121 基本事項 7，基本 72

CHART & SOLUTION

点 $(x_1,\ y_1)$ と直線 $ax+by+c=0$ の距離 $\dfrac{|ax_1+by_1+c|}{\sqrt{a^2+b^2}}$

放物線①上の点を $P(t,\ t^2)$ として，点Pと直線②の距離が最小となる t の値を求める。

解答

放物線①上の点を $P(t,\ t^2)$ とし，Pから直線②に引いた垂線をPHとすると

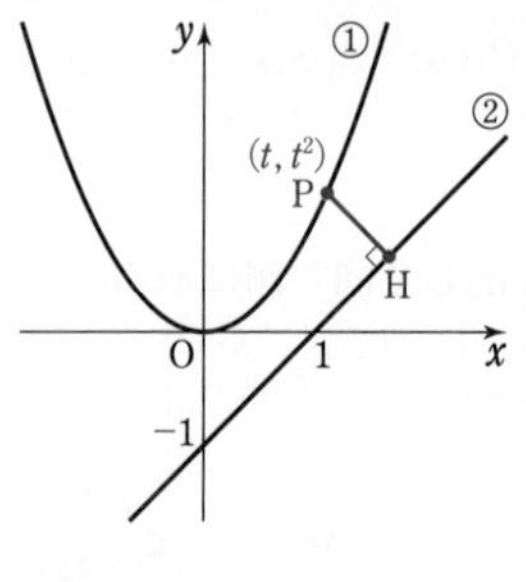

$$PH=\frac{|t-t^2-1|}{\sqrt{1^2+(-1)^2}}=\frac{|t^2-t+1|}{\sqrt{2}}$$
$$=\frac{1}{\sqrt{2}}\left|\left(t-\frac{1}{2}\right)^2+\frac{3}{4}\right|$$
$$=\frac{1}{\sqrt{2}}\left(t-\frac{1}{2}\right)^2+\frac{3\sqrt{2}}{8}$$

⇐ $y=x-1$ から $x-y-1=0$

⇐ **2次式は基本形に変形**
t^2-t+1
$=\left(t-\frac{1}{2}\right)^2-\left(\frac{1}{2}\right)^2+1$
$=\left(t-\frac{1}{2}\right)^2+\frac{3}{4}>0$
よって，$t^2-t+1>0$ であるから，絶対値記号がそのままはずせる。

よって，PH は $t=\frac{1}{2}$ で最小値 $\frac{3\sqrt{2}}{8}$ をとる。

$t=\frac{1}{2}$ のとき，$P\left(\frac{1}{2},\ \frac{1}{4}\right)$ であるから，直線PHの方程式は

$$y-\frac{1}{4}=-\left(x-\frac{1}{2}\right) \quad すなわち \quad 4x+4y-3=0 \ \cdots\cdots ③$$

⇐ PH⊥直線②により，直線PHの傾きは -1

点Hは，直線②上の点でもあるから，その座標を求めると

②，③を解いて　$x=\frac{7}{8}$，$y=-\frac{1}{8}$

⇐ ②を③に代入して $4x+4(x-1)-3=0$ よって $8x=7$

したがって，求める点の座標は　$\left(\boldsymbol{\frac{7}{8}},\ \boldsymbol{-\frac{1}{8}}\right)$

また，距離の最小値は　$\boldsymbol{\frac{3\sqrt{2}}{8}}$

inf. 直線②に平行な直線 $y=x+k$ が放物線①に接するときの接点が $\left(\frac{1}{2},\ \frac{1}{4}\right)$ である。

PRACTICE 83③

放物線 $y=-x^2$ ……① と直線 $y=2x+3$ ……② がある。直線②上の点で，放物線①との距離が最小となる点の座標と，その距離の最小値を求めよ。

EXERCISES　11 直線

A

70② 座標平面上の 3 点 A$(-2,\ -2)$，B$(2,\ 6)$，C$(5,\ -3)$ について
(1) 線分 AB の垂直二等分線の方程式を求めよ。
(2) △ABC の外心の座標を求めよ。 ➲72

71③ 2 直線 $\ell : 2x-y+3=0$，$m : 3x-2y-1=0$ について，次の問いに答えよ。
(1) 2 直線 ℓ，m の交点の座標を求めよ。
(2) m 上の点 P$(3,\ 4)$ の，直線 ℓ に関する対称点の座標を求めよ。
(3) 直線 ℓ に関して，直線 m と対称な直線の方程式を求めよ。 ➲70, 78

72③ 平面上の 2 点 $(5,\ 0)$ および $(3,\ 6)$ から，直線 ℓ に下ろした垂線の長さが等しいとき，直線 ℓ の方程式を求めよ。ただし，直線 ℓ は原点を通るものとする。 〔青山学院大〕 ➲79

73③ 3 直線 $x-y+1=0$，$2x+y-2=0$，$x+2y=0$ で作られる三角形の面積を求めよ。 〔類 駒澤大〕 ➲80

B

74③ 座標平面上の 3 直線 $x+3y=2$，$x+y=0$，$ax-2y=-4$ が平面を 6 個の部分に分けるような定数 a の値をすべて求めよ。 〔類 芝浦工大〕 ➲71, 75

75③ A$(5,\ 1)$，B$(2,\ 6)$ とする。x 軸上に点 P，y 軸上に点 Q をとるとき，AP+PQ+QB を最小にする点 P，Q の座標を求めよ。また，そのときの最小値を求めよ。 ➲82

76④ 平面上に放物線 $C : y=x^2-2$ と直線 $\ell : y=4x$ がある。
(1) C と ℓ の交点 A，B の座標を求めよ。
(2) C 上の動点 P が A から B まで動くとする。三角形 PAB の面積が最大となるときの点 P の座標を求めよ。 ➲83

HINT

71 (3) 求める直線は 2 直線 ℓ，m の交点と，(2) で求めた対称点を通る。
72 y 軸 $(x=0)$ は条件を満たさないから，直線 ℓ の方程式は $y=mx$ と表せる。2 点からの距離が等しいことから，m の値を求める。
74 3 直線が平面を 6 個の部分に分ける $\Longleftrightarrow$ 3 直線が三角形を作らない $\Longleftrightarrow$ 3 直線が 1 点を通る　または　2 直線が平行で，第 3 の直線と交わる
75 x 軸に関して A と対称な点 A′，y 軸に関して B と対称な点 B′ の座標を求め，4 点 A′，P，Q，B′ が一直線上にある場合を考える。
76 (2) 点 P の座標を $(t,\ t^2-2)$ として，点 P と直線 AB の距離の最大値を考える。

12 円，円と直線，2つの円

基本事項

1 円の方程式

① **基本形**　中心が点 $(a,\ b)$，半径が r の円の方程式　　$(\boldsymbol{x}-\boldsymbol{a})^2+(\boldsymbol{y}-\boldsymbol{b})^2=\boldsymbol{r}^2$

特に，中心が原点，半径が r の円の方程式　　$\boldsymbol{x}^2+\boldsymbol{y}^2=\boldsymbol{r}^2$

② **一般形**　$\boldsymbol{x^2+y^2+lx+my+n=0}$

解説　② を $x,\ y$ について平方完成すると　$\left(x+\dfrac{l}{2}\right)^2+\left(y+\dfrac{m}{2}\right)^2=\dfrac{l^2+m^2-4n}{4}$

よって，② が円を表すのは $l^2+m^2-4n>0$ のとき。

このとき，中心 $\left(-\dfrac{l}{2},\ -\dfrac{m}{2}\right)$，半径 $\dfrac{\sqrt{l^2+m^2-4n}}{2}$ である。

なお，$l^2+m^2-4n=0$ のときは，点 $\left(-\dfrac{l}{2},\ -\dfrac{m}{2}\right)$ を表し，

$l^2+m^2-4n<0$ のときは，表す図形はない。

(具体例については $p.143$ INFORMATION 参照)

[一般形 ② で表される円の方程式の特徴]

[1]　$x,\ y$ の 2 次方程式　　[2]　x^2 と y^2 の係数が等しい

[3]　xy の項がない　　[4]　$l^2+m^2-4n>0$　(半径>0)

2 円と直線の位置関係

① 円の方程式と直線の方程式から，y を消去してできる x の 2 次方程式 $ax^2+bx+c=0$ の判別式を $D=b^2-4ac$ とする。

Dの符号	$\boldsymbol{D>0}$	$\boldsymbol{D=0}$	$\boldsymbol{D<0}$
$ax^2+bx+c=0$ の実数解	異なる 2 つの実数解 $x=\alpha,\ \beta$	重解 $x=\alpha$	実数解はない
円と直線の位置関係	**異なる 2 点で交わる**	**接する**	**共有点をもたない**
共有点の個数	2 個	1 個	0 個

② 半径 r の円の中心Cと直線 ℓ の距離を d とする。

d と r の大小	$\boldsymbol{d<r}$	$\boldsymbol{d=r}$	$\boldsymbol{d>r}$
円と直線の位置関係	r, d, C, ℓ **異なる 2 点で交わる**	r, d, C, ℓ **接する**	r, d, C, ℓ **共有点をもたない**

3 円の接線の方程式

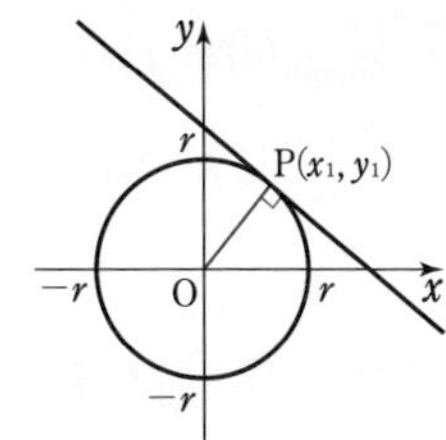

円 $x^2+y^2=r^2$ 上の点 $\mathrm{P}(x_1,\ y_1)$ における接線の方程式は

$$\boldsymbol{x_1x+y_1y=r^2}$$

ただし　　$x_1{}^2+y_1{}^2=r^2$

4 2つの円の位置関係

半径がそれぞれ r，r' $(r>r')$ である2つの円の中心間の距離を d とすると，2つの円の位置関係は次の図の [1]～[5] のようになる。

[1]　**互いに外部にある**	[2]　**外接する**	[3]　**2点で交わる**	[4]　**内接する**	[5]　**一方が他方の内部にある**
r, r', d	接点 r, r', d	r, r', d	d, r', r 接点	r, d, r'
$d>r+r'$	$d=r+r'$	$r-r'<d<r+r'$	$d=r-r'$	$d<r-r'$

注意　2つの円が **接する** (上の図の[2]，[4]のように，2つの円がただ1つの共有点をもつ)とき，この共有点を **接点** といい，接点は2つの円の中心を通る直線上にある。

上の [2]～[4] から　　**2つの円が共有点をもつ** $\Longleftrightarrow$ $\boldsymbol{r-r'\leqq d\leqq r+r'}$

なお，r と r' の大小関係がわからない場合は　　$|r-r'|\leqq d\leqq r+r'$

5 2つの円の交点を通る円，直線

異なる2点P，Qで交わる2つの円 $x^2+y^2+l_1x+m_1y+n_1=0$ …… Ⓐ，
$x^2+y^2+l_2x+m_2y+n_2=0$ に対し，k を定数とすると
方程式 $\boldsymbol{k(x^2+y^2+l_1x+m_1y+n_1)+x^2+y^2+l_2x+m_2y+n_2=0}$ は

$\boldsymbol{k\neq-1}$ のとき　2つの交点P，Qを通る円 (Ⓐ を除くすべての円)

$\boldsymbol{k=-1}$ のとき　2つの交点P，Qを通る直線

を表す。

CHECK & CHECK

35　次のような円の方程式を求めよ。

(1)　中心が原点，半径が3　　(2)　中心が $(-2,\ 1)$，半径が4　1

36　円 $x^2+y^2=1$ と次の直線の共有点の個数を求めよ。

(1)　$x+y=1$　　(2)　$x-y=\sqrt{2}$　　(3)　$2x-y+5=0$　2

37　次の円の，与えられた点における接線の方程式を求めよ。

(1)　$x^2+y^2=4$，点 $(1,\ -\sqrt{3})$　　(2)　$x^2+y^2=25$，点 $(3,\ 4)$　3

基本 例題 84 円の方程式の決定 (1)

2点 A(3, 4), B(5, −2) を直径の両端とする円の方程式を求めよ。

p.138 基本事項 1

CHART & SOLUTION

円の方程式 … 中心と半径で定まる

基本形 $(x-a)^2+(y-b)^2=r^2$ を利用

中心は直径の中点, 半径は中心と直径の端点の距離

別解 2直線の垂直条件を利用した解法

解答

求める円の中心は, 線分 AB の中点であるから, その座標は

$$\left(\frac{3+5}{2},\ \frac{4+(-2)}{2}\right) \text{ すなわち } (4,\ 1)$$

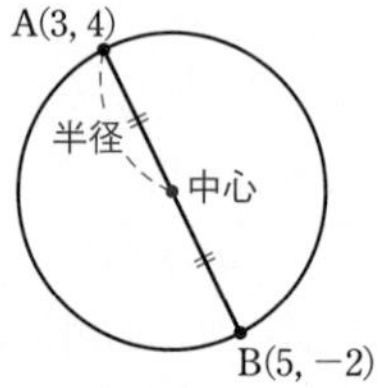

半径 r は, 中心 (4, 1) と点 A(3, 4) との距離であるから

$$r^2=(3-4)^2+(4-1)^2=10$$

よって, 求める円の方程式は

$$(x-4)^2+(y-1)^2=10$$

⇐ 基本形

別解 求める円周上の点を $P(x,\ y)$ とすると, $A \neq P$, $P \neq B$ のとき, $AP \perp BP$ である。

⇐ 直径の円周角は 90°

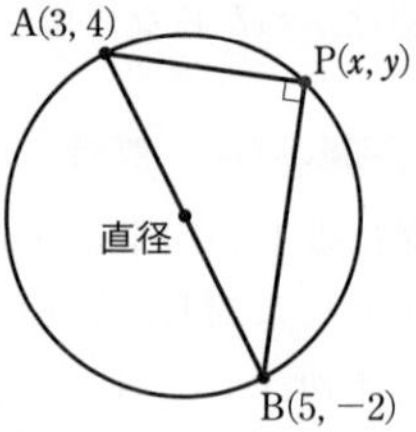

$x \neq 3$, $x \neq 5$, $y \neq 4$, $y \neq -2$ のとき

$$\frac{y-4}{x-3}\cdot\frac{y-(-2)}{x-5}=-1$$

⇐ **垂直 ⟺ 傾きの積が −1**

inf. 傾きを考えるとき, 下の図の4点は除く。

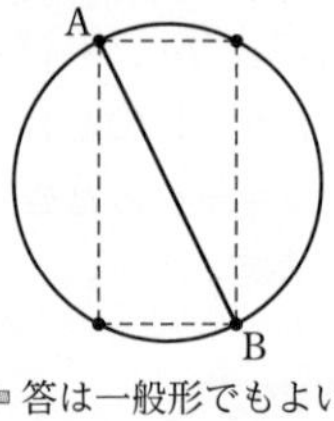

したがって

$$(x-3)(x-5)+(y-4)(y+2)=0 \quad \cdots\cdots ①$$

この方程式は,

$$(x,\ y)=(3,\ 4),\ (3,\ -2),\ (5,\ -2),\ (5,\ 4)$$

のときも成り立つから, 求める円の方程式である。

よって, ① から　$\boldsymbol{x^2+y^2-8x-2y+7=0}$

⇐ 答は一般形でもよい。

INFORMATION

一般に, 2点 $(x_1,\ y_1)$, $(x_2,\ y_2)$ を直径の両端とする円の方程式は

$$(x-x_1)(x-x_2)+(y-y_1)(y-y_2)=0$$

PRACTICE 84②

次の円の方程式を求めよ。

(1) 中心が (3, −4) で, 原点を通る円　(2) 中心が (1, 2) で, x 軸に接する円

(3) 2点 (1, 4), (5, 6) を直径の両端とする円

(4) 2点 (2, 1), (1, 2) を通り, 中心が x 軸上にある円

基本 例題 85 円の方程式の決定 (2)

3 点 A(3, 1), B(6, −8), C(−2, −4) を通る円の方程式を求めよ。

p. 138 基本事項 1

CHART & SOLUTION

3 点を通る円の方程式

一般形 $x^2+y^2+lx+my+n=0$ を利用

1 一般形の円の方程式に，与えられた 3 点の座標を代入。

2 l, m, n の連立 3 元 1 次方程式を解く。

基本形を利用しても求められるが，連立方程式が煩雑になる。

別解 垂直二等分線の利用

求める円の中心は，△ABC の外心であるから，線分 AC, BC それぞれの垂直二等分線の交点の座標を求めてもよい。

解答

求める円の方程式を $x^2+y^2+lx+my+n=0$ とする。

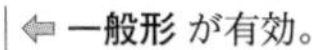

⇦ **一般形** が有効。

点 A(3, 1) を通るから　$3^2+1^2+3l+m+n=0$

点 B(6, −8) を通るから　$6^2+(-8)^2+6l-8m+n=0$

点 C(−2, −4) を通るから　$(-2)^2+(-4)^2-2l-4m+n=0$

整理すると　$3l+m+n+10=0$

$6l-8m+n+100=0$

$2l+4m-n-20=0$

これを解いて　$l=-6$, $m=8$, $n=0$

⇦ (第 1 式)+(第 3 式) から $l+m-2=0$
(第 2 式)+(第 3 式) から $2l-m+20=0$
よって　$3l+18=0$ など。

よって，求める円の方程式は　$\boldsymbol{x^2+y^2-6x+8y=0}$

別解 △ABC の外心 D が求める円の中心である。

線分 AC の垂直二等分線の方程式は

$$y+\frac{3}{2}=-\left(x-\frac{1}{2}\right)$$

すなわち　$y=-x-1$ …… ①

⇦ 線分 AC の中点 $\left(\frac{1}{2},\ -\frac{3}{2}\right)$, 傾き 1

線分 BC の垂直二等分線の方程式は

$$y+6=2(x-2)$$

すなわち　$y=2x-10$ …… ②

⇦ 線分 BC の中点 (2, −6), 傾き $-\frac{1}{2}$

①, ② を連立して解くと　$x=3$, $y=-4$

よって，中心の座標は D(3, −4),

半径は　$\mathrm{AD}=1-(-4)=5$

ゆえに，求める円の方程式は　$\boldsymbol{(x-3)^2+(y+4)^2=25}$

PRACTICE 85❷

3 点 (4, −1), (6, 3), (−3, 0) を通る円の方程式を求めよ。

基本 例題 86 円の方程式の決定 (3)

直線 $y=-4x+5$ 上に中心があり，x 軸と y 軸の両方に接する円の方程式を求めよ。

基本 84

CHART & THINKING

円の方程式　中心と半径で決まる

円は次の 3 つの条件を満たす。

[1]　中心が直線 $y=-4x+5$ 上にある

$\longrightarrow$ 中心の x 座標を t とおくと，y 座標はどのように表されるだろうか？

[2]　**x 軸に接する** $\longrightarrow$ **|(中心の y 座標)|=(半径)**

[3]　**y 軸に接する** $\longrightarrow$ **|(中心の x 座標)|=(半径)**

[2], [3] を両方満たす円は，どのような位置にあるだろうか？

円は，1 通りとは限らないことに注意。

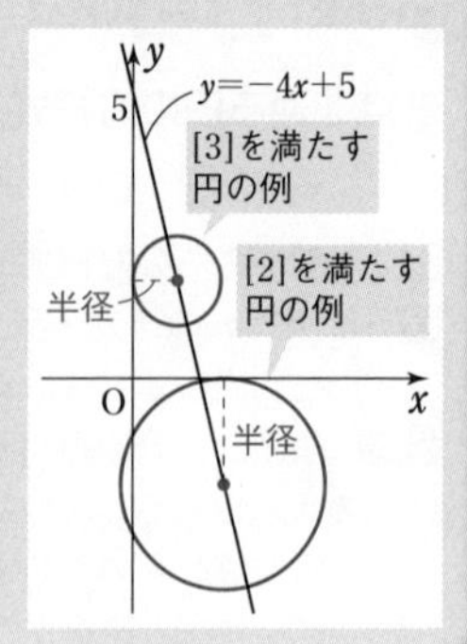

解答

円の中心が直線 $y=-4x+5$ 上にあるから，中心の座標は

$$(t,\ -4t+5)$$

と表される。

また，円が x 軸と y 軸に接するから，円の半径を r とすると

$$|t|=|-4t+5|=r$$

$|t|=|-4t+5|$ から

$$t=\pm(-4t+5)$$

$t=-4t+5$ のとき　　$t=1$

よって　　中心は点 $(1,\ 1)$，$r=1$

$t=-(-4t+5)$ のとき　$t=\dfrac{5}{3}$

よって　　中心は点 $\left(\dfrac{5}{3},\ -\dfrac{5}{3}\right)$，$r=\dfrac{5}{3}$

したがって，求める円の方程式は

$$(x-1)^2+(y-1)^2=1,\ \left(x-\frac{5}{3}\right)^2+\left(y+\frac{5}{3}\right)^2=\frac{25}{9}$$

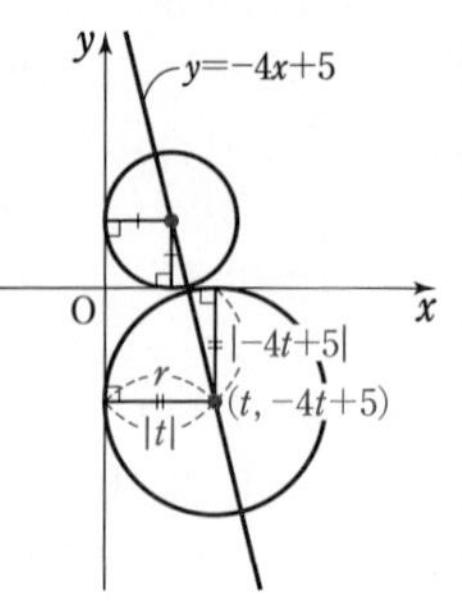

⇐ 円の中心 $(t,\ s)$ が直線 $y=-4x+5$ 上にあるから　$s=-4t+5$

⇐ $|A|=|B| \iff A=\pm B$

⇐ 円の中心が x 軸の上側にある。

⇐ 円の中心が x 軸の下側にある。

PRACTICE 86[3]

次の円の方程式を求めよ。

(1)　2 点 $(0,\ 2)$，$(-1,\ 1)$ を通り，中心が直線 $y=2x-8$ 上にある。

(2)　点 $(2,\ 3)$ を通り，y 軸に接して中心が直線 $y=x+2$ 上にある。

(3)　点 $(4,\ 2)$ を通り，x 軸，y 軸に接する。

基本 例題 87 $x^2+y^2+lx+my+n=0$ の表す図形 ①①①①①

(1) 方程式 $x^2+y^2+6x-8y+9=0$ はどのような図形を表すか。

(2) 方程式 $x^2+y^2+2px+3py+13=0$ が円を表すとき，定数 p の値の範囲を求めよ。

p.138 基本事項 1

CHART & SOLUTION

$x^2+y^2+lx+my+n=0$ の表す図形　x，y について平方完成する

$\left\{x^2+2\cdot\dfrac{l}{2}x+\left(\dfrac{l}{2}\right)^2\right\}+\left\{y^2+2\cdot\dfrac{m}{2}y+\left(\dfrac{m}{2}\right)^2\right\}=\left(\dfrac{l}{2}\right)^2+\left(\dfrac{m}{2}\right)^2-n$ として，

$\left(x+\dfrac{l}{2}\right)^2+\left(y+\dfrac{m}{2}\right)^2=\dfrac{l^2+m^2-4n}{4}$ の形に変形。

$l^2+m^2-4n>0$ のとき，中心 $\left(-\dfrac{l}{2},\ -\dfrac{m}{2}\right)$，半径 $\dfrac{\sqrt{l^2+m^2-4n}}{2}$ の円を表す。

解答

(1) $(x^2+6x+9)+(y^2-8y+16)=9+16-9$

ゆえに　$(x+3)^2+(y-4)^2=16$

よって，**中心 $(-3,\ 4)$，半径 4 の円** を表す。

⇐ 両辺に x，y の係数の半分の 2 乗をそれぞれ加える。

(2) $(x^2+2px+p^2)+\left\{y^2+3py+\left(\dfrac{3}{2}p\right)^2\right\}=p^2+\left(\dfrac{3}{2}p\right)^2-13$

ゆえに　$(x+p)^2+\left(y+\dfrac{3}{2}p\right)^2=\dfrac{13}{4}p^2-13$

⇐ x，y について，それぞれ平方完成する。

この方程式が円を表すための条件は　$\dfrac{13}{4}p^2-13>0$

よって　$p^2-4>0$　　ゆえに　$(p+2)(p-2)>0$

したがって　$\boldsymbol{p<-2,\ 2<p}$

INFORMATION $x^2+y^2+lx+my+n=0$ の表す図形

方程式 $x^2+y^2+lx+my+n=0$ が円を表さない場合もある。

例1 **方程式 $x^2+y^2+6x-8y+25=0$ の表す図形**

変形すると　$(x+3)^2+(y-4)^2=0$　←右辺が 0

これを満たす実数 x，y は，$x=-3$，$y=4$ のみである。

よって，方程式が表す図形は　**点 $(-3,\ 4)$**

例2 **方程式 $x^2+y^2+6x-8y+30=0$ の表す図形**

変形すると　$(x+3)^2+(y-4)^2=-5$　←右辺が負

これを満たす実数 x，y は存在しない。よって，方程式が **表す図形はない**。

実数の性質

A，B が実数のとき
$A^2+B^2\geqq 0$
等号は $A=B=0$ のときに限り成立。

PRACTICE 87②

(1) 方程式 $x^2+y^2+5x-3y+6=0$ はどのような図形を表すか。

(2) 方程式 $x^2+y^2+6px-2py+28p+6=0$ が円を表すとき，定数 p の値の範囲を求めよ。

基本 例題 88　円と直線の共有点の座標

円 $x^2+y^2=5$ …… ① と次の直線に共有点はあるか。あるときは，その点の座標を求めよ。

(1)　$y=x+1$　　(2)　$y=-2x+5$　　(3)　$y=2x-6$

p.138 基本事項 2

CHART & SOLUTION

円 Ⓐ と直線 Ⓑ の共有点の座標 ⟺ 連立方程式 Ⓐ，Ⓑ の実数解

まず，2 式から y を消去し，x の 2 次方程式を導く。

⟶　2 次方程式の実数解を求める。続いて直線の式を用いて，y の値を求める。
　または，2 次方程式が実数解をもたないことを，判別式から示す。

解答

(1)　$y=x+1$ …… ② を ① に代入して整理すると

$$x^2+x-2=0$$

よって　$(x+2)(x-1)=0$

これを解いて　$x=-2,\ 1$

② に代入して

$x=-2$ のとき　$y=-1$

$x=1$　のとき　$y=2$

ゆえに，円 ① と直線 ② の **共有点はあり**，その座標は

$$(\mathbf{-2,\ -1}),\ (\mathbf{1,\ 2})$$

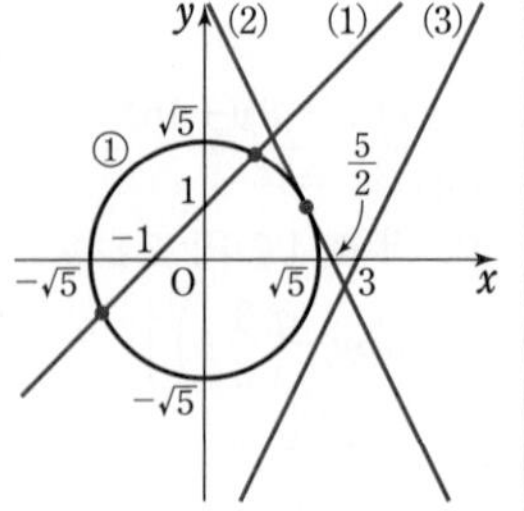

⇐ $x^2+(x+1)^2=5$ から $2x^2+2x-4=0$

⇐ $D=1^2-4\cdot1\cdot(-2)=9>0$
⟺ **異なる 2 点で交わる**

(2)　$y=-2x+5$ …… ③ を ① に代入して整理すると

$$x^2-4x+4=0 \qquad よって \qquad (x-2)^2=0$$

これを解いて　$x=2$（重解）

③ に代入して　$y=1$

ゆえに，円 ① と直線 ③ の **共有点はあり**，その座標は

$$(\mathbf{2,\ 1})$$

⇐ $x^2+(-2x+5)^2=5$

⇐ $\dfrac{D}{4}=(-2)^2-1\cdot4=0$
⟺ **接する**

(3)　$y=2x-6$ …… ④ を ① に代入して整理すると

$$5x^2-24x+31=0$$

この 2 次方程式の判別式を D とすると

$$\frac{D}{4}=(-12)^2-5\cdot31=-11<0$$

よって，円 ① と直線 ④ の **共有点はない**。

⇐ $x^2+(2x-6)^2=5$

⇐ **実数解をもたない**
⟺ **共有点がない**

PRACTICE 88❷

次の円と直線に共有点はあるか。あるときは，その点の座標を求めよ。

(1)　$x^2+y^2=1,\ x-y=1$　　(2)　$x^2+y^2=4,\ x+y=3$

(3)　$x^2+y^2=2,\ 2x-y=1$　　(4)　$x^2+y^2=5,\ x-2y=5$

基本 例題 89 円と直線の位置関係 ②②②②②

円 $x^2+2x+y^2=1$ …… ① と直線 $y=mx-m$ …… ② が異なる 2 点で交わるような，定数 m の値の範囲を求めよ。 p.138 基本事項 2

CHART & SOLUTION

円と直線の位置関係 ① 判別式 ② 中心と直線の距離 …… ❗

方針① 円と直線の方程式から y を消去して得られる x の 2 次方程式の **判別式 D の符号** を調べる。

方針② **円の中心と直線の距離 d と円の半径 r の大小関係** を調べる。

円と直線が
- 異なる 2 点で交わる ⟺ $D>0$ ⟺ $d<r$
- 1 点で接する ⟺ $D=0$ ⟺ $d=r$
- 共有点をもたない ⟺ $D<0$ ⟺ $d>r$

問題の条件は，**方針①** $D>0$ **方針②** $d<r$ これから m の値の範囲を求める。

解答

方針① ② を ① に代入して整理すると

$$(m^2+1)x^2-2(m^2-1)x+m^2-1=0$$

⇐ $m^2+1\neq0$ であるから，x の 2 次方程式である。

❗ 判別式を D とすると $\dfrac{D}{4}=\{-(m^2-1)\}^2-(m^2+1)(m^2-1)$

$=(m^2-1)\{(m^2-1)-(m^2+1)\}$

$=-2(m^2-1)=-2(m+1)(m-1)$

円 ① と直線 ② が異なる 2 点で交わるための条件は $D>0$

よって $-2(m+1)(m-1)>0$

⇐ $(m+1)(m-1)<0$

ゆえに $\boldsymbol{-1<m<1}$

方針② ① を変形すると

$$(x+1)^2+y^2=(\sqrt{2})^2$$

よって，円 ① の中心は点 $(-1,\ 0)$，半径は $\sqrt{2}$ である。

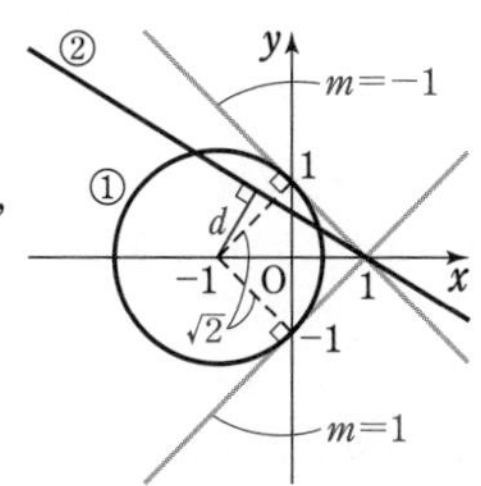

inf. $y=m(x-1)$ から，直線 ② は常に点 $(1,\ 0)$ を通る。

円 ① の中心と直線 ② の距離を d とすると，異なる 2 点で交わるための条件は $d<\sqrt{2}$

⇐ ② を一般形に変形。$mx-y-m=0$

❗ $d=\dfrac{|m\cdot(-1)-0-m|}{\sqrt{m^2+(-1)^2}}$ であるから $\dfrac{2|m|}{\sqrt{m^2+1}}<\sqrt{2}$

⇐ 点 $(x_1,\ y_1)$ と直線 $ax+by+c=0$ の距離は $\dfrac{|ax_1+by_1+c|}{\sqrt{a^2+b^2}}$

両辺に正の数 $\sqrt{m^2+1}$ を掛けて $2|m|<\sqrt{2(m^2+1)}$

両辺は負でないから，2 乗して $4m^2<2(m^2+1)$

⇐ $A\geqq0,\ B\geqq0$ のとき $A<B \iff A^2<B^2$

よって $(m+1)(m-1)<0$ ゆえに $\boldsymbol{-1<m<1}$

PRACTICE 89②

円 $x^2+y^2-4x-6y+9=0$ …… ① と直線 $y=kx+2$ …… ② が共有点をもつような，定数 k の値の範囲を求めよ。

3章 12 円，円と直線，2つの円

基本 例題 90 円によって切り取られる線分の長さ ⦶⦶⦶⦶⦶

円 $x^2+y^2=16$ と直線 $y=x+2$ の 2 つの交点を A, B とするとき，円が直線から切り取る線分の長さ AB を求めよ。 ⇨ p.138 基本事項 2

CHART & SOLUTION

円と直線（弦）

1 中心から弦に垂線を引く

2 共有点 ⟺ 実数解

方針1 弦の両端と円の中心を結ぶと **二等辺三角形** ができるから，中心Oから弦 AB に垂線 OM を下ろすと，Mは弦の中点

⟶ △OAM に三平方の定理を適用して弦の長さを求める。

$AB=2AM=2\sqrt{OA^2-OM^2}$

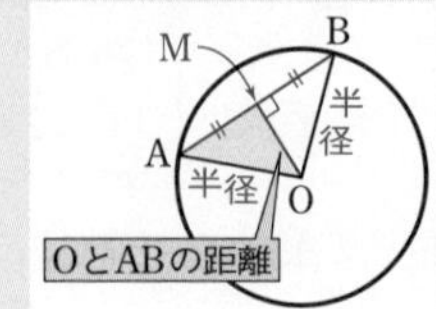

方針2 円と直線の連立方程式の解が，共有点の座標を表すことを利用。

解答

方針1 線分 AB の中点をMとする。

線分 OM の長さは，円の中心 $(0,\ 0)$ と直線 $y=x+2$ の距離に等しいから

$$OM=\frac{|2|}{\sqrt{1^2+(-1)^2}}=\sqrt{2}$$

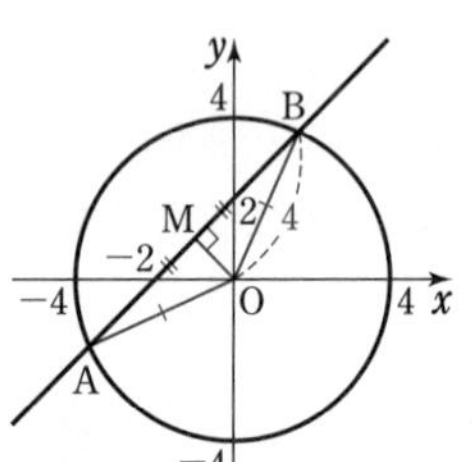

円の半径は 4 であるから

$$AB=2AM=2\sqrt{OA^2-OM^2}$$
$$=2\sqrt{4^2-(\sqrt{2})^2}=\mathbf{2\sqrt{14}}$$

方針2 $x^2+y^2=16$, $y=x+2$ から y を消去して整理すると

$$x^2+2x-6=0 \quad \cdots\cdots ①$$

円と直線の交点の座標を $(\alpha,\ \alpha+2)$, $(\beta,\ \beta+2)$ とすると，α, β は 2 次方程式 ① の解であるから，解と係数の関係より　$\alpha+\beta=-2$, $\alpha\beta=-6$

よって，求める線分の長さ AB は

$$AB=\sqrt{(\beta-\alpha)^2+\{(\beta+2)-(\alpha+2)\}^2}$$
$$=\sqrt{2(\beta-\alpha)^2}=\sqrt{2\{(\alpha+\beta)^2-4\alpha\beta\}}$$
$$=\sqrt{2\{(-2)^2-4\cdot(-6)\}}=\mathbf{2\sqrt{14}}$$

⇐ 原点と直線 $ax+by+c=0$ の距離は $\dfrac{|c|}{\sqrt{a^2+b^2}}$

inf. 直線 $y=mx+n$ 上にある線分 AB の長さは，2 点 A, B の x 座標をそれぞれ α, β とすると

$AB=|\beta-\alpha|\sqrt{1^2+m^2}$ ⋯ ②

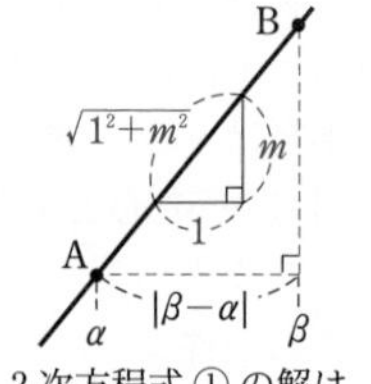

2 次方程式 ① の解は $x=-1\pm\sqrt{7}$ であるから $\alpha=-1-\sqrt{7}$, $\beta=-1+\sqrt{7}$ とすると，② より

$AB=2\sqrt{7}\cdot\sqrt{1+1^2}=\mathbf{2\sqrt{14}}$

PRACTICE 90③

円 $(x-2)^2+(y-1)^2=4$ と直線 $y=-2x+3$ の 2 つの交点を A, B とするとき，弦 AB の長さを求めよ。 〔東京電機大〕

ズームUP 円によって切り取られる線分の長さ

基本例題 90 の 2 つの解答は，**方針①** の方が計算量が少ないから，この方法だけをマスターすればいいのでしょうか。

方針① では，中心から弦に垂線を下ろすことで図形的に考察していて，**方針②** では，連立方程式の実数解から共有点の座標を考えていますね。2 つの方針を比較してみましょう。

方針① … 円の中心Oから弦 AB に下ろした垂線は，**弦 AB を 2 等分する** という図形的性質を活かした解答である。点と直線の距離の公式，三平方の定理を利用するのみで，計算量が少なくて済む。

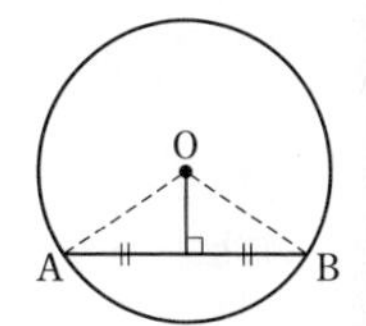

方針② … 円と直線の方程式を連立させて，共有点の座標を考えている。解と係数の関係を用いることで多少スムーズにはなるが，根号の中の対称式の処理など計算量は多い。しかし，**方針①** と異なり，円以外の図形 (例えば，放物線によって切り取られる線分の長さを求める問題 … ※) も同様に考えることができる。

ここで，上記 ※ の問題について，**方針②** で考えてみよう。

問題 放物線 $y=x^2$ …… ① と直線 $y=x+3$ …… ② の交点を A，B とするとき，線分 AB の長さを求めよ。

解答 ①，② から y を消去して整理すると

$$x^2-x-3=0 \quad \cdots\cdots ③$$

① と ② の交点の座標を $(\alpha,\ \alpha+3)$，$(\beta,\ \beta+3)$ とすると，α，β は 2 次方程式 ③ の解であるから解と係数の関係より

$$\alpha+\beta=1,\ \alpha\beta=-3$$

よって，線分 AB の長さは

$$\mathrm{AB}=\sqrt{(\beta-\alpha)^2+\{(\beta+3)-(\alpha+3)\}^2}=\sqrt{2(\beta-\alpha)^2}$$
$$=\sqrt{2\{(\alpha+\beta)^2-4\alpha\beta\}}$$
$$=\sqrt{2\{1^2-4\cdot(-3)\}}$$
$$=\sqrt{26}$$

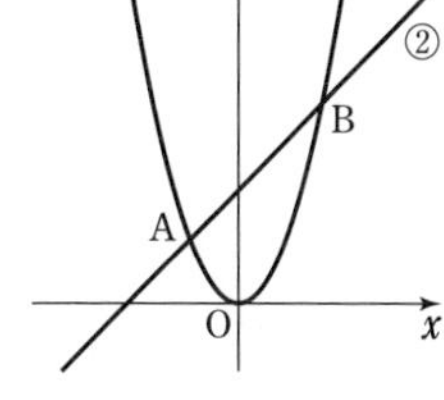

方針② は放物線の場合も同じように考えられますね。

2 つの方針にはそれぞれ，長所と短所があります。円以外の問題でも対応できるように，**方針②** も身につけておきましょう。

基本 例題 91 円周上の点における接線

円 $(x+3)^2+(y-3)^2=13$ …… ① 上の点 A$(-1,\ 0)$ における，この円の接線の方程式を求めよ。

p.139 基本事項 3

CHART & SOLUTION

円周上の点における接線の方程式

1 接点 ⟺ 重解　　**2 中心と接線の距離＝半径**

3 $x_1x+y_1y=r^2$　　**4 接線⊥半径**

方針1, 2 点Aを通り x 軸に垂直な直線 $x=-1$ はこの円の接線ではないから，接線の方程式は $y=m(x+1)$ と表される。

方針3 円 ① の中心を原点に移す平行移動によって，公式 $x_1x+y_1y=r^2$ を利用する。

方針4 垂直 ⟺ 傾きの積が -1 を利用する。

解答

方針1 点Aにおける接線は，x 軸に垂直でないから，求める接線の方程式は，傾きを m とすると $y=m(x+1)$ …… ② と表される。

⇐ x 軸に垂直な直線でないから，傾きを m とする。

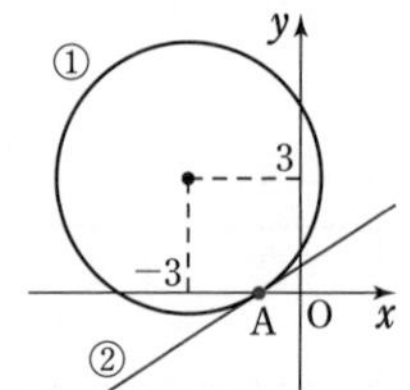

② を ① に代入して　$(x+3)^2+(mx+m-3)^2=13$

展開して　$x^2+6x+9+m^2x^2+2m(m-3)x+(m-3)^2=13$

整理して　$(m^2+1)x^2+2(m^2-3m+3)x+m^2-6m+5=0$

この 2 次方程式の判別式を D とすると

$$\frac{D}{4}=(m^2-3m+3)^2-(m^2+1)(m^2-6m+5)$$
$$=m^4+9m^2+9-6m^3-18m+6m^2-(m^4-6m^3+5m^2+m^2-6m+5)$$
$$=9m^2-12m+4=(3m-2)^2$$

⇐ $(a+b+c)^2=a^2+b^2+c^2+2ab+2bc+2ca$

①, ② が接するための条件は $D=0$　　ゆえに　$m=\dfrac{2}{3}$

⇐ 接する ⟺ $D=0$

よって，接線の方程式は　$\boldsymbol{y=\dfrac{2}{3}x+\dfrac{2}{3}}$

⇐ ② に $m=\dfrac{2}{3}$ を代入。

方針2 点Aにおける接線は，x 軸に垂直でないから，求める接線の方程式は，傾きを m とすると $y=m(x+1)$ すなわち $mx-y+m=0$ …… ③ と表される。

①, ③ が接するとき，円の中心 $(-3,\ 3)$ と接線の距離が半径 $\sqrt{13}$ と等しいから

$$\frac{|m\cdot(-3)-3+m|}{\sqrt{m^2+(-1)^2}}=\sqrt{13}$$

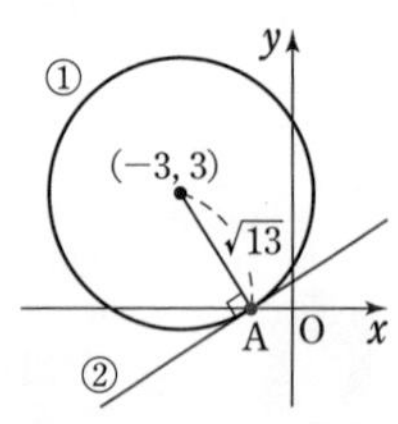

⇐ 接する ⟺ $d=r$

よって　$|2m+3|=\sqrt{13(m^2+1)}$

⇐ $|-2m-3|=|2m+3|$

両辺を 2 乗して

$$(2m+3)^2=13(m^2+1)$$

⇐ $4m^2+12m+9=13m^2+13$ ゆえに $9m^2-12m+4=0$

ゆえに　$(3m-2)^2=0$　から　$m=\dfrac{2}{3}$

よって，接線の方程式は　$\boldsymbol{2x-3y+2=0}$

⇐ 答は一般形でもよい。

方針3　円 ① の中心 C$(-3,\ 3)$ を原点に移す平行移動を行うと円 ① は　円 ①′ $x^2+y^2=13$

点Aは　点 A′$(2,\ -3)$

にそれぞれ移る。円 ①′ 上の点 A′ における接線の方程式は

$$2x-3y=13$$

であるから，求める接線の方程式は逆の平行移動を考えることにより

$$2(x+3)-3(y-3)=13$$

すなわち　$\boldsymbol{2x-3y+2=0}$

⇐ x 軸方向に 3，y 軸方向に -3 だけ動かす平行移動。

⇐ $x_1x+y_1y=r^2$

⇐ 逆の平行移動は x 軸方向に -3，y 軸方向に 3 だけ動かす平行移動であるから，x に $x-(-3)$，y に $y-3$ を代入すればよい。

方針4　円 ① の中心 C$(-3,\ 3)$ と点Aを通る直線の傾きは

$$\frac{0-3}{-1-(-3)}=-\frac{3}{2}$$

求める接線の傾きを m とすると垂直条件から

$$m\times\left(-\frac{3}{2}\right)=-1\qquad したがって\qquad m=\frac{2}{3}$$

よって，求める接線の方程式は

$$y-0=\frac{2}{3}(x+1)\quad すなわち\quad \boldsymbol{y=\frac{2}{3}x+\frac{2}{3}}$$

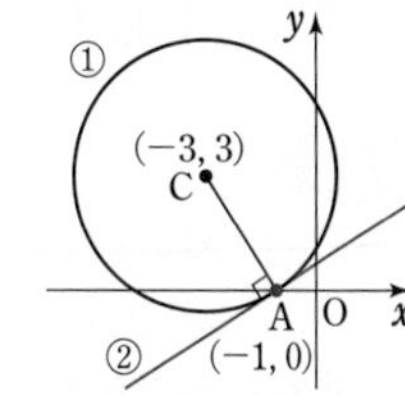

inf. この問題のように，円の中心と接点の座標が最初からわかっている場合は **方針4** が最もスムーズである。

INFORMATION　円の接線の方程式について

一般に，円 $(x-a)^2+(y-b)^2=r^2$ 上の点 A$(x_1,\ y_1)$ における接線の方程式は

$$\boldsymbol{(x_1-a)(x-a)+(y_1-b)(y-b)=r^2}$$

で表される（証明は下記）。この公式を利用すれば本問は

$$(-1+3)(x+3)+(0-3)(y-3)=13\quad すなわち\quad 2x-3y+2=0$$

と直ちに接線の方程式を求めることができる。

証明　円 $(x-a)^2+(y-b)^2=r^2$ の中心 $(a,\ b)$ が原点に移るように，x 軸方向に $-a$，y 軸方向に $-b$ だけ平行移動すると，円は $x^2+y^2=r^2$ …… ①，周上の点 A$(x_1,\ y_1)$ は A′$(x_1-a,\ y_1-b)$ にそれぞれ移る。

点 A′ における ① の接線の方程式は　$(x_1-a)x+(y_1-b)y=r^2$

これを逆の平行移動によってもとに戻すために，x 軸方向に a，y 軸方向に b だけ平行移動して　$(x_1-a)(x-a)+(y_1-b)(y-b)=r^2$

PRACTICE 91❸

円 $x^2+y^2-2x-4y-20=0$ 上の点 A$(4,\ 6)$ における，この円の接線の方程式を求めよ。

基本 例題 92 円外の点から円に引いた接線

点 (3, 1) を通り，円 $x^2+y^2=2$ に接する直線の方程式と，そのときの接点の座標を求めよ。

p.139 基本事項 3，重要 96

CHART & SOLUTION

円の接線

1 公式 $x_1x+y_1y=r^2$ を利用する

[1] 接点 $(x_1,\ y_1)$ は円上の点 ⟶ $x_1{}^2+y_1{}^2=r^2$

[2] 接線 $x_1x+y_1y=r^2$ が点 $(a,\ b)$ を通る ⟶ $ax_1+by_1=r^2$

この 2 つの方程式を連立させて解いて x_1，y_1 を求める。

なお，別解として

2 接点 ⟺ 重解 や **3 中心と接線の距離 d＝半径 r**

を用いる方法もある。

解答

方針1 接点を $\mathrm{P}(x_1,\ y_1)$ とすると

$x_1{}^2+y_1{}^2=2$ ……①

また，点Pにおけるこの円の接線の方程式は

$x_1x+y_1y=2$

この直線が点 (3, 1) を通るから

$3x_1+y_1=2$ ……②

①，② から y_1 を消去して整理すると

$5x_1{}^2-6x_1+1=0$

よって　$(5x_1-1)(x_1-1)=0$

ゆえに　$x_1=\dfrac{1}{5},\ 1$

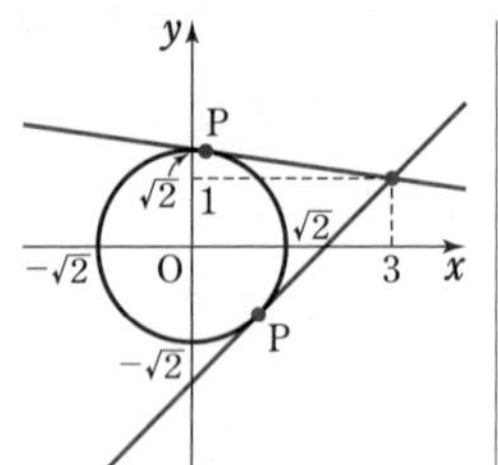

⇐ 点 $(x_1,\ y_1)$ は円 $x^2+y^2=2$ 上にある。

⇐ 円 $x^2+y^2=r^2$ 上の点 $(x_1,\ y_1)$ における接線の方程式は **$x_1x+y_1y=r^2$**

⇐ ② から　$y_1=-3x_1+2$ これを ① に代入すると $x_1{}^2+(-3x_1+2)^2=2$

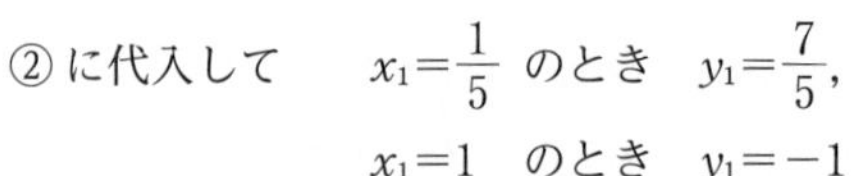

② に代入して　$x_1=\dfrac{1}{5}$ のとき　$y_1=\dfrac{7}{5}$，

$x_1=1$ のとき　$y_1=-1$

したがって，求める接線の方程式と接点の座標は

$$\boldsymbol{x+7y=10,\ \left(\frac{1}{5},\ \frac{7}{5}\right);\quad x-y=2,\ (1,\ -1)}$$

⇐ 接線は 2 本ある。

方針2 点 (3, 1) を通る接線は，x 軸に垂直でないから，求める接線の方程式は，傾きを m とすると次のようになる。

$y-1=m(x-3)$　すなわち　$y=mx-(3m-1)$ ……③

③ を円の方程式に代入して整理すると

$(m^2+1)x^2-2m(3m-1)x+\{(3m-1)^2-2\}=0$ ……④

$m^2+1\neq0$ であるから，2 次方程式 ④ の判別式を D とすると

⇐ x 軸に垂直な直線でないから，傾きを m とする。

⇐ $x^2+\{mx-(3m-1)\}^2=2$

⇐ (x^2 の係数)$\neq0$ を確認。

$$\frac{D}{4}=\{-m(3m-1)\}^2-(m^2+1)\{(3m-1)^2-2\}$$
$$=\{m^2-(m^2+1)\}(3m-1)^2+2(m^2+1)$$
$$=-7m^2+6m+1=-(7m+1)(m-1)$$

⇦ m の 4 次式に見えるが，整理すると 2 次式になる。

円と直線 ③ が接するための条件は　$D=0$

⇦ **接する ⟺ $D=0$**

よって　$-(7m+1)(m-1)=0$　ゆえに　$m=-\frac{1}{7},\ 1$

$m=-\frac{1}{7}$ のとき，④ の重解は　$x=\frac{m(3m-1)}{m^2+1}=\frac{1}{5}$

$m=1$　のとき，④ の重解は　$x=1$

⇦ $ax^2+bx+c=0$ で $D=0$ のときの重解は $x=-\frac{b}{2a}$

したがって，求める接線の方程式と接点の座標は

$$\boldsymbol{y=-\frac{1}{7}x+\frac{10}{7},\ \left(\frac{1}{5},\ \frac{7}{5}\right);\quad y=x-2,\ (1,\ -1)}$$

⇦ 接点の y 座標は ③ から。

方針3（**方針2** と 3 行目までは同じ）

③ から　$mx-y-3m+1=0$ …… ⑤

円の中心 $(0,\ 0)$ と接線の距離が円の半径 $\sqrt{2}$ に等しいから

⇦ **接する ⟺ $d=r$**

$$\frac{|m\cdot 0-0-3m+1|}{\sqrt{m^2+(-1)^2}}=\sqrt{2}$$

両辺に $\sqrt{m^2+1}$ を掛けて　$|-3m+1|=\sqrt{2(m^2+1)}$

両辺を 2 乗して整理すると　$7m^2-6m-1=0$

⇦ $(-3m+1)^2=2(m^2+1)$

よって　$(7m+1)(m-1)=0$　ゆえに　$m=-\frac{1}{7},\ 1$

$m=-\frac{1}{7}$ のとき，⑤ は　$\boldsymbol{x+7y-10=0}$ …… ⑥

直線 OP は $y=7x$ と表されるから，⑥ と連立させて解くと，接点の座標は　$\boldsymbol{\left(\frac{1}{5},\ \frac{7}{5}\right)}$

⇦ **接線⊥半径**
半径 OP は $y=-\frac{1}{m}x$ で表される。

$m=1$ のとき，⑤ は　$\boldsymbol{x-y-2=0}$ …… ⑦

直線 OP は $y=-x$ と表されるから，⑦ と連立させて解くと，接点の座標は　$\boldsymbol{(1,\ -1)}$

inf. 接線と円の方程式を連立させて，接点の座標を求めてもよい。

INFORMATION

この例題の場合，計算量が少なく，接点の座標と接線の方程式が同時に求められるという点で，**方針1** が最適と思われる。
しかし，接点の座標を求める必要がない問題では **方針3** が最もスムーズな場合も多い。また，**方針2** は円と直線の関係以外の問題にも利用できるなど，それぞれに良さがある。問題に応じて使い分けることができるようにしておきたい。

PRACTICE 92❷

(1) 点 $(7,\ 1)$ を通り，円 $x^2+y^2=25$ に接する直線の方程式と，そのときの接点の座標を求めよ。

(2) 円 $x^2+y^2=8$ の接線で，直線 $7x+y=0$ に垂直である直線の方程式を求めよ。

振り返り　円の接線の方程式の求め方

例題 **91** や **92** で円の接線の方程式を求める方法がたくさん出てきました。どのように使い分ければよいのでしょうか。

大きく分けると，接点の座標を活用する方法 1 と活用しない方法 2 があります。詳しく見ておきましょう。

1　接点の座標を活用する方法

① **$x_1x+y_1y=r^2$ を利用**（→ 例題 91 **方針3**，例題 92 **方針1**）

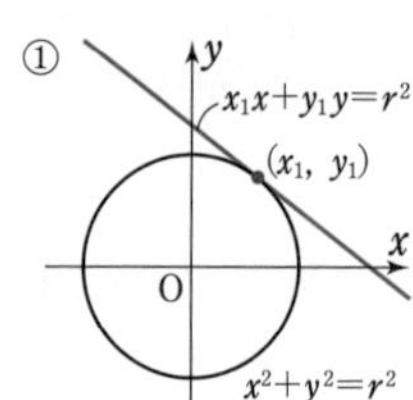

接点の座標が与えられている場合に有効である。また，例題 92 **方針1** のように，接点の座標を $(x_1,\ y_1)$ などとおいて公式を利用する場合もある。

なお，円の中心が原点以外の場合は

$$(x_1-a)(x-a)+(y_1-b)(y-b)=r^2$$

を利用すると早い（$p.149$ INFORMATION 参照）。または，次の ② を利用してもよい。

② **（円の接線）⊥（半径）を利用**（→ 例題 91 **方針4**）

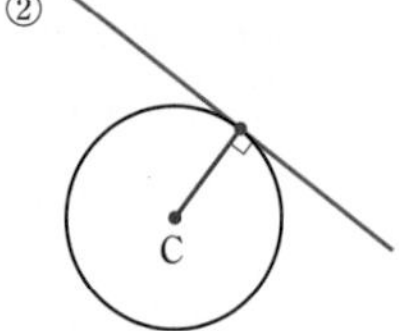

円の接線と半径は接点において垂直であるという図形的な性質を利用する。円の接線と半径それぞれの傾きを求め，

垂直 ⟺ 傾きの積が -1 を用いることが多い。

円の中心が原点以外の場合に有効である。

2　接点の座標を活用しない方法

③ **$d=r$ を利用**（→ 例題 91 **方針2**，例題 92 **方針3**）

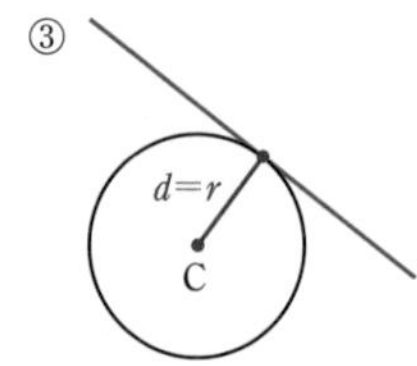

円の中心と直線の距離を d，円の半径を r とするとき，

接する ⟺ $d=r$ が成り立つことを利用する。この方法は，接点の座標を求める必要がない場合や，接線の傾きがわかる場合に特に有効である。

④ **$D=0$ を利用**（→ 例題 91 **方針1**，例題 92 **方針2**）

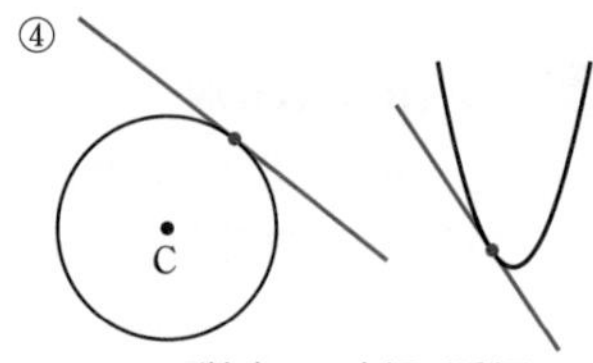

$D=0$（接点の x 座標が重解）

円と直線の方程式から，y を消去した x の 2 次方程式の判別式をDとするとき，**接する ⟺ $D=0$** を利用する。問題によっては計算が煩雑になる欠点があるが，放物線と直線が接する場合など，円と直線以外の問題にも用いることができる利点がある。

整理してみると，解き方それぞれに特徴があることがわかります。

いろいろな解き方の長所・短所を理解するためにも，1 つの問題をいろいろな方針で解いてみることが大切です。

基本 例題 93 2つの円の位置関係

(1) 円 $C_1: x^2+y^2-6x-4y+9=0$ と点 $(-2, 2)$ を中心とする円 C_2 が外接している。円 C_2 の方程式を求めよ。 〔類 名城大〕

(2) 2つの円 $x^2+y^2=r^2$ $(r>0)$ ……①, $x^2+y^2-8x-4y+15=0$ ……② が共有点をもつような r の値の範囲を求めよ。 p.139 基本事項 4

CHART & SOLUTION

2つの円の位置関係

2つの円の半径と中心間の距離の関係を調べる ……❶

半径がそれぞれ r, r' である円の中心間の距離を d とすると

(1) 2つの円が外接する　$d=r+r'$

(2) 2つの円が内接する　$d=|r-r'|$

よって, (1) と合わせて

2つの円が共有点をもつ ⟺ $|r-r'| \leqq d \leqq r+r'$

解答

(1) 円 C_1 は $(x-3)^2+(y-2)^2=4$ から, 中心 $(3, 2)$, 半径 2 である。

❶ 円 C_2 は中心が点 $(-2, 2)$ であるから, 2つの円の中心間の距離 d は

$$d=\sqrt{\{3-(-2)\}^2+(2-2)^2}=5$$

円 C_1, C_2 は外接しているから, C_2 の半径を $r\ (>0)$ とすると

$2+r=5$　　よって　$r=3$

ゆえに　$\boldsymbol{(x+2)^2+(y-2)^2=9}$

(2) 円①は　中心 $(0, 0)$, 半径 r

円②は $(x-4)^2+(y-2)^2=5$ から, 中心 $(4, 2)$, 半径 $\sqrt{5}$ である。

❶ 2つの円の中心間の距離は　$\sqrt{4^2+2^2}=\sqrt{20}=2\sqrt{5}$

2つの円①, ②が共有点をもつ条件は

$$|r-\sqrt{5}| \leqq 2\sqrt{5} \leqq r+\sqrt{5}$$

$|r-\sqrt{5}| \leqq 2\sqrt{5}$ から

$$-2\sqrt{5} \leqq r-\sqrt{5} \leqq 2\sqrt{5}$$

よって　$-\sqrt{5} \leqq r \leqq 3\sqrt{5}$ ……③

$2\sqrt{5} \leqq r+\sqrt{5}$ から　$\sqrt{5} \leqq r$ ……④

$r>0$ と, ③, ④の共通範囲を求めて

$$\boldsymbol{\sqrt{5} \leqq r \leqq 3\sqrt{5}}$$

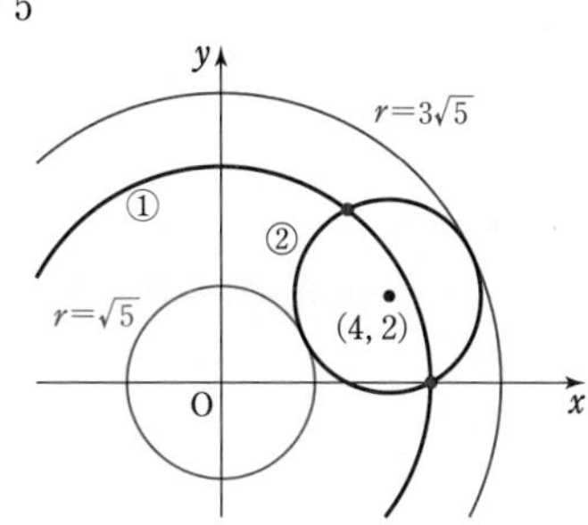

PRACTICE 93❸

(1) 円 $C_1: x^2+y^2=5$ と点 $(2, 4)$ を中心とする円 C_2 が内接している。円 C_2 の方程式を求めよ。

(2) 2つの円 $x^2+y^2=r^2$ $(r>0)$ ……①, $x^2+y^2-6x+8y+16=0$ ……② が共有点をもつような r の値の範囲を求めよ。

基本 例題 94 2つの円の交点を通る円・直線

2つの円 $x^2+y^2=5$ ……①，$(x-1)^2+(y-2)^2=4$ ……② について

(1) 2つの円は，異なる2点で交わることを示せ。

(2) 2つの円の交点を通る直線の方程式を求めよ。

(3) 2つの円の交点と点 $(0,\ 3)$ を通る円の中心と半径を求めよ。

基本 77，p.139 基本事項 5

CHART & THINKING

(1) 2つの円の半径と中心間の距離の関係を調べる。

(2), (3) 2つの円の交点の座標を求めることは面倒。そこで，次に示す p.129 基本例題 77 の考え方を応用してみよう。

2曲線 $f(x,\ y)=0$，$g(x,\ y)=0$ の交点を通る曲線

方程式 $kf(x,\ y)+g(x,\ y)=0$（k は定数）を考える

⟶ ①，② を $=0$ の形にして，$k(x^2+y^2-5)+(x-1)^2+(y-2)^2-4=0$ ……③ とすると，③ は2つの円の交点を通る図形を表す。

(2) ③ が直線を表すときの k は？　　(3) ③ が点 $(0,\ 3)$ を通るときの k は？

解答

(1) 円①，②の半径は順に $\sqrt{5}$，2 である。

2つの円の中心 $(0,\ 0)$，$(1,\ 2)$ 間の距離を d とすると

$d=\sqrt{1^2+2^2}=\sqrt{5}$ から　$|\sqrt{5}-2|<d<\sqrt{5}+2$

よって，2円①，②は異なる2点で交わる。

⇐ $|r-r'|<d<r+r'$

(2) $k(x^2+y^2-5)+(x-1)^2+(y-2)^2-4=0$（$k$ は定数）……③

とすると，③ は2つの円①，②の交点を通る図形を表す。

これが直線となるのは $k=-1$ のときであるから，③ に $k=-1$ を代入すると

$-(x^2+y^2-5)$
$+(x-1)^2+(y-2)^2-4=0$

整理すると　$\boldsymbol{x+2y-3=0}$

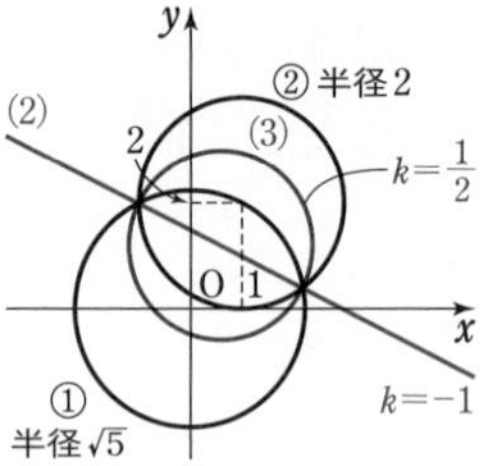

inf. ③は円①を表すことはできない。

⇐ ③が x, y の1次式となるように，k の値を定める。

(3) ③ が点 $(0,\ 3)$ を通るとして，③ に $x=0$，$y=3$ を代入して整理すると $4k-2=0$　よって $k=\frac{1}{2}$

これを ③ に代入して整理すると $\left(x-\frac{2}{3}\right)^2+\left(y-\frac{4}{3}\right)^2=\frac{29}{9}$

よって　**中心 $\left(\frac{2}{3},\ \frac{4}{3}\right)$，半径 $\frac{\sqrt{29}}{3}$**

inf. (2)の直線の方程式と①の円の方程式を連立させて解くと，直線と円の交点，すなわち2つの円①と②の交点が求められる。

⇐ $k(0^2+3^2-5)$
$+\{(-1)^2+1^2-4\}=0$

PRACTICE 94❷

2つの円 $x^2+y^2=10$，$x^2+y^2-2x+6y+2=0$ の2つの交点の座標を求めよ。また，2つの交点と原点を通る円の中心と半径を求めよ。

重要 例題 95 放物線と円の共有点・接点

放物線 $y=\frac{1}{4}x^2+a$ と円 $x^2+y^2=16$ について，次のものを求めよ。

(1) この放物線と円が接するときの定数 a の値

(2) 4 個の共有点をもつような定数 a の値の範囲

基本 88

CHART & SOLUTION

放物線と円

共有点 ⟺ 実数解　接点 ⟺ 重解

この問題では，x を消去して，y の 2 次方程式 $4(y-a)+y^2=16$ の実数解，重解を考える。

なお，放物線と円が **接する** とは，円と放物線が共通の接線をもつときで，この問題の場合，右の図から，2 点で接する場合と 1 点で接する場合がある。

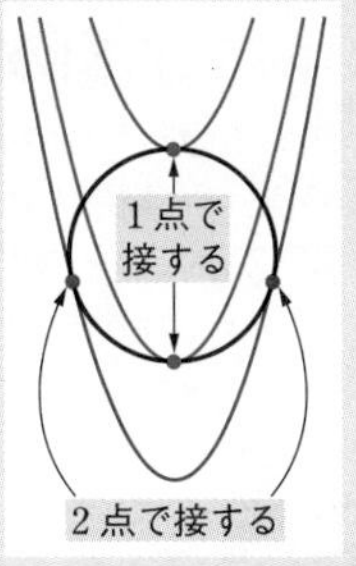

解答

(1) $y=\frac{1}{4}x^2+a$ から　$x^2=4(y-a)$ ……①

ただし，$x^2 \geqq 0$ であるから

$y \geqq a$ ……②

① を $x^2+y^2=16$ に代入して

$4(y-a)+y^2=16$

よって　$y^2+4y-4a-16=0$ … ③

[1] 放物線と円が 2 点で接する場合

2 次方程式 ③ は重解をもつ。

③ の判別式を D とすると

$$\frac{D}{4}=2^2-(-4a-16)=4a+20$$

$D=0$ から　$a=-5$

このとき，③ の重解は $y=-2$ であるから ② に適する。

[2] 放物線と円が 1 点で接する場合

図から，点 $(0,\ 4)$，$(0,\ -4)$ で接する場合で　$a=\pm 4$

[1]，[2] から，求める a の値は　$\boldsymbol{a=\pm 4,\ -5}$

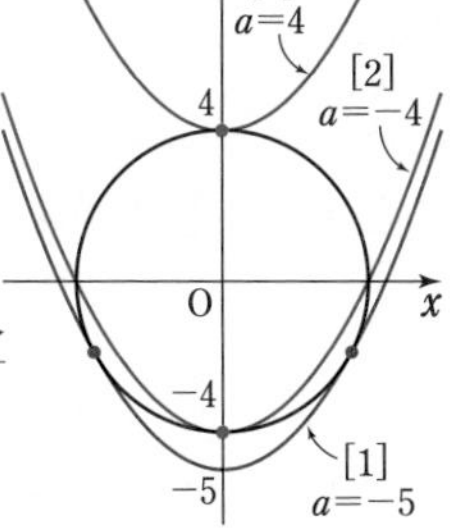

(2) 放物線と円が 4 個の共有点をもつのは，上の図から，放物線の頂点が，点 $(0,\ -5)$ と点 $(0,\ -4)$ を結ぶ線分上 (端点を除く) にあるときである。

よって，求める定数 a の値の範囲は　$\boldsymbol{-5<a<-4}$

inf. $a=4$ のとき，③ は

$y^2+4y-32=0$

すなわち $(y-4)(y+8)=0$

から，$y=4$ (適)，-8 (不適) で重解をもたない。

しかし，$\begin{cases} y=\frac{1}{4}x^2+4 \\ x^2+y^2=16 \end{cases}$ の

連立方程式で，y を消去すると

$$x^2+\left(\frac{1}{4}x^2+4\right)^2=16$$

整理して

$$x^2(x^2+48)=0$$

この 4 次方程式は，2 重解 $x=0$ をもつから，点 $(0,\ 4)$ で接していることがわかる。

同様に，$a=-4$ のとき x についての 4 次方程式を導くと　$x^4-16x^2=0$

すなわち　$x^2(x^2-16)=0$

から，$x=0$ (2 重解)，± 4 をもつから，点 $(0,\ -4)$ で接していることがわかる。

PRACTICE 95④

放物線 $y=x^2$ と円 $x^2+(y-4)^2=r^2$ $(r>0)$ がある。放物線と円の交点が 4 個となる r の範囲を求めよ。 〔駒澤大〕

重要 例題 96　2つの円の共通接線

円 $x^2+y^2=1$ ……① と円 $(x-4)^2+y^2=4$ ……② に共通な接線の方程式を求めよ。

基本 92

CHART & SOLUTION

円の接線

中心と接線の距離 d=円の半径 r

求める直線を $y=mx+n$ とおいて，2つの円に接する条件を考える。

接点 ⟺ **重解**　よりも　$d=r$　の方がスムーズ。

inf. 円①上の点における接線が円②とも接するから，円②の中心と，この接線の距離が円②の半径に等しいとして解く方法もある。

(解答編 $p.118$ PRACTICE 96 **別解** 参照)

解答

2つの円①，②に共通な接線は x 軸に垂直ではないから，接線の方程式を $y=mx+n$ すなわち $mx-y+n=0$ ……③ とする。

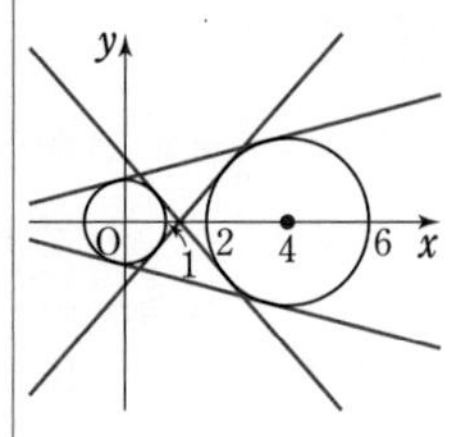

直線③が円①と接するとき，円①の半径は1であるから

$$\frac{|m\cdot 0-0+n|}{\sqrt{m^2+(-1)^2}}=1$$

よって　$|n|=\sqrt{m^2+1}$ ……④

直線③が円②と接するとき，円②の半径は2であるから

$$\frac{|m\cdot 4-0+n|}{\sqrt{m^2+(-1)^2}}=2$$

よって　$|4m+n|=2\sqrt{m^2+1}$ ……⑤

④，⑤から　$|4m+n|=2|n|$　ゆえに　$4m+n=\pm 2n$

⇐ $|A|=|B| \iff A=\pm B$

よって　$4m=n$　または　$4m=-3n$

[1] $4m=n$ のとき

④から　$m=\pm\dfrac{1}{\sqrt{15}}$，$n=\pm\dfrac{4}{\sqrt{15}}$　(複号同順)

⇐ $|4m|=\sqrt{m^2+1}$ から両辺を2乗して $16m^2=m^2+1$ よって $m^2=\dfrac{1}{15}$

[2] $4m=-3n$ のとき

④から　$m=\pm\dfrac{3}{\sqrt{7}}$，$n=\mp\dfrac{4}{\sqrt{7}}$　(複号同順)

よって，求める接線の方程式は

$$\boldsymbol{y=\pm\frac{1}{\sqrt{15}}(x+4),\ y=\pm\frac{1}{\sqrt{7}}(3x-4)}$$

⇐ 求める接線は4本ある。

PRACTICE 96④

円 $(x-5)^2+y^2=1$ と円 $x^2+y^2=4$ について

(1) 2つの円に共通な接線は全部で何本あるか。

(2) 2つの円に共通な接線の方程式をすべて求めよ。

EXERCISES　12 円，円と直線，2つの円

A

77❸ 3直線 $x+3y-7=0$，$x-3y-1=0$，$x-y+1=0$ の囲む三角形の外接円の方程式を求めよ。また，この三角形の面積と外接円の面積を求めよ。

〔類 西南学院大〕

➡85

78❷ 直線 $y=mx+1$ と円 $x^2+y^2-2x+2y+1=0$ との共有点の個数を求めよ。

➡89

79❸ 円 C：$x^2+y^2-2x-4y+4=0$ と直線 ℓ：$y=mx+1$ について，ℓ が C によって切り取られる線分の長さが $\sqrt{2}$ であるとき，定数 m の値を求めよ。

〔類 倉敷芸科大〕

➡90

80❸ (1) 中心が $(1,\ 1)$ で，直線 $4x+3y-12=0$ に接する円の方程式を求めよ。

(2) 点 $(1,\ 3)$ から円 $(x-2)^2+(y+1)^2=1$ に引いた接線の方程式を求めよ。

➡86, 92

81❷ 点 A$(3,\ 1)$ を通り，円 $x^2+y^2=5$ に接する2本の接線の接点を P，Q とする。このとき，直線 PQ の方程式を求めよ。

➡92

B

82❸ $a\neq 1$ とする。円 C_1：$x^2+y^2-4ax-2ay=5-10a$，円 C_2：$x^2+y^2=10$，円 C_3：$x^2+y^2-8x-6y=-10$ について，次の問いに答えよ。

(1) 定数 a の値にかかわらず円 C_1 は定点Aを通る。この定点Aの座標を求めよ。

(2) 円 C_2 と円 C_3 の2つの交点と原点を通る円の中心と半径を求めよ。

〔類 島根大〕

➡76, 94

83❸ 2点 A$(3,\ 0)$，B$(5,\ 4)$ を通り，点 $(2,\ 3)$ を中心とする円を C_1 とする。円 C_1 の半径は ア□ である。直線 AB に関して円 C_1 と対称な円を C_2 とする。円 C_2 の中心の座標は イ□ である。また，点P，点Qをそれぞれ円 C_1，円 C_2 上の点とするとき，点Pと点Qの距離の最大値は ウ□ である。

〔北里大〕

➡78, 84

HINT

80 (1) 円の方程式は中心と半径で決まる。
中心と接線の距離＝半径 を利用。

82 (1) 「a の値にかかわらず…」とあるから，a についての恒等式と考える。
(2) 2円の交点を通る図形であるから，$kf(x,\ y)+g(x,\ y)=0$ の活用を考える。

83 PQ が最大となるのは，線分 PQ が円 C_1 と円 C_2 の中心を通るとき。

13 軌跡と方程式

基本事項

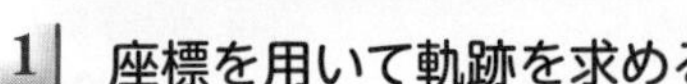

1 座標を用いて軌跡を求める手順

1　求める軌跡上の任意の点の座標を $(x,\ y)$ などで表し，与えられた条件を座標の間の関係式で表す。

2　1の式を整理して軌跡の方程式を導き，その方程式の表す図形を求める。

3　その図形上のすべての点が条件を満たしていることを確かめる。
(条件に適さないものは除いて，適するものだけを求める軌跡とする。)

2 基本的な軌跡

条　件　p	図　形　F (軌　跡)
(1)　定直線 ℓ からの距離が d で一定	ℓ との距離が d である平行な 2 直線
(2)　2 つの定点 A，B から等距離	線分 AB の垂直二等分線
(3)　交わる 2 本の定直線から等距離	2 組の対頂角それぞれの二等分線 (この 2 直線は垂直)
(4)　定点 O からの距離が r で一定	中心 O，半径 r の円
(5)　定線分 AB に対して $\angle APB=\alpha$ (一定) である点P	線分 AB を弦とし，弦 AB に対する角が α である 2 つの弓形の弧。 特に，$\angle APB=90^\circ$ ならば，直径 AB の円 (ともに点 A，B を除く)

(1)
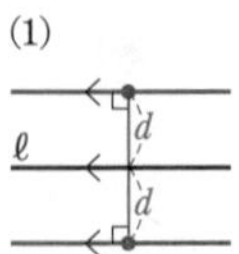

(2)
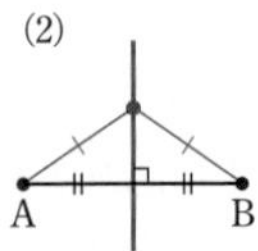

(3)
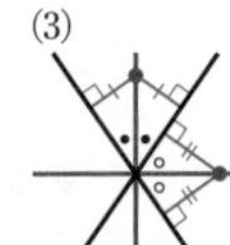

(4)
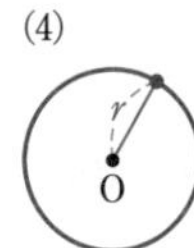

(5)
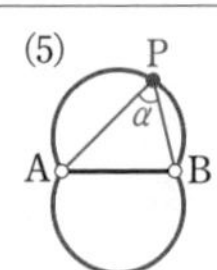

CHECK & CHECK

38　次の条件を満たす点Pの軌跡を求めよ。

(1)　2 点 O(0, 0), A(3, 2) から等距離にある点P

(2)　2 点 O(0, 0), A(6, 0) に対し，$\angle OPA=90^\circ$ を満たす点P

(3)　2 点 A(3, 2), B(1, 0) に対し，$AP^2-BP^2=4$ を満たす点P　↻ 1

基本 例題 97 2 定点からの距離の比が一定な点の軌跡

2 点 A(0, 0), B(5, 0) からの距離の比が 2：3 である点 P の軌跡を求めよ。

p.158 基本事項 1

CHART & SOLUTION

与えられた条件を満たす点の軌跡

P(x, y) として，条件から x, y の間の関係式を導く ……❗

条件を満たす任意の点 P の座標を (x, y) とする。AP>0, BP>0 から

AP：BP=2：3 ⟺ 3AP=2BP ⟺ $9AP^2=4BP^2$

これを座標で表し，x, y の関係式を求める。

解答

点 P の座標を (x, y) とする。

P の満たす条件は

AP：BP=2：3

よって　3AP=2BP

すなわち　$9AP^2=4BP^2$

$AP^2=x^2+y^2$, $BP^2=(x-5)^2+y^2$

を代入すると

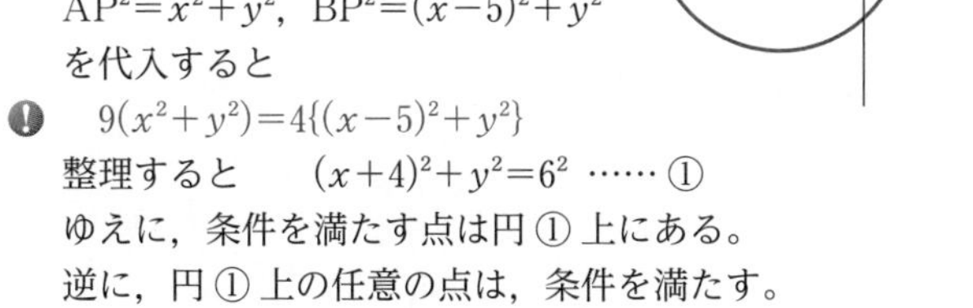

❗ $9(x^2+y^2)=4\{(x-5)^2+y^2\}$

整理すると　$(x+4)^2+y^2=6^2$ …… ①

ゆえに，条件を満たす点は円 ① 上にある。

逆に，円 ① 上の任意の点は，条件を満たす。

したがって，求める軌跡は　**中心 (−4, 0), 半径 6 の円**

⇐ (距離)^2 を用いると，計算がスムーズ。

⇐ 条件 $9AP^2=4BP^2$ を x, y で表す。

⇐ 逆が明らかなときは，この確認を省略してもよい。

POINT　2 点 A, B からの距離の比が $m:n$ (一定) である点 P の軌跡

$m>0$, $n>0$ とする。

(1) **$m \neq n$ のとき**　線分 AB を $m:n$ に内分する点と，外分する点を直径の両端とする円 (この円を **アポロニウスの円** という)

(上の例題では，線分 AB を 2：3 に内分する点 (2, 0), 外分する点 (−10, 0) を直径の両端とする円)

(2) **$m=n$ のとき**　AP=BP であるから，線分 AB の **垂直二等分線**

PRACTICE 97❷

次の条件を満たす点 P の軌跡を求めよ。

(1) 2 点 A(−4, 0), B(4, 0) からの距離の 2 乗の和が 36 である点 P

(2) 2 点 A(0, 0), B(9, 0) からの距離の比が PA：PB=2：1 である点 P

(3) 2 点 A(3, 0), B(−1, 0) と点 P を頂点とする △PAB が，PA：PB=3：1 を満たしながら変化するときの点 P

STEP UP 逆の確認と除外点について

基本例題 97 では，$p.158$ で学んだ軌跡を求める手順

1　求める軌跡上の任意の点の座標を $(x,\ y)$ などで表し，与えられた条件を座標の間の関係式で表す。
2　1の式を整理して軌跡の方程式を導き，その方程式の表す図形を求める。
3　その図形上のすべての点が条件を満たしていることを確かめる。
（条件に適さないものは除いて，適するものだけを求める軌跡とする。）

のうち，手順2で求められたものがそのまま答えとなり，条件に適さないものを除く必要はなかった。しかし，手順3の確認を怠ると，誤答となる問題もある。
ここでは，条件に適さないものを除く必要がある問題について考えてみよう。

問題　2 点 A(0, 0)，B(5, 0) を結ぶ線分 AB を 1 辺とする △PAB の頂点Pが AP：BP＝2：3 を満たしながら変化するとき，点Pの軌跡を求めよ。

上の問題の下線部分以外は，基本例題 97 と同じ問題である。

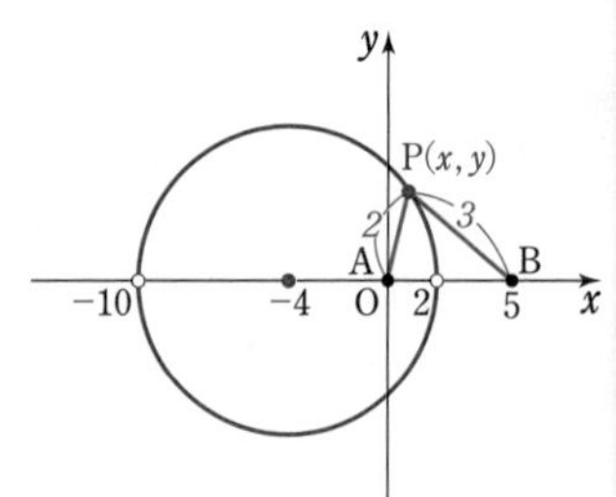

条件を満たす点を $P(x,\ y)$ とすると，AP：BP＝2：3，
AP＞0，BP＞0 から　　$9AP^2=4BP^2$
よって　　$(x+4)^2+y^2=6^2$ ……①
が得られる。しかし，この問題で
「条件を満たす点は，円 ① 上にある」
としてはいけない。
なぜなら，右の図からわかるように，円 ① 上の点Pが直線 AB 上にあるとき，すなわち，点Pの座標が
(2, 0)　または　(−10, 0)
であるとき，3 点 A，B，P が一直線上にあり，**△PAB は存在しない** からである。
ただし，円 ① 上の点Pが点 (2, 0)，点 (−10, 0) 以外の点であるとき，△PAB は存在し，AP：BP＝2：3 を満たす。
したがって，上の問題の答えとしては 2 点 (2, 0)，(−10, 0) を除いて
「**中心 (−4, 0)，半径 6 の円。ただし，2 点 (2, 0)，(−10, 0) を除く**。」
のように **除外点を示して答えなければならない** ことになる。

このように，軌跡の問題では，問題文を注意深く読み，式変形で出てきた結果と比べて，条件を満たさないものが存在しないかどうかを，図をかいて確かめることが大切である。

基本 例題 98 曲線上の動点に連動する点の軌跡

点Qが円 $x^2+y^2=9$ 上を動くとき，点A(1, 2)とQを結ぶ線分AQを 2：1 に内分する点Pの軌跡を求めよ。

p.158 基本事項 1

CHART & SOLUTION

連動して動く点の軌跡

つなぎの文字を消去して，x，y だけの関係式を導く ……❗

動点Qの座標を$(s,\ t)$，それにともなって動く点Pの座標を$(x,\ y)$とする。Qの条件をs，tを用いた式で表し，P，Qの関係から，s，tをそれぞれx，yで表す。これをQの条件式に代入して，s，tを消去する。

解答

$Q(s,\ t)$，$P(x,\ y)$とする。

Qは円 $x^2+y^2=9$ 上の点であるから　$s^2+t^2=9$ …… ①

Pは線分AQを 2：1 に内分する点であるから

$$x=\frac{1\cdot1+2s}{2+1}=\frac{1+2s}{3},\quad y=\frac{1\cdot2+2t}{2+1}=\frac{2+2t}{3}$$

よって　$s=\dfrac{3x-1}{2}$，$t=\dfrac{3y-2}{2}$

❗ これを①に代入すると　$\left(\dfrac{3x-1}{2}\right)^2+\left(\dfrac{3y-2}{2}\right)^2=9$

ゆえに　$\dfrac{9}{4}\left(x-\dfrac{1}{3}\right)^2+\dfrac{9}{4}\left(y-\dfrac{2}{3}\right)^2=9$

よって　$\left(x-\dfrac{1}{3}\right)^2+\left(y-\dfrac{2}{3}\right)^2=4$ …… ②

したがって，点Pは円②上にある。

逆に，円②上の任意の点は，条件を満たす。

以上から，求める軌跡は　**中心$\left(\dfrac{1}{3},\ \dfrac{2}{3}\right)$，半径2の円**

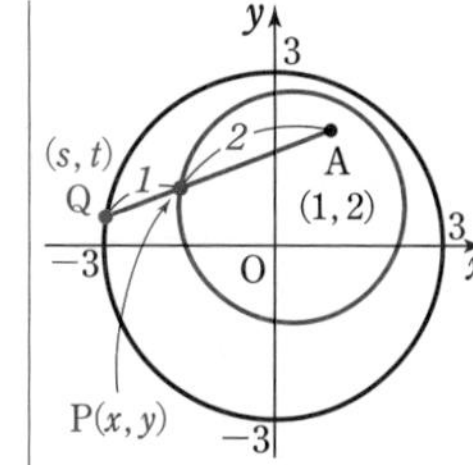

⇐ つなぎの文字s，tを消去。これにより，Pの条件（x，yの方程式）が得られる。

inf. 上の図から，点Qが円 $x^2+y^2=9$ 上のどの位置にあっても線分AQは存在する。よって，解答で求めた軌跡に除外点は存在しない。

POINT 曲線 $f(x,\ y)=0$ 上の動点$(s,\ t)$に連動する点$(x,\ y)$の軌跡

① 点$(s,\ t)$は曲線 $f(x,\ y)=0$ 上の点であるから $f(s,\ t)=0$

② s，tをそれぞれx，yで表す。

③ $f(s,\ t)=0$ に②を代入して，s，tを消去する。

PRACTICE 98❷

放物線 $y=x^2$ …… ① と A(1, 2)，B(−1, −2)，C(4, −1) がある。
点Pが放物線①上を動くとき，次の点Q，Rの軌跡を求めよ。

(1) 線分APを 2：1 に内分する点Q　　(2) △PBCの重心R

基本 例題 99 媒介変数と軌跡

a は定数とする。放物線 $y=x^2+2(a-2)x-4a+5$ について，a がすべての実数値をとって変化するとき，頂点の軌跡を求めよ。

基本 98，重要 102

CHART & SOLUTION

x，y が変化する文字 a を用いて表される点の軌跡

つなぎの文字を消去して，x，y だけの関係式を導く

頂点の座標を $(x,\ y)$ とすると $x=(a\text{の式})$，$y=(a\text{の式})$ の形に表される。
ここから，つなぎの文字 a を消去して，x と y の関係式を導く。

解答

放物線の方程式を変形すると

$$y=\{x+(a-2)\}^2-a^2+1$$

放物線の頂点を $\mathrm{P}(x,\ y)$ とすると

$$x=-a+2 \quad \cdots\cdots ①$$

$$y=-a^2+1 \quad \cdots\cdots ②$$

① から　$a=-x+2$

これを ② に代入して

$$y=-(-x+2)^2+1$$

したがって，求める軌跡は

放物線　$y=-(x-2)^2+1$

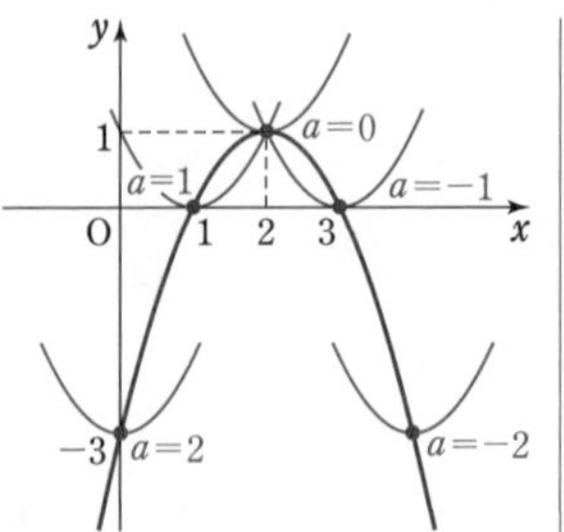

⇐ $y=\{x+(a-2)\}^2-(a-2)^2-4a+5$

⇐ 放物線 $y=a(x-p)^2+q$ の頂点の座標は $(p,\ q)$

⇐ つなぎの文字 a を消去。

INFORMATION　媒介変数表示

図形の方程式が $x=f(t)$，$y=g(t)$ のように，もう1つ別の変数 t（**媒介変数**）を使って表されたとき，これを **媒介変数表示** という。

1つの実数 t の値に対して，$x=f(t)$，$y=g(t)$ により，$(x,\ y)$ の値が1つに決まり，t が実数の値をとって変化すると，点 $(x,\ y)$ は座標平面上を動き，図形を描く。

例　$x=t+1$，$y=t^2$ は放物線 $y=(x-1)^2$ を表す。
実際に点をとると，右の図のようになる。

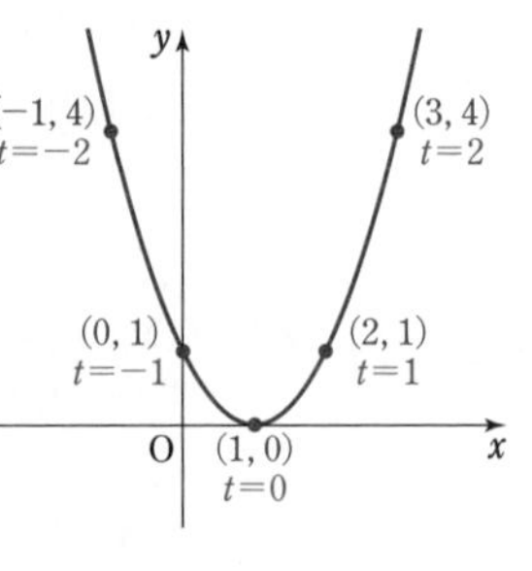

PRACTICE 99③

a は定数とする。放物線 $y=x^2+ax+3-a$ について，a がすべての実数値をとって変化するとき，頂点の軌跡を求めよ。

基本 例題 100 直線に関する対称移動

直線 $x+y=1$ に関して点Qと対称な点をPとする。点Qが直線 $x-2y+8=0$ 上を動くとき，点Pは直線 □ 上を動く。

基本 78, 98

CHART & SOLUTION

線対称　直線 ℓ に関して，P と Q が対称

$\iff$ **[1]　直線 PQ が ℓ に垂直**
[2]　線分 PQ の中点が ℓ 上にある

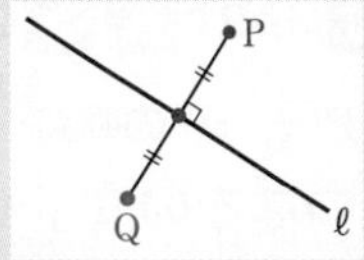

点Qが直線 $x-2y+8=0$ 上を動くときの，直線 ℓ：$x+y=1$ に関して点Qと対称な点Pの軌跡，と考える。つまり，**Q$(s,\ t)$ に連動する点 P$(x,\ y)$ の軌跡**

→ ① $s,\ t$ を $x,\ y$ で表す。　② $x,\ y$ だけの関係式を導く。

解答

直線 $x-2y+8=0$ ……①
上を動く点を Q$(s,\ t)$ とし，
直線 $x+y=1$ ……②
に関して点Qと対称な点を P$(x,\ y)$ とする。

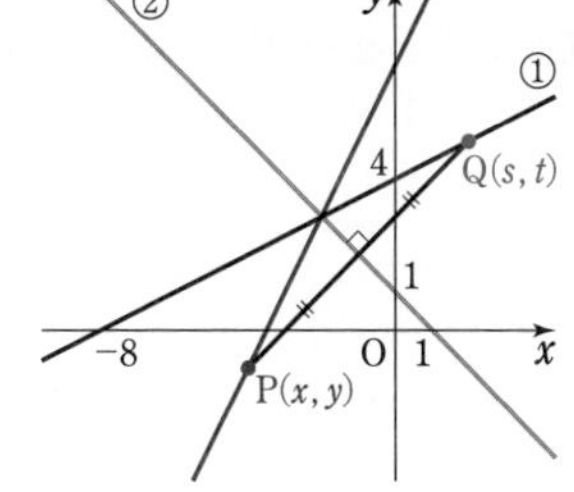

[1]　点PとQが一致しないとき，直線 PQ が直線②に垂直であるから

$$\frac{t-y}{s-x}\cdot(-1)=-1 \quad \cdots\cdots ③$$

線分 PQ の中点が直線②上にあるから

$$\frac{x+s}{2}+\frac{y+t}{2}=1 \quad \cdots\cdots ④$$

③から　$s-t=x-y$　　④から　$s+t=2-(x+y)$

$s,\ t$ について解くと　$s=1-y,\ t=1-x$ ……⑤

また，点Qは直線①上の点であるから

$s-2t+8=0$ ……⑥

⑤を⑥に代入して　$(1-y)-2(1-x)+8=0$

すなわち　$2x-y+7=0$ ……⑦

[2]　点PとQが一致するとき，点Pは直線①と②の交点であるから　$x=-2,\ y=3$

これは⑦を満たす。

以上から，求める直線の方程式は　$\boldsymbol{2x-y+7=0}$

inf. 線対称な直線を求めるには，EXERCISES 71 ($p.137$) のような方法もあるが，左の解答で用いた軌跡の考え方は，直線以外の図形に対しても通用する。

⇦ **垂直 ⟺ 傾きの積が −1**

⇦ 線分 PQ の中点の座標は $\left(\frac{x+s}{2},\ \frac{y+t}{2}\right)$

⇦ 上の2式の辺々を加えると　$2s=2-2y$
辺々を引くと
$-2t=2x-2$

⇦ $s,\ t$ を消去する。

⇦ 方程式①と②を連立させて解く。

PRACTICE 100③

直線 $2x-y+3=0$ に関して点Qと対称な点をPとする。点Qが直線 $3x+y-1=0$ 上を動くとき，点Pの軌跡を求めよ。

3章 13 軌跡と方程式

重要 例題 101　2 直線の交点の軌跡

t が実数の値をとって変わるとき，2 直線 ℓ：$tx-y=t$，m：$x+ty=2t+1$ の交点 P$(x,\ y)$ はどのような図形になるか。その方程式を求めて図示せよ。 〔名城大〕 基本 99

CHART & SOLUTION

P$(x,\ y)$ の軌跡

つなぎの文字を消去して，x，y だけの関係式を導く

$tx-y=t$ …… ①，　$x+ty=2t+1$ …… ② とする。

2 直線 ℓ, m の交点 P の座標 $(x,\ y)$ は ① と ② をともに満たす。ゆえに，① と ② からつなぎの文字 t を消去すれば，交点 P の軌跡の方程式が得られる。

なお，t を消去するため，① を t について解くときに，$x\neq1$ と $x=1$ の場合分けが必要となる。また，①，② それぞれが表さない直線があるから，求めた図形から **除外点** が出てくることに注意する。

別解 は，2 直線が垂直であることを利用し，図形的に考える解法である。

解答

ℓ：$tx-y=t$ …… ①，m：$x+ty=2t+1$ …… ② とする。

① から　$t(x-1)=y$　…… ③

② から　$t(y-2)=1-x$ …… ④

[1]　$x\neq1$ のとき

③ から　$t=\dfrac{y}{x-1}$　　④ に代入して　$\dfrac{y(y-2)}{x-1}=1-x$

両辺に $x-1$ を掛けて整理すると

$$(x-1)^2+(y-1)^2=1 \quad \cdots\cdots ⑤$$

⑤ において $x=1$ とすると　$y=0,\ 2$

ゆえに，$x\neq1$ のとき，点 P は円 ⑤ から 2 点 $(1,\ 0)$，$(1,\ 2)$ を除いた図形上にある。

[2]　$x=1$ のとき

③ から　$y=0$

$x=1$，$y=0$ を ④ に代入して

$$t=0$$

よって，点 $(1,\ 0)$ は 2 直線の交点である。

以上から，求める図形の方程式は

円 $(x-1)^2+(y-1)^2=1$

ただし，点 $(1,\ 2)$ を除く。

また，交点 P の描く図形は **右の図** のようになる。

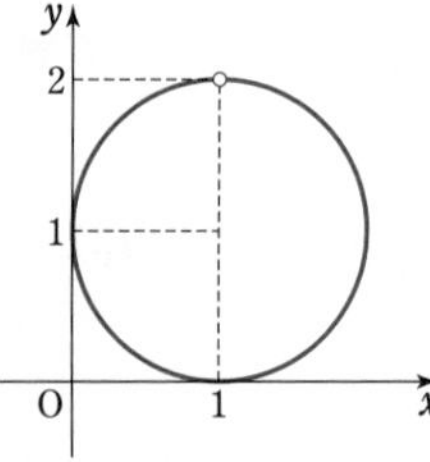

⇐ $t=\dfrac{y}{x-1}$ を利用するため，$x\neq1$ と $x=1$ の場合に分けて考える。

⇐ 中心 $(1,\ 1)$，半径 1 の円

⇐ $x\neq1$ から，$x=1$ のときの点は除く。

⇐ $(1,\ 0)$ は除外点ではない。

⇐ ① が表さないのは直線 $x=1$
② が表さないのは直線 $y=2$
よって，除外する点は $(1,\ 2)$ である。

INFORMATION

交点Pの座標を求めようと考え，①，② を x，y の連立方程式とみて解くと

①×t+② から　$x=\dfrac{t^2+2t+1}{t^2+1}$，　　これを ① に代入して　$y=\dfrac{2t^2}{t^2+1}$

この 2 式から t を消去して，x，y の関係式を求めるのは計算が大変。最初から，**つなぎの文字 t を消去** するために「$t=$」の式を作って代入するという方針で考えよう。

なお，解答で ④ から，$y\neq2$ のとき $t=\dfrac{1-x}{y-2}$ とし，これを ③ に代入して x，y の関係式を求めてもよい。

別解　(図形的に考える解法)

ℓ：$tx-y=t$ …… ①，m：$x+ty=2t+1$ …… ② とする。

① から　　$(x-1)t-y=0$ …… ③

③ が任意の t について成り立つための条件は

$x=1$，$y=0$

⇦ t についての恒等式。(p.128 基本例題 76 参照)

⇦ $x-1=0$ かつ $y=0$

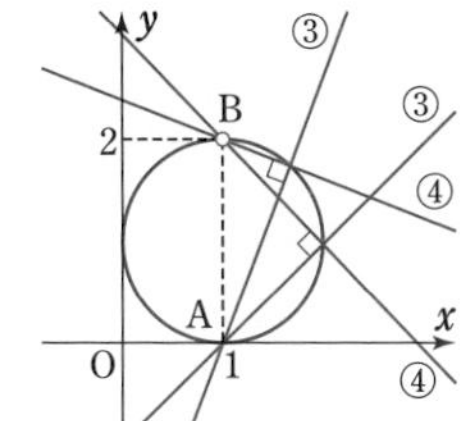

ゆえに，直線 ℓ は t の値にかかわらず，定点 A$(1,\ 0)$ を通る。

また，② から

$(y-2)t+x-1=0$ …… ④

④ が任意の t について成り立つための条件は　　$x=1$，$y=2$

⇦ $x-1=0$ かつ $y-2=0$

ゆえに，直線 m は t の値にかかわらず，定点 B$(1,\ 2)$ を通る。また，①，② において，$t\cdot1+(-1)\cdot t=0$ が成り立つから，ℓ と m は垂直であり，$\angle APB=90^\circ$ である。

⇦ 2 直線 $a_1x+b_1y+c_1=0$，$a_2x+b_2y+c_2=0$ について **垂直 ⟺ $a_1a_2+b_1b_2=0$** (p.123 基本例題 71 参照)

したがって，t が実数全体を動くとき，ℓ と m の交点は 2 点 A，B を直径の両端とする円周上を動く。

ただし，どのような t の値に対しても，ℓ が点 B$(1,\ 2)$ を通ることはない。

⇦ ③ に $x=1$，$y=2$ を代入すると $-2=0$ となり，成り立たない。

よって，ℓ と m の交点の軌跡は

円　$(x-1)^2+(y-1)^2=1$　ただし，点 $(1,\ 2)$ を除く。

(軌跡の図示は，解答と同じ。)

INFORMATION

別解 は，「2 直線が垂直」と「それぞれの直線が必ず通る点がある」ということから図形的に考えている (数学Aで学んだ「円周角の定理の逆」を用いて考えている)。2 直線が垂直であることに気付けば，除外点に注意は必要だが，簡潔に解答することができる。しかし，2 直線が垂直でない場合はこの解法が使えないことに注意しよう。

PRACTICE 101④

xy 平面において，直線 ℓ：$x+t(y-3)=0$，m：$tx-(y+3)=0$ を考える。
t が実数全体を動くとき，直線 ℓ と m の交点はどのような図形を描くか。〔類　岐阜大〕

重要 例題 102　放物線の弦の中点の軌跡

直線 $y=mx$ が放物線 $y=x^2+1$ と異なる 2 点P，Qで交わるとする。
(1)　m のとりうる値の範囲を求めよ。
(2)　線分 PQ の中点 M の軌跡を求めよ。　〔改 星薬大〕　基本 99

CHART & SOLUTION

条件を満たす点の軌跡
つなぎの文字 m を消去し，x，y だけの関係式を導く

(1)　異なる 2 点で交わる
$\iff$ y を消去した x の 2 次方程式が異なる 2 つの実数解をもつ $\iff$ $D>0$

(2)　中点の座標を **解と係数の関係を利用** して m の式で表す。この m を消去して軌跡の方程式を求める。ただし，(1) の条件から軌跡の範囲を調べる。

解答

(1)　$y=mx$ ……①，$y=x^2+1$ ……② とする。
①，② から y を消去すると
$mx=x^2+1$　すなわち　$x^2-mx+1=0$ ……③
③ の判別式を D とすると　$D=(-m)^2-4=(m+2)(m-2)$
直線 ① と放物線 ② が異なる 2 点で交わるための条件は
$D>0$
よって，求める m の値の範囲は　$\boldsymbol{m<-2,\ 2<m}$ ……④

⇦ 直線 ① と放物線 ② が異なる 2 点で交わるとき，2 次方程式 ③ は異なる 2 つの実数解をもつ。

(2)　2 点P，Qの x 座標をそれぞれ α，β とすると，α，β は ③ の異なる 2 つの実数解であるから，解と係数の関係により　$\alpha+\beta=m$
したがって，線分 PQ の中点 M の座標を $(x,\ y)$ とすると

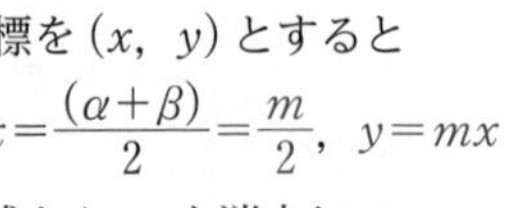
$$x=\frac{(\alpha+\beta)}{2}=\frac{m}{2},\quad y=mx$$

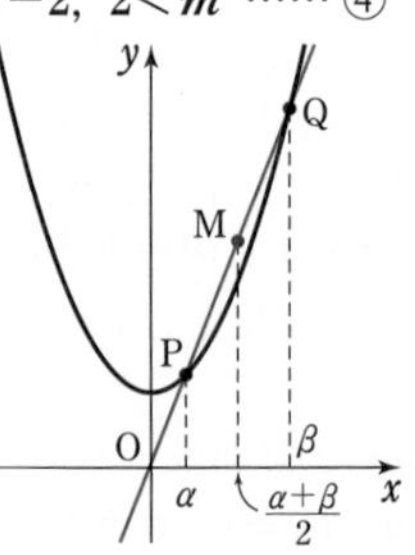

⇦ 点 M は直線 ① 上の点。

上の 2 式から m を消去して　$y=2x^2$
④ より $\dfrac{m}{2}<-1,\ 1<\dfrac{m}{2}$ であるから　$x<-1,\ 1<x$
よって，求める軌跡は
放物線 $\boldsymbol{y=2x^2}$ の $\boldsymbol{x<-1,\ 1<x}$ の部分

⇦ $m=2x$ を ④ に代入して　$2x<-2,\ 2<2x$　よって　$x<-1,\ 1<x$ と考えてもよい。

PRACTICE 102[4]

点 A$(-1,\ 0)$ を通り，傾きが a の直線を ℓ とする。放物線 $y=\dfrac{1}{2}x^2$ と直線 ℓ は，異なる 2 点P，Qで交わっている。
(1)　傾き a の値の範囲を求めよ。　(2)　線分 PQ の中点Rの座標を a を用いて表せ。
(3)　点Rの軌跡を xy 平面にかけ。

EXERCISES　13 軌跡と方程式

A

84❷ 2 定点 (5, 0), (0, 3) と，原点からの距離が 2 の動点で作る三角形の重心は，曲線 x^2+y^2-ア$\square x-$イ$\square y+$ウ$\square=0$ の上にある。 ➲98

85❸ 関数 $f(x)=x^2+4x-4-4a(x-1)$ について
(1) 放物線 $y=f(x)$ の頂点の座標 $(x,\ y)$ を a で表せ。
(2) $0<a\leqq 2$ のとき，頂点の描く軌跡の方程式を求めよ。
(3) (2) で得られた軌跡の概形を描け。 〔北海道薬大〕 ➲99

86❸ 方程式 $x^2+y^2-6kx+(12k-2)y+46k^2-16k+1=0$ が円を表すとき
(1) 定数 k の値の範囲を求めよ。
(2) k の値がこの範囲で変化するとき，円の中心の軌跡を求めよ。
〔類 駒澤大〕 ➲99

B

87❸ 座標平面上で点 (2, 2) を中心とする半径 1 の円を C とする。C に外接し，x 軸に接する円の中心 P の軌跡を求めよ。 ➲86, 93, 97

88❹ a は $a>1$ を満たす定数とする。また，座標平面上に点 M(2, −1) がある。M と異なる点 P$(s,\ t)$ に対して，点 Q を，3 点 M, P, Q がこの順に同一直線上に並び，線分 MQ の長さが線分 MP の長さの a 倍となるようにとる。
(1) 点 Q の座標を $(x,\ y)$ とするとき，s, t をそれぞれ x, y, a で表せ。
(2) 原点 O を中心とする半径 1 の円 C がある。点 P が C 上を動くとき，点 Q は円 $(x+$ア$\square)^2+(y+$イ$\square)^2=$ウ$\square$ …… ① の周上にある。
(3) k を正の定数とし，直線 $\ell : x+y-k=0$ と円 $C : x^2+y^2=1$ は接しているとする。このとき，$k=$エ$\square$ であり，点 P が ℓ 上を動くとき，点 Q$(x,\ y)$ の軌跡の方程式は $x+y+($オ$\square)a-$カ$\square=0$ …… ② である。
(4) (2) の ① が表す円を C_a，(3) の ② が表す直線を ℓ_a とする。C_a の中心と ℓ_a の距離を調べることにより，a の値によらず C_a と ℓ_a は接することを示せ。 〔類 共通テスト〕 ➲98

89❺ 座標平面上で原点 O から出る半直線の上に 2 点 P, Q があり $\mathrm{OP}\cdot\mathrm{OQ}=2$ を満たしている。 〔北星学園大〕
(1) 点 P, Q の座標をそれぞれ $(x,\ y)$, $(X,\ Y)$ とするとき，x, y を X, Y で表せ。
(2) 点 P が直線 $x-3y+2=0$ 上を動くとき，点 Q の軌跡を求めよ。

HINT

87 P$(x,\ y)$ とすると x 軸に接する円の半径は y
2 つの円が外接するから，中心間の距離が 2 つの円の半径の和に等しい。

88 (1) 点 P は線分 MQ を $1:(a-1)$ に内分する。
(2) 点 P が C 上にあるから $s^2+t^2=1$
(4) 円 C_a の中心と直線 ℓ_a の距離が，円 C_a の半径と等しいことを示す。

89 (1) P$(x,\ y)$, Q$(X,\ Y)$ がともに原点 O から出る半直線上にある $\Longleftrightarrow$ $x=tX$, $y=tY$ となる正の実数 t が存在する。

14 不等式の表す領域

基本事項

1 直線を境界線とする領域

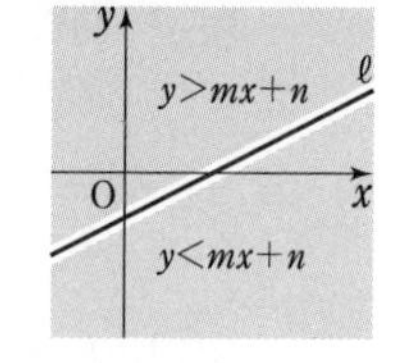

直線 $y=mx+n$ を ℓ とする。

1 不等式 $\boldsymbol{y>mx+n}$ の表す領域は直線 ℓ の **上側の部分**

2 不等式 $\boldsymbol{y<mx+n}$ の表す領域は直線 ℓ の **下側の部分**

同様に，曲線 $y=f(x)$ について

不等式 $\boldsymbol{y>f(x)}$ の表す領域は，曲線 $y=f(x)$ の **上側の部分** であり，

不等式 $\boldsymbol{y<f(x)}$ の表す領域は，曲線 $y=f(x)$ の **下側の部分** である。

注意　$>$，$<$ の代わりに $\geqq$，$\leqq$ の場合は境界線を含む。

2 円を境界線とする領域

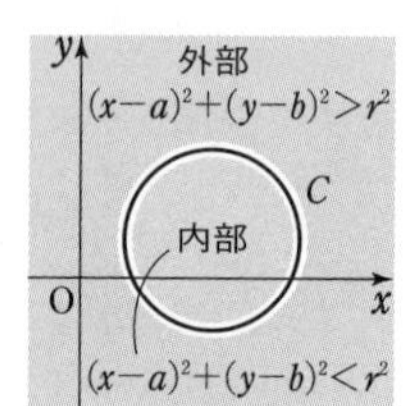

円 $(x-a)^2+(y-b)^2=r^2$ を C とする。

1 不等式 $\boldsymbol{(x-a)^2+(y-b)^2<r^2}$ の表す領域は円 C の **内部**

2 不等式 $\boldsymbol{(x-a)^2+(y-b)^2>r^2}$ の表す領域は円 C の **外部**

注意　不等号が $\leqq$，$\geqq$ の場合は円周上の点を含む。

3 領域を利用した証明法

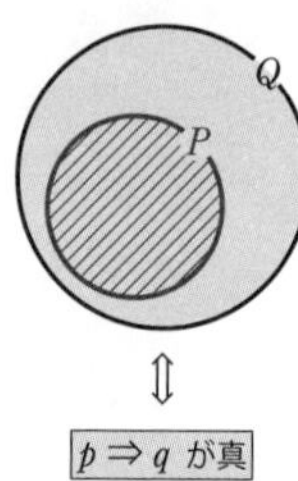

一般に，2 つの条件 p，q について，条件 p を満たすもの全体の集合を P，条件 q を満たすもの全体の集合を Q とすると

「$\boldsymbol{p \Longrightarrow q}$ **が真である**」$\Longleftrightarrow$ $\boldsymbol{P \subset Q}$ （数学 I）

条件 p，q が x，y の不等式で表される場合に，上のことを用いて $p \Longrightarrow q$ が真であることを証明することができる。

注意　p，q が x，y の不等式で表されるとき，P，Q は **領域** である。

CHECK & CHECK

39 次の不等式の表す領域を図示せよ。

(1) $y>3x-2$　(2) $x+3y\leqq1$　(3) $y+2<0$

(4) $y\geqq x(x-4)$　(5) $x^2+y^2\leqq4$　(6) $(x-1)^2+y^2>4$

1, 2

40 下の図の斜線部分は，どのような不等式で表されるか。ただし，境界線を含まない。

(1)

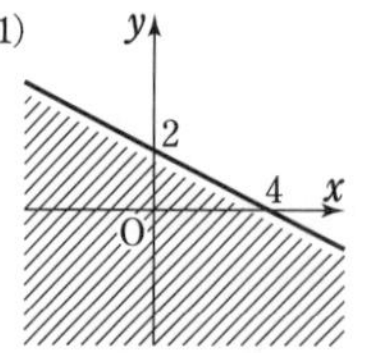

(2)

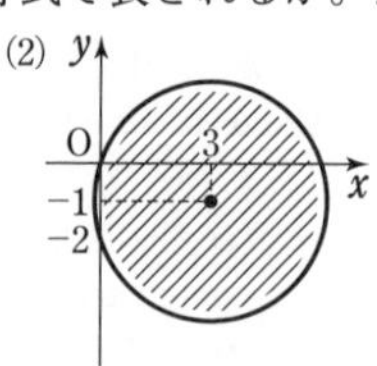

1, 2

基本 例題 103 不等式の表す領域

次の不等式の表す領域を図示せよ。

(1) $3x+2y-6>0$　　(2) $x^2+y^2+4x-2y\leqq 0$　　(3) $y\geqq |x-1|$

p.168 基本事項 1, 2

CHART & SOLUTION

不等式の表す領域

不等号を等号におき換えて，境界線をかく

そして，**境界線** の上側・下側，内部・外部を考える。

(1) まず，$y>f(x)$ の形に変形する。

(2) 左辺を円の方程式の基本形に変形。

(3) **絶対値記号をはずす　場合に分ける** ⟶ $x\geqq 1$ と $x<1$ の場合分け

解答

(1) 不等式を変形すると　$y>-\dfrac{3}{2}x+3$

よって，求める領域は

直線 $y=-\dfrac{3}{2}x+3$ の上側の部分で，

右の図の斜線部分 である。**ただし，境界線を含まない。**

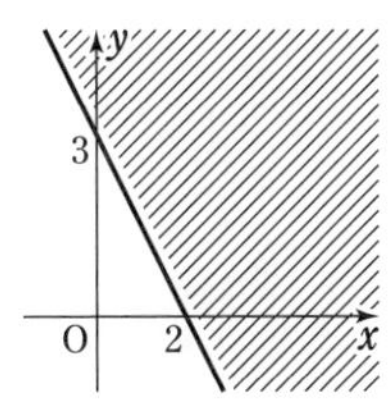

⇦ $y>f(x)$ の形に変形。$>$ であるから，境界線を含まない。

(2) 不等式は $(x+2)^2+(y-1)^2\leqq 5$ と変形できる。よって，求める領域は，円 $(x+2)^2+(y-1)^2=(\sqrt{5})^2$ の周および内部で，**右の図の斜線部分** である。**ただし，境界線を含む。**

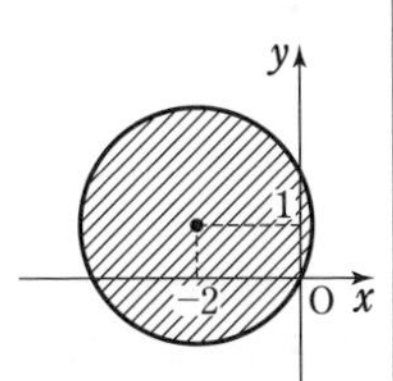

⇦ 基本形に変形。中心 $(-2,\ 1)$，半径 $\sqrt{5}$ の円。$\leqq$ であるから，境界線を含む。また，円は原点を通ることに注意する。

(3) $x\geqq 1$ のとき　$y\geqq x-1$

よって，直線 $y=x-1$ およびその上側の部分。

$x<1$ のとき　$y\geqq -(x-1)=-x+1$

よって，直線 $y=-x+1$ およびその上側の部分。

ゆえに，**右の図の斜線部分** である。

ただし，境界線を含む。

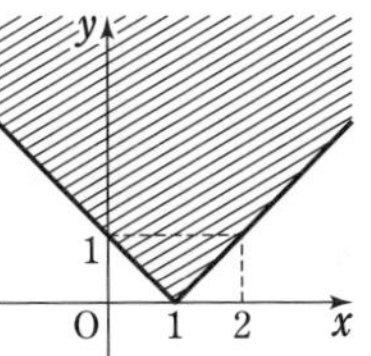

⇦ 絶対値記号の中の式 $x-1$ が 0 以上か負かで場合分けする。

inf. 不等式の表す領域を図示する場合は，境界線を含むかどうかを明記する。$\geqq$，$\leqq$ なら境界線を含み，$>$，$<$ なら境界線を含まない。

PRACTICE 103❷

次の不等式の表す領域を図示せよ。

(1) $x-2y+3\geqq 0$　　(2) $x^2+y^2+3x+2y+1>0$　　(3) $y\leqq -2|x|+4$

基本 例題 104 連立不等式の表す領域

次の連立不等式の表す領域を図示せよ。

(1) $\begin{cases} x-3y-9<0 \\ 2x+3y-6>0 \end{cases}$　(2) $\begin{cases} x^2+y^2 \leqq 9 \\ x-y<3 \end{cases}$　(3) $\begin{cases} y \leqq x+1 \\ y \geqq x^2-1 \end{cases}$

基本 103

CHART & SOLUTION

連立不等式の表す領域

それぞれの不等式の表す領域を求め，その共通部分を解とする

注意　連立不等式の境界となる曲線をかくときは，それぞれの曲線の特徴以外に共有点の座標なども，**必要に応じて** 記入しておく。

解答

(1) 不等式を変形すると

$$y>\frac{1}{3}x-3,\ y>-\frac{2}{3}x+2$$

求める領域は，直線 $y=\frac{1}{3}x-3$ の上側と，直線 $y=-\frac{2}{3}x+2$ の上側の共通部分で，**右の図の斜線部分。**
ただし，境界線を含まない。

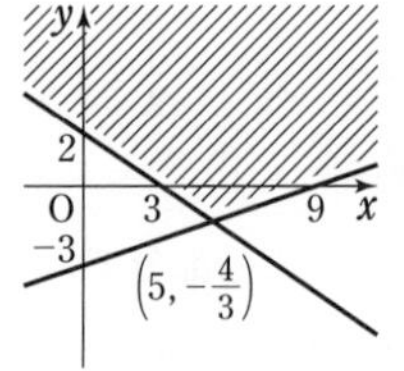

(2) $x-y<3$ から　$y>x-3$
求める領域は，円 $x^2+y^2=9$ の周および内部と，直線 $y=x-3$ の上側の共通部分で，**右の図の斜線部分。**
ただし，境界線は，円周を含み，直線および直線と円の交点を含まない。

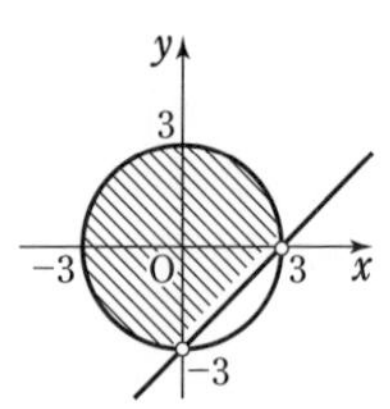

(3) 求める領域は，直線 $y=x+1$ およびその下側と，放物線 $y=x^2-1$ およびその上側の共通部分で，**右の図の斜線部分。ただし，境界線を含む。**

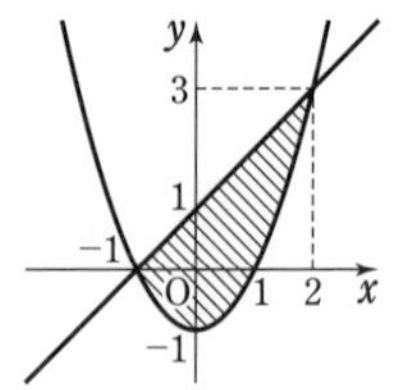

注意 (2) 境界線の共有点の座標は $(0,\ -3)$，$(3,\ 0)$ で，これは $x^2+y^2 \leqq 9$ を満たすが，$x-y<3$ を満たさない。連立不等式の解は，それぞれの不等式の共通部分であるから，**2つの不等式を同時に満たさねばならない。**よって，共有点は，連立不等式の表す領域に含まれないことになる。

⇐ 共有点の x 座標は，
$x+1=x^2-1$ から
$x^2-x-2=0$
ゆえに　$(x+1)(x-2)=0$
よって　$x=-1,\ 2$

PRACTICE 104❷

次の不等式の表す領域を図示せよ。

(1) $\begin{cases} 3x+2y-2 \geqq 0 \\ (x+2)^2+(y-2)^2<4 \end{cases}$　(2) $\begin{cases} y \leqq -x^2+4x+1 \\ y \leqq x+1 \end{cases}$　(3) $1 \leqq x^2+y^2 \leqq 3$

基本 例題 105 積の形の不等式の表す領域

不等式 $(x-y+1)(x^2+y^2-4)<0$ の表す領域を図示せよ。 基本 104

CHART & SOLUTION

不等式 $AB<0$ の表す領域　連立不等式に分ける

$AB<0 \iff \begin{cases} A>0 \\ B<0 \end{cases}$ または $\begin{cases} A<0 \\ B>0 \end{cases}$

求める領域は，2組の連立不等式の表す領域の **和集合** である。

解答

$(x-y+1)(x^2+y^2-4)<0$ を連立不等式で表すと

$\begin{cases} x-y+1>0 \\ x^2+y^2-4<0 \end{cases}$ または $\begin{cases} x-y+1<0 \\ x^2+y^2-4>0 \end{cases}$

すなわち

$\begin{cases} y<x+1 \\ x^2+y^2<2^2 \end{cases}$ …… Ⓐ　または

$\begin{cases} y>x+1 \\ x^2+y^2>2^2 \end{cases}$ …… Ⓑ

求める領域は，Ⓐ の表す領域と Ⓑ の表す領域の和集合である。

よって，求める領域は，**右の図の斜線部分。ただし，境界線を含まない。**

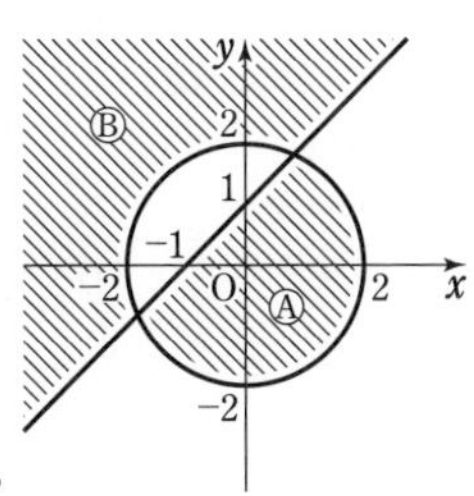

⇐ $AB<0 \iff$ $\begin{cases} A>0 \\ B<0 \end{cases}$ または $\begin{cases} A<0 \\ B>0 \end{cases}$

Ⓐ $\begin{cases} y<x+1 & \text{下側} \\ x^2+y^2<2^2 & \text{内部} \end{cases}$

Ⓑ $\begin{cases} y>x+1 & \text{上側} \\ x^2+y^2>2^2 & \text{外部} \end{cases}$

⇐ Ⓐ∪Ⓑ が解。共通部分 Ⓐ∩Ⓑ は誤り！

INFORMATION ― 正領域，負領域

上の例題において $A=x-y+1$，$B=x^2+y^2-4$ とおく。

境界線 $A=0$，$B=0$ によって分けられる 4 つの領域について，**各領域内において AB の符号は一定** である。

例えば領域 Ⓐ 内の点 $(0,\ 0)$ において　$AB=1\cdot(-4)<0$

この領域 Ⓐ から **境界線を 1 本越えると，A，B の一方のみ符号が変わる** から，領域 Ⓒ と Ⓓ では $AB>0$，領域 Ⓑ では $AB<0$ となる。

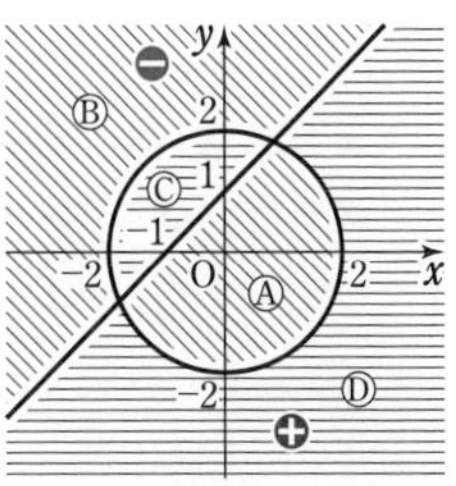

このように，隣り合った領域では不等号の向きが異なるので，不等式を満たす領域を 1 つ見つけたら，1 つおきの領域に斜線を引いていけばよい。

なお，曲線 $F=0$ で分けられた領域のうち，$F>0$ の方を **正領域**，$F<0$ の方を **負領域** という。

PRACTICE 105②

次の不等式の表す領域を図示せよ。

(1) $(x-1)(x-2y)<0$　　(2) $(x-y)(x^2+y^2-1)\geqq 0$

(3) $(x^2+y^2-4)(x^2+y^2-4x+3)\leqq 0$

基本 例題 106 領域と最大・最小 (1)

x, y が 3 つの不等式 $x+2y-8\leqq 0$, $2x-y+4\geqq 0$, $3x-4y+6\leqq 0$ を満たすとき，$x+y$ の最大値および最小値を求めよ。

基本 104, 重要 109

CHART & SOLUTION

領域と最大・最小

図示して，$=k$ の直線の動きを追う ……❶

まず，条件である 3 つの不等式の表す領域 D を図示する。
$\boldsymbol{x+y=k}$ (k は定数) …… ① とおき，**直線 ① が領域 $\boldsymbol{D}$ と共有点をもつような $\boldsymbol{k}$ の値の範囲を調べる。** ⟶ 直線 ① を平行移動させたときの y 切片 k の最大値と最小値を求める。

解答

与えられた連立不等式の表す領域 D は，3 点 $(0,\ 4)$, $(-2,\ 0)$, $(2,\ 3)$ を頂点とする三角形の周および内部である。
$x+y=k$ …… ① とおくと，① は傾き -1, y 切片 k の直線を表す。この直線 ① が領域 D と共有点をもつような k の値の最大値と最小値を求めればよい。

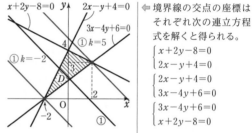

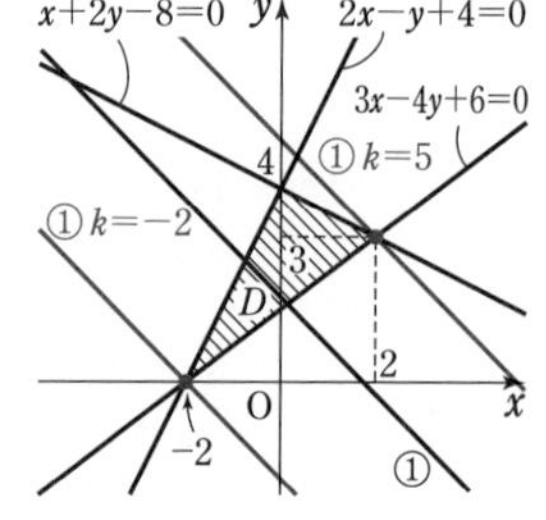

⇦ 境界線の交点の座標はそれぞれ次の連立方程式を解くと得られる。

$\begin{cases} x+2y-8=0 \\ 2x-y+4=0 \end{cases}$ $\begin{cases} 2x-y+4=0 \\ 3x-4y+6=0 \end{cases}$ $\begin{cases} 3x-4y+6=0 \\ x+2y-8=0 \end{cases}$

❶ 図から，直線 ① が

点 $(2,\ 3)$ を通るとき　k は最大となり，
点 $(-2,\ 0)$ を通るとき　k は最小となる。

⇦ 直線 ① の傾きと，D の境界線の傾きを比べる。直線 ① が D の三角形の頂点を通るときに注目。

よって，$x+y$ は

$\boldsymbol{x=2,\ y=3}$　のとき **最大値 5** をとり，
$\boldsymbol{x=-2,\ y=0}$ のとき **最小値 -2** をとる。

⇦ x, y の値も示しておく。

INFORMATION ―― 線形計画法

x, y がいくつかの 1 次不等式を満たすとき，1 次式 $ax+by$ の最大・最小を考える問題を **線形計画法** の問題という。線形計画法の問題では，条件の表す領域が多角形になれば，$ax+by$ は多角形の頂点のどこかで最大値・最小値をとる。

PRACTICE 106❷

x, y が 4 つの不等式 $x\geqq 0$, $y\geqq 0$, $x-2y+8\geqq 0$, $3x+y-18\leqq 0$ を満たすとき，$x-4y$ のとる値の最大値および最小値を求めよ。

ピンポイント解説　(x, y の式)$=k$ とおく考え方

● 最大値・最小値を求めようとする式を k とおく考え方

例題 106 (以下，[A] とする) では，$x+y=k$ とおいて解いた。その考え方は次の通りである。

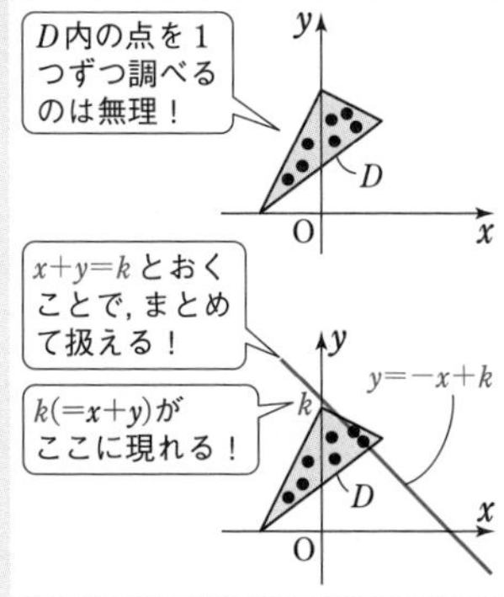

> 領域 D に含まれるすべての $(x,\ y)$ の値に対して，$x+y$ の値を計算し，$x+y$ の最大値・最小値を探し出すのは不可能。

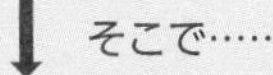
そこで……

> $x+y=k$ とおいて，$(x,\ y)$ を **直線 $y=-x+k$ 上の点としてまとめて扱う。**
> ⟶ k は y 切片なので，図から判断できる。

よって，直線 $x+y=k$ …… ① が領域 D と共有点をもつときの y 切片 k の最大値・最小値を考えればよいことになる。
そこで，直線 ① を平行移動して，**領域 D に初めて触れるところ** から，**領域 D から離れようとするところ** までの様子を調べると，図 1 のようになる。図から，直線 ① が，

点 $(2,\ 3)$ を通るとき，k は最大，
点 $(-2,\ 0)$ を通るとき，k は最小　となる。

図 1 [A]

● 傾きの大小関係に注意

[A] と同じ条件で，$x+3y$ の最大値・最小値を考えてみよう (これを [B] とする)。

$x+3y=k$ とおくと　　$y=-\dfrac{1}{3}x+\dfrac{k}{3}$ …… ②

直線 ② を平行移動させ，領域 D との位置関係を調べると，図 2 のようになる。図からわかるように，[A] では，直線 ① が点 $(2,\ 3)$ を通るときに最大となったが，[B] では，直線 ② が点 $(0,\ 4)$ を通るときに最大となる。
このように結果が異なる理由は，直線 ①，② と領域 D の境界線の **傾きの大小関係** にある。実際，直線 ①，② と境界線 $y=-\dfrac{1}{2}x+4$ の傾きを比較すると　　$-1<-\dfrac{1}{2}<-\dfrac{1}{3}$
このため，最大値をとるときの x，y の値が異なるのである。

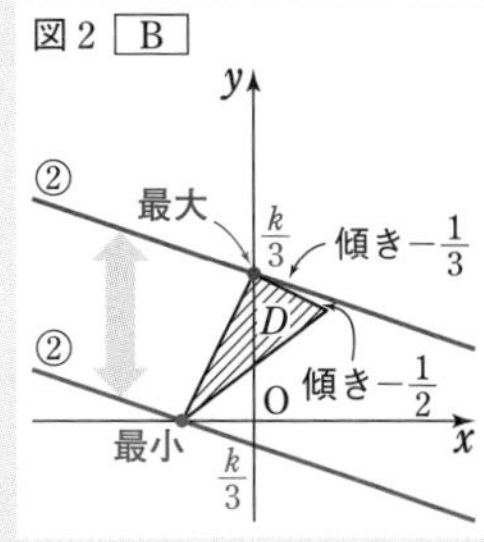

図 2 [B]

最後に，[A] と同じ条件で，$-3x+y$ の最大値・最小値を考えてみよう (これを [C] とする)。
$-3x+y=k$ とおくと　　$y=3x+k$ …… ③
図 3 から，直線 ③ が，点 $(-2,\ 0)$ を通るとき，k は最大，
点 $(2,\ 3)$ を通るとき，k は最小
このように平行移動させる直線と境界線の傾きの大小関係が異なれば，最大値・最小値をとるときの x，y の値も異なる場合がある。図をしっかりかいて考えよう。

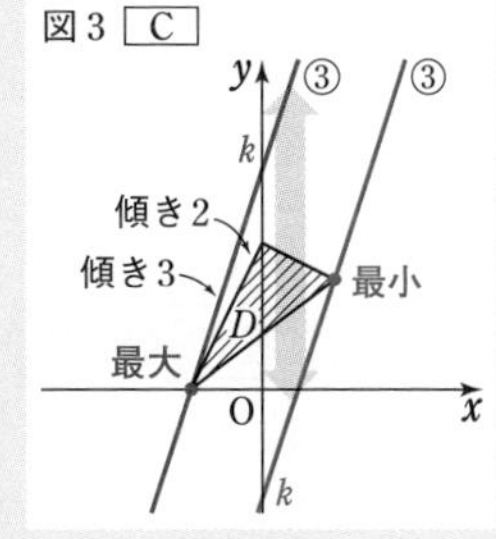

図 3 [C]

基本 例題 107 領域を利用した証明法

x, y は実数とするとき, $x^2+y^2<1$ ならば $x^2+y^2<2x+3$ であることを証明せよ。

p.168 基本事項 3

CHART & SOLUTION

x, y の不等式の証明 領域の包含関係利用 も有効

条件 $p: x^2+y^2<1$, $q: x^2+y^2<2x+3$ とし,

$$P=\{(x,\ y)|x^2+y^2<1\},\quad Q=\{(x,\ y)|x^2+y^2<2x+3\}$$

とすると,「$p \Longrightarrow q$ が真である」は $P\subset Q$ と同値である（数学 I：下の INFORMATION 参照）。つまり, 不等式 $x^2+y^2<1$ の表す領域が不等式 $x^2+y^2<2x+3$ の表す領域に含まれる（部分集合である）ことを示せばよい。

解答

不等式 $x^2+y^2<1$ の表す領域を P, 不等式 $x^2+y^2<2x+3$ の表す領域を Q とする。

P は原点を中心とし, 半径 1 の円の内部である。

また, $x^2+y^2<2x+3$ を変形すると $(x-1)^2+y^2<2^2$

よって, Q は点 $(1,\ 0)$ を中心とし, 半径 2 の円の内部である。

ゆえに, 図から $P\subset Q$

したがって, $x^2+y^2<1$ ならば $x^2+y^2<2x+3$ である。

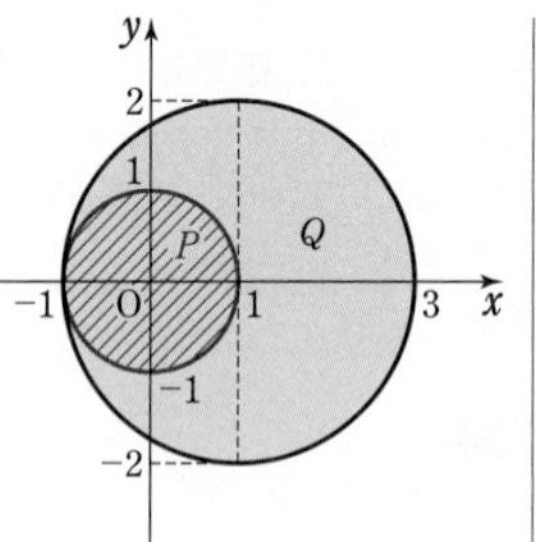

⇐ $x^2+y^2=2x+3$ を円の方程式の基本形に変形。

⇐ P は Q の部分集合。

INFORMATION

条件 p, q を満たすもの全体の集合をそれぞれ P, Q とすると

「$p \Longrightarrow q$ が真である」$\Longleftrightarrow$ [条件 p を満たすものはすべて条件 q を満たす]

$\Longleftrightarrow$ [集合 P の要素はすべて集合 Q の要素] $\Longleftrightarrow$ $P\subset Q$

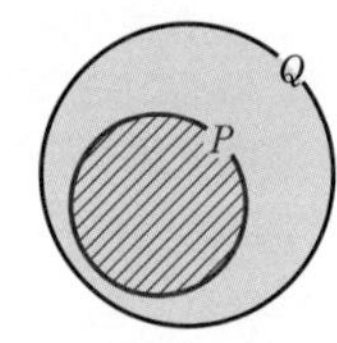

なお, 例題の結果から

$x^2+y^2<1$ は, $x^2+y^2<2x+3$ であるための **十分条件**

$x^2+y^2<2x+3$ は, $x^2+y^2<1$ であるための **必要条件** である。

PRACTICE 107②

x, y は実数とする。

(1) $x+y>0$ かつ $x-y>0$ ならば $2x+y>0$ であることを証明せよ。

(2) 「$x^2+y^2\leqq 1$ ならば $3x+y\geqq k$ である」が成り立つような k の最大値を求めよ。

重要 例題 108 正領域・負領域の考え

直線 $y=ax+b$ が，2 点 A$(-3,\ 2)$，B$(2,\ -3)$ を結ぶ線分と共有点をもつような a，b の条件を求め，それを ab 平面上の領域として表せ。 基本 105

CHART & SOLUTION

直線 $y=ax+b$ と線分 AB が 1 点で交わる (点 A，B を除く) とき，右の図からわかるように，2 点 A，B は，直線 $y=ax+b$ に関して反対側にあるから，2 点 A，B の

一方が　$y>ax+b$ の表す領域，
他方が　$y<ax+b$ の表す領域

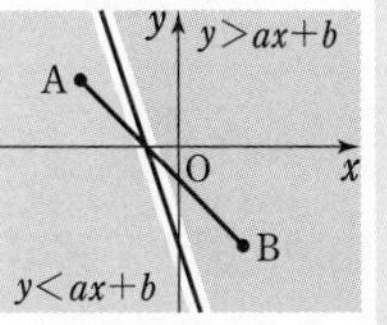

にある。このことから，A と B の座標を $y=ax+b$ の x，y に代入したものを考えるとよい。なお，点 A または点 B が $y=ax+b$ 上にある場合も含まれることに注意する。

解答

直線 ℓ：$y=ax+b$ が線分 AB と共有点をもつのは，次の [1] または [2] の場合である。

[1]　点 A が直線 ℓ 上の点を含む上側，点 B が直線 ℓ 上の点を含む下側にある。

その条件は　$2\geqq-3a+b$　かつ　$-3\leqq 2a+b$ …… ①

[2]　点 A が直線 ℓ 上の点を含む下側，点 B が直線 ℓ 上の点を含む上側にある。

その条件は　$2\leqq-3a+b$　かつ　$-3\geqq 2a+b$ …… ②

求める a，b の条件は，①，② から，

$$\begin{cases} b\leqq 3a+2 \\ b\geqq -2a-3 \end{cases}$$

または $$\begin{cases} b\geqq 3a+2 \\ b\leqq -2a-3 \end{cases}$$

と同値である。

よって，求める領域は **図の斜線部分。ただし，境界線を含む。**

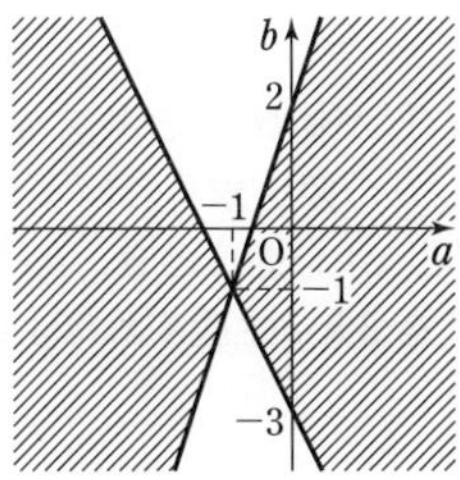

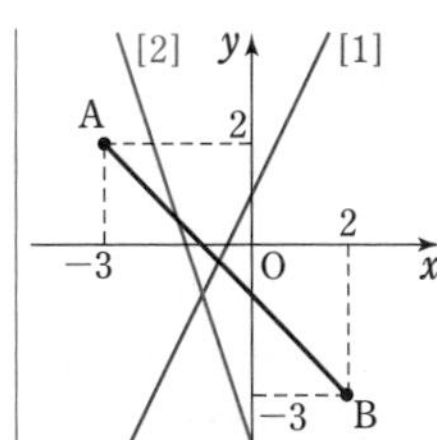

inf. 一方が正領域または境界線上，他方が負領域または境界線上にあればよいから，

$f(x,\ y)=ax-y+b$

として，

$f(-3,\ 2)\cdot f(2,\ -3)\leqq 0$

と考えることもできる。(正領域・負領域については，$p.171$ を参照。)

⇐ ab 平面とは，横軸に a の値をとる a 軸，縦軸に b の値をとる b 軸による座標平面のことである。

PRACTICE 108③

直線 $y=ax+b$ が，2 点 A$(-1,\ 5)$，B$(2,\ -1)$ を結ぶ線分と共有点をもつような a，b の条件を求め，ab 平面に図示せよ。

重要 例題 109 線形計画法の文章題

ある工場の製品に，XとYの2種類がある。1kg生産するのに，Xは原料Aを1kg，原料Bを3kg，Yは原料Aを2kg，原料Bを1kg必要とする。また，使える原料の上限は，原料Aは10kg，原料Bは15kgである。1kg当たりの利益を，Xは5万円，Yは4万円とするとき，利益を最大にするには，X，Yそれぞれ何kg生産すればよいか。 〔類 鳥取大〕 基本 106

CHART & SOLUTION

領域と最大・最小　図示して，$=k$ の直線の動きを追う

右のような表を作り，条件を整理すると見通しがよい。
Xを x kg，Yを y kg生産するとして，式に表すと
　条件は x，y の1次不等式，
　利益は $5x+4y$（万円）
条件の不等式が表す領域と直線 $5x+4y=k$ が共有点をもつとき，k が最大となるような x，y について考える。

	X 1kg	Y 1kg	上限
原料A	1	2	10
原料B	3	1	15
利益	5万円	4万円	

解答

Xを x kg，Yを y kg生産するものとすると

$$x \geqq 0,\ y \geqq 0$$

原料の上限から　$x+2y \leqq 10,\ 3x+y \leqq 15$

この条件のもとで，利益 $5x+4y$（万円）を最大にする x，y の値を求める。

連立不等式 $x \geqq 0,\ y \geqq 0,\ x+2y \leqq 10,\ 3x+y \leqq 15$ の表す領域 D は，右の図の斜線部分になる。ただし，境界線を含む。

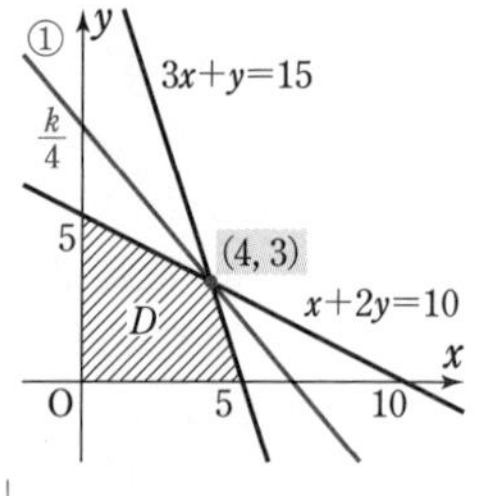

$5x+4y=k$ ……① とおくと，① は傾き $-\dfrac{5}{4}$，y 切片 $\dfrac{k}{4}$ の直線を表す。この直線①が領域 D と共有点をもつとき，k が最大となるような x，y の値を求めればよい。

図から，直線①が点 $(4,\ 3)$ を通るとき，k は最大となる。

よって，**Xを4kg，Yを3kg生産すればよい。**

⇦ 直線①と境界線 $3x+y=15$，$x+2y=10$ の傾きについて
$$-3<-\frac{5}{4}<-\frac{1}{2}$$

PRACTICE 109③

ある工場で2種類の製品A，Bが，2人の職人M，Wによって生産されている。製品Aについては，1台当たり組立作業に6時間，調整作業に2時間が必要である。また，製品Bについては，組立作業に3時間，調整作業に5時間が必要である。いずれの作業も日をまたいで継続することができる。職人Mは組立作業のみに，職人Wは調整作業のみに従事し，かつ，これらの作業にかける時間は職人Mが1週間に18時間以内，職人Wが1週間に10時間以内と制限されている。4週間での製品A，Bの合計生産台数を最大にしたい。その合計生産台数を求めよ。 〔岩手大〕

重要 例題 110 領域と最大・最小 (2)

座標平面上の点 P$(x,\ y)$ が $4x+y\leqq 9$, $x+2y\geqq 4$, $2x-3y\geqq -6$ の範囲を動くとき, x^2+y^2 の最大値と最小値を求めよ。 〔類 京都大〕 基本 106

CHART & SOLUTION

領域と最大・最小　図示して, $=k$ の曲線の動きを追う

$p.172$ 基本例題 106 と考え方, 手順は同じ。まず, 3 つの不等式の表す領域 D を図示し, $x^2+y^2=k$ が表す図形が領域 D と共有点をもつような k の値の範囲を調べて, 最大値・最小値を求める。

解答

与えられた連立不等式の表す領域 D は, 3 点 A$(2,\ 1)$, B$(0,\ 2)$, C$\left(\dfrac{3}{2},\ 3\right)$ を頂点とする三角形の周および内部である。

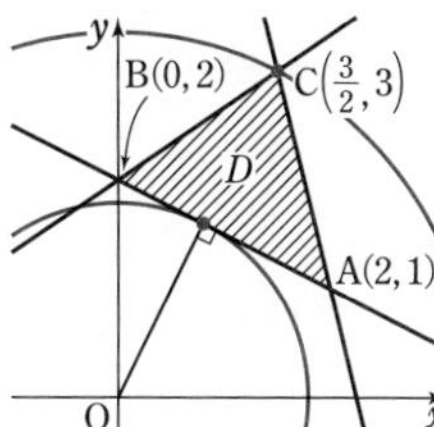

$x^2+y^2=k$ $(k>0)$ …… ① とおくと, ① は原点を中心とし, 半径 $\sqrt{k}$ の円を表す。この円 ① が領域 D と共有点をもつような k の値の最大値と最小値を求めればよい。

図から, 円 ① が C$\left(\dfrac{3}{2},\ 3\right)$ を通るとき, k は最大で

$$k=\mathrm{OC}^2=\left(\frac{3}{2}\right)^2+3^2=\frac{45}{4}$$

また, 図から円 ① が直線 AB : $y=-\dfrac{1}{2}x+2$ …… ② に接するとき, k が最小になる。

接点の座標は, 原点を通り直線 ② に垂直な直線 $y=2x$ と, 直線 ② の交点であるから　$(x,\ y)=\left(\dfrac{4}{5},\ \dfrac{8}{5}\right)$

円 ① がこの点を通るとき, k は最小で

$$k=\left(\frac{4}{5}\right)^2+\left(\frac{8}{5}\right)^2=\frac{16}{5}$$

よって, x^2+y^2 は　$\boldsymbol{x=\dfrac{3}{2}}$, $\boldsymbol{y=3}$ **のとき最大値** $\boldsymbol{\dfrac{45}{4}}$ をとり,

$\boldsymbol{x=\dfrac{4}{5}}$, $\boldsymbol{y=\dfrac{8}{5}}$ **のとき最小値** $\boldsymbol{\dfrac{16}{5}}$ をとる。

⇐ 境界線の交点 A, B, C の座標はそれぞれ次の連立方程式を解くと得られる。

(A) $\begin{cases} 4x+y=9 \\ x+2y=4 \end{cases}$

(B) $\begin{cases} x+2y=4 \\ 2x-3y=-6 \end{cases}$

(C) $\begin{cases} 2x-3y=-6 \\ 4x+y=9 \end{cases}$

別解 (最小値について)
①, ② から x を消去すると
$5y^2-16y+16-k=0$ … ③
円 ① が直線 ② に接するための条件は, 判別式を D とすると　$D=0$

$$\frac{D}{4}=(-8)^2-5(16-k)=5k-16$$

であるから　$k=\dfrac{16}{5}$

このとき, ③ の重解は

$y=\dfrac{8}{5}$

よって, ② から　$x=\dfrac{4}{5}$

したがって　$\boldsymbol{x=\dfrac{4}{5}}$, $\boldsymbol{y=\dfrac{8}{5}}$ **のとき最小値** $\boldsymbol{\dfrac{16}{5}}$

PRACTICE 110 ④

座標平面上の点 P$(x,\ y)$ が $3y\leqq x+11$, $x+y-5\geqq 0$, $y\geqq 3x-7$ の範囲を動くとき, x^2+y^2-4y の最大値と最小値を求めよ。 〔類 北海道薬大〕

重要 例題 111　直線が通過する領域

k を実数の定数とする。直線 $2kx+y+k^2=0$ …… ① について，k がすべての実数値をとって変わるとき，直線 ① が通る領域を図示せよ。

CHART & SOLUTION

直線が通過する領域

実数 k が存在する条件を x，y で表す ……❗

直線 ① が点 (x, y) を通る ⟺ ① を満たす実数 k が存在する

① を k についての 2 次方程式とみて，次の同値条件から x と y の関係式を求める。

2 次方程式が実数解をもつ ⟺ $D\geqq 0$

別解　2 変数 x，y のうち，まず，x の値を $x=t$ と固定して，y のとりうる値の範囲を求める。その後，t の値を動かしてみる。

解答

① を k について整理すると　$k^2+2xk+y=0$ …… ②

直線 ① が点 (x, y) を通る条件は，② を満たす実数 k が存在することである。

⇐ ② を満たす実数 k が存在しないとき，直線 ① が点 (x, y) を通ることはできない。

k の 2 次方程式 ② の判別式を D とすると

$$\frac{D}{4}=x^2-y$$

❗ $D\geqq 0$ から　$y\leqq x^2$

したがって，直線 ① が通る領域は，放物線 $y=x^2$ およびその下側の部分で，**図の斜線部分。ただし，境界線を含む。**

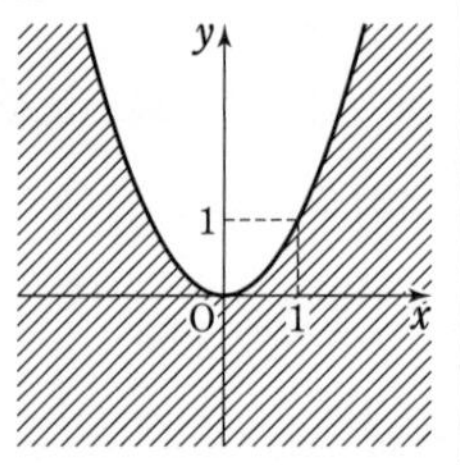

INFORMATION ── 逆像法

例えば，直線 ① が点 $(1, -8)$ を通ることができるかどうかを考えてみる。

① に x，y 座標をそれぞれ代入すると　$k^2+2k-8=0$

よって　$(k-2)(k+4)=0$　ゆえに　$k=2, -4$

すなわち，直線 ① は

$k=2$ のとき $4x+y+4=0$，$k=-4$ のとき $-8x+y+16=0$

となり，ともに点 $(1, -8)$ を通っていることがわかる。

次に，直線 ① が点 $(1, 2)$ を通ることができるかどうかを考えてみる。

① に，x，y 座標をそれぞれ代入すると　$k^2+2k+2=0$ …… ③

③ の判別式を D とすると　$\frac{D}{4}=1^2-1\cdot 2=-1<0$

よって，③ は実数解をもたないから，直線 ① は点 $(1, 2)$ を通ることができない。

上の解答は，「直線 ① が点 (x, y) を通る」を逆に考えて，「点 (x, y) を通る直線 ① がある」すなわち「① が成り立つような実数 k が存在する」というように見方を変えた考え方に基づいている。この解法を「**逆像法**」ということがある。

別解 ① から　$y=-2kx-k^2$

実数 k の値を変化させるとき，直線 ① と直線 $x=t$ との共有点の y 座標のとりうる値の範囲を考える。

⇐ まず x 座標を $x=t$ と固定して考えたときの y のとりうる値の範囲を求める。

$y=-2kt-k^2$

$=-(k+t)^2+t^2 \leqq t^2$

したがって，$x=t$ のとき，y のとりうる値の範囲は $y \leqq t^2$ である。

これから，t の値を変化させると，求める直線 ① が通る領域は，放物線 $y=x^2$ およびその下側の部分で，**図の斜線部分。ただし，境界線を含む。**

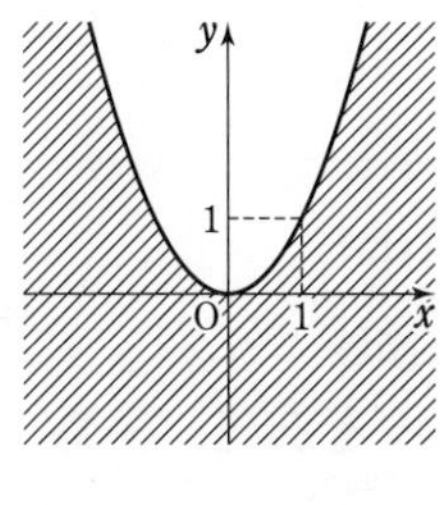

⇐ $x=t$ のとき，$y \leqq t^2$ であるから，t をすべての実数で動かすと $y \leqq x^2$ となる。

INFORMATION　ファクシミリ論法

例えば，直線 $2kx+y+k^2=0$ …… ① が通過できる点を，直線 $x=2$ 上の点に限定してみる。

① に $x=2$ を代入すると

$2k\cdot 2+y+k^2=0$　　すなわち　　$y=-k^2-4k$

k はすべての実数値をとるから

$y=-(k+2)^2+4 \leqq 4$

したがって，$x=2$ のとき，y のとりうる値の範囲は，$y \leqq 4$ である。

この考え方を基に，上の **別解** は，$x=t$ で固定したときの y のとりうる値の範囲を求め，その後，t をすべての実数で動かして，通過領域を求めている。

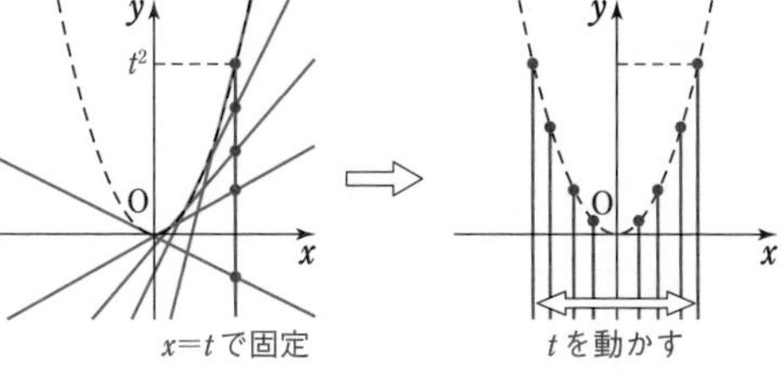

この解法を，電話回線で図形を転送する FAX の原理と同じであることから，「**ファクシミリ論法**」ということがある。

PRACTICE 111⑤

実数 t に対して xy 平面上の直線 ℓ_t：$y=2tx+t^2$ を考える。

(1)　点 P を通る直線 ℓ_t はただ 1 つであるとする。このような点 P の軌跡の方程式を求めよ。

(2)　t がすべての実数値をとって変わるとき，直線 ℓ_t が通る点 $(x,\ y)$ の全体を図示せよ。

重要 例題 112　点 $(x+y,\ xy)$ の動く領域

(1) x, y がすべての実数値をとるとき，点 $(x+y,\ xy)$ の存在する領域を図示せよ。

(2) 実数 x, y が $x^2+y^2 \leqq 1$ を満たしながら変わるとき，点 $(x+y,\ xy)$ の動く領域を図示せよ。　〔類 東京工大〕

CHART & SOLUTION

点 $(x+y,\ xy)$ の動く領域

$X=x+y$, $Y=xy$ とおき，実数 x, y が存在するための X, Y の条件を考える

(1) $X=x+y$, $Y=xy$ とおくと，x, y は2次方程式 $t^2-Xt+Y=0$ の実数解。この2次方程式が実数解をもつ条件を考える。

(2) x^2+y^2 は，x, y についての対称式であるから，X, Y で表すことができる。ただし，(1)の範囲に注意。

解答

(1) $X=x+y$, $Y=xy$ とおくと，x, y は2次方程式

$$t^2-(x+y)t+xy=0 \text{ すなわち } t^2-Xt+Y=0$$

の実数解である。この2次方程式の判別式を D とすると

$$D=X^2-4Y$$

$D \geqq 0$ から　$Y \leqq \dfrac{1}{4}X^2$

変数を x, y におき換えて

$$y \leqq \frac{1}{4}x^2 \quad \cdots\cdots ①$$

よって，求める領域は，**右の図の斜線部分。ただし，境界線を含む。**

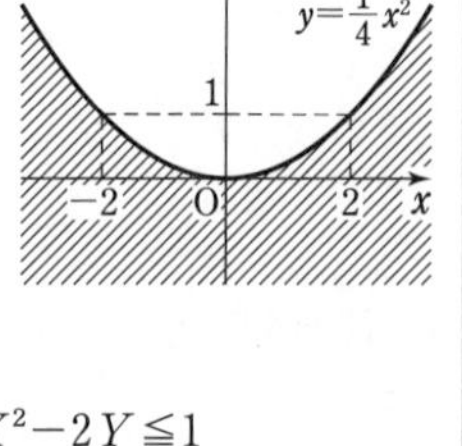

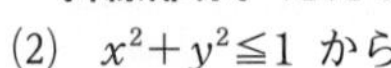

(2) $x^2+y^2 \leqq 1$ から

$$(x+y)^2-2xy \leqq 1 \text{ すなわち } X^2-2Y \leqq 1$$

したがって　$Y \geqq \dfrac{1}{2}X^2-\dfrac{1}{2}$

変数を x, y におき換えて

$$y \geqq \frac{1}{2}x^2-\frac{1}{2} \quad \cdots\cdots ②$$

よって，求める領域は，①，②の共通部分であるから，**右の図の斜線部分。ただし，境界線を含む。**

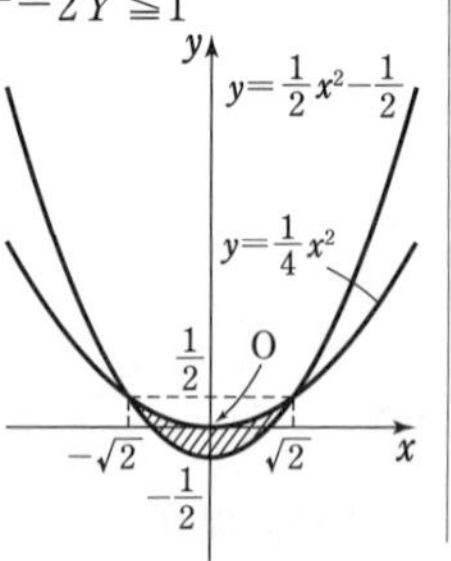

⇐ 2数 α, β に対して $p=\alpha+\beta$, $q=\alpha\beta$ とすると，α, β を解とする2次方程式の1つは $\boldsymbol{x^2-px+q=0}$

⇐ xy 平面上に図示するので，x, y に文字をおき換える。

⇐ xy 平面上に図示するので，x, y に文字をおき換える。

⇐ $\dfrac{1}{2}x^2-\dfrac{1}{2}=\dfrac{1}{4}x^2$ とすると $x=\pm\sqrt{2}$

PRACTICE 112④

座標平面上の点 $(p,\ q)$ は $x^2+y^2 \leqq 8$, $x \geqq 0$, $y \geqq 0$ で表される領域を動く。点 $(p+q,\ pq)$ の動く範囲を図示せよ。　〔類 関西大〕

STEP UP 点 $(x+y,\ xy)$ の動く領域

x, y が実数全体の値をとるとき，$x+y$, xy も実数全体の値をとる。このことから一見すると点 $(x+y,\ xy)$ は平面上のすべての点になりうるのではと勘違いしてしまうことが多い。
以下，座標平面上の任意の点に同じ平面上の点がただ 1 つ定まるような点の対応を，座標平面上の変換という。

1 平面上の点に対して，平面上の点を対応させる変換

例えば，$X=x+y$, $Y=xy$ とおくと，$x=2$, $y=3$ のとき

$$X=2+3=5,\quad Y=2\cdot3=6$$

となり，点 $(2,\ 3)$ に対して点 $(5,\ 6)$ が対応する。
更に，座標平面は x, y 座標で表示するのが通例なので，X, Y 座標で表された結果を x, y におき換える操作も行うので，もとの x, y とおき換えた後の x, y は異なる値になっている。

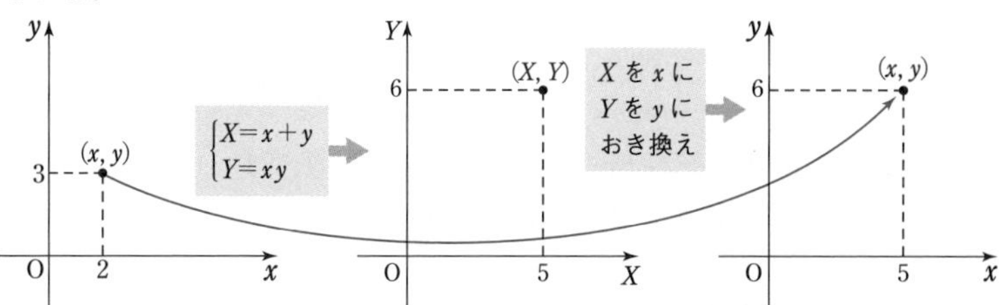

2 変換後の点は座標平面のすべてを埋め尽くせない

点 $(2,\ 5)$ が対応するようなもとの点 $(x,\ y)$ を求めるには

$$x+y=2,\quad xy=5$$

を満たす実数 x, y を求めればよいから，この連立方程式を解けばよい。
x, y を 2 つの解とする 2 次方程式の 1 つは

$$t^2-2t+5=0 \qquad これを解くと \qquad t=1\pm2i$$

これは実数ではない。よって，**もとの座標平面上でどんなに探しても，点 $(2,\ 5)$ が対応するようなもとの点は存在しない**。

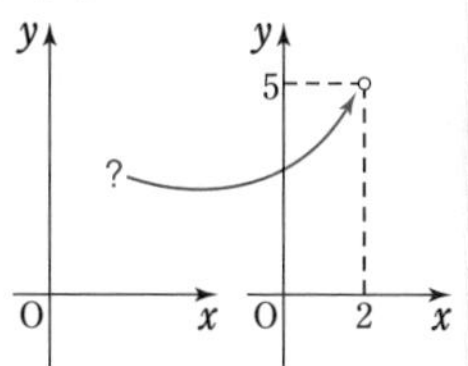

これを一般的に考えると，$x+y=X$, $xy=Y$ とおき，x, y を 2 つの解とする 2 次方程式

$$t^2-Xt+Y=0 \quad \cdots\cdots ①$$

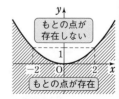

が虚数解をもつとき，すなわち $X^2-4Y<0$ のとき，対応するもとの点が存在しないことになる。
逆に考えれば，2 次方程式 ① が実数解をもつとき，すなわち $X^2-4Y\geqq0$ のとき，もとの点が存在するから，その範囲で変換後の点が存在する。

EXERCISES　14 不等式の表す領域

A

90❷ 右の図の斜線部分は，どのような不等式で表されるか。ただし，境界線を含まないものとする。

➲104, 105

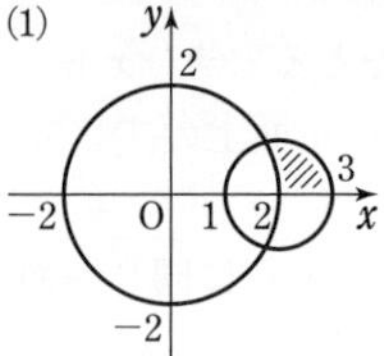

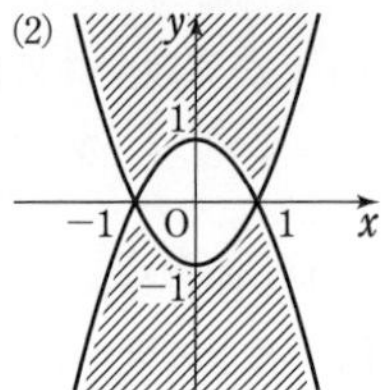

91❸ xy 平面において，連立不等式 $x \geqq 0$, $y \geqq 0$, $x+2y \leqq 30$, $5x+2y \leqq 66$ の表す領域を D とする。点 $(x,\ y)$ が領域 D を動くとき $kx+y$ の最大値を求めよう。ただし，k は $1 \leqq k \leqq 3$ を満たす実数である。$1 \leqq k \leqq$ ア□ のとき，$kx+y$ の最大値を k を用いて表すと イ□ であり，ア□ $\leqq k \leqq 3$ のとき，$kx+y$ の最大値を k を用いて表すと ウ□ である。〔関西学院大〕

➲106

92❸ (1) 連立不等式 $\begin{cases} x^2+y^2-2x+2y-7 \geqq 0 \\ x \geqq y \end{cases}$ が表す領域を図示せよ。

(2) $r>0$ とする。「$(x-4)^2+(y-2)^2 \leqq r^2$ ならば，(1) の連立不等式が成り立つ」を満たす r の最大値を求めよ。〔関西大〕 ➲104, 107

B

93❸ 次の不等式の表す領域を，それぞれ xy 平面に図示せよ。

(1) $|2x+5y| \leqq 4$　　(2) $|x|+|y+1| \leqq 2$ ➲103

94❸ 放物線 $y=x^2+ax+b$ に関して，点 $(1,\ 1)$ と点 $(2,\ 2)$ が反対側にあるとき，点 $(a,\ b)$ の存在する範囲を図示せよ。〔類 日本女子大〕

➲108

95❹ 点 $(x,\ y)$ が，不等式 $(x-3)^2+(y-2)^2 \leqq 1$ の表す領域上を動くとする。

(1) $2x-1$ の最大値は □　　(2) x^2+y^2 の最大値は □

(3) $\dfrac{y}{x}$ の最大値は □　　(4) $10x+10y$ の最大の整数値は □

〔東京理科大〕

➲106, 110

HINT

93 (2) 絶対値記号をはずす　場合に分ける
x と $y+1$ の符号で場合分けして絶対値記号をはずす。

94 曲線 $y=f(x)$ に関して 2 点 $(a,\ a)$, $(b,\ b)$ が反対側にある
$\iff$ ($a>f(a)$ かつ $b<f(b)$) または ($a<f(a)$ かつ $b>f(b)$)

95 (1)～(4) のそれぞれの式で $=k$ などとおいた直線（曲線）が，与えられた領域と共有点をもつような k の値の範囲を調べる。

数学Ⅱ

三角関数

15 一般角と三角関数
16 三角関数のグラフと応用
17 加法定理

Select Study

― スタンダードコース：教科書の例題をカンペキにしたいきみに
― パーフェクトコース：教科書を完全にマスターしたいきみに
― 大学入学共通テスト準備・対策コース ※基例…基本例題，番号…基本例題の番号

Start → 基例113 → 基例114 → 基例115 → 基例116 → 基例118 → 基例119 → 基例120 → 基例121 → 基例122 → 基例123 → 基例124 → 基例125 → 基例127 → 基例128 → 基例129 → 130 → 基例131 → 基例132 → 基例133 → 基例134 → 基例135 → 基例136 → 137

■ 例題一覧

	種類	番号	例題タイトル	難易度
15	基本	113	三角関数の値(1)	❶
	基本	114	三角関数の相互関係	❷
	基本	115	三角関数の等式の証明	❷
	基本	116	三角関数の対称式の値	❸
	重要	117	三角関数を解とする 2 次方程式	❹
16	基本	118	三角関数のグラフ(1)	❶
	基本	119	三角関数のグラフ(2)	❷
	基本	120	三角関数の値(2)	❷
	基本	121	三角方程式の解法(基本)	❷
	基本	122	三角不等式の解法(基本)	❷
	基本	123	三角方程式･不等式の解法(角のおき換え)	❸
	基本	124	三角方程式・不等式の解法(2 次式)	❸
	基本	125	三角関数の最大・最小(1)	❷
	重要	126	三角方程式の解の個数	❹
17	基本	127	三角関数の値(3)	❶
	基本	128	加法定理の利用	❷
	基本	129	2 直線のなす角	❷
	基本	130	点の回転	❸
	基本	131	2 倍角，半角，3 倍角の公式	❷
	基本	132	三角方程式・不等式の解法(倍角)	❷
	基本	133	三角関数の合成	❶
	基本	134	三角方程式・不等式の解法(合成)	❷
	基本	135	三角関数の最大・最小(2)	❷
	基本	136	三角関数の最大・最小(3)	❸
	基本	137	2 次同次式の最大・最小	❸
	重要	138	3 倍角の公式の利用	❹
	補充	139	積→和，和→積の公式	❷
	補充	140	三角方程式の解法(和→積の公式の利用)	❸
	補充	141	図形への応用	❹

15 一般角と三角関数

基本事項

1 一般角

① **正の角**　始線 OX から時計の針の回転と逆の向き（**正の向き**）に測った角。

負の角　時計の針の回転と同じ向き（**負の向き**）に測った角。

一般角　回転の向きと大きさを表す量として拡張した角。

② **動径 OP の表す角**　動径 OP と始線 OX のなす角の 1 つを α とすると，**動径 OP の表す角** θ は

$$\boldsymbol{\theta=\alpha+360^\circ\times n}\ \ (n \text{ は整数})$$

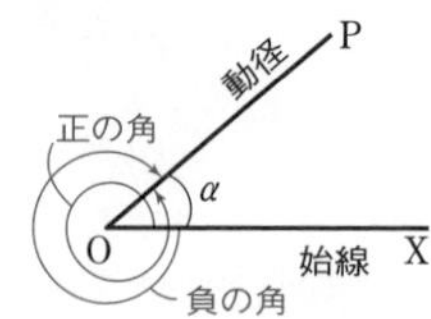

2 弧度法

① 半径 1 の円では，長さ 1 の弧に対する中心角の大きさが 1 ラジアンである。

② **度数法と弧度法の関係**

$$\boldsymbol{180^\circ=\pi}\ \textbf{ラジアン},\quad \boldsymbol{1^\circ=\frac{\pi}{180}}\ \textbf{ラジアン}$$

$$\boldsymbol{1}\ \textbf{ラジアン}\boldsymbol{=\left(\frac{180}{\pi}\right)^\circ}\fallingdotseq 57.3^\circ$$

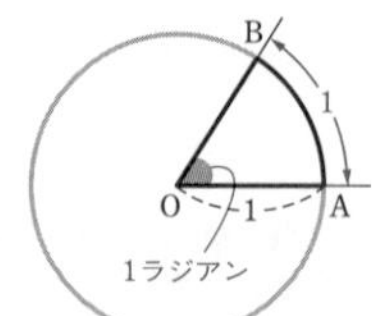

注意　弧度法では単位のラジアンを省略して，単に π などと書く。

③ **ラジアンと角の換算（0° から 180° まで）**

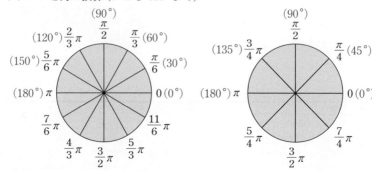

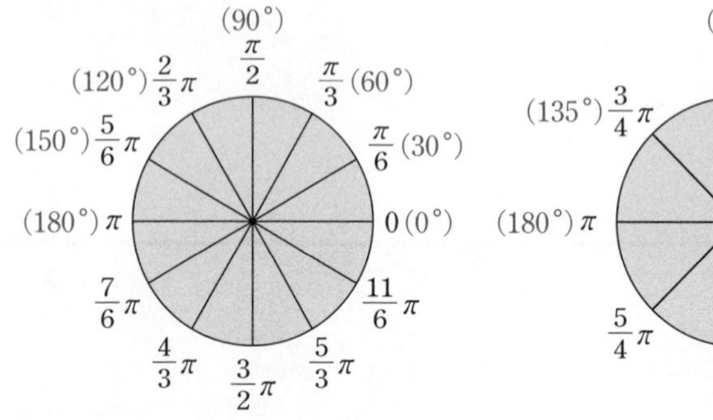

④ **動径 OP の表す角**　$\boldsymbol{\theta=\alpha+2n\pi}$ （n は整数）　←α については 1 ②参照。

3 扇形の弧の長さと面積

半径が r，中心角が θ の扇形について

1　弧の長さ l　　$\boldsymbol{l=r\theta}$

2　面積 S　　$\boldsymbol{S=\frac{1}{2}r^2\theta=\frac{1}{2}lr}$

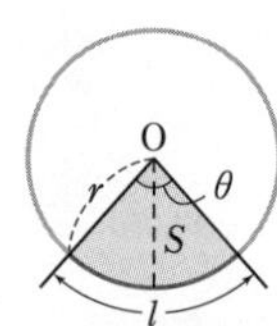

4 三角関数の定義

① **定義**　座標平面上で，x 軸の正の部分を始線にとり，一般角 θ の動径と，原点を中心とする半径 r の円との交点Pの座標を $(x,\ y)$ とすると

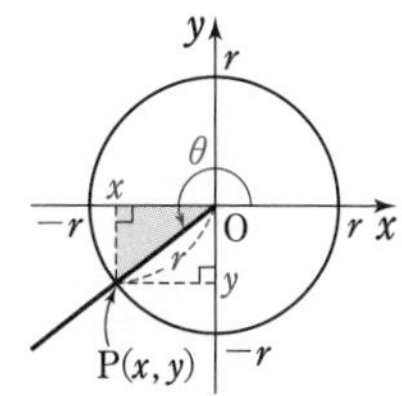

$$\sin\theta=\frac{y}{r}\qquad\cos\theta=\frac{x}{r}\qquad\tan\theta=\frac{y}{x}$$

(sine，**正弦**)　(cosine，**余弦**)　(tangent，**正接**)

注意　$\theta=\frac{\pi}{2}+n\pi$（$n$ は整数）に対しては，$\tan\theta$ の値を定義しない。

② **単位円を用いた定義**　原点を中心とする半径 1 の円を **単位円** という。一般角 θ の動径と単位円の交点を $P(x,\ y)$ とし，直線 OP と直線 $x=1$ の交点を $T(1,\ m)$ とすると

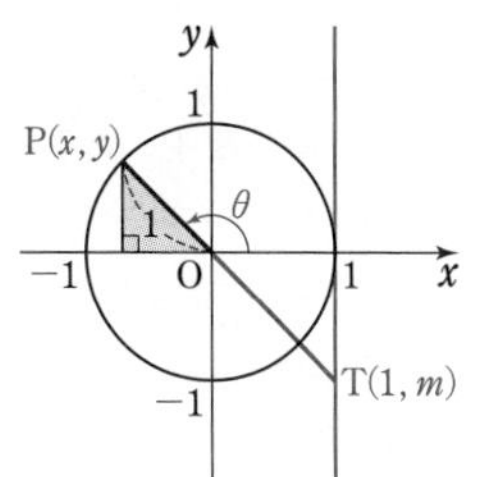

$$y=\sin\theta,\ x=\cos\theta,\ m=\tan\theta$$

③ **三角関数の値の範囲**

$$-1\leqq\sin\theta\leqq1,\ -1\leqq\cos\theta\leqq1$$

$\tan\theta$ の値の範囲は実数全体。

5 三角関数の相互関係

1　$\tan\theta=\dfrac{\sin\theta}{\cos\theta}$　　2　$\sin^2\theta+\cos^2\theta=1$　　3　$1+\tan^2\theta=\dfrac{1}{\cos^2\theta}$

CHECK & CHECK

41　次の角の動径を図示せよ。

(1)　140°　(2)　$-100°$　(3)　410°　(4)　$-745°$　→ 1

42　次の角のうち，その動径が 40° の動径と同じ位置にある角はどれか。

140°，400°，$-40°$，760°，$-320°$，1100°　→ 1

43　次の角を，度数は弧度に，弧度は度数に，それぞれ書き直せ。

(1)　$-60°$　(2)　210°　(3)　$\frac{8}{3}\pi$　(4)　$-\frac{4}{5}\pi$　→ 2

44　次のような扇形の弧の長さと面積を求めよ。

(1)　半径が 10，中心角が $\frac{\pi}{5}$　(2)　半径が 3，中心角が 15°　→ 3

45　次の値を求めよ。

(1)　$\sin\frac{5}{6}\pi$　(2)　$\cos\frac{4}{3}\pi$　(3)　$\tan\frac{5}{4}\pi$　(4)　$\sin\frac{3}{2}\pi$　→ 4

基本 例題 113 三角関数の値 (1)

θ が次の値のとき, $\sin\theta$, $\cos\theta$, $\tan\theta$ の値を求めよ。

(1) $\dfrac{8}{3}\pi$　　　(2) $-\dfrac{9}{4}\pi$

p. 185 基本事項 4

CHART & SOLUTION

三角関数の値

[1] 角 θ の動径 $\mathrm{OP}=r$ を, **θ の値に対して適当に選ぶ。**……❗
⟶ (1) $r=2$　(2) $r=\sqrt{2}$　とするとよい。

[2] **原点を中心とする半径 r の円をかく。**

[3] **動径と円の交点Pの座標 $(x,\ y)$ を求める。**

三角関数の値は右の式で定義される。　$\sin\theta=\dfrac{y}{r}$, $\cos\theta=\dfrac{x}{r}$, $\tan\theta=\dfrac{y}{x}$

解答

(1) $\dfrac{8}{3}\pi=2\pi+\dfrac{2}{3}\pi$

⇐ 2π は, 反時計回りの1回転, 更に $+\dfrac{2}{3}\pi$ 回転。

❗ 右の図で円の半径が $r=2$ のとき, 点Pの座標は　$(-1,\ \sqrt{3})$

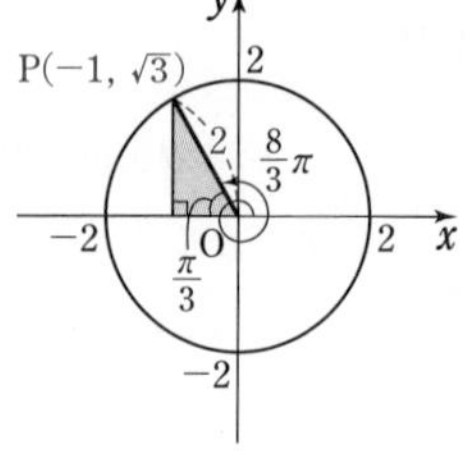

よって　$\sin\dfrac{8}{3}\pi=\dfrac{\sqrt{3}}{2}$

$\cos\dfrac{8}{3}\pi=\dfrac{-1}{2}=-\dfrac{1}{2}$

$\tan\dfrac{8}{3}\pi=\dfrac{\sqrt{3}}{-1}=-\sqrt{3}$

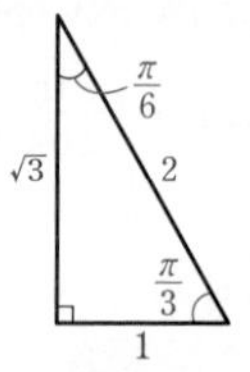

$r=2$, $x=-1$, $y=\sqrt{3}$ を定義の式に代入。

(2) $-\dfrac{9}{4}\pi=-2\pi-\dfrac{\pi}{4}$

⇐ -2π は, 時計回りの1回転, 更に $-\dfrac{\pi}{4}$ 回転。

❗ 右の図で円の半径が $r=\sqrt{2}$ のとき, 点Pの座標は　$(1,\ -1)$

よって

$\sin\left(-\dfrac{9}{4}\pi\right)=\dfrac{-1}{\sqrt{2}}=-\dfrac{1}{\sqrt{2}}$

$\cos\left(-\dfrac{9}{4}\pi\right)=\dfrac{1}{\sqrt{2}}$

$\tan\left(-\dfrac{9}{4}\pi\right)=\dfrac{-1}{1}=-1$

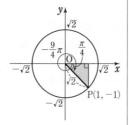

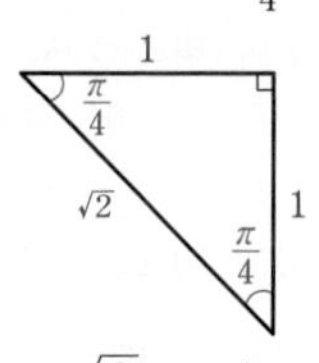

$r=\sqrt{2}$, $x=1$, $y=-1$ を定義の式に代入。

PRACTICE 113❶

θ が次の値のとき, $\sin\theta$, $\cos\theta$, $\tan\theta$ の値を求めよ。

(1) $\dfrac{13}{4}\pi$　　　(2) $-\dfrac{19}{6}\pi$　　　(3) -5π

基本 例題 114 三角関数の相互関係

θ の動径が第 3 象限にあり，$\cos\theta=-\dfrac{4}{5}$ のとき，$\sin\theta$，$\tan\theta$ の値を求めよ。

p.185 基本事項 5

CHART & SOLUTION

三角関数の相互関係

1　$\tan\theta=\dfrac{\sin\theta}{\cos\theta}$

2　$\sin^2\theta+\cos^2\theta=1$

3　$1+\tan^2\theta=\dfrac{1}{\cos^2\theta}$

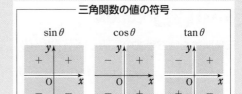

三角関数の値の符号

	第1象限	第2象限	第3象限	第4象限
$\sin\theta$	+	+	−	−
$\cos\theta$	+	−	−	+
$\tan\theta$	+	−	+	−

$\cos\theta$ ($\sin\theta$) が与えられたときは，
公式を 2 ⟶ 1 の順に用いる。なお，各象限における **三角関数の値の符号に注意。**

解答

$\sin^2\theta+\cos^2\theta=1$ から

$$\sin^2\theta=1-\cos^2\theta=1-\left(-\frac{4}{5}\right)^2=\frac{9}{25}$$

θ の動径が第 3 象限にあるから　$\sin\theta<0$

よって　$\boldsymbol{\sin\theta=-\sqrt{\dfrac{9}{25}}=-\dfrac{3}{5}}$

また　$\boldsymbol{\tan\theta}=\dfrac{\sin\theta}{\cos\theta}=\left(-\dfrac{3}{5}\right)\div\left(-\dfrac{4}{5}\right)=\boldsymbol{\dfrac{3}{4}}$

⇦ その動径が第 3 象限にある角を **第 3 象限の角** という。

INFORMATION　図を利用した解法

$\cos\theta=-\dfrac{4}{5}$ から

$r=5$，P$(-4,\ y)$　　← $\cos\theta=\dfrac{x}{r}$

とすると，θ の動径が第 3 象限にあるから

$y=-\sqrt{5^2-4^2}=-3$

よって，定義から

$\boldsymbol{\sin\theta}=\dfrac{-3}{5}=\boldsymbol{-\dfrac{3}{5}}$，$\boldsymbol{\tan\theta}=\dfrac{-3}{-4}=\boldsymbol{\dfrac{3}{4}}$

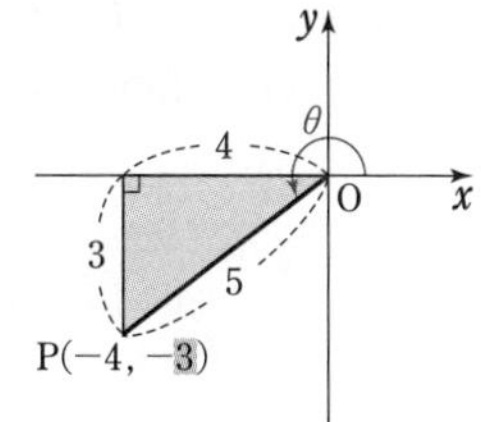

PRACTICE 114②

(1)　θ の動径が第 2 象限にあり，$\sin\theta=\dfrac{1}{3}$ のとき，$\cos\theta$，$\tan\theta$ の値を求めよ。

(2)　$\tan\theta=-3$ のとき，$\sin\theta$，$\cos\theta$ の値を求めよ。

基本 例題 115 三角関数の等式の証明

次の等式を証明せよ。

(1) $\dfrac{1-\sin\theta}{\cos\theta}+\dfrac{\cos\theta}{1-\sin\theta}=\dfrac{2}{\cos\theta}$

(2) $(1+\tan\theta)^2+(1-\tan\theta)^2=\dfrac{2}{\cos^2\theta}$

基本 114

CHART & SOLUTION

三角関数を含む等式の証明　相互関係の公式を活用

$\tan\theta=\dfrac{\sin\theta}{\cos\theta}$,　$\sin^2\theta+\cos^2\theta=1$,　$1+\tan^2\theta=\dfrac{1}{\cos^2\theta}$

これらの公式および，その変形をうまく使う。

等式 $A=B$ の証明方法は次のいずれかによる。（$p.42$ 基本事項 1 参照）

1　**A か B の一方を変形して，他方を導く**（複雑な式から簡単な式へ）。

2　**A，B をそれぞれ変形して，同じ式を導く。**

3　**$A-B=0$ であることを示す。**

ここでは，1 の方針で示す。

解答

(1) $\dfrac{1-\sin\theta}{\cos\theta}+\dfrac{\cos\theta}{1-\sin\theta}=\dfrac{(1-\sin\theta)^2+\cos^2\theta}{\cos\theta(1-\sin\theta)}$

$=\dfrac{1-2\sin\theta+\sin^2\theta+\cos^2\theta}{\cos\theta(1-\sin\theta)}$

$=\dfrac{2(1-\sin\theta)}{\cos\theta(1-\sin\theta)}=\dfrac{2}{\cos\theta}$

よって　$\dfrac{1-\sin\theta}{\cos\theta}+\dfrac{\cos\theta}{1-\sin\theta}=\dfrac{2}{\cos\theta}$

⇦ 複雑な方の左辺を変形して，右辺を導く。

⇦ $\sin^2\theta+\cos^2\theta=1$

⇦ 右辺の式が導かれた。

(2) $(1+\tan\theta)^2+(1-\tan\theta)^2$

$=(1+2\tan\theta+\tan^2\theta)+(1-2\tan\theta+\tan^2\theta)$

$=2(1+\tan^2\theta)=\dfrac{2}{\cos^2\theta}$

よって　$(1+\tan\theta)^2+(1-\tan\theta)^2=\dfrac{2}{\cos^2\theta}$

⇦ 複雑な方の左辺を変形して，右辺を導く。

⇦ $1+\tan^2\theta=\dfrac{1}{\cos^2\theta}$

PRACTICE 115②

次の等式を証明せよ。

(1) $\dfrac{2\sin\theta\cos\theta-\cos\theta}{1-\sin\theta+\sin^2\theta-\cos^2\theta}=\dfrac{1}{\tan\theta}$

(2) $(\tan\theta-\sin\theta)^2+(1-\cos\theta)^2=\left(\dfrac{1}{\cos\theta}-1\right)^2$

基本 例題 116　三角関数の対称式の値

$\sin\theta+\cos\theta=\dfrac{1}{3}$ のとき，次の式の値を求めよ。

(1)　$\sin\theta\cos\theta$，$\sin^3\theta+\cos^3\theta$　　(2)　$\sin\theta-\cos\theta$ $\left(\dfrac{\pi}{2}<\theta<\pi\right)$

基本 44, 115，重要 117

CHART & SOLUTION

$\sin\theta$ と $\cos\theta$ の式の値　かくれた条件 $\sin^2\theta+\cos^2\theta=1$ を利用

(1)　$\sin\theta\cos\theta$，$\sin^3\theta+\cos^3\theta$ はいずれも $\sin\theta$，$\cos\theta$ の **対称式** であるから，**基本対称式 $\sin\theta+\cos\theta$，$\sin\theta\cos\theta$** で表される。（$p.77$ 基本例題 44 参照）

$\sin\theta\cos\theta \longrightarrow$ 条件の等式の両辺を 2 乗すると，**かくれた条件 $\sin^2\theta+\cos^2\theta=1$** と $\sin\theta\cos\theta$ が現れる。

$\sin^3\theta+\cos^3\theta \longrightarrow$ $a^3+b^3=(a+b)(a^2-ab+b^2)$ を利用。

(2)　$(\sin\theta-\cos\theta)^2$ は (1) の値から求めることができるが，これより $\sin\theta-\cos\theta=\pm$● を答えとしたら誤り！　条件 $\dfrac{\pi}{2}<\theta<\pi$ から $\sin\theta-\cos\theta$ の符号がわかることに注意する。

解答

(1)　$\sin\theta+\cos\theta=\dfrac{1}{3}$ の両辺を 2 乗すると

$$\sin^2\theta+2\sin\theta\cos\theta+\cos^2\theta=\frac{1}{9}$$

よって　$1+2\sin\theta\cos\theta=\dfrac{1}{9}$　　⇐ $\sin^2\theta+\cos^2\theta=1$

ゆえに　$\boldsymbol{\sin\theta\cos\theta}=\left(\dfrac{1}{9}-1\right)\div 2=\boldsymbol{-\dfrac{4}{9}}$

$\boldsymbol{\sin^3\theta+\cos^3\theta}=(\sin\theta+\cos\theta)(\sin^2\theta-\sin\theta\cos\theta+\cos^2\theta)$　　⇐ $a^3+b^3=(a+b)(a^2-ab+b^2)$

$$=\frac{1}{3}\left\{1-\left(-\frac{4}{9}\right)\right\}=\boldsymbol{\frac{13}{27}}$$

(2)　(1) から　$(\sin\theta-\cos\theta)^2=\sin^2\theta-2\sin\theta\cos\theta+\cos^2\theta$

$$=1-2\left(-\frac{4}{9}\right)=\frac{17}{9}\quad\cdots\cdots①$$　⇐ $\sin^2\theta+\cos^2\theta=1$

$\dfrac{\pi}{2}<\theta<\pi$ では，$\sin\theta>0$，$\cos\theta<0$ であるから　　⇐ θ は第 2 象限の角。

$$\sin\theta-\cos\theta>0$$　⇐ (正)−(負)>0

よって，① から　$\boldsymbol{\sin\theta-\cos\theta}=\sqrt{\dfrac{17}{9}}=\boldsymbol{\dfrac{\sqrt{17}}{3}}$

PRACTICE 116③

$\sin\theta+\cos\theta=-\dfrac{1}{2}$ のとき，次の式の値を求めよ。

(1)　$\sin\theta\cos\theta$，$\tan\theta+\dfrac{1}{\tan\theta}$　　(2)　$\sin^3\theta-\cos^3\theta$ $\left(\dfrac{\pi}{2}<\theta<\pi\right)$

重要 例題 117 三角関数を解とする 2 次方程式

2 次方程式 $25x^2-35x+4k=0$ の 2 つの解がそれぞれ $\sin\theta$, $\cos\theta$ で表されるとき，k の値を求めよ。また， 2 つの解を求めよ。 〔星薬大〕

基本 45, 116

CHART & THINKING

2 次方程式の解が 2 つ与えられているから，右の **解と係数の関係** を利用する。これから

$$\sin\theta+\cos\theta=\frac{7}{5},\ \sin\theta\cos\theta=\frac{4}{25}k$$

が得られるが，未知数は 3 つ ($\sin\theta$, $\cos\theta$, k) なので方程式が 1 つ足りない。

⟶ 相互関係の公式が利用できないか考えてみよう。

解と係数の関係
2 次方程式 $ax^2+bx+c=0$ の 2 つの解を α, β とすると
$$\alpha+\beta=-\frac{b}{a},\ \alpha\beta=\frac{c}{a}$$

解答

2 次方程式の解と係数の関係から

$$\sin\theta+\cos\theta=\frac{7}{5}\ \cdots\cdots ①,\quad \sin\theta\cos\theta=\frac{4}{25}k\ \cdots\cdots ②$$

⇐ $\sin\theta+\cos\theta=-\dfrac{-35}{25}$

① の両辺を 2 乗して　$\sin^2\theta+2\sin\theta\cos\theta+\cos^2\theta=\dfrac{49}{25}$

ゆえに　$1+2\sin\theta\cos\theta=\dfrac{49}{25}$

⇐ かくれた条件 $\sin^2\theta+\cos^2\theta=1$

よって　$\sin\theta\cos\theta=\dfrac{12}{25}$

② を代入して　$\dfrac{4}{25}k=\dfrac{12}{25}$　ゆえに　$\boldsymbol{k=3}$

このとき，与えられた 2 次方程式は　$25x^2-35x+12=0$

よって　$(5x-3)(5x-4)=0$

⇐
5	╲╱	−3 ⟶	−15
5	╱╲	−4 ⟶	−20
25		12	−35

したがって， 2 つの解は　$\boldsymbol{x=\dfrac{3}{5},\ \dfrac{4}{5}}$

INFORMATION ── α, β を 2 つの解とする 2 次方程式

$\sin\theta$, $\cos\theta$ を 2 つの解とする x^2 の係数が 25 の 2 次方程式は

$$25(x-\sin\theta)(x-\cos\theta)=0$$

展開して　$25x^2-25(\sin\theta+\cos\theta)x+25\sin\theta\cos\theta=0$

これと 2 次方程式 $25x^2-35x+4k=0$ の係数を比較して，解答の ①，② が導かれる。
解と係数の関係の公式によらず，別の方法で導けるようにすることも大切である。

PRACTICE 117④

x についての 2 次方程式 $8x^2-4x-a=0$ の 2 つの解が $\sin\theta$, $\cos\theta$ であるとき，定数 a の値と 2 つの解を求めよ。 〔類 慶応大〕

EXERCISES　15 一般角と三角関数

A

96❶ (1)　1ラジアンとは，□のことである。□に当てはまるものを，次の①～④のうちから1つ選べ。
① 半径が1，面積が1の扇形の中心角の大きさ
② 半径がπ，面積が1の扇形の中心角の大きさ
③ 半径が1，弧の長さが1の扇形の中心角の大きさ
④ 半径がπ，弧の長さが1の扇形の中心角の大きさ　〔類 センター試験〕

(2)　$0<\alpha<\dfrac{\pi}{2}$ である角αを6倍して得られる角6αを表す動径が角αを表す動径と一致するという。角αの大きさを求めよ。　➡ p.184 2, 3

97❷ 次の等式を証明せよ。
(1)　$\sin^2\alpha\cos^2\beta-\cos^2\alpha\sin^2\beta=\sin^2\alpha-\sin^2\beta$
(2)　$\cos\theta(\tan\theta+2)(2\tan\theta+1)=\dfrac{2}{\cos\theta}+5\sin\theta$　➡ 115

98❷ $\tan\theta=\dfrac{3}{4}$ のとき，$\dfrac{\cos^2\theta-\sin^2\theta}{1+2\sin\theta\cos\theta}$ の値を求めよ。　➡ 114, 115

B

99❸ θが第2象限の角のとき，次の角は第何象限の角になりうるか。
ただし，動径がx軸上，y軸上にある場合は除く。
(1)　2θ　　(2)　$\dfrac{\theta}{2}$　　(3)　$\dfrac{\theta}{3}$

100❸ $\dfrac{\pi}{2}<\theta<\pi$，$\sin\theta\cos\theta=-\dfrac{1}{4}$ のとき，次の値を求めよ。
(1)　$\sin\theta-\cos\theta$　　(2)　$\sin\theta$，$\cos\theta$　➡ 116

101❹ 2次方程式 $2x^2-2(2a-1)x-a=0$ の2つの解が$\sin\theta$，$\cos\theta$である。このとき，正の定数aと$\sin\theta$，$\cos\theta$の値を求めよ。ただし，$0\leqq\theta\leqq\pi$ とする。　➡ 117

HINT

96 (2)　θとαの動径が一致するとは，$\theta=\alpha+2n\pi$（nは整数）が成り立つこと。

99 θが第2象限の角 ⟶ $\dfrac{\pi}{2}+2n\pi<\theta<\pi+2n\pi$（$n$は整数）
これをもとにして，例えば，(2)では $\alpha+2k\pi<\dfrac{\theta}{2}<\beta+2k\pi$（$k$：整数，$0\leqq\alpha<\beta<2\pi$）の形に表してみる。

100 (1)　$\dfrac{\pi}{2}<\theta<\pi$ であるから　$\sin\theta>0$，$\cos\theta<0$

101 2次方程式の解と係数の関係（p.75 基本事項 1 参照）を利用。$0\leqq\theta\leqq\pi$ から，$\sin\theta\geqq0$ であることに注意する。

16 三角関数のグラフと応用

基本事項

1 三角関数のグラフ

① $y=\sin\theta$ のグラフ（正弦曲線）　値域は $-1\leqq y\leqq 1$，原点に関して対称

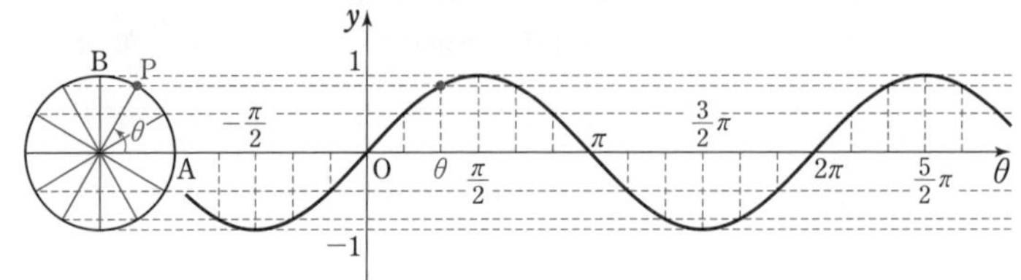

② $y=\cos\theta$ のグラフ（正弦曲線）　値域は $-1\leqq y\leqq 1$，y 軸に関して対称

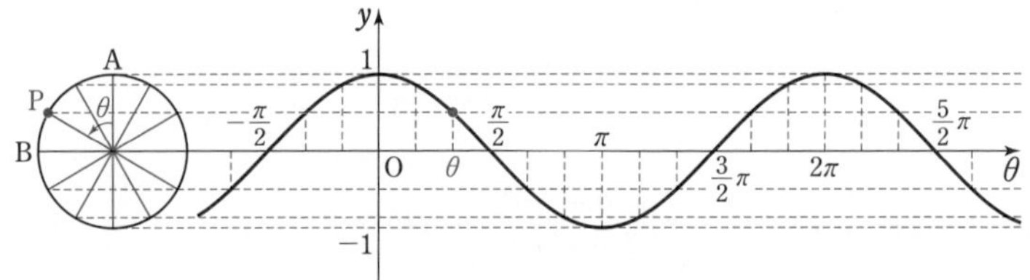

③ $y=\tan\theta$ のグラフ（正接曲線）　値域は実数全体，原点に関して対称

直線 $\theta=\dfrac{\pi}{2}+n\pi$（$n$ は整数）が漸近線

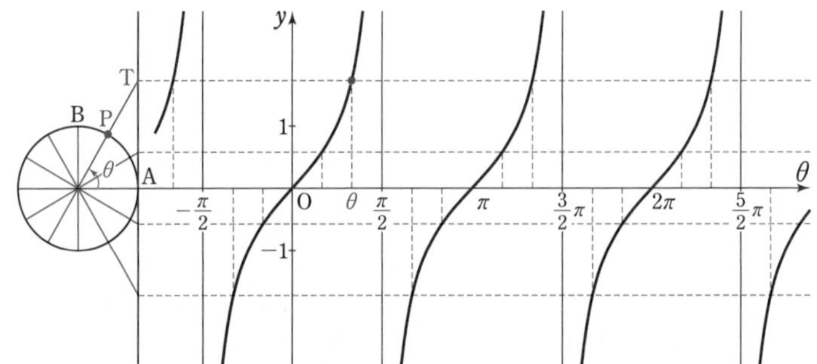

④ $y=\sin\theta$，$y=\cos\theta$ は周期 2π，$y=\tan\theta$ は周期 π の周期関数

⑤ $y=\sin\theta$，$y=\tan\theta$ は奇関数；$y=\cos\theta$ は偶関数

解説　④　一般に，0 でない定数 p に対して，関数 $f(x)$ が常に $f(x+p)=f(x)$ を満たすとき，関数 $f(x)$ は p を **周期** とする **周期関数** であるという。このとき，$2p$，$3p$ や $-p$ なども周期であるが，周期関数の周期といえば，ふつう正の周期のうち最小のものをさす。

⑤　常に $f(-x)=-f(x)$ を満たす関数 $f(x)$（グラフは原点に関して対称）を **奇関数**，常に $f(-x)=f(x)$ を満たす関数 $f(x)$（グラフは y 軸に関して対称）を **偶関数** という。

2 三角関数の性質 （1 の n は整数，3，4 は複号同順）

1　$\sin(\theta+2n\pi)=\sin\theta$　　$\cos(\theta+2n\pi)=\cos\theta$　　$\tan(\theta+n\pi)=\tan\theta$

2　$\sin(-\theta)=-\sin\theta$　　$\cos(-\theta)=\cos\theta$　　$\tan(-\theta)=-\tan\theta$

3　$\sin(\pi\pm\theta)=\mp\sin\theta$　　$\cos(\pi\pm\theta)=-\cos\theta$　　$\tan(\pi\pm\theta)=\pm\tan\theta$

4　$\sin\left(\frac{\pi}{2}\pm\theta\right)=\cos\theta$　　$\cos\left(\frac{\pi}{2}\pm\theta\right)=\mp\sin\theta$　　$\tan\left(\frac{\pi}{2}\pm\theta\right)=\mp\frac{1}{\tan\theta}$

3 三角関数の応用 （n は整数とする）

① **三角方程式**　三角関数を含む方程式を **三角方程式** といい，方程式を満たす角（解）を求めることを **三角方程式を解く** という。

また，一般角で表された解を三角方程式の **一般解** という。

$\sin\theta=s$ $(|s|\leqq1)$　　$\cos\theta=c$ $(|c|\leqq1)$　　$\tan\theta=t$（t は実数）

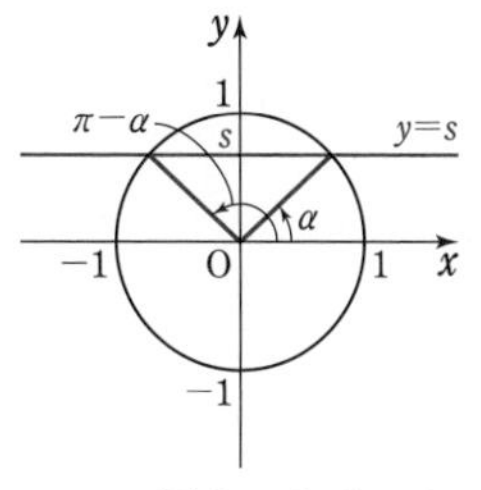

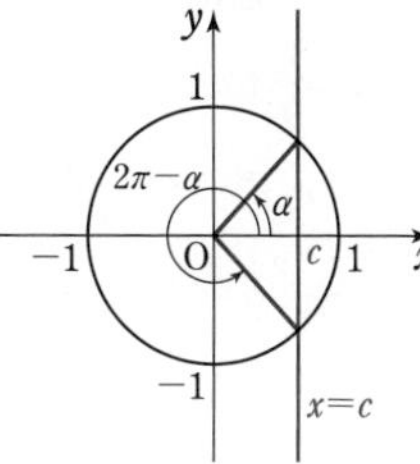

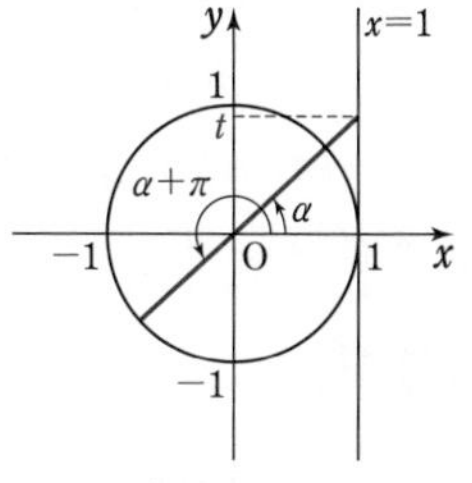

1つの解を α とすると，$\pi-\alpha$ も解。一般解 θ は

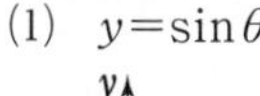

$\theta=\alpha+2n\pi,\ (\pi-\alpha)+2n\pi$

1つの解を α とすると，$2\pi-\alpha$ も解。一般解 θ は

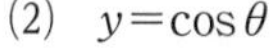

$\theta=\pm\alpha+2n\pi$

1つの解を α とすると，$\alpha+\pi$ も解。一般解 θ は

$\theta=\alpha+n\pi$

② **三角不等式**　[1]　不等号を等号におき換えた三角方程式の解を求める。

[2]　その解を利用し，動径の存在範囲から不等式の解を定める。

$\left(\tan\theta\text{ では }\theta\neq\frac{\pi}{2}+n\pi\text{ に注意}\right)$

CHECK & CHECK

46　次の図は，それぞれ(1)，(2)の関数のグラフである。A から H までの値を求めよ。

(1)　$y=\sin\theta$　　(2)　$y=\cos\theta$　　1

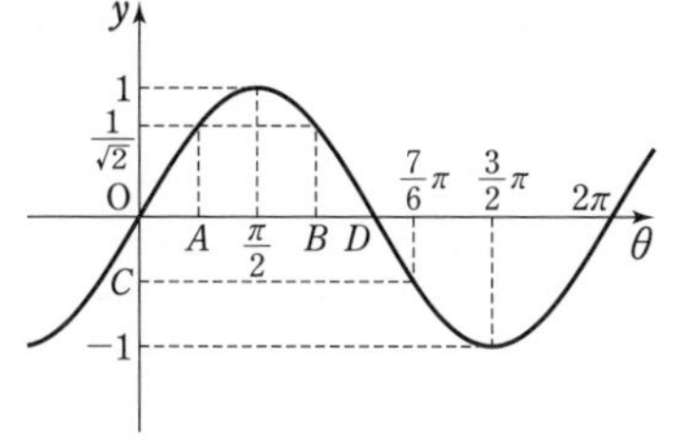

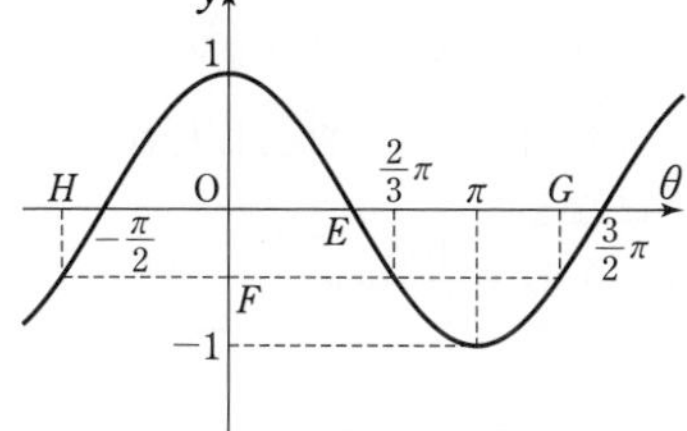

47　次の値を，0 から $\frac{\pi}{4}$ までの角の三角関数で表せ。

(1)　$\sin\frac{5}{9}\pi$　　(2)　$\cos\frac{7}{5}\pi$　　(3)　$\tan\left(-\frac{10}{7}\pi\right)$　　2

基本 例題 118 三角関数のグラフ (1)

次の関数のグラフをかけ。また，その周期を求めよ。

(1) $y=\sin\left(\theta-\dfrac{\pi}{2}\right)$　　(2) $y=\dfrac{3}{2}\sin\theta$　　(3) $y=\sin\dfrac{\theta}{2}$

p.192 基本事項 1

CHART & SOLUTION

(1)～(3)のグラフは，基本形である $y=\sin\theta$ のグラフとの関係を調べてかく。
一般に，正の定数 A，k と $y=f(\theta)$ のグラフに対し

$\boldsymbol{y-q=f(\theta-p)}$ ⟶ **θ 軸方向に p，y 軸方向に q だけ平行移動**
$\boldsymbol{y=Af(\theta)}$ ⟶ **y 軸方向に A 倍に拡大・縮小**
$\boldsymbol{y=f(k\theta)}$ ⟶ **θ 軸方向に $\dfrac{1}{k}$ 倍に拡大・縮小**

$y=f(\theta)$ が周期 α の周期関数ならば，$y=f(k\theta)$ の周期は $\dfrac{\alpha}{k}$ である。
注意　グラフは **1 周期分以上** かいておく。

解答

(1) $y=\sin\left(\theta-\dfrac{\pi}{2}\right)$ のグラフは，$y=\sin\theta$ のグラフを θ 軸方向に $\dfrac{\pi}{2}$ だけ平行移動したもので，**右図** のようになる。周期は　$\boldsymbol{2\pi}$

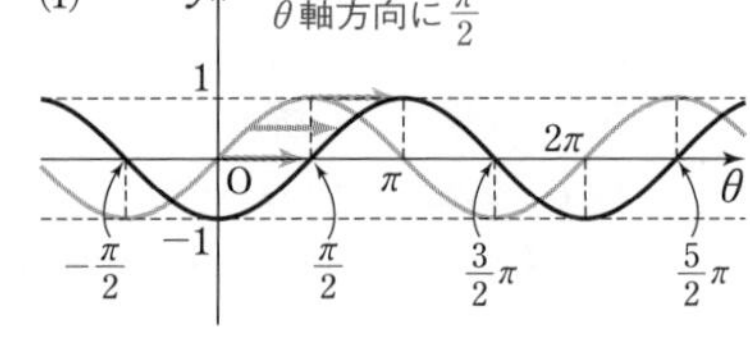

inf. $\sin\left(\theta-\dfrac{\pi}{2}\right)=-\sin\left(\dfrac{\pi}{2}-\theta\right)=-\cos\theta$ であるから，
$y=\sin\left(\theta-\dfrac{\pi}{2}\right)$ のグラフは $y=-\cos\theta$ のグラフと一致する。(p.193 基本事項 2 参照)

(2) $y=\dfrac{3}{2}\sin\theta$ のグラフは，$y=\sin\theta$ のグラフを y 軸方向に $\dfrac{3}{2}$ 倍に拡大したもので，**右図** のようになる。
周期は　$\boldsymbol{2\pi}$

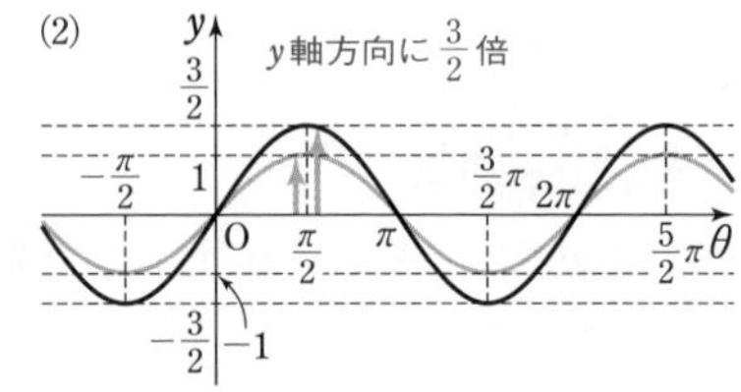

(3) $y=\sin\dfrac{\theta}{2}$ のグラフは，$y=\sin\theta$ のグラフを θ 軸方向に 2 倍に拡大したもので，**右図** のようになる。
周期は　$2\pi\div\dfrac{1}{2}=\boldsymbol{4\pi}$

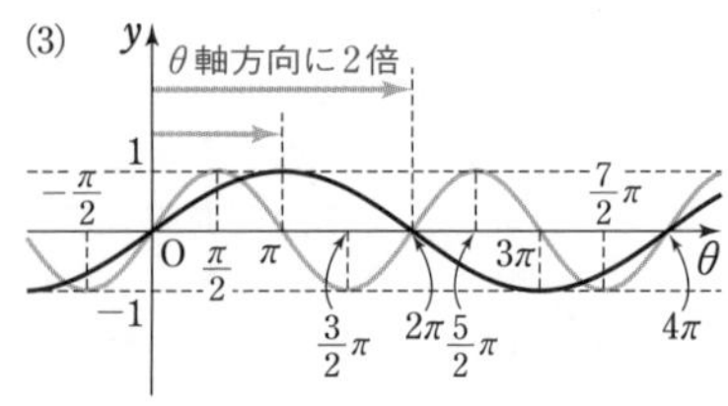

PRACTICE 118[1]

次の関数のグラフをかけ。また，その周期を求めよ。

(1) $y=3\tan\theta$　　(2) $y=\cos\left(\theta+\dfrac{\pi}{4}\right)$　　(3) $y=\tan 2\theta$　　(4) $y=-\sin\theta+1$

基本 例題 119 三角関数のグラフ (2)

関数 $y=2\cos\left(\frac{\theta}{2}-\frac{\pi}{4}\right)$ のグラフをかけ。また，その周期を求めよ。

基本 118

CHART & SOLUTION

関数のグラフ　基本形 ($y=\sin\theta$, $y=\cos\theta$, $y=\tan\theta$) **にもち込む**

① 拡大・縮小　② 平行移動

式を見て，θ 軸方向への $\frac{\pi}{4}$ の平行移動と考えるのは誤りである。

$y=2\cos\left(\frac{\theta}{2}-\frac{\pi}{4}\right)$ から　$y=2\cos\frac{1}{2}\left(\theta-\frac{\pi}{2}\right)$ ……❗

基本形 $y=\cos\theta$ …… ① をもとにしてグラフをかく要領は次の通り。

[1] ①を **y 軸方向に 2 倍に拡大** ⟶ $y=2\cos\theta$ …… グラフ②

[2] ②を **θ 軸方向に 2 倍に拡大** ⟶ $y=2\cos\frac{\theta}{2}$ …… グラフ③

[3] ③を **θ 軸方向に $\frac{\pi}{2}$ だけ平行移動** ⟶ $y=2\cos\frac{1}{2}\left(\theta-\frac{\pi}{2}\right)$ …… グラフ④

解答

❗ $y=2\cos\left(\frac{\theta}{2}-\frac{\pi}{4}\right)$ から　$y=2\cos\frac{1}{2}\left(\theta-\frac{\pi}{2}\right)$

よって，与えられた関数のグラフは，$y=\cos\theta$ のグラフを y 軸方向に 2 倍に拡大，θ 軸方向に 2 倍に拡大して，更に，θ 軸方向に $\frac{\pi}{2}$ だけ平行移動したもので，**下図** のようになる。

周期は　$2\pi\div\frac{1}{2}=\boldsymbol{4\pi}$

⇦ $\frac{\theta}{2}-\frac{\pi}{4}$ を θ の係数 $\frac{1}{2}$ でくくる。

inf. 実際にグラフをかくときには，図の①，②，③をかく必要はない。④の周期が 4π であることに着目し，曲線上の主な点をとり，なめらかな線で結んでかけばよい。

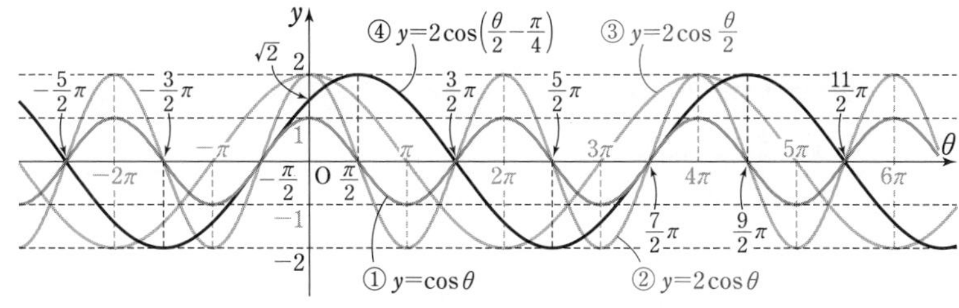

PRACTICE 119❷

次の関数のグラフをかけ。また，その周期を求めよ。

(1) $y=-\cos\left(\frac{\theta}{2}+\frac{\pi}{3}\right)$　　(2) $y=2\sin\left(2\theta-\frac{\pi}{3}\right)+1$

まとめ　三角関数のグラフの特徴

$y=\sin\theta$, $y=\cos\theta$, $y=\tan\theta$ のグラフ

関　数	$y=\sin\theta$	$y=\cos\theta$	$y=\tan\theta$
グラフの概形			
定義域	実数全体	実数全体	$\dfrac{\pi}{2}+n\pi$ (n は整数) 以外の実数全体
値　域	$-1\leqq y\leqq 1$	$-1\leqq y\leqq 1$	実数全体
周　期	2π $\sin(\theta+2\pi)=\sin\theta$	2π $\cos(\theta+2\pi)=\cos\theta$	π $\tan(\theta+\pi)=\tan\theta$
グラフの対称性	原点に関して対称	y 軸に関して対称	原点に関して対称

三角関数のグラフと平行移動，拡大・縮小

一般に，正の定数 A，k と $y=f(\theta)$ のグラフに対し

$\boldsymbol{y-q=f(\theta-p)}$ ⟶ θ 軸方向に p，y 軸方向に q だけ平行移動

$\boldsymbol{y=Af(\theta)}$ ⟶ y 軸方向に A 倍に拡大・縮小

$\boldsymbol{y=f(k\theta)}$ ⟶ θ 軸方向に $\dfrac{1}{k}$ 倍に拡大・縮小

基本例題 118 (3) のグラフは，$y=\sin\theta$ のグラフを θ 軸方向に $\dfrac{1}{2}$ 倍しないのはなぜでしょうか？

θ が 0 から 4π まで動くとき，$\dfrac{\theta}{2}$ は 0 から 2π まで動きます。つまり，$y=\sin\theta$ の 2 周期分 が $y=\sin\dfrac{\theta}{2}$ の 1 周期分 となります。
よって，**θ 軸方向に 2 倍** となります。

← 1 周期 → ← 1 周期 →

θ	0	π	2π	3π	4π
$\dfrac{\theta}{2}$	0	$\dfrac{\pi}{2}$	π	$\dfrac{3}{2}\pi$	2π

⟵ 1 周期 ⟶

STEP UP 身の回りにある三角関数

右の図のように，筒状に丸めた紙を斜めに切るとする。
紙を再び広げたとき，その切り口はどのようになるか，考えてみよう。

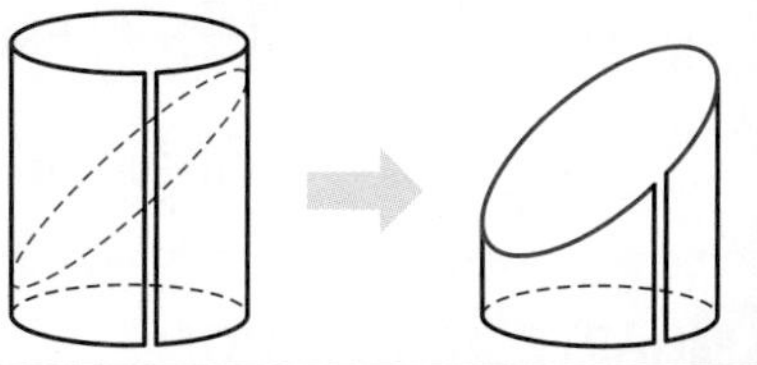

ここでは，底面の半径を1，切り口と底面のなす角を$\frac{\pi}{4}$(＝45°) とする。
切り口の紙の端をA，その向かい側をB，線分ABの中点をOとし，∠QOR＝θ(ラジアン)となるように，点Q，Rを図1のようにとる(ただし，平面ABQと底面は平行)。このとき　QR＝$\sin\theta$　⟵△QORに着目。
また，Qの真上の切り口上に点Pをとると，△PQRは PQ＝QR，∠PRQ＝$\frac{\pi}{4}$ の直角二等辺三角形となるから

$$PQ=\sin\theta$$

更に，扇形QOAについて　$\overset{\frown}{AQ}=1\cdot\theta=\theta$　⟵$l=r\theta$
よって，紙を広げると右の図2のようになり，**正弦曲線($y=\sin\theta$ のグラフ)になる**ということがわかる。
紙を切る角度を変えると，どのように変化するか調べてみよう。

図1

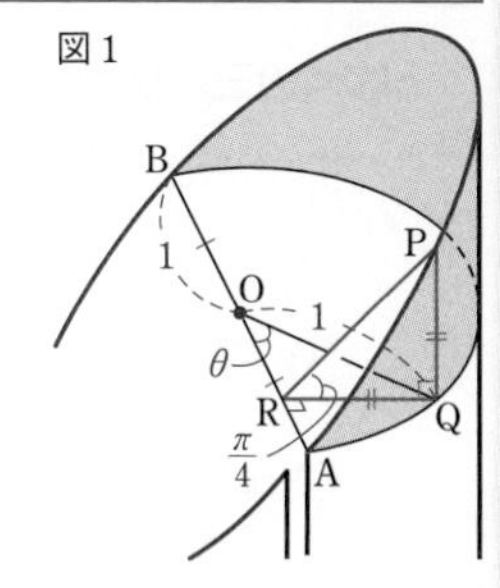

図2

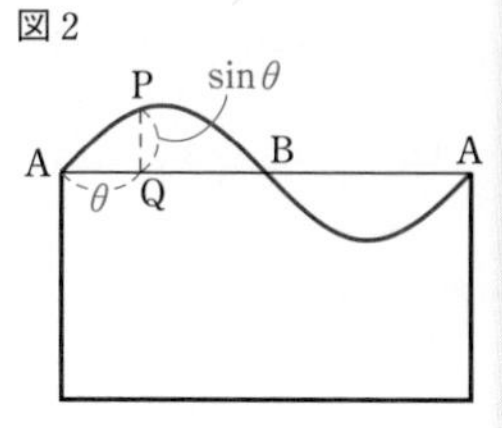

さて，三角関数は，グラフ以外にも様々なところに現れる。遊園地にあるコーヒーカップの動き(軌跡)もその1つである。簡易的に，図3のようなコーヒーカップを考えてみよう。
円盤1が左回りに1周する間に，半径が半分の円盤2が右回りに2周するとき，円盤2の周上にある点Cは図4のような軌跡を描く。この図4を表す式に，実は三角関数が関係している。

図3

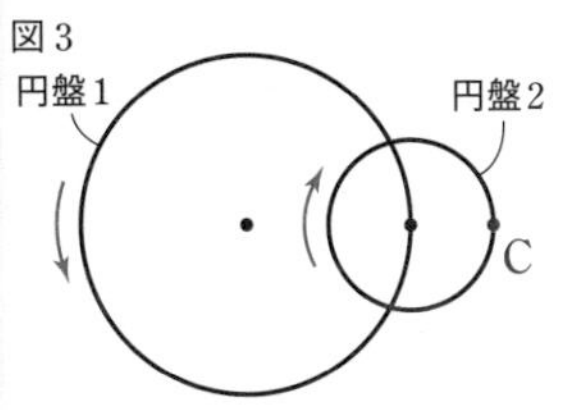

図4

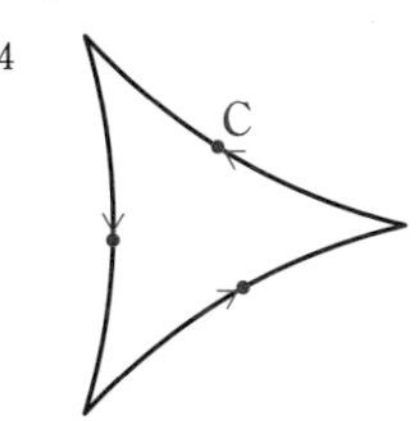

洋服の袖を切り取ると，正弦曲線が現れる。

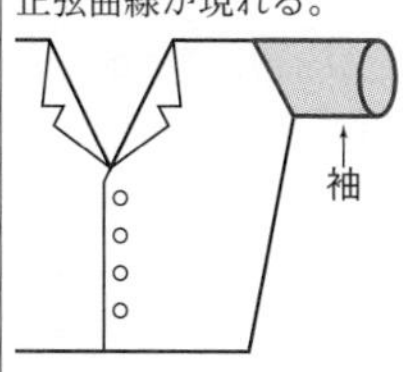

inf. C$(x,\ y)$とすると，x，yはそれぞれ
$$\begin{cases}x=2\cos\theta+\cos2\theta\\ y=2\sin\theta-\sin2\theta\end{cases}$$
と表される(詳しくは数学Ⅲで学習)。

我々が普段耳にする音楽や動物の鳴き声といった「音」も三角関数で表すことができる。このように，身近なところに三角関数はたくさん隠れている。

基本 例題 120 三角関数の値 (2)

次の値を求めよ。

(1) $\cos(\pi-\theta)-\cos\left(\frac{\pi}{2}+\theta\right)+\sin\left(\frac{\pi}{2}-\theta\right)+\sin(\pi+\theta)$

(2) $\sin\frac{5}{8}\pi\cos\frac{\pi}{8}+\sin\frac{9}{8}\pi\cos\left(-\frac{5}{8}\pi\right)$

p.193 基本事項 2

CHART & SOLUTION

一般角の三角関数　θ や鋭角の三角関数に直す

(1) 単位円周上で角 θ を表す動径を OP，P$(a,\ b)$ とすると

$\sin\theta=b$,

$\cos\theta=a$

である。このことを利用すれば，公式を作ることができる。

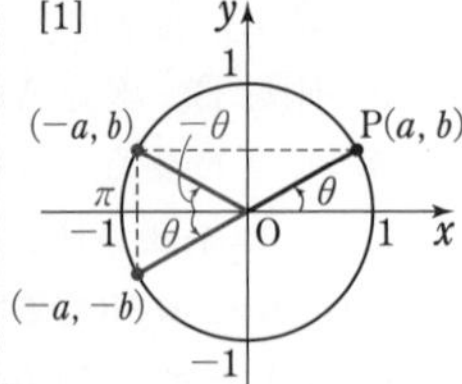

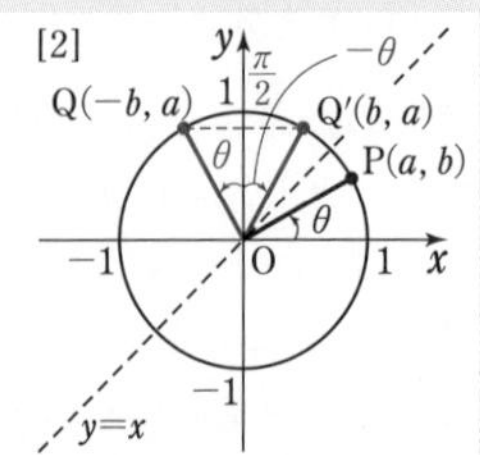

例えば，$\frac{\pi}{2}+\theta$ で表される動径は図 [2] の OQ で，Q$(-b,\ a)$ であるから

$\sin\left(\frac{\pi}{2}+\theta\right)=a=\cos\theta$, $\cos\left(\frac{\pi}{2}+\theta\right)=-b=-\sin\theta$ （p.193 基本事項 2 参照）

(2) $\frac{5}{8}\pi$, $\frac{9}{8}\pi$ の三角比を鋭角 $\left(\frac{\pi}{8}\right)$ を使った三角比に直す。

解答

(1) $\cos(\pi-\theta)-\cos\left(\frac{\pi}{2}+\theta\right)+\sin\left(\frac{\pi}{2}-\theta\right)+\sin(\pi+\theta)$

$=-\cos\theta-(-\sin\theta)+\cos\theta-\sin\theta=\mathbf{0}$

(2) $\sin\frac{5}{8}\pi\cos\frac{\pi}{8}+\sin\frac{9}{8}\pi\cos\left(-\frac{5}{8}\pi\right)$

$=\sin\left(\frac{\pi}{2}+\frac{\pi}{8}\right)\cos\frac{\pi}{8}+\sin\left(\pi+\frac{\pi}{8}\right)\cos\left(\frac{\pi}{2}+\frac{\pi}{8}\right)$

$=\cos\frac{\pi}{8}\cos\frac{\pi}{8}+\left(-\sin\frac{\pi}{8}\right)\left(-\sin\frac{\pi}{8}\right)$

$=\cos^2\frac{\pi}{8}+\sin^2\frac{\pi}{8}=\mathbf{1}$

⇐ $\cos\left(-\frac{5}{8}\pi\right)=\cos\frac{5}{8}\pi$

⇐ $\frac{\pi}{8}=\theta$ とおくと

$\sin\left(\frac{\pi}{2}+\theta\right)=\cos\theta$

$\sin(\pi+\theta)=-\sin\theta$

$\cos\left(\frac{\pi}{2}+\theta\right)=-\sin\theta$

PRACTICE 120❷

次の値を求めよ。

(1) $2\sin\left(\frac{\pi}{2}+\alpha\right)+\sin(\pi-\beta)+\cos\left(\frac{\pi}{2}+\beta\right)+2\cos(\pi-\alpha)$

(2) $\sin\left(-\frac{\pi}{5}\right)\cos\frac{3}{10}\pi+\sin\frac{7}{10}\pi\cos\frac{6}{5}\pi$

基本 例題 121　三角方程式の解法（基本）

$0 \leqq \theta < 2\pi$ のとき，次の方程式を解け。また，θ の範囲に制限がないときの解を求めよ。

(1)　$\sin\theta = \dfrac{1}{2}$　　(2)　$\cos\theta = -\dfrac{1}{2}$　　(3)　$\tan\theta = -\sqrt{3}$

p.193 基本事項 3

CHART & SOLUTION

三角方程式の解法　単位円を利用

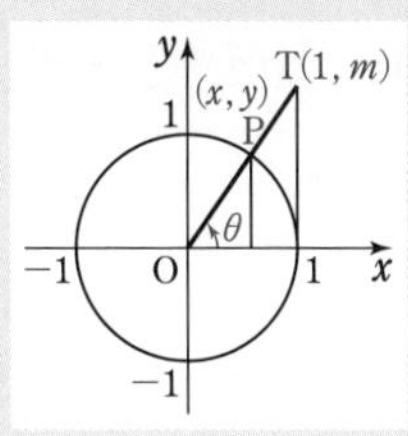

右の図のように，角 θ の動径と単位円の交点を $P(x,\ y)$，直線 OP と直線 $x=1$ の交点を $T(1,\ m)$ とすると

$\boldsymbol{y=\sin\theta}$,　$\boldsymbol{x=\cos\theta}$,　$\boldsymbol{m=\tan\theta}$

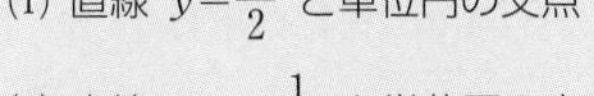

(1) 直線 $y=\dfrac{1}{2}$ と単位円の交点

(2) 直線 $x=-\dfrac{1}{2}$ と単位円の交点

(3) 点 $T(1,\ -\sqrt{3})$ をとり，直線 OT と単位円の交点

これらを P，Q とすると，求める θ は動径 OP，OQ の表す角である。

解答

求める θ は，下のそれぞれの図において，動径 OP，OQ の表す角である。
$0 \leqq \theta < 2\pi$ における解は

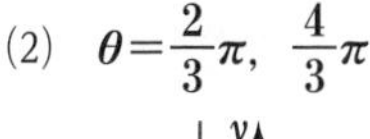

(1)　$\boldsymbol{\theta = \dfrac{\pi}{6},\ \dfrac{5}{6}\pi}$　　(2)　$\boldsymbol{\theta = \dfrac{2}{3}\pi,\ \dfrac{4}{3}\pi}$　　(3)　$\boldsymbol{\theta = \dfrac{2}{3}\pi,\ \dfrac{5}{3}\pi}$

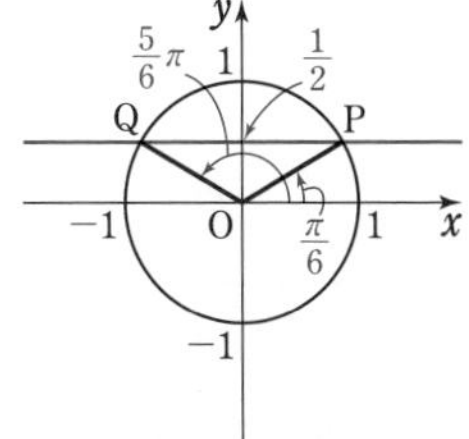

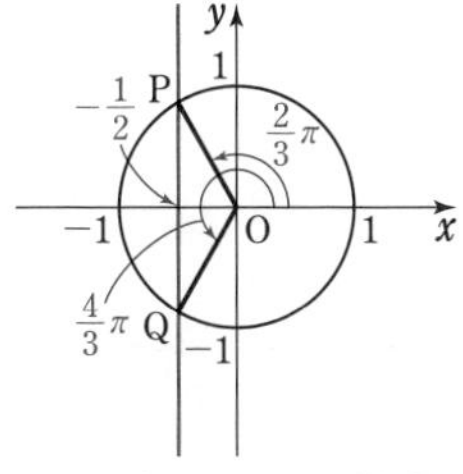

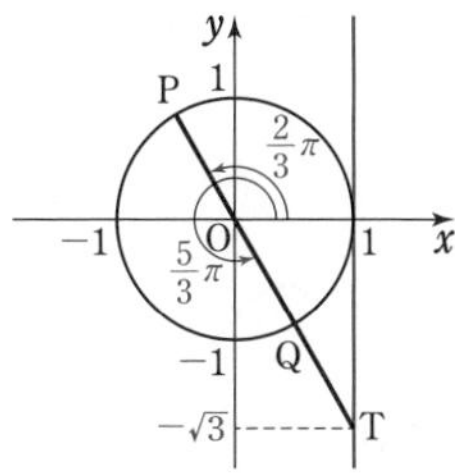

また，θ の範囲に制限がないときの解は，**n を整数** として

(1)　$\boldsymbol{\theta = \dfrac{\pi}{6} + 2n\pi,\ \dfrac{5}{6}\pi + 2n\pi}$

(2)　$\boldsymbol{\theta = \dfrac{2}{3}\pi + 2n\pi,\ \dfrac{4}{3}\pi + 2n\pi}$　　(3)　$\boldsymbol{\theta = \dfrac{2}{3}\pi + n\pi}$

inf. (2) の解はまとめて
$\boldsymbol{\theta = \pm\dfrac{2}{3}\pi + 2n\pi}$
としてもよい。

PRACTICE 121②

$0 \leqq \theta < 2\pi$ のとき，次の方程式を解け。また，θ の範囲に制限がないときの解を求めよ。

(1)　$\sin\theta = \dfrac{\sqrt{3}}{2}$　　(2)　$\cos\theta = -\dfrac{1}{\sqrt{2}}$　　(3)　$\tan\theta = \sqrt{3}$

基本 例題 122 三角不等式の解法（基本）

$0 \leqq \theta < 2\pi$ のとき，次の不等式を解け。

(1) $\sin\theta < -\dfrac{\sqrt{3}}{2}$　　(2) $\cos\theta > -\dfrac{1}{2}$　　(3) $\tan\theta \geqq 1$

基本 121

CHART & SOLUTION

三角不等式の解法　まず＝とおいた三角方程式を解く

[1] 不等号を＝でおき換えた方程式の，角の範囲（定義域）内での解を求める。

[2] [1] の解を利用して，不等式を満たす θ の範囲を **単位円またはグラフから読み取る。**

解答

(1) $0 \leqq \theta < 2\pi$ の範囲で

$\sin\theta = -\dfrac{\sqrt{3}}{2}$ の解は

$\theta = \dfrac{4}{3}\pi,\ \dfrac{5}{3}\pi$

よって，求める解は

$$\boldsymbol{\frac{4}{3}\pi < \theta < \frac{5}{3}\pi}$$

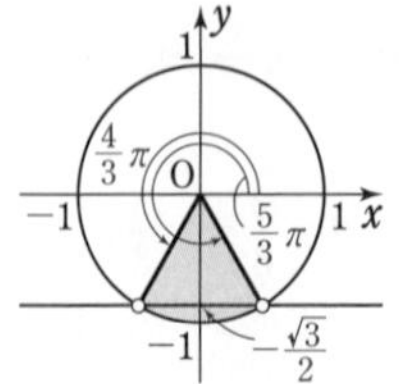

(2) $0 \leqq \theta < 2\pi$ の範囲で

$\cos\theta = -\dfrac{1}{2}$ の解は

$\theta = \dfrac{2}{3}\pi,\ \dfrac{4}{3}\pi$

よって，求める解は

$$\boldsymbol{0 \leqq \theta < \frac{2}{3}\pi,\ \frac{4}{3}\pi < \theta < 2\pi}$$

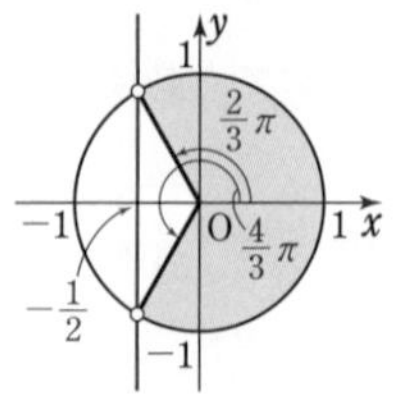

(3) $0 \leqq \theta < 2\pi$ の範囲で

$\tan\theta = 1$ の解は

$\theta = \dfrac{\pi}{4},\ \dfrac{5}{4}\pi$

よって，求める解は

$$\boldsymbol{\frac{\pi}{4} \leqq \theta < \frac{\pi}{2},\ \frac{5}{4}\pi \leqq \theta < \frac{3}{2}\pi}$$

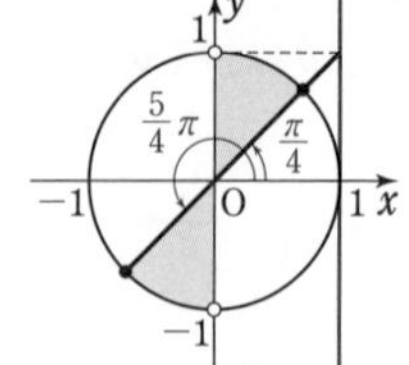

inf. グラフで考えると次のようになる。

(1)

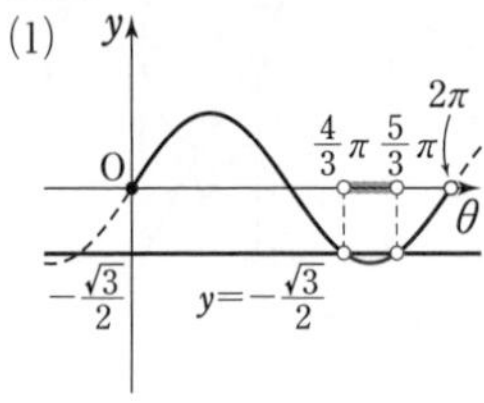

$y=\sin\theta$ のグラフが直線 $y=-\dfrac{\sqrt{3}}{2}$ より下側にある θ の値の範囲を求める。

(2)

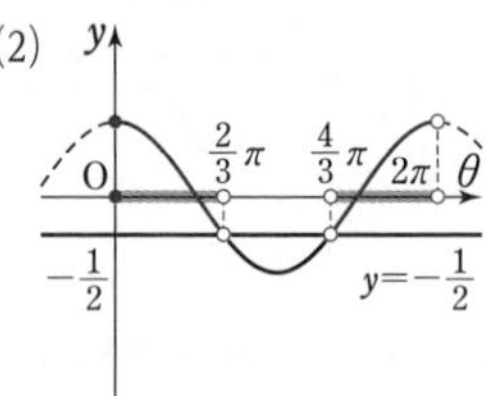

$y=\cos\theta$ のグラフが直線 $y=-\dfrac{1}{2}$ より上側にある θ の値の範囲を求める。

(3)

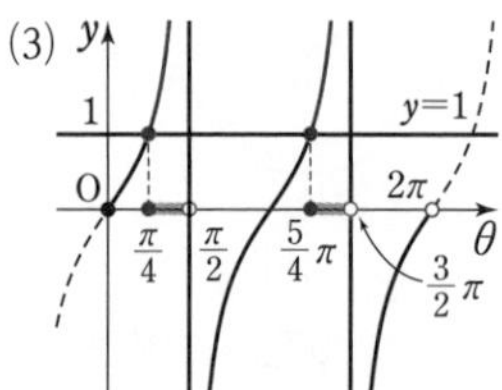

$y=\tan\theta$ のグラフが直線 $y=1$ 上またはそれより上側にある θ の値の範囲を求める。

PRACTICE 122②

$0 \leqq \theta < 2\pi$ のとき，次の不等式を解け。

(1) $2\cos\theta \leqq -\sqrt{2}$　　(2) $-\sqrt{2}\sin\theta + 1 \geqq 0$　　(3) $\sqrt{3}\tan\theta - 1 < 0$

基本 例題 123　三角方程式・不等式の解法（角のおき換え）

$0 \leqq \theta < 2\pi$ のとき，次の方程式・不等式を解け。

(1) $\cos\left(\theta - \dfrac{\pi}{4}\right) = \dfrac{\sqrt{3}}{2}$　　(2) $\sin 2\theta > \dfrac{1}{2}$

基本 121, 122

CHART & SOLUTION

角（変数）のおき換え　変域が変わることに注意

(1) $\theta - \dfrac{\pi}{4} = t$　(2) $2\theta = t$　とおき換えをして，t に関する方程式・不等式を解く。その際，

t の変域に注意する。……❗

解答

(1) $\theta - \dfrac{\pi}{4} = t$ とおくと　$\cos t = \dfrac{\sqrt{3}}{2}$　……①

$0 \leqq \theta < 2\pi$ であるから　$-\dfrac{\pi}{4} \leqq \theta - \dfrac{\pi}{4} < 2\pi - \dfrac{\pi}{4}$

❗ すなわち　$-\dfrac{\pi}{4} \leqq t < \dfrac{7}{4}\pi$

この範囲で，① を満たす t の値は　$t = -\dfrac{\pi}{6},\ \dfrac{\pi}{6}$

よって　$\theta - \dfrac{\pi}{4} = -\dfrac{\pi}{6},\ \dfrac{\pi}{6}$

ゆえに　$\boldsymbol{\theta = \dfrac{\pi}{12},\ \dfrac{5}{12}\pi}$

(2) $2\theta = t$ とおくと　$\sin t > \dfrac{1}{2}$　……①

$0 \leqq \theta < 2\pi$ であるから　$0 \leqq 2\theta < 2 \cdot 2\pi$

❗ すなわち　$0 \leqq t < 4\pi$

この範囲で，① を満たす t の値の範囲は

$\dfrac{\pi}{6} < t < \dfrac{5}{6}\pi,\ \dfrac{13}{6}\pi < t < \dfrac{17}{6}\pi$

よって　$\dfrac{\pi}{6} < 2\theta < \dfrac{5}{6}\pi,\ \dfrac{13}{6}\pi < 2\theta < \dfrac{17}{6}\pi$

ゆえに　$\boldsymbol{\dfrac{\pi}{12} < \theta < \dfrac{5}{12}\pi,\ \dfrac{13}{12}\pi < \theta < \dfrac{17}{12}\pi}$

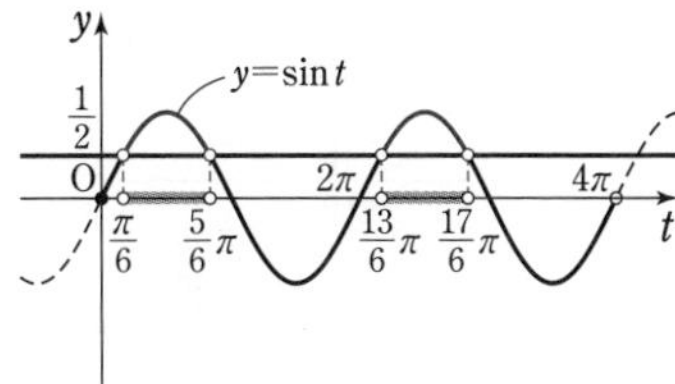

⇦ 慣れたら，角のおき換えをせずに求めてもよい。

PRACTICE 123❸

$0 \leqq \theta < 2\pi$ のとき，次の方程式・不等式を解け。

(1) $\sin\left(2\theta + \dfrac{\pi}{3}\right) = -\dfrac{\sqrt{3}}{2}$　　(2) $\cos\left(\dfrac{\theta}{2} - \dfrac{\pi}{3}\right) \leqq \dfrac{1}{\sqrt{2}}$

基本 例題 124　三角方程式・不等式の解法（2 次式）

$0 \leqq \theta < 2\pi$ のとき，次の方程式・不等式を解け。

(1)　$2\cos^2\theta - \sin\theta - 1 = 0$　　(2)　$2\sin^2\theta + 5\cos\theta < 4$

基本 121, 122

CHART & SOLUTION

$\sin\theta$ と $\cos\theta$ を含む 2 次式　1 つの三角関数で表す

かくれた条件 $\sin^2\theta + \cos^2\theta = 1$ を活用して，与えられた方程式・不等式を，$\sin\theta$，$\cos\theta$ のどちらか一方で表された方程式・不等式に整理する。……❶

(2)　$0 \leqq \theta < 2\pi$ のとき，**$-1 \leqq \cos\theta \leqq 1$** に注意。

解答

❶ (1)　方程式を変形して　$2(1-\sin^2\theta) - \sin\theta - 1 = 0$

整理すると　$2\sin^2\theta + \sin\theta - 1 = 0$

因数分解して　$(\sin\theta + 1)(2\sin\theta - 1) = 0$

よって　$\sin\theta = -1,\ \dfrac{1}{2}$

$0 \leqq \theta < 2\pi$ であるから

[1]　$\sin\theta = -1$ のとき

$\theta = \dfrac{3}{2}\pi$

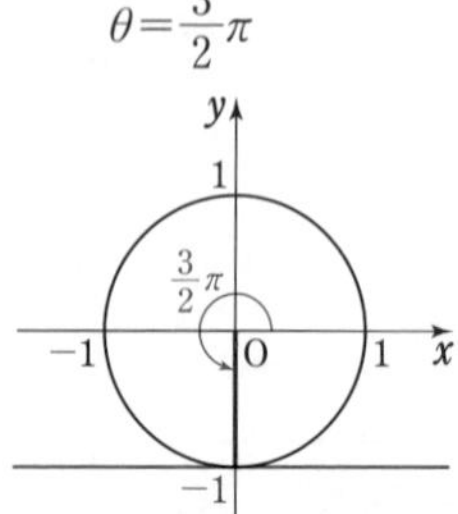

[2]　$\sin\theta = \dfrac{1}{2}$ のとき

$\theta = \dfrac{\pi}{6},\ \dfrac{5}{6}\pi$

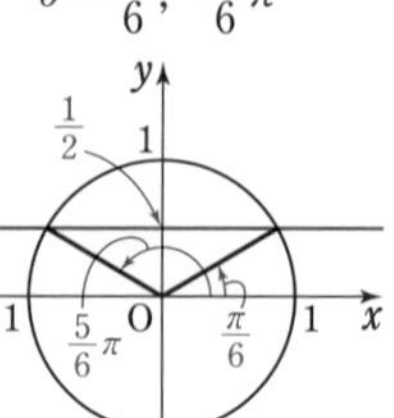

したがって　$\boldsymbol{\theta = \dfrac{\pi}{6},\ \dfrac{5}{6}\pi,\ \dfrac{3}{2}\pi}$

❶ (2)　不等式を変形して　$2(1-\cos^2\theta) + 5\cos\theta < 4$

整理すると　$2\cos^2\theta - 5\cos\theta + 2 > 0$

因数分解して　$(\cos\theta - 2)(2\cos\theta - 1) > 0$

$-1 \leqq \cos\theta \leqq 1$ であるから常に　$\cos\theta - 2 < 0$

よって　$2\cos\theta - 1 < 0$　　ゆえに　$\cos\theta < \dfrac{1}{2}$

$0 \leqq \theta < 2\pi$ であるから　$\boldsymbol{\dfrac{\pi}{3} < \theta < \dfrac{5}{3}\pi}$　←❶

⇐ $\cos^2\theta = 1 - \sin^2\theta$ を代入して，$\sin\theta$ だけの式に。

⇐
1	╲╱ 1	⟶ 2
2	╱╲ −1	⟶ −1
2	−1	1

[1]　直線 $y=-1$ と単位円の共有点

[2]　直線 $y=\dfrac{1}{2}$ と単位円の交点

を考える。

❶単位円上の点 P の x 座標が $\dfrac{1}{2}$ より小さくなるような動径 OP を表す θ の値の範囲を求める。

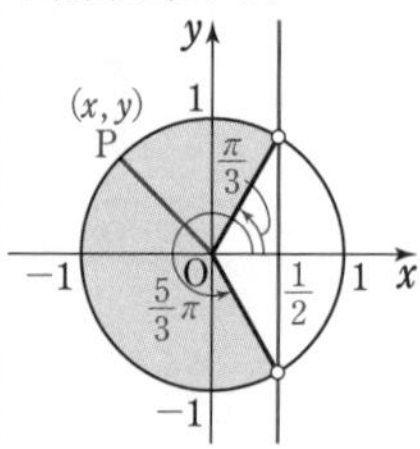

PRACTICE 124③

$0 \leqq \theta < 2\pi$ のとき，次の方程式・不等式を解け。

(1)　$2\sin^2\theta - \sqrt{2}\cos\theta = 0$　　(2)　$2\cos^2\theta + \sqrt{3}\sin\theta + 1 > 0$

ズームUP 三角方程式・不等式（2次式）の解法

基本例題 124 のように，複数の三角関数を含む三角方程式・不等式の解法について考えてみましょう。

1つの三角関数で表す

$\cos\theta$ と $\sin\theta$ の両方を含む三角方程式・不等式で，一方が 2 次の場合は，その形のまま解くことは難しい。その場合，1 次の方の三角関数だけで表してみるのが有効である。このときによく利用されるのが，次の公式である。

$$\sin^2\theta=1-\cos^2\theta,\quad \cos^2\theta=1-\sin^2\theta$$

例えば，基本例題 124 において，

(1)　$\cos^2\theta$ に $1-\sin^2\theta$ を代入して

$$2(1-\sin^2\theta)-\sin\theta-1=0$$

　すなわち　$2\sin^2\theta+\sin\theta-1=0$　……①

(2)　$\sin^2\theta$ に $1-\cos^2\theta$ を代入して

$$2(1-\cos^2\theta)+5\cos\theta<4$$

　すなわち　$2\cos^2\theta-5\cos\theta+2>0$　……②

のように，(1) は $\sin\theta$ の 2 次方程式，(2) は $\cos\theta$ の 2 次不等式に変形できた。

θ の範囲から定まる $\sin\theta$，$\cos\theta$ の値の範囲に注意

三角方程式・不等式を解く際には，θ の範囲から定まる $\sin\theta$，$\cos\theta$ の値の範囲に注意する必要がある。このことは，おき換えた文字のとりうる値の範囲に注意することと同じことである。

基本例題 124 の場合，$0\leqq\theta<2\pi$ であるから，$\sin\theta$，$\cos\theta$ の値の範囲は，

$$-1\leqq\sin\theta\leqq1,\quad -1\leqq\cos\theta\leqq1$$

(1)　① から　$(\sin\theta+1)(2\sin\theta-1)=0$　　よって　$\sin\theta=-1,\ \dfrac{1}{2}$

　これらは，$-1\leqq\sin\theta\leqq1$ をともに満たす。

(2)　② から　$(\cos\theta-2)(2\cos\theta-1)>0$

　$-1\leqq\cos\theta\leqq1$ より，$\cos\theta-2<0$ が常に成り立つから $2\cos\theta-1<0$ となり，この不等式を満たす θ の値の範囲を求めればよい。

　ここで，$\cos\theta-2<0$ であることに気付かないと

　　[1]　$\cos\theta-2>0$　かつ　$2\cos\theta-1>0$

　　[2]　$\cos\theta-2<0$　かつ　$2\cos\theta-1<0$

　と場合分けすることになり，手間が増えてしまう。

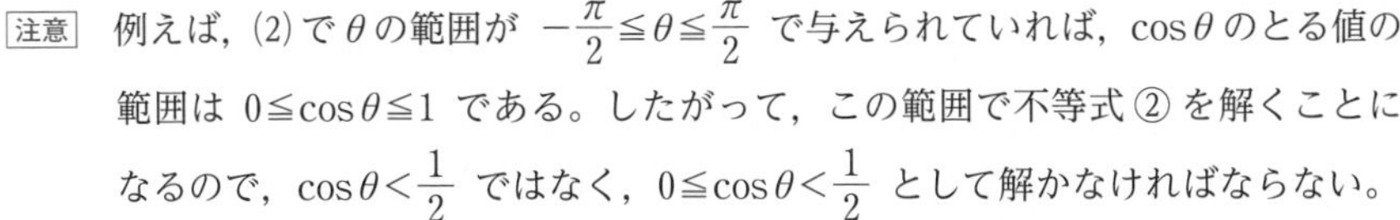

注意　例えば，(2) で θ の範囲が $-\dfrac{\pi}{2}\leqq\theta\leqq\dfrac{\pi}{2}$ で与えられていれば，$\cos\theta$ のとる値の範囲は $0\leqq\cos\theta\leqq1$ である。したがって，この範囲で不等式 ② を解くことになるので，$\cos\theta<\dfrac{1}{2}$ ではなく，$0\leqq\cos\theta<\dfrac{1}{2}$ として解かなければならない。

基本 例題 125　三角関数の最大・最小 (1)

関数 $y=2\sin\theta+2\cos^2\theta-1\ \left(-\dfrac{\pi}{2}\leqq\theta\leqq\dfrac{\pi}{2}\right)$ の最大値・最小値，および最大値・最小値を与える θ の値を求めよ。　〔類　足利工大〕 基本 124

CHART & SOLUTION

三角関数で表された2次式の扱い　1つの三角関数で表す ……❶

かくれた条件 $\sin^2\theta+\cos^2\theta=1$ を活用して，y を $\sin\theta$ だけの式で表す。
$\sin\theta=t$ とおき換えると y は t の2次関数となるが，**t の変域に注意する。**
$-\dfrac{\pi}{2}\leqq\theta\leqq\dfrac{\pi}{2}$ のとき，$-1\leqq\sin\theta\leqq1$ である。

解答

$\cos^2\theta=1-\sin^2\theta$ であるから

❶　$y=2\sin\theta+2(1-\sin^2\theta)-1=-2\sin^2\theta+2\sin\theta+1$

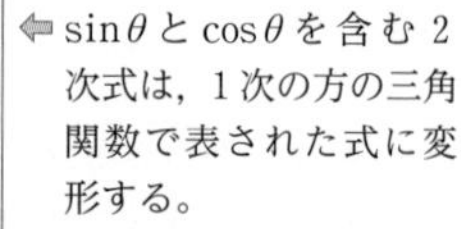

⇐ $\sin\theta$ と $\cos\theta$ を含む2次式は，1次の方の三角関数で表された式に変形する。

$\sin\theta=t$ とおくと，$-\dfrac{\pi}{2}\leqq\theta\leqq\dfrac{\pi}{2}$ であるから　$-1\leqq t\leqq1$

y を t で表すと

$$y=-2t^2+2t+1$$
$$=-2\left(t-\frac{1}{2}\right)^2+\frac{3}{2}$$

⇐ 2次式は基本形に変形。

$-1\leqq t\leqq1$ の範囲で，y は

$t=\dfrac{1}{2}$ で最大値 $\dfrac{3}{2}$，　⇐ 頂点

$t=-1$ で最小値 -3 をとる。　⇐ 端点

また，$-\dfrac{\pi}{2}\leqq\theta\leqq\dfrac{\pi}{2}$ であるから

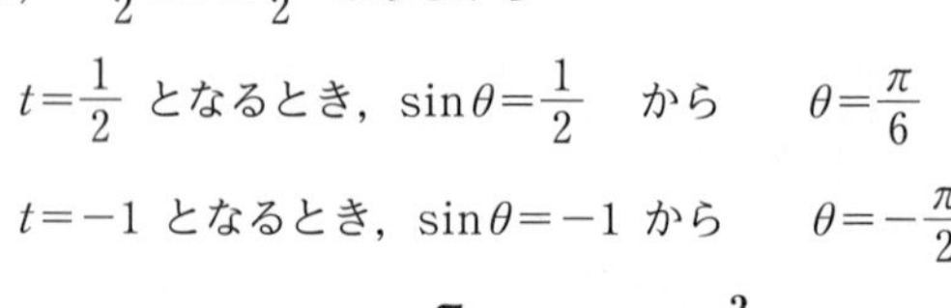

$t=\dfrac{1}{2}$ となるとき，$\sin\theta=\dfrac{1}{2}$　から　$\theta=\dfrac{\pi}{6}$

$t=-1$ となるとき，$\sin\theta=-1$ から　$\theta=-\dfrac{\pi}{2}$

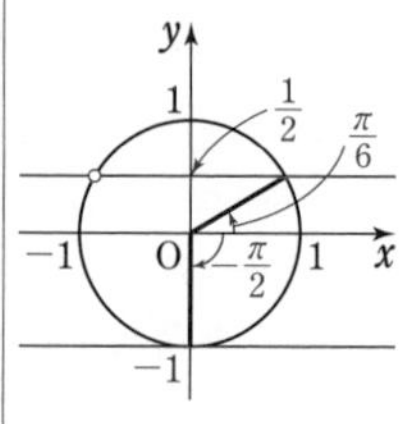

よって，この関数は　$\boldsymbol{\theta=\dfrac{\pi}{6}}$　**で最大値** $\boldsymbol{\dfrac{3}{2}}$，

$\boldsymbol{\theta=-\dfrac{\pi}{2}}$ **で最小値 -3**　をとる。

PRACTICE 125❷

(1), (2) は $0\leqq\theta<2\pi$ の範囲で，(3), (4) は $-\dfrac{\pi}{2}\leqq\theta\leqq\dfrac{\pi}{2}$ の範囲で，それぞれの関数の最大値・最小値を求めよ。また，そのときの θ の値を求めよ。

(1)　$y=\sin^2\theta-2\sin\theta+2$　　(2)　$y=\cos^2\theta+\cos\theta$

(3)　$y=-\cos^2\theta-\sqrt{3}\sin\theta$　　(4)　$y=\sin^2\theta+\sqrt{2}\cos\theta+1$

重要 例題 126 三角方程式の解の個数

a は定数とする。$0 \leqq \theta < 2\pi$ のとき，方程式 $\sin^2\theta - \sin\theta = a$ について
(1) この方程式が解をもつための a のとりうる値の範囲を求めよ。
(2) この方程式の解の個数を a の値によって場合分けして求めよ。

基本 125

CHART & SOLUTION

方程式 $f(\theta)=a$ の解
2 つのグラフ $y=f(\theta)$，$y=a$ の共有点 ……❗
$\sin\theta=k$ $(0 \leqq \theta < 2\pi)$ の解の個数　$k=\pm 1$ で場合分け ……❗
θ の個数は　$k=\pm 1$ のとき 1 個；$-1<k<1$ のとき 2 個；$k<-1$，$1<k$ のとき 0 個

解答

(1) $\sin^2\theta - \sin\theta = a$ ……① とする。
$\sin\theta = t$ とおくと　$t^2 - t = a$ ……②
ただし，$0 \leqq \theta < 2\pi$ から　$-1 \leqq t \leqq 1$ ……③
したがって，方程式 ① が解をもつための条件は，方程式 ② が ③ の範囲の解をもつことである。

❗ 方程式 ② の実数解は，$y=t^2-t=\left(t-\frac{1}{2}\right)^2-\frac{1}{4}$ の グラフと直線 $y=a$ の共有点の t 座標であるから，
右の図より　$-\frac{1}{4} \leqq a \leqq 2$

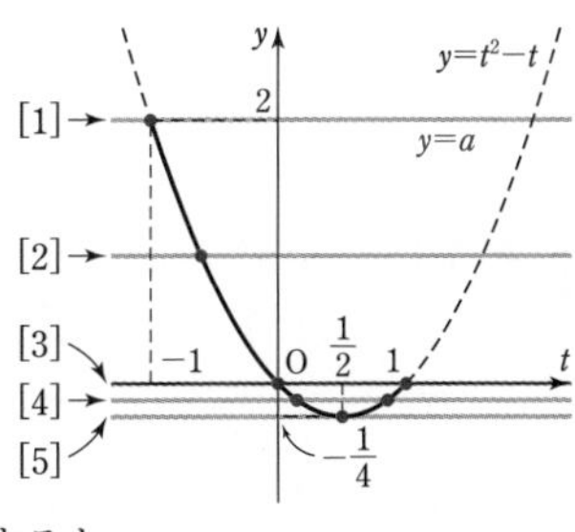

❗ (2) (1) の 2 つの関数のグラフの共有点の t 座標に注目すると，方程式 ① の解の個数は，次のように場合分けされる。

[1] $a=2$ のとき，$t=-1$ から　**1 個**
[2] $0<a<2$ のとき，$-1<t<0$ から　**2 個**
[3] $a=0$ のとき，$t=0$，1 から　**3 個**
[4] $-\frac{1}{4}<a<0$ のとき，$0<t<\frac{1}{2}$，$\frac{1}{2}<t<1$ の範囲に共有点がそれぞれ 1 個ずつあり，それぞれ 2 個ずつの解をもつから　**4 個**
[5] $a=-\frac{1}{4}$ のとき，$t=\frac{1}{2}$ から　**2 個**
[6] $a<-\frac{1}{4}$，$2<a$ のとき　**0 個**

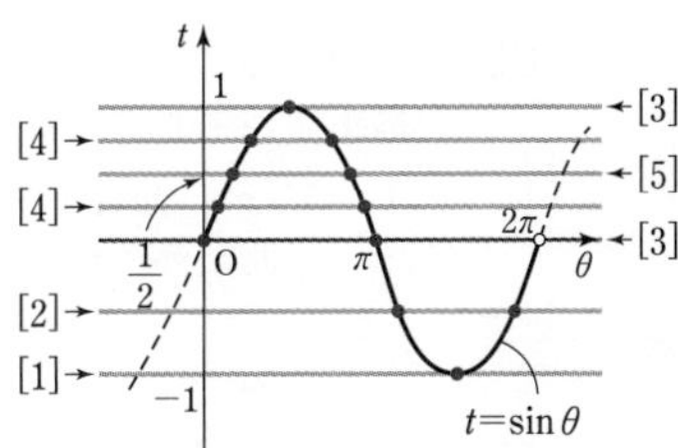

PRACTICE 126④

a を定数とする。方程式 $4\cos^2 x - 2\cos x - 1 = a$ の解の個数を $-\pi < x \leqq \pi$ の範囲で求めよ。　〔類 大分大〕

EXERCISES　16 三角関数のグラフと応用

A

102❷ 関数 $f(\theta)=a\cos(b\theta+c)+d$ について，a，b，c，d の値に応じた $y=f(\theta)$ のグラフが表示されるコンピュータソフトがある。いま，$a=b=1$，$c=d=0$ として，$y=\cos\theta$ のグラフが表示されている。この状態から，a，b，c，d の値のうち，いずれか1つの値だけ変化させたとき，次の ①～③ の変化が起こりうるのは，どの値を変化させたときか，それぞれすべて答えよ。

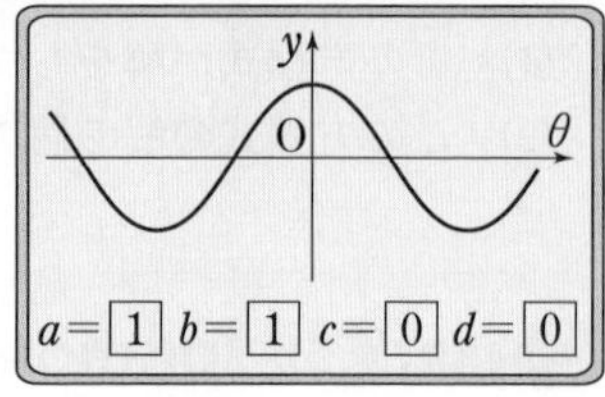

① 関数 $f(\theta)$ の周期が変わった。
② 関数 $f(\theta)$ の最大値と最小値が変わった。
③ 関数 $f(\theta)$ が偶関数から奇関数に変わった。 ➡118, 119

103❸ (1) $0\leqq\theta<2\pi$ の条件で，等式 $\cos^2\theta+\sqrt{3}\sin\theta\cos\theta=1$ を満たす θ の値を求めよ。 〔立教大〕

(2) $\dfrac{\pi}{2}<\theta<\dfrac{3}{2}\pi$ のとき，$2\cos\theta-3\tan\theta>0$ を満たす θ の値の範囲を求めよ。 ➡124

B

104❸ $\sin1$，$\sin2$，$\sin3$，$\sin4$ の中で，負となるものは ア□ である。また，正となるものの最小値は イ□ であり，最大値は ウ□ である。 〔神戸薬大〕
➡ p.184 2，p.192 1

105❹ 方程式 $2\sin^2x-\cos x+a=0$ が $0\leqq x\leqq\pi$ において実数解をもつとき，定数 a の値の範囲を求めよ。 ➡126

106❹ a を実数とする。$0\leqq\theta\leqq\pi$ のとき，関数 $y=a\cos\theta-2\sin^2\theta$ の最大値，最小値をそれぞれ $M(a)$，$m(a)$ とする。
(1) $M(a)$，$m(a)$ を求めよ。
(2) a が実数全体を動くとき，$M(a)$ の最小値と $m(a)$ の最大値を求めよ。
〔熊本大〕 ➡125

107❹ 不等式 $a\sin^2x+6\sin x+1\geqq0$ が常に成り立つような a の最小値を求めよ。
〔防衛大〕

HINT

104 $\pi≒3.14$ より $\dfrac{\pi}{6}<1<\dfrac{\pi}{3}$ であるから $\dfrac{1}{2}<\sin1<\dfrac{\sqrt{3}}{2}$ など。

105 $\cos x=t$ とおくと，与えられた等式は t の2次方程式となる。$-1\leqq t\leqq1$ に注意。

106 (1) $\cos\theta=x$ とおき，x の2次関数の最大・最小問題に帰着させる。最大値は軸が変域の中央より左，中央，中央より右で場合分け。最小値は軸が変域の左外，内，右外で場合分け。

107 $\sin x=t$ とおくと　$-1\leqq t\leqq1$　この範囲において t の不等式が常に成り立つ a の最小値を求める。$a=0$，$a\neq0$ に場合分けする。

17 加法定理

基本事項

1 加法定理

2 つの角 α, β の和 $\alpha+\beta$ や差 $\alpha-\beta$ の三角関数は, α, β の三角関数を用いて, 次のように表される。これを三角関数の **加法定理** という。

1 $\sin(\alpha+\beta)=\sin\alpha\cos\beta+\cos\alpha\sin\beta$

$\sin(\alpha-\beta)=\sin\alpha\cos\beta-\cos\alpha\sin\beta$

2 $\cos(\alpha+\beta)=\cos\alpha\cos\beta-\sin\alpha\sin\beta$

$\cos(\alpha-\beta)=\cos\alpha\cos\beta+\sin\alpha\sin\beta$

3 $\tan(\alpha+\beta)=\dfrac{\tan\alpha+\tan\beta}{1-\tan\alpha\tan\beta}$

$\tan(\alpha-\beta)=\dfrac{\tan\alpha-\tan\beta}{1+\tan\alpha\tan\beta}$

2 2 直線のなす角

交わる 2 直線 $y=m_1x+n_1$, $y=m_2x+n_2$ が垂直でないとき, この 2 直線のなす鋭角を θ とすると　$\tan\theta=\left|\dfrac{m_1-m_2}{1+m_1m_2}\right|$

解説　これらの直線と平行で原点を通る 2 直線

$y=m_1x$ …… ①,　$y=m_2x$ …… ②

のなす角を考えればよい。

①, ② が x 軸の正の向きとなす角をそれぞれ α, β $(0\leqq\beta<\alpha<\pi)$ とし, $\theta'=\alpha-\beta$ とおくと

$$\tan\theta'=\tan(\alpha-\beta)=\frac{\tan\alpha-\tan\beta}{1+\tan\alpha\tan\beta}$$

$\tan\alpha=m_1$, $\tan\beta=m_2$ であるから

$$\tan\theta'=\frac{m_1-m_2}{1+m_1m_2}$$

[1] $\tan\theta'>0$ のとき, $0<\theta'<\pi$ から θ' は鋭角。

よって　$\tan\theta=\tan\theta'=\dfrac{m_1-m_2}{1+m_1m_2}$

[2] $\tan\theta'<0$ のとき, $0<\theta'<\pi$ から θ' は鈍角。

このとき　$\tan\theta=\tan(\pi-\theta')$

$$=-\tan\theta'=-\frac{m_1-m_2}{1+m_1m_2}$$

[1], [2] から　$\tan\theta=\left|\dfrac{m_1-m_2}{1+m_1m_2}\right|$

$0\leqq\alpha<\beta<\pi$ のときも, 同様に成り立つ。

[1] θ' が鋭角のとき

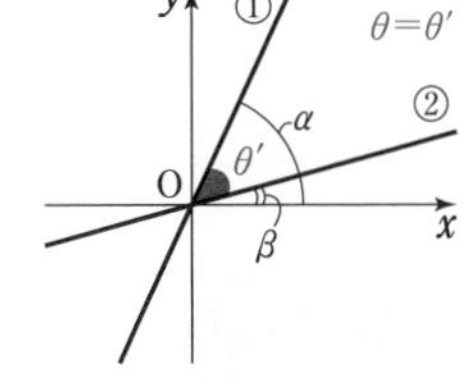

[2] θ' が鈍角のとき

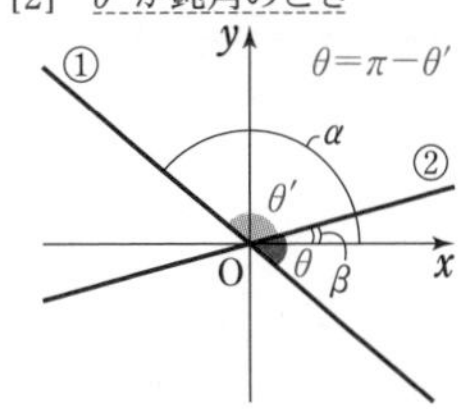

3 2倍角，半角，3倍角の公式

① **2倍角の公式** $\sin 2\alpha=2\sin\alpha\cos\alpha$

$\cos 2\alpha=\cos^2\alpha-\sin^2\alpha=1-2\sin^2\alpha=2\cos^2\alpha-1$

$\tan 2\alpha=\dfrac{2\tan\alpha}{1-\tan^2\alpha}$

② **半角の公式** $\sin^2\dfrac{\alpha}{2}=\dfrac{1-\cos\alpha}{2}$，$\cos^2\dfrac{\alpha}{2}=\dfrac{1+\cos\alpha}{2}$，$\tan^2\dfrac{\alpha}{2}=\dfrac{1-\cos\alpha}{1+\cos\alpha}$

③ **3倍角の公式** $\sin 3\alpha=3\sin\alpha-4\sin^3\alpha$，$\cos 3\alpha=-3\cos\alpha+4\cos^3\alpha$

注意 ③ 3倍角の公式は，加法定理と2倍角の公式を用いて証明される。($p.220$ 重要例題138，PRACTICE 138 参照。)

4 三角関数の合成

$$a\sin\theta+b\cos\theta=\sqrt{a^2+b^2}\sin(\theta+\alpha)$$

ただし $\cos\alpha=\dfrac{a}{\sqrt{a^2+b^2}}$，$\sin\alpha=\dfrac{b}{\sqrt{a^2+b^2}}$

解説 $a\sin\theta+b\cos\theta=\sqrt{a^2+b^2}\left(\dfrac{a}{\sqrt{a^2+b^2}}\sin\theta+\dfrac{b}{\sqrt{a^2+b^2}}\cos\theta\right)$

ここで，$r=\sqrt{a^2+b^2}$ とおき，$\cos\alpha=\dfrac{a}{r}$，$\sin\alpha=\dfrac{b}{r}$

となる角 α をとると

$$\begin{aligned}a\sin\theta+b\cos\theta&=r(\cos\alpha\sin\theta+\sin\alpha\cos\theta)\\&=r(\sin\theta\cos\alpha+\cos\theta\sin\alpha)\\&=r\sin(\theta+\alpha)\end{aligned}$$ ← 加法定理

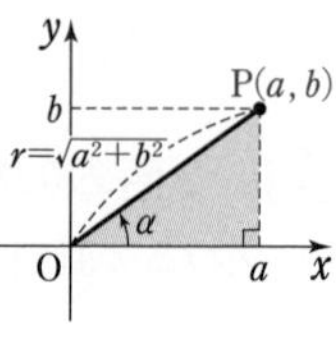

注意 角 α は，点 P$(a,\ b)$ を座標平面上にとったとき，x 軸の正の向きと動径 OP とのなす角で，普通 $0\leqq\alpha<2\pi$ または $-\pi<\alpha\leqq\pi$ の範囲にとる。

補足 $a\sin\theta+b\cos\theta$ は cos で合成することもできる。
座標平面上に点 Q$(b,\ a)$ をとったとき，x 軸の正の向きと動径 OQ とのなす角を
↑座標のとり方に注意

β とすると $r=\sqrt{a^2+b^2}$，$a=r\sin\beta$，$b=r\cos\beta$

よって $$\begin{aligned}a\sin\theta+b\cos\theta&=r\sin\beta\sin\theta+r\cos\beta\cos\theta\\&=r(\cos\theta\cos\beta+\sin\theta\sin\beta)\\&=r\cos(\theta-\beta)\end{aligned}$$ ← 加法定理

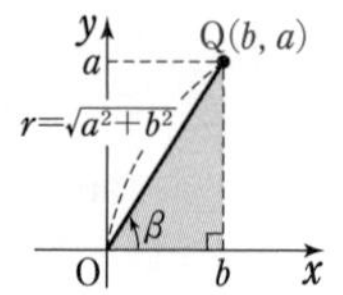

CHECK & CHECK

48 半角の公式を用いて，次の値を求めよ。

(1) $\sin\dfrac{3}{8}\pi$　(2) $\cos\dfrac{3}{8}\pi$　(3) $\tan\dfrac{3}{8}\pi$　→ 3

49 次の式を $r\sin(\theta+\alpha)$ の形に表せ。ただし，$r>0$，$0\leqq\alpha<2\pi$ とする。

(1) $\sin\theta+\cos\theta$　(2) $\sin\theta-\sqrt{3}\cos\theta$　→ 4

基本 例題 127 三角関数の値 (3)

加法定理を用いて，次の値を求めよ。

(1) $\sin 15^\circ$ (2) $\tan 105^\circ$ (3) $\cos\dfrac{\pi}{12}$

p. 207 基本事項 1

CHART & SOLUTION

15°，75° などの三角関数の値

分解して 30°，45°，60° の和・差で表す ……❶

(1) **15°＝60°－45°（＝45°－30°）** (2) **105°＝60°＋45°** とし，加法定理を利用して，30°，45°，60° の三角関数の値を代入する。

(3) $\dfrac{\pi}{12}$ は 15° であり，これも $\dfrac{\pi}{12}=\dfrac{\pi}{3}-\dfrac{\pi}{4}\left(=\dfrac{\pi}{4}-\dfrac{\pi}{6}\right)$ として求められる。

inf. 正接は $\tan\theta=\dfrac{\sin\theta}{\cos\theta}$ から求めた方が早い場合もある（次の例題を参照）。

解答

❶ (1) $\sin 15^\circ=\sin(60^\circ-45^\circ)=\sin 60^\circ\cos 45^\circ-\cos 60^\circ\sin 45^\circ$

$$=\frac{\sqrt{3}}{2}\cdot\frac{1}{\sqrt{2}}-\frac{1}{2}\cdot\frac{1}{\sqrt{2}}=\frac{\sqrt{3}-1}{2\sqrt{2}}=\boldsymbol{\frac{\sqrt{6}-\sqrt{2}}{4}}$$

⇐ $\sin(\alpha-\beta)=\sin\alpha\cos\beta-\cos\alpha\sin\beta$

❶ 別解 $\sin 15^\circ=\sin(45^\circ-30^\circ)=\sin 45^\circ\cos 30^\circ-\cos 45^\circ\sin 30^\circ$

$$=\frac{1}{\sqrt{2}}\cdot\frac{\sqrt{3}}{2}-\frac{1}{\sqrt{2}}\cdot\frac{1}{2}=\frac{\sqrt{3}-1}{2\sqrt{2}}=\boldsymbol{\frac{\sqrt{6}-\sqrt{2}}{4}}$$

⇐ $15^\circ=45^\circ-30^\circ$

❶ (2) $\tan 105^\circ=\tan(60^\circ+45^\circ)=\dfrac{\tan 60^\circ+\tan 45^\circ}{1-\tan 60^\circ\tan 45^\circ}$

$$=\frac{\sqrt{3}+1}{1-\sqrt{3}\cdot 1}=\frac{(1+\sqrt{3})^2}{(1-\sqrt{3})(1+\sqrt{3})}=\boldsymbol{-2-\sqrt{3}}$$

⇐ $\tan(\alpha+\beta)=\dfrac{\tan\alpha+\tan\beta}{1-\tan\alpha\tan\beta}$

❶ (3) $\cos\dfrac{\pi}{12}=\cos\left(\dfrac{\pi}{3}-\dfrac{\pi}{4}\right)=\cos\dfrac{\pi}{3}\cos\dfrac{\pi}{4}+\sin\dfrac{\pi}{3}\sin\dfrac{\pi}{4}$

$$=\frac{1}{2}\cdot\frac{1}{\sqrt{2}}+\frac{\sqrt{3}}{2}\cdot\frac{1}{\sqrt{2}}=\frac{1+\sqrt{3}}{2\sqrt{2}}=\boldsymbol{\frac{\sqrt{2}+\sqrt{6}}{4}}$$

⇐ $\cos(\alpha-\beta)=\cos\alpha\cos\beta+\sin\alpha\sin\beta$

❶ 別解 $\cos\dfrac{\pi}{12}=\cos\left(\dfrac{\pi}{4}-\dfrac{\pi}{6}\right)=\cos\dfrac{\pi}{4}\cos\dfrac{\pi}{6}+\sin\dfrac{\pi}{4}\sin\dfrac{\pi}{6}$

$$=\frac{1}{\sqrt{2}}\cdot\frac{\sqrt{3}}{2}+\frac{1}{\sqrt{2}}\cdot\frac{1}{2}=\frac{\sqrt{3}+1}{2\sqrt{2}}=\boldsymbol{\frac{\sqrt{6}+\sqrt{2}}{4}}$$

⇐ $\dfrac{\pi}{12}=\dfrac{\pi}{4}-\dfrac{\pi}{6}$ $(15^\circ=45^\circ-30^\circ)$

inf. (3) $\cos\dfrac{\pi}{12}=\cos 15^\circ=\cos(60^\circ-45^\circ)$ と計算してもよい。

PRACTICE 127❶

(1) 195° の正弦・余弦・正接の値を求めよ。

(2) $\dfrac{11}{12}\pi$ の正弦・余弦・正接の値を求めよ。

基本 例題 128 加法定理の利用 ②

$\sin\alpha=\frac{3}{5}\ \left(0<\alpha<\frac{\pi}{2}\right)$, $\cos\beta=-\frac{4}{5}\ \left(\frac{\pi}{2}<\beta<\pi\right)$ のとき，$\sin(\alpha+\beta)$, $\cos(\alpha-\beta)$, $\tan(\alpha-\beta)$ の値を求めよ。

p.207 基本事項 1

CHART & SOLUTION

三角関数の値　かくれた条件 $\sin^2\theta+\cos^2\theta=1$ が有効

加法定理により　$\sin(\alpha+\beta)=\sin\alpha\cos\beta+\cos\alpha\sin\beta$

$\cos(\alpha-\beta)=\cos\alpha\cos\beta+\sin\alpha\sin\beta$

であるから，残りの $\cos\alpha$, $\sin\beta$ の値を $\sin\alpha$, $\cos\beta$ から求める。

⟶ **かくれた条件 $\sin^2\theta+\cos^2\theta=1$** の利用。

$\tan(\alpha-\beta)$ は $\frac{\sin(\alpha-\beta)}{\cos(\alpha-\beta)}$ として求めた方がスムーズ。

解答

$0<\alpha<\frac{\pi}{2}$ であるから　$\cos\alpha>0$

$\frac{\pi}{2}<\beta<\pi$ であるから　$\sin\beta>0$

よって　$\cos\alpha=\sqrt{1-\sin^2\alpha}=\sqrt{1-\left(\frac{3}{5}\right)^2}=\frac{4}{5}$

$\sin\beta=\sqrt{1-\cos^2\beta}=\sqrt{1-\left(-\frac{4}{5}\right)^2}=\frac{3}{5}$

ゆえに　$\boldsymbol{\sin(\alpha+\beta)}=\sin\alpha\cos\beta+\cos\alpha\sin\beta$

$=\frac{3}{5}\cdot\left(-\frac{4}{5}\right)+\frac{4}{5}\cdot\frac{3}{5}=\boldsymbol{0}$

$\boldsymbol{\cos(\alpha-\beta)}=\cos\alpha\cos\beta+\sin\alpha\sin\beta$

$=\frac{4}{5}\cdot\left(-\frac{4}{5}\right)+\frac{3}{5}\cdot\frac{3}{5}=\boldsymbol{-\frac{7}{25}}$

また　$\sin(\alpha-\beta)=\sin\alpha\cos\beta-\cos\alpha\sin\beta$

$=\frac{3}{5}\cdot\left(-\frac{4}{5}\right)-\frac{4}{5}\cdot\frac{3}{5}=-\frac{24}{25}$

よって　$\boldsymbol{\tan(\alpha-\beta)}=\frac{\sin(\alpha-\beta)}{\cos(\alpha-\beta)}$

$=\left(-\frac{24}{25}\right)\div\left(-\frac{7}{25}\right)=\boldsymbol{\frac{24}{7}}$

⇐ α は第1象限の角であるから　$\cos\alpha>0$
β は第2象限の角であるから　$\sin\beta>0$

⇐ $\sin^2\alpha+\cos^2\alpha=1$

⇐ $\sin^2\beta+\cos^2\beta=1$

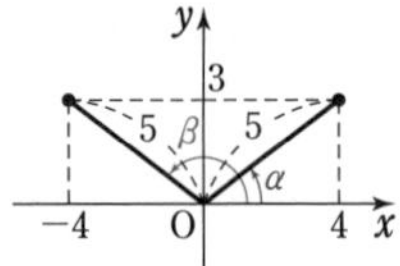

⇐ $\tan\alpha$ と $\tan\beta$ の値を求めて，$\tan(\alpha-\beta)=\frac{\tan\alpha-\tan\beta}{1+\tan\alpha\tan\beta}$ に代入するのは煩雑。

PRACTICE 128 ②

$\sin\alpha=\frac{1}{2}\ \left(0<\alpha<\frac{\pi}{2}\right)$, $\sin\beta=\frac{1}{3}\ \left(\frac{\pi}{2}<\beta<\pi\right)$ のとき，$\sin(\alpha+\beta)$, $\cos(\alpha-\beta)$, $\tan(\alpha-\beta)$ の値を求めよ。　〔類 北海道教育大〕

基本 例題 129 2直線のなす角

(1) 2直線 $y=3x+1$, $y=\frac{1}{2}x+2$ のなす角 $\theta\left(0<\theta<\frac{\pi}{2}\right)$ を求めよ。

(2) 直線 $y=2x-1$ と $\frac{\pi}{4}$ の角をなす直線の傾きを求めよ。

p.207 基本事項 2

CHART & SOLUTION

2直線のなす角　tanの加法定理を利用

(1) 2直線と x 軸の正の向きとのなす角を α, β とし，2直線のなす角 θ を図から判断。$\tan\alpha$, $\tan\beta$ の値を求め，加法定理を用いて $\tan(\alpha-\beta)$ を計算し，$\alpha-\beta$ の値を求める。

(2) 求める直線は，直線 $y=2x-1$ に対して2本存在する。この直線と x 軸の正の向きとのなす角を考える。

解答

(1) 図のように，2直線と x 軸の正の向きとのなす角を，それぞれ α, β とすると，求める角 θ は

$$\theta=\alpha-\beta$$

$\tan\alpha=3$, $\tan\beta=\frac{1}{2}$ であるから

$$\tan\theta=\tan(\alpha-\beta)=\frac{\tan\alpha-\tan\beta}{1+\tan\alpha\tan\beta}$$

$$=\left(3-\frac{1}{2}\right)\div\left(1+3\cdot\frac{1}{2}\right)=1$$

$0<\theta<\frac{\pi}{2}$ であるから　$\boldsymbol{\theta=\frac{\pi}{4}}$

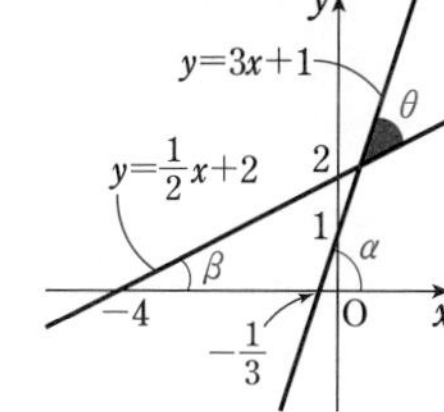

別解（p.207 基本事項 2 の公式を利用した解法）

2直線は垂直でないから

$$\tan\theta=\left|\frac{3-\frac{1}{2}}{1+3\cdot\frac{1}{2}}\right|=\frac{\frac{5}{2}}{\frac{5}{2}}=1$$

$0<\theta<\frac{\pi}{2}$ であるから

$\boldsymbol{\theta=\frac{\pi}{4}}$

(2) 直線 $y=2x-1$ と x 軸の正の向きとのなす角を α とすると

$$\tan\alpha=2$$

$$\tan\left(\alpha\pm\frac{\pi}{4}\right)=\frac{\tan\alpha\pm\tan\frac{\pi}{4}}{1\mp\tan\alpha\tan\frac{\pi}{4}}$$

$$=\frac{2\pm1}{1\mp2\cdot1}\quad(\text{複号同順})$$

よって，求める直線の傾きは　$\boldsymbol{-3,\ \frac{1}{3}}$

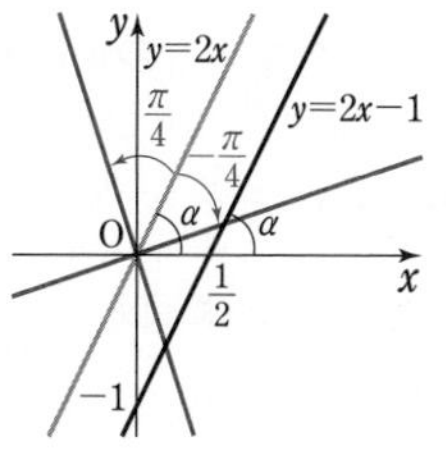

⇦ 2直線のなす角は，それぞれと平行で原点を通る2直線のなす角に等しい。そこで，直線 $y=2x-1$ を平行移動した直線 $y=2x$ をもとにした図をかくと見通しがよくなる。

PRACTICE 129❷

(1) 2直線 $y=x-3$, $y=-(2+\sqrt{3})x-1$ のなす鋭角 θ を求めよ。

(2) 点 $(1,\ \sqrt{3})$ を通り，直線 $y=-x+1$ と $\frac{\pi}{3}$ の角をなす直線の方程式を求めよ。

基本 例題 130 点の回転

(1) 点 P(3, 1) を原点Oを中心として $\frac{\pi}{4}$ だけ回転させた点Qの座標を求めよ。

(2) 点 R(7, 3) を点 A(4, 2) を中心として $\frac{\pi}{4}$ だけ回転させた点Sの座標を求めよ。

p.207 基本事項 1

CHART & SOLUTION

点の回転　加法定理を利用

点 $P(x_0,\ y_0)$ を原点Oを中心として θ だけ回転させた点を $Q(x,\ y)$ とする。

$OP=r$ とし，動径 OP と x 軸の正の向きとのなす角を α とすると

$$x_0=r\cos\alpha,\ y_0=r\sin\alpha$$

$OQ=r$ で，動径 OQ と x 軸の正の向きとのなす角を考えると，**加法定理** により

$$x=r\cos(\alpha+\theta)=r\cos\alpha\cos\theta-r\sin\alpha\sin\theta=x_0\cos\theta-y_0\sin\theta$$

$$y=r\sin(\alpha+\theta)=r\sin\alpha\cos\theta+r\cos\alpha\sin\theta=y_0\cos\theta+x_0\sin\theta$$

(2) は，回転の中心が原点ではないため，上のことは直接使えない。2 点 R，A を **回転の中心である点Aが原点に移るように平行移動** して考える。

解答

(1) 点Qの座標を $(x,\ y)$ とし，$OP=r$，OP と x 軸の正の向きとのなす角を α とすると，$3=r\cos\alpha$，$1=r\sin\alpha$ から

$$x=r\cos\left(\alpha+\frac{\pi}{4}\right)=r\cos\alpha\cos\frac{\pi}{4}-r\sin\alpha\sin\frac{\pi}{4}=3\cdot\frac{1}{\sqrt{2}}-1\cdot\frac{1}{\sqrt{2}}=\sqrt{2}$$

$$y=r\sin\left(\alpha+\frac{\pi}{4}\right)=r\sin\alpha\cos\frac{\pi}{4}+r\cos\alpha\sin\frac{\pi}{4}=1\cdot\frac{1}{\sqrt{2}}+3\cdot\frac{1}{\sqrt{2}}=2\sqrt{2}$$

したがって，点 Q の座標は　**$(\sqrt{2},\ 2\sqrt{2})$**

(2) 点Aが原点Oに移るような平行移動により，点Rは点 (3, 1) に移るから，(1) の点Pに一致する。

← (2) x 軸方向に -4，y 軸方向に -2 だけ平行移動する。

この点Pを原点を中心として $\frac{\pi}{4}$ だけ回転した点の座標は，(1) より $(\sqrt{2},\ 2\sqrt{2})$ であるから，求める点Sの座標は

$$(\sqrt{2}+4,\ 2\sqrt{2}+2)$$

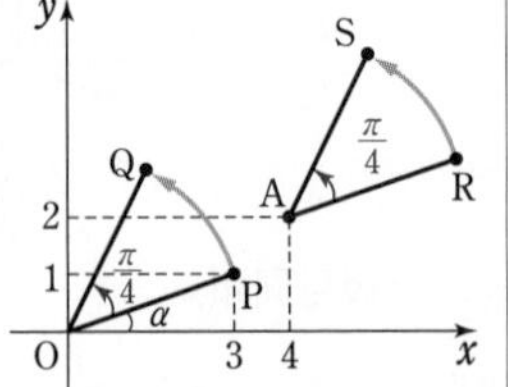

← x 軸方向に 4，y 軸方向に 2 だけ平行移動して，元に戻す。

PRACTICE 130 ③

(1) 点 $P(4,\ 2\sqrt{3})$ を，原点を中心として $\frac{\pi}{6}$ だけ回転させた点Qの座標を求めよ。

(2) 点 P(4, 2) を，点 A(2, 5) を中心として $\frac{\pi}{3}$ だけ回転させた点Qの座標を求めよ。

基本 例題 131　2倍角，半角，3倍角の公式

$\frac{\pi}{2}<\theta<\pi$ で $\sin\theta=\frac{1}{3}$ のとき，$\sin 2\theta$，$\cos\frac{\theta}{2}$，$\cos 3\theta$ の値を求めよ。

p.208 基本事項 3

CHART & SOLUTION

2倍角，半角，3倍角の公式

$\sin\theta$，$\cos\theta$，$\tan\theta$ の値が基本

$\sin 2\theta=2\sin\theta\cos\theta$，$\cos^2\frac{\theta}{2}=\frac{1+\cos\theta}{2}$，$\cos 3\theta=-3\cos\theta+4\cos^3\theta$ であるから，まず $\cos\theta$ を求める必要がある。……❶　また，符号に注意。

$\frac{\pi}{2}<\theta<\pi$ から　$\cos\theta<0$ ⟶ $\frac{\pi}{4}<\frac{\theta}{2}<\frac{\pi}{2}$ から　$\cos\frac{\theta}{2}>0$

解答

$\frac{\pi}{2}<\theta<\pi$ であるから　$\cos\theta<0$

❶ よって　$\cos\theta=-\sqrt{1-\sin^2\theta}=-\sqrt{1-\left(\frac{1}{3}\right)^2}=-\frac{2\sqrt{2}}{3}$　⇐ $\sin^2\theta+\cos^2\theta=1$

ゆえに　$\boldsymbol{\sin 2\theta}=2\sin\theta\cos\theta=2\cdot\frac{1}{3}\cdot\left(-\frac{2\sqrt{2}}{3}\right)=\boldsymbol{-\frac{4\sqrt{2}}{9}}$　⇐ 2倍角の公式

次に　$\cos^2\frac{\theta}{2}=\frac{1+\cos\theta}{2}=\frac{1-\frac{2\sqrt{2}}{3}}{2}=\frac{3-2\sqrt{2}}{6}$　⇐ 半角の公式

$\frac{\pi}{2}<\theta<\pi$ より，$\frac{\pi}{4}<\frac{\theta}{2}<\frac{\pi}{2}$ であるから　$\cos\frac{\theta}{2}>0$　⇐ $\frac{\theta}{2}$ の範囲に注意。

よって　$\boldsymbol{\cos\frac{\theta}{2}}=\sqrt{\frac{3-2\sqrt{2}}{6}}=\frac{\sqrt{3-2\sqrt{2}}}{\sqrt{6}}=\frac{\sqrt{2}-1}{\sqrt{6}}$

$=\boldsymbol{\frac{2\sqrt{3}-\sqrt{6}}{6}}$

⇐ $\sqrt{3-2\sqrt{2}}$ $=\sqrt{(\sqrt{2}-1)^2}$ $=\sqrt{2}-1$ （2重根号をはずす）

また　$\boldsymbol{\cos 3\theta}=-3\cos\theta+4\cos^3\theta$

$=-3\cdot\left(-\frac{2\sqrt{2}}{3}\right)+4\left(-\frac{2\sqrt{2}}{3}\right)^3=\boldsymbol{-\frac{10\sqrt{2}}{27}}$

⇐ 3倍角の公式　忘れたら，加法定理から導く。p.220 PRACTICE 138 参照。

INFORMATION　三角関数の公式を導く

三角関数に関連する2倍角，半角，3倍角などの公式はたくさんある。そのすべてを暗記する必要はない。元となる加法定理から導けるよう，導き方を頭に入れておこう。（→ p.224 まとめ 参照）

PRACTICE 131❷

$\frac{\pi}{2}<\theta<\pi$ で $\cos\theta=-\frac{2}{3}$ のとき，$\cos 2\theta$，$\sin\frac{\theta}{2}$，$\sin 3\theta$ の値を求めよ。

基本 例題 132 三角方程式・不等式の解法（倍角）

$0 \leqq \theta < 2\pi$ のとき，次の方程式・不等式を解け。

(1) $\cos 2\theta - 3\cos\theta + 2 = 0$　　(2) $\sin 2\theta > \cos\theta$

基本 124, 131

CHART & SOLUTION

2倍角を含む三角方程式・不等式

関数の種類 と 角を θ に 統一する

(1) $\cos 2\theta = 2\cos^2\theta - 1$ を使って $\cos\theta$ だけの式にし，$AB=0$ の形に変形。

(2) $\sin 2\theta = 2\sin\theta\cos\theta$ を使って，角の大きさを θ に統一し，$AB>0$ の形に変形。

解答

(1) $\cos 2\theta = 2\cos^2\theta - 1$ を方程式に代入して整理すると

$$2\cos^2\theta - 3\cos\theta + 1 = 0$$

よって　$(\cos\theta - 1)(2\cos\theta - 1) = 0$

ゆえに　$\cos\theta = 1$　または　$\cos\theta = \frac{1}{2}$

$0 \leqq \theta < 2\pi$ であるから

$\cos\theta = 1$　のとき　$\theta = 0$

$\cos\theta = \frac{1}{2}$　のとき　$\theta = \frac{\pi}{3},\ \frac{5}{3}\pi$

よって　$\boldsymbol{\theta = 0,\ \frac{\pi}{3},\ \frac{5}{3}\pi}$

(2) $\sin 2\theta = 2\sin\theta\cos\theta$ を不等式に代入すると

$2\sin\theta\cos\theta > \cos\theta$　すなわち　$\cos\theta(2\sin\theta - 1) > 0$

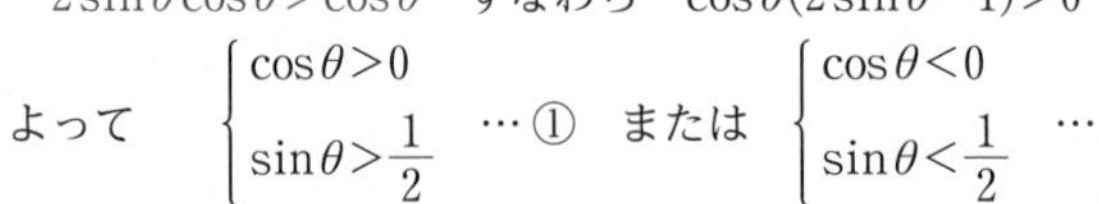

よって　$\begin{cases} \cos\theta > 0 \\ \sin\theta > \frac{1}{2} \end{cases}$ …①　または　$\begin{cases} \cos\theta < 0 \\ \sin\theta < \frac{1}{2} \end{cases}$ …②

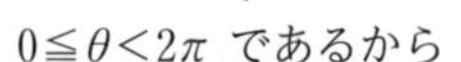

$0 \leqq \theta < 2\pi$ であるから

① の解は　$\frac{\pi}{6} < \theta < \frac{\pi}{2}$

② の解は　$\frac{5}{6}\pi < \theta < \frac{3}{2}\pi$

よって

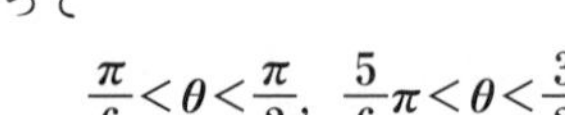

$$\boldsymbol{\frac{\pi}{6} < \theta < \frac{\pi}{2},\ \frac{5}{6}\pi < \theta < \frac{3}{2}\pi}$$

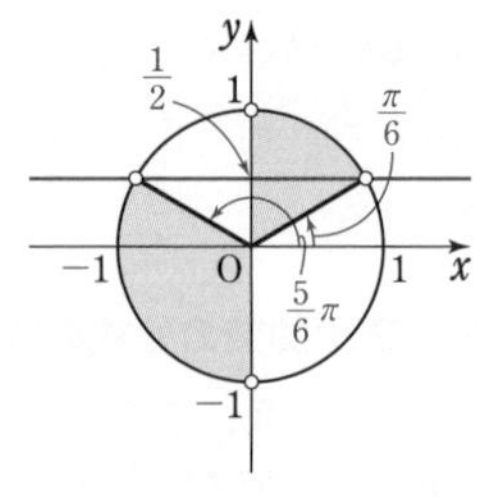

⇦ $\cos\theta$ だけの方程式に変形する。

⇦ 1 ╲╱ −1 → −2；2 ╱╲ −1 → −1；2　1　−3

⇦ $\cos\theta = \frac{1}{2}$ についての参考図。

⇦ 角を θ に統一する。

⇦ $2\sin\theta\cos\theta - \cos\theta > 0$

⇦ $AB>0 \iff \begin{cases} A>0 \\ B>0 \end{cases}$ または $\begin{cases} A<0 \\ B<0 \end{cases}$

PRACTICE 132❷

$0 \leqq \theta < 2\pi$ のとき，次の方程式・不等式を解け。

(1) $\cos 2\theta = \sqrt{3}\cos\theta + 2$　　(2) $\sin 2\theta < \sin\theta$

基本 例題 133　三角関数の合成

次の式を $r\sin(\theta+\alpha)$ の形に表せ。ただし，$r>0$，$-\pi<\alpha\leqq\pi$ とする。

(1)　$\cos\theta-\sqrt{3}\sin\theta$　　　(2)　$3\sin\theta+2\cos\theta$

p.208 基本事項 4

CHART & SOLUTION

$a\sin\theta+b\cos\theta$ の変形（合成）

点 P$(a,\ b)$ をとって考える

① 座標平面上に点 P$(a,\ b)$ をとる。

② 長さ OP $(=r=\sqrt{a^2+b^2})$，なす角 α を求める。

③ 1つの式にまとめる。

$$a\sin\theta+b\cos\theta=\sqrt{a^2+b^2}\sin(\theta+\alpha)$$

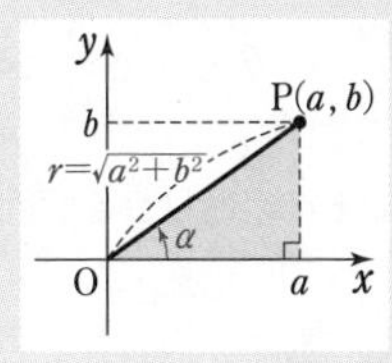

解答

(1)　$\cos\theta-\sqrt{3}\sin\theta=-\sqrt{3}\sin\theta+\cos\theta$

⇐ $a\sin\theta+b\cos\theta$ に変形。

P$(-\sqrt{3},\ 1)$ をとると　　OP$=\sqrt{(-\sqrt{3})^2+1^2}=2$

線分 OP と x 軸の正の向きとのなす角は　$\dfrac{5}{6}\pi$

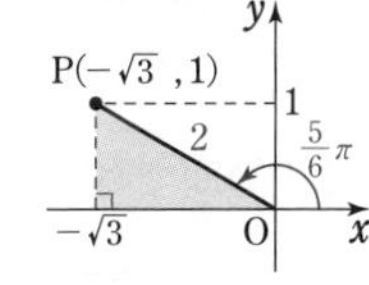

よって　　$\cos\theta-\sqrt{3}\sin\theta=-\sqrt{3}\sin\theta+\cos\theta$

$$=\mathbf{2\sin\left(\theta+\frac{5}{6}\pi\right)}$$

(2)　P$(3,\ 2)$ をとると　　OP$=\sqrt{3^2+2^2}=\sqrt{13}$

線分 OP と x 軸の正の向きとのなす角を α とすると

$$\cos\alpha=\frac{3}{\sqrt{13}},\quad \sin\alpha=\frac{2}{\sqrt{13}}$$

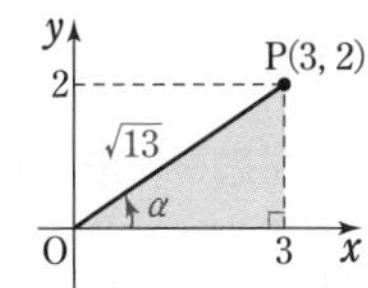

よって　　$3\sin\theta+2\cos\theta=\mathbf{\sqrt{13}\sin(\theta+\alpha)}$

ただし，$\cos\alpha=\dfrac{3}{\sqrt{13}}$，$\sin\alpha=\dfrac{2}{\sqrt{13}}$

⇐ α を具体的に表すことができない場合は，左のように表す。

INFORMATION　cos で合成

p.208 基本事項 4 補足 で扱った cos で合成を，上の例題の (1) に適用すると次のようになる。

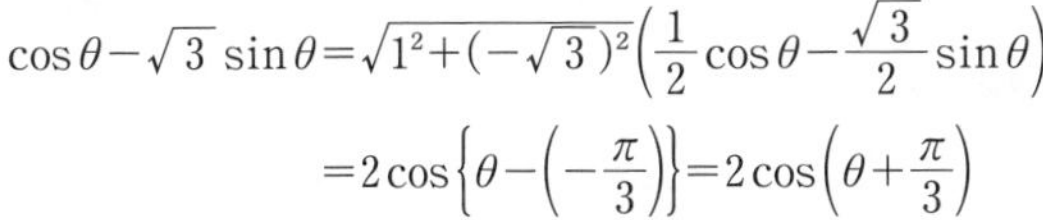

$$\cos\theta-\sqrt{3}\sin\theta=\sqrt{1^2+(-\sqrt{3})^2}\left(\frac{1}{2}\cos\theta-\frac{\sqrt{3}}{2}\sin\theta\right)$$

$$=2\cos\left\{\theta-\left(-\frac{\pi}{3}\right)\right\}=2\cos\left(\theta+\frac{\pi}{3}\right)$$

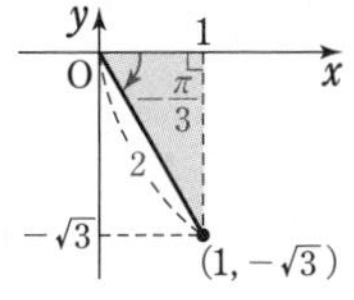

PRACTICE 133[❶]

次の式を $r\sin(\theta+\alpha)$ の形に表せ。ただし，$r>0$，$-\pi<\alpha\leqq\pi$ とする。

(1)　$\sin\theta-\cos\theta$　　　(2)　$\sqrt{3}\cos\theta-\sin\theta$　　　(3)　$5\sin\theta+4\cos\theta$

基本 例題 134 三角方程式・不等式の解法（合成）

$0 \leqq \theta < 2\pi$ のとき，次の方程式・不等式を解け。

(1) $\sin\theta - \sqrt{3}\cos\theta = -1$ (2) $\sin\theta - \cos\theta < 1$

基本 123, 133

CHART & SOLUTION

$a\sin\theta$ と $b\cos\theta$ を含む式 合成が有効 ……❶

左辺を $r\sin(\theta+\alpha)$ の形に変形して考える。

$\theta+\alpha$ のとりうる範囲に注意 して，方程式・不等式を解く。

解答

❶ (1) 左辺を変形して $2\sin\left(\theta - \dfrac{\pi}{3}\right) = -1$

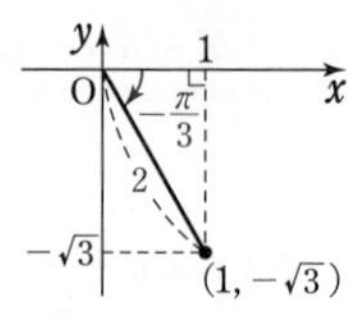

⇐ sin で合成。

よって $\sin\left(\theta - \dfrac{\pi}{3}\right) = -\dfrac{1}{2}$ ……①

⇐ p.201 基本例題 123 (1) のように $\theta - \dfrac{\pi}{3} = t$ とおき換えてもよい。

$0 \leqq \theta < 2\pi$ のとき

$$-\frac{\pi}{3} \leqq \theta - \frac{\pi}{3} < \frac{5}{3}\pi$$

この範囲で ① を解くと

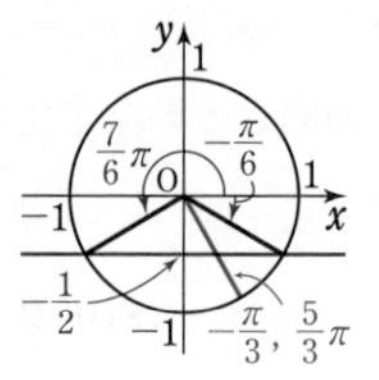

$$\theta - \frac{\pi}{3} = -\frac{\pi}{6},\ \frac{7}{6}\pi$$

ゆえに $\boldsymbol{\theta = \dfrac{\pi}{6},\ \dfrac{3}{2}\pi}$

❶ (2) 左辺を変形して $\sqrt{2}\sin\left(\theta - \dfrac{\pi}{4}\right) < 1$

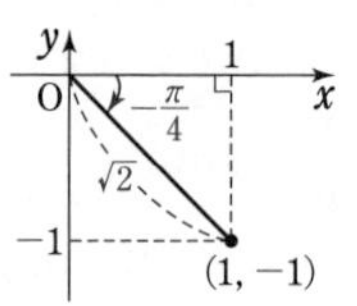

よって $\sin\left(\theta - \dfrac{\pi}{4}\right) < \dfrac{1}{\sqrt{2}}$ ……①

$0 \leqq \theta < 2\pi$ のとき

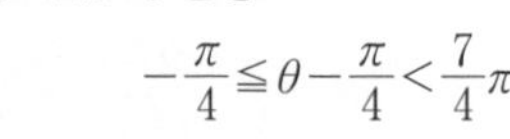

$$-\frac{\pi}{4} \leqq \theta - \frac{\pi}{4} < \frac{7}{4}\pi$$

この範囲で ① を解くと

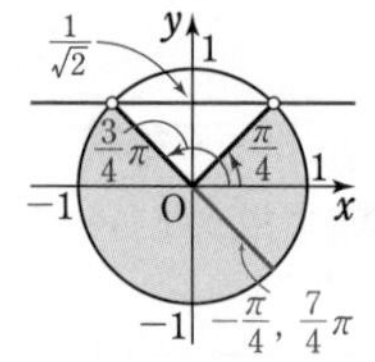

$$-\frac{\pi}{4} \leqq \theta - \frac{\pi}{4} < \frac{\pi}{4},$$

$$\frac{3}{4}\pi < \theta - \frac{\pi}{4} < \frac{7}{4}\pi$$

ゆえに $\boldsymbol{0 \leqq \theta < \dfrac{\pi}{2},\ \pi < \theta < 2\pi}$

inf. (2) の解は，関数 $y = \sin\left(\theta - \dfrac{\pi}{4}\right)$ のグラフが，$0 \leqq \theta < 2\pi$ で直線 $y = \dfrac{1}{\sqrt{2}}$ より下側にあるような θ の値の範囲である。

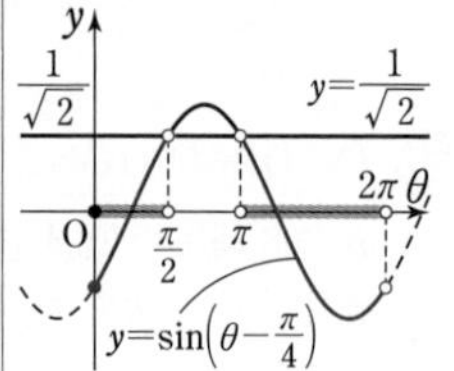

PRACTICE 134❷

$0 \leqq \theta < 2\pi$ のとき，次の方程式・不等式を解け。

(1) $\sin\theta + \sqrt{3}\cos\theta = \sqrt{2}$ (2) $\sin\theta + \cos\theta \geqq \dfrac{1}{\sqrt{2}}$

基本 例題 135 三角関数の最大・最小 (2)

次の関数の最大値と最小値を求めよ。また，そのときの θ の値を求めよ。

(1) $y=\sin\theta+\sqrt{3}\cos\theta\ (0\leqq\theta<2\pi)$　　(2) $y=\sin\theta-\cos\theta\ (\pi\leqq\theta<2\pi)$

基本 133, 134

CHART & SOLUTION

$a\sin\theta$ と $b\cos\theta$ を含む式　合成が有効 ……❶

左辺を $r\sin(\theta+\alpha)$ の形に変形して考える。

$\theta+\alpha$ のとりうる範囲に注意 して，$\sin(\theta+\alpha)$ のとりうる範囲を求める。

解答

❶ (1) $y=\sin\theta+\sqrt{3}\cos\theta=2\sin\left(\theta+\dfrac{\pi}{3}\right)$

⇐ sin で合成。

$0\leqq\theta<2\pi$ のとき　$\dfrac{\pi}{3}\leqq\theta+\dfrac{\pi}{3}<\dfrac{7}{3}\pi$

よって，$\sin\left(\theta+\dfrac{\pi}{3}\right)$ がとる値の範囲は

$-1\leqq\sin\left(\theta+\dfrac{\pi}{3}\right)\leqq1$ であるから　$-2\leqq y\leqq2$

⇐ 1 周するので $-1\leqq\sin\left(\theta+\dfrac{\pi}{3}\right)\leqq1$

ゆえに　$\theta+\dfrac{\pi}{3}=\dfrac{\pi}{2}$ すなわち $\boldsymbol{\theta=\dfrac{\pi}{6}}$ **で最大値 2**

$\theta+\dfrac{\pi}{3}=\dfrac{3}{2}\pi$ すなわち $\boldsymbol{\theta=\dfrac{7}{6}\pi}$ **で最小値 -2**

❶ (2) $y=\sin\theta-\cos\theta=\sqrt{2}\sin\left(\theta-\dfrac{\pi}{4}\right)$

⇐ sin で合成。

$\pi\leqq\theta<2\pi$ のとき

$\dfrac{3}{4}\pi\leqq\theta-\dfrac{\pi}{4}<\dfrac{7}{4}\pi$

よって，$\sin\left(\theta-\dfrac{\pi}{4}\right)$ がとる値の範囲は

$-1\leqq\sin\left(\theta-\dfrac{\pi}{4}\right)\leqq\dfrac{1}{\sqrt{2}}$

⇐ 1 周しないため $-1\leqq\sin\left(\theta-\dfrac{\pi}{4}\right)\leqq1$ とならないので注意。

ゆえに　$-\sqrt{2}\leqq y\leqq1$

したがって

$\theta-\dfrac{\pi}{4}=\dfrac{3}{4}\pi$ すなわち $\boldsymbol{\theta=\pi}$ **で最大値 1**

$\theta-\dfrac{\pi}{4}=\dfrac{3}{2}\pi$ すなわち $\boldsymbol{\theta=\dfrac{7}{4}\pi}$ **で最小値 $-\sqrt{2}$**

PRACTICE 135❷

次の関数の最大値と最小値を求めよ。また，そのときの θ の値を求めよ。

(1) $y=\cos\theta-\sin\theta\ (0\leqq\theta<2\pi)$　　(2) $y=\sqrt{3}\sin\theta-\cos\theta\ (\pi\leqq\theta<2\pi)$

基本 例題 136 三角関数の最大・最小 (3)

θ の関数 $y=\sin 2\theta+\sin\theta+\cos\theta$ について

(1) $t=\sin\theta+\cos\theta$ とおいて，y を t の関数で表せ。

(2) t のとりうる値の範囲を求めよ。

(3) y のとりうる値の範囲を求めよ。　〔高知大〕

基本 116, 125, 135

CHART & SOLUTION

$\sin\theta$，$\cos\theta$ の対称式で表された関数

$\sin\theta+\cos\theta=t$ とおいて t の 2 次関数に ……❶

2 倍角の公式 $\sin 2\theta=2\sin\theta\cos\theta$ から，問題の関数は $\sin\theta$ と $\cos\theta$ の対称式で表されるが，2 乗の項がないので 1 つの三角関数で表すことは難しい。

(1) **かくれた条件 $\sin^2\theta+\cos^2\theta=1$** から
$(\sin\theta+\cos\theta)^2=\sin^2\theta+2\sin\theta\cos\theta+\cos^2\theta=1+\sin 2\theta$ を利用。

(2) $t=\sin\theta+\cos\theta \longrightarrow \boldsymbol{r\sin(\theta+\alpha)}$ の形に合成。

(3) (1)，(2) から，2 次関数の値域を求める問題になる。

解答

(1) $t=\sin\theta+\cos\theta$ の両辺を 2 乗して

$$t^2=\sin^2\theta+2\sin\theta\cos\theta+\cos^2\theta$$

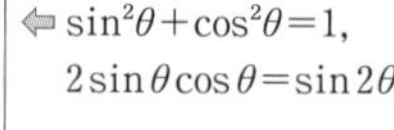

よって　$t^2=1+\sin 2\theta$　すなわち　$\sin 2\theta=t^2-1$

ゆえに　$y=\sin 2\theta+(\sin\theta+\cos\theta)=(t^2-1)+t$

❶ よって　$\boldsymbol{y=t^2+t-1}$

(2) $t=\sin\theta+\cos\theta=\sqrt{2}\sin\left(\theta+\dfrac{\pi}{4}\right)$　⇦ 三角関数の合成

$-1\leqq\sin\left(\theta+\dfrac{\pi}{4}\right)\leqq 1$ であるから

$$\boldsymbol{-\sqrt{2}\leqq t\leqq\sqrt{2}}$$

(3) (1) から　$y=t^2+t-1$

$$=\left(t+\frac{1}{2}\right)^2-\frac{5}{4}$$

$-\sqrt{2}\leqq t\leqq\sqrt{2}$ における，この関数の値域は

$$\boldsymbol{-\frac{5}{4}\leqq y\leqq 1+\sqrt{2}}$$

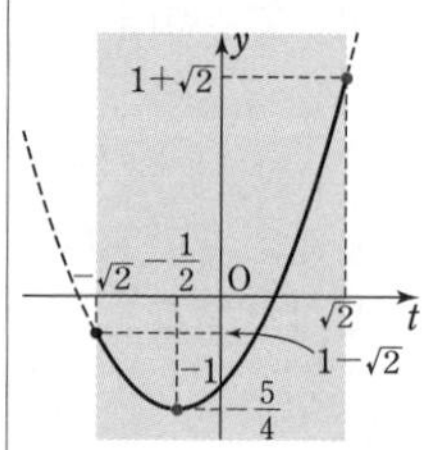

PRACTICE 136 ❸

$y=\sin 2\theta-\sin\theta+\cos\theta$，$t=\sin\theta-\cos\theta$ $(0\leqq\theta\leqq\pi)$ とする。

(1) y を t の式で表せ。また，t のとりうる値の範囲を求めよ。

(2) y の最大値と最小値を求めよ。

基本 例題 137 2 次同次式の最大・最小

$f(\theta)=\sin^2\theta+\sin\theta\cos\theta+2\cos^2\theta$ $\left(0\leqq\theta\leqq\dfrac{\pi}{2}\right)$ の最大値と最小値を求めよ。

基本 135

CHART & SOLUTION

sin と cos の 2 次式　角を 2θ に直して合成 ……❗

$$\sin^2\theta=\frac{1-\cos 2\theta}{2},\quad \sin\theta\cos\theta=\frac{\sin 2\theta}{2},\quad \cos^2\theta=\frac{1+\cos 2\theta}{2}$$

└半角の公式　└2 倍角の公式　└半角の公式

これらの公式を用いると，**$\sin\theta$，$\cos\theta$ の 2 次の同次式**（どの項も次数が同じである式）は **2θ の三角関数で表される。**

更に，三角関数の合成を使って，$y=p\sin(2\theta+\alpha)+q$ の形に変形し，$\sin(2\theta+\alpha)$ のとりうる値の範囲を求める。

4章 17 加法定理

解答

$$f(\theta)=\sin^2\theta+\sin\theta\cos\theta+2\cos^2\theta$$
$$=\frac{1-\cos 2\theta}{2}+\frac{\sin 2\theta}{2}+2\cdot\frac{1+\cos 2\theta}{2}$$
$$=\frac{1}{2}(\sin 2\theta+\cos 2\theta)+\frac{3}{2}$$

❗ $$=\frac{\sqrt{2}}{2}\sin\left(2\theta+\frac{\pi}{4}\right)+\frac{3}{2}$$

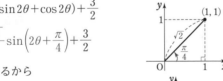

$0\leqq\theta\leqq\dfrac{\pi}{2}$ であるから

$$\frac{\pi}{4}\leqq 2\theta+\frac{\pi}{4}\leqq\frac{5}{4}\pi$$

よって　$-\dfrac{1}{\sqrt{2}}\leqq\sin\left(2\theta+\dfrac{\pi}{4}\right)\leqq 1$

ゆえに　$1\leqq f(\theta)\leqq\dfrac{3+\sqrt{2}}{2}$

したがって，$f(\theta)$ は

$2\theta+\dfrac{\pi}{4}=\dfrac{\pi}{2}$ すなわち $\theta=\dfrac{\pi}{8}$ **で最大値** $\dfrac{3+\sqrt{2}}{2}$

$2\theta+\dfrac{\pi}{4}=\dfrac{5}{4}\pi$ すなわち $\theta=\dfrac{\pi}{2}$ **で最小値 1** をとる。

⇐ $\sin\theta$，$\cos\theta$ の 2 次の同次式。

⇐ $\sin 2\theta$，$\cos 2\theta$ で表す。

⇐ $\sin 2\theta$ と $\cos 2\theta$ の和 ⟶ 合成

⇐ 各辺に $\dfrac{\sqrt{2}}{2}$ を掛けて
$-\dfrac{1}{2}\leqq\dfrac{\sqrt{2}}{2}\sin\left(2\theta+\dfrac{\pi}{4}\right)\leqq\dfrac{\sqrt{2}}{2}$
この各辺に $\dfrac{3}{2}$ を加える。

PRACTICE 137③

関数 $f(\theta)=8\sqrt{3}\cos^2\theta+6\sin\theta\cos\theta+2\sqrt{3}\sin^2\theta$ $(0\leqq\theta\leqq\pi)$ の最大値と最小値を求めよ。　〔類　釧路公立大〕

重要 例題 138　3倍角の公式の利用

(1) 等式 $\sin 3\theta = 3\sin\theta - 4\sin^3\theta$ が成り立つことを証明せよ。
(2) $\theta = 36^\circ$ のとき，$\sin 3\theta = \sin 2\theta$ が成り立つことを示し，$\cos 36^\circ$ の値を求めよ。

p.208 基本事項 3，基本 132

CHART & SOLUTION

(1) $3\theta = \theta + 2\theta$ として，加法定理と2倍角の公式を利用して導く。……❶
(2) (後半) 前半で証明した等式を，(1)で証明した等式(3倍角の公式)と2倍角の公式を用いて変形すると，$\cos\theta$ の2次方程式が導かれる。θ は第1象限の角であるから，$0 < \cos\theta < 1$ に注意。

解答

❶ (1)
$$\begin{aligned}\sin 3\theta &= \sin(\theta + 2\theta)\\ &= \sin\theta\cos 2\theta + \cos\theta\sin 2\theta\\ &= \sin\theta(1-2\sin^2\theta) + \cos\theta\cdot 2\sin\theta\cos\theta\\ &= \sin\theta - 2\sin^3\theta + 2\sin\theta(1-\sin^2\theta)\\ &= 3\sin\theta - 4\sin^3\theta\end{aligned}$$

よって　$\sin 3\theta = 3\sin\theta - 4\sin^3\theta$

⇐ $\sin(\alpha+\beta) = \sin\alpha\cos\beta + \cos\alpha\sin\beta$，$\sin 2\theta = 2\sin\theta\cos\theta$，$\cos 2\theta = 1-2\sin^2\theta$，$\sin^2\theta + \cos^2\theta = 1$

(2)
$$\begin{aligned}\sin 3\theta &= \sin(3\times 36^\circ) = \sin 108^\circ\\ &= \sin(180^\circ - 72^\circ) = \sin 72^\circ\end{aligned}$$
$$\sin 2\theta = \sin(2\times 36^\circ) = \sin 72^\circ$$

⇐ $\sin(180^\circ - \alpha) = \sin\alpha$

別解 (2) 前半
$\theta = 36^\circ$ のとき $5\theta = 180^\circ$
よって　$3\theta = 180^\circ - 2\theta$
$\sin 3\theta = \sin(180^\circ - 2\theta)$
$= \sin 2\theta$

よって，$\theta = 36^\circ$ のとき　$\sin 3\theta = \sin 2\theta$

ゆえに　$3\sin\theta - 4\sin^3\theta = 2\sin\theta\cos\theta$

$\sin\theta = \sin 36^\circ \neq 0$ であるから，両辺を $\sin\theta$ で割って

$3 - 4\sin^2\theta = 2\cos\theta$

よって　$3 - 4(1-\cos^2\theta) = 2\cos\theta$

⇐ $\cos\theta$ だけの式にする。

整理して　$4\cos^2\theta - 2\cos\theta - 1 = 0$

ゆえに　$\cos\theta = \dfrac{1\pm\sqrt{5}}{4}$

⇐ 解の公式による。

$0 < \cos 36^\circ < 1$ であるから　$\boldsymbol{\cos 36^\circ = \dfrac{1+\sqrt{5}}{4}}$

PRACTICE 138④

(1) 等式 $\cos 3\theta = 4\cos^3\theta - 3\cos\theta$ が成り立つことを証明せよ。
(2) $\theta = 18^\circ$ のとき，$\sin 2\theta = \cos 3\theta$ が成り立つことを示し，$\sin 18^\circ$ の値を求めよ。

〔類 岡山県大〕

STEP UP 方程式 $\sin a\theta=\sin b\theta$，$\sin a\theta=\cos b\theta$ の解法

重要例題 138 (2) では，$\sin 3\theta=\sin 2\theta$ を満たす 1 つの θ の値が $36°\left(=\frac{\pi}{5}\right)$ であると与えられていたが，逆に，この三角方程式を満たす θ を求める方法を考えてみよう。

1 $\sin\theta=\sin\alpha$ の解は $\theta=\alpha$ だけではない

例えば，$\sin\theta=\sin\frac{\pi}{6}$ すなわち $\sin\theta=\frac{1}{2}$ の解は

$0\leqq\theta<2\pi$ のとき　　$\theta=\frac{\pi}{6}$，$\frac{5}{6}\pi$

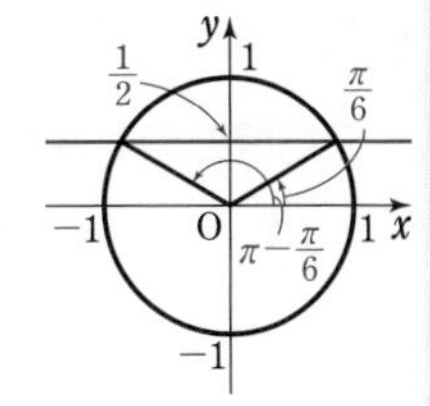

したがって，一般解は，次のように表される。

$$\boldsymbol{\theta=\frac{\pi}{6}+2n\pi,\ \frac{5}{6}\pi+2n\pi}\quad(n\text{ は整数})$$

同様に考えると，$\sin\theta=\sin\alpha$ の一般解は

$$\boldsymbol{\theta=\alpha+2n\pi,\ (\pi-\alpha)+2n\pi}\quad(n\text{ は整数})$$

2 $\sin 3\theta=\sin 2\theta$ の解は一般解から求める

$\sin 3\theta=\sin 2\theta$ の一般解は，1 により，$3\theta=2\theta+2n\pi$，$(\pi-2\theta)+2n\pi$　(n は整数)

すなわち，$\boldsymbol{\theta=2n\pi,\ \frac{2n+1}{5}\pi}$ (n は整数) となる。

$0\leqq\theta<2\pi$ のときの解は，この一般解の n に適する整数の値を代入して

$$\theta=0,\ \frac{\pi}{5},\ \frac{3}{5}\pi,\ \pi,\ \frac{7}{5}\pi,\ \frac{9}{5}\pi$$

の 6 個であることがわかる。

なお，$y=\sin 3\theta$ と $y=\sin 2\theta$ のグラフをかいてみると，$0\leqq\theta<2\pi$ の範囲に共有点が 6 個あることが確かめられる。

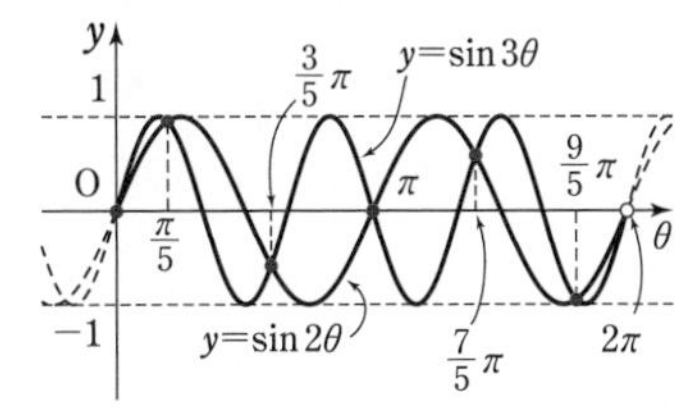

inf. $\sin 3\theta-\sin 2\theta=0$ であるから，$p.222$ で学習する和 ⟶ 積の公式を用いると $2\cos\frac{5}{2}\theta\sin\frac{\theta}{2}=0$ と変形される。この三角方程式を解いてもよい。

3 $\sin a\theta=\cos b\theta$ を解くには？

cos を sin で表し，2 と同様に考えるとよい。

例えば，$\sin 2\theta=\cos 3\theta$ について，公式 $\sin\left(\frac{\pi}{2}-\alpha\right)=\cos\alpha$ を利用して，右辺を sin で表すと　　$\sin 2\theta=\sin\left(\frac{\pi}{2}-3\theta\right)$

よって，一般解は　　$2\theta=\left(\frac{\pi}{2}-3\theta\right)+2n\pi$，$\left\{\pi-\left(\frac{\pi}{2}-3\theta\right)\right\}+2n\pi$　(n は整数)

すなわち　　$\boldsymbol{\theta=\frac{4n+1}{10}\pi,\ -\frac{4n+1}{2}\pi}$　(n は整数)

補充 例題 139 積 ⟶ 和，和 ⟶ 積の公式

(1) $\sin\alpha\cos\beta=\frac{1}{2}\{\sin(\alpha+\beta)+\sin(\alpha-\beta)\}$ を証明せよ。

(2) $\sin A+\sin B=2\sin\frac{A+B}{2}\cos\frac{A-B}{2}$ を証明せよ。

p. 207 基本事項 1，補充 140

CHART & SOLUTION

三角関数の式変形

(1) $\sin(\alpha+\beta)$，$\sin(\alpha-\beta)$ の加法定理より，$\cos\alpha\sin\beta$ を消去する。…… ❗

(2) (1)の両辺を 2 倍したものと実質的に同じ式である。(1)の式の文字をうまくおき換える。

解答

加法定理 $\sin(\alpha+\beta)=\sin\alpha\cos\beta+\cos\alpha\sin\beta$ …… ①

$\sin(\alpha-\beta)=\sin\alpha\cos\beta-\cos\alpha\sin\beta$ …… ②

❗ から，① と ② の辺々を加えて

$\sin(\alpha+\beta)+\sin(\alpha-\beta)=2\sin\alpha\cos\beta$ …… ③

⇐ ① と ② から $\cos\alpha\sin\beta$ の項を消去する。

(1) ③ の両辺を 2 で割って，左辺と右辺を入れ替えると

$$\sin\alpha\cos\beta=\frac{1}{2}\{\sin(\alpha+\beta)+\sin(\alpha-\beta)\}$$

(2) $\alpha+\beta=A$，$\alpha-\beta=B$ とおいて，α，β について解くと

$$\alpha=\frac{A+B}{2},\quad \beta=\frac{A-B}{2}$$

⇐ 2 つの式を α，β に関する連立方程式とみなして解く。

これを ③ に代入すると

$$\sin A+\sin B=2\sin\frac{A+B}{2}\cos\frac{A-B}{2}$$

INFORMATION

例題の等式と同様にして，次の等式が成り立つ。(p. 224 まとめ 参照)

積 ⟶ 和

$$\cos\alpha\sin\beta=\frac{1}{2}\{\sin(\alpha+\beta)-\sin(\alpha-\beta)\}$$

$$\cos\alpha\cos\beta=\frac{1}{2}\{\cos(\alpha+\beta)+\cos(\alpha-\beta)\}$$

$$\sin\alpha\sin\beta=-\frac{1}{2}\{\cos(\alpha+\beta)-\cos(\alpha-\beta)\}$$

和 ⟶ 積

$$\sin A-\sin B=2\cos\frac{A+B}{2}\sin\frac{A-B}{2}$$

$$\cos A+\cos B=2\cos\frac{A+B}{2}\cos\frac{A-B}{2}$$

$$\cos A-\cos B=-2\sin\frac{A+B}{2}\sin\frac{A-B}{2}$$

PRACTICE 139❷

次の式の値を求めよ。

(1) $\cos75^\circ\cos45^\circ$　(2) $\sin75^\circ\sin45^\circ$

(3) $\sin105^\circ+\sin15^\circ$　(4) $\cos105^\circ-\cos15^\circ$

補充 例題 140 三角方程式の解法（和 ⟶ 積の公式の利用）

$0\leqq\theta<2\pi$ において，方程式 $\sin3\theta-\sin2\theta+\sin\theta=0$ を満たす θ を求めよ。

〔類 慶応大〕 補充 139

CHART & SOLUTION

2倍角，3倍角の公式を利用して解くのは大変（別解 参照）。3項のうち2項を組み合わせて，和 ⟶ 積の公式 $\sin A+\sin B=2\sin\dfrac{A+B}{2}\cos\dfrac{A-B}{2}$ により積の形に変形。
残りの項との共通因数が見つかれば，方程式は **積＝0** の形となる。
そのためには **$\sin3\theta$ と $\sin\theta$ を組み合わせるとよい。**……❗

解答

❗ 与式から　$(\sin3\theta+\sin\theta)-\sin2\theta=0$

ここで　$\sin3\theta+\sin\theta=2\sin\dfrac{3\theta+\theta}{2}\cos\dfrac{3\theta-\theta}{2}$

$=2\sin2\theta\cos\theta$

⇐ $(3\theta+\theta)\div2=2\theta$ であるから $\sin3\theta$，$\sin\theta$ を組み合わせる。

よって　$2\sin2\theta\cos\theta-\sin2\theta=0$

すなわち　$\sin2\theta(2\cos\theta-1)=0$

⇐ 積＝0 の形に。

したがって　$\sin2\theta=0$ または $\cos\theta=\dfrac{1}{2}$

$0\leqq\theta<2\pi$ であるから　$0\leqq2\theta<4\pi$

この範囲で $\sin2\theta=0$ を解くと　$2\theta=0,\ \pi,\ 2\pi,\ 3\pi$

よって　$\theta=0,\ \dfrac{\pi}{2},\ \pi,\ \dfrac{3}{2}\pi$

$0\leqq\theta<2\pi$ の範囲で $\cos\theta=\dfrac{1}{2}$ を解くと　$\theta=\dfrac{\pi}{3},\ \dfrac{5}{3}\pi$

$\cos\theta=\dfrac{1}{2}$ の参考図

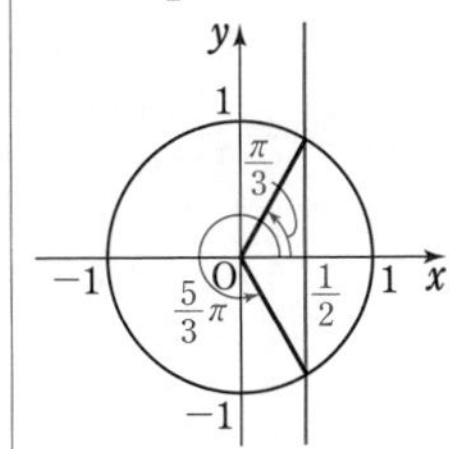

したがって，解は　$\boldsymbol{\theta=0,\ \dfrac{\pi}{3},\ \dfrac{\pi}{2},\ \pi,\ \dfrac{3}{2}\pi,\ \dfrac{5}{3}\pi}$

別解　$\sin3\theta-\sin2\theta+\sin\theta$

$=3\sin\theta-4\sin^3\theta-2\sin\theta\cos\theta+\sin\theta$

$=4\sin\theta-4\sin^3\theta-2\sin\theta\cos\theta$

$=2\sin\theta(2-2\sin^2\theta-\cos\theta)$

$=2\sin\theta(2\cos^2\theta-\cos\theta)=2\sin\theta\cos\theta(2\cos\theta-1)$

⇐ $\sin3\theta=3\sin\theta-4\sin^3\theta$，$\sin2\theta=2\sin\theta\cos\theta$

⇐ $\sin^2\theta=1-\cos^2\theta$

よって，方程式は　$2\sin\theta\cos\theta(2\cos\theta-1)=0$

ゆえに　$\sin\theta=0$ または $\cos\theta=0$ または $\cos\theta=\dfrac{1}{2}$

したがって，$0\leqq\theta<2\pi$ から求める解は

$\boldsymbol{\theta=0,\ \dfrac{\pi}{3},\ \dfrac{\pi}{2},\ \pi,\ \dfrac{3}{2}\pi,\ \dfrac{5}{3}\pi}$

PRACTICE 140❸

$0\leqq\theta<2\pi$ において，方程式 $\cos3\theta-\cos2\theta+\cos\theta=0$ を満たす θ を求めよ。

まとめ 三角関数の公式の作り方

三角関数のいろいろな公式は，そのすべてを丸暗記しようとせずに，公式間の関係をしっかり理解して，必要に応じて自分で作り出せるようにしよう。

加法定理

$\sin(\alpha+\beta)=\sin\alpha\cos\beta+\cos\alpha\sin\beta$ …… ①

$\sin(\alpha-\beta)=\sin\alpha\cos\beta-\cos\alpha\sin\beta$ …… ②

$\cos(\alpha+\beta)=\cos\alpha\cos\beta-\sin\alpha\sin\beta$ …… ③

$\cos(\alpha-\beta)=\cos\alpha\cos\beta+\sin\alpha\sin\beta$ …… ④

$\tan(\alpha+\beta)=\dfrac{\tan\alpha+\tan\beta}{1-\tan\alpha\tan\beta}$ …… ⑤

$\tan(\alpha-\beta)=\dfrac{\tan\alpha-\tan\beta}{1+\tan\alpha\tan\beta}$ …… ⑥

公式 ①，③ は覚えておこう！

①，③ の β を $-\beta$ におき換えれば ②，④ になる
①÷③ で ⑤ に，②÷④ で ⑥ になる

①，③，⑤ の β を α におき換える

2倍角の公式

$\sin 2\alpha=2\sin\alpha\cos\alpha$

$\cos 2\alpha=\cos^2\alpha-\sin^2\alpha$

$\quad=2\cos^2\alpha-1$ …… Ⓐ

$\quad=1-2\sin^2\alpha$ …… Ⓑ

$\tan 2\alpha=\dfrac{2\tan\alpha}{1-\tan^2\alpha}$

①，③ の β を 2α におき換え，更に2倍角の公式を用いる

3倍角の公式

$\sin 3\alpha=3\sin\alpha-4\sin^3\alpha$

$\cos 3\alpha=-3\cos\alpha+4\cos^3\alpha$

$\cos 2\alpha=$Ⓑ，$\cos 2\alpha=$Ⓐ の α を $\dfrac{\alpha}{2}$ におき換える

半角の公式

$\sin^2\dfrac{\alpha}{2}=\dfrac{1-\cos\alpha}{2}$

$\cos^2\dfrac{\alpha}{2}=\dfrac{1+\cos\alpha}{2}$

辺々割る

$\tan^2\dfrac{\alpha}{2}=\dfrac{1-\cos\alpha}{1+\cos\alpha}$

①＋②，①－②，③＋④，③－④ を計算する

積 ⟶ 和の公式

$\sin\alpha\cos\beta=\dfrac{1}{2}\{\sin(\alpha+\beta)+\sin(\alpha-\beta)\}$

$\cos\alpha\sin\beta=\dfrac{1}{2}\{\sin(\alpha+\beta)-\sin(\alpha-\beta)\}$

$\cos\alpha\cos\beta=\dfrac{1}{2}\{\cos(\alpha+\beta)+\cos(\alpha-\beta)\}$

$\sin\alpha\sin\beta=-\dfrac{1}{2}\{\cos(\alpha+\beta)-\cos(\alpha-\beta)\}$

$\alpha+\beta=A$，$\alpha-\beta=B$ とおくと $\alpha=\dfrac{A+B}{2}$，$\beta=\dfrac{A-B}{2}$

和 ⟶ 積の公式

$\sin A+\sin B=2\sin\dfrac{A+B}{2}\cos\dfrac{A-B}{2}$

$\sin A-\sin B=2\cos\dfrac{A+B}{2}\sin\dfrac{A-B}{2}$

$\cos A+\cos B=2\cos\dfrac{A+B}{2}\cos\dfrac{A-B}{2}$

$\cos A-\cos B=-2\sin\dfrac{A+B}{2}\sin\dfrac{A-B}{2}$

補充 例題 141 図形への応用

△ABC において，辺 BC，CA，AB の長さをそれぞれ a，b，c とする。
△ABC が半径 1 の円に内接し，$\angle A=\dfrac{\pi}{3}$ であるとき，$a+b+c$ の最大値を求めよ。

補充 139

CHART & SOLUTION

条件は $\angle A=\dfrac{\pi}{3}$ だけで，辺に関する条件が与えられていない。したがって，$a+b+c$ を角で表し，角に関する最大値の問題に帰着させる。
⟶ △ABC は半径 1 の円に内接しているから，正弦定理が利用できる。
また，$\boldsymbol{A+B+C=\pi}$ の条件から，扱う角を 1 つにすることができる。……❗

解答

$\angle A=A$，$\angle B=B$，$\angle C=C$ とする。

$A+B+C=\pi$ と $A=\dfrac{\pi}{3}$ から

❗ $$C=\pi-(A+B)=\frac{2}{3}\pi-B$$

また $0<B<\dfrac{2}{3}\pi$

⇦ C を消去。よって，以後は B のみを考えればよい。

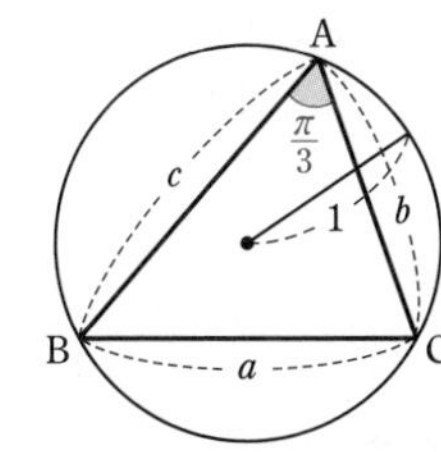

△ABC の外接円の半径が 1 であるから，正弦定理により

$$\frac{a}{\sin A}=\frac{b}{\sin B}=\frac{c}{\sin C}=2\cdot 1$$

⇦ 正弦定理 $\dfrac{\text{辺}}{\sin\text{角}}=2\times$(外接円の半径)

よって　$a=2\sin A$，$b=2\sin B$，$c=2\sin C$

ゆえに　$a+b+c=2(\sin A+\sin B+\sin C)$

$$=2\left\{\sin\frac{\pi}{3}+\sin B+\sin\left(\frac{2}{3}\pi-B\right)\right\}$$

⇦ 和 ⟶ 積の公式を利用。

$$=2\left\{\frac{\sqrt{3}}{2}+2\sin\frac{\pi}{3}\cos\left(B-\frac{\pi}{3}\right)\right\}$$

$$=\sqrt{3}+2\sqrt{3}\cos\left(B-\frac{\pi}{3}\right)$$

$0<B<\dfrac{2}{3}\pi$ において，$\cos\left(B-\dfrac{\pi}{3}\right)$ は $B=\dfrac{\pi}{3}$ のとき最大となり，求める最大値は　$\sqrt{3}+2\sqrt{3}\cdot 1=\boldsymbol{3\sqrt{3}}$

inf. $B=\dfrac{\pi}{3}$ のとき，$C=\dfrac{\pi}{3}\,(=A)$ となるから，$a+b+c$ が最大となるのは，△ABC が正三角形のときである。

PRACTICE 141④

△ABC において，∠A，∠B，∠C の大きさをそれぞれ A，B，C で表す。

(1) $\cos C=\sin^2\dfrac{A+B}{2}-\cos^2\dfrac{A+B}{2}$ であることを加法定理を用いて示せ。

(2) $A=B$ のとき，$\cos A+\cos B+\cos C$ の最大値を求めよ。また，そのときの A，B，C の値を求めよ。　〔類 関西大〕

まとめ 三角関数の式変形の着眼点

三角方程式・不等式の問題や，三角関数で表された関数の最大・最小問題では，どのような点に着目して式変形を考えればよいのかをまとめておこう。

1 1つの三角関数の式で表す

与えられた三角方程式・不等式，関数の式を1つだけの三角関数の式に変形できれば，おき換え（$\cos\theta=t$，$\sin\theta=t$ など）によって既知の方程式・不等式，関数に帰着できる。ただし，θ の範囲と おき換えた文字のとりうる値の範囲に注意！

[1] $\sin^2\theta+\cos^2\theta=1$ の利用

基本例題 124 (1)	基本例題 124 (2)	基本例題 125
$2\cos^2\theta-\sin\theta-1=0$	$2\sin^2\theta+5\cos\theta<4$	$y=2\sin\theta+2\cos^2\theta-1$
→ $2(1-\sin^2\theta)-\sin\theta-1=0$	→ $2(1-\cos^2\theta)+5\cos\theta<4$	→ $y=2\sin\theta+2(1-\sin^2\theta)-1$
→ $2t^2+t-1=0$	→ $2t^2-5t+2>0$	→ $y=-2t^2+2t+1$

[2] 2倍角の公式 $\cos2\theta=2\cos^2\theta-1=1-2\sin^2\theta$ の利用

基本例題 132 (1)　$\cos2\theta-3\cos\theta+2=0$ → $(2\cos^2\theta-1)-3\cos\theta+2=0$ → $2t^2-3t+1=0$

[3] 合成 $a\sin\theta+b\cos\theta=\sqrt{a^2+b^2}\sin(\theta+\alpha)$ の利用

基本例題 134 (1)	基本例題 134 (2)	基本例題 135 (1)
$\sin\theta-\sqrt{3}\cos\theta=-1$	$\sin\theta-\cos\theta<1$	$y=\sin\theta+\sqrt{3}\cos\theta$
→ $2\sin\left(\theta-\frac{\pi}{3}\right)=-1$	→ $\sqrt{2}\sin\left(\theta-\frac{\pi}{4}\right)<1$	→ $y=2\sin\left(\theta+\frac{\pi}{3}\right)$
→ $2\sin t=-1$	→ $\sqrt{2}\sin t<1$	→ $y=2\sin t$

2 $\sin\theta+\cos\theta=t$ のおき換え

$\sin\theta+\cos\theta=t$ とおくと $\sin2\theta=t^2-1$ となる。ただし，$t=\sqrt{2}\sin\left(\theta+\frac{\pi}{4}\right)$ と θ の範囲から導かれる t のとりうる値の範囲に注意！

基本例題 136　$y=\sin2\theta+\sin\theta+\cos\theta$ → $y=(t^2-1)+t$

3 半角の公式を利用して次数を下げる

$\sin\theta\cos\theta=\dfrac{\sin2\theta}{2}$，$\sin^2\theta=\dfrac{1-\cos2\theta}{2}$，$\cos^2\theta=\dfrac{1+\cos2\theta}{2}$ を利用して，次数を下げると，1，2 が利用できる形に持ち込める場合がある。

基本例題 137　$f(\theta)=\sin^2\theta+\sin\theta\cos\theta+2\cos^2\theta$

$$\to f(\theta)=\frac{1-\cos2\theta}{2}+\frac{\sin2\theta}{2}+2\cdot\frac{1+\cos2\theta}{2} \to f(\theta)=\frac{1}{2}(\sin2\theta+\cos2\theta)+\frac{3}{2}$$

4 積の形に変形

公式を利用して積の形にできれば，方程式や不等式を解くことができる場合がある。

基本例題 132 (2)　$\sin2\theta>\cos\theta$ → $2\sin\theta\cos\theta>\cos\theta$ → $\cos\theta(2\sin\theta-1)>0$（2倍角の公式）

補充例題 140　$\sin3\theta-\sin2\theta+\sin\theta=0$ → $\sin2\theta(2\cos\theta-1)=0$（和 ⟶ 積の公式）

EXERCISES　　17 加法定理

A

108❸ $0\leqq\alpha\leqq\dfrac{\pi}{2}$，$0\leqq\beta\leqq\dfrac{\pi}{2}$ で $\sin\alpha+\cos\beta=\dfrac{5}{4}$，$\cos\alpha+\sin\beta=\dfrac{5}{4}$ のとき，$\sin(\alpha+\beta)$，$\tan(\alpha+\beta)$ の値を求めよ。〔工学院大〕 ➲128

109❸ (1) 座標平面上に 3 点 O，A，B がある。O(0, 0)，A$(1, 2\sqrt{3})$ であり，点 B は第 2 象限にあるとする。△OAB が正三角形であるとき，B の座標を求めよ。

(2) 3 点 A(6, 1)，B(2, 3)，C(a, b) について，△ABC が正三角形であるとき，a，b の値を求めよ。 ➲130

110❸ (1) $t=\tan\dfrac{\theta}{2}$ $(t\neq\pm1)$ のとき，次の等式が成り立つことを証明せよ。

$$\sin\theta=\frac{2t}{1+t^2},\quad \cos\theta=\frac{1-t^2}{1+t^2},\quad \tan\theta=\frac{2t}{1-t^2}$$

(2) 等式 $\dfrac{1+\sin\theta-\cos\theta}{1+\sin\theta+\cos\theta}=\tan\dfrac{\theta}{2}$ を証明せよ。 ➲131

111❷ $0\leqq\theta<2\pi$ のとき，次の方程式・不等式を解け。

(1) $2\sin2\theta=\tan\theta+\dfrac{1}{\cos\theta}$ 〔弘前大〕

(2) $\sin2\theta+\sin\theta-\cos\theta>\dfrac{1}{2}$ 〔関西大〕

➲132

112❸ $-\dfrac{\pi}{3}\leqq x\leqq\dfrac{\pi}{3}$ のとき，$f(x)=\left(\dfrac{1}{2}\cos2x+\sin^2\dfrac{x}{2}\right)\tan x+\dfrac{1}{2}\sin x$ は，$x=$ ア□ で最大値 イ□ をとる。〔南山大〕 ➲125, 132

113❸ $\alpha=\cos10^\circ$，$\beta=\cos50^\circ$，$\gamma=\cos70^\circ$ のとき，$\alpha-\beta-\gamma$，$\alpha^2-\beta\gamma$，$\alpha^2+\beta^2+\gamma^2$ の値を，それぞれ求めよ。〔類 西南学院大〕 ➲139

114❸ $\tan\alpha+\tan\beta+\tan\gamma=\tan\alpha\tan\beta\tan\gamma$ $\left(-\dfrac{\pi}{2}<\alpha<\dfrac{\pi}{2},\ -\dfrac{\pi}{2}<\beta<\dfrac{\pi}{2},\ -\dfrac{\pi}{2}<\gamma<\dfrac{\pi}{2}\right)$ のとき，$\alpha+\beta+\gamma$ の値をすべて求めよ。〔東北大〕

➲p.207 1

B

115❹ c を正の実数とする。座標平面上の 3 点 A(0, 3)，B(0, 1)，C$(c, 0)$ をとり，∠ACB を $\theta\left(0<\theta<\dfrac{\pi}{2}\right)$ とする。

(1) $\tan\theta$ を c で表せ。

(2) θ の最大値とそのときの c の値を求めよ。〔類 東京理科大〕 ➲129

HINT
114 まず，$\tan(\alpha+\beta+\gamma)$ の値を求める。
115 (2) 相加平均と相乗平均の大小関係を利用する。

EXERCISES　17 加法定理

B **116**❹ 長さ 2 の線分 AB を直径とする半円周上の 1 点を P とする。ただし，P は A，B とは一致しないものとする。〔類 鳥取大〕

(1) $\angle \mathrm{PAB}=\theta$ とするとき，$2\mathrm{AP}+\mathrm{BP}$ を θ を用いて表せ。

(2) $2\mathrm{AP}+\mathrm{BP}$ の最大値とそのときの $\sin\theta$ と $\cos\theta$ の値を求めよ。

135

117❹ 関数 $f(\theta)=a\cos^2\theta+(a-b)\sin\theta\cos\theta+b\sin^2\theta$ の最大値が $3+\sqrt{7}$，最小値が $3-\sqrt{7}$ となるように，a，b の値を定めよ。〔信州大〕

137

118❸ 連立方程式 $\begin{cases}\cos x-\sin y=1\\ \cos y+\sin x=-\sqrt{3}\end{cases}$ を解け。

ただし，$0\leqq x\leqq 2\pi$，$0\leqq y\leqq 2\pi$ とする。〔近畿大〕

119❹ $0<\theta<\dfrac{\pi}{2}$ の範囲で $\sin 4\theta=\cos\theta$ ……① を満たす θ と $\sin\theta$ の値を求める。

(1) $\cos x=\sin\left(\dfrac{\pi}{2}-x\right)$ が成り立つことを用いて，$0<\theta<\dfrac{\pi}{2}$ の範囲で ① を満たす 2 つの θ の値を求めよ。

(2) (1) で求めた 2 つの θ の値に対し，$\sin\theta$ の値をそれぞれ求めよ。

〔類 センター試験〕

138

120❹ △ABC の内角 A，B，C について，次の問いに答えよ。

(1) $\sin A+\sin B+\sin C=1$ のとき，$\cos\dfrac{A}{2}\cos\dfrac{B}{2}\cos\dfrac{C}{2}$ の値を求めよ。

(2) 等式 $\cos^2 A+\cos^2 B+\cos^2 C=1-2\cos A\cos B\cos C$ が成り立つことを示せ。

141

HINT

116 (1) 線分 AB は直径，∠APB は半円の弧に対する円周角であるから　$\angle\mathbf{APB}=\dfrac{\pi}{2}$

よって，AP，BP は三角関数の定義からすぐ求められる。

(2) (1) で求めた式を三角関数の合成により $r\sin(\theta+\alpha)$ の形に変形すればよい。角の範囲に注意。

117 $\cos^2\theta=\dfrac{1+\cos 2\theta}{2}$，$\sin\theta\cos\theta=\dfrac{\sin 2\theta}{2}$，$\sin^2\theta=\dfrac{1-\cos 2\theta}{2}$ と，更に三角関数の合成を利用して $f(\theta)=p\sin(2\theta+\alpha)+q$ の形にする。

118 与えられた 2 式の両辺をそれぞれ 2 乗し，辺々を加えると，$x-y$ の値が求められる。

119 (1) $0<\theta<\dfrac{\pi}{2}$ の範囲で 4θ，$\dfrac{\pi}{2}-\theta$ のとり得る値の範囲を考える。

(2) ① の式に 2 倍角の公式を 2 回用いる。

120 条件から　$\boldsymbol{A+B+C=\pi}\longrightarrow A+B=\pi-C$ などとして活用。

(2) まず，$\cos^2 A$，$\cos^2 B$ を，それぞれ $\cos 2A$，$\cos 2B$ で表す。

数学Ⅱ

第5章 指数関数と対数関数

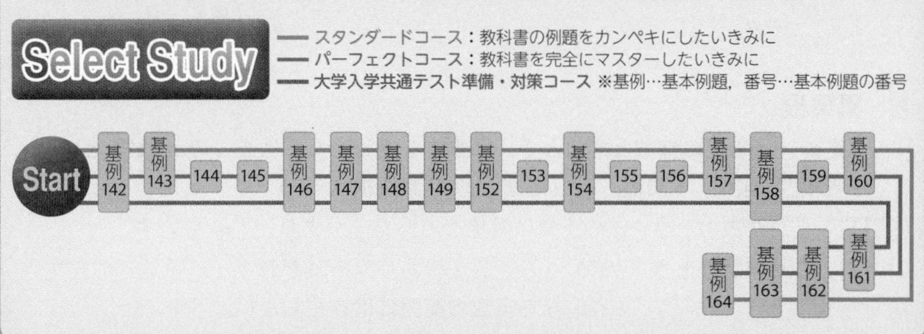

■ 例題一覧

	種類	番号	例題タイトル	難易度
18	基本	142	累乗根の計算	2
	基本	143	指数の計算	2
	基本	144	指数と累乗根の計算，式の値	3
	基本	145	指数関数のグラフの移動	2
	基本	146	累乗，累乗根の大小比較	2
	基本	147	指数方程式の解法	2
	基本	148	指数不等式の解法	2
	基本	149	指数関数の最大・最小 (1)	2
	重要	150	指数関数の最大・最小 (2)	3
	重要	151	指数方程式の解の存在条件	4
19	基本	152	対数の計算	2
	基本	153	底の変換公式	2
	基本	154	底の変換公式の利用	3
	基本	155	指数と対数が混在した式の値など	3
	基本	156	対数関数のグラフの移動	3
	基本	157	対数の大小比較	2
	基本	158	対数方程式の解法 (1)	2
	基本	159	対数方程式の解法 (2)	3
	基本	160	対数不等式の解法 (1)	2
	基本	161	対数不等式の解法 (2)	3
	基本	162	対数関数の最大・最小 (1)	2
	基本	163	桁数，小数首位	2
	基本	164	対数利用の文章題	3
	重要	165	対数不等式と領域の図示	4
	重要	166	対数関数の最大・最小 (2)	4
	重要	167	対数方程式の解の存在条件	5
	重要	168	一の位の数字，最高位の数字	4

18 指数関数

基本事項

1 0や負の整数の指数

① **定義**　$a \neq 0$ で，n が正の整数のとき

$$a^0=1,\ a^{-n}=\frac{1}{a^n} \qquad \text{特に} \quad a^{-1}=\frac{1}{a}$$

② **指数法則**　$a \neq 0$，$b \neq 0$ で，m，n が整数のとき

1　$a^m a^n = a^{m+n}$　　2　$(a^m)^n = a^{mn}$　　3　$(ab)^n = a^n b^n$

1′　$\dfrac{a^m}{a^n} = a^{m-n}$　　3′　$\left(\dfrac{a}{b}\right)^n = \dfrac{a^n}{b^n}$

2 累乗根

① **定義**　n を正の整数とするとき，n 乗すると a になる数を a の **n 乗根** といい，2乗根，3乗根，4乗根，…… をまとめて **累乗根** という。

[1]　n が奇数のとき　a の正負に関係なくただ1つあり，$\sqrt[n]{a}$ で表す。

[2]　n が偶数のとき　$a>0$ なら正負2つあり，それぞれ $\sqrt[n]{a}$，$-\sqrt[n]{a}$ で表す。
$a<0$ なら実数の範囲には存在しない。

注意　n が偶数でも奇数でも　$\sqrt[n]{0}=0$

② **累乗根の性質**　$a>0$，$b>0$ で，m，n，p が正の整数のとき

0　$(\sqrt[n]{a})^n = a$　　1　$\sqrt[n]{a}\sqrt[n]{b} = \sqrt[n]{ab}$　　2　$\dfrac{\sqrt[n]{a}}{\sqrt[n]{b}} = \sqrt[n]{\dfrac{a}{b}}$

3　$(\sqrt[n]{a})^m = \sqrt[n]{a^m}$　　4　$\sqrt[m]{\sqrt[n]{a}} = \sqrt[mn]{a}$　　5　$\sqrt[n]{a^m} = \sqrt[np]{a^{mp}}$

3 指数の拡張

① **定義**　$a>0$ で，m，n が正の整数，r が正の有理数のとき

$$a^{\frac{m}{n}} = \sqrt[n]{a^m} = (\sqrt[n]{a})^m \qquad \text{特に} \quad a^{\frac{1}{n}} = \sqrt[n]{a}, \qquad a^{-r} = \frac{1}{a^r}$$

② **指数法則**　$a>0$，$b>0$ で，r，s が実数のとき

1　$a^r a^s = a^{r+s}$　　2　$(a^r)^s = a^{rs}$　　3　$(ab)^r = a^r b^r$

1′　$\dfrac{a^r}{a^s} = a^{r-s}$　　3′　$\left(\dfrac{a}{b}\right)^r = \dfrac{a^r}{b^r}$

4 指数関数　$y=a^x$ $(a>0,\ a \neq 1)$

① グラフ

1　点 $(0,\ 1)$，$(1,\ a)$ を通り，**x 軸を漸近線** とする曲線。

2　**$a>1$ のとき右上がり** の曲線，
$0<a<1$ のとき右下がり の曲線。

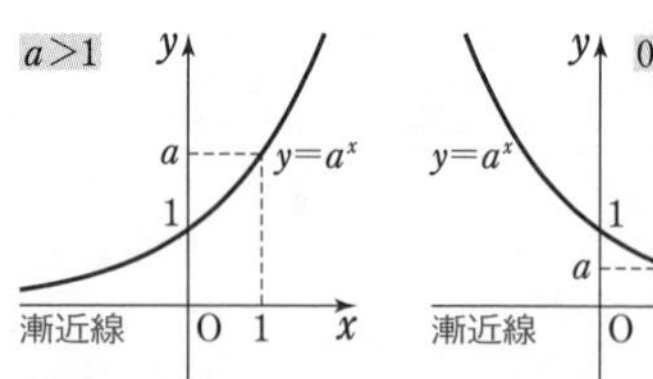

② **性質**

1　定義域は実数全体，値域は正の数全体。

2　**$a>1$ のとき**　x の値が増加すると y の値も増加する。　$p<q \iff a^p<a^q$

$0<a<1$ のとき　x の値が増加すると y の値は減少する。　$p<q \iff a^p>a^q$

一般に，x の値が増加すると y の値も増加する関数を **増加関数**

x の値が増加すると y の値は減少する関数を **減少関数** という。

5 指数方程式，指数不等式の解

底 a は正の数で，$a \neq 1$ とし，b は定数とする。

方程式 $a^x=a^b$ の解は　$x=b$

不等式 $a^x>a^b$ の解は　**$a>1$ のとき　$x>b$**

$0<a<1$ のとき　$x<b$

不等式 $a^x<a^b$ の解は　**$a>1$ のとき　$x<b$**

$0<a<1$ のとき　$x>b$

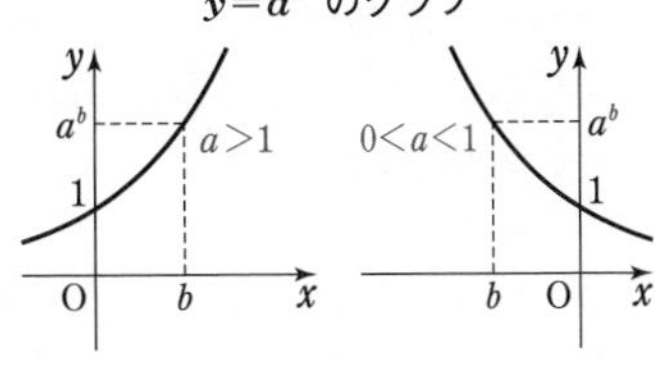

補足　指数関数を含む方程式(不等式)を，**指数方程式(不等式)** という。

CHECK & CHECK

50　次の計算をせよ。ただし，$a \neq 0$，$b \neq 0$ とする。

(1)　$a^{-5}a^8$　(2)　$(a^{-3})^{-2}$　(3)　$(a^3b^{-1})^3\times(a^2b^{-3})^{-2}$

(4)　$2^3\times\left(\frac{1}{8}\right)^2\div\left(\frac{1}{4}\right)^3$　(5)　$\left(\frac{a^2}{b}\right)^{-3}\div\left(\frac{a}{b^3}\right)^2\times\left(\frac{a^3}{b^2}\right)^3$　→ 1

51　次の値を求めよ。

(1)　81 の 4 乗根(実数)　(2)　-27 の 3 乗根(実数)

(3)　$\sqrt[4]{256}$　(4)　$\sqrt[3]{-125}$　→ 2

52　次の式を簡単にせよ。

(1)　$(\sqrt[4]{3})^4$　(2)　$\sqrt[3]{4}\sqrt[3]{16}$　(3)　$\frac{\sqrt[4]{243}}{\sqrt[4]{3}}$　(4)　$\sqrt[3]{\sqrt{729}}$　→ 2

53　次の値を求めよ。

(1)　$27^{\frac{1}{3}}$　(2)　$64^{\frac{2}{3}}$　(3)　$81^{-\frac{3}{4}}$　(4)　$32^{0.2}$　(5)　$0.04^{\frac{3}{2}}$　→ 3

54　次の計算をせよ。ただし，a，b は正の数とする。

(1)　$3^{\frac{2}{3}}\times3^{\frac{4}{3}}$　(2)　$5^{\frac{1}{2}}\times25^{-\frac{1}{4}}$　(3)　$a^{\frac{1}{2}}\times a^{\frac{1}{6}}\div a^{\frac{1}{3}}$　(4)　$(a^{-\frac{1}{3}}b^{\frac{1}{2}})^2\times a^{\frac{5}{3}}$

→ 3

55　次の関数のグラフをかけ。また，関数 $y=2^x$ のグラフとの位置関係を調べよ。

(1)　$y=-2^x$　(2)　$y=\left(\frac{1}{2}\right)^x$　→ 4

基本 例題 142　累乗根の計算

次の計算をせよ。　［(1) 西南学院大　(2) 中央大］

(1)　$\sqrt[3]{54}+\sqrt[3]{-250}-\sqrt[3]{-16}$　　(2)　$\dfrac{5}{3}\sqrt[6]{9}+\sqrt[3]{-81}+\sqrt[3]{\dfrac{1}{9}}$

p.230 基本事項 2

CHART & SOLUTION

累乗根の加減計算　$\sqrt[n]{a}$ の n や a をそろえる

累乗根の加減計算は，$p.230$ 基本事項 2 ② の累乗根の性質を用いて，各項を $k\sqrt[n]{a}$ の形に整理してから文字式と同様に計算する。特に

$\boldsymbol{k>0}$，$a>0$ のとき　$\boldsymbol{\sqrt[n]{k^n a}=k\sqrt[n]{a}}$

$\boldsymbol{n}$ が奇数，$a>0$ のとき　$\boldsymbol{\sqrt[n]{-a}=-\sqrt[n]{a}}$

(2)　**分母を有理化**　3 乗根を有理化するには $\sqrt[3]{a^3}$ の形を作る。

解答

(1)　$\sqrt[3]{54}=\sqrt[3]{3^3\cdot 2}=\sqrt[3]{3^3}\cdot\sqrt[3]{2}=3\sqrt[3]{2}$

$\sqrt[3]{-250}=-\sqrt[3]{250}=-\sqrt[3]{5^3\cdot 2}=-\sqrt[3]{5^3}\cdot\sqrt[3]{2}=-5\sqrt[3]{2}$

$\sqrt[3]{-16}=-\sqrt[3]{16}=-\sqrt[3]{2^3\cdot 2}=-\sqrt[3]{2^3}\cdot\sqrt[3]{2}=-2\sqrt[3]{2}$

から　$\sqrt[3]{54}+\sqrt[3]{-250}-\sqrt[3]{-16}=3\sqrt[3]{2}-5\sqrt[3]{2}-(-2\sqrt[3]{2})$

$=(3-5+2)\sqrt[3]{2}=\boldsymbol{0}$

(2)　$\sqrt[6]{9}=\sqrt[3\times 2]{3^2}=\sqrt[3]{3}$

$\sqrt[3]{-81}=-\sqrt[3]{81}=-\sqrt[3]{3^3\cdot 3}=-\sqrt[3]{3^3}\cdot\sqrt[3]{3}=-3\sqrt[3]{3}$

$\sqrt[3]{\dfrac{1}{9}}=\dfrac{1}{\sqrt[3]{3^2}}=\dfrac{1\times\sqrt[3]{3}}{\sqrt[3]{3^2}\times\sqrt[3]{3}}=\dfrac{\sqrt[3]{3}}{\sqrt[3]{3^3}}=\dfrac{\sqrt[3]{3}}{3}$

から　$\dfrac{5}{3}\sqrt[6]{9}+\sqrt[3]{-81}+\sqrt[3]{\dfrac{1}{9}}=\dfrac{5}{3}\sqrt[3]{3}-3\sqrt[3]{3}+\dfrac{\sqrt[3]{3}}{3}$

$=\left(\dfrac{5}{3}-3+\dfrac{1}{3}\right)\sqrt[3]{3}=\boldsymbol{-\sqrt[3]{3}}$

⇐ $\sqrt[3]{k^3a}=k\sqrt[3]{a}$

⇐ $\sqrt[3]{-a}=-\sqrt[3]{a}$

⇐ $\sqrt[3]{2}=a$ とおくと $3a-5a-(-2a)$

⇐ $\sqrt[np]{a^{mp}}=\sqrt[n]{a^m}$

inf. 分母を立方数にして $\sqrt[3]{\dfrac{1}{9}}=\sqrt[3]{\dfrac{3}{27}}=\dfrac{\sqrt[3]{3}}{3}$ と計算してもよい。

INFORMATION

累乗根の性質のうち，$\boldsymbol{\sqrt[n]{a^m}=\sqrt[np]{a^{mp}}}$ （$a>0$，m，n，p は正の整数）は，右辺を左辺の形にするときにも利用される。$A=\sqrt[n]{a^m}$ とおくと，$A^n=a^m$ であるから

$(A^n)^p=(a^m)^p$　すなわち　$A^{np}=a^{mp}$

よって，$A=\sqrt[np]{a^{mp}}$ より　$\sqrt[n]{a^m}=\sqrt[np]{a^{mp}}$

A を np 乗すると a^{mp} になる
→ A は a^{mp} の np 乗根

と証明できる。なお，指数の拡張により，$\sqrt[np]{a^{mp}}=a^{\frac{mp}{np}}=a^{\frac{m}{n}}=\sqrt[n]{a^m}$ のようにスムーズに変形することもできる。

PRACTICE 142❷

次の計算をせよ。　［(1) 北海道薬大　(2) 千葉工大］

(1)　$\dfrac{5}{3}\sqrt[6]{4}+\sqrt[3]{\dfrac{1}{4}}-\sqrt[3]{54}$　　(2)　$\dfrac{2}{3}\sqrt[6]{\dfrac{9}{64}}+\dfrac{1}{2}\sqrt[3]{24}$

基本 例題 143 指数の計算

次の計算をせよ。ただし，$a>0$，$b>0$ とする。

(1) $\sqrt{6}\times\sqrt[4]{54}\div\sqrt[4]{6}$ (2) $(\sqrt{a}\times\sqrt[3]{a^2})^6$ (3) $a^{\frac{4}{3}}b^{-\frac{1}{2}}\times a^{-\frac{2}{3}}b^{\frac{1}{3}}\div(a^{-\frac{1}{3}}b^{-\frac{1}{6}})$

(4) $(a^{\frac{1}{4}}+b^{\frac{1}{4}})^2(a^{\frac{1}{4}}-b^{\frac{1}{4}})^2$ (5) $(\sqrt[3]{5}+1)(\sqrt[3]{25}-\sqrt[3]{5}+1)$

p.230 基本事項 1 ～ 3

CHART & SOLUTION

指数法則 $a^ra^s=a^{r+s}$，$(a^r)^s=a^{rs}$，$(ab)^r=a^rb^r$

(1), (3) ÷( ) は ×( )$^{-1}$ とする。

(1), (2), (5) 累乗根（根号）のままでは扱いにくい。そこで，**a^p（p は有理数）の形で表し**，指数法則に従って計算する。

inf. 計算結果の表し方は，与えられた式の形（分数の指数の形・累乗根の形）に合わせておくことが多い。

解答

(1) (与式)$=(2\cdot3)^{\frac{1}{2}}\times(2\cdot3^3)^{\frac{1}{4}}\times(2\cdot3)^{-\frac{1}{4}}$

$=(2^{\frac{1}{2}}\cdot3^{\frac{1}{2}})\times(2^{\frac{1}{4}}\cdot3^{\frac{3}{4}})\times(2^{-\frac{1}{4}}\cdot3^{-\frac{1}{4}})$

$=2^{\frac{1}{2}+\frac{1}{4}-\frac{1}{4}}\times3^{\frac{1}{2}+\frac{3}{4}-\frac{1}{4}}=2^{\frac{1}{2}}\times3^1=\boldsymbol{3\sqrt{2}}$

⇐ 根号の中の数を素因数分解しておく。

別解 (与式)$=\sqrt{6}\times\sqrt[4]{\dfrac{54}{6}}=\sqrt{6}\times\sqrt[4]{9}=\sqrt{6}\times\sqrt{3}=\sqrt{18}$

$=\boldsymbol{3\sqrt{2}}$

⇐ 累乗根の性質を利用。$\sqrt[4]{9}=\sqrt[2\cdot2]{3^2}=\sqrt{3}$

(2) (与式)$=(a^{\frac{1}{2}}\times a^{\frac{2}{3}})^6=a^{\frac{1}{2}\times6}\times a^{\frac{2}{3}\times6}=a^{3+4}=\boldsymbol{a^7}$

(3) (与式)$=a^{\frac{4}{3}}b^{-\frac{1}{2}}\times a^{-\frac{2}{3}}b^{\frac{1}{3}}\times a^{\frac{1}{3}}b^{\frac{1}{6}}$

$=a^{\frac{4}{3}-\frac{2}{3}+\frac{1}{3}}b^{-\frac{1}{2}+\frac{1}{3}+\frac{1}{6}}=a^1b^0=\boldsymbol{a}$

⇐ $b^0=1$

(4) (与式)$=\{(a^{\frac{1}{4}}+b^{\frac{1}{4}})(a^{\frac{1}{4}}-b^{\frac{1}{4}})\}^2=\{(a^{\frac{1}{4}})^2-(b^{\frac{1}{4}})^2\}^2$

$=(a^{\frac{1}{2}}-b^{\frac{1}{2}})^2=(a^{\frac{1}{2}})^2-2a^{\frac{1}{2}}b^{\frac{1}{2}}+(b^{\frac{1}{2}})^2$

$=\boldsymbol{a-2a^{\frac{1}{2}}b^{\frac{1}{2}}+b}$

⇐ $a^{\frac{1}{4}}=x$, $b^{\frac{1}{4}}=y$ とおくと $(x+y)^2(x-y)^2=(x^2-y^2)^2$

⇐ $a-2\sqrt{ab}+b$ と答えてもよい。

(5) (与式)$=(5^{\frac{1}{3}}+1)\{(5^2)^{\frac{1}{3}}-5^{\frac{1}{3}}+1\}$

$=(5^{\frac{1}{3}}+1)\{(5^{\frac{1}{3}})^2-5^{\frac{1}{3}}\cdot1+1^2\}$

$=(5^{\frac{1}{3}})^3+1^3=5+1=\boldsymbol{6}$

⇐ $5^{\frac{1}{3}}=x$ とおくと $(x+1)(x^2-x+1)=x^3+1$

PRACTICE 143 ❷

次の計算をせよ。ただし，$a>0$，$b>0$ とする。

(1) $a^4\times(a^3)^{-2}$ (2) $\sqrt[3]{3}\times\sqrt{27}\div\sqrt[6]{243}$ (3) $\sqrt[3]{\sqrt{64}}\times\sqrt{16}\div\sqrt[3]{8}$ (4) $\left\{\left(\dfrac{81}{25}\right)^{-\frac{2}{3}}\right\}^{\frac{3}{4}}$

(5) $(a^{\frac{1}{4}}-b^{\frac{1}{4}})(a^{\frac{1}{4}}+b^{\frac{1}{4}})(a^{\frac{1}{2}}+b^{\frac{1}{2}})$ (6) $(\sqrt[6]{a}+\sqrt[6]{b})(\sqrt[6]{a}-\sqrt[6]{b})(\sqrt[3]{a^2}+\sqrt[3]{ab}+\sqrt[3]{b^2})$

基本 例題 144 指数と累乗根の計算，式の値

(1) $a>0$，$a^{\frac{1}{2}}+a^{-\frac{1}{2}}=3$ のとき，$a+a^{-1}$，$a^{\frac{3}{2}}+a^{-\frac{3}{2}}$ の値をそれぞれ求めよ。

(2) $a^{2x}=5$ のとき，$\dfrac{a^{3x}-a^{-3x}}{a^{x}-a^{-x}}$ の値を求めよ。ただし，$a>0$ とする。

〔(2) 茨城大〕 基本 143

CHART & SOLUTION

$a^{p}+a^{-p}$ の計算

$a^{p}\cdot a^{-p}=1$ がポイント　対称式は基本対称式で表す ……❗

(1) $a^{\frac{1}{2}}=x$，$a^{-\frac{1}{2}}=y$ とおくと　$x+y=3$　また　$\boldsymbol{xy=1}$

$a+a^{-1}=\boldsymbol{x^2+y^2=(x+y)^2-2xy}$

$a^{\frac{3}{2}}+a^{-\frac{3}{2}}=\boldsymbol{x^3+y^3=(x+y)^3-3xy(x+y)}$

(2) $a^{x}=p$，$a^{-x}=q$ とおくと　$\boldsymbol{pq=1}$

解答

❗ (1) $\boldsymbol{a+a^{-1}}=(a^{\frac{1}{2}})^2+(a^{-\frac{1}{2}})^2$

$=(a^{\frac{1}{2}}+a^{-\frac{1}{2}})^2-2a^{\frac{1}{2}}\cdot a^{-\frac{1}{2}}$

$=3^2-2\cdot 1=\boldsymbol{7}$

⇐ $a=(a^{\frac{1}{2}})^2$

⇐ $a^{\frac{1}{2}}\cdot a^{-\frac{1}{2}}=a^0=1$

❗ $\boldsymbol{a^{\frac{3}{2}}+a^{-\frac{3}{2}}}=(a^{\frac{1}{2}})^3+(a^{-\frac{1}{2}})^3$

$=(a^{\frac{1}{2}}+a^{-\frac{1}{2}})^3-3a^{\frac{1}{2}}\cdot a^{-\frac{1}{2}}(a^{\frac{1}{2}}+a^{-\frac{1}{2}})$

$=3^3-3\cdot 1\cdot 3=\boldsymbol{18}$

別解 $a^{\frac{3}{2}}+a^{-\frac{3}{2}}=(a^{\frac{1}{2}}+a^{-\frac{1}{2}})\{(a^{\frac{1}{2}})^2-a^{\frac{1}{2}}\cdot a^{-\frac{1}{2}}+(a^{-\frac{1}{2}})^2\}$

$=(a^{\frac{1}{2}}+a^{-\frac{1}{2}})(a+a^{-1}-1)=3(7-1)=\boldsymbol{18}$

⇐ x^3+y^3
$=(x+y)(x^2-xy+y^2)$

❗ (2) $\dfrac{a^{3x}-a^{-3x}}{a^{x}-a^{-x}}=\dfrac{(a^{x}-a^{-x})\{(a^{x})^2+a^{x}\cdot a^{-x}+(a^{-x})^2\}}{a^{x}-a^{-x}}$

$=a^{2x}+1+a^{-2x}=5+1+\dfrac{1}{5}=\boldsymbol{\dfrac{31}{5}}$

⇐ x^3-y^3
$=(x-y)(x^2+xy+y^2)$

⇐ $a^{-2x}=\dfrac{1}{a^{2x}}=\dfrac{1}{5}$

別解 $\dfrac{a^{3x}-a^{-3x}}{a^{x}-a^{-x}}=\dfrac{(a^{3x}-a^{-3x})\times a^{x}}{(a^{x}-a^{-x})\times a^{x}}=\dfrac{a^{4x}-a^{-2x}}{a^{2x}-1}$

$=\dfrac{5^2-\frac{1}{5}}{5-1}=\dfrac{124}{5}\cdot\dfrac{1}{4}=\boldsymbol{\dfrac{31}{5}}$

⇐ $a^{4x}=(a^{2x})^2=5^2=25$

PRACTICE 144③

(1) $x^{\frac{1}{3}}-x^{-\frac{1}{3}}=3$ のとき，$x-x^{-1}=$ ア□，$x^2+x^{-2}=$ イ□ 〔久留米大〕

(2) $2^{x}-2^{-x}=1$ のとき，$2^{x}+2^{-x}=$ ウ□，$4^{x}+4^{-x}=$ エ□，$8^{x}-8^{-x}=$ オ□

(3) $9^{x}=2$ のとき，$\dfrac{27^{x}-27^{-x}}{3^{x}-3^{-x}}$ の値を求めよ。 〔駒澤大〕

基本 例題 145 指数関数のグラフの移動

次の関数のグラフをかき，関数 $y=2^x$ のグラフとの位置関係を述べよ。

(1) $y=2^{x+1}$ (2) $y=2^{-x+1}$ (3) $y=4^{\frac{x}{2}}-1$

p. 230 基本事項 4

CHART & SOLUTION

$y=2^x$ のグラフの平行移動・対称移動を考える。

指数関数 $y=a^x$ のグラフに対し

$\boldsymbol{y=a^{x-p}+q}$ ⟶ **x 軸方向に p，y 軸方向に q だけ平行移動**

$\boldsymbol{y=-a^x}$ ⟶ **x 軸に関して対称移動**

$\boldsymbol{y=a^{-x}=\left(\frac{1}{a}\right)^x}$ ⟶ **y 軸に関して対称移動**

$\boldsymbol{y=-a^{-x}=-\left(\frac{1}{a}\right)^x}$ ⟶ **原点に関して対称移動**

(3) 底を 2 にする。……❗

解答

(1) $2^{x+1}=2^{x-(-1)}$

よって，$y=2^{x+1}$ のグラフは，$y=2^x$ のグラフを **x 軸方向に -1 だけ平行移動したもの** である。〔図〕

(2) $2^{-x+1}=2^{-(x-1)}$

よって，$y=2^{-x+1}$ のグラフは $y=2^{-x}$ のグラフを x 軸方向に 1 だけ平行移動したもの，すなわち $y=2^x$ のグラフを **y 軸に関して対称移動し，更に x 軸方向に 1 だけ平行移動したもの** である。〔図〕

❗ (3) $4^{\frac{x}{2}}-1=(2^2)^{\frac{x}{2}}-1=2^x-1$

よって，$y=4^{\frac{x}{2}}-1$ のグラフは $y=2^x$ のグラフを **y 軸方向に -1 だけ平行移動したもの** である。〔図〕

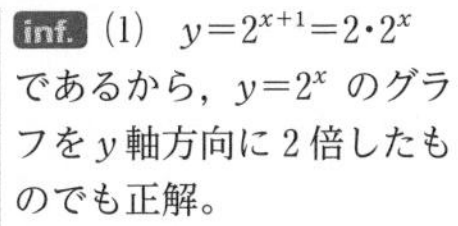

inf. (1) $y=2^{x+1}=2\cdot2^x$ であるから，$y=2^x$ のグラフを y 軸方向に 2 倍したものでも正解。

⇐ $y=2^{-x}$ と $y=2^x$ のグラフは y 軸に関して対称。

⇐ $4^{\frac{x}{2}}=(2^2)^{\frac{x}{2}}=2^{2\times\frac{x}{2}}=2^x$

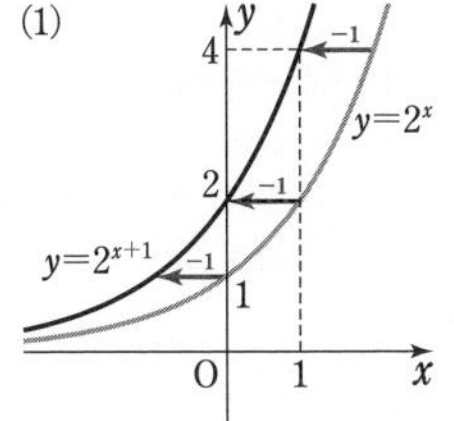

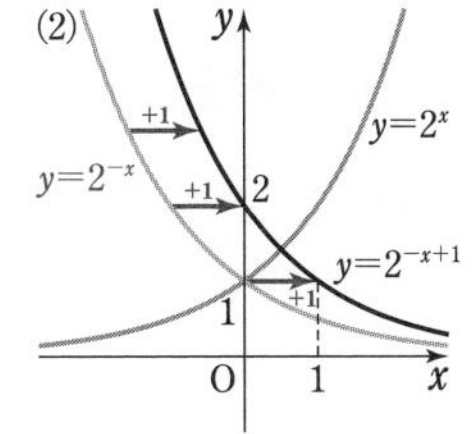

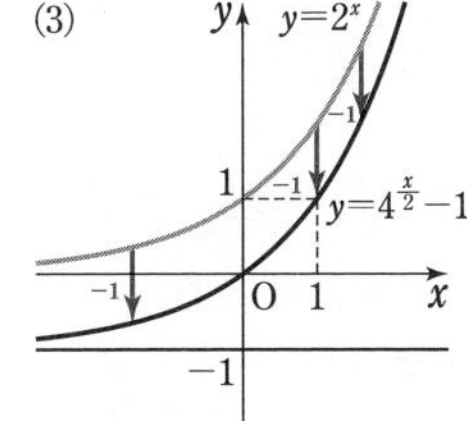

PRACTICE 145②

次の関数のグラフをかき，関数 $y=3^x$ のグラフとの位置関係を述べよ。

(1) $y=3^{x-1}$ (2) $y=\left(\frac{1}{3}\right)^{x+1}$ (3) $y=3^{x+1}+2$

基本 例題 146 累乗，累乗根の大小比較

次の各組の数の大小を不等号を用いて表せ。

(1) $2,\ \sqrt[3]{4},\ \sqrt[5]{64}$ (2) $2^{30},\ 3^{20},\ 10^{10}$ (3) $\sqrt{2},\ \sqrt[3]{3},\ \sqrt[6]{6}$

p. 231 基本事項 4

CHART & SOLUTION

累乗，累乗根の大小比較

1 底（指数）をそろえて，指数（底）の大小で比較

2 何乗かして比較

$a>1$ のとき $p<q \Longleftrightarrow a^p<a^q$ 大小一致

$0<a<1$ のとき $p<q \Longleftrightarrow a^p>a^q$ 大小反対

n は自然数，$a>0,\ b>0$ のとき

$a<b \Longleftrightarrow a^n<b^n$

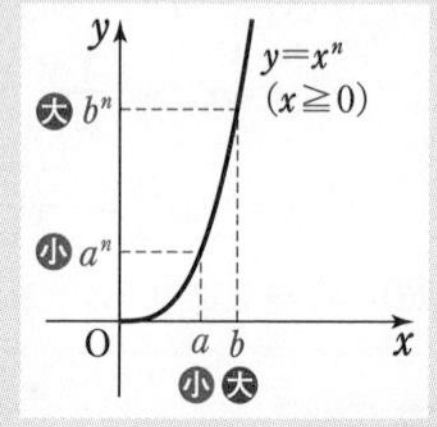

(1), (2) 1 の方針で解く。

(2) 底が異なるので，指数をそろえる。

指数を同じ 10 にすると $(2^3)^{10},\ (3^2)^{10},\ 10^{10}$

(3) 2 の方針の方がスムーズ。各数を **6 乗して**，整数の指数に直す。

解答

(1) $2=2^1,\ \sqrt[3]{4}=\sqrt[3]{2^2}=2^{\frac{2}{3}},\ \sqrt[5]{64}=\sqrt[5]{2^6}=2^{\frac{6}{5}}$

底 2 は 1 より大きく，$\dfrac{2}{3}<1<\dfrac{6}{5}$ であるから

$2^{\frac{2}{3}}<2^1<2^{\frac{6}{5}}$ すなわち $\boldsymbol{\sqrt[3]{4}<2<\sqrt[5]{64}}$

(2) $2^{30}=(2^3)^{10}=8^{10},\ 3^{20}=(3^2)^{10}=9^{10}$

$8<9<10$ であるから $8^{10}<9^{10}<10^{10}$

すなわち $\boldsymbol{2^{30}<3^{20}<10^{10}}$

(3) $(\sqrt{2})^6=2^3=8,\ (\sqrt[3]{3})^6=3^2=9,\ (\sqrt[6]{6})^6=6$

$6<8<9$ であるから $(\sqrt[6]{6})^6<(\sqrt{2})^6<(\sqrt[3]{3})^6$

$\sqrt[6]{6}>0,\ \sqrt{2}>0,\ \sqrt[3]{3}>0$ であるから

$\boldsymbol{\sqrt[6]{6}<\sqrt{2}<\sqrt[3]{3}}$

別解 $\sqrt{2}=2^{\frac{1}{2}}=(2^3)^{\frac{1}{6}}=8^{\frac{1}{6}},\ \sqrt[3]{3}=3^{\frac{1}{3}}=(3^2)^{\frac{1}{6}}=9^{\frac{1}{6}},\ \sqrt[6]{6}=6^{\frac{1}{6}}$

$6<8<9$ であるから $6^{\frac{1}{6}}<8^{\frac{1}{6}}<9^{\frac{1}{6}}$

すなわち $\boldsymbol{\sqrt[6]{6}<\sqrt{2}<\sqrt[3]{3}}$

⇐ 底を 2 にそろえる。

⇐ $a>1$ のとき $p<q \Longleftrightarrow a^p<a^q$

⇐ 指数を 10 にそろえる。$a>0,\ b>0$ のとき $a<b \Longleftrightarrow a^{10}<b^{10}$

⇐ 指数の形で表すと $2^{\frac{1}{2}},\ 3^{\frac{1}{3}},\ 6^{\frac{1}{6}}$ 指数の分母 2, 3, 6 の最小公倍数は 6 であるから 6 乗する。

⇐ 指数をそろえて，底を比較する。

PRACTICE 146❷

次の各組の数の大小を不等号を用いて表せ。

(1) $\sqrt{3},\ 9^{\frac{1}{3}},\ \sqrt[5]{27},\ 81^{-\frac{1}{7}},\ \dfrac{1}{\sqrt[8]{243}}$ (2) $3^8,\ 5^6,\ 7^4$ (3) $\sqrt[3]{5},\ \sqrt{3},\ \sqrt[4]{8}$

基本 例題 147 指数方程式の解法

次の方程式を解け。

(1) $3^{x+1}=81$　　(2) $27^{x+1}=9^{2x+1}$　　(3) $4^x-3\cdot2^{x+1}-16=0$

p.231 基本事項 5

CHART & SOLUTION

指数方程式

① まず，底をそろえる ……❗

② 指数を比較　または　変数のおき換え（変域に注意）

おき換え　$a^x=t$ とおくと　$t>0$ ⟶ t の方程式へ。

(1) $81=3^4$　(2) $27=3^3$，$9=3^2$ ⟶ (1)，(2) とも底を 3 にそろえる。

(3) 4^x，2^{x+1} に着目すると　$4^x=(2^x)^2$，$2^{x+1}=2\cdot2^x$

そこで，$2^x=t$ とおくと与式は　$t^2-6t-16=0$ …… ①

① は，t の 2 次方程式で，まずこれを解いて t の値を求める。

ただし，$2^x>0$ から $t>0$ であることに注意。

解答

❗ (1) $81=3^4$ から　$3^{x+1}=3^4$

よって　$x+1=4$　ゆえに　$x=3$

⇐ $3^m=3^n$ の形に両辺の底をそろえる。

❗ (2) $27^{x+1}=3^{3(x+1)}$，$9^{2x+1}=3^{2(2x+1)}$ から　$3^{3(x+1)}=3^{2(2x+1)}$

⇐ 両辺の底をそろえる。

よって　$3(x+1)=2(2x+1)$

⇐ $3x+3=4x+2$

これを解いて　$x=1$

❗ (3) 方程式を変形して　$(2^x)^2-6\cdot2^x-16=0$

$2^x=t$ とおくと　$t>0$

方程式は　$t^2-6t-16=0$

よって　$(t+2)(t-8)=0$

$t>0$ であるから　$t=8$　すなわち　$2^x=8$

ゆえに　$2^x=2^3$　よって　$x=3$

⇐ 指数関数 $y=a^x$ ($a>0$, $a\neq1$) の値域は正の数全体である。よって $2^x=t>0$ おき換えないで $(2^x+2)(2^x-8)=0$ と進めてもよい。

POINT 指数方程式の解法

$a>0$，$a\neq1$ のとき

[1] $a^m=a^n$ の形にまとめる ⟶ $m=n$

[2] $a^x=t$ とおいて，t の方程式を導く ⟶ $a^x>0$ に注意して，t を求める

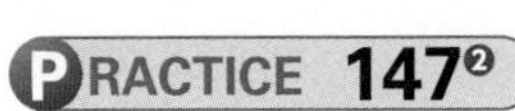

PRACTICE 147❷

次の方程式を解け。

(1) $2^{x-1}=2\sqrt{2}$

(2) $81^x=27^{2x+3}$　〔大阪工大〕

(3) $2^{2x+1}-5\cdot2^x+2=0$　〔専修大〕

(4) $27^{x+1}+26\cdot9^x-3^x=0$　〔拓殖大〕

基本 例題 148 指数不等式の解法

次の不等式を解け。 〔(2) 神奈川大 (3) 京都産大〕

(1) $\left(\frac{1}{3}\right)^x<9$ (2) $9^{x+1}-28\cdot3^x+3<0$ (3) $4^x-2^{x+2}-32>0$

p.231 基本事項 5，基本 146, 147

CHART & SOLUTION

指数不等式 底 a と 1 の大小関係に注意 ……❗

① まず，底をそろえる

② 指数を比較 または 変数のおき換え（変域に注意）

$a>1$ のとき $a^p<a^q \iff p<q$ 大小一致

$0<a<1$ のとき $a^p<a^q \iff p>q$ 大小反対

(1) 底を 3 にそろえる。$\frac{1}{3}$ にそろえてもよいが，大小関係が逆になることに注意。

(2) $3^x=t$，(3) $2^x=t$ とおくと，t の 2 次不等式となる。**$t>0$ に注意。**

注意 指数不等式では，**底と 1 の大小関係についての断りを忘れないように。**

解答

(1) $9=3^2$ であるから，不等式は $3^{-x}<3^2$

❗ 底 3 は 1 より大きいから $-x<2$ すなわち $\boldsymbol{x>-2}$

(2) $9^{x+1}=9\cdot9^x=9\cdot(3^x)^2$ である。

$3^x=t$ とおくと $t>0$

不等式は $9t^2-28t+3<0$ よって $(9t-1)(t-3)<0$

ゆえに $\frac{1}{9}<t<3$ これは $t>0$ を満たす。

したがって $3^{-2}<3^x<3^1$

❗ 底 3 は 1 より大きいから $\boldsymbol{-2<x<1}$

(3) $2^{x+2}=2^2\cdot2^x=4\cdot2^x$ である。

$2^x=t$ とおくと $t>0$

不等式は $t^2-4t-32>0$ よって $(t+4)(t-8)>0$

$t+4>0$ であるから $t-8>0$ すなわち $t>8$

ゆえに $2^x>8$ すなわち $2^x>2^3$

❗ 底 2 は 1 より大きいから $\boldsymbol{x>3}$

別解 (1)
（**底を $\frac{1}{3}$ にそろえる解法**）
与式から
$\left(\frac{1}{3}\right)^x<\left(\frac{1}{3}\right)^{-2}$
底 $\frac{1}{3}$ は 1 より小さいから
$\boldsymbol{x>-2}$
大小関係が逆になることに注意。

⇐ $4^x=(2^2)^x=(2^x)^2=t^2$

⇐ $t>0$ から $t+4>0$

PRACTICE 148❷

次の不等式を解け。 〔(3) 関西大〕

(1) $2^x>\frac{1}{4}$ (2) $9^x>\left(\frac{1}{3}\right)^{1-x}$

(3) $\left(\frac{1}{4}\right)^x-9\left(\frac{1}{2}\right)^{x-1}+32\leqq0$ (4) $4^x+3\cdot2^x-4\leqq0$

基本 例題 149　指数関数の最大・最小 (1)

関数 $y=\left(\frac{1}{2}\right)^{2x}-8\left(\frac{1}{2}\right)^{x}+10$ $(-3\leqq x\leqq 0)$ について

(1) $t=\left(\frac{1}{2}\right)^{x}$ とするとき，t のとりうる値の範囲を求めよ。

(2) 関数 y の最大値と最小値を求めよ。

基本 147

CHART & SOLUTION

指数関数の最大・最小

おき換え $[a^x=t]$ で t の関数へ　変域に注意

(1) 関数 $y=a^x$ は　$a>1$ のとき　増加関数
　　　　　　　　$0<a<1$ のとき　減少関数

(2) y は t の 2 次式で表され，2 次関数の最大・最小の問題に帰着。このとき，**t のとりうる値の範囲に注意** する。……❗
なお，設問で要求されていなくても，最大値・最小値を与える x の値は示しておくのが原則。

解答

(1) 底 $\frac{1}{2}$ は 1 より小さいから，関数 $t=\left(\frac{1}{2}\right)^{x}$ は減少関数である。

よって，$-3\leqq x\leqq 0$ のとき　$\left(\frac{1}{2}\right)^{-3}\geqq t\geqq\left(\frac{1}{2}\right)^{0}$

❗ すなわち　**$1\leqq t\leqq 8$**

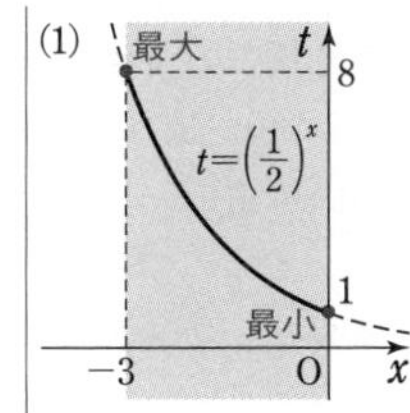

(2) 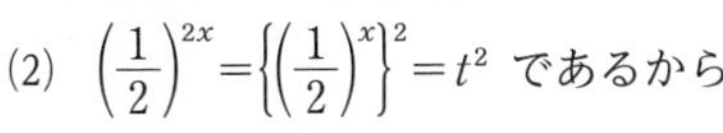
$\left(\frac{1}{2}\right)^{2x}=\left\{\left(\frac{1}{2}\right)^{x}\right\}^{2}=t^2$ であるから

$$y=t^2-8t+10=(t-4)^2-6$$

⇐ 2 次式は基本形に変形。

$1\leqq t\leqq 8$ の範囲で，y は

　$t=8$ で最大値 10，$t=4$ で最小値 -6

をとる。

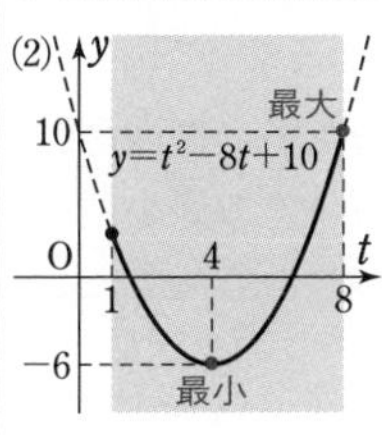

$t=8$ のとき　$8=\left(\frac{1}{2}\right)^{x}=2^{-x}$　　ゆえに　$x=-3$

$t=4$ のとき　$4=\left(\frac{1}{2}\right)^{x}=2^{-x}$　　ゆえに　$x=-2$

よって，**$x=-3$ で最大値 10，**
　　　$x=-2$ で最小値 -6 をとる。

PRACTICE 149❷

次の関数に最大値，最小値があれば，それを求めよ。　〔(2) 大阪産大〕

(1) $y=9^x-6\cdot 3^x+10$　　(2) $y=4^x-2^{x+2}$ $(-1\leqq x\leqq 3)$

5章 18 指数関数

重要 例題 150 指数関数の最大・最小 (2)

$y=9^x+9^{-x}-3^{1+x}-3^{1-x}+2$ について

(1) $t=3^x+3^{-x}$ とおいて，y を t の式で表せ。

(2) y の最小値と，そのときの x の値を求めよ。

基本 144, 149

CHART & SOLUTION

$a^{2x}+a^{-2x}$，a^x+a^{-x} の関数の最大・最小

おき換え $[a^x+a^{-x}=t]$ で t の関数へ　変域に注意 ……❗

(1) $x^2+y^2=(x+y)^2-2xy$ を利用して，9^x+9^{-x} を t で表す。

(2) t の変域は，$3^x>0$，$3^{-x}>0$ であるから，(相加平均)≧(相乗平均) を利用して求めることができる。y は t の 2 次式で表され，2 次関数の最大・最小の問題に帰着。

解答

(1) $y=9^x+9^{-x}-(3^{1+x}+3^{1-x})+2$

ここで　$9^x+9^{-x}=(3^x)^2+(3^{-x})^2=(3^x+3^{-x})^2-2\cdot3^x\cdot3^{-x}$

$=(3^x+3^{-x})^2-2=t^2-2$

$3^{1+x}+3^{1-x}=3(3^x+3^{-x})=3t$

よって　$y=t^2-2-3t+2$

ゆえに　$\boldsymbol{y=t^2-3t}$ ……①

⇐ a^2+a^{-2}
$=(a+a^{-1})^2-2a\cdot a^{-1}$
$=(a+a^{-1})^2-2$

(2) $3^x>0$，$3^{-x}>0$ であるから，相加平均と相乗平均の大小関係により

❗ $3^x+3^{-x}\geqq2\sqrt{3^x\cdot3^{-x}}=2$　すなわち　$t\geqq2$

等号は，$3^x=3^{-x}$ すなわち $x=-x$ から $x=0$ のとき成り立つ。……②

(相加平均)≧(相乗平均)
$a>0$，$b>0$ のとき
$\dfrac{a+b}{2}\geqq\sqrt{ab}$
$a=b$ のとき等号成立

① から

$y=\left(t-\dfrac{3}{2}\right)^2-\dfrac{9}{4}$

$t\geqq2$ の範囲において，y は $t=2$ で最小値 -2 をとる。

$t=2$ のとき，② から　$x=0$

よって，y は

$x=0$ で最小値 -2

をとる。

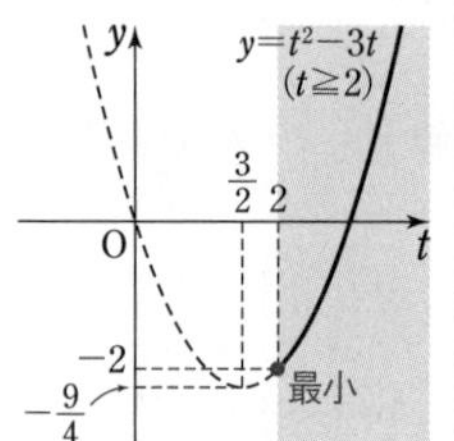

⇐ 2 次式は基本形に変形。

inf. $t=3^x+3^{-x}$ のグラフ

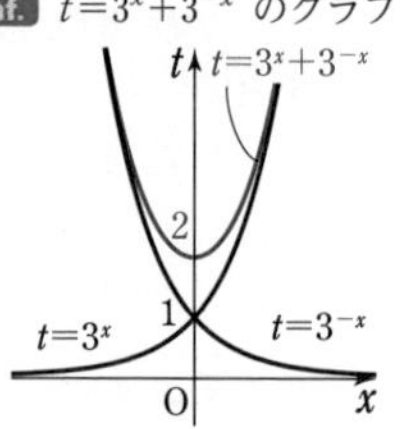

PRACTICE 150❸

$y=2^{2x}+2^{-2x}-3(2^x+2^{-x})+3$ について

(1) $t=2^x+2^{-x}$ とおいて，y を t の式で表せ。

(2) y の最小値と，そのときの x の値を求めよ。

重要 例題 151 指数方程式の解の存在条件

$4^x-a\cdot 2^{x+1}+a^2+a-6=0$ を満たす異なる実数 x が 2 つあるような，定数 a の値の範囲を求めよ。

基本 149，重要 150

CHART & THINKING

指数方程式の解の問題

おき換え $[a^x=t]$ で t の方程式へ　変域に注意

$2^x=t$ とおくと $t>0$ であり，方程式は　$t^2-2at+a^2+a-6=0$ ……①

正の数 t に対して $2^x=t$ を満たす実数 x がただ 1 つ決まる（x と t は **1 対 1 に対応** する）から，t の 2 次方程式 ① が異なる 2 つの正の解をもつ条件を求めればよい。

数学 I で学んだ 2 次関数のグラフを利用する方法で考えてみよう。

解答

$2^x=t$ とおくと　$t>0$

$4^x=(2^x)^2=t^2$ から，与えられた方程式は　$t^2-2at+a^2+a-6=0$ ……①

① の左辺を $f(t)$ とし，① の判別式を D とする。

$t>0$ のとき，x と t の値は 1 対 1 に対応するから，求める条件は，2 次方程式 ① が $t>0$ の範囲で異なる 2 つの実数解をもつこと，すなわち，$y=f(t)$ のグラフが t 軸の $t>0$ の部分と，異なる 2 点で交わることである。

ゆえに，次の [1]，[2]，[3] が同時に成り立つ。

[1]　$D>0$　　[2]　軸が $t>0$ の範囲にある

[3]　$f(0)>0$

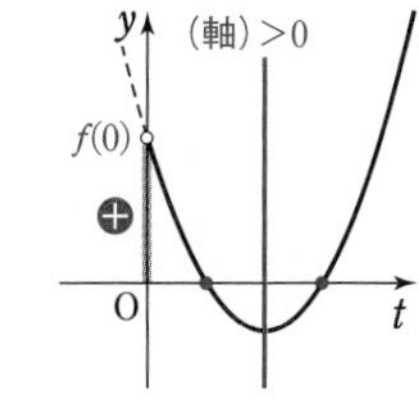

[1]　$\dfrac{D}{4}=(-a)^2-1\cdot(a^2+a-6)=6-a$

$D>0$ から　$a<6$ ……②

[2]　グラフの軸は直線 $t=a$ で　$a>0$ ……③

[3]　$f(0)>0$ から　$a^2+a-6>0$

これを解いて　$a<-3,\ 2<a$ ……④

②，③，④ の共通範囲を求めて　$\boldsymbol{2<a<6}$

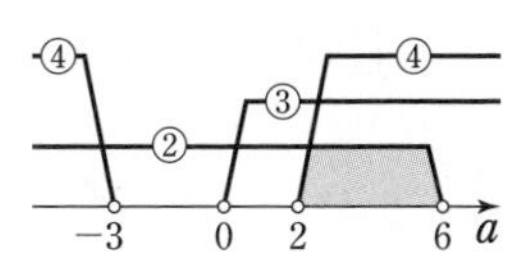

INFORMATION　解と係数の関係を利用する

2 次方程式 ① が $t>0$ の範囲で異なる 2 つの実数解をもつ条件は，① の 2 つの解を α，β とすると　$\dfrac{D}{4}=6-a>0$ ……②′

解と係数の関係から　$\alpha+\beta=2a>0$ ……③′，　$\alpha\beta=a^2+a-6>0$ ……④′

②′，③′，④′ から　$\boldsymbol{2<a<6}$

PRACTICE 151④

x についての方程式 $9^x+2a\cdot 3^x+2a^2+a-6=0$ が正の解，負の解を 1 つずつもつとき，定数 a のとりうる値の範囲を求めよ。

5章 18 指数関数

A

121❷ 次の計算をせよ。〔(1) 足利工大 (2) 立命館大 (3) 久留米工大〕

(1) $\sqrt[8]{64}\times\sqrt[4]{162^{-3}}$　(2) $(\sqrt[3]{16}+2\sqrt[6]{4}-3\sqrt[9]{8})^3$

(3) $(x^{-\frac{3}{4}})^{-\frac{2}{3}}\div\sqrt[3]{\dfrac{1}{x^2}}\times(x^{\frac{2}{3}}x^{-1})^3$ ただし，$x>0$ とする。

→142, 143

122❸ $x^{\frac{1}{2}}+x^{-\frac{1}{2}}=3$ のとき，$P=\dfrac{x^2+x^{-2}}{x^{\frac{3}{2}}+x^{-\frac{3}{2}}}$ の値を求めよ。〔関西大〕 →144

123❷ 3つの数 $\sqrt[3]{\dfrac{4}{9}}$，$\sqrt[4]{\dfrac{8}{27}}$，$\sqrt[3]{\dfrac{9}{16}}$ の大小を不等号を用いて表せ。 →146

124❷ $x\leqq3$ における関数 $y=4^x-2^{x+2}$ の最大値は ア□，最小値は イ□ である。〔明治薬大〕 →149

B

125❸ 次の連立方程式を解け。

(1) $\begin{cases}2^{x+1}+3^{y-1}=2\\2^{x+3}-3^y=1\end{cases}$　(2) $\begin{cases}3^{2x}-3^y=-6\\3^{2x+y}=27\end{cases}$　〔(2) 愛知工大〕

→147

126❸ 次の方程式・不等式を解け。〔(1) 京都産大 (2) 自治医大 (3) 中央大〕

(1) $8^x-3\cdot4^x-3\cdot2^{x+1}+8=0$　(2) $2(3^x+3^{-x})-5(9^x+9^{-x})+6=0$

(3) $9^x<27^{5-x}<81^{2x+1}$

→147, 148, 150

127❸ $a>0$，$b>0$，$c>0$ のとき，$\dfrac{a+b+c}{3}\geqq\sqrt[3]{abc}$ が成り立つことを証明せよ。また，等号が成り立つのはどのようなときか。 →33

128❹ (1) 不等式 $4^x-2^{x+1}+16<2^{x+3}$ を満たす x の範囲を求めよ。

(2) (1)の不等式を満たすすべての x が $ax^2+(2a^2-1)x-2a<0$ を満たすような定数 a の値の範囲を求めよ。ただし，$a>0$ とする。〔類 関西大〕

→148

129❹ 点 $(x,\ y)$ が直線 $x+3y=3$ 上を動くとき，2^x+8^y の値を最小にする x，y を求めよ。また，その最小値を求めよ。〔青山学院大〕

HINT

125 (1) $2^x=X$，$3^y=Y$ (2) $3^{2x}=X$，$3^y=Y$ とおき換えて，X，Y の連立方程式を解く。

126 (1) $2^x=t$ とおくと，t の3次方程式になる。因数定理を利用。

(2) $3^x+3^{-x}=t$ とおくと，t の2次方程式になる。t の変域に注意。

(3) 底を3にそろえる。

127 $\sqrt[3]{a}=x$，$\sqrt[3]{b}=y$，$\sqrt[3]{c}=z$ とおき換える。

128 (2) 不等式の左辺は因数分解できる。{(1)の解}⊂{(2)の解} である条件を求める。数直線利用が確実。

129 $3y=3-x$ から $2^x+8^y=2^x+2^{3-x}$，$2^x>0$，$2^{3-x}>0$ であるから，相加平均と相乗平均の大小関係を利用する。

19 対数関数

基本事項

1 対　数

① $a>0$, $a \neq 1$ とするとき，任意の正の数 M に対して，$a^p=M$ となる実数 p がただ1つ定まる。この p の値を $\log_a M$ で表し，a を **底** とする M の **対数** という。また，M をこの対数の **真数** という。なお，$a^p>0$ であるから，**真数 M は正の数** でなければならない。

② **定義**　$a>0$, $a \neq 1$, $M>0$ のとき

$$a^p=M \iff p=\log_a M \quad \text{すなわち} \quad \log_a a^p=p,\ a^{\log_a M}=M$$

→ $p.249$ ズーム UP 参照。

2 対数の性質

$a>0$, $b>0$, $c>0$, $a \neq 1$, $b \neq 1$, $c \neq 1$, $M>0$, $N>0$, k は実数のとき

0　$\log_a a=1$, $\log_a 1=0$, $\log_a \dfrac{1}{a}=-1$

1　$\log_a MN=\log_a M+\log_a N$（積 ⟶ 和）

2　$\log_a \dfrac{M}{N}=\log_a M-\log_a N$（商 ⟶ 差）　特に　$\log_a \dfrac{1}{N}=-\log_a N$

3　$\log_a M^k=k\log_a M$（k 乗 ⟶ k 倍）　特に　$\log_a \sqrt[n]{M}=\dfrac{1}{n}\log_a M$

4　底の変換公式　$\log_a b=\dfrac{\log_c b}{\log_c a}$　特に　$\log_a b=\dfrac{1}{\log_b a}$

3 対数関数　$y=\log_a x$ $(a>0,\ a \neq 1)$

① **グラフ**

対数関数 $y=\log_a x$ のグラフは，指数関数 $y=a^x$ のグラフと直線 $y=x$ に関して対称である。

1　点 $(1,\ 0)$, $(a,\ 1)$ を通り，**y 軸を漸近線** とする曲線。

2　**$a>1$ のとき右上がり** の曲線，**$0<a<1$ のとき右下がり** の曲線。

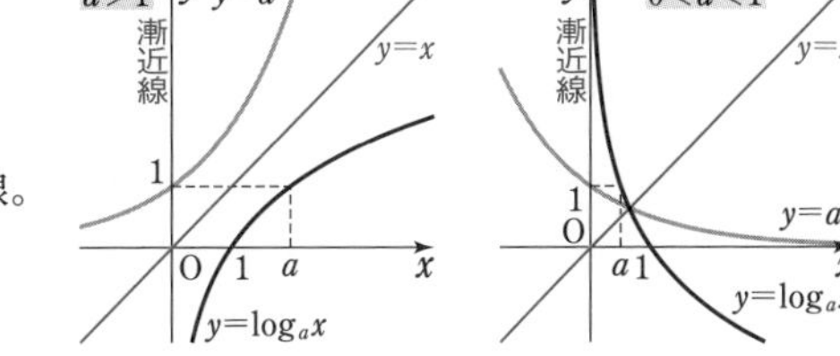

② **性質**

1　定義域は正の数全体，値域は実数全体。

2　**$a>1$ のとき**　x の値が増加すると y の値も増加する。（増加関数）

$$0<p<q \iff \log_a p<\log_a q$$

$0<a<1$ のとき　x の値が増加すると y の値は減少する。（減少関数）

$$0<p<q \iff \log_a p>\log_a q$$

4 対数方程式，対数不等式の解

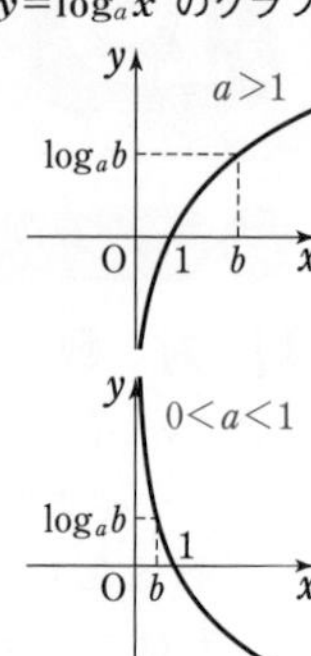

$a>0$，$a \neq 1$ とし，b は正の定数とする。

方程式 $\log_a x=\log_a b$ の解は　　$x=b$

不等式 $\log_a x>\log_a b$ の解は

$a>1$ のとき　　$x>b$

$0<a<1$ のとき　$0<x<b$

不等式 $\log_a x<\log_a b$ の解は

$a>1$ のとき　$0<x<b$

$0<a<1$ のとき　　$x>b$

補足　対数関数を含む方程式（不等式）を **対数方程式（不等式）** という。

5 桁数・小数首位と常用対数

① 10 を底とする対数を **常用対数** という。

② **自然数 N が n 桁 $\iff 10^{n-1} \leqq N < 10^n$**

$$\iff n-1 \leqq \log_{10} N < n$$

③ **$0<M<1$ である小数 M の小数第 n 位に初めて 0 でない数字が現れる**

$$\iff \frac{1}{10^n} \leqq M < \frac{1}{10^{n-1}} \iff -n \leqq \log_{10} M < -n+1$$

CHECK & CHECK

56 次の (1)～(3) は $p=\log_a M$ の形に，(4)～(6) は $a^p=M$ の形に書け。

(1) $3^4=81$　　(2) $2^0=1$　　(3) $16^{\frac{1}{4}}=2$

(4) $\log_{10}1000=3$　　(5) $\log_9 3=\dfrac{1}{2}$　　(6) $\log_5 \dfrac{1}{125}=-3$　　1

57 次の対数の値を求めよ。

(1) $\log_3 27$　　(2) $\log_5 1$　　(3) $\log_{10}\dfrac{1}{100}$　　(4) $\log_{\frac{1}{3}} 9$　　1

58 次の式を簡単にせよ。

(1) $\log_6 4+\log_6 9$　　(2) $\log_3 72-\log_3 8$　　(3) $\log_2 \dfrac{1}{4}+\log_2 \dfrac{1}{8}$　　2

59 次の関数のグラフをかけ。また，関数 $y=\log_2 x$ のグラフとの位置関係を調べよ。

(1) $y=\log_{\frac{1}{2}} x$　　(2) $y=\log_2(-x)$　　3

60 $\log_{10}2=0.3010$，$\log_{10}3=0.4771$ として，次の値を求めよ。

(1) $\log_{10}\dfrac{8}{9}$　　(2) $\log_{10}1.2$　　(3) $\log_{10}\sqrt{15}$

基本 例題 152 対数の計算

次の式を簡単にせよ。

(1) $2\log_2 6+\log_2\frac{2}{9}$　　(2) $\frac{1}{2}\log_3\frac{1}{2}-\frac{3}{2}\log_3\sqrt[3]{12}+\log_3\sqrt{8}$

p.243 基本事項 2

CHART & SOLUTION

対数の計算　まとめる か 分解する

対数の性質を用いて

方針1　1つの対数に **まとめる**。

方針2　真数が素数の対数だけになるように **分解** して計算する。

$\log_a M$　真数 (>0)　底 (>0, $\neq 1$)

解答

方針1 (1) $(与式)=\log_2 6^2+\log_2\frac{2}{9}=\log_2\left(36\times\frac{2}{9}\right)$

$=\log_2 8=\log_2 2^3=\mathbf{3}$

⇐ $k\log_a M=\log_a M^k$

(2) $(与式)=\log_3\frac{1}{\sqrt{2}}-\log_3 2\sqrt{3}+\log_3 2\sqrt{2}$

$=\log_3\left(\frac{1}{\sqrt{2}}\times\frac{1}{2\sqrt{3}}\times 2\sqrt{2}\right)$

$=\log_3\frac{1}{\sqrt{3}}=\log_3 3^{-\frac{1}{2}}=-\frac{\mathbf{1}}{\mathbf{2}}$

⇐ $(\sqrt[3]{12})^{\frac{3}{2}}=12^{\frac{1}{3}\cdot\frac{3}{2}}=12^{\frac{1}{2}}=2\sqrt{3}$

⇐ 全体を1つの対数にまとめる。
$\log_a M+\log_a N=\log_a MN$
$\log_a M-\log_a N=\log_a\frac{M}{N}$

方針2 (1) $(与式)=2\log_2(2\times 3)+\log_2\frac{2}{3^2}$

$=2(\log_2 2+\log_2 3)+\log_2 2-2\log_2 3$

$=2+2\log_2 3+1-2\log_2 3=\mathbf{3}$

⇐ $\log_a M^k=k\log_a M$

(2) $(与式)=\frac{1}{2}\log_3 2^{-1}-\frac{3}{2}\log_3(2^2\cdot 3)^{\frac{1}{3}}+\log_3 2^{\frac{3}{2}}$

$=-\frac{1}{2}\log_3 2-\frac{3}{2}\cdot\frac{1}{3}(2\log_3 2+\log_3 3)+\frac{3}{2}\log_3 2$

$=-\frac{1}{2}\log_3 2-\frac{1}{2}(2\log_3 2+1)+\frac{3}{2}\log_3 2=-\frac{\mathbf{1}}{\mathbf{2}}$

⇐ 1つ1つの対数に分解する。
$\log_a MN=\log_a M+\log_a N$

PRACTICE 152②

次の式を簡単にせよ。　〔(3) 大阪経大　(4) 星薬大〕

(1) $2\log_2\frac{2}{3}-\log_2\frac{8}{9}$　　(2) $2\log_2\sqrt{10}-\log_2 30+2\log_2 3$

(3) $\log_2 12^2+\frac{2}{3}\log_2\frac{2}{3}-\frac{4}{3}\log_2 3$　　(4) $2\log_3 441-9\log_3\sqrt{7}-\frac{1}{6}\log_3\frac{27}{343}$

(5) $\log_3 54+\log_3 4.5+\log_3\frac{1}{27\sqrt{3}}-\log_3\sqrt[3]{81}$

基本 例題 153 底の変換公式

a, b, c は 1 以外の正の数, $p \neq 0$, $M>0$ のとき, 次の等式が成り立つことを示せ。

(1) $\log_a b=\dfrac{\log_c b}{\log_c a}$ (底の変換公式)

(2) (ア) $\log_{a^p} M=\dfrac{1}{p}\log_a M$　　(イ) $\log_a b\cdot\log_b c=\log_a c$

p. 243 基本事項 2

CHART & SOLUTION

底の変換公式の証明　おき換えにより指数の関係式に ……❶

(1) $\log_a b=p$ とおくと $a^p=b$ ⟶ この両辺の c を底とする対数をとる。

(2) (1) で証明した底の変換公式を利用する。

解答

❶ (1) $\log_a b=p$ とおくと　$a^p=b$

両辺の c を底とする対数をとると　$\log_c a^p=\log_c b$

すなわち　$p\log_c a=\log_c b$

ここで, $a \neq 1$ より $\log_c a \neq 0$ であるから

$$p=\frac{\log_c b}{\log_c a}$$

したがって　$\log_a b=\dfrac{\log_c b}{\log_c a}$

(2) (ア) $\log_{a^p} M=\dfrac{\log_a M}{\log_a a^p}=\dfrac{\log_a M}{p}=\dfrac{1}{p}\log_a M$

(イ) $\log_a b\cdot\log_b c=\log_a b\cdot\dfrac{\log_a c}{\log_a b}=\log_a c$

⇦ $A=B\,(>0)$ ⟺ $\log_c A=\log_c B$

⇦ この断りは必要。

⇦ 底を a にそろえて $\log_a b$ で約分する。

INFORMATION

上の例題や下の PRACTICE で証明した等式

$$\log_a b=\frac{1}{\log_b a},\ \log_a b\cdot\log_b c=\log_a c$$

などは, 覚えておくと計算に便利である。

PRACTICE 153❷

a, b, c は 1 以外の正の数とする。

(1) 次の等式を証明せよ。

(ア) $\log_a b=\dfrac{1}{\log_b a}$　　(イ) $\log_a b\cdot\log_b c\cdot\log_c a=1$

(2) $\log_a b=\log_b a$ ならば, $a=b$ または $ab=1$ であることを示せ。

基本 例題 154 底の変換公式の利用

(1) 次の式を簡単にせよ。 [(1) 立教大 (2) (イ) 広島修道大]

$(\log_2 9+\log_8 3)(\log_3 16+\log_9 4)$

(2) (ア) $\log_{10}2=a$, $\log_{10}3=b$ とするとき, $\log_{75}24$ を a, b で表せ。

(イ) $\log_3 7=a$, $\log_4 7=b$ とするとき, $\log_{12}7$ を a, b で表せ。

基本 153

CHART & SOLUTION

底の変換公式の利用　異なる底はそろえる

(1) **底の変換公式** $\log_a b=\dfrac{\log_c b}{\log_c a}$ を用いて, **底を 2 にそろえる。**

(2) (ア) 条件の対数に合わせて $\log_{75}24$ の底を 10 にそろえる。途中で $\log_{10}5$ が出てくるが, $5=10\div 2$ に着目すると

$$\log_{10}5=\log_{10}\frac{10}{2}=\log_{10}10-\log_{10}2=1-\log_{10}2$$

(イ) 底をすべて 3 にそろえてみると $\log_3 4$ が現れる。これを a, b で表す。

解答

(1) $(\text{与式})=\left(\log_2 9+\dfrac{\log_2 3}{\log_2 8}\right)\left(\dfrac{\log_2 16}{\log_2 3}+\dfrac{\log_2 4}{\log_2 9}\right)$

$=\left(\log_2 3^2+\dfrac{\log_2 3}{\log_2 2^3}\right)\left(\dfrac{\log_2 2^4}{\log_2 3}+\dfrac{\log_2 2^2}{\log_2 3^2}\right)$

$=\left(2\log_2 3+\dfrac{1}{3}\log_2 3\right)\left(\dfrac{4}{\log_2 3}+\dfrac{1}{\log_2 3}\right)$

$=\dfrac{7}{3}\log_2 3\cdot\dfrac{5}{\log_2 3}=\boldsymbol{\dfrac{35}{3}}$

(2) (ア) $\log_{75}24=\dfrac{\log_{10}24}{\log_{10}75}=\dfrac{\log_{10}(2^3\cdot 3)}{\log_{10}(3\cdot 5^2)}=\dfrac{3\log_{10}2+\log_{10}3}{\log_{10}3+2\log_{10}5}$

$=\dfrac{3\log_{10}2+\log_{10}3}{\log_{10}3+2\log_{10}\dfrac{10}{2}}=\dfrac{3\log_{10}2+\log_{10}3}{\log_{10}3+2(1-\log_{10}2)}=\boldsymbol{\dfrac{3a+b}{-2a+b+2}}$

(イ) $b=\log_4 7=\dfrac{\log_3 7}{\log_3 4}=\dfrac{a}{\log_3 4}$ から　$\log_3 4=\dfrac{a}{b}$

よって　$\log_{12}7=\dfrac{\log_3 7}{\log_3 12}=\dfrac{\log_3 7}{1+\log_3 4}=\dfrac{a}{1+\dfrac{a}{b}}=\boldsymbol{\dfrac{ab}{a+b}}$

別解 (底を 3 にそろえる解法) (与式)

$=\left(\dfrac{\log_3 3^2}{\log_3 2}+\dfrac{\log_3 3}{\log_3 2^3}\right)\times\left(\log_3 2^4+\dfrac{\log_3 2^2}{\log_3 3^2}\right)$

$=\dfrac{7}{3}\cdot\dfrac{1}{\log_3 2}\times 5\log_3 2=\boldsymbol{\dfrac{35}{3}}$

⇦ まず, 底の変換公式で 10 を底とする対数で表す。

⇦ $\log_{10}\dfrac{10}{2}=1-\log_{10}2$

⇦ 底を 3 にそろえる。

PRACTICE 154③

(1) 次の式を簡単にせよ。

(ア) $\log_2 25-2\log_4 10-3\log_8 10$　(イ) $(\log_3 4+\log_9 16)(\log_4 9+\log_{16}3)$

(ウ) $\log_2 25\cdot\log_3 16\cdot\log_5 27$

(2) (ア) $5^a=2$, $5^b=3$ とするとき, $\log_{10}1.35$ を a, b で表せ。

(イ) $\log_3 5=a$, $\log_5 7=b$ とするとき, $\log_{105}175$ を a, b で表せ。 [(2) 弘前大]

基本 例題 155 指数と対数が混在した式の値など

(1) $9^{\log_3 5}$ の値を求めよ。

(2) $2^a=3^b=6^{\frac{3}{2}}$ が成り立つとき，$\dfrac{1}{a}+\dfrac{1}{b}$ を計算せよ。　〔(2) 芝浦工大〕

p. 243 基本事項 1，2

CHART & SOLUTION

指数の等式　底を決めて，各辺の対数をとる ……❶

(1) $9^{\log_3 5}=M$ とおいて，両辺の 3 を底とする **対数をとる。**
対数の定義 $\boldsymbol{a^p=M \iff p=\log_a M}$ を利用してもよい。

(2) 条件式 $2^a=3^b=6^{\frac{3}{2}}$ の各辺の 2 を底とする **対数をとる。**

解答

❶ (1) $9^{\log_3 5}=M$ とおく。左辺は正であるから，両辺の 3 を底とする対数をとると　$\log_3 9^{\log_3 5}=\log_3 M$
ゆえに　$\log_3 5\cdot\log_3 9=\log_3 M$　すなわち　$2\log_3 5=\log_3 M$
よって　$M=5^2$　したがって　$9^{\log_3 5}=\boldsymbol{25}$

別解　$9^{\log_3 5}=(3^2)^{\log_3 5}=3^{2\log_3 5}=(3^{\log_3 5})^2=5^2=\boldsymbol{25}$

❶ (2) $2^a=3^b=6^{\frac{3}{2}}$ の各辺は正であるから，各辺の 2 を底とする対数をとると　$a=b\log_2 3=\dfrac{3}{2}\log_2 6$

ゆえに　$\dfrac{1}{a}=\dfrac{2}{3\log_2 6},\ \dfrac{1}{b}=\dfrac{2\log_2 3}{3\log_2 6}$

よって　$\dfrac{1}{a}+\dfrac{1}{b}=\dfrac{2}{3\log_2 6}+\dfrac{2\log_2 3}{3\log_2 6}=\dfrac{2(1+\log_2 3)}{3\log_2 6}$

$=\dfrac{2(\log_2 2+\log_2 3)}{3\log_2 6}=\dfrac{2\log_2 6}{3\log_2 6}=\boldsymbol{\dfrac{2}{3}}$

別解　$2^a=3^b=6^{\frac{3}{2}}$ の各辺の 6 を底とする対数をとると

$a\log_6 2=b\log_6 3=\dfrac{3}{2}$

ゆえに　$\dfrac{1}{a}=\dfrac{2}{3}\log_6 2,\ \dfrac{1}{b}=\dfrac{2}{3}\log_6 3$

よって　$\dfrac{1}{a}+\dfrac{1}{b}=\dfrac{2}{3}\log_6 2+\dfrac{2}{3}\log_6 3=\dfrac{2}{3}\log_6 6=\boldsymbol{\dfrac{2}{3}}$

inf. 対数の定義により，$p=\log_a M$ を $a^p=M$ に代入すると　$\boldsymbol{a^{\log_a M}=M}$
(右のズーム UP 参照)

⇐ $\log_2 2^a=\log_2 3^b=\log_2 6^{\frac{3}{2}}$

⇐ $b=\dfrac{3\log_2 6}{2\log_2 3}$

⇐ $\log_6 2^a=\log_6 3^b=\log_6 6^{\frac{3}{2}}$

⇐ $a=\dfrac{3}{2\log_6 2},\ b=\dfrac{3}{2\log_6 3}$

PRACTICE 155③

(1) 次の値を求めよ。
(ア) $16^{\log_2 3}$　(イ) $7^{\log_{49} 4}$　(ウ) $\left(\dfrac{1}{\sqrt{2}}\right)^{3\log_2 5}$　〔(ウ) 青山学院大〕

(2) 0 でない実数 $x,\ y,\ z$ が，$2^x=5^y=10^{\frac{z}{2}}$ を満たすとき，$\dfrac{1}{x}+\dfrac{1}{y}-\dfrac{2}{z}$ の値を求めよ。
〔東京工芸大〕

ズームUP 対数の計算について

$a^{\log_a M}=M$ の公式は自明？

$p.243$ 基本事項 1 ② で示されている「$a^{\log_a M}=M$」の公式がよくわかりません。

具体例で確かめてみると，$2^{\log_2 8}=2^{\log_2 2^3}=2^{3\log_2 2}=2^3=8$ と成り立っている。
一般的には次のように証明される。

証明 $a^p=M$ ……① とすると　$p=\log_a M$ ……②
① の p に ② を代入すると　$a^{\log_a M}=M$ 終

証明はとても簡潔だが，次のように考えることもできる。
$a>0$ のとき，$(\sqrt{a})^2=a$ は誰もが理解できる。すなわち，$\sqrt{a}$ の $\sqrt{\ }$ 記号は，2 乗するとaになる正の数であると定義されている記号であるから，実際に 2 乗すれば a になるのは当然のことである。

同様に，$\log_a M$ の log 記号は，**底の a を何乗すると真数の M になるかを表す記号** であるから，$\log_2 8$ は 2 を何乗すると 8 になるかを考えれば，$2^3=8$ だから $\log_2 8=3$ と答えられる。

$$\log_a M=\blacksquare \iff a^{\blacksquare}=M$$

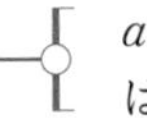

$a^{\log_a M}$ は，$a^{(a\text{を何乗かすると}M\text{になる数})}$ であり，実際に a を（　）乗しているのだから M になるはずである。すなわち，$a^{\log_a M}=M$ は自明なことである。

数学では，事柄が記号で表されるので，その記号がいったい何を表している記号なのかをきちんと押さえることが大切です。

両辺の対数をとるときの底はどんな数がよいのか

$p.247$ 基本例題 154 (1) では，底を 2 にそろえて計算しているが，$c>0$，$c\neq1$ を満たす任意の c で底の変換公式を用いてみると，次のように計算できる。

$$\begin{aligned}&(\log_2 9+\log_8 3)(\log_3 16+\log_9 4)\\&=\left(\frac{\log_c 9}{\log_c 2}+\frac{\log_c 3}{\log_c 8}\right)\left(\frac{\log_c 16}{\log_c 3}+\frac{\log_c 4}{\log_c 9}\right)\\&=\left(\frac{2\log_c 3}{\log_c 2}+\frac{\log_c 3}{3\log_c 2}\right)\left(\frac{4\log_c 2}{\log_c 3}+\frac{2\log_c 2}{2\log_c 3}\right)\\&=\left(2+\frac{1}{3}\right)\frac{\log_c 3}{\log_c 2}\times(4+1)\frac{\log_c 2}{\log_c 3}=\frac{7}{3}\times5=\boldsymbol{\frac{35}{3}}\end{aligned}$$

← c の値に無関係。

また，基本例題 155 (2) の各辺の 3 を底とする対数をとってみると

$$a\log_3 2=b=\frac{3}{2}\log_3 6 \text{ から}\qquad \frac{1}{a}=\frac{2\log_3 2}{3\log_3 6},\ \frac{1}{b}=\frac{2}{3\log_3 6}$$

よって　$\dfrac{1}{a}+\dfrac{1}{b}=\dfrac{2\log_3 2}{3\log_3 6}+\dfrac{2}{3\log_3 6}=\dfrac{2(\log_3 2+1)}{3\log_3 6}=\dfrac{2\log_3 6}{3\log_3 6}=\boldsymbol{\dfrac{2}{3}}$

このように，**底の条件を満たすどのような数を底としても答を導くことができる。**

基本 例題 156 対数関数のグラフの移動 ③

次の関数のグラフをかき，関数 $y=\log_2 x$ のグラフとの位置関係を述べよ。

(1) $y=\log_2(x+1)$　　(2) $y=\log_{\frac{1}{2}}4x$

p.243 基本事項 3

CHART & SOLUTION

$y=\log_2 x$ のグラフの平行移動・対称移動を考える。
対数関数 $y=\log_a x$ のグラフに対し

$\boldsymbol{y=\log_a(x-p)+q}$ ⟶ x 軸方向に p，y 軸方向に q だけ平行移動
$\boldsymbol{y=-\log_a x=\log_{\frac{1}{a}} x}$ ⟶ x 軸に関して対称移動
$\boldsymbol{y=\log_a(-x)}$ ⟶ y 軸に関して対称移動
$\boldsymbol{y=-\log_a(-x)=\log_{\frac{1}{a}}(-x)}$ ⟶ 原点に関して対称移動

(2) 底の変換公式を用いて，底を 2 にする。……❗

解答

(1) $\log_2(x+1)=\log_2\{x-(-1)\}$

よって，$y=\log_2(x+1)$ のグラフは，$y=\log_2 x$ のグラフを **x 軸方向に -1 だけ平行移動したもの** である。〔図〕

❗ (2) $\log_{\frac{1}{2}}4x=\dfrac{\log_2 4x}{\log_2\frac{1}{2}}=\dfrac{\log_2 x+\log_2 4}{\log_2 2^{-1}}=-\log_2 x-2$

⇐ 底を 2 に変換する。$\log_2 2^{-1}=-1$

よって，$y=\log_{\frac{1}{2}}4x$ のグラフは，$y=\log_2 x$ のグラフを **x 軸に関して対称移動し，更に y 軸方向に -2 だけ平行移動したもの** である。〔図〕

⇐ $y=\log_a x$ と $y=-\log_a x$ のグラフは，x 軸に関して対称。

(1)
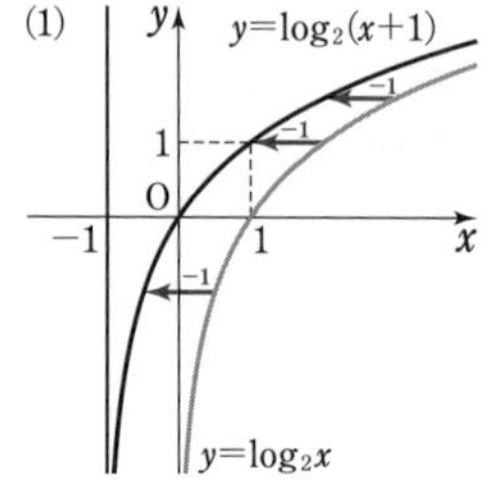

(2)
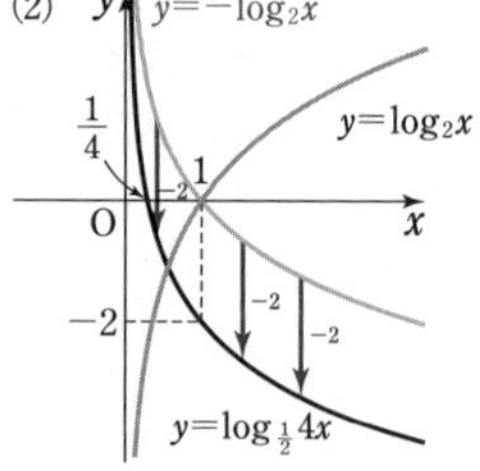

inf. (2) のグラフは，$y=\log_{\frac{1}{2}}x=-\log_2 x$ のグラフを，x 軸方向に $\frac{1}{4}$ 倍にしたものでもある。

PRACTICE 156③

次の関数のグラフをかき，関数 $y=\log_2 x$ のグラフとの位置関係を述べよ。

(1) $y=\log_2\dfrac{x-1}{2}$　　(2) $y=\log_{\frac{1}{2}}\dfrac{1}{2x}$

基本 例題 157 対数の大小比較

次の各組の数の大小を不等号を用いて表せ。

(1) 1.5, $\log_3 5$　　(2) $\log_2 3$, $\log_3 2$, $\log_4 8$

p.243 基本事項 3

CHART & SOLUTION

対数の大小比較　**1 底をそろえて，真数の大小で比較**
　　　　　　　　　2 大小の見当をつける

$a>1$ のとき
　$0<p<q \iff \log_a p<\log_a q$
　　大小一致

$0<a<1$ のとき
　$0<p<q \iff \log_a p>\log_a q$
　　大小反対

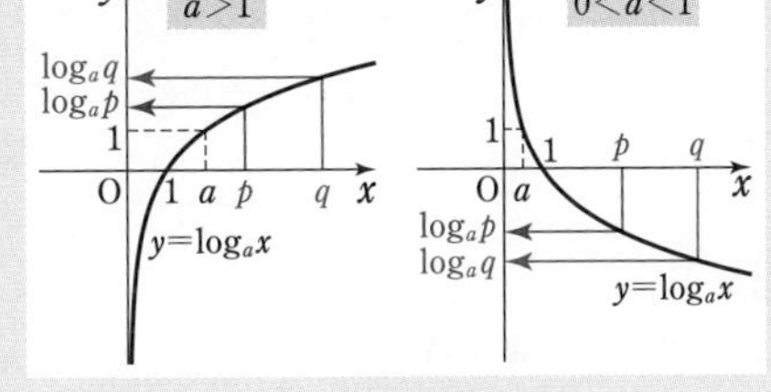

(1) 1.5 を，3 を底とする対数で表す。
　←1 の方針

(2) 1 との大小比較も活用し，大小の見当をつけるとよい。……!
$\log_3 2<1<\log_2 3$, $1<\log_4 8$ であるから，$\log_2 3$ と $\log_4 8$ の大小を比較すればよい。
底を 2 にそろえる。←2 の方針

解答

(1) $1.5=\dfrac{3}{2}=\dfrac{3}{2}\log_3 3=\log_3 3^{\frac{3}{2}}$　　また　$(3^{\frac{3}{2}})^2=3^3=27>25$

よって　$(3^{\frac{3}{2}})^2>5^2$　　ゆえに　$3^{\frac{3}{2}}>5$

底 3 は 1 より大きいから　$\log_3 3^{\frac{3}{2}}>\log_3 5$

よって　**$1.5>\log_3 5$**

⇐ $\log_3 3^{\frac{3}{2}}$ と $\log_3 5$ の大小を調べることに帰着。

⇐ $A>0$, $B>0$ のとき $A>B \iff A^2>B^2$

! (2) $\log_2 3>1$, $\log_3 2<1$, $\log_4 8>1$ であるから

$\log_2 3>\log_3 2$, $\log_4 8>\log_3 2$　……①

ここで　$\log_4 8=\dfrac{\log_2 8}{\log_2 4}=\dfrac{3}{2}=\log_2 2^{\frac{3}{2}}=\log_2 2\sqrt{2}$

底 2 は 1 より大きく，$2\sqrt{2}<3$ であるから

$\log_2 2\sqrt{2}<\log_2 3$

すなわち　$\log_4 8<\log_2 3$

これと ① から　**$\log_3 2<\log_4 8<\log_2 3$**

⇐ $1<a<b$ のとき $\log_a b>1$, $\log_b a<1$

⇐ 底を 2 にそろえる。

⇐ $2\sqrt{2}=\sqrt{8}<\sqrt{9}=3$ すなわち $2\sqrt{2}<3$

PRACTICE 157②

次の各組の数の大小を不等号を用いて表せ。　〔(1) 浜松医大〕

(1) $\log_{10}4$, $\dfrac{3}{5}$　(2) $\dfrac{\log_{10}2}{2}$, $\dfrac{\log_{10}3}{3}$, $\sqrt[3]{3}$　(3) $\log_3 4$, $\log_4 3$, $\log_9 27$

基本 例題 158 対数方程式の解法 (1)

次の方程式を解け。

(1) $\log_3(x-2)=2$　　(2) $\log_x 3=2$

(3) $\log_2(x+1)+\log_2 x=1$　　(4) $\log_4(x^2-3x-10)=\log_4(2x-4)$

p.244 基本事項 4

CHART & SOLUTION

対数方程式　1 $\log_a M=p$ の形　指数の関係へ

$\log_a M=p \iff M=a^p$

2 対数が複数　まとめて真数の関係へ

$\log_a M=\log_a N \iff M=N$

いずれの場合も，**真数>0，底>0，底≠1** を確認する。……!

解答

(1) 対数の定義から　$x-2=3^2$　よって　$\boldsymbol{x=11}$

! (2) 底の条件から　$x>0$ かつ $x\neq1$ ……①

対数の定義から　$3=x^2$　よって　$x=\pm\sqrt{3}$

① から　$\boldsymbol{x=\sqrt{3}}$

! (3) 真数は正であるから　$x+1>0$ かつ $x>0$

共通範囲をとって　$x>0$ ……①

与式を変形して　$\log_2(x+1)x=\log_2 2$

よって　$(x+1)x=2$

整理して　$x^2+x-2=0$

ゆえに　$(x-1)(x+2)=0$

① から　$\boldsymbol{x=1}$

! (4) 真数は正であるから　$x^2-3x-10>0$ かつ $2x-4>0$

よって　$(x+2)(x-5)>0$ かつ $x>2$

共通範囲をとって　$x>5$ ……①

与式から　$x^2-3x-10=2x-4$

整理して　$x^2-5x-6=0$

よって　$(x+1)(x-6)=0$

① から　$\boldsymbol{x=6}$

⇐ 左の解き方で，真数≦0 の解を得ることはありえない。

⇐ 底の条件を確認。

⇐ $M>0$，$N>0$ のとき $\log_a M+\log_a N=\log_a MN$

⇐ 真数の条件を確認。

⇐ $(x+2)(x-5)>0$ から $x<-2$，$5<x$

⇐ 真数の条件を確認。

PRACTICE 158②

次の方程式を解け。　[(1) 慶応大]

(1) $\log_{81}x=-\dfrac{1}{4}$　　(2) $\log_{x-1}9=2$

(3) $\log_3(x^2+6x+5)-\log_3(x+3)=1$　　(4) $\log_2(3-x)-2\log_2(2x-1)=1$

ズームUP 対数方程式と真数の条件の確認

同値変形に注意！

対数 $\log_a M$ をどのように定義したのかを振り返ってみると（$p.243$ 基本事項 1 参照）

$$a>0,\ a\neq1,\ M>0\ \text{のとき}\quad a^p=M \iff p=\log_a M$$

すなわち，対数 $\log_a M$ が定義されるためには，その前提条件として **底は正の数で 1 でない（$a>0$，$a\neq1$），真数は正の数（$M>0$）である** ことが必要であった。
$\log_2(-2)$ や $\log_{(-3)}3$ などの値は定義されないので，対数の方程式や不等式を解く際には，その式変形が同値であるか，同値でないかを十分注意しながら変形することが必要となる。

真数の条件が不要な場合

基本例題 158 (1) のような問題では，真数の条件は不要である。なぜならば，対数の関係式「$\log_3(x-2)=2$」と指数の関係式「$x-2=3^2$」は，次の説明のとおり，同値となっているからである。
底 3 は明らかに，底 a の条件 $a>0$，$a\neq1$ を満たし，真数 $x-2$ は $x-2=3^2>0$ より，真数 M の条件 $M>0$ を満たしている。したがって

$$\log_3(x-2)=2 \iff x-2=3^2$$

は同値変形である。

真数の条件が必要な場合

対数の性質として，2 つの対数の加法は次のようなものであった。

$$a>0,\ a\neq1,\ M>0,\ N>0\ \text{のとき}\quad \log_a M+\log_a N=\log_a MN$$

ここで注意が必要なのは，左辺を右辺のようにまとめてよいのは，**$M>0$ かつ $N>0$ のときに限る** ことである。
例えば，基本例題 158 (3) の対数方程式 $\log_2(x+1)+\log_2 x=1$ における真数の条件は

$$x+1>0\ \text{かつ}\ x>0 \qquad \text{すなわち} \qquad x>0 \quad \cdots\cdots ①$$

これに対して，左辺を変形した方程式 $\log_2 x(x+1)=1$ における真数の条件は

$$x(x+1)>0 \qquad \text{すなわち} \qquad x<-1,\ 0<x \quad \cdots\cdots ②$$

であるから，① と異なっている。$x=-2$ は ② を満たしているが，① は満たしていないので，与えられた対数方程式の解としては適していないことになる。

$$\log_2(x+1)+\log_2 x=1 \quad \not\Leftrightarrow \quad \log_2 x(x+1)=1$$

は同値変形ではないことが理解できただろうか。

今後，対数の方程式や不等式を解く際に，対数の性質を利用して式を変形するときは
　　与えられた式の段階で，真数や底の条件を調べる
ことを忘れないようにしましょう。

基本 例題 159　対数方程式の解法 (2)

次の方程式を解け。

(1) $(\log_3 x)^2-2\log_3 x-3=0$　　(2) $\log_2 x-2\log_x 4=3$

基本 158

CHART & SOLUTION

$f(\log_a x)=0$ の形の方程式

おき換え $[\log_a x=t]$ で t の方程式へ　変域に注意

この例題のように，$\log_a M=\log_a N$ の形を導けないタイプでは，$\log_3 x=t$ や $\log_2 x=t$ とおく。このとき，**変数のおき換え ⟶ 変域に注意。**

$\log_3 x=t$ とおくと t は任意の実数の値をとりうる。

よって，$\log_3 x=t$ のとき，$x=3^t$ が解となる。

(1) $\log_3 x=t$ とおくと，t の 2 次方程式の問題となる。

(2) 底が異なる問題 ⟶ **底の変換公式** で $\log_x 4$ の **底を 2 にそろえる。**

なお，底に変数 x があるから，**「底>0，底≠1」** の条件が付くことに注意。…… ❗

解答

(1) $\log_3 x=t$ とおくと　$t^2-2t-3=0$

よって　$(t+1)(t-3)=0$

ゆえに　$t=-1,\ 3$　すなわち　$\log_3 x=-1,\ 3$

したがって　$x=3^{-1},\ 3^3$　すなわち　$\boldsymbol{x=\frac{1}{3},\ 27}$

⇦ 慣れてきたら (2) のように $\log_3 x$ のままで処理する。

❗ (2) 対数の真数，底の条件から　$x>0$ かつ $x\neq1$ …… ①

⇦ 真数は正，底は 1 でない正の数。

$\log_x 4=\dfrac{\log_2 4}{\log_2 x}=\dfrac{2}{\log_2 x}$ であるから，与えられた方程式は

$$\log_2 x-\frac{4}{\log_2 x}=3$$

⇦ 両辺に $\log_2 x\ (\neq0)$ を掛ける。

よって　$(\log_2 x)^2-4=3\log_2 x$

整理して　$(\log_2 x)^2-3\log_2 x-4=0$

ゆえに　$(\log_2 x+1)(\log_2 x-4)=0$

よって　$\log_2 x=-1,\ 4$

⇦ $\log_2 x=t$ とおくと $t^2-3t-4=0$ これを解くと $t=-1,\ 4$

したがって　$x=2^{-1},\ 2^4$　すなわち　$\boldsymbol{x=\frac{1}{2},\ 16}$

これらは ① を満たすから，求める解である。

⇦ 真数，底の条件を確認。

inf. (1) の式変形はすべて同値な関係を保ったまま行われているため，真数条件の確認は省略しても問題ない。

PRACTICE 159❸

次の方程式を解け。　[(2) 岐阜薬大]

(1) $5\log_3 3x^2-4(\log_3 x)^2+1=0$　　(2) $\log_x 4-\log_4 x^2-1=0$

基本 例題 160 対数不等式の解法 (1)

次の不等式を解け。

(1) $\log_2(x+3)<3$ (2) $2\log_{\frac{1}{3}}x<\log_{\frac{1}{3}}(2x+3)$

(3) $(\log_3 x)^2+\log_3 x-6\geqq 0$

p.244 基本事項 4，基本 158, 159

CHART & SOLUTION

対数不等式 真数の条件，底 a と 1 の大小関係に注意 ……❗

1 対数をまとめて真数の不等式へ

2 おき換え $[\log_a x=t]$ で t の不等式へ

$a>1$ のとき $\log_a p<\log_a q \iff 0<p<q$ 大小一致

$0<a<1$ のとき $\log_a p>\log_a q \iff 0<p<q$ 大小反対

(3) $\log_3 x=t$ とおくと，t の 2 次不等式の問題となる。

解答

(1) 真数は正であるから $x+3>0$ ……①

不等式を変形して $\log_2(x+3)<\log_2 8$

⇐ 底を 2 にそろえる。

❗ 底 2 は 1 より大きいから $x+3<8$ ……②

①，② から $x>-3$ かつ $x<5$ よって $\boldsymbol{-3<x<5}$

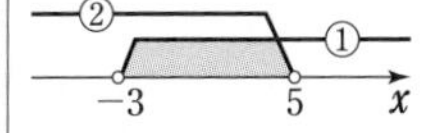

(2) 真数は正であるから $x>0$ かつ $2x+3>0$

ゆえに $x>0$ ……①

不等式を変形して $\log_{\frac{1}{3}}x^2<\log_{\frac{1}{3}}(2x+3)$

❗ 底 $\frac{1}{3}$ は 1 より小さいから $x^2>2x+3$

⇐ 対数の大小と真数の大小が逆になる。

よって $(x+1)(x-3)>0$

ゆえに $x<-1,\ 3<x$ ……②

①，② から $\boldsymbol{x>3}$

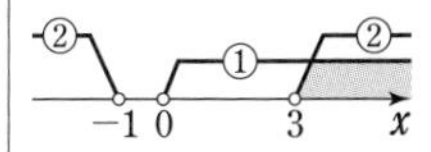

(3) 真数は正であるから $x>0$ ……①

不等式は $(\log_3 x+3)(\log_3 x-2)\geqq 0$

⇐ $\log_3 x=t$ とおくと $t^2+t-6\geqq 0$ よって $(t+3)(t-2)\geqq 0$

ゆえに $\log_3 x\leqq -3,\ 2\leqq \log_3 x$

すなわち $\log_3 x\leqq \log_3\frac{1}{27},\ \log_3 9\leqq \log_3 x$

❗ 底 3 は 1 より大きいから $x\leqq\frac{1}{27},\ 9\leqq x$ ……②

①，② から $\boldsymbol{0<x\leqq\frac{1}{27},\ 9\leqq x}$

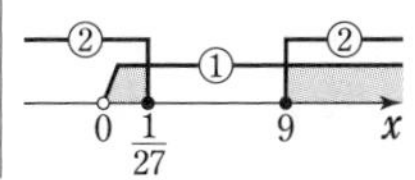

PRACTICE 160❷

次の不等式を解け。 [(3) 神戸薬大 (4) 福井工大]

(1) $\log_{\frac{1}{2}}(1-x)>2$ (2) $2\log_{0.5}(x-2)>\log_{0.5}(x+4)$

(3) $\log_2(x-2)<1+\log_{\frac{1}{2}}(x-4)$ (4) $2(\log_2 x)^2+3\log_2 4x<8$

基本 例題 161 対数不等式の解法 (2)

不等式 $\log_2 x-6\log_x 2\geqq 1$ を解け。

基本 160

CHART & SOLUTION

対数不等式　おき換え $[\log_a x=t]$ で t の不等式へ
真数の条件，底 a と 1 の大小関係に注意

底を 2 にそろえると　$\log_2 x-\dfrac{6}{\log_2 x}\geqq 1$ ⟵ 底の変換公式

$\log_2 x=t$（t は任意の実数，ただし $t\neq 0$）とおくと，$t-\dfrac{6}{t}\geqq 1$ となり，両辺に t を掛けて t の 2 次不等式の問題に帰着できる。ただし，t の符号によって不等号の向きが変わるので，**$t>0$，$t<0$ で場合分け** をする要領で解く。…… ❗

解答

対数の真数，底の条件から　$x>0$ かつ $x\neq 1$

また　$\log_x 2=\dfrac{1}{\log_2 x}$

⇐ 底を 2 にそろえる。$x\neq 1$ から $\log_2 x\neq 0$

よって，不等式は　$\log_2 x-\dfrac{6}{\log_2 x}\geqq 1$ …… ①

❗ [1] $\log_2 x>0$ すなわち $x>1$ のとき

⇐ $a>1$ のとき，$x>1$ では $\log_a x>0$

① の両辺に $\log_2 x$ を掛けて　$(\log_2 x)^2-6\geqq\log_2 x$

よって　$(\log_2 x)^2-\log_2 x-6\geqq 0$

⇐ $t^2-t-6=(t+2)(t-3)$

ゆえに　$(\log_2 x+2)(\log_2 x-3)\geqq 0$

$\log_2 x+2>0$ であるから

$\log_2 x-3\geqq 0$　すなわち　$\log_2 x\geqq 3$

⇐ $\log_2 x>0$ から。

底 2 は 1 より大きいから　$x\geqq 8$

⇐ $\log_2 x\geqq\log_2 8$

これは $x>1$ を満たす。

❗ [2] $\log_2 x<0$ すなわち $0<x<1$ のとき

⇐ $a>1$ のとき，$0<x<1$ では $\log_a x<0$

① の両辺に $\log_2 x$ を掛けて　$(\log_2 x)^2-6\leqq\log_2 x$

よって　$(\log_2 x)^2-\log_2 x-6\leqq 0$

ゆえに　$(\log_2 x+2)(\log_2 x-3)\leqq 0$

$\log_2 x-3<0$ であるから

$\log_2 x+2\geqq 0$　すなわち　$\log_2 x\geqq -2$

⇐ $\log_2 x<0$ から。

よって　$-2\leqq\log_2 x<0$

⇐ $\log_2\dfrac{1}{4}\leqq\log_2 x<\log_2 1$

底 2 は 1 より大きいから　$\dfrac{1}{4}\leqq x<1$

これは $0<x<1$ を満たす。

[1]，[2] から　$\boldsymbol{\dfrac{1}{4}\leqq x<1,\ 8\leqq x}$

PRACTICE 161 ③

不等式 $2\log_3 x-4\log_x 27\leqq 5$ を解け。　〔類 センター試験〕

基本 例題 162　対数関数の最大・最小 (1)

関数 $y=(\log_2 x)^2-\log_2 x^2$ $(1\leqq x\leqq 8)$ の最大値，最小値と，そのときの x の値を求めよ。　〔類　石巻専修大〕　基本 159

CHART & SOLUTION

対数関数の最大・最小

おき換え $[\log_a x=t]$ で t の関数へ　変域に注意

$\log_2 x=t$ とおくと，y は t の 2 次式で表され，2 次関数の最大・最小問題に帰着。このとき，**t のとりうる値の範囲に注意。**……❗

底 2 は 1 より大きいから　$1\leqq x\leqq 8 \longrightarrow \log_2 1\leqq\log_2 x\leqq\log_2 8$

よって，t の値の範囲は　$0\leqq t\leqq 3$

解答

$\log_2 x=t$ とおくと，$1\leqq x\leqq 8$ であるから

$$\log_2 1\leqq\log_2 x\leqq\log_2 8$$

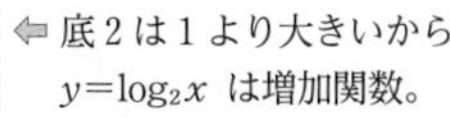

⇦ 底 2 は 1 より大きいから $y=\log_2 x$ は増加関数。

❗ すなわち　$0\leqq t\leqq 3$　……①

⇦ $\log_2 1=0$，$\log_2 8=3$

与えられた関数の式を変形すると

$$y=(\log_2 x)^2-2\log_2 x$$

⇦ $1\leqq x\leqq 8$ から $\log_a x^2=2\log_a x$ と変形できる。

よって，y を t の式で表すと

$$y=t^2-2t$$
$$=(t-1)^2-1$$

⇦ **2 次式は基本形に変形。**

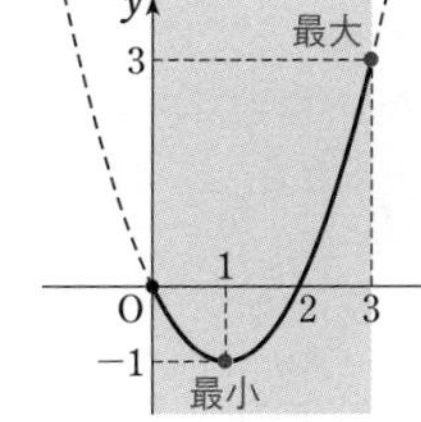

① の範囲において，y は

$t=3$ で最大値 3，

$t=1$ で最小値 -1

をとる。

$\log_2 x=t$ より，$x=2^t$ であるから

$t=3$ のとき　$x=2^3=8$，　$t=1$ のとき　$x=2^1=2$

⇦ t の値から x の値を求める。対数の定義を利用する。

したがって，y は

$x=8$ で最大値 3，$x=2$ で最小値 -1

をとる。

PRACTICE 162❷

(1)　関数 $y=(\log_5 x)^2-6\log_5 x+7$ $(5\leqq x\leqq 625)$ の最大値，最小値と，そのときの x の値を求めよ。

(2)　関数 $y=\left(\log_2\frac{x}{2}\right)\left(\log_2\frac{x}{8}\right)$ $\left(\frac{1}{2}\leqq x\leqq 8\right)$ の最大値，最小値と，そのときの x の値を求めよ。

〔(1) 類　名城大　(2) 類　足利工大〕

基本 例題 163 桁数，小数首位

$\log_{10}2=0.3010$，$\log_{10}3=0.4771$ とするとき

(1) 2^{32} は何桁の整数か。

(2) 3^n が 12 桁の整数となる自然数 n の値をすべて求めよ。

(3) $\left(\dfrac{2}{3}\right)^{50}$ は小数第何位に初めて 0 でない数字が現れるか。

p. 244 基本事項 5

CHART & SOLUTION

整数の桁数，小数首位　常用対数の値を利用

(1) **N が n 桁の整数 ⟶ $10^{n-1} \leqq N < 10^n \iff n-1 \leqq \log_{10}N < n$**

$\log_{10}2=0.3010$ を用いて，$\log_{10}2^{32}$ の値を求める。

(2) 3^n が 12 桁の整数 ⟶ $10^{11} \leqq 3^n < 10^{12} \iff 11 \leqq n\log_{10}3 < 12$

(3) **N の小数首位が n 位 ⟶ $\dfrac{1}{10^n} \leqq N < \dfrac{1}{10^{n-1}} \iff -n \leqq \log_{10}N < -n+1$**

$-n \leqq \log_{10}\left(\dfrac{2}{3}\right)^{50} < -n+1$ を満たす自然数 n を求める。

解答

(1) $\log_{10}2^{32}=32\log_{10}2=32\times0.3010=9.632$

よって　$9<\log_{10}2^{32}<10$　ゆえに　$10^9<2^{32}<10^{10}$

したがって，2^{32} は **10 桁** の整数である。

⇐ 常用対数の値を求める。

⇐ $\log_{10}10^9<\log_{10}2^{32}<\log_{10}10^{10}$

(2) 3^n が 12 桁の整数であるとき　$10^{11} \leqq 3^n < 10^{12}$

よって　$11 \leqq n\log_{10}3 < 12$

ゆえに　$11 \leqq 0.4771\times n < 12$

よって　$\dfrac{11}{0.4771} \leqq n < \dfrac{12}{0.4771}$

すなわち　$23.0\cdots \leqq n < 25.1\cdots$

n は自然数であるから　$\boldsymbol{n=24,\ 25}$

⇐ 各辺の常用対数をとる。

⇐ 各辺を 0.4771 ($=\log_{10}3$) で割る。

⇐ 解の吟味。n は自然数。

(3) $\log_{10}\left(\dfrac{2}{3}\right)^{50}=50\log_{10}\dfrac{2}{3}=50(\log_{10}2-\log_{10}3)$

$=50\times(0.3010-0.4771)=-8.805$

よって　$-9<\log_{10}\left(\dfrac{2}{3}\right)^{50}<-8$

ゆえに　$10^{-9}<\left(\dfrac{2}{3}\right)^{50}<10^{-8}$

したがって，**小数第 9 位** に初めて 0 でない数字が現れる。

⇐ 常用対数の値を求める。

⇐ $\log_{10}10^{-9}<\log_{10}\left(\dfrac{2}{3}\right)^{50}<\log_{10}10^{-8}$

PRACTICE 163❷

25^{30} は何桁の数であるか。また，$\left(\dfrac{1}{8}\right)^{30}$ は小数第何位に初めて 0 でない数字が現れるか。ただし，$\log_{10}2=0.3010$ とする。〔芝浦工大〕

基本 例題 164 対数利用の文章題

A町の人口は近年減少傾向にある。現在のこの町の人口は前年同時期の人口と比べて4%減少したという。毎年この比率と同じ比率で減少すると仮定した場合，初めて人口が現在の半分以下になるのは何年後か。答は整数で求めよ。ただし，$\log_{10}2=0.3010$，$\log_{10}3=0.4771$ とする。 〔立教大〕 基本 163

CHART & SOLUTION

1回の操作で a 倍 ⟶ n 回の操作で a^n 倍

現在の人口を b とし，n 年後に人口が半分以下になるとする。

1年後の人口は　$b(1-0.04)=0.96b$

2年後の人口は　$0.96b\times(1-0.04)=(0.96)^2b$

以後，同じように考えて，n 年後の人口は　$(0.96)^nb$

指数に n を含む不等式を作り，**両辺の常用対数をとる。**……❗

「初めて…」とあるから，不等式を満たす最小の自然数を求める。

解答

現在の人口を b として，n 年後に人口が現在の半分以下になるとすると

$(0.96)^nb\leqq0.5b$ すなわち $(0.96)^n\leqq0.5$ ……①

を満たす最小の自然数である。

不等式①の両辺の常用対数をとると

❗ $\log_{10}(0.96)^n\leqq\log_{10}0.5$

よって　$n\log_{10}0.96\leqq\log_{10}0.5$

ここで　$\log_{10}0.96=\log_{10}\dfrac{2^5\cdot3}{10^2}=5\log_{10}2+\log_{10}3-2$

$=5\times0.3010+0.4771-2=-0.0179$

$\log_{10}0.5=\log_{10}\dfrac{1}{2}=-\log_{10}2=-0.3010$

ゆえに　$-0.0179n\leqq-0.3010$

よって　$n\geqq\dfrac{-0.3010}{-0.0179}=16.8\cdots\cdots$

したがって，初めて人口が現在の半分以下になるのは **17年後** である。

⇐ 現在の人口を1としてもよい。

⇐ 底 $10>1$ であるから，不等号の向きは同じ。

⇐ $0.96=\dfrac{96}{100}=\dfrac{2^5\cdot3}{10^2}$

⇐ $-0.0179<0$ で割ると，不等号の向きが変わる。

⇐ 解の吟味。n は自然数。

PRACTICE 164❸

ある国ではこの数年間に石油の消費量が1年に25%ずつ増加している。このままの状態で石油の消費量が増加し続けると，3年後には現在の消費量の約 ア□ 倍になる。また，石油の消費量が初めて現在の10倍以上になるのは イ□ 年後である。ただし，$\log_{10}2=0.3010$ とし，□ には自然数を入れよ。 〔類 慶応大〕

重要例題 165　対数不等式と領域の図示

不等式 $2+\log_{\sqrt{y}}3<\log_y 81+2\log_y\left(1-\dfrac{x}{2}\right)$ の表す領域を図示せよ。

〔類 センター試験〕 基本 160

CHART & SOLUTION

対数不等式

真数の条件，底 a と 1 の大小関係に注意

底を y にそろえて，$\log_y p<\log_y q$ の形を導く。そして，

$y>1$ のとき　$\log_y p<\log_y q \iff p<q$　大小一致

$0<y<1$ のとき　$\log_y p<\log_y q \iff p>q$　大小反対

に注意し，x と y についての不等式を導く。…… ❗

解答

真数は正であるから，$1-\dfrac{x}{2}>0$ より　$x<2$　…… ①

底 y と $\sqrt{y}$ についての条件から　$y>0,\ y\neq 1$

$\log_{\sqrt{y}}3=\dfrac{\log_y 3}{\log_y\sqrt{y}}=2\log_y 3$ であるから，与えられた不等式は

$$2+2\log_y 3<4\log_y 3+2\log_y\left(1-\frac{x}{2}\right)$$

整理すると

$$1<\log_y 3+\log_y\left(1-\frac{x}{2}\right)\quad \text{すなわち}\quad \log_y y<\log_y 3\left(1-\frac{x}{2}\right)$$

❗ [1]　$y>1$ のとき

$$y<3\left(1-\frac{x}{2}\right)$$

❗ [2]　$0<y<1$ のとき

$$y>3\left(1-\frac{x}{2}\right)$$

これらと ① を同時に満たす不等式の表す領域は，**図の斜線部分。**
ただし，境界線を含まない。

← 真数>0

← 底>0，底$\neq 1$

← $\log_y\sqrt{y}=\log_y y^{\frac{1}{2}}=\dfrac{1}{2}\log_y y=\dfrac{1}{2}$

← $1=\log_y y$

← 大小一致

← $y<-\dfrac{3}{2}x+3$

← 大小反対

← $y>-\dfrac{3}{2}x+3$

← ① の条件 $x<2$ を忘れないように。

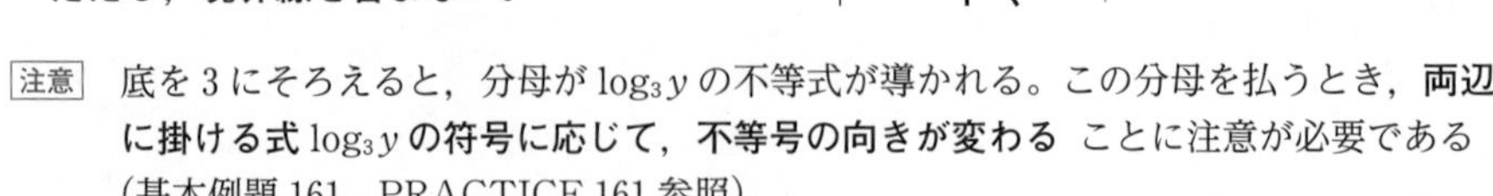

注意　底を 3 にそろえると，分母が $\log_3 y$ の不等式が導かれる。この分母を払うとき，**両辺に掛ける式 $\log_3 y$ の符号に応じて，不等号の向きが変わる** ことに注意が必要である(基本例題 161，PRACTICE 161 参照)。

PRACTICE 165④

不等式 $2-\log_y(1+x)<\log_y(1-x)$ の表す領域を図示せよ。 〔山梨大〕

重要 例題 166 対数関数の最大・最小 (2)

$x \geqq 2$, $y \geqq 2$, $xy=16$ のとき, $(\log_2 x)(\log_2 y)$ の最大値と最小値を求めよ。

基本 162

CHART & THINKING

多項式と対数が混在した問題　式の形をどちらかに統一

条件 $x \geqq 2$, $y \geqq 2$, $xy=16$ と, 値を求める $(\log_2 x)(\log_2 y)$ の式の形が異なるから扱いにくい。したがって, **式の形を統一** することから始める。
このとき, $(\log_2 x)(\log_2 y)$ の log を取り外すことはできないから, 条件式を対数の形で表す。
条件式の各辺の 2 を底とする対数をとると

$$\log_2 x \geqq \log_2 2,\ \log_2 y \geqq \log_2 2,\ \log_2 xy = \log_2 16 \quad すなわち \quad \log_2 x + \log_2 y = 4$$

となる。基本例題 162 のように, 2 次関数の最大・最小問題に帰着させるには, どのようにおき換えをしたらよいだろうか？

解答

$x \geqq 2$, $y \geqq 2$, $xy=16$ の各辺の 2 を底とする対数をとると

$$\log_2 x \geqq 1,\ \log_2 y \geqq 1,\ \log_2 x + \log_2 y = 4$$

$\log_2 x = X$, $\log_2 y = Y$ とおくと

$$X \geqq 1,\ Y \geqq 1,\ X+Y=4$$

$X+Y=4$ から　$Y=4-X$ ……①
$Y \geqq 1$ であるから　$4-X \geqq 1$　ゆえに　$X \leqq 3$
$X \geqq 1$ と合わせて　$1 \leqq X \leqq 3$ ……②
また　$(\log_2 x)(\log_2 y)$
$=XY=X(4-X)$
$=-X^2+4X$
$=-(X-2)^2+4$

これを $f(X)$ とすると, ② の範囲において, $f(X)$ は
$X=2$ で最大値 4；
$X=1$, 3 で最小値 3 をとる。

① から　$X=2$ のとき $Y=2$,
$X=1$ のとき $Y=3$,　$X=3$ のとき $Y=1$
$\log_2 x = X$, $\log_2 y = Y$ より, $x=2^X$, $y=2^Y$ であるから
$(\boldsymbol{x},\ \boldsymbol{y})=(4,\ 4)$ **で最大値 4**；
$(\boldsymbol{x},\ \boldsymbol{y})=(2,\ 8),\ (8,\ 2)$ **で最小値 3** をとる。

⇐ $\log_2 xy = \log_2 x + \log_2 y$ また $\log_2 16 = \log_2 2^4$

⇐ **消去する文字 Y の条件 ($Y \geqq 1$) を, 残る文字 X の条件 ($X \leqq 3$) におき換える。これを忘れないように注意する。**

⇐ **2 次式は基本形に変形。**

⇐ y の値は $y=\dfrac{16}{x}$ から求めてもよい。

5章 19 対数関数

PRACTICE 166④

$x \geqq 3$, $y \geqq \dfrac{1}{3}$, $xy=27$ のとき, $(\log_3 x)(\log_3 y)$ の最大値と最小値を求めよ。

重要 例題 167 対数方程式の解の存在条件

x の方程式 $\{\log_2(x^2+\sqrt{2})\}^2-2\log_2(x^2+\sqrt{2})+a=0$ ……① について，次の問いに答えよ。ただし，a は定数とする。

(1) $\log_2(x^2+\sqrt{2})$ のとりうる値の範囲を求めよ。

(2) ① の実数解の個数を求めよ。

基本 159

CHART & SOLUTION

対数方程式の解の問題

おき換え $[\log_2(x^2+\sqrt{2})=t]$ で t の方程式へ　変域に注意

(2) $\log_2(x^2+\sqrt{2})=t$ とおくと，① から　$-t^2+2t=a$

この 2 次方程式が (1) の範囲内で解をもつ条件を考える。⟶ **グラフを利用**

なお，$x^2=0$ となる t の値に対して，x の値は 1 個 $(x=0)$
　　$x^2>0$ となる t の値に対して，x の値は 2 個　あることに注意。 } ……❗

解答

(1) $x^2+\sqrt{2}\geqq\sqrt{2}$ であるから　$\log_2(x^2+\sqrt{2})\geqq\log_2\sqrt{2}$

よって　$\boldsymbol{\log_2(x^2+\sqrt{2})\geqq\dfrac{1}{2}}$

⇦ $\log_2\sqrt{2}=\dfrac{1}{2}$

⇦ 等号は $x=0$ のとき成立。

(2) $\log_2(x^2+\sqrt{2})=t$ とおくと，① から　$-t^2+2t=a$

また，(1) の結果から　$t\geqq\dfrac{1}{2}$

❗ ① を満たす x の個数は，$x^2+\sqrt{2}=2^t$ より

⇦ $x^2=2^t-\sqrt{2}$

$t=\dfrac{1}{2}$ のとき $x=0$ の 1 個，

$t>\dfrac{1}{2}$ のとき $x^2>0$ から 2 個

放物線 $y=-t^2+2t\left(t\geqq\dfrac{1}{2}\right)$ と直線 $y=a$ の共有点の t 座標に注目して，方程式 ① の実数解の個数を調べると

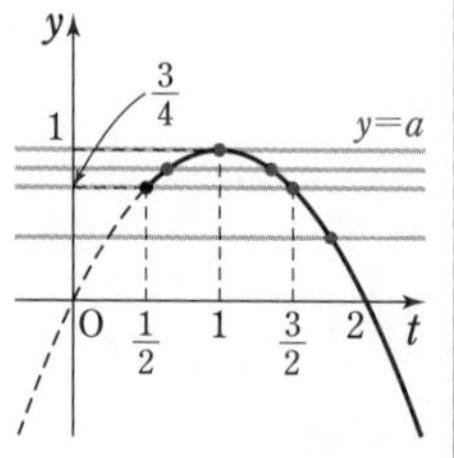

⇦ $-t^2+2t$
$=-(t-1)^2+1$
直線 $y=a$ を上下に動かして，共有点の個数を調べる。

$\boldsymbol{a>1}$ **のとき　0 個**

$\boldsymbol{a<\dfrac{3}{4}}$**，**$\boldsymbol{a=1}$ **のとき**，$t>\dfrac{3}{2}$，$t=1$ から　**2 個**

$\boldsymbol{a=\dfrac{3}{4}}$ **のとき**，$t=\dfrac{1}{2}$，$\dfrac{3}{2}$ から　**3 個**

$\boldsymbol{\dfrac{3}{4}<a<1}$ **のとき**，$\dfrac{1}{2}<t<\dfrac{3}{2}$ から　**4 個**

⇦ $t=\dfrac{1}{2}$ から 1 個，$t>\dfrac{1}{2}$ から 2 個の合計 3 個。

PRACTICE 167[5]

x に関する方程式 $\log_2 x-\log_4(2x+a)=1$ が，相異なる 2 つの実数解をもつための実数 a の値の範囲を求めよ。

重要 例題 168 一の位の数字，最高位の数字

8^{44} について，一の位の数字は ア[　] であり，最高位の数字は イ[　] である。ただし，$\log_{10}2=0.3010$，$\log_{10}3=0.4771$ とする。〔類 立教大〕 基本 163

CHART & SOLUTION

自然数 N^n の一の位，最高位の数字

一の位は同じ数字の列の繰り返し

最高位の数字は $\log_{10}N^n$ の小数部分から

(ア) 8^n の一の位の数字は同じ数字の列の繰り返しとなる。

(イ) N^n の最高位の数字を a (a は整数，$1\leqq a\leqq 9$)，桁数を m とすると

$$a\cdot 10^{m-1}\leqq N^n<(a+1)\cdot 10^{m-1}$$

各辺の常用対数をとって

$$(m-1)+\log_{10}a\leqq \log_{10}N^n<(m-1)+\log_{10}(a+1)$$

したがって，$\log_{10}N^n$ の整数部分を p，小数部分を q とすると

$$p=m-1,\ \log_{10}a\leqq q<\log_{10}(a+1)\ \cdots\cdots !$$

解答

(ア) 8^1，8^2，8^3，8^4，8^5，…… の一の位の数字は順に

8，4，2，6，8，……

よって，4つの数字の列 8，4，2，6 が繰り返し現れる。

$44=4\times 11$ であるから，8^{44} の一の位の数字は　**6**

(イ) $\log_{10}8^{44}=44\log_{10}2^3=44\times 3\times 0.3010=39.732$

! $=39+0.732$

ここで

$$\log_{10}5=\log_{10}\frac{10}{2}=1-\log_{10}2=0.6990$$

$$\log_{10}6=\log_{10}2+\log_{10}3=0.7781$$

! から　$\log_{10}5<0.732<\log_{10}6$

よって　$5<10^{0.732}<6$

! ゆえに　$5\cdot 10^{39}<10^{39.732}<6\cdot 10^{39}$

すなわち　$5\cdot 10^{39}<8^{44}<6\cdot 10^{39}$

したがって，8^{44} の最高位の数字は　**5**

別解 (イ) $\log_{10}8^{44}=39.732$ から

$8^{44}=10^{39.732}=10^{39}\cdot 10^{0.732}$

$1<10^{0.732}<10$ であるから，$10^{0.732}$ の整数部分が 8^{44} の最高位の数字となる。ここで，

$\log_{10}5=0.6990$ より

$10^{0.6990}=5$

$\log_{10}6=0.7781$ より

$10^{0.7781}=6$

したがって

$5<10^{0.732}<6$

よって，8^{44} の最高位の数字は　**5**

PRACTICE 168④

$\log_{10}2=0.3010$，$\log_{10}3=0.4771$ とする。

(1) 18^{18} は何桁の数で，最高位の数字と末尾の数字は何か。〔立命館大〕

(2) 0.15^{70} は小数第何位に初めて 0 以外の数字が現れるか。また，その数字は何か。〔慶応大〕

EXERCISES　

A

130❸ $1<a<b<a^2$ のとき，$\log_a b$，$\log_b a$，$\log_a\left(\dfrac{a}{b}\right)$，$\log_b\left(\dfrac{b}{a}\right)$，0，$\dfrac{1}{2}$，1 を小さい順に並べよ。〔自治医大〕 ➡157

131❸ 次の方程式・不等式を解け。ただし，a は 1 と異なる正の定数とする。

(1) $\log_{\sqrt{2}}(2-x)-\log_2(x+2)=3$

(2) $x^{\log_3 9x}=\left(\dfrac{x}{3}\right)^8$ 〔(2) 倉敷芸科大〕

(3) $\log_a(3x^2-3x-18)>\log_a(2x^2-10x)$ ➡158～161

132❸ $x>1$ の範囲で，関数 $f(x)=\log_3 x+\log_x 9$ の最小値を求めよ。 ➡162

133❸ a，b を正の整数とする。a^2 が 7 桁，ab^3 が 20 桁の数のとき，a，b はそれぞれ何桁の数になるか。 ➡163

B

134❹ $f(x)=\left(\log_2\dfrac{x}{a}\right)\left(\log_2\dfrac{x}{b}\right)$（ただし，$ab=8$，$a>b>0$）とする。$f(x)$ の最小値が -1 であるとき，a^2 の値を求めよ。〔早稲田大〕 ➡162, 166

135❹ 4^n+3 が 9 桁の数になる自然数 n を求めよ。また，そのとき，4^n+3 の最高位の数を求めよ。ただし，$\log_{10}2=0.3010$，$\log_{10}3=0.4771$，$\log_{10}7=0.8451$ とせよ。〔岩手大〕 ➡163, 168

136❸ $\log_{10}2=0.3010\cdots\cdots$ を用いずに，不等式 $\dfrac{3}{10}<\log_{10}2<\dfrac{4}{13}$ を示せ。

137❹ (1) $\log_2 3=\dfrac{m}{n}$ を満たす自然数 m，n は存在しないことを証明せよ。

(2) $\log_2 3$ の値の小数第 1 位の数字を求めよ。

HINT

132 $f(x)=\log_3 x+\dfrac{2}{\log_3 x}$，$\log_3 x>0$ であるから，相加平均と相乗平均の大小関係を利用する。

134 $\log_2 x=t$ とおくと，$f(x)$ は t の 2 次式に帰着。$\log_2 a+\log_2 b$，$(\log_2 a)(\log_2 b)$ の値を求め，$\log_2 a$，$\log_2 b$ を解とする 2 次方程式を作成する。

135 4^n の一の位の数は 4，6，4，6，…… よって，4^n と 4^n+3 の桁数は同じ。

136 $\dfrac{3}{10}<\log_{10}2<\dfrac{4}{13}$ ⟶ $10^{\frac{3}{10}}<2<10^{\frac{4}{13}}$ ⟶ $10^3<2^{10}$ かつ $2^{13}<10^4$　これを逆にたどる。

137 (1) 背理法による。$\log_2 3=\dfrac{m}{n}$ を満たす自然数 m，n が存在すると仮定して矛盾を導く。

(2) $2^p<3^q<2^{p+1}$ を満たす自然数 p，q を何組か考え，辺々，2 を底とする対数をとる。

第6章

数学Ⅱ

微分法

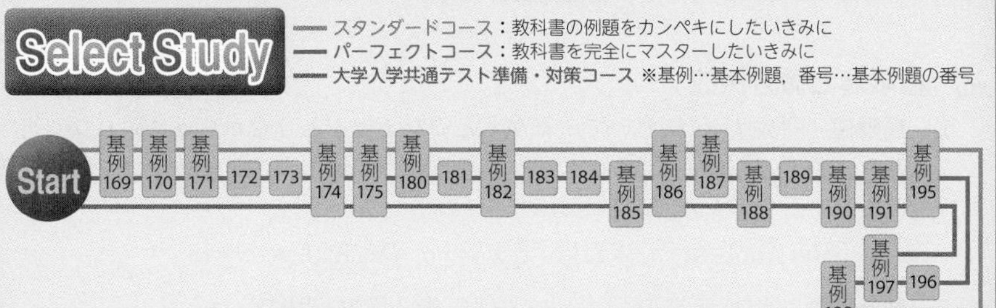

■ 例題一覧

	種類	番号	例題タイトル	難易度
20	基本	169	平均変化率の計算	2
	基本	170	定義による導関数の計算	1
	基本	171	導関数の計算(1)	2
	基本	172	微分係数から関数の決定	3
	基本	173	面積・体積の変化率	3
	基本	174	曲線上の点における接線と法線	2
	基本	175	曲線外の点から引いた接線	2
	重要	176	2曲線が接する条件	4
	重要	177	共通接線	4
	補充	178	導関数の計算(2)	3
	補充	179	関数の極限値と微分係数	3
21	基本	180	3次関数の極値とグラフ	2
	基本	181	4次関数の極値とグラフ	3
	基本	182	極値から係数決定	2
	基本	183	極値をもつ条件・もたない条件	3
	基本	184	3次関数の極大値と極小値の和	3
	基本	185	3次関数のグラフとその接線の共有点	2
	基本	186	区間における最大・最小	2
	基本	187	最大・最小の文章題(微分利用)	2
	基本	188	三角関数の最大・最小(微分利用)	3
	基本	189	最大値・最小値から係数決定	3
	基本	190	区間の一端が動く場合の最大・最小	3
	基本	191	文字係数の関数の最大・最小	3
	重要	192	区間全体が動く場合の最大・最小	5
	重要	193	条件つきの最大・最小	5
	重要	194	3次関数のグラフの対称性	3
22	基本	195	文字係数の方程式の実数解の個数(1)	2
	基本	196	3次方程式の実数解のとりうる値の範囲	3
	基本	197	文字係数の方程式の実数解の個数(2)	3
	基本	198	不等式の証明(微分利用)	2
	重要	199	不等式の成立条件	4
	重要	200	3次関数のグラフに引ける接線の本数	4

20 微分係数と導関数

基本事項

1 平均変化率

関数 $y=f(x)$ において，y の変化量 $f(b)-f(a)$ の，x の変化量 $b-a$ に対する割合 $\dfrac{f(b)-f(a)}{b-a}$ $(a \neq b)$ を，x が a から b まで変化するときの，関数 $f(x)$ の **平均変化率** という。

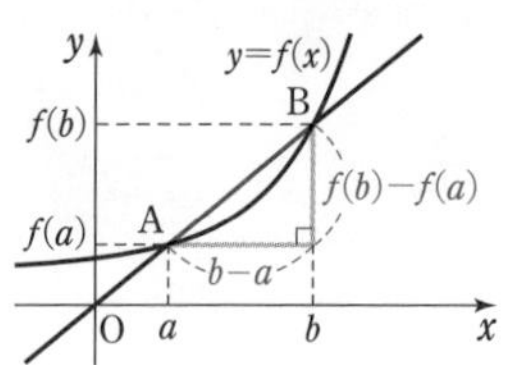

注意　図において，平均変化率は **直線 AB の傾き** を表す。

2 極限値と微分係数

① **極限値**　関数 $f(x)$ において，x が a と異なる値をとりながら a に限りなく近づくとき，$f(x)$ がある一定の値 α に限りなく近づく場合，この α を $f(x)$ の **極限値** という。これを，次のように表す。

$$\lim_{x \to a} f(x)=\alpha \quad \text{または} \quad x \longrightarrow a \text{ のとき } f(x) \longrightarrow \alpha$$

② **微分係数**　関数 $f(x)$ の $x=a$ における **微分係数（変化率）** は

$$f'(a)=\lim_{b \to a}\frac{f(b)-f(a)}{b-a} \quad \text{または} \quad f'(a)=\lim_{h \to 0}\frac{f(a+h)-f(a)}{h}$$

③ **微分係数の図形的な意味**

曲線 $y=f(x)$ 上の点 $\mathrm{A}(a,\ f(a))$ における曲線の接線の傾きは，関数 $f(x)$ の $x=a$ における微分係数 $f'(a)$ で表される。

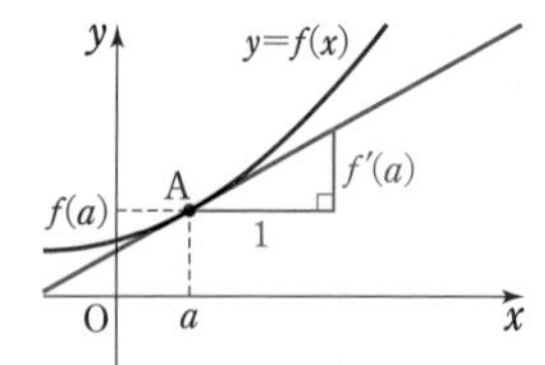

3 導関数

関数 $f(x)$ の導関数 $f'(x)$ の定義は

$$f'(x)=\lim_{h \to 0}\frac{f(x+h)-f(x)}{h}$$

関数 $f(x)$ から導関数 $f'(x)$ を求めることを，$f(x)$ を **微分する** という。

1　関数 $y=x^n$ の導関数は　　$y'=nx^{n-1}$　（n は正の整数）

2　定数関数 $y=c$ の導関数は　　$y'=0$

解説　導関数 $f'(x)$ の定義において，h は x の変化量を表している。h を **x の増分**，関数 $y=f(x)$ の変化量 $f(x+h)-f(x)$ を **y の増分** といい，それぞれ Δx，Δy（Δ はデルタと読む）で表すことがある。ただし，Δx は1つの記号であり，$\Delta \times x$ の意味ではない。この記号を用いると導関数の定義は $f'(x)=\displaystyle\lim_{\Delta x \to 0}\frac{\Delta y}{\Delta x}$ と表される。また，関数 $y=f(x)$ の導関数を表す記号は $f'(x)$ の他に y'，$\dfrac{dy}{dx}$，$\dfrac{d}{dx}f(x)$ などを用いることがある。

4 導関数の公式

k, l は定数とする。

1 **定数倍** $\boldsymbol{y=kf(x)}$ ならば $\boldsymbol{y'=kf'(x)}$

2 **和** $\boldsymbol{y=f(x)+g(x)}$ ならば $\boldsymbol{y'=f'(x)+g'(x)}$

差 $\boldsymbol{y=f(x)-g(x)}$ ならば $\boldsymbol{y'=f'(x)-g'(x)}$

3 $\boldsymbol{y=kf(x)+lg(x)}$ ならば $\boldsymbol{y'=kf'(x)+lg'(x)}$

5 接線の方程式

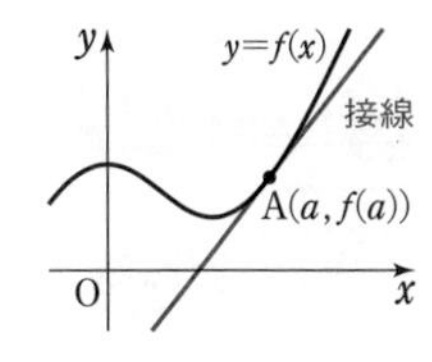

曲線 $y=f(x)$ 上の点 $\mathrm{A}(a,\ f(a))$ における接線について

接線の傾き $\boldsymbol{f'(a)}$

接線の方程式 $\boldsymbol{y-f(a)=f'(a)(x-a)}$

$\boldsymbol{[y=f'(a)(x-a)+f(a)]}$

注意 点Aをこの接線の **接点** という。

CHECK & CHECK

61 x が 1 から 3 まで変化するとき，次の関数の平均変化率を求めよ。

(1) $f(x)=-3x+2$ (2) $f(x)=x^2-3x+1$ 1

62 次の極限値を求めよ。

(1) $\displaystyle\lim_{x\to 2}(x^2-3x-2)$ (2) $\displaystyle\lim_{x\to -2}(x^2+1)(x-1)$ 2

63 微分係数の定義にしたがって，次の関数の，与えられた x の値における微分係数を求めよ。

(1) $f(x)=-x^2+3x-4\ (x=-1)$ (2) $f(x)=x^3-2x\ (x=2)$ 2

64 導関数の定義にしたがって，次の関数を微分せよ。

(1) $f(x)=2x-3$ (2) $f(x)=-x^2$ 3

65 導関数の公式を用いて，次の関数を微分せよ。

(1) $y=2x+1$ (2) $y=3x^2-6x+2$

(3) $y=4+x-3x^2$ (4) $y=-x^3+5x^2-4x+1$ 4

66 放物線 $y=-2x^2+1$ 上の点 $\mathrm{A}(1,\ -1)$ における接線の方程式を求めよ。 5

基本 例題 169 平均変化率の計算

(1) 関数 $f(x)=x^2-2x-3$ において，x が a から $b\,(a \neq b)$ まで変化するときの平均変化率を求めよ。

(2) 関数 $f(x)=2x^2-x$ において，x が 1 から $1+h\,(h \neq 0)$ まで変化するときの平均変化率を求めよ。

(3) $f(x)=x^2$ において，x が -1 から $-1+h$ まで変化するときの平均変化率が 1 となるとき，$h=$□ である。

p. 266 基本事項 1

CHART & SOLUTION

平均変化率$=\dfrac{y\text{の変化量}}{x\text{の変化量}}$

(1) x が a から b まで変化するときの，$f(x)$ の平均変化率は $\boldsymbol{\dfrac{f(b)-f(a)}{b-a}}$

(2), (3) x が a から $a+h$ まで変化するときの，$f(x)$ の平均変化率は

$$\frac{f(a+h)-f(a)}{(a+h)-a}=\boldsymbol{\frac{f(a+h)-f(a)}{h}}$$

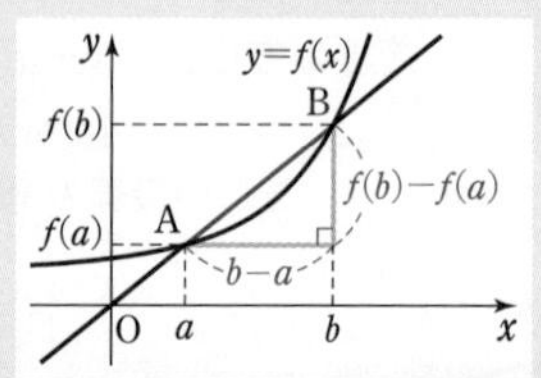

平均変化率は直線 AB の傾きを表す。

解答

(1) $\dfrac{f(b)-f(a)}{b-a}=\dfrac{(b^2-2b-3)-(a^2-2a-3)}{b-a}$

$=\dfrac{(b^2-a^2)-2(b-a)}{b-a}=\dfrac{(b-a)(b+a-2)}{b-a}$

$=\boldsymbol{a+b-2}$

⇦ $b-a\,(\neq 0)$ で約分。

(2) $\dfrac{f(1+h)-f(1)}{(1+h)-1}=\dfrac{\{2(1+h)^2-(1+h)\}-(2\cdot 1^2-1)}{h}$

$=\dfrac{3h+2h^2}{h}=\boldsymbol{3+2h}$

(3) x が -1 から $-1+h$ まで変化するときの平均変化率は

$\dfrac{f(-1+h)-f(-1)}{(-1+h)-(-1)}=\dfrac{(-1+h)^2-(-1)^2}{h}=\dfrac{h^2-2h}{h}$

$=h-2$

よって　$h-2=1$　　ゆえに　$\boldsymbol{h=3}$

(3) 直線 AB の傾きが 1

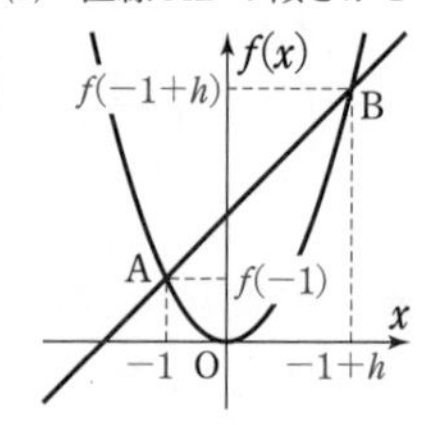

PRACTICE 169❷

(1) 次の関数において，x が [　] 内の範囲で変化するときの平均変化率を求めよ。

(ア) $f(x)=-3x^2+2x$ [-2 から b まで]　(イ) $f(x)=x^3-x$ [a から $a+h$ まで]

(2) $f(x)=x^3-x^2$ において，x が 1 から $1+h$ まで変化するときの平均変化率が 4 となるように，h の値を定めよ。

基本 例題 170 定義による導関数の計算

導関数の定義にしたがって，次の関数の導関数を求めよ。

(1) $y=-x^2+x$　　(2) $y=x^3-2x^2-4$

p.266 基本事項 3

CHART & SOLUTION

導関数の定義 $f'(x)=\lim_{h\to 0}\dfrac{f(x+h)-f(x)}{h}$

まず，$f(x+h)-f(x)$ を計算し，分数式の分母・分子を h で約分して，$h\longrightarrow 0$ とする。

解答

(1) $f(x)=-x^2+x$ とすると

$$\begin{aligned}f(x+h)-f(x)&=-(x+h)^2+(x+h)-(-x^2+x)\\&=-(x^2+2xh+h^2)+x+h+x^2-x\\&=-2xh-h^2+h\\&=h(-2x-h+1)\end{aligned}$$

よって

$$\begin{aligned}y'=f'(x)&=\lim_{h\to 0}\frac{f(x+h)-f(x)}{h}\\&=\lim_{h\to 0}\frac{h(-2x-h+1)}{h}\\&=\lim_{h\to 0}(-2x-h+1)\\&=\boldsymbol{-2x+1}\end{aligned}$$

⇦ $h\ (\neq 0)$ で約分。

(2) $f(x)=x^3-2x^2-4$ とすると

$$\begin{aligned}f(x+h)-f(x)&=(x+h)^3-2(x+h)^2-4-(x^3-2x^2-4)\\&=x^3+3x^2h+3xh^2+h^3\\&\quad-2(x^2+2xh+h^2)-4-x^3+2x^2+4\\&=h(3x^2+3xh+h^2-4x-2h)\end{aligned}$$

⇦ $(a+b)^3=a^3+3a^2b+3ab^2+b^3$

よって

$$\begin{aligned}y'=f'(x)&=\lim_{h\to 0}\frac{f(x+h)-f(x)}{h}\\&=\lim_{h\to 0}\frac{h(3x^2+3xh+h^2-4x-2h)}{h}\\&=\lim_{h\to 0}(3x^2+3xh+h^2-4x-2h)\\&=\boldsymbol{3x^2-4x}\end{aligned}$$

⇦ $h\ (\neq 0)$ で約分。

PRACTICE 170①

導関数の定義にしたがって，次の関数の導関数を求めよ。

(1) $y=x^2-3x+9$　　(2) $y=-2x^3+3x^2-1$

基本 例題 171 導関数の計算 (1)

次の関数を微分せよ。また，$x=-1$ における微分係数を求めよ。

(1) $f(x)=3x^2+5x-4$　　(2) $f(x)=-2x^3+4x^2+6x-5$

(3) $f(x)=(x-2)(x^2+x-3)$　　(4) $f(x)=(x+1)^2(x-1)$

p.266，267 基本事項 3，4

CHART & SOLUTION

多項式で表された関数の微分

次の公式や性質を使って微分する（u，v は x の関数，k，l は定数）。

$$(x^n)'=nx^{n-1},\ (\text{定数})'=0,\ (ku+lv)'=ku'+lv'$$

(3), (4) まず，展開して降べきの順に整理する。

特に，(4) では $(a+b)(a-b)=a^2-b^2$ を用いると展開しやすい。

微分係数 $f'(-1)$ は $f'(x)$ に $x=-1$ を代入すると得られる。

解答

(1) $f'(x)=3(x^2)'+5(x)'-(4)'=3\cdot2x+5\cdot1=\boldsymbol{6x+5}$

また　$f'(-1)=6(-1)+5=\boldsymbol{-1}$

(2) $f'(x)=-2(x^3)'+4(x^2)'+6(x)'-(5)'$

$=-2\cdot3x^2+4\cdot2x+6\cdot1=\boldsymbol{-6x^2+8x+6}$

また　$f'(-1)=-6(-1)^2+8(-1)+6=\boldsymbol{-8}$

(3) $(x-2)(x^2+x-3)=x^3-x^2-5x+6$ となるから

$f'(x)=(x^3)'-(x^2)'-5(x)'+(6)'$

$=3x^2-2x-5\cdot1=\boldsymbol{3x^2-2x-5}$

また　$f'(-1)=3(-1)^2-2(-1)-5=\boldsymbol{0}$

(4) $(x+1)^2(x-1)=(x+1)\{(x+1)(x-1)\}=(x+1)(x^2-1)$

$=x^3+x^2-x-1$

となるから

$f'(x)=(x^3)'+(x^2)'-(x)'-(1)'=\boldsymbol{3x^2+2x-1}$

また　$f'(-1)=3(-1)^2+2(-1)-1=\boldsymbol{0}$

⇐ $(3x^2+5x-4)'$
$=(3x^2)'+(5x)'-(4)'$
和・差の微分は，それぞれ微分の和・差に等しい。

⇐ 展開して整理。

⇐ 展開して整理。

inf. (3), (4) 展開しないで微分する方法もある。p.278 STEP UP 参照。

INFORMATION　導関数と微分係数

関数 $f(x)$ の導関数 $f'(x)$ が求まると，x に a を代入するだけで，$x=a$ における微分係数 $f'(a)$ を求めることができる。

PRACTICE 171❷

次の関数を微分せよ。また，$x=0$，1 における微分係数をそれぞれ求めよ。

(1) $y=5x^2-6x+4$　　(2) $y=x^3-3x^2-1$

(3) $y=x^2(2x+1)$　　(4) $y=(x-1)(x^2+x+1)$

基本 例題 172 微分係数から関数の決定

(1) $f(x)$ は 3 次の多項式で，x^3 の係数が 1，$f(1)=2$，$f(-1)=-2$，$f'(-1)=0$ である。このとき，$f(x)$ を求めよ。〔神奈川大〕

(2) 等式 $2f(x)+xf'(x)=-8x^2+6x-10$ を満たす 2 次関数 $f(x)$ を求めよ。〔東京薬大〕

基本 171

CHART & SOLUTION

微分係数から関数の決定

(1) x^3 の係数が 1 である 3 次の多項式は，$f(x)=x^3+ax^2+bx+c$ と表される。$f'(x)$ を求めてから，その式に $x=-1$ を代入する。条件を a，b，c で表し，連立方程式を解く。

(2) 2 次関数を $f(x)=ax^2+bx+c$ $(a\neq 0)$ とし，$f(x)$，$f'(x)$ を等式に代入。この等式が x についての恒等式であることから，a，b，c の値を求める。

$$Ax^2+Bx+C=0 \text{ が } x \text{ についての恒等式} \iff A=0,\ B=0,\ C=0$$

解答

(1) $f(x)=x^3+ax^2+bx+c$ とすると

$$f'(x)=3x^2+2ax+b$$

$f(1)=1+a+b+c=2$ から　$a+b+c=1$　…①

$f(-1)=-1+a-b+c=-2$ から　$a-b+c=-1$　…②

$f'(-1)=3-2a+b=0$ から　$2a-b=3$　…③

①−② から　$2b=2$　よって　$b=1$

③ に代入して　$2a=3+b=4$　ゆえに　$a=2$

① から　$c=1-a-b=-2$

したがって　$\boldsymbol{f(x)=x^3+2x^2+x-2}$

inf. $f'(-1)=0$
$\iff x=-1$ における接線の傾きが 0
(詳しくは次の項目で学習)

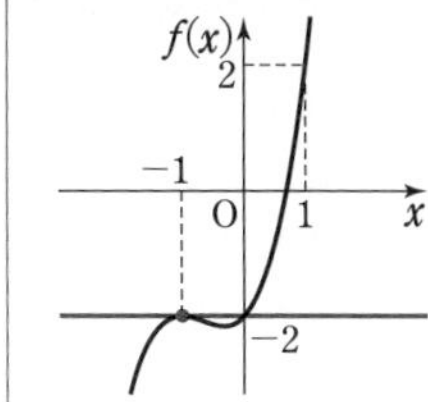

(2) $f(x)=ax^2+bx+c$ $(a\neq 0)$ とすると　$f'(x)=2ax+b$

与えられた等式に代入すると

$$2(ax^2+bx+c)+x(2ax+b)=-8x^2+6x-10$$

整理して　$4ax^2+3bx+2c=-8x^2+6x-10$

これが x についての恒等式であるから，両辺の係数を比較すると　$4a=-8$，$3b=6$，$2c=-10$

⇦ 係数比較法。

よって　$a=-2$，$b=2$，$c=-5$

これは，$a\neq 0$ を満たす。

したがって　$\boldsymbol{f(x)=-2x^2+2x-5}$

PRACTICE 172③

(1) 2 次関数 $f(x)$ が $f'(0)=1$，$f'(1)=2$ を満たすとき，$f'(2)$ の値を求めよ。

(2) 3 次関数 $f(x)=x^3+ax^2+bx+c$ が $(x-2)f'(x)=3f(x)$ を満たすとき，a，b，c の値を求めよ。〔(1) 湘南工科大〕

基本 例題 173　面積・体積の変化率

(1) 球の半径 r が変化するとき，球の体積 V の，$r=5$ における変化率を求めよ。

(2) 球形のゴム風船があり，半径が毎秒 0.5 cm の割合で伸びるように空気を入れる。半径 0 cm からふくらむとして，半径が 5 cm になったときのこの風船の表面積の，時間に対する変化率 (cm^2/s) を求めよ。 p.266 基本事項 3

CHART & SOLUTION

半径 r の球の　体積は $\frac{4}{3}\pi r^3$，表面積は $4\pi r^2$

(1) V の $r=5$ における変化率は，V の $r=5$ における微分係数である。

(2) 風船の半径と表面積を，時刻 t の関数で表す。半径が 5 cm のときの時刻 t を求める。

注意　どの変数で微分したのかを明示するときには，$\frac{dV}{dr}$，$\frac{dV}{dt}$ の形の記号を用いる。複数の変数を同時に扱う場合，V' という記号は避けた方がよい。

解答

(1) 半径 r の球の体積 V は　　$V=\frac{4}{3}\pi r^3$

V を r で微分すると　　$\frac{dV}{dr}=\frac{4}{3}\pi(r^3)'=\frac{4}{3}\pi\cdot 3r^2=4\pi r^2$

⇐ $\frac{4}{3}\pi$ は定数。

よって，$r=5$ における V の変化率は　　$4\pi\cdot 5^2=\mathbf{100\pi}$

(2) 風船がふくらみ始めてから t 秒後の風船の半径を r cm，表面積を $S\ \text{cm}^2$ とすると

$r=0.5t$ ……①

$S=4\pi r^2=4\pi(0.5t)^2=\pi t^2$

よって　　$\frac{dS}{dt}=\pi(t^2)'=2\pi t$

$r=5$ のとき，① から　　$5=0.5t$

したがって　　$t=10$

ゆえに，$t=10$ における S の変化率は

$2\pi\cdot 10=\mathbf{20\pi}\ (\mathbf{cm^2/s})$

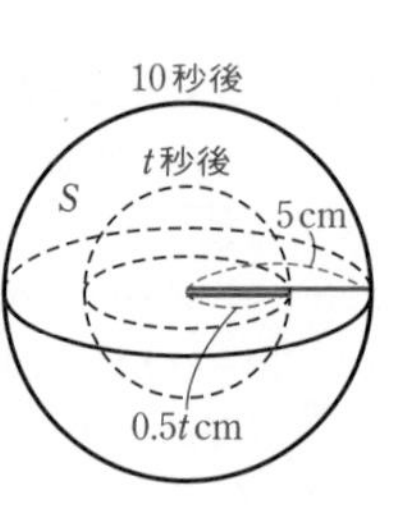

⇐「時間に対する変化率」は，表面積 S を時刻 t の関数で表して，t で微分して求める。

PRACTICE 173③

(1) 底面の半径が r，高さが r の円錐がある。r が変化するとき，円錐の側面積 S の $r=\sqrt{2}$ における変化率を求めよ。

(2) 1辺の長さが 1 cm の立方体があり，毎秒 1 mm の割合で各辺の長さが大きくなっている。10 秒後におけるこの立方体の表面積と体積の変化率 $(\text{cm}^2/\text{s},\ \text{cm}^3/\text{s})$ をそれぞれ求めよ。

基本 例題 174 曲線上の点における接線と法線

関数 $f(x)=x^2+x-2$ について，$y=f(x)$ のグラフ上で x 座標が -1 である点をAとする。

(1) 曲線 $y=f(x)$ 上の点Aにおける接線 ℓ_1 の方程式を求めよ。

(2) 点Aを通り，接線 ℓ_1 に垂直な直線 ℓ_2 の方程式を求めよ。

p.267 基本事項 5

CHART & SOLUTION

曲線 $y=f(x)$ 上の点 $(a,\ f(a))$ における接線

傾き $f'(a)$，方程式 $y-f(a)=f'(a)(x-a)$

(1) 点Aの y 座標は　$f(-1)$，　点Aにおける接線の傾きは　$f'(-1)$

(2) 求める直線の傾きを m とすると　$m\cdot f'(-1)=-1$ ⟵ 直線の垂直条件

解答

(1) $f(-1)=(-1)^2+(-1)-2=-2$

また　$f'(x)=2x+1$

よって

$f'(-1)=2\cdot(-1)+1=-1$

ゆえに，接線 ℓ_1 の方程式は

$y-(-2)=-\{x-(-1)\}$

すなわち　$\boldsymbol{y=-x-3}$

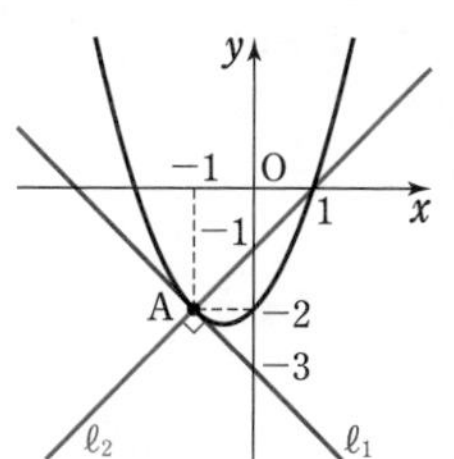

(2) 直線 ℓ_2 の傾きを m とすると，

$\ell_1\perp\ell_2$ から　$m\cdot(-1)=-1$

よって　$m=1$

ゆえに，直線 ℓ_2 の方程式は

$y-(-2)=1\cdot\{x-(-1)\}$　すなわち　$\boldsymbol{y=x-1}$

⇦ 点Aの y 座標

⇦ **接線の傾き＝微分係数**

⇦ 点 $(x_1,\ y_1)$ を通り，傾き m の直線の方程式は $y-y_1=m(x-x_1)$

⇦ 2直線 $y=m_1x+n_1$，$y=m_2x+n_2$ が垂直であるための条件は $m_1m_2=-1$

INFORMATION

曲線 $y=f(x)$ 上の点Aを通り，点Aにおける接線に垂直な直線を点Aにおける **法線** という。(2)は曲線 $y=f(x)$ 上の点Aにおける法線の方程式を求める問題である。$f'(a)\neq 0$ のとき，曲線 $y=f(x)$ 上の点 $(a,\ f(a))$ における法線の方程式は

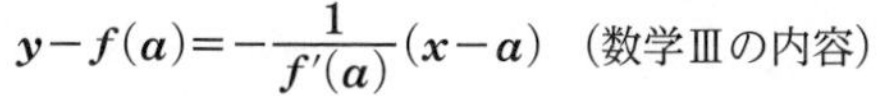

$$y-f(a)=-\frac{1}{f'(a)}(x-a)$$ （数学Ⅲの内容）

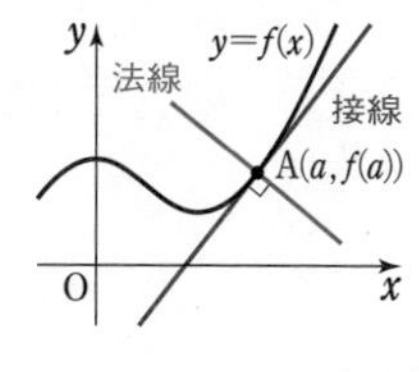

PRACTICE 174❷

次の曲線上の点における接線・法線の方程式を求めよ。

(1) $y=x^2-3x+2$，点 $(0,\ 2)$　　(2) $y=-x^3+x+2$，点 $(2,\ -4)$

基本 例題 175 曲線外の点から引いた接線

点 C(1, −1) から関数 $y=x^2-x$ のグラフに引いた接線の方程式を求めよ。

基本 174

CHART & SOLUTION

曲線外の点Cから引いた接線

曲線上の接線が点Cを通る と考える ……❶

点 C(1, −1) は与えられた曲線上の点ではない。よって，曲線 $y=f(x)$ 上の点 $(a,\ f(a))$ における接線 $\boldsymbol{y-f(a)=f'(a)(x-a)}$ が点 C(1, −1) を通ると考えて，a の値を求めればよい。

解答

$f(x)=x^2-x$ とすると

$f'(x)=2x-1$

関数 $y=f(x)$ のグラフ上の点 $(a,\ f(a))$ における接線の方程式は

$y-(a^2-a)=(2a-1)(x-a)$

すなわち　$y=(2a-1)x-a^2$　…… ①

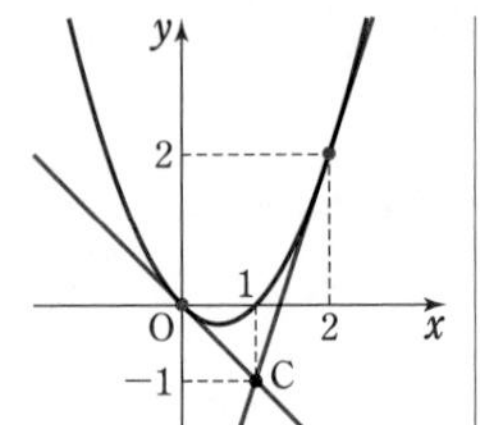

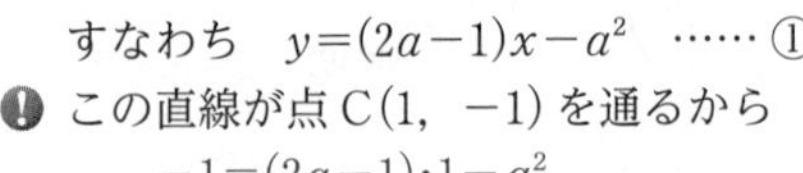

❶ この直線が点 C(1, −1) を通るから

$-1=(2a-1)\cdot 1-a^2$

整理すると　$a(a-2)=0$　　よって　$a=0,\ 2$

したがって，求める接線の方程式は，① から

$a=0$ のとき　$\boldsymbol{y=-x}$，　$a=2$ のとき　$\boldsymbol{y=3x-4}$

⇦ $f(a)=a^2-a$

⇦ 傾きは $f'(a)=2a-1$
点 $(x_1,\ y_1)$ を通り，傾き m の直線の方程式は
$y-y_1=m(x-x_1)$

⇦ a についての 2 次方程式が得られる。

⇦ 接線は 2 本ある。

ピンポイント解説 接線の解法における注意点

注意 1　次のように，問題文の表現で状況が異なることを注意しておこう。

点A **における** 接線　…… **Aは接点**　← この接線は 1 本

点B **を通る／から引いた** 接線 …… **Bは接点であるとは限らない**

└ 接線は 1 本とは限らない

注意 2　接線の方程式を作る際に，次のようなミスをよく見かけるので要注意。

誤り　$y-(a^2-a)=(\boldsymbol{2x-1})(x-a)$

└ 導関数 $f'(x)$ であって接線の傾きではない

正解　$y-(a^2-a)=(\boldsymbol{2a-1})(x-a)$

└ 導関数 $f'(x)$ に $x=a$ を代入した $f'(a)$ が接線の傾きである

PRACTICE 175❷

(1) 点 (3, 4) から，曲線 $y=-x^2+4x-3$ に引いた接線の方程式を求めよ。

(2) 点 (2, −4) を通り，曲線 $y=x^2-2x$ に接する直線の方程式を求めよ。

重要 例題 176　2曲線が接する条件

2つの放物線 $y=x^2$ と $y=-(x-a)^2+2$ がある1点で接するとき，定数 a の値を求めよ。　〔類 慶応大〕

基本 174，重要 177

CHART & SOLUTION

2曲線 $y=f(x)$，$y=g(x)$ が $x=p$ の点で接する条件

$f(p)=g(p)$ かつ $f'(p)=g'(p)$

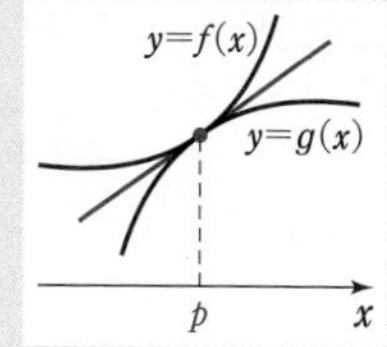

「2曲線が接する」とは，1点を共有し，かつ共有点における接線が一致すること(この共有点を2曲線の **接点** という)。
接点の x 座標を p とおいて

接点を共有する　$\Longleftrightarrow$ $f(p)=g(p)$

接線の傾きが一致する $\Longleftrightarrow$ $f'(p)=g'(p)$

を満たす a，p の値を求めればよい。

解答

$f(x)=x^2$，$g(x)=-(x-a)^2+2$ とすると

$$f'(x)=2x,\quad g'(x)=-2x+2a$$

2曲線が1点で接するとき，その接点の x 座標を p とすると

$$f(p)=g(p) \quad \text{かつ} \quad f'(p)=g'(p)$$

が成り立つ。

よって　$p^2=-(p-a)^2+2$　…… ①

　　　　$2p=-2p+2a$　…… ②

② から　$a=2p$　…… ③

これを ① に代入して　$p^2=-(p-2p)^2+2$

ゆえに　$p^2=1$　　これを解いて　$p=\pm1$

③ から，a の値は

$p=-1$ のとき　$\boldsymbol{a=-2}$，　$p=1$ のとき　$\boldsymbol{a=2}$

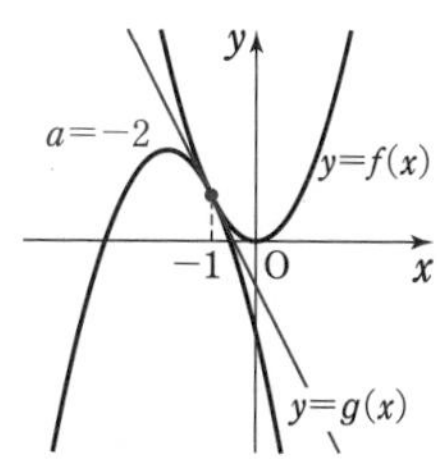

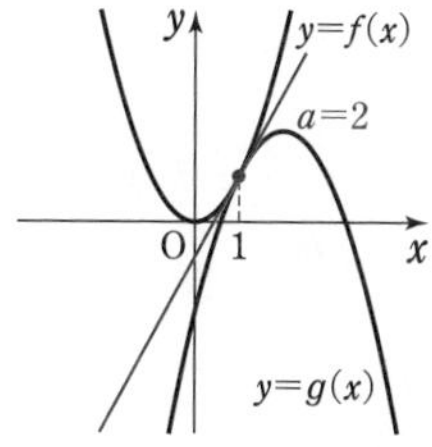

⇦ $g(x)=-(x-a)^2+2$
$=-x^2+2ax-a^2+2$

⇦ $f(p)=g(p)$
……**接点の y 座標が一致**
$f'(p)=g'(p)$
……**接線の傾きが一致**
を意味する。

⇦ $p^2=-p^2+2$ から
$p^2=1$

inf. 接点の座標は
$a=-2$ のとき $(-1,\ 1)$
$a=2$ のとき $(1,\ 1)$
接線の方程式は
$a=-2$ のとき
$y=-2x-1$
$a=2$ のとき
$y=2x-1$

PRACTICE 176④

2次関数 $f(x)=-\dfrac{1}{2}x^2+\dfrac{3}{2}$，$g(x)=x^2+ax+3$ がある。放物線 $y=f(x)$ と $y=g(x)$ がある1点で接するとき，その点の座標と正の定数 a の値を求めよ。　〔類 立命館大〕

重要 例題 177 共通接線

2 曲線 $C_1 : y=x^2$, $C_2 : y=-x^2+2x-1$ の両方に接する直線の方程式を求めよ。

基本 174, 重要 176

CHART & SOLUTION

2 曲線 $C_1 : y=f(x)$, $C_2 : y=g(x)$ の両方に接する直線

方針1 C_1 上の点 $(a,\ f(a))$ における接線の方程式を求め，この直線が C_2 に接すると考える。

$\longrightarrow$ **接する $\Longleftrightarrow$ $D=0$** ……!

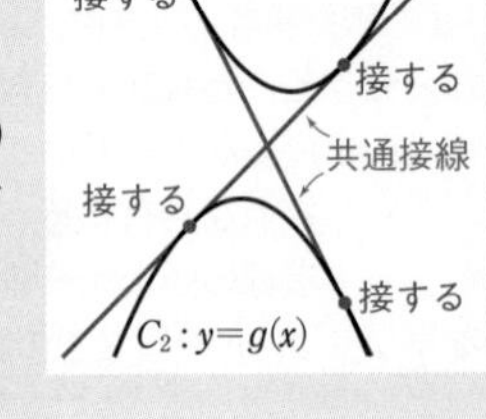

方針2 C_1 上の点 $(a,\ f(a))$ における接線と C_2 上の点 $(b,\ g(b))$ における接線の方程式をそれぞれ求め，これらが一致すると考える。

$\longrightarrow$ **$y=mx+n$ と $y=m'x+n'$ が一致**

$\Longleftrightarrow$ $m=m'$ かつ $n=n'$ ……!

方針3 求める直線の方程式を $y=mx+n$ とおいて，この直線が C_1, C_2 に接すると考える。$\longrightarrow$ **2 曲線と接する $\Longleftrightarrow$ $D_1=0$ かつ $D_2=0$** ……!

なお，この直線を 2 曲線の **共通接線** という。

解答

方針1 $y=x^2$ から　　$y'=2x$

よって，C_1 上の点 $A(a,\ a^2)$ における接線の方程式は

$$y-a^2=2a(x-a)$$

すなわち　　$y=2ax-a^2$　……①

直線 ① が C_2 に接するための条件は，y を消去した 2 次方程式

$$-x^2+2x-1=2ax-a^2$$

すなわち　　$x^2+2(a-1)x-a^2+1=0$

が重解をもつことである。

ゆえに，この 2 次方程式の判別式を D とすると

$$\frac{D}{4}=(a-1)^2-(-a^2+1)=2a^2-2a$$

! $D=0$ から　　$2a^2-2a=0$

すなわち　　$2a(a-1)=0$

これを解いて　　$a=0,\ 1$

① から，求める直線の方程式は

$a=0$ のとき　　$\boldsymbol{y=0}$,

$a=1$ のとき　　$\boldsymbol{y=2x-1}$

inf. グラフをかくと，直線 $y=0$ (x 軸) が共通接線となることはすぐにわかる。

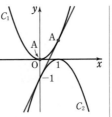

⇐ $y=f(x)$ 上の点 $(a,\ f(a))$ における接線の方程式は $y-f(a)=f'(a)(x-a)$

⇐ 放物線と直線が接する
$\Longleftrightarrow$ 重解をもつ
$\Longleftrightarrow$ 判別式 $D=0$

方針2（方針1と5行目までは同じ）

$y=-x^2+2x-1$ から　$y'=-2x+2$

C_2 上の点 $(b,\ -b^2+2b-1)$ における接線の方程式は

$$y-(-b^2+2b-1)=(-2b+2)(x-b)$$

すなわち　$y=(-2b+2)x+b^2-1$ ……②

直線①，②が一致するための条件は

$2a=-2b+2$ ……③　かつ　$-a^2=b^2-1$ ……④

③から　$a=-b+1$

④に代入して　$-(-b+1)^2=b^2-1$

よって　$b(b-1)=0$　ゆえに　$b=0,\ 1$

②から，求める直線の方程式は

$b=0$ のとき　$\boldsymbol{y=2x-1}$,

$b=1$ のとき　$\boldsymbol{y=0}$

⇦ $y=f(x)$ 上の点 $(a,\ f(a))$ における接線の方程式は $y-f(a)=f'(a)(x-a)$

⇦ 係数を比較。

⇦ a を消去。

⇦ $-b^2+2b-1=b^2-1$ $\Longleftrightarrow 2b^2-2b=0$

方針3　求める直線で x 軸に垂直であるものはないから，その方程式を $y=mx+n$ とおく。$y=x^2$ と連立して

$x^2=mx+n$　すなわち　$x^2-mx-n=0$

この2次方程式の判別式を D_1 とすると

$$D_1=(-m)^2-4(-n)=m^2+4n$$

$D_1=0$ から　$m^2+4n=0$ ……①

同様に，$y=-x^2+2x-1$ と連立して

$$-x^2+2x-1=mx+n$$

すなわち　$x^2+(m-2)x+n+1=0$

この2次方程式の判別式を D_2 とすると

$$D_2=(m-2)^2-4(n+1)$$

$D_2=0$ から　$(m-2)^2-4n-4=0$ ……②

①+②から　$m^2+(m-2)^2-4=0$

よって　$2m(m-2)=0$　ゆえに　$m=0,\ 2$

①から　$m=0$ のとき　$n=0$,

$m=2$ のとき　$n=-1$

よって，求める直線の方程式は　$\boldsymbol{y=0,\ y=2x-1}$

inf. 方針3は，与えられた曲線が両方とも2次関数のグラフである場合に考えられる解法。

⇦ 放物線と直線が接する $\Longleftrightarrow$ 重解をもつ $\Longleftrightarrow$ 判別式 $D=0$

⇦ n を消去。

⇦ $2m^2-4m=0$

INFORMATION

共通接線を求める方法は解答のようにいろいろな方針が考えられるが，与えられた2つの関数が

2次関数と2次関数　⟶　**方針1，2，3**

2次関数と3次以上の関数　⟶　**方針1，2**

2つとも3次以上の関数　⟶　**方針　2**

となり，**方針2**が応用範囲が広いことがわかる。

PRACTICE 177[4]

2つの放物線 $C_1: y=x^2+1$，$C_2: y=-2x^2+4x-3$ の共通接線の方程式を求めよ。

STEP UP 積や累乗の形の関数の微分

本来は数学Ⅲの内容であるが，知っておくと計算に便利な公式を紹介しよう。

1　$\{\boldsymbol{f(x)g(x)}\}'=\boldsymbol{f'(x)g(x)+f(x)g'(x)}$　←積の導関数の公式とよばれる。
2　n が自然数のとき　$\{(\boldsymbol{ax+b})^n\}'=\boldsymbol{n(ax+b)^{n-1}(ax+b)'}$（$a$，$b$ は定数）
　　一般に　$(\{\boldsymbol{f(x)}\}^n)'=\boldsymbol{n\{f(x)\}^{n-1}f'(x)}$

証明▶ 1　$F(x)=f(x)g(x)$ とおくと，導関数の定義から

$$F'(x)=\lim_{h\to 0}\frac{F(x+h)-F(x)}{h}=\lim_{h\to 0}\frac{f(x+h)g(x+h)-f(x)g(x)}{h}$$

$$=\lim_{h\to 0}\frac{f(x+h)g(x+h)-f(x)g(x+h)+f(x)g(x+h)-f(x)g(x)}{h}$$

$$=\lim_{h\to 0}\left\{\frac{f(x+h)-f(x)}{h}\cdot g(x+h)+f(x)\cdot\frac{g(x+h)-g(x)}{h}\right\}$$

↑ $\lim_{h\to 0}\frac{f(x+h)-f(x)}{h}=f'(x)$ が使えるように式を変形する。

$$=f'(x)g(x)+f(x)g'(x)$$

2　$\{(ax+b)^n\}'=n(ax+b)^{n-1}(ax+b)'$ …… Ⓐ とし，数学的帰納法（数学B「数列」参照）を利用して証明する。

[1]　$n=1$ のとき

$(\text{左辺})=(ax+b)'=a$，　$(\text{右辺})=1\cdot(ax+b)^0\cdot(ax+b)'=a$

ゆえに，$n=1$ のとき，等式 Ⓐ は成り立つ。

[2]　$n=k$ のとき，等式 Ⓐ が成り立つ，すなわち

$\{(ax+b)^k\}'=k(ax+b)^{k-1}(ax+b)'=ak(ax+b)^{k-1}$ …… Ⓑ

が成り立つと仮定する。$n=k+1$ のときについて

$$\begin{aligned}\{(ax+b)^{k+1}\}'&=\{(ax+b)^k(ax+b)\}'\\&=\{(ax+b)^k\}'(ax+b)+(ax+b)^k(ax+b)' \quad \leftarrow 1\text{ から。}\\&=ak(ax+b)^{k-1}(ax+b)+(ax+b)^k\cdot a \quad \leftarrow Ⓑ\text{ から。}\\&=ak(ax+b)^k+a(ax+b)^k\\&=a(ax+b)^k(k+1)\\&=(k+1)(ax+b)^{(k+1)-1}(ax+b)'\end{aligned}$$

よって，$n=k+1$ のときも等式 Ⓐ は成り立つ。

[1]，[2] から，すべての自然数 n について等式 Ⓐ は成り立つ。

注意　2の公式を利用するときは，右の〰〰の部分を掛け忘れないように注意が必要である。

$\{(ax+b)^n\}'=n(ax+b)^{n-1}(\boldsymbol{ax+b})'$
↑
忘れないように注意

上の公式1，2を利用して，次の**補充例題 178** を解いてみよう。

補充 例題 178 導関数の計算 (2)

$p.278$ の公式を用いて，次の関数を微分せよ。

(1) $y=(2x-1)(x+1)$　　(2) $y=(x^2+2x+3)(x-1)$

(3) $y=(2x-1)^3$　　(4) $y=(x-2)^2(x-3)$

$p.278$ STEP UP

CHART & SOLUTION

積の形の関数の微分

1　$\{f(x)g(x)\}'=f'(x)g(x)+f(x)g'(x)$

2　$\{(ax+b)^n\}'=n(ax+b)^{n-1}(ax+b)'=na(ax+b)^{n-1}$

特に，2 において $a=1$ である場合は $\{(x+b)^n\}'=n(x+b)^{n-1}$ となり，計算が簡単になる。

解答

(1) $y'=(2x-1)'(x+1)+(2x-1)(x+1)'$

$=2(x+1)+(2x-1)\cdot 1=\mathbf{4x+1}$

(2) $y'=(x^2+2x+3)'(x-1)+(x^2+2x+3)(x-1)'$

$=(2x+2)(x-1)+(x^2+2x+3)\cdot 1$

$=2x^2-2+x^2+2x+3=\mathbf{3x^2+2x+1}$

(3) $y'=3(2x-1)^2(2x-1)'$

$=3(2x-1)^2\cdot 2=\mathbf{6(2x-1)^2}$

(4) $y'=\{(x-2)^2\}'(x-3)+(x-2)^2(x-3)'$

$=2(x-2)(x-3)+(x-2)^2\cdot 1$

$=(x-2)\{2(x-3)+(x-2)\}$

$=\mathbf{(x-2)(3x-8)}$

別解　$y=(x-2)^2\{(x-2)-1\}=(x-2)^3-(x-2)^2$ から

$y'=3(x-2)^2-2(x-2)=(x-2)\{3(x-2)-2\}$

$=\mathbf{(x-2)(3x-8)}$

注意 (1) のように簡単な関数ならば，元の式を展開して，$y=2x^2+x-1$ から $y'=4x+1$ と計算した方がスムーズ。

⇐ 公式 2 を利用。

⇐ 結果は展開しなくてよい。

⇐ 公式 1 を利用。

⇐ $\{(x+b)^n\}'=n(x+b)^{n-1}$

⇐ $(x+b)^n$ の形にする。$\{(x+b)^n\}'=n(x+b)^{n-1}$

6章 20 微分係数と導関数

INFORMATION

$p.278$ の微分法の公式

$\{f(x)g(x)\}'=f'(x)g(x)+f(x)g'(x)$　や　$\{(ax+b)^n\}'=na(ax+b)^{n-1}$

は，式を展開せずに微分できるというメリットがあるが，次のようなミスをしやすいので，正確に押さえておこう。

(1)　× $y'=(2x-1)'(x+1)'$　← 同時には微分しない。

(3)　× $y'=3(2x-1)^2$　← $(2x-1)'$ の掛け忘れ。

PRACTICE 178③

$p.278$ の公式を用いて，次の関数を微分せよ。

(1) $y=(3x+2)(3x^2-1)$　　(2) $y=(3-x)^3$　　(3) $y=(x+3)(2x-5)^2$

補充 例題 179 関数の極限値と微分係数

(1) 次の極限値を求めよ。

(ア) $\lim_{x \to -2} \frac{x^3+8}{x+2}$ 〔湘南工科大〕 (イ) $\lim_{x \to -3} \frac{x^2+x-6}{x^2-x-12}$

(2) 極限値 $\lim_{h \to 0} \frac{f(a+3h)-f(a)}{h}$ を $f'(a)$ で表せ。 〔関西大〕

p.266 基本事項 2

CHART & SOLUTION

関数の極限値 $\lim_{x \to a} f(x)$

基本は x に a を代入，$\frac{0}{0}$ となるときは約分

$\lim_{k \to 0} \frac{f(a+k)-f(a)}{k} = f'(a)$ も利用できる

(1) (ア) そのまま x に -2 を代入すると，分母・分子ともに 0 になる。よって，分母・分子とも $x+2$ を因数にもつ (因数定理) ので，$x+2$ で **約分** してから代入する。(イ) も同様。

(2) $h \longrightarrow 0$ のとき $3h \longrightarrow 0$ だからといって **(与式) $= f'(a)$ は誤り！**
$3h=k$ とおいて，微分係数の定義を利用する。

解答

(1) (ア) $\lim_{x \to -2} \frac{x^3+8}{x+2} = \lim_{x \to -2} \frac{(x+2)(x^2-2x+4)}{x+2}$

$= \lim_{x \to -2} (x^2-2x+4) = (-2)^2-2\cdot(-2)+4 = \mathbf{12}$

(イ) $\lim_{x \to -3} \frac{x^2+x-6}{x^2-x-12} = \lim_{x \to -3} \frac{(x+3)(x-2)}{(x+3)(x-4)} = \lim_{x \to -3} \frac{x-2}{x-4}$

$= \frac{-3-2}{-3-4} = \mathbf{\frac{5}{7}}$

(2) $3h=k$ とおくと，$h \longrightarrow 0$ のとき $k \longrightarrow 0$ であるから

$\lim_{h \to 0} \frac{f(a+3h)-f(a)}{h} = \lim_{k \to 0} \frac{f(a+k)-f(a)}{\frac{k}{3}}$

$= \lim_{k \to 0} 3\cdot\frac{f(a+k)-f(a)}{k} = 3\lim_{k \to 0} \frac{f(a+k)-f(a)}{k}$

$= \mathbf{3f'(a)}$

⇐ $x \longrightarrow -2$ とは，x が **-2 以外の値をとりながら -2 に近づくこと。** よって，$x \neq -2$ であるから，分母・分子を $x+2$ で割って約分してよい。

⇐ 慣れてきたらおき換えをせずに
(与式)
$= \lim_{h \to 0} 3\cdot\frac{f(a+3h)-f(a)}{3h}$
$= 3f'(a)$
としてよい。

PRACTICE 179③

(1) 次の極限値を求めよ。

(ア) $\lim_{x \to 3} \frac{x-3}{x^3-27}$ (イ) $\lim_{x \to 1} \frac{x^3-1}{x^2+4x-5}$

(2) $f(x)=x^3$ のとき，$\lim_{h \to 0} \frac{f(2+3h)-f(2)}{h}$ の値を求めよ。 〔(2) 東北学院大〕

EXERCISES　20 微分係数と導関数

A

138❷ 関数 $f(x)=x^3+5x^2+6x+7$ の $x=-1$ から $x=2$ までの平均変化率は ${}^{ア}\square$ であり，$x={}^{イ}\square$（ただし，$-1<{}^{イ}\square<2$）における微分係数に等しい。 〔千葉工大〕 ➡169, 171

139❷ (1) 放物線 $y=x^2-5x+4$ の接線で傾きが -1 であるものの方程式を求めよ。

(2) Pを放物線 $y=-x^2$ 上の点とし，Qを点 $(-5,\ 1)$ とする。2点P，Qを通る直線が，点Pにおける接線と直交しているときの点Pの座標を求めよ。 〔(2) 崇城大〕 ➡174, 175

B

140❹ x の多項式 $f(x)$ が常に $f(x)+x^2f'(x)=kx^3+k^2x+1$ を満たすとき，次の問いに答えよ。ただし，k は0でない定数である。

(1) 多項式 $f(x)$ を x の n 次式とするとき，n の値を求めよ。

(2) 多項式 $f(x)$ を求めよ。 〔大阪電通大〕 ➡172

141❸ 座標平面上において，点 $(-2,\ -2)$ から放物線 $y=\dfrac{1}{4}x^2$ に引いた2本の接線のそれぞれの接点を結ぶ直線の方程式を求めよ。 〔類 関西大〕 ➡175

142❹ x の多項式 $f(x)$ について，次の問いに答えよ。 〔(1) 早稲田大〕

(1) $f(x)$ を $(x-a)^2$ で割ったときの余りを，a，$f(a)$，$f'(a)$ を用いて表せ。

(2) $f(x)=ax^{n+1}+bx^n+1$（n は自然数）が $(x-1)^2$ で割り切れるように，定数 a，b の値を定めよ。 ➡57, 178

143❸ 次の極限値を a，$f(a)$，$f'(a)$ で表せ。

(1) $\displaystyle\lim_{x\to a}\frac{xf(a)-af(x)}{x-a}$　　(2) $\displaystyle\lim_{x\to a}\frac{x^2f(a)-a^2f(x)}{x^2-a^2}$ ➡179

HINT

140 (1) $f(x)$ が n 次式 ⟶ $f'(x)$ は $(n-1)$ 次式。条件式において両辺の次数を比較する。

141 放物線上の点 $\left(t,\ \dfrac{1}{4}t^2\right)$ における接線が，点 $(-2,\ -2)$ を通る条件から t の2次方程式が得られる。その2次方程式の解を α，β とし，2接点 $\left(\alpha,\ \dfrac{1}{4}\alpha^2\right)$，$\left(\beta,\ \dfrac{1}{4}\beta^2\right)$ を結ぶ直線の方程式を求める。

142 (1) 2次式 $(x-a)^2$ で割ったときの商を $Q(x)$，余りを $px+q$ とすると
$f(x)=(x-a)^2Q(x)+px+q$（p，q は定数）
$f(a)$ と $f'(a)$ を表す式を作り，p，q を求める。

(2) (1)の結果を利用する。余りを $px+q$ とすると
割り切れる ⟺ 余りが0 ⟺ $p=q=0$

143 $\displaystyle\lim_{x\to a}\frac{f(x)-f(a)}{x-a}=f'(a)$ が使えるように式を変形する。

21 関数の値の変化

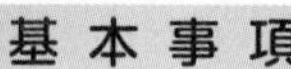

1 関数の増減

ある区間で

常に $\boldsymbol{f'(x)>0}$ ならば，$f(x)$ はその区間で **増加** する。(逆は不成立)

常に $\boldsymbol{f'(x)<0}$ ならば，$f(x)$ はその区間で **減少** する。(逆は不成立)

常に $\boldsymbol{f'(x)=0}$ ならば，$f(x)$ はその区間で **定数** である。

解説　**区間**　不等式 $a\leqq x\leqq b$，$a<x<b$，$x\leqq a$，$b<x$ などを満たす x の集合のこと。

増加・減少　関数 $f(x)$ において，ある区間の任意の値 u，v について

「$u<v$ ならば $f(u)<f(v)$」が成り立つとき，$f(x)$ はその区間で増加する

「$u<v$ ならば $f(u)>f(v)$」が成り立つとき，$f(x)$ はその区間で減少する

という。

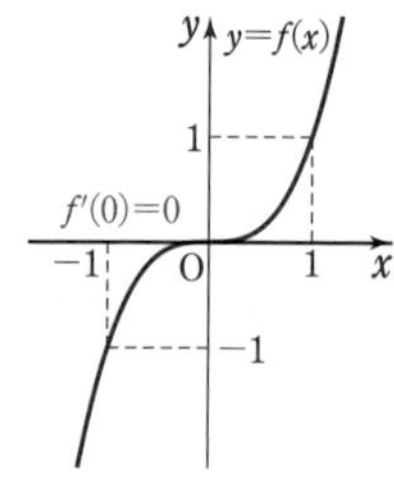

注意　「$x<a$ において $f'(x)>0$，$x=a$ において $f'(x)=0$」の場合，$v=a$ のときも含めて「$u<v$ ならば $f(u)<f(v)$」の関係が成り立つから，**等号を含めて $\boldsymbol{x\leqq a}$ で増加する」としてよい。**

例えば，$f(x)=x^3$ は実数全体で増加するが，常に $f'(x)>0$ ではなく，$f'(0)=0$ である。

補足　「増加」，「減少」という用語はそれぞれ「**単調に増加**」，「**単調に減少**」ということがある。

2 関数の極大，極小

1　関数 $f(x)$ の極値を求めるには，$f'(x)=0$ となる x の値を求め，その前後における $f'(x)$ の符号を調べる。

2　$f'(x)$ の符号が，$x=a$ の前後で

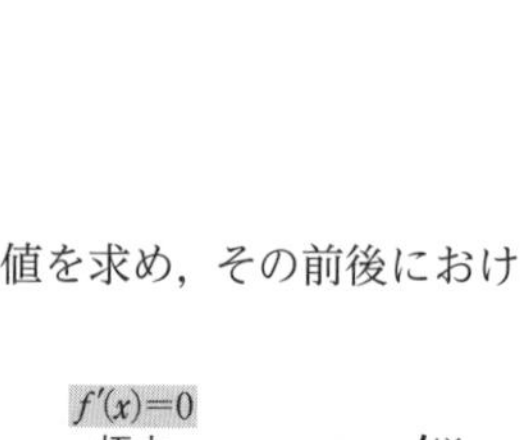

正から負 に変わるとき ($f(x)$ が増加から減少に移るとき)

$f(x)$ は $x=a$ で **極大** になるといい，$f(a)$ を **極大値** という。

負から正 に変わるとき ($f(x)$ が減少から増加に移るとき)

$f(x)$ は $x=a$ で **極小** になるといい，$f(a)$ を **極小値** という。

極大値と極小値をまとめて **極値** という。

注意　**関数 $\boldsymbol{f(x)}$ が $\boldsymbol{x=a}$ で極値をとるならば　$\boldsymbol{f'(a)=0}$**

逆に，$\boldsymbol{f'(a)=0}$ であっても $\boldsymbol{f(a)}$ は極値とは限らない。

(具体的な例は $p.284$ 基本例題 180 (2) 参照)

すなわち，$f'(a)=0$ は，$f(x)$ が $x=a$ で極値をとるための必要条件であるが十分条件ではない。

3 関数の最大値，最小値

区間 $a \leqq x \leqq b$ で定義された関数の最大値，最小値は，この区間での関数の極値と区間の両端での関数の値を比べて求める。

注意 関数の定義域が端を含まない区間（$a<x<b$，$x<a$ など）である場合，最大値や最小値がないことがある。

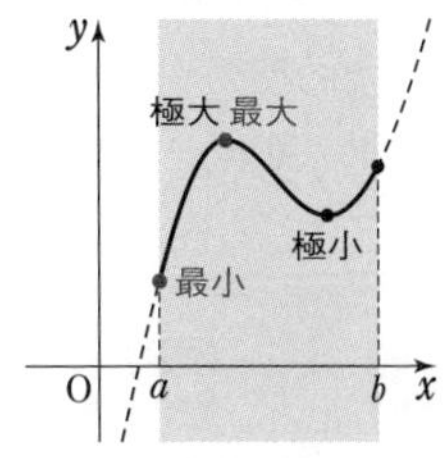

4 3次関数の性質

x の n 次の多項式で表される関数を n 次関数といい，n 次関数のグラフを n 次曲線という。3次関数 $y=ax^3+bx^2+cx+d$ について

① **極値をもつ条件は　$y'=3ax^2+2bx+c=0$ の判別式を D とすると**

$$\frac{D}{4}=b^2-3ac>0$$

② **極値をもてば　極大値と極小値を1つずつもつ　(極大値)>(極小値)**

③ **$a>0$ ならば　(極大値を与える x の値)<(極小値を与える x の値)**
　$a<0$ ならば　(極大値を与える x の値)>(極小値を与える x の値)

④ **グラフは点対称**

解説 ①～③　詳しくは $p.291$ を参照。
④　3次関数 $f(x)=ax^3+bx^2+cx+d$ が $x=\alpha$，β で極値をとるとき，3次関数 $y=f(x)$ のグラフは，点 $\left(\frac{\alpha+\beta}{2},\ f\left(\frac{\alpha+\beta}{2}\right)\right)$ に関して対称である（$p.303$ 重要例題194参照）。

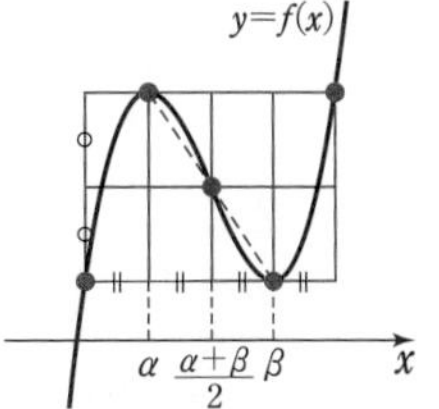

図の5箇所の点(●)を通るようにかくとよい。

CHECK & CHECK

67 次の関数の増減を調べよ。
(1) $y=-x^2+4x-5$　(2) $y=x^3-6x$　(3) $y=-x^3-3x$　→1

68 (1) 関数 $y=x^3-3x^2+4x$ は，常に増加することを示せ。
(2) 関数 $y=-2x^3+12x^2-24x+5$ は，常に減少することを示せ。　→1

69 次の関数の極値を求めよ。
(1) $y=3x^2-4x+1$　(2) $y=-2x^2-8x-12$　→2

70 次の関数について，$y'=0$ となる x の値を求めよ。また，その x の値に対して，関数が極大または極小になるかどうかを調べよ。
(1) $y=x^3+3x^2+3x$　(2) $y=x^3+x^2-x-1$　→2

基本 例題 180　3次関数の極値とグラフ

次の関数の極値を求めよ。また，そのグラフをかけ。

(1)　$y=x^3-3x$　　　　(2)　$y=x^3+3x^2+3x+3$

p.282 基本事項 1，2，基本 181，重要 194

CHART & SOLUTION

極値の求め方

① $f'(x)=0$ となる x の値を求める

② $f'(x)$ の符号の変化を調べ，増減表を作る

$f'(x)$ の符号が **正から負** なら **極大**　　$f(x)$ は増加から減少

$f'(x)$ の符号が **負から正** なら **極小**　　$f(x)$ は減少から増加

解答

(1)　$y'=3x^2-3=3(x+1)(x-1)$

$y'=0$ とすると　　$x=-1,\ 1$

y の増減表は次のようになる。

x	$\cdots$	-1	$\cdots$	1	$\cdots$
y'	$+$	0	$-$	0	$+$
y	↗	極大 2	↘	極小 -2	↗

よって，y は **$x=-1$ で極大値 2，**
$x=1$ で極小値 -2
をとる。

また，グラフは **図** のようになる。

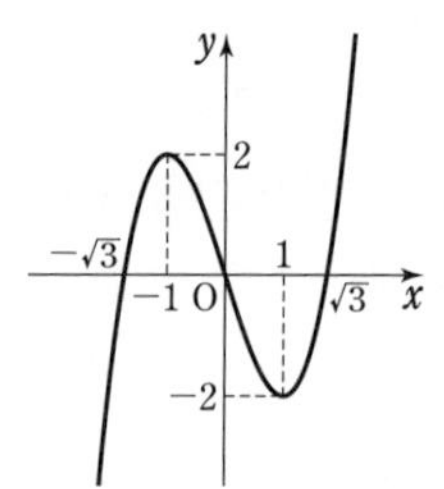

inf.
x 軸との共有点の x 座標
$y=0$ として　$x^3-3x=0$
よって　$x(x^2-3)=0$
ゆえに　$x=0,\ \pm\sqrt{3}$
このようにして，x 軸との共有点の x 座標を求めることができるが，常に求められるとは限らない。簡単に求められる場合を除いて，省略して構わない。

(2)　$y'=3x^2+6x+3$
$=3(x^2+2x+1)=3(x+1)^2$

$y'=0$ とすると　　$x=-1$

y の増減表は次のようになる。

x	$\cdots$	-1	$\cdots$
y'	$+$	0	$+$
y	↗	2	↗

よって，y は常に増加し，**極値をもたない。**

また，グラフは **図** のようになる。

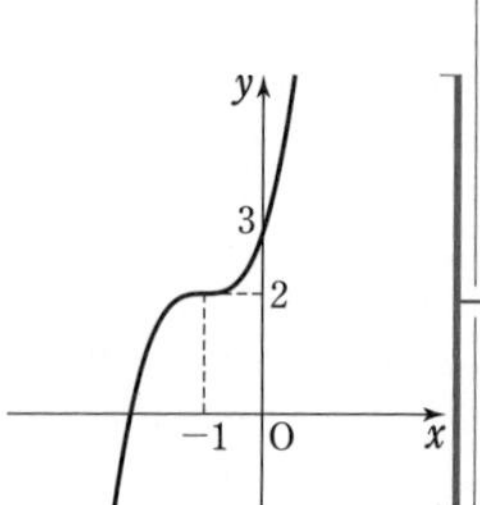

(2)　$x=-1$ のとき $y'=0$ であるが，$x=-1$ で極値をとらない例。
$x=-1$ の前後で y' の符号が変わらない。
なお，$x=-1$ のときに $y'=0$（接線が x 軸と平行）であることを意識してグラフをかく。

PRACTICE 180②

次の関数の極値を求めよ。また，そのグラフをかけ。

(1)　$y=2x^3-3x^2+1$　　(2)　$y=-x^3+12x$　　(3)　$y=-x^3+6x^2-12x+7$

ズーム UP 3次関数のグラフのかき方 ― 増減表の作成

3次関数のグラフは，手順通りに正確にかくことが大切です。
注意点とともに，手順をしっかり身につけておきましょう。

増減表の1行目には $y'=0$ の解を記入する

導関数 y' を求め，$y'=0$ を解く，という手順で進める。特に，y' の式が因数分解できるときは，**必ず因数分解**しておこう。因数分解しておくと，解が求めやすくなるだけでなく，2行目の記入もスムーズになる。

基本例題 180 (1) の場合

x	$\cdots$	-1	$\cdots$	1	$\cdots$
y'					
y					

増減表の2行目は，y' のグラフを利用して記入する

2行目には，0または y' の符号 $(+,\ -)$ を記入する。このとき，**符号の記入は慎重に！**
符号の記入ミスを防ぐには，**y' の簡単なグラフを利用する**とよい。3次関数 y の導関数 y' は2次関数であるから，この2次関数 y' のグラフを，x 軸との共有点，x 軸との位置関係がわかる程度にかき（y' 軸は不要），図から y' の符号を判断する。
これは，2次不等式を解くときに，グラフをかいて考えたときの要領とまったく同じである。

基本例題 180 (1) の場合

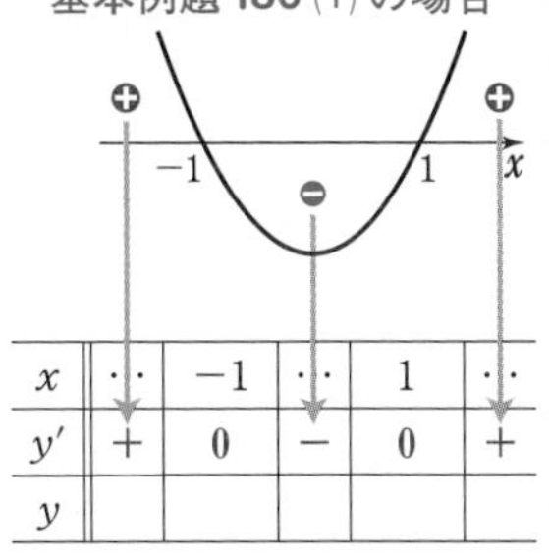

x	$\cdots$	-1	$\cdots$	1	$\cdots$
y'	$+$	0	$-$	0	$+$
y					

注意　**符号は，0を挟んで交互に現れるとは限らない！**
(1) では $+$，0，$-$，0，$+$ のように，$+$ と $-$ が 0 を挟んで交互に現れた。しかし，(2) では，$+$，0，$+$ のように，0 を挟んで y' の符号が変わらないこともある。
機械的に $+$ の次は $-$ と決めつけてはいけない。1つずつ慎重に判断しよう。

増減表の3行目を記入したら，グラフをかく

増加 (↗)，減少 (↘)，1行目の x の値に対する y の値を記入したら，その内容にしたがってグラフをかく。
このとき，2次関数のグラフで，まず頂点をとったように，y が極大，極小となる点を先にとるとよい。
また，y 軸との交点の座標（y の式に $x=0$ を代入）も記入しておくと，グラフがかきやすくなる。

基本例題 180 (1) の場合

x	$\cdots$	-1	$\cdots$	1	$\cdots$
y'	$+$	0	$-$	0	$+$
y	↗	極大 2	↘	極小 -2	↗

基本例題 180 (2) のように，$y'=0$ であるが，その前後で y' の符号が変わらないような点がある場合，その点における接線が x 軸に平行となることを意識してグラフをかくようにしましょう。

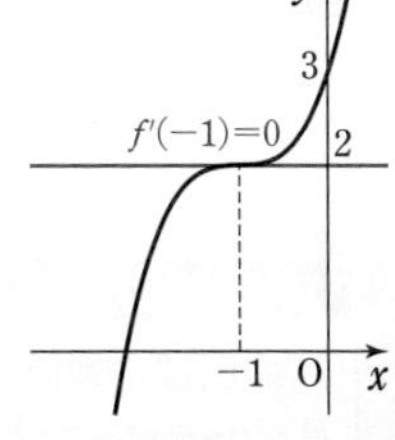

基本 例題 181 4 次関数の極値とグラフ

次の関数の極値を求めよ。また，そのグラフをかけ。

(1) $y=3x^4-16x^3+18x^2+5$　　(2) $y=x^4-4x^3+1$

基本 180

CHART & SOLUTION

4 次関数の極値とグラフ

3 次関数の極値やグラフと同じ方針で進める。

① **$f'(x)=0$ となる x の値を求める**

② **$f'(x)$ の符号の変化を調べ，増減表を作る**

解答

(1) $y'=12x^3-48x^2+36x$

$=12x(x^2-4x+3)$

$=12x(x-1)(x-3)$

$y'=0$ とすると　$x=0,\ 1,\ 3$

y の増減表は次のようになる。

x	$\cdots$	0	$\cdots$	1	$\cdots$	3	$\cdots$
y'	$-$	0	$+$	0	$-$	0	$+$
y	↘	極小 5	↗	極大 10	↘	極小 -22	↗

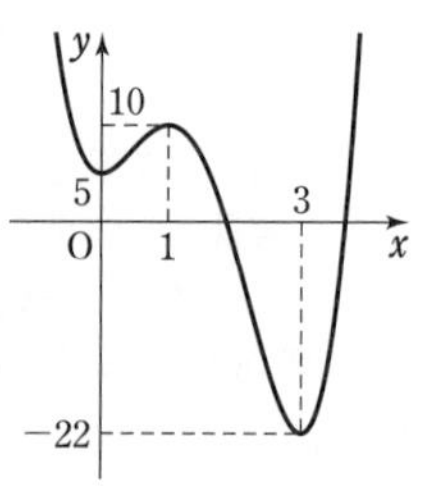

$z=y'=12x(x-1)(x-3)$ のグラフ

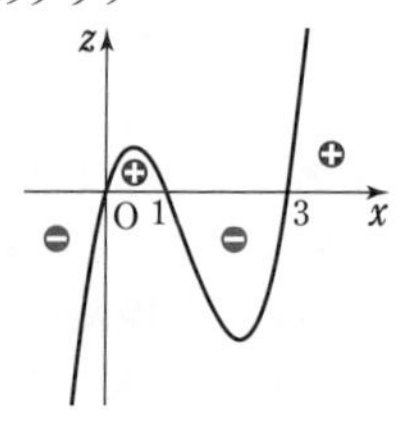

よって，y は **$x=0$ で極小値 5，$x=1$ で極大値 10，**
$x=3$ で極小値 -22 をとる。

⇐ 2 か所で極小となる。

また，グラフは **図** のようになる。

(2) $y'=4x^3-12x^2=4x^2(x-3)$

$y'=0$ とすると　$x=0,\ 3$

y の増減表は次のようになる。

x	$\cdots$	0	$\cdots$	3	$\cdots$
y'	$-$	0	$-$	0	$+$
y	↘	1	↘	極小 -26	↗

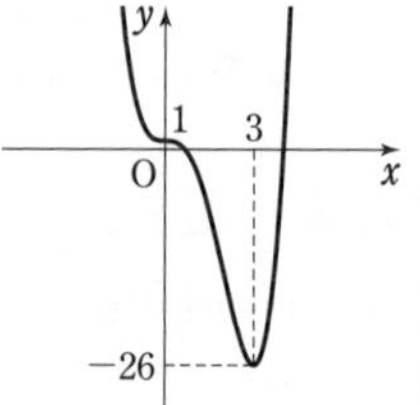

$z=y'=4x^2(x-3)$ のグラフ

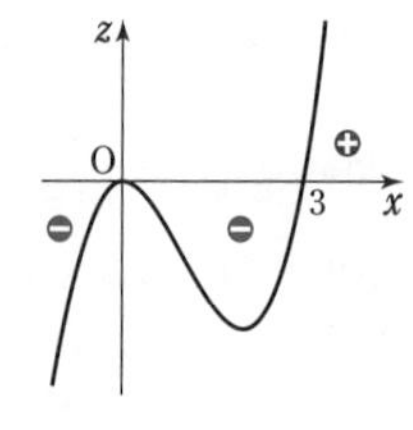

よって，y は **$x=3$ で極小値 -26** をとる。

⇐ 極大値はない。

また，グラフは **図** のようになる。

inf. (2) の関数は $x=0$ において $y'=0$ を満たすが，その前後で y' の符号が変わらない。すなわち，$x=0$ のときの値は極値ではなく，この関数は極小値のみをもつ。4 次関数では，(2) のように極大値と極小値の一方のみをもつ場合がある。

PRACTICE 181[3]

次の関数の極値を求めよ。また，そのグラフをかけ。

(1) $y=x^4-2x^3-2x^2$　　(2) $y=x^4-4x+3$

基本 例題 182 極値から係数決定

$f(x)=x^3+ax^2-3x+b$ とする。$f(x)$ は $x=1$ で極小になり，$x=c$ で極大値 5 をとる。定数 a，b，c の値と $f(x)$ の極小値をそれぞれ求めよ。

基本 180

CHART & SOLUTION

$f(\alpha)$ が極値 $\Longrightarrow f'(\alpha)=0$（必要条件）

$f(x)$ が $x=1$ で極小になる $\longrightarrow f'(1)=0$

$f(x)$ が $x=c$ で極大値 5 をとる $\longrightarrow f'(c)=0$，$f(c)=5$

ただし，$f'(1)=0$，$f'(c)=0$ であるからといって，$x=1$ で極小，$x=c$ で極大になるとは限らない（**必要条件**）。解答の「逆に」以下で **十分条件であることを確認** する。……❗

解答

$f'(x)=3x^2+2ax-3$

$f(x)$ は $x=1$ で極値をとるから　$f'(1)=0$

よって　$3\cdot1^2+2a\cdot1-3=0$　ゆえに　$a=0$ ……①

❗ 逆に，このとき　$f'(x)=3x^2-3=3(x+1)(x-1)$

$f'(x)=0$ とすると　$x=\pm1$

$f(x)$ の増減表は次のようになる。

x	$\cdots$	-1	$\cdots$	1	$\cdots$
$f'(x)$	$+$	0	$-$	0	$+$
$f(x)$	↗	極大	↘	極小	↗

よって，$f(x)$ は $x=1$ で極小となるから，$a=0$ は適する。

$x=-1$ で極大であるから　$c=-1$

また，① から　$f(x)=x^3-3x+b$

条件より，$f(-1)=5$ であるから

$(-1)^3-3(-1)+b=5$

したがって　$b=3$

よって，極小値は　$f(1)=1^3-3\cdot1+3=1$

以上から　**$a=0$，$b=3$，$c=-1$；極小値 1**

⇐ $f'(1)=0$ は必要条件であるから，これより得られる $a=0$ も必要条件に過ぎない。

⇐ 増減表を作って，$a=0$ が十分条件であることを確かめる。

別解 $x=1$ で極小，$x=c$ で極大となるから，2 次方程式 $f'(x)=0$ すなわち $3x^2+2ax-3=0$ が $x=1$，c を解にもつ。
解と係数の関係から

$1+c=-\dfrac{2a}{3}$

$1\cdot c=\dfrac{-3}{3}=-1$

よって　$c=-1$，$a=0$
（以下，増減表を作り，十分条件を確認する。）

6章 21 関数の値の変化

POINT

$f(x)=ax^3+bx^2+cx+d\ (a>0)$ において，$f'(x)=0$ の判別式を D とする。
$D>0$ のとき，$f'(x)=0$ の異なる 2 つの実数解を α，$\beta\ (\alpha<\beta)$ とすると，
$f(x)$ は，**$x=\alpha$ で極大値，$x=\beta$ で極小値**　をとる。

PRACTICE 182❷

3 次関数 $f(x)=ax^3+bx^2+cx+d$ が $x=0$ で極大値 2 をとり，$x=2$ で極小値 -6 をとるとき，定数 a，b，c，d の値を求めよ。〔近畿大〕

基本 例題 183 極値をもつ条件・もたない条件

(1) 関数 $f(x)=x^3+ax^2+(3a-6)x+5$ が極値をもつような定数 a の値の範囲を求めよ。〔類 名古屋大〕

(2) 関数 $f(x)=2x^3+kx^2+kx+1$ が極値をもたないような定数 k の値の範囲を求めよ。〔類 千葉工大〕 基本 182

CHART & SOLUTION

(1) 3次関数 $f(x)$ が **極値をもつ** $\iff$ $f'(\alpha)=0$ を満たす $x=\alpha$ が存在し，$x=\alpha$ の前後で $f'(x)$ の **符号が変わる**
$\iff$ $f'(x)=0$ が **異なる2つの実数解をもつ**
$\iff$ $f'(x)=0$ の **判別式 $D>0$** ……❗

(2) 3次関数 $f(x)$ が **極値をもたない** $\iff$ $f(x)$ が常に増加［または減少］
$\iff$ $f'(x)$ の **符号が変化しない**
$\iff$ $f'(x)=0$ が **重解をもつか実数解をもたない**
$\iff$ $f'(x)=0$ の **判別式 $D\leqq 0$** ……❗

解答

(1) $f'(x)=3x^2+2ax+3a-6$

$f(x)$ が極値をもつための必要十分条件は，$f'(x)$ の符号が変化することである。

よって，$f'(x)=0$ すなわち $3x^2+2ax+3a-6=0$ ……① が異なる2つの実数解をもつ。

① の判別式を D とすると

$$\frac{D}{4}=a^2-3(3a-6)=a^2-9a+18$$

❗ $D>0$ から $(a-3)(a-6)>0$

これを解いて **$a<3,\ 6<a$**

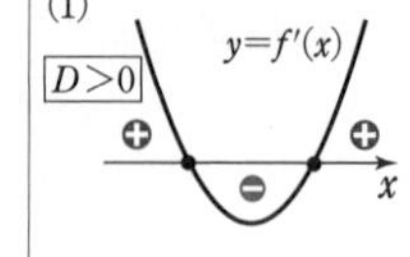

(2) $f'(x)=6x^2+2kx+k$

$f(x)$ が極値をもたないための必要十分条件は，$f'(x)$ の符号が変化しないことである。

よって，$f'(x)=0$ すなわち $6x^2+2kx+k=0$ ……② が重解をもつか実数解をもたない。

② の判別式を D とすると $\dfrac{D}{4}=k^2-6k$

❗ $D\leqq 0$ から $k(k-6)\leqq 0$ これを解いて **$0\leqq k\leqq 6$**

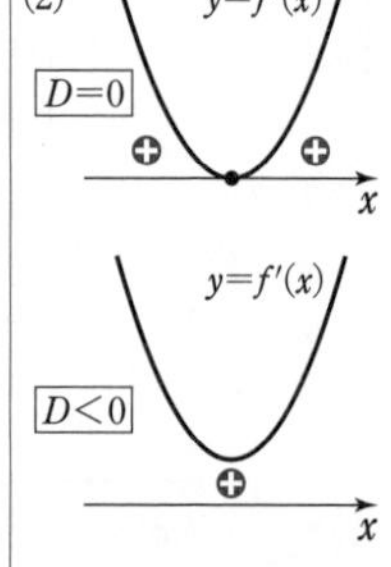

⇐ $D<0$ は誤り。

PRACTICE 183③

(1) 関数 $f(x)=x^3-3mx^2+6mx$ が極値をもつような定数 m の値の範囲を求めよ。

(2) 関数 $f(x)=x^3+(k-9)x^2+(k+9)x+1$ (k は定数) が極値をもたないような k の値の範囲を求めよ。

〔(1) 類 東京薬大 (2) 千葉工大〕

ズームUP 極値をもつ条件・もたない条件

3 次関数の極値は，$f'(x)$ の符号の変化を押さえることが基本です。
基本例題 183 の CHART&SOLUTION では，極値をもつ条件・もたない条件を丁寧に言い換えています。
詳しくみておきましょう。

3 次関数が極値をもつ条件

3 次関数 $f(x)$ が **極値をもつ** $\iff$ $f'(x)=0$ が **異なる 2 つの実数解をもつ**

(i) **「極値をもつ」**とは，$f(x)$ の増減が入れ替わることであるから，$f'(x)$ の **符号が変わる** x の値が存在することである。

(ii) $f(x)$ が 3 次関数であるから，$f'(x)$ は 2 次関数となる。
$a>0$ のとき，2 次関数 $y=f'(x)$ のグラフは次の 3 つの場合が考えられる。

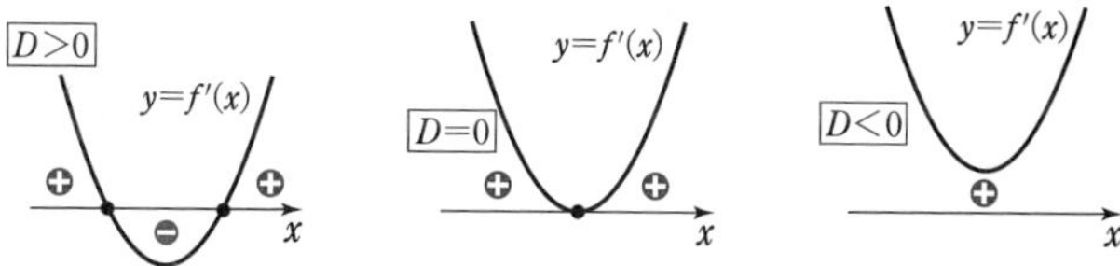

これらのうち，$f'(x)$ の **符号が変わる** のは一番左の場合のみである。
すなわち，$f'(x)=0$ が **異なる 2 つの実数解をもつ** ときであり，$f'(x)=0$ の **判別式 $D>0$** となればよい。

3 次関数が極値をもたない条件

3 次関数 $f(x)$ が **極値をもたない**
$\iff$ $f'(x)=0$ が **重解をもつか実数解をもたない**

(i) **「極値をもたない」**とは，$f(x)$ の増減が入れ替わらないことであるから，$f'(x)$ の **符号が変化しない** ことである。

(ii) $f(x)$ が 3 次関数であるから，$f'(x)$ は 2 次関数となる。
$a>0$ のとき，2 次関数 $y=f'(x)$ のグラフは上であげた 3 つの場合が考えられ，$f'(x)$ の **符号が変化しない** のは真ん中と一番右の場合である。
すなわち，$f'(x)=0$ が **重解をもつか実数解をもたない** ときであり，$f'(x)=0$ の **判別式 $D\leqq 0$** となればよい。

$D=0$ のときを忘れて $D<0$ としないように注意しましょう。

基本 例題 184　3 次関数の極大値と極小値の和

a は定数とする。$f(x)=x^3+ax^2+ax+1$ が $x=\alpha,\ \beta\ (\alpha<\beta)$ で極値をとる。$f(\alpha)+f(\beta)=2$ のとき，定数 a の値を求めよ。

基本 183

CHART & SOLUTION

3 次関数 $f(x)$ が $x=\alpha,\ \beta$ で極値をとるから，$\alpha,\ \beta$ は 2 次方程式 $f'(x)=0$ の解である。しかし，$f'(x)=0$ の解を求め，それを $f(\alpha)+f(\beta)=2$ に代入すると計算が煩雑。
$f(\alpha)+f(\beta)$ は α と β の対称式になるから

$\alpha,\ \beta$ の対称式　基本対称式 $\alpha+\beta,\ \alpha\beta$ で表される に注目して変形。……❗

なお，$\alpha+\beta,\ \alpha\beta$ は，$f'(x)=0$ で **解と係数の関係** を利用すると a で表される。

解答

$f'(x)=3x^2+2ax+a$

$f(x)$ が $x=\alpha,\ \beta$ で極値をとるから，

$f'(x)=0$　すなわち　$3x^2+2ax+a=0$　…… ①

は異なる 2 つの実数解 $\alpha,\ \beta$ をもつ。

① の判別式を D とすると　$\dfrac{D}{4}=a^2-3a=a(a-3)$

$D>0$ から　$a<0,\ 3<a$　…… ②

また，① で，解と係数の関係により

$$\alpha+\beta=-\frac{2}{3}a,\quad \alpha\beta=\frac{1}{3}a$$

ここで　$f(\alpha)+f(\beta)=\alpha^3+a\alpha^2+a\alpha+1+\beta^3+a\beta^2+a\beta+1$

$$=(\alpha^3+\beta^3)+a(\alpha^2+\beta^2)+a(\alpha+\beta)+2$$

❗ $$=(\alpha+\beta)^3-3\alpha\beta(\alpha+\beta)+a\{(\alpha+\beta)^2-2\alpha\beta\}+a(\alpha+\beta)+2$$

$$=\left(-\frac{2}{3}a\right)^3-3\cdot\frac{1}{3}a\cdot\left(-\frac{2}{3}a\right)+a\left\{\left(-\frac{2}{3}a\right)^2-2\cdot\frac{1}{3}a\right\}+a\cdot\left(-\frac{2}{3}a\right)+2$$

$$=\frac{4}{27}a^3-\frac{2}{3}a^2+2$$

$f(\alpha)+f(\beta)=2$ から　$\dfrac{4}{27}a^3-\dfrac{2}{3}a^2+2=2$

よって　$2a^3-9a^2=0$　すなわち　$a^2(2a-9)=0$

② を満たすものは　$\boldsymbol{a=\dfrac{9}{2}}$

⇐ まず，$f(x)$ が極値をもつような a の範囲を求めておく（基本例題 183 (1) と同様）。

⇐ $\alpha^3+\beta^3=(\alpha+\beta)^3-3\alpha\beta(\alpha+\beta)$，$\alpha^2+\beta^2=(\alpha+\beta)^2-2\alpha\beta$

⇐ $\alpha,\ \beta$ を消去。

inf. この問題では極大値と極小値の和 $f(\alpha)+f(\beta)$ を考えた。極大値（もしくは極小値）を単独で求める必要がある場合に，極値の x 座標である α（もしくは β）の値が複雑な値のときは EX 148 を参照。

PRACTICE 184 ③

関数 $f(x)=2x^3+ax^2+(a-4)x+2$ の極大値と極小値の和が 6 であるとき，定数 a の値を求めよ。〔類　名城大〕

まとめ　3次関数のグラフのまとめ

数学Ⅱの微分法では3次関数を扱うことが多い。
$p.283$ 基本事項 4でも簡単に触れたが，これまで学習してきた3次関数の性質やグラフの特徴を，ここで改めてまとめておこう。

3次関数　$f(x)=ax^3+bx^2+cx+d$ に対し

2次方程式 $f'(x)=0$ $(3ax^2+2bx+c=0)$ の判別式を D とすると　$\dfrac{D}{4}=b^2-3ac$

$\dfrac{D}{4}$	$\dfrac{D}{4}=b^2-3ac>0$	$\dfrac{D}{4}=b^2-3ac=0$	$\dfrac{D}{4}=b^2-3ac<0$
$f'(x)=0$	2実数解 α，β $(\alpha<\beta)$	重　解　α	虚数解
$a>0$ のとき $f'(x)$ のグラフ	$+$　α　$-$　β　$+$　x	$+$　α　$+$　x	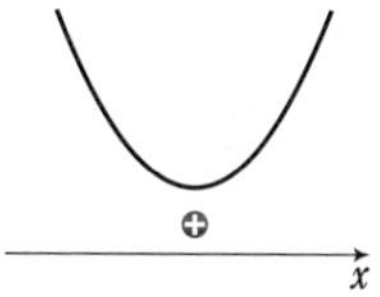 $+$　x
増減表	x: … α … β … $f'(x)$: $+$ 0 $-$ 0 $+$ $f(x)$: ↗ 極大 ↘ 極小 ↗	x: … α … $f'(x)$: $+$ 0 $+$ $f(x)$: ↗ $f(\alpha)$ ↗	x: … $f'(x)$: $+$ $f(x)$: ↗
$f(x)$ のグラフ	極大　極小　α　β　x	$f'(x)\geqq 0$ 常に増加　α　x	$f'(x)>0$ 常に増加　x
極　値	極値がある	極値がない	極値がない

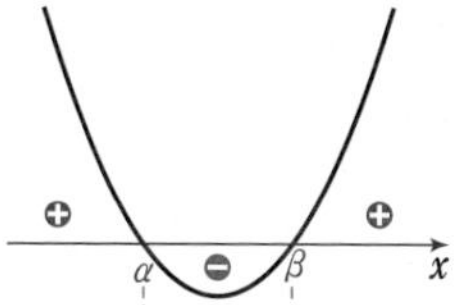

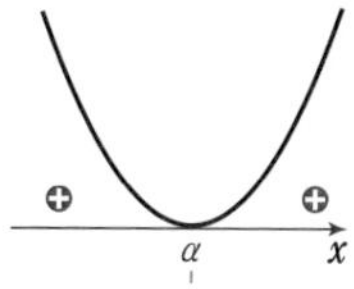

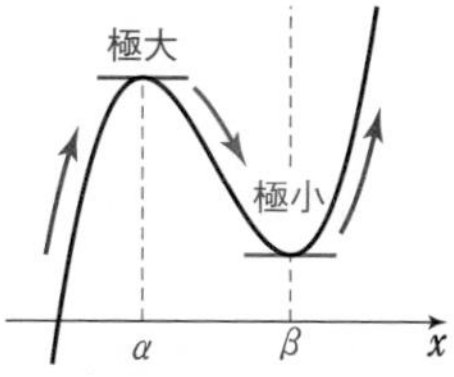

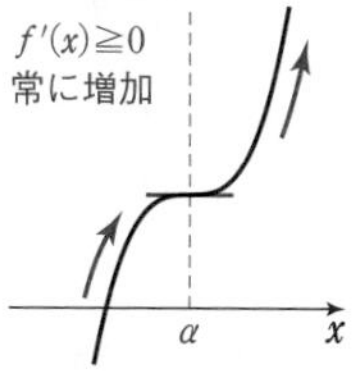

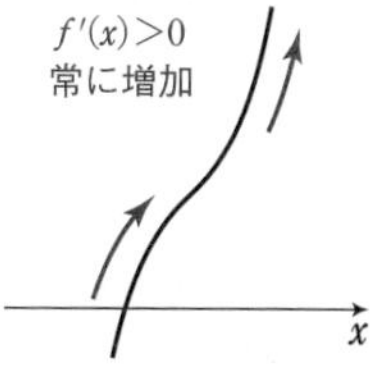

補足　$a<0$ のときは，2次関数 $y=f'(x)$ のグラフは x 軸に関して，$a>0$ のグラフと対称となるので，増減表の $f'(x)$ の符号の欄の＋，－が逆になる。
よって，$a<0$ のときの3次関数 $y=f(x)$ のグラフは，$a>0$ のグラフと増加と減少が逆になる。

inf.　**3次関数 $f(x)$ の性質**

① **極値をもつ $\Longleftrightarrow$ $f'(x)=0$ が異なる2つの実数解をもつ**

② **極値をもつ $\Longleftrightarrow$ 極大値と極小値が1つずつ　(極大値)>(極小値)**

STEP UP 3次関数のグラフの対称性

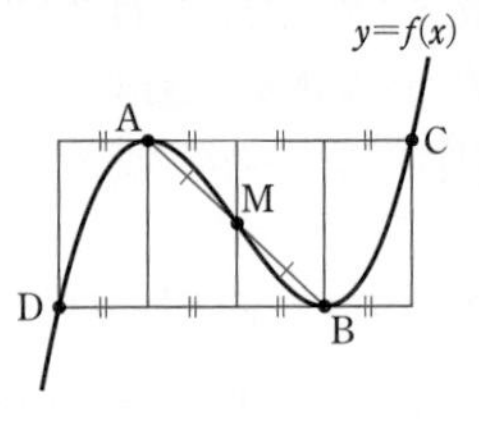

3 次関数 $f(x)=ax^3+bx^2+cx+d$ が $x=\alpha,\ \beta\ (\alpha<\beta)$ で極値をとるとき，曲線 $y=f(x)$ 上の極大となる点を $\mathrm{A}(\alpha,\ f(\alpha))$，極小となる点Bを $(\beta,\ f(\beta))$ とする。点A，点Bを通り x 軸に平行な 2 直線と曲線 $y=f(x)$ との交点をC，Dとする。2 点C，Dを向かい合う頂点とする長方形を考える。また，線分ABの中点をMとすると，点Mは曲線 $y=f(x)$ 上の点である（詳しくは重要例題 194 参照）。この長方形を縦に 4 等分すると，この 4 等分の線分上に左から順に，上の辺に点A，中央に点M，下の辺に点Bがある。

証明▶ $x=\alpha,\ \beta$ は方程式 $f'(x)=0$ すなわち $3ax^2+2bx+c=0$ の異なる実数解であるから，

解と係数の関係より　　$\alpha+\beta=-\dfrac{2b}{3a},\ \alpha\beta=\dfrac{c}{3a}$　…… ①

点Cの x 座標は，曲線 $y=f(x)$ と直線 $y=f(\alpha)$ の共有点の x 座標 $(x\neq\alpha)$ であるから　　$ax^3+bx^2+cx+d=a\alpha^3+b\alpha^2+c\alpha+d$

$$(x-\alpha)\{(ax^2+a\alpha x+a\alpha^2)+b(x+\alpha)+c\}=0$$

$$a(x-\alpha)\left\{x^2+\alpha x+\alpha^2+\frac{b}{a}(x+\alpha)+\frac{c}{a}\right\}=0$$

⇐ ① を利用できるように変形。

$$a(x-\alpha)\left\{x^2+\alpha x+\alpha^2-\frac{3}{2}(\alpha+\beta)(x+\alpha)+3\alpha\beta\right\}=0$$

⇐ ① から　$\dfrac{b}{a}=-\dfrac{3}{2}(\alpha+\beta)$，$\dfrac{c}{a}=3\alpha\beta$

$$a(x-\alpha)\left\{x^2-\frac{1}{2}(\alpha+3\beta)x-\alpha\left(\frac{1}{2}\alpha-\frac{3}{2}\beta\right)\right\}=0$$

$$a(x-\alpha)^2\left(x+\frac{1}{2}\alpha-\frac{3}{2}\beta\right)=0$$

よって，点Cの x 座標は　　$x=-\dfrac{1}{2}\alpha+\dfrac{3}{2}\beta$

点Dの x 座標も，曲線 $y=f(x)$ と直線 $y=f(\beta)$ から同様にして $x=\dfrac{3}{2}\alpha-\dfrac{1}{2}\beta$ と求められる。

ゆえに，点D，A，M，B，Cの x 座標は順に $\dfrac{1}{2}(\beta-\alpha)$ の等しい間隔で並び，点A，M，Bは長方形を縦に 4 等分する線分上にある。

点Mの x 座標は $\dfrac{\alpha+\beta}{2}$ であるから，① と $f(x)$ の係数を用いて $\mathrm{M}\left(-\dfrac{b}{3a},\ f\left(-\dfrac{b}{3a}\right)\right)$ と表され，曲線 $y=f(x)$ は **点Mに関して点対称** であることが知られている（重要例題 194 参照）。また，点Aを通る直線 $y=f(\alpha)$ は点Aにおける曲線 $y=f(x)$ の接線で，この接線が点A以外で曲線 $y=f(x)$ と共有点Cをもつが，接点Aと共有点Cの x 座標をみると，点Mの x 座標が 1：2 に内分している。これは x 軸に平行でない直線の場合でも成り立つ。

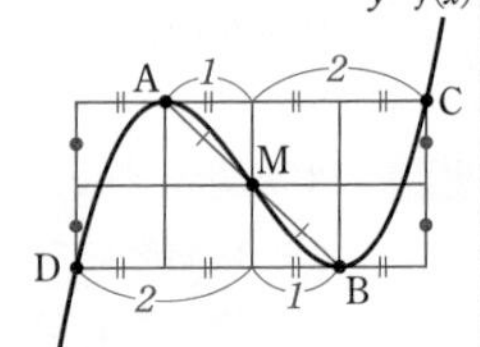

これらの 3 次関数のグラフの対称性は，後で学習する基本例題 190 のような問題で役に立つことがある。

基本 例題 185　3次関数のグラフとその接線の共有点

曲線 $C: y=x^3-x$ 上に x 座標が1である点Aがある。点Aにおける接線が C と交わるもう1つの点の x 座標を求めよ。　〔類 中央大〕

基本 174

CHART & SOLUTION

曲線 $y=f(x)$ 上の点 $(a,\ f(a))$ における接線

傾き $f'(a)$，方程式 $y-f(a)=f'(a)(x-a)$

$C: y=f(x)$ とすると，点Aの y 座標は　$f(1)$，　点Aにおける接線の傾きは　$f'(1)$

接線を $y=px+q$ とすると，接線と $C: y=f(x)$ の共有点の x 座標は

$f(x)=px+q$ ……① の実数解である。

$x=1$ は接点の x 座標であるから，① は $(x-1)^2$ を因数にもつ。(接点 ⟺ 重解)

これを利用して残りの解を求める。

解答

$f(x)=x^3-x$ とすると　$f'(x)=3x^2-1$

$f(1)=1^3-1=0$，$f'(1)=3\cdot1^2-1=2$ から，C 上の点 A(1, 0) における接線の方程式は

$$y-0=2(x-1)\qquad すなわち\qquad y=2x-2$$

⇐ $(a,\ f(a))$ における接線の方程式 $y-f(a)=f'(a)(x-a)$

接線と C の共有点の x 座標は，次の方程式の実数解である。

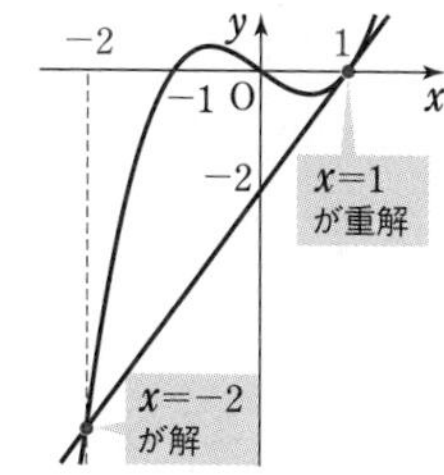

$$x^3-x=2x-2$$

よって　$x^3-3x+2=0$ ……①

ゆえに　$(x-1)^2(x+2)=0$

よって　$x=1,\ -2$

⇐ 接点の x 座標が $x=1$ であるから，3次方程式①は $x=1$ の重解をもつ。

したがって，求める点の x 座標は

-2

別解　(① までは同じ)

3次方程式①の解を $x=1$ (重解)，β とすると，3次方程式の解と係数の関係から

$$1+1+\beta=0\qquad よって\qquad \beta=-2$$

ゆえに，求める点の x 座標は　**-2**

⇐ 3次方程式 $ax^3+bx^2+cx+d=0$ の解が $x=\alpha,\ \beta,\ \gamma$ であるとき $\alpha+\beta+\gamma=-\dfrac{b}{a}$

PRACTICE 185②

3次関数 $f(x)=x^3-2x+2$ に対し，曲線 $C: y=f(x)$ 上で，第2象限にある点Pにおける傾き1の接線を ℓ とする。曲線 C と接線 ℓ の共有点のうち，P以外の点の x 座標を求めよ。　〔類 岡山理科大〕

基本 例題 186　区間における最大・最小

関数 $y=2x^3-x^2-4x$ の区間 $-1\leqq x\leqq 2$ における最大値と最小値を求めよ。

p.283 基本事項 3

CHART & SOLUTION

最大・最小　増減表を利用　極値 と 端の値 に注目 ……❗

まず，与えられた区間で増減表を作ることから始める。区間の両端の値と極値を調べて，最大・最小となるものを見つける。極値が必ずしも最大・最小になるとは限らない点に注意。

inf. 端点については y' は空欄にしておく。今後，本書の増減表は，この方針で書く。

解答

$y'=6x^2-2x-4=2(3x^2-x-2)$
$=2(x-1)(3x+2)$

⇐
$$\begin{array}{ccc} 1 & -1 \longrightarrow & -3 \\ 3 & 2 \longrightarrow & 2 \\ \hline 3 & -2 & -1 \end{array}$$

$y'=0$ とすると　$x=1,\ -\dfrac{2}{3}$

$-1\leqq x\leqq 2$ における y の増減表は次のようになる。

⇐ 両端を含む区間であることを確認。端を含まない区間では最大値，最小値が存在しないことがある。

x	-1	…	$-\frac{2}{3}$	…	1	…	2
y'		$+$	0	$-$	0	$+$	
y	1	↗	極大 $\frac{44}{27}$	↘	極小 -3	↗	4

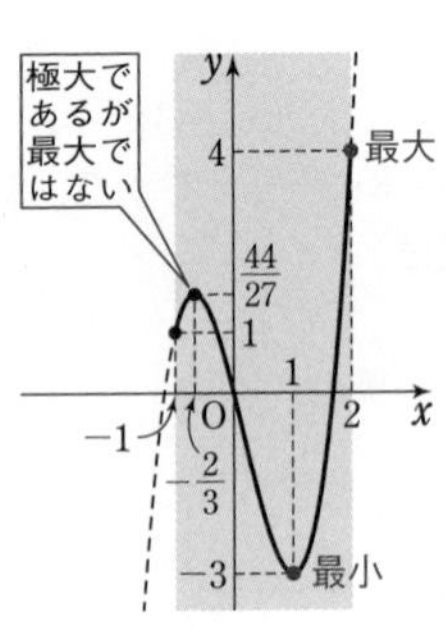

⇐ 区間の端の値についても増減表に記入する。

❗ ここで　$\dfrac{44}{27}<4$　　また　$-3<1$

よって，**$x=2$ で最大値 4,**
$x=1$ で最小値 -3　をとる。

⇐ **最大値**：極大値 $\dfrac{44}{27}$ と端の値 4 を比較。
最小値：極小値 -3 と端の値 1 を比較。

INFORMATION　「最大・最小」と「極大・極小」

両者は別のものである。例えば，上の例題のように，極大値は必ずしも最大値ではないし，また，極小値であっても最小値でない場合もある。
極大値・極小値は，そのごく近くでの最大値・最小値であり，区間全体における最大値・最小値と一致するとは限らない。

PRACTICE 186②

次の関数の最大値と最小値を求めよ。

(1)　$y=x^3-4x^2+4x+1$　$(0\leqq x\leqq 3)$
(2)　$y=-x^3+12x+15$　$(-3\leqq x\leqq 5)$
(3)　$y=3x^4-4x^3-12x^2+3$　$(-1\leqq x\leqq 1)$

基本 例題 187　最大・最小の文章題(微分利用)

半径 6 の球に内接する直円柱の体積の最大値を求めよ。また，そのときの直円柱の高さを求めよ。

基本 186

CHART & SOLUTION

文章題の解法

最大・最小を求めたい量を式で表しやすいように変数を選ぶ

直円柱の高さを，例えば $2t$ とすると **計算がスムーズ** になる。
変数 t のとりうる値の範囲を求めておくことも忘れずに。
このとき，直円柱の底面の

半径は $\sqrt{6^2-t^2}$，　面積は $\pi(\sqrt{6^2-t^2})^2=\pi(36-t^2)$

したがって，直円柱の体積は t の 3 次関数となる。

解答

直円柱の高さを $2t$ とすると　$0<t<6$

直円柱の底面の半径は　$\sqrt{6^2-t^2}$

ここで，直円柱の体積を y とすると

$$y=\pi(\sqrt{36-t^2})^2\cdot 2t$$
$$=\pi(36-t^2)\cdot 2t=2\pi(36t-t^3)$$

y を t で微分すると

$$y'=2\pi(36-3t^2)=-6\pi(t^2-12)$$
$$=-6\pi(t+2\sqrt{3})(t-2\sqrt{3})$$

$0<t<6$ において，$y'=0$ となるのは $t=2\sqrt{3}$ のときである。

よって，$0<t<6$ における y の増減表は右のようになる。

t	0	$\cdots$	$2\sqrt{3}$	$\cdots$	6
y'		$+$	0	$-$	
y		↗	極大	↘	

ゆえに，y は $t=2\sqrt{3}$ で極大かつ最大となり，その値は

$$2\pi\{36\cdot 2\sqrt{3}-(2\sqrt{3})^3\}=2\pi\cdot 2\sqrt{3}(36-12)=96\sqrt{3}\pi$$

また，このとき，直円柱の高さは　$2\cdot 2\sqrt{3}=4\sqrt{3}$

したがって　**最大値 $96\sqrt{3}\pi$，高さ $4\sqrt{3}$**

⇐ 三平方の定理から。

⇐ (直円柱の体積)=(底面積)×(高さ)

⇐ $\dfrac{dy}{dt}$ を y' で表す。

⇐ 定義域は $0<t<6$ であるから，増減表の左端，右端の y は空欄にしておく。

⇐ $t=2\sqrt{3}$ のとき $\sqrt{6^2-t^2}=2\sqrt{6}$
よって，直円柱の高さと底面の直径との比は $4\sqrt{3}:4\sqrt{6}=1:\sqrt{2}$

PRACTICE 187②

曲線 $y=9-x^2$ と x 軸との交点を A，B とし，線分 AB とこの曲線で囲まれた部分に図のように台形 ABCD を内接させるとき，この台形の面積の最大値を求めよ。また，そのときの点Cの座標を求めよ。

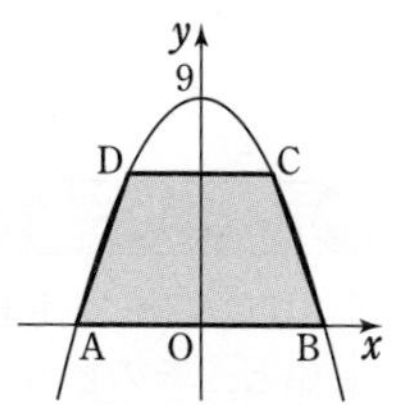

基本 例題 188 三角関数の最大・最小（微分利用）

$0 \leqq x < 2\pi$ のとき，関数 $y=2\cos 2x\sin x+6\cos^2 x+7\sin x$ の最大値と最小値を求めよ。また，そのときの x の値を求めよ。 〔弘前大〕 基本 125, 186

CHART & SOLUTION

2倍角を含む三角関数　1つの三角関数で表す

2倍角の公式 $\cos 2x=1-2\sin^2 x$，相互関係 $\sin^2 x+\cos^2 x=1$ を用いて，$\sin x$ だけの式で表す。**$\sin x=t$ とおく**と，y は t の3次関数となる。
なお，t の変域は x の変域とは異なることに注意。（$p.204$ 基本例題 125 参照）

解答

$y=2\cos 2x\sin x+6\cos^2 x+7\sin x$
$=2(1-2\sin^2 x)\sin x+6(1-\sin^2 x)+7\sin x$
$=-4\sin^3 x-6\sin^2 x+9\sin x+6$

$\sin x=t$ とおくと，$0 \leqq x < 2\pi$ であるから　$-1 \leqq t \leqq 1$

⇦ おき換えによって，とりうる値の範囲も変わる。

y を t の式で表すと，$y=-4t^3-6t^2+9t+6$ であり

$y'=-12t^2-12t+9=-3(4t^2+4t-3)$
$=-3(2t-1)(2t+3)$

$y'=0$ とすると，$-1 \leqq t \leqq 1$ から　$t=\dfrac{1}{2}$

$-1 \leqq t \leqq 1$ における y の増減表は右のようになる。

t	-1	$\cdots$	$\dfrac{1}{2}$	$\cdots$	1
y'		$+$	0	$-$	
y	-5	↗	極大 $\dfrac{17}{2}$	↘	5

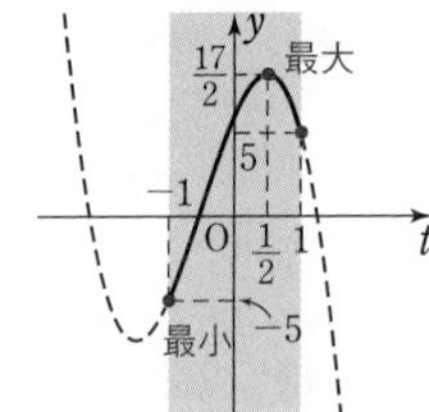

よって，y は

$t=\dfrac{1}{2}$ で最大値 $\dfrac{17}{2}$，

$t=-1$ で最小値 -5

をとる。

$0 \leqq x < 2\pi$ であるから

$t=\dfrac{1}{2}$ のとき　$x=\dfrac{\pi}{6}$，$\dfrac{5}{6}\pi$

$t=-1$ のとき　$x=\dfrac{3}{2}\pi$

⇦ $\sin x=\dfrac{1}{2}$ から $x=\dfrac{\pi}{6}$，$\dfrac{5}{6}\pi$
$\sin x=-1$ から $x=\dfrac{3}{2}\pi$

したがって，y は，

$\boldsymbol{x=\dfrac{\pi}{6}}$，$\boldsymbol{\dfrac{5}{6}\pi}$ **で最大値** $\boldsymbol{\dfrac{17}{2}}$；$\boldsymbol{x=\dfrac{3}{2}\pi}$ **で最小値** $\boldsymbol{-5}$

をとる。

PRACTICE 188③

$0 \leqq \theta \leqq 2\pi$ で定義された関数 $f(\theta)=8\sin^3\theta-3\cos 2\theta-12\sin\theta+7$ の最大値，最小値と，そのときの θ の値をそれぞれ求めよ。 〔東京理科大〕

基本 例題 189　最大値・最小値から係数決定

$a>0$ とする。関数 $f(x)=ax(x-3)^2+b$ の区間 $0\leqq x\leqq 5$ における最大値が 15，最小値が -5 であるという。定数 a，b の値を求めよ。 基本 186

CHART & SOLUTION

最大・最小

増減表を利用　極値 と 端の値 に注目

① 導関数 $f'(x)$ を求め，区間 $0\leqq x\leqq 5$ における増減表を作る。

② 最大値は　区間内の極大値と端の値を比較
　最小値は　区間内の極小値と端の値を比較 …… !

なお，本問では 3 次の項の係数に文字 a を含むが，条件 $a>0$ があるので増減の様子（$f'(x)$ の符号の変化）は 1 通りに定まる。

解答

$f(x)=ax(x-3)^2+b=ax^3-6ax^2+9ax+b$

よって　$f'(x)=3ax^2-12ax+9a=3a(x^2-4x+3)$
$=3a(x-1)(x-3)$

$f'(x)=0$ とすると　$x=1,\ 3$

$a>0$ であるから，$0\leqq x\leqq 5$ における $f(x)$ の増減表は次のようになる。

x	0	$\cdots$	1	$\cdots$	3	$\cdots$	5
$f'(x)$		$+$	0	$-$	0	$+$	
$f(x)$	b	↗	極大 $4a+b$	↘	極小 b	↗	$20a+b$

! 最大値の候補として，$f(1)$ と $f(5)$ を比較すると，
$a>0$ であるから　$4a+b<20a+b$
よって，最大値は　$20a+b$

! また，最小値は　$f(0)=f(3)=b$

ゆえに　$20a+b=15$ ……①，　$b=-5$ ……②

② を ① に代入して　$20a=20$　よって　$a=1$

これは $a>0$ を満たす。

したがって　$\boldsymbol{a=1,\ b=-5}$

⇐ 最大値の候補は $f(1)=4a+b$ と $f(5)=20a+b$
最小値は，表から b となることがわかる。

⇐ $(20a+b)-(4a+b)=16a>0$

⇐ 条件を確認する。

PRACTICE 189 ③

$f(x)=ax^2(x-3)+b$ $(a\neq 0)$ の区間 $-1\leqq x\leqq 1$ における最大値が 5，最小値が -7 であるように，定数 a，b の値を定めよ。

基本 例題 190　区間の一端が動く場合の最大・最小

$a>0$ とする。$0\leqq x\leqq a$ における関数 $y=-x^3+3x^2$ について

(1) 最大値を求めよ。　　(2) 最小値を求めよ。

基本 191

CHART & SOLUTION

最大・最小　グラフ利用　極値と端の点の値に注目

グラフは固定されていて，区間の左端も固定されている。区間の右端の a の値によって区間の幅が変わるタイプ。

区間に文字を含む 2 次関数の最大・最小は数学 I で学習した。2 次関数では，放物線の **軸と区間の位置関係** から場合分けをしたが，その際 **グラフをかく** ことによって考えた。3 次関数でも基本方針は同じ。3 次関数の場合は，**極値の位置** が重要になってくる。

区間は $0\leqq x\leqq a$ であるから，文字 a の値が変わると右の図のように **最大値・最小値が変わる。**

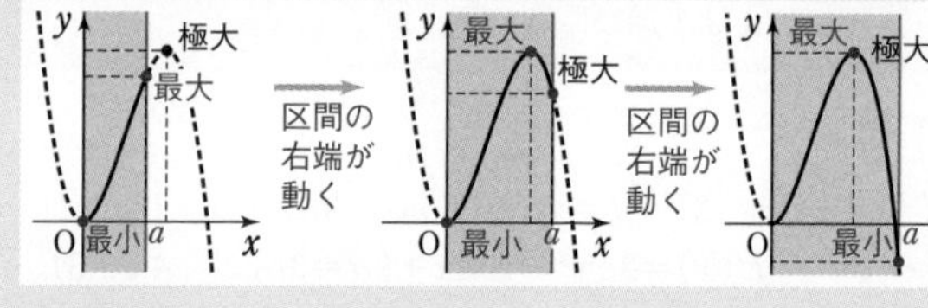

まずグラフをかいて，最大値や最小値がどこで入れ替わるかを調べる。$f(x)=-x^3+3x^2$ とする。

(1) 最大値は，上のグラフから **極大となるところが境目** である。次の 2 つの場合に分ける。

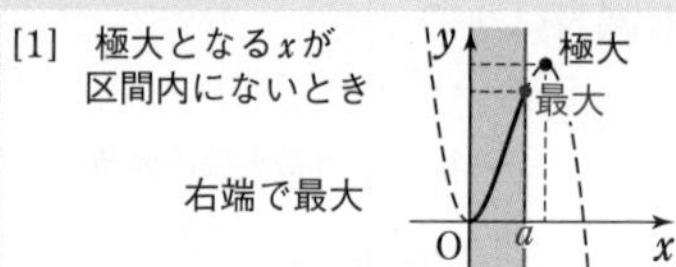

[2] 極大となる x が区間内にあるとき

極大となる x で最大

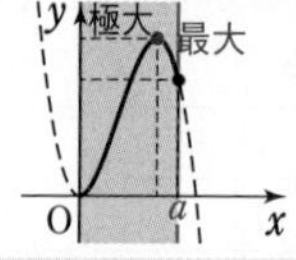

(2) 最小値の候補の 1 つは $f(0)$ であるから，左端の値 $f(0)$ と右端の値 $f(a)$ の大小を比較して，次の 3 つの場合に分ける。

[1]（左端の値）＜（右端の値）

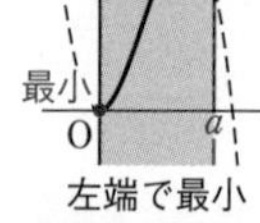

左端で最小

[2]（左端の値）＝（右端の値）

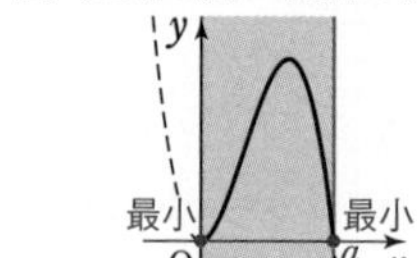
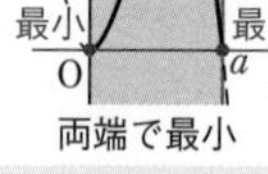

両端で最小

[3]（左端の値）＞（右端の値）

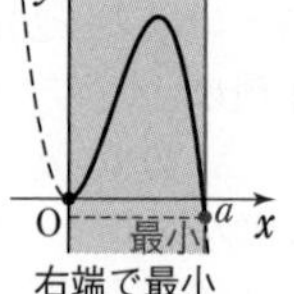

右端で最小

解答

$f(x)=-x^3+3x^2$ とする。

$$f'(x)=-3x^2+6x$$
$$=-3x(x-2)$$

$f'(x)=0$ とすると

$$x=0,\ 2$$

x	$\cdots$	0	$\cdots$	2	$\cdots$
$f'(x)$	$-$	0	$+$	0	$-$
$f(x)$	↘	極小 0	↗	極大 4	↘

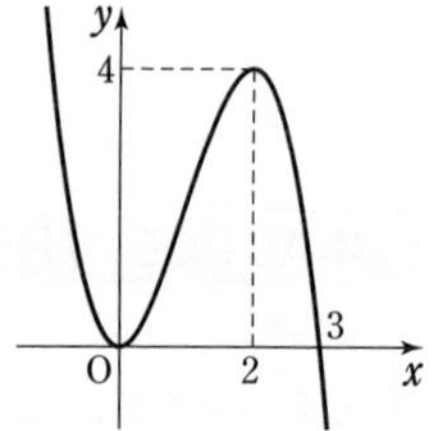

$f(x)$ の増減表は右のようになる。

よって，$y=f(x)$ のグラフは右の図のようになる。

(1) [1] $0<a<2$ のとき
右のグラフから，$x=a$ で最大値
$f(a)=-a^3+3a^2$ をとる。

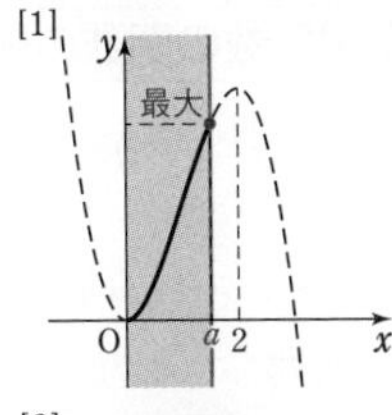

⇦ 極大値をとる x の値が区間の右外。

[2] $2\leqq a$ のとき
右のグラフから，$x=2$ で最大値
$f(2)=-2^3+3\cdot2^2=4$ をとる。

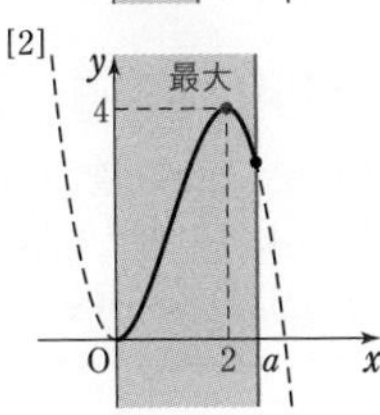

⇦ 極大値をとる x の値が区間内にある。$a=2$ のときも成り立つことに注意。

(2) [1] $f(0)<f(a)$ すなわち
$0<a<3$ のとき
右のグラフから，$x=0$ で最小値
$f(0)=0$ をとる。

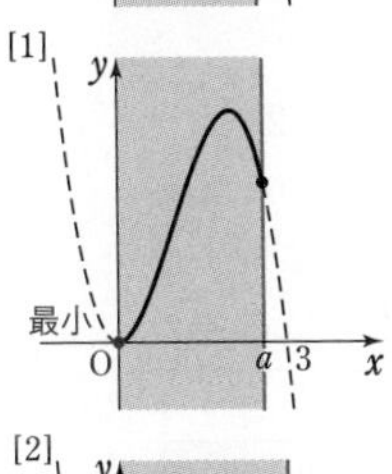

⇦ (左端の値)<(右端の値)

[2] $f(0)=f(a)$ すなわち
$a=3$ のとき
右のグラフから，$x=0$，3 で最小値 $f(0)=f(3)=0$ をとる。

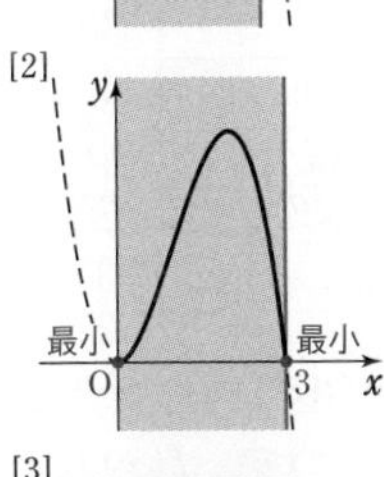

⇦ (左端の値)=(右端の値)

注意 [1]，[2] は最小値は同じであるが，最小となる x の値が異なるので分けている。

[3] $f(0)>f(a)$ すなわち
$3<a$ のとき
右のグラフから，$x=a$ で最小値
$f(a)=-a^3+3a^2$ をとる。

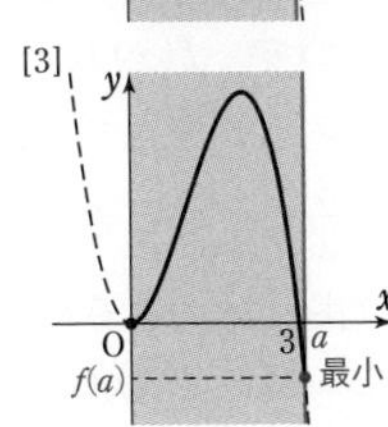

⇦ (左端の値)>(右端の値)

6章
21
関数の値の変化

inf. **3 次関数のグラフの性質（4 等分）**

*p.*292 STEP UP で紹介した 3 次関数のグラフの性質を利用すると，$x=0$ の極小値と同じ値の 0 をとる x（x 軸との交点）の値を 3 次方程式を解かなくても求めることができる。
極小値・極大値をとる x の値が $x=0$ と $x=2$ であるから，4 等分の性質より極小値・極大値と等しくなる x の値 $x=3$，$x=-1$ をグラフから求めることができる。

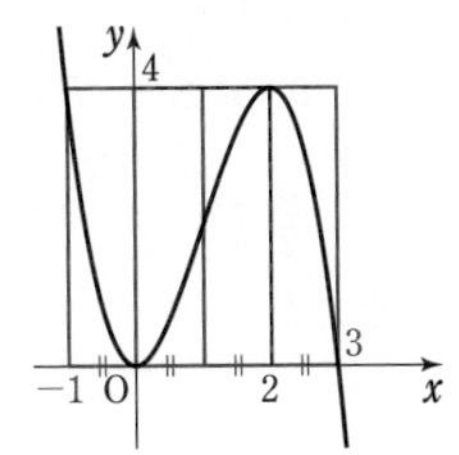

PRACTICE 190③

$a>1$ とする。$1\leqq x\leqq a$ における関数 $y=2x^3-9x^2+12x$ について
(1) 最小値を求めよ。 (2) 最大値を求めよ。

基本 例題 191 文字係数の関数の最大・最小

関数 $f(x)=x^3-3ax^2+5a^3$ の $0 \leqq x \leqq 3$ における最小値を求めよ。ただし，$a>0$ とする。

〔類 関西大〕 基本 186, 190

CHART & THINKING

最大・最小　グラフ利用　極値と端の値に注目

最小値の候補となる極小値をとる x の値 $(x=2a)$ が a の値によって変わるから **場合分け** をする。場合分けの境目はどのように考えればよいだろうか？

⟶ 極値をとる x の値 $(x=2a)$ が区間 $0 \leqq x \leqq 3$ に含まれるかどうかが境目となる。

解答

$f'(x)=3x^2-6ax=3x(x-2a)$

$f'(x)=0$ とすると　　$x=0,\ 2a$

$a>0$ であるから　　$2a>0$

$f(x)$ の増減表は次のようになる。

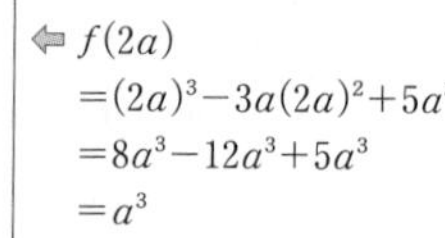

⇦ $f(2a)$
$=(2a)^3-3a(2a)^2+5a^3$
$=8a^3-12a^3+5a^3$
$=a^3$

x	$\cdots$	0	$\cdots$	$2a$	$\cdots$
$f'(x)$	$+$	0	$-$	0	$+$
$f(x)$	↗	極大 $5a^3$	↘	極小 a^3	↗

[1]　$0<2a \leqq 3$　すなわち　$0<a \leqq \dfrac{3}{2}$　のとき

$y=f(x)$ のグラフは右図 [1] のようになる。
よって，$0 \leqq x \leqq 3$ において，$f(x)$ は $x=2a$ で
最小値 $f(2a)=a^3$　をとる。

[1] 極小値をとる x の値が区間に含まれる場合

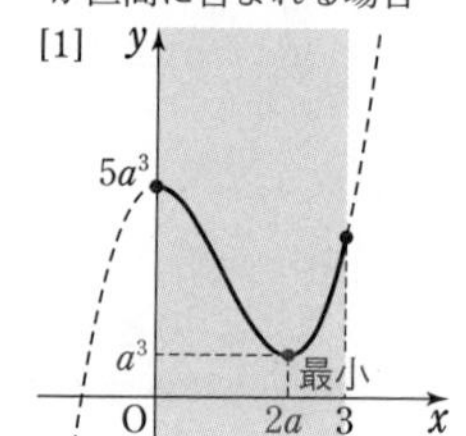

[2]　$3<2a$　すなわち　$\dfrac{3}{2}<a$　のとき

$y=f(x)$ のグラフは右図 [2] のようになる。
よって，$0 \leqq x \leqq 3$ において，$f(x)$ は $x=3$ で
最小値 $f(3)=5a^3-27a+27$　をとる。

[2] 極小値をとる x の値が区間に含まれない場合

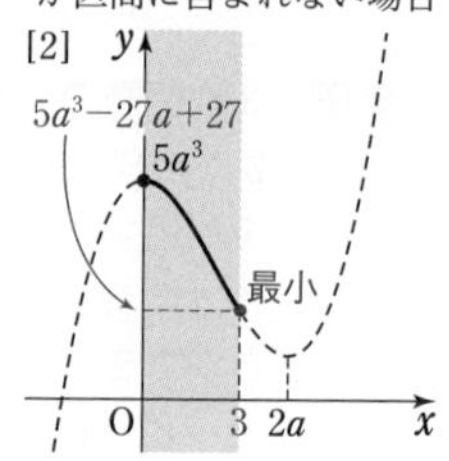

[1]，[2] から

$0<a \leqq \dfrac{3}{2}$ のとき　$x=2a$ で最小値 a^3，

$\dfrac{3}{2}<a$　　のとき　$x=3$　で最小値 $5a^3-27a+27$

をとる。

PRACTICE 191③

x の関数 $f(x)=-x^3+\dfrac{3}{2}ax^2-a$ の $0 \leqq x \leqq 1$ における最大値を $g(a)$ とおく。$g(a)$ を a を用いて表せ。

〔岡山大〕

重要 例題 192 区間全体が動く場合の最大・最小

$f(x)=x^3-10x^2+17x+44$ とする。区間 $a \leqq x \leqq a+3$ における $f(x)$ の最大値を表す関数 $g(a)$ を，a の値の範囲によって求めよ。

基本 190

CHART & THINKING

最大・最小　グラフ利用　極値と端の値に注目

a の値が変わると **区間 $a \leqq x \leqq a+3$ が動く** から，a の値によって場合分けする。
場合分けの境目はどこになるだろうか？
$y=f(x)$ のグラフをかき，**幅 3** の区間 $a \leqq x \leqq a+3$ を左側から移動させながら考えよう。
⟶ 極大値をとる x の値が区間内にあるか，区間の両端の値 $f(a)$ と $f(a+3)$ のどちらが大きいかに着目すればよい。$\boldsymbol{f(a)=f(a+3)}$ となる a の値も境目となることに注意。

解答

$f'(x)=3x^2-20x+17=(x-1)(3x-17)$

$f'(x)=0$ とすると　　$x=1,\ \dfrac{17}{3}$

x	$\cdots$	1	$\cdots$	$\dfrac{17}{3}$	$\cdots$
$f'(x)$	$+$	0	$-$	0	$+$
$f(x)$	↗	極大	↘	極小	↗

増減表から，$y=f(x)$ のグラフは右下のようになる。

[1]　$a+3<1$　すなわち　$\boldsymbol{a<-2}$ **のとき**

$\boldsymbol{g(a)}=f(a+3)=(a+3)^3-10(a+3)^2+17(a+3)+44$
$\boldsymbol{=a^3-a^2-16a+32}$

[2]　$a+3 \geqq 1$ かつ $a<1$　すなわち　$\boldsymbol{-2 \leqq a<1}$ **のとき**

$\boldsymbol{g(a)}=f(1)=\boldsymbol{52}$

$a \geqq 1$ のとき，$f(a)=f(a+3)$ とすると

$a^3-10a^2+17a+44=a^3-a^2-16a+32$

整理すると　　$9a^2-33a-12=0$

よって　　$(3a+1)(a-4)=0$　　　$a \geqq 1$ から　　$a=4$

[3]　$\boldsymbol{1 \leqq a<4}$ **のとき**　　$\boldsymbol{g(a)}=f(a)=\boldsymbol{a^3-10a^2+17a+44}$

[4]　$\boldsymbol{4 \leqq a}$ **のとき**　　$\boldsymbol{g(a)}=f(a+3)=\boldsymbol{a^3-a^2-16a+32}$

[1]
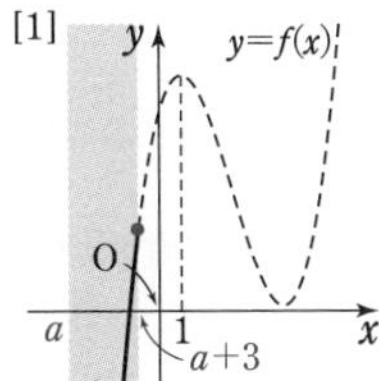

[2]
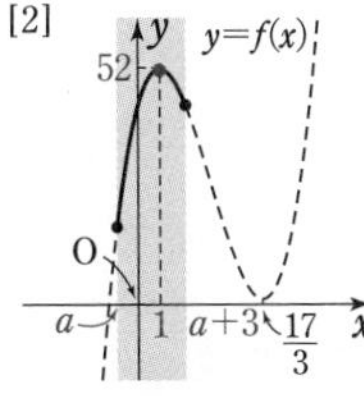

[3]
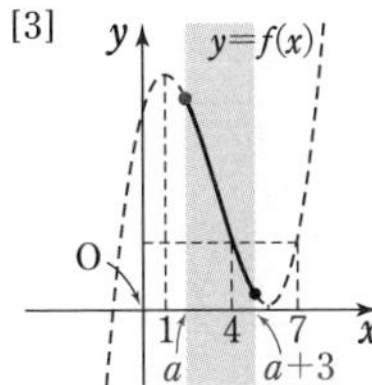

[4]
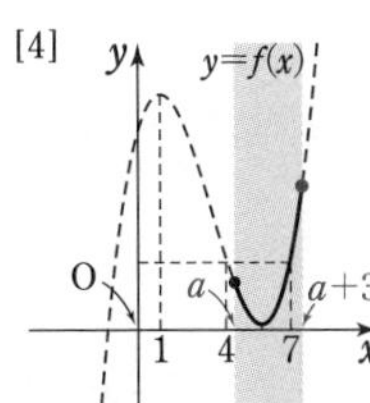

inf.　$a=4$ のとき，最大値を異なる x の値でとるが，x の値には言及していないので，$4 \leqq a$ として [4] に含めた。

PRACTICE 192⑤

$f(x)=2x^3-9x^2+12x-2$ とする。区間 $a \leqq x \leqq a+1$ における $f(x)$ の最大値を表す関数 $g(a)$ を，a の値の範囲によって求めよ。

重要 例題 193 条件つきの最大・最小

$x,\ y,\ z$ は $x+y+z=0,\ x^2-x-1=yz$ を満たす実数とする。

(1) x のとりうる値の範囲を求めよ。

(2) $x^3+y^3+z^3$ の最大値，最小値と，そのときの x の値を求めよ。基本 186

CHART & SOLUTION

条件式　文字を減らす方針で，計算がしやすいように

(1) yz が x の式で表され，また $y+z=-x$ から $y+z$ も x で表される。解と係数の関係($p.75$ 基本事項 1 参照) により，y と z は2次方程式 $t^2-(-x)t+x^2-x-1=0$，すなわち $t^2+xt+x^2-x-1=0$ の2解であり，**実数解が存在する条件 $D\geqq 0$** から x の値の範囲が求められる。

(2) $y,\ z$ を消去して $x^3+y^3+z^3$ を変数 x だけの式で表す。……❗
y^3+z^3 は $y,\ z$ の対称式であるから　$\boldsymbol{x^3+y^3+z^3=x^3+(y+z)^3-3yz(y+z)}$

解答

(1) 条件から　$y+z=-x,\ yz=x^2-x-1$ ……①

①より，$y,\ z$ は t の2次方程式 $t^2+xt+x^2-x-1=0$ の2つの実数解であるから，判別式を D とすると

$$D=x^2-4(x^2-x-1)=-3x^2+4x+4$$

$D\geqq 0$ から　$(3x+2)(x-2)\leqq 0$

これを解いて　$\boldsymbol{-\dfrac{2}{3}\leqq x\leqq 2}$ ……②

⇐ 和と積が与えられているので，2次方程式の解と係数の関係が利用できるように変形。

⇐ $D=-3x^2+4x+4$
$=-(3x+2)(x-2)$

❗ (2) ①から　$x^3+y^3+z^3=x^3+(y+z)^3-3yz(y+z)$
$=x^3+(-x)^3-3(x^2-x-1)(-x)$
$=3x^3-3x^2-3x$

$f(x)=3x^3-3x^2-3x$ とすると

$$f'(x)=9x^2-6x-3=3(3x^2-2x-1)=3(3x+1)(x-1)$$

②の範囲における $f(x)$ の増減表は次のようになる。

x	$-\frac{2}{3}$	…	$-\frac{1}{3}$	…	1	…	2
$f'(x)$		+	0	−	0	+	
$f(x)$	$-\frac{2}{9}$	↗	極大 $\frac{5}{9}$	↘	極小 -3	↗	6

よって，**$x=2$ で最大値 6，$x=1$ で最小値 -3** をとる。

inf. (2) 最大値，最小値をとるときの $y,\ z$ の値は，そのときの x の値を①に代入して解けば得られる。
$x=2$ のとき $y=z=-1$
$x=1$ のとき
$y=\dfrac{-1\pm\sqrt{5}}{2}$，
$z=\dfrac{-1\mp\sqrt{5}}{2}$ (複号同順)

⇐ 極値と端の値を比較。
$\dfrac{5}{9}<6,\ -3<-\dfrac{2}{9}$

PRACTICE 193 ⑤

$x,\ y,\ z$ は $y+z=1,\ x^2+y^2+z^2=1$ を満たす実数とする。

(1) yz を x で表せ。また，x のとりうる値の範囲を求めよ。

(2) $x^3+y^3+z^3$ を x の関数として表し，その最大値，最小値と，そのときの x の値を求めよ。

〔類 東京学芸大〕

重要 例題 194　3次関数のグラフの対称性

$f(x)=x^3-6x^2+9x+1$ とする。曲線 $y=f(x)$ は，曲線上の点 A(2, 3) に関して対称であることを示せ。

p.283 基本事項 4，p.292 STEP UP

CHART & THINKING

曲線 C が点 A に関して対称となる条件

C 上の任意の点PのAに関する対称点Qが曲線 C 上にあることは，どのように示したらよいだろうか？

⟶ 点 (a, b) が曲線 $y=f(x)$ 上にある $\Leftrightarrow$ $b=f(a)$ を活用する。

解答

曲線 $y=f(x)$ 上の任意の点をP(s, t) とし，点Aに関してPと対称な点をQ(u, v) とすると

$$\frac{s+u}{2}=2,\quad \frac{t+v}{2}=3$$

よって $\begin{cases} s=4-u \\ t=6-v \end{cases}$ ……①

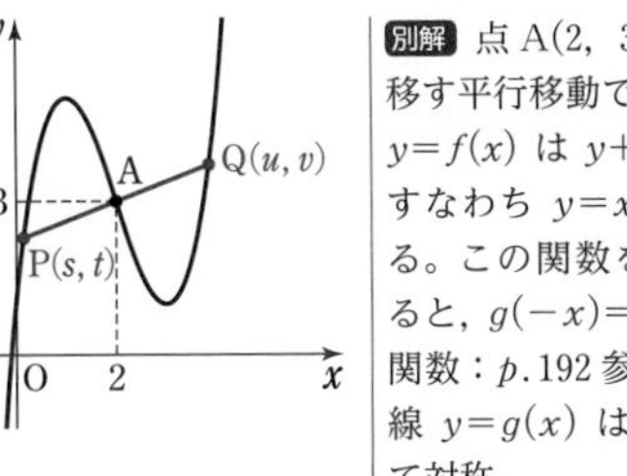

点Pは曲線 $y=f(x)$ 上にあるから

$t=f(s)=s^3-6s^2+9s+1$

① を代入して　$6-v=(4-u)^3-6(4-u)^2+9(4-u)+1$

整理すると　$v=u^3-6u^2+9u+1$

ゆえに　$v=f(u)$

よって，点Qも曲線 $y=f(x)$ 上にある。

すなわち，曲線 $y=f(x)$ は点 A(2, 3) に関して対称である。

別解 点 A(2, 3) を原点に移す平行移動で，曲線 $y=f(x)$ は $y+3=f(x+2)$ すなわち $y=x^3-3x$ に移る。この関数を $g(x)$ とすると，$g(-x)=-g(x)$（奇関数：p.192 参照）から曲線 $y=g(x)$ は原点に関して対称。

よって，曲線 $y=f(x)$ は点Aに関して対称である。

INFORMATION

一般に，3次関数 $f(x)=ax^3+bx^2+cx+d$ は次の性質をもつ。

[1]　曲線 $C：y=f(x)$ は，C 上のある1点A$\left(-\frac{b}{3a},\ f\left(-\frac{b}{3a}\right)\right)$ に関して対称

[2]　関数 $f(x)$ が極値をもつとき，極値を与える C 上の2点を結ぶ線分の中点がA

[3]　C の接線の傾きは $a>0$ ならば 点Aで最小，$a<0$ ならば点Aで最大

この点Aは，曲線 $y=f(x)$ の **変曲点** と呼ばれる点である。(数学Ⅲ)

PRACTICE 194③

$f(x)=-2x^3+9x^2-10$，曲線 $y=f(x)$ を C とする。

(1)　$f(x)$ は $x=\alpha$ で極小値，$x=\beta$ で極大値をとり，曲線 C 上の2点 $(\alpha,\ f(\alpha))$，$(\beta,\ f(\beta))$ をそれぞれ A，B とする。線分 AB の中点 M は曲線 C 上にあることを示せ。

(2)　曲線 C は点 M に関して対称であることを示せ。

EXERCISES　　21 関数の値の変化

A

144❸ (1) 曲線 $y=x^3-4x$ の接線で，傾きが -1 であるものを求めよ。

(2) 点 $(1,\ 0)$ より曲線 $y=x^3$ へ引いた接線の方程式を求めよ。

(3) 3 次曲線 $y=ax^3+bx^2+cx+d$ は，$x=2$ で x 軸に接しており，原点における接線の方程式が $y=-2x$ であるという。このとき，定数 a，b，c，d の値を求めよ。　〔(2) 類 立命館大　(3) 日本歯大〕 ➲174, 175

145❸ 関数 $f(x)=|x|(x^2-5x+3)$ の増減を調べ，$y=f(x)$ のグラフの概形をかけ。　〔類 東北学院大〕 ➲180

146❸ 3 次関数 $y=ax^3+bx^2+cx+d$ のグラフが右の図のようになるとき，a，b，c，d の値の符号をそれぞれ求めよ。 ➲180

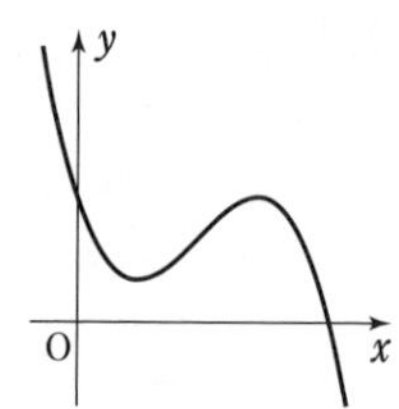

147❸ a を実数とする。3 次関数 $f(x)=-x^3+ax^2+a(a+4)x+3$ は $x=-1$ で極小値をとる。定数 a の値と $f(x)$ の極小値をそれぞれ求めよ。 ➲182

148❸ 関数 $f(x)=2x^3+9x^2+6x-1$ の極小値を求めよ。　〔類 慶応大〕 ➲55, 180

149❸ a を定数とし，$f(x)=\dfrac{1}{3}x^3+ax^2+(3a+4)x$ とする。　〔愛知工大〕

(1) xy 平面において，曲線 $y=f(x)$ は a の値が変化しても常に 2 つの定点を通る。この 2 つの定点の座標を求めよ。

(2) $f(x)$ が極値をとらないような a の値の範囲を求めよ。 ➲76, 183

150❸ 半径 1 の球に内接する直円錐でその側面積が最大になるものに対し，その高さ，底面の半径，および側面積を求めよ。　〔類 中央大〕 ➲187

151❸ $f(x)=ax^3-6ax^2+b$ の $-1\leqq x\leqq 2$ における最大値が 3 で，最小値が -29 であるとき，定数 a，b の値を求めよ。　〔横浜市大〕 ➲189

HINT

145　**絶対値は場合分け**　$x\geqq 0$，$x<0$ の場合に分ける。

148　$x=\alpha$ で極小値をとるとする。$f(x)$ を $f'(x)$ で割ったときの商を Q，余りを R とすると $f(x)=f'(x)Q+R$ が成り立つから，$f'(\alpha)=0$ であることを用いて，$f(\alpha)$ を求める。

149　(1)　a について整理する。　$fa+g=0$ が a の恒等式 $\Longleftrightarrow$ $f=0$，$g=0$

150　直円錐の高さを h とし，側面積を h で表す。

151　$a>0$，$a=0$，$a<0$ の各場合について，$f(x)$ の増減を調べる。

EXERCISES　21 関数の値の変化

B

152❹ $f(x)=x^4-8x^3+18kx^2$ が極大値をもたないとき，定数 k の値の範囲を求めよ。〔福島大〕 →183

153❸ a，b を実数とする。3 次関数 $f(x)=x^3+ax^2+bx$ は $x=\alpha$ で極大値，$x=\beta$ で極小値をとる。ただし，$\alpha<\beta$ である。〔類 高知大〕

(1) a，b を α，β を用いて表せ。

(2) $\alpha=\beta-1$ であるとき，$f(\alpha)-f(\beta)$ を求めよ。 →182, 184

154❹ 関数 $y=\sin 2x(\sin x+\cos x-1)$ について，$t=\sin x+\cos x$ とおき，y を t の式で表すと，$y=$ ア□ となる。$0\leqq x\leqq\pi$ のとき，t のとりうる値の範囲は イ□$\leqq t\leqq$ウ□ より，y のとりうる値の範囲は，エ□$\leqq y\leqq$オ□ となる。〔立命館大〕 →136, 188

155❹ $\dfrac{1}{3}\leqq x\leqq 3$ で定義された関数 $y=-2(\log_3 3x)^3+3(\log_3 x+1)^2+1$ がある。関数 y の最大値と最小値，およびそのときの x の値を求めよ。〔長崎大〕 →162, 188

156❺ 放物線 $y=x^2$ 上の点Pから 2 直線 $y=x-1$，$y=5x-7$ にそれぞれ垂線 PQ，PR を下ろす。点Pがこの放物線上を動くとき，長さの積 PQ・PR の最小値を求めよ。また，そのときの点Pの座標を求めよ。〔日本女子大〕 →187

157❺ a は負の定数とする。関数 $f(x)=2x^3-3(a+1)x^2+6ax$ の区間 $-2\leqq x\leqq 2$ における最大値，最小値を求めよ。〔関西大〕 →190, 191

HINT

152 $f(x)$ が極大値をもたないための必要十分条件は **$f'(x)$ の符号が正から負に変化しない**ことである。ゆえに，$f'(x)$ の x^3 の係数が正であるから，3 次方程式 $f'(x)=0$ が異なる 3 つの実数解をもたない。

153 (1) α，β は $f'(x)=0$ の 2 つの解。　(2) $f(\alpha)-f(\beta)$ を α と β で表す。

154 $t=r\sin(x+\alpha)$ の形にし，$0\leqq x\leqq\pi$ に注意して t のとりうる値の範囲を求めてから，$\sin^2x+\cos^2x=1$ を利用して，y を t の 3 次関数として考える。

155 $\log_3 3x=t$ とおき，t の値の範囲を求めてから，y を t の 3 次関数として最大・最小を考える。

156 点 $(x_0,\ y_0)$ と直線 $ax+by+c=0$ の距離は $\dfrac{|ax_0+by_0+c|}{\sqrt{a^2+b^2}}$

P$(t,\ t^2)$ として，PQ・PR を t を用いて表すと，t の 4 次関数になる。

157 微分して増減を調べ，[1] 極大値，極小値が区間内にあるか，[2] 極値と両端での値の大小はどうか に着目して場合分けをする。

22 関数のグラフと方程式・不等式

基本事項

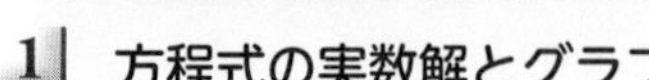

1 方程式の実数解とグラフ

① $\boldsymbol{f(x)=0}$ **の実数解** $\Longleftrightarrow$ **曲線** $\boldsymbol{y=f(x)}$ **と直線** $\boldsymbol{y=0}$ **(*x* 軸) の共有点の *x* 座標**

② $\boldsymbol{f(x)=g(x)}$ **の実数解** $\Longleftrightarrow$ **2 曲線** $\boldsymbol{y=f(x)}$, $\boldsymbol{y=g(x)}$ **の共有点の *x* 座標**

③ 関数 $f(x)$ において $p<q$ のとき $\boldsymbol{f(p)f(q)<0}$ **ならば，区間** $\boldsymbol{p<x<q}$ **に方程式** $\boldsymbol{f(x)=0}$ **の実数解が少なくとも 1 つある。**

解説 ③ 例えば，$f(p)<0$，$f(q)>0$ とすると，x が p から q まで連続的に変化するとき，$f(x)$ は負の値から正の値に移り，しかも，$f(x)$ の値は連続的に変わるから，どこかで 0 になるはずである。その 0 になる x の値が，方程式 $f(x)=0$ の実数解である。

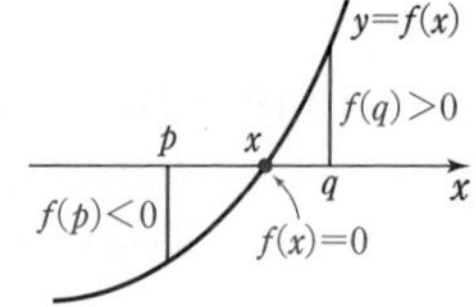

ただし，**逆は成り立たない**。例えば，$f(x)=x^2-1$ と区間 $-2<x<2$ で考えると，$f(-1)=f(1)=0$ で $f(x)=0$ を満たす x は存在するが，$f(-2)>0$，$f(2)>0$ すなわち $f(-2)f(2)>0$ である。(数学Ⅲで詳しく学習する)

2 不等式 $\boldsymbol{f(x)>g(x)}$ の証明

$F(x)=f(x)-g(x)$ とおき，$\boldsymbol{F(x)}$ **の増減を調べて**，$F(x)>0$ を証明する。

① $\{\boldsymbol{F(x)}$ **の最小値**$\}\boldsymbol{>0}$ を示す。

② $F(x)$ が $x\geqq a$ で **常に増加** かつ $\boldsymbol{F(a)\geqq 0}$ なら，$x>a$ において $F(x)>0$

例 ① $x\geqq 0$ において
$\{F(x)$ の最小値$\}>0$
よって，$x\geqq 0$ のとき
$F(x)>0$

② $x\geqq a$ において
$F'(x)\geqq 0$ かつ $F(a)=0$ のとき
$x>a$ において $F(x)>0$

①
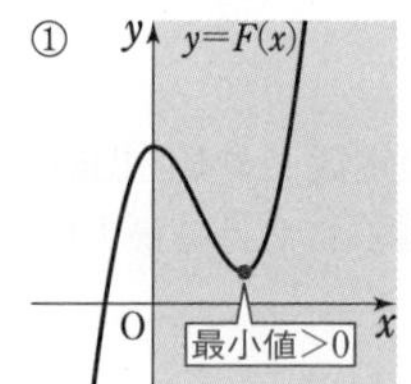

②
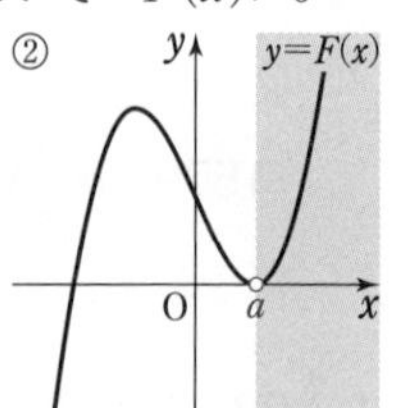

CHECK & CHECK

71 次の 3 次方程式の異なる実数解の個数を求めよ。

(1) $x^3-3x^2+1=0$　　(2) $-x^3-3x^2+4=0$

(3) $x^3+4x^2+6x-1=0$　　(4) $2x^3+3x^2+1=0$

↻ 1

基本 例題 195 文字係数の方程式の実数解の個数 (1)

3 次方程式 $x^3-3x-2-a=0$ の異なる実数解の個数が，定数 a の値によってどのように変わるかを調べよ。

p. 306 基本事項 1

CHART & SOLUTION

方程式 $f(x)=a$ の実数解の個数

曲線 $y=f(x)$ と直線 $y=a$ の共有点の個数を調べる ……❶

方程式を $f(x)=a$ の形にして，動く部分と固定部分を分離すると考えやすい。
つまり，曲線 $y=f(x)$ は固定 し，直線 $y=a$（x 軸に平行な直線）を動かしながら，共有点の個数を考えるとよい。

解答

方程式を変形して

$$x^3-3x-2=a$$

$f(x)=x^3-3x-2$ とすると

$$f'(x)=3x^2-3$$
$$=3(x+1)(x-1)$$

$f'(x)=0$ とすると　$x=\pm1$

$f(x)$ の増減表は右のようになる。

x	$\cdots$	-1	$\cdots$	1	$\cdots$
$f'(x)$	$+$	0	$-$	0	$+$
$f(x)$	↗	極大 0	↘	極小 -4	↗

よって，$y=f(x)$ のグラフは右の図のようになる。

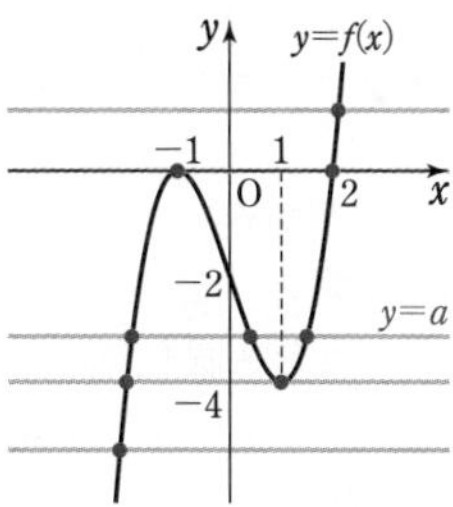

❶ このグラフと直線 $y=a$ の共有点の個数が，方程式の異なる実数解の個数に一致するから

$a<-4,\ 0<a$ のとき　1 個
$a=-4,\ 0$ のとき　2 個
$-4<a<0$ のとき　3 個

⇐ 文字定数 a を移項する。与えられた方程式の異なる実数解の個数は，$y=f(x)$ のグラフと直線 $y=a$ の共有点の個数に一致する。

⇐ 直線 $y=a$ を，上下に動かしながら，共有点の個数を調べる。

INFORMATION

$y=f(x)$ のグラフは固定した状態で，直線 $y=a$ を a の値とともに上下に動かしながら，$y=f(x)$ のグラフとの共有点の個数を調べる。
$f(x)$ が極大，極小となる点を直線 $y=a$ が通るときの a の値が，異なる実数解の個数の場合分けのポイントとなる。

PRACTICE 195 ❷

k は定数とする。3 次方程式 $x^3-3x^2-9x+k=0$ の異なる実数解の個数を調べよ。

〔類 京都産大〕

基本 例題 196 3次方程式の実数解のとりうる値の範囲

3次方程式 $x^3-9x^2+24x-k=0$ が3つの実数解 α, β, γ $(\alpha<\beta<\gamma)$ をもつとき，次の問いに答えよ。

(1) 定数 k の値の範囲を求めよ。　　(2) α, β, γ の値の範囲を求めよ。

p.306 基本事項 1，基本 195

CHART & SOLUTION

方程式 $f(x)=k$ の実数解のとりうる値の範囲

曲線 $y=f(x)$ と直線 $y=k$ の共有点の x 座標を調べる

まず，方程式を $f(x)=k$ の形にする。

(1) 曲線 $y=f(x)$ を固定し，直線 $y=k$ を動かしながら，異なる3つの共有点をもつ k の値の範囲を探る。

(2) 異なる3つの共有点を x の値の小さい方から順に α, β, γ として，それぞれのとりうる値の範囲を求める。

解答

(1) 方程式を変形して　$x^3-9x^2+24x=k$

$f(x)=x^3-9x^2+24x$ とすると

$f'(x)=3x^2-18x+24=3(x^2-6x+8)=3(x-2)(x-4)$

$f'(x)=0$ とすると　$x=2$, 4

増減表から，$y=f(x)$ のグラフは右下の図のようになる。

方程式の異なる実数解の個数が，このグラフと直線 $y=k$ の共有点の個数と一致する。

よって，グラフから共有点を3個もつときは

$16<k<20$

⇦ 定数 k を分離して，$y=k$ という x 軸に平行な直線として考える。

x	$\cdots$	2	$\cdots$	4	$\cdots$
$f'(x)$	$+$	0	$-$	0	$+$
$f(x)$	↗	極大 20	↘	極小 16	↗

(2) $f(x)=16$ となる x の値は

$(x-4)^2(x-1)=0$ から　$x=1$, 4

$f(x)=20$ となる x の値は

$(x-2)^2(x-5)=0$ から　$x=2$, 5

(1) から　$16<k<20$

方程式の異なる実数解は曲線 $y=f(x)$ と直線 $y=k$ の共有点の x 座標と一致する。

$\alpha<\beta<\gamma$ であるから，グラフより

$1<\alpha<2$, $2<\beta<4$, $4<\gamma<5$

⇦ 極小値の他に $f(x)=16$ となる x の値を求める。3次方程式は $x=4$ の重解をもつことを利用。$f(x)=20$ も同様。

PRACTICE 196③

3次方程式 $x^3-12x+k=0$ が3つの実数解 α, β, γ $(\alpha<\beta<\gamma)$ をもつとき，次の問いに答えよ。

(1) 定数 k の値の範囲を求めよ。　　(2) α, β, γ の値の範囲を求めよ。

基本 例題 197 文字係数の方程式の実数解の個数 (2)

3 次方程式 $x^3-3ax+2=0$ が実数解をただ 1 つもつように，定数 a の値の範囲を定めよ。ただし，$a>0$ とする。

基本 195

CHART & THINKING

方程式を $f(x)=a$ の形にするため，$\dfrac{x^3+2}{3x}=a$ と変形しても $y=\dfrac{x^3+2}{3x}$ のグラフは数学Ⅲの知識がないとかけない。よって，$y=x^3-3ax+2$ のグラフと x 軸の共有点の個数を調べる。実数解をただ 1 つもつとき，3 次関数のグラフと x 軸がどのような位置関係にあればよいだろうか？

解答

$f(x)=x^3-3ax+2$ とする。

$y=f(x)$ のグラフと x 軸の共有点が 1 個となる条件を考えればよい。

$$f'(x)=3x^2-3a=3(x^2-a)=3(x+\sqrt{a})(x-\sqrt{a})$$

$f'(x)=0$ とすると　　$x=-\sqrt{a}$, $\sqrt{a}$

増減表は右のようになるから，$f(x)$ の

極大値は　　$f(-\sqrt{a})=2a\sqrt{a}+2$,

極小値は　　$f(\sqrt{a})=-2a\sqrt{a}+2$

x	$\cdots$	$-\sqrt{a}$	$\cdots$	$\sqrt{a}$	$\cdots$
$f'(x)$	$+$	0	$-$	0	$+$
$f(x)$	↗	極大	↘	極小	↗

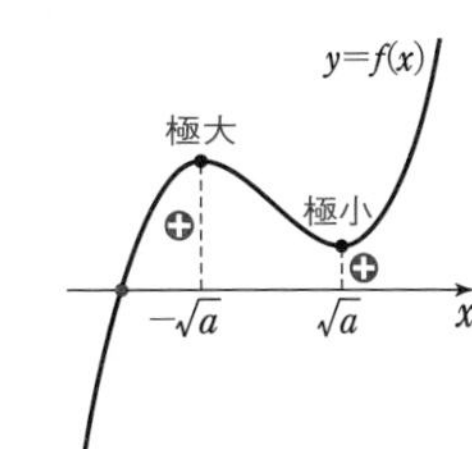

$y=f(x)$ のグラフと x 軸の共有点が 1 個である条件は，3 次関数 $f(x)$ の極値が同符号，すなわち

$f(-\sqrt{a})f(\sqrt{a})>0$ となることである。

$f(-\sqrt{a})>0$ であるから，$f(\sqrt{a})>0$ となればよい。

$-2a\sqrt{a}+2>0$ から　　$a\sqrt{a}<1$　すなわち　$a^3<1$

$a>0$ であるから　　$\mathbf{0<a<1}$

INFORMATION ― 3 次方程式 $f(x)=0$ の実数解の個数と極値

$f(x)$ の 3 次の係数が正の場合，次のようになる。

[1] **実数解が 1 個**
極値が同符号 または 極値なし

$\boldsymbol{f(\alpha)f(\beta)>0}$

[2] **実数解が 2 個**
極値の一方が 0

$\boldsymbol{f(\alpha)f(\beta)=0}$

[3] **実数解が 3 個**
極値が異符号

$\boldsymbol{f(\alpha)f(\beta)<0}$

PRACTICE 197③

方程式 $x^3-3p^2x+8p=0$ が異なる 3 つの実数解をもつように，定数 p の値の範囲を求めよ。

基本 例題 198 不等式の証明（微分利用）

次の不等式が成り立つことを証明せよ。

(1) $x \geqq 0$ のとき　$x^3 > 3x^2 - 5$　　(2) $x > 0$ のとき　$x^3 - 3x^2 + 4x + 1 > 0$

基本 186, p.306 基本事項 2

CHART & SOLUTION

不等式 $f(x) > g(x)$ の証明

1 $\{F(x) = f(x) - g(x)$ の最小値$\} > 0$

2 常に増加 ならば 出発点で >0

(1) **大小比較は差を作る** にしたがって，$x^3 - (3x^2 - 5) > 0$ を証明する。それには，関数 $f(x) = x^3 - 3x^2 + 5$ の値の変化を調べ，その (**最小値**)>0 を示す。

(2) 常に $f'(x) > 0$ であるから，2 の方針で解く。

解答

(1) $f(x) = x^3 - (3x^2 - 5)$ とすると

$f'(x) = 3x^2 - 6x = 3x(x-2)$

$f'(x) = 0$ とすると　$x = 0, 2$

$x \geqq 0$ における $f(x)$ の増減表は次のようになる。

x	0	…	2	…
$f'(x)$		$-$	0	$+$
$f(x)$	5	↘	極小 1	↗

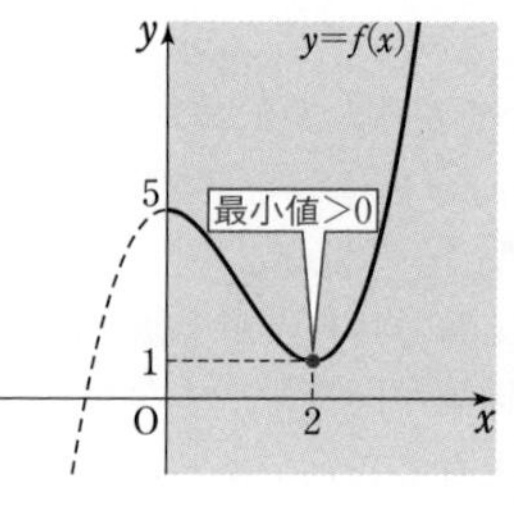

よって，$f(x)$ は $x \geqq 0$ のとき $x = 2$ で最小値 1 をとる。

ゆえに，$x \geqq 0$ のとき　$f(x) > 0$

したがって，$x \geqq 0$ のとき $x^3 > 3x^2 - 5$ が成り立つ。

⇐ $f(x) = $(左辺)$-$(右辺) とする。

⇐ (最小値)>0

(2) $f(x) = x^3 - 3x^2 + 4x + 1$ とすると

$f'(x) = 3x^2 - 6x + 4 = 3(x-1)^2 + 1$

よって，常に　$f'(x) > 0$

ゆえに，$f(x)$ は常に増加する。

$f(0) = 1 > 0$ であるから，

$x > 0$ のとき　$f(x) > f(0) > 0$

すなわち，$x > 0$ のとき

$x^3 - 3x^2 + 4x + 1 > 0$ が成り立つ。

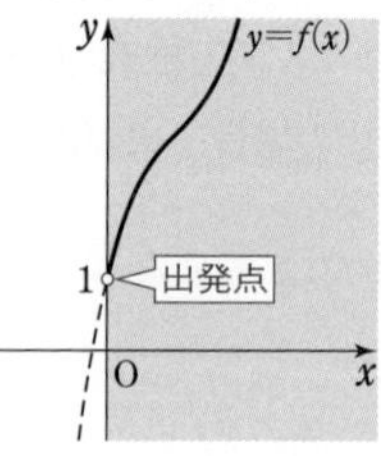

⇐ $(x-1)^2 \geqq 0$ であるから $f'(x) \geqq 1 > 0$

⇐ 出発点で $f(x) > 0$

PRACTICE 198②

次の不等式が成り立つことを証明せよ。　［(1) 名古屋市大］

(1) $x > 0$ のとき　$\frac{1}{4}x^3 - x + 1 > 0$　　(2) $x \geqq 0$ のとき　$x^3 + 1 > 6x(x-2)$

重要 例題 199 不等式の成立条件

$x \geqq 0$ のとき，$x^3+32 \geqq px^2$ が常に成り立つような定数 p の値の範囲を求めよ。

〔類 慶応大〕 基本 198

CHART & THINKING

$f(x)=x^3-px^2+32$ として，[$x \geqq 0$ における $f(x)$ の **最小値**]$\geqq 0$ となる条件を求める。
極小値が最小値の候補となるから，$f'(x)=0$ となる x に着目すると，次の 3 つに分類できる。

① $x=0$ で極小値　② $x=\dfrac{2}{3}p$ で極小値　③ 極小値をとらない $\left(0=\dfrac{2}{3}p\ のとき\right)$

区間 $x \geqq 0$ における最小値を考えるとき，場合分けの境目はどこになるだろうか？
⟶ 0 と $\dfrac{2}{3}p$ の大小関係により，最小値をとる x の値が異なる。……❗

解答

$f(x)=x^3-px^2+32$ とすると

$$f'(x)=3x^2-2px=3x\left(x-\frac{2}{3}p\right)$$

$f'(x)=0$ とすると　　$x=0,\ \dfrac{2}{3}p$

❗ [1]　$\dfrac{2}{3}p \leqq 0$　すなわち　$p \leqq 0$ のとき

$x \geqq 0$ において，常に $f'(x) \geqq 0$ が成り立つ。
よって，$x \geqq 0$ の範囲で $f(x)$ は常に増加する。
また　　$f(0)=32>0$
ゆえに，$x \geqq 0$ のとき常に $f(x) \geqq 0$ が成り立つ。

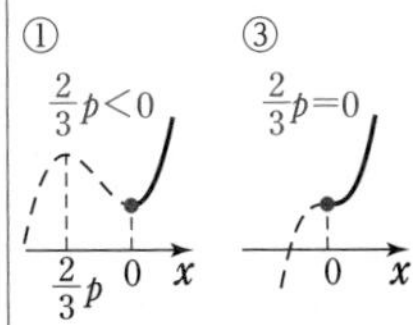

⇐ $x \geqq 0$ における $f(x)$ の最小値は $f(0)$

❗ [2]　$0<\dfrac{2}{3}p$　すなわち　$p>0$ のとき

$x \geqq 0$ における $f(x)$ の増減表は右のようになり，$f(x)$ は $x=\dfrac{2}{3}p$ で極小かつ最小となる。

x	0	$\cdots$	$\frac{2}{3}p$	$\cdots$
$f'(x)$		$-$	0	$+$
$f(x)$		↘	極小	↗

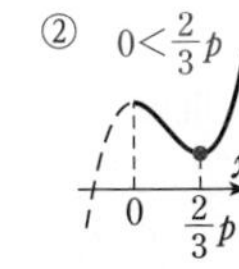

⇐ $x \geqq 0$ における $f(x)$ の最小値は $f\left(\dfrac{2}{3}p\right)$

その値は　　$f\left(\dfrac{2}{3}p\right)=-\dfrac{4}{27}p^3+32$

よって，$x \geqq 0$ において常に $f(x) \geqq 0$ となるための条件は

$$-\frac{4}{27}p^3+32 \geqq 0 \qquad よって \qquad p^3-8\cdot 27 \leqq 0$$

⇐ $p^3-6^3 \leqq 0$

ゆえに　　$p^3 \leqq 6^3$　　　$p>0$ であるから　　$0<p \leqq 6$

[1]，[2] から，求める p の値の範囲は　　$\boldsymbol{p \leqq 6}$

PRACTICE 199④

$x \geqq 1$ を満たすすべての x に対して，不等式 $x^3-ax^2+2a^2>0$ が成り立つような定数 a の値の範囲を求めよ。

重要 例題 200　3 次関数のグラフに引ける接線の本数

曲線 $C: y=x^3-9x^2+15x-7$ に対して，y 軸上の点 $A(0,\ a)$ から相異なる 3 本の接線を引くことができるように，実数 a の値の範囲を定めよ。

〔日本歯大〕 基本 175, 195

CHART & SOLUTION

3 次関数のグラフの接線

接点が異なると，接線が異なる

したがって，(接点の個数)=(接線の本数) が成立する。(次ページの INFORMATION 参照)
曲線上の点 $(t,\ t^3-9t^2+15t-7)$ における接線が点 $A(0,\ a)$ を通る。
⟶ 接線の方程式に $(0,\ a)$ を代入して $\boldsymbol{f(t)=a}$ の形にする。
⟶ 曲線 $\boldsymbol{y=f(t)}$ は固定し，直線 $\boldsymbol{y=a}$ を動かし，曲線と直線の共有点について調べる。……❗

解答

$y=x^3-9x^2+15x-7$ から

$$y'=3x^2-18x+15$$

曲線 C 上の点 $(t,\ t^3-9t^2+15t-7)$ における接線の方程式は

$$y-(t^3-9t^2+15t-7)=(3t^2-18t+15)(x-t)$$

すなわち　$y=(3t^2-18t+15)x-2t^3+9t^2-7$

この直線が点 $A(0,\ a)$ を通るとき

$$-2t^3+9t^2-7=a \quad \cdots\cdots ①$$

⇐ 定数 a を分離。

3 次関数のグラフでは，接点が異なると接線も異なる。

⇐ この断り書きは重要。

ゆえに，t の 3 次方程式 ① が異なる 3 つの実数解をもつとき，点Aから曲線に 3 本の接線が引ける。

ここで，$f(t)=-2t^3+9t^2-7$ とすると

$$f'(t)=-6t^2+18t$$
$$=-6t(t-3)$$

$f(t)$ の増減表は次のようになる。

t	$\cdots$	0	$\cdots$	3	$\cdots$
$f'(t)$	$-$	0	$+$	0	$-$
$f(t)$	↘	極小 -7	↗	極大 20	↘

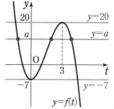

⇐ $f(t)=a$ の実数解の個数
⇕
$y=f(t)$，$y=a$ の共有点の個数
⇕
C 上の接点の個数
⇕
C に引ける接線の本数

よって，$y=f(t)$ のグラフは上の図のようになる。

❗ ① の異なる実数解の個数，すなわち $y=f(t)$ のグラフと直線 $y=a$ の共有点の個数が 3 となるような a の値の範囲は

$$\boldsymbol{-7<a<20}$$

inf. C に引ける接線の本数は
$a=-7,\ 20$ のとき 2 本；　$a<-7,\ 20<a$ のとき 1 本
である。

別解 （解答と5行目までは同じ）

この直線が点 A$(0,\ a)$ を通るとき

$$2t^3-9t^2+7+a=0 \quad \cdots\cdots ②$$

3次関数のグラフでは，接点が異なると接線も異なる。ゆえに，t の3次方程式②が異なる3つの実数解をもつとき，点Aから曲線に3本の接線が引ける。

ここで，$h(t)=2t^3-9t^2+7+a$ とすると

$$h'(t)=6t^2-18t=6t(t-3)$$

$h(t)$ の増減表は次のようになる。

t	$\cdots$	0	$\cdots$	3	$\cdots$
$h'(t)$	$+$	0	$-$	0	$+$
$h(t)$	↗	$a+7$	↘	$a-20$	↗

②の異なる実数解の個数，すなわち $y=h(t)$ のグラフと t 軸との共有点が3個となるのは，極大値と極小値の積が負となるときであるから　$(a+7)(a-20)<0$

よって，求める a の値の範囲は　$\boldsymbol{-7<a<20}$

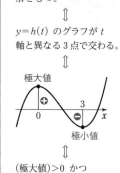

⇦②が異なる3つの実数解をもつ。
⇕
$y=h(t)$ のグラフが t 軸と異なる3点で交わる。
⇕
極大値　⊕　0　3　x　⊖　極小値
⇕
(極大値)>0 かつ (極小値)<0
⇕
(極大値)・(極小値)<0

INFORMATION

前ページでも触れたように，3次関数 $f(x)$ のグラフの接線について

接点が異なると，接線が異なる。

証明　3次関数 $y=f(x)$ のグラフに直線 $y=mx+n$ が異なる2点 $x=\alpha,\ \beta$ で接すると仮定すると，y を消去した x についての3次方程式

$$f(x)=mx+n \quad すなわち \quad f(x)-(mx+n)=0$$

は，$x=\alpha$ と $x=\beta$ をそれぞれ2重解としてもつから

$$f(x)-(mx+n)=k(x-\alpha)^2(x-\beta)^2 \ (k\neq 0)$$

の形で等式が成り立つ。

ところが，この左辺は3次式，右辺は4次式となり矛盾する。

よって，3次関数のグラフでは，接点が異なると接線も異なる。

注意　4次関数のグラフの場合，図1のように異なる2点で接する直線も存在するので，接点が異なっても，接線が異なるとはいえないので注意が必要である。

また，平面上の点Aから，3次関数 $f(x)$ のグラフに接線が3本引けるのは，図2のようなときである。

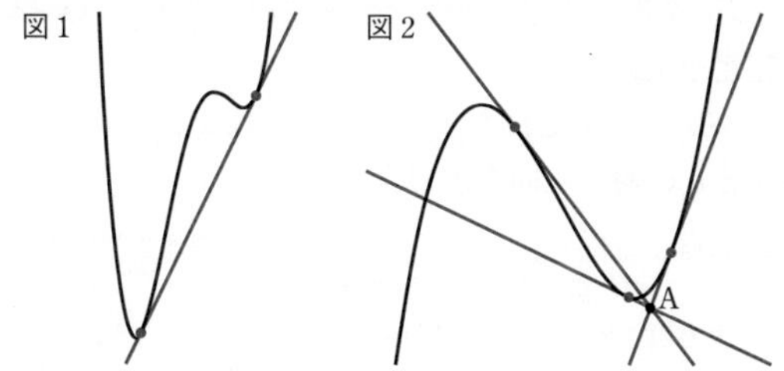

PRACTICE 200❹

k は定数とする。点 $(0,\ k)$ から曲線 $C：y=-x^3+3x^2$ に引いた接線の本数を求めよ。

EXERCISES　22 関数のグラフと方程式・不等式

A

158[3] (1) 曲線 $y=x^3-2x+1$ と直線 $y=x+k$ が異なる 3 点を共有するような定数 k の値の範囲を求めよ。〔京都産大〕

(2) 方程式 $x^3-6x+c=0$ が 2 つの異なる正の解と 1 つの負の解をもつような c の値の範囲を求めよ。〔創価大〕 ➡195, 196

159[3] x についての方程式 $2x^3-(3a+1)x^2+2ax+4=0$ が異なる 2 つの実数解をもつときの定数 a の値を求めよ。〔類 山口大〕 ➡197

160[3] $a>0$, $b>0$, $c>0$ とする。〔学習院大〕

(1) $f(x)=x^3-3abx+a^3+b^3$ の $x>0$ における増減を調べ，極値を求めよ。

(2) (1)の結果を利用して，$a^3+b^3+c^3 \geqq 3abc$ が成り立つことを示せ。また，等号が成立するのは $a=b=c$ のときに限ることを示せ。 ➡198

B

161[5] xy 平面上の点 $(a,\ b)$ から曲線 $y=x^3-x$ に 3 本の相異なる接線が引けるための条件を求め，その条件を満たす点 $(a,\ b)$ のある範囲を図示せよ。〔関西大〕 ➡197, 200

162[5] 関数 $f(x)=x^3+\dfrac{3}{2}x^2-6x$ について，次の問いに答えよ。〔関西学院大〕

(1) 関数 $f(x)$ の極値をすべて求めよ。

(2) 方程式 $f(x)=a$ が異なる 3 つの実数解をもつとき，定数 a のとりうる値の範囲を求めよ。

(3) a が(2)で求めた範囲にあるとし，方程式 $f(x)=a$ の 3 つの実数解を α, β, γ $(\alpha<\beta<\gamma)$ とする。$t=(\alpha-\gamma)^2$ とおくとき，t を α, γ, a を用いず β のみの式で表し，t のとりうる値の範囲を求めよ。 ➡195, 196

163[4] $a \geqq 0$ である定数 a に対して，$f(x)=4x^3-3(2a+1)x^2+6ax+a$ とする。$x \geqq 0$ において $f(x) \geqq 0$ となるような a の値の範囲を求めよ。〔類 岡山理科大〕 ➡199

164[5] a は定数，$f(x)=x^2+x+a$, $g(x)=x^3+x^2-8x$ とする。

(1) $x \leqq 0$ を満たすどのような数 x に対しても，$f(x) \geqq g(x)$ となる a の値の範囲を求めよ。

(2) $x_1 \leqq 0$, $x_2 \leqq 0$ を満たすどのような数 x_1, x_2 に対しても，$f(x_1) \geqq g(x_2)$ となる a の値の範囲を求めよ。 ➡199

HINT

161 曲線上の点 $(t,\ t^3-t)$ における接線が点 $(a,\ b)$ を通るとして，得られた t の 3 次方程式が異なる 3 つの実数解をもつ条件を考える。

162 (3) 3 次方程式の解と係数の関係から $(\alpha-\gamma)^2$ を β で表し，(2)で求めた a の値の範囲に対する β の値の範囲で $(\alpha-\gamma)^2$ の値の範囲を考える。

163 $f'(x)=0$ となる x の値の大小関係で場合分け。$x \geqq 0$ の範囲で $f(x)$ の最小値が 0 以上になる条件を求める。

164 (1) どのような x に対しても $f(x) \geqq g(x) \iff \{f(x)-g(x)$ の最小値$\} \geqq 0$

(2) どのような x_1, x_2 に対しても $f(x_1) \geqq g(x_2) \iff \{f(x)$ の最小値$\} \geqq \{g(x)$ の最大値$\}$

第7章

数学II

積分法

Select Study

── スタンダードコース：教科書の例題をカンペキにしたいきみに
── パーフェクトコース：教科書を完全にマスターしたいきみに
── 大学入学共通テスト準備・対策コース ※基例…基本例題，番号…基本例題の番号

Start → 基例201 → 基例202 → 203 → 基例204 → 基例205 → 206 → 基例207 → 基例208 → 基例209 → 基例211 → 基例212 → 213 → 基例214 → 215 → 216 → 基例217 → 基例218 → 219 → 基例220 → 基例221

■ 例題一覧

	種類	番号	例題タイトル	難易度
23	基本	201	不定積分の計算 (1)	❶
	基本	202	導関数から関数の決定	❷
	基本	203	不定積分の計算 (2)	❸
24	基本	204	定積分の計算	❶
	基本	205	2 次方程式の解と定積分	❸
	基本	206	偶関数・奇関数の定積分	❸
	基本	207	定積分を含む関数（定数型）	❷
	基本	208	定積分を含む関数（変数型）	❷
	基本	209	定積分で表された関数の極値	❸
	重要	210	定積分と係数決定	❸
25	基本	211	放物線と x 軸の間の面積	❷
	基本	212	2 つの曲線の間の面積	❷
	基本	213	不等式の表す領域の面積	❸
	基本	214	放物線と 2 本の接線で囲まれた部分の面積	❸
	基本	215	3 次関数のグラフと面積	❸
	基本	216	曲線と接線で囲まれた部分の面積	❸
	基本	217	放物線と円の面積	❸
	基本	218	絶対値を含む関数の定積分	❷
	基本	219	面積から係数決定	❸
	基本	220	面積の等分 (1)	❸
	基本	221	面積の最大・最小 (1)	❸
	重要	222	面積の最大・最小 (2)	❹
	重要	223	2 つの放物線と共通接線で囲まれた部分の面積	❹
	重要	224	面積の等分 (2)	❹
	重要	225	定積分の最小値	❹

23 不定積分

基本事項

1 不定積分

① **不定積分** $F'(x)=f(x)$ のとき

$$\int f(x)dx=F(x)+C \quad (C\text{ は積分定数})$$

② **x^n の不定積分** $\displaystyle\int x^n dx=\frac{1}{n+1}x^{n+1}+C$ （n は 0 または正の整数）

注意 不定積分のことを，「微分すると $f(x)$ になる関数」の意味で $f(x)$ の **原始関数** ということもある。

また，$\int f(x)dx=F(x)+C$ のとき，$f(x)$ を **被積分関数**，x を **積分変数** という。

なお，$\int 1dx$ は 1 を省略して $\int dx$ と書くことが多い。

2 不定積分の性質

k，l は定数とする。

1 **定数倍** $\int kf(x)dx=k\int f(x)dx$

2 **和** $\int \{f(x)+g(x)\}dx=\int f(x)dx+\int g(x)dx$

差 $\int \{f(x)-g(x)\}dx=\int f(x)dx-\int g(x)dx$

3 $\int \{kf(x)+lg(x)\}dx=k\int f(x)dx+l\int g(x)dx$

注意 上の不定積分の公式では，積分定数が含まれていないが，実際には，公式の両辺が一致するように，両辺の積分定数を適当に選ぶことにする。

CHECK & CHECK

72 次の不定積分を求めよ。

(1) $\int 3dx$　　(2) $\int 2x\,dx$　　(3) $\int x^2dx$

73 次の不定積分を求めよ。

(1) $\int (3x+1)dx$　　(2) $\int (6x^2-4x)dx$

(3) $\int (1+x-x^2)dx$

→ 2

基本 例題 201 不定積分の計算 (1)

次の不定積分を求めよ。

(1) $\int(8x^3+x^2-6x+4)dx$　　(2) $\int(2t+1)(t-3)dt$

(3) $\int(x+2)^3dx-\int(x-2)^3dx$

p.316 基本事項 1, 2

CHART & SOLUTION

不定積分 $\int x^n dx=\dfrac{1}{n+1}x^{n+1}+C$ が基本

公式 $\int\{kf(x)+lg(x)\}dx=k\int f(x)dx+l\int g(x)dx$ を利用して求める。

(2) まず，$(2t+1)(t-3)$ を展開し，t について積分する。

(3) $\{(x+2)^3-(x-2)^3\}$ の積分と考えると計算がスムーズ。

解答

(1) $\int(8x^3+x^2-6x+4)dx=\boldsymbol{2x^4+\dfrac{x^3}{3}-3x^2+4x+C}$

(**C は積分定数**)

(2) $\int(2t+1)(t-3)dt=\int(2t^2-5t-3)dt$

$=\boldsymbol{\dfrac{2}{3}t^3-\dfrac{5}{2}t^2-3t+C}$ (**C は積分定数**)

(3) $\int(x+2)^3dx-\int(x-2)^3dx=\int\{(x+2)^3-(x-2)^3\}dx$

$=\int(12x^2+16)dx=\boldsymbol{4x^3+16x+C}$ (**C は積分定数**)

⇐ 各項別に計算。最後にまとめて 1 つだけ C を書く。

⇐ dt とあるから，t についての積分である。結果は t で表す。

⇐ $(x\pm2)^3$
$=x^3\pm6x^2+12x\pm8$
(複号同順)

INFORMATION 不定積分の検算

積分の演算は，微分の演算の逆 とみることができる。よって，得られた結果を微分して，与えられた関数 (被積分関数) になることを確認 (**検算**) することができる。例えば，(1) で

$\left(2x^4+\dfrac{x^3}{3}-3x^2+4x+C\right)'=8x^3+x^2-6x+4$

となり，被積分関数と一致するから，計算結果が正しいことが確認できる。

積　分

$\int \boxed{f(x)}\,dx=\boxed{F(x)+C}$

微　分
(検算)

PRACTICE 201❶

次の不定積分を求めよ。

(1) $\int(x^2-4x)dx$　　(2) $\int(4t^2+12t+7)dt$　　(3) $\int(x^3+3x^2+1)dx$

(4) $\int x(x+2)(x-3)dx-\int(x-1)(x+2)(x-3)dx$

基本 例題 202 導関数から関数の決定

(1) $f'(x)=(2x-4)(1-3x)$ で $f(1)=0$ となる関数 $f(x)$ を求めよ。

(2) 曲線 $y=f(x)$ は点 A$(1,\ -1)$ を通り，その曲線上の点 P$(x,\ f(x))$ における接線の傾きは $3x^2-4x$ で表される。この曲線の方程式を求めよ。

基本 201

CHART & SOLUTION

導関数から関数の決定　積分は微分の逆演算

$$F'(x)=f(x) \underset{\text{微分}}{\overset{\text{積分}}{\rightleftarrows}} \int f(x)dx=F(x)+C$$

(1) $f(x)=\int(2x-4)(1-3x)dx$

なお，右辺の積分定数 C は，$f(1)=0$（これを **初期条件** という）で決まる。

(2) (接線の傾き)=(微分係数)　よって　$f'(x)=3x^2-4x$

また，点 $(1,\ -1)$ を通るという条件から　$f(1)=-1$ ⟵ 初期条件

これより，積分定数 C が決まる。

解答

(1) $f(x)=\int f'(x)dx=\int(2x-4)(1-3x)dx$

$=\int(-6x^2+14x-4)dx$

$=-2x^3+7x^2-4x+C$　（C は積分定数）

$f(1)=0$ から　$-2+7-4+C=0$

よって　$C=-1$

したがって　$\boldsymbol{f(x)=-2x^3+7x^2-4x-1}$

(2) 接線の傾きが $3x^2-4x$ であるから　$f'(x)=3x^2-4x$

よって　$f(x)=\int f'(x)dx=\int(3x^2-4x)dx$

$=x^3-2x^2+C$　（C は積分定数）

曲線 $y=f(x)$ は点 A$(1,\ -1)$ を通るから　$f(1)=-1$

ゆえに　$1-2+C=-1$

よって　$C=0$

したがって　$\boldsymbol{y=x^3-2x^2}$

inf. $F'(x)=f(x)$ とおく。
積分してから微分すると

$\frac{d}{dx}\left\{\int f(x)dx\right\}$
$=\{F(x)+C\}'=f(x)$

微分してから積分すると

$\int\left\{\frac{d}{dx}f(x)\right\}dx$
$=\int f'(x)dx=f(x)+C$

すなわち，微分と積分の順序によって，**定数部分だけ異なる** 関数になる。

⇐ **曲線 $y=f(x)$ が点 $(a,\ b)$ を通る ⟺ $b=f(a)$**

PRACTICE 202❷

(1) $f'(x)=(x+1)(x-3)$，$f(0)=-2$ を満たす関数 $f(x)$ を求めよ。　〔類 琉球大〕

(2) a は定数とする。点 $(x,\ f(x))$ における接線の傾きが $6x^2+ax-1$ であり，2 点 $(1,\ -1)$，$(2,\ -3)$ を通る曲線 $y=f(x)$ の方程式を求めよ。

基本 例題 203 不定積分の計算 (2)

$a \neq 0$，n を自然数とする。公式 $\displaystyle\int(ax+b)^n dx=\frac{1}{a}\cdot\frac{(ax+b)^{n+1}}{n+1}+C$

(C は積分定数) を用いて，不定積分 $\displaystyle\int(x-1)^2(x+1)dx$ を求めよ。 基本 201

CHART & SOLUTION

$(ax+b)^n$ の不定積分

$a \neq 0$，n を自然数とするとき，次の公式が成り立つ (下の inf. 参照)。

$$\int(ax+b)^n dx=\frac{1}{a}\cdot\frac{(ax+b)^{n+1}}{n+1}+C \quad (C \text{ は積分定数})$$

$(x-\alpha)^n(x-\beta)=(x-\alpha)^n\{(x-\alpha)+\alpha-\beta\}=(x-\alpha)^{n+1}+(\alpha-\beta)(x-\alpha)^n$ を利用して

$$(x-1)^2(x+1)=(x-1)^2\{(x-1)+2\}=(x-1)^3+2(x-1)^2$$

と変形すると，$(ax+b)^n$ の不定積分の公式が使える。

解答

$$\begin{aligned}\int(x-1)^2(x+1)dx&=\int(x-1)^2\{(x-1)+2\}dx\\&=\int\{(x-1)^3+2(x-1)^2\}dx\\&=\int(x-1)^3dx+2\int(x-1)^2dx\\&=\frac{(x-1)^4}{4}+2\cdot\frac{(x-1)^3}{3}+C\\&=\frac{1}{4\cdot3}(x-1)^3\{3(x-1)+2\cdot4\}+C\\&=\frac{1}{12}(x-1)^3(3x+5)+C \quad (C \text{ は積分定数})\end{aligned}$$

inf. $(x-1)^2(x+1)$
$=x^3-x^2-x+1$
と展開して積分すると
$\dfrac{x^4}{4}-\dfrac{x^3}{3}-\dfrac{x^2}{2}+x+C$
左の答えの式を展開すると
$\dfrac{x^4}{4}-\dfrac{x^3}{3}-\dfrac{x^2}{2}+x-\dfrac{5}{12}+C$
答えが異なるように見えるが，C は「任意の」定数なので，どちらも正解。

INFORMATION

微分法の公式 $\{(ax+b)^n\}'=n(ax+b)^{n-1}\cdot a$ ($p.278$ 参照) において，

n を $n+1$ におき換えると $\{(ax+b)^{n+1}\}'=(n+1)(ax+b)^n\cdot a$

よって，$a \neq 0$ のとき $\left\{\dfrac{1}{a}\cdot\dfrac{(ax+b)^{n+1}}{n+1}\right\}'=(ax+b)^n$

したがって $\displaystyle\int(ax+b)^n dx=\frac{1}{a}\cdot\frac{(ax+b)^{n+1}}{n+1}+C$ ← $\dfrac{1}{a}$ を忘れずに！

特に，$a=1$ のとき $\displaystyle\int(x+b)^n dx=\frac{(x+b)^{n+1}}{n+1}+C$ (ともに C は積分定数)

PRACTICE 203③

上の例題の公式を用いて，次の不定積分を求めよ。

(1) $\displaystyle\int(2x+1)^3dx$　　(2) $\displaystyle\int(t+1)^3(1-t)dt$

24 定　積　分

基本事項

1 定積分

$F'(x)=f(x)$ のとき　$\displaystyle\int_a^b f(x)dx=\Big[F(x)\Big]_a^b=F(b)-F(a)$

注意　定積分の値は積分定数 C に無関係に定まるから，**定積分の計算では積分定数 C を省いて** よい。また，定積分を求める区間 $a\leqq x\leqq b$ を **積分区間** という。

2 定積分の性質

① $\displaystyle\int_a^b f(x)dx=\int_a^b f(t)dt$　**定積分の値は積分変数の文字には関係しない。**

② **定数倍，和，差**　k，l は定数とする。また，複号同順である。

$\displaystyle\int_a^b kf(x)dx=k\int_a^b f(x)dx$　　$\displaystyle\int_a^b \{f(x)\pm g(x)\}dx=\int_a^b f(x)dx\pm\int_a^b g(x)dx$

一般に　$\displaystyle\int_a^b \{kf(x)+lg(x)\}dx=k\int_a^b f(x)dx+l\int_a^b g(x)dx$

③ **上端・下端の交換**　$\displaystyle\int_b^a f(x)dx=-\int_a^b f(x)dx$　　特に　$\displaystyle\int_a^a f(x)dx=0$

④ **積分区間の分割**　$\displaystyle\int_a^b f(x)dx=\int_a^c f(x)dx+\int_c^b f(x)dx$

注意　性質 ④ は a，b，c の大小に関係なく成り立つ。

3 定積分で表された関数　a，b は定数とする。

① $\displaystyle\int_a^b f(t)dt$ **は，t に無関係な定数。** $\displaystyle\int_a^b f(t)dt=k$ **（定数）** とおいてよい。

② $\displaystyle\int_a^x f(t)dt$ **は，x の関数。** $\displaystyle\frac{d}{dx}\int_a^x f(t)dt=f(x)$

CHECK & CHECK

74　次の定積分を求めよ。

(1) $\displaystyle\int_0^1 x\,dx$　　(2) $\displaystyle\int_{-1}^2 3t^2\,dt$　　→ 1

75　次の定積分を求めよ。

(1) $\displaystyle\int_{-1}^1 (t^2-2t)dt$　　(2) $\displaystyle\int_1^3 (x-3)^2dx$

(3) $\displaystyle\int_2^2 (x+1)(x-3)dx$　　(4) $\displaystyle\int_{-1}^2 (x^2+2x)dx+\int_2^3 (x^2+2x)dx$　　→ 2

76　次の定積分 I を求めよ。また，I を x について微分せよ。

(1) $\displaystyle I=\int_0^1 (3t-2)dt$　　(2) $\displaystyle I=\int_0^x (3t-2)dt$　　→ 3

基本 例題 204 定積分の計算

次の定積分を求めよ。

(1) $\int_{-1}^{2}(3x^3-x+3)dx$　　(2) $\int_{-1}^{2}(2x^2+3x)dx-\int_{-1}^{2}x(2x+1)dx$

(3) $\int_{-3}^{3}(3x^2-4x)dx-\int_{4}^{3}(3x^2-4x)dx$

p. 320 基本事項 1, 2

CHART & SOLUTION

定積分の計算　積分区間に注目
上端・下端の交換，積分区間の連結 を活用

(2) 積分区間が同じ。⟶ 被積分関数を 1 つにまとめる。

(3) 第 2 項に $\int_{b}^{a}f(x)dx=-\int_{a}^{b}f(x)dx$ を適用。⟶ 被積分関数が同じであるから，$\int_{a}^{c}f(x)dx+\int_{c}^{b}f(x)dx=\int_{a}^{b}f(x)dx$ を利用して積分区間を連結させる。

解答

(1) $\int_{-1}^{2}(3x^3-x+3)dx=\left[\frac{3}{4}x^4-\frac{x^2}{2}+3x\right]_{-1}^{2}$

$=(12-2+6)-\left(\frac{3}{4}-\frac{1}{2}-3\right)=\mathbf{\frac{75}{4}}$

(2) $\int_{-1}^{2}(2x^2+3x)dx-\int_{-1}^{2}x(2x+1)dx$

$=\int_{-1}^{2}\{(2x^2+3x)-(2x^2+x)\}dx$

$=\int_{-1}^{2}2x\,dx=\left[x^2\right]_{-1}^{2}=4-1=\mathbf{3}$

(3) $\int_{-3}^{3}(3x^2-4x)dx-\int_{4}^{3}(3x^2-4x)dx$

$=\int_{-3}^{3}(3x^2-4x)dx+\int_{3}^{4}(3x^2-4x)dx$

$=\int_{-3}^{4}(3x^2-4x)dx=\left[x^3-2x^2\right]_{-3}^{4}$

$=(64-32)-(-27-18)=\mathbf{77}$

(1) (与式)
$=3\int_{-1}^{2}x^3dx-\int_{-1}^{2}x\,dx+3\int_{-1}^{2}dx$
$=3\left[\frac{x^4}{4}\right]_{-1}^{2}-\left[\frac{x^2}{2}\right]_{-1}^{2}+3\left[x\right]_{-1}^{2}$
$=3\left(4-\frac{1}{4}\right)-\left(2-\frac{1}{2}\right)+3(2+1)$
$=\frac{75}{4}$ としてもよい。

⇐ 第 2 項の積分の上端・下端を入れ替える。

⇐ $\int_{-3}^{3}+\int_{3}^{4}=\int_{-3}^{4}$

PRACTICE 204①

次の定積分を求めよ。

(1) $\int_{0}^{2}(3t-1)^2dt$　　(2) $\int_{-2}^{4}(x^3-6x^2+x-3)dx$

(3) $\int_{3}^{-1}(x^2-2x)dx+\int_{-1}^{3}(x^2+1)dx$　　(4) $\int_{-1}^{0}(y-1)^2dy-\int_{4}^{0}(1-y)^2dy$

基本 例題 205　2次方程式の解と定積分

(1) $\displaystyle\int_\alpha^\beta(x-\alpha)(x-\beta)dx=-\frac{1}{6}(\beta-\alpha)^3$ が成り立つことを証明せよ。

(2) (1)の結果を利用して，定積分 $\displaystyle\int_{\frac{1}{2}}^{1}(2x^2-3x+1)dx$ を計算せよ。

基本 203，204

CHART & SOLUTION

2次関数の定積分　$(x-\alpha)^n$ の活用

$(x-\alpha)^n(x-\beta)=(x-\alpha)^{n+1}+(\alpha-\beta)(x-\alpha)^n$

(1) $(x-\alpha)(x-\beta)=x^2-(\alpha+\beta)x+\alpha\beta$ と展開して積分してもよいが，
$(x-\alpha)(x-\beta)=(x-\alpha)\{(x-\alpha)+\alpha-\beta\}=(x-\alpha)^2+(\alpha-\beta)(x-\alpha)$（$p.319$ 基本例題203 参照）と変形する方が，定積分の計算がスムーズになる。

(2) $\displaystyle\int_{\alpha}^{\beta}(x-\alpha)(x-\beta)dx$ の形に変形して，(1)の結果を利用する。

解答

(1) $\displaystyle\int_\alpha^\beta(x-\alpha)(x-\beta)dx=\int_\alpha^\beta\{(x-\alpha)^2+(\alpha-\beta)(x-\alpha)\}dx$

$$=\left[\frac{(x-\alpha)^3}{3}+(\alpha-\beta)\cdot\frac{(x-\alpha)^2}{2}\right]_\alpha^\beta$$

$$=\frac{(\beta-\alpha)^3}{3}-\frac{(\beta-\alpha)^3}{2}=-\frac{1}{6}(\beta-\alpha)^3$$

(2) $\displaystyle\int_{\frac{1}{2}}^{1}(2x^2-3x+1)dx=\int_{\frac{1}{2}}^{1}(2x-1)(x-1)dx$

$$=2\int_{\frac{1}{2}}^{1}\left(x-\frac{1}{2}\right)(x-1)dx$$

$$=2\cdot\left(-\frac{1}{6}\right)\left(1-\frac{1}{2}\right)^3=-\frac{1}{24}$$

inf. $a\neq0$ のとき $ax^2+bx+c=0$ の解を α，β とすると
ax^2+bx+c
$=a(x-\alpha)(x-\beta)$
である（$p.75$ 基本事項 2）から
$\displaystyle\int_\alpha^\beta(ax^2+bx+c)dx$
$\displaystyle=a\int_\alpha^\beta(x-\alpha)(x-\beta)dx$
$\displaystyle=-\frac{a}{6}(\beta-\alpha)^3$

POINT

$$\int_\alpha^\beta(x-\alpha)(x-\beta)dx=-\frac{1}{6}(\beta-\alpha)^3$$

上端－下端

この等式を俗に「**6分の1公式**」といい，放物線で囲まれた部分の面積（$p.330$ ～）を計算する際に大いに役立つ。

PRACTICE 205③

次の定積分を求めよ。

(1) $\displaystyle\int_{-\frac{1}{2}}^{3}(2x^2-5x-3)dx$　　(2) $\displaystyle\int_{2-\sqrt{3}}^{2+\sqrt{3}}(x^2-4x+1)dx$

基本 例題 206 偶関数・奇関数の定積分

定積分 $\int_{-3}^{3}(4x^3+6x^2-9x-10)dx$ を求めよ。

基本 204

CHART & SOLUTION

$\int_{-a}^{a}$ の定積分　偶数次は $2\int_{0}^{a}$　奇数次は 0

次の公式を利用すると，$\int_{-a}^{a}$ の形の定積分の計算がスムーズになる。

$$\int_{-a}^{a}x^{2n}dx=2\int_{0}^{a}x^{2n}dx \quad (n \text{ は } 0 \text{ または正の整数})$$

$$\int_{-a}^{a}x^{2n-1}dx=0 \quad (n \text{ は正の整数})$$

証明 $\int_{-a}^{a}x^{2n}dx=\left[\frac{x^{2n+1}}{2n+1}\right]_{-a}^{a}=\frac{1}{2n+1}\{a^{2n+1}-(-a)^{2n+1}\}=\frac{2a^{2n+1}}{2n+1}$,

$\int_{0}^{a}x^{2n}dx=\left[\frac{x^{2n+1}}{2n+1}\right]_{0}^{a}=\frac{a^{2n+1}}{2n+1}$ より　$\int_{-a}^{a}x^{2n}dx=2\int_{0}^{a}x^{2n}dx$

$\int_{-a}^{a}x^{2n-1}dx=\left[\frac{x^{2n}}{2n}\right]_{-a}^{a}=\frac{1}{2n}\{a^{2n}-(-a)^{2n}\}=0$

解答

$$\int_{-3}^{3}(4x^3+6x^2-9x-10)dx$$

$$=\int_{-3}^{3}(4x^3-9x)dx+\int_{-3}^{3}(6x^2-10)dx$$

$$=0+2\int_{0}^{3}(6x^2-10)dx=2\left[2x^3-10x\right]_{0}^{3}$$

$$=2(2\cdot3^3-10\cdot3-0)=\mathbf{48}$$

⇐ 偶数次と奇数次に分ける。なお，定数項は偶数次として考える。

INFORMATION　偶関数・奇関数の定積分

$f(-x)=f(x)$ を満たす $f(x)$ を **偶関数**，$f(-x)=-f(x)$ を満たす $f(x)$ を **奇関数** という（$p.192$ 参照）。偶関数・奇関数の定積分については，次の公式が成り立つ。

$f(-x)=f(x)$
[偶関数，y 軸に関して対称] ならば

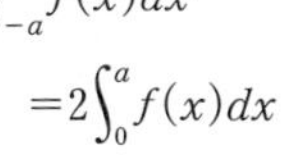

$$\int_{-a}^{a}f(x)dx=2\int_{0}^{a}f(x)dx$$

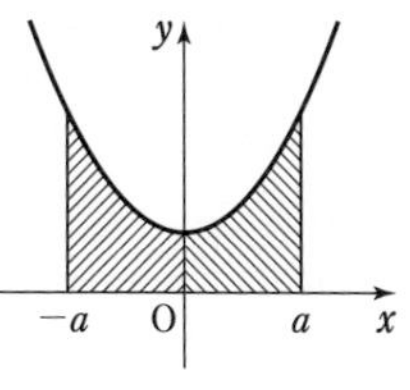

$f(-x)=-f(x)$
[奇関数，原点に関して対称] ならば

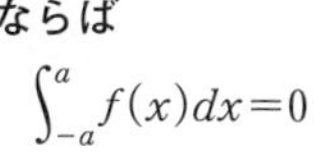

$$\int_{-a}^{a}f(x)dx=0$$

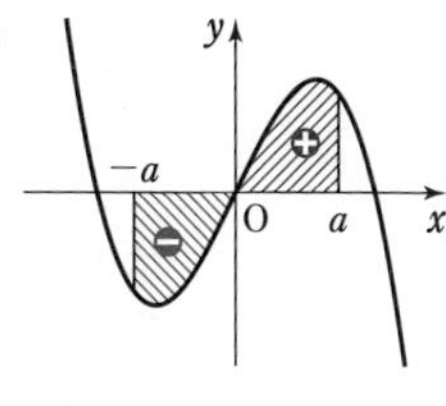

PRACTICE 206③

次の定積分を求めよ。

(1) $\int_{-1}^{1}(2x^3-4x^2+7x+5)dx$　　(2) $\int_{-2}^{2}(x-1)(2x^2-3x+1)dx$

7章 24 定積分

基本 例題 207 定積分を含む関数（定数型）

次の等式を満たす関数 $f(x)$ を求めよ。

(1) $f(x)=3x^2-x+\int_{-1}^{1}f(t)dt$　　(2) $f(x)=2x^2+1+\int_0^1 xf(t)dt$

p.320 基本事項 3，基本 204

CHART & SOLUTION

定積分の扱い　$\int_a^b f(t)dt$ は定数 ⟶ 文字でおき換え

定積分を計算しようとしても，$f(t)$ は不明なので，直接計算することができない。そこで，$\int_{-1}^{1}f(t)dt$ **は定数** であることに着目する。

(1) $\int_{-1}^{1}f(t)dt=a$（定数）とおくと，$f(x)=3x^2-x+a$ と表されるから，

$\int_{-1}^{1}(3t^2-t+a)dt=a$ である。この定積分を計算して a の値を求める。

(2) $\int_0^1 xf(t)dt$ ⟶ x **は t に無関係で定数** ⟶ $x\int_0^1 f(t)dt$　(1)と同様に処理。

解答

(1) $\int_{-1}^{1}f(t)dt=a$ とおくと　$f(x)=3x^2-x+a$

よって　$\int_{-1}^{1}f(t)dt=\int_{-1}^{1}(3t^2-t+a)dt$

$$=2\int_0^1(3t^2+a)dt$$

$$=2\Big[t^3+at\Big]_0^1=2(1+a)$$

ゆえに　$2(1+a)=a$　　よって　$a=-2$

したがって　$\boldsymbol{f(x)=3x^2-x-2}$

⇐ $\int_{-1}^{1}f(t)dt$ の値はわからないが，定数である。

⇐ 偶数次は $2\int_0^a$
奇数次は 0

(2) $\int_0^1 f(t)dt=a$ とおくと　$f(x)=2x^2+ax+1$

よって　$\int_0^1 f(t)dt=\int_0^1(2t^2+at+1)dt=\left[\frac{2}{3}t^3+\frac{a}{2}t^2+t\right]_0^1$

$$=\frac{2}{3}+\frac{a}{2}+1$$

ゆえに　$\frac{a}{2}+\frac{5}{3}=a$　　よって　$a=\frac{10}{3}$

したがって　$\boldsymbol{f(x)=2x^2+\frac{10}{3}x+1}$

⇐ $\int_0^1 xf(t)dt$ の x は，積分変数 t に無関係であるから，定数として扱う。すなわち
$\int_0^1 xf(t)dt=x\int_0^1 f(t)dt$

PRACTICE 207❷

次の等式を満たす関数 $f(x)$ を求めよ。

(1) $f(x)=2x^2+x\int_0^1 f(t)dt$　　(2) $f(x)=2x+\int_0^1 xf(t)dt$

基本 例題 208 定積分を含む関数（変数型）

(1) 関数 $g(x)=\int_1^x (t^2+2t-3)dt$ を微分せよ。

(2) $\int_a^x f(t)dt=\frac{3}{2}x^2-2x+\frac{2}{3}$ のとき，$f(x)$ と定数 a の値を求めよ。

〔中部大〕 p.320 基本事項 3

CHART & SOLUTION

定積分の扱い $\frac{d}{dx}\int_a^x f(t)dt=f(x)$ ……❗

$\int_a^x f(t)dt$ を含む等式では，両辺を x について微分するとよい。

(2) 与えられた等式で $x=a$ とおくと $\int_a^a f(t)dt=\frac{3}{2}a^2-2a+\frac{2}{3}$

左辺は 0 になるから，これより a の方程式が得られる。

解答

❗ (1) $g'(x)=\frac{d}{dx}\int_1^x (t^2+2t-3)dt=\boldsymbol{x^2+2x-3}$

(2) $\int_a^x f(t)dt=\frac{3}{2}x^2-2x+\frac{2}{3}$ ……① とする。

❗ ① の両辺を x で微分すると $f(x)=3x-2$

また，① で $x=a$ とおくと $0=\frac{3}{2}a^2-2a+\frac{2}{3}$

すなわち $9a^2-12a+4=0$ よって $(3a-2)^2=0$

ゆえに $a=\frac{2}{3}$ したがって $\boldsymbol{f(x)=3x-2,\ a=\frac{2}{3}}$

⇐ $\frac{d}{dx}\int_a^x f(t)dt=f(x)$

⇐ $\int_a^a f(t)dt=0$

INFORMATION

公式 $\frac{d}{dx}\int_a^x f(t)dt=f(x)$（$a$ は定数）は，**上端が x で下端が定数** である定積分を x で微分したときに成り立つ。

証明 $f(t)$ の原始関数の 1 つを $F(t)$ とすると $F'(t)=f(t)$

よって $\frac{d}{dx}\int_a^x f(t)dt=\frac{d}{dx}\Big[F(t)\Big]_a^x=\frac{d}{dx}\{F(x)-F(a)\}=F'(x)=f(x)$

↑定数 $F(a)$ は微分すると 0

PRACTICE 208❷

(1) 関数 $g(x)=\int_x^2 t(1-t)dt$ を微分せよ。

(2) 次の等式を満たす関数 $f(x)$ および定数 a の値を求めよ。

(ア) $\int_a^x f(t)dt=x^2+5x-6$ (イ) $\int_x^1 f(t)dt=-x^3-2x^2+a$

基本 例題 209 定積分で表された関数の極値

関数 $f(x)=\int_1^x(4t^2-8t+3)dt$ の極値を求め，$y=f(x)$ のグラフをかけ。

基本 208

CHART & SOLUTION

定積分と微分法

$$f(x)=\int_a^x g(t)dt \xrightarrow[\text{微分}]{} f'(x)=g(x)$$

両辺を x で微分すると，導関数 $f'(x)$ は直ちに求められるから，極値をとる x の値がわかる。ただし，極値を求めるためには，定積分の計算が必要となる。

解答

$f'(x)=\dfrac{d}{dx}\int_1^x(4t^2-8t+3)dt=4x^2-8x+3$

$=(2x-1)(2x-3)$

$f'(x)=0$ とすると

$x=\dfrac{1}{2},\ \dfrac{3}{2}$

$f(x)$ の増減表は右のようになる。

x	$\cdots$	$\frac{1}{2}$	$\cdots$	$\frac{3}{2}$	$\cdots$
$f'(x)$	$+$	0	$-$	0	$+$
$f(x)$	↗	極大	↘	極小	↗

⇐ 極値　増減表を作る

ここで　$f(x)=\int_1^x(4t^2-8t+3)dt=\left[\dfrac{4}{3}t^3-4t^2+3t\right]_1^x$

$=\dfrac{4}{3}x^3-4x^2+3x-\dfrac{1}{3}$

⇐ 極値を求めるために，定積分の計算をする。

よって　$f\left(\dfrac{1}{2}\right)=\dfrac{4}{3}\left(\dfrac{1}{2}\right)^3-4\left(\dfrac{1}{2}\right)^2+3\cdot\dfrac{1}{2}-\dfrac{1}{3}=\dfrac{1}{3}$

$f\left(\dfrac{3}{2}\right)=\dfrac{4}{3}\left(\dfrac{3}{2}\right)^3-4\left(\dfrac{3}{2}\right)^2+3\cdot\dfrac{3}{2}-\dfrac{1}{3}=-\dfrac{1}{3}$

ゆえに，$f(x)$ は　**$x=\dfrac{1}{2}$ で極大値 $\dfrac{1}{3}$，**

$x=\dfrac{3}{2}$ で極小値 $-\dfrac{1}{3}$　をとる。

また，グラフは **右の図** のようになる。

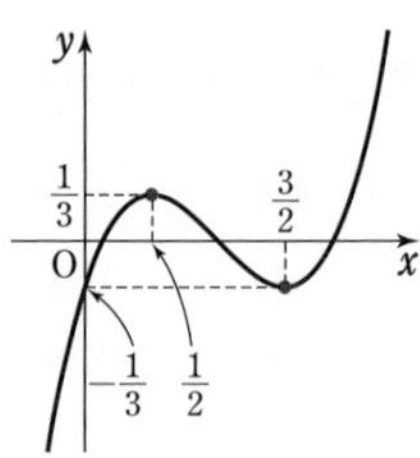

inf. $f(x)=\int_1^x(4t^2-8t+3)dt$ を先に求め，これに $x=\dfrac{1}{2},\ \dfrac{3}{2}$ を代入して極値を求めてもよい。

PRACTICE 209③

$f(x)=\int_{-3}^x(t^2+t-2)dt$ のとき，関数 $f(x)$ の極値を求め，$y=f(x)$ のグラフをかけ。

重要 例題 210 定積分と係数決定

$f(x)=x^2+ax+b$ が，すべての 1 次式 $g(x)$ に対して $\int_{-1}^{1}f(x)g(x)dx=0$ を満たすように，定数 a，b の値を定めよ。

基本 20，204，206

CHART & THINKING

1 次式 $g(x)$ を $g(x)=px+q$ とすると

すべての 1 次式 $g(x)$ について等式が成り立つ $\Longleftrightarrow$ p，q の値に関係なく等式が成り立つ

すなわち，等式 $\int_{-1}^{1}f(x)g(x)dx=0$ が p，q の恒等式となればよい。

恒等式の性質を利用するには，どのように解けばよいのだろうか？

なお，$\int_{-a}^{a}$ の定積分であるから　偶数次は $2\int_{0}^{a}$　奇数次は 0　も利用する。

解答

$g(x)=px+q$ $(p\neq0)$ とすると

$$\int_{-1}^{1}f(x)g(x)dx$$

$$=\int_{-1}^{1}(x^2+ax+b)(px+q)dx$$

$$=p\int_{-1}^{1}(x^3+ax^2+bx)dx+q\int_{-1}^{1}(x^2+ax+b)dx$$

$$=2p\int_{0}^{1}ax^2dx+2q\int_{0}^{1}(x^2+b)dx$$

$$=2p\left[\frac{a}{3}x^3\right]_0^1+2q\left[\frac{x^3}{3}+bx\right]_0^1$$

$$=\frac{2}{3}ap+2\left(\frac{1}{3}+b\right)q$$

すべての 1 次式 $g(x)$ に対して $\int_{-1}^{1}f(x)g(x)dx=0$ が成り立つための条件は

$$\frac{2}{3}ap+2\left(\frac{1}{3}+b\right)q=0$$

が p，q についての恒等式となることである。

よって　　$a=0$　かつ　$\frac{1}{3}+b=0$

したがって　　$\boldsymbol{a=0}$，$\boldsymbol{b=-\frac{1}{3}}$

⇐ 1 次式であるから $p\neq0$

⇐ **p，q について整理。**

CHART $\int_{-a}^{a}$ の定積分
偶数次は $2\int_{0}^{a}$
奇数次は 0

⇐ $Ap+Bq=0$ が p，q の恒等式 $\Longleftrightarrow$ $A=B=0$

⇐ $f(x)=x^2-\frac{1}{3}$ となる。

PRACTICE 210③

x の 3 次関数を $f(x)=x^3+ax^2+bx+c$ とする。このとき，x の 2 次以下のどのような関数 $g(x)$ に対しても $\int_{-1}^{1}f(x)g(x)dx=0$ が成り立つような $f(x)$ を求めよ。

［類 京都大］

EXERCISES　23 不定積分　24 定積分

A

165❷ 次の不定積分を求めよ。ただし，(1) の a，b，x は y に無関係とする。

(1) $\int(ax+y)(bx-y)dy$　　(2) $\int(t-1)(t^3+t^2+t+1)dt$

(3) $\int(4-x)(2x+1)dx-2\int(x+2)(2x+1)dx$　➡201

166❸ x の 2 次関数 $f(x)$ およびその原始関数 $F(x)$ が次の等式を満たすとき，$F(x)$ を求めよ。

$$x^2f'(x)+F(x)=14x^3+6x^2+3x+5$$

〔星薬大〕　➡202

167❷ 次の定積分を求めよ。

(1) $\int_{-2}^{1}(x^3+11x^2+3x+7)dx+\int_{1}^{-2}(x^3+2x^2-5x-3)dx$

(2) $\int_{\frac{1-\sqrt{5}}{2}}^{\frac{1+\sqrt{5}}{2}}(t^2-t-1)dt$　➡204, 205

168❸ 関数 $f(x)=ax^2+bx+c$ が次の 3 つの条件を満たすように定数 a，b，c の値を定めよ。

$$f(1)=8,\ \int_{-1}^{1}f(x)dx=4,\ \int_{-1}^{1}xf'(x)dx=4$$

〔創価大〕　➡204, 206

169❸ 等式 $f(x)=x^2+2+\int_{-1}^{1}(x-t)f(t)dt$ を満たす関数 $f(x)$ を求めよ。

〔東京電機大〕　➡207

170❸ 2 つの 2 次関数 $f(x)$，$g(x)$ が，$f(0)-g(0)=1$，

$\frac{d}{dx}\int_{0}^{x}\{f(t)+g(t)\}dt=5x^2+11x+13$，$\int_{0}^{x}\frac{d}{dt}\{f(t)-g(t)\}dt=x^2+x$ を満たすとき，$f(x)$，$g(x)$ を求めよ。

〔類 金沢工大〕　➡208

171❷ (1) $\int_{a}^{x}f(t)dt=x^2-5x+6$，$\int_{a}^{2a}f(t)dt=12$ を同時に満たす関数 $f(x)$ と定数 a の値を求めよ。

〔北海道薬大〕

(2) $\int_{-1}^{x}(3t-5)(4t+a)dt=bx^3-7x^2-18cx-d$ のとき，定数 a，b，c，d の値を求めよ。

〔日本工大〕　➡208

HINT

169 $\int_{-1}^{1}(x-t)f(t)dt=x\int_{-1}^{1}f(t)dt-\int_{-1}^{1}tf(t)dt$ から，$\int_{-1}^{1}f(t)dt=a$，$\int_{-1}^{1}tf(t)dt=b$ とおく。

170 $\int_{a}^{x}\frac{d}{dt}\{f(t)\}dt=\int_{a}^{x}f'(t)dt=\Big[f(t)\Big]_{a}^{x}=f(x)-f(a)$

EXERCISES　23 不定積分　24 定積分

A

172❸ $-3 \leqq x \leqq 3$ のとき，関数 $f(x)=\int_{-3}^{x}(t^2-2t-3)dt$ のとりうる値の範囲を求めよ。〔群馬大〕 ➡ 209

B

173❹ 多項式 $f(x)$ が $xf'(x)+\int_1^x f(t)dt=2x^2+x+1$ を満たすとき，次の問いに答えよ。

(1) 多項式 $f(x)$ の次数を求めよ。

(2) 多項式 $f(x)$ を求めよ。〔東北学院大〕 ➡ 208

174❹ x の関数 $f(x)$，$g(x)$ が次の条件 ①，② を満たしている。

$$\int_1^x f(t)dt=xg(x)+ax+2 \quad (a\text{ は実数}) \quad \cdots\cdots ①$$

$$g(x)=x^2-2x\int_0^1 f(t)dt+1 \quad \cdots\cdots ②$$

このとき，定数 a の値と関数 $f(x)$，$g(x)$ を求めよ。〔北海道薬大〕 ➡ 208

175❺ すべての a，b，c，d に対して，関数 $f(x)=ax^3+bx^2+cx+d$ が $\int_{-3}^{3} f(x)dx=s\cdot f(p)+t\cdot f(q)$ を満たすような s，t，p，q の値を求めよ。ただし，$p \leqq q$ とする。〔室蘭工大〕 ➡ 206, 210

176❹ (1) 不等式 $\left\{\int_0^1 (x-a)(x-b)dx\right\}^2 \leqq \int_0^1 (x-a)^2 dx \int_0^1 (x-b)^2 dx$ を証明せよ。また，等号が成り立つのはどのような場合か。ただし，a，b は定数とする。

(2) $f(x)$ が x の 1 次式で $\int_0^1 f(x)dx=1$ のとき，$\int_0^1 \{f(x)\}^2 dx>1$ であることを証明せよ。〔(2) 名古屋大〕

HINT

173 $f(x)$ を n 次式とし，$xf'(x)$，$\int_1^x f(t)dt$ の次数を考える。

174 ① で $x=0$ とおくと $\int_1^0 f(t)dt=2$ 　これで，$g(x)$ が定まる。

175 「すべての a，b，c，d に対して」⟶ a，b，c，d について整理して，恒等式の考え方から，s，t，p，q の値を求める。

176 (1) $A \leqq B \Longleftrightarrow B-A \geqq 0$ 　**(実数)$^2 \geqq 0$** を利用。

面　積

基本事項

1 曲線と x 軸の間の面積

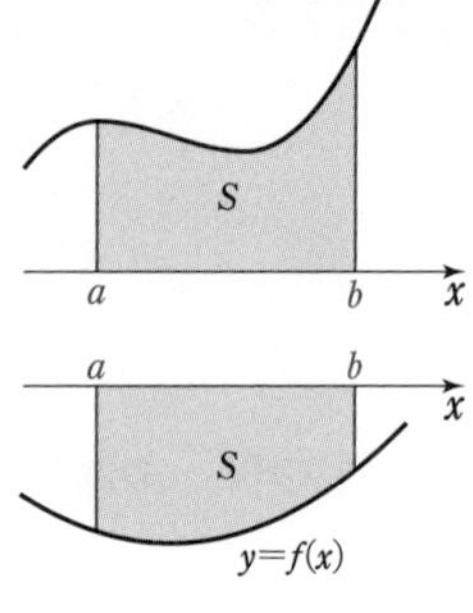

① 区間 $a \leqq x \leqq b$ で常に $f(x) \geqq 0$ のとき
曲線 $y=f(x)$ と x 軸，および 2 直線 $x=a$，$x=b$ で囲まれた部分の面積 S は

$$S=\int_a^b f(x)dx$$

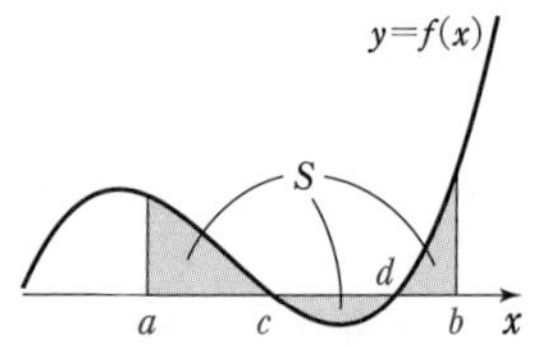

② 区間 $a \leqq x \leqq b$ で常に $f(x) \leqq 0$ のとき
曲線 $y=f(x)$ と x 軸，および 2 直線 $x=a$，$x=b$ で囲まれた部分の面積 S は

$$S=\int_a^b \{-f(x)\}dx$$

③ $f(x) \geqq 0$ と $f(x) \leqq 0$ の部分があるとき
区間を分けて求める。例えば，右の図の場合は

$$S=\int_a^c f(x)dx+\int_c^d \{-f(x)\}dx+\int_d^b f(x)dx$$

一般に，$y=f(x)$ のグラフ，x 軸，直線 $x=a$，$x=b$ $(a<b)$ で囲まれた部分の面積 S は，次のように書ける。

$$S=\int_a^b |f(x)|dx \quad (a<b)$$

2 2 つの曲線の間の面積

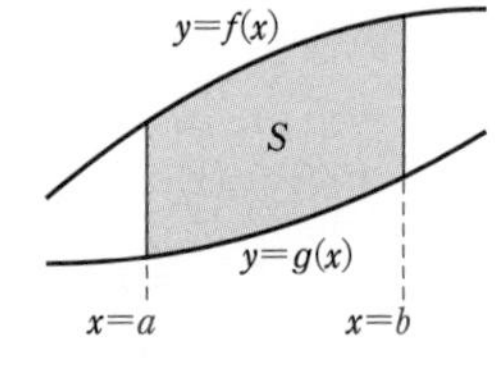

区間 $a \leqq x \leqq b$ で常に $f(x) \geqq g(x)$ とする。2 つの曲線 $y=f(x)$，$y=g(x)$，および 2 直線 $x=a$，$x=b$ で囲まれた部分の面積 S は

$$S=\int_a^b \{f(x)-g(x)\}dx$$

注意　**2 曲線の交点**　放物線と直線，放物線と放物線の交点の x 座標は，これら 2 つの曲線（直線を含む）の方程式を $y=f(x)$，$y=g(x)$ とすると，方程式 $f(x)=g(x)$ の実数解である。

CHECK & CHECK

77　次の曲線と 2 直線および x 軸で囲まれた部分の面積を求めよ。

(1)　$y=x^2+1$，$x=0$，$x=2$　　(2)　$y=-2x^2-1$，$x=-1$，$x=2$

(3)　$y=-x^2+2x-2$，$x=1$，$x=2$

1

基本 例題 211 放物線と x 軸の間の面積

次の曲線，直線と x 軸で囲まれた部分の面積を求めよ。

(1) $y=x^2-x-2$　　(2) $y=-x^2+3x\ (-1\leqq x\leqq 2)$，$x=-1$，$x=2$

p.330 基本事項 1

CHART & SOLUTION

面積の計算　まず グラフをかく

① 積分区間の決定　② 上下関係を調べる

(1) まず，$x^2-x-2=0$ の解を求める。⟶ $x=-1,\ 2$

よって，積分区間は　$-1\leqq x\leqq 2$　この区間で $\boldsymbol{y\leqq 0}$

公式 $\displaystyle\int_\alpha^\beta(x-\alpha)(x-\beta)dx=-\frac{1}{6}(\beta-\alpha)^3$ を用いると計算がスムーズ。

(2) (1)と同様に，$-x^2+3x=0$ から　$x=0,\ 3$　積分区間は　$-1\leqq x\leqq 2$

$-1\leqq x\leqq 0$ で $y\leqq 0$，$0\leqq x\leqq 2$ で $y\geqq 0$　よって，積分区間を分けて計算する。

注意　面積を求めるために解答にグラフをかくときは，曲線と x 軸との上下関係と，交点の x 座標がわかる程度でよい。

解答

(1) 曲線と x 軸の交点の x 座標は，方程式 $x^2-x-2=0$ を解いて

$(x+1)(x-2)=0$　　よって　$x=-1,\ 2$

$-1\leqq x\leqq 2$ において $y\leqq 0$ であるから，求める面積 S は

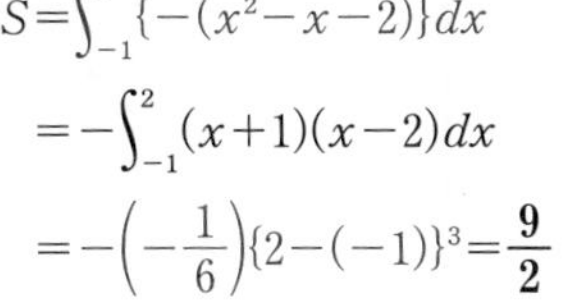

$$S=\int_{-1}^{2}\{-(x^2-x-2)\}dx$$
$$=-\int_{-1}^{2}(x+1)(x-2)dx$$
$$=-\left(-\frac{1}{6}\right)\{2-(-1)\}^3=\frac{9}{2}$$

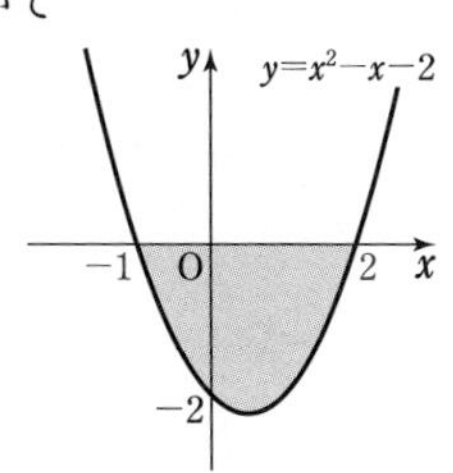

(2) 曲線と x 軸の交点の x 座標は，方程式 $-x^2+3x=0$ を解いて

$x(x-3)=0$　　よって　$x=0,\ 3$

$-1\leqq x\leqq 0$ において $y\leqq 0$，$0\leqq x\leqq 2$ において $y\geqq 0$ であるから，求める面積 S は

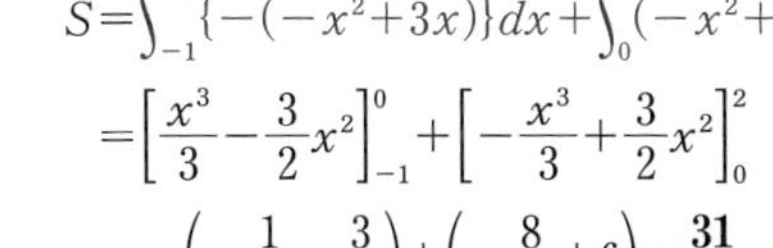

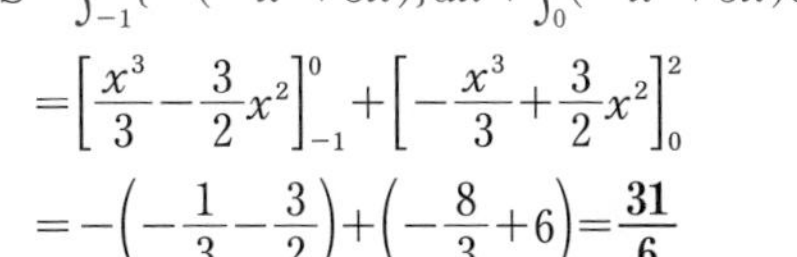

$$S=\int_{-1}^{0}\{-(-x^2+3x)\}dx+\int_0^2(-x^2+3x)dx$$
$$=\left[\frac{x^3}{3}-\frac{3}{2}x^2\right]_{-1}^{0}+\left[-\frac{x^3}{3}+\frac{3}{2}x^2\right]_0^2$$
$$=-\left(-\frac{1}{3}-\frac{3}{2}\right)+\left(-\frac{8}{3}+6\right)=\frac{31}{6}$$

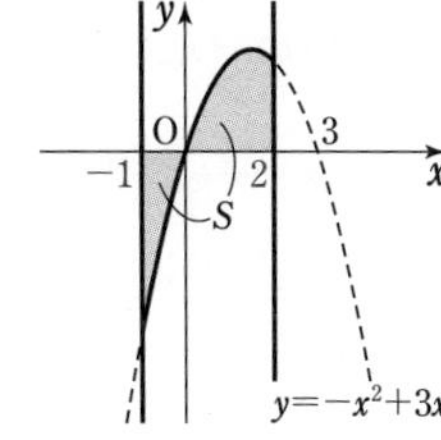

PRACTICE 211②

次の曲線，直線と x 軸で囲まれた部分の面積を求めよ。

(1) $y=x^2-2x-8$　　(2) $y=-2x^2+4x+6$

(3) $y=x^3+3\ (0\leqq x\leqq 1)$，$y$ 軸，$x=1$　　(4) $y=x^2-4x+3\ (0\leqq x\leqq 5)$，$x=0$，$x=5$

基本 例題 212　2つの曲線の間の面積

次の曲線や直線で囲まれた部分の面積を求めよ。

(1)　$y=-x^2+3x+2$，$y=x-1$　　(2)　$y=x^2+1$，$y=-x^2-2x+3$

基本 211

CHART & SOLUTION

面積の計算　まず グラフをかく

①　積分区間の決定　　②　上下関係を調べる

①　放物線，直線の交点の x 座標を求めて，**積分区間を決める。**

⟶ 交点の x 座標は　(1) $-x^2+3x+2=x-1$　(2) $x^2+1=-x^2-2x+3$　の解。

②　①で決められた区間において，グラフの上下関係から **被積分関数を定める。**

⟶ **(上の曲線の式)−(下の曲線の式)**

実際の計算では，公式 $\displaystyle\int_\alpha^\beta (x-\alpha)(x-\beta)dx=-\frac{1}{6}(\beta-\alpha)^3$ を利用。…… !

(2)　2曲線の交点の x 座標が複雑な形となるので，α，β $(\alpha<\beta)$ とおく。

解答

(1)　放物線と直線の交点の x 座標は，方程式

$-x^2+3x+2=x-1$ すなわち $x^2-2x-3=0$ を解いて

$(x+1)(x-3)=0$　　よって　$x=-1,\ 3$

ゆえに，右の図から求める面積 S は

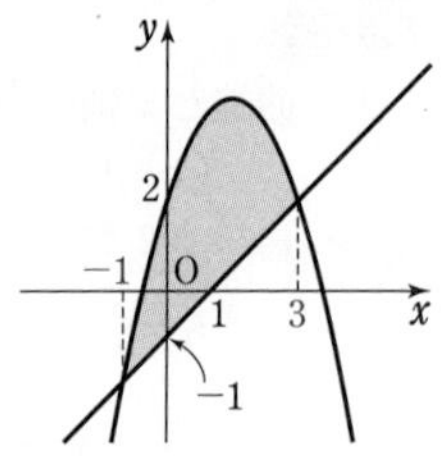

$$S=\int_{-1}^{3}\{(-x^2+3x+2)-(x-1)\}dx$$

! $$=\int_{-1}^{3}(-x^2+2x+3)dx=-\int_{-1}^{3}(x+1)(x-3)dx$$

$$=-\left(-\frac{1}{6}\right)\{3-(-1)\}^3=\frac{1}{6}\cdot 4^3=\boldsymbol{\frac{32}{3}}$$

(2)　2曲線の交点の x 座標は，方程式 $x^2+1=-x^2-2x+3$

すなわち $x^2+x-1=0$ を解いて　$x=\dfrac{-1\pm\sqrt{5}}{2}$

$\alpha=\dfrac{-1-\sqrt{5}}{2}$，$\beta=\dfrac{-1+\sqrt{5}}{2}$ とおくと，右の図から求める面積 S は

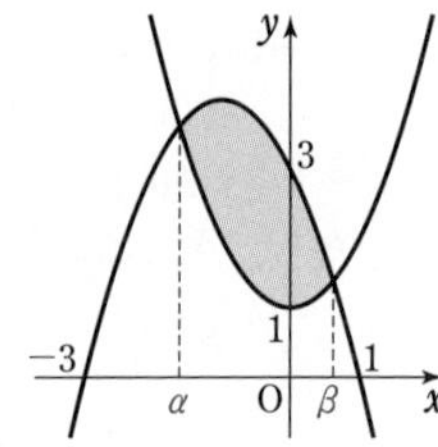

$$S=\int_\alpha^\beta\{(-x^2-2x+3)-(x^2+1)\}dx=\int_\alpha^\beta(-2x^2-2x+2)dx$$

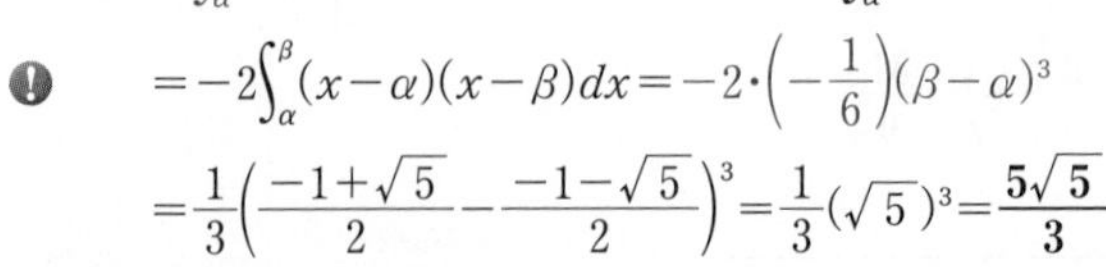

! $$=-2\int_\alpha^\beta(x-\alpha)(x-\beta)dx=-2\cdot\left(-\frac{1}{6}\right)(\beta-\alpha)^3$$

$$=\frac{1}{3}\left(\frac{-1+\sqrt{5}}{2}-\frac{-1-\sqrt{5}}{2}\right)^3=\frac{1}{3}(\sqrt{5})^3=\boldsymbol{\frac{5\sqrt{5}}{3}}$$

PRACTICE 212❷

次の曲線や直線で囲まれた部分の面積を求めよ。

(1)　$y=x^2-4x-2$，$y=-2x+1$　　(2)　$y=2x^2+3x+1$，$y=-x^2-x+2$

ズーム UP 定積分計算の工夫

6分の1公式を積極的に活用しましょう！

$p.322$ 基本例題 205 で説明した次の定積分の公式は，2次関数のグラフと x 軸や直線とで囲まれた部分の面積，2次関数のグラフどうしで囲まれた部分の面積を求める場合にとても有用である。

> $ax^2+bx+c=0$ $(a\neq 0)$ の実数解が α，β であるとき，
> $ax^2+bx+c=a(x-\alpha)(x-\beta)$ であることから
> $$\int_\alpha^\beta(ax^2+bx+c)dx=a\int_\alpha^\beta(x-\alpha)(x-\beta)dx=-\frac{a}{6}(\beta-\alpha)^3$$

もちろん，この公式を利用しないでふつうに定積分の計算を行えば面積を求めることはできるが，計算が煩雑になることが多い。例えば，基本例題 212 (2) の場合

$$S=\int_\alpha^\beta(-2x^2-2x+2)dx=\left[-\frac{2}{3}x^3-x^2+2x\right]_\alpha^\beta$$
$$=-\frac{2}{3}(\beta^3-\alpha^3)-(\beta^2-\alpha^2)+2(\beta-\alpha)$$
$$=-\frac{1}{3}(\beta-\alpha)\{2(\beta^2+\beta\alpha+\alpha^2)+3(\beta+\alpha)-6\}$$
$$=-\frac{1}{3}(\beta-\alpha)[2\{(\alpha+\beta)^2-\alpha\beta\}+3(\alpha+\beta)-6]$$

ここで，$\beta-\alpha=\sqrt{5}$，$\alpha+\beta=-1$，$\alpha\beta=-1$ であるから

$$S=-\frac{1}{3}\cdot\sqrt{5}\,[2\{(-1)^2-(-1)\}+3(-1)-6]$$
$$=-\frac{1}{3}\sqrt{5}\cdot(-5)=\boldsymbol{\frac{5\sqrt{5}}{3}}$$

となる。

また，6分の1公式を利用すれば $\beta-\alpha$ の値のみを求めればよいが，利用しなければ他に $\alpha+\beta$，$\alpha\beta$ の値も必要となり，手間が増えてしまう。

6分の1公式の使い方を誤らないように注意しましょう！

とても便利な公式ではあるが，次のように誤った使い方をしないように注意しよう。

$$\int_{-\frac{1}{2}}^{2}(-2x^2+3x+2)dx=-\int_{-\frac{1}{2}}^{2}(2x+1)(x-2)dx\times-\left(-\frac{1}{6}\right)\left\{2-\left(-\frac{1}{2}\right)\right\}^3$$

因数分解して，上端と下端の値が，被積分関数の値を0とすることを確認するところまではよいが，この後，x^2 の係数をくくり出して

$$\int_{-\frac{1}{2}}^{2}(-2x^2+3x+2)dx=-2\int_{-\frac{1}{2}}^{2}\left(x+\frac{1}{2}\right)(x-2)dx=-2\cdot\left(-\frac{1}{6}\right)\left\{2-\left(-\frac{1}{2}\right)\right\}^3$$

としなければならないのである。x^2 の係数を掛け忘れないようにしよう。

基本 例題 213 不等式の表す領域の面積

連立不等式 $y \geqq x^2$, $y \geqq 2-x$, $y \leqq x+6$ の表す領域の面積を求めよ。

基本 212

CHART & SOLUTION

連立不等式の表す領域　それぞれの領域の共通部分

まず，境界線の交点の座標を求め，グラフをかく。

$\alpha \leqq x \leqq \beta$ で常に $f(x) \geqq g(x)$ なら $\int_{\alpha}^{\beta}\{f(x)-g(x)\}dx$ を利用して，面積を求める。

解答では，領域を $-2 \leqq x \leqq 1$ の部分と $1 \leqq x \leqq 3$ の部分に分けて計算した。……❗

解答

境界線の交点の座標は，次の 3 つの連立方程式の解である。

① $\begin{cases} y=x^2 \\ y=2-x \end{cases}$　② $\begin{cases} y=x^2 \\ y=x+6 \end{cases}$　③ $\begin{cases} y=2-x \\ y=x+6 \end{cases}$

連立方程式 ① を解くと

$(x, y)=(-2, 4), (1, 1)$

連立方程式 ② を解くと

$(x, y)=(-2, 4), (3, 9)$

連立方程式 ③ を解くと

$(x, y)=(-2, 4)$

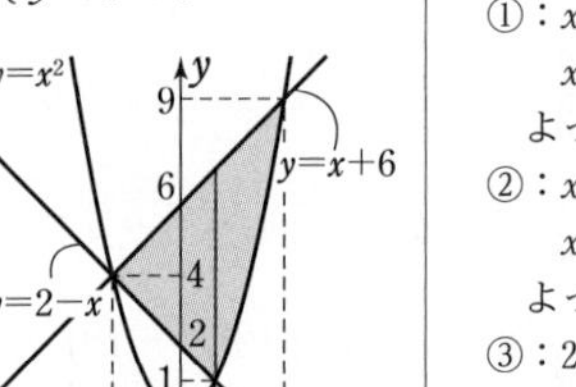

よって，連立不等式の表す領域は

図の赤く塗った部分。ただし，境界線を含む。

直線 $x=1$ と直線 $y=x+6$ の交点の座標は　$(1, 7)$

ゆえに，求める面積 S は

❗ $S=\frac{1}{2}\times\{1-(-2)\}\times(7-1)+\int_{1}^{3}\{(x+6)-x^2\}dx$

$=9+\int_{1}^{3}(-x^2+x+6)dx=9+\left[-\frac{x^3}{3}+\frac{x^2}{2}+6x\right]_{1}^{3}$

$=9+\frac{22}{3}=\mathbf{\frac{49}{3}}$

⇦ まず，不等号を等号に変えて境界線をかく。

⇦ y を消去すると

①：$x^2=2-x$ から

$x^2+x-2=0$

よって　$x=-2, 1$

②：$x^2=x+6$ から

$x^2-x-6=0$

よって　$x=-2, 3$

③：$2-x=x+6$ から

$x=-2$

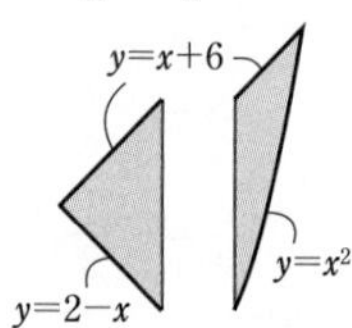

に分けて面積を計算。

$-2 \leqq x \leqq 1$ の部分は，高さ $1-(-2)=3$，底辺の長さ $7-1=6$ の三角形。

別解 **(面積の計算)**

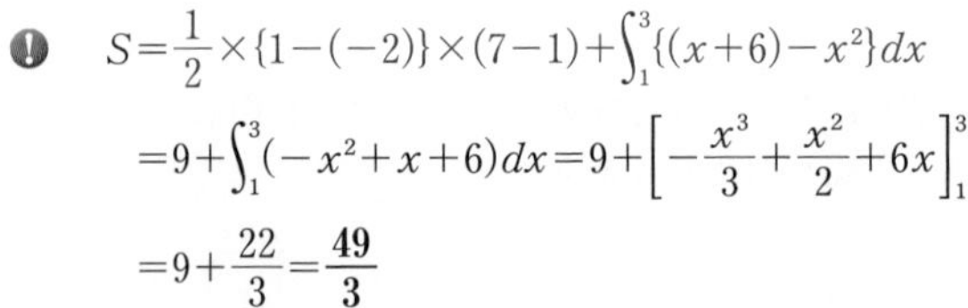

$S=\int_{-2}^{3}\{(x+6)-x^2\}dx-\int_{-2}^{1}\{(2-x)-x^2\}dx$

$=-\int_{-2}^{3}(x+2)(x-3)dx+\int_{-2}^{1}(x+2)(x-1)dx$

$=\frac{1}{6}\{3-(-2)\}^3-\frac{1}{6}\{1-(-2)\}^3=\mathbf{\frac{49}{3}}$

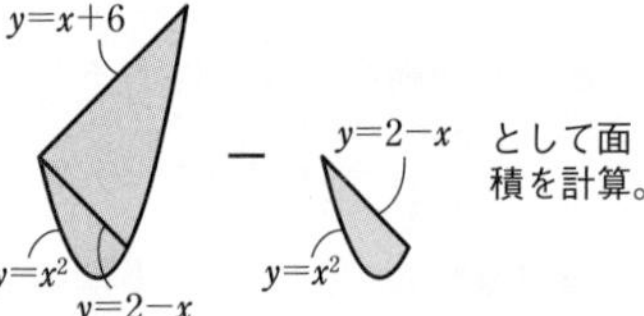

として面積を計算。

PRACTICE 213③

連立不等式 $y \geqq x^2-4$, $y \leqq x-2$, $y \geqq -\frac{1}{2}x-\frac{7}{2}$ の表す領域の面積を求めよ。

振り返り　定積分で面積を求めるときの重要事項

曲線や直線で囲まれた部分の面積を求めるうえでの基本は $\int_\alpha^\beta$ {(**上側の曲線**)−(**下側の曲線**)}dx ですが，計算の工夫や図形の分割など，定積分で面積を求めるときの重要事項をまとめておきましょう。

まず，グラフをかいて，どの部分の面積を求めるのか把握する

定積分で面積を求める問題の解法のポイントは，グラフをかいて積分区間とグラフの上下関係を調べることである。

面積を求めるとき，図形の特徴を利用したり，積分計算を工夫したりする

面積を求めるときに，次のことが重要になる。

[1]　三角形，四角形，扇形などの面積として求める。　← 積分の計算を避ける。

[2]　公式 $\int_\alpha^\beta (x-\alpha)(x-\beta)dx=-\frac{1}{6}(\beta-\alpha)^3$ を利用する。

[3]　面積を求めやすい部分に分割する。

これらをふまえて，$p.334$ 基本例題 213 を考えてみよう。

区間によって上側・下側の曲線の式が変わる場合，まず思いつくのは，区間ごとに定積分 $\int_\alpha^\beta$ {(上側の曲線)−(下側の曲線)}dx を計算し，その和をとる方法である。
基本例題 213 の 解答 もこの方法，すなわち，**直線 $x=1$ で 2 つの部分に分割して和をとる方法** で計算しているのだが，$-2\leqq x\leqq 1$ の部分では，**三角形** となるから，積分 $\int_{-2}^1\{(x+6)-(2-x)\}dx$ を計算するのではなく，$\frac{1}{2}$**×底辺×高さ** によって，面積をらくに計算している。　← [1]

基本例題 213 の 別解 は積分計算が 2 つ必要となるが，[2] の **6 分の 1 公式が使える** ので計算は比較的らくである。$-2\leqq x\leqq 3$ で曲線 $y=x^2$ と直線 $y=x+6$ が囲む面積から，$-2\leqq x\leqq 1$ で曲線 $y=x^2$ と直線 $y=-x+2$ が囲む面積を引く，と考える。
このように，**分割して差をとる方法** も有効であることを覚えておこう。

基本 例題 214 放物線と2本の接線で囲まれた部分の面積 ①①①①①

放物線 $y=x^2-4x+3$ を C とする。C 上の点 $(0,\ 3)$，$(6,\ 15)$ における接線をそれぞれ，ℓ_1，ℓ_2 とするとき，次のものを求めよ。〔群馬大〕

(1) ℓ_1，ℓ_2 の方程式　　(2) C，ℓ_1，ℓ_2 で囲まれる図形の面積

基本 174，213，基本 216

CHART & SOLUTION

(1) 曲線 $y=f(x)$ 上の点 $(a,\ f(a))$ における接線の方程式は

$$\boldsymbol{y-f(a)=f'(a)(x-a)}$$

(2) まず，2接線 ℓ_1，ℓ_2 の交点の x 座標を求め，グラフをかく。この交点の x 座標を境に接線の方程式が変わるから，被積分関数も変わる。
なお，曲線とその接線の場合，被積分関数は，$(x-a)^2$ の形で表される。
この定積分の計算は

$$\int(x-a)^2dx=\frac{(x-a)^3}{3}+C \quad (C \text{ は積分定数})$$

を利用すると，かなりスムーズになる（$p.319$ 基本例題 203 参照）。

解答

(1) $y=x^2-4x+3$ から　　$y'=2x-4$

ℓ_1 の方程式は　　$y-3=(2\cdot0-4)(x-0)$

すなわち　　$\boldsymbol{y=-4x+3}$

ℓ_2 の方程式は　　$y-15=(2\cdot6-4)(x-6)$

すなわち　　$\boldsymbol{y=8x-33}$

⇐ $y=f(x)$ とすると ℓ_1 の傾きは $f'(0)$，ℓ_2 の傾きは $f'(6)$

(2) 2直線 ℓ_1，ℓ_2 の交点の x 座標は，方程式 $-4x+3=8x-33$ を解いて

$12x=36$　　ゆえに　　$x=3$

⇐ 交点の x 座標3は接点の x 座標0と6の平均。（$p.337$ STEP UP 参照）

よって，右の図から求める面積 S は

$$S=\int_0^3\{(x^2-4x+3)-(-4x+3)\}dx+\int_3^6\{(x^2-4x+3)-(8x-33)\}dx$$

$$=\int_0^3x^2dx+\int_3^6(x-6)^2dx$$

$$=\left[\frac{x^3}{3}\right]_0^3+\left[\frac{(x-6)^3}{3}\right]_3^6$$

$$=9+9=\boldsymbol{18}$$

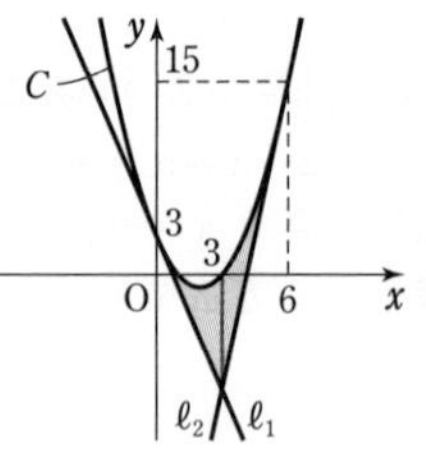

⇐ 曲線と接線の上下関係は
$0\leqq x\leqq3$ では $x^2-4x+3\geqq-4x+3$
$3\leqq x\leqq6$ では $x^2-4x+3\geqq8x-33$

⇐ 放物線と直線が $x=\alpha$ で接しているとき，$(x-\alpha)^2$ を因数にもつ。

PRACTICE 214③

放物線 $y=-x^2+x$ と点 $(0,\ 0)$ における接線，点 $(2,\ -2)$ における接線により囲まれる図形の面積を求めよ。〔類 立教大〕

STEP UP 放物線と接線で囲まれた部分の面積

基本例題 214 の内容について，詳しく見てみよう。なお，実際の答案では，以下の内容を公式として使用せず，例題の解答のように計算して求めるべきである。

放物線 $C: y=f(x)$ 上の異なる 2 点 $\mathrm{A}(\alpha,\ f(\alpha))$，$\mathrm{B}(\beta,\ f(\beta))$ における接線 ℓ_1，ℓ_2 の交点Pの x 座標は

$$\frac{\alpha+\beta}{2}$$ ⬅接点の x 座標の平均（中央の値）になる。

また，右の図の面積 S_1，S_2 について　　$S_1 : S_2 = 2 : 1$

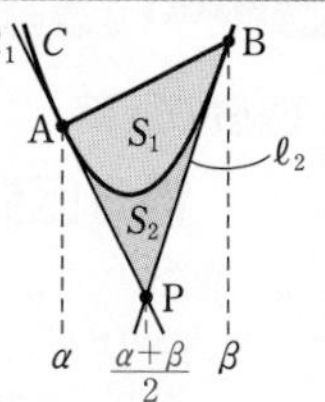

証明▶ $C: y=ax^2+bx+c\ (a\neq 0)$ とすると，$y'=2ax+b$ から，ℓ_1 の方程式は

$y-(a\alpha^2+b\alpha+c)=(2a\alpha+b)(x-\alpha)$　すなわち　$y=(2a\alpha+b)x-a\alpha^2+c$

同様に ℓ_2 の方程式は　　$y=(2a\beta+b)x-a\beta^2+c$

yを消去して　　$(2a\alpha+b)x-a\alpha^2+c=(2a\beta+b)x-a\beta^2+c$

整理して　　$2a(\alpha-\beta)x=a(\alpha^2-\beta^2)$　　　$a\neq 0$，$\alpha\neq\beta$ から　　$x=\dfrac{\alpha+\beta}{2}$

よって，ℓ_1，ℓ_2 の交点Pの x 座標は，$\dfrac{\alpha+\beta}{2}$ である。

また，$\mathrm{A}(\alpha,\ a\alpha^2+b\alpha+c)$，$\mathrm{B}(\beta,\ a\beta^2+b\beta+c)$ とすると，直線 AB の傾きは

$$\frac{(a\beta^2+b\beta+c)-(a\alpha^2+b\alpha+c)}{\beta-\alpha}=\frac{a(\beta^2-\alpha^2)+b(\beta-\alpha)}{\beta-\alpha}=a(\alpha+\beta)+b$$

であるから，直線 AB の方程式は　　$y-(a\alpha^2+b\alpha+c)=\{a(\alpha+\beta)+b\}(x-\alpha)$

整理して　　$y=\{a(\alpha+\beta)+b\}x-a\alpha\beta+c$

よって　　$S_1=\displaystyle\int_\alpha^\beta[\{a(\alpha+\beta)+b\}x-a\alpha\beta+c-(ax^2+bx+c)]dx=-\int_\alpha^\beta a\{x^2-(\alpha+\beta)x+\alpha\beta\}dx$

$$=-a\int_\alpha^\beta(x-\alpha)(x-\beta)dx=-a\left(-\frac{1}{6}\right)(\beta-\alpha)^3=\frac{a}{6}(\beta-\alpha)^3$$

ℓ_1，ℓ_2 の交点の x 座標を $p=\dfrac{\alpha+\beta}{2}$ とすると

$$S_2=\int_\alpha^p[ax^2+bx+c-\{(2a\alpha+b)x-a\alpha^2+c\}]dx$$
$$+\int_p^\beta[ax^2+bx+c-\{(2a\beta+b)x-a\beta^2+c\}]dx$$
$$=\int_\alpha^p(ax^2-2a\alpha x+a\alpha^2)dx+\int_p^\beta(ax^2-2a\beta x+a\beta^2)dx$$
$$=a\int_\alpha^p(x-\alpha)^2dx+a\int_p^\beta(x-\beta)^2dx=a\left[\frac{(x-\alpha)^3}{3}\right]_\alpha^p+a\left[\frac{(x-\beta)^3}{3}\right]_p^\beta$$
$$=\frac{a}{3}\{(p-\alpha)^3-(p-\beta)^3\}=\frac{a}{3}\left\{\left(\frac{\beta-\alpha}{2}\right)^3-\left(-\frac{\beta-\alpha}{2}\right)^3\right\}=\frac{a}{3}\cdot\frac{(\beta-\alpha)^3}{4}=\frac{a}{12}(\beta-\alpha)^3$$

したがって　　$S_1 : S_2=\dfrac{a}{6}(\beta-\alpha)^3 : \dfrac{a}{12}(\beta-\alpha)^3=2:1$

inf. 基本例題 214 では，2 本の接線 ℓ_1，ℓ_2 の交点の x 座標は　　$\dfrac{0+6}{2}=3$

また，$S_1=\dfrac{1}{6}(6-0)^3=36$ と (2) の結果 $S_2=18$ より　　$S_1 : S_2=36:18=2:1$

基本 例題 215　3次関数のグラフと面積

関数 $y=2x^3-x^2-2x+1$ のグラフと x 軸で囲まれた部分の面積を求めよ。

基本 211

CHART & SOLUTION

面積の計算　まずグラフをかく

① 積分区間の決定　② 上下関係を調べる

3次関数のグラフと面積の問題でも，方針は2次関数の場合と変わらない。

3次関数のグラフと x 軸の交点の x 座標を求めて，**積分区間を決める。**

⟶ 交点の x 座標は $2x^3-x^2-2x+1=0$ の解。

inf. 面積を求めるために解答にグラフをかくときは，曲線と x 軸との上下関係と，交点の x 座標がわかる程度でよいから，微分して増減を調べる必要はない。

解答

曲線 $y=2x^3-x^2-2x+1$ と x 軸の交点の x 座標は，方程式 $2x^3-x^2-2x+1=0$ の解である。

$f(x)=2x^3-x^2-2x+1$ とすると　$f(1)=2-1-2+1=0$

よって　$f(x)=(x-1)(2x^2+x-1)$

$=(x-1)(x+1)(2x-1)$

$f(x)=0$ を解いて　$x=1,\ -1,\ \dfrac{1}{2}$

ゆえに，曲線は右の図のようになるから，求める面積 S は

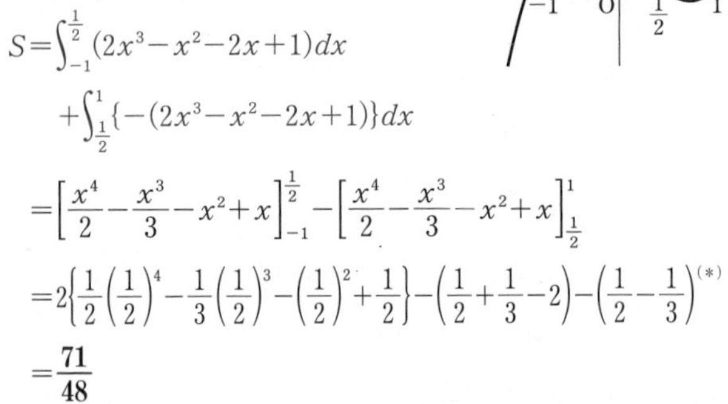

$$S=\int_{-1}^{\frac{1}{2}}(2x^3-x^2-2x+1)dx+\int_{\frac{1}{2}}^{1}\{-(2x^3-x^2-2x+1)\}dx$$

$$=\left[\frac{x^4}{2}-\frac{x^3}{3}-x^2+x\right]_{-1}^{\frac{1}{2}}-\left[\frac{x^4}{2}-\frac{x^3}{3}-x^2+x\right]_{\frac{1}{2}}^{1}$$

$$=2\left\{\frac{1}{2}\left(\frac{1}{2}\right)^4-\frac{1}{3}\left(\frac{1}{2}\right)^3-\left(\frac{1}{2}\right)^2+\frac{1}{2}\right\}-\left(\frac{1}{2}+\frac{1}{3}-2\right)-\left(\frac{1}{2}-\frac{1}{3}\right)^{(*)}$$

$$=\mathbf{\frac{71}{48}}$$

⇐ 因数定理

⇐ 組立除法により

2	−1	−2	1	1
	2	1	−1	
2	1	−1	0	

あるいは

$f(x)=x^2(2x-1)-(2x-1)$

$=(2x-1)(x^2-1)$

$=(2x-1)(x+1)(x-1)$

としてもよい。

⇐ 2つ目の定積分は，−を外に出すと，1つ目の定積分と被積分関数が同じ。

⇐ $\Big[F(x)\Big]_a^c-\Big[F(x)\Big]_c^b$

$=F(c)-F(a)-\{F(b)-F(c)\}$

$=2F(c)-F(a)-F(b)$

inf. 定積分は分数計算など煩雑な計算が多い。解答の(＊)のように $F(x)$ に代入する値はまとめて，計算の工夫をする。

PRACTICE 215 ③

次の曲線と x 軸で囲まれた部分の面積を求めよ。

(1)　$y=x^3-5x^2+6x$　　(2)　$y=2x^3-5x^2+x+2$

基本 例題 216 曲線と接線で囲まれた部分の面積

曲線 $y=-x^3+5x$ 上に点 A$(-1,\ -4)$ をとる。

(1) 点Aにおける接線 ℓ の方程式を求めよ。

(2) 曲線 $y=-x^3+5x$ と接線 ℓ で囲まれた部分の面積 S を求めよ。

基本 214，215

CHART & SOLUTION

(2) まず，3 次曲線と接線の共有点の x 座標を求める。
3 次曲線 $y=f(x)$ (x^3 の係数が a) と直線 $y=g(x)$ が $\boldsymbol{x=\alpha}$ **で接するとき，**
$f(x)-g(x)=\boldsymbol{a(x-\alpha)^2(x-\beta)}$ が成り立つ。
(ここで，β は $y=f(x)$ と $y=g(x)$ の接点以外の共有点の x 座標)

解答

(1) $y'=-3x^2+5$ であるから，接線 ℓ の方程式は

$$y-(-4)=\{-3(-1)^2+5\}\{x-(-1)\}$$

すなわち $\boldsymbol{y=2x-2}$

(2) 曲線と接線 ℓ の共有点の x 座標は，方程式
$-x^3+5x=2x-2$ すなわち $x^3-3x-2=0$ の解である。
ゆえに $(x+1)^2(x-2)=0$ よって $x=-1,\ 2$
ゆえに，図から求める面積 S は

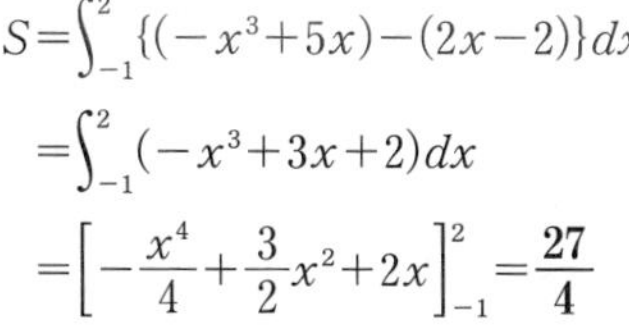

$$S=\int_{-1}^{2}\{(-x^3+5x)-(2x-2)\}dx$$
$$=\int_{-1}^{2}(-x^3+3x+2)dx$$
$$=\left[-\frac{x^4}{4}+\frac{3}{2}x^2+2x\right]_{-1}^{2}=\boldsymbol{\frac{27}{4}}$$

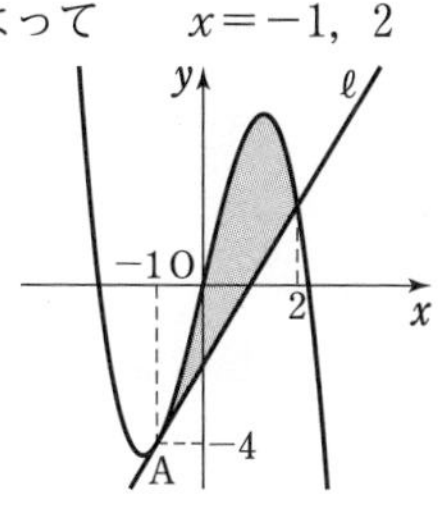

⇦ 曲線と接線 ℓ は $x=-1$ で接する (重解をもつ) から，$(x+1)^2$ を因数にもつ。よって，
x^3-3x-2
$=(x+1)^2(x+a)$
とおけ，定数項を比較して $a=-2$

INFORMATION 定積分の計算の工夫

$S=\int_{-1}^{2}(-x^3+3x+2)dx$ の計算は $p.319$ 基本例題 203 と同様に，次のように計算するとスムーズである。

$$S=\int_{-1}^{2}(-x^3+3x+2)dx=-\int_{-1}^{2}(x+1)^2(x-2)dx$$
$$=-\int_{-1}^{2}(x+1)^2\{(x+1)-3\}dx=-\int_{-1}^{2}\{(x+1)^3-3(x+1)^2\}dx$$

← $(x+1)^n$ の形をつくる

$$=-\left[\frac{(x+1)^4}{4}-(x+1)^3\right]_{-1}^{2}=-\frac{81}{4}+27=\frac{27}{4}$$

PRACTICE 216 ❸

曲線 C：$y=-x^3+4x$ とする。曲線 C 上の点 $(1,\ 3)$ における接線と曲線 C で囲まれた部分の面積を求めよ。

基本 例題 217 放物線と円の面積

放物線 $y=x^2$ と円 $x^2+\left(y-\frac{5}{4}\right)^2=1$ が異なる 2 点で接する。2 つの接点を両端とする円の 2 つの弧のうち，短い弧と放物線で囲まれる図形の面積 S を求めよ。

基本 213

CHART & SOLUTION

面積を直接求めるのは難しいため，図のように，直線と放物線で囲まれた部分の面積を補助的に考え，三角形や扇形の面積を足し引きする。……❗

三角形の面積と扇形の面積は公式を，直線と放物線で囲まれた部分の面積は積分を用いる。

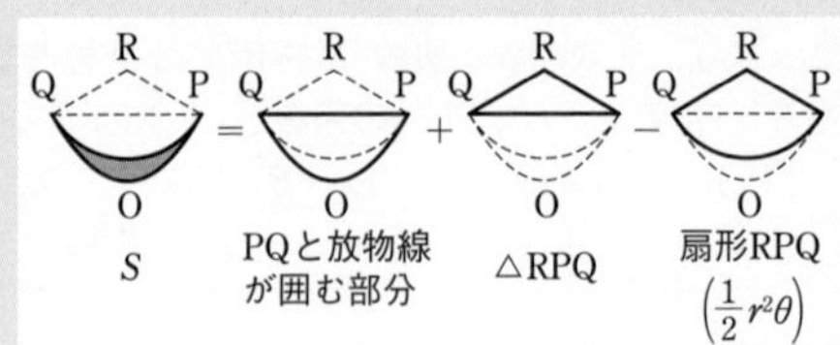

解答

放物線と円の方程式から x を消去すると　$y+\left(y-\frac{5}{4}\right)^2=1$

整理すると　$y^2-\frac{3}{2}y+\frac{9}{16}=0$

よって　$\left(y-\frac{3}{4}\right)^2=0$　　ゆえに　$y=\frac{3}{4}$

$y=\frac{3}{4}$ のとき　$x=\pm\frac{\sqrt{3}}{2}$

よって，放物線と円の共有点の座標は

$\left(\frac{\sqrt{3}}{2},\ \frac{3}{4}\right)$, $\left(-\frac{\sqrt{3}}{2},\ \frac{3}{4}\right)$

また，図のように P，Q，R をとる。求める面積 S は，図の赤く塗った部分の面積である。

$\angle QRP=\frac{2}{3}\pi$ であるから

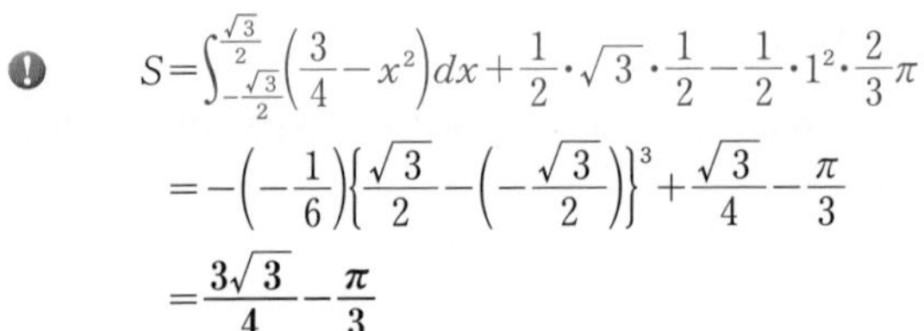

❗ $$S=\int_{-\frac{\sqrt{3}}{2}}^{\frac{\sqrt{3}}{2}}\left(\frac{3}{4}-x^2\right)dx+\frac{1}{2}\cdot\sqrt{3}\cdot\frac{1}{2}-\frac{1}{2}\cdot 1^2\cdot\frac{2}{3}\pi$$

$$=-\left(-\frac{1}{6}\right)\left\{\frac{\sqrt{3}}{2}-\left(-\frac{\sqrt{3}}{2}\right)\right\}^3+\frac{\sqrt{3}}{4}-\frac{\pi}{3}$$

$$=\mathbf{\frac{3\sqrt{3}}{4}-\frac{\pi}{3}}$$

⇦ まずは，放物線と円の共有点の座標を求める。x を消去し，y の 2 次方程式を考える。（$p.155$ 重要例題 95 参照）

⇦ $y=x^2$ に $y=\frac{3}{4}$ を代入。

$x^2=\frac{3}{4}$ から $x=\pm\frac{\sqrt{3}}{2}$

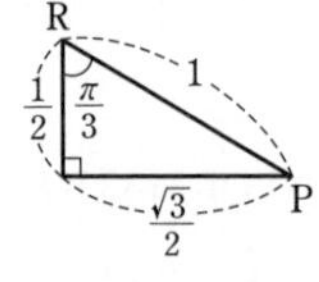

⇦ △RPQ の底辺は $\sqrt{3}$，高さは $\frac{1}{2}$

半径 r，中心角 θ の扇形の面積は $\frac{1}{2}r^2\theta$

PRACTICE 217③

連立不等式 $x^2+y^2\leqq 4$，$y\geqq x^2-2$ の表す領域の面積を求めよ。

基本 例題 218 絶対値を含む関数の定積分

(1) $\int_1^4 |x-2|dx$ を求めよ。　　(2) $\int_0^4 |x^2-4|dx$ を求めよ。

p.330 基本事項 1，重要 225

CHART & SOLUTION

絶対値　場合に分ける　$|A|=\begin{cases} A & (A \geqq 0) \\ -A & (A \leqq 0) \end{cases}$ ⟵ 積分区間を表すから等号は両方に必要。

まず，**絶対値記号をはずす**。
場合の分かれ目で被積分関数が変わるから，**積分区間を分割する**。……❗

(1) $|x-2|=\begin{cases} -(x-2) & (x \leqq 2) \\ x-2 & (x \geqq 2) \end{cases}$ ⟶ 区間を $1 \leqq x \leqq 2$ と $2 \leqq x \leqq 4$ に分割。

(2) $|x^2-4|=|(x+2)(x-2)|=\begin{cases} x^2-4 & (x \leqq -2,\ 2 \leqq x) \\ -(x^2-4) & (-2 \leqq x \leqq 2) \end{cases}$

⟶ 積分区間 $0 \leqq x \leqq 4$ に $x=2$ が含まれるから，区間を $0 \leqq x \leqq 2$ と $2 \leqq x \leqq 4$ に分割。

解答

(1) $1 \leqq x \leqq 2$ のとき　$|x-2|=-(x-2)$
$2 \leqq x \leqq 4$ のとき　$|x-2|=x-2$　であるから

❗ $\int_1^4 |x-2|dx=\int_1^2 \{-(x-2)\}dx+\int_2^4 (x-2)dx$

$=-\left[\frac{x^2}{2}-2x\right]_1^2+\left[\frac{x^2}{2}-2x\right]_2^4$

$=-\left\{(2-4)-\left(\frac{1}{2}-2\right)\right\}+(8-8)-(2-4)=\mathbf{\frac{5}{2}}$

(2) $|x^2-4|=|(x+2)(x-2)|$
$0 \leqq x \leqq 2$ のとき　$|x^2-4|=-(x^2-4)$
$2 \leqq x \leqq 4$ のとき　$|x^2-4|=x^2-4$　であるから

$\int_0^4 |x^2-4|dx$

❗ $=\int_0^2 \{-(x^2-4)\}dx+\int_2^4 (x^2-4)dx$

$=-\left[\frac{x^3}{3}-4x\right]_0^2+\left[\frac{x^3}{3}-4x\right]_2^4$

$=-2\left(\frac{8}{3}-8\right)+\left(\frac{64}{3}-16\right)=\mathbf{16}$

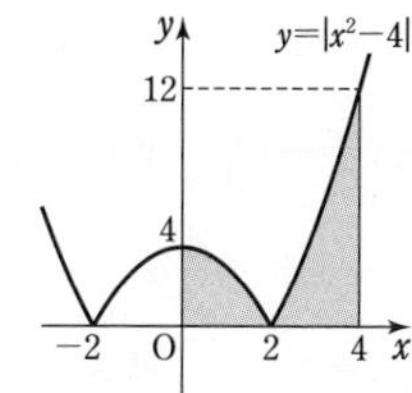

inf. 問題の定積分は，それぞれ図の赤く塗った部分の面積を表す。

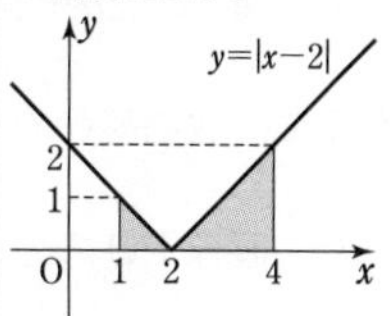

別解 (1) 2 つの直角二等辺三角形の和として考えると
$\frac{1}{2}\cdot 1\cdot 1+\frac{1}{2}\cdot 2\cdot 2=\frac{5}{2}$

⇐ $F(x)=\frac{x^3}{3}-4x$ とすると
$-\left[F(x)\right]_0^2+\left[F(x)\right]_2^4$
$=-2F(2)+F(0)+F(4)$

PRACTICE 218❷

次の定積分を求めよ。

(1) $\int_0^3 |x^2-2x|dx$ 〔工学院大〕　(2) $\int_0^3 x|x-1|dx$ 〔青山学院大〕

基本 例題 219　面積から係数決定

$a>0$ とする。放物線 $y=ax^2+bx+c$ は 2 点 P$(-1,\ 3)$, Q$(1,\ 4)$ を通るという。このとき，この放物線と 2 点 P，Q を通る直線で囲まれた部分の面積が 4 になるような定数 a, b, c の値を求めよ。〔類 北海道大〕 基本 212

CHART & SOLUTION

面積から係数決定　面積を 1 つの文字係数で表す

① 文字が満たす条件を調べる

② それらの等式から文字数を減らす

面積を 1 つの文字係数で表すには，定積分における被積分関数の文字係数を 1 つにする必要がある。文字は 3 つで条件 (通る点) が 2 つであるから，文字消去により，2 文字それぞれを残りの 1 文字で表せば解決する。

解答

放物線 $y=ax^2+bx+c$ が 2 点 P，Q を通るから

$$a-b+c=3 \quad \cdots\cdots ①,\qquad a+b+c=4 \quad \cdots\cdots ②$$

②−① から　$2b=1$　　よって　$b=\dfrac{1}{2}$　……③

①+② から　$2a+2c=7$　　よって　$c=\dfrac{7}{2}-a$　……④

ゆえに，放物線の方程式は　$y=ax^2+\dfrac{1}{2}x+\dfrac{7}{2}-a$

また，直線 PQ の方程式は　$y=\dfrac{1}{2}x+\dfrac{7}{2}$

$a>0$ であるから，$-1\leqq x\leqq 1$ において

$$\frac{1}{2}x+\frac{7}{2}\geqq ax^2+\frac{1}{2}x+\frac{7}{2}-a$$

よって，放物線と直線で囲まれた部分の面積 S は

$$S=\int_{-1}^{1}\left\{\left(\frac{1}{2}x+\frac{7}{2}\right)-\left(ax^2+\frac{1}{2}x+\frac{7}{2}-a\right)\right\}dx$$

$$=\int_{-1}^{1}(-ax^2+a)dx=-a\int_{-1}^{1}(x+1)(x-1)dx$$

$$=-a\cdot\left(-\frac{1}{6}\right)\{1-(-1)\}^3=\frac{4}{3}a$$

$S=4$ であるから　$\dfrac{4}{3}a=4$　　ゆえに　$a=3$　……⑤

③，④，⑤ から　$\boldsymbol{a=3,\ b=\dfrac{1}{2},\ c=\dfrac{1}{2}}$

⇐ **曲線 $y=f(x)$ が点 $(p,\ q)$ を通る $\Longleftrightarrow q=f(p)$**

⇐ b, c を消去。

⇐ $y-3=\dfrac{4-3}{1-(-1)}(x+1)$

⇐ 放物線は下に凸。

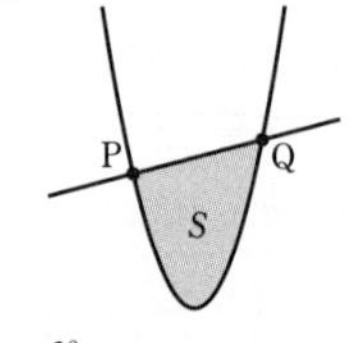

⇐ $\displaystyle\int_{\alpha}^{\beta}(x-\alpha)(x-\beta)dx=-\frac{1}{6}(\beta-\alpha)^3$

PRACTICE 219③

$a>0$ とする。放物線 $y=ax^2+bx+c$ は 2 点 P$(1,\ 1)$, Q$(3,\ 2)$ を通るという。このとき，この放物線と 2 点 P，Q を通る直線で囲まれた部分の面積が 4 になるような定数 a, b, c の値を求めよ。〔類 慶応大〕

基本 例題 220 面積の等分 (1)

a は $0<a<3$ を満たす定数とする。放物線 $y=-x^2+3x$ と x 軸で囲まれた部分の面積を直線 $y=ax$ が 2 等分するとき，a の値を求めよ。

〔類 岩手大〕 基本 212

CHART & THINKING

面積の等分

右の図のように，各部分の面積を S_1，S_2 とすると，問題の条件は $S_1=S_2$ であるが，S_2 を求めるのが少し煩雑。$S_1=S_2$ となる条件を，計算がらくな別の表現ができないだろうか。x 軸と放物線で囲まれた部分の面積との関係を図をもとに考えてみよう。

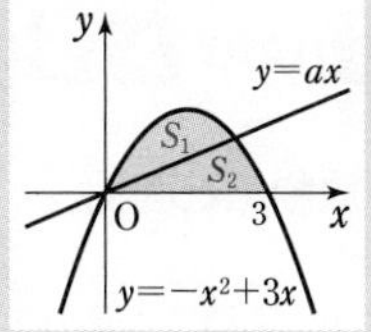

解答

直線 $y=ax$ と放物線 $y=-x^2+3x$ の交点の x 座標は，方程式 $ax=-x^2+3x$ の解である。これを解いて

$x\{x-(3-a)\}=0$　　よって　$x=0,\ 3-a$

⇐ $0<a<3$ から $0<3-a<3$

放物線と直線 $y=ax$，放物線と x 軸で囲まれた部分の面積をそれぞれ S_1，S とすると，右の図から

$$S_1=\int_0^{3-a}\{(-x^2+3x)-ax\}dx$$
$$=-\int_0^{3-a}x\{x-(3-a)\}dx$$
$$=-\left(-\frac{1}{6}\right)\{(3-a)-0\}^3=\frac{1}{6}(3-a)^3$$

⇐ $\int_\alpha^\beta(x-\alpha)(x-\beta)dx=-\frac{1}{6}(\beta-\alpha)^3$

$$S=\int_0^3(-x^2+3x)dx=-\int_0^3x(x-3)dx=-\left(-\frac{1}{6}\right)(3-0)^3=\frac{9}{2}$$

求める条件は　$2S_1=S$

⇐ $S_1+S_2=S$，$S_1=S_2$ ならば $2S_1=S$

ゆえに　$\frac{1}{3}(3-a)^3=\frac{9}{2}$　すなわち　$(3-a)^3=\frac{27}{2}$

⇐ $x^3=b$ の実数解は $x=\sqrt[3]{b}$ のみ。

よって　$3-a=\frac{3}{\sqrt[3]{2}}$　すなわち　$\boldsymbol{a=3\left(1-\frac{\sqrt[3]{4}}{2}\right)}$

⇐ $\frac{3}{\sqrt[3]{2}}=\frac{3\cdot\sqrt[3]{2^2}}{\sqrt[3]{2}\cdot\sqrt[3]{2^2}}=\frac{3\sqrt[3]{4}}{2}$

なお，$a=3\left(1-\frac{\sqrt[3]{4}}{2}\right)$ は $0<a<3$ を満たす。

inf.　x 軸の方程式は $y=0$ で，これは $y=ax$ において $a=0$ とおいたものである。よって，上の式 $S_1=\frac{1}{6}(3-a)^3$ で $a=0$ とおくと，S_1 は S を表す。したがって，$S=\frac{1}{6}(3-0)^3=\frac{9}{2}$ としても求められる。

PRACTICE 220 ❸

放物線 $y=-x(x-2)$ と x 軸で囲まれた部分の面積が，直線 $y=ax$ によって 2 等分されるとき，定数 a の値を求めよ。ただし，$0<a<2$ とする。

基本 例題 221 面積の最大・最小 (1)

曲線 $C: y=x^2$ と点 $(2,\ 6)$ を通る傾きが m の直線 ℓ について

(1) ℓ と C が異なる2つの共有点をもつことを示し，共有点の x 座標を α，β $(\alpha<\beta)$ とおいて，$\beta-\alpha$ を m を用いて表せ。

(2) ℓ と C で囲まれた部分の面積の最小値とそのときの m の値を求めよ。

基本 212

CHART & SOLUTION

放物線と面積 $\displaystyle\int_\alpha^\beta (x-\alpha)(x-\beta)dx=-\frac{1}{6}(\beta-\alpha)^3$ **を活用**

(2) 面積は $(m$ の 2 次式$)^{\frac{3}{2}}$ となるから，まず (m の 2 次式) の最小値を求める。

解答

(1) 直線 ℓ の方程式は　$y=m(x-2)+6$

$x^2=m(x-2)+6$ すなわち $x^2-mx+2(m-3)=0$ ……①

の判別式を D とすると

$$D=(-m)^2-4\cdot2(m-3)=(m-4)^2+8>0$$

よって，ℓ と C は異なる2つの共有点をもつ。

α，β $(\alpha<\beta)$ は，2次方程式①の解であるから

$$\boldsymbol{\beta-\alpha}=\frac{m+\sqrt{D}}{2}-\frac{m-\sqrt{D}}{2}=\sqrt{D}=\boldsymbol{\sqrt{m^2-8m+24}}$$

(2) ℓ と C で囲まれた部分の面積を S とすると，右の図から

$$S=\int_\alpha^\beta\{m(x-2)+6-x^2\}dx$$

$$=-\int_\alpha^\beta\{x^2-mx+2(m-3)\}dx$$

$$=-\int_\alpha^\beta(x-\alpha)(x-\beta)dx$$

$$=-\left(-\frac{1}{6}\right)(\beta-\alpha)^3=\frac{1}{6}(\beta-\alpha)^3$$

(1) から　$S=\dfrac{1}{6}(\sqrt{m^2-8m+24})^3=\dfrac{1}{6}\{(m-4)^2+8\}^{\frac{3}{2}}$

$(m-4)^2+8$ は $m=4$ で最小値 8 をとるから，S は $\boldsymbol{m=4}$ で最小値 $\boldsymbol{\dfrac{8\sqrt{2}}{3}}$ をとる。

⇐ 方程式①の実数解があれば，それは ℓ と C の共有点の x 座標となる。

⇐ α，β の値は解の公式から求める。また $D=m^2-8m+24$

inf. **$\beta-\alpha$ の計算**
解と係数の関係を用いてもよい。
α，β は①の2つの解であるから
$\alpha+\beta=m$，$\alpha\beta=2(m-3)$
よって　$(\beta-\alpha)^2$
$=(\alpha+\beta)^2-4\alpha\beta$
$=m^2-4\cdot2(m-3)$
$=m^2-8m+24$
$\beta-\alpha>0$ であるから
$\beta-\alpha=\sqrt{m^2-8m+24}$

⇐ $\dfrac{1}{6}\cdot8^{\frac{3}{2}}=\dfrac{1}{6}\cdot8\sqrt{8}=\dfrac{8\sqrt{2}}{3}$

PRACTICE 221 ③

2つの放物線 $y=-2(x-a)^2+3a$，$y=x^2$ について

(1) 2つの放物線が異なる2つの共有点をもつための実数 a の条件を求めよ。

(2) (1)のとき，2つの放物線で囲まれた部分の面積の最大値を求めよ。

重要 例題 222 面積の最大・最小 (2)

a を正の実数とし，点 $A\left(0,\ a+\dfrac{1}{2a}\right)$ と曲線 C：$y=ax^2$ および C 上の点 $P(1,\ a)$ を考える。曲線 C と y 軸，および線分 AP で囲まれる部分の面積を $S(a)$ とするとき，$S(a)$ の最小値とそのときの a の値を求めよ。　〔類 九州大〕

基本 30，212

CHART & SOLUTION

面積の計算　まずグラフをかく

① 積分区間の決定　② 上下関係を調べる

$S(a)$ は，区間 $0\leqq x\leqq 1$ において直線 AP と曲線 C の間の部分の面積である。まず，2 点 A，P の座標から直線 AP の方程式を求める。

なお，本問の $S(a)$ は a の分数式で表される（分数関数）が

積が定数となる正の数の和 ⟶ **(相加平均)≧(相乗平均)** を利用。

解答

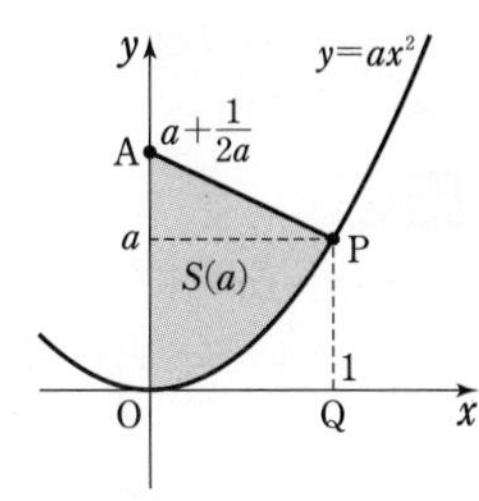

直線 AP の方程式は　$y-\left(a+\dfrac{1}{2a}\right)=\dfrac{a-\left(a+\dfrac{1}{2a}\right)}{1-0}x$

すなわち　$y=-\dfrac{1}{2a}x+a+\dfrac{1}{2a}$

よって，右の図から

$$S(a)=\int_0^1\left\{\left(-\frac{1}{2a}x+a+\frac{1}{2a}\right)-ax^2\right\}dx$$

$$=\left[-\frac{a}{3}x^3-\frac{1}{4a}x^2+\left(a+\frac{1}{2a}\right)x\right]_0^1=\frac{2}{3}a+\frac{1}{4a}$$

$a>0$ であるから，相加平均と相乗平均の大小関係により

$$S(a)=\frac{2}{3}a+\frac{1}{4a}\geqq 2\sqrt{\frac{2}{3}a\cdot\frac{1}{4a}}=2\sqrt{\frac{1}{6}}=\frac{\sqrt{6}}{3}$$

等号が成り立つのは $\dfrac{2}{3}a=\dfrac{1}{4a}$ すなわち $a^2=\dfrac{3}{8}$ のときである。$a>0$ であるから　$a=\dfrac{\sqrt{6}}{4}$

よって，$S(a)$ は $\boldsymbol{a=\dfrac{\sqrt{6}}{4}}$ **で最小値** $\boldsymbol{\dfrac{\sqrt{6}}{3}}$ をとる。

別解　（$S(a)$ の求め方）
Q(1, 0) とすると
$S(a)=$(台形 OAPQ)$-\displaystyle\int_0^1 ax^2dx$
$=\dfrac{1}{2}\left\{a+\left(a+\dfrac{1}{2a}\right)\right\}\cdot 1-\left[\dfrac{a}{3}x^3\right]_0^1$
$=a+\dfrac{1}{4a}-\dfrac{a}{3}=\dfrac{2}{3}a+\dfrac{1}{4a}$

PRACTICE 222④

放物線 C：$y=x^2$ 上の点 $P(a,\ a^2)$ における接線を ℓ_1 とする。ただし，$a>0$ とする。

(1) 点Pと異なる C 上の点Qにおける接線 ℓ_2 が ℓ_1 と直交するとき，ℓ_2 の方程式を求めよ。

(2) 接線 ℓ_1，ℓ_2 および放物線 C で囲まれた部分の面積を $S(a)$ とするとき，$S(a)$ の最小値とそのときの a の値を求めよ。　〔類 立命館大〕

重要 例題 223 2つの放物線と共通接線で囲まれた部分の面積

2つの放物線を $C_1: y=(x-1)^2$, $C_2: y=x^2-6x+5$ とする。
(1) C_1 と C_2 の両方に接する直線 ℓ の方程式を求めよ。
(2) 放物線 C_1 と C_2 および直線 ℓ とで囲まれる部分の面積を求めよ。

重要 177, 基本 214

CHART & SOLUTION

曲線 y_1 と接線 y_2
接点の x 座標が $y_1-y_2=0$ の重解

(1) 2つの放物線の共通接線の求め方は，$p.276$ 重要例題 177 のようにいろいろな方針が考えられる。本問の場合，面積の定積分を計算するときに2つの接点の x 座標が必要となるから，2つの曲線の接線が一致する，と考える。
→ **$y=mx+n$ と $y=m'x+n'$ が一致 ⟺ $m=m'$ かつ $n=n'$**

別解 C_1 上の点 $(a,\ f(a))$ における接線の方程式を求め，この直線が C_2 に接すると考える。
→ **接する ⟺ $D=0$**

(2) 被積分関数が $(x-a)^2$ の形で表されることに注意（$p.336$ 基本例題 214 参照）。
$\displaystyle\int(x-a)^2dx=\frac{(x-a)^3}{3}+C$ （Cは積分定数）を利用するとらく。

解答

(1) $y=(x-1)^2$ から $\quad y'=2(x-1)$
よって，C_1 上の点 $(a,\ (a-1)^2)$ における接線の方程式は
$$y-(a-1)^2=2(a-1)(x-a)$$
すなわち $\quad y=2(a-1)x-a^2+1 \quad \cdots\cdots ①$
$y=x^2-6x+5$ から $\quad y'=2x-6$
よって，C_2 上の点 $(b,\ b^2-6b+5)$ における接線の方程式は
$$y-(b^2-6b+5)=(2b-6)(x-b)$$
すなわち $\quad y=(2b-6)x-b^2+5 \quad \cdots\cdots ②$
直線 ①，② が一致するための条件は
$$2(a-1)=2b-6 \quad \cdots\cdots ③ \quad かつ$$
$$-a^2+1=-b^2+5 \quad \cdots\cdots ④$$
③ から $\quad a=b-2 \quad \cdots\cdots ⑤$
④ から $\quad a^2=b^2-4 \quad \cdots\cdots ⑥$
⑤ を ⑥ に代入して $\quad (b-2)^2=b^2-4$
よって $\quad b=2 \qquad$ このとき $\quad a=2-2=0$
① から，求める直線 ℓ の方程式は $\quad$ **$y=-2x+1$**

別解 （①までは同じ）
直線 ① が C_2 と接するための条件は，方程式
$$2(a-1)x-a^2+1=x^2-6x+5$$
すなわち $\quad x^2-2(a+2)x+a^2+4=0$
が重解をもつことである。

⇦ $y=f(x)$ 上の点 $(a,\ f(a))$ における接線の方程式は $y-f(a)=f'(a)(x-a)$

⇦ 係数を比較。

⇦ a を消去。

この 2 次方程式の判別式を D とすると

$$\frac{D}{4}=\{-(a+2)\}^2-(a^2+4)=4a$$

$D=0$ から　　$a=0$

よって，直線 ℓ の方程式は　　$\boldsymbol{y=-2x+1}$

(2)　C_1 と C_2 の交点の x 座標は，方程式 $(x-1)^2=x^2-6x+5$ の解であるから　　$x=1$

(1)から，C_1 と ℓ の接点の x 座標は　　$x=0$

C_2 と ℓ の接点の x 座標は　　$x=2$

ゆえに，求める面積を S とすると右の図から

$$\begin{aligned}S&=\int_0^1\{(x-1)^2-(-2x+1)\}dx\\&\quad+\int_1^2\{x^2-6x+5-(-2x+1)\}dx\\&=\int_0^1 x^2dx+\int_1^2(x-2)^2dx\\&=\left[\frac{x^3}{3}\right]_0^1+\left[\frac{(x-2)^3}{3}\right]_1^2\\&=\frac{1}{3}-\left(-\frac{1}{3}\right)=\boldsymbol{\frac{2}{3}}\end{aligned}$$

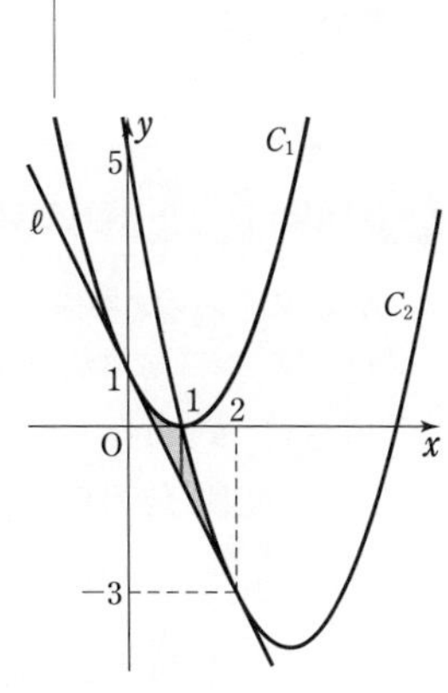

INFORMATION　**2 つの放物線とその共通接線で囲まれた部分の面積**

x^2 の係数が $a\,(\neq 0)$ で等しい放物線 C_1，C_2 について，C_1 と C_2 の共通接線を ℓ，それぞれの接点の x 座標を α，$\beta\,(\alpha<\beta)$ とする。

このとき，C_1 と C_2 の交点Pの x 座標は　　$\boldsymbol{\dfrac{\alpha+\beta}{2}}$

また，右の図の面積 S について　　$\boldsymbol{S=\dfrac{|a|}{12}(\beta-\alpha)^3}$

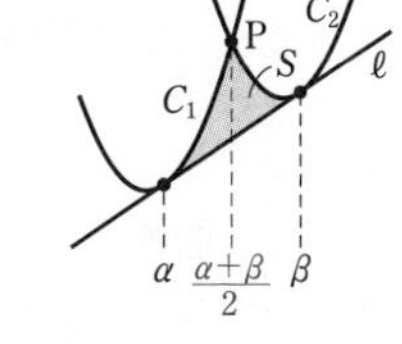

注意　2 つの放物線の x^2 の係数が異なる場合は，上の 2 つの式が成り立たない場合もあるので注意が必要である。求める手順は同じなので，解法の流れをしっかり頭に入れておこう。

7章 25 面積

PRACTICE 223④

2 つの放物線を $C_1：y=x^2$，$C_2：y=x^2-6x+15$ とする。

(1)　C_1 と C_2 の両方に接する直線 ℓ の方程式を求めよ。

(2)　C_1，C_2 および ℓ によって囲まれた部分の面積を求めよ。　〔類　名城大〕

重要 例題 224　面積の等分 (2)

曲線 $y=x^3+x^2$ ……① と直線 $y=a^2(x+1)$ ……② で囲まれる 2 つの部分の面積が等しくなるような定数 a の値を求めよ。ただし，$0<a<1$ とする。

基本 215

CHART & SOLUTION

①，② の交点の x 座標は　　$x=-1,\ \pm a\ (-1<-a<a)$

$f(x)=x^3+x^2,\ g(x)=a^2(x+1)$ とおくと，2 つの部分の面積が等しくなる条件は，

$\int_{-1}^{-a}\{f(x)-g(x)\}dx=S_1,\ \int_{-a}^{a}\{g(x)-f(x)\}dx=S_2$ とすると，$\boldsymbol{S_1-S_2=0}$ である。

このまま定積分を計算してもよいが，

$$S_1-S_2=\int_{-1}^{-a}\{f(x)-g(x)\}dx-\int_{-a}^{a}\{g(x)-f(x)\}dx$$
$$=\int_{-1}^{-a}\{f(x)-g(x)\}dx+\int_{-a}^{a}\{f(x)-g(x)\}dx$$
$$=\int_{-1}^{a}\{f(x)-g(x)\}dx$$

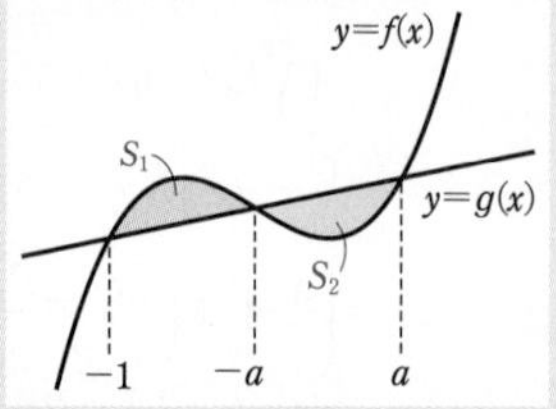

よって，$\int_{-1}^{a}\{\boldsymbol{f(x)-g(x)}\}\boldsymbol{dx=0}$ を計算した方がスムーズ。

解答

曲線 ① と直線 ② の交点の x 座標は，方程式

$x^3+x^2=a^2(x+1)$ の解である。

ゆえに　　$(x+1)(x^2-a^2)=0$

よって　　$(x+1)(x+a)(x-a)=0$

したがって　　　　　$x=-1,\ \pm a$

$0<a<1$ であるから　　$-1<-a<a$

よって，曲線 ① と直線 ② は

3 つの異なる交点をもち，

　$-1\leqq x\leqq -a$ では

　　$x^3+x^2\geqq a^2(x+1)$

　$-a\leqq x\leqq a$　では

　　$x^3+x^2\leqq a^2(x+1)$

ゆえに，曲線 ① と直線 ② で囲まれる 2 つの部分の面積が等しくなるためには

$$\int_{-1}^{-a}\{x^3+x^2-a^2(x+1)\}dx=\int_{-a}^{a}\{a^2(x+1)-(x^3+x^2)\}dx$$

すなわち

$$\int_{-1}^{-a}\{x^3+x^2-a^2(x+1)\}dx-\int_{-a}^{a}\{a^2(x+1)-(x^3+x^2)\}dx=0$$

したがって

$$\int_{-1}^{-a}\{x^3+x^2-a^2(x+1)\}dx+\int_{-a}^{a}\{(x^3+x^2)-a^2(x+1)\}dx=0$$

⇐ $y=a^2(x+1)$ は点 $(-1,\ 0)$ を通り，傾き a^2 の直線。
$y=x^3+x^2=x^2(x+1)$ から，① は $(-1,\ 0)$ を通り，原点で接する。

⇐ ①，② の上下関係を把握する。グラフをかいてあれば省略してもよい。

⇐ $-\int(g-f)dx=\int(f-g)dx$

よって　$\displaystyle\int_{-1}^{a}\{x^3+x^2-a^2(x+1)\}dx=0$

⇦ $\displaystyle\int_a^c+\int_c^b=\int_a^b$

ここで　$\displaystyle(\text{左辺})=\left[\frac{x^4}{4}+\frac{x^3}{3}-\frac{a^2}{2}x^2-a^2x\right]_{-1}^{a}$

$$=\frac{a^4}{4}+\frac{a^3}{3}-\frac{a^4}{2}-a^3-\left(\frac{1}{4}-\frac{1}{3}-\frac{a^2}{2}+a^2\right)$$

$$=-\frac{a^4}{4}-\frac{2}{3}a^3-\frac{a^2}{2}+\frac{1}{12}$$

ゆえに　$\displaystyle-\frac{a^4}{4}-\frac{2}{3}a^3-\frac{a^2}{2}+\frac{1}{12}=0$

すなわち　$3a^4+8a^3+6a^2-1=0$

左辺を $P(a)$ とおくと，$P(-1)=0$ となることから

$(a+1)(3a^3+5a^2+a-1)=0$

更に，$Q(a)=3a^3+5a^2+a-1$ とおくと，$Q(-1)=0$ から

$(a+1)^2(3a^2+2a-1)=0$

したがって　$(a+1)^3(3a-1)=0$

$0<a<1$ であるから，求める a の値は　$\boldsymbol{a=\frac{1}{3}}$

⇦ 組立除法により

3	8	6	0	−1	⌊−1
	−3	−5	−1	1	
3	5	1	−1	0	⌊−1
	−3	−2	1		
3	2	−1	0		⌊−1
	−3	1			
3	−1	0			

INFORMATION　3次関数のグラフの対称性の利用

$p.303$ 重要例題194の INFORMATION で学んだように，3次関数のグラフは，その変曲点Aに関して対称であるから，直線②が点Aを通るとき2つの部分の面積が等しくなる。

点Aは極値を与える2点を結ぶ線分の中点であるから，

$f(x)=x^3+x^2$ について，$f'(x)=3x^2+2x=x(3x+2)$ より

$f'(x)=0$ とおくと　$x=0,\ -\dfrac{2}{3}$

したがって，点Aの x 座標は　$\dfrac{0+\left(-\frac{2}{3}\right)}{2}=-\dfrac{1}{3}$

このとき　$y=f\left(-\dfrac{1}{3}\right)=-\dfrac{1}{27}+\dfrac{1}{9}=\dfrac{2}{27}$

直線②が点 $\left(-\dfrac{1}{3},\ \dfrac{2}{27}\right)$ を通るためには

$\dfrac{2}{27}=a^2\left(-\dfrac{1}{3}+1\right)$　すなわち　$a^2=\dfrac{1}{9}$

$0<a<1$ であるから　$\boldsymbol{a=\frac{1}{3}}$

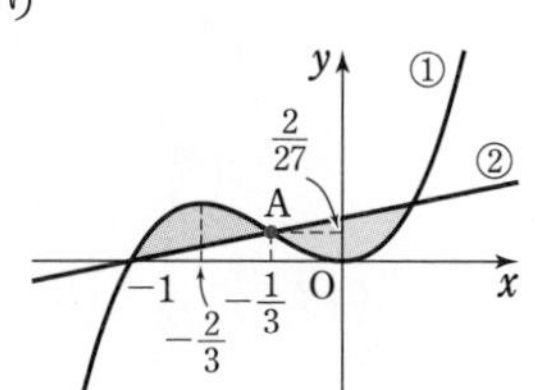

PRACTICE 224④

2曲線 $y=x^3-(2a+1)x^2+a(a+1)x$，$y=x^2-ax$ が囲む2つの部分の面積が等しくなるように，正の定数 a の値を定めよ。　〔類 立教大〕

重要 例題 225 定積分の最小値

a は $0<a<1$ を満たす定数とする。

(1) 関数 $f(x)=x|x-a|$ のグラフの概形をかけ。

(2) 積分 $g(a)=\int_0^1 x|x-a|dx$ の値を最小にする a の値を求めよ。〔東北大〕

基本 218

CHART & SOLUTION

絶対値　場合に分ける

(1) $|x-a|=\begin{cases}-(x-a) & (x\leqq a)\\ x-a & (x\geqq a)\end{cases}$

(2) (1)のグラフをもとに積分区間を $0\leqq x\leqq a$ と $a\leqq x\leqq 1$ に分割。……❗

解答

(1) $|x-a|=\begin{cases}-(x-a) & (x\leqq a)\\ x-a & (x\geqq a)\end{cases}$

であるから

$f(x)=\begin{cases}-x(x-a) & (x\leqq a)\\ x(x-a) & (x\geqq a)\end{cases}$

よって，$y=f(x)$ のグラフの概形は右の **図の実線** のようになる。

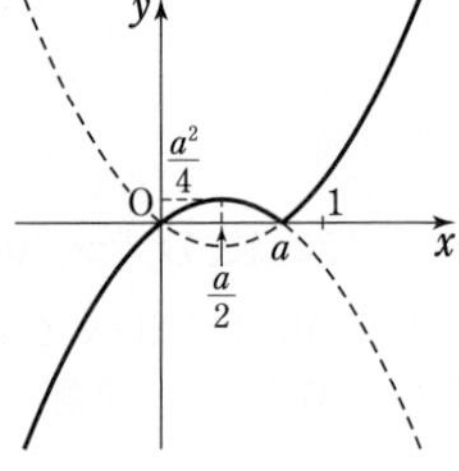

⇦ a は積分区間を表すから，等号は両方に必要。

⇦ $-x^2+ax=-\left(x-\frac{a}{2}\right)^2+\frac{a^2}{4}$，$x^2-ax=\left(x-\frac{a}{2}\right)^2-\frac{a^2}{4}$

❗ (2) $g(a)=\int_0^a\{-x(x-a)\}dx+\int_a^1 x(x-a)dx$

$=-\left[\frac{x^3}{3}-\frac{a}{2}x^2\right]_0^a+\left[\frac{x^3}{3}-\frac{a}{2}x^2\right]_a^1$

$=-2\left(\frac{a^3}{3}-\frac{a^3}{2}\right)+\frac{1}{3}-\frac{a}{2}=\frac{1}{3}a^3-\frac{1}{2}a+\frac{1}{3}$

$g'(a)=a^2-\frac{1}{2}=\left(a+\frac{1}{\sqrt{2}}\right)\left(a-\frac{1}{\sqrt{2}}\right)$

$g'(a)=0$ とすると，$0<a<1$ から　$a=\frac{1}{\sqrt{2}}$

$0<a<1$ における $g(a)$ の増減表は右のようになる。

よって，$g(a)$ の値を最小にする a の値は　$\boldsymbol{a=\frac{1}{\sqrt{2}}}$

a	0	…	$\frac{1}{\sqrt{2}}$	…	1
$g'(a)$		$-$	0	$+$	
$g(a)$		↘	極小	↗	

⇦ 積分区間 $0\leqq x\leqq 1$ を $x=a$ $(0<a<1)$ で分割する。

⇦ $-\left[F(x)\right]_a^c+\left[F(x)\right]_c^b=-2F(c)+F(a)+F(b)$

⇦ $g(a)$ は a の 3 次関数となるから，微分法を利用。

⇦ $a=\frac{1}{\sqrt{2}}$ のとき，$g(a)$ は極小かつ最小となる。

PRACTICE 225④

$0\leqq t\leqq 1$ とする。定積分 $\int_0^1|x^2-t^2|dx$ の値を最大，最小にする t の値とその最大値，最小値をそれぞれ求めよ。〔類 長崎大〕

EXERCISES　25 面　積

A

177❸ (1) 曲線 $y=x^3-4x$ と曲線 $y=3x^2$ で囲まれた図形の面積を求めよ。〔東京電機大〕

(2) 2つの関数 $y=-x^2+x+2$，$y=|x|-1$ のグラフで囲まれた部分の面積を求めよ。

(3) 曲線 $y=|3x^2-6x|$ と直線 $y=3x$ で囲まれた部分の面積を求めよ。〔久留米大〕

➲ 211, 212, 215, 218

178❸ A(1, 0) とする。点Pが放物線 $y=x^2$ の $-1\leqq x\leqq 1$ の部分を動くとき，線分 AP が通過してできる図形の面積を求めよ。〔類 愛知工大〕

➲ 212

179❸ a は定数とする。直線 $y=ax$ と曲線 $y=-x^2+8x$ があり，$x>0$，$y>0$ の範囲で交点をもつものとする。

(1) a の値の範囲を求めよ。

(2) 直線と曲線に囲まれた図形の面積を S_1，この直線と曲線および x 軸に囲まれた図形の面積を S_2 とすると $S_1:S_2=1:7$ となる。このときの a の値を求めよ。〔立教大〕

➲ 220

180❸ 座標平面上で，点 (1, 2) を通り傾き a の直線と放物線 $y=x^2$ によって囲まれる部分の面積を $S(a)$ とする。a が $0\leqq a\leqq 6$ の範囲を変化するとき，$S(a)$ を最小にするような a の値を求めよ。〔京都大〕

➲ 221

181❸ 放物線 $y=\frac{1}{2}x^2$ を C とし，C 上に点 $\mathrm{P}\left(a,\ \frac{1}{2}a^2\right)$ をとる。ただし，$a>0$ とする。点Pにおける C の接線を ℓ，直線 ℓ と x 軸との交点をQ，点Qを通り ℓ に垂直な直線を m とするとき，次の問いに答えよ。

(1) 直線 ℓ，m の方程式を求めよ。

(2) 直線 m と y 軸との交点をAとし，三角形 APQ の面積を S とおく。また，y 軸と線分 AP および曲線 C によって囲まれた図形の面積を T とおく。このとき，$S-T$ の最小値とそのときの a の値を求めよ。

〔類 センター試験〕

➲ 221

B

182④ 曲線 $y=|x^2-1|$ をCとし，点 A$(-1,\ 0)$ を通る傾き m の直線を ℓ とする。

(1) ℓ がA以外の異なる 2 点でCと交わるときの m の値の範囲を求めよ。

(2) m が(1)で求めた範囲を動くとき，Cと ℓ で囲まれた図形の面積 S を m で表せ。

(3) (2)の S が最小となるときの m の値を求めよ。〔東京電機大〕

→ 212, 218

183④ 2 つの放物線 $y=x^2+x+2$，$y=x^2-7x+10$ の両方に接する直線とこの 2 つの放物線で囲まれる部分の面積を求めよ。〔類 慶応大〕

→ 223

184④ kを $0<k<1$ を満たす定数とし，曲線 $y=x(x-1)^2$ …… ① と直線 $y=kx$ …… ② が原点以外の 2 つの異なる点 $(a,\ ka)$，$(b,\ kb)$ で交わるものとする。ただし，$0<a<b$ とする。

(1) kをbで表せ。

(2) 曲線 ① と直線 ② とが囲む 2 つの図形の面積が等しいとき，k と b の関係式を求めよ。

(3) (2)の条件のもとで，k の値を求めよ。〔中央大〕

→ 224

185④ $f(x)=x^4+2x^3-3x^2$ について，次の問いに答えよ。

(1) 曲線 $y=f(x)$ に 2 点で接する直線 ℓ の方程式を求めよ。

(2) 曲線 $y=f(x)$ と(1)で求めた直線 ℓ で囲まれた部分の面積を求めよ。〔類 東京理科大〕

186④ $f(x)=\dfrac{1}{3}\displaystyle\int_0^3 (x+t)|x-t|dt$ とする。

(1) $f(x)$ を計算せよ。　(2) 関数 $y=f(x)$ のグラフをかけ。

(3) $-1\leqq x\leqq 2$ における関数 $f(x)$ の最大値と最小値を求めよ。〔類 慶応大〕

→ 225

HINT

182 (1) ℓ がCと $-1<x<1$ で 1 点，$x>1$ で 1 点交わる条件を考える。

183 まずは，共通接線の方程式を求める。

184 (2) $\displaystyle\int_0^b \{x(x-1)^2-kx\}dx=0$ を利用する。

185 (1) 曲線 $y=f(x)$ 上の点 $(a,\ f(a))$ における接線が更に，もう 1 点で曲線 $y=f(x)$ と接すると考える。

186 (1) $|x-t|=\begin{cases} x-t & (t\leqq x) \\ t-x & (t\geqq x) \end{cases}$ であるから，x と積分区間の下端 0，上端 3 の大小関係が場合分けのポイント。⟶ $x<0$，$0\leqq x\leqq 3$，$3<x$ で場合に分ける。

Research&Work

● ここで扱うテーマについて

各分野の学習内容に関連する重要なテーマを取り上げました。各分野の学習をひと通り終えた後に取り組み，学習内容の理解を深めましょう。

■テーマ一覧

① 相加平均・相乗平均や多項式の割り算の問題
② 領域と最大・最小の考察
③ 三角関数のグラフの考察
④ 対数の応用
⑤ 微分法と関数のグラフ
⑥ 積分法と面積

● 各テーマの構成について

各テーマは，解説（前半 2 ページ）と 問題に挑戦（後半 2 ページ）の計 4 ページで構成されています。

[1] 解説　各テーマについて，これまでに学んだことを振り返りながら，解説しています。また，基本的な問題として **確認**，やや発展的な問題として **やってみよう** を掲載しています。説明されている内容の確認を終えたら，これらの問題に取り組み，きちんと理解できているかどうかを確かめましょう。わからないときは，↻ で示された箇所に戻って復習することも大切です。

[2] 問題に挑戦　そのテーマの総仕上げとなる問題を掲載しています。前半の 解説 で学んだことも活用しながらチャレンジしましょう。大学入学共通テストにつながる問題演習として取り組むこともできます。

※ デジタルコンテンツについて

問題と関連するデジタルコンテンツを用意したテーマもあります。関数のグラフを動かすことにより，問題で取り上げた内容を確認することができます。該当箇所に掲載した QR コードから，コンテンツに直接アクセスできます。

なお，下記の URL，または，右の QR コードから，Research & Work で用意したデジタルコンテンツの一覧にアクセスできます。

https://cds.chart.co.jp/books/5vrb3l96gw/sublist/9000000000

Research & Work 1 数学Ⅱ 相加平均・相乗平均や多項式の割り算の問題

1 相加平均と相乗平均の大小関係の振り返り

数学Ⅱ「式と証明」で学んだ相加平均と相乗平均の大小関係は，大学入試などでもよく出題されるため，確実に使えるようになっておきたい。基本から復習しておこう。

相加平均と相乗平均の大小関係

$a>0$，$b>0$ のとき $\dfrac{a+b}{2} \geqq \sqrt{ab}$　　等号が成り立つのは $a=b$ のとき

p.42 基本事項

この公式は，$a+b \geqq 2\sqrt{ab}$ の形でよく使われ，**積 ab が定数になるような正の数の和 $a+b$ に対して利用する** ことが多い。また，次の 例1 のように最小値を求めるときにも利用される。

例1　x，y を正の実数とするとき，$A=\dfrac{x}{y}+\dfrac{y}{x}$ の最小値を求めよう。

$x>0$，$y>0$ より $\dfrac{x}{y}>0$，$\dfrac{y}{x}>0$ であるから，相加平均と相乗平均の大小関係により

$$A=\frac{x}{y}+\frac{y}{x} \geqq 2\sqrt{\frac{x}{y}\cdot\frac{y}{x}}=2\cdot1=2 \quad \cdots\cdots(※)$$

← $a+b \geqq 2\sqrt{ab}$ を利用。

等号が成り立つのは，$\dfrac{x}{y}=\dfrac{y}{x}$ のとき。このとき　$x^2=y^2$

$x>0$，$y>0$ から　$x=y$

したがって，A は **$x=y$ のとき，最小値 2** をとる。

ここで，等号の成立条件を確認することの重要性について押さえておこう。
まず不等式の基本を確認しておくと，$x \geqq n$ は「**$x>n$ または $x=n$**」という意味である。つまり，$x>n$ と $x=n$ のどちらか一方が成り立てばよい。
例えば，不等式 $\sqrt{2} \geqq 1$ は正しい。$\sqrt{2}=1$ は成り立たないが，$\sqrt{2}>1$ は成り立つからである。（↑ 普通は $\sqrt{2}>1$ と書く。）
よって，上の 例1 で不等式(※)は「$A>2$ または $A=2$」という意味である。すなわち，「A が 2 より小さい値はとらない」ことは言えるが，A が 2 の値をとることが保証されているわけではない。
言い換えると，「A が 2 以上である」といっても，A の最小値が 2 であるとは限らない。
仮に，A の最小値が 5 であっても，不等式(※)自体は正しい。したがって，不等式(※)について，等号が成り立つことがなければ，A の最小値が 2 であるとは言えない。
このように，**不等式から最小値を求める場合は，等号が成り立つかどうかを確認する必要がある**。

Q1　(1)　$a>0$，$b>0$ のとき，$\left(a+\dfrac{1}{b}\right)\left(b+\dfrac{9}{a}\right)$ の最小値を求めよ。

(2)　$x+2y=2$ のとき，$t=3^x+9^y$ の最小値を求めよ。

参考　3つ以上の数に対しても，相加平均と相乗平均の大小関係の不等式は拡張でき，次のことが成り立つ。**自然数 n ($n \geqq 2$)，正の数 a_1，a_2，……，a_n に対して，**

$$\frac{a_1+a_2+\cdots\cdots+a_n}{n} \geqq \sqrt[n]{a_1a_2\cdots\cdots a_n}$$

（等号が成り立つのは $a_1=a_2=\cdots\cdots=a_n$ のとき）

例えば，$n=3$ のとき　$\dfrac{a_1+a_2+a_3}{3} \geqq \sqrt[3]{a_1a_2a_3}$

$n=4$ のとき　$\dfrac{a_1+a_2+a_3+a_4}{4} \geqq \sqrt[4]{a_1a_2a_3a_4}$　となる。

2 多項式の割り算と余りについて

ここでテーマを変えて，多項式の割り算と余りについて振り返ろう。
数学Ⅱ「複素数と方程式」で，剰余の定理や因数定理を学んだ。 p.87 基本事項

[剰余の定理]　多項式 $P(x)$ を1次式 $x-k$ で割ったときの余りは　$P(k)$
[因数定理]　1次式 $x-k$ が多項式 $P(x)$ の因数である　$\Longleftrightarrow$　$P(k)=0$

これらの定理のもととなるのが，次の公式である。

割り算の基本公式　多項式 A を多項式 B で割ったときの商を Q，余りを R とすると
$A=BQ+R$　**ただし，R は0か，B より次数の低い多項式** p.25 基本事項

多項式の割り算と余りに関する問題で，割る式が2次以上の場合は，この基本公式を使って考える必要がある。そのような場合を次の 例2 で見ておこう。

例2　多項式 $P(x)$ を $(x-2)^2$ で割ると余りが $2x+1$，$(x+2)^2$ で割ると余りが $3x+7$ であるとき，$P(x)$ を $(x-2)(x+2)$ で割った余りを求めよう。
$P(x)$ を $(x-2)^2$ で割ったときの商を $Q_1(x)$ とすると，等式
$P(x)=(x-2)^2Q_1(x)+2x+1$ が成り立つ。←― 基本公式 $A=BQ+R$ の形に表す。
よって　$P(2)=2\cdot2+1=5$　……①
$P(x)$ を $(x+2)^2$ で割ったときの商を $Q_2(x)$ とすると，等式
$P(x)=(x+2)^2Q_2(x)+3x+7$ が成り立つ。←― 基本公式 $A=BQ+R$ の形に表す。
よって　$P(-2)=3\cdot(-2)+7=1$　……②
$P(x)$ を $(x-2)(x+2)$ で割ったときの商を $Q_3(x)$，余りを $ax+b$ とすると，等式
$P(x)=(x-2)(x+2)Q_3(x)+ax+b$ が成り立つ。←― 基本公式 $A=BQ+R$ の形に表す。割る式が2次式であるから，余りは1次以下の式となることに注意。
よって　$P(2)=2a+b$，$P(-2)=-2a+b$
①，②から　$2a+b=5$，$-2a+b=1$
これを解いて　$a=1$，$b=3$
よって，求める余りは　$\boldsymbol{x+3}$

上の 例2 では，割る式が2次式であるから剰余の定理が使えない。このような場合は，基本公式を用いて $P(x)$ を $A=BQ+R$ の形に表すことで解決することができる。

やってみよう

問1　多項式 $P(x)$ を x^2-2x+1 で割った余りが $x-2$ であり，$2x^2+3x+1$ で割った余りが $2x+3$ である。このとき，$P(x)$ を $2x^2-x-1$ で割った余りを求めよ。

問題に挑戦

1 〔1〕 太郎さんと花子さんは，宿題に出された次の［**問題**］に取り組んでいる。

［**問題**］ $a>0$ のとき，$2a+1+\dfrac{3}{a+1}$ の最小値を求めよ。

太郎：次のように考えれば，求められるんじゃないかな。

太郎さんの解答

$a>0$ より $2a+1>0$，$\dfrac{3}{a+1}>0$ であるから，相加平均と相乗平均の大小関係により $2a+1+\dfrac{3}{a+1} \geqq 2\sqrt{(2a+1)\cdot\dfrac{3}{a+1}}$ ……(＊) が成り立つ。

等号が成り立つのは，$a>0$ かつ $2a+1=\dfrac{3}{a+1}$ のときである。

$2a+1=\dfrac{3}{a+1}$ を解くと　$a=-2,\ \dfrac{1}{2}$　　$a>0$ から　$a=\dfrac{1}{2}$

$a=\dfrac{1}{2}$ のとき　$2a+1+\dfrac{3}{a+1}=4$　　したがって　$a=\dfrac{1}{2}$ のとき最小値 4

花子：ちょっと待って！ $a=\dfrac{1}{4}$ を $2a+1+\dfrac{3}{a+1}$ に代入すると，

$2\cdot\dfrac{1}{4}+1+\dfrac{3}{\dfrac{1}{4}+1}=\dfrac{39}{10}=3.9$ になるから，最小値は 4 ではないと思うよ。

(1) 太郎さんの解答が間違っている理由として最も適切なものを，次の⓪～④のうちから 1 つ選べ。［ア］

⓪ $a>0$ のとき，不等式(＊)は成り立たないから。

① 不等式(＊)の等号が成り立つのは，$a>0$ かつ $2a+1=\dfrac{3}{a+1}$ のときではないから。

② $a>0$ かつ $2a+1=\dfrac{3}{a+1}$ を満たす a の値が $a=\dfrac{1}{2}$ ではないから。

③ $a=\dfrac{1}{2}$ のときの $2a+1+\dfrac{3}{a+1}$ の値が 4 ではないから。

④ $2a+1+\dfrac{3}{a+1}$ が最小になるのは，不等式(＊)の等号が成り立つときではないから。

(2) $2(a+\boxed{(**)})\cdot\dfrac{3}{a+1}$ が定数となるとき，すなわち，$\boxed{(**)}=\boxed{\text{イ}}$ のとき，相加平均と相乗平均の大小関係から $2(a+\boxed{(**)})+\dfrac{3}{a+1}$ の最小値を求めることができる。

このことに注意して解くと，$a=$ ウエ $+\dfrac{\sqrt{\boxed{\text{オ}}}}{\boxed{\text{カ}}}$ のとき，$2a+1+\dfrac{3}{a+1}$ は最小値 キ $\sqrt{\boxed{\text{ク}}}$ − ケ をとる。 イ ～ ケ に当てはまる数を答えよ。

［2］ (1) 次の［**問題**］に関する花子さんと太郎さんの会話を読んで，次の問いに答えよ。

> ［**問題**］ 多項式 $P(x)$ を $(x-1)^2$ で割ると余りが $2x+3$，$x+2$ で割ると余りが 17 である。多項式 $P(x)$ を $(x-1)^2(x+2)$ で割ったときの余りを求めよ。

> 花子：$P(x)$ を $(x-1)^2(x+2)$ で割ったときの商を $Q(x)$，余りを sx^2+tx+u とすると，等式 $P(x)=(x-1)^2(x+2)Q(x)+sx^2+tx+u$ が成り立つね。
>
> 太郎：あれ，$x=1$，$x=-2$ を代入して，s，t，u の方程式を作ってもうまくいかないよ。どうすればいいんだろう？
>
> 花子：$P(x)$ を $(x-1)^2$ で割ると余りが $2x+3$ だから，$sx^2+tx+u=$ コ と表すことができるよ。

(i) コ に当てはまる式を，次の⓪～⑤のうちから 1 つ選べ。

⓪ sx^2+5　① $sx^2+2sx+3$　② $s(x-1)^2$　③ $s(x-1)^2+5$

④ $s(x-1)^2+2x+3$　⑤ $s(x^2+2x+3)$

(ii) s，t，u の値を求めると，$s=$ サ ，$t=$ シス ，$u=$ セ である。
サ ～ セ に当てはまる数を答えよ。

(2) 多項式 $S(x)$ を $x-3$ で割ると余りが -40，$(x+1)^2$ で割ると余りが 8 である。
多項式 $S(x)$ を x^3-x^2-5x-3 で割ったときの余りは，
ソタ x^2- チ $x+$ ツ である。 ソタ ～ ツ に当てはまる数を答えよ。

(3) 次の テ ， ト ， ナ に当てはまるものを，下の⓪～⑤のうちから 1 つずつ選べ。ただし，解答の順序は問わない。また，i は虚数単位を表すものとする。
4 次式 $T(x)$ を $x-1$ で割ったときの商が $U_1(x)$，余りが 3 であり，x^3-x^2+2 で割ったときの商が $U_2(x)$，余りが $3x^2+4$ である。このとき，$T(x)$ についての記述として誤っているものは， テ ， ト ， ナ である。

⓪ $T(x)$ を $2(x-1)$ で割ったときの商は，$2U_1(x)$ である。

① $T(x)$ を $\dfrac{1}{2}(x-1)$ で割ったとき余りは，$\dfrac{3}{2}$ である。

② $T(x)$ を $2(x^3-x^2+2)$ で割ったときの商は，$\dfrac{1}{2}U_2(x)$ である。

③ $T(x)$ を $\dfrac{1}{2}(x^3-x^2+2)$ で割ったとき余りは，$3x^2+4$ である。

④ $T(x)+3$ は $x-1$ で割り切れる。

⑤ $T(1+i)=4+6i$ である。

Research & Work 2 数学Ⅱ 領域と最大・最小の考察

1 領域と最大・最小の振り返り

数学Ⅱ「図形と方程式」で学んだ領域と最大・最小の問題の解法について，基本を振り返りながら，関数グラフソフトを用いて考察してみよう。
まずは，次に示す解法の要点を押さえたうえで，例をみておこう。

領域と最大・最小
図示して，$=k$ の直線の動きを追う

例題 106

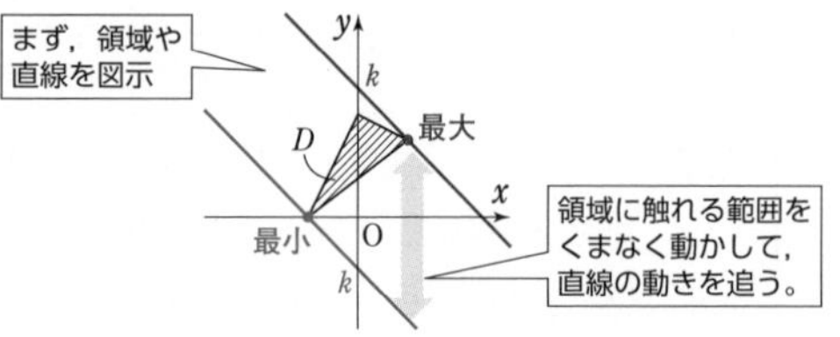

例　x，y が 4 つの不等式 $x \geqq 0$，$y \geqq 0$，$x+2y \leqq 8$，$3x+2y \leqq 12$ を同時に満たすとき，$x+y$ の最大値，最小値を求めよう。

与えられた連立不等式の表す領域 D は，4 点 $(0,\ 0)$，$(4,\ 0)$，$(2,\ 3)$，$(0,\ 4)$ を頂点とする四角形の周および内部である。

$x+y=k$　…… ①

とおくと，① は傾き -1，y 切片 k の直線を表す。
この直線 ① が領域 D と共有点をもつような k の値の最大値と最小値を求めればよい。
図から，直線 ① が
　点 $(2,\ 3)$ を通るとき　k は最大となり，　⟵ このとき　$k=5$
　点 $(0,\ 0)$ を通るとき　k は最小となる。　⟵ このとき　$k=0$
よって，$x+y$ は
　$x=2$，$y=3$ のとき　最大値 5 をとり，　⟵ x，y の値も示しておく。
　$x=0$，$y=0$ のとき　最小値 0 をとる。

$x+y=k$ とおく理由を説明できるだろうか。領域 D に含まれるすべての $(x,\ y)$ を調べることは不可能であるから，$(x,\ y)$ を直線 $y=-x+k$ 上の点として まとめて扱うために $x+y=k$ とおくのである。$p.173$ のピンポイント解説でも詳しく書いているので，しっかり読んでおこう。

関数グラフソフト

例 について，関数グラフソフトを使って確認できます。k の値を変化させて，直線を動かしてみてください。点 $(2,\ 3)$ を通るとき最大で，点 $(0,\ 0)$ を通るとき最小となることがわかりますね。

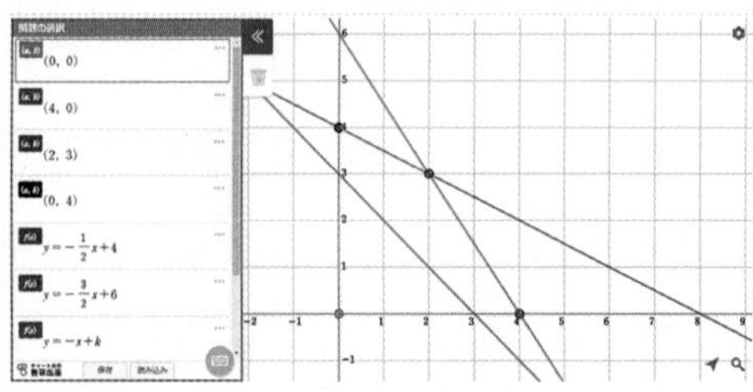

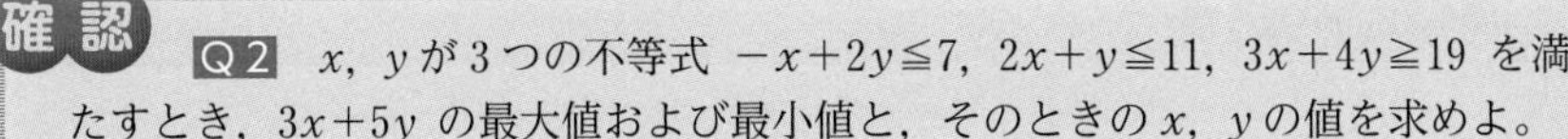

確認 Q 2　x, y が 3 つの不等式 $-x+2y \leqq 7$, $2x+y \leqq 11$, $3x+4y \geqq 19$ を満たすとき，$3x+5y$ の最大値および最小値と，そのときの x, y の値を求めよ。

★ 左ページの QR コードから関数グラフソフトにアクセスして，自分の答えが正しいかどうか確かめてみよう。

2 動かす直線の傾きについて

前ページの 例 では，直線 ① が点 (2, 3) を通るときに k が最大となった。これは，領域 D の境界線である，直線 $x+2y=8$ …… ②, $3x+2y=12$ …… ③ と直線 ① の傾きについて　$-\dfrac{3}{2}<-1<-\dfrac{1}{2}$　⟵ (③ の傾き) < (① の傾き) < (② の傾き)

という大小関係があることが関わっている。

ここで 例 において，動かす直線の傾きと，k が最大となる点の位置の関係について詳しくみてみよう。

最大値を調べたい式が $-ax+y$ であったとして，$-ax+y=k$ …… ④ とすると，直線 ④ の傾きは a である。最大値をとる位置は，次のように a の値によって 3 通りに場合分けをして考える必要がある。

[1]　$a<-\dfrac{3}{2}$ のとき

$x=4$, $y=0$ で
最大値 $-4a$

[2]　$-\dfrac{3}{2}<a<-\dfrac{1}{2}$ のとき

$x=2$, $y=3$ で
最大値 $-2a+3$

[3]　$-\dfrac{1}{2}<a$ のとき

$x=0$, $y=4$ で
最大値 4

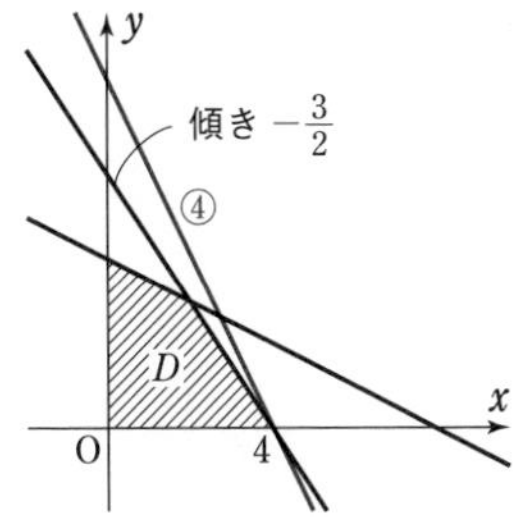

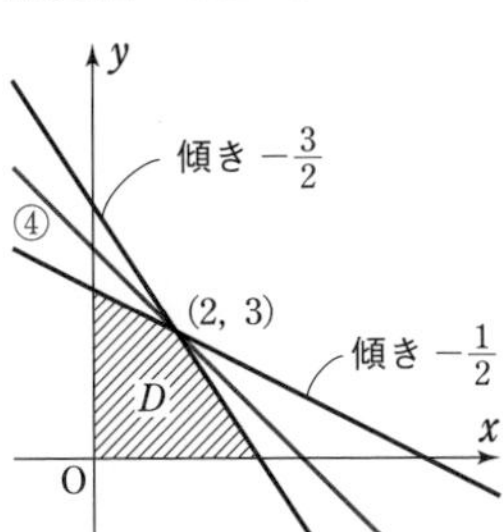

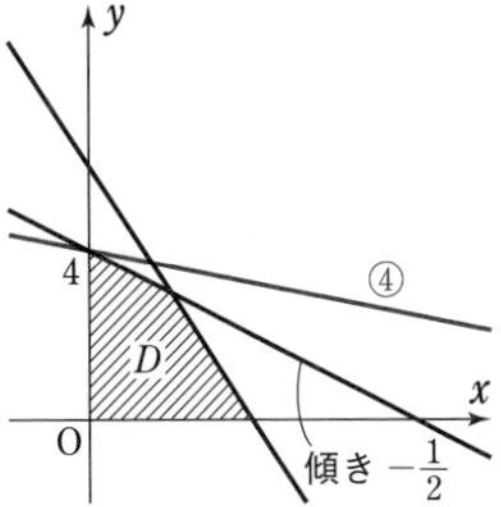

領域 D の境界線の傾きが，場合分けの境目になっていることを押さえておこう。このように，動かす直線の傾きと境界線の傾きの大小関係から，最大値・最小値をとる点の位置が変わる。このことをふまえて，次の問 2 に取り組んでみよう。

やってみよう

問2　a を実数とする。図のように，3 本の直線 ①, ②, ③ に囲まれた領域 D がある。ただし，D は境界線も含む。点 (x, y) が D に含まれるとき，$k=-ax+y$ の最大値，最小値について考える。

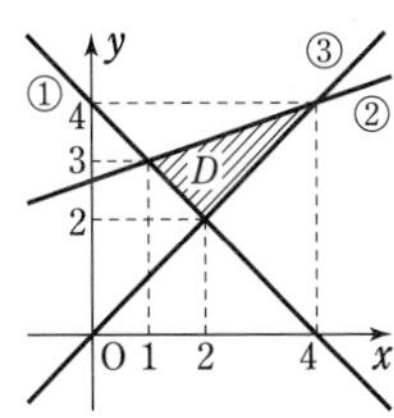

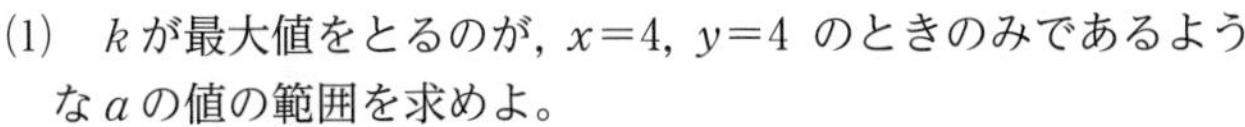

(1)　k が最大値をとるのが，$x=4$, $y=4$ のときのみであるような a の値の範囲を求めよ。

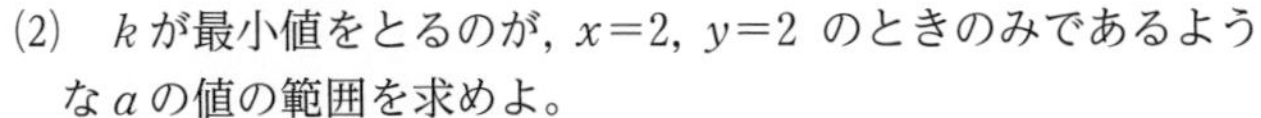

(2)　k が最小値をとるのが，$x=2$, $y=2$ のときのみであるような a の値の範囲を求めよ。

● 問題に挑戦 ●

2　3種類の材料A，B，Cから2種類の製品P，Qを作っている工場がある。製品Pを1kg作るには，材料A，B，Cをそれぞれ1kg，3kg，5kg必要とし，製品Qを1kg作るには，材料A，B，Cをそれぞれ5kg，4kg，2kg必要とする。
また，1日に仕入れることができる材料A，B，Cの量の上限はそれぞれ260kg，230kg，290kgである。
この工場で1日に製品Pを$x$kg，製品Qを$y$kg作るとするとき，次の問いに答えよ。
ただし，$x \geqq 0$，$y \geqq 0$とする。

(1)　x，yが満たすべき条件について考える。

材料Aの使用量の条件から　$y \leqq \dfrac{\boxed{アイ}}{\boxed{ウ}}x + \boxed{エオ}$，

材料Bの使用量の条件から　$y \leqq \dfrac{\boxed{カキ}}{\boxed{ク}}x + \dfrac{\boxed{ケコサ}}{\boxed{シ}}$，

材料Cの使用量の条件から　$y \leqq \dfrac{\boxed{スセ}}{\boxed{ソ}}x + \boxed{タチツ}$

である。

$\boxed{アイ}$ ～ $\boxed{タチツ}$ に当てはまる数をそれぞれ答えよ。

(2) この工場において，1日で作ることができる製品P，Qの量の合計 $x+y$ (kg) は，$(x,\ y)=($ テト , ナニ $)$ のとき最大となり，そのとき，$x+y=$ ヌネ である。
テト ～ ヌネ に当てはまる数をそれぞれ答えよ。

(3) 製品P，Q 1 kg 当たりの利益はそれぞれ a 万円，3万円であるとする。
このとき，1日当たりの利益について考える。ただし，a は正の数とする。

(i) $a=1$ の場合，利益を最大にする x，y は，$(x,\ y)=($ ノハ , ヒフ $)$ である。

(ii) ヘ の場合，製品Pは作らず，製品Qのみを作れるだけ作るときに限り利益が最大となり，そのときの利益の最大値は ホマミ 万円である。

(iii) 利益を最大にする x，y が $(x,\ y)=($ テト , ナニ $)$ のみであるための必要十分条件は ム である。

ノハ , ヒフ , ホマミ に当てはまる数をそれぞれ答えよ。また，ヘ , ム に当てはまるものを次の⓪～⑥のうちから1つずつ選べ。

⓪ $0<a<\frac{3}{5}$　① $\frac{3}{5}<a<\frac{9}{4}$　② $\frac{9}{4}<a<\frac{15}{2}$

③ $a>\frac{15}{2}$　④ $a=\frac{3}{5}$　⑤ $a=\frac{9}{4}$　⑥ $a=\frac{15}{2}$

Research & Work 3　数学Ⅱ　三角関数のグラフの考察

1　三角関数のグラフの基本

● 平行移動，拡大・縮小について

一般に，$y=f(\theta)$ のグラフに対し，次のことが成り立つ。

$y-q=f(\theta-p)$	$\longrightarrow$	θ 軸方向に p，y 軸方向に q だけ平行移動
$y=Af(\theta)$	$\longrightarrow$	y 軸方向に A 倍に拡大・縮小
$y=f(k\theta)$	$\longrightarrow$	θ 軸方向に $\dfrac{1}{k}$ 倍に拡大・縮小

例題 118

このことから，関数 $y=a\sin b(\theta-c)+d$ のグラフは，$y=\sin\theta$ のグラフをどのように変化させたものか，次のように考えることができる。

θ 軸方向に c だけ平行移動 → c　　y 軸方向に d だけ平行移動 → d

$$y=a\sin b(\theta-c)+d$$

y 軸方向に a 倍に拡大・縮小 → a　　θ 軸方向に $\dfrac{1}{b}$ 倍に拡大・縮小 → b

関数 $y=a\cos b(\theta-c)+d$，$y=a\tan b(\theta-c)+d$ も，同様に考えることができる。

上の関数で，a，b，c，d を変化させたときのグラフの様子について，関数グラフソフトを使って確認できます。cos，tan も用意しています。ただし，ソフトでは，θ は x，c は $c\pi$ としています。

関数グラフソフト

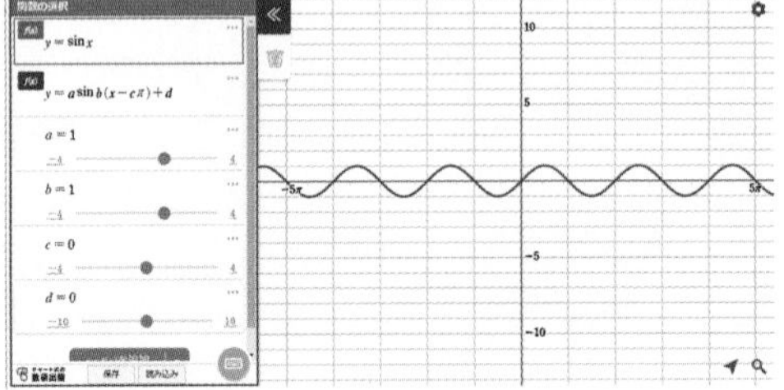

● 周期について

三角関数は，周期関数であるという重要な性質をもっている。$y=\sin\theta$，$y=\cos\theta$ は周期 2π，$y=\tan\theta$ は周期 π の周期関数である。グラフで見ると，$y=\sin\theta$，$y=\cos\theta$ は 2π ごとに，$y=\tan\theta$ は π ごとに同じ形を繰り返す。

p.192 基本事項

$y=\sin\theta$ の例

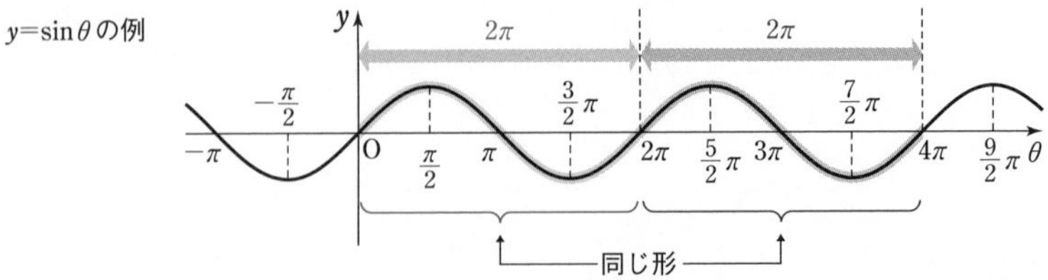

三角関数のグラフは，「θ 軸方向に周期だけ平行移動すると元のグラフと重なる」と見ることもできる。グラフが重なることは，次に示す周期関数の定義からもわかる。

周期関数の定義：関数 $f(x)$ が常に $f(x+p)=f(x)$ を満たすとき，$f(x)$ は p を周期とする周期関数という（$p\neq 0$）。

また，周期関数 $y=f(\theta)$ の周期が α のとき，$f(\theta)$ を θ 軸方向に $\dfrac{1}{b}$ 倍に拡大・縮小した関数 $y=f(b\theta)$ も周期関数であり，周期は $\dfrac{\alpha}{b}$ である。

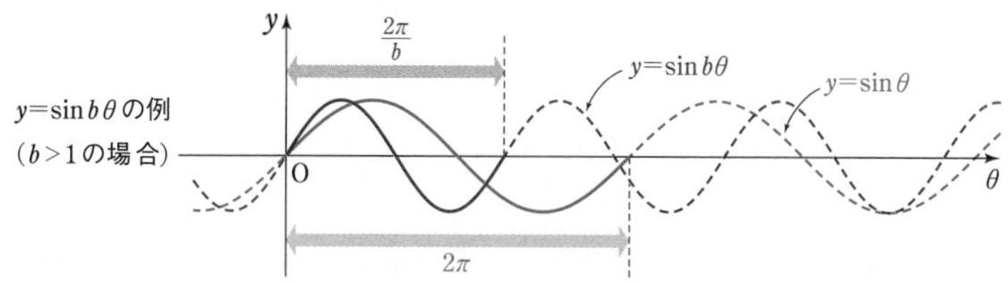

確認 Q3　b，c は 0 以上の定数とする。関数 $y=\sin b(\theta-c)$ のグラフが，次の図の実線のようになるとき，b，c の値を求めよ。ただし，適する値が複数ある場合は，最小のものを答えよ。また，各図の点線は，$y=\sin\theta$ のグラフである。

(1)

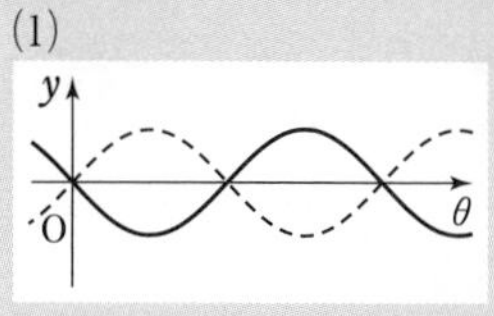

(2)

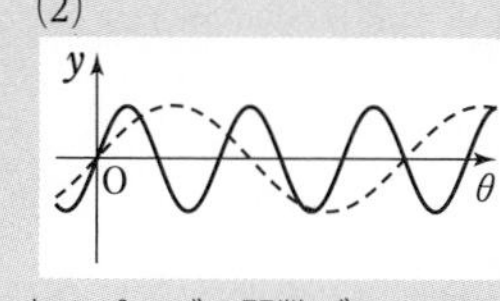

(3)

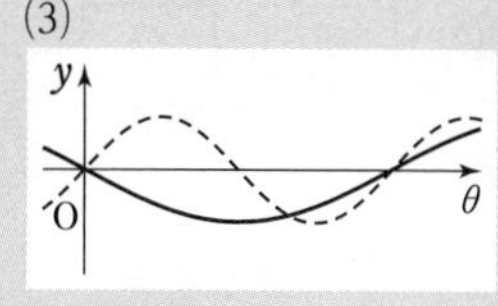

★ 自分の答えが正しいかどうか，左のページの関数グラフソフトを使って確認しよう。

2　三角関数の合成の利用

ここまで，関数の中に sin，cos，tan を 1 つだけ含む関数を扱ってきたが，2 つ以上含む場合はどうだろうか。例として，関数 $y=\sin\theta+\sqrt{3}\cos\theta$ について考えてみよう。これは 2 種類の三角関数 $\sin\theta$，$\sqrt{3}\cos\theta$ の和からなるが，いずれも角は θ で等しい。このような場合，三角関数の合成を用いて

$$y=\sin\theta+\sqrt{3}\cos\theta$$
$$=2\sin\left(\theta+\frac{\pi}{3}\right)$$

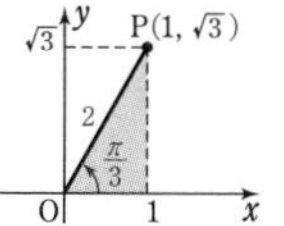

例題 133

のように，三角関数の種類を 1 つにすることができる。こうすれば，この関数の周期は 2π であり，グラフは，$y=\sin\theta$ のグラフを θ 軸方向に $-\dfrac{\pi}{3}$ だけ平行移動し，y 軸方向に 2 倍に拡大したものであることがわかる。

やってみよう

問3　図は，ある三角関数のグラフである。その関数の式として正しいものを，次のうちからすべて選べ。

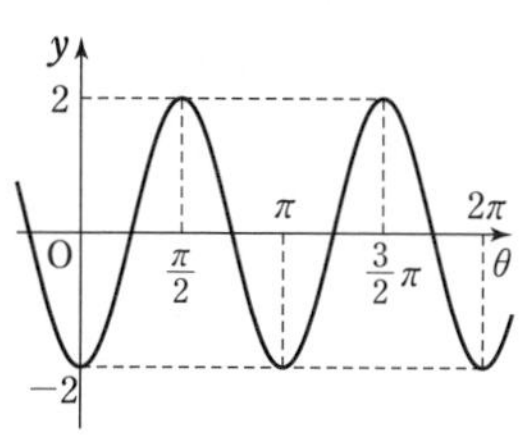

⓪ $y=2\sin\left(2x+\dfrac{\pi}{2}\right)$　① $y=2\sin\left(2x-\dfrac{\pi}{2}\right)$

② $y=2\sin2\left(x+\dfrac{\pi}{2}\right)$　③ $y=\sin2\left(2x-\dfrac{\pi}{2}\right)$

④ $y=2\cos\left(2x+\dfrac{\pi}{2}\right)$　⑤ $y=2\cos2\left(x-\dfrac{\pi}{2}\right)$

⑥ $y=2\cos2\left(x+\dfrac{\pi}{2}\right)$　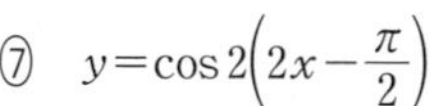⑦ $y=\cos2\left(2x-\dfrac{\pi}{2}\right)$

問題に挑戦

3 関数 $y=\sin 2x+\cos 2x$ ……① の周期について考える。

まず，$y=\sin 2x$，$y=\cos 2x$ のどちらの周期も，正で最小のものは [ア] である。

ここで，① を変形すると

$$y=\boxed{\text{イ}}\sin(2x+\boxed{\text{ウ}})\ (0<\boxed{\text{ウ}}<2\pi)\ \cdots\cdots②$$

となるから，① のグラフの概形は [エ] である。

① のグラフや ② の式から，① の周期のうち正で最小のものは [ア] であることがわかる。

(1) [ア] に当てはまるものを，次の⓪～⑥のうちから1つ選べ。

⓪ $\dfrac{\pi}{8}$　① $\dfrac{\pi}{4}$　② $\dfrac{\pi}{2}$　③ π　④ 2π　⑤ 3π　⑥ 4π

(2) [イ]，[ウ] に当てはまるものを，次の各解答群のうちから1つずつ選べ。

[イ] の解答群

⓪ $\sqrt{2}$　① $-\sqrt{2}$　② 2　③ -2

[ウ] の解答群

⓪ $\dfrac{\pi}{6}$　① $\dfrac{\pi}{4}$　② $\dfrac{\pi}{3}$　③ $\dfrac{\pi}{2}$　④ $\dfrac{3}{4}\pi$　⑤ π　⑥ $\dfrac{3}{2}\pi$

(3) [エ] に当てはまるものとして最も適当なものを，次の⓪～⑤のうちから1つ選べ。ただし，各図における点線 P は $y=\sin 2x$ のグラフである。

⓪

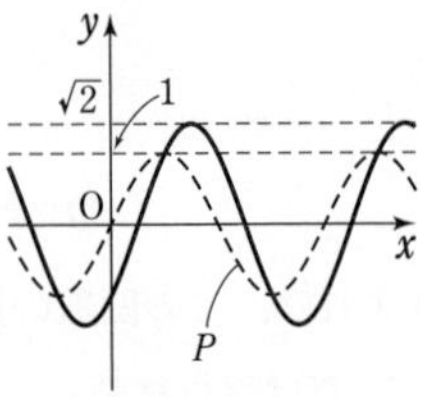

①

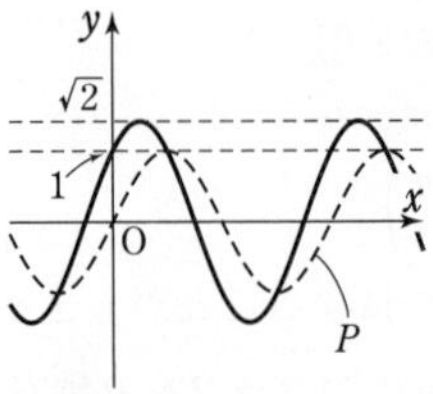

②

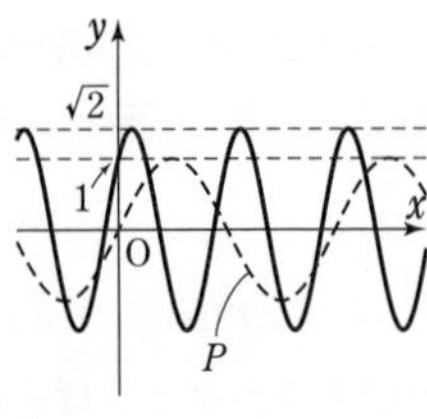

③

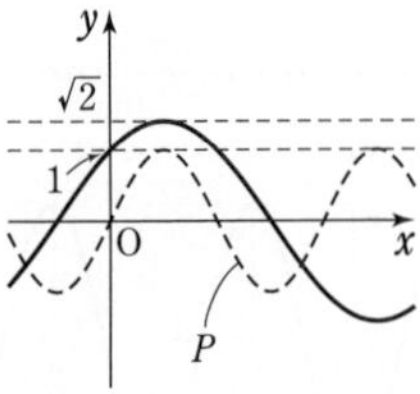

④

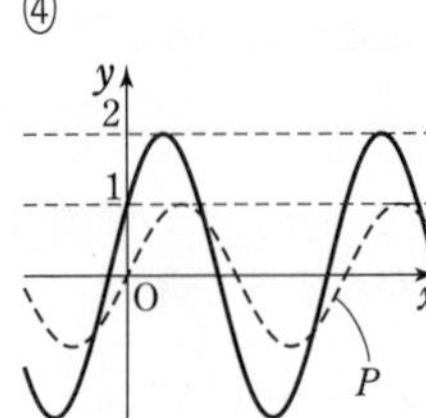

⑤

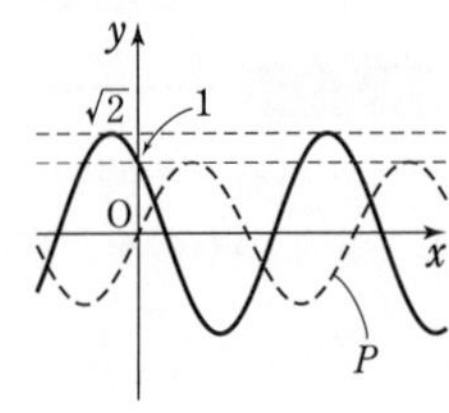

次に，関数 $y=\sin\dfrac{x}{2}+\cos\dfrac{x}{3}$ …… ③ の周期について考える。

$y=\sin\dfrac{x}{2}$ の周期のうち，正で最小のものは ［オ］，$y=\cos\dfrac{x}{3}$ の周期のうち，正で最小のものは ［カ］ である。よって，k，l を自然数とすると，

$y=\sin\dfrac{x}{2}$ の周期のうち，正のものは ［オ］$\times k$ …… ④，

$y=\cos\dfrac{x}{3}$ の周期のうち，正のものは ［カ］$\times l$ …… ⑤ と表すことができる。

(4) ［オ］，［カ］ に当てはまるものを，次の⓪～⑨のうちから1つずつ選べ。ただし，同じものを選んでもよい。

⓪ $\dfrac{\pi}{6}$　① $\dfrac{\pi}{4}$　② $\dfrac{\pi}{3}$　③ $\dfrac{\pi}{2}$　④ π　⑤ $\dfrac{3}{2}\pi$　⑥ 2π

⑦ 3π　⑧ 4π　⑨ 6π

太郎：コンピュータを使って，$y=\sin\dfrac{x}{2}$，$y=\cos\dfrac{x}{3}$ のグラフを表示してみたよ。

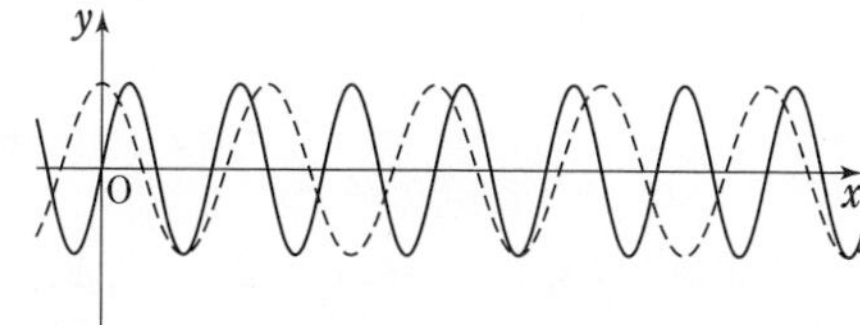

花子：周期が共通のように見える区間があるね。④，⑤ のどちらにも表される数に注目して考えると，③ の周期のうち正で最小のものは ［キ］ となるよ。

太郎：コンピュータを使って，③ のグラフをかくと，次の図のようになったよ。［キ］ が，③ の周期のうち，正で最小のものであることが確認できるね。

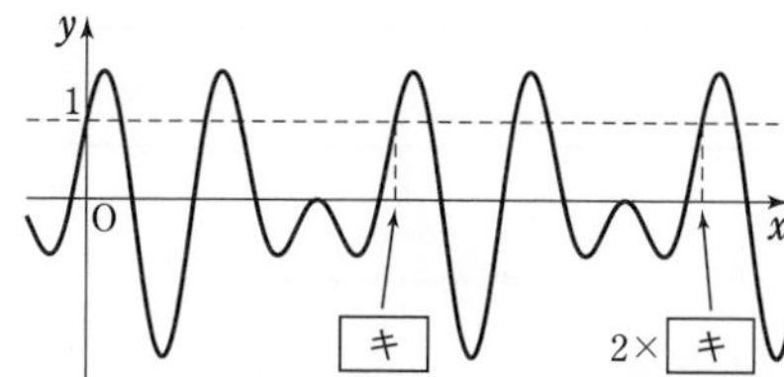

(5) ［キ］ に当てはまるものを，次の⓪～⑨のうちから1つ選べ。

⓪ $\dfrac{\pi}{12}$　① $\dfrac{\pi}{6}$　② $\dfrac{5}{12}\pi$　③ $\dfrac{5}{6}\pi$　④ 2π　⑤ 4π　⑥ 5π

⑦ 6π　⑧ 12π　⑨ 24π

(6) (4)，(5)と同じようにして考えると，関数 $y=\sin\dfrac{3}{5}x+\cos\dfrac{7}{5}x$ の周期のうち，正で最小のものは ［クケ］π である。［クケ］ に当てはまる数を答えよ。

Research & Work 4 数学Ⅱ 対数の応用

1 対数計算の復習

まず，対数の定義と，対数の計算に関する重要な性質を振り返っておこう。

$a>0$，$b>0$，$c>0$，$a \neq 1$，$c \neq 1$，$M>0$，$N>0$，k は実数のとき

定義　$a^p=M \iff p=\log_a M$

すなわち　$\log_a a^p=p$，$a^{\log_a M}=M$

性質　[1]　$\log_a MN=\log_a M+\log_a N$　（積 ⟶ 和）

[2]　$\log_a \dfrac{M}{N}=\log_a M-\log_a N$　（商 ⟶ 差）

[3]　$\log_a M^k=k\log_a M$

[4]　底の変換公式　$\log_a b=\dfrac{\log_c b}{\log_c a}$

p.243 基本事項

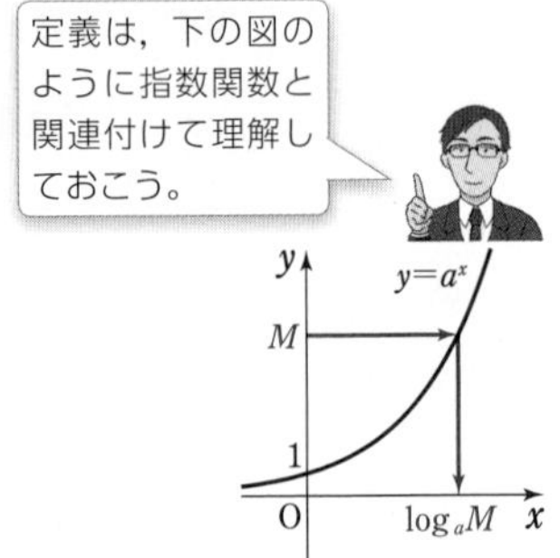

これらのことを利用して，次の「確認」に取り組んでみよう。

確認

Q 4　(1)　$\log_{10}2=a$，$\log_{10}3=b$ とするとき，$(\log_{10}100)^{2\log_2 7}+\log_{10}720$ を a，b で表せ。　〔類 星薬大〕

(2)　a を 1 と異なる正の定数とする。$a^x=8$，$a^y=25$ のとき，$\log_{10}500$ を x，y で表せ。　〔法政大〕

2 対数尺

ここでは，**対数尺** という器具の仕組みを学びながら，対数の性質について理解を深めよう。次の図 1 に示すような目盛りをつけた物差しを，対数尺という。

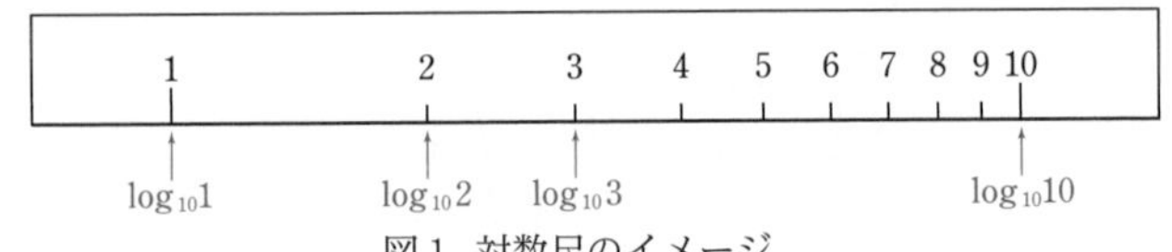

図 1　対数尺のイメージ

図 1 では，1 の目盛りの位置から右に $\log_{10}a$ だけ離れたところに a の目盛りがつけてある。また，仕組みを理解しやすくするため，例として 1 から 10 までの整数値のみの目盛りがつけてある。

図 1 からわかるように，目盛りの値が大きくなるにつれて，目盛りの間隔は小さくなっていく。このことは，図 2 のように対数尺と対数関数 $y=\log_{10}x$ のグラフを並べてみると，目盛りの位置が y の値に対応していることから理解できるだろう。

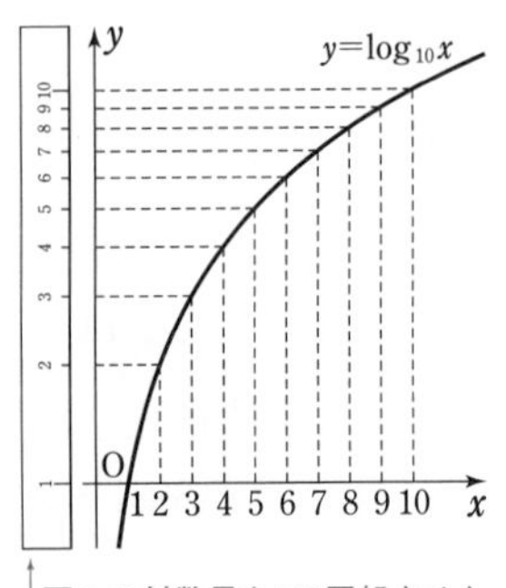

図 2　└図 1 の対数尺を 90° 回転させた

次に，対数尺において，目盛りが等間隔になる部分に着目してみよう。図 3 は目盛り 1, 2, 4, 8 のみを強調したものである。この図からわかるように，目盛りの値は，2^0, 2^1, 2^2, 2^3 と累乗で増えていくのに対し，それぞれの目盛りの間隔は等しい。

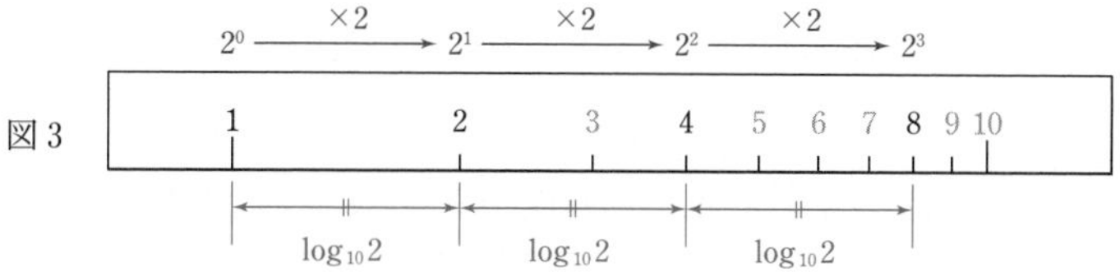

図 3

目盛りの間隔は，前ページで示した性質 [2] から，次のように計算できる。

$$\log_{10}2-\log_{10}1=\log_{10}2-0=\log_{10}2,\ \log_{10}4-\log_{10}2=\log_{10}\frac{4}{2}=\log_{10}2$$

$$\log_{10}8-\log_{10}4=\log_{10}\frac{8}{4}=\log_{10}2$$

3 計算尺

続いて，**計算尺** という器具についても概要を見ておこう。図 4 のように，対数尺を 2 つ用意し，向かい合わせにしたものを計算尺という。図 4 は，2×5 の積の値を求める様子を表している。まず，上の対数尺 ① の目盛り 2 に，下の対数尺 ② の目盛り 1 を合わせる。次に，② の目盛り 5 の位置に合う ① の目盛りを読む。図からその目盛りは 10 であることがわかる。すなわち，②×⑤=⑩ と積の値を求めることができる。

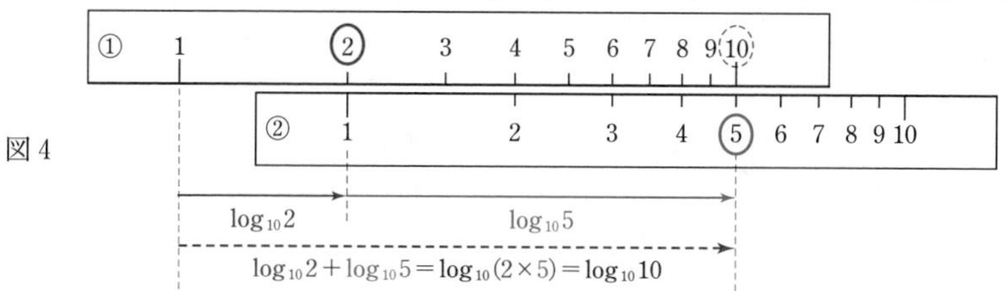

図 4

これは，前のページで示した，対数の性質 [1] を用いて計算している。図 4 では，他にも，2×2=4, 2×3=6, 2×4=8 の積も確認できるだろう。

やってみよう

問 4 次に示す対数尺の目盛りについて考える。

<対数尺> 直線上で，基準の点Oと，OE=1 である点Eを下の図のように定め，Oから右に $\log_{10}a$ だけ離れたところに a の目盛りを書いたものを対数尺とする。

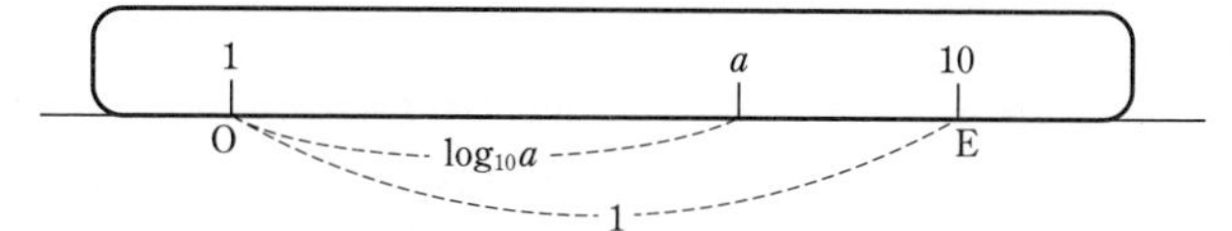

(1) $1\leqq a<b\leqq10$ のとき，目盛り a の点と目盛り b の点の距離を表したものを次のうちから 1 つ選べ。

⓪ $\log_{10}(a+b)$　① $\log_{10}(b-a)$　② $\log_{10}ab$　③ $\log_{10}\frac{b}{a}$

(2) 目盛り 1, 5, x, y の 4 点は等間隔に左から順に並ぶ。x, y の値を求めよ。

(3) 目盛り 4 の点と目盛り 9 の点を結ぶ線分の中点の目盛りを求めよ。

● 問題に挑戦 ●

4 計算尺について考えよう。計算尺は，次に示すような対数尺を 2 つ用いたもので，これを利用すると比例式で表された式の計算や数の乗法・除法などが簡単にできる。

<対数尺>　直線上で，基準の点Oと，OE=1 である点Eを下の図のように定め，Oから右に $\log_{10}a$ だけ離れたところに a の目盛りを書いたものを対数尺という。

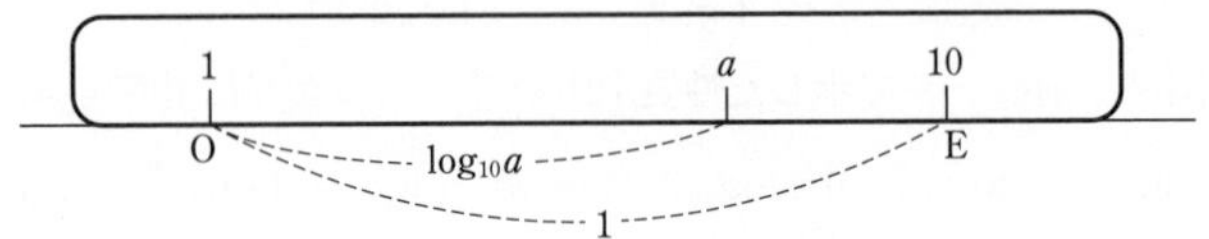

まず，[図 1]のように，2 つの対数尺①，②を並べた場合を考える。①の目盛り a と②の目盛り c を向かい合わせたとき，①の目盛り b $(a<b)$ が②の目盛り d $(c<d)$ に合ったとする。このとき，[図 1]の距離 X に着目すると，［ア］が必ず成り立つから，a，b，c，d には［イ］という関係式が必ず成り立つ。

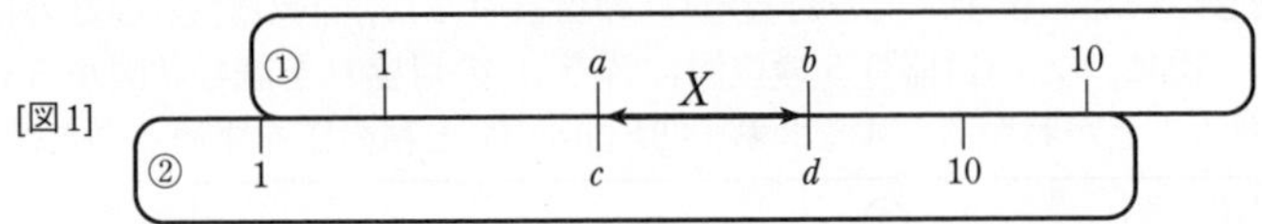

次に，[図 2]のように，2 つの対数尺③，②を並べた場合を考える。ただし，対数尺③は，①に対して目盛りの向きを反対にしたものである。③の目盛り f と②の目盛り c を向かい合わせたとき，③の目盛り e $(e<f)$ が②の目盛り d $(c<d)$ に合ったとする。このとき，[図 2]の距離 Y に着目すると，［ウ］が必ず成り立つから，c，d，e，f には［エ］という関係式が必ず成り立つ。

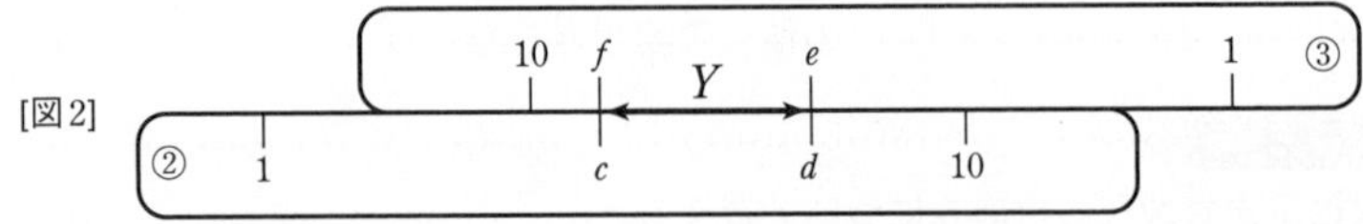

以上のことから，2 組の目盛りが向かい合うように対数尺を並べたとき，対数尺①と②については［オ］であることが言え，対数尺③と②については［カ］であることが言える。

(1)［ア］に当てはまるものを，次の⓪～③のうちから 1 つ選べ。

⓪ $b-a=d-c$　　① $\log_{10}(b-a)=\log_{10}(d-c)$

② $\log_{10}b-\log_{10}a=\log_{10}d-\log_{10}c$　　③ $\dfrac{\log_{10}b}{\log_{10}a}=\dfrac{\log_{10}d}{\log_{10}c}$

(2)［イ］に当てはまるものを，次の⓪～②のうちから 1 つ選べ。

⓪ $ab=cd$　　① $ac=bd$　　② $ad=bc$

(3) [ウ] に当てはまるものを，次の⓪～③のうちから1つ選べ。

⓪ $f-e=d-c$　　① $\log_{10}(f-e)=\log_{10}(d-c)$

② $\log_{10}f-\log_{10}e=\log_{10}d-\log_{10}c$　　③ $\dfrac{\log_{10}f}{\log_{10}e}=\dfrac{\log_{10}d}{\log_{10}c}$

(4) [エ] に当てはまるものを，次の⓪～②のうちから1つ選べ。

⓪ $ef=cd$　　① $cf=de$　　② $df=ce$

(5) [オ], [カ] に当てはまる最も適当なものを，次の⓪～③のうちから1つずつ選べ。ただし，同じものを選んでもよい。

⓪ 向かい合った目盛りの和が一定　　① 向かい合った目盛りの差が一定

② 向かい合った目盛りの積が一定　　③ 向かい合った目盛りの比が一定

(6) 次の(あ)の等式を満たす x の値，および(い)と(う)の値を計算尺を用いて調べるとき，計算尺の用法として最も適当なものを，次の⓪～⑥のうちから1つずつ選べ。ただし，同じものを選んでもよい。

(あ) 比例式 $2.3:4.2=3.1:x$　[キ]

(い) 商 $\dfrac{4.2}{3.1}$　[ク]　　(う) 積 2.3×4.2　[ケ]

[用法] 対数尺①，② を下の図のように並べ，

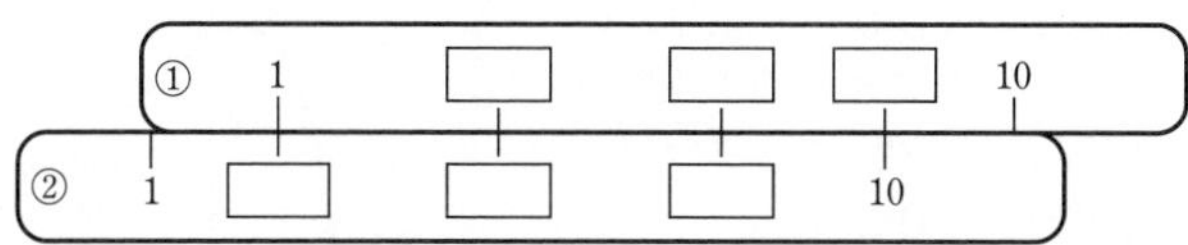

⓪ ① の目盛り 2.3 に ② の目盛り 4.2 を合わせたとき，① の目盛り 3.1 に対応する ② の目盛りを調べる。

① ① の目盛り 3.1 に ② の目盛り 10 を合わせたとき，① の目盛り 2.3 に対応する ② の目盛りを調べる。

② ① の目盛り 1 に ② の目盛り 3.1 を合わせたとき，① の目盛り 4.2 に対応する ② の目盛りを調べる。

③ ① の目盛り 1 に ② の目盛り 2.3 を合わせたとき，① の目盛り 4.2 に対応する ② の目盛りを調べる。

④ ① の目盛り 2.3 に ② の目盛り 4.2 を合わせたとき，① の目盛り 1 に対応する ② の目盛りを調べる。

⑤ ① の目盛り 3.1 に ② の目盛り 4.2 を合わせたとき，① の目盛り 1 に対応する ② の目盛りを調べる。

⑥ ① の目盛り 4.2 に ② の目盛り 10 を合わせたとき，① の目盛り 3.1 に対応する ② の目盛りを調べる。

Research & Work 5 数学Ⅱ 微分法と関数のグラフ

1 3次関数のグラフ

微分法の分野では，多項式で表される関数 $f(x)$ について，導関数 $f'(x)$ の符号の変化を調べることで極値を求め，$y=f(x)$ のグラフがかけることを学んだ。グラフの特徴に着目することで解決できる問題は多い。ポイントをしっかり振り返っておこう。

極値の求め方

① $f'(x)=0$ となる x の値を求める

② $f'(x)$ の符号の変化を調べ，増減表を作る

例題 180

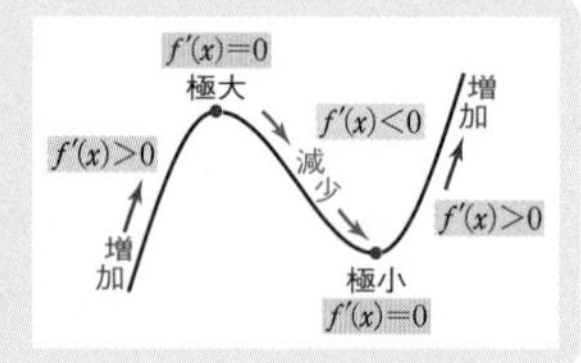

上の手順で作った増減表に従い，極値となる点をとり，増加(↗)，減少(↘)に合わせて点をつないでいくことで，グラフをかけばよい。

また，座標軸とグラフの共有点に着目するなど，視点を変えてグラフをとらえることも大切である。右の図に，3次関数のグラフで着目すべき点をいくつか取り上げたので確認してほしい。このことも踏まえたうえで，次の「確認」に取り組んで，グラフのかき方について復習しておこう。

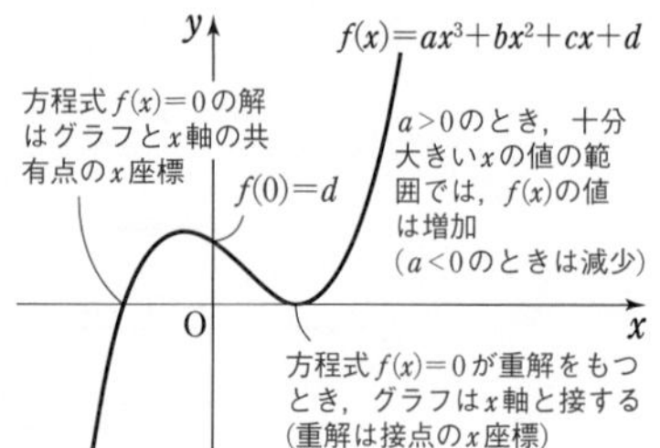

確認

Q5 a，b，c，d は定数で，$a\neq0$ とする。関数 $f(x)=ax^3+bx^2+cx+d$ について，a，b，c，d が次の値をとるとき，$y=f(x)$ のグラフの概形として，最も適当なものを，それぞれ⓪～③のうちから1つ選べ。

(1) $a=1$，$b=-1$，$c=1$，$d=-1$

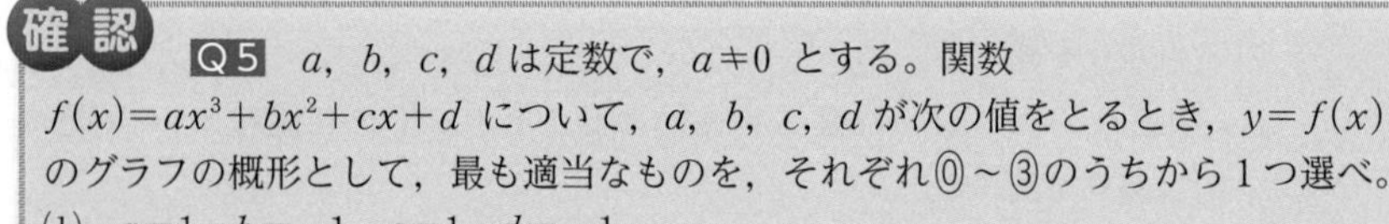

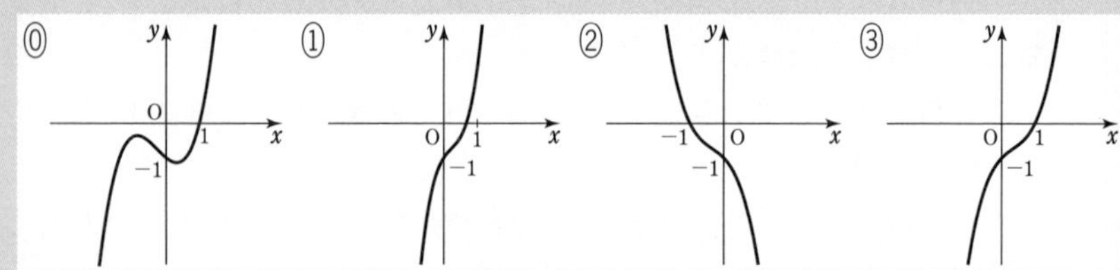

(2) $a=2$，$b=1$，$c=-1$，$d=-2$

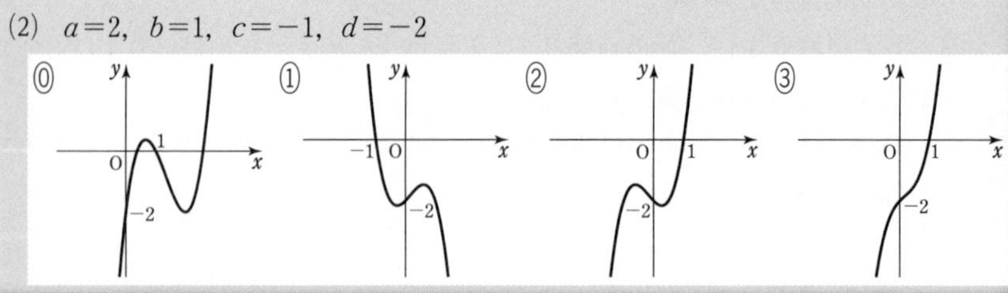

Q 5 の結果について，関数グラフソフトを使って確認できます。しっかり自分で考えたうえで，ソフトも使ってみよう。

関数グラフソフト

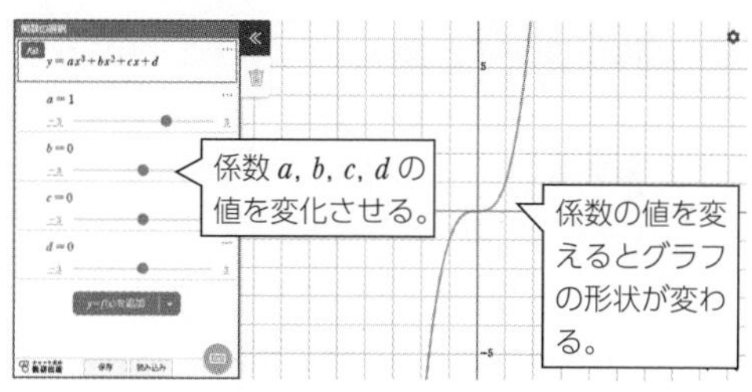

$y=ax^3+bx^2+cx+d$
係数 a, b, c, d の値を変化させる。
係数の値を変えるとグラフの形状が変わる。

2 関数のグラフと方程式

次に，グラフを用いて方程式の解について考える問題を見てみよう。数学Ⅱの **例題 195** では，3 次方程式 $x^3-3x-2-a=0$ の実数解の個数が，定数 a の値によってどのように変わるかを考えた。この問題は，方程式を $x^3-3x-2=a$ の形にして

曲線 $y=x^3-3x-2$ と直線 $y=a$ の共有点の個数を調べる

という方針で解くことができた。すなわち，**x 軸に平行な直線 $y=a$ を上下に動かして** 共有点の個数を調べればよいのである。

この例題を，次のように変更してみるとどうだろうか。

> **【例】** 3 次方程式 $x^3-3x-2-a=0$ が，2 つの異なる負の解と 1 つの正の解をもつような定数 a の値の範囲を求めよ。

このように条件が複雑になった場合でも，グラフが正しくかけていれば，元の例題と同じように解くことができる。

グラフは右の図のようになるから，次のような共有点をもつ場合を求めればよい。

2 つの異なる負の解

$\longrightarrow$ $x<0$ の範囲に 2 つの共有点

1 つの正の解

$\longrightarrow$ $x>0$ の範囲に 1 つの共有点

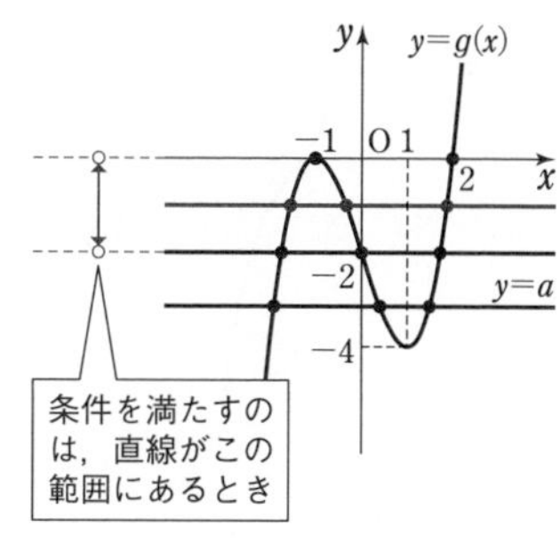

y
$y=g(x)$
-1
O
1
2
x
-2
-4
$y=a$
条件を満たすのは，直線がこの範囲にあるとき

よって，図から，条件を満たす a の値の範囲は，**$-2<a<0$** となることがわかる。

p.314 EXERCISES 158 も参照

【例】についても，関数グラフソフトを用意しました。実際に直線を動かしてみて，共有点の位置の変化を確認してみましょう。

関数グラフソフト

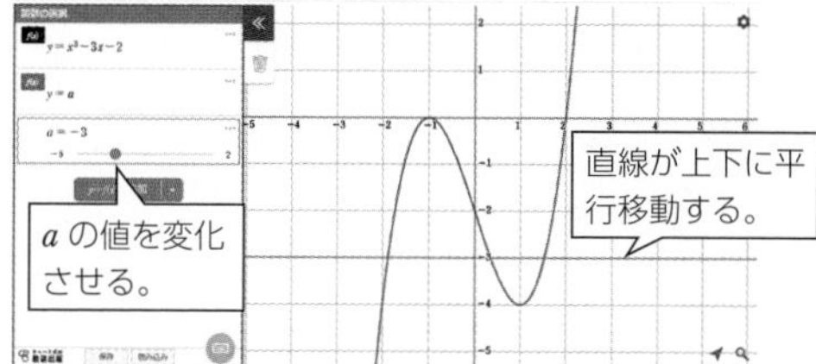

$y=x^3-3x-2$
$y=a$
$a=-3$
a の値を変化させる。
直線が上下に平行移動する。

やってみよう

問5 a, b を定数とする。関数 $f(x)=x^3-9x^2+ax+b$ は $x=1$ で極値をとり，方程式 $f(x)=0$ は異なる実数解を正と負に 1 つずつもつとする。このとき，a, b の値を求めよ。

〔類 職能開発大〕

問題に挑戦

5　a を実数とし，$f(x)=x^3-6ax+16$ とおく。

(1)　$y=f(x)$ のグラフの概形は

$a=0$ のとき，［ア］

$a<0$ のとき，［イ］

である。

［ア］，［イ］に当てはまる最も適当なものを，次の⓪～⑤のうちから１つずつ選べ。ただし，同じものを繰り返し選んでもよい。

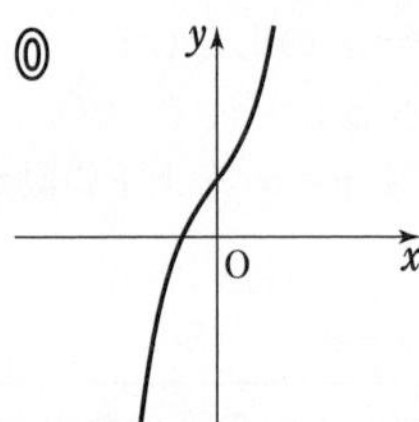

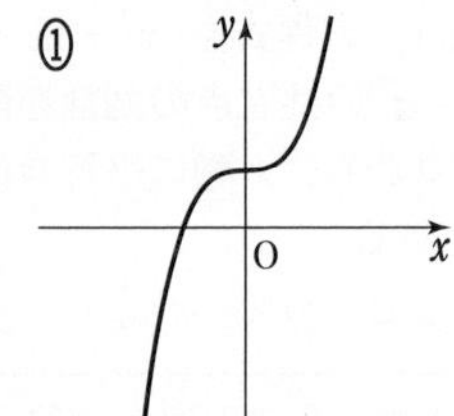

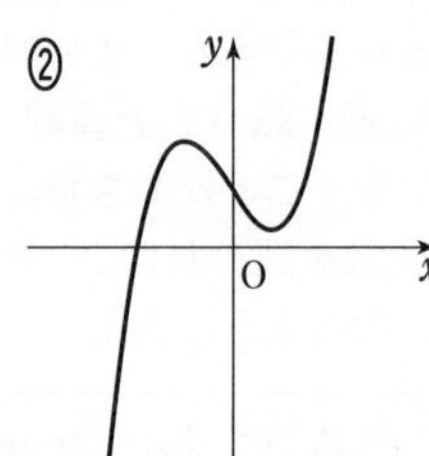

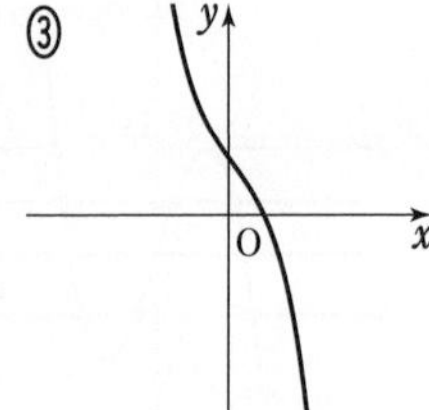

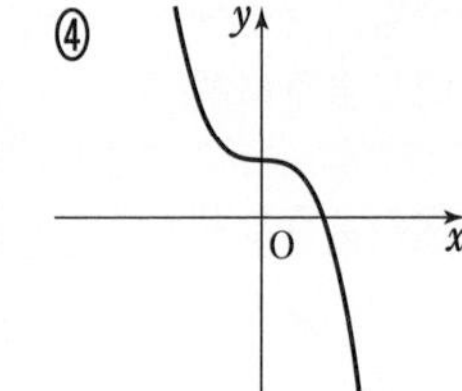

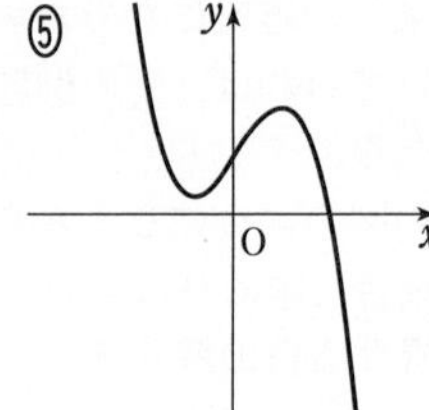

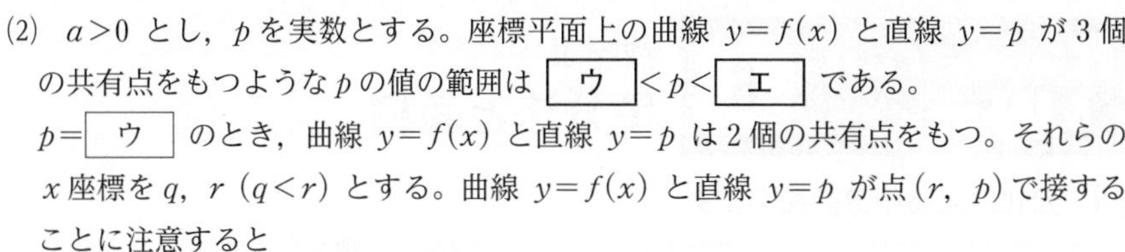

(2) $a>0$ とし，p を実数とする。座標平面上の曲線 $y=f(x)$ と直線 $y=p$ が 3 個の共有点をもつような p の値の範囲は $\boxed{\text{ウ}}<p<\boxed{\text{エ}}$ である。

$p=\boxed{\text{ウ}}$ のとき，曲線 $y=f(x)$ と直線 $y=p$ は 2 個の共有点をもつ。それらの x 座標を q，r $(q<r)$ とする。曲線 $y=f(x)$ と直線 $y=p$ が点 $(r,\ p)$ で接することに注意すると

$$q=\boxed{\text{オカ}}\sqrt{\boxed{\text{キ}}}\,a^{\frac{1}{2}},\quad r=\sqrt{\boxed{\text{ク}}}\,a^{\frac{1}{2}}$$

と表せる。

$\boxed{\text{ウ}}$，$\boxed{\text{エ}}$ に当てはまるものを，次の解答群から 1 つずつ選べ。また，$\boxed{\text{オカ}}$～$\boxed{\text{ク}}$ に当てはまる数を答えよ。

$\boxed{\text{ウ}}$，$\boxed{\text{エ}}$ **の解答群**（同じものを繰り返し選んでもよい。）

⓪ $2\sqrt{2}\,a^{\frac{3}{2}}+16$　　① $-2\sqrt{2}\,a^{\frac{3}{2}}+16$

② $4\sqrt{2}\,a^{\frac{3}{2}}+16$　　③ $-4\sqrt{2}\,a^{\frac{3}{2}}+16$

④ $8\sqrt{2}\,a^{\frac{3}{2}}+16$　　⑤ $-8\sqrt{2}\,a^{\frac{3}{2}}+16$

(3) 方程式 $f(x)=0$ の異なる実数解の個数を n とする。次の⓪～⑤のうち，正しいものは $\boxed{\text{ケ}}$ と $\boxed{\text{コ}}$ である。

$\boxed{\text{ケ}}$，$\boxed{\text{コ}}$ に当てはまるものを，次の解答群から 1 つずつ選べ。

$\boxed{\text{ケ}}$，$\boxed{\text{コ}}$ **の解答群**（解答の順序は問わない。）

⓪ $n=1$ ならば $a<0$　　① $a<0$ ならば $n=1$

② $n=2$ ならば $a<0$　　③ $a<0$ ならば $n=2$

④ $n=3$ ならば $a>0$　　⑤ $a>0$ ならば $n=3$

〔類 共通テスト〕

Research & Work 6 数学Ⅱ 積分法と面積

1 公式による積分計算の工夫

積分法の分野では，グラフで囲まれた部分の面積を，定積分により求める方法を学んだ。定積分で面積を求める問題を解く方針は，次の通りシンプルである。

面積の計算
まずグラフをかく
① 積分区間の決定
② 上下関係を調べる
例題 211，212，215

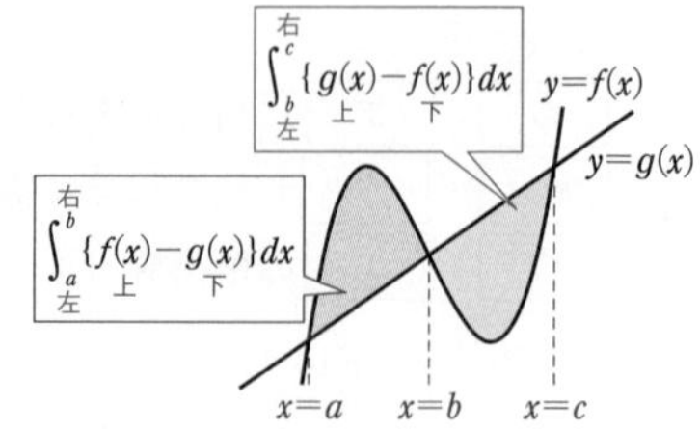

曲線が，放物線でも，3 次関数や 4 次関数のグラフでも，この方針は変わらない。
しかし，曲線の式や積分区間によって，計算の複雑さは変わる。積分計算が複雑になっても，ミスしないために，次に示すような積分の公式は積極的に使おう。

$$\int_\alpha^\beta(x-\alpha)(x-\beta)\,dx=-\frac{1}{6}(\beta-\alpha)^3$$ ［6 分の 1 公式］ p.333 ズーム UP

$$\int(ax+b)^n\,dx=\frac{1}{a}\cdot\frac{(ax+b)^{n+1}}{n+1}+C$$ （C は積分定数） 例題 203

確認 Q6 (1) a，b は定数であり，$a>0$ とする。放物線 $C：y=-x^2+a$ と直線 $\ell：y=bx$ で囲まれた部分の面積を，a，b を用いて表せ。
(2) $a>0$ とし，放物線 $E：y=x^2$ 上の点 $(a,\ a^2)$ における接線を m とする。E，m，y 軸で囲まれた部分の面積を，a を用いて表せ。

2 図形の分割による積分計算の工夫

図形を分割する ことで積分計算をラクにできることがある。次の例を見てみよう。

【例】 $a>1$ とし，関数 $f(x)$，$g(x)$ を $f(x)=|x(x-a)|$，$g(x)=x$ とする。曲線 $y=f(x)$ と直線 $y=g(x)$ で囲まれる部分のうち，$x\geqq a-1$ にある部分の面積 S を，a を用いて表せ。

まず，積分区間を決定するため，$y=f(x)$ と $y=g(x)$ の共有点の x 座標を求める。
$x(x-a)\geqq 0$ すなわち $x\leqq 0$，$a\leqq x$ のとき ←$a>1$ に注意
　$x(x-a)=x$　　ゆえに　$x(x-a-1)=0$
　よって　　$x=0$，$a+1$
$x(x-a)<0$ すなわち $0<x<a$ のとき
　$-x(x-a)=x$　　ゆえに　$x(x-a+1)=0$
　$0<x<a$ から　　$x=a-1$
以上から，$f(x)$ と $g(x)$ の上下関係に注意してグラフをかくと右の図のようになる。

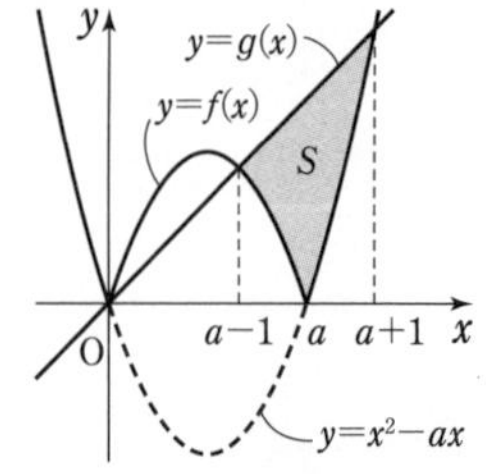

図から，S は，$\int_{a-1}^{a}\{x-(-x^2+ax)\}dx+\int_{a}^{a+1}\{x-(x^2-ax)\}dx$ を計算しても求められるが，下の図のように，面積の和・差として考えると，6 分の 1 公式が利用できる。

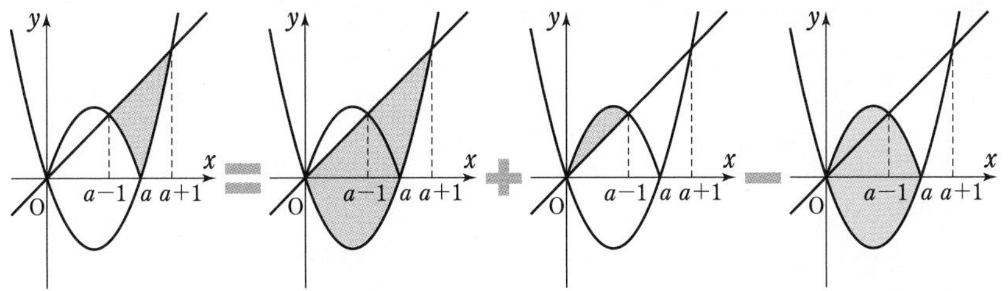

$$S=\int_0^{a+1}\{x-(x^2-ax)\}dx+\int_0^{a-1}\{(-x^2+ax)-x\}dx-\int_0^{a}\{(-x^2+ax)-(x^2-ax)\}dx$$

$$=-\int_0^{a+1}x\{x-(a+1)\}dx-\int_0^{a-1}x\{x-(a-1)\}dx+2\int_0^{a}x(x-a)dx$$

$$=\frac{(a+1)^3}{6}+\frac{(a-1)^3}{6}-2\cdot\frac{a^3}{6}=\boldsymbol{a}$$

このように，6 分の 1 公式を利用するため，うまく図形を分割することを常に意識しておくとよいだろう。

3 偶関数・奇関数の定積分

積分区間が y 軸に関して対称の場合は，次の性質もぜひ利用してほしい。

$f(-x)=f(x)$ [偶関数] ならば　$\int_{-a}^{a}f(x)dx=2\int_0^{a}f(x)dx$

$f(-x)=-f(x)$ [奇関数] ならば　$\int_{-a}^{a}f(x)dx=0$　例題 206

確認

Q7 (1) 定積分 $S=\int_{-1}^{1}\left|x^2-\frac{1}{2}x-\frac{1}{2}\right|dx$ について，成り立つものを次のうちから 2 つ選べ。

① $S=\int_{-1}^{-\frac{1}{2}}\left(x^2-\frac{1}{2}x-\frac{1}{2}\right)dx+\int_{-\frac{1}{2}}^{1}\left(-x^2+\frac{1}{2}x+\frac{1}{2}\right)dx$

② $S=\int_{-1}^{-\frac{1}{2}}\left(-x^2+\frac{1}{2}x+\frac{1}{2}\right)dx+\int_{-\frac{1}{2}}^{1}\left(x^2-\frac{1}{2}x-\frac{1}{2}\right)dx$

③ $S=\int_{-1}^{1}\left(x^2-\frac{1}{2}x-\frac{1}{2}\right)dx+\int_{-\frac{1}{2}}^{1}\left(-x^2+\frac{1}{2}x+\frac{1}{2}\right)dx$

④ $S=\int_{-1}^{1}\left(x^2-\frac{1}{2}x-\frac{1}{2}\right)dx+2\int_{-\frac{1}{2}}^{1}\left(-x^2+\frac{1}{2}x+\frac{1}{2}\right)dx$

(2) S の値を求めよ。　〔類 京都大〕

やってみよう

問6 次の連立不等式の表す領域の面積を求めよ。

$$x^2+y^2\leqq 1,\quad y\geqq x^2-\frac{1}{4}$$

● 問題に挑戦 ●

6 [問題A]と[問題B]について，それぞれ考えてみよう。

> [問題A] 連立不等式 $y \geqq x^2-2$, $y \leqq -x+10$, $y \geqq 2x+1$ の表す領域の面積を S とする。次の(1)～(3)の問いに答えよ。

(1) 境界線の放物線，直線について，

$$y=x^2-2 \ \cdots\cdots ①,\quad y=-x+10 \ \cdots\cdots ②,\quad y=2x+1 \ \cdots\cdots ③$$

とする。放物線①と直線②，直線③は1点で交わり，その座標は（ア，イ）である。点（ア，イ）をCとする。
放物線①と直線②の共有点のうち，C以外の点をAとすると，点Aの座標は，（ウエ，オカ）である。また，放物線①と直線③の共有点のうち，C以外の点をBとすると，点Bの座標は（キク，ケコ）である。
ア～ケコに当てはまる数を答えよ。

(2) 点A，B，Cの x 座標を，それぞれ a，b，c とおく。
放物線①，直線②，直線③，および2直線 $x=a$，$x=b$ で囲まれる部分について，下の図の影をつけた部分のように，領域 T，U，V，W，X を定め，それぞれの領域の面積を S_T，S_U，S_V，S_W，S_X とする。ただし，境界線を含む。

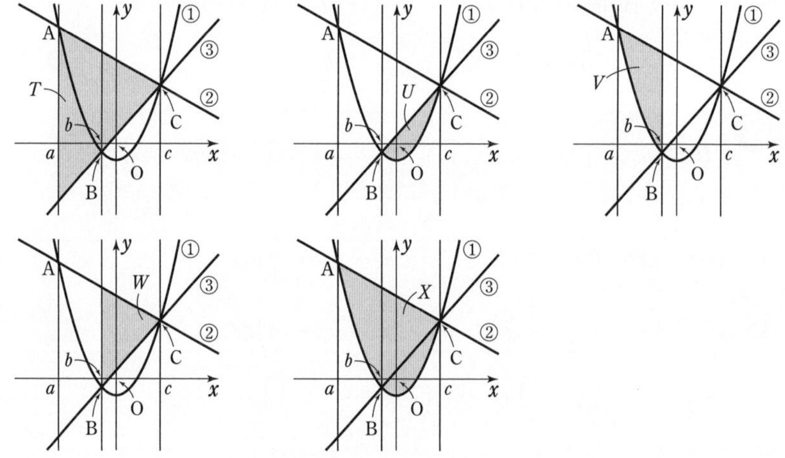

面積 S と，上で定めた領域の面積 S_T，S_U，S_V，S_W，S_X との間に成り立つ等式について正しいものを，次の⓪～⑤のうちから2つ選べ。ただし，解答の順序は問わない。サ，シ

⓪ $S=S_T+S_U$　　① $S=S_V+S_W$　　② $S=S_T-S_U$

③ $S=S_X+S_T$　　④ $S=S_V-S_W$　　⑤ $S=S_X-S_U$

(3) 面積 S を求めると，$S=\dfrac{\text{スセ}}{\text{ソ}}$ である。スセ，ソに当てはまる数を答えよ。

[問題B]

m は負の定数とする。右の図のように，放物線 $y=x^2-2$ と2直線 $y=mx$，$y=2x+1$ で囲まれた部分を3つに分割して考え，そのうち，$y \leqq mx$ かつ $y \geqq 2x+1$ を満たす領域の面積を S_1，$y \geqq mx$ かつ $y \leqq 2x+1$ を満たす領域の面積を S_2 とする。このとき，$S_1=S_2$ が成り立つような定数 m の値を求めたい。次の(4)～(6)の問いに答えよ。なお，図の①，③，b，c は[問題A]の(1)，(2)で定めたものと同じものである。

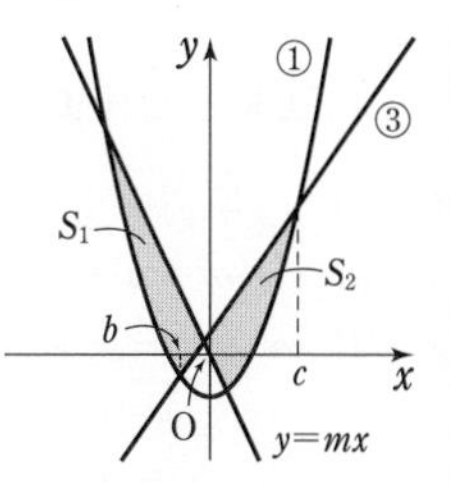

(4) 連立不等式 $y \geqq x^2-2$，$y \leqq mx$，$y \leqq 2x+1$ を満たす領域の面積を S_3 とする。放物線 $y=x^2-2$ と直線 $y=mx$ の共有点の x 座標を α，$\beta\ (\alpha<\beta)$ とするとき，面積 S_1 と面積 S_3 の和を定積分で表すと，$S_1+S_3=$ [タ] である。

[タ] に当てはまる式を，次の⓪～⑤のうちから1つ選べ。

⓪ $\int_{\alpha}^{c}(x^2-2x-3)\,dx$　　① $-\int_{\alpha}^{c}(x^2-2x-3)\,dx$

② $\int_{\beta}^{c}(x^2-2x-3)\,dx$　　③ $-\int_{\beta}^{c}(x^2-2x-3)\,dx$

④ $\int_{\alpha}^{\beta}(x^2-mx-2)\,dx$　　⑤ $-\int_{\alpha}^{\beta}(x^2-mx-2)\,dx$

(5) 面積 S_2 と面積 S_3 の和を計算すると，$S_2+S_3=\dfrac{\boxed{チツ}}{\boxed{テ}}$ である。

[チツ]，[テ] に当てはまる数を答えよ。

(6) $S_1=S_2$ が成り立つことと，$S_1+S_3=S_2+S_3$ が成り立つことは同値であるから，$S_1=S_2$ のとき，$S_1+S_3=S_2+S_3$ より，$\beta-\alpha=$ [ト] が得られる。

これと，α，β は2次方程式 $x^2-2=mx$ の2つの解であることに着目し，m の値を求めると，$m=\boxed{ナニ}\sqrt{\boxed{ヌ}}$ である。

[ト]～[ヌ] に当てはまる数を答えよ。

CHECK & CHECK の解答（数学Ⅱ）

◎ CHECK & CHECK 問題の詳しい解答を示し，最終の答の数値などは太字で示した。

1 (1) $(x+y)^3=\boldsymbol{x^3+3x^2y+3xy^2+y^3}$

(2) $(a-1)(a^2+a+1)=a^3-1^3=\boldsymbol{a^3-1}$

2 (1) $a^3+27=a^3+3^3$

$=(a+3)(a^2-a\cdot3+3^2)$

$=\boldsymbol{(a+3)(a^2-3a+9)}$

(2) $8x^3-y^3=(2x)^3-y^3$

$=(2x-y)\{(2x)^2+2x\cdot y+y^2\}$

$=\boldsymbol{(2x-y)(4x^2+2xy+y^2)}$

3 (1) $(x+1)^6$

$={}_6\mathrm{C}_0x^6+{}_6\mathrm{C}_1x^5\cdot1+{}_6\mathrm{C}_2x^4\cdot1^2+{}_6\mathrm{C}_3x^3\cdot1^3$

$\quad+{}_6\mathrm{C}_4x^2\cdot1^4+{}_6\mathrm{C}_5x\cdot1^5+{}_6\mathrm{C}_6\cdot1^6$

$=\boldsymbol{x^6+6x^5+15x^4+20x^3+15x^2+6x+1}$

(2) $(3a-b)^5$

$={}_5\mathrm{C}_0(3a)^5+{}_5\mathrm{C}_1(3a)^4(-b)+{}_5\mathrm{C}_2(3a)^3(-b)^2$

$\quad+{}_5\mathrm{C}_3(3a)^2(-b)^3+{}_5\mathrm{C}_4(3a)(-b)^4$

$\quad+{}_5\mathrm{C}_5(-b)^5$

$=\boldsymbol{243a^5-405a^4b+270a^3b^2-90a^2b^3}$

$\quad\boldsymbol{+15ab^4-b^5}$

4 (1) 右の計算から

商　2

余り　5

$$\begin{array}{r} 2 \\ x-1\,\overline{)\,2x+3} \\ \underline{2x-2} \\ 5 \end{array}$$

(2) 右の計算から

商　$3x+1$

余り　6

$$\begin{array}{r} 3x+1 \\ x+2\,\overline{)\,3x^2+7x+8} \\ \underline{3x^2+6x} \\ x+8 \\ \underline{x+2} \\ 6 \end{array}$$

5 (1) $\dfrac{18a^4bc^3}{30a^2b^2c}=\boldsymbol{\dfrac{3a^2c^2}{5b}}$

(2) $\dfrac{x-1}{x^2-1}=\dfrac{x-1}{(x+1)(x-1)}=\boldsymbol{\dfrac{1}{x+1}}$

(3) $\dfrac{x^3+1}{x^2-2x-3}=\dfrac{(x+1)(x^2-x+1)}{(x+1)(x-3)}$

$=\boldsymbol{\dfrac{x^2-x+1}{x-3}}$

6 (1) (与式)$=\dfrac{x^2-1}{x+1}=\dfrac{(x+1)(x-1)}{x+1}$

$=\boldsymbol{x-1}$

(2) (与式)$=\dfrac{x^2}{x^2-1}-\dfrac{2x}{x^2-1}+\dfrac{1}{x^2-1}$

$=\dfrac{x^2-2x+1}{x^2-1}=\dfrac{(x-1)^2}{(x+1)(x-1)}$

$=\boldsymbol{\dfrac{x-1}{x+1}}$

7 (1) (左辺)$=x^2-2x+1$

よって，右辺と一致しないから

恒等式ではない。

(2) (左辺)$=(a^2+2ab+b^2)+(a^2-2ab+b^2)$

$=2a^2+2b^2=2(a^2+b^2)$

よって，右辺と一致するから

恒等式である。

(3) (左辺)$=\dfrac{2x+1}{2x-1}\times\dfrac{(2x+1)(2x-1)}{(2x+1)^2}=1$

よって，右辺と一致するから

恒等式である。

8 (1) $p^2-4q=(a+b)^2-4ab$

$=a^2+2ab+b^2-4ab$

$=a^2-2ab+b^2$

$=(a-b)^2$

(2) $p^3-3pq=(a+b)^3-3(a+b)ab$

$=a^3+3a^2b+3ab^2+b^3$

$\quad-3a^2b-3ab^2$

$=a^3+b^3$

9 (1) $(3x+1)-(x+3)=2x-2=2(x-1)$

$x>1$ のとき $2(x-1)>0$ であるから

$(3x+1)-(x+3)>0$

よって　$3x+1>x+3$

(2) $a^2-2ab+3b^2$

$=(a^2-2ab+b^2)-b^2+3b^2$

$=(a-b)^2+2b^2$

$(a-b)^2\geqq0$，$2b^2\geqq0$ であるから

$(a-b)^2+2b^2\geqq0$

よって　$a^2-2ab+3b^2\geqq0$

等号が成り立つのは，$a-b=0$ かつ $b=0$

すなわち $\boldsymbol{a=b=0}$ **のとき** である。

10 (1) **実部は 3，虚部は $-\sqrt{2}$**

(2) $-\dfrac{1}{2}+\dfrac{1}{2}i$ から **実部は $-\dfrac{1}{2}$，虚部は $\dfrac{1}{2}$**

(3) $0+4i$ から　**実部は 0，虚部は 4**

(4) $-\dfrac{1}{3}+0\cdot i$ から　**実部は $-\dfrac{1}{3}$，虚部は 0**

11 (1) x, y は実数であるから
$x=9$, $2=-y$
よって $\boldsymbol{x=9}$, $\boldsymbol{y=-2}$
(2) $2x-1$, $y+3$ は実数であるから
$2x-1=0$, $y+3=0$
よって $\boldsymbol{x=\frac{1}{2}}$, $\boldsymbol{y=-3}$

12 (1) $3-5i$ と共役な複素数は $3+5i$
よって **和** $(3-5i)+(3+5i)=\boldsymbol{6}$
積 $(3-5i)(3+5i)$
$=3^2-(5i)^2=9-(-25)$
$=\boldsymbol{34}$
(2) $-2=-2+0\cdot i$ と表されるから，-2 と共役な複素数は $-2-0\cdot i=-2$
よって **和** $-2+(-2)=\boldsymbol{-4}$
積 $(-2)(-2)=\boldsymbol{4}$
(3) $4i=0+4i$ と表されるから，$4i$ と共役な複素数は $0-4i=-4i$
よって **和** $4i+(-4i)=\boldsymbol{0}$
積 $4i(-4i)=-16i^2=\boldsymbol{16}$

13 (1) $\sqrt{-25}=\sqrt{25}\,i=\sqrt{5^2}\,i=\boldsymbol{5i}$
(2) $\sqrt{-18}=\sqrt{18}\,i=3\sqrt{2}\,i$ であるから
$\sqrt{2}\sqrt{-18}=\sqrt{2}\cdot 3\sqrt{2}\,i=3(\sqrt{2})^2 i$
$=\boldsymbol{6i}$
(3) $\sqrt{-3}=\sqrt{3}\,i$, $\sqrt{-27}=\sqrt{27}\,i=3\sqrt{3}\,i$
であるから
$\sqrt{-3}\sqrt{-27}=\sqrt{3}\,i\cdot 3\sqrt{3}\,i=3(\sqrt{3})^2 i^2$
$=\boldsymbol{-9}$

14 (1) $\boldsymbol{x}=-7\pm\sqrt{7^2-1\cdot 67}=-7\pm\sqrt{-18}$
$\boldsymbol{=-7\pm 3\sqrt{2}\,i}$
(2) 両辺に -1 を掛けると $x^2-x+5=0$
よって $\boldsymbol{x}=\dfrac{-(-1)\pm\sqrt{(-1)^2-4\cdot 1\cdot 5}}{2}$
$\boldsymbol{=\dfrac{1\pm\sqrt{19}\,i}{2}}$
(3) 展開して整理すると $3x^2-12x+29=0$
よって $\boldsymbol{x}=\dfrac{-(-6)\pm\sqrt{(-6)^2-3\cdot 29}}{3}$
$\boldsymbol{=\dfrac{6\pm\sqrt{51}\,i}{3}}$

15 2次方程式の判別式を D とする。
(1) $\dfrac{D}{4}=(-12)^2-9\cdot 16=0$
よって，**重解をもつ。**
(2) $D=7^2-4\cdot 9\cdot 2=-23<0$
よって，**異なる2つの虚数解をもつ。**
(3) $D=(-27)^2-4\cdot 7\cdot(-9)$
$=27^2+4\cdot 7\cdot 9>0$
よって，**異なる2つの実数解をもつ。**

16 解と係数の関係により
(1) **和** $-\dfrac{-3}{1}=\boldsymbol{3}$, **積** $\dfrac{1}{1}=\boldsymbol{1}$
(2) **和** $-\dfrac{2}{4}=\boldsymbol{-\dfrac{1}{2}}$, **積** $\dfrac{-3}{4}=\boldsymbol{-\dfrac{3}{4}}$
(3) **和** $\boldsymbol{-\dfrac{3}{2}}$, **積** $\dfrac{0}{2}=\boldsymbol{0}$
(4) **和** $-\dfrac{0}{3}=\boldsymbol{0}$, **積** $\boldsymbol{\dfrac{5}{3}}$

17 (1) $x^2-3=0$ の解は，$x^2=3$ から
$x=\pm\sqrt{3}$
よって $x^2-3=\boldsymbol{(x+\sqrt{3})(x-\sqrt{3})}$
(2) $x^2+4=0$ の解は，$x^2=-4$ から
$x=\pm 2i$
よって $x^2+4=\boldsymbol{(x+2i)(x-2i)}$

18 (1) 2数の和は $-1+3=2$
2数の積は $(-1)\cdot 3=-3$
よって，-1, 3 を解とする2次方程式の1つは $\boldsymbol{x^2-2x-3=0}$
別解 -1, 3 を解とする2次方程式の1つは
$(x+1)(x-3)=0$
左辺を展開して $\boldsymbol{x^2-2x-3=0}$
(2) 2数の和は $\dfrac{1}{2}+\dfrac{1}{3}=\dfrac{5}{6}$
2数の積は $\dfrac{1}{2}\cdot\dfrac{1}{3}=\dfrac{1}{6}$
よって，$\dfrac{1}{2}$, $\dfrac{1}{3}$ を解とする2次方程式の1つは $x^2-\dfrac{5}{6}x+\dfrac{1}{6}=0$
両辺に6を掛けて $\boldsymbol{6x^2-5x+1=0}$
別解 $\dfrac{1}{2}$, $\dfrac{1}{3}$ を解とする2次方程式の1つは $\left(x-\dfrac{1}{2}\right)\left(x-\dfrac{1}{3}\right)=0$
左辺を展開して
$x^2-\dfrac{5}{6}x+\dfrac{1}{6}=0$
両辺に6を掛けて $\boldsymbol{6x^2-5x+1=0}$
(3) 2数の和は $\dfrac{-1+\sqrt{3}\,i}{4}+\dfrac{-1-\sqrt{3}\,i}{4}$

$$=-\frac{1}{2}$$

2数の積は　$\frac{-1+\sqrt{3}\,i}{4}\cdot\frac{-1-\sqrt{3}\,i}{4}$

$$=\frac{1-3i^2}{16}=\frac{4}{16}=\frac{1}{4}$$

よって，$\frac{-1+\sqrt{3}\,i}{4}$，$\frac{-1-\sqrt{3}\,i}{4}$ を解とする2次方程式の1つは

$$x^2-\left(-\frac{1}{2}\right)x+\frac{1}{4}=0$$

両辺に4を掛けて　$\boldsymbol{4x^2+2x+1=0}$

19　(1)　和が2，積が -2 の2数を解とする2次方程式は　$x^2-2x-2=0$

求める2数は，この2次方程式の解。

解の公式を用いて解くと

$$x=-(-1)\pm\sqrt{(-1)^2-1\cdot(-2)}$$
$$=1\pm\sqrt{3}$$

よって，求める2数は

$$\boldsymbol{1+\sqrt{3},\ 1-\sqrt{3}}$$

(2)　和が -2，積が3の2数を解とする2次方程式は　$x^2+2x+3=0$

求める2数は，この2次方程式の解。

解の公式を用いて解くと

$$x=-1\pm\sqrt{1^2-1\cdot3}$$
$$=-1\pm\sqrt{2}\,i$$

よって，求める2数は

$$\boldsymbol{-1+\sqrt{2}\,i,\ -1-\sqrt{2}\,i}$$

20　(1)　$f(x)=x^3+2x-1$ とすると

$$f(3)=3^3+2\cdot3-1=27+6-1=32$$

よって，求める余りは　**32**

(2)　$f(x)=2x^3-x^2+3x+1$ とすると

$$f(-1)=2(-1)^3-(-1)^2+3(-1)+1$$
$$=-2-1-3+1=-5$$

よって，求める余りは　$\boldsymbol{-5}$

(3)　$f(x)=2x^4+3x^3-3x^2-2x+3$ とすると

$$f(1)=2\cdot1^4+3\cdot1^3-3\cdot1^2-2\cdot1+3$$
$$=2+3-3-2+3=3$$

よって，求める余りは　**3**

(4)　$f(x)=x^3-5x^2+4$ とすると

$$f\left(\frac{1}{2}\right)=\left(\frac{1}{2}\right)^3-5\left(\frac{1}{2}\right)^2+4$$
$$=\frac{1}{8}-\frac{5}{4}+4=\frac{23}{8}$$

よって，求める余りは　$\boldsymbol{\frac{23}{8}}$

21　(1)　$f(x)=2x^3+3x^2-11x-6$ とすると

$$f(2)=2\cdot2^3+3\cdot2^2-11\cdot2-6$$
$$=16+12-22-6=0$$

よって，$f(x)$ は $x-2$ を因数にもつ。

(2)　$f(x)=6x^3-13x^2-14x-3$ とすると

$$f\left(-\frac{1}{2}\right)=6\left(-\frac{1}{2}\right)^3-13\left(-\frac{1}{2}\right)^2-14\left(-\frac{1}{2}\right)-3$$
$$=-\frac{3}{4}-\frac{13}{4}+7-3=0$$

よって，$f(x)$ は $2x+1$ を因数にもつ。

22　(1)

$$\begin{array}{rrrr|r} 1 & 2 & -1 & -3 & -3 \\ & -3 & 3 & -6 & \\ \hline 1 & -1 & 2 & -9 & \end{array}$$

よって　**商** $\boldsymbol{x^2-x+2}$，　**余り** $\boldsymbol{-9}$

(2)

$$\begin{array}{rrrr|r} 2 & 1 & 1 & -2 & \frac{1}{2} \\ & 1 & 1 & 1 & \\ \hline 2)\ 2 & 2 & 2 & -1 & \\ 1 & 1 & 1 & & \end{array}$$

よって　**商** $\boldsymbol{x^2+x+1}$，　**余り** $\boldsymbol{-1}$

inf.　$x-\frac{1}{2}$ で割ってから，得られた商を2で割る。

$$2x^3+x^2+x-2$$
$$=\left(x-\frac{1}{2}\right)\boldsymbol{(2x^2+2x+2)-1}$$
$$=\left(x-\frac{1}{2}\right)\cdot\boldsymbol{2}(x^2+x+1)-1$$
$$=\boldsymbol{(2x-1)}\underbrace{(x^2+x+1)}_{\text{商}}\ \underbrace{-1}_{\text{余り}}$$

23　(1)　方程式から

$x=0$ または $x-2=0$ または $x-3=0$

よって　　$\boldsymbol{x=0,\ 2,\ 3}$

(2)　$x^2(x+1)=4(x+1)$ から

$$(x^2-4)(x+1)=0$$

よって　　$(x+1)(x+2)(x-2)=0$

すなわち

$x+1=0$ または $x+2=0$ または $x-2=0$

ゆえに　　$\boldsymbol{x=-1,\ \pm2}$

(3)　$x^3+27=0$ から

$$(x+3)(x^2-3x+9)=0$$

すなわち

$x+3=0$ または $x^2-3x+9=0$

ゆえに　　$\boldsymbol{x=-3,\ \dfrac{3\pm3\sqrt{3}\,i}{2}}$

(4)　$x^4-16=(x^2-4)(x^2+4)$

$=(x+2)(x-2)(x^2+4)$

であるから，方程式は

$(x+2)(x-2)(x^2+4)=0$

よって

$x+2=0$ または $x-2=0$ または $x^2+4=0$

ゆえに　　$\boldsymbol{x=\pm2,\ \pm2i}$

24　(1)　$\alpha+\beta+\gamma=-\dfrac{-2}{1}=\boldsymbol{2}$

(2)　$\alpha\beta+\beta\gamma+\gamma\alpha=\dfrac{1}{1}=\boldsymbol{1}$

(3)　$\alpha\beta\gamma=-\dfrac{3}{1}=\boldsymbol{-3}$

25　(1)　$\mathrm{AB}=|2-(-3)|=|5|=\boldsymbol{5}$

(2)　$\mathrm{AB}=|-5-(-2)|=|-3|=\boldsymbol{3}$

26　(1)　$\dfrac{1\cdot(-2)+3\cdot6}{3+1}=\dfrac{16}{4}=\boldsymbol{4}$

(2)　$\dfrac{-1\cdot(-2)+3\cdot6}{3-1}=\dfrac{20}{2}=\boldsymbol{10}$

(3)　$\dfrac{-3\cdot(-2)+1\cdot6}{1-3}=\dfrac{12}{-2}=\boldsymbol{-6}$

(4)　$\dfrac{-2+6}{2}=\dfrac{4}{2}=\boldsymbol{2}$

27　(1)　$\mathrm{AB}=\sqrt{\{7-(-2)\}^2+(-3-4)^2}$

$=\sqrt{9^2+(-7)^2}=\boldsymbol{\sqrt{130}}$

(2)　$\mathrm{OA}=\sqrt{(-6)^2+8^2}=\sqrt{100}=\boldsymbol{10}$

28　(1)　$\left(\dfrac{1\cdot3+2\cdot(-3)}{2+1},\ \dfrac{1\cdot4+2\cdot1}{2+1}\right)$

すなわち　　$\boldsymbol{\mathrm{D}(-1,\ 2)}$

(2)　$\left(\dfrac{(-1)\cdot3+3\cdot5}{3-1},\ \dfrac{(-1)\cdot4+3\cdot(-2)}{3-1}\right)$

すなわち　　$\boldsymbol{\mathrm{E}(6,\ -5)}$

(3)　$\left(\dfrac{3+(-3)}{2},\ \dfrac{4+1}{2}\right)$

すなわち　　$\boldsymbol{\mathrm{M}\left(0,\ \dfrac{5}{2}\right)}$

29　(1)　$\left(\dfrac{-1+3+7}{3},\ \dfrac{2+(-4)+(-4)}{3}\right)$

すなわち　$\boldsymbol{(3,\ -2)}$

(2)　$\left(\dfrac{-2+4+10}{3},\ \dfrac{0+4\sqrt{2}+(-\sqrt{2})}{3}\right)$

すなわち　$\boldsymbol{(4,\ \sqrt{2})}$

30　求める点を $\mathrm{Q}(x,\ y)$ とすると，点Aは線分 PQ の中点であるから

$$\frac{-1+x}{2}=2,\ \ \frac{0+y}{2}=-3$$

よって　$x=5,\ y=-6$

ゆえに，求める点の座標は　$\boldsymbol{(5,\ -6)}$

別解　求める点は，線分 PA を 2：1 に外分する点であるから，その座標は

$$\left(\frac{-1\cdot(-1)+2\cdot2}{2-1},\ \frac{-1\cdot0+2\cdot(-3)}{2-1}\right)$$

すなわち　$\boldsymbol{(5,\ -6)}$

31　(1)　$3x+4y+12=0$ から

$y=-\dfrac{3}{4}x-3$

よって　［図］

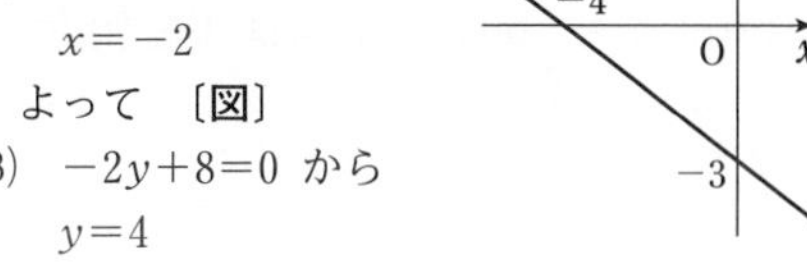

(2)　$3x+6=0$ から

$x=-2$

よって　［図］

(3)　$-2y+8=0$ から

$y=4$

よって　［図］

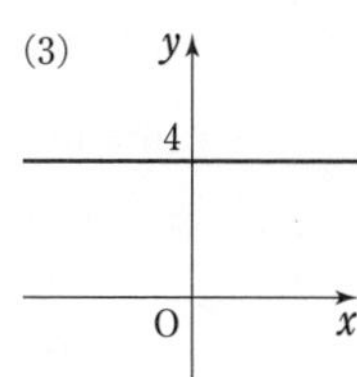

32　(1)　$y-3=4\{x-(-1)\}$

すなわち　　$\boldsymbol{y=4x+7}$

(2)　$y-5=\dfrac{2-5}{3-0}(x-0)$

すなわち　　$\boldsymbol{y=-x+5}$

33　(1)　2 直線の傾きが等しいから，2 直線は **平行** である。

(2)　$y=2x+4,\ y=-\dfrac{1}{2}x+3$ から 2 直線の傾きについて　$2\cdot\left(-\dfrac{1}{2}\right)=-1$

よって，2 直線は **垂直** である。

34　(1)　$\dfrac{|3\cdot0-4\cdot0+1|}{\sqrt{3^2+(-4)^2}}=\dfrac{|1|}{\sqrt{25}}=\boldsymbol{\dfrac{1}{5}}$

(2)　$\dfrac{|5\cdot2+12\cdot(-1)-3|}{\sqrt{5^2+12^2}}=\dfrac{|-5|}{\sqrt{169}}=\boldsymbol{\dfrac{5}{13}}$

35　(1)　$x^2+y^2=3^2$　すなわち　$\boldsymbol{x^2+y^2=9}$

(2) $\{x-(-2)\}^2+(y-1)^2=4^2$
すなわち　$\boldsymbol{(x+2)^2+(y-1)^2=16}$

36 (1) $x+y=1$ から　$y=-x+1$
これを $x^2+y^2=1$ に代入して
$$x^2+(-x+1)^2=1$$
整理すると　$x^2-x=0$
この2次方程式の判別式をDとすると
$$D=(-1)^2-4\cdot1\cdot0=1$$
$D>0$ から，共有点の個数は **2個**(交わる)。
(2) $x-y=\sqrt{2}$ から　$y=x-\sqrt{2}$
これを $x^2+y^2=1$ に代入して
$$x^2+(x-\sqrt{2})^2=1$$
整理すると　$2x^2-2\sqrt{2}x+1=0$
この2次方程式の判別式をDとすると
$$\frac{D}{4}=(-\sqrt{2})^2-2\cdot1=0$$
$D=0$ から，共有点の個数は **1個**(接する)。
(3) $2x-y+5=0$ から　$y=2x+5$
これを $x^2+y^2=1$ に代入して
$$x^2+(2x+5)^2=1$$
整理すると　$5x^2+20x+24=0$
この2次方程式の判別式をDとすると
$$\frac{D}{4}=10^2-5\cdot24=-20$$
$D<0$ から，共有点の個数は **0個**(共有点をもたない)。

別解　円 $x^2+y^2=1$ の中心は原点$(0,\ 0)$で，半径は1である。
円の中心と各直線の距離をdとする。
(1) $d=\dfrac{|0+0-1|}{\sqrt{1^2+1^2}}=\dfrac{1}{\sqrt{2}}$
$d<1$ から，共有点の個数は **2個**(交わる)。
(2) $d=\dfrac{|0-0-\sqrt{2}|}{\sqrt{1^2+(-1)^2}}=\dfrac{\sqrt{2}}{\sqrt{2}}=1$
$d=1$ から，共有点の個数は **1個**(接する)。
(3) $d=\dfrac{|2\cdot0-0+5|}{\sqrt{2^2+(-1)^2}}=\dfrac{5}{\sqrt{5}}=\sqrt{5}$
$d>1$ から，共有点の個数は **0個**(共有点をもたない)。

37 (1) 点$(1,\ -\sqrt{3})$は，円 $x^2+y^2=4$ 上の点であるから，その点における接線の方程式は　$1\cdot x+(-\sqrt{3})y=4$
すなわち　$\boldsymbol{x-\sqrt{3}y=4}$
(2) 点$(3,\ 4)$は，円 $x^2+y^2=25$ 上の点であるから，その点における接線の方程式は
$$\boldsymbol{3x+4y=25}$$

38 Pの座標を$(x,\ y)$とする。
(1) 条件より，OP=AP であるから
$$\mathrm{OP}^2=\mathrm{AP}^2$$
よって　$x^2+y^2=(x-3)^2+(y-2)^2$
整理すると　$6x+4y=13$
逆に，直線 $6x+4y=13$ 上の点$\mathrm{P}(x,\ y)$は，OP=AP を満たす。
ゆえに，求める軌跡は
直線 $\boldsymbol{6x+4y=13}$

inf.　点Pの軌跡は，線分OAの垂直二等分線である。

(2) $\angle\mathrm{OPA}=90^\circ$ であるから
$$\mathrm{OP}^2+\mathrm{PA}^2=\mathrm{OA}^2$$
よって　$x^2+y^2+(x-6)^2+y^2=6^2$
整理すると　$(x-3)^2+y^2=9$
点O，Aはこの円上の点であるが，点Pが点O，Aと一致するときは条件を満たさない。
よって，点Pは，点O，Aを除く円 $(x-3)^2+y^2=9$ 上にある。
逆に，この円上の2点O，Aを除く $\mathrm{P}(x,\ y)$は，条件を満たす。
ゆえに，点Pの軌跡は
円 $\boldsymbol{(x-3)^2+y^2=9}$　ただし，
点$(0,\ 0)$，$(6,\ 0)$を除く。

別解　$x\neq0$ のとき　直線OPの傾きは　$\dfrac{y}{x}$
$x\neq6$ のとき　直線PAの傾きは　$\dfrac{-y}{6-x}$
$\angle\mathrm{OPA}=90^\circ$ であるから　$\dfrac{y}{x}\cdot\dfrac{-y}{6-x}=-1$
よって　$x(x-6)+y^2=0$
整理して　$(x-3)^2+y^2=9$
$x=0,\ 6$ のとき $\angle\mathrm{OPA}=90^\circ$ を満たす点Pは存在しない。
ゆえに，求める軌跡は
円 $\boldsymbol{(x-3)^2+y^2=9}$　ただし，
点$(0,\ 0)$，$(6,\ 0)$を除く。

(3) $\mathrm{AP}^2-\mathrm{BP}^2=4$ から
$$(x-3)^2+(y-2)^2-\{(x-1)^2+y^2\}=4$$
整理すると　$x+y=2$

逆に，直線 $x+y=2$ 上の点 $\mathrm{P}(x,\ y)$ は，$\mathrm{AP}^2-\mathrm{BP}^2=4$ を満たす。
よって，求める軌跡は

直線 $x+y=2$

39 (1) **図の斜線部分。ただし，境界線を含まない。**

(2) $x+3y \leqq 1$ から $y \leqq -\dfrac{1}{3}x+\dfrac{1}{3}$

図の斜線部分。ただし，境界線を含む。

(3) $y+2<0$ から $y<-2$

図の斜線部分。ただし，境界線を含まない。

(4) **図の斜線部分。ただし，境界線を含む。**

(5) **図の斜線部分。ただし，境界線を含む。**

(6) **図の斜線部分。ただし，境界線を含まない。**

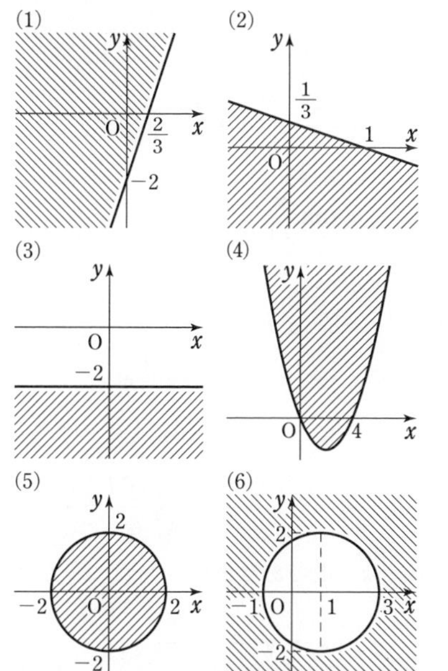

40 (1) 境界線の直線は，2 点 $(0,\ 2)$，$(4,\ 0)$ を通るから，その方程式は

$$y-2=\frac{0-2}{4-0}(x-0)$$

すなわち $y=-\dfrac{1}{2}x+2$

与えられた領域は，直線 $y=-\dfrac{1}{2}x+2$ の下側の部分であるから，$\boldsymbol{y<-\dfrac{1}{2}x+2}$ で表される。

(2) 境界線の円は，中心が $(3,\ -1)$ で，原点を通るから，半径は $\sqrt{3^2+(-1)^2}=\sqrt{10}$
よって，その方程式は

$$(x-3)^2+(y+1)^2=10$$

与えられた領域は，円 $(x-3)^2+(y+1)^2=10$ の内部であるから，$\boldsymbol{(x-3)^2+(y+1)^2<10}$ で表される。

41

(1)

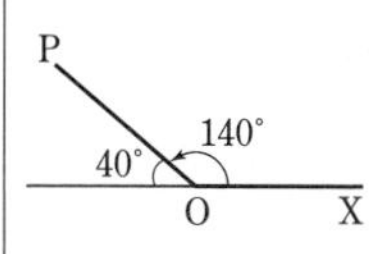

(2)

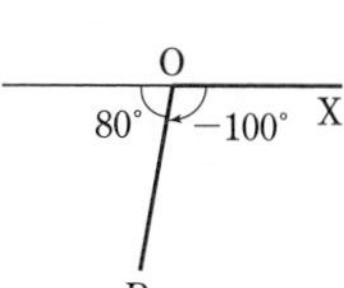

(3)

P
410°
50°
O
X

(4)

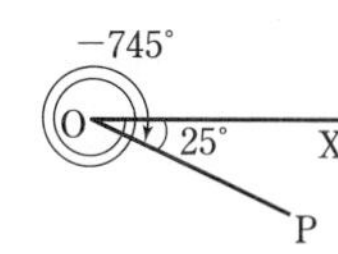

42 $140°=140°+360°\times 0$,
$400°=40°+360°\times 1$,
$-40°=320°+360°\times(-1)$,
$760°=40°+360°\times 2$,
$-320°=40°+360°\times(-1)$,
$1100°=20°+360°\times 3$

よって，求める角は **400°，760°，−320°**

43 (1) $-60°=(-60)\times\dfrac{\pi}{180}=\boldsymbol{-\dfrac{\pi}{3}}$

(2) $210°=210\times\dfrac{\pi}{180}=\boldsymbol{\dfrac{7}{6}\pi}$

(3) $\dfrac{8}{3}\pi=\dfrac{8}{3}\pi\times\left(\dfrac{180}{\pi}\right)^{\circ}=\boldsymbol{480°}$

(4) $-\dfrac{4}{5}\pi=\left(-\dfrac{4}{5}\pi\right)\times\left(\dfrac{180}{\pi}\right)^{\circ}=\boldsymbol{-144°}$

44 (1) **弧の長さは** $10\cdot\dfrac{\pi}{5}=\boldsymbol{2\pi}$

面積は $\dfrac{1}{2}\cdot 10^2\cdot\dfrac{\pi}{5}=\boldsymbol{10\pi}$

別解 **面積は** $\dfrac{1}{2}\cdot 10\cdot 2\pi=\boldsymbol{10\pi}$

(2) $15°=\dfrac{\pi}{12}$ であるから

弧の長さは $3\cdot\dfrac{\pi}{12}=\boldsymbol{\dfrac{\pi}{4}}$

面積は　$\frac{1}{2}\cdot3^2\cdot\frac{\pi}{12}=\boldsymbol{\frac{3}{8}\pi}$

別解　面積は　$\frac{1}{2}\cdot3\cdot\frac{\pi}{4}=\boldsymbol{\frac{3}{8}\pi}$

45　与えられた角を表す動径と，半径 r の円との交点をPとする。

(1)　$r=2$ とすると　$\mathrm{P}(-\sqrt{3},\ 1)$

したがって　$\sin\frac{5}{6}\pi=\boldsymbol{\frac{1}{2}}$

(2)　$r=2$ とすると　$\mathrm{P}(-1,\ -\sqrt{3})$

したがって　$\cos\frac{4}{3}\pi=\frac{-1}{2}=\boldsymbol{-\frac{1}{2}}$

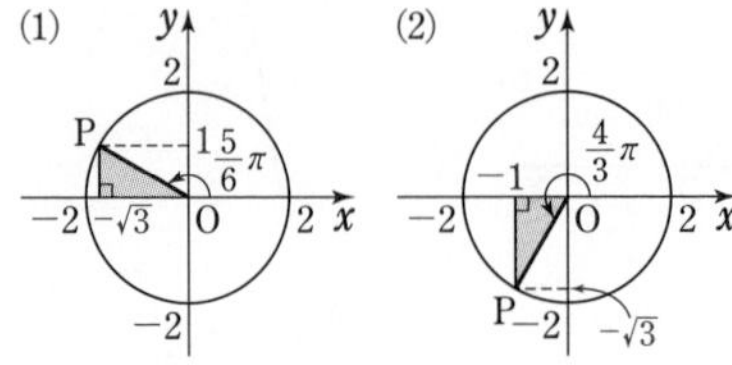

(3)　$r=\sqrt{2}$ とすると　$\mathrm{P}(-1,\ -1)$

したがって　$\tan\frac{5}{4}\pi=\frac{-1}{-1}=\boldsymbol{1}$

(4)　$r=1$ とすると　$\mathrm{P}(0,\ -1)$

したがって　$\sin\frac{3}{2}\pi=\boldsymbol{-1}$

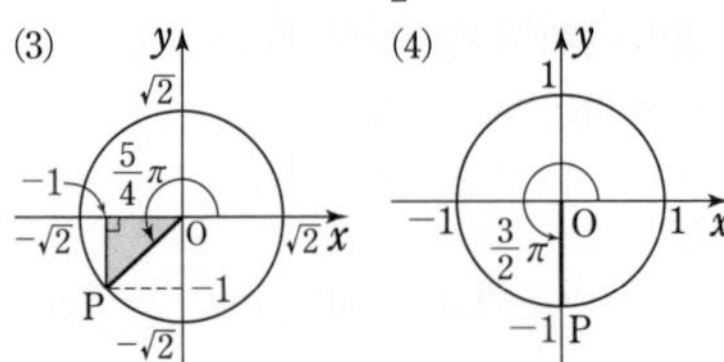

46　(1)　$\sin A=\sin B=\frac{1}{\sqrt{2}}$ で，

$0<A<\frac{\pi}{2}<B<\frac{7}{6}\pi$ であるから

$\boldsymbol{A=\frac{\pi}{4}}$,　$\boldsymbol{B=\frac{3}{4}\pi}$

$\boldsymbol{C}=\sin\frac{7}{6}\pi=\boldsymbol{-\frac{1}{2}}$

$\sin D=0$,　$\frac{\pi}{2}<D<\frac{7}{6}\pi$ であるから

$\boldsymbol{D=\pi}$

(2)　$\cos E=0$,　$0<E<\frac{2}{3}\pi$ であるから

$\boldsymbol{E=\frac{\pi}{2}}$,　$\boldsymbol{F}=\cos\frac{2}{3}\pi=\boldsymbol{-\frac{1}{2}}$

$\cos G=\cos H=-\frac{1}{2}$,　$\pi<G<\frac{3}{2}\pi$,

$-\pi<H<-\frac{\pi}{2}$　であるから

$\boldsymbol{G=\frac{4}{3}\pi}$,　$\boldsymbol{H=-\frac{2}{3}\pi}$

47　(1)　$\sin\frac{5}{9}\pi=\sin\left(\frac{\pi}{2}+\frac{\pi}{18}\right)=\boldsymbol{\cos\frac{\pi}{18}}$

(2)　$\cos\frac{7}{5}\pi=\cos\left(\pi+\frac{2}{5}\pi\right)=-\cos\frac{2}{5}\pi$

$=-\cos\left(\frac{\pi}{2}-\frac{\pi}{10}\right)=\boldsymbol{-\sin\frac{\pi}{10}}$

(3)　$\tan\left(-\frac{10}{7}\pi\right)=-\tan\frac{10}{7}\pi$

$=-\tan\left(\pi+\frac{3}{7}\pi\right)=-\tan\frac{3}{7}\pi$

$=-\tan\left(\frac{\pi}{2}-\frac{\pi}{14}\right)=\boldsymbol{-\frac{1}{\tan\frac{\pi}{14}}}$

別解　$\tan\left(-\frac{10}{7}\pi\right)=\tan\left(-\frac{10}{7}\pi+2\pi\right)$

$=\tan\frac{4}{7}\pi=\tan\left(\frac{\pi}{2}+\frac{\pi}{14}\right)$

$=\boldsymbol{-\frac{1}{\tan\frac{\pi}{14}}}$

48　(1)　$\sin^2\frac{3}{8}\pi=\sin^2\frac{\frac{3}{4}\pi}{2}$

$=\frac{1-\cos\frac{3}{4}\pi}{2}$

$=\frac{1-\left(-\frac{1}{\sqrt{2}}\right)}{2}=\frac{2+\sqrt{2}}{4}$

$\sin\frac{3}{8}\pi>0$ であるから

$\sin\frac{3}{8}\pi=\boldsymbol{\frac{\sqrt{2+\sqrt{2}}}{2}}$

(2)　$\cos^2\frac{3}{8}\pi=\cos^2\frac{\frac{3}{4}\pi}{2}=\frac{1+\cos\frac{3}{4}\pi}{2}$

$=\frac{1+\left(-\frac{1}{\sqrt{2}}\right)}{2}=\frac{2-\sqrt{2}}{4}$

$\cos\frac{3}{8}\pi>0$ であるから

$\cos\frac{3}{8}\pi=\boldsymbol{\frac{\sqrt{2-\sqrt{2}}}{2}}$

注意　(1)，(2) の 2 重根号は，はずせない。

(3) $\tan^2\frac{3}{8}\pi=\tan^2\frac{\frac{3}{4}\pi}{2}=\frac{1-\cos\frac{3}{4}\pi}{1+\cos\frac{3}{4}\pi}$

$$=\frac{1-\left(-\frac{1}{\sqrt{2}}\right)}{1+\left(-\frac{1}{\sqrt{2}}\right)}=\frac{\sqrt{2}+1}{\sqrt{2}-1}$$

$$=\frac{(\sqrt{2}+1)^2}{(\sqrt{2}-1)(\sqrt{2}+1)}$$

$$=(\sqrt{2}+1)^2$$

$\tan\frac{3}{8}\pi>0$ であるから

$$\tan\frac{3}{8}\pi=\boldsymbol{\sqrt{2}+1}$$

別解 (1), (2) から

$$\tan\frac{3}{8}\pi=\frac{\sin\frac{3}{8}\pi}{\cos\frac{3}{8}\pi}=\sqrt{\frac{2+\sqrt{2}}{2-\sqrt{2}}}$$

$$=\sqrt{\frac{\sqrt{2}(\sqrt{2}+1)}{\sqrt{2}(\sqrt{2}-1)}}$$

$$=\sqrt{\frac{(\sqrt{2}+1)^2}{(\sqrt{2}-1)(\sqrt{2}+1)}}$$

$$=\sqrt{(\sqrt{2}+1)^2}=\boldsymbol{\sqrt{2}+1}$$

49 (1) 点P(1, 1) をとると $\mathrm{OP}=\sqrt{2}$

線分 OP と x 軸の正の向きとのなす角を α とすると $\alpha=\frac{\pi}{4}$

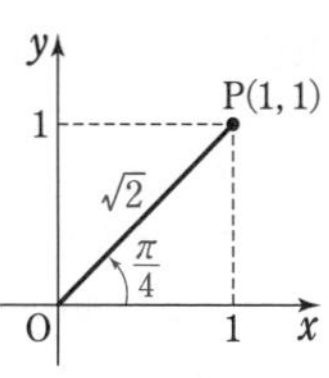

よって $\sin\theta+\cos\theta=\boldsymbol{\sqrt{2}\sin\left(\theta+\frac{\pi}{4}\right)}$

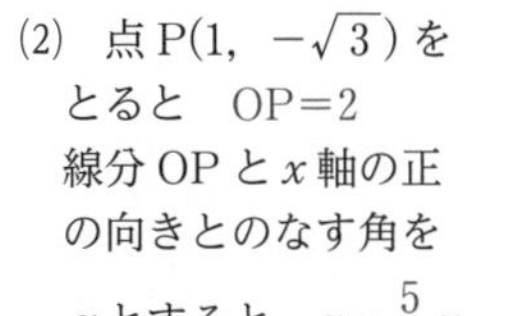

(2) 点P(1, $-\sqrt{3}$) をとると $\mathrm{OP}=2$

線分 OP と x 軸の正の向きとのなす角を α とすると $\alpha=\frac{5}{3}\pi$

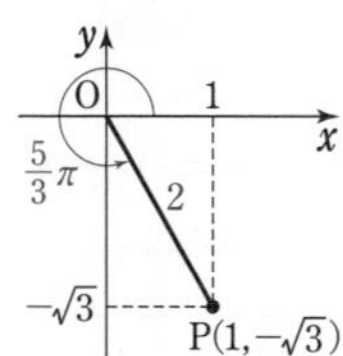

よって $\sin\theta-\sqrt{3}\cos\theta=\boldsymbol{2\sin\left(\theta+\frac{5}{3}\pi\right)}$

50 (1) $a^{-5}a^8=a^{-5+8}=\boldsymbol{a^3}$

(2) $(a^{-3})^{-2}=a^{(-3)\times(-2)}=\boldsymbol{a^6}$

(3) $(a^3b^{-1})^3\times(a^2b^{-3})^{-2}=(a^9b^{-3})\times(a^{-4}b^6)$

$$=a^{9-4}b^{-3+6}=\boldsymbol{a^5b^3}$$

(4) $2^3\times\left(\frac{1}{8}\right)^2\div\left(\frac{1}{4}\right)^3=2^3\times(2^{-3})^2\times(2^{-2})^{-3}$

$$=2^{3-6+6}=2^3=\boldsymbol{8}$$

(5) $\left(\frac{a^2}{b}\right)^{-3}\div\left(\frac{a}{b^3}\right)^2\times\left(\frac{a^3}{b^2}\right)^3$

$=(a^2b^{-1})^{-3}\times(ab^{-3})^{-2}\times(a^3b^{-2})^3$

$=(a^{-6}b^3)\times(a^{-2}b^6)\times(a^9b^{-6})$

$=a^{-6-2+9}b^{3+6-6}=\boldsymbol{ab^3}$

51 (1) 81 の 4 乗根を x とすると $x^4=81$

すなわち $x^4-81=0$

よって $(x^2+9)(x^2-9)=0$

$x^2+9>0$ であるから $x^2=9$

ゆえに $x=\pm3$

したがって, 81 の実数の 4 乗根は **±3**

(2) -27 の 3 乗根を x とすると

$x^3=-27$ すなわち $x^3+3^3=0$

よって $(x+3)(x^2-3x+9)=0$

$x^2-3x+9=\left(x-\frac{3}{2}\right)^2+\frac{27}{4}>0$ であるから

$$x+3=0$$

ゆえに $x=-3$

したがって, -27 の実数の 3 乗根は **−3**

(3) 256 の 4 乗根は ±4

よって $\sqrt[4]{256}=\boldsymbol{4}$

(4) -125 の 3 乗根は -5

よって $\sqrt[3]{-125}=\boldsymbol{-5}$

52 (1) $(\sqrt[4]{3})^4=\boldsymbol{3}$

(2) $\sqrt[3]{4}\sqrt[3]{16}=\sqrt[3]{4\cdot16}=\sqrt[3]{4^3}=\boldsymbol{4}$

(3) $\frac{\sqrt[4]{243}}{\sqrt[4]{3}}=\sqrt[4]{\frac{243}{3}}=\sqrt[4]{3^4}=\boldsymbol{3}$

(4) $\sqrt[3]{\sqrt{729}}=\sqrt[6]{729}=\sqrt[6]{3^6}=\boldsymbol{3}$

53 (1) $27^{\frac{1}{3}}=(3^3)^{\frac{1}{3}}=\boldsymbol{3}$

(2) $64^{\frac{2}{3}}=(4^3)^{\frac{2}{3}}=4^2=\boldsymbol{16}$

(3) $81^{-\frac{3}{4}}=(3^4)^{-\frac{3}{4}}=3^{-3}=\frac{1}{3^3}=\boldsymbol{\frac{1}{27}}$

(4) $32^{0.2}=32^{\frac{1}{5}}=(2^5)^{\frac{1}{5}}=\boldsymbol{2}$

(5) $0.04^{\frac{3}{2}}=\left(\frac{1}{25}\right)^{\frac{3}{2}}=\left\{\left(\frac{1}{5}\right)^2\right\}^{\frac{3}{2}}=\left(\frac{1}{5}\right)^3$

$$=\boldsymbol{\frac{1}{125}}$$

別解 $0.04^{\frac{3}{2}}=(0.2^2)^{\frac{3}{2}}=0.2^3=\boldsymbol{0.008}$

54 (1) $3^{\frac{2}{3}}\times3^{\frac{4}{3}}=3^{\frac{2}{3}+\frac{4}{3}}=3^2=\mathbf{9}$

(2) $5^{\frac{1}{2}}\times25^{-\frac{1}{4}}=5^{\frac{1}{2}}\times(5^2)^{-\frac{1}{4}}=5^{\frac{1}{2}}\times5^{-\frac{1}{2}}$

$=5^{\frac{1}{2}-\frac{1}{2}}=5^0=\mathbf{1}$

(3) $a^{\frac{1}{2}}\times a^{\frac{1}{6}}\div a^{\frac{1}{3}}=a^{\frac{1}{2}}\times a^{\frac{1}{6}}\times a^{-\frac{1}{3}}$

$=a^{\frac{1}{2}+\frac{1}{6}-\frac{1}{3}}=\boldsymbol{a^{\frac{1}{3}}}$

(4) $(a^{-\frac{1}{3}}b^{\frac{1}{2}})^2\times a^{\frac{5}{3}}=a^{-\frac{2}{3}}b\times a^{\frac{5}{3}}$

$=a^{-\frac{2}{3}+\frac{5}{3}}b=\boldsymbol{ab}$

55 (1) グラフは **図** のようになる。
また，このグラフは，関数 $y=2^x$ のグラフと **x 軸に関して対称** である。

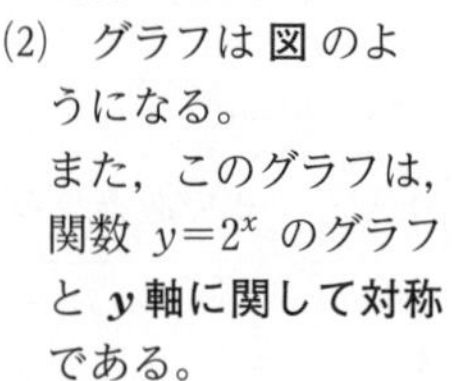

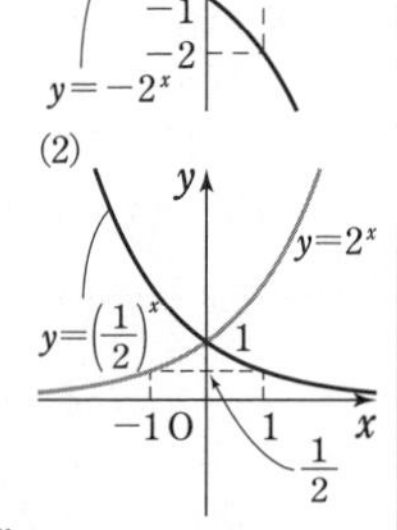

(2) グラフは **図** のようになる。
また，このグラフは，関数 $y=2^x$ のグラフと **y 軸に関して対称** である。

注意 $\left(\frac{1}{2}\right)^x=(2^{-1})^x=2^{-x}$

56 (1) $\mathbf{4=\log_3 81}$

(2) $\mathbf{0=\log_2 1}$

(3) $\mathbf{\frac{1}{4}=\log_{16} 2}$

(4) $\mathbf{10^3=1000}$

(5) $\mathbf{9^{\frac{1}{2}}=3}$

(6) $\mathbf{5^{-3}=\frac{1}{125}}$

57 (1) $\log_3 27=\log_3 3^3=\mathbf{3}$

別解 $\log_3 27=x$ とおくと　$3^x=27=3^3$

よって　$x=3$

(2) $\log_5 1=\log_5 5^0=\mathbf{0}$

別解 $\log_5 1=x$ とおくと　$5^x=1=5^0$

よって　$x=0$

(3) $\log_{10}\frac{1}{100}=\log_{10}\frac{1}{10^2}=\log_{10}10^{-2}=\mathbf{-2}$

別解 $\log_{10}\frac{1}{100}=x$ とおくと

$10^x=\frac{1}{100}=\frac{1}{10^2}=10^{-2}$

よって　$x=-2$

(4) $\log_{\frac{1}{3}}9=\log_{\frac{1}{3}}3^2=\log_{\frac{1}{3}}\left(\frac{1}{3}\right)^{-2}=\mathbf{-2}$

別解 $\log_{\frac{1}{3}}9=x$ とおくと　$\left(\frac{1}{3}\right)^x=9$

よって　$(3^{-1})^x=3^2$　　すなわち　$3^{-x}=3^2$

ゆえに　$-x=2$　　よって　$x=-2$

58 (1) $\log_6 4+\log_6 9=\log_6(4\times9)$

$=\log_6 36=\log_6 6^2$

$=\mathbf{2}$

(2) $\log_3 72-\log_3 8=\log_3\frac{72}{8}=\log_3 9$

$=\log_3 3^2=\mathbf{2}$

別解 $\log_3 72-\log_3 8=\log_3(9\times8)-\log_3 8$

$=\log_3 9+\log_3 8-\log_3 8$

$=\log_3 3^2=2$

(3) $\log_2\frac{1}{4}+\log_2\frac{1}{8}=\log_2\left(\frac{1}{4}\times\frac{1}{8}\right)$

$=\log_2\frac{1}{32}=\log_2\frac{1}{2^5}$

$=\log_2 2^{-5}=\mathbf{-5}$

別解 $\log_2\frac{1}{4}+\log_2\frac{1}{8}=\log_2\frac{1}{2^2}+\log_2\frac{1}{2^3}$

$=\log_2 2^{-2}+\log_2 2^{-3}$

$=-2-3=-5$

59 (1) グラフは **図** のようになる。
また，このグラフは，関数 $y=\log_2 x$ のグラフと **x 軸に関して対称** である。

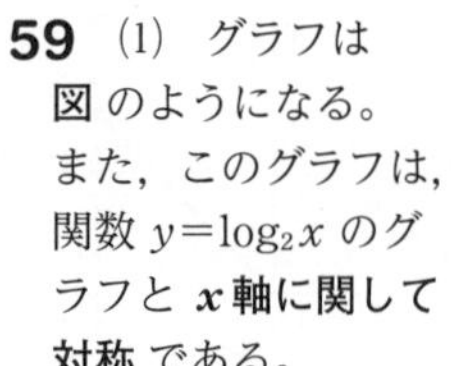

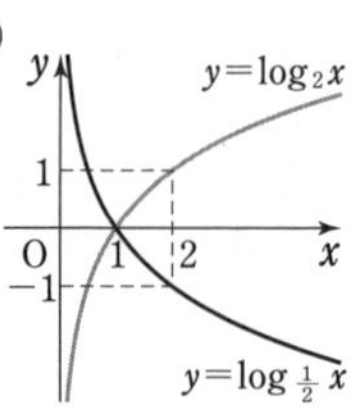

注意 $\log_{\frac{1}{2}}x$

$=\frac{\log_2 x}{\log_2\frac{1}{2}}=-\log_2 x$

(2) グラフは **図** のようになる。
また，このグラフは，関数 $y=\log_2 x$ のグラフと **y 軸に関して対称** である。

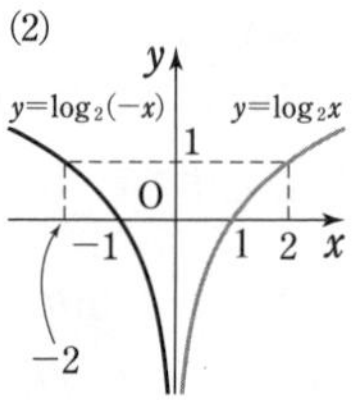

60 (1) $\log_{10}\frac{8}{9}=3\log_{10}2-2\log_{10}3$

$=3\times0.3010-2\times0.4771$

$=\mathbf{-0.0512}$

(2) $\log_{10}1.2=\log_{10}\dfrac{4\times3}{10}$

$=2\log_{10}2+\log_{10}3-\log_{10}10$

$=2\times0.3010+0.4771-1$

$=\mathbf{0.0791}$

(3) $\log_{10}\sqrt{15}=\dfrac{1}{2}\log_{10}(3\times5)$

$=\dfrac{1}{2}\left(\log_{10}3+\log_{10}\dfrac{10}{2}\right)$

$=\dfrac{1}{2}(\log_{10}3+\log_{10}10-\log_{10}2)$

$=\dfrac{1}{2}(0.4771+1-0.3010)$

$=\dfrac{1}{2}\times1.1761$

$=\mathbf{0.58805}$

61 (1) $\dfrac{f(3)-f(1)}{3-1}$

$=\dfrac{(-3\cdot3+2)-(-3\cdot1+2)}{2}$

$=\dfrac{-7-(-1)}{2}=\mathbf{-3}$

(2) $\dfrac{f(3)-f(1)}{3-1}$

$=\dfrac{(3^2-3\cdot3+1)-(1^2-3\cdot1+1)}{2}$

$=\dfrac{1-(-1)}{2}=\mathbf{1}$

62 (1) $\displaystyle\lim_{x\to2}(x^2-3x-2)=2^2-3\cdot2-2$

$=\mathbf{-4}$

(2) $\displaystyle\lim_{x\to-2}(x^2+1)(x-1)=\{(-2)^2+1\}(-2-1)$

$=\mathbf{-15}$

63 (1) $f'(-1)=\displaystyle\lim_{h\to0}\frac{f(-1+h)-f(-1)}{h}$

$f(-1+h)=-(-1+h)^2+3(-1+h)-4$

$=-h^2+5h-8$

$f(-1)=-(-1)^2+3(-1)-4=-8$

であるから

$f'(-1)=\displaystyle\lim_{h\to0}\frac{(-h^2+5h-8)-(-8)}{h}$

$=\displaystyle\lim_{h\to0}\frac{-h^2+5h}{h}$

$=\displaystyle\lim_{h\to0}(-h+5)=\mathbf{5}$

別解 $f'(-1)=\displaystyle\lim_{x\to-1}\frac{f(x)-f(-1)}{x-(-1)}$

$=\displaystyle\lim_{x\to-1}\frac{-x^2+3x-4-(-8)}{x+1}$

$=\displaystyle\lim_{x\to-1}\frac{-(x^2-3x-4)}{x+1}$

$=\displaystyle\lim_{x\to-1}\frac{-(x+1)(x-4)}{x+1}=\lim_{x\to-1}\{-(x-4)\}$

$=\mathbf{5}$

(2) $f'(2)=\displaystyle\lim_{h\to0}\frac{f(2+h)-f(2)}{h}$

$=\displaystyle\lim_{h\to0}\frac{(2+h)^3-2(2+h)-(2^3-2\cdot2)}{h}$

$=\displaystyle\lim_{h\to0}\frac{h^3+6h^2+10h}{h}$

$=\displaystyle\lim_{h\to0}(h^2+6h+10)=\mathbf{10}$

別解 $f'(2)=\displaystyle\lim_{x\to2}\frac{f(x)-f(2)}{x-2}$

$=\displaystyle\lim_{x\to2}\frac{x^3-2x-4}{x-2}$

$=\displaystyle\lim_{x\to2}\frac{(x-2)(x^2+2x+2)}{x-2}$

$=\displaystyle\lim_{x\to2}(x^2+2x+2)=\mathbf{10}$

64 (1) $\boldsymbol{f'(x)}=\displaystyle\lim_{h\to0}\frac{f(x+h)-f(x)}{h}$

$=\displaystyle\lim_{h\to0}\frac{\{2(x+h)-3\}-(2x-3)}{h}$

$=\displaystyle\lim_{h\to0}\frac{2h}{h}=\lim_{h\to0}2=\mathbf{2}$

(2) $\boldsymbol{f'(x)}=\displaystyle\lim_{h\to0}\frac{f(x+h)-f(x)}{h}$

$=\displaystyle\lim_{h\to0}\frac{-(x+h)^2-(-x^2)}{h}$

$=\displaystyle\lim_{h\to0}\frac{-2xh-h^2}{h}$

$=\displaystyle\lim_{h\to0}(-2x-h)=\mathbf{-2x}$

65 (1) $\boldsymbol{y'}=2(x)'+(1)'=2\cdot1=\mathbf{2}$

(2) $\boldsymbol{y'}=3(x^2)'-6(x)'+(2)'=3\cdot2x-6\cdot1$

$=\mathbf{6x-6}$

(3) $y=-3x^2+x+4$ であるから

$\boldsymbol{y'}=-3(x^2)'+(x)'+(4)'=-3\cdot2x+1$

$=\mathbf{-6x+1}$

(4) $\boldsymbol{y'}=-(x^3)'+5(x^2)'-4(x)'+(1)'$

$=-1\cdot3x^2+5\cdot2x-4\cdot1$

$=\mathbf{-3x^2+10x-4}$

66 $f(x)=-2x^2+1$ とすると $f'(x)=-4x$
よって，$x=1$ における接線の傾きは
$$f'(1)=-4\cdot1=-4$$
ゆえに，点 A$(1,\ -1)$ における接線の方程式は
$$y-(-1)=-4(x-1)$$
すなわち　$\boldsymbol{y=-4x+3}$

67 (1) $y'=-2x+4=-2(x-2)$
$y'=0$ とすると　$x=2$
y の増減表は右のようになる。

x	$\cdots$	2	$\cdots$
y'	$+$	0	$-$
y	↗	-1	↘

よって，$\boldsymbol{x\leqq2}$ **で増加** し，$\boldsymbol{2\leqq x}$ **で減少** する。

(2) $y'=3x^2-6=3(x^2-2)$
$=3(x+\sqrt{2})(x-\sqrt{2})$
$y'=0$ とすると　$x=\pm\sqrt{2}$
y の増減表は次のようになる。

x	$\cdots$	$-\sqrt{2}$	$\cdots$	$\sqrt{2}$	$\cdots$
y'	$+$	0	$-$	0	$+$
y	↗	$4\sqrt{2}$	↘	$-4\sqrt{2}$	↗

よって，$\boldsymbol{x\leqq-\sqrt{2}}$，$\boldsymbol{\sqrt{2}\leqq x}$ **で増加** し，$\boldsymbol{-\sqrt{2}\leqq x\leqq\sqrt{2}}$ **で減少** する。

(3) $y'=-3x^2-3=-3(x^2+1)$
すべての実数 x に対して，$x^2+1>0$ であるから，常に $y'<0$
よって，**常に減少** する。

68 (1) $y'=3x^2-6x+4$
$=3(x-1)^2+1$
よって，すべての実数 x に対して
$$y'>0$$
ゆえに，与えられた関数は常に増加する。

(2) $y'=-6x^2+24x-24=-6(x^2-4x+4)$
$=-6(x-2)^2$
よって，すべての実数 x に対して
$$y'\leqq0$$
ゆえに，与えられた関数は常に減少する。

69 (1) $y'=6x-4=2(3x-2)$
$y'=0$ とすると　$x=\frac{2}{3}$
y の増減表は右のようになる。

x	$\cdots$	$\frac{2}{3}$	$\cdots$
y'	$-$	0	$+$
y	↘	極小 $-\frac{1}{3}$	↗

よって，y は，$\boldsymbol{x=\frac{2}{3}}$ **で**
極小値 $\boldsymbol{-\frac{1}{3}}$ をとる。

(2) $y'=-4x-8=-4(x+2)$
$y'=0$ とすると　$x=-2$
y の増減表は右のようになる。

x	$\cdots$	-2	$\cdots$
y'	$+$	0	$-$
y	↗	極大 -4	↘

よって，y は，
$\boldsymbol{x=-2}$ **で**
極大値 $\boldsymbol{-4}$ をとる。

70 (1) $y'=3x^2+6x+3=3(x+1)^2$
$y'=0$ とすると　$\boldsymbol{x=-1}$
また，すべての実数に対して
$$y'=3(x+1)^2\geqq0$$
よって，y は常に増加するから，
$\boldsymbol{x=-1}$ **で極大でも極小でもない。**

(2) $y'=3x^2+2x-1=(x+1)(3x-1)$
$y'=0$ とすると　$\boldsymbol{x=-1,\ \frac{1}{3}}$
y の増減表は次のようになる。

x	$\cdots$	-1	$\cdots$	$\frac{1}{3}$	$\cdots$
y'	$+$	0	$-$	0	$+$
y	↗	極大	↘	極小	↗

よって，y は，$\boldsymbol{x=-1}$ **で極大** となり，
$\boldsymbol{x=\frac{1}{3}}$ **で極小** となる。

71 (1) $y=x^3-3x^2+1$ ……① とすると
$y'=3x^2-6x=3x(x-2)$
$y'=0$ とすると　$x=0,\ 2$
y の増減表は次のようになる。

x	$\cdots$	0	$\cdots$	2	$\cdots$
y'	$+$	0	$-$	0	$+$
y	↗	極大 1	↘	極小 -3	↗

よって，関数①のグラフは右の図のようになり，グラフと x 軸の共有点は 3 個である。

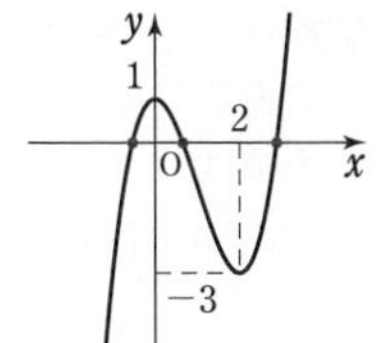

したがって，方程式

$x^3-3x^2+1=0$

の実数解は **3 個** である。

(2) $y=-x^3-3x^2+4$ ……① とすると

$y'=-3x^2-6x=-3x(x+2)$

$y'=0$ とすると　$x=0,\ -2$

y の増減表は次のようになる。

x	…	-2	…	0	…
y'	$-$	0	$+$	0	$-$
y	↘	極小 0	↗	極大 4	↘

よって，関数①のグラフは右の図のようになり，グラフと x 軸の共有点は 2 個である。

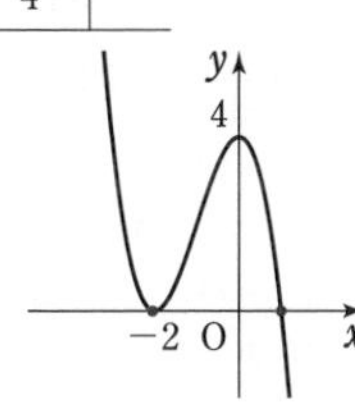

したがって，方程式

$-x^3-3x^2+4=0$

の実数解は **2 個** である。

(3) $y=x^3+4x^2+6x-1$ ……① とすると

$y'=3x^2+8x+6=3\left(x+\dfrac{4}{3}\right)^2+\dfrac{2}{3}$

すべての実数に対して $y'>0$ となるから，y は増加する。

よって，関数①のグラフは右の図のようになり，グラフと x 軸の共有点は 1 個である。

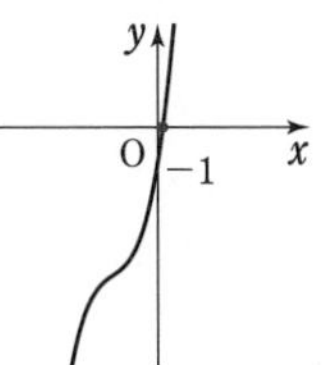

したがって，方程式

$x^3+4x^2+6x-1=0$

の実数解は **1 個** である。

(4) $y=2x^3+3x^2+1$ ……① とすると

$y'=6x^2+6x=6x(x+1)$

$y'=0$ とすると　$x=0,\ -1$

y の増減表は次のようになる。

x	…	-1	…	0	…
y'	$+$	0	$-$	0	$+$
y	↗	極大 2	↘	極小 1	↗

よって，関数①のグラフは右の図のようになり，グラフと x 軸の共有点は 1 個である。

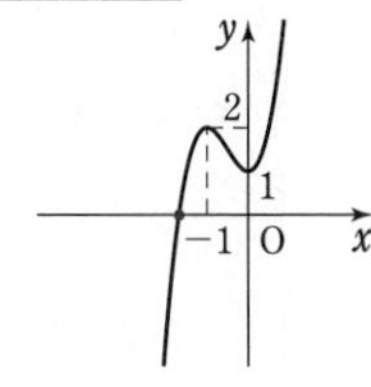

したがって，方程式

$2x^3+3x^2+1=0$

の実数解は **1 個** である。

72　C は積分定数とする。

(1) $(3x)'=3$ であるから

$\displaystyle\int 3\,dx=\boldsymbol{3x+C}$

(2) $(x^2)'=2x$ であるから

$\displaystyle\int 2x\,dx=\boldsymbol{x^2+C}$

(3) $\displaystyle\int x^2dx=\frac{1}{2+1}x^{2+1}+C=\boldsymbol{\frac{x^3}{3}+C}$

73　C は積分定数とする。

(1) $\displaystyle\int(3x+1)\,dx=3\int x\,dx+\int dx$

$\displaystyle=3\cdot\frac{x^2}{2}+x+C$

$\displaystyle=\boldsymbol{\frac{3}{2}x^2+x+C}$

(2) $\displaystyle\int(6x^2-4x)\,dx=6\int x^2dx-4\int x\,dx$

$\displaystyle=6\cdot\frac{x^3}{3}-4\cdot\frac{x^2}{2}+C$

$=\boldsymbol{2x^3-2x^2+C}$

(3) $\displaystyle\int(1+x-x^2)\,dx=\int dx+\int x\,dx-\int x^2dx$

$\displaystyle=x+\frac{x^2}{2}-\frac{x^3}{3}+C$

$\displaystyle=\boldsymbol{-\frac{x^3}{3}+\frac{x^2}{2}+x+C}$

74　(1) $\displaystyle\int_0^1 x\,dx=\left[\frac{x^2}{2}\right]_0^1=\frac{1^2}{2}-0=\boldsymbol{\frac{1}{2}}$

(2) $\displaystyle\int_{-1}^2 3t^2dt=\left[t^3\right]_{-1}^2=2^3-(-1)^3=\boldsymbol{9}$

75 (1) $\int_{-1}^{1}(t^2-2t)\,dt=\left[\frac{t^3}{3}-t^2\right]_{-1}^{1}$

$=\left(\frac{1^3}{3}-1^2\right)-\left\{\frac{(-1)^3}{3}-(-1)^2\right\}$

$=\frac{1}{3}+\frac{1}{3}-1+1=\mathbf{\frac{2}{3}}$

(2) $\int_{1}^{3}(x-3)^2dx=\int_{1}^{3}(x^2-6x+9)\,dx$

$=\left[\frac{x^3}{3}-3x^2+9x\right]_{1}^{3}$

$=\left(\frac{3^3}{3}-3\cdot3^2+9\cdot3\right)-\left(\frac{1^3}{3}-3\cdot1^2+9\cdot1\right)$

$=9-\frac{19}{3}=\mathbf{\frac{8}{3}}$

別解 $\int_{1}^{3}(x-3)^2dx=\left[\frac{(x-3)^3}{3}\right]_{1}^{3}$

$=0-\frac{1}{3}(-2)^3=\mathbf{\frac{8}{3}}$

(3) $\int_{2}^{2}(x+1)(x-3)\,dx=\mathbf{0}$

(4) $\int_{-1}^{2}(x^2+2x)\,dx+\int_{2}^{3}(x^2+2x)\,dx$

$=\int_{-1}^{3}(x^2+2x)\,dx$

$=\left[\frac{x^3}{3}+x^2\right]_{-1}^{3}$

$=\left(\frac{3^3}{3}+3^2\right)-\left\{\frac{(-1)^3}{3}+(-1)^2\right\}$

$=18-\frac{2}{3}=\mathbf{\frac{52}{3}}$

76 (1) $I=\left[\frac{3}{2}t^2-2t\right]_{0}^{1}=\frac{3}{2}\cdot1^2-2\cdot1$

$\mathbf{=-\frac{1}{2}}$

よって $\frac{dI}{dx}=\left(-\frac{1}{2}\right)'=\mathbf{0}$

(2) $I=\left[\frac{3}{2}t^2-2t\right]_{0}^{x}=\mathbf{\frac{3}{2}x^2-2x}$

よって $\frac{dI}{dx}=\left(\frac{3}{2}x^2-2x\right)'=\mathbf{3x-2}$

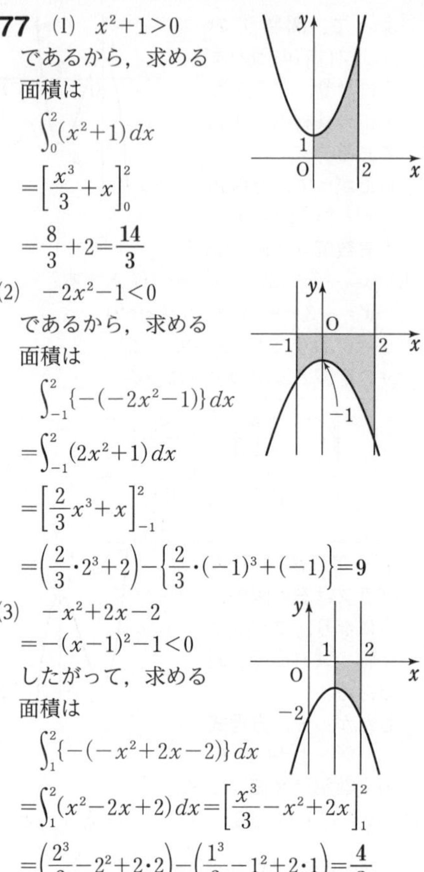

77 (1) $x^2+1>0$

であるから，求める

面積は

$\int_{0}^{2}(x^2+1)\,dx$

$=\left[\frac{x^3}{3}+x\right]_{0}^{2}$

$=\frac{8}{3}+2=\mathbf{\frac{14}{3}}$

(2) $-2x^2-1<0$

であるから，求める

面積は

$\int_{-1}^{2}\{-(-2x^2-1)\}\,dx$

$=\int_{-1}^{2}(2x^2+1)\,dx$

$=\left[\frac{2}{3}x^3+x\right]_{-1}^{2}$

$=\left(\frac{2}{3}\cdot2^3+2\right)-\left\{\frac{2}{3}\cdot(-1)^3+(-1)\right\}=\mathbf{9}$

(3) $-x^2+2x-2$

$=-(x-1)^2-1<0$

したがって，求める

面積は

$\int_{1}^{2}\{-(-x^2+2x-2)\}\,dx$

$=\int_{1}^{2}(x^2-2x+2)\,dx=\left[\frac{x^3}{3}-x^2+2x\right]_{1}^{2}$

$=\left(\frac{2^3}{3}-2^2+2\cdot2\right)-\left(\frac{1^3}{3}-1^2+2\cdot1\right)=\mathbf{\frac{4}{3}}$

PRACTICE，EXERCISES の解答（数学Ⅱ）

PRACTICE，EXERCISES について，問題の要求している答の数値のみをあげ，図・証明は省略した。

第1章　式と証明

●PRACTICE の解答

1　(1)　$x^3-x^2+\frac{1}{3}x-\frac{1}{27}$
(2)　$-8s^3+12s^2t-6st^2+t^3$
(3)　$27x^3+8y^3$　　(4)　$-a^3+27b^3$
(5)　$64x^6-48x^4y^2+12x^2y^4-y^6$

2　(1)　(ア)　$(3x-y)(9x^2+3xy+y^2)$
(イ)　$9(a+2b)(a^2-2ab+4b^2)$
(ウ)　$(2x-yz)(4x^2+2xyz+y^2z^2)$
(2)　$(x+4)^3$

3　(1)　$(a+2b+3c)(a^2+4b^2+9c^2-2ab-6bc-3ca)$
(2)　$(x+y-2)(x^2-xy+y^2+2x+2y+4)$

4　(1)　-1080　　(2)　$-\frac{40}{27}$

5　$\frac{1}{2^n}$　　**6**　(1)　12　　(2)　6

7　-3510　　**8**　(1)　20　　(2)　-126

9　(1)　771　　(2)　1

10　(1)　$Q=3x+4$,　$R=0$
$6x^2-7x-20=(2x-5)(3x+4)$
(2)　$Q=2x-1$,　$R=-10x+5$
$(2x^2-3x+1)(x+1)$
$=(x^2+4)(2x-1)-10x+5$
(3)　$Q=-\frac{1}{2}x^2+\frac{5}{4}x-\frac{9}{8}$,
$R=-\frac{37}{8}x+\frac{41}{4}$
x^4-2x^3-x+8
$=(2-x-2x^2)\left(-\frac{1}{2}x^2+\frac{5}{4}x-\frac{9}{8}\right)$
$-\frac{37}{8}x+\frac{41}{4}$

11　(1)　$A=4x^3-4x^2+10x-5$
(2)　$B=2x^2-4x+8$

12　(1)　(ア)　商　$2x+y$,　余り　$3y^2$
(イ)　商　$4y-x$,　余り　$3x^2$
(2)　商　$2x-3y+4$,　余り　0

13　(1)　1　　(2)　$\frac{x+4}{x+1}$
(3)　$2a-3$　　(4)　1

14　(1)　$\frac{x}{(x+1)(x-1)}$　　(2)　1

15　(1)　$\frac{2x}{1+x^2}$　　(2)　$-x+2$

16　(1)　$\frac{3}{(x-3)(x+3)}$　(2)　$\frac{3}{(a-1)(a+2)}$

17　(1)　$\frac{3}{x(x+1)}$
(2)　$-\frac{2(2x+7)}{(x+2)(x+3)(x+4)(x+5)}$

18　(1)　$a=1$，$b=3$，$c=2$
(2)　$a=1$，$b=3$，$c=0$，$d=3$
(3)　$a=3$，$b=9$，$c=27$，$d=9$

19　(1)　$a=1$，$b=2$
(2)　$a=3$，$b=1$，$c=-1$

20　(1)　$a=-3$，$b=-4$，$c=1$
(2)　$(a,\ b,\ c)$
$=\left(-\frac{5}{2},\ -\frac{1}{2},\ -2\right)$，$(2,\ 1,\ 1)$

21　$a=-11$，$b=2$，商　$2x+6$

22　(1)　$a=-4$，$b=1$，$c=6$
(2)　$a=-7$，$b=2$，$c=10$

23～25　略　　**26**　3

27　証明略
(3)　等号は $x=y=0$ のとき成り立つ

28　証明略
(1)　等号は $a=0$ のとき成り立つ
(2)　等号は $a=b$ のとき成り立つ

29　略

30　証明略
(1)　等号は $a=\frac{3}{2}$ のとき成り立つ
(2)　等号は $ad=bc$ のとき成り立つ

31　(1)　$x=4$ で最小値 8
(2)　$x=2$ で最小値 3

32　$ab<a^2+b^2<a+b<\sqrt{a}+\sqrt{b}$

33　証明略
(1)　等号は $a=b=c=0$ のとき成り立つ
(2)　等号は $a=b=c>0$ のとき成り立つ

34，35　略

●EXERCISES の解答

1 (1) $2x^3+24xy^2$　(2) $a^3-\dfrac{1}{a^3}$

2 (1) $b^3(a-c)(a^2+ac+c^2)$

(2) $(x-z)(x^2+3y^2+z^2+3xy+3yz+zx)$

(3) $(2a-3)^3$

3 順に 60, 5760　**4** 略

5 (ア) 7　(イ) 80

6 (1) $\dfrac{a_k}{a_{k-1}}=\dfrac{13-k}{3k}$　(2) $k=3$

7 略　**8** $2x-1$

9 (1) 商 $a-b$,　余り 0

(2) 商 $2a^2-4ab-4b^2$,　余り $4b^3$

10 (1) $-\dfrac{1}{x+2}$　(2) $\dfrac{16}{1-a^8}$

(3) $-4x^2+7x$

11 $A=x^3-3$ または $-x^3+3$

12 (1) $\dfrac{3}{(2n+1)(2n+7)}$

(2) $\dfrac{2(2x-7)}{(x-2)(x-3)(x-4)(x-5)}$

13 (1) 商 x^2+6x+3,　余り -16

(2) $\dfrac{499}{503}$

14 (1) (ア) 4 (イ) 6 (ウ) 2

(2) $(x,\ y)=(5,\ 3),\ (5,\ -3),$
$(-6,\ 3),\ (-6,\ -3)$

15 (ア) 2 (イ) 1 (ウ) 1 (エ) 1 (オ) 2

16 略

17 (1) $\dfrac{10}{29}$　(2) 1, $\dfrac{-1\pm\sqrt{5}}{2}$

18 証明略

(1) 等号は $x=y$ のとき成り立つ

(2) 等号は $ay=bx$ のとき成り立つ

(3) 等号は $ay=bx,\ bz=cy,\ cx=az$ のとき成り立つ

19～21 略

22 $a=4,\ b=-3,\ c=2,\ d=1$

23 証明略

等号は $x=y$ のとき成り立つ

24 (1) $x=2\sqrt{2},\ y=\dfrac{3\sqrt{2}}{2}$ のとき最大値 6

(2) $x=\dfrac{\sqrt{6}}{2}$ のとき最小値 8

25 $\sqrt{b}-\sqrt{a}<\sqrt{b-a}<1<\sqrt{a}+\sqrt{b}$

26, 27 略

第2章　複素数と方程式

●PRACTICE の解答

36 (1) $10i$　(2) $-16-7i$　(3) $29i$

(4) $18+26i$　(5) $4\sqrt{2}\,i$　(6) 16

(7) 4

37 (1) $\dfrac{3}{2}-2i$　(2) $\dfrac{12}{13}-\dfrac{5}{13}i$

(3) $2\sqrt{3}$　(4) $\dfrac{1}{5}-\dfrac{3}{5}i$

(5) $2\sqrt{3}-2i$　(6) $-\sqrt{2}\,i$

38 (1) $x=\dfrac{3}{5},\ y=-\dfrac{6}{5}$

(2) $x=-2,\ y=1$　(3) $x=-3$

39 $z=\dfrac{1}{\sqrt{2}}+\dfrac{1}{\sqrt{2}}i,\ -\dfrac{1}{\sqrt{2}}-\dfrac{1}{\sqrt{2}}i$

40 (1) $m<-1,\ 3<m$ のとき,
異なる2つの実数解をもつ
$m=-1,\ 3$ のとき, 重解をもつ
$-1<m<3$ のとき,
異なる2つの虚数解をもつ

(2) $-1<m<1,\ 1<m<\dfrac{5}{3}$ のとき,
異なる2つの実数解をもつ
$m=\dfrac{5}{3}$ のとき, 重解をもつ
$m<-1,\ \dfrac{5}{3}<m$ のとき,
異なる2つの虚数解をもつ

41 (1) $k\leqq\dfrac{1}{2},\ 2\leqq k$

(2) $k=\dfrac{1}{2}$ のとき, 重解は $x=\dfrac{1}{2}$
$k=2$ のとき, 重解は $x=-1$

42 $a=-3,\ -2,\ -1,\ 0,\ 4,\ 5,\ 6,\ 7$

43 $k=1$ のとき, 実数解は $x=-1$
$k=-5$ のとき, 実数解は $x=2$

44 (1) $-\dfrac{8}{9}$　(2) $-\dfrac{1}{2}$　(3) $\dfrac{28}{9}$

(4) $-\dfrac{7}{3}$　(5) $\dfrac{52}{9}$　(6) $\dfrac{80}{27}$

45 (1) $k=5$ のとき, $x=-1,\ -4$
$k=-5$ のとき, $x=1,\ 4$

(2) $k=5$ のとき，$x=\frac{1}{2}$，$\frac{1}{3}$

$k=20$ のとき，$x=2$，$\frac{4}{3}$

(3) $k=-8$ のとき，$x=-3$，1

46 (1) $(x-7)(x-13)$

(2) $(x-2-\sqrt{7})(x-2+\sqrt{7})$

(3) $3\left(x-\frac{1+2\sqrt{2}i}{3}\right)\left(x-\frac{1-2\sqrt{2}i}{3}\right)$

47 (1) (ア) $x^2-4x+6=0$

(イ) $3x^2-2x+1=0$

(ウ) $x^2+10x+27=0$

(2) $p=-8$，$q=-2$

48 (1) $1<a<2$　(2) $a<1$

49 (1) $p\leqq-1$，$2\leqq p<\frac{11}{5}$　(2) $p>3$

50 $k=2$，$(x+y-2)(x+2y-1)$

51 $m=-2$，6

52 (1) $a=-4$　(2) $a=\frac{17}{8}$

(3) $a=1$，$b=5$

53 (ア) $3x+2$　(イ) $-x+10$

54 順に $3x^2-x+3$，$-x+15$

55 $1+12\sqrt{2}i$

56 (1) $(x+1)(x-2)(x-3)$

(2) $(2x+1)(x^2-3x+4)$

57 (1) $a=-3$，$b=-2$

(2) $a=-n$，$b=n-1$

58 (1) $x=-1$，1，$\pm\sqrt{2}i$

(2) $x=-3\pm\sqrt{6}$，$-3\pm i$

(3) $x=\frac{-1\pm\sqrt{7}i}{2}$，$\frac{1\pm\sqrt{7}i}{2}$

59 (1) $x=-1$，$2\pm2\sqrt{2}$

(2) $x=2$，-2，$\frac{1}{2}$

(3) $x=1$，-1，2

(4) $x=-1$，2，$-\frac{1}{2}$，$\frac{1}{2}$

60 (ア) 0　(イ) -1

61 $a=-7$，$b=1$，$x=1$，-2

62 $a=-3$，$b=-2$，$x=1$，$1-i$

63 $a=-1$ のとき $x=2$，-1

$a=0$ のとき $x=0$，2

$a=8$ のとき $x=-4$，2

64 (ア) 5　(イ) -15　(ウ) -75

●EXERCISES の解答

28 (1) $5-i$　(2) $-\sqrt{6}(43+15i)$

(3) $\frac{66-213i}{221}$　(4) -1　(5) 1

29 (1) $x=-3$，$y=-1$

(2) (ア) -3　(イ) $\frac{\sqrt{6}}{3}$

30 (1) $2\sqrt{3}$　(2) 10

(3) $-36\sqrt{3}$　(4) -136

31 (1) $(a,\ b)=\left(\frac{\sqrt{3}}{2},\ \frac{1}{2}\right)$　(2) $\frac{1}{6}$

32 (1) $a<0$，$b<0$ のときは成り立たないが，それ以外の場合は成り立つ

(2) $a>0$，$b<0$ のときは成り立たないが，それ以外の場合は成り立つ

33 (1) $x=\frac{\sqrt{6}}{2}$　(2) $x=\frac{2\pm\sqrt{11}i}{3}$

(3) $x=\frac{5\pm\sqrt{11}i}{6}$

(4) $x=\frac{-\sqrt{2}\pm\sqrt{14}i}{4}$

34 (1) $a<-8$，$4<a$ のとき，

異なる 2 つの実数解をもつ

$a=-8$，4 のとき，重解をもつ

$-8<a<4$ のとき，

異なる 2 つの虚数解をもつ

(2) 異なる 2 つの実数解をもつ

(3) $-\frac{2}{\sqrt{3}}<a<1$，$1<a<\frac{2}{\sqrt{3}}$ のとき，

異なる 2 つの実数解をもつ

$a=\pm\frac{2}{\sqrt{3}}$ のとき，重解をもつ

$a<-\frac{2}{\sqrt{3}}$，$\frac{2}{\sqrt{3}}<a$ のとき，

異なる 2 つの虚数解をもつ

35 (1) (ア) $\frac{5}{2}$　(イ) -5

(2) $a=0$ のとき，解は $x=0$

$a=2$ のとき，解は $x=1$

36 $-2<a<\frac{5}{3}$　**37** 略

38 (1) $k=\frac{3}{4}$，$\alpha=-\frac{3}{2}$

(2) $-\frac{3}{2}$, $-\frac{3}{2}-2i$

39 $a=-4$, $b=13$, $x=2+3i$

40 (1) -15 (2) 97 (3) $-\frac{11}{25}$

41 (1) (ア) $(x^2-3)(x^2+5)$

(イ) $(x+\sqrt{3})(x-\sqrt{3})(x^2+5)$

(ウ) $(x+\sqrt{3})(x-\sqrt{3})$

$\times(x+\sqrt{5}\,i)(x-\sqrt{5}\,i)$

(2) (ア) $(2x-3)(4x^2+6x+9)$

(イ) $(2x-3)(4x^2+6x+9)$

(ウ) $4(2x-3)$

$\times\left(x+\frac{3-3\sqrt{3}\,i}{4}\right)\left(x+\frac{3+3\sqrt{3}\,i}{4}\right)$

42 (1) $x^2-14x+45=0$

(2) $p=0$, $q=-4$

43 $(x,\ y)=(-1,\ 3)$, $(3,\ -1)$

44 (1) $a>7$ (2) $3\leqq a\leqq\frac{10}{3}$

45 (1) $\frac{9}{2}$ (2) -10

46 (1) $a\neq c$ または $b\neq 0$ (2) 略

47 $k=-7$, -5, 7, 5

48 (1) $a=3$ (2) $b=11$, $c=6$

(3) $d=2$, $e=-26$

49 $2x^2+2x$ **50** $-7-3\sqrt{3}\,i$

51 (1) $(x-1)^2(x+2)(x-3)$

(2) $(x+2)(x-3)(x^2+2)$

(3) $(2x+1)(3x^2-x+4)$

52 (ア) 1 (イ) 4 (ウ) 2

53 (1) 5 (2) $\frac{7}{3}x+\frac{5}{3}$

(3) $-\frac{1}{3}x^2+2x+\frac{7}{3}$

54 (1) $x+6$ (2) $\frac{1}{2}x^2+x+\frac{11}{2}$

55 (1) $x=-2$, 2, $\pm\frac{1}{\sqrt{2}}i$

(2) $x=\frac{1}{3}$, $1\pm\sqrt{5}$

(3) $x=-\sqrt{2}\pm\sqrt{6}$, $\sqrt{2}\pm\sqrt{6}$

(4) $x=1$, -4, $\frac{-3\pm\sqrt{15}\,i}{2}$

56 2 cm または $(1+\sqrt{3})$ cm

57 (1) $a=-2$, $b=18$ (2) $x=2\pm 3i$

58 $a=-8$, 0, 1

59 (1) $X^2-6X+8=0$

(2) $x=1$, $2\pm\sqrt{3}$

60 (1) $x<-1$, $1<x$

(2) $x\leqq -3$, $-1\leqq x\leqq 2$

61 $a=-1$, $b=-2$

62 $x^3+4x^2+7x+2=0$

第3章 図形と方程式

●PRACTICE の解答

65 (1) $\left(\frac{3}{14},\ 0\right)$, $\left(0,\ -\frac{3}{4}\right)$

(2) $\left(\frac{1}{2},\ \frac{7}{2}\right)$

66 (1) $a=4$, 14 (2) $a=-2$, 4, 9

67 略

68 $(5,\ 1)$, $(9,\ 5)$, $(3,\ 9)$

69 $\left(\frac{17}{6},\ \frac{20}{3}\right)$

70 (1) $y=\sqrt{3}\,x+3\sqrt{3}+5$

(2) $y=-\frac{1}{2}x-\frac{1}{2}$

(3) $y=-\frac{1}{2}x+\frac{7}{2}$ (4) $\frac{x}{4}-\frac{y}{2}=1$

(5) $x=-3$ (6) $y=-2$

71 (ア) $\frac{1}{3}$ (イ) -3

72 順に $y=-\frac{2}{3}x+\frac{8}{3}$, $y=\frac{3}{2}x$

73 (1) $a\neq-\frac{9}{2}$, c は任意の実数

(2) $a=-\frac{9}{2}$, $c\neq-6$

(3) $a=-\frac{9}{2}$, $c=-6$

74 略

75 (1) $a=\frac{17}{5}$

(2) (ア) $-\frac{1}{7}$ (イ) $\frac{4}{7}$ (ウ) $\frac{1}{7}$

76 証明略 A(5, 5)

77 (1) $2x-3y+7=0$

(2) $16x-20y+17=0$

78 $(-1,\ 3)$

79 (1) $y=\frac{4}{3}x\pm 10$ (2) $\frac{4}{\sqrt{5}}$

80 (1) 1　(2) $\frac{5}{2}$

81 略　**82** (4, 3)

83 順に $\left(-\frac{9}{5},\ -\frac{3}{5}\right)$, $\frac{2\sqrt{5}}{5}$

84 (1) $(x-3)^2+(y+4)^2=25$
(2) $(x-1)^2+(y-2)^2=4$
(3) $(x-3)^2+(y-5)^2=5$
(4) $x^2+y^2=5$

85 $x^2+y^2-2x-6y-15=0$

86 (1) $(x-3)^2+(y+2)^2=25$
(2) $(x-1)^2+(y-3)^2=1$,
$(x-5)^2+(y-7)^2=25$
(3) $(x-2)^2+(y-2)^2=4$,
$(x-10)^2+(y-10)^2=100$

87 (1) 中心 $\left(-\frac{5}{2},\ \frac{3}{2}\right)$, 半径 $\frac{\sqrt{10}}{2}$ の円
(2) $p<-\frac{1}{5}$, $3<p$

88 (1) 共有点はあり，その座標は
(0, −1), (1, 0)
(2) 共有点はない
(3) 共有点はあり，その座標は
$\left(-\frac{1}{5},\ -\frac{7}{5}\right)$, (1, 1)
(4) 共有点はあり，その座標は
(1, −2)

89 $k\geqq-\frac{3}{4}$　**90** $\frac{8\sqrt{5}}{5}$

91 $y=-\frac{3}{4}x+9$

92 (1) $3x+4y=25$, (3, 4);
$4x-3y=25$, (4, −3)
(2) $x-7y+20=0$, $x-7y-20=0$

93 (1) $(x-2)^2+(y-4)^2=45$
(2) $2\leqq r\leqq 8$

94 $\left(-\frac{9}{5},\ -\frac{13}{5}\right)$, (3, −1);
中心 $\left(\frac{5}{6},\ -\frac{5}{2}\right)$, 半径 $\frac{5\sqrt{10}}{6}$

95 $\frac{\sqrt{15}}{2}<r<4$

96 (1) 4 本
(2) $y=\pm\frac{1}{2\sqrt{6}}(x-10)$,
$y=\pm\frac{1}{4}(3x-10)$

97 (1) 中心 (0, 0), 半径 $\sqrt{2}$ の円
(2) 中心 (12, 0), 半径 6 の円
(3) 中心 $\left(-\frac{3}{2},\ 0\right)$, 半径 $\frac{3}{2}$ の円
ただし，2 点 (0, 0), (−3, 0) を除く

98 (1) 放物線 $y=\frac{3}{2}x^2-x+\frac{5}{6}$
(2) 放物線 $y=3x^2-6x+2$

99 放物線 $y=-x^2+2x+3$

100 $x-3y+7=0$

101 円 $x^2+y^2=9$
ただし，点 (0, 3) を除く

102 (1) $a<-2$, $0<a$
(2) $(a,\ a^2+a)$　(3) 略

103～105 略

106 $x=6$, $y=0$ のとき最大値 6
$x=4$, $y=6$ のとき最小値 −20

107 (1) 略　(2) $k=-\sqrt{10}$

108 略

109 14 台

110 $x=4$, $y=5$ のとき最大値 21
$x=\frac{3}{2}$, $y=\frac{7}{2}$ のとき最小値 $\frac{1}{2}$

111 (1) $y=-x^2$　(2) 略

112 略

●EXERCISES の解答

63 2

64 $t=\frac{4}{5}$ で最小値 2

65 正三角形　**66, 67** 略

68 (1) $\left(\frac{2}{3},\ \frac{1}{3}\right)$
(2) (4, 3), (2, −3), (−4, 1)

69 最小値 $\frac{106}{3}$, $\mathrm{P}\left(\frac{8}{3},\ \frac{5}{3}\right)$

70 (1) $y=-\frac{1}{2}x+2$　(2) (2, 1)

71 (1) (−7, −11)　(2) (−1, 6)
(3) $17x-6y+53=0$

72 $y=-3x$, $y=\frac{3}{4}x$

73 $\frac{3}{2}$

74 $a=\pm 2,\ -\dfrac{2}{3}$

75 P(4, 0), Q(0, 4) のとき最小値 $7\sqrt{2}$

76 (1) $(2+\sqrt{6},\ 8+4\sqrt{6})$,
$(2-\sqrt{6},\ 8-4\sqrt{6})$
(2) (2, 2)

77 順に $x^2+y^2-3x+3y-8=0$, 6, $\dfrac{25}{2}\pi$

78 $m<-\dfrac{3}{4}$ のとき 2個
$m=-\dfrac{3}{4}$ のとき 1個
$m>-\dfrac{3}{4}$ のとき 0個

79 $m=2\pm\sqrt{3}$

80 (1) $(x-1)^2+(y-1)^2=1$
(2) $x=1,\ y=-\dfrac{15}{8}x+\dfrac{39}{8}$

81 $y=-3x+5$

82 (1) (2, 1)
(2) 中心は点$\left(2,\ \dfrac{3}{2}\right)$, 半径は $\dfrac{5}{2}$

83 (ア) $\sqrt{10}$ (イ) (6, 1)
(ウ) $2\sqrt{10}+2\sqrt{5}$

84 (ア) $\dfrac{10}{3}$ (イ) 2 (ウ) $\dfrac{10}{3}$

85 (1) $(2a-2,\ -4a^2+12a-8)$
(2) $y=-x^2+2x\ (-2<x\leqq 2)$
(3) 略

86 (1) $0<k<4$
(2) 直線 $y=-2x+1$ の $0<x<12$ の部分

87 放物線 $y=\dfrac{1}{6}(x-2)^2+\dfrac{1}{2}$

88 (1) $s=\dfrac{x+2a-2}{a},\ t=\dfrac{y-a+1}{a}$
(2) (ア) $2a-2$ (イ) $1-a$ (ウ) a^2
(3) (エ) $\sqrt{2}$ (オ) $1-\sqrt{2}$ (カ) 1
(4) 略

89 (1) $x=\dfrac{2X}{X^2+Y^2},\ y=\dfrac{2Y}{X^2+Y^2}$
(2) 円 $\left(x+\dfrac{1}{2}\right)^2+\left(y-\dfrac{3}{2}\right)^2=\dfrac{5}{2}$
ただし, 点(0, 0)を除く

90 (1) $x^2+y^2>4,\ (x-2)^2+y^2<1,\ y>0$
(2) $(x^2-y-1)(x^2+y-1)<0$

91 (ア) $\dfrac{5}{2}$ (イ) $9k+\dfrac{21}{2}$ (ウ) $\dfrac{66}{5}k$

92 (1) 略 (2) $3\sqrt{2}-3$

93, 94 略

95 (1) 7 (2) $14+2\sqrt{13}$
(3) $\dfrac{3+\sqrt{3}}{4}$ (4) 64

第4章　三角関数

●PRACTICE の解答

113 (1) $\sin\dfrac{13}{4}\pi=-\dfrac{1}{\sqrt{2}}$
$\cos\dfrac{13}{4}\pi=-\dfrac{1}{\sqrt{2}}$
$\tan\dfrac{13}{4}\pi=1$
(2) $\sin\left(-\dfrac{19}{6}\pi\right)=\dfrac{1}{2}$
$\cos\left(-\dfrac{19}{6}\pi\right)=-\dfrac{\sqrt{3}}{2}$
$\tan\left(-\dfrac{19}{6}\pi\right)=-\dfrac{1}{\sqrt{3}}$
(3) $\sin(-5\pi)=0$
$\cos(-5\pi)=-1$
$\tan(-5\pi)=0$

114 (1) $\cos\theta=-\dfrac{2\sqrt{2}}{3}$
$\tan\theta=-\dfrac{\sqrt{2}}{4}$
(2) $(\sin\theta,\ \cos\theta)$
$=\left(\dfrac{3}{\sqrt{10}},\ -\dfrac{1}{\sqrt{10}}\right),\ \left(-\dfrac{3}{\sqrt{10}},\ \dfrac{1}{\sqrt{10}}\right)$

115 略

116 (1) 順に $-\dfrac{3}{8},\ -\dfrac{8}{3}$ (2) $\dfrac{5\sqrt{7}}{16}$

117 $a=3,\ x=\dfrac{1\pm\sqrt{7}}{4}$

118 図示略
(1) π (2) 2π
(3) $\dfrac{\pi}{2}$ (4) 2π

119 図示略 (1) 4π (2) π

120 (1) 0 (2) -1

121 n を整数とする。

(1) $\theta=\frac{\pi}{3},\ \frac{2}{3}\pi$

θの範囲に制限がないときの解は

$\theta=\frac{\pi}{3}+2n\pi,\ \frac{2}{3}\pi+2n\pi$

(2) $\theta=\frac{3}{4}\pi,\ \frac{5}{4}\pi$

θの範囲に制限がないときの解は

$\theta=\frac{3}{4}\pi+2n\pi,\ \frac{5}{4}\pi+2n\pi$

(3) $\theta=\frac{\pi}{3},\ \frac{4}{3}\pi$

θの範囲に制限がないときの解は

$\theta=\frac{\pi}{3}+n\pi$

122 (1) $\frac{3}{4}\pi \leqq \theta \leqq \frac{5}{4}\pi$

(2) $0\leqq\theta\leqq\frac{\pi}{4},\ \frac{3}{4}\pi\leqq\theta<2\pi$

(3) $0\leqq\theta<\frac{\pi}{6},\ \frac{\pi}{2}<\theta<\frac{7}{6}\pi,$

$\frac{3}{2}\pi<\theta<2\pi$

123 (1) $\theta=\frac{\pi}{2},\ \frac{2}{3}\pi,\ \frac{3}{2}\pi,\ \frac{5}{3}\pi$

(2) $0\leqq\theta\leqq\frac{\pi}{6},\ \frac{7}{6}\pi\leqq\theta<2\pi$

124 (1) $\theta=\frac{\pi}{4},\ \frac{7}{4}\pi$

(2) $0\leqq\theta<\frac{4}{3}\pi,\ \frac{5}{3}\pi<\theta<2\pi$

125 (1) $\theta=\frac{3}{2}\pi$ で最大値 5

$\theta=\frac{\pi}{2}$ で最小値 1

(2) $\theta=0$ で最大値 2

$\theta=\frac{2}{3}\pi,\ \frac{4}{3}\pi$ で最小値 $-\frac{1}{4}$

(3) $\theta=-\frac{\pi}{2}$ で最大値 $\sqrt{3}$

$\theta=\frac{\pi}{3}$ で最小値 $-\frac{7}{4}$

(4) $\theta=-\frac{\pi}{4},\ \frac{\pi}{4}$ で最大値 $\frac{5}{2}$

$\theta=-\frac{\pi}{2},\ \frac{\pi}{2}$ で最小値 2

126 $a<-\frac{5}{4},\ 5<a$ のとき 0 個

$a=5$ のとき 1 個

$a=-\frac{5}{4},\ 1<a<5$ のとき 2 個

$a=1$ のとき 3 個

$-\frac{5}{4}<a<1$ のとき 4 個

127 (1) $\sin 195^\circ=\frac{\sqrt{2}-\sqrt{6}}{4}$

$\cos 195^\circ=-\frac{\sqrt{2}+\sqrt{6}}{4}$

$\tan 195^\circ=2-\sqrt{3}$

(2) $\sin\frac{11}{12}\pi=\frac{\sqrt{6}-\sqrt{2}}{4}$

$\cos\frac{11}{12}\pi=-\frac{\sqrt{6}+\sqrt{2}}{4}$

$\tan\frac{11}{12}\pi=-2+\sqrt{3}$

128 $\sin(\alpha+\beta)=\frac{-2\sqrt{2}+\sqrt{3}}{6}$

$\cos(\alpha-\beta)=\frac{-2\sqrt{6}+1}{6}$

$\tan(\alpha-\beta)=\frac{8\sqrt{2}+9\sqrt{3}}{23}$

129 (1) $\theta=\frac{\pi}{3}$

(2) $y=(2-\sqrt{3})x-2+2\sqrt{3},$
$y=(2+\sqrt{3})x-2$

130 (1) $(\sqrt{3},\ 5)$

(2) $\left(\frac{6+3\sqrt{3}}{2},\ \frac{2\sqrt{3}+7}{2}\right)$

131 $\cos 2\theta=-\frac{1}{9},\ \sin\frac{\theta}{2}=\frac{\sqrt{30}}{6},$

$\sin 3\theta=\frac{7\sqrt{5}}{27}$

132 (1) $\theta=\frac{5}{6}\pi,\ \frac{7}{6}\pi$

(2) $\frac{\pi}{3}<\theta<\pi,\ \frac{5}{3}\pi<\theta<2\pi$

133 (1) $\sqrt{2}\sin\left(\theta-\frac{\pi}{4}\right)$

(2) $2\sin\left(\theta+\frac{2}{3}\pi\right)$

(3) $\sqrt{41}\sin(\theta+\alpha)$

ただし，$\cos\alpha=\frac{5}{\sqrt{41}},\ \sin\alpha=\frac{4}{\sqrt{41}}$

134 (1) $\theta=\frac{5}{12}\pi,\ \frac{23}{12}\pi$

(2) $0\leqq\theta\leqq\frac{7}{12}\pi,\ \frac{23}{12}\pi\leqq\theta<2\pi$

135 (1) $\theta=\frac{7}{4}\pi$ で最大値 $\sqrt{2}$

$\theta=\frac{3}{4}\pi$ で最小値 $-\sqrt{2}$

(2) $\theta=\pi$ で最大値 1

$\theta=\frac{5}{3}\pi$ で最小値 -2

136 (1) $y=-t^2-t+1,\ -1\leqq t\leqq\sqrt{2}$

(2) 最大値 $\frac{5}{4}$，最小値 $-1-\sqrt{2}$

137 $\theta=\frac{\pi}{12}$ で最大値 $6+5\sqrt{3}$

$\theta=\frac{7}{12}\pi$ で最小値 $-6+5\sqrt{3}$

138 (1) 略

(2) 証明略 $\sin 18^\circ=\frac{-1+\sqrt{5}}{4}$

139 (1) $\frac{\sqrt{3}-1}{4}$ (2) $\frac{\sqrt{3}+1}{4}$

(3) $\frac{\sqrt{6}}{2}$ (4) $-\frac{\sqrt{6}}{2}$

140 $\theta=\frac{\pi}{4},\ \frac{\pi}{3},\ \frac{3}{4}\pi,\ \frac{5}{4}\pi,\ \frac{5}{3}\pi,\ \frac{7}{4}\pi$

141 (1) 略

(2) $A=B=C=\frac{\pi}{3}$ で最大値 $\frac{3}{2}$

●EXERCISES の解答

96 (1) ③ (2) $\alpha=\frac{2}{5}\pi$

97 略 **98** $\frac{1}{7}$

99 (1) 第 3 象限または第 4 象限の角
(2) 第 1 象限または第 3 象限の角
(3) 第 1 象限または第 2 象限または第 4 象限の角

100 (1) $\frac{\sqrt{6}}{2}$

(2) $\sin\theta=\frac{\sqrt{6}\pm\sqrt{2}}{4}$,

$\cos\theta=\frac{-\sqrt{6}\pm\sqrt{2}}{4}$ (複号同順)

101 $a=\frac{3}{4}$,

$\sin\theta=\frac{1+\sqrt{7}}{4},\ \cos\theta=\frac{1-\sqrt{7}}{4}$

102 ① b ② $a,\ d$ ③ c

103 (1) $\theta=0,\ \frac{\pi}{3},\ \pi,\ \frac{4}{3}\pi$

(2) $\frac{\pi}{2}<\theta<\frac{5}{6}\pi$

104 (ア) $\sin 4$ (イ) $\sin 3$ (ウ) $\sin 2$

105 $-\frac{17}{8}\leqq a\leqq 1$

106 (1) $M(a)=\begin{cases} a & (a\geqq 0) \\ -a & (a<0) \end{cases}$

$m(a)=\begin{cases} a & (a<-4) \\ -\frac{a^2}{8}-2 & (-4\leqq a\leqq 4) \\ -a & (a>4) \end{cases}$

(2) $M(a)$ の最小値は $a=0$ のとき 0,
$m(a)$ の最大値は $a=0$ のとき -2

107 $a=9$

108 $\sin(\alpha+\beta)=\frac{9}{16}$

$\tan(\alpha+\beta)=\pm\frac{9\sqrt{7}}{35}$

109 (1) $\left(-\frac{5}{2},\ \frac{3\sqrt{3}}{2}\right)$

(2) $(a,\ b)=(4-\sqrt{3},\ 2-2\sqrt{3}),\ (4+\sqrt{3},\ 2+2\sqrt{3})$

110 略

111 (1) $\theta=\frac{\pi}{6},\ \frac{5}{6}\pi$

(2) $\frac{\pi}{6}<\theta<\frac{2}{3}\pi,\ \frac{5}{6}\pi<\theta<\frac{4}{3}\pi$

112 (ア) $\frac{\pi}{4}$ (イ) $\frac{1}{2}$

113 $\alpha-\beta-\gamma=0,\ \alpha^2-\beta\gamma=\frac{3}{4}$,

$\alpha^2+\beta^2+\gamma^2=\frac{3}{2}$

114 $-\pi,\ 0,\ \pi$

115 (1) $\tan\theta=\frac{2c}{c^2+3}$

(2) $c=\sqrt{3}$ で最大値 $\frac{\pi}{6}$

116 (1) $2(\sin\theta+2\cos\theta)\ \left(0<\theta<\frac{\pi}{2}\right)$

(2) $\sin\theta=\frac{1}{\sqrt{5}}$, $\cos\theta=\frac{2}{\sqrt{5}}$ で
最大値 $2\sqrt{5}$

117 $a=\frac{6\pm\sqrt{14}}{2}$, $b=\frac{6\mp\sqrt{14}}{2}$ （複号同順）

118 $x=\frac{5}{3}\pi$, $y=\frac{7}{6}\pi$

119 (1) $\theta=\frac{\pi}{10}$, $\frac{\pi}{6}$

(2) $\sin\frac{\pi}{10}=\frac{-1+\sqrt{5}}{4}$, $\sin\frac{\pi}{6}=\frac{1}{2}$

120 (1) $\frac{1}{4}$ (2) 略

第5章 指数関数と対数関数

●PRACTICE の解答

142 (1) $-\frac{5}{6}\sqrt[3]{2}$ (2) $\frac{4}{3}\sqrt[3]{3}$

143 (1) a^{-2} (2) 3 (3) 4
(4) $\frac{5}{9}$ (5) $a-b$ (6) $a-b$

144 (1) (ア) 36 (イ) 1298
(2) (ウ) $\sqrt{5}$ (エ) 3 (オ) 4
(3) $\frac{7}{2}$

145 図示略
(1) x 軸方向に 1 だけ平行移動したもの
(2) y 軸に関して対称移動し，更に x 軸方向に -1 だけ平行移動したもの
(3) x 軸方向に -1，y 軸方向に 2 だけ平行移動したもの

146 (1) $\frac{1}{\sqrt[8]{243}}<81^{-\frac{1}{7}}<\sqrt{3}<\sqrt[5]{27}<9^{\frac{1}{3}}$
(2) $7^4<3^8<5^6$
(3) $\sqrt[4]{8}<\sqrt[3]{5}<\sqrt{3}$

147 (1) $x=\frac{5}{2}$ (2) $x=-\frac{9}{2}$
(3) $x=-1$, 1 (4) $x=-3$

148 (1) $x>-2$ (2) $x>-1$
(3) $-4\leqq x\leqq -1$ (4) $x\leqq 0$

149 (1) $x=1$ で最小値 1
最大値はない
(2) $x=3$ で最大値 32
$x=1$ で最小値 -4

150 (1) $y=t^2-3t+1$
(2) $x=0$ で最小値 -1

151 $-\frac{5}{2}<a<-2$

152 (1) -1 (2) $\log_2 3$ (3) $\frac{14}{3}$
(4) $\frac{7}{2}$ (5) $\frac{1}{6}$

153 略

154 (1) (ア) -2 (イ) 5 (ウ) 24
(2) (ア) $\log_{10}1.35=\frac{-2a+3b-1}{a+1}$
(イ) $\log_{105}175=\frac{2a+ab}{1+a+ab}$

155 (1) (ア) 81 (イ) 2 (ウ) $\frac{\sqrt{5}}{25}$
(2) 0

156 図示略
(1) x 軸方向に 1，y 軸方向に -1 だけ平行移動したもの
(2) y 軸方向に 1 だけ平行移動したもの

157 (1) $\frac{3}{5}<\log_{10}4$
(2) $\frac{\log_{10}2}{2}<\frac{\log_{10}3}{3}<\sqrt[3]{3}$
(3) $\log_4 3<\log_3 4<\log_9 27$

158 (1) $x=\frac{1}{3}$ (2) $x=4$
(3) $x=1$ (4) $x=1$

159 (1) $x=\frac{1}{\sqrt{3}}$, 27 (2) $x=\frac{1}{4}$, 2

160 (1) $\frac{3}{4}<x<1$ (2) $2<x<5$
(3) $4<x<3+\sqrt{3}$
(4) $\frac{1}{4}<x<\sqrt{2}$

161 $0<x\leqq\frac{\sqrt{3}}{9}$, $1<x\leqq 81$

162 (1) $x=5$ で最大値 2
$x=125$ で最小値 -2
(2) $x=\frac{1}{2}$ で最大値 8
$x=4$ で最小値 -1

163 順に 42 桁，小数第 28 位

答 PRACTICE, EXERCISES

164 (ア) 2　(イ) 11
165 略
166 $x=y=3\sqrt{3}$ で最大値 $\frac{9}{4}$
$x=81,\ y=\frac{1}{3}$ で最小値 -4
167 $-4<a<0$
168 (1) 順に　23 桁, 3, 4
(2) 順に　小数第 58 位, 2

●EXERCISES の解答

121 (1) $\frac{1}{27}$　(2) 2　(3) $x^{\frac{1}{6}}$
122 $\frac{47}{18}$
123 $\sqrt[4]{\frac{8}{27}}<\sqrt[3]{\frac{4}{9}}<\sqrt[3]{\frac{9}{16}}$
124 (ア) 32　(イ) -4
125 (1) $x=-1,\ y=1$
(2) $x=\frac{1}{2},\ y=2$
126 (1) $x=0,\ 2$　(2) $x=0$
(3) $1<x<3$
127 証明略
等号は $a=b=c$ のとき成り立つ
128 (1) $1<x<3$　(2) $0<a\leqq\frac{1}{3}$
129 $x=\frac{3}{2},\ y=\frac{1}{2}$ で最小値 $4\sqrt{2}$
130 $\log_a\left(\frac{a}{b}\right)$, 0, $\log_b\left(\frac{b}{a}\right)$, $\frac{1}{2}$, $\log_b a$,
1, $\log_a b$
131 (1) $x=6-4\sqrt{3}$　(2) $x=9,\ 81$
(3) $0<a<1$ のとき　$-9<x<-2$
$a>1$ のとき　$x<-9,\ 5<x$
132 $x=3^{\sqrt{2}}$ で最小値 $2\sqrt{2}$
133 a は 4 桁の数, b は 6 桁の数
134 32
135 $n=14$, 最高位の数 2
136 略
137 (1) 略　(2) 5

第６章　微分法

●PRACTICE の解答

169 (1) (ア) $-3b+8$
(イ) $3a^2+3ah+h^2-1$
(2) $h=1,\ -3$
170 (1) $y'=2x-3$
(2) $y'=-6x^2+6x$
171 (1) $f'(x)=10x-6$
$f'(0)=-6,\ f'(1)=4$
(2) $f'(x)=3x^2-6x$
$f'(0)=0,\ f'(1)=-3$
(3) $f'(x)=6x^2+2x$
$f'(0)=0,\ f'(1)=8$
(4) $f'(x)=3x^2$
$f'(0)=0,\ f'(1)=3$
172 (1) 3
(2) $a=-6,\ b=12,\ c=-8$
173 (1) 4π
(2) 表面積　$2.4\ \mathrm{cm^2/s}$,
体積　$1.2\ \mathrm{cm^3/s}$
174 (1) 接線の方程式は $y=-3x+2$
法線の方程式は $y=\frac{1}{3}x+2$
(2) 接線の方程式は $y=-11x+18$
法線の方程式は $y=\frac{1}{11}x-\frac{46}{11}$
175 (1) $y=2x-2,\ y=-6x+22$
(2) $y=-2x,\ y=6x-16$
176 $(-1,\ 1),\ a=3$
177 $y=4x-3,\ y=-\frac{4}{3}x+\frac{5}{9}$
178 (1) $y'=27x^2+12x-3$
(2) $y'=-3(3-x)^2$
(3) $y'=(2x-5)(6x+7)$
179 (1) (ア) $\frac{1}{27}$　(イ) $\frac{1}{2}$
(2) 36
180 図示略
(1) $x=0$ で極大値 1
$x=1$ で極小値 0
(2) $x=2$ で極大値 16
$x=-2$ で極小値 -16
(3) 極値をもたない

181 図示略

(1) $x=-\frac{1}{2}$ で極小値 $-\frac{3}{16}$

$x=0$ で極大値 0

$x=2$ で極小値 -8

(2) $x=1$ で極小値 0

182 $a=2$, $b=-6$, $c=0$, $d=2$

183 (1) $m<0$, $2<m$ (2) $3\leqq k\leqq 18$

184 $a=3$

185 2

186 (1) $x=3$ で最大値 4

$x=0$, 2 で最小値 1

(2) $x=2$ で最大値 31

$x=5$ で最小値 -50

(3) $x=0$ で最大値 3

$x=1$ で最小値 -10

187 最大値 32, C(1, 8)

188 $\theta=\frac{3}{2}\pi$ で最大値 14

$\theta=\frac{\pi}{6}$, $\frac{5}{6}\pi$ で最小値 $\frac{1}{2}$

189 $(a, b)=(3, 5)$, $(-3, -7)$

190 (1) $1<a<2$ のとき

$x=a$ で最小値 $2a^3-9a^2+12a$

$2\leqq a$ のとき

$x=2$ で最小値 4

(2) $1<a<\frac{5}{2}$ のとき

$x=1$ で最大値 5

$a=\frac{5}{2}$ のとき

$x=1$, $\frac{5}{2}$ で最大値 5

$\frac{5}{2}<a$ のとき

$x=a$ で最大値 $2a^3-9a^2+12a$

191 $a\leqq 0$ のとき $g(a)=-a$

$0<a\leqq 1$ のとき $g(a)=\frac{1}{2}a^3-a$

$1<a$ のとき $g(a)=\frac{1}{2}a-1$

192 $a<0$ のとき $g(a)=2a^3-3a^2+3$

$0\leqq a<1$ のとき $g(a)=3$

$1\leqq a<\frac{6+\sqrt{6}}{6}$ のとき

$g(a)=2a^3-9a^2+12a-2$

$\frac{6+\sqrt{6}}{6}\leqq a$ のとき

$g(a)=2a^3-3a^2+3$

193 (1) $yz=\frac{x^2}{2}$, $-\frac{1}{\sqrt{2}}\leqq x\leqq\frac{1}{\sqrt{2}}$

(2) $x^3+y^3+z^3=x^3-\frac{3}{2}x^2+1$

$x=0$ で最大値 1

$x=-\frac{1}{\sqrt{2}}$ で最小値 $\frac{1-\sqrt{2}}{4}$

194 略

195 $k<-5$, $27<k$ のとき 1 個

$k=-5$, 27 のとき 2 個

$-5<k<27$ のとき 3 個

196 (1) $-16<k<16$

(2) $-4<\alpha<-2$, $-2<\beta<2$, $2<\gamma<4$

197 $p<-2$, $2<p$

198 略

199 $a<\frac{27}{2}$

200 $k<-1$, $0<k$ のとき 1 本

$k=-1$, 0 のとき 2 本

$-1<k<0$ のとき 3 本

●EXERCISES の解答

138 (ア) 14 (イ) $\frac{2}{3}$

139 (1) $y=-x$ (2) $(-1, -1)$

140 (1) $n=2$

(2) $f(x)=-\frac{1}{4}x^2+\frac{1}{4}x+1$

141 $y=-x+2$

142 (1) $xf'(a)+f(a)-af'(a)$

(2) $a=n$, $b=-n-1$

143 (1) $f(a)-af'(a)$

(2) $f(a)-\frac{a}{2}f'(a)$

144 (1) $y=-x-2$, $y=-x+2$

(2) $y=0$, $y=\frac{27}{4}x-\frac{27}{4}$

(3) $a=-\frac{1}{2}$, $b=2$, $c=-2$, $d=0$

145 図示略
$x \leqq 0$, $\frac{1}{3} \leqq x \leqq 3$ で常に減少
$0 \leqq x \leqq \frac{1}{3}$, $3 \leqq x$ で常に増加

146 a：負, b：正, c：負, d：正

147 $a=1$, $x=-1$ で極小値 0

148 $x=\frac{-3+\sqrt{5}}{2}$ で極小値 $\frac{7-5\sqrt{5}}{2}$

149 (1) $(0,\ 0)$, $(-3,\ -21)$
(2) $-1 \leqq a \leqq 4$

150 高さ $\frac{4}{3}$, 底面の半径 $\frac{2\sqrt{2}}{3}$,
側面積 $\frac{8\sqrt{3}}{9}\pi$

151 $(a,\ b)=(2,\ 3)$, $(-2,\ -29)$

152 $k=0$, $k \geqq 1$

153 (1) $a=-\frac{3}{2}(\alpha+\beta)$, $b=3\alpha\beta$
(2) $\frac{1}{2}$

154 (ア) t^3-t^2-t+1　(イ) -1
(ウ) $\sqrt{2}$　(エ) 0　(オ) $\frac{32}{27}$

155 $x=1$ で最大値 2
$x=3$ で最小値 -3

156 $\mathrm{P}(1,\ 1)$, $\mathrm{P}(2,\ 4)$ で最小値 $\frac{3\sqrt{13}}{26}$

157 $a \leqq -2$ のとき
　$x=-2$ で最大値 $-24a-28$
　$x=1$ で最小値 $3a-1$
$-2<a<-1$ のとき
　$x=a$ で最大値 $-a^3+3a^2$
　$x=1$ で最小値 $3a-1$
$a=-1$ のとき
　$x=-1$, 2 で最大値 4
　$x=-2$, 1 で最小値 -4
$-1<a<0$ のとき
　$x=2$ で最大値 4
　$x=-2$ で最小値 $-24a-28$

158 (1) $-1<k<3$
(2) $0<c<4\sqrt{2}$

159 $a=-\frac{107}{9}$, 2

160 (1) $0<x \leqq \sqrt{ab}$ のとき常に減少
$\sqrt{ab} \leqq x$ のとき常に増加
$x=\sqrt{ab}$ で極小値 $(\sqrt{a^3}-\sqrt{b^3})^2$
(2) 略

161 図示略, $(a+b)(b-a^3+a)<0$

162 (1) $x=-2$ で極大値 10
$x=1$ で極小値 $-\frac{7}{2}$
(2) $-\frac{7}{2}<a<10$
(3) $t=-3\beta^2-3\beta+\frac{105}{4}$
$\frac{81}{4}<t \leqq 27$

163 $\frac{1}{10} \leqq a \leqq \frac{3+\sqrt{17}}{4}$

164 (1) $a \geqq 6\sqrt{3}$　(2) $a \geqq \frac{49}{4}$

第7章　積分法

●PRACTICE の解答

201 Cは積分定数とする。
(1) $\frac{x^3}{3}-2x^2+C$
(2) $\frac{4}{3}t^3+6t^2+7t+C$
(3) $\frac{x^4}{4}+x^3+x+C$
(4) $\frac{x^3}{3}-\frac{x^2}{2}-6x+C$

202 (1) $f(x)=\frac{x^3}{3}-x^2-3x-2$
(2) $y=2x^3-5x^2-x+3$

203 Cは積分定数とする。
(1) $\frac{1}{8}(2x+1)^4+C$
(2) $-\frac{1}{10}(t+1)^4(2t-3)+C$

204 (1) 14　(2) -96
(3) 12　(4) $\frac{35}{3}$

205 (1) $-\frac{343}{24}$　(2) $-4\sqrt{3}$

206 (1) $\frac{22}{3}$　(2) $-\frac{92}{3}$

207 (1) $f(x)=2x^2+\frac{4}{3}x$

(2) $f(x)=4x$

208 (1) $g'(x)=x^2-x$

(2) (ア) $f(x)=2x+5$；$a=1,\ -6$

(イ) $f(x)=3x^2+4x,\ a=3$

209 図示略

$x=-2$ で極大値 $\dfrac{11}{6}$

$x=1$ で極小値 $-\dfrac{8}{3}$

210 $f(x)=x^3-\dfrac{3}{5}x$

211 (1) 36 (2) $\dfrac{64}{3}$

(3) $\dfrac{13}{4}$ (4) $\dfrac{28}{3}$

212 (1) $\dfrac{32}{3}$ (2) $\dfrac{28\sqrt{7}}{27}$

213 $\dfrac{63}{16}$

214 $\dfrac{2}{3}$

215 (1) $\dfrac{37}{12}$ (2) $\dfrac{253}{96}$

216 $\dfrac{27}{4}$

217 $3\sqrt{3}+\dfrac{4}{3}\pi$

218 (1) $\dfrac{8}{3}$ (2) $\dfrac{29}{6}$

219 $a=3,\ b=-\dfrac{23}{2},\ c=\dfrac{19}{2}$

220 $a=2-\sqrt[3]{4}$

221 (1) $0<a<\dfrac{9}{2}$

(2) $a=\dfrac{9}{4}$ で最大値 $\dfrac{27\sqrt{2}}{8}$

222 (1) $y=-\dfrac{1}{2a}x-\dfrac{1}{16a^2}$

(2) $a=\dfrac{1}{2}$ で最小値 $\dfrac{1}{12}$

223 (1) $y=2x-1$ (2) $\dfrac{9}{4}$

224 $a=2$

225 $t=1$ で最大値 $\dfrac{2}{3}$,

$t=\dfrac{1}{2}$ で最小値 $\dfrac{1}{4}$

●EXERCISES の解答

165 Cは積分定数とする。

(1) $-\dfrac{y^3}{3}+\dfrac{(b-a)x}{2}y^2+abx^2y+C$

(2) $\dfrac{t^5}{5}-t+C$

(3) $-2x^3-\dfrac{3}{2}x^2+C$

166 $F(x)=2x^3+2x^2+3x+5$

167 (1) 45 (2) $-\dfrac{5\sqrt{5}}{6}$

168 $a=3,\ b=4,\ c=1$

169 $f(x)=x^2+2x+\dfrac{2}{3}$

170 $f(x)=3x^2+6x+7$

$g(x)=2x^2+5x+6$

171 (1) $f(x)=2x-5,\ a=3$

(2) $a=2,\ b=4,\ c=\dfrac{5}{9},\ d=-1$

172 $0\leqq f(x)\leqq\dfrac{32}{3}$

173 (1) 1 (2) $f(x)=4x-3$

174 $a=-8,\ f(x)=3x^2+8x-7$,

$g(x)=x^2+4x+1$

175 $s=3,\ t=3,\ p=-\sqrt{3},\ q=\sqrt{3}$

176 (1) 証明略

等号は $a=b$ のとき成り立つ

(2) 略

177 (1) $\dfrac{131}{4}$ (2) $\dfrac{5}{3}+2\sqrt{3}$

(3) $\dfrac{13}{2}$

178 $\dfrac{43}{48}$

179 (1) $0<a<8$ (2) $a=4$

180 $a=2$

181 (1) $\ell：y=ax-\dfrac{1}{2}a^2$,

$m：y=-\dfrac{1}{a}x+\dfrac{1}{2}$

(2) $a=1$ のとき最小値 $-\dfrac{1}{12}$

182 (1) $0<m<2$

(2) $\dfrac{1}{6}(-m^3+18m^2-12m+8)$

(3) $m=6-4\sqrt{2}$

183 $\frac{16}{3}$

184 (1) $k=(b-1)^2$

(2) $k=\frac{b^2}{2}-\frac{4}{3}b+1$

(3) $k=\frac{1}{9}$

185 (1) $y=4x-4$ (2) $\frac{81}{10}$

186 (1) $x<0$ のとき $f(x)=3-x^2$

$0 \leqq x \leqq 3$ のとき

$f(x)=\frac{4}{9}x^3-x^2+3$

$x>3$ のとき $f(x)=x^2-3$

(2) 略

(3) $x=0$ で最大値 3

$x=-1$ で最小値 2

Research & Work の解答（数学Ⅱ）

◎ **確認** と **やってみよう** は詳しい解答を示し，最終の答の数値などを太字で示した。
また，**問題に挑戦** は，最終の答の数値のみを示した。詳しい解答を別冊解答編に掲載している。

1 相加平均・相乗平均や多項式の割り算の問題

Q1 (1) $\left(a+\frac{1}{b}\right)\left(b+\frac{9}{a}\right)=ab+9+1+\frac{9}{ab}$

$=ab+\frac{9}{ab}+10$

$a>0$，$b>0$ より $ab>0$，$\frac{9}{ab}>0$ であるから，相加平均と相乗平均の大小関係により

$ab+\frac{9}{ab}\geqq 2\sqrt{ab\cdot\frac{9}{ab}}=2\cdot 3=6$

ゆえに　$ab+\frac{9}{ab}+10\geqq 16$

等号が成り立つのは $ab=\frac{9}{ab}$ かつ $ab>0$

すなわち $ab=3$ のとき。

よって，$\boldsymbol{ab=3}$ **で最小値 16** をとる。

(2) $t=3^x+9^y=3^x+(3^2)^y=3^x+3^{2y}$

$3^x>0$，$3^{2y}>0$ であるから，相加平均と相乗平均の大小関係により

$t=3^x+3^{2y}\geqq 2\sqrt{3^x\cdot 3^{2y}}=2\sqrt{3^{x+2y}}$

$x+2y=2$ から

$t\geqq 2\sqrt{3^2}=6$

等号が成り立つのは $3^x=3^{2y}$ かつ $x+2y=2$ のとき。

このとき，$x=2y$ かつ $x+2y=2$ から

$x=1$，$y=\frac{1}{2}$

よって，t は $\boldsymbol{x=1}$，$\boldsymbol{y=\frac{1}{2}}$ **で最小値 6** をとる。

問1 $P(x)$ を $x^2-2x+1=(x-1)^2$ で割ったときの商を $Q_1(x)$ とすると，等式

$P(x)=(x-1)^2Q_1(x)+x-2$

が成り立つ。

よって　$P(1)=1-2=-1$　……①

$P(x)$ を $2x^2+3x+1=(x+1)(2x+1)$ で割ったときの商を $Q_2(x)$ とすると，等式

$P(x)=(x+1)(2x+1)Q_2(x)+2x+3$

が成り立つ。

よって　$P\left(-\frac{1}{2}\right)=2\cdot\left(-\frac{1}{2}\right)+3$

$=2$ ……②

$P(x)$ を $2x^2-x-1=(x-1)(2x+1)$ で割ったときの商を $Q_3(x)$，余りを $ax+b$ とすると，等式

$P(x)=(x-1)(2x+1)Q_3(x)+ax+b$

が成り立つ。

よって　$P(1)=a+b$，

$P\left(-\frac{1}{2}\right)=-\frac{1}{2}a+b$

①，② から

$a+b=-1$，

$-\frac{1}{2}a+b=2$

これを解いて　$a=-2$，$b=1$

よって，求める余りは　$\boldsymbol{-2x+1}$

（問題に挑戦） 1

[1] (1) (ア) ④ (2) (イ) 1 (ウエ) -1
$\sqrt{(オ)}$ $\sqrt{6}$ (カ) 2 (キ)$\sqrt{(ク)}$ $2\sqrt{6}$ (ケ) 1

[2] (1) (コ) ④ (サ) 2 (シス) -2 (セ) 5
(2) (ソタ) -3 (チ) 6 (ツ) 5
(3) (テ) ⓪ (ト) ① (ナ) ④ [(テ), (ト), (ナ)は順不同]

(1 の詳しい解答は解答編 $p.310$～ 参照)

2 領域と最大・最小の考察

Q2 与えられた連立不等式の表す領域 D は，3 点 $(3,\ 5)$，$(5,\ 1)$，$(1,\ 4)$ を頂点とする三角形の周および内部である。

$3x+5y=k$ ……①

とおくと，① は傾き $-\frac{3}{5}$，y 切片 $\frac{k}{5}$ の直線を表す。

この直線 ① が領域 D と共有点をもつような k の値の最大値と最小値を求めればよい。

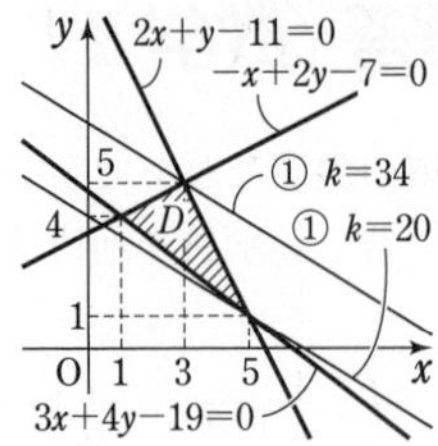

図から，直線 ① が
　点 $(3,\ 5)$ を通るとき　k は最大となり，
　点 $(5,\ 1)$ を通るとき　k は最小となる。
よって，$3x+5y$ は
　$x=3$，$y=5$ のとき最大値 34 をとり，
　$x=5$，$y=1$ のとき最小値 20 をとる。

問2　$k=-ax+y$　……④ とする。

(1)　直線 ② の傾きを p とすると，k が $x=4$，$y=4$ のときのみに最大となるのは，直線 ④ の傾き a について

$$a<p$$

となる場合である。

$$p=\frac{4-3}{4-1}=\frac{1}{3}$$

から，求める a の値の範囲は

$$\boldsymbol{a<\frac{1}{3}}$$

(2)　直線 ①，③ の傾きをそれぞれ q，r とすると，k が $x=2$，$y=2$ のときのみに最小となるのは，直線 ④ の傾き a について

$$q<a<r$$

となる場合である。

$$q=\frac{0-4}{4-0}=-1,\ r=\frac{4-0}{4-0}=1$$

から，求める a の値の範囲は

$$\boldsymbol{-1<a<1}$$

(問題に挑戦) 2

(1)　(アイ) −1　(ウ) 5　(エオ) 52
　(カキ) −3　(ク) 4　(ケコサ) 115　(シ) 2
　(スセ) −5　(ソ) 2　(タチツ) 145
(2)　(テト) 50　(ナニ) 20　(ヌネ) 70
(3)　(ノハ) 10　(ヒフ) 50　(ヘ) ⓪
　(ホマミ) 156　(ム) ②
　(2 の詳しい解答は解答編 $p.315$～ 参照)

3 三角関数のグラフの考察

Q3　(1)　グラフは，$y=\sin\theta$ のグラフを，θ 軸方向に π だけ平行移動したものである。よって，グラフを表す関数は
$y=\sin(\theta-\pi)$ であるから　$\boldsymbol{b=1,\ c=\pi}$

(2)　グラフは，$y=\sin\theta$ のグラフを θ 軸方向に $\frac{2}{5}$ 倍に縮小したものである。よって，グラフを表す関数は $y=\sin\frac{5}{2}\theta$ であるから　$\boldsymbol{b=\frac{5}{2},\ c=0}$

(3)　グラフは，$y=\sin\theta$ のグラフを θ 軸方向に 2 倍に拡大し，更に，θ 軸方向に 2π だけ平行移動したものである。よって，グラフを表す関数は $y=\sin\frac{1}{2}(\theta-2\pi)$ であるから　$\boldsymbol{b=\frac{1}{2},\ c=2\pi}$

問3　グラフから，$x=0$ のとき $y=-2$ である。これを満たすのは　①，⑤，⑥
グラフは $y=2\sin 2x$ のグラフを x 軸方向に $\frac{\pi}{4}$ だけ平行移動したものである。

よって　　$y=2\sin 2\left(x-\frac{\pi}{4}\right)$

① では，$2\sin\left(2x-\frac{\pi}{2}\right)=2\sin 2\left(x-\frac{\pi}{4}\right)$
であるから，① は正しい。
また，グラフは $y=2\cos 2x$ のグラフを x 軸方向に $\frac{\pi}{2}$ だけ平行移動したものでもある。よって，⑤ も正しい。
⑥ では

$$2\cos 2\left(x+\frac{\pi}{2}\right)=2\cos(2x+\pi)$$
$$=2\cos(2x-\pi)=2\cos 2\left(x-\frac{\pi}{2}\right)$$

⑤ と同じ式になるから，⑥ も正しい。
以上から　　**①，⑤，⑥**

別解　(2 行目までは上と同じ)
グラフを表す関数は $y=-2\cos 2x$ である。
① では

$$2\sin\left(2x-\frac{\pi}{2}\right)=-2\sin\left(\frac{\pi}{2}-2x\right)$$
$$=-2\cos 2x$$

⑤では

$$2\cos 2\left(x-\frac{\pi}{2}\right)=2\cos(2x-\pi)$$
$$=2\cos(\pi-2x)$$
$$=-2\cos 2x$$

⑥では

$$2\cos 2\left(x+\frac{\pi}{2}\right)=2\cos(2x+\pi)$$
$$=-2\cos 2x$$

よって，いずれも正しいから

⓪，⑤，⑥

(問題に挑戦) ③

(1) (ア) ③　(2) (イ) ⓪　(ウ) ①
(3) (エ) ①　(4) (オ) ⑧　(カ) ⑨
(5) (キ) ⑧　(6) (クケ) 10

(③ の詳しい解答は解答編 $p.318$～ 参照)

④ 対数の応用

Q4 (1) $(\log_{10}100)^{2\log_2 7}+\log_{10}720$

$$=2^{2\log_2 7}+\log_{10}(2^3\cdot 3^2\cdot 10)$$
$$=2^{\log_2 49}+3\log_{10}2+2\log_{10}3+\log_{10}10$$
$$=\boldsymbol{3a+2b+50}$$

(2) $a^x=8$ から　$\log_a 8=x$

すなわち　$\log_a 2=\dfrac{x}{3}$

$a^y=25$ から　$\log_a 25=y$

すなわち　$\log_a 5=\dfrac{y}{2}$

よって

$$\log_{10}500=\frac{\log_a 2^2\cdot 5^3}{\log_a 10}=\frac{2\log_a 2+3\log_a 5}{\log_a 2+\log_a 5}$$
$$=\frac{2\cdot\frac{x}{3}+3\cdot\frac{y}{2}}{\frac{x}{3}+\frac{y}{2}}=\boldsymbol{\frac{4x+9y}{2x+3y}}$$

問4 (1) 対数尺において，目盛り a，b $(1\leqq a<b\leqq 10)$ の点をそれぞれ A，B とする。

$\mathrm{OA}=\log_{10}a$，$\mathrm{OB}=\log_{10}b$ であるから，2 点 A，B 間の距離は

$$\mathrm{AB}=\mathrm{OB}-\mathrm{OA}=\log_{10}b-\log_{10}a$$
$$=\log_{10}\frac{b}{a}\quad(③)$$

(2) 目盛り 1，5，x，y の 4 点が等間隔に並ぶとき，目盛り 1，5 の 2 点間の距離は $\log_{10}5$ であるから，目盛り 1，x の 2 点間の距離は $2\log_{10}5$ すなわち $\log_{10}25$ であり，目盛り 1，y の 2 点間の距離は $3\log_{10}5$ すなわち $\log_{10}125$ である。

よって　$\boldsymbol{x=25,\ y=125}$

(3) 目盛り 4，9 の 2 点をそれぞれ P，Q とし，線分 PQ の中点を C とすると

$$\mathrm{OC}=\frac{1}{2}(\mathrm{OP}+\mathrm{OQ})$$

中点 C の目盛りを c とすると

$$\log_{10}c=\frac{1}{2}(\log_{10}4+\log_{10}9)$$

ゆえに　$\log_{10}c=\dfrac{1}{2}\log_{10}36$

よって　$\log_{10}c=\log_{10}6$

ゆえに　$\boldsymbol{c=6}$

(問題に挑戦) ④

(1) (ア) ②　(2) (イ) ②　(3) (ウ) ②
(4) (エ) ①　(5) (オ) ③　(カ) ②
(6) (キ) ⓪　(ク) ⑤　(ケ) ③

(④ の詳しい解答は解答編 $p.321$～ 参照)

⑤ 微分法と関数のグラフ

Q5 (1) $a=1$，$b=-1$，$c=1$，$d=-1$ のとき

$$f(x)=x^3-x^2+x-1$$
$$=x^2(x-1)+(x-1)$$
$$=(x-1)(x^2+1)$$
$$f'(x)=3x^2-2x+1$$
$$=3\left(x-\frac{1}{3}\right)^2+\frac{2}{3}$$

したがって，常に　$f'(x)>0$

よって，$f(x)$ は常に増加する。

ゆえに，⓪と②は，関数 $y=f(x)$ のグラフの概形としては適当でない。

①と③は，ともに常に増加する関数のグラフであるが，$f(1)=0$ より，$y=f(x)$ のグラフと x 軸は点 $(1,\ 0)$ を共有するから，グラフが点 $(1,\ 0)$ を通らない ① は適当でない。

したがって，最も適当なものは　③

(2) $a=2$，$b=1$，$c=-1$，$d=-2$ のとき

$$f(x)=2x^3+x^2-x-2$$
$$=2(x^3-1)+x(x-1)$$

答

Research&Work

$=(x-1)\{2(x^2+x+1)+x\}$
$=(x-1)(2x^2+3x+2)$

$f'(x)=6x^2+2x-1$

$f'(x)=0$ とすると　$6x^2+2x-1=0$

これを解いて

$$x=\frac{-1\pm\sqrt{1^2-6\cdot(-1)}}{6}=\frac{-1\pm\sqrt{7}}{6}$$

$f(x)$ の増減表は，次のようになる。

x	…	$\frac{-1-\sqrt{7}}{6}$	…	$\frac{-1+\sqrt{7}}{6}$	…
$f'(x)$	+	0	−	0	+
$f(x)$	↗	極大	↘	極小	↗

①は，x^3 の係数が負の関数のグラフであり，③は常に増加する関数のグラフであるから，①と③は適当でない。

また，$f(x)=0$ を解くと

$x-1=0$ または $2x^2+3x+2=0$

$x-1=0$ から　$x=1$

$2x^2+3x+2=0$ から　$x=\frac{-3\pm\sqrt{7}i}{4}$

ゆえに，$f(x)=0$ の実数解は $x=1$ の1個であるから，$y=f(x)$ のグラフと x 軸の共有点は1個である。

⓪はグラフと x 軸の共有点が3個あるから，適当でない。

したがって，最も適当なものは　②

問5　$f(x)=x^3-9x^2+ax+b$ から

$f'(x)=3x^2-18x+a$

関数 $f(x)$ が $x=1$ で極値をとるから

$f'(1)=0$

ゆえに，$3-18+a=0$ から　$a=15$

このとき

$f(x)=x^3-9x^2+15x+b$
$f'(x)=3x^2-18x+15$
$=3(x-1)(x-5)$

$f'(x)=0$ とすると　$x=1,\ 5$

$f(x)$ の増減表は次のようになる。

x	…	1	…	5	…
$f'(x)$	+	0	−	0	+
$f(x)$	↗	極大	↘	極小	↗

よって，$f(x)$ は $x=1$ で確かに極大値をとるから，a の値は

$\boldsymbol{a=15}$

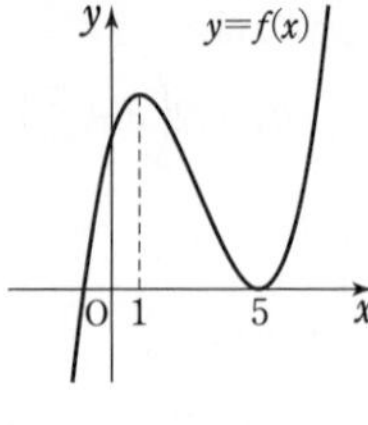

方程式 $f(x)=0$ が異なる実数解を正と負に1つずつもつための条件は，関数 $y=f(x)$ のグラフから考えると

$f(0)>0$　かつ　$f(5)=0$

$f(0)>0$ から　$b>0$

$f(5)=0$ から　$b-25=0$

すなわち　$\boldsymbol{b=25}$

これは $b>0$ を満たす。

(問題に挑戦) 5

(1)　(ア) ①　(イ) ⓪

(2)　(ウ) ③　(エ) ②　(オカ)$\sqrt{(キ)}$　$-2\sqrt{2}$

$\sqrt{(ク)}$　$\sqrt{2}$

(3)　(ケ) ①　(コ) ④ [または (ケ) ④　(コ) ①]

(5 の詳しい解答は解答編 p.324～ 参照)

6 積分法と面積

Q6　(1)　$-x^2+a=bx$

すなわち　$x^2+bx-a=0$　……①

の判別式を D とすると　$D=b^2+4a$

$a>0$ から　$b^2+4a>0$

よって，$D>0$ であるから，C と ℓ は異なる2つの共有点をもつ。共有点の x 座標を $\alpha,\ \beta\ (\alpha<\beta)$ とおくと，$\alpha,\ \beta$ は2次方程式①の解であるから，解と係数の関係により　$\alpha+\beta=-b,\ \alpha\beta=-a$　……②

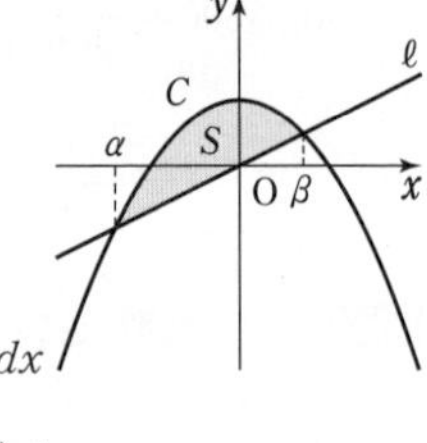

ℓ と C で囲まれた部分の面積を S とすると，右の図から

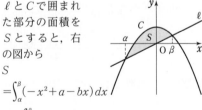

S

$=\int_\alpha^\beta(-x^2+a-bx)\,dx$

$=-\int_\alpha^\beta(x-\alpha)(x-\beta)\,dx$

$=-\left(-\frac{1}{6}\right)(\beta-\alpha)^3=\frac{1}{6}(\beta-\alpha)^3$

$=\frac{1}{6}\{(\beta-\alpha)^2\}^{\frac{3}{2}}=\frac{1}{6}\{(\alpha+\beta)^2-4\alpha\beta\}^{\frac{3}{2}}$

②から

$S=\frac{1}{6}\{(-b)^2-4(-a)\}^{\frac{3}{2}}=\boldsymbol{\frac{1}{6}(b^2+4a)^{\frac{3}{2}}}$

(2) $y'=2x$ から，ℓ の方程式は

$y-a^2=2a(x-a)$

すなわち

$y=2ax-a^2$

E，m，y 軸で囲まれた部分の面積を S とすると，右の図から

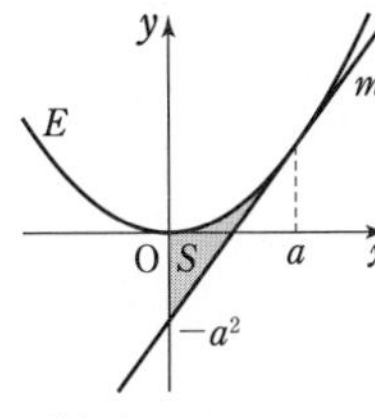

$$S=\int_0^a\{x^2-(2ax-a^2)\}dx$$
$$=\int_0^a(x-a)^2dx=\left[\frac{(x-a)^3}{3}\right]_0^a$$
$$=0-\frac{(-a)^3}{3}=\boldsymbol{\frac{a^3}{3}}$$

Q7 (1) $x^2-\frac{1}{2}x-\frac{1}{2}=\left(x+\frac{1}{2}\right)(x-1)$

であるから，

$x\leqq-\frac{1}{2}$，$1\leqq x$ のとき

$$\left|x^2-\frac{1}{2}x-\frac{1}{2}\right|=x^2-\frac{1}{2}x-\frac{1}{2}$$

$-\frac{1}{2}\leqq x\leqq1$ のとき

$$\left|x^2-\frac{1}{2}x-\frac{1}{2}\right|=-x^2+\frac{1}{2}x+\frac{1}{2}$$

よって，$y=\left|x^2-\frac{1}{2}x-\frac{1}{2}\right|$ のグラフは次の図の実線部分である。

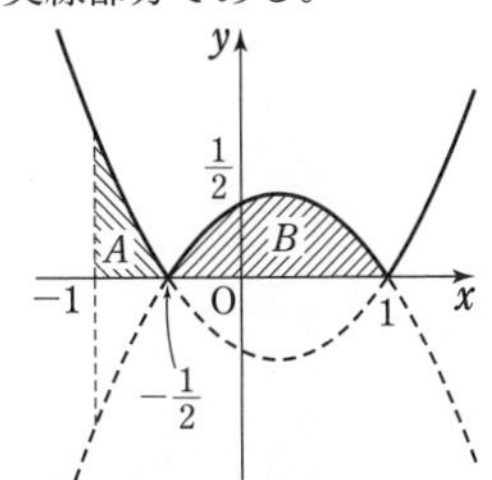

また，図の斜線部のように，領域 A，B を定め，それぞれの領域の面積を S_A，S_B とすると，$S_A>0$，$S_B>0$ であり，定積分 S は，

$S=S_A+S_B$

と表される。

① $\int_{-1}^{-\frac{1}{2}}\left(x^2-\frac{1}{2}x-\frac{1}{2}\right)dx=S_A$，

$\int_{-\frac{1}{2}}^{1}\left(-x^2+\frac{1}{2}x+\frac{1}{2}\right)dx=S_B$

であるから

(① の右辺) $=S_A+S_B=S$

よって，① は成り立つ。

② $\int_{-1}^{-\frac{1}{2}}\left(-x^2+\frac{1}{2}x+\frac{1}{2}\right)dx=-S_A$，

$\int_{-\frac{1}{2}}^{1}\left(x^2-\frac{1}{2}x-\frac{1}{2}\right)dx=-S_B$

であるから

(② の右辺) $=-S_A-S_B=-S$

よって，② は成り立たない。

③，④ $\int_{-1}^{1}\left(x^2-\frac{1}{2}x-\frac{1}{2}\right)dx=S_A-S_B$，

$\int_{-\frac{1}{2}}^{1}\left(-x^2+\frac{1}{2}x+\frac{1}{2}\right)dx=S_B$ であるから

(③ の右辺) $=S_A-S_B+S_B=S_A<S$

(④ の右辺) $=S_A-S_B+2S_B$

$=S_A+S_B=S$

よって，③ は成り立たず，④ は成り立つ。

以上から，成り立つものは　①，④

(2) $S_A=\int_{-1}^{-\frac{1}{2}}\left(x^2-\frac{1}{2}x-\frac{1}{2}\right)dx$

$$=\left[\frac{1}{3}x^3-\frac{1}{4}x^2-\frac{1}{2}x\right]_{-1}^{-\frac{1}{2}}$$
$$=\frac{1}{3}\left\{-\frac{1}{8}-(-1)\right\}-\frac{1}{4}\left(\frac{1}{4}-1\right)-\frac{1}{2}\left\{-\frac{1}{2}-(-1)\right\}$$
$$=\frac{11}{48}$$

$S_B=\int_{-\frac{1}{2}}^{1}\left(-x^2+\frac{1}{2}x+\frac{1}{2}\right)dx$

$$=-\int_{-\frac{1}{2}}^{1}\left(x+\frac{1}{2}\right)(x-1)dx$$
$$=-\left(-\frac{1}{6}\right)\left\{1-\left(-\frac{1}{2}\right)\right\}^3=\frac{27}{48}$$

よって，(1) の ① から

$$S=\frac{11}{48}+\frac{27}{48}=\boldsymbol{\frac{19}{24}}$$

別解 [(1) の ④ を利用。S_B の値は上の解答と同様に求める。]

$$\int_{-1}^{1}\left(x^2-\frac{1}{2}x-\frac{1}{2}\right)dx=2\int_0^1\left(x^2-\frac{1}{2}\right)dx$$
$$=2\left[\frac{1}{3}x^3-\frac{1}{2}x\right]_0^1=-\frac{1}{3}$$

よって，(1) の ④ から

$$S=-\frac{1}{3}+2\cdot\frac{27}{48}=\boldsymbol{\frac{19}{24}}$$

問6 $x^2+y^2=1$ ……①,

$y=x^2-\dfrac{1}{4}$ ……② とする。①, ② から

x を消去して整理すると

$4y^2+4y-3=0$

よって $(2y+3)(2y-1)=0$

② より $y \geqq -\dfrac{1}{4}$ であるから

$y=\dfrac{1}{2}$

このとき, ② から $x=\pm\dfrac{\sqrt{3}}{2}$

よって, 連立不等式の表す領域は図の斜線部分である。ただし, 境界線を含む。また, 図のようにA, Bをとると $\angle\mathrm{AOB}=\dfrac{2}{3}\pi$ であるから, 求める面積 S は

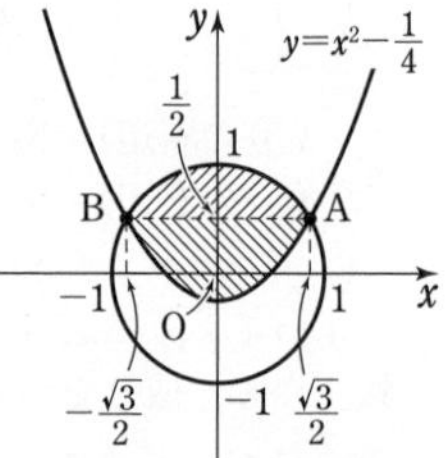

$S=$(扇形 OAB)$-\triangle$OAB

$\quad +\displaystyle\int_{-\frac{\sqrt{3}}{2}}^{\frac{\sqrt{3}}{2}}\left\{\frac{1}{2}-\left(x^2-\frac{1}{4}\right)\right\}dx$

$=\dfrac{1}{2}\cdot 1^2\cdot\dfrac{2}{3}\pi-\dfrac{1}{2}\cdot 1^2\cdot\sin\dfrac{2}{3}\pi$

$\quad +\displaystyle\int_{-\frac{\sqrt{3}}{2}}^{\frac{\sqrt{3}}{2}}\left\{-\left(x-\frac{\sqrt{3}}{2}\right)\left(x+\frac{\sqrt{3}}{2}\right)\right\}dx$

$=\dfrac{\pi}{3}-\dfrac{\sqrt{3}}{4}+\dfrac{1}{6}(\sqrt{3})^3=\boldsymbol{\dfrac{\pi}{3}+\dfrac{\sqrt{3}}{4}}$

(問題に挑戦) 6

(1) (ア) 3 (イ) 7 (ウエ) −4 (オカ) 14
(キク) −1 (ケコ) −1

(2) (サ) ① (シ) ⑤ [または (サ) ⑤ (シ) ①]

(3) (スセ) 93 (ソ) 2

(4) (タ) ⑤ (5) (チツ) 32 (テ) 3

(6) (ト) 4 (ナニ)$\sqrt{(\text{ヌ})}$ $-2\sqrt{2}$

(6 の詳しい解答は解答編 p.327〜 参照)

INDEX

1. 用語の掲載ページ(右側の数字)を示した。
2. 主に初出のページを示した。関連するページを合わせて示したところもある。

【あ行】

【か行】

【さ行】

【た行】

【な行】

【は行】

【ま行】

【や行】

【ら行】

【わ行】

【記号】

資料

常用対数表 (1)

数	0	1	2	3	4	5	6	7	8	9
1.0	.0000	.0043	.0086	.0128	.0170	.0212	.0253	.0294	.0334	.0374
1.1	.0414	.0453	.0492	.0531	.0569	.0607	.0645	.0682	.0719	.0755
1.2	.0792	.0828	.0864	.0899	.0934	.0969	.1004	.1038	.1072	.1106
1.3	.1139	.1173	.1206	.1239	.1271	.1303	.1335	.1367	.1399	.1430
1.4	.1461	.1492	.1523	.1553	.1584	.1614	.1644	.1673	.1703	.1732
1.5	.1761	.1790	.1818	.1847	.1875	.1903	.1931	.1959	.1987	.2014
1.6	.2041	.2068	.2095	.2122	.2148	.2175	.2201	.2227	.2253	.2279
1.7	.2304	.2330	.2355	.2380	.2405	.2430	.2455	.2480	.2504	.2529
1.8	.2553	.2577	.2601	.2625	.2648	.2672	.2695	.2718	.2742	.2765
1.9	.2788	.2810	.2833	.2856	.2878	.2900	.2923	.2945	.2967	.2989
2.0	.3010	.3032	.3054	.3075	.3096	.3118	.3139	.3160	.3181	.3201
2.1	.3222	.3243	.3263	.3284	.3304	.3324	.3345	.3365	.3385	.3404
2.2	.3424	.3444	.3464	.3483	.3502	.3522	.3541	.3560	.3579	.3598
2.3	.3617	.3636	.3655	.3674	.3692	.3711	.3729	.3747	.3766	.3784
2.4	.3802	.3820	.3838	.3856	.3874	.3892	.3909	.3927	.3945	.3962
2.5	.3979	.3997	.4014	.4031	.4048	.4065	.4082	.4099	.4116	.4133
2.6	.4150	.4166	.4183	.4200	.4216	.4232	.4249	.4265	.4281	.4298
2.7	.4314	.4330	.4346	.4362	.4378	.4393	.4409	.4425	.4440	.4456
2.8	.4472	.4487	.4502	.4518	.4533	.4548	.4564	.4579	.4594	.4609
2.9	.4624	.4639	.4654	.4669	.4683	.4698	.4713	.4728	.4742	.4757
3.0	.4771	.4786	.4800	.4814	.4829	.4843	.4857	.4871	.4886	.4900
3.1	.4914	.4928	.4942	.4955	.4969	.4983	.4997	.5011	.5024	.5038
3.2	.5051	.5065	.5079	.5092	.5105	.5119	.5132	.5145	.5159	.5172
3.3	.5185	.5198	.5211	.5224	.5237	.5250	.5263	.5276	.5289	.5302
3.4	.5315	.5328	.5340	.5353	.5366	.5378	.5391	.5403	.5416	.5428
3.5	.5441	.5453	.5465	.5478	.5490	.5502	.5514	.5527	.5539	.5551
3.6	.5563	.5575	.5587	.5599	.5611	.5623	.5635	.5647	.5658	.5670
3.7	.5682	.5694	.5705	.5717	.5729	.5740	.5752	.5763	.5775	.5786
3.8	.5798	.5809	.5821	.5832	.5843	.5855	.5866	.5877	.5888	.5899
3.9	.5911	.5922	.5933	.5944	.5955	.5966	.5977	.5988	.5999	.6010
4.0	.6021	.6031	.6042	.6053	.6064	.6075	.6085	.6096	.6107	.6117
4.1	.6128	.6138	.6149	.6160	.6170	.6180	.6191	.6201	.6212	.6222
4.2	.6232	.6243	.6253	.6263	.6274	.6284	.6294	.6304	.6314	.6325
4.3	.6335	.6345	.6355	.6365	.6375	.6385	.6395	.6405	.6415	.6425
4.4	.6435	.6444	.6454	.6464	.6474	.6484	.6493	.6503	.6513	.6522
4.5	.6532	.6542	.6551	.6561	.6571	.6580	.6590	.6599	.6609	.6618
4.6	.6628	.6637	.6646	.6656	.6665	.6675	.6684	.6693	.6702	.6712
4.7	.6721	.6730	.6739	.6749	.6758	.6767	.6776	.6785	.6794	.6803
4.8	.6812	.6821	.6830	.6839	.6848	.6857	.6866	.6875	.6884	.6893
4.9	.6902	.6911	.6920	.6928	.6937	.6946	.6955	.6964	.6972	.6981
5.0	.6990	.6998	.7007	.7016	.7024	.7033	.7042	.7050	.7059	.7067
5.1	.7076	.7084	.7093	.7101	.7110	.7118	.7126	.7135	.7143	.7152
5.2	.7160	.7168	.7177	.7185	.7193	.7202	.7210	.7218	.7226	.7235
5.3	.7243	.7251	.7259	.7267	.7275	.7284	.7292	.7300	.7308	.7316
5.4	.7324	.7332	.7340	.7348	.7356	.7364	.7372	.7380	.7388	.7396

常用対数表 (2)

数	0	1	2	3	4	5	6	7	8	9
5.5	.7404	.7412	.7419	.7427	.7435	.7443	.7451	.7459	.7466	.7474
5.6	.7482	.7490	.7497	.7505	.7513	.7520	.7528	.7536	.7543	.7551
5.7	.7559	.7566	.7574	.7582	.7589	.7597	.7604	.7612	.7619	.7627
5.8	.7634	.7642	.7649	.7657	.7664	.7672	.7679	.7686	.7694	.7701
5.9	.7709	.7716	.7723	.7731	.7738	.7745	.7752	.7760	.7767	.7774
6.0	.7782	.7789	.7796	.7803	.7810	.7818	.7825	.7832	.7839	.7846
6.1	.7853	.7860	.7868	.7875	.7882	.7889	.7896	.7903	.7910	.7917
6.2	.7924	.7931	.7938	.7945	.7952	.7959	.7966	.7973	.7980	.7987
6.3	.7993	.8000	.8007	.8014	.8021	.8028	.8035	.8041	.8048	.8055
6.4	.8062	.8069	.8075	.8082	.8089	.8096	.8102	.8109	.8116	.8122
6.5	.8129	.8136	.8142	.8149	.8156	.8162	.8169	.8176	.8182	.8189
6.6	.8195	.8202	.8209	.8215	.8222	.8228	.8235	.8241	.8248	.8254
6.7	.8261	.8267	.8274	.8280	.8287	.8293	.8299	.8306	.8312	.8319
6.8	.8325	.8331	.8338	.8344	.8351	.8357	.8363	.8370	.8376	.8382
6.9	.8388	.8395	.8401	.8407	.8414	.8420	.8426	.8432	.8439	.8445
7.0	.8451	.8457	.8463	.8470	.8476	.8482	.8488	.8494	.8500	.8506
7.1	.8513	.8519	.8525	.8531	.8537	.8543	.8549	.8555	.8561	.8567
7.2	.8573	.8579	.8585	.8591	.8597	.8603	.8609	.8615	.8621	.8627
7.3	.8633	.8639	.8645	.8651	.8657	.8663	.8669	.8675	.8681	.8686
7.4	.8692	.8698	.8704	.8710	.8716	.8722	.8727	.8733	.8739	.8745
7.5	.8751	.8756	.8762	.8768	.8774	.8779	.8785	.8791	.8797	.8802
7.6	.8808	.8814	.8820	.8825	.8831	.8837	.8842	.8848	.8854	.8859
7.7	.8865	.8871	.8876	.8882	.8887	.8893	.8899	.8904	.8910	.8915
7.8	.8921	.8927	.8932	.8938	.8943	.8949	.8954	.8960	.8965	.8971
7.9	.8976	.8982	.8987	.8993	.8998	.9004	.9009	.9015	.9020	.9025
8.0	.9031	.9036	.9042	.9047	.9053	.9058	.9063	.9069	.9074	.9079
8.1	.9085	.9090	.9096	.9101	.9106	.9112	.9117	.9122	.9128	.9133
8.2	.9138	.9143	.9149	.9154	.9159	.9165	.9170	.9175	.9180	.9186
8.3	.9191	.9196	.9201	.9206	.9212	.9217	.9222	.9227	.9232	.9238
8.4	.9243	.9248	.9253	.9258	.9263	.9269	.9274	.9279	.9284	.9289
8.5	.9294	.9299	.9304	.9309	.9315	.9320	.9325	.9330	.9335	.9340
8.6	.9345	.9350	.9355	.9360	.9365	.9370	.9375	.9380	.9385	.9390
8.7	.9395	.9400	.9405	.9410	.9415	.9420	.9425	.9430	.9435	.9440
8.8	.9445	.9450	.9455	.9460	.9465	.9469	.9474	.9479	.9484	.9489
8.9	.9494	.9499	.9504	.9509	.9513	.9518	.9523	.9528	.9533	.9538
9.0	.9542	.9547	.9552	.9557	.9562	.9566	.9571	.9576	.9581	.9586
9.1	.9590	.9595	.9600	.9605	.9609	.9614	.9619	.9624	.9628	.9633
9.2	.9638	.9643	.9647	.9652	.9657	.9661	.9666	.9671	.9675	.9680
9.3	.9685	.9689	.9694	.9699	.9703	.9708	.9713	.9717	.9722	.9727
9.4	.9731	.9736	.9741	.9745	.9750	.9754	.9759	.9763	.9768	.9773
9.5	.9777	.9782	.9786	.9791	.9795	.9800	.9805	.9809	.9814	.9818
9.6	.9823	.9827	.9832	.9836	.9841	.9845	.9850	.9854	.9859	.9863
9.7	.9868	.9872	.9877	.9881	.9886	.9890	.9894	.9899	.9903	.9908
9.8	.9912	.9917	.9921	.9926	.9930	.9934	.9939	.9943	.9948	.9952
9.9	.9956	.9961	.9965	.9969	.9974	.9978	.9983	.9987	.9991	.9996

●編著者
チャート研究所

●表紙・カバーデザイン
有限会社アーク・ビジュアル・ワークス

●本文デザイン
デザイン・プラス・プロフ株式会社

●イラスト（先生，生徒）
有限会社アラカグラフィクス

編集・制作　チャート研究所
発行者　星野 泰也

初版（数ⅡB）
第１刷　1978年３月20日　発行
新版（数ⅡB）
第１刷　1981年２月１日　発行
新制（基礎解析）
第１刷　1983年１月10日　発行
新制（数学Ⅱ）
第１刷　1994年11月１日　発行
新課程
第１刷　2003年10月１日　発行
新課程
第１刷　2012年９月１日　発行
改訂版
第１刷　2017年10月１日　発行
増補改訂版
第１刷　2019年11月１日　発行
新課程
第１刷　2022年11月１日　発行
第２刷　2023年２月１日　発行

ISBN978-4-410-10766-5

※解答・解説は数研出版株式会社が作成したものです。

チャート式® 解法と演習 数学Ⅱ

発行所
数研出版株式会社

〒101-0052 東京都千代田区神田小川町２丁目３番地３
〔振替〕00140-4-118431
〒604-0861 京都市中京区烏丸通竹屋町上る大倉町205番地
〔電話〕代表（075）231-0161
ホームページ　https://www.chart.co.jp
印刷　寿印刷株式会社
乱丁本・落丁本はお取り替えします。　221202

❏ 周期

▷三角関数の周期　k は正の定数とする。

・関数 $y=\sin k\theta$ の周期
・関数 $y=\cos k\theta$ の周期 } …… $\dfrac{2\pi}{k}$

・関数 $y=\tan k\theta$ の周期　…… $\dfrac{\pi}{k}$

2　加法定理

❏ 加法定理

▷加法定理　複号同順とする。

$\sin(\alpha\pm\beta)=\sin\alpha\cos\beta\pm\cos\alpha\sin\beta$

$\cos(\alpha\pm\beta)=\cos\alpha\cos\beta\mp\sin\alpha\sin\beta$

$\tan(\alpha\pm\beta)=\dfrac{\tan\alpha\pm\tan\beta}{1\mp\tan\alpha\tan\beta}$

▷ 2 倍角，半角，3 倍角の公式

・2 倍角の公式

$$\sin 2\alpha=2\sin\alpha\cos\alpha$$

$$\cos 2\alpha=\cos^2\alpha-\sin^2\alpha=1-2\sin^2\alpha=2\cos^2\alpha-1$$

$$\tan 2\alpha=\frac{2\tan\alpha}{1-\tan^2\alpha}$$

・半角の公式

$$\sin^2\frac{\alpha}{2}=\frac{1-\cos\alpha}{2}$$

$$\cos^2\frac{\alpha}{2}=\frac{1+\cos\alpha}{2}$$

$$\tan^2\frac{\alpha}{2}=\frac{1-\cos\alpha}{1+\cos\alpha}$$

・3 倍角の公式

$$\sin 3\alpha=3\sin\alpha-4\sin^3\alpha$$

$$\cos 3\alpha=-3\cos\alpha+4\cos^3\alpha$$

❏ 積 ⇄ 和の公式，合成

▷積 ⇄ 和の公式

・$\sin\alpha\cos\beta=\dfrac{1}{2}\{\sin(\alpha+\beta)+\sin(\alpha-\beta)\}$

$\cos\alpha\sin\beta=\dfrac{1}{2}\{\sin(\alpha+\beta)-\sin(\alpha-\beta)\}$

$\cos\alpha\cos\beta=\dfrac{1}{2}\{\cos(\alpha+\beta)+\cos(\alpha-\beta)\}$

$\sin\alpha\sin\beta=-\dfrac{1}{2}\{\cos(\alpha+\beta)-\cos(\alpha-\beta)\}$

・$\sin A+\sin B=2\sin\dfrac{A+B}{2}\cos\dfrac{A-B}{2}$

$\sin A-\sin B=2\cos\dfrac{A+B}{2}\sin\dfrac{A-B}{2}$

$\cos A+\cos B=2\cos\dfrac{A+B}{2}\cos\dfrac{A-B}{2}$

$\cos A-\cos B=-2\sin\dfrac{A+B}{2}\sin\dfrac{A-B}{2}$

▷三角関数の合成　($a\neq 0$ または $b\neq 0$)

$a\sin\theta+b\cos\theta=\sqrt{a^2+b^2}\sin(\theta+\alpha)$

ただし　$\sin\alpha=\dfrac{b}{\sqrt{a^2+b^2}}$，$\cos\alpha=\dfrac{a}{\sqrt{a^2+b^2}}$

5　指数関数と対数関数

1　指数関数

❏ 指数の拡張

▷実数の指数　$a>0$，$b>0$ で，n が正の整数，r，s が実数のとき

・定義　$a^0=1$，$a^{-n}=\dfrac{1}{a^n}$

・法則　$a^ra^s=a^{r+s}$，$(a^r)^s=a^{rs}$
　$(ab)^r=a^rb^r$

▷累乗根　m，n，p は正の整数とする。

・性質　$a>0$，$b>0$ とする。

$(\sqrt[n]{a})^n=a$，$\sqrt[n]{a}\sqrt[n]{b}=\sqrt[n]{ab}$

$\dfrac{\sqrt[n]{a}}{\sqrt[n]{b}}=\sqrt[n]{\dfrac{a}{b}}$，$(\sqrt[n]{a})^m=\sqrt[n]{a^m}$

$\sqrt[m]{\sqrt[n]{a}}=\sqrt[mn]{a}$，$\sqrt[n]{a^m}=\sqrt[np]{a^{mp}}$

❏ 指数関数のグラフ

▷指数関数 $y=a^x$ とそのグラフ　($a>0$，$a\neq 1$)

・定義域は実数全体，値域は $y>0$

・$a>1$　　のとき　x が増加すると y も増加
　$0<a<1$ のとき　x が増加すると y は減少

・グラフは，点 $(0,\ 1)$ を通り，x 軸が漸近線

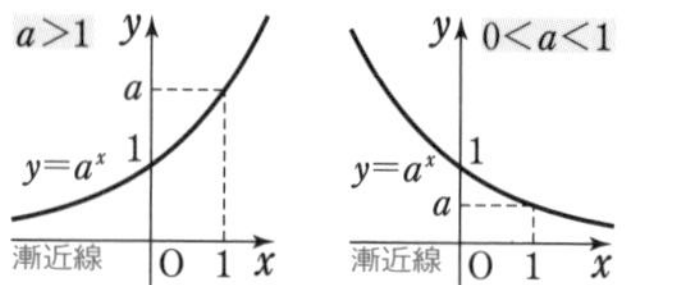

2　対数関数

❏ 対数とその性質

▷指数と対数の基本関係

$a>0$，$a\neq 1$，$M>0$ とする。

定義　$a^p=M \iff p=\log_a M$　$[\log_a a^p=p]$

特に　$\log_a a=1$，$\log_a 1=0$，$\log_a\dfrac{1}{a}=-1$

▷対数の性質　a，b，c は 1 でない正の数，$M>0$，$N>0$，k は実数とする。

$\log_a MN=\log_a M+\log_a N$

$\log_a\dfrac{M}{N}=\log_a M-\log_a N$　$\log_a M^k=k\log_a M$

$\log_a b=\dfrac{\log_c b}{\log_c a}$　　$\log_a b=\dfrac{1}{\log_b a}$

PRACTICE, EXERCISES の解答 (数学Ⅱ)

注意
・PRACTICE，EXERCISES の全問題文と解答例を掲載した。
・必要に応じて，HINT として，解答の前に問題の解法の手がかりや方針を示した。また，inf. として，補足事項や注意事項を示したところもある。
・主に本冊の CHART＆SOLUTION や CHART＆THINKING に対応した箇所を赤字で示した。

PR ②1

次の式を展開せよ。

(1) $\left(x-\frac{1}{3}\right)^3$　(2) $(-2s+t)^3$

(3) $(3x+2y)(9x^2-6xy+4y^2)$　(4) $(-a+3b)(a^2+3ab+9b^2)$

(5) $(2x+y)^3(2x-y)^3$

(1) $\left(x-\frac{1}{3}\right)^3=x^3-3x^2\cdot\frac{1}{3}+3x\cdot\left(\frac{1}{3}\right)^2-\left(\frac{1}{3}\right)^3$

$=\boldsymbol{x^3-x^2+\frac{1}{3}x-\frac{1}{27}}$

⇐$(a-b)^3=a^3-3a^2b+3ab^2-b^3$

(2) $(-2s+t)^3=(-2s)^3+3(-2s)^2\cdot t+3(-2s)\cdot t^2+t^3$

$=\boldsymbol{-8s^3+12s^2t-6st^2+t^3}$

⇐$(a+b)^3=a^3+3a^2b+3ab^2+b^3$

別解 $(-2s+t)^3=(t-2s)^3$

$=t^3-3t^2\cdot 2s+3t\cdot(2s)^2-(2s)^3$

$=t^3-6st^2+12s^2t-8s^3$

$=\boldsymbol{-8s^3+12s^2t-6st^2+t^3}$

⇐$(a-b)^3=a^3-3a^2b+3ab^2-b^3$

(3) $(3x+2y)(9x^2-6xy+4y^2)$

$=(3x+2y)\{(3x)^2-3x\cdot 2y+(2y)^2\}$

$=(3x)^3+(2y)^3$

$=\boldsymbol{27x^3+8y^3}$

⇐$(a+b)(a^2-ab+b^2)=a^3+b^3$

(4) $(-a+3b)(a^2+3ab+9b^2)$

$=(-a+3b)\{(-a)^2-(-a)\cdot 3b+(3b)^2\}$

$=(-a)^3+(3b)^3$

$=\boldsymbol{-a^3+27b^3}$

⇐$(a+b)(a^2-ab+b^2)=a^3+b^3$

別解 $(-a+3b)(a^2+3ab+9b^2)$

$=(3b-a)(9b^2+3ab+a^2)$

$=(3b-a)\{(3b)^2+3b\cdot a+a^2\}$

$=(3b)^3-a^3$

$=27b^3-a^3$

$=\boldsymbol{-a^3+27b^3}$

⇐$(a-b)(a^2+ab+b^2)=a^3-b^3$

(5) $(2x+y)^3(2x-y)^3$

$=\{(2x+y)(2x-y)\}^3$

$=\{(2x)^2-y^2\}^3$

$=(4x^2-y^2)^3$

$=(4x^2)^3-3(4x^2)^2\cdot y^2+3(4x^2)\cdot(y^2)^2-(y^2)^3$

$=\boldsymbol{64x^6-48x^4y^2+12x^2y^4-y^6}$

⇐$a^nb^n=(ab)^n$

⇐$(a-b)^3=a^3-3a^2b+3ab^2-b^3$

別解 $(2x+y)^3(2x-y)^3$

$=\{(2x)^3+3(2x)^2\cdot y+3\cdot 2x\cdot y^2+y^3\}\{(2x)^3-3(2x)^2\cdot y+3\cdot 2x\cdot y^2-y^3\}$

$=\{(8x^3+6xy^2)+(12x^2y+y^3)\}\{(8x^3+6xy^2)-(12x^2y+y^3)\}$

$=(8x^3+6xy^2)^2-(12x^2y+y^3)^2$

$=(8x^3)^2+2(8x^3)\cdot(6xy^2)+(6xy^2)^2-\{(12x^2y)^2+2(12x^2y)\cdot(y^3)+(y^3)^2\}$

$=64x^6+96x^4y^2+36x^2y^4-144x^4y^2-24x^2y^4-y^6=\boldsymbol{64x^6-48x^4y^2+12x^2y^4-y^6}$

PR ②2

(1) 次の式を因数分解せよ。

(ア) $27x^3-y^3$　(イ) $9a^3+72b^3$　(ウ) $8x^3-y^3z^3$

(2) $(a+b)^3=a^3+3a^2b+3ab^2+b^3$ の展開公式を用いて，$x^3+12x^2+48x+64$ を因数分解せよ。

(1) (ア) $27x^3-y^3=(3x)^3-y^3=(3x-y)\{(3x)^2+3x\cdot y+y^2\}$

$=\boldsymbol{(3x-y)(9x^2+3xy+y^2)}$

⇐$\boldsymbol{a^3-b^3=(a-b)(a^2+ab+b^2)}$

(イ) $9a^3+72b^3=9\{a^3+(2b)^3\}$

$=9(a+2b)\{a^2-a\cdot 2b+(2b)^2\}$

$=\boldsymbol{9(a+2b)(a^2-2ab+4b^2)}$

⇐$9(a^3+8b^3)$

⇐$\boldsymbol{a^3+b^3=(a+b)(a^2-ab+b^2)}$

(ウ) $8x^3-y^3z^3=(2x)^3-(yz)^3$

$=(2x-yz)\{(2x)^2+2x\cdot yz+(yz)^2\}$

$=\boldsymbol{(2x-yz)(4x^2+2xyz+y^2z^2)}$

⇐$\boldsymbol{a^3-b^3=(a-b)(a^2+ab+b^2)}$

(2) $x^3+12x^2+48x+64=x^3+3\cdot x^2\cdot 4+3\cdot x\cdot 4^2+4^3=\boldsymbol{(x+4)^3}$

別解 $x^3+12x^2+48x+64=(x^3+64)+(12x^2+48x)$

$=(x^3+4^3)+12x(x+4)$

$=(x+4)(x^2-4x+4^2)+12x(x+4)$

$=(x+4)(x^2-4x+16+12x)$

$=(x+4)(x^2+8x+16)$

$=(x+4)(x+4)^2=\boldsymbol{(x+4)^3}$

⇐「公式を用いて」と指示がなければ，このように解いてもよい。

⇐共通因数は $x+4$

PR ③3

次の式を因数分解せよ。

(1) $a^3+8b^3+27c^3-18abc$　(2) $x^3+6xy+y^3-8$

(1) $a^3+8b^3+27c^3-18abc$

$=a^3+(2b)^3+(3c)^3-3\cdot a\cdot 2b\cdot 3c$

$=(a+2b+3c)\{a^2+(2b)^2+(3c)^2-a\cdot 2b-2b\cdot 3c-3c\cdot a\}$

$=\boldsymbol{(a+2b+3c)(a^2+4b^2+9c^2-2ab-6bc-3ca)}$

⇐$\boldsymbol{a^3+b^3+c^3-3abc=(a+b+c)(a^2+b^2+c^2-ab-bc-ca)}$

別解 $a^3+8b^3+27c^3-18abc=a^3+(2b)^3+27c^3-18abc$

$=(a+2b)^3-3\cdot a\cdot 2b(a+2b)+27c^3-18abc$

$=(a+2b)^3+(3c)^3-6ab(a+2b)-18abc$

$=\{(a+2b)+3c\}\{(a+2b)^2-(a+2b)\cdot 3c+(3c)^2\}$
$-6ab\{(a+2b)+3c\}$

$=(a+2b+3c)(a^2+4ab+4b^2-3ac-6bc+9c^2)$
$-6ab(a+2b+3c)$

$=(a+2b+3c)(a^2+4ab+4b^2-3ac-6bc+9c^2-6ab)$

$=\boldsymbol{(a+2b+3c)(a^2+4b^2+9c^2-2ab-6bc-3ca)}$

⇐公式を利用しない解答。

⇐$(a+2b)^3$ と $(3c)^3$ のペア。

⇐共通因数は $a+2b+3c$

⇐最後は輪環の順に。

(2)　$x^3+6xy+y^3-8$

$=x^3+y^3+(-2)^3-3\cdot x\cdot y\cdot(-2)$

$=(x+y-2)\{x^2+y^2+(-2)^2-xy-y\cdot(-2)-(-2)\cdot x\}$

$=(x+y-2)(x^2+y^2+4-xy+2y+2x)$

$=\boldsymbol{(x+y-2)(x^2-xy+y^2+2x+2y+4)}$

⇐$\boldsymbol{a^3+b^3+c^3-3abc}$
$=\boldsymbol{(a+b+c)}$
$\times\boldsymbol{(a^2+b^2+c^2-ab-bc-ca)}$

PR ②4

次の式の展開式における，[　]内に指定されたものを求めよ。

(1)　$(2x^3-3x)^5$　[x^9 の項の係数]　　(2)　$\left(2x^3-\dfrac{1}{3x^2}\right)^5$　[定数項]

(1)　$(2x^3-3x)^5$ の展開式の一般項は

$${}_5\mathrm{C}_r\,(2x^3)^{5-r}(-3x)^r$$
$$={}_5\mathrm{C}_r\,2^{5-r}\cdot(-3)^r\cdot(x^3)^{5-r}\cdot x^r$$
$$={}_5\mathrm{C}_r\,2^{5-r}\cdot(-3)^r\cdot x^{15-3r+r}$$
$$={}_5\mathrm{C}_r\cdot2^{5-r}(-3)^r x^{15-2r}$$

x^9 の項は $r=3$ のときであるから，その係数は

$${}_5\mathrm{C}_3\cdot2^2(-3)^3=10\times4\times(-27)=\boldsymbol{-1080}$$

⇐$(a+b)^n$ の展開式の一般項は ${}_n\mathrm{C}_r a^{n-r}b^r$

⇐$x^{3(5-r)}\cdot x^r$

⇐px^q の形に変形。

⇐$15-2r=9$ から $r=3$

(2)　$\left(2x^3-\dfrac{1}{3x^2}\right)^5$ の展開式の一般項は

$${}_5\mathrm{C}_r\,(2x^3)^{5-r}\left(-\frac{1}{3x^2}\right)^r={}_5\mathrm{C}_r\cdot2^{5-r}x^{15-3r}\left(-\frac{1}{3}\right)^r\left(\frac{1}{x^2}\right)^r$$
$$={}_5\mathrm{C}_r\cdot2^{5-r}\left(-\frac{1}{3}\right)^r x^{15-3r}\cdot\frac{1}{x^{2r}}$$

$x^{15-3r}\cdot\dfrac{1}{x^{2r}}=1$ から　　$x^{15-3r}=x^{2r}$

ゆえに　　$15-3r=2r$

よって　　$r=3$

したがって，定数項は

$${}_5\mathrm{C}_3\cdot2^2\left(-\frac{1}{3}\right)^3=10\times4\times\left(-\frac{1}{27}\right)=\boldsymbol{-\frac{40}{27}}$$

⇐$(a+b)^n$ の展開式の一般項は ${}_n\mathrm{C}_r\,a^{n-r}b^r$

⇐$\left(-\dfrac{1}{3x^2}\right)^r=\left(-\dfrac{1}{3}\cdot\dfrac{1}{x^2}\right)^r$

⇐定数項を求めるから，x^0 すなわち1とおく。

inf.　$x^{15-3r}\cdot\dfrac{1}{x^{2r}}=x^{15-5r}$
$15-5r=0$ から $r=3$ としてもよい。

PR ②5

${}_n\mathrm{C}_0-\dfrac{{}_n\mathrm{C}_1}{2}+\dfrac{{}_n\mathrm{C}_2}{2^2}-\cdots\cdots+(-1)^n\dfrac{{}_n\mathrm{C}_n}{2^n}$ の値を求めよ。

二項定理により

$$(1+x)^n={}_n\mathrm{C}_0+{}_n\mathrm{C}_1x+{}_n\mathrm{C}_2x^2+\cdots\cdots$$
$$+{}_n\mathrm{C}_rx^r+\cdots\cdots+{}_n\mathrm{C}_{n-1}x^{n-1}+{}_n\mathrm{C}_nx^n$$

$x=-\dfrac{1}{2}$ を代入すると

$$\left(1-\frac{1}{2}\right)^n={}_n\mathrm{C}_0+{}_n\mathrm{C}_1\cdot\left(-\frac{1}{2}\right)+{}_n\mathrm{C}_2\cdot\left(-\frac{1}{2}\right)^2$$
$$+\cdots\cdots+{}_n\mathrm{C}_{n-1}\cdot\left(-\frac{1}{2}\right)^{n-1}+{}_n\mathrm{C}_n\cdot\left(-\frac{1}{2}\right)^n$$

ゆえに　　${}_n\mathrm{C}_0-\dfrac{{}_n\mathrm{C}_1}{2}+\dfrac{{}_n\mathrm{C}_2}{2^2}-\cdots\cdots+(-1)^n\dfrac{{}_n\mathrm{C}_n}{2^n}=\boldsymbol{\dfrac{1}{2^n}}$

⇐${}_n\mathrm{C}_rx^r$ が $(-1)^r\dfrac{{}_n\mathrm{C}_r}{2^r}$ となればよいから，$x=-\dfrac{1}{2}$ を代入する。

⇐$\left(-\dfrac{1}{2}\right)^n=\dfrac{(-1)^n}{2^n}$

PR ③6

次の式の展開式における，[ ]内に指定されたものを求めよ。

(1) $(x+2y+3z)^4$ [x^3z の項の係数]　　(2) $\left(2x-\frac{1}{2}y+z\right)^4$ [xy^2z の項の係数]

(1) $(x+2y+3z)^4$ の x^3z の項は

$$\frac{4!}{3!0!1!}x^3(2y)^0\cdot 3z=\frac{4!}{3!}\cdot 3x^3z$$

ゆえに，x^3z の項の係数は

$$\frac{4!}{3!}\cdot 3=\mathbf{12}$$

⇐一般項は $\frac{4!}{p!q!r!}x^p(2y)^q(3z)^r$ $p+q+r=4$ (多項定理)

別解 $\{(x+2y)+3z\}^4$ の展開式において，z を含む項は

$${}_4\mathrm{C}_1(x+2y)^3(3z)={}_4\mathrm{C}_1\cdot 3(x+2y)^3z$$

また，$(x+2y)^3$ の展開式において，x^3 の項の係数は

$${}_3\mathrm{C}_0$$

⇐x^3 の項は ${}_3\mathrm{C}_0\,x^3(2y)^0$

よって，x^3z の項の係数は

$${}_4\mathrm{C}_1\cdot 3\times{}_3\mathrm{C}_0=12\times 1=\mathbf{12}$$

(2) $\left(2x-\frac{1}{2}y+z\right)^4$ の xy^2z の項は

$$\frac{4!}{1!2!1!}(2x)\left(-\frac{1}{2}y\right)^2z=\frac{4!}{2!}\cdot 2\left(-\frac{1}{2}\right)^2xy^2z$$

⇐一般項は $\frac{4!}{p!q!r!}(2x)^p\left(-\frac{1}{2}y\right)^qz^r$ $p+q+r=4$ (多項定理)

ゆえに，xy^2z の項の係数は

$$\frac{4!}{2!}\cdot 2\left(-\frac{1}{2}\right)^2=\mathbf{6}$$

別解 $\left\{\left(2x-\frac{1}{2}y\right)+z\right\}^4$ の展開式において，z を含む項は

$${}_4\mathrm{C}_1\left(2x-\frac{1}{2}y\right)^3z$$

また，$\left(2x-\frac{1}{2}y\right)^3$ の展開式において，xy^2 の項は

$${}_3\mathrm{C}_2(2x)\left(-\frac{1}{2}y\right)^2={}_3\mathrm{C}_2\cdot 2\left(-\frac{1}{2}\right)^2xy^2$$

よって，xy^2z の項の係数は

$${}_4\mathrm{C}_1\times{}_3\mathrm{C}_2\cdot 2\left(-\frac{1}{2}\right)^2=4\times\frac{3}{2}=\mathbf{6}$$

PR ④7

$(x^2-3x+1)^{10}$ の展開式における x^3 の項の係数を求めよ。

$(x^2-3x+1)^{10}$ の展開式の一般項は

$$\frac{10!}{p!q!r!}(x^2)^p(-3x)^q\cdot 1^r=\frac{10!}{p!q!r!}(-3)^qx^{2p+q}$$

⇐多項定理

p，q，r は整数で　$p\geqq 0$，$q\geqq 0$，$r\geqq 0$，$p+q+r=10$

x^3 の項は $2p+q=3$ すなわち $q=3-2p$ のときである。

$q\geqq 0$ から $3-2p\geqq 0$　　よって　　$p=0$，1

⇐p の値を絞り込む。

$q=3-2p$，$r=10-p-q$ から

$p=0$ のとき　　$q=3$，$r=7$

$p=1$ のとき　　$q=1,\ r=8$

すなわち　　$(p,\ q,\ r)=(0,\ 3,\ 7),\ (1,\ 1,\ 8)$

よって，x^3 の項の係数は

$$\frac{10!}{0!3!7!}\cdot(-3)^3+\frac{10!}{1!1!8!}\cdot(-3)=-3240-270=\mathbf{-3510}$$

⇐$x^{2p+q}=x^3$ を満たす p，q は2組ある。

PR ④8

次の式の展開式における，[　]内に指定されたものを求めよ。

(1) $\left(x^2+\dfrac{1}{x}\right)^6$　[x^3 の項の係数]

(2) $\left(x^3+x-\dfrac{1}{x}\right)^9$　[x の項の係数]

(1) $\left(x^2+\dfrac{1}{x}\right)^6$ の展開式の一般項は

$$ {}_6C_r(x^2)^{6-r}\left(\frac{1}{x}\right)^r={}_6C_r\,x^{12-2r}\left(\frac{1}{x}\right)^r $$
$$ ={}_6C_r\,x^{12-3r} $$

⇐$\left(\dfrac{1}{x}\right)^r=\dfrac{1}{x^r}=x^{-r}$

x^3 の項は $r=3$ のときで，その係数は

⇐$12-3r=3$

$$ {}_6C_3=\frac{6\cdot5\cdot4}{3\cdot2\cdot1}=\mathbf{20} $$

(2) $\left(x^3+x-\dfrac{1}{x}\right)^9$ の展開式の一般項は

$$\frac{9!}{p!q!r!}(x^3)^p x^q\left(-\frac{1}{x}\right)^r=\frac{(-1)^r\cdot9!}{p!q!r!}x^{3p+q}\left(\frac{1}{x}\right)^r$$
$$=\frac{(-1)^r\cdot9!}{p!q!r!}x^{3p+q-r}$$

⇐$\left(\dfrac{1}{x}\right)^r=\dfrac{1}{x^r}=x^{-r}$

$p,\ q,\ r$ は整数で　$p\geqq0,\ q\geqq0,\ r\geqq0,\ p+q+r=9$

x の項は　$3p+q-r=1$ すなわち $r=3p+q-1$ のときである。

$p+q+r=9$ に代入して　　$4p+2q-1=9$

⇐$2q=10-4p$

ゆえに　　$q=5-2p$

$5-2p\geqq0,\ p\geqq0$ から　　$p=0,\ 1,\ 2$

⇐$0\leqq p\leqq\dfrac{5}{2}$ から，p の値を絞り込む。

よって　　$(p,\ q,\ r)=(0,\ 5,\ 4),\ (1,\ 3,\ 5),\ (2,\ 1,\ 6)$

ゆえに，x の項の係数は

$$\frac{(-1)^4\cdot9!}{0!5!4!}+\frac{(-1)^5\cdot9!}{1!3!5!}+\frac{(-1)^6\cdot9!}{2!1!6!}$$
$$=126-504+252=\mathbf{-126}$$

⇐$0!=1$

PR ④9

(1) 11^{17} の下位3桁を求めよ。

(2) 2024^{2024} を9で割った余りを求めよ。

HINT　(2)　$2024=-1+2025=-1+9\cdot225$ に注目。

(1) $11^{17}=(1+10)^{17}$

$$=1+{}_{17}C_1\cdot10+{}_{17}C_2\cdot10^2+{}_{17}C_3\cdot10^3+{}_{17}C_4\cdot10^4+\cdots\cdots+10^{17}$$
$$=1+{}_{17}C_1\cdot10+{}_{17}C_2\cdot10^2+10^3({}_{17}C_3+{}_{17}C_4\cdot10+\cdots\cdots+10^{14})$$

ここで，$a={}_{17}C_3+{}_{17}C_4\cdot10+\cdots\cdots+10^{14}$ とおくと a は自然数で

$$11^{17}=1+170+13600+10^3a$$
$$=13771+10^3a$$

10^3a の下位 3 桁はすべて 0 である。

よって，11^{17} の下位 3 桁は　**771**

⇦下位 3 桁が 000 となる項を a とおいてまとめる。

(2)　$2024^{2024}=(-1+2025)^{2024}$

$$=(-1+9\cdot225)^{2024}$$
$$=(-1)^{2024}+{}_{2024}C_1(-1)^{2023}\cdot9\cdot225+{}_{2024}C_2(-1)^{2022}\cdot9^2\cdot225^2+\cdots\cdots+{}_{2024}C_{2023}(-1)\cdot9^{2023}\cdot225^{2023}+9^{2024}\cdot225^{2024}$$

第 2 項以降の項はすべて 9 で割り切れる。

よって，$(-1)^{2024}=1$ であるから，2024^{2024} を 9 で割った余りは **1** である。

別解　9 を法とする合同式で考える。

⇦数学A参照。

$2024\equiv-1 \pmod 9$ であるから

⇦$2024=9\cdot225-1$

$$2024^{2024}\equiv(-1)^{2024} \pmod 9$$

すなわち　$2024^{2024}\equiv1 \pmod 9$

したがって，2024^{2024} を 9 で割った余りは　**1**

PR ②10　次の多項式 A を多項式 B で割った商 Q と余り R を求めよ。また，その結果を $A=BQ+R$ の形に書け。

(1)　$A=6x^2-7x-20$，$B=2x-5$

(2)　$A=(2x^2-3x+1)(x+1)$，$B=x^2+4$　〔石巻専修大〕

(3)　$A=x^4-2x^3-x+8$，$B=2-x-2x^2$

(1)

$$\begin{array}{r|l} & 3x\ +\ 4 \\ \hline 2x-5 & 6x^2-\ 7x-20 \\ & 6x^2-15x \\ \hline & \qquad 8x-20 \\ & \qquad 8x-20 \\ \hline & \qquad\qquad 0 \end{array}$$

よって　$\boldsymbol{Q=3x+4}$

$\boldsymbol{R=0}$

ゆえに　$\boldsymbol{6x^2-7x-20=(2x-5)(3x+4)}$

inf.　(1)　係数だけ抜き出して計算するとスムーズ。

$$\begin{array}{r|l} & 3 \quad\ 4 \\ \hline 2\quad -5 & 6\ \ -7\ \ -20 \\ & 6\ \ -15 \\ \hline & \qquad 8\ \ -20 \\ & \qquad 8\ \ -20 \\ \hline & \qquad\qquad 0 \end{array}$$

(2)　$A=(2x^2-3x+1)(x+1)=2x^3-x^2-2x+1$ であるから

⇦まず，A を展開して，降べきの順に整理する。

$$\begin{array}{r|l} & 2x\ -1 \\ \hline x^2+4 & 2x^3-x^2-\ 2x+1 \\ & 2x^3 \qquad\ +\ 8x \\ \hline & \quad -x^2-10x+1 \\ & \quad -x^2 \qquad\ -4 \\ \hline & \qquad -10x+5 \end{array}$$

よって　$\boldsymbol{Q=2x-1}$

$\boldsymbol{R=-10x+5}$

ゆえに　$\boldsymbol{(2x^2-3x+1)(x+1)=(x^2+4)(2x-1)-10x+5}$

(3)

$$
\begin{array}{r|l}
 & -\frac{1}{2}x^2+\frac{5}{4}x-\frac{9}{8} \\
\hline
-2x^2-x+2) & x^4-2x^3\ \boxed{}\ -x+8 \\
 & x^4+\frac{1}{2}x^3-x^2 \\
\hline
 & -\frac{5}{2}x^3+x^2-x \\
 & -\frac{5}{2}x^3-\frac{5}{4}x^2+\frac{5}{2}x \\
\hline
 & \frac{9}{4}x^2-\frac{7}{2}x+8 \\
 & \frac{9}{4}x^2+\frac{9}{8}x-\frac{9}{4} \\
\hline
 & -\frac{37}{8}x+\frac{41}{4}
\end{array}
$$

⇦Bを降べきの順に整理し，欠けている次数の項はあけておく。

よって　$\boldsymbol{Q=-\frac{1}{2}x^2+\frac{5}{4}x-\frac{9}{8}}$

$\boldsymbol{R=-\frac{37}{8}x+\frac{41}{4}}$

ゆえに　$\boldsymbol{x^4-2x^3-x+8}$

$\boldsymbol{=(2-x-2x^2)\left(-\frac{1}{2}x^2+\frac{5}{4}x-\frac{9}{8}\right)-\frac{37}{8}x+\frac{41}{4}}$

inf. 係数だけ抜き出して計算するとスムーズ。欠けている次数の項は 0 を記入する。

(2)

$$
\begin{array}{r|rrrr}
 & 2 & -1 & & \\
\hline
1\ \ 0\ \ 4) & 2 & -1 & -2 & 1 \\
 & 2 & 0 & 8 & \\
\hline
 & & -1 & -10 & 1 \\
 & & -1 & 0 & -4 \\
\hline
 & & & -10 & 5
\end{array}
$$

(3)

$$
\begin{array}{r|rrrrr}
 & -\frac{1}{2} & \frac{5}{4} & -\frac{9}{8} & & \\
\hline
-2\ \ -1\ \ 2) & 1 & -2 & 0 & -1 & 8 \\
 & 1 & \frac{1}{2} & -1 & & \\
\hline
 & & -\frac{5}{2} & 1 & -1 & \\
 & & -\frac{5}{2} & -\frac{5}{4} & \frac{5}{2} & \\
\hline
 & & & \frac{9}{4} & -\frac{7}{2} & 8 \\
 & & & \frac{9}{4} & \frac{9}{8} & -\frac{9}{4} \\
\hline
 & & & & -\frac{37}{8} & \frac{41}{4}
\end{array}
$$

PR ②11 次の条件を満たす多項式 A，B を求めよ。
(1) A を $2x^2-x+4$ で割ると，商が $2x-1$，余りが $x-1$
(2) x^3+x+10 を B で割ると，商が $\frac{x}{2}+1$，余りが $x+2$

(1) この割り算について，次の等式が成り立つ。

$A=(2x^2-x+4)(2x-1)+(x-1)$

よって　$\boldsymbol{A}=(4x^3-4x^2+9x-4)+(x-1)$

$\boldsymbol{=4x^3-4x^2+10x-5}$

⇦(割られる式)=(割る式)×(商)+(余り)の形にする。

(2) この割り算について，次の等式が成り立つ。

$$x^3+x+10=B\times\left(\frac{x}{2}+1\right)+(x+2)$$

整理すると　$x^3+8=B\times\left(\frac{x}{2}+1\right)$

よって，x^3+8 は $\frac{x}{2}+1$ で割り切れて，その商が B である。

右の計算により　$\boldsymbol{B=2x^2-4x+8}$

(2)

$$\begin{array}{r|l} & 2x^2-4x+8 \\ \frac{x}{2}+1 & x^3 \qquad\qquad +8 \\ & x^3+2x^2 \\ \hline & \quad -2x^2 \\ & \quad -2x^2-4x \\ \hline & \qquad\quad 4x+8 \\ & \qquad\quad 4x+8 \\ \hline & \qquad\qquad 0 \end{array}$$

PR ②12

(1) $2x^2+3xy+4y^2$ を $x+y$ で割った商と余りを求めたい。
(ア) x についての多項式とみて求めよ。
(イ) y についての多項式とみて求めよ。
(2) $2x^2+xy-6y^2-2x+17y-12$ を $x+2y-3$ で割った商と余りを求めよ。

(1) (ア)

$$\begin{array}{r|l} & 2x+y \\ x+y & 2x^2+3yx+4y^2 \\ & 2x^2+2yx \\ \hline & \qquad yx+4y^2 \\ & \qquad yx+y^2 \\ \hline & \qquad\quad 3y^2 \end{array}$$

⇦x について降べきの順。

商　$2x+y$，余り　$3y^2$

(イ)

$$\begin{array}{r|l} & 4y-x \\ y+x & 4y^2+3xy+2x^2 \\ & 4y^2+4xy \\ \hline & \quad -xy+2x^2 \\ & \quad -xy-x^2 \\ \hline & \qquad\quad 3x^2 \end{array}$$

⇦y について降べきの順。

商　$4y-x$，余り　$3x^2$

(2)

$$\begin{array}{r|l} & 2x-(3y-4) \\ x+(2y-3) & 2x^2+(y-2)x-6y^2+17y-12 \\ & 2x^2+(4y-6)x \\ \hline & \quad -(3y-4)x-6y^2+17y-12 \\ & \quad -(3y-4)x-6y^2+17y-12 \\ \hline & \qquad\qquad\qquad 0 \end{array}$$

⇦文字の指定がないので，まず x についての多項式とみて計算してみる。

inf. 余りは 0 であるから，y についての多項式とみても商は一致する。

商　$2x-3y+4$，　余り　0

PR ②13

次の計算をせよ。

(1) $\dfrac{a-b}{a+b}\times\dfrac{a^2-b^2}{(a-b)^2}$　　(2) $\dfrac{x^2-x-20}{x^3+3x^2+2x}\times\dfrac{x^3+x^2-2x}{x^2-6x+5}$

(3) $\dfrac{2a^2-a-3}{3a-1}\div\dfrac{3a^2+2a-1}{9a^2-6a+1}$　　(4) $\dfrac{(a+1)^2}{a^2-1}\times\dfrac{a^3-1}{a^3+1}\div\dfrac{a^2+a+1}{a^2-a+1}$

(1) $\dfrac{a-b}{a+b}\times\dfrac{a^2-b^2}{(a-b)^2}=\dfrac{a-b}{a+b}\times\dfrac{(a+b)(a-b)}{(a-b)^2}=\boldsymbol{1}$

⇦分子を因数分解して約分。

(2) $\dfrac{x^2-x-20}{x^3+3x^2+2x}\times\dfrac{x^3+x^2-2x}{x^2-6x+5}$

$=\dfrac{(x+4)(x-5)}{x(x+1)(x+2)}\times\dfrac{x(x-1)(x+2)}{(x-1)(x-5)}=\boldsymbol{\dfrac{x+4}{x+1}}$

⇦分母・分子を因数分解して約分。

(3) $\dfrac{2a^2-a-3}{3a-1}\div\dfrac{3a^2+2a-1}{9a^2-6a+1}$

$=\dfrac{2a^2-a-3}{3a-1}\times\dfrac{9a^2-6a+1}{3a^2+2a-1}$

⇦$A\div\dfrac{C}{D}=A\times\dfrac{D}{C}$

$=\dfrac{(a+1)(2a-3)}{3a-1}\times\dfrac{(3a-1)^2}{(a+1)(3a-1)}$

⇦分母・分子を因数分解して約分。

$=\boldsymbol{2a-3}$

(4) $\dfrac{(a+1)^2}{a^2-1}\times\dfrac{a^3-1}{a^3+1}\div\dfrac{a^2+a+1}{a^2-a+1}$

⇦$A\times B\div C$ は，C の分母・分子を入れ替えて掛ける。

$=\dfrac{(a+1)^2}{a^2-1}\times\dfrac{a^3-1}{a^3+1}\times\dfrac{a^2-a+1}{a^2+a+1}$

$=\dfrac{(a+1)^2}{(a+1)(a-1)}\times\dfrac{(a-1)(a^2+a+1)}{(a+1)(a^2-a+1)}\times\dfrac{a^2-a+1}{a^2+a+1}=\boldsymbol{1}$

⇦分母・分子を因数分解して約分。

PR ②14

次の計算をせよ。

(1) $\dfrac{x+1}{3x^2-2x-1}+\dfrac{2x+1}{3x^2+4x+1}$

(2) $\dfrac{a^2}{(a-b)(a-c)}+\dfrac{b^2}{(b-c)(b-a)}+\dfrac{c^2}{(c-a)(c-b)}$

(1) $\dfrac{x+1}{3x^2-2x-1}+\dfrac{2x+1}{3x^2+4x+1}$

$=\dfrac{x+1}{(x-1)(3x+1)}+\dfrac{2x+1}{(x+1)(3x+1)}$

⇦分母を因数分解。

$=\dfrac{(x+1)^2}{(x-1)(3x+1)(x+1)}+\dfrac{(2x+1)(x-1)}{(x+1)(3x+1)(x-1)}$

⇦通分する。

$=\dfrac{(x^2+2x+1)+(2x^2-x-1)}{(x+1)(x-1)(3x+1)}$

$=\dfrac{3x^2+x}{(x+1)(x-1)(3x+1)}=\dfrac{x(3x+1)}{(x+1)(x-1)(3x+1)}$

⇦分子を因数分解して約分。

$=\boldsymbol{\dfrac{x}{(x+1)(x-1)}}$

⇦分母は展開しなくてよい。

(2) $\dfrac{a^2}{(a-b)(a-c)}+\dfrac{b^2}{(b-c)(b-a)}+\dfrac{c^2}{(c-a)(c-b)}$

⇦分母は3種類の項。輪環の順に整理する。
$a-c=-(c-a)$,
$b-a=-(a-b)$,
$c-b=-(b-c)$

$=-\dfrac{a^2}{(a-b)(c-a)}-\dfrac{b^2}{(b-c)(a-b)}-\dfrac{c^2}{(c-a)(b-c)}$

⇦3つまとめて通分する。

$=-\dfrac{a^2(b-c)}{(a-b)(b-c)(c-a)}-\dfrac{b^2(c-a)}{(a-b)(b-c)(c-a)}$

$-\dfrac{c^2(a-b)}{(a-b)(b-c)(c-a)}$

$=\dfrac{-a^2(b-c)-b^2(c-a)-c^2(a-b)}{(a-b)(b-c)(c-a)}$

ここで

$$(分子)=-(b-c)a^2+(b^2-c^2)a-bc(b-c)$$
$$=-\{(b-c)a^2-(b+c)(b-c)a+bc(b-c)\}$$
$$=-(b-c)\{a^2-(b+c)a+bc\}$$
$$=-(b-c)(a-b)(a-c)$$
$$=(a-b)(b-c)(c-a)$$

であるから

$$(与式)=\frac{(a-b)(b-c)(c-a)}{(a-b)(b-c)(c-a)}=\mathbf{1}$$

⇐a について整理。

⇐輪環の順

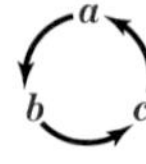

PR ②15

次の式を簡単にせよ。

(1) $\dfrac{\dfrac{1+x}{1-x}-\dfrac{1-x}{1+x}}{\dfrac{1+x}{1-x}+\dfrac{1-x}{1+x}}$　　(2) $\dfrac{1}{x-\dfrac{x^2-1}{x-\dfrac{2}{x-1}}}$　〔久留米工大〕

(1) **方針①** $(与式)=\left(\dfrac{1+x}{1-x}-\dfrac{1-x}{1+x}\right)\div\left(\dfrac{1+x}{1-x}+\dfrac{1-x}{1+x}\right)$

$$=\frac{(1+x)^2-(1-x)^2}{(1-x)(1+x)}\div\frac{(1+x)^2+(1-x)^2}{(1-x)(1+x)}$$
$$=\frac{4x}{(1-x)(1+x)}\times\frac{(1-x)(1+x)}{2(1+x^2)}$$
$$=\boldsymbol{\frac{2x}{1+x^2}}$$

⇐$A\div B$ の形に直す。

⇐$(1+x)^2+(1-x)^2$
$=2+2x^2=2(1+x^2)$

⇐$\dfrac{A}{B}\div\dfrac{C}{D}=\dfrac{A}{B}\times\dfrac{D}{C}$

方針② $(与式)=\dfrac{\left(\dfrac{1+x}{1-x}-\dfrac{1-x}{1+x}\right)(1-x)(1+x)}{\left(\dfrac{1+x}{1-x}+\dfrac{1-x}{1+x}\right)(1-x)(1+x)}$

$$=\frac{(1+x)^2-(1-x)^2}{(1+x)^2+(1-x)^2}=\frac{4x}{2(1+x^2)}=\boldsymbol{\frac{2x}{1+x^2}}$$

⇐分母・分子に
$(1-x)(1+x)$ を掛ける。

(2) **方針①** $x-\dfrac{2}{x-1}=\dfrac{x(x-1)-2}{x-1}=\dfrac{x^2-x-2}{x-1}$

$$=\frac{(x+1)(x-2)}{x-1}$$

⇐部分的に計算していく。

よって　$\dfrac{x^2-1}{x-\dfrac{2}{x-1}}=(x^2-1)\div\left(x-\dfrac{2}{x-1}\right)$

$$=(x+1)(x-1)\div\frac{(x+1)(x-2)}{x-1}$$
$$=(x+1)(x-1)\times\frac{x-1}{(x+1)(x-2)}$$
$$=\frac{(x-1)^2}{x-2}$$

⇐$A\div B$ の形に変形。

⇐$A\div\dfrac{C}{D}=A\times\dfrac{D}{C}$

ゆえに　$x-\dfrac{x^2-1}{x-\dfrac{2}{x-1}}=x-\dfrac{(x-1)^2}{x-2}$

$$=\frac{x(x-2)-(x-1)^2}{x-2}=-\frac{1}{x-2}$$

⇦$x(x-2)-(x-1)^2$
$=x^2-2x-x^2+2x-1$
$=-1$

よって　$(与式)=\dfrac{1}{-\dfrac{1}{x-2}}=1\div\left(-\dfrac{1}{x-2}\right)$

$=-(x-2)=\boldsymbol{-x+2}$

方針2　$\dfrac{x^2-1}{x-\dfrac{2}{x-1}}=\dfrac{(x^2-1)(x-1)}{\left(x-\dfrac{2}{x-1}\right)(x-1)}=\dfrac{(x^2-1)(x-1)}{x(x-1)-2}$

⇦分母・分子に $x-1$ を掛ける。

$$=\frac{(x+1)(x-1)\times(x-1)}{x^2-x-2}=\frac{(x+1)(x-1)^2}{(x+1)(x-2)}=\frac{(x-1)^2}{x-2}$$

よって　$(与式)=\dfrac{1}{x-\dfrac{(x-1)^2}{x-2}}$

⇦分母・分子に $x-2$ を掛ける。

$=\dfrac{x-2}{x(x-2)-(x-1)^2}=\dfrac{x-2}{-1}$

$=\boldsymbol{-x+2}$

PR ③16　次の計算をせよ。

(1) $\dfrac{1}{(x-3)(x-1)}+\dfrac{1}{(x-1)(x+1)}+\dfrac{1}{(x+1)(x+3)}$

(2) $\dfrac{1}{a^2-a}+\dfrac{1}{a^2+a}+\dfrac{1}{a^2+3a+2}$

HINT　$\boldsymbol{a\neq b}$ **のとき** $\dfrac{\boldsymbol{1}}{\boldsymbol{(x+a)(x+b)}}=\dfrac{\boldsymbol{1}}{\boldsymbol{b-a}}\left(\dfrac{\boldsymbol{1}}{\boldsymbol{x+a}}-\dfrac{\boldsymbol{1}}{\boldsymbol{x+b}}\right)$ を利用する。

(1)　$\dfrac{1}{(x-3)(x-1)}+\dfrac{1}{(x-1)(x+1)}+\dfrac{1}{(x+1)(x+3)}$

$=\dfrac{1}{2}\left(\dfrac{1}{x-3}-\dfrac{1}{x-1}\right)+\dfrac{1}{2}\left(\dfrac{1}{x-1}-\dfrac{1}{x+1}\right)$

$+\dfrac{1}{2}\left(\dfrac{1}{x+1}-\dfrac{1}{x+3}\right)$

⇦部分分数に分解する。
$-\dfrac{1}{x-1}$ と $\dfrac{1}{x-1}$，$-\dfrac{1}{x+1}$ と $\dfrac{1}{x+1}$ が互いに消える。

$=\dfrac{1}{2}\left(\dfrac{1}{x-3}-\dfrac{1}{x+3}\right)=\dfrac{1}{2}\cdot\dfrac{(x+3)-(x-3)}{(x-3)(x+3)}$

$=\dfrac{1}{2}\cdot\dfrac{6}{(x-3)(x+3)}=\dfrac{\boldsymbol{3}}{\boldsymbol{(x-3)(x+3)}}$

⇦約分。

(2)　$\dfrac{1}{a^2-a}+\dfrac{1}{a^2+a}+\dfrac{1}{a^2+3a+2}$

$=\dfrac{1}{a(a-1)}+\dfrac{1}{a(a+1)}+\dfrac{1}{(a+1)(a+2)}$

⇦分母を因数分解。

$=\left(\dfrac{1}{a-1}-\dfrac{1}{a}\right)+\left(\dfrac{1}{a}-\dfrac{1}{a+1}\right)+\left(\dfrac{1}{a+1}-\dfrac{1}{a+2}\right)$

⇦部分分数に分解する。

$=\dfrac{1}{a-1}-\dfrac{1}{a+2}=\dfrac{(a+2)-(a-1)}{(a-1)(a+2)}$

⇦通分する。

$=\dfrac{\boldsymbol{3}}{\boldsymbol{(a-1)(a+2)}}$

PR ③17

次の計算をせよ。

(1) $\dfrac{x^2+2x+3}{x}-\dfrac{x^2+3x+5}{x+1}$　(2) $\dfrac{x+1}{x+2}-\dfrac{x+2}{x+3}-\dfrac{x+3}{x+4}+\dfrac{x+4}{x+5}$

(1) $\dfrac{x^2+2x+3}{x}-\dfrac{x^2+3x+5}{x+1}=\dfrac{x^2}{x}+\dfrac{2x}{x}+\dfrac{3}{x}$

$-\dfrac{(x+1)(x+2)+3}{x+1}=\left(x+2+\dfrac{3}{x}\right)-\left(x+2+\dfrac{3}{x+1}\right)$

$=\dfrac{3}{x}-\dfrac{3}{x+1}=\dfrac{3(x+1)-3x}{x(x+1)}=\boldsymbol{\dfrac{3}{x(x+1)}}$

(2) $\dfrac{x+1}{x+2}-\dfrac{x+2}{x+3}-\dfrac{x+3}{x+4}+\dfrac{x+4}{x+5}$

$=\left(1-\dfrac{1}{x+2}\right)-\left(1-\dfrac{1}{x+3}\right)-\left(1-\dfrac{1}{x+4}\right)+\left(1-\dfrac{1}{x+5}\right)$

$=-\dfrac{1}{x+2}+\dfrac{1}{x+3}+\dfrac{1}{x+4}-\dfrac{1}{x+5}$

$=\dfrac{-(x+3)+(x+2)}{(x+2)(x+3)}+\dfrac{(x+5)-(x+4)}{(x+4)(x+5)}$

$=\dfrac{-1}{(x+2)(x+3)}+\dfrac{1}{(x+4)(x+5)}$

$=\dfrac{-(x+4)(x+5)+(x+2)(x+3)}{(x+2)(x+3)(x+4)(x+5)}$

$=\dfrac{-(x^2+9x+20)+(x^2+5x+6)}{(x+2)(x+3)(x+4)(x+5)}$

$=-\boldsymbol{\dfrac{2(2x+7)}{(x+2)(x+3)(x+4)(x+5)}}$

$$\begin{array}{r} x+2 \\ x+1\,\overline{)\,x^2+3x+5} \\ \underline{x^2+\ \ x} \\ 2x+5 \\ \underline{2x+2} \\ 3 \end{array}$$

⇦分子の次数を分母の次数より小さくする。
$x+1=(x+2)-1$
$x+2=(x+3)-1$
$x+3=(x+4)-1$
$x+4=(x+5)-1$

⇦前2つと後ろ2つを組み合わせると分子が定数になり，スムーズに計算できる。

⇦(分子)$=-4x-14$
$=-2(2x+7)$

PR ②18

次の等式が x についての恒等式となるように，定数 a, b, c, d の値を定めよ。

(1) $a(x-1)^2+b(x-1)+c=x^2+x$　〔東亜大〕

(2) $x^3-3x^2+7=a(x-2)^3+b(x-2)^2+c(x-2)+d$　〔福島大〕

(3) $x^3+(x+1)^3+(x+2)^3=ax(x-1)(x+1)+bx(x-1)+cx+d$

(1) **方針①**　等式の左辺を x について整理すると

$ax^2+(-2a+b)x+(a-b+c)=x^2+x$

両辺の同じ次数の項の係数を比較して

$a=1$　…… ①

$-2a+b=1$　…… ②

$a-b+c=0$　…… ③

この連立方程式を解いて　$\boldsymbol{a=1,\ b=3,\ c=2}$

方針②　与式が x についての恒等式であるならば，x にどのような値を代入しても等式が成り立つから

$x=1$ を代入して　$c=2$

$x=0$ を代入して　$a-b+c=0$

$x=2$ を代入して　$a+b+c=6$

これらを解いて　$a=1$, $b=3$, $c=2$

逆に，このとき与式の左辺は

⇦x について降べきの順にする。

⇦**係数比較法**

⇦① を ② に代入して
$-2+b=1$ から　$b=3$
これと ① を ③ に代入して
$1-3+c=0$ から　$c=2$

⇦**数値代入法**
計算がスムーズになるような x の値を選んで代入。

⇦逆の確認。

$$(x-1)^2+3(x-1)+2=x^2-2x+1+3x-3+2=x^2+x$$

となり，右辺と一致するから，与式は恒等式となる。

よって　　$\boldsymbol{a=1,\ b=3,\ c=2}$

(2) **方針1**　等式の右辺を x について整理すると

$$x^3-3x^2+7=ax^3-(6a-b)x^2+(12a-4b+c)x+(-8a+4b-2c+d)$$

両辺の同じ次数の項の係数を比較して

$1=a,\ 3=6a-b,\ 0=12a-4b+c,\ 7=-8a+4b-2c+d$

この連立方程式を解いて

$\boldsymbol{a=1,\ b=3,\ c=0,\ d=3}$

⇐**係数比較法**

方針2　与式が x についての恒等式であるならば，x にどのような値を代入しても等式が成り立つから

$x=2$ を代入して　　$3=d$

$x=3$ を代入して　　$7=a+b+c+d$

$x=1$ を代入して　　$5=-a+b-c+d$

$x=0$ を代入して　　$7=-8a+4b-2c+d$

これを解いて　　$a=1,\ b=3,\ c=0,\ d=3$

逆に，このとき与式の右辺は

$$(x-2)^3+3(x-2)^2+3=x^3-3x^2+7$$

となり，左辺と一致するから，与式は恒等式となる。

よって　　$\boldsymbol{a=1,\ b=3,\ c=0,\ d=3}$

⇐**数値代入法**
計算がスムーズになるような x の値を選んで代入する。

⇐逆の確認。

⇐$(x^3-6x^2+12x-8)+(3x^2-12x+12)+3$

別解　(おき換えて，係数比較)

$x-2=X$ とおくと，$x=X+2$ であるから

$$\begin{aligned}(\text{左辺})&=(X+2)^3-3(X+2)^2+7\\&=(X^3+6X^2+12X+8)-3(X^2+4X+4)+7\\&=X^3+3X^2+3\end{aligned}$$

$$(\text{右辺})=aX^3+bX^2+cX+d$$

与えられた等式が x についての恒等式となるためには

$$X^3+3X^2+3=aX^3+bX^2+cX+d$$

が X についての恒等式となればよいから，両辺の同じ次数の項の係数を比較して　　$\boldsymbol{a=1,\ b=3,\ c=0,\ d=3}$

⇐文字のおき換えで簡単な式にする。

⇐**係数比較法**

(3) **方針2**　与式が x についての恒等式であるならば，x にどのような値を代入しても等式が成り立つから

$x=0$ を代入して　　$9=d$

$x=1$ を代入して　　$36=c+d$

$x=-1$ を代入して　　$0=2b-c+d$

$x=-2$ を代入して　　$-9=-6a+6b-2c+d$

これを解いて　　$a=3,\ b=9,\ c=27,\ d=9$

逆に，このとき与式の右辺は

$$3x(x-1)(x+1)+9x(x-1)+27x+9$$
$$=3(x^3-x)+9(x^2-x)+27x+9=3x^3+9x^2+15x+9$$

一方，与式の左辺は

⇐**数値代入法**
計算がスムーズになるような x の値を選んで代入する。

⇐逆の確認。

$x^3+(x+1)^3+(x+2)^3$
$=x^3+(x^3+3x^2+3x+1)+(x^3+6x^2+12x+8)$
$=3x^3+9x^2+15x+9$

よって，両辺は一致し，与式は恒等式となる。

ゆえに　$\boldsymbol{a=3,\ b=9,\ c=27,\ d=9}$

inf.（「逆に」以下を次のように述べてもよい。）

このとき，等式の両辺は 3 次以下の整式であり，異なる 4 個の x の値に対して等式が成り立つから，この等式は恒等式である。よって　$\boldsymbol{a=3,\ b=9,\ c=27,\ d=9}$

⇦恒等式の性質の確認。

方針1　等式の両辺を x について整理すると

$$3x^3+9x^2+15x+9=ax^3+bx^2+(-a-b+c)x+d$$

両辺の同じ次数の項の係数を比較して

⇦**係数比較法**

$a=3,\ b=9,\ -a-b+c=15,\ d=9$

この連立方程式を解いて　$\boldsymbol{a=3,\ b=9,\ c=27,\ d=9}$

PR ②19

次の等式が x についての恒等式となるように，定数 a，b，c の値を定めよ。

(1) $\dfrac{3x-1}{x^2-1}=\dfrac{a}{x-1}+\dfrac{b}{x+1}$　〔大阪工大〕

(2) $\dfrac{x-5}{(x+1)^2(x-1)}=\dfrac{a}{(x+1)^2}+\dfrac{b}{x+1}+\dfrac{c}{x-1}$

(1)　両辺に $(x-1)(x+1)$ を掛けて

$3x-1=a(x+1)+b(x-1)$ …… ①

⇦分数式の恒等式では，分母を払った等式がまた恒等式である。

方針1（係数比較法）　右辺を展開して整理すると

$3x-1=(a+b)x+a-b$

両辺の同じ次数の項の係数を比較して

$3=a+b,\ -1=a-b$

この連立方程式を解いて　$\boldsymbol{a=1,\ b=2}$

方針2（数値代入法）　① が x についての恒等式ならば

$x=1$　を代入して　$2=2a$　よって　$a=1$

$x=-1$ を代入して　$-4=-2b$　よって　$b=2$

⇦もとの分数式のままでは $x=1$, $x=-1$ を代入することができないが，① の形ならば代入して構わない。（次の inf. 参照）

逆に，このとき ① の右辺は

$(x+1)+2(x-1)=3x-1$

となり，左辺と一致するから ① は恒等式である。

よって　$\boldsymbol{a=1,\ b=2}$

(2)　両辺に $(x+1)^2(x-1)$ を掛けて

$x-5=a(x-1)+b(x+1)(x-1)+c(x+1)^2$ …… ①

方針1（係数比較法）　右辺を展開して整理すると

$x-5=(b+c)x^2+(a+2c)x+(-a-b+c)$

両辺の同じ次数の項の係数を比較して

$0=b+c,\ 1=a+2c,\ -5=-a-b+c$

⇦ 3 元連立 1 次方程式。辺々を加えると a と b がまとめて消去できる。

この連立方程式を解いて　$\boldsymbol{a=3,\ b=1,\ c=-1}$

方針2（数値代入法）　① が x についての恒等式ならば

$x=1$　を代入して　　$-4=4c$
$x=-1$ を代入して　　$-6=-2a$
$x=0$　を代入して　　$-5=-a-b+c$
これを解いて　　$a=3,\ b=1,\ c=-1$
逆に，このとき ① の右辺は
$3(x-1)+(x+1)(x-1)-(x+1)^2=x-5$
となり，左辺と一致するから ① は恒等式である。
よって　　$\boldsymbol{a=3,\ b=1,\ c=-1}$

⇐もとの分数式のままでは $x=1,\ x=-1$ を代入することができないが，① の形ならば代入して構わない。
(次の inf. 参照)

inf.　① の両辺は，x にどのような値でも代入することができる。そこで，**数値代入法** では，計算をスムーズにするために $x=1,\ -1,\ 0$ を代入したが，このうち $x=1$ と $x=-1$ はもとの分数式のままでは分母を 0 にするため代入できない値である。これは，次の考え方による。
$x=1,\ -1,\ 0$ のとき ① が成り立つ。
$\Longrightarrow$ ① は x の恒等式であり，任意の x に対して成り立つ。
$\Longrightarrow$ ① は，$x\neq1,\ x\neq-1$ を満たすすべての x に対して成り立つ。このとき　　$(x+1)^2(x-1)\neq0$
$\Longrightarrow$ ① の両辺を $(x+1)^2(x-1)$ で割った式(与式)は，$x\neq1,\ x\neq-1$ において常に成り立つ。
$\Longrightarrow$ 与式は恒等式になる。

PR ③20　次の等式が $x,\ y$ についての恒等式となるように，定数 $a,\ b,\ c$ の値を定めよ。
(1)　$x^2+axy+by^2=(cx+y)(x-4y)$
(2)　$x^2-xy-2y^2+ax-y+1=(x+y+b)(x-2y+c)$　　〔類 東京電機大〕

(1)　右辺を展開して整理すると
$$x^2+axy+by^2=cx^2+(-4c+1)xy-4y^2$$
この等式が $x,\ y$ についての恒等式となるのは，両辺の各項の係数が等しいときであるから
$$1=c,\ a=-4c+1,\ b=-4$$
これを解いて　　$\boldsymbol{a=-3,\ b=-4,\ c=1}$

⇐**係数比較法**

(2)　右辺を展開して整理すると
$$x^2-xy-2y^2+ax-y+1$$
$$=x^2-xy-2y^2+(b+c)x+(-2b+c)y+bc$$
この等式が $x,\ y$ についての恒等式となるのは，両辺の各項の係数が等しいときであるから
$b+c=a$ ……①，$-2b+c=-1$ ……②，
$bc=1$　　……③
②，③ から c を消去すると　　$b(2b-1)=1$
よって　　$(2b+1)(b-1)=0$　　　ゆえに　　$b=-\dfrac{1}{2},\ 1$
①，③ から，$b=-\dfrac{1}{2}$ のとき　　$c=-2,\ a=-\dfrac{5}{2}$

⇐右辺を展開すると
$x^2-2xy+cx$
$+yx-2y^2+cy$
$+bx-2by+bc$

⇐② から　$c=2b-1$
これを ③ に代入して
$b(2b-1)=1$
展開して　$2b^2-b-1=0$

$b=1$ のとき　$c=1,\ a=2$

すなわち　$(\boldsymbol{a},\ \boldsymbol{b},\ \boldsymbol{c})=\left(-\dfrac{5}{2},\ -\dfrac{1}{2},\ -2\right),\ (2,\ 1,\ 1)$

PR ③21 x についての多項式 $2x^3+ax+10$ を x^2-3x+b で割ると余りが $3x-2$ となるように，定数 a，b の値を定めよ。また，そのときの商を求めよ。

求める商を $2x+c$ とすると，条件から

$$2x^3+ax+10=(x^2-3x+b)(2x+c)+3x-2$$

が x についての恒等式である。

右辺を展開して整理すると

$$2x^3+ax+10=2x^3+(c-6)x^2+(2b-3c+3)x+bc-2$$

両辺の同じ次数の項の係数は等しいから

$$0=c-6,\ a=2b-3c+3,\ 10=bc-2$$

これを解いて　$c=6,\ b=2,\ a=-11$

よって　$\boldsymbol{a=-11,\ b=2}$　**商は**　$\boldsymbol{2x+6}$

⇦ x^3 の係数が 2 であるから，商は $2x+c$ とおける。

⇦**係数比較法**

別解　右の計算から，割り算の

余りは　$(a-2b+18)x+10-6b$

これが $3x-2$ に等しいから

$$a-2b+18=3,\ 10-6b=-2$$

これを解いて　$\boldsymbol{a=-11,\ b=2}$

また，**商は**　$\boldsymbol{2x+6}$

$$\begin{array}{r|l} & 2x\ +6 \\ \hline x^2-3x+b & 2x^3\qquad +\qquad ax+10 \\ & 2x^3-6x^2+\qquad 2bx \\ \hline & 6x^2+(a-2b)x+10 \\ & 6x^2-\qquad 18x+6b \\ \hline & (a-2b+18)x+10-6b \end{array}$$

PR ③22 (1) $2x-y-3=0$ を満たすすべての x，y に対して $ax^2+by^2+2cx-9=0$ が成り立つとき，定数 a，b，c の値を求めよ。

(2) $x+y+z=2$，$x-y-5z=0$ を満たす x，y，z の任意の値に対して，常に $a(2-x)^2+b(2-y)^2+c(2-z)^2=35$ となるように定数 a，b，c の値を定めよ。〔武庫川女子大〕

(1) $2x-y-3=0$ から　$y=2x-3$

これを $ax^2+by^2+2cx-9=0$ に代入すると

$$ax^2+b(2x-3)^2+2cx-9=0$$

よって　$(a+4b)x^2-2(6b-c)x+9(b-1)=0$

この等式が x についての恒等式であるから

$$a+4b=0,\ 6b-c=0,\ b-1=0$$

ゆえに　$\boldsymbol{a=-4,\ b=1,\ c=6}$

⇦ **y を消去する方針。**

⇦**係数比較法**

(2) $x+y+z=2$ ……①，$x-y-5z=0$ ……② とする。

①＋② から　$2x-4z=2$　よって　$x=2z+1$

①－② から　$2y+6z=2$　よって　$y=-3z+1$

これらを $a(2-x)^2+b(2-y)^2+c(2-z)^2=35$ に代入すると

$$a\{2-(2z+1)\}^2+b\{2-(-3z+1)\}^2+c(2-z)^2=35$$

左辺を z について整理すると

$$(4a+9b+c)z^2-2(2a-3b+2c)z+a+b+4c=35$$

この等式が z についての恒等式であるから

⇦①，② を x と y に関する連立方程式とみて解く。

⇦ **x，y** を消去して，z 1 文字で表す方針。

$4a+9b+c=0$ …… ③
$2a-3b+2c=0$ …… ④
$a+b+4c=35$ …… ⑤

③×2−④ から　$6a+21b=0$
よって　$2a+7b=0$ …… ⑥
④×2−⑤ から　$3a-7b=-35$ …… ⑦
⑥+⑦ から　$5a=-35$　ゆえに　$a=-7$
このとき，⑥ から　$7b=-2a=14$　よって　$b=2$
更に，③ から　$c=-4a-9b=28-18=10$
したがって　$\boldsymbol{a=-7,\ b=2,\ c=10}$

⇐③+④+⑤ から $7(a+b+c)=35$ よって $a+b+c=5$ これと ⑤ から，$a+b$ を消去して $3c=30$ ゆえに $c=10$ これから ③，④ より a，b を求めてもよい。

PR ②23

次の等式を証明せよ。
(1) $a^4+4b^4=\{(a+b)^2+b^2\}\{(a-b)^2+b^2\}$
(2) $(a^2-b^2)(c^2-d^2)=(ac+bd)^2-(ad+bc)^2$

(1) (右辺)$=(a+b)^2(a-b)^2+\{(a+b)^2+(a-b)^2\}b^2+b^4$
$=(a^2-b^2)^2+2(a^2+b^2)b^2+b^4$
$=a^4-2a^2b^2+b^4+2a^2b^2+2b^4+b^4$
$=a^4+4b^4=$(左辺)

よって　$a^4+4b^4=\{(a+b)^2+b^2\}\{(a-b)^2+b^2\}$

⇐右辺を変形して左辺を導く。

別解　(右辺)$=\{(a^2+2b^2)+2ab\}\{(a^2+2b^2)-2ab\}$
$=(a^2+2b^2)^2-4a^2b^2$
$=a^4+4b^4=$(左辺)

(2) (左辺)$=a^2c^2-a^2d^2-b^2c^2+b^2d^2$
(右辺)$=a^2c^2+2abcd+b^2d^2-(a^2d^2+2abcd+b^2c^2)$
$=a^2c^2-a^2d^2-b^2c^2+b^2d^2$

よって　$(a^2-b^2)(c^2-d^2)=(ac+bd)^2-(ad+bc)^2$

⇐左辺と右辺をそれぞれ変形して，同じ式を導く。

PR ②24

$a+b+c=0$ のとき，次の等式が成り立つことを証明せよ。
(1) $a^3(b-c)+b^3(c-a)+c^3(a-b)=0$
(2) $(b+c)^2+(c+a)^2+(a+b)^2=-2(bc+ca+ab)$

(1) $a+b+c=0$ から　$c=-(a+b)$

⇐c を消去する方針。

(左辺)$=a^3\{b+(a+b)\}+b^3\{-(a+b)-a\}$
$+\{-(a+b)\}^3(a-b)$
$=a^3(a+2b)+b^3(-2a-b)-(a+b)^3(a-b)$
$=a^4+2a^3b-2ab^3-b^4-(a^3+3a^2b+3ab^2+b^3)(a-b)$
$=a^4+2a^3b-2ab^3-b^4-(a^4+2a^3b-2ab^3-b^4)$
$=0=$(右辺)

⇐左辺を変形して右辺を導く。

よって　$a^3(b-c)+b^3(c-a)+c^3(a-b)=0$

別解 1　(左辺)
$=(b-c)a^3-(b^3-c^3)a+b^3c-bc^3$
$=(b-c)a^3-(b-c)(b^2+bc+c^2)a+bc(b+c)(b-c)$

⇐a について整理。

$=(b-c)\{a^3-(b^2+bc+c^2)a+bc(b+c)\}$

⇐共通因数でくくる。

ここで

$a^3-(b^2+bc+c^2)a+bc(b+c)$
$=(c-a)b^2+(c^2-ca)b+a^3-c^2a$
$=(c-a)b^2+c(c-a)b-a(c+a)(c-a)$
$=(c-a)\{b^2+cb-a(c+a)\}$
$=(c-a)\{b+(c+a)\}(b-a)$
$=-(a-b)(c-a)(a+b+c)$

⇐{ }の中を，より次数の低い文字 b について整理。

inf. a, b, c についての交代式（数Ⅰ p.34 参照）であるから

$(a-b)(b-c)(c-a)$

を因数にもつ。

であるから

(左辺)$=-(a-b)(b-c)(c-a)(a+b+c)$

よって，$a+b+c=0$ のとき　(左辺)$=0$

⇐条件式を **丸ごと代入。**

ゆえに　$a^3(b-c)+b^3(c-a)+c^3(a-b)=0$

別解 2　$b+c=-a$, $c+a=-b$, $a+b=-c$ であるから

(左辺)$=a^3b-a^3c+b^3c-ab^3+c^3a-bc^3$
$=ab(a^2-b^2)+bc(b^2-c^2)+ca(c^2-a^2)$
$=ab(a+b)(a-b)+bc(b+c)(b-c)$
$+ca(c+a)(c-a)$
$=ab(-c)(a-b)+bc(-a)(b-c)+ca(-b)(c-a)$
$=-abc\{(a-b)+(b-c)+(c-a)\}=0=$(右辺)

⇐左辺を変形して，右辺を導く。

よって　$a^3(b-c)+b^3(c-a)+c^3(a-b)=0$

(2)　$a+b+c=0$ から　$c=-(a+b)$

⇐ **c を消去する方針。**

(左辺)$=\{b-(a+b)\}^2+\{-(a+b)+a\}^2+(a+b)^2$
$=a^2+b^2+(a^2+2ab+b^2)=2(a^2+ab+b^2)$

⇐両辺を変形して同じ式を導く。

(右辺)$=-2\{-b(a+b)-(a+b)a+ab\}$
$=-2(-ab-b^2-a^2-ab+ab)=2(a^2+ab+b^2)$

よって　$(b+c)^2+(c+a)^2+(a+b)^2=-2(bc+ca+ab)$

別解　$b+c=-a$, $c+a=-b$, $a+b=-c$ であるから

⇐これを利用した方が，後の計算がスムーズになる。

(左辺)−(右辺)$=(-a)^2+(-b)^2+(-c)^2+2(bc+ca+ab)$
$=a^2+b^2+c^2+2ab+2bc+2ca$
$=(a+b+c)^2=0^2=0$

⇐a について整理して
$a^2+2(b+c)a+(b+c)^2$
$=\{a+(b+c)\}^2=0$
でもよい。

よって　$(b+c)^2+(c+a)^2+(a+b)^2=-2(bc+ca+ab)$

PR ②25

(1)　$a:b=c:d$ のとき，等式 $\dfrac{pa+qc}{pb+qd}=\dfrac{ra+sc}{rb+sd}$ が成り立つことを証明せよ。

(2)　$\dfrac{a}{b}=\dfrac{c}{d}=\dfrac{e}{f}$ のとき，等式 $\dfrac{a+c}{b+d}=\dfrac{a+c+e}{b+d+f}$ が成り立つことを証明せよ。

(1)　$\dfrac{a}{c}=\dfrac{b}{d}=k$ とおくと　$a=ck$, $b=dk$

⇐$\boldsymbol{a:b=c:d}$
$\Longleftrightarrow \boldsymbol{\dfrac{a}{c}=\dfrac{b}{d}}$

よって　$\dfrac{pa+qc}{pb+qd}=\dfrac{p(ck)+qc}{p(dk)+qd}=\dfrac{c(pk+q)}{d(pk+q)}=\dfrac{c}{d}$

$\dfrac{ra+sc}{rb+sd}=\dfrac{r(ck)+sc}{r(dk)+sd}=\dfrac{c(rk+s)}{d(rk+s)}=\dfrac{c}{d}$

ゆえに　$\dfrac{pa+qc}{pb+qd}=\dfrac{ra+sc}{rb+sd}$

(2)　$\dfrac{a}{b}=\dfrac{c}{d}=\dfrac{e}{f}=k$ とおくと　$a=bk,\ c=dk,\ e=fk$

よって　$\dfrac{a+c}{b+d}=\dfrac{bk+dk}{b+d}$

$=\dfrac{k(b+d)}{b+d}=k$

$\dfrac{a+c+e}{b+d+f}=\dfrac{bk+dk+fk}{b+d+f}$

$=\dfrac{k(b+d+f)}{b+d+f}=k$

ゆえに　$\dfrac{a+c}{b+d}=\dfrac{a+c+e}{b+d+f}$

inf.　2つの比の場合 $\boldsymbol{a:b=c:d}$ $\Longleftrightarrow \dfrac{\boldsymbol{a}}{\boldsymbol{b}}=\dfrac{\boldsymbol{c}}{\boldsymbol{d}}$ でもあるから $a=bk,\ c=dk$ とおくこともできる。

⇐$b+d$ で約分。

⇐$b+d+f$ で約分。

⇐$A=C,\ B=C \Longrightarrow A=B$

PR ③26　$x,\ y,\ z$ は実数とする。$\dfrac{y+2z}{x}=\dfrac{z+2x}{y}=\dfrac{x+2y}{z}$ のとき，この式の値を求めよ。

分母は0でないから　$xyz\neq0$

$\dfrac{y+2z}{x}=\dfrac{z+2x}{y}=\dfrac{x+2y}{z}=k$ とおくと

$y+2z=xk$ ……①，$z+2x=yk$ ……②，$x+2y=zk$ ……③

①+②+③ から　$3(x+y+z)=(x+y+z)k$

よって　$(k-3)(x+y+z)=0$

ゆえに　$k=3$　または　$x+y+z=0$

[1]　$k=3$ のとき

①，②，③ から

$y+2z=3x$ ……④，$z+2x=3y$ ……⑤，$x+2y=3z$ ……⑥

④−2×⑤ から　$y-4x=3x-6y$　　よって　$x=y$

これを⑥に代入すると　$x+2x=3z$　　よって　$x=z$

したがって　$x=y=z$

$x=y=z$ かつ $xyz\neq0$ を満たす実数 $x,\ y,\ z$ の組は存在する。

[2]　$x+y+z=0$ のとき

$z=-(x+y)$ を $\dfrac{y+2z}{x}=\dfrac{z+2x}{y}$ に代入すると，

$\dfrac{-(2x+y)}{x}=\dfrac{x-y}{y}$ から　$-y(2x+y)=x(x-y)$

すなわち　$x^2+xy+y^2=0$

よって，$\left(x+\dfrac{1}{2}y\right)^2+\dfrac{3}{4}y^2=0$ であるから

$x+\dfrac{1}{2}y=0,\ y=0$　　ゆえに　$x=y=0$

これは不適。

[1]，[2] から，求める式の値は　**3**

⇐$xyz\neq0 \Longleftrightarrow x\neq0$ かつ $y\neq0$ かつ $z\neq0$

⇐$x+y+z$ が0になる可能性もあるから，両辺をこれで割ってはいけない。

⇐例えば $x=y=z=1$

⇐$A,\ B$ が実数のとき $\boldsymbol{A^2+B^2=0} \Longleftrightarrow \boldsymbol{A=B=0}$

PR ②27

次の不等式を証明せよ。また，(3) の等号が成り立つのはどのようなときか。

(1) $a>-2,\ b>\frac{1}{3}$ のとき　$3ab-2>a-6b$

(2) $4x^2+3>4x$　　(3) $2x^2 \geqq 3xy-2y^2$

(1) $3ab-2-(a-6b)=3ab-a+6b-2$
$=(3b-1)a+2(3b-1)$
$=(a+2)(3b-1)$

ここで，$a>-2,\ b>\frac{1}{3}$ から　$a+2>0,\ 3b-1>0$

よって　$(a+2)(3b-1)>0$

ゆえに　$3ab-2>a-6b$

(2) $4x^2+3-4x=4x^2-4x+3=4\left(x^2-x+\frac{1}{4}-\frac{1}{4}\right)+3$
$=4\left(x-\frac{1}{2}\right)^2-1+3=4\left(x-\frac{1}{2}\right)^2+2>0$

よって　$4x^2+3>4x$

(3) $2x^2-(3xy-2y^2)=2x^2-3yx+2y^2$
$=2\left(x-\frac{3}{4}y\right)^2-\frac{9}{8}y^2+2y^2$
$=2\left(x-\frac{3}{4}y\right)^2+\frac{7}{8}y^2 \geqq 0$

よって　$2x^2 \geqq 3xy-2y^2$

等号が成り立つのは，$x-\frac{3}{4}y=0$ かつ $y=0$ すなわち

$\boldsymbol{x=y=0}$ **のとき** である。

⇐(左辺)−(右辺)>0 を示す。

⇐$3b>1$ から $3b-1>0$

inf. (左辺)−(右辺)>0 の証明は次のように示してもよい。
$4x^2-4x+3$
$=(2x-1)^2-1+3$
$=(2x-1)^2+2>0$

⇐$2\left(x-\frac{3}{4}y\right)^2 \geqq 0$, $\frac{7}{8}y^2 \geqq 0$ から。

⇐実数 A，B に対し
$\boldsymbol{A^2+B^2=0}$
$\boldsymbol{\Longleftrightarrow A=B=0}$

PR ②28

$a \geqq 0,\ b \geqq 0$ のとき，次の不等式が成り立つことを証明せよ。また，等号が成り立つのはどのようなときか。

(1) $\sqrt{a}+2 \geqq \sqrt{a+4}$　　(2) $\sqrt{2(a+b)} \geqq \sqrt{a}+\sqrt{b}$

(1) $(\sqrt{a}+2)^2-(\sqrt{a+4})^2=(a+4\sqrt{a}+4)-(a+4)$
$=4\sqrt{a} \geqq 0$

よって　$(\sqrt{a}+2)^2 \geqq (\sqrt{a+4})^2$

$\sqrt{a}+2>0,\ \sqrt{a+4}>0$ であるから

$\sqrt{a}+2 \geqq \sqrt{a+4}$

等号が成り立つのは，$\boldsymbol{a=0}$ のとき である。

(2) $\{\sqrt{2(a+b)}\}^2-(\sqrt{a}+\sqrt{b})^2=2(a+b)-(a+2\sqrt{ab}+b)$
$=a-2\sqrt{ab}+b$
$=(\sqrt{a}-\sqrt{b})^2 \geqq 0$

よって　$\{\sqrt{2(a+b)}\}^2 \geqq (\sqrt{a}+\sqrt{b})^2$

$\sqrt{2(a+b)} \geqq 0,\ \sqrt{a}+\sqrt{b} \geqq 0$ であるから

$\sqrt{2(a+b)} \geqq \sqrt{a}+\sqrt{b}$

等号が成り立つのは，$\boldsymbol{a=b}$ のとき である。

⇐両辺の平方の差を作る。

⇐**この断りは重要。**

⇐両辺の平方の差を作る。

⇐**この断りは重要。**

PR ②29 不等式 $|a+b| \leqq |a|+|b|$ を利用して，次の不等式を証明せよ。

(1) $|a-b| \leqq |a|+|b|$　　(2) $|a-c| \leqq |a-b|+|b-c|$

(3) $|a+b+c| \leqq |a|+|b|+|c|$

(1) $|a+b| \leqq |a|+|b|$ の b を $-b$ におき換えて

$$|a-b| \leqq |a|+|-b|$$

ここで　$|-b|=|b|$

よって　$|a-b| \leqq |a|+|b|$

(2) $|a+b| \leqq |a|+|b|$ の a を $a-b$，b を $b-c$ におき換えて

$$|(a-b)+(b-c)| \leqq |a-b|+|b-c|$$

よって　$|a-c| \leqq |a-b|+|b-c|$

(3) $|a+b| \leqq |a|+|b|$ の a を $a+b$，b を c におき換えて

$$|(a+b)+c| \leqq |a+b|+|c| \quad \cdots\cdots ①$$

また，$|a+b| \leqq |a|+|b|$ から

$$|a+b|+|c| \leqq |a|+|b|+|c| \quad \cdots\cdots ②$$

①，② から　$|a+b+c| \leqq |a|+|b|+|c|$

inf. $|a+b| \leqq |a|+|b|$ の証明は，基本例題 29 (1) を参照。

⇦両辺に $|c|$ を加える。

⇦$A \leqq B$，$B \leqq C \Longrightarrow A \leqq C$

PR ③30 a, b, c, d は正の数とする。次の不等式が成り立つことを証明せよ。また，等号が成り立つのはどのようなときか。

(1) $4a+\dfrac{9}{a} \geqq 12$　　(2) $\left(\dfrac{b}{a}+\dfrac{d}{c}\right)\left(\dfrac{a}{b}+\dfrac{c}{d}\right) \geqq 4$

(1) $4a>0$，$\dfrac{9}{a}>0$ であるから，相加平均と相乗平均の大小関係により　$4a+\dfrac{9}{a} \geqq 2\sqrt{4a\cdot\dfrac{9}{a}}=2\cdot 6=12$

よって　$4a+\dfrac{9}{a} \geqq 12$

等号が成り立つのは $4a=\dfrac{9}{a}$ すなわち $\boldsymbol{a=\dfrac{3}{2}}$ **のとき。**

⇦$4a=\dfrac{9}{a}$ から $a^2=\dfrac{9}{4}$
$a>0$ であるから　$a=\dfrac{3}{2}$

別解 $4a+\dfrac{9}{a}-12=\dfrac{4a^2-12a+9}{a}$

$$=\frac{(2a-3)^2}{a}$$

$a>0$，$(2a-3)^2 \geqq 0$ より　$\dfrac{(2a-3)^2}{a} \geqq 0$

⇦(実数)$^2 \geqq 0$

よって　$4a+\dfrac{9}{a} \geqq 12$

等号が成り立つのは，$2a-3=0$ すなわち $\boldsymbol{a=\dfrac{3}{2}}$ **のとき。**

(2) 左辺を展開して

$$\left(\frac{b}{a}+\frac{d}{c}\right)\left(\frac{a}{b}+\frac{c}{d}\right)=\frac{b}{a}\cdot\frac{a}{b}+\frac{b}{a}\cdot\frac{c}{d}+\frac{d}{c}\cdot\frac{a}{b}+\frac{d}{c}\cdot\frac{c}{d}$$

$$=\frac{bc}{ad}+\frac{ad}{bc}+2$$

⇦左辺を展開。

$\dfrac{bc}{ad}>0$, $\dfrac{ad}{bc}>0$ であるから，相加平均と相乗平均の大小関係により　$\dfrac{bc}{ad}+\dfrac{ad}{bc}\geqq 2\sqrt{\dfrac{bc}{ad}\cdot\dfrac{ad}{bc}}=2\cdot 1=2$

よって　$\left(\dfrac{b}{a}+\dfrac{d}{c}\right)\left(\dfrac{a}{b}+\dfrac{c}{d}\right)=\dfrac{bc}{ad}+\dfrac{ad}{bc}+2$

$\geqq 2+2=4$

等号が成り立つのは， $\dfrac{bc}{ad}=\dfrac{ad}{bc}$ すなわち $(ad)^2=(bc)^2$ のときであるが，$ad>0$, $bc>0$ から $\boldsymbol{ad=bc}$ **のとき。**

別解　$\left(\dfrac{b}{a}+\dfrac{d}{c}\right)\left(\dfrac{a}{b}+\dfrac{c}{d}\right)-4=\dfrac{bc}{ad}+\dfrac{ad}{bc}-2$

$=\dfrac{(bc)^2+(ad)^2-2ad\cdot bc}{ad\cdot bc}$

$=\dfrac{(ad-bc)^2}{abcd}\geqq 0$

よって，不等式は成り立つ。

等号が成り立つのは，$\boldsymbol{ad=bc}$ のとき。

⇐a, b, c, d は正の数であるから
$ad>0$, $bc>0$

⇐$\dfrac{bc}{ad}=\dfrac{ad}{bc}$ かつ $\dfrac{bc}{ad}+\dfrac{ad}{bc}=2$
ゆえに　$\dfrac{bc}{ad}+\dfrac{bc}{ad}=2$
よって　$\dfrac{bc}{ad}=1$
と求めてもよい。

⇐**大小比較　差を作る**の方針にしたがって，(左辺)−(右辺)≧0 を示す。

PR ③31

(1) $x>0$ のとき，$x+\dfrac{16}{x}$ の最小値を求めよ。

(2) $x>1$ のとき，$x+\dfrac{1}{x-1}$ の最小値を求めよ。

(1) $x>0$, $\dfrac{16}{x}>0$ であるから，相加平均と相乗平均の大小関係により　$x+\dfrac{16}{x}\geqq 2\sqrt{x\cdot\dfrac{16}{x}}=2\cdot 4=8$

等号が成り立つのは $x=\dfrac{16}{x}$ すなわち $x=4$ のとき。

よって，$\boldsymbol{x=4}$ **で最小値 8** をとる。

(2) $x+\dfrac{1}{x-1}=x-1+\dfrac{1}{x-1}+1$

$x-1>0$, $\dfrac{1}{x-1}>0$ であるから，相加平均と相乗平均の大小関係により　$x-1+\dfrac{1}{x-1}\geqq 2\sqrt{(x-1)\cdot\dfrac{1}{x-1}}=2$

ゆえに　$x+\dfrac{1}{x-1}=x-1+\dfrac{1}{x-1}+1\geqq 2+1=3$

等号が成り立つのは $x-1=\dfrac{1}{x-1}$ のとき。

このとき　$(x-1)^2=1$

$x-1>0$ であるから　$x-1=1$

ゆえに　$x=2$

したがって，$\boldsymbol{x=2}$ **で最小値 3** をとる。

⇐式の値が 8 になるような x が存在することを必ず確認する。

⇐$x\cdot\dfrac{1}{x-1}$ は定数にならず，相加・相乗平均が使えない。そこで，積が定数となるような 2 つの式の和を作る。

⇐$x-1=\dfrac{1}{x-1}$ かつ $x-1+\dfrac{1}{x-1}=2$
ゆえに　$2(x-1)=2$
よって　$x=2$

PR ③32 2つの正の数 a, b が $a+b=1$ を満たすとき，次の式の大小を比較せよ。

$$a+b,\quad a^2+b^2,\quad ab,\quad \sqrt{a}+\sqrt{b}$$

HINT $a>0$, $b>0$, $a+b=1$ を満たす数 $a=\frac{1}{2}$, $b=\frac{1}{2}$ を代入すると，$a^2+b^2=\frac{1}{2}$, $ab=\frac{1}{4}$, $\sqrt{a}+\sqrt{b}=\sqrt{2}$ から，$ab<a^2+b^2<a+b<\sqrt{a}+\sqrt{b}$ と見当がつく。$a+b=1$ は条件式。
条件式は文字を減らす方針 ⟶ b を消去する。

$a+b=1$ から　$b=1-a$

$b>0$ から　$1-a>0$　すなわち　$a<1$

$a>0$ から　$0<a<1$ ……①

また　$a^2+b^2=a^2+(1-a)^2=2a^2-2a+1$

$ab=a(1-a)=-a^2+a$,　$\sqrt{a}+\sqrt{b}=\sqrt{a}+\sqrt{1-a}$

[1]　$(a^2+b^2)-ab=(2a^2-2a+1)-(-a^2+a)$

$$=3a^2-3a+1=3\left(a-\frac{1}{2}\right)^2+\frac{1}{4}>0$$

[2]　① から　$(a+b)-(a^2+b^2)=1-(2a^2-2a+1)$

$$=2a(1-a)>0$$

[3]　① から　$(\sqrt{a}+\sqrt{b})^2-(a+b)^2=(\sqrt{a}+\sqrt{1-a})^2-1^2$

$$=a+2\sqrt{a}\sqrt{1-a}+(1-a)-1=2\sqrt{a}\sqrt{1-a}>0$$

$\sqrt{a}+\sqrt{b}>0$, $a+b>0$ であるから　$\sqrt{a}+\sqrt{b}>a+b$

したがって　$\boldsymbol{ab<a^2+b^2<a+b<\sqrt{a}+\sqrt{b}}$

⇐消去する b の条件を a に残す。

[3]　$A>0$, $B>0$ ならば $A>B \iff A^2>B^2$

別解　[1]　$(a^2+b^2)-ab=a^2-ab+\left(\frac{b}{2}\right)^2-\left(\frac{b}{2}\right)^2+b^2$

$$=\left(a-\frac{b}{2}\right)^2+\frac{3}{4}b^2>0$$

[2]　$(a+b)-(a^2+b^2)=1-\{(a+b)^2-2ab\}=2ab>0$

[3]　$(\sqrt{a}+\sqrt{b})^2-(a+b)^2=(a+b+2\sqrt{ab})-1^2=2\sqrt{ab}>0$

$\sqrt{a}+\sqrt{b}>0$, $a+b>0$ であるから　$\sqrt{a}+\sqrt{b}>a+b$

したがって　$\boldsymbol{ab<a^2+b^2<a+b<\sqrt{a}+\sqrt{b}}$

⇐[2], [3] では，文字を減らさずに $a+b=1$ をそのまま使って証明する。

⇐$1-\{(a+b)^2-2ab\}$
$=1-(1^2-2ab)$
$=2ab$

PR ④33 次の不等式を証明せよ。また，等号が成り立つのはどのようなときか。

(1)　$a^2+b^2+c^2+ab+bc+ca\geqq 0$　　(2)　$a+b+c>0$ のとき　$a^3+b^3+c^3\geqq 3abc$

HINT (2)　$a^3+b^3+c^3-3abc=(a+b+c)(a^2+b^2+c^2-ab-bc-ca)$ と因数分解すると，$a+b+c>0$ であるから，$a^2+b^2+c^2-ab-bc-ca\geqq 0$ が示せればよい。この不等式は重要例題 33 で証明している。

(1)　$a^2+b^2+c^2+ab+bc+ca=a^2+(b+c)a+b^2+bc+c^2$

$$=\left(a+\frac{b+c}{2}\right)^2-\left(\frac{b+c}{2}\right)^2+b^2+bc+c^2$$

$$=\left(a+\frac{b+c}{2}\right)^2+\frac{3}{4}\left(b^2+\frac{2}{3}bc+c^2\right)$$

$$=\left(a+\frac{b+c}{2}\right)^2+\frac{3}{4}\left\{\left(b+\frac{c}{3}\right)^2-\left(\frac{c}{3}\right)^2+c^2\right\}$$

$$=\left(a+\frac{b+c}{2}\right)^2+\frac{3}{4}\left(b+\frac{c}{3}\right)^2+\frac{2}{3}c^2\geqq 0$$

⇐a についての2次式とみて，基本形に変形。

⇐$\left(a+\frac{b+c}{2}\right)^2\geqq 0$, $\left(b+\frac{c}{3}\right)^2\geqq 0$, $c^2\geqq 0$ から。

よって　$a^2+b^2+c^2+ab+bc+ca \geqq 0$

等号が成り立つのは， $a+\dfrac{b+c}{2}=0$ かつ $b+\dfrac{c}{3}=0$ かつ $c=0$ すなわち $\boldsymbol{a=b=c=0}$ **のとき** である。

別解　$a^2+b^2+c^2+ab+bc+ca$

$=\dfrac{1}{2}(2a^2+2b^2+2c^2+2ab+2bc+2ca)$

$=\dfrac{1}{2}\{(a^2+2ab+b^2)+(b^2+2bc+c^2)+(c^2+2ca+a^2)\}$

$=\dfrac{1}{2}\{(a+b)^2+(b+c)^2+(c+a)^2\} \geqq 0$

⇐$(a+b)^2 \geqq 0$，$(b+c)^2 \geqq 0$，$(c+a)^2 \geqq 0$ から。

よって　$a^2+b^2+c^2+ab+bc+ca \geqq 0$

等号が成り立つのは， $a+b=0$ かつ $b+c=0$ かつ $c+a=0$ すなわち $\boldsymbol{a=b=c=0}$ **のとき** である。

(2)　$a^3+b^3+c^3-3abc$

$=(a+b+c)(a^2+b^2+c^2-ab-bc-ca)$

⇐因数分解の公式（数学Ⅰ $p.38$ 参照）

$=\dfrac{1}{2}(a+b+c)\{(a-b)^2+(b-c)^2+(c-a)^2\}$

$a+b+c>0$，$(a-b)^2 \geqq 0$，$(b-c)^2 \geqq 0$，$(c-a)^2 \geqq 0$ から

$\dfrac{1}{2}(a+b+c)\{(a-b)^2+(b-c)^2+(c-a)^2\} \geqq 0$

よって　$a^3+b^3+c^3 \geqq 3abc$

等号が成り立つのは， $a+b+c>0$ かつ $a-b=0$ かつ $b-c=0$ かつ $c-a=0$ すなわち $\boldsymbol{a=b=c>0}$ **のとき** である。

⇐$a=b=c$ より $a+a+a>0$ よって $a>0$

PR ④34

$a+b+c=1$，$\dfrac{1}{a}+\dfrac{1}{b}+\dfrac{1}{c}=1$ であるとき，a，b，c のうち少なくとも1つは1であることを証明せよ。

HINT　「a，b，c のうち少なくとも1つは1」⟺「$a-1$，$b-1$，$c-1$ のうち少なくとも1つは0」であるから $(a-1)(b-1)(c-1)=0$ となることを示せばよい。

$\dfrac{1}{a}+\dfrac{1}{b}+\dfrac{1}{c}=1$　の両辺に abc を掛けて

$bc+ca+ab=abc$ …… ①

$P=(a-1)(b-1)(c-1)$ とおくと

$P=abc-(bc+ca+ab)+(a+b+c)-1$

$a+b+c=1$ と ① を上式に代入して

$P=abc-abc+1-1=0$

よって　$a-1=0$ または $b-1=0$ または $c-1=0$

したがって，a，b，c のうち少なくとも1つは1である。

別解　$a+b+c=1$ から　$c=1-(a+b)$ …… ①

$\dfrac{1}{a}+\dfrac{1}{b}+\dfrac{1}{c}=1$ から　$bc+ca+ab=abc$

すなわち　$(a+b)c+ab(1-c)=0$

① を代入して　$(a+b)\{1-(a+b)\}+ab(a+b)=0$　⇐ c を消去する方針。

整理して　$(a+b)(ab-a-b+1)=0$　⇐ $ab-a-b+1$ $=a(b-1)-(b-1)$ $=(a-1)(b-1)$

よって　$(a+b)(a-1)(b-1)=0$

ゆえに　$a+b=0$ または $a=1$ または $b=1$

$a+b=0$ のとき，① から　$c=1$

したがって　$a=1$ または $b=1$ または $c=1$

PR
④**35**

$a\geqq2$，$b\geqq2$，$c\geqq2$，$d\geqq2$ のとき，次の不等式が成り立つことを証明せよ。
(1)　$ab\geqq a+b$　　　(2)　$abcd>a+b+c+d$

(1)　$ab-(a+b)=(a-1)(b-1)-1$　⇐大小比較　差を作る

$a\geqq2$，$b\geqq2$ であるから　$a-1\geqq1$，$b-1\geqq1$

よって，$(a-1)(b-1)\geqq1$ から　$ab-(a+b)\geqq0$　⇐等号は $a=b=2$ のとき成り立つ。

ゆえに　$ab\geqq a+b$

(2)　(1) の不等式から　$ab\geqq a+b$，$cd\geqq c+d$ …… ①

$a+b\geqq4>0$，$c+d\geqq4>0$ であるから，① より

$abcd\geqq(a+b)(c+d)$ …… ②

更に，$a+b\geqq4>2$，$c+d\geqq4>2$ であるから，(1) の不等式の a を $a+b$ に，b を $c+d$ におき換えた不等式は成り立つが，等号が成り立つことはない。　⇐ $a+b=c+d=2$ となることはない。

よって　$(a+b)(c+d)>(a+b)+(c+d)$ …… ③

ゆえに，②，③ から　⇐ $A\geqq B$，$B>C$ $\Longrightarrow A>C$

$abcd>a+b+c+d$

EX ②1 次の(1)は式を簡単にせよ。(2)は式を展開せよ。

(1) $(x-2y)^3+(x+2y)^3$　　(2) $\left(a-\dfrac{1}{a}\right)\left(a^2+\dfrac{1}{a^2}+1\right)$

(1) $(x-2y)^3+(x+2y)^3$

$=\{x^3-3x^2\cdot(2y)+3x\cdot(2y)^2-(2y)^3\}$
$+\{x^3+3x^2\cdot(2y)+3x\cdot(2y)^2+(2y)^3\}$

$=2\{x^3+3x\cdot(2y)^2\}$

$=\boldsymbol{2x^3+24xy^2}$

⇦$(a-b)^3=a^3-3a^2b+3ab^2-b^3$
$(a+b)^3=a^3+3a^2b+3ab^2+b^3$

別解　$(x-2y)^3+(x+2y)^3$

$=\{(x-2y)+(x+2y)\}\{(x-2y)^2-(x-2y)(x+2y)+(x+2y)^2\}$

$=2x\{(x^2-4xy+4y^2)-(x^2-4y^2)+(x^2+4xy+4y^2)\}$

$=2x(x^2+12y^2)=\boldsymbol{2x^3+24xy^2}$

⇦$a^3+b^3=(a+b)(a^2-ab+b^2)$
因数分解して同類項を消去すると計算がスムーズになることがある。

(2) $\left(a-\dfrac{1}{a}\right)\left(a^2+\dfrac{1}{a^2}+1\right)=\left(a-\dfrac{1}{a}\right)\left(a^2+a\cdot\dfrac{1}{a}+\dfrac{1}{a^2}\right)$

$=a^3-\left(\dfrac{1}{a}\right)^3$

$=\boldsymbol{a^3-\dfrac{1}{a^3}}$

⇦公式が利用できないか考える。$1=a\cdot\dfrac{1}{a}$ に気づけば
$(a-b)(a^2+ab+b^2)=a^3-b^3$
が利用できる。

EX ②2 次の式を因数分解せよ。

(1) $a^3b^3-b^3c^3$　　(2) $(x+y)^3-(y+z)^3$　　(3) $8a^3-36a^2+54a-27$

(1) $a^3b^3-b^3c^3=b^3(a^3-c^3)$

$=\boldsymbol{b^3(a-c)(a^2+ac+c^2)}$

⇦b^3 が共通因数。
⇦$a^3-b^3=(a-b)(a^2+ab+b^2)$

(2) $(x+y)^3-(y+z)^3$

$=\{(x+y)-(y+z)\}\{(x+y)^2+(x+y)(y+z)+(y+z)^2\}$

$=(x-z)\{(x^2+2xy+y^2)+(xy+xz+y^2+yz)+(y^2+2yz+z^2)\}$

$=\boldsymbol{(x-z)(x^2+3y^2+z^2+3xy+3yz+zx)}$

⇦$a^3-b^3=(a-b)(a^2+ab+b^2)$

別解　$(x+y)^3-(y+z)^3$

$=(x^3+3x^2y+3xy^2+y^3)-(y^3+3y^2z+3yz^2+z^3)$

$=3(x-z)y^2+3(x^2-z^2)y+(x^3-z^3)$

$=3(x-z)y^2+3(x-z)(x+z)y+(x-z)(x^2+xz+z^2)$

$=(x-z)\{3y^2+3(x+z)y+(x^2+xz+z^2)\}$

$=\boldsymbol{(x-z)(x^2+3y^2+z^2+3xy+3yz+zx)}$

⇦x および z について3次式であるから，2次である y について整理する。

(3) $8a^3-36a^2+54a-27=(2a)^3-3(2a)^2\cdot3+3\cdot2a\cdot3^2-3^3$

$=\boldsymbol{(2a-3)^3}$

⇦$a^3-3a^2b+3ab^2-b^3=(a-b)^3$

別解　$8a^3-36a^2+54a-27$

$=(8a^3-27)-(36a^2-54a)$

$=\{(2a)^3-3^3\}-18a(2a-3)$

$=(2a-3)\{(2a)^2+2a\cdot3+3^2\}-18a(2a-3)$

$=(2a-3)\{(4a^2+6a+9)-18a\}$

$=(2a-3)(4a^2-12a+9)$

$=(2a-3)(2a-3)^2=\boldsymbol{(2a-3)^3}$

⇦項を適当に組み合わせて共通因数を見つける。
⇦$a^3-b^3=(a-b)(a^2+ab+b^2)$

EX ③3 $(2+x)^6$ を展開したときの x^4 の項の係数と，$(1+x)^6(2+x)^6$ を展開したときの x^3 の項の係数を求めよ。　〔関西学院大〕

$(2+x)^6$ の展開式における x^4 の項は　${}_6C_4\cdot 2^2x^4$

よって，x^4 の項の係数は　${}_6C_4\cdot 2^2={}_6C_2\cdot 2^2=\mathbf{60}$

$(1+x)^6$ の展開式の一般項は　${}_6C_p\cdot 1^{6-p}\cdot x^p={}_6C_px^p$

$(2+x)^6$ の展開式の一般項は　${}_6C_q\cdot 2^{6-q}x^q$

ゆえに，$(1+x)^6(2+x)^6$ の展開式の一般項は

$${}_6C_px^p\times{}_6C_q\cdot 2^{6-q}x^q={}_6C_p\times{}_6C_q\cdot 2^{6-q}x^{p+q}$$

$p+q=3$ とおくと

$$(p,\ q)=(0,\ 3),\ (1,\ 2),\ (2,\ 1),\ (3,\ 0)$$

したがって，x^3 の項の係数は

$$\begin{aligned}&{}_6C_0\times{}_6C_3\cdot 2^3+{}_6C_1\times{}_6C_2\cdot 2^4+{}_6C_2\times{}_6C_1\cdot 2^5+{}_6C_3\times{}_6C_0\cdot 2^6\\&=160+1440+2880+1280\\&=\mathbf{5760}\end{aligned}$$

⇐$0\leqq p\leqq 6$

⇐$0\leqq q\leqq 6$

⇐$(1+x)^6(2+x)^6$ の展開式の一般項は，$(1+x)^6$，$(2+x)^6$ の一般項の積。

⇐$p+q=3$，$0\leqq p\leqq 6$，$0\leqq q\leqq 6$ を満たす整数の組 $(p,\ q)$ を求める。

EX ③4 次の等式が成り立つことを証明せよ。

${}_{2n}C_0+{}_{2n}C_2+{}_{2n}C_4+\cdots\cdots+{}_{2n}C_{2n}={}_{2n}C_1+{}_{2n}C_3+{}_{2n}C_5+\cdots\cdots+{}_{2n}C_{2n-1}=2^{2n-1}$

二項定理により

$$\begin{aligned}(1+x)^{2n}&={}_{2n}C_0+{}_{2n}C_1x+{}_{2n}C_2x^2+{}_{2n}C_3x^3+\cdots\cdots\\&\quad+{}_{2n}C_{2n-1}x^{2n-1}+{}_{2n}C_{2n}x^{2n}\ \cdots\cdots①\end{aligned}$$

① に $x=1$ を代入すると

$$\begin{aligned}2^{2n}&={}_{2n}C_0+{}_{2n}C_1+{}_{2n}C_2+{}_{2n}C_3+\cdots\cdots\\&\quad+{}_{2n}C_{2n-1}+{}_{2n}C_{2n}\ \cdots\cdots②\end{aligned}$$

① に $x=-1$ を代入すると

$$\begin{aligned}0&={}_{2n}C_0+{}_{2n}C_1(-1)+{}_{2n}C_2(-1)^2+{}_{2n}C_3(-1)^3+\cdots\cdots\\&\quad+{}_{2n}C_{2n-1}(-1)^{2n-1}+{}_{2n}C_{2n}(-1)^{2n}\\&={}_{2n}C_0-{}_{2n}C_1+{}_{2n}C_2-{}_{2n}C_3+{}_{2n}C_4+\cdots\cdots-{}_{2n}C_{2n-1}+{}_{2n}C_{2n}\end{aligned}$$

⇐${}_{2n}C_r$ の r が偶数のときと奇数のときで符号が異なってでてくるように，$x=-1$ を代入。

したがって

$$\begin{aligned}&{}_{2n}C_0+{}_{2n}C_2+{}_{2n}C_4+\cdots\cdots+{}_{2n}C_{2n}\\&={}_{2n}C_1+{}_{2n}C_3+{}_{2n}C_5+\cdots\cdots+{}_{2n}C_{2n-1}\ \cdots\cdots③\end{aligned}$$

⇐1つ目のイコールが示せた。

②，③ から

$$\begin{aligned}2^{2n}&=({}_{2n}C_0+{}_{2n}C_2+{}_{2n}C_4+\cdots\cdots+{}_{2n}C_{2n})\\&\quad+({}_{2n}C_1+{}_{2n}C_3+{}_{2n}C_5+\cdots\cdots+{}_{2n}C_{2n-1})\\&=2({}_{2n}C_0+{}_{2n}C_2+{}_{2n}C_4+\cdots\cdots+{}_{2n}C_{2n})\end{aligned}$$

ゆえに

$$2^{2n-1}={}_{2n}C_0+{}_{2n}C_2+{}_{2n}C_4+\cdots\cdots+{}_{2n}C_{2n}$$

よって

$$\begin{aligned}&{}_{2n}C_0+{}_{2n}C_2+{}_{2n}C_4+\cdots\cdots+{}_{2n}C_{2n}\\&={}_{2n}C_1+{}_{2n}C_3+{}_{2n}C_5+\cdots\cdots+{}_{2n}C_{2n-1}\\&=2^{2n-1}\end{aligned}$$

EX ③5 $(a+{}^{ア}\square\, b-2c)^5$ を展開したとき，ac^4 の項の係数は ${}^{イ}\square$ であり，a^2bc^2 の項の係数は 840 である。〔帝塚山大〕

HINT ${}^{ア}\square$ を k とおいて，ac^4 の項の係数，a^2bc^2 の項の係数を求める。

$(a+kb-2c)^5$ の展開式における一般項は

$$\frac{5!}{p!q!r!}a^p(kb)^q(-2c)^r \quad すなわち$$

$$\frac{5!}{p!q!r!}k^q(-2)^r a^p b^q c^r$$

ただし，p，q，r は整数で

$$p \geqq 0,\ q \geqq 0,\ r \geqq 0,\ p+q+r=5$$

ac^4 の項は，$(p,\ q,\ r)=(1,\ 0,\ 4)$ のときで，その係数は

$$\frac{5!}{1!0!4!}\cdot 1\cdot(-2)^4=5\cdot 16={}^{イ}\mathbf{80}$$

また，a^2bc^2 の項は，$(p,\ q,\ r)=(2,\ 1,\ 2)$ のときで，その係数は

$$\frac{5!}{2!1!2!}\cdot k\cdot(-2)^2=120k$$

ゆえに　$120k=840$

よって　$k={}^{ア}\mathbf{7}$

⇐$ac^4=a^1b^0c^4$

⇐$k^0=1$，$0!=1$

EX ④6 $\left(x+\dfrac{y}{3}\right)^{12}$ の展開式における $x^{12-k}y^k$ の係数を a_k $(k=0,\ 1,\ 2,\ \cdots\cdots,\ 12)$ とする。

(1) $1 \leqq k \leqq 12$ について $\dfrac{a_k}{a_{k-1}}$ を k を用いて表せ。

(2) a_k が最大となる k の値を求めよ。〔類 南山大〕

HINT 二項定理により a_{k-1}，a_k を求め，$\dfrac{a_k}{a_{k-1}}$ を k だけの式で表す。

(1) 二項定理により

$\left(x+\dfrac{y}{3}\right)^{12}$ の展開式の一般項は

$${}_{12}C_r x^{12-r}\left(\frac{y}{3}\right)^r={}_{12}C_r\left(\frac{1}{3}\right)^r x^{12-r}y^r$$

したがって　$a_k=\dfrac{{}_{12}C_k}{3^k}$　……①　$(k=0,\ 1,\ 2,\ \cdots\cdots,\ 12)$

ゆえに，$1 \leqq k \leqq 12$ のとき

$$\frac{\boldsymbol{a}_k}{\boldsymbol{a}_{k-1}}=\frac{\dfrac{{}_{12}C_k}{3^k}}{\dfrac{{}_{12}C_{k-1}}{3^{k-1}}}=\frac{{}_{12}C_k}{3\cdot{}_{12}C_{k-1}}$$

$$=\frac{\dfrac{12!}{k!(12-k)!}}{3\cdot\dfrac{12!}{(k-1)!\{12-(k-1)\}!}}=\boldsymbol{\frac{13-k}{3k}}$$

(2) $a_{k-1}<a_k$ となる k を求める。

⇐$(a+b)^n$ の一般項は ${}_nC_r a^{n-r}b^r$

⇐$\dfrac{3^{k-1}}{3^k}=\dfrac{1}{3}$

⇐${}_nC_r=\dfrac{n!}{r!(n-r)!}$

⇐$k!=k\cdot(k-1)!$
$\{12-(k-1)\}!$
$=\{12-(k-1)\}\cdot(12-k)!$

① から $a_k>0$　よって，$\dfrac{a_k}{a_{k-1}}>1$ $(1\leqq k\leqq 12)$ となる k を求めればよい。

(1) から　$\dfrac{13-k}{3k}>1$　　$3k>0$ から　$13-k>3k$

よって　$k<\dfrac{13}{4}$

ゆえに，$1\leqq k\leqq 3$ のとき　$a_k>a_{k-1}$

同様に考えて，$4\leqq k\leqq 12$ のとき　$a_k<a_{k-1}$

以上から　$a_0<a_1<a_2<a_3$，$a_3>a_4>a_5>\cdots\cdots>a_{12}$

したがって，a_k $(k=0,\ 1,\ 2,\ \cdots\cdots,\ 12)$ が最大となるのは $\boldsymbol{k=3}$ のときである。

EX ④7　次の等式を証明せよ。

(1) $k{}_n\mathrm{C}_k=n{}_{n-1}\mathrm{C}_{k-1}$　（ただし　$n\geqq 2$，$1\leqq k\leqq n$）

(2) ${}_n\mathrm{C}_1+2\cdot{}_n\mathrm{C}_2+3\cdot{}_n\mathrm{C}_3+\cdots\cdots+n{}_n\mathrm{C}_n=n\cdot 2^{n-1}$　（ただし　$n\geqq 1$）

(3) $2\cdot 1\cdot{}_n\mathrm{C}_2+3\cdot 2\cdot{}_n\mathrm{C}_3+\cdots\cdots+n(n-1){}_n\mathrm{C}_n=n(n-1)2^{n-2}$　（ただし $n\geqq 2$）

(1)　$k{}_n\mathrm{C}_k=k\cdot\dfrac{n!}{k!(n-k)!}=n\cdot\dfrac{(n-1)!}{(k-1)!\{(n-1)-(k-1)\}!}$

$=n{}_{n-1}\mathrm{C}_{k-1}$

(2)　二項定理により

$$(1+x)^{n-1}={}_{n-1}\mathrm{C}_0+{}_{n-1}\mathrm{C}_1x+{}_{n-1}\mathrm{C}_2x^2+\cdots\cdots+{}_{n-1}\mathrm{C}_{n-1}x^{n-1}$$

⇐$(1+x)^n$ ではなく $(1+x)^{n-1}$

$x=1$ を代入すると

$$2^{n-1}={}_{n-1}\mathrm{C}_0+{}_{n-1}\mathrm{C}_1+{}_{n-1}\mathrm{C}_2+\cdots\cdots+{}_{n-1}\mathrm{C}_{n-1}$$

よって，(1) を用いて

$${}_n\mathrm{C}_1+2{}_n\mathrm{C}_2+3{}_n\mathrm{C}_3+\cdots\cdots+n{}_n\mathrm{C}_n$$
$$=n({}_{n-1}\mathrm{C}_0+{}_{n-1}\mathrm{C}_1+{}_{n-1}\mathrm{C}_2+\cdots\cdots+{}_{n-1}\mathrm{C}_{n-1})=n\cdot 2^{n-1}$$

(3)　二項定理により

$$(1+x)^{n-2}={}_{n-2}\mathrm{C}_0+{}_{n-2}\mathrm{C}_1x+{}_{n-2}\mathrm{C}_2x^2+\cdots\cdots+{}_{n-2}\mathrm{C}_{n-2}x^{n-2}$$

⇐$(1+x)^n$ ではなく $(1+x)^{n-2}$

$x=1$ を代入すると

$$2^{n-2}={}_{n-2}\mathrm{C}_0+{}_{n-2}\mathrm{C}_1+{}_{n-2}\mathrm{C}_2+\cdots\cdots+{}_{n-2}\mathrm{C}_{n-2}$$

(1) を繰り返し用いて

$$k(k-1){}_n\mathrm{C}_k=n(k-1){}_{n-1}\mathrm{C}_{k-1}=n(n-1){}_{n-2}\mathrm{C}_{k-2}$$

⇐(1) から $(k-1){}_{n-1}\mathrm{C}_{k-1}=(n-1){}_{n-2}\mathrm{C}_{k-2}$

よって　$2\cdot 1\cdot{}_n\mathrm{C}_2+3\cdot 2\cdot{}_n\mathrm{C}_3+\cdots\cdots+n(n-1){}_n\mathrm{C}_n$

$$=n(n-1)({}_{n-2}\mathrm{C}_0+{}_{n-2}\mathrm{C}_1+\cdots\cdots+{}_{n-2}\mathrm{C}_{n-2})$$
$$=n(n-1)2^{n-2}$$

別解　第6章で学習する微分法を用いる。

(2)　二項定理により

$$(1+x)^n={}_n\mathrm{C}_0+{}_n\mathrm{C}_1x+{}_n\mathrm{C}_2x^2+{}_n\mathrm{C}_3x^3+\cdots\cdots+{}_n\mathrm{C}_nx^n$$

この両辺を x で微分すると

⇐$\{(1+x)^n\}'=n(1+x)^{n-1}$

$$n(1+x)^{n-1}={}_n\mathrm{C}_1+2{}_n\mathrm{C}_2x+3{}_n\mathrm{C}_3x^2+\cdots\cdots+n{}_n\mathrm{C}_nx^{n-1}$$

$\cdots\cdots$ ①

$x=1$ を代入すると

$$n\cdot 2^{n-1}={}_n\mathrm{C}_1+2\cdot{}_n\mathrm{C}_2+3\cdot{}_n\mathrm{C}_3+\cdots\cdots+n\,{}_n\mathrm{C}_n$$

(3) ① の両辺を x で微分すると

$$n(n-1)(1+x)^{n-2}$$
$$=2\,{}_n\mathrm{C}_2+3\cdot2\,{}_n\mathrm{C}_3x+\cdots\cdots+n(n-1){}_n\mathrm{C}_nx^{n-2}$$

⇦$\{n(1+x)^{n-1}\}'=n(n-1)(1+x)^{n-2}$

$x=1$ を代入すると

$$n(n-1)2^{n-2}=2\cdot1\cdot{}_n\mathrm{C}_2+3\cdot2\cdot{}_n\mathrm{C}_3+\cdots\cdots+n(n-1){}_n\mathrm{C}_n$$

EX ③8

整式Aを$x+2$で割ると，商がBで余りが -5 になる。その商Bをまた$x+2$で割ると，商がx^2-4で余りが2となる。整式Aを$(x+2)^2$で割ったときの余りを求めよ。〔神奈川大〕

条件から　$A=(x+2)B-5$　……①

$B=(x+2)(x^2-4)+2$　……②

② を ① に代入して

$$A=(x+2)\{(x+2)(x^2-4)+2\}-5$$
$$=(x+2)^2(x^2-4)+2(x+2)-5$$
$$=(x+2)^2(x^2-4)+2x-1$$

⇦$(x+2)^2(x^2-4)$ の部分は割る式と商なのでそのままでよい。$2(x+2)-5$ のみを計算する。

ここで，Aを2次式$(x+2)^2$で割った余りは1次式，または定数である。

よって，求める余りは　$\boldsymbol{2x-1}$

EX ②9

次の式 A，B を a についての多項式とみて，A を B で割った商と余りを求めよ。

(1) $A=a^3-3a^2b+2b^3$,　$B=a^2-2ab-2b^2$

(2) $A=2a^3-6a^2b+8b^3$，$B=a-b$

(1)

$$\begin{array}{r}
a\ -b\\
a^2-2ba-2b^2\,\big)\,\overline{a^3-3ba^2+2b^3}\\
\underline{a^3-2ba^2-2b^2a}\\
-\ ba^2+2b^2a+2b^3\\
\underline{-\ ba^2+2b^2a+2b^3}\\
0
\end{array}$$

⇦a について降べきの順。

よって

商　$\boldsymbol{a-b}$

余り　$\boldsymbol{0}$

(2)

$$\begin{array}{r}
2a^2-4ba\ -4b^2\\
a-b\,\big)\,\overline{2a^3-6ba^2+8b^3}\\
\underline{2a^3-2ba^2}\\
-4ba^2\\
\underline{-4ba^2+4b^2a}\\
-4b^2a+8b^3\\
\underline{-4b^2a+4b^3}\\
4b^3
\end{array}$$

⇦a について降べきの順。

よって

商　$\boldsymbol{2a^2-4ab-4b^2}$

余り　$\boldsymbol{4b^3}$

EX ②10

次の計算をせよ。

(1) $\dfrac{x+2}{x^2+7x+12}-\dfrac{x+4}{x^2+5x+6}-\dfrac{x^2+3x}{(x+2)(x^2+7x+12)}$ 〔近畿大〕

(2) $\dfrac{2}{1+a}+\dfrac{2}{1-a}+\dfrac{4}{1+a^2}+\dfrac{8}{1+a^4}$

(3) $\dfrac{3x-5}{1-\dfrac{1}{1-\dfrac{1}{x+1}}}-\dfrac{x(2x-3)}{1+\dfrac{1}{1-\dfrac{1}{x-1}}}$ 〔武蔵大〕

(1) $\dfrac{x+2}{x^2+7x+12}-\dfrac{x+4}{x^2+5x+6}-\dfrac{x^2+3x}{(x+2)(x^2+7x+12)}$

$=\dfrac{x+2}{(x+3)(x+4)}-\dfrac{x+4}{(x+2)(x+3)}-\dfrac{x^2+3x}{(x+2)(x+3)(x+4)}$ ⇦分母を因数分解。

$=\dfrac{(x+2)^2-(x+4)^2-(x^2+3x)}{(x+2)(x+3)(x+4)}$ ⇦通分する。

$=\dfrac{(x^2+4x+4)-(x^2+8x+16)-(x^2+3x)}{(x+2)(x+3)(x+4)}$

$=\dfrac{-(x^2+7x+12)}{(x+2)(x+3)(x+4)}=-\dfrac{(x+3)(x+4)}{(x+2)(x+3)(x+4)}$ ⇦分子を因数分解して約分。

$=-\boldsymbol{\dfrac{1}{x+2}}$

(2) $\dfrac{2}{1+a}+\dfrac{2}{1-a}+\dfrac{4}{1+a^2}+\dfrac{8}{1+a^4}$

$=\dfrac{2(1-a)+2(1+a)}{(1+a)(1-a)}+\dfrac{4}{1+a^2}+\dfrac{8}{1+a^4}$ ⇦前の 2 つを通分する。

$=\dfrac{4}{1-a^2}+\dfrac{4}{1+a^2}+\dfrac{8}{1+a^4}$

$=\dfrac{4(1+a^2)+4(1-a^2)}{(1-a^2)(1+a^2)}+\dfrac{8}{1+a^4}$ ⇦前の 2 つを通分する。

$=\dfrac{8}{1-a^4}+\dfrac{8}{1+a^4}=\dfrac{8(1+a^4)+8(1-a^4)}{(1-a^4)(1+a^4)}=\boldsymbol{\dfrac{16}{1-a^8}}$ ⇦通分する。

(3) $\dfrac{3x-5}{1-\dfrac{1}{1-\dfrac{1}{x+1}}}-\dfrac{x(2x-3)}{1+\dfrac{1}{1-\dfrac{1}{x-1}}}$

⇦$\dfrac{1}{1-\dfrac{1}{x+1}}$ の分母・分子に $x+1$ を，また $\dfrac{1}{1-\dfrac{1}{x-1}}$ の分母・分子に $x-1$ を掛ける。

$=\dfrac{3x-5}{1-\dfrac{x+1}{(x+1)-1}}-\dfrac{x(2x-3)}{1+\dfrac{x-1}{(x-1)-1}}$

$=\dfrac{3x-5}{1-\dfrac{x+1}{x}}-\dfrac{x(2x-3)}{1+\dfrac{x-1}{x-2}}=\dfrac{(3x-5)x}{x-(x+1)}-\dfrac{x(2x-3)(x-2)}{(x-2)+(x-1)}$

$=-(3x-5)x-x(x-2)=-3x^2+5x-x^2+2x=\boldsymbol{-4x^2+7x}$

別解　$1-\dfrac{1}{x+1}=\dfrac{x+1-1}{x+1}=\dfrac{x}{x+1}$ ⇦前の項を部分的に計算していく。

よって　$\dfrac{1}{1-\dfrac{1}{x+1}}=1\div\left(1-\dfrac{1}{x+1}\right)$ ⇦$A\div B$ の形に直す。

$$=1\times\frac{x+1}{x}=\frac{x+1}{x}$$

⇦$A\div\frac{C}{D}=A\times\frac{D}{C}$

ゆえに　$1-\cfrac{1}{1-\cfrac{1}{x+1}}=1-\frac{x+1}{x}=\frac{x-(x+1)}{x}=-\frac{1}{x}$

また　$1-\frac{1}{x-1}=\frac{x-1-1}{x-1}=\frac{x-2}{x-1}$

⇦後ろの項を部分的に計算していく。

よって　$\cfrac{1}{1-\cfrac{1}{x-1}}=1\div\left(1-\frac{1}{x-1}\right)$

⇦$A\div B$ の形に直す。

$$=1\times\frac{x-1}{x-2}=\frac{x-1}{x-2}$$

⇦$A\div\frac{C}{D}=A\times\frac{D}{C}$

ゆえに　$1+\cfrac{1}{1-\cfrac{1}{x-1}}=1+\frac{x-1}{x-2}=\frac{x-2+x-1}{x-2}=\frac{2x-3}{x-2}$

したがって

$$(与式)=\frac{3x-5}{-\frac{1}{x}}-\frac{x(2x-3)}{\frac{2x-3}{x-2}}$$

$$=(3x-5)\div\left(-\frac{1}{x}\right)-x(2x-3)\div\frac{2x-3}{x-2}$$

⇦$A\div B$ の形に直す。

$$=(3x-5)\times(-x)-x(2x-3)\times\frac{x-2}{2x-3}$$

⇦$A\div\frac{C}{D}=A\times\frac{D}{C}$

$$=-x(3x-5)-x(x-2)$$

$$=\boldsymbol{-4x^2+7x}$$

⇦$-3x^2+5x-x^2+2x$
$=-4x^2+7x$

EX ③11　Aを多項式とする。$x^6-6x^3+5x^2-4x+10$ を A で割ると，商は A で余りは $5x^2-4x+1$ である。多項式 A を求めよ。　〔信州大〕

この割り算について，次の等式が成り立つ。

$$x^6-6x^3+5x^2-4x+10=A\times A+(5x^2-4x+1)$$

整理すると　$A^2=x^6-6x^3+9=(x^3-3)^2$

したがって　$\boldsymbol{A=x^3-3}$ **または** $\boldsymbol{-x^3+3}$

⇦$\boldsymbol{A^2=X^2}$ **のとき**
$\boldsymbol{A=X}$ **または** $\boldsymbol{-X}$

EX ③12　次の計算をせよ。

(1) $\frac{1}{(2n+1)(2n+3)}+\frac{1}{(2n+3)(2n+5)}+\frac{1}{(2n+5)(2n+7)}$

(2) $\frac{3x-14}{x-5}-\frac{5x-11}{x-2}+\frac{x-4}{x-3}+\frac{x-5}{x-4}$

(1) $\frac{1}{(2n+1)(2n+3)}+\frac{1}{(2n+3)(2n+5)}+\frac{1}{(2n+5)(2n+7)}$

$$=\frac{1}{2}\left(\frac{1}{2n+1}-\frac{1}{2n+3}\right)+\frac{1}{2}\left(\frac{1}{2n+3}-\frac{1}{2n+5}\right)$$

$$+\frac{1}{2}\left(\frac{1}{2n+5}-\frac{1}{2n+7}\right)$$

⇦部分分数に分解する。

$$=\frac{1}{2}\left(\frac{1}{2n+1}-\frac{1}{2n+7}\right)=\frac{1}{2}\cdot\frac{(2n+7)-(2n+1)}{(2n+1)(2n+7)}$$

⇐通分する。

$$=\boldsymbol{\frac{3}{(2n+1)(2n+7)}}$$

(2) $\frac{3x-14}{x-5}-\frac{5x-11}{x-2}+\frac{x-4}{x-3}+\frac{x-5}{x-4}$

$$=\left(3+\frac{1}{x-5}\right)-\left(5-\frac{1}{x-2}\right)+\left(1-\frac{1}{x-3}\right)+\left(1-\frac{1}{x-4}\right)$$

$$=\frac{1}{x-5}+\frac{1}{x-2}-\frac{1}{x-3}-\frac{1}{x-4}$$

$$=\left(\frac{1}{x-5}-\frac{1}{x-4}\right)+\left(\frac{1}{x-2}-\frac{1}{x-3}\right)$$

$$=\frac{1}{(x-5)(x-4)}-\frac{1}{(x-2)(x-3)}$$

$$=\frac{(x-3)(x-2)-(x-5)(x-4)}{(x-5)(x-4)(x-3)(x-2)}$$

$$=\frac{(x^2-5x+6)-(x^2-9x+20)}{(x-2)(x-3)(x-4)(x-5)}$$

$$=\boldsymbol{\frac{2(2x-7)}{(x-2)(x-3)(x-4)(x-5)}}$$

⇐分子の次数を分母の次数より小さくする。
$3x-14=3(x-5)+1$
$5x-11=5(x-2)-1$
$x-4=(x-3)-1$
$x-5=(x-4)-1$

⇐組み合わせに注意。
$(x-4)-(x-5)=1$
$(x-3)-(x-2)=-1$

⇐(分子)$=4x-14$
$=2(2x-7)$

EX ③**13**

(1) 整式 $x^3-2x^2-45x-40$ を整式 $x-8$ で割った商と余りを求めよ。

(2) $g(x)=\frac{x^3-2x^2-45x-40}{x-8}$ とするとき，$g(2020)$ の小数部分を求めよ。ただし，実数 a の小数部分は，a を超えない最大の整数を n としたときの $a-n$ である。〔類　職能開発大〕

(1) 整式 $x^3-2x^2-45x-40$ を整式 $x-8$ で割ると

$$\begin{array}{r} x^2+6x\ +3 \\ x-8\,\big)\overline{x^3-2x^2-45x-40} \\ \underline{x^3-8x^2} \\ 6x^2-45x \\ \underline{6x^2-48x} \\ 3x-40 \\ \underline{3x-24} \\ -16 \end{array}$$

よって　　**商**　$\boldsymbol{x^2+6x+3}$，**余り**　$\boldsymbol{-16}$

(2) $g(x)=\frac{x^3-2x^2-45x-40}{x-8}=\frac{(x-8)(x^2+6x+3)-16}{x-8}$

$=x^2+6x+3-\frac{16}{x-8}$

⇐(1)の結果を利用。

ゆえに　　$g(2020)=2020^2+6\cdot2020+3-\frac{16}{2012}$

$-\frac{16}{2012}=-\frac{4}{503}$ であるから，$g(2020)$ の小数部分は

$$1-\frac{4}{503}=\boldsymbol{\frac{499}{503}}$$

⇐$2020^2+6\cdot2020+3$ は整数であるから，$-\frac{16}{2012}$ に着目する。

⇐$-\frac{4}{503}$ を小数部分とするのは誤り。

EX ③14

(1) 等式 $(x-2)^3-{}^{ア}\boxed{}(x-2)^2+{}^{イ}\boxed{}(x-2)+{}^{ウ}\boxed{}$
$=(x-1)^3-7(x-1)^2+17(x-1)-9$ が成り立つように$\boxed{}$を埋めよ。

(2) $kx^2+y^2+kx-3(10k+3)=0$ がどんな k の値についても成り立つとき，x と y の値の組 (x, y) をすべて求めよ。

HINT (1) $\boxed{}$のままでは扱いにくいから文字におき換える。
(2) **どんな k の値**に対しても成り立つ
⟶ k についての恒等式 ⟶ **k について整理**

(1) (ア), (イ), (ウ) を順に a, b, c とすると

$$(x-2)^3-a(x-2)^2+b(x-2)+c$$
$$=(x-1)^3-7(x-1)^2+17(x-1)-9 \quad \cdots\cdots ①$$

① の両辺に

$x=2$ を代入して　　$c=1-7+17-9=2$　　⇦数値代入法

$x=1$ を代入して　　$-1-a-b+c=-9$

よって　　$a+b=10$ …… ②

$x=0$ を代入して　　$-8-4a-2b+c=-1-7-17-9$

よって　　$2a+b=14$ …… ③

③−② から　　$a=4$　　これと，② から　　$b=6$

このとき，確かに等式は成り立つ。　　⇦逆の確認。

したがって　　(ア) **4**　(イ) **6**　(ウ) **2**

別解 1　(1)　$x-2=X$ とおくと $x-1=X+1$ であるから

(左辺)$=X^3-aX^2+bX+c$

(右辺)$=(X+1)^3-7(X+1)^2+17(X+1)-9$

$=X^3-4X^2+6X+2$

与えられた等式が x についての恒等式となるためには

$$X^3-aX^2+bX+c=X^3-4X^2+6X+2$$

が X についての恒等式となればよいから，両辺の同じ次数の項の係数を比較して　　$a={}^{ア}\mathbf{4}$, $b={}^{イ}\mathbf{6}$, $c={}^{ウ}\mathbf{2}$

別解 2　① の両辺を展開して整理すると

$$x^3-(a+6)x^2+(4a+b+12)x-4a-2b+c-8$$
$$=x^3-10x^2+34x-34$$

両辺の同じ次数の項の係数を比較して　　⇦係数比較法

$a+6=10$

$4a+b+12=34$

$-4a-2b+c-8=-34$

これを解いて　$a={}^{ア}\mathbf{4}$, $b={}^{イ}\mathbf{6}$, $c={}^{ウ}\mathbf{2}$

(2)　k について整理すると

$$(x^2+x-30)k+y^2-9=0$$

この等式が k についての恒等式となるのは

$$x^2+x-30=0,\ y^2-9=0$$

よって，$(x-5)(x+6)=0$, $y=\pm3$ から　　⇦(x, y) の組み合わせは 4 通り。

$(\boldsymbol{x}, \boldsymbol{y})=(\mathbf{5}, \mathbf{3}), (\mathbf{5}, \mathbf{-3}), (\mathbf{-6}, \mathbf{3}), (\mathbf{-6}, \mathbf{-3})$

EX ③15 整式 $P=2x^2+xy-y^2+5x-y+k$ は，$k=$ア□ のとき，整数を係数とする1次式の積 $(2x-$イ□$y+$ウ□$)(x+$エ□$y+$オ□$)$ と表される。〔近畿大〕

$2x^2+xy-y^2+5x-y+k=(2x-ay+b)(x+cy+d)$ とする。
右辺を展開して整理すると

$$2x^2+(2c-a)xy-acy^2+(2d+b)x+(-ad+bc)y+bd$$

係数を比較して

$$2c-a=1,\ -ac=-1,\ 2d+b=5,$$
$$-ad+bc=-1,\ bd=k$$

a, c は整数であるから

$ac=1$ より　$a=c=1$ または $a=c=-1$

$2c-a=1$ より　$a=c=1$

このとき，$2d+b=5$, $-d+b=-1$ から

$b=1$, $d=2$

よって　$k=2$

したがって　(ア) **2**　(イ) **1**　(ウ) **1**　(エ) **1**　(オ) **2**

別解 1　$2x^2+xy-y^2=(2x-y)(x+y)$ から

$$P=(2x-y+s)(x+y+t)$$

と因数分解できる。
右辺を展開して整理すると

$$2x^2+xy-y^2+(s+2t)x+(s-t)y+st$$

これが

$$P=2x^2+xy-y^2+5x-y+k$$

と一致する条件は

$$s+2t=5$$
$$s-t=-1$$
$$k=st$$

この連立方程式を解いて

$t=2$, $s=1$, $k=2$

したがって　(ア) **2**　(イ) **1**　(ウ) **1**　(エ) **1**　(オ) **2**

別解 2　$2x^2+xy-y^2+5x-y+k=0$ とおくと

$$2x^2+(y+5)x-(y^2+y-k)=0 \quad \cdots\cdots ①$$

① の判別式を D_1 とすると

$$D_1=(y+5)^2-4\cdot2\{-(y^2+y-k)\}=9y^2+18y+25-8k$$

更に，$D_1=0$ とおいた y についての2次方程式の判別式を D_2 とすると

$$\frac{D_2}{4}=9^2-9(25-8k)=72(k-2)$$

ここで，整式 P が1次式の積に因数分解されるための条件は $D_2=0$ であるから

$k-2=0$　すなわち　$k=2$

このとき，① の解は

⇦本冊 $p.83$ 例題 50 参照。

⇦x の2次方程式とみる。

⇦P が x と y の1次式の積に因数分解されるための必要十分条件は，① の解が y の1次式となること，すなわち D_1 が y の完全平方式となること。

⇦D_1 が完全平方式 $\iff$ 2次方程式 $D_1=0$ が重解をもつ $\iff$ $D_2=0$

$$x=\frac{-(y+5)\pm\sqrt{9y^2+18y+9}}{2\cdot 2}=\frac{-y-5\pm\sqrt{(3y+3)^2}}{4}$$
$$=\frac{-y-5\pm(3y+3)}{4}=\frac{y-1}{2},\quad -y-2$$

⇐$\sqrt{\quad}$ の中は，D_1 において，$k=2$ を代入したもの。

よって

$$P=2\left(x-\frac{y-1}{2}\right)\{x-(-y-2)\}=(2x-y+1)(x+y+2)$$

したがって　(ア) **2**　(イ) **1**　(ウ) **1**　(エ) **1**　(オ) **2**

EX ②**16**

次の等式を証明せよ。

(1) $x^4+y^4=(x+y)^4-4xy(x+y)^2+2x^2y^2$

(2) $(a^2+b^2+c^2)(x^2+y^2+z^2)=(ax+by+cz)^2+(ay-bx)^2+(bz-cy)^2+(cx-az)^2$

(3) $a+b+c=0$ のとき　$a^2-bc=b^2-ca=c^2-ab$

(1) (右辺)$=(x+y)^2\{(x+y)^2-4xy\}+2x^2y^2$
$=(x+y)^2(x-y)^2+2x^2y^2$
$=\{(x+y)(x-y)\}^2+2x^2y^2$
$=(x^2-y^2)^2+2x^2y^2$
$=x^4+y^4=$(左辺)

⇐複雑な右辺を変形して左辺を導く。

よって　$x^4+y^4=(x+y)^4-4xy(x+y)^2+2x^2y^2$

(2) (左辺)$=a^2(x^2+y^2+z^2)+b^2(x^2+y^2+z^2)+c^2(x^2+y^2+z^2)$
$=a^2x^2+a^2y^2+a^2z^2+b^2x^2+b^2y^2+b^2z^2$
$\quad+c^2x^2+c^2y^2+c^2z^2$

(右辺)$=a^2x^2+b^2y^2+c^2z^2+2abxy+2bcyz+2cazx$
$\quad+a^2y^2-2abxy+b^2x^2+b^2z^2-2bcyz+c^2y^2$
$\quad+c^2x^2-2cazx+a^2z^2$
$=a^2x^2+a^2y^2+a^2z^2+b^2x^2+b^2y^2+b^2z^2$
$\quad+c^2x^2+c^2y^2+c^2z^2$

よって　$(a^2+b^2+c^2)(x^2+y^2+z^2)=(ax+by+cz)^2$
$\quad+(ay-bx)^2+(bz-cy)^2+(cx-az)^2$

inf. (2)の等式において
$(ay-bx)^2\geqq 0$,
$(bz-cy)^2\geqq 0$,
$(cx-az)^2\geqq 0$
であるから
$(\boldsymbol{a}^2+\boldsymbol{b}^2+\boldsymbol{c}^2)$
$\times(\boldsymbol{x}^2+\boldsymbol{y}^2+\boldsymbol{z}^2)$
$\geqq(\boldsymbol{ax}+\boldsymbol{by}+\boldsymbol{cz})^2$
という不等式が成り立つ。この不等式を **コーシー・シュワルツの不等式** という (EXERCISES 18 (2), (3) 参照)。

(3) $a+b+c=0$ から　$c=-(a+b)$

このとき　$a^2-bc=a^2+b(a+b)=a^2+ab+b^2$
$b^2-ca=b^2+(a+b)a=a^2+ab+b^2$
$c^2-ab=(a+b)^2-ab=a^2+ab+b^2$

よって　$a^2-bc=b^2-ca=c^2-ab$

別解　$a+b+c=0$ のとき

$(a^2-bc)-(b^2-ca)=a^2-b^2+ca-bc$
$=(a+b)(a-b)+c(a-b)$
$=(a-b)(a+b+c)=0$

⇐条件式を **丸ごと利用**。

$(b^2-ca)-(c^2-ab)=b^2-c^2+ab-ca$
$=(b+c)(b-c)+a(b-c)$
$=(b-c)(b+c+a)=0$

⇐条件式を **丸ごと利用**。

よって　$a^2-bc=b^2-ca=c^2-ab$

EX ③17

(1) $\dfrac{x+y}{2}=\dfrac{y+z}{5}=\dfrac{z+x}{7}\ (\neq 0)$ であるとき，$\dfrac{xy+yz+zx}{x^2+y^2+z^2}$ の値を求めよ。　〔福島県立医大〕

(2) $\dfrac{x+y}{z}=\dfrac{y+2z}{x}=\dfrac{z-x}{y}$ のとき，この式の値を求めよ。　〔札幌大〕

(1) $\dfrac{x+y}{2}=\dfrac{y+z}{5}=\dfrac{z+x}{7}=k$ とおくと，$k\neq 0$ で

$x+y=2k$ …… ①，$y+z=5k$ …… ②，$z+x=7k$ …… ③

(①+②+③)÷2 から　$x+y+z=7k$ …… ④

④−② から　$x=2k$

④−③ から　$y=0$

④−① から　$z=5k$

よって　$\dfrac{xy+yz+zx}{x^2+y^2+z^2}=\dfrac{2k\cdot 0+0\cdot 5k+5k\cdot 2k}{(2k)^2+0+(5k)^2}$

$=\dfrac{10k^2}{29k^2}=\mathbf{\dfrac{10}{29}}$

inf. ①，②，③ の左辺は **循環形**（$x\to y\to z\to x$ の順に文字を入れ替えると次の式になる形）になっている。循環形の式は，**辺々加えたり，引いたり** するとうまく解けることがある。

(2) 分母は 0 でないから　$xyz\neq 0$

⇐$xyz\neq 0 \iff x\neq 0$ かつ $y\neq 0$ かつ $z\neq 0$

$\dfrac{x+y}{z}=\dfrac{y+2z}{x}=\dfrac{z-x}{y}=k$ とおくと

$x+y=zk$ …… ①，$y+2z=xk$ …… ②，$z-x=yk$ …… ③

①+③ から　$y+z=(y+z)k$

⇐$y+z$ が 0 になる可能性もあるから，両辺をこれで割ってはいけない。

よって　$(k-1)(y+z)=0$

ゆえに　$k=1$　または　$y+z=0$

[1] $k=1$ のとき　①，②，③ から

$x+y=z$ …… ④，$y+2z=x$ …… ⑤，$z-x=y$ …… ⑥

④ と ⑥ は同じ式を表す。

④，⑤ から z を消去すると　$y+2(x+y)=x$

⇐$z=x+y$ を ⑤ に代入。

よって　$x=-3y$ …… ⑦

④，⑤ から y を消去すると　$(z-x)+2z=x$

⇐$y=z-x$ を ⑤ に代入。

よって　$2x=3z$ …… ⑧

⑦，⑧ から　$2x=-6y=3z$

⇐⑦ から　$2x=-6y$

$2x=-6y=3z$ かつ $xyz\neq 0$ を満たす実数 x，y，z の組は存在する。

⇐**(分母)**$\neq 0$ の確認。

⇐例えば $x=3$，$y=-1$，$z=2$

[2] $y+z=0$ のとき　$y=-z$

① から　$x-z=kz$

② から　$z=kx$

よって，$x-kx=k\cdot kx$ から　$(k^2+k-1)x=0$

⇐$z=kx$ を $x-z=kz$ に代入。

$x\neq 0$ であるから　$k^2+k-1=0$

ゆえに　$k=\dfrac{-1\pm\sqrt{5}}{2}$

[1]，[2] から，求める式の値は　$\mathbf{1,\ \dfrac{-1\pm\sqrt{5}}{2}}$

EX ③18 次の不等式を証明せよ。また，等号が成り立つのはどのようなときか。

(1) $x^4+y^4 \geqq x^3y+xy^3$

(2) $(a^2+b^2)(x^2+y^2) \geqq (ax+by)^2$

(3) $(a^2+b^2+c^2)(x^2+y^2+z^2) \geqq (ax+by+cz)^2$

(1) $(x^4+y^4)-(x^3y+xy^3)=x^3(x-y)-y^3(x-y)$
$=(x-y)(x^3-y^3)$
$=(x-y)^2(x^2+xy+y^2)$
$=(x-y)^2\left\{\left(x+\dfrac{y}{2}\right)^2+\dfrac{3}{4}y^2\right\} \geqq 0$

よって　$x^4+y^4 \geqq x^3y+xy^3$

等号が成り立つのは，$x-y=0$ または $x+\dfrac{y}{2}=y=0$ のときである。

$x+\dfrac{y}{2}=y=0$ から　$x=y=0$

よって，**等号が成り立つのは，$\boldsymbol{x=y}$ のとき** である。

(2) $(a^2+b^2)(x^2+y^2)-(ax+by)^2$
$=(a^2x^2+a^2y^2+b^2x^2+b^2y^2)-(a^2x^2+2abxy+b^2y^2)$
$=a^2y^2-2abxy+b^2x^2$
$=(ay-bx)^2 \geqq 0$

よって　$(a^2+b^2)(x^2+y^2) \geqq (ax+by)^2$

等号が成り立つのは，$ay-bx=0$ すなわち $\boldsymbol{ay=bx}$ **のとき** である。

(3) $(a^2+b^2+c^2)(x^2+y^2+z^2)-(ax+by+cz)^2$
$=a^2y^2+a^2z^2+b^2x^2+b^2z^2+c^2x^2+c^2y^2$
$\quad -2abxy-2bcyz-2cazx$
$=(a^2y^2-2abxy+b^2x^2)+(b^2z^2-2bcyz+c^2y^2)$
$\quad +(c^2x^2-2cazx+a^2z^2)$
$=(ay-bx)^2+(bz-cy)^2+(cx-az)^2 \geqq 0$

よって　$(a^2+b^2+c^2)(x^2+y^2+z^2) \geqq (ax+by+cz)^2$

等号が成り立つのは，

$ay-bx=0$ かつ $bz-cy=0$ かつ $cx-az=0$,

すなわち $\boldsymbol{ay=bx,\ bz=cy,\ cx=az}$ **のとき** である。

inf. 次の不等式は **コーシー・シュワルツの不等式** と呼ばれている。

(1) $(a^2+b^2)(x^2+y^2) \geqq (ax+by)^2$
　等号が成り立つのは $ay=bx$ のとき。

(2) $(a^2+b^2+c^2)(x^2+y^2+z^2) \geqq (ax+by+cz)^2$
　等号が成り立つのは $ay=bx,\ bz=cy,\ cx=az$ のとき。

別解　コーシー・シュワルツの不等式から

$(a^2+b^2)(x^2+y^2) \geqq (ax+by)^2$ ……①

等号が成り立つのは $ay=bx$ のとき

⇐$x^3-y^3=(x-y)(x^2+xy+y^2)$

⇐$(x-y)^2 \geqq 0$
$\left\{\left(x+\dfrac{y}{2}\right)^2+\dfrac{3}{4}y^2\right\} \geqq 0$

⇐**(実数)$^2 \geqq 0$** を利用。

⇐展開して整理する。EXERCISES 16 (2) 参照。

⇐等号成立条件は，$abc \neq 0$（すなわち $a \neq 0$, $b \neq 0$, $c \neq 0$）の場合で考えれば，それぞれ $\dfrac{x}{a}=\dfrac{y}{b}$, $\dfrac{x}{a}=\dfrac{y}{b}=\dfrac{z}{c}$ と表される。

文字をおき換えて

$$(b^2+c^2)(y^2+z^2)\geqq(by+cz)^2 \cdots\cdots ②$$

等号が成り立つのは $bz=cy$ のとき

$$(c^2+a^2)(z^2+x^2)\geqq(cz+ax)^2 \cdots\cdots ③$$

等号が成り立つのは $cx=az$ のとき

①，②，③ の辺々を加えて

$$(a^2+b^2)(x^2+y^2)+(b^2+c^2)(y^2+z^2)+(c^2+a^2)(z^2+x^2)$$
$$\geqq(ax+by)^2+(by+cz)^2+(cz+ax)^2 \cdots\cdots ④$$

ここで (左辺)$=(a^2+b^2)(x^2+y^2)+c^2(x^2+y^2)$
$+(a^2+b^2+c^2)z^2+a^2x^2+b^2y^2+c^2z^2$
$=(a^2+b^2+c^2)(x^2+y^2+z^2)+a^2x^2+b^2y^2+c^2z^2$

(右辺)$=(a^2x^2+2abxy+b^2y^2)+(b^2y^2+2bcyz+c^2z^2)$
$+(c^2z^2+2cazx+a^2x^2)$

であるから，④ を整理すると

$$(a^2+b^2+c^2)(x^2+y^2+z^2)$$
$$\geqq a^2x^2+b^2y^2+c^2z^2+2abxy+2bcyz+2cazx$$
$$=(ax+by+cz)^2$$

よって，与式は成り立つ。

等号が成り立つのは ①，②，③ のすべてで等号が成り立つ場合であるから，$\boldsymbol{ay=bx}$，$\boldsymbol{bz=cy}$，$\boldsymbol{cx=az}$ **のとき** である。

EX ③19

次の不等式を証明せよ。

(1) $\dfrac{x^2+y^2+z^2+u^2}{4}\geqq\sqrt{xyzu}$　(ただし，x，y，z，u はすべて正の数)

(2) $\sqrt{2(a^2+b^2)}\geqq|a|+|b|$

(1) $(x^2+y^2+z^2+u^2)-4\sqrt{xyzu}$

$$=x^2-2xy+y^2+z^2-2zu+u^2+2(xy-2\sqrt{xy}\sqrt{zu}+zu)$$
$$=(x-y)^2+(z-u)^2+2(\sqrt{xy}-\sqrt{zu})^2\geqq 0$$

⇐平方完成するために $2xy$，$2zu$ で調整している。

よって　$x^2+y^2+z^2+u^2\geqq 4\sqrt{xyzu}$

すなわち　$\dfrac{x^2+y^2+z^2+u^2}{4}\geqq\sqrt{xyzu}$

⇐等号が成り立つのは，$x-y=0$ かつ $z-u=0$ かつ $\sqrt{xy}-\sqrt{zu}=0$ すなわち $x=y=z=u$ のときである。

別解　$x^2>0$，$y^2>0$，$z^2>0$，$u^2>0$ であるから，相加平均と相乗平均の大小関係により

$$\frac{x^2+y^2}{2}\geqq\sqrt{x^2y^2}=xy>0,$$

$$\frac{z^2+u^2}{2}\geqq\sqrt{z^2u^2}=zu>0$$

よって　$\dfrac{\dfrac{x^2+y^2}{2}+\dfrac{z^2+u^2}{2}}{2}\geqq\dfrac{xy+zu}{2}\geqq\sqrt{xyzu}$

ゆえに　$\dfrac{x^2+y^2+z^2+u^2}{4}\geqq\sqrt{xyzu}$

(2) $\{\sqrt{2(a^2+b^2)}\}^2-(|a|+|b|)^2$

$=2(a^2+b^2)-(a^2+2|a||b|+b^2)$

$=a^2-2|a||b|+b^2=(|a|-|b|)^2\geqq 0$

よって　$\{\sqrt{2(a^2+b^2)}\}^2\geqq(|a|+|b|)^2$

$\sqrt{2(a^2+b^2)}\geqq 0$, $|a|+|b|\geqq 0$ であるから

$\sqrt{2(a^2+b^2)}\geqq|a|+|b|$

⇐両辺の平方の差を作る。

⇐**この断りは重要。**

⇐等号が成り立つのは，$|a|-|b|=0$ すなわち $|a|=|b|$ のとき。

EX ③20

n は 2 以上の整数とする。二項定理を利用して，次の不等式を証明せよ。

(1) $a>0$ のとき　$(1+a)^n>1+na$　　(2) $\left(1+\dfrac{1}{n}\right)^n>2$

(1) 二項定理により

$$(1+a)^n={}_nC_0+{}_nC_1\,a+{}_nC_2\,a^2+\cdots\cdots+{}_nC_n\,a^n$$

$n\geqq 2$, $a>0$ であるから，$2\leqq r\leqq n$ のとき　$a^r>0$

また，$2\leqq r\leqq n$ のとき　${}_nC_r>0$

よって　${}_nC_r a^r>0$

ゆえに　$(1+a)^n={}_nC_0+{}_nC_1 a+{}_nC_2 a^2+\cdots\cdots+{}_nC_n a^n$

$=1+na+({}_nC_2 a^2+\cdots\cdots+{}_nC_n a^n)$

$>1+na$

⇐$a^2>0$, $a^3>0$, $\cdots$, $a^n>0$

⇐${}_nC_r=\dfrac{n!}{r!(n-r)!}$

⇐${}_nC_2 a^2+\cdots+{}_nC_n a^n>0$

(2) $n\geqq 2$ であるから　$\dfrac{1}{n}>0$

よって，(1) の不等式で $a=\dfrac{1}{n}$ とおくと

$$\left(1+\frac{1}{n}\right)^n>1+n\cdot\frac{1}{n}=1+1=2$$

ゆえに　$\left(1+\dfrac{1}{n}\right)^n>2$

⇐$a=\dfrac{1}{n}>0$

EX ②21

$a>0$, $b>0$, $c>0$ とする。次の不等式が成り立つことを証明せよ。

(1) $\sqrt{ab}\geqq\dfrac{2}{\dfrac{1}{a}+\dfrac{1}{b}}$　　(2) $\left(a+\dfrac{1}{b}\right)\left(b+\dfrac{1}{c}\right)\left(c+\dfrac{1}{a}\right)\geqq 8$

(1) $\dfrac{1}{a}>0$, $\dfrac{1}{b}>0$ であるから，相加平均と相乗平均の大小関係により

$$\frac{\dfrac{1}{a}+\dfrac{1}{b}}{2}\geqq\sqrt{\frac{1}{a}\cdot\frac{1}{b}}=\frac{1}{\sqrt{ab}}$$

$\dfrac{\dfrac{1}{a}+\dfrac{1}{b}}{2}>0$, $\dfrac{1}{\sqrt{ab}}>0$ であるから

$$\frac{2}{\dfrac{1}{a}+\dfrac{1}{b}}\leqq\sqrt{ab}$$

⇐$A\geqq B>0$
$\Longleftrightarrow 0<\dfrac{1}{A}\leqq\dfrac{1}{B}$

等号は $\dfrac{1}{a}=\dfrac{1}{b}$ すなわち $a=b$ のとき成り立つ。

参考　いくつかの正の数に対して，「それらの逆数の相加平均」の逆数を **調和平均** という。$\dfrac{2}{\dfrac{1}{a}+\dfrac{1}{b}}$ は調和平均であり，(1) の結果から

(相加平均)≧(相乗平均)≧(調和平均) であることがわかる。

(2)　$a>0,\ b>0,\ c>0$ であるから

$$\left(a+\frac{1}{b}\right)\left(b+\frac{1}{c}\right)\left(c+\frac{1}{a}\right)=\left(ab+\frac{a}{c}+1+\frac{1}{bc}\right)\left(c+\frac{1}{a}\right)$$

$$=abc+b+a+\frac{1}{c}+c+\frac{1}{a}+\frac{1}{b}+\frac{1}{abc}$$

$$=\left(a+\frac{1}{a}\right)+\left(b+\frac{1}{b}\right)+\left(c+\frac{1}{c}\right)+\left(abc+\frac{1}{abc}\right)$$

$$\geqq 2\sqrt{a\cdot\frac{1}{a}}+2\sqrt{b\cdot\frac{1}{b}}+2\sqrt{c\cdot\frac{1}{c}}+2\sqrt{abc\cdot\frac{1}{abc}}$$

$$=2+2+2+2=8$$

よって　$\left(a+\dfrac{1}{b}\right)\left(b+\dfrac{1}{c}\right)\left(c+\dfrac{1}{a}\right)\geqq 8$

別解　$a>0,\ b>0,\ c>0$ であるから，相加平均と相乗平均の大小関係により

$$a+\frac{1}{b}\geqq 2\sqrt{\frac{a}{b}},\quad b+\frac{1}{c}\geqq 2\sqrt{\frac{b}{c}},\quad c+\frac{1}{a}\geqq 2\sqrt{\frac{c}{a}}$$

これらは，すべて両辺ともに正であるから，辺々を掛けて

$$\left(a+\frac{1}{b}\right)\left(b+\frac{1}{c}\right)\left(c+\frac{1}{a}\right)\geqq 2\sqrt{\frac{a}{b}}\cdot 2\sqrt{\frac{b}{c}}\cdot 2\sqrt{\frac{c}{a}}=8$$

(2)　等号は $a=\dfrac{1}{a},\ b=\dfrac{1}{b},\ c=\dfrac{1}{c},\ abc=\dfrac{1}{abc}$，すなわち $a^2=1,\ b^2=1,\ c^2=1,\ a^2b^2c^2=1$ のとき成り立つ。よって，$a>0,\ b>0,\ c>0$ から $a=b=c=1$ のとき成り立つ。

⇐$A\geqq B>0,\ C\geqq D>0,\ E\geqq F>0 \Longrightarrow ACE\geqq BDF$

EX ④22　x の3次式 ax^3+bx^2+cx+d を x^2+x+1 で割ると $5x+8$ が余り，x^2-x+1 で割ると $-x$ が余る。このとき，$a,\ b,\ c,\ d$ の値を求めよ。〔東京理科大〕

3次式を x^2+x+1 で割った商を $ax+e$ とすると，条件から

$$ax^3+bx^2+cx+d=(x^2+x+1)(ax+e)+5x+8$$

が x についての恒等式である。

⇐x^3 の係数が a であるから，商は $ax+e$ とおける。

右辺を展開して整理すると

$$ax^3+bx^2+cx+d=ax^3+(a+e)x^2+(a+e+5)x+e+8$$

両辺の同じ次数の項の係数は等しいから

⇐**係数比較法**

$b=a+e$ ……①，$c=a+e+5$ ……②，

$d=e+8$ ……③

①，② から　$c=b+5$ ……④

①，③ から　$b-d=a-8$ ……⑤

⇐①，③ から e を消去。

3次式を x^2-x+1 で割った商を $ax+f$ とすると，条件から

$$ax^3+bx^2+cx+d=(x^2-x+1)(ax+f)-x$$

が x についての恒等式である。

⇐x^3 の係数が a であるから，商は $ax+f$ とおける。

右辺を展開して整理すると

$$ax^3+bx^2+cx+d=ax^3+(f-a)x^2+(a-f-1)x+f$$

両辺の同じ次数の項の係数は等しいから

$b=f-a$ ……①′, $c=a-f-1$ ……②′

$d=f$ ……③′

①′, ②′ から　$c=-b-1$ ……④′

①′, ③′ から　$b-d=-a$ ……⑤′

④, ④′ から　$b=-3$, $c=2$

⑤, ⑤′ から　$a=4$, $d=1$

以上から　$\boldsymbol{a=4}$, $\boldsymbol{b=-3}$, $\boldsymbol{c=2}$, $\boldsymbol{d=1}$

⇐係数比較法

⇐①′, ③′ から f を消去。

⇐④+④′：$2c=4$

⇐⑤, ⑤′ から $a-8=-a$

別解　ax^3+bx^2+cx+d を x^2+x+1 で割ると

$$\begin{array}{r|l} & ax+(b-a) \\ x^2+x+1 & ax^3+bx^2+cx+d \\ & ax^3+ax^2+ax \\ \hline & (b-a)x^2+(c-a)x+d \\ & (b-a)x^2+(b-a)x+b-a \\ \hline & (-b+c)x+a-b+d \end{array}$$

よって，余りは　$(-b+c)x+a-b+d$

これが $5x+8$ と等しいから

$-b+c=5$ ……①, $a-b+d=8$ ……②

また，ax^3+bx^2+cx+d を x^2-x+1 で割ると

⇐$(-b+c)x+a-b+d=5x+8$ が x についての恒等式となるように，a, b, c, d を定める。

$$\begin{array}{r|l} & ax+(a+b) \\ x^2-x+1 & ax^3+bx^2+cx+d \\ & ax^3-ax^2+ax \\ \hline & (a+b)x^2+(c-a)x+d \\ & (a+b)x^2-(a+b)x+a+b \\ \hline & (b+c)x-a-b+d \end{array}$$

よって，余りは　$(b+c)x-a-b+d$

これが $-x$ と等しいから

$b+c=-1$ ……③, $-a-b+d=0$ ……④

①, ③ から　$b=-3$, $c=2$

$b=-3$ と ②, ④ から　$a+d=5$, $-a+d=-3$

これを解いて　$a=4$, $d=1$

以上から　$\boldsymbol{a=4}$, $\boldsymbol{b=-3}$, $\boldsymbol{c=2}$, $\boldsymbol{d=1}$

⇐$(b+c)x-a-b+d=-x$ が x についての恒等式となるように，a, b, c, d を定める。

EX ③23　a, b, x, y が正の数で $a+b=1$ のとき，$\sqrt{ax+by}\geqq a\sqrt{x}+b\sqrt{y}$ が成り立つことを示せ。また，等号が成り立つのはどのようなときか。　〔愛知学院大〕

$(\sqrt{ax+by})^2-(a\sqrt{x}+b\sqrt{y})^2$

$=(ax+by)-(a^2x+2ab\sqrt{xy}+b^2y)$

$=a(1-a)x-2ab\sqrt{xy}+b(1-b)y$

$=abx-2ab\sqrt{xy}+aby$

$=ab(x-2\sqrt{xy}+y)=ab(\sqrt{x}-\sqrt{y})^2$

$a>0$, $b>0$ であるから　$ab>0$

ゆえに　$ab(\sqrt{x}-\sqrt{y})^2\geqq 0$ ……①

⇐両辺の平方の差を作る。

⇐$a+b=1$ から $1-a=b$, $1-b=a$

⇐$(実数)^2\geqq 0$

よって　　$(\sqrt{ax+by})^2 \geqq (a\sqrt{x}+b\sqrt{y})^2$

$\sqrt{ax+by}>0$, $a\sqrt{x}+b\sqrt{y}>0$ であるから

$$\sqrt{ax+by} \geqq a\sqrt{x}+b\sqrt{y}$$

等号が成り立つのは，① から $\sqrt{x}=\sqrt{y}$ すなわち **$x=y$ のとき** である。

inf.　この解法は，条件 $a+b=1$ を使っているが，文字を減らしていない。このように，文字を減らさなくても計算がスムーズになる場合があることも覚えておこう。

⇦この断りは重要。

⇦$x>0$, $y>0$ ならば $\sqrt{x}=\sqrt{y} \iff x=y$

EX ③24

(1)　正の実数 x と y が $9x^2+16y^2=144$ を満たしているとき，xy の最大値を求めよ。〔類　慶応大〕

(2)　$x>1$ のとき，$4x^2+\dfrac{1}{(x+1)(x-1)}$ の最小値を求めよ。〔類　慶応大〕

(1)　$9x^2>0$, $16y^2>0$ であるから，相加平均と相乗平均の大小関係により　　$9x^2+16y^2 \geqq 2\sqrt{9x^2 \cdot 16y^2}$

よって　　$144 \geqq 2\sqrt{9x^2 \cdot 16y^2}$

$x>0$, $y>0$ から　　$144 \geqq 2 \cdot 3x \cdot 4y$

ゆえに　　$xy \leqq 6$

等号が成り立つのは　$9x^2=16y^2$ のとき。

このとき，$9x^2+16y^2=144$ から　　$9x^2=16y^2=72$

すなわち　　$x^2=8$, $y^2=\dfrac{9}{2}$

$x>0$, $y>0$ から　　$x=2\sqrt{2}$, $y=\dfrac{3\sqrt{2}}{2}$

よって，xy は **$x=2\sqrt{2}$, $y=\dfrac{3\sqrt{2}}{2}$ のとき，最大値 6** をとる。

⇦相加平均と相乗平均の大小関係
$\dfrac{a+b}{2} \geqq \sqrt{ab}$
において，
$a+b=$(一定) のとき，ab の最大値を求めることができる。

(2)　$4x^2+\dfrac{1}{(x+1)(x-1)}=4(x^2-1)+\dfrac{1}{x^2-1}+4$

$x>1$ のとき，$4(x^2-1)>0$, $\dfrac{1}{x^2-1}>0$ であるから，相加平均と相乗平均の大小関係により

$$4(x^2-1)+\frac{1}{x^2-1} \geqq 2\sqrt{4(x^2-1)\cdot\frac{1}{x^2-1}}=4$$

ゆえに　　$4x^2+\dfrac{1}{(x+1)(x-1)}=4(x^2-1)+\dfrac{1}{x^2-1}+4$

$$\geqq 4+4=8$$

等号が成り立つのは，$4(x^2-1)=\dfrac{1}{x^2-1}$ のとき。

このとき　　$(x^2-1)^2=\dfrac{1}{4}$

$x>1$ であるから　　$x^2-1=\dfrac{1}{2}$　　すなわち　　$x^2=\dfrac{3}{2}$

ゆえに　　$x=\sqrt{\dfrac{3}{2}}=\dfrac{\sqrt{6}}{2}$

⇦2つの項の積が定数となるように，x^2-1 の項を作る。

⇦等号成立は
$4(x^2-1)=\dfrac{1}{x^2-1}$
かつ
$4(x^2-1)+\dfrac{1}{x^2-1}=4$
ゆえに $4(x^2-1)=2$
として求めてもよい。

よって，$4x^2+\dfrac{1}{(x+1)(x-1)}$ は $\boldsymbol{x=\dfrac{\sqrt{6}}{2}}$ **のとき，最小値 8** をとる。

EX ③25 $0<a<b$，$a+b=1$ であるとき，4つの数 1，$\sqrt{a}+\sqrt{b}$，$\sqrt{b}-\sqrt{a}$，$\sqrt{b-a}$ の大小を比較せよ。〔倉敷芸術科学大〕

$0<a<b$，$a+b=1$ より比較する数はすべて正であるから，平方した数の大小関係ともとの数の大小関係は一致する。

$$(\sqrt{a}+\sqrt{b})^2=a+b+2\sqrt{ab}=1+2\sqrt{ab}>1$$

$\sqrt{a}+\sqrt{b}>0$ から　$\sqrt{a}+\sqrt{b}>1$

$(\sqrt{b}-\sqrt{a})^2=a+b-2\sqrt{ab}=1-2\sqrt{ab}<1$

$(\sqrt{b-a})^2=b-a=(1-a)-a=1-2a<1$ から

$\sqrt{b}-\sqrt{a}$ と $\sqrt{b-a}$ の大小を比較すればよい。

$$(\sqrt{b-a})^2-(\sqrt{b}-\sqrt{a})^2=1-2a-(1-2\sqrt{ab})$$
$$=2\sqrt{ab}-2a=2\sqrt{a}(\sqrt{b}-\sqrt{a})>0$$

$\sqrt{b}-\sqrt{a}>0$，$\sqrt{b-a}>0$ から　$\sqrt{b}-\sqrt{a}<\sqrt{b-a}$

したがって　$\boldsymbol{\sqrt{b}-\sqrt{a}<\sqrt{b-a}<1<\sqrt{a}+\sqrt{b}}$

⇦大小の比較は 2 つずつ差をとるので，あらかじめ大小の見当をつけておく。$a=\dfrac{1}{4}$，$b=\dfrac{3}{4}$ とすると

$\sqrt{a}+\sqrt{b}=\dfrac{1+\sqrt{3}}{2}$

$\sqrt{b}-\sqrt{a}=\dfrac{\sqrt{3}-1}{2}$

$\sqrt{b-a}=\dfrac{\sqrt{2}}{2}$ から

$\sqrt{b}-\sqrt{a}<\sqrt{b-a}<1$
$<\sqrt{a}+\sqrt{b}$

EX ④26 $x+y+z=3$，$(x-1)^3+(y-1)^3+(z-1)^3=0$ のとき，x，y，z のうち少なくとも 1 つは 1 に等しいことを証明せよ。〔広島文教女子大〕

$x-1=X$，$y-1=Y$，$z-1=Z$ とすると，条件式から

$$X+Y+Z=0,\quad X^3+Y^3+Z^3=0$$

ここで　$X^3+Y^3+Z^3=(X+Y+Z)(X^2+Y^2+Z^2-XY-YZ-ZX)+3XYZ$

よって　$0=3XYZ$　すなわち　$XYZ=0$

ゆえに　$(x-1)(y-1)(z-1)=0$

すなわち　$x-1=0$ または $y-1=0$ または $z-1=0$

したがって，x，y，z のうち少なくとも 1 つは 1 に等しい。

別解　$z=3-x-y$ を第 2 式に代入して整理すると $(x-1)(y-1)\times(2-x-y)=0$ が導かれ $x=1$ または $y=1$ または $x+y=2$ すなわち $z=1$ が成り立つことがわかる。

EX ④27 次の不等式が成り立つことを証明せよ。

(1) $a\geqq b$，$x\geqq y$ のとき　$(a+b)(x+y)\leqq 2(ax+by)$

(2) $a\geqq b\geqq c$，$x\geqq y\geqq z$ のとき　$(a+b+c)(x+y+z)\leqq 3(ax+by+cz)$

HINT (2) (1)の結果を繰り返し利用。

(1) $2(ax+by)-(a+b)(x+y)$

$$=(2ax+2by)-(ax+ay+bx+by)$$
$$=ax+by-ay-bx$$
$$=a(x-y)-b(x-y)$$
$$=(a-b)(x-y)$$

ここで，$a\geqq b$，$x\geqq y$ から　$a-b\geqq 0$，$x-y\geqq 0$

よって，$(a-b)(x-y)\geqq 0$ であるから

inf.　等号が成り立つのは　$a-b=0$ または $x-y=0$ のとき，すなわち $a=b$ または $x=y$ のとき。

$2(ax+by)-(a+b)(x+y)\geqq 0$

ゆえに　$(a+b)(x+y)\leqq 2(ax+by)$

(2) (1)の結果を用いて

$a\geqq b$, $x\geqq y$ から　$2(ax+by)\geqq(a+b)(x+y)$

$b\geqq c$, $y\geqq z$ から　$2(by+cz)\geqq(b+c)(y+z)$

$a\geqq c$, $x\geqq z$ から　$2(cz+ax)\geqq(c+a)(z+x)$

辺々を加えて

$$\begin{aligned}4(ax+by+cz)&\geqq(a+b)(x+y)+(b+c)(y+z)+(c+a)(z+x)\\&=(a+b+c+a)x+(a+b+b+c)y+(b+c+c+a)z\\&=(a+b+c)(x+y+z)+ax+by+cz\end{aligned}$$

よって　$3(ax+by+cz)\geqq(a+b+c)(x+y+z)$

すなわち　$(a+b+c)(x+y+z)\leqq 3(ax+by+cz)$

inf. 等号が成り立つのは，(1)から
($a=b$ または $x=y$)
かつ ($b=c$ または $y=z$)
かつ ($c=a$ または $z=x$)
のとき，すなわち
$a=b=c$ または
$x=y=z$ のとき。

PR ①36

次の計算をせよ。
(1) $(4+5i)-(4-5i)$ (2) $(-6+5i)(1+2i)$ (3) $(2-5i)(2i-5)$
(4) $(3+i)^3$ (5) $(\sqrt{2}+i)^2-(\sqrt{2}-i)^2$ (6) $(1+i)^8$
(7) $i-i^2+i^3+i^4+i^5-i^6+i^7+i^8$

(1) $(4+5i)-(4-5i)=(4-4)+\{5-(-5)\}i=\mathbf{10i}$

(2) $(-6+5i)(1+2i)=-6-12i+5i+10i^2$
$=-6-7i+10\cdot(-1)$
$=\mathbf{-16-7i}$

(3) $(2-5i)(2i-5)=4i-10-10i^2+25i$
$=4i-10-10\cdot(-1)+25i$
$=\mathbf{29i}$

別解 $(2-5i)(2i-5)=(2-5i)(2+5i)i$
$=(2^2-5^2i^2)i$
$=\{4-25\cdot(-1)\}i$
$=\mathbf{29i}$

⇐ $2i-5=2i+5i^2$
$=i(2+5i)$

(4) $(3+i)^3=3^3+3\cdot3^2i+3\cdot3i^2+i^3$❶
$=27+27i+9\cdot(-1)+i(-1)$❶
$=\mathbf{18+26i}$

⇐ $(a+b)^3$
$=a^3+3a^2b+3ab^2+b^3$
❶ $i^3=i\cdot i^2=i(-1)$

(5) $(\sqrt{2}+i)^2-(\sqrt{2}-i)^2=(2+2\sqrt{2}i+i^2)-(2-2\sqrt{2}i+i^2)$
$=2\sqrt{2}i+2\sqrt{2}i=\mathbf{4\sqrt{2}i}$

別解 $(\sqrt{2}+i)^2-(\sqrt{2}-i)^2$
$=\{(\sqrt{2}+i)+(\sqrt{2}-i)\}\{(\sqrt{2}+i)-(\sqrt{2}-i)\}$
$=2\sqrt{2}\times2i=\mathbf{4\sqrt{2}i}$

⇐ a^2-b^2
$=(a+b)(a-b)$

(6) $(1+i)^8=\{(1+i)^2\}^4=(1+2i+i^2)^4$
$=(1+2i-1)^4=(2i)^4=2^4i^4$
$=16(i^2)^2=16\cdot(-1)^2=\mathbf{16}$

⇐ $a^8=(a^2)^4$
⇐ $(ab)^4=a^4b^4$,
$i^4=(i^2)^2$

(7) $i-i^2+i^3+i^4+i^5-i^6+i^7+i^8$
$=i-i^2+i\cdot i^2+(i^2)^2+i\cdot(i^2)^2-(i^2)^3+i\cdot(i^2)^3+(i^2)^4$
$=i-(-1)+i(-1)+(-1)^2$
$+i(-1)^2-(-1)^3+i(-1)^3+(-1)^4$
$=i+1-i+1+i+1-i+1=\mathbf{4}$

⇐ $i^4=1$ を用いて，i^5 以降を次のように考えてもよい。
$i^5-i^6+i^7+i^8$
$=i^4(i-i^2+i^3+i^4)$
$=i-i^2+i^3+i^4$

PR ②37

次の計算をせよ。
(1) $\dfrac{4+3i}{2i}$ (2) $\dfrac{3+2i}{2+3i}$ (3) $\dfrac{1+3\sqrt{3}i}{\sqrt{3}+i}+\dfrac{3\sqrt{3}+i}{1+\sqrt{3}i}$
(4) $\dfrac{2-i}{3-i}-\dfrac{1+2i}{3+i}$ (5) $(\sqrt{3}+\sqrt{-1})(1-\sqrt{-3})$ (6) $\dfrac{\sqrt{6}}{\sqrt{-3}}$

(1) $\dfrac{4+3i}{2i}=\dfrac{(4+3i)i}{2i\cdot i}=\dfrac{4i+3i^2}{2i^2}=\dfrac{-3+4i}{-2}$
$=\mathbf{\dfrac{3}{2}-2i}$

⇐ i と共役な複素数 $-i$ を分母・分子に掛けてもよい。そうすると分母が正になる。

(2) $\dfrac{3+2i}{2+3i}=\dfrac{(3+2i)(2-3i)}{(2+3i)(2-3i)}=\dfrac{6-5i-6i^2}{4-9i^2}=\dfrac{12-5i}{4+9}$

$=\boldsymbol{\dfrac{12}{13}-\dfrac{5}{13}i}$

⇦$2+3i$ と共役な複素数 $2-3i$ を分母・分子に掛ける。

(3) $\dfrac{1+3\sqrt{3}\,i}{\sqrt{3}+i}=\dfrac{(1+3\sqrt{3}\,i)(\sqrt{3}-i)}{(\sqrt{3}+i)(\sqrt{3}-i)}=\dfrac{\sqrt{3}-i+9i-3\sqrt{3}\,i^2}{3-i^2}$

$=\dfrac{4\sqrt{3}+8i}{4}=\sqrt{3}+2i$

⇦前の項の分母を実数化。

$\dfrac{3\sqrt{3}+i}{1+\sqrt{3}\,i}=\dfrac{(3\sqrt{3}+i)(1-\sqrt{3}\,i)}{(1+\sqrt{3}\,i)(1-\sqrt{3}\,i)}=\dfrac{3\sqrt{3}-9i+i-\sqrt{3}\,i^2}{1-3i^2}$

$=\dfrac{4\sqrt{3}-8i}{4}=\sqrt{3}-2i$

⇦後の項の分母を実数化。

よって　$\dfrac{1+3\sqrt{3}\,i}{\sqrt{3}+i}+\dfrac{3\sqrt{3}+i}{1+\sqrt{3}\,i}=(\sqrt{3}+2i)+(\sqrt{3}-2i)$

$=\boldsymbol{2\sqrt{3}}$

(4) $\dfrac{2-i}{3-i}-\dfrac{1+2i}{3+i}=\dfrac{(2-i)(3+i)-(1+2i)(3-i)}{(3-i)(3+i)}$

$=\dfrac{(6-i-i^2)-(3+5i-2i^2)}{9-i^2}$

$=\dfrac{(7-i)-(5+5i)}{10}=\dfrac{2-6i}{10}=\boldsymbol{\dfrac{1}{5}-\dfrac{3}{5}i}$

⇦各項の分母は $3-i$ と $3+i$ で，互いに共役な複素数であるから，**通分と同時に分母が実数化される。**

(5) $(\sqrt{3}+\sqrt{-1})(1-\sqrt{-3})=(\sqrt{3}+i)(1-\sqrt{3}\,i)$

$=\sqrt{3}-3i+i-\sqrt{3}\,i^2$

$=\sqrt{3}-2i+\sqrt{3}=\boldsymbol{2\sqrt{3}-2i}$

⇦$\sqrt{-1}=i$, $\sqrt{-3}=\sqrt{3}\,i$

(6) $\dfrac{\sqrt{6}}{\sqrt{-3}}=\dfrac{\sqrt{6}}{\sqrt{3}\,i}=\dfrac{\sqrt{2}}{i}=\dfrac{\sqrt{2}\,i}{i^2}=\dfrac{\sqrt{2}\,i}{-1}=\boldsymbol{-\sqrt{2}\,i}$

⇦ $\dfrac{\sqrt{6}}{\sqrt{-3}}=\sqrt{\dfrac{6}{-3}}=\sqrt{2}\,i$ としてはダメ（本冊 $p.65$ ピンポイント解説参照）。

PR ②38 次の等式または条件を満たす実数 x, y の値を求めよ。

(1) $(1+2i)x-(2-i)y=3$　(2) $(-1+i)(x+yi)=1-3i$　(3) $\dfrac{1+xi}{3+i}$ が純虚数になる

(1) 等式を変形すると　$(x-2y)+(2x+y)i=3$

x, y は実数であるから，$x-2y$, $2x+y$ も実数である。

よって　$x-2y=3$, $2x+y=0$

これを解いて　$\boldsymbol{x=\dfrac{3}{5},\ y=-\dfrac{6}{5}}$

⇦ i について整理する。

⇦**この断り書きは重要。**

⇦**複素数の相等。**

a, b, c, d が実数のとき
$a+bi=c+di$
$\Longleftrightarrow a=c$ かつ $b=d$

(2) 等式の両辺を $-1+i$ で割ると　$x+yi=\dfrac{1-3i}{-1+i}$

ここで　$\dfrac{1-3i}{-1+i}=\dfrac{(1-3i)(-1-i)}{(-1+i)(-1-i)}=\dfrac{-1+2i+3i^2}{1-i^2}$

$=\dfrac{-4+2i}{2}=-2+i$

⇦分母の実数化。

よって　$x+yi=-2+i$

x, y は実数であるから　$\boldsymbol{x=-2,\ y=1}$

⇦**複素数の相等。**

別解 左辺を展開すると　$-x+(x-y)i+yi^2=1-3i$

整理して　$(-x-y)+(x-y)i=1-3i$

x, y は実数であるから, $-x-y$, $x-y$ も実数である。

よって　$-x-y=1$, $x-y=-3$

これを解いて　$\boldsymbol{x=-2}$, $\boldsymbol{y=1}$

⇦$i^2=-1$

⇦この断り書きは重要。

⇦複素数の相等。

(3) $\dfrac{1+xi}{3+i}=\dfrac{(1+xi)(3-i)}{(3+i)(3-i)}=\dfrac{3+(3x-1)i-xi^2}{9-i^2}$

$=\dfrac{x+3}{10}+\dfrac{3x-1}{10}i$ ……①

x は実数であるから, $\dfrac{x+3}{10}$, $\dfrac{3x-1}{10}$ も実数である。

① が純虚数となるための条件は

$x+3=0$ かつ $3x-1\neq0$

$x+3=0$ から　$\boldsymbol{x=-3}$

これは $3x-1\neq0$ を満たす。

⇦分母の実数化。

⇦この断り書きは重要。

⇦$a+bi$ が純虚数 $\Longleftrightarrow$ $a=0$ かつ $b\neq0$

別解 $\dfrac{1+xi}{3+i}=bi$ (b は実数, ただし $b\neq0$) とすると

$1+xi=bi(3+i)$

整理して　$1+xi=-b+3bi$

x, b は実数であるから　$1=-b$, $x=3b$

よって　$b=-1$, $\boldsymbol{x=-3}$

これは $b\neq0$ を満たす。

⇦純虚数は bi ($b\neq0$)

⇦複素数の相等。

PR ③39　2乗すると i になるような複素数 $z=x+yi$ (x, y は実数) はちょうど2つ存在する。この z を求めよ。

$z^2=(x+yi)^2=x^2+2xyi+y^2i^2=(x^2-y^2)+2xyi$

$z^2=i$ のとき　$(x^2-y^2)+2xyi=i$

x, y は実数であるから, x^2-y^2, $2xy$ も実数である。

よって　$x^2-y^2=0$ ……①, $2xy=1$ ……②

① から　$(x+y)(x-y)=0$

ゆえに　$y=\pm x$

[1] $y=x$ のとき

② から　$2x^2=1$　よって　$x=\pm\dfrac{1}{\sqrt{2}}$

ゆえに　$x=\dfrac{1}{\sqrt{2}}$ のとき $y=\dfrac{1}{\sqrt{2}}$,

$x=-\dfrac{1}{\sqrt{2}}$ のとき $y=-\dfrac{1}{\sqrt{2}}$

[2] $y=-x$ のとき

② から　$-2x^2=1$　これを満たす実数 x はない。

[1], [2] から　$\boldsymbol{z=\dfrac{1}{\sqrt{2}}+\dfrac{1}{\sqrt{2}}i,\ -\dfrac{1}{\sqrt{2}}-\dfrac{1}{\sqrt{2}}i}$

⇦$a+bi$ の形に整理。

⇦この断り書きは重要。

⇦複素数の相等。

⇦② より, $xy>0$ すなわち x と y が同符号であることに着目して, $y=-x$ が適さないことを判断してもよい。

⇦$z=\pm\left(\dfrac{1}{\sqrt{2}}+\dfrac{1}{\sqrt{2}}i\right)$ としてもよい。

PR ②40　m は定数とする。次の 2 次方程式の解の種類を判別せよ。
(1) $x^2-2mx+2m+3=0$　　(2) $(m^2-1)x^2-(m+1)x+1=0$

判別式を D とする。

(1) $\dfrac{D}{4}=(-m)^2-1\cdot(2m+3)=m^2-2m-3=(m+1)(m-3)$

⇦ x の係数が $2b'$ の形なので，$\dfrac{D}{4}$ を用いる。

$D>0$ すなわち $\boldsymbol{m<-1,\ 3<m}$ **のとき，異なる 2 つの実数解をもつ。**

$D=0$ すなわち $\boldsymbol{m=-1,\ 3}$ **のとき，重解をもつ。**

$D<0$ すなわち $\boldsymbol{-1<m<3}$ **のとき，異なる 2 つの虚数解をもつ。**

(2) 2 次方程式であるから　$m^2-1\neq 0$

⇦ (x^2 の係数) $\neq 0$

よって　$(m+1)(m-1)\neq 0$　ゆえに　$m\neq\pm 1$

判別式を D とすると

$$D=\{-(m+1)\}^2-4(m^2-1)\cdot 1$$
$$=m^2+2m+1-4m^2+4=-3m^2+2m+5$$
$$=-(3m^2-2m-5)=-(m+1)(3m-5)$$

⇦たすき掛け

1	╲╱	1 ⟶	3
3	╱╲	−5 ⟶	−5
3		−5	−2

$m\neq\pm 1$ かつ $D>0$ すなわち $\boldsymbol{-1<m<1,\ 1<m<\dfrac{5}{3}}$ **のとき，異なる 2 つの実数解をもつ。**

$m\neq\pm 1$ かつ $D=0$ すなわち $\boldsymbol{m=\dfrac{5}{3}}$ **のとき，重解をもつ。**

$m\neq\pm 1$ かつ $D<0$ すなわち $\boldsymbol{m<-1,\ \dfrac{5}{3}<m}$ **のとき，異なる 2 つの虚数解をもつ。**

inf.　$m=1$ のとき，1 次方程式 $-2x+1=0$ となり，1 つの実数解をもつ。$m=-1$ のとき，$1=0$ となり，解は存在しない。

PR ②41　2 次方程式 $x^2+2(k-1)x-k^2+3k-1=0$（k は定数）について
(1) 実数解をもつような k の値の範囲を求めよ。
(2) 重解をもつような k の値と，そのときの重解を求めよ。

判別式を D とすると

$$\frac{D}{4}=(k-1)^2-1\cdot(-k^2+3k-1)=k^2-2k+1+k^2-3k+1$$
$$=2k^2-5k+2=(2k-1)(k-2)$$

⇦たすき掛け

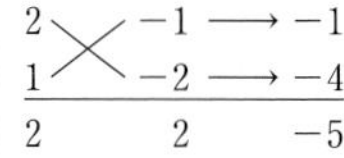

2	╲╱	−1 ⟶	−1
1	╱╲	−2 ⟶	−4
2		2	−5

(1) 実数解をもつための条件は　$D\geqq 0$

よって　$(2k-1)(k-2)\geqq 0$　ゆえに　$\boldsymbol{k\leqq\dfrac{1}{2},\ 2\leqq k}$

(2) 重解をもつための条件は　$D=0$

よって　$(2k-1)(k-2)=0$　ゆえに　$k=\dfrac{1}{2},\ 2$

また，重解は　$x=-\dfrac{2(k-1)}{2\cdot 1}=1-k$

⇦ 2 次方程式 $ax^2+bx+c=0$ が重解をもつとき，その重解は $\boldsymbol{x=-\dfrac{b}{2a}}$

したがって　$\boldsymbol{k=\dfrac{1}{2}}$ **のとき，重解は** $\boldsymbol{x=\dfrac{1}{2}}$

$\boldsymbol{k=2}$ **のとき，重解は** $\boldsymbol{x=-1}$

別解 (後半)

$k=\frac{1}{2}$ のとき,方程式は $x^2-x+\frac{1}{4}=0$

ゆえに $\left(x-\frac{1}{2}\right)^2=0$ よって $\boldsymbol{x=\frac{1}{2}}$ ⇐重解

$k=2$ のとき,方程式は $x^2+2x+1=0$

ゆえに $(x+1)^2=0$ よって $\boldsymbol{x=-1}$ ⇐重解

PR ③42 a を整数とするとき,2つの方程式 $x^2-ax+3=0$, $x^2+ax+2a=0$ の一方は実数解を,他方は虚数解をもつという。このような a の値をすべて求めよ。 〔類 徳島文理大〕

$x^2-ax+3=0$, $x^2+ax+2a=0$ の判別式を,それぞれ D_1, D_2 とすると $D_1=(-a)^2-12=(a+2\sqrt{3})(a-2\sqrt{3})$ ⇐$12=(2\sqrt{3})^2$

$D_2=a^2-8a=a(a-8)$

$D_1<0$ から $-2\sqrt{3}<a<2\sqrt{3}$ ……① ⇐$2\sqrt{3}=3.4$……

$D_2<0$ から $0<a<8$ ……②

2つの方程式の一方だけが虚数解をもつ条件を求めればよい。

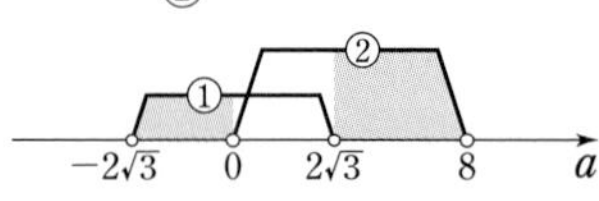

①と②の一方だけが成り立つ a の値の範囲は

$-2\sqrt{3}<a\leqq 0,\ 2\sqrt{3}\leqq a<8$ ⇐$a=0$ は①だけが成り立つから解に含まれる。$a=2\sqrt{3}$ は②だけが成り立つから解に含まれる。

よって,条件を満たす整数 a の値は

$\boldsymbol{a=-3,\ -2,\ -1,\ 0,\ 4,\ 5,\ 6,\ 7}$

別解 (上の解答の3行目までは同じ)

条件から,($D_1\geqq 0$ かつ $D_2<0$) または ($D_1<0$ かつ $D_2\geqq 0$) が成り立つ。

[1] $D_1\geqq 0$ かつ $D_2<0$ のとき

($a\leqq -2\sqrt{3}$ または $2\sqrt{3}\leqq a$) かつ $0<a<8$

よって $2\sqrt{3}\leqq a<8$

a は整数であるから $a=4,\ 5,\ 6,\ 7$

[1]
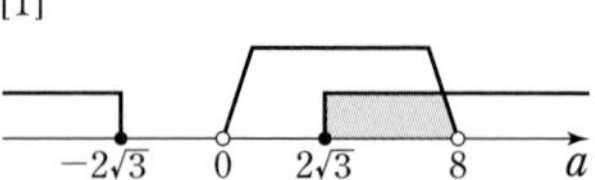

[2] $D_1<0$ かつ $D_2\geqq 0$ のとき

$-2\sqrt{3}<a<2\sqrt{3}$ かつ ($a\leqq 0$ または $8\leqq a$)

よって $-2\sqrt{3}<a\leqq 0$

a は整数であるから $a=-3,\ -2,\ -1,\ 0$

[2]
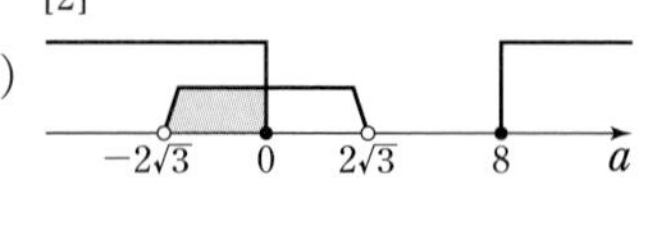

[1],[2] から,条件を満たす整数 a の値は

$\boldsymbol{a=-3,\ -2,\ -1,\ 0,\ 4,\ 5,\ 6,\ 7}$

PR ④43 x の方程式 $(1+i)x^2+(k-i)x-(k-1+2i)=0$ が実数解をもつように,実数 k の値を定めよ。また,その実数解を求めよ。

方程式の実数解を α とすると

$(1+i)\alpha^2+(k-i)\alpha-(k-1+2i)=0$ ⇐$x=\alpha$ を代入。

整理して $(\alpha^2+k\alpha-k+1)+(\alpha^2-\alpha-2)i=0$ ⇐$a+bi=0$ の形に整理。

α, k は実数であるから,$\alpha^2+k\alpha-k+1$, $\alpha^2-\alpha-2$ も実数。 ⇐**この断り書きは重要。**

よって　$\alpha^2+k\alpha-k+1=0$ ……①

$\alpha^2-\alpha-2=0$ ……②

②から　$(\alpha+1)(\alpha-2)=0$

ゆえに　$\alpha=-1,\ 2$

[1]　$\alpha=-1$ のとき

①から　$2-2k=0$　よって　$k=1$

[2]　$\alpha=2$ のとき

①から　$5+k=0$　よって　$k=-5$

[1]，[2] から　**$k=1$ のとき，実数解は $x=-1$**

$k=-5$ のとき，実数解は $x=2$

⇐複素数の相等。

⇐$1-k-k+1=0$

⇐$4+2k-k+1=0$

PR ②44

2 次方程式 $3x^2-2x-4=0$ の 2 つの解を α，β とするとき，次の式の値を求めよ。

(1) $\alpha^2\beta+\alpha\beta^2$　(2) $\dfrac{1}{\alpha}+\dfrac{1}{\beta}$　(3) $\alpha^2+\beta^2$

(4) $\dfrac{\beta}{\alpha}+\dfrac{\alpha}{\beta}$　(5) $(\alpha-\beta)^2$　(6) $\alpha^3+\beta^3$

解と係数の関係から　$\alpha+\beta=\dfrac{2}{3},\ \alpha\beta=-\dfrac{4}{3}$

(1) $\alpha^2\beta+\alpha\beta^2=\alpha\beta(\alpha+\beta)=-\dfrac{4}{3}\cdot\dfrac{2}{3}=\boldsymbol{-\dfrac{8}{9}}$

(2) $\dfrac{1}{\alpha}+\dfrac{1}{\beta}=\dfrac{\alpha+\beta}{\alpha\beta}=\dfrac{2}{3}\div\left(-\dfrac{4}{3}\right)=\dfrac{2}{3}\cdot\left(-\dfrac{3}{4}\right)=\boldsymbol{-\dfrac{1}{2}}$

(3) $\alpha^2+\beta^2=(\alpha+\beta)^2-2\alpha\beta=\left(\dfrac{2}{3}\right)^2-2\cdot\left(-\dfrac{4}{3}\right)=\dfrac{4}{9}+\dfrac{8}{3}=\boldsymbol{\dfrac{28}{9}}$

(4) $\dfrac{\beta}{\alpha}+\dfrac{\alpha}{\beta}=\dfrac{\alpha^2+\beta^2}{\alpha\beta}=\dfrac{28}{9}\div\left(-\dfrac{4}{3}\right)=\dfrac{28}{9}\cdot\left(-\dfrac{3}{4}\right)=\boldsymbol{-\dfrac{7}{3}}$

(5) $(\alpha-\beta)^2=(\alpha^2+\beta^2)-2\alpha\beta=\dfrac{28}{9}-2\cdot\left(-\dfrac{4}{3}\right)=\dfrac{28}{9}+\dfrac{8}{3}=\boldsymbol{\dfrac{52}{9}}$

(6) $\alpha^3+\beta^3=(\alpha+\beta)^3-3\alpha\beta(\alpha+\beta)=\left(\dfrac{2}{3}\right)^3-3\cdot\left(-\dfrac{4}{3}\right)\cdot\dfrac{2}{3}$

$=\dfrac{8}{27}+\dfrac{8}{3}=\boldsymbol{\dfrac{80}{27}}$

別解　$\alpha^3+\beta^3=(\alpha+\beta)(\alpha^2-\alpha\beta+\beta^2)=\dfrac{2}{3}\left\{\dfrac{28}{9}-\left(-\dfrac{4}{3}\right)\right\}$

$=\dfrac{2}{3}\cdot\dfrac{40}{9}=\boldsymbol{\dfrac{80}{27}}$

⇐2 次方程式 $ax^2+bx+c=0$ の 2 つの解を α，β とすると $\boldsymbol{\alpha+\beta=-\dfrac{b}{a},\ \alpha\beta=\dfrac{c}{a}}$

⇐(3) で求めた $\alpha^2+\beta^2$ の値を利用する。

⇐(3) の値を利用。

別解　$(\alpha-\beta)^2$
$=(\alpha+\beta)^2-4\alpha\beta$
$=\left(\dfrac{2}{3}\right)^2-4\cdot\left(-\dfrac{4}{3}\right)$
$=\dfrac{4}{9}+\dfrac{16}{3}=\boldsymbol{\dfrac{52}{9}}$

⇐(3) の値を利用。

PR ②45

次の条件を満たす定数 k の値と方程式の解を，それぞれ求めよ。

(1)　2 次方程式 $x^2+kx+4=0$ の 1 つの解が他の解の 4 倍

(2)　2 次方程式 $6x^2-kx+k-4=0$ の 2 つの解の比が 3 : 2

(3)　2 次方程式 $3x^2+6x+k-1=0$ の 2 つの解の差が 4

(1)　1 つの解が他の解の 4 倍であるから，2 つの解は α，4α と表すことができる。解と係数の関係から

$\alpha+4\alpha=-k$ ……①，　$\alpha\cdot4\alpha=4$ ……②

②から　$\alpha^2=1$　よって　$\alpha=\pm1$

$\alpha=-1$ のとき，①から　$k=5$　他の解は　$4\alpha=-4$

⇐2 つの解を α，β（ただし，$\beta=4\alpha$）とおいてもよいが，変数が少ない方が計算がスムーズ。

$\alpha=1$ のとき，① から　$k=-5$　他の解は　$4\alpha=4$

よって　$\boldsymbol{k=5}$ **のとき，2つの解は**　$\boldsymbol{x=-1,\ -4}$

$\boldsymbol{k=-5}$ **のとき，2つの解は**　$\boldsymbol{x=1,\ 4}$

⇦解は α，4α

(2)　2つの解の比が 3：2 であるから，2つの解は 3α，2α (ただし $\alpha \neq 0$) と表すことができる。解と係数の関係から

⇦2つの解の比が $p:q$ ⟶ $p\alpha$，$q\alpha$ とおく。

$$3\alpha+2\alpha=\frac{k}{6} \cdots\cdots ①,\quad 3\alpha\cdot 2\alpha=\frac{k-4}{6} \cdots\cdots ②$$

① から　$\alpha=\dfrac{k}{30}$　これを ② に代入して　$6\cdot\dfrac{k^2}{900}=\dfrac{k-4}{6}$

⇦α を消去する。

整理すると　$k^2-25k+100=0$

よって　$(k-5)(k-20)=0$　ゆえに　$k=5,\ 20$

$k=5$ のとき，$\alpha=\dfrac{1}{6}$，$k=20$ のとき，$\alpha=\dfrac{2}{3}$

よって

$\boldsymbol{k=5}$ **のとき，2つの解は**　$\boldsymbol{x=\dfrac{1}{2},\ \dfrac{1}{3}}$

$\boldsymbol{k=20}$ **のとき，2つの解は**　$\boldsymbol{x=2,\ \dfrac{4}{3}}$

⇦解は 3α，2α
$\alpha \neq 0$ を満たしている。

(3)　2つの解の差が 4 であるから，2つの解は α，$\alpha+4$ と表すことができる。解と係数の関係から

⇦2つの解を α，$\alpha-4$ とおいてもよい。

$$\alpha+(\alpha+4)=-2 \cdots\cdots ①,\quad \alpha(\alpha+4)=\frac{k-1}{3} \cdots\cdots ②$$

① から　$\alpha=-3$　これを ② に代入して　$-3=\dfrac{k-1}{3}$

よって　$k=-8$

ゆえに　$\boldsymbol{k=-8}$ **のとき，2つの解は**　$\boldsymbol{x=-3,\ 1}$

⇦解は α，$\alpha+4$ を満たしている。

PR ②46　次の2次式を，複素数の範囲で因数分解せよ。
(1)　$x^2-20x+91$　　(2)　x^2-4x-3　　(3)　$3x^2-2x+3$

(1)　2次方程式 $x^2-20x+91=0$ を解くと

$$x=-(-10)\pm\sqrt{(-10)^2-1\cdot 91}=10\pm 3$$

すなわち　$x=13,\ 7$

よって　$x^2-20x+91=\boldsymbol{(x-7)(x-13)}$

⇦ $x^2-(7+13)x+7\cdot 13=0$ から $(x-7)(x-13)=0$ と直接，因数分解してもよい。

(2)　2次方程式 $x^2-4x-3=0$ を解くと

$$x=-(-2)\pm\sqrt{(-2)^2-1\cdot(-3)}=2\pm\sqrt{7}$$

よって　$x^2-4x-3=\{x-(2+\sqrt{7})\}\{x-(2-\sqrt{7})\}$

$=\boldsymbol{(x-2-\sqrt{7})(x-2+\sqrt{7})}$

(3)　2次方程式 $3x^2-2x+3=0$ を解くと

$$x=\frac{-(-1)\pm\sqrt{(-1)^2-3\cdot 3}}{3}=\frac{1\pm 2\sqrt{2}\,i}{3}$$

⇦$\sqrt{-8}=\sqrt{8}\,i=2\sqrt{2}\,i$

よって　$3x^2-2x+3=\boldsymbol{3\left(x-\dfrac{1+2\sqrt{2}\,i}{3}\right)\left(x-\dfrac{1-2\sqrt{2}\,i}{3}\right)}$

⇦括弧の前の 3 を忘れないように。

PR ②47

(1) 2次方程式 $x^2-2x+3=0$ の2つの解を α, β とするとき，次の2数を解とする2次方程式を1つ作れ。

(ア) $\alpha+1$, $\beta+1$　(イ) $\dfrac{1}{\alpha}$, $\dfrac{1}{\beta}$　(ウ) α^3, β^3

(2) p, q を0でない実数の定数とし，2次方程式 $2x^2+px+2q=0$ の解を α, β とする。2次方程式 $x^2+qx+p=0$ の2つの解が $\alpha+\beta$ と $\alpha\beta$ であるとき，p, q の値を求めよ。

(1) 2次方程式 $x^2-2x+3=0$ において，解と係数の関係により　$\alpha+\beta=2$,　$\alpha\beta=3$

(ア) $(\alpha+1)+(\beta+1)=(\alpha+\beta)+2$
$=2+2=4$
$(\alpha+1)(\beta+1)=\alpha\beta+(\alpha+\beta)+1$
$=3+2+1=6$

⇐2数 $\alpha+1$, $\beta+1$ の和と積を求める。

よって，$\alpha+1$, $\beta+1$ を解とする2次方程式の1つは

$$\boldsymbol{x^2-4x+6=0}$$

⇐x^2-(和)$x+$(積)$=0$

(イ) $\dfrac{1}{\alpha}+\dfrac{1}{\beta}=\dfrac{\alpha+\beta}{\alpha\beta}=\dfrac{2}{3}$,　$\dfrac{1}{\alpha}\cdot\dfrac{1}{\beta}=\dfrac{1}{\alpha\beta}=\dfrac{1}{3}$

⇐2数 $\dfrac{1}{\alpha}$, $\dfrac{1}{\beta}$ の和と積を求める。

よって，$\dfrac{1}{\alpha}$, $\dfrac{1}{\beta}$ を解とする2次方程式の1つは

$$x^2-\frac{2}{3}x+\frac{1}{3}=0$$

両辺に3を掛けて　$\boldsymbol{3x^2-2x+1=0}$

⇐各係数を整数にする。

(ウ) $\alpha^3+\beta^3=(\alpha+\beta)^3-3\alpha\beta(\alpha+\beta)$
$=2^3-3\cdot3\cdot2=-10$
$\alpha^3\beta^3=(\alpha\beta)^3=3^3=27$

⇐2数 α^3, β^3 の和と積を求める。

よって，α^3, β^3 を解とする2次方程式の1つは

$$\boldsymbol{x^2+10x+27=0}$$

(2) 2次方程式 $2x^2+px+2q=0$ において，解と係数の関係により

$$\alpha+\beta=-\frac{p}{2}\ \cdots\cdots ①,\quad \alpha\beta=q\ \cdots\cdots ②$$

2次方程式 $x^2+qx+p=0$ の解が $\alpha+\beta$, $\alpha\beta$ であるから，
解と係数の関係により　$(\alpha+\beta)+\alpha\beta=-q$ ……③
$(\alpha+\beta)\alpha\beta=p$ ……④

⇐2つの解の和と積。

①，② を ③ に代入して　$-\dfrac{p}{2}+q=-q$

すなわち　$p=4q$ ……⑤

⇐4つの式①～④から α, β を消去。

①，② を ④ に代入して　$-\dfrac{p}{2}\cdot q=p$

すなわち　$pq=-2p$ ……⑥

⇐$p(q+2)=0$

$p\neq0$ であるから，⑥ より　$q=-2$

⑤ に代入して　$p=-8$

これらは $p\neq0$, $q\neq0$ を満たす。

⇐条件を確認する。

以上から，求める p, q の値は　$\boldsymbol{p=-8,\ q=-2}$

PR ②48 x の 2 次方程式を $x^2-(a-4)x+a-1=0$ とする。〔西南学院大〕
(1) 方程式が，異なる 2 つの負の解をもつような定数 a の値の範囲を求めよ。
(2) 方程式の一方の解が正で，他方の解が負となるような定数 a の値の範囲を求めよ。

$x^2-(a-4)x+a-1=0$ の 2 つの解を α, β とし，判別式を D とすると

$$D=\{-(a-4)\}^2-4(a-1)=a^2-12a+20=(a-2)(a-10)$$

解と係数の関係により　$\alpha+\beta=a-4$, $\alpha\beta=a-1$

(1) α, β が異なる負の数であるための条件は，次の ①，②，③ が同時に成り立つことである。

$$D>0 \cdots\cdots ①,\ \alpha+\beta<0 \cdots\cdots ②,\ \alpha\beta>0 \cdots\cdots ③$$

① から　$a<2$, $10<a$ …… ④
② から　$a<4$ …… ⑤
③ から　$a>1$ …… ⑥
④，⑤，⑥ の共通範囲を求めて　$\boldsymbol{1<a<2}$

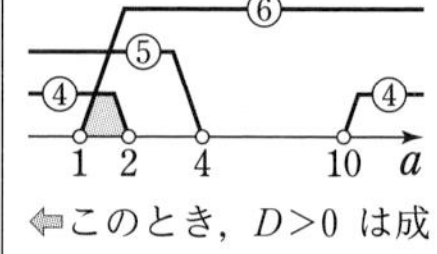

⇦このとき，$D>0$ は成り立っている。

(2) α, β が異符号であるための条件は　$\alpha\beta<0$
よって　$a-1<0$　すなわち　$\boldsymbol{a<1}$

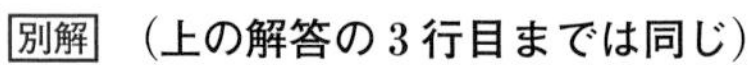
別解 （上の解答の 3 行目までは同じ）

⇦ 2 次関数のグラフを利用した解法。(数学Ⅰ)

$f(x)=x^2-(a-4)x+a-1$ とする。

(1) 関数 $y=f(x)$ のグラフは，下に凸の放物線である。
このグラフが，x 軸の負の部分と，異なる 2 点で交わるための条件は，次の ①，②，③ が同時に成り立つことである。

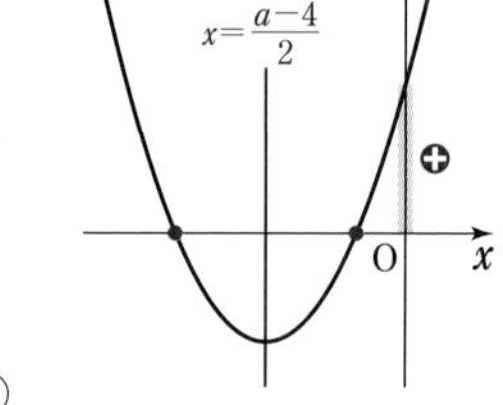

$D>0$ …… ①
(軸の位置)<0 …… ②
$f(0)>0$ …… ③

① から　$a<2$, $10<a$ …… ④
② から　$a<4$ …… ⑤
③ から　$a>1$ …… ⑥
④，⑤，⑥ の共通範囲を求めて　$\boldsymbol{1<a<2}$

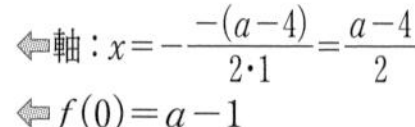
⇦軸：$x=-\frac{-(a-4)}{2\cdot 1}=\frac{a-4}{2}$
⇦$f(0)=a-1$

(2) 関数 $y=f(x)$ のグラフが，x 軸の正の部分と負の部分でそれぞれ 1 点ずつ交わるための条件は

$f(0)<0$　よって　$\boldsymbol{a<1}$

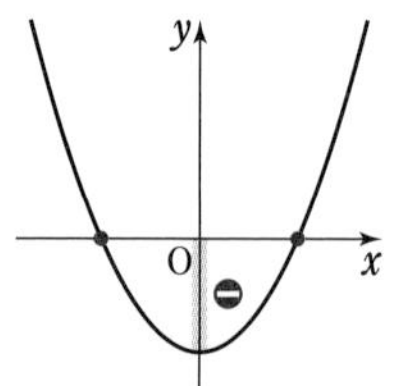

PR ③49 x の 2 次方程式 $x^2-2px+p+2=0$ について，次の条件を満たすような実数 p の値の範囲を求めよ。
(1) 3 より小さい 2 解をもつ　(2) 5 より大きい解と小さい解をもつ

2 次方程式 $x^2-2px+p+2=0$ の 2 つの解を α, β とし，判別式を D とすると

$$\frac{D}{4}=(-p)^2-(p+2)=p^2-p-2=(p+1)(p-2)$$

解と係数の関係により　　$\alpha+\beta=2p$, $\alpha\beta=p+2$

(1)　$\alpha<3$, $\beta<3$ であるための条件は，次の ①, ②, ③ が同時に成り立つことである。

$D\geqq 0$ ……①

$(\alpha-3)+(\beta-3)<0$ ……②

$(\alpha-3)(\beta-3)>0$ ……③

⇦①：実数解をもつ条件
②：$\alpha<3$ かつ $\beta<3$ ならば　$\alpha-3<0$ かつ　$\beta-3<0$ よって $(\alpha-3)+(\beta-3)<0$
③：$\alpha-3<0$ かつ $\beta-3<0$ ならば $(\alpha-3)(\beta-3)>0$

① から　　$(p+1)(p-2)\geqq 0$

よって　　$p\leqq -1$, $2\leqq p$ ……④

② から　　$\alpha+\beta-6<0$

ゆえに　　$2p-6<0$

よって　　$p<3$ ……⑤

③ から　　$\alpha\beta-3(\alpha+\beta)+9>0$

よって　　$p+2-3\cdot 2p+9>0$

すなわち　$-5p+11>0$

ゆえに　　$p<\frac{11}{5}$ ……⑥

④, ⑤, ⑥ の共通範囲を求めて

$$\boldsymbol{p\leqq -1,\ 2\leqq p<\frac{11}{5}}$$

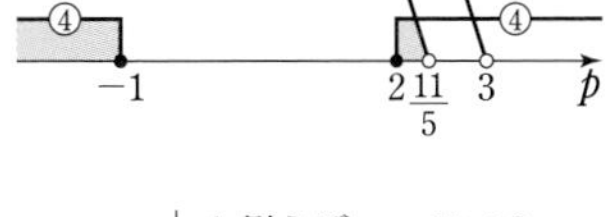

(2)　$\alpha<5<\beta$ または $\beta<5<\alpha$ であるための条件は

$(\alpha-5)(\beta-5)<0$　すなわち　$\alpha\beta-5(\alpha+\beta)+25<0$

よって　　$p+2-5\cdot 2p+25<0$　　　ゆえに　　$\boldsymbol{p>3}$

⇦例えば，$\alpha<5<\beta \iff \alpha-5<0$ かつ $\beta-5>0$ よって $(\alpha-5)(\beta-5)<0$

別解 (上の解答の 3 行目までは同じ)

$f(x)=x^2-2px+p+2$ とする。

(1)　関数 $y=f(x)$ のグラフは下に凸であるから，x 軸の $x<3$ の部分と，異なる 2 点で交わる，または接するための条件は，次の ①, ②, ③ が成り立つことである。

$D\geqq 0$ ……①

(軸の位置)<3 ……②

$f(3)>0$ ……③

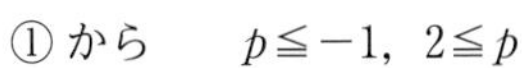

① から　　$p\leqq -1$, $2\leqq p$　　　② から　　$p<3$

③ から　　$p<\frac{11}{5}$

①, ②, ③ の共通範囲を求めて　　$\boldsymbol{p\leqq -1,\ 2\leqq p<\frac{11}{5}}$

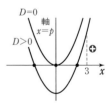

(2)　関数 $y=f(x)$ のグラフは，下に凸❶の放物線である。

このグラフが，x 軸の $x<5$, $5<x$ の部分と交わるための条件は

$f(5)<0$

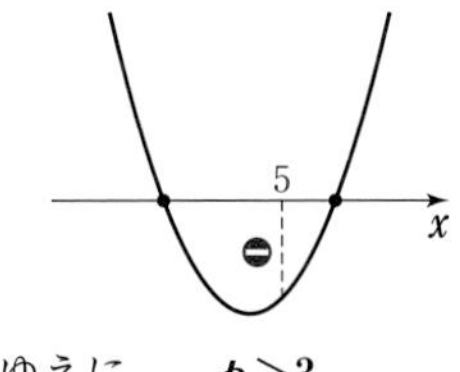

よって　　$5^2-2p\cdot 5+p+2<0$　　　ゆえに　　$\boldsymbol{p>3}$

⇦ 2 次関数のグラフを利用した解法。(数学 I)
❶ 上に凸であれば，題意を満たすための条件は $f(5)>0$ となる。

PR ④50 k を定数とする 2 次式 $x^2+3xy+2y^2-3x-5y+k$ が x，y の 1 次式の積に因数分解できるとき，k の値を求めよ。また，そのときの因数分解の結果を求めよ。〔東京薬大〕

(与式)$=0$ とおいた方程式を x の 2 次方程式とみて

$$x^2+(3y-3)x+(2y^2-5y+k)=0 \quad \cdots\cdots ①$$

の判別式を D_1 とすると

$$D_1=(3y-3)^2-4\cdot1\cdot(2y^2-5y+k)$$
$$=y^2+2y+9-4k$$

与式が x，y の 1 次式の積に因数分解されるための条件は，① の解が y の 1 次式となること，すなわち D_1 が y の完全平方式となることである。

$D_1=0$ とおいた y の 2 次方程式

$$y^2+2y+9-4k=0$$

の判別式を D_2 とすると　$\dfrac{D_2}{4}=1^2-1\cdot(9-4k)=4k-8$

$D_2=0$ となればよいから　$4k-8=0$

よって　$\boldsymbol{k=2}$

このとき，$D_1=y^2+2y+1=(y+1)^2$ であるから，① の解は

$$x=\frac{-(3y-3)\pm\sqrt{(y+1)^2}}{2}=\frac{-(3y-3)\pm(y+1)}{2}$$

すなわち　$x=-y+2,\ -2y+1$

ゆえに　(与式)$=\{x-(-y+2)\}\{x-(-2y+1)\}$
$=\boldsymbol{(x+y-2)(x+2y-1)}$

別解　与式が 1 次式の積に因数分解されるとき，$x^2+3xy+2y^2=(x+y)(x+2y)$ に着目すると
(与式)$=(x+y+a)\times(x+2y+b)$
と因数分解される。
右辺を展開して整理すると，$x^2+3xy+2y^2+(a+b)x+(2a+b)y+ab$ となるから，与式の各項の係数を比較して
$a+b=-3$
$2a+b=-5$
$ab=k$
これを解いて
$a=-2$，$b=-1$，$\boldsymbol{k=2}$
よって　(与式)
$=\boldsymbol{(x+y-2)(x+2y-1)}$

PR ④51 2 次方程式 $x^2+mx+m+2=0$ が 2 つの整数解 α，β をもつとき，m の値を求めよ。〔類 早稲田大〕

解と係数の関係により

$$\alpha+\beta=-m \quad \cdots\cdots ①, \qquad \alpha\beta=m+2 \quad \cdots\cdots ②$$

②+① から　$\alpha\beta+\alpha+\beta=2$

⇦α，β の関係式を作りたいので，文字 m を消去。

ゆえに　$(\alpha+1)(\beta+1)-1=2$

よって　$(\alpha+1)(\beta+1)=3$

⇦(整数)×(整数)=(整数)の形。

$\alpha\leqq\beta$ とすると　$\alpha+1\leqq\beta+1$

$\alpha+1$，$\beta+1$ は整数であるから

⇦$\alpha+1$，$\beta+1$ は 3 の約数。

$$(\alpha+1,\ \beta+1)=(1,\ 3),\ (-3,\ -1)$$

ゆえに　$(\alpha,\ \beta)=(0,\ 2),\ (-4,\ -2)$

① より，$m=-(\alpha+\beta)$ であるから　$\boldsymbol{m=-2,\ 6}$

⇦② より，$m=\alpha\beta-2$ を用いてもよい。

inf.　$m=-2$ のとき　解は $x=0,\ 2$
　　$m=6$ のとき　解は $x=-4,\ -2$

PR ②52 次の条件を満たすように，定数 a，b の値を定めよ。
(1) $2x^4+3x^3-ax+1$ を $x+2$ で割ると 1 余る。
(2) x^3-3x^2-3x+a が $2x-1$ で割り切れる。
(3) $4x^3+ax+b$ は $x+1$ で割り切れ，$2x-1$ で割ると 6 余る。

(1)　$P(x)=2x^4+3x^3-ax+1$ とする。

$P(x)$ を $x+2$ で割ったときの余りが1となるための条件は

$P(-2)=1$　すなわち　$2\cdot(-2)^4+3\cdot(-2)^3-a(-2)+1=1$

よって　　$\boldsymbol{a=-4}$

⇦$x+2=0$ の解 $x=-2$ を代入する。
$32-24+2a+1=1$

(2)　$P(x)=x^3-3x^2-3x+a$ とする。

$P(x)$ が $2x-1$ で割り切れるための条件は　　$P\left(\frac{1}{2}\right)=0$

すなわち　$\left(\frac{1}{2}\right)^3-3\cdot\left(\frac{1}{2}\right)^2-3\cdot\frac{1}{2}+a=0$

よって　　$\boldsymbol{a=\frac{17}{8}}$

⇦**割り切れる ⟺ 余りは0**

⇦$2x-1=0$ の解 $x=\frac{1}{2}$ を代入する。
$\frac{1}{8}-\frac{3}{4}-\frac{3}{2}+a=0$

(3)　$P(x)=4x^3+ax+b$ とする。

$P(x)$ が $x+1$ で割り切れるための条件は　　$P(-1)=0$

すなわち　$4\cdot(-1)^3+a(-1)+b=0$

よって　　$a-b+4=0$ ……①

$P(x)$ を $2x-1$ で割った余りが6となるための条件は

$P\left(\frac{1}{2}\right)=6$　すなわち　$4\cdot\left(\frac{1}{2}\right)^3+a\cdot\frac{1}{2}+b=6$

よって　　$a+2b-11=0$ ……②

①，② を解いて　　$\boldsymbol{a=1,\ b=5}$

⇦**割り切れる ⟺ 余りは0**

⇦ $P(x)$ を $ax+b$ で割った余りは
$P\left(-\frac{b}{a}\right)$

PR ②53

多項式 $P(x)$ を $x-2$ で割ると余りは8，$x+3$ で割ると余りは -7，$x-4$ で割ると余りは6である。このとき，$P(x)$ を $(x-2)(x+3)$ で割ると余りは ア[　]，$P(x)$ を $(x-2)(x-4)$ で割ると余りは イ[　]である。

(ア)　$P(x)$ を2次式 $(x-2)(x+3)$ で割ったときの商を $Q_1(x)$，余りを $ax+b$ とすると，次の等式が成り立つ。

$$P(x)=(x-2)(x+3)Q_1(x)+ax+b \text{ ……①}$$

$P(x)$ を $x-2$ で割ったときの余りが8であるから

$P(2)=8$ ……〔A〕

① の両辺に $x=2$ を代入すると　　$P(2)=2a+b$

よって　　$2a+b=8$ ……②

また，$P(x)$ を $x+3$ で割ったときの余りが -7 であるから

$P(-3)=-7$

① の両辺に $x=-3$ を代入すると　　$P(-3)=-3a+b$

よって　　$-3a+b=-7$ ……③

②，③ を解いて　　$a=3,\ b=2$

したがって，求める余りは　　$\boldsymbol{3x+2}$

⇦ ＿＿ 部分は必ず明記する。

⇦2次式で割ったときの余りは，1次式または定数である。

⇦$x-2=0$ の解 $x=2$ を代入する。

⇦$x+3=0$ の解 $x=-3$ を代入する。

⇦$ax+b$ に代入。

別解　**(上の解答の等式〔A〕までは同じ)**

ここで，$(x-2)(x+3)$ は $x+3$ で割り切れるから，$P(x)$ を $x+3$ で割ったときの余りは，$ax+b$ を $x+3$ で割ったときの余りに等しく，それが -7 であることから

$ax+b=a(x+3)-7$

よって，次の等式が成り立つ。

$P(x)=(x-2)(x+3)Q_1(x)+a(x+3)-7$ ……〔B〕 ⇦未知数が1個で済む。

ゆえに　$P(2)=5a-7$

〔A〕から　$5a-7=8$　　よって　$a=3$

したがって，求める余りは　$3(x+3)-7=\mathbf{3x+2}$

inf.　〔B〕の代わりに

$P(x)=(x-2)(x+3)Q_1(x)+a(x-2)+8$ ⇦$ax+b=a(x-2)+8$

として，$P(-3)=-7$ から a を求めてもよい。

(イ)　$P(x)$ を2次式 $(x-2)(x-4)$ で割ったときの商を $Q_2(x)$，余りを $cx+d$ とすると，次の等式が成り立つ。 ⇦ 部分は必ず明記する。

$P(x)=(x-2)(x-4)Q_2(x)+cx+d$ …… ①′ ⇦基本公式 $A=BQ+R$

(ア)より，$P(2)=8$ であるから　$2c+d=8$ …… ④ ⇦①′の両辺に $x=2$ を代入する。

$P(x)$ を $x-4$ で割ったときの余りが6であるから　$P(4)=6$

①′の両辺に $x=4$ を代入すると　$P(4)=4c+d$

よって　$4c+d=6$ …… ⑤

④，⑤を解いて　$c=-1$，$d=10$

したがって，求める余りは　$\mathbf{-x+10}$ ⇦$cx+d$ に代入。

別解　**(上の解答の等式①′までは同じ)**

ここで，$(x-2)(x-4)$ は $x-4$ で割り切れるから，$P(x)$ を $x-4$ で割ったときの余りは，$cx+d$ を $x-4$ で割ったときの余りに等しく，それが6であることから

$cx+d=c(x-4)+6$

よって，次の等式が成り立つ。

$P(x)=(x-2)(x-4)Q_2(x)+c(x-4)+6$ ……〔C〕 ⇦未知数が1個で済む。

ゆえに　$P(2)=-2c+6$

〔A〕から　$-2c+6=8$　　よって　$c=-1$

したがって，求める余りは　$-(x-4)+6=\mathbf{-x+10}$

inf.　〔C〕の代わりに

$P(x)=(x-2)(x-4)Q_2(x)+c(x-2)+8$ ⇦$cx+d=c(x-2)+8$

として，$P(4)=6$ から c を求めてもよい。

PR ③54　多項式 $P(x)$ を $x-2$ で割ると余りは13，$(x+1)(x+2)$ で割ると余りは $-10x-3$ になる。このとき $P(x)$ を $(x+1)(x-2)(x+2)$，$(x-2)(x+2)$ で割った余りをそれぞれ求めよ。〔類　南山大〕

$P(x)$ を $(x+1)(x-2)(x+2)$ で割った商を $Q_1(x)$，余りを ax^2+bx+c とすると，次の等式が成り立つ。 ⇦ 部分は必ず明記する。

$P(x)=(x+1)(x-2)(x+2)Q_1(x)+ax^2+bx+c$ …… ① ⇦$A=BQ+R$

$P(x)$ を $x-2$ で割った余りが13であるから

$P(2)=13$ …… ② ⇦剰余の定理。

また，$P(x)$ を $(x+1)(x+2)$ で割った商を $Q_2(x)$ とすると，余りが $-10x-3$ であるから

$P(x)=(x+1)(x+2)Q_2(x)-10x-3$ ⇦$A=BQ+R$

ゆえに　$P(-1)=7$ …… ③，　$P(-2)=17$ …… ④

よって，① と，②〜④ から

$4a+2b+c=13$，$a-b+c=7$，$4a-2b+c=17$

これを解いて　$a=3$，$b=-1$，$c=3$

したがって，$P(x)$ を $(x+1)(x-2)(x+2)$ で割った余りは

$\boldsymbol{3x^2-x+3}$

次に，この余りは $3x^2-x+3=3(x^2-4)-x+15$ と変形できるから，① より

$$P(x)=(x+1)(x-2)(x+2)Q_1(x)+3x^2-x+3$$
$$=(x+1)(x-2)(x+2)Q_1(x)+3(x-2)(x+2)-x+15$$
$$=(x-2)(x+2)\{(x+1)Q_1(x)+3\}-x+15$$

よって，$P(x)$ を $(x-2)(x+2)$ で割った余りは　$\boldsymbol{-x+15}$

別解　(前半) (**上の解答の等式 ② までは同じ**)

条件から，次の等式が成り立つ。

$$P(x)=\underline{(x+1)(x-2)(x+2)Q_1(x)}+a(x+1)(x+2)-10x-3$$

よって　$P(2)=12a-23$

② から　$12a-23=13$　　ゆえに　$a=3$

したがって，$P(x)$ を $(x+1)(x-2)(x+2)$ で割った余りは

$3(x+1)(x+2)-10x-3=\boldsymbol{3x^2-x+3}$

別解　(後半)

$P(x)$ を $(x-2)(x+2)$ で割った商を $Q_3(x)$，余りを $dx+e$ とすると　$P(x)=(x-2)(x+2)Q_3(x)+dx+e$

②，④ から　$2d+e=13$，$-2d+e=17$

これを解いて　$d=-1$，$e=15$

よって，$P(x)$ を $(x-2)(x+2)$ で割った余りは　$\boldsymbol{-x+15}$

⇐ $(x+1)(x+2)=0$ となる x の値 -1，-2 を代入する。
$P(-1)=-10\cdot(-1)-3=7$
$P(-2)=-10\cdot(-2)-3=17$

⇐ $3x^2-x+3$ を x^2-4 で割ると，商 3，$3x^2-x+3-(3x^2-12)=-x+15$

⇐ ＿の部分は，$(x+1)(x+2)$ で割り切れるから，ax^2+bx+c を $(x+1)(x+2)$ で割った余りが $-10x-3$ となる。(本冊 $p.91$ ズーム UP 参照)

2章 PR

PR ③55

$P(x)=3x^3-8x^2+x+7$ のとき，$P(1-\sqrt{2}i)$ の値を求めよ。

$x=1-\sqrt{2}i$ から　$x-1=-\sqrt{2}i$

両辺を 2 乗して　$(x-1)^2=-2$

これを整理して　$x^2-2x+3=0$ …… ①

$P(x)$ を x^2-2x+3 で割ると

$$\begin{array}{r} 3x-2 \\ x^2-2x+3 \overline{)\,3x^3-8x^2+x+7} \\ \underline{3x^3-6x^2+9x} \\ -2x^2-8x+7 \\ \underline{-2x^2+4x-6} \\ -12x+13 \end{array}$$

よって　$P(x)=(x^2-2x+3)(3x-2)-12x+13$

これに $x=1-\sqrt{2}i$ を代入すると，① から

$$P(1-\sqrt{2}i)=0-12(1-\sqrt{2}i)+13=\boldsymbol{1+12\sqrt{2}i}$$

別解　**次数を下げる方法**

① から　$x^2=2x-3$

よって

$P(1-\sqrt{2}i)$
$=3x(2x-3)-8(2x-3)+x+7$
$=6x^2-24x+31$
$=6(2x-3)-24x+31$
$=-12x+13$
$=-12(1-\sqrt{2}i)+13$
$=\boldsymbol{1+12\sqrt{2}i}$

PR ②56 次の式を因数分解せよ。
(1) x^3-4x^2+x+6　　(2) $2x^3-5x^2+5x+4$

(1) $P(x)=x^3-4x^2+x+6$ とすると

$$P(-1)=(-1)^3-4(-1)^2+(-1)+6=-1-4-1+6=0$$

よって，$P(x)$ は $x+1$ を因数にもつから

$$P(x)=(x+1)(x^2-5x+6)=(\boldsymbol{x}+\boldsymbol{1})(\boldsymbol{x}-\boldsymbol{2})(\boldsymbol{x}-\boldsymbol{3})$$

1	−4	1	6	−1
	−1	5	−6	
1	−5	6	0	

(2) $P(x)=2x^3-5x^2+5x+4$ とすると

$$P\left(-\frac{1}{2}\right)=2\cdot\left(-\frac{1}{2}\right)^3-5\cdot\left(-\frac{1}{2}\right)^2+5\cdot\left(-\frac{1}{2}\right)+4$$

$$=-\frac{1}{4}-\frac{5}{4}-\frac{5}{2}+4=0$$

⇦因数 $x-k$ の k の候補は $\pm\dfrac{4\text{の約数}}{2\text{の約数}}$ により，$\pm1,\ \pm2,\ \pm4,\ \pm\dfrac{1}{2}$

よって，$P(x)$ は $x+\dfrac{1}{2}$ を因数にもつから

2	−5	5	4	$-\frac{1}{2}$
	−1	3	−4	
2	−6	8	0	

$$P(x)=\left(x+\frac{1}{2}\right)(2x^2-6x+8)$$

$$=\left(x+\frac{1}{2}\right)\cdot2(x^2-3x+4)$$

$$=(\boldsymbol{2x+1})(\boldsymbol{x^2-3x+4})$$

⇦x^2-3x+4 は有理数の範囲ではこれ以上因数分解できない。

PR ④57 (1) a，b は定数で，x についての整式 x^3+ax+b は $(x+1)^2$ で割り切れるとする。このとき，a，b の値を求めよ。〔早稲田大〕
(2) n を 2 以上の自然数とする。x^n+ax+b が $(x-1)^2$ で割り切れるとき，定数 a，b の値を求めよ。〔東北学院大〕

(1) $f(x)=x^3+ax+b$ とする。

$f(x)$ は $x+1$ で割り切れるから　$f(-1)=0$

⇦剰余の定理。

よって　$-1-a+b=0$　ゆえに　$b=a+1$ …… ①

したがって

$$f(x)=x^3+ax+a+1=(x+1)(x^2-x+1+a)$$

$g(x)=x^2-x+1+a$ とすると，更に $g(x)$ が $x+1$ で割り切れるから　$g(-1)=0$

よって　$3+a=0$　ゆえに　$\boldsymbol{a=-3}$

これを ① に代入して　$\boldsymbol{b=-2}$

別解 1　x^3+ax+b を $(x+1)^2$ で割ると右の計算から，余りは　$(a+3)x+b+2$

$$\begin{array}{r} x-2 \\ x^2+2x+1\,\overline{)\,x^3 \qquad +ax \qquad +b} \\ \underline{x^3+2x^2+x \qquad\qquad} \\ -2x^2+(a-1)x \quad +b \\ \underline{-2x^2 \qquad -4x \quad -2} \\ (a+3)x+b+2 \end{array}$$

割り切れるためには，$(a+3)x+b+2=0$ が x についての恒等式となればよいから

$$a+3=0,\ b+2=0$$

よって　$\boldsymbol{a=-3}$，$\boldsymbol{b=-2}$

別解 2　x^3+ax+b が，$(x+1)^2$ すなわち x^2+2x+1 で割り切れるならば，次の等式が成り立つ。

$$x^3+ax+b=(x^2+2x+1)(x+b)$$

⇦割り切れるとき，余りは 0

右辺を展開して

$x^3+ax+b=x^3+(b+2)x^2+(2b+1)x+b$ …… ②

② は x についての恒等式であるから，両辺の係数を比較して

$0=b+2$，$a=2b+1$

よって　$\boldsymbol{a=-3}$，$\boldsymbol{b=-2}$

(2)　$f(x)=x^n+ax+b$ とする。

$f(x)$ が $(x-1)^2$ で割り切れるとき，$f(x)$ は $x-1$ で割り切れるから　$f(1)=0$

よって　$1+a+b=0$　すなわち　$b=-a-1$ …… ①

ゆえに　$f(x)=x^n+ax-(a+1)=(x-1)a+x^n-1$

$=(x-1)a+(x-1)(x^{n-1}+x^{n-2}+\cdots\cdots+x+1)$

$=(x-1)(x^{n-1}+x^{n-2}+\cdots\cdots+x+1+a)$

⇦次数が最低の文字 a に着目して因数分解。

ここで，$g(x)=x^{n-1}+x^{n-2}+\cdots\cdots+x+1+a$ …… ② とすると，$f(x)$ が $(x-1)^2$ で割り切れるとき，$g(x)$ は $x-1$ で割り切れるから　$g(1)=0$

② から　$g(1)=n+a$　ゆえに　$n+a=0$

したがって　$\boldsymbol{a=-n}$

このとき，① から　$\boldsymbol{b=n-1}$

⇦$g(x)$
$=\underbrace{x^{n-1}+x^{n-2}+\cdots\cdots+x+1}_{n個}$
$+a$
よって　$g(1)=n+a$

PR ②58

次の方程式を解け。

(1)　$x^4+x^2-2=0$　(2)　$(x^2+6x)^2+13(x^2+6x)+30=0$

(3)　$x^4+3x^2+4=0$

(1)　$x^4+x^2-2=0$ から　$(x^2-1)(x^2+2)=0$

よって　$(x+1)(x-1)(x^2+2)=0$

ゆえに　$x+1=0$ または $x-1=0$ または $x^2+2=0$

$x^2=-2$ から　$x=\pm\sqrt{-2}=\pm\sqrt{2}\,i$

したがって　$\boldsymbol{x=-1,\ 1,\ \pm\sqrt{2}\,i}$

⇦$x^2=A$ とおくと
A^2+A-2
$=(A-1)(A+2)$

(2)　$(x^2+6x)^2+13(x^2+6x)+30=0$ から

$(x^2+6x+3)(x^2+6x+10)=0$

よって　$x^2+6x+3=0$ または $x^2+6x+10=0$

ゆえに　$\boldsymbol{x=-3\pm\sqrt{6},\ -3\pm i}$

⇦$x^2+6x=A$ とおくと
$A^2+13A+30$
$=(A+3)(A+10)$

(3)　$x^4+3x^2+4=(x^2+2)^2-x^2=(x^2+x+2)(x^2-x+2)$

よって，方程式は　$(x^2+x+2)(x^2-x+2)=0$

ゆえに　$x^2+x+2=0$ または $x^2-x+2=0$

$x^2+x+2=0$ から　$x=\dfrac{-1\pm\sqrt{7}\,i}{2}$

$x^2-x+2=0$ から　$x=\dfrac{1\pm\sqrt{7}\,i}{2}$

したがって　$\boldsymbol{x=\dfrac{-1\pm\sqrt{7}\,i}{2},\ \dfrac{1\pm\sqrt{7}\,i}{2}}$

⇦平方の差に変形して，$a^2-b^2=(a+b)(a-b)$ を利用。

PR ②59 次の方程式を解け。

(1) $x^3-3x^2-8x-4=0$ (2) $2x^3-x^2-8x+4=0$

(3) $x^4-x^3-3x^2+x+2=0$ (4) $4x^4-4x^3-9x^2+x+2=0$

(1) $P(x)=x^3-3x^2-8x-4$ とすると

$$P(-1)=(-1)^3-3\cdot(-1)^2-8\cdot(-1)-4=0$$

よって，$P(x)$ は $x+1$ を因数にもつから

$$P(x)=(x+1)(x^2-4x-4)$$

$P(x)=0$ から $x+1=0$ または $x^2-4x-4=0$

ゆえに **$x=-1,\ 2\pm2\sqrt{2}$**

1	−3	−8	−4	−1
	−1	4	4	
1	−4	−4	0	

(2) $P(x)=2x^3-x^2-8x+4$ とすると

$$P(2)=2\cdot2^3-2^2-8\cdot2+4=0$$

よって，$P(x)$ は $x-2$ を因数にもつから

$$P(x)=(x-2)(2x^2+3x-2)$$
$$=(x-2)(x+2)(2x-1)$$

$P(x)=0$ から

$x-2=0$ または $x+2=0$ または $2x-1=0$

ゆえに **$x=2,\ -2,\ \dfrac{1}{2}$**

2	−1	−8	4	2
	4	6	−4	
2	3	−2	0	

⇐$2x^2+3x-2$ の因数分解は，たすき掛けで。

1	2 → 4
2	−1 → −1
2	−2 　3

(3) $P(x)=x^4-x^3-3x^2+x+2$ とすると

$$P(1)=1^4-1^3-3\cdot1^2+1+2=0$$

よって，$P(x)$ は $x-1$ を因数にもつから

$$P(x)=(x-1)(x^3-3x-2)$$

次に，$Q(x)=x^3-3x-2$ とすると

$$Q(-1)=(-1)^3-3\cdot(-1)-2=0$$

よって，$Q(x)$ は $x+1$ を因数にもつから

$$Q(x)=(x+1)(x^2-x-2)=(x+1)(x+1)(x-2)$$

1	−1	−3	1	2	1
	1	0	−3	−2	
1	0	−3	−2	0	−1
	−1	1	2		
1	−1	−2	0		

ゆえに $P(x)=(x-1)(x+1)^2(x-2)$

$P(x)=0$ から $x-1=0$ または $x+1=0$ または $x-2=0$

よって **$x=1,\ -1,\ 2$**

⇐$x=-1$ は2重解。

(4) $P(x)=4x^4-4x^3-9x^2+x+2$ とすると

$$P(-1)=4\cdot(-1)^4-4\cdot(-1)^3-9\cdot(-1)^2+(-1)+2=0$$

よって，$P(x)$ は $x+1$ を因数にもつから

$$P(x)=(x+1)(4x^3-8x^2-x+2)$$

次に，$Q(x)=4x^3-8x^2-x+2$ とすると

$$Q(2)=4\cdot2^3-8\cdot2^2-2+2=0$$

よって，$Q(x)$ は $x-2$ を因数にもつから

$$Q(x)=(x-2)(4x^2-1)=(x-2)(2x+1)(2x-1)$$

⇐代入の候補は

$\pm1,\ \pm2,\ \pm\dfrac{1}{2},\ \pm\dfrac{1}{4}$

4	−4	−9	1	2	−1
	−4	8	1	−2	
4	−8	−1	2	0	2
	8	0	−2		
4	0	−1	0		

ゆえに $P(x)=(x+1)(x-2)(2x+1)(2x-1)$

$P(x)=0$ から $x+1=0$ または $x-2=0$ または

$2x+1=0$ または $2x-1=0$

よって **$x=-1,\ 2,\ -\dfrac{1}{2},\ \dfrac{1}{2}$**

inf. $4x^3-8x^2-x+2$
$=4x^2(x-2)-(x-2)$
$=(x-2)(4x^2-1)$
$=(x-2)(2x+1)(2x-1)$
と因数分解してもよい。

PR ②60

x についての方程式 $x^3=1$ の虚数解の1つを ω とする。このとき
$\dfrac{1}{\omega}+\dfrac{1}{\omega^2}+1=$ ア□，$\omega^{100}+\omega^{50}=$ イ□ である。

$x^3=1$ から　　$x^3-1=0$

よって　　$(x-1)(x^2+x+1)=0$

ω は方程式 $x^2+x+1=0$ の解であるから　　$\omega^2+\omega+1=0$

また，ω は方程式 $x^3=1$ の解であるから　　$\omega^3=1$

ゆえに　　$\dfrac{1}{\omega}+\dfrac{1}{\omega^2}+1=\dfrac{\omega+1+\omega^2}{\omega^2}=\dfrac{0}{\omega^2}=$ ア**0**

また　　$\omega^{100}+\omega^{50}=(\omega^3)^{33}\cdot\omega+(\omega^3)^{16}\cdot\omega^2=1^{33}\cdot\omega+1^{16}\cdot\omega^2$

$=\omega+\omega^2$

$\omega^2+\omega+1=0$ であるから　　$\omega+\omega^2=-1$

よって　　$\omega^{100}+\omega^{50}=$ イ$\mathbf{-1}$

1の3乗根の性質
1　1の3乗根は
　$1,\ \omega,\ \omega^2$
2　$\omega^3=1$
3　$\omega^2+\omega+1=0$

⇐$\omega^3=1$ であることを利用して，次数を下げる。

PR ②61

x の方程式 $x^4-x^3+ax^2+bx+6=0$ が $x=-1,\ 3$ を解にもつとき，定数 a，b の値を求めよ。また，そのときの他の解を求めよ。

$x=-1,\ 3$ がこの方程式の解であるから

$(-1)^4-(-1)^3+a(-1)^2+b(-1)+6=0$

$3^4-3^3+a\cdot3^2+b\cdot3+6=0$

整理すると　　$a-b+8=0,\ 3a+b+20=0$

これを解いて　　$\boldsymbol{a=-7,\ b=1}$

⇐$x=-1,\ 3$ を方程式に代入すると成り立つ。

よって，方程式は　　$x^4-x^3-7x^2+x+6=0$

この方程式の左辺は $(x+1)(x-3)$ すなわち

x^2-2x-3 で割り切れるから，左辺を因数分解すると

$(x+1)(x-3)(x^2+x-2)=0$

ゆえに　　$(x+1)(x-3)(x-1)(x+2)=0$

よって　　$x=-1,\ 3,\ 1,\ -2$

ゆえに，他の解は　　$\boldsymbol{x=1,\ -2}$

$$\begin{array}{r|l} & x^2+x-2 \\ \hline x^2-2x-3 & x^4-x^3-7x^2+x+6 \\ & x^4-2x^3-3x^2 \\ \hline & x^3-4x^2+x \\ & x^3-2x^2-3x \\ \hline & -2x^2+4x+6 \\ & -2x^2+4x+6 \\ \hline & 0 \end{array}$$

別解　$-1,\ 3$ が方程式の解であり，x^4 の係数が1であるから

$x^4-x^3+ax^2+bx+6=(x+1)(x-3)(x^2+cx+d)$

が成り立つ。右辺を展開して整理すると

$x^4-x^3+ax^2+bx+6$

$=x^4+(c-2)x^3-(2c-d+3)x^2-(3c+2d)x-3d$

両辺の係数を比較して

$-1=c-2,\quad a=-(2c-d+3),$

$b=-(3c+2d),\quad 6=-3d$

これを解いて　　$\boldsymbol{a=-7,\ b=1},\ c=1,\ d=-2$

よって　方程式は　　$(x+1)(x-3)(x^2+x-2)=0$

すなわち　　$(x+1)(x-3)(x-1)(x+2)=0$

ゆえに，他の解は　　$\boldsymbol{x=1,\ -2}$

⇐x についての恒等式。左辺の定数項は6であるから，$d=-2$ は，すぐわかる。

⇐係数比較法

PR ②62 3 次方程式 $x^3+ax^2+4x+b=0$ が解 $1+i$ をもつとき，実数の定数 a，b の値を求めよ。また，$1+i$ 以外の解を求めよ。〔青山学院大〕

$x=1+i$ がこの方程式の解であるから

$$(1+i)^3+a(1+i)^2+4(1+i)+b=0$$

ここで　$(1+i)^3=1+3i+3i^2+i^3=-2+2i$

$$(1+i)^2=1+2i+i^2=2i$$

であるから　$-2+2i+a\cdot 2i+4(1+i)+b=0$

i について整理すると　$b+2+2(a+3)i=0$

$b+2$，$2(a+3)$ は実数であるから　$b+2=0$，$2(a+3)=0$

これを解いて　$\boldsymbol{a=-3,\ b=-2}$

ゆえに，方程式は　$x^3-3x^2+4x-2=0$

$f(x)=x^3-3x^2+4x-2$ とすると

$$f(1)=1^3-3\cdot 1^2+4\cdot 1-2=0$$

よって，$f(x)$ は $x-1$ を因数にもつから

$$f(x)=(x-1)(x^2-2x+2)$$

したがって，方程式は　$(x-1)(x^2-2x+2)=0$

これを解いて　$x=1,\ 1\pm i$

ゆえに，$1+i$ 以外の解は　$x=1,\ 1-i$

⇦この断り書きは重要。
A，B が実数のとき
$A+Bi=0$
$\iff A=0$ かつ $B=0$

1	−3	4	−2	1
	1	−2	2	
1	−2	2	0	

別解 1　実数を係数とする 3 次方程式が虚数解 $1+i$ をもつから，共役な複素数 $1-i$ もこの方程式の解である。

よって，x^3+ax^2+4x+b は $\{x-(1+i)\}\{x-(1-i)\}$ すなわち x^2-2x+2 で割り切れる。

⇦ の部分の断り書きは重要。

右の計算における余り

$$(2a+6)x-2a+b-4$$

が 0 に等しいから

$$(2a+6)x-2a+b-4=0$$

$$\begin{array}{r}
x+(a+2) \\
x^2-2x+2\,\big)\,\overline{x^3+ax^2+4x+b}\\
x^3-2x^2+2x\\
\hline
(a+2)x^2+2x+b\\
(a+2)x^2-2(a+2)x+2(a+2)\\
\hline
(2a+6)x-2a+b-4
\end{array}$$

これが，x の恒等式であるから

$$2a+6=0,\ -2a+b-4=0$$

ゆえに　$\boldsymbol{a=-3,\ b=-2}$

このとき，方程式は　$(x^2-2x+2)(x-1)=0$

よって　$x^2-2x+2=0$ または $x-1=0$

ゆえに　$x=1\pm i,\ 1$

したがって，$1+i$ 以外の解は　$x=1-i,\ 1$

⇦商 $x+(a+2)$ に $a=-3$ を代入すると　$x-1$

別解 2　実数を係数とする 3 次方程式が虚数解 $1+i$ をもつから，共役な複素数 $1-i$ もこの方程式の解である。

$$(1+i)+(1-i)=2,\ (1+i)(1-i)=2$$

よって，$1\pm i$ を解とする 2 次方程式の 1 つは　$x^2-2x+2=0$

したがって

$$x^3+ax^2+4x+b=(x^2-2x+2)(x+c)$$

とおける。右辺を展開して整理すると

$$(\text{右辺})=x^3+(c-2)x^2+(-2c+2)x+2c$$

⇦ の部分の断り書きは重要。

⇦$x^2-(\text{和})x+(\text{積})=0$

左辺と係数を比較して

$a=c-2,\ 4=-2c+2,\ b=2c$

⇦係数比較法

これを解いて　　**$a=-3,\ b=-2,\ c=-1$**

$1+i$ 以外の解は　　$x=1-i,\ 1$

⇦$x-1=0$ から $x=1$

別解 3　実数を係数とする 3 次方程式が虚数解 $1+i$ をもつから，共役な複素数 $1-i$ もこの方程式の解である。

⇦ の部分の断り書きは重要。

残りの解を k とすると，3 次方程式の解と係数の関係により

⇦k は実数である。

$(1+i)+(1-i)+k=-a$ …… ①

⇦$2+k=-a$

$(1+i)(1-i)+(1-i)k+k(1+i)=4$ …… ②

$(1+i)(1-i)k=-b$ …… ③

⇦$2k=-b$

② から　$2+2k=4$　　ゆえに　$k=1$

よって，**$1+i$ 以外の解は　$x=1-i,\ 1$**

このとき，① から　**$a=-(2+k)=-3$**

③ から　**$b=-2k=-2$**

PR ③63　3 次方程式 $x^3+(a-2)x^2-4a=0$ が 2 重解をもつように実数の定数 a の値を定め，そのときの解をすべて求めよ。　〔東北学院大〕

$f(x)=x^3+(a-2)x^2-4a$ とすると

$f(2)=2^3+(a-2)\cdot 2^2-4a=0$

よって，$f(x)$ は $x-2$ を因数にもつから

$f(x)=(x-2)(x^2+ax+2a)$

1	$a-2$	0	$-4a$	⌊2
	2	$2a$	$4a$	
1	a	$2a$	0	

別解　a について整理すると

$x^3-2x^2+(x^2-4)a$
$=x^2(x-2)$
$\quad+(x+2)(x-2)a$
$=(x-2)(x^2+ax+2a)$

ゆえに，方程式は　$(x-2)(x^2+ax+2a)=0$

したがって　$x-2=0$ または $x^2+ax+2a=0$

この 3 次方程式が 2 重解をもつ条件は，次の [1] または [2] が成り立つことである。

[1]　$x^2+ax+2a=0$ が 2 でない重解をもつ。

判別式を D とすると　$D=0$ かつ $2^2+a\cdot 2+2a\neq 0$

⇦$4+4a\neq 0$ すなわち $a+1\neq 0$

$D=a^2-8a=a(a-8)$

$D=0$ とすると　$a=0,\ 8$

これは $a+1\neq 0$ を満たす。

$a=0$ のとき，重解は　$x=0$

$a=8$ のとき，重解は　$x=-4$

⇦2 次方程式 $ax^2+bx+c=0$ が重解をもつとき，その重解は
$\boldsymbol{x=-\frac{b}{2a}}$

[2]　$x^2+ax+2a=0$ の 1 つの解が 2，他の解が 2 でない。

$x=2$ が解であるから　$2^2+a\cdot 2+2a=0$

よって　$a+1=0$　すなわち　$a=-1$

このとき　$x^2-x-2=0$

よって　$(x+1)(x-2)=0$

これを解いて　$x=-1,\ 2$

したがって，他の解が 2 でないから適する。

[1]，[2] から　**$a=-1$ のとき　$x=2,\ -1$；**

$a=0$ のとき　$x=0,\ 2$；

$a=8$ のとき　$x=-4,\ 2$

別解　与えられた3次方程式の解を α（重解），$\beta(\neq\alpha)$ とすると，3次方程式の解と係数の関係から

$$\begin{cases}\alpha+\alpha+\beta=-a+2\\ \alpha\cdot\alpha+\alpha\cdot\beta+\beta\cdot\alpha=0\\ \alpha\cdot\alpha\cdot\beta=4a\end{cases}$$

すなわち

$$\begin{cases}2\alpha+\beta=-a+2 & \cdots\cdots①\\ \alpha^2+2\alpha\beta=0 & \cdots\cdots②\\ \alpha^2\beta=4a & \cdots\cdots③\end{cases}$$

② から　$\alpha(\alpha+2\beta)=0$

したがって　$\alpha=0$ または $\alpha=-2\beta$

[1]　$\alpha=0$ のとき，③ から　$a=0$

① から　$\beta=2$（$\alpha\neq\beta$ に適する。）

[2]　$\alpha=-2\beta$ のとき，①，③ から

$-3\beta=-a+2$ ……④，　$4\beta^3=4a$ ……⑤

④，⑤ から　$\beta^3-3\beta-2=0$

整理すると　$(\beta+1)^2(\beta-2)=0$

よって　$(\beta+1)^2=0$ または $\beta-2=0$

ゆえに　$\beta=-1$ または $\beta=2$

$\beta=-1$ のとき，$\alpha=2$（$\alpha\neq\beta$ に適する。）このとき $a=-1$

$\beta=2$ のとき，$\alpha=-4$（$\alpha\neq\beta$ に適する。）このとき $a=8$

[1]，[2] から　**$a=-1$ のとき　$x=2,\ -1$；**

$a=0$ のとき　$x=0,\ 2$；

$a=8$ のとき　$x=-4,\ 2$

⇐ 3次方程式 $ax^3+bx^2+cx+d=0$ の解と係数の関係

$$\begin{cases}\alpha+\beta+\gamma=-\dfrac{b}{a}\\ \alpha\beta+\beta\gamma+\gamma\alpha=\dfrac{c}{a}\\ \alpha\beta\gamma=-\dfrac{d}{a}\end{cases}$$

⇐ $a=\beta^3$ から $-3\beta=-\beta^3+2$

PR ③64　3次方程式 $x^3-3x+5=0$ の3つの解を $\alpha,\ \beta,\ \gamma$ とするとき，$(\alpha+\beta)(\beta+\gamma)(\gamma+\alpha)$ の値は ア□ であり，$\alpha^3+\beta^3+\gamma^3$ の値は イ□，$\alpha^5+\beta^5+\gamma^5$ の値は ウ□ である。〔類 東京理科大〕

HINT　(ア)　展開して値を求めてもよいが，**$\alpha+\beta+\gamma=0$** から $\alpha+\beta=-\gamma,\ \beta+\gamma=-\alpha,\ \gamma+\alpha=-\beta$ を利用すると簡単。

(ウ)　α は方程式 $x^3-3x+5=0$ の解であるから　$\alpha^3=3\alpha-5$

$\beta,\ \gamma$ についても同様。

更に　$\alpha^5=\alpha^2\cdot\alpha^3=\alpha^2(3\alpha-5)$ などとして，(イ) の結果も利用。

3次方程式の解と係数の関係により

$\alpha+\beta+\gamma=0,\ \alpha\beta+\beta\gamma+\gamma\alpha=-3,\ \alpha\beta\gamma=-5$

よって　$\alpha+\beta=-\gamma,\ \beta+\gamma=-\alpha,\ \gamma+\alpha=-\beta$

ゆえに　$(\alpha+\beta)(\beta+\gamma)(\gamma+\alpha)=(-\gamma)\cdot(-\alpha)\cdot(-\beta)$

$=-\alpha\beta\gamma=-(-5)$

$=$ ア**5**

$\alpha^3+\beta^3+\gamma^3$

$=(\alpha+\beta+\gamma)(\alpha^2+\beta^2+\gamma^2-\alpha\beta-\beta\gamma-\gamma\alpha)+3\alpha\beta\gamma$

$=0+3\cdot(-5)=$ イ**−15**

また，$\alpha^3=3\alpha-5$，$\beta^3=3\beta-5$，$\gamma^3=3\gamma-5$ であるから

$$\begin{aligned}\alpha^5+\beta^5+\gamma^5&=\alpha^2(3\alpha-5)+\beta^2(3\beta-5)+\gamma^2(3\gamma-5)\\&=3(\alpha^3+\beta^3+\gamma^3)-5(\alpha^2+\beta^2+\gamma^2)\\&=3(\alpha^3+\beta^3+\gamma^3)-5\{(\alpha+\beta+\gamma)^2-2(\alpha\beta+\beta\gamma+\gamma\alpha)\}\\&=3\cdot(-15)-5\{0^2-2\cdot(-3)\}\\&={}^{ウ}\mathbf{-75}\end{aligned}$$

⇐次数を下げる。

⇐$\alpha^5=\alpha^2\cdot\alpha^3$
β^5，γ^5 も同様

⇐$\alpha^2+\beta^2+\gamma^2$
$=(\alpha+\beta+\gamma)^2$
$-2(\alpha\beta+\beta\gamma+\gamma\alpha)$

別解　(イ) について，(ウ) と同様に次数を下げる方法で解いてもよい。

$$\begin{aligned}\alpha^3+\beta^3+\gamma^3&=(3\alpha-5)+(3\beta-5)+(3\gamma-5)\\&=3(\alpha+\beta+\gamma)-15=3\cdot0-15\\&={}^{イ}\mathbf{-15}\end{aligned}$$

⇐$\alpha^3=3\alpha-5$，
$\beta^3=3\beta-5$，$\gamma^3=3\gamma-5$

EX ②28 次の計算をせよ。

(1) $\dfrac{(3-2i)(1+5i)}{2+3i}$ (2) $(\sqrt{-50}-\sqrt{72})(\sqrt{27}+\sqrt{-75})$

(3) $\dfrac{4-i}{3+2i}-\dfrac{2}{4-i}$ (4) $\left(\dfrac{\sqrt{2}}{1+i}\right)^4$ (5) $\dfrac{1}{\dfrac{1}{1+i}+\dfrac{1}{1-i}}$

(1) $\dfrac{(3-2i)(1+5i)}{2+3i}=\dfrac{3+13i-10i^2}{2+3i}=\dfrac{13(1+i)}{2+3i}$

⇦まず，分子を計算。

$=\dfrac{13(1+i)(2-3i)}{(2+3i)(2-3i)}=\dfrac{13(2-i-3i^2)}{4-9i^2}$

⇦分母を実数化。

$=\boldsymbol{5-i}$

(2) $(\sqrt{-50}-\sqrt{72})(\sqrt{27}+\sqrt{-75})$

$=(5\sqrt{2}\,i-6\sqrt{2})(3\sqrt{3}+5\sqrt{3}\,i)$

$=\sqrt{2}(5i-6)\times\sqrt{3}(3+5i)$

$=\sqrt{2}\sqrt{3}(-6+5i)(3+5i)$

$=\sqrt{6}(-18-15i+25i^2)$

$=\boldsymbol{-\sqrt{6}(43+15i)}$

⇦$\sqrt{-50}=\sqrt{50}\,i=5\sqrt{2}\,i$, $\sqrt{-75}=\sqrt{75}\,i=5\sqrt{3}\,i$

(3) $\dfrac{4-i}{3+2i}-\dfrac{2}{4-i}=\dfrac{(4-i)(3-2i)}{(3+2i)(3-2i)}-\dfrac{2(4+i)}{(4-i)(4+i)}$

⇦各項の分母を実数化。

$=\dfrac{12-11i+2i^2}{9-4i^2}-\dfrac{8+2i}{16-i^2}$

$=\dfrac{10-11i}{13}-\dfrac{8+2i}{17}$

$=\dfrac{17(10-11i)-13(8+2i)}{221}$

$=\boldsymbol{\dfrac{66-213i}{221}}$

(4) $\dfrac{\sqrt{2}}{1+i}=\dfrac{\sqrt{2}(1-i)}{(1+i)(1-i)}=\dfrac{\sqrt{2}(1-i)}{1-i^2}=\dfrac{\sqrt{2}(1-i)}{2}$

⇦まず，分母を実数化。

よって $\left(\dfrac{\sqrt{2}}{1+i}\right)^2=\left\{\dfrac{\sqrt{2}(1-i)}{2}\right\}^2=\dfrac{2(1-i)^2}{4}=\dfrac{1-2i+i^2}{2}$

$=-i$

ゆえに $\left(\dfrac{\sqrt{2}}{1+i}\right)^4=\left\{\left(\dfrac{\sqrt{2}}{1+i}\right)^2\right\}^2=(-i)^2=i^2=\boldsymbol{-1}$

⇦$(a^m)^n=a^{mn}$

別解 $\left(\dfrac{\sqrt{2}}{1+i}\right)^4=\left\{\left(\dfrac{\sqrt{2}}{1+i}\right)^2\right\}^2=\left\{\dfrac{(\sqrt{2})^2}{(1+i)^2}\right\}^2=\left(\dfrac{2}{1+2i+i^2}\right)^2$

⇦$\left(\dfrac{a}{b}\right)^n=\dfrac{a^n}{b^n}$

$=\left(\dfrac{2}{2i}\right)^2=\left(\dfrac{1}{i}\right)^2=\dfrac{1}{i^2}=\boldsymbol{-1}$

(5) $\dfrac{1}{\dfrac{1}{1+i}+\dfrac{1}{1-i}}=\dfrac{(1+i)(1-i)}{\left(\dfrac{1}{1+i}+\dfrac{1}{1-i}\right)(1+i)(1-i)}$

⇦分母・分子に $(1+i)(1-i)$ を掛ける。

$=\dfrac{1-i^2}{(1-i)+(1+i)}=\dfrac{2}{2}=\boldsymbol{1}$

EX ②**29**

(1) $(2+i)x-(1-3i)y+(5+6i)=0$ を満たす実数 x，y の値を求めよ。

(2) $A=\dfrac{\sqrt{-3}\sqrt{-2}+\sqrt{-2}}{a+\sqrt{-3}}$ が実数となるような実数 a を定めると，$a=$ ア□ であり，$A=$ イ□ である。　　［(2) 慶応大］

(1) 等式を変形すると　$(2x-y)+(x+3y)i=-5-6i$

x，y は実数であるから，$2x-y$，$x+3y$ も実数である。

よって　$2x-y=-5$，$x+3y=-6$

これを解いて　$\boldsymbol{x=-3}$，$\boldsymbol{y=-1}$

⇐ i について整理する。
⇐この断り書きは重要。
⇐複素数の相等。

(2) $A=\dfrac{\sqrt{-3}\sqrt{-2}+\sqrt{-2}}{a+\sqrt{-3}}$

$=\dfrac{\sqrt{3}i\cdot\sqrt{2}i+\sqrt{2}i}{a+\sqrt{3}i}=\dfrac{-\sqrt{6}+\sqrt{2}i}{a+\sqrt{3}i}$

$=\dfrac{\sqrt{2}(-\sqrt{3}+i)(a-\sqrt{3}i)}{(a+\sqrt{3}i)(a-\sqrt{3}i)}$

$=\dfrac{\sqrt{2}\{(-\sqrt{3}a+\sqrt{3})+(a+3)i\}}{a^2+3}$

$=\dfrac{\sqrt{2}(-\sqrt{3}a+\sqrt{3})}{a^2+3}+\dfrac{\sqrt{2}(a+3)}{a^2+3}i$

⇐ $\sqrt{-a}$ $(a>0)$ は，まず $\sqrt{a}i$ とする。
⇐分母を実数化。

a は実数であるから，$\dfrac{\sqrt{2}(-\sqrt{3}a+\sqrt{3})}{a^2+3}$，$\dfrac{\sqrt{2}(a+3)}{a^2+3}$ も実数である。

⇐この断り書きは重要。

A が実数となるための条件は　$\dfrac{\sqrt{2}(a+3)}{a^2+3}=0$

⇐ $a+bi$ が実数 $\Longleftrightarrow b=0$

よって　$a+3=0$　　ゆえに　$a=$ ア $\boldsymbol{-3}$

このとき　$A=\dfrac{\sqrt{2}\{-\sqrt{3}\times(-3)+\sqrt{3}\}}{(-3)^2+3}$

$=\dfrac{4\sqrt{6}}{12}=$ イ $\boldsymbol{\dfrac{\sqrt{6}}{3}}$

別解　$A=\dfrac{\sqrt{-3}\sqrt{-2}+\sqrt{-2}}{a+\sqrt{-3}}=\dfrac{\sqrt{3}i\cdot\sqrt{2}i+\sqrt{2}i}{a+\sqrt{3}i}$

$=\dfrac{-\sqrt{6}+\sqrt{2}i}{a+\sqrt{3}i}$

よって　$A(a+\sqrt{3}i)=-\sqrt{6}+\sqrt{2}i$

ゆえに　$Aa+\sqrt{3}Ai=-\sqrt{6}+\sqrt{2}i$

a，A は実数であるから，Aa，$\sqrt{3}A$ も実数である。

よって　$Aa=-\sqrt{6}$ ……①，$\sqrt{3}A=\sqrt{2}$ ……②

⇐この断り書きは重要。
⇐複素数の相等。

② から　$A=\dfrac{\sqrt{2}}{\sqrt{3}}=$ イ $\boldsymbol{\dfrac{\sqrt{6}}{3}}$

これを ① に代入して　$\dfrac{\sqrt{6}}{3}a=-\sqrt{6}$

よって　$a=$ ア $\boldsymbol{-3}$

EX ②30

i を虚数単位とし，$x=\sqrt{3}+\sqrt{7}i$ とおく。y は x と共役な複素数とするとき，次の値を求めよ。〔類 愛知大〕

(1) $x+y$　(2) xy　(3) x^3+y^3　(4) x^4+y^4

y は $x=\sqrt{3}+\sqrt{7}i$ と共役な複素数であるから

$y=\sqrt{3}-\sqrt{7}i$

(1) $x+y=(\sqrt{3}+\sqrt{7}i)+(\sqrt{3}-\sqrt{7}i)=\mathbf{2\sqrt{3}}$

(2) $xy=(\sqrt{3}+\sqrt{7}i)(\sqrt{3}-\sqrt{7}i)=(\sqrt{3})^2-(\sqrt{7}i)^2$

$=3-(-7)=\mathbf{10}$

(3) $x^3+y^3=(x+y)^3-3xy(x+y)$

$=(2\sqrt{3})^3-3\cdot10\cdot2\sqrt{3}=\mathbf{-36\sqrt{3}}$

(4) $x^4+y^4=(x^2+y^2)^2-2x^2y^2$

$=\{(x+y)^2-2xy\}^2-2(xy)^2$

$=\{(2\sqrt{3})^2-2\cdot10\}^2-2\cdot10^2=\mathbf{-136}$

⇦$z=a+bi$ と共役な複素数 $\bar{z}$ は，$\bar{z}=a-bi$

inf. x^3+y^3，x^4+y^4 は x，y の対称式。基本対称式 $x+y$，xy を用いて表し，(1)，(2) の結果を利用。

EX ③31

2つの実数 a，b は正とする。また，i は虚数単位である。

(1) $(a+bi)^2=\dfrac{1}{2}+\dfrac{\sqrt{3}}{2}i$ を満たす $(a,\ b)$ を求めよ。

(2) $(a+bi)(b+ai)=12i$ を満たしながら a，b が動くとき $\dfrac{a+bi}{ab^2+a^2bi}$ の実部は一定である。その値を求めよ。〔南山大〕

(1) 与えられた等式を変形すると　$a^2-b^2+2abi=\dfrac{1}{2}+\dfrac{\sqrt{3}}{2}i$

a，b は実数であるから，a^2-b^2，$2ab$ も実数である。

よって　$a^2-b^2=\dfrac{1}{2}$ ……①，　$2ab=\dfrac{\sqrt{3}}{2}$ ……②

$a>0$ であるから，② より　$b=\dfrac{\sqrt{3}}{4a}$ ……③

これを ① に代入して　$a^2-\dfrac{3}{16a^2}=\dfrac{1}{2}$

整理すると　$16a^4-8a^2-3=0$

すなわち　$(4a^2+1)(4a^2-3)=0$

a は実数であるから　$4a^2+1>0$

よって，$4a^2-3=0$ から　$a=\pm\dfrac{\sqrt{3}}{2}$

a は正であるから　$a=\dfrac{\sqrt{3}}{2}$　③ から　$b=\dfrac{1}{2}$

ゆえに　$\boldsymbol{(a,\ b)=\left(\dfrac{\sqrt{3}}{2},\ \dfrac{1}{2}\right)}$

(2) $(a+bi)(b+ai)=ab+a^2i+b^2i+abi^2$

$=ab+a^2i+b^2i-ab=(a^2+b^2)i$

よって　$(a^2+b^2)i=12i$

a，b は実数であるから，a^2+b^2 も実数である。

よって　$a^2+b^2=12$

⇦$(a+bi)^2$
$=a^2+2abi+b^2i^2$

⇦この断り書きは重要。

⇦$b^2=\left(\dfrac{\sqrt{3}}{4a}\right)^2=\dfrac{3}{16a^2}$

⇦この断り書きは重要。

ゆえに　$\dfrac{a+bi}{ab^2+a^2bi}=\dfrac{a+bi}{ab(b+ai)}$

$=\dfrac{(a+bi)(b-ai)}{ab(b+ai)(b-ai)}$

$=\dfrac{2ab-(a^2-b^2)i}{ab(a^2+b^2)}$

$=\dfrac{2ab-(a^2-b^2)i}{12ab}$

$=\dfrac{1}{6}-\dfrac{a^2-b^2}{12ab}i$

したがって，実部は一定であり，その値は　$\boldsymbol{\dfrac{1}{6}}$

⇐$\dfrac{2ab-(a^2-b^2)i}{12ab}=\dfrac{2ab}{12ab}-\dfrac{a^2-b^2}{12ab}i$

別解　$(a+bi)(b+ai)=12i$ から

$\dfrac{1}{b+ai}=\dfrac{a+bi}{12i}$

したがって

$\dfrac{a+bi}{ab^2+a^2bi}=\dfrac{a+bi}{ab}\cdot\dfrac{1}{b+ai}$

$=\dfrac{a+bi}{ab}\cdot\dfrac{a+bi}{12i}=\dfrac{a^2-b^2+2abi}{12abi}$

$=\dfrac{a^2-b^2}{12abi}+\dfrac{2abi}{12abi}=\dfrac{1}{6}-\dfrac{a^2-b^2}{12ab}i$

よって，実部は一定であり，その値は　$\boldsymbol{\dfrac{1}{6}}$

HINT　求める式の形から，条件式を使える形へ変形する。

⇐変形した式を代入。

⇐$\dfrac{1}{i}=-i$

EX ③32

a，b を 0 でない実数とする。下の (1)，(2) の等式は $a>0$，$b>0$ の場合には成り立つが，それ以外の場合はどうか。次の各場合に分けて調べよ。

[1]　$a>0$，$b<0$　[2]　$a<0$，$b>0$　[3]　$a<0$，$b<0$

(1)　$\sqrt{a}\sqrt{b}=\sqrt{ab}$　(2)　$\dfrac{\sqrt{a}}{\sqrt{b}}=\sqrt{\dfrac{a}{b}}$

(1)　[1]　**$a>0$，$b<0$ の場合**，$b=-b'$ とおくと　$b'>0$

このとき　$\sqrt{a}\sqrt{b}=\sqrt{a}\sqrt{-b'}=\sqrt{a}\sqrt{b'}i=\sqrt{ab'}i$，

$\sqrt{ab}=\sqrt{a\cdot(-b')}=\sqrt{-ab'}=\sqrt{ab'}i$

よって，**等式は成り立つ。**

[2]　**$a<0$，$b>0$ の場合** は，[1] の場合において，a と b を入れ替えたものと考えればよい。

よって，この場合も **等式は成り立つ。**

[3]　**$a<0$，$b<0$ の場合**

$a=-a'$，$b=-b'$ とおくと　$a'>0$，$b'>0$

このとき　$\sqrt{a}\sqrt{b}=\sqrt{-a'}\sqrt{-b'}=\sqrt{a'}i\cdot\sqrt{b'}i$

$=\sqrt{a'b'}i^2=-\sqrt{a'b'}$，

$\sqrt{ab}=\sqrt{(-a')(-b')}=\sqrt{a'b'}$

よって，**等式は成り立たない。**

⇐$a>0$，$b'>0$ であるから　$\sqrt{a}\sqrt{b'}=\sqrt{ab'}$

⇐[1] の結果を利用する。

⇐例えば，$a=-1$，$b=-1$ のとき

$\sqrt{a}\sqrt{b}=\sqrt{-1}\sqrt{-1}=i^2=-1$，

$\sqrt{ab}=\sqrt{(-1)\cdot(-1)}=\sqrt{1}=1$

となり一致しない。

(2) [1] **$a>0$, $b<0$ の場合**, $b=-b'$ とおくと　$b'>0$

このとき $\dfrac{\sqrt{a}}{\sqrt{b}}=\dfrac{\sqrt{a}}{\sqrt{-b'}}=\dfrac{\sqrt{a}}{\sqrt{b'}\,i}=\dfrac{\sqrt{a}}{\sqrt{b'}}\cdot\dfrac{i}{i^2}=-\sqrt{\dfrac{a}{b'}}\,i$,

$\sqrt{\dfrac{a}{b}}=\sqrt{\dfrac{a}{-b'}}=\sqrt{-\dfrac{a}{b'}}=\sqrt{\dfrac{a}{b'}}\,i$

よって, **等式は成り立たない。**

⇦例えば, $a=1$, $b=-1$ のとき
$\dfrac{\sqrt{a}}{\sqrt{b}}=\dfrac{\sqrt{1}}{\sqrt{-1}}=\dfrac{1}{i}$
$=\dfrac{i}{i^2}=-i$,
$\sqrt{\dfrac{a}{b}}=\sqrt{\dfrac{1}{-1}}=\sqrt{-1}$
$=i$
となり一致しない。

[2] **$a<0$, $b>0$ の場合**, $a=-a'$ とおくと　$a'>0$

このとき $\dfrac{\sqrt{a}}{\sqrt{b}}=\dfrac{\sqrt{-a'}}{\sqrt{b}}=\dfrac{\sqrt{a'}\,i}{\sqrt{b}}=\sqrt{\dfrac{a'}{b}}\,i$,

$\sqrt{\dfrac{a}{b}}=\sqrt{\dfrac{-a'}{b}}=\sqrt{-\dfrac{a'}{b}}=\sqrt{\dfrac{a'}{b}}\,i$

よって, **等式は成り立つ。**

[3] **$a<0$, $b<0$ の場合**

$a=-a'$, $b=-b'$ とおくと　$a'>0$, $b'>0$

このとき $\dfrac{\sqrt{a}}{\sqrt{b}}=\dfrac{\sqrt{-a'}}{\sqrt{-b'}}=\dfrac{\sqrt{a'}\,i}{\sqrt{b'}\,i}=\dfrac{\sqrt{a'}}{\sqrt{b'}}=\sqrt{\dfrac{a'}{b'}}$,

$\sqrt{\dfrac{a}{b}}=\sqrt{\dfrac{-a'}{-b'}}=\sqrt{\dfrac{a'}{b'}}$

よって, **等式は成り立つ。**

EX ①33

次の2次方程式を解け。

(1) $2x^2-2\sqrt{6}\,x+3=0$　　(2) $\dfrac{1}{2}x^2-\dfrac{2}{3}x+\dfrac{5}{6}=0$

(3) $(x+1)(x+3)=x(9-2x)$　　(4) $\sqrt{2}\,x^2+x+\sqrt{2}=0$

(1) $\boldsymbol{x}=\dfrac{-(-\sqrt{6})\pm\sqrt{(-\sqrt{6})^2-2\cdot3}}{2}=\boldsymbol{\dfrac{\sqrt{6}}{2}}$

⇦2次方程式
$ax^2+2b'x+c=0$
の解は
$x=\dfrac{-b'\pm\sqrt{b'^2-ac}}{a}$

別解　与式から　$(\sqrt{2}\,x-\sqrt{3})^2=0$

したがって　$\boldsymbol{x}=\dfrac{\sqrt{3}}{\sqrt{2}}=\boldsymbol{\dfrac{\sqrt{6}}{2}}$

(2) 両辺に6を掛けて　$3x^2-4x+5=0$

よって　$\boldsymbol{x}=\dfrac{-(-2)\pm\sqrt{(-2)^2-3\cdot5}}{3}=\boldsymbol{\dfrac{2\pm\sqrt{11}\,i}{3}}$

⇦各係数の分母2, 3, 6の最小公倍数6を両辺に掛け, 係数を整数にする。

(3) 与式を整理して　$3x^2-5x+3=0$

⇦$x^2+4x+3=9x-2x^2$

よって　$\boldsymbol{x}=\dfrac{-(-5)\pm\sqrt{(-5)^2-4\cdot3\cdot3}}{2\cdot3}=\boldsymbol{\dfrac{5\pm\sqrt{11}\,i}{6}}$

(4) 両辺に $\sqrt{2}$ を掛けて　$2x^2+\sqrt{2}\,x+2=0$

よって　$\boldsymbol{x}=\dfrac{-\sqrt{2}\pm\sqrt{(\sqrt{2})^2-4\cdot2\cdot2}}{2\cdot2}=\boldsymbol{\dfrac{-\sqrt{2}\pm\sqrt{14}\,i}{4}}$

別解　$\boldsymbol{x}=\dfrac{-1\pm\sqrt{1^2-4\cdot\sqrt{2}\cdot\sqrt{2}}}{2\cdot\sqrt{2}}=\dfrac{-1\pm\sqrt{7}\,i}{2\sqrt{2}}$

$=\boldsymbol{\dfrac{-\sqrt{2}\pm\sqrt{14}\,i}{4}}$

⇦直接, 求めてもよい。

EX ②34

次の2次方程式の解の種類を判別せよ。ただし，a は定数とする。
(1)　$x^2-(a-2)x+9-2a=0$　　(2)　$2x^2-ax-3=0$
(3)　$(a-1)x^2-ax+(a+1)=0$

判別式を D とする。

(1)　$D=\{-(a-2)\}^2-4\cdot1\cdot(9-2a)$

$=a^2-4a+4-36+8a$

$=a^2+4a-32$

$=(a+8)(a-4)$

$D>0$ すなわち $\boldsymbol{a<-8,\ 4<a}$ **のとき，異なる2つの実数解をもつ。**

$D=0$ すなわち $\boldsymbol{a=-8,\ 4}$ **のとき，重解をもつ。**

$D<0$ すなわち $\boldsymbol{-8<a<4}$ **のとき，異なる2つの虚数解をもつ。**

(2)　$D=(-a)^2-4\cdot2\cdot(-3)=a^2+24>0$

よって，**異なる2つの実数解をもつ。**

⇐ a は実数であるから，常に $a^2\geqq0$

(3)　2次方程式であるから　$a\neq1$ ……①

$D=(-a)^2-4(a-1)(a+1)=a^2-4(a^2-1)$

$=-3a^2+4=-3\left(a+\dfrac{2}{\sqrt{3}}\right)\left(a-\dfrac{2}{\sqrt{3}}\right)$

⇐ **(x^2 の係数)$\neq$0**
よって　$a-1\neq0$

① かつ $D>0$ すなわち $\boldsymbol{-\dfrac{2}{\sqrt{3}}<a<1,\ 1<a<\dfrac{2}{\sqrt{3}}}$ **のとき，異なる2つの実数解をもつ。**

⇐ $D>0$ すなわち $\left(a+\dfrac{2}{\sqrt{3}}\right)\left(a-\dfrac{2}{\sqrt{3}}\right)<0$ の解 $-\dfrac{2}{\sqrt{3}}<a<\dfrac{2}{\sqrt{3}}$ と①をともに満たす範囲。

① かつ $D=0$ すなわち $\boldsymbol{a=\pm\dfrac{2}{\sqrt{3}}}$ **のとき，重解をもつ。**

① かつ $D<0$ すなわち $\boldsymbol{a<-\dfrac{2}{\sqrt{3}},\ \dfrac{2}{\sqrt{3}}<a}$ **のとき，異なる2つの虚数解をもつ。**

EX ③35

(1)　a を実数の定数とする。2次方程式 $x^2+4ax+8a^2-20a+25=0$ が実数解をもつとき，$a=$ ア［　］であり，その解は $x=$ イ［　］である。〔金沢工大〕
(2)　a は整数とする。2次方程式 $(3a-4)x^2-2ax+a=0$ が整数解をもつとき，a の値および，そのときの方程式の解をすべて求めよ。

(1)　判別式を D とすると

$\dfrac{D}{4}=(2a)^2-(8a^2-20a+25)=-4a^2+20a-25$

$=-(2a-5)^2$

実数解をもつための条件は　$D\geqq0$　すなわち　$-(2a-5)^2\geqq0$

ゆえに　$(2a-5)^2\leqq0$　　よって　$a=$ ア $\boldsymbol{\dfrac{5}{2}}$

⇐ A が実数のとき
$A^2\leqq0 \Longrightarrow A=0$

このとき，2次方程式は　$x^2+10x+25=0$

ゆえに　$(x+5)^2=0$　　よって　$x=$ イ $\boldsymbol{-5}$

(2)　a は整数であるから，$3a-4 \neq 0$ である。

判別式を D とすると

$$\frac{D}{4}=(-a)^2-(3a-4)a=a^2-3a^2+4a$$
$$=-2a(a-2)$$

方程式は整数解をもつから　　$D \geqq 0$

すなわち　　$a(a-2) \leqq 0$　　ゆえに　　$0 \leqq a \leqq 2$

a は整数であるから　　$a=0,\ 1,\ 2$

$a=0$ のとき

方程式は　　$-4x^2=0$　　よって，解は　　$x=0$

$a=1$ のとき

方程式は　　$-x^2-2x+1=0$　すなわち　$x^2+2x-1=0$

この方程式の解は　　$x=-1\pm\sqrt{2}$

よって，整数解をもたない。

$a=2$ のとき

方程式は　　$2x^2-4x+2=0$　すなわち　$2(x-1)^2=0$

よって，解は　　$x=1$

以上から　　**$a=0$ のとき，解は $x=0$**

$a=2$ のとき，解は $x=1$

⇐ 2 次方程式であるから $3a-4 \neq 0$

すなわち　$a \neq \frac{4}{3}$

a は整数であるから，$a \neq \frac{4}{3}$ は明らか。また，整数は実数である。

EX ③36　3 つの 2 次方程式 $x^2-8ax+8-8a=0$，$20x^2-12ax+5=0$，$2x^2-6ax-9a=0$ のうち，少なくとも 1 つが虚数解をもつような実数 a の値の範囲を求めよ。　〔大東文化大〕

3 つの 2 次方程式の判別式を順に D_1，D_2，D_3 とすると

$$\frac{D_1}{4}=(-4a)^2-(8-8a)=16a^2+8a-8$$
$$=8(2a^2+a-1)=8(a+1)(2a-1)$$
$$\frac{D_2}{4}=(-6a)^2-20\cdot5=36a^2-100$$
$$=4(9a^2-25)$$
$$=4(3a+5)(3a-5)$$
$$\frac{D_3}{4}=(-3a)^2-2\cdot(-9a)$$
$$=9a^2+18a=9a(a+2)$$

3 つの 2 次方程式のうち，少なくとも 1 つが虚数解をもつための条件は

$$D_1<0 \quad \text{または} \quad D_2<0 \quad \text{または} \quad D_3<0$$

$D_1<0$ から　　$(a+1)(2a-1)<0$

よって　　$-1<a<\frac{1}{2}$　……①

$D_2<0$ から　　$(3a+5)(3a-5)<0$

よって　　$-\frac{5}{3}<a<\frac{5}{3}$　……②

⇐ 1 ╳ 1 ⟶ 2
2 　 −1 ⟶ −1
2 　 −1 　 1

⇐ 3 つの判別式 D_1，D_2，D_3 のうち，少なくとも 1 つが負である。

$D_3<0$ から　　$a(a+2)<0$

よって　　　$-2<a<0$　……③

求める a の値の範囲は，①，②，③ を合わせた範囲であるから

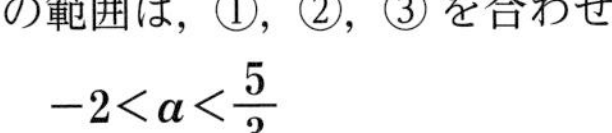

$$\boldsymbol{-2<a<\frac{5}{3}}$$

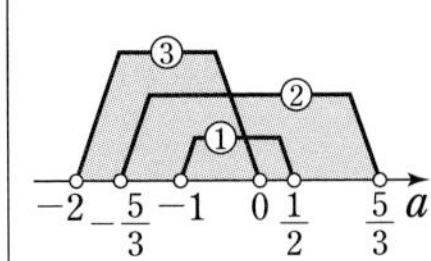

EX ③37　a は定数とする。2 つの 2 次方程式 $x^2+2ax+3a=0$，$3x^2-2(a-3)x+(a-3)=0$ のうち，少なくとも一方は実数解をもつことを証明せよ。

2 つの 2 次方程式の判別式をそれぞれ D_1，D_2 とすると

$$\frac{D_1}{4}=a^2-3a=a(a-3)$$

$$\frac{D_2}{4}=\{-(a-3)\}^2-3(a-3)=a^2-9a+18$$

$$=(a-3)(a-6)$$

⇦$a^2-6a+9-3a+9$

与えられた 2 つの方程式のうち，少なくとも一方は実数解をもつ条件は $D_1\geqq 0$ または $D_2\geqq 0$ が成り立つことである。

$D_1\geqq 0$ のとき　　$a\leqq 0$，$3\leqq a$　……①

$D_2\geqq 0$ のとき　　$a\leqq 3$，$6\leqq a$　……②

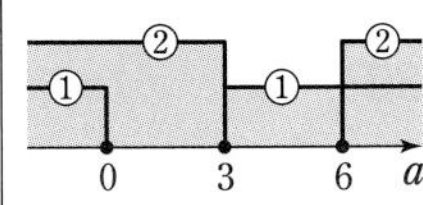

① と ② を合わせた a の値はすべての実数の範囲になるから，a のどんな値に対しても，少なくとも一方の 2 次方程式は実数解をもつ。

別解　**（上の解答の 4 行目までは同じ）**

2 つの 2 次方程式がともに実数解をもたないと仮定すると

$D_1<0$ かつ $D_2<0$

すなわち　$a(a-3)<0$ かつ $(a-3)(a-6)<0$

よって　　$0<a<3$ かつ $3<a<6$

これを満たす a は存在しない。

ゆえに，2 つの 2 次方程式のうち，少なくとも一方は実数解をもつ。

⇦背理法。

⇦「少なくとも一方は実数解をもつ」の否定は「ともに実数解をもたない」である。

⇦矛盾が生じている。

EX ③38　k を 0 と異なる実数の定数とし，i を虚数単位とする。等式

$$x^2+(3+2i)x+k(2+i)^2=0$$

を満たす実数 x が 1 つ存在するとし，それを α とおく。〔岡山理科大〕

(1) k と α の値を求めよ。　(2) この等式を満たす複素数をすべて求めよ。

(1) α が方程式の解であるから　　$\alpha^2+(3+2i)\alpha+k(2+i)^2=0$

整理して　　$(\alpha^2+3\alpha+3k)+(2\alpha+4k)i=0$

α，k は実数であるから，$\alpha^2+3\alpha+3k$，$2\alpha+4k$ も実数である。

よって　　$\alpha^2+3\alpha+3k=0$ ……①，$2\alpha+4k=0$ ……②

② から　　$\alpha=-2k$

これを ① に代入して　　$(-2k)^2+3\cdot(-2k)+3k=0$

すなわち　　$k(4k-3)=0$　　$k\neq 0$ であるから　　$\boldsymbol{k=\frac{3}{4}}$

このとき　　$\boldsymbol{\alpha=-\frac{3}{2}}$

⇦$a+bi=0$ の形に整理。

⇦**この断り書きは重要。**

⇦複素数の相等。

(2) α 以外の解を β とすると

$$x^2+(3+2i)x+\frac{3}{4}(2+i)^2=(x-\alpha)(x-\beta)$$

ここで，$\alpha=-\frac{3}{2}$ であるから

$$(x-\alpha)(x-\beta)=x^2+\left(\frac{3}{2}-\beta\right)x-\frac{3}{2}\beta$$

よって　$x^2+(3+2i)x+\frac{3}{4}(2+i)^2=x^2+\left(\frac{3}{2}-\beta\right)x-\frac{3}{2}\beta$

両辺の係数を比較して　$3+2i=\frac{3}{2}-\beta$，$\frac{3}{4}(2+i)^2=-\frac{3}{2}\beta$

したがって　$\beta=-\frac{3}{2}-2i$

等式を満たす複素数は　$\boldsymbol{-\frac{3}{2}}$，$\boldsymbol{-\frac{3}{2}-2i}$

⇐ 2 次の項の係数が 1 で，α，β を解にもつので，$(x-\alpha)(x-\beta)$ と因数分解できる。

⇐次の項目 ⑦ で学ぶ「解と係数の関係」を利用しても，同様の式がでてくる。

EX ③39

a，b は実数の定数とする。2 次方程式 $x^2+ax+b=0$ の 1 つの解が $x=2-3i$ であるとき，a，b の値を求めよ。また，この方程式の他の解を求めよ。

$x=2-3i$ がこの方程式の解であるから

$$(2-3i)^2+a(2-3i)+b=0$$

よって　$4-12i+9i^2+2a-3ai+b=0$

ゆえに　$(2a+b-5)+(-3a-12)i=0$

a，b は実数であるから，$2a+b-5$，$-3a-12$ も実数である。

よって　$2a+b-5=0$，$-3a-12=0$

これを解いて　$\boldsymbol{a=-4}$，$\boldsymbol{b=13}$

このとき，方程式は　$x^2-4x+13=0$

これを解いて　$x=2\pm 3i$

よって，求める他の解は　$\boldsymbol{x=2+3i}$

inf.　2 次方程式 $x^2-4x+13=0$ の解は　$x=2\pm 3i$

すなわち，与えられた解 $2-3i$ と共役な複素数 $2+3i$ も方程式の解となる。

一般に，**実数を係数とする 2 次方程式が虚数解 $p+qi$ (p，q は実数) をもつならば，それと共役な複素数 $p-qi$ もこの方程式の解** である。

別解 1　$x=2-3i$ を解とする実数を係数とする 2 次方程式を作る。

$x-2=-3i$ として，両辺を 2 乗すると

$$(x-2)^2=(-3i)^2 \quad \text{すなわち} \quad x^2-4x+4=-9$$

整理して　$x^2-4x+13=0$ ……①

これが $x^2+ax+b=0$ と一致すればよいから，係数を比較して　$\boldsymbol{a=-4}$，$\boldsymbol{b=13}$

① を解いて　$x=2\pm 3i$

よって，他の解は　$\boldsymbol{x=2+3i}$

CHART

$x=\alpha$ が $f(x)=0$ の解 $\Longleftrightarrow$ $f(\alpha)=0$

⇐$a+bi$ の形に整理。

⇐**この断り書きは重要。**

⇐複素数の相等。

⇐$x=-(-2)\pm\sqrt{(-2)^2-13}$
$=2\pm\sqrt{-9}$
$=2\pm 3i$

⇐実は，一般に n 次方程式についても成り立つ。(本冊 $p.99$ 参照)

⇐本冊 $p.93$ 基本例題 55 参照。

⇐虚数単位 i を消すために，虚数のみを一方の辺に残し，両辺を 2 乗する。

別解 2　実数を係数とする2次方程式の1つの解が $2-3i$ であるから，これと共役な複素数 $2+3i$ も解である。
したがって，解と係数の関係から

$$\begin{cases}(2-3i)+(2+3i)=-a\\(2-3i)(2+3i)=b\end{cases}$$　これから　$\boldsymbol{a=-4,\ b=13}$

他の解は　$\boldsymbol{x=2+3i}$

⇐解答続きの inf. を参照。

⇐次の項目 ⑦ で学ぶ「解と係数の関係」を利用。

EX ②40

2次方程式 $x^2-x+8=0$ の2つの解を α，β とするとき，次の式の値を求めよ。〔類 阪南大〕

(1) $\alpha^2+\beta^2$　(2) $\alpha^4+\beta^4$　(3) $\dfrac{\beta}{1+\alpha^2}+\dfrac{\alpha}{1+\beta^2}$

解と係数の関係から　$\alpha+\beta=1,\quad \alpha\beta=8$

(1) $\alpha^2+\beta^2=(\alpha+\beta)^2-2\alpha\beta=1^2-2\cdot8=\boldsymbol{-15}$

(2) $\alpha^4+\beta^4=(\alpha^2+\beta^2)^2-2\alpha^2\beta^2=(-15)^2-2\cdot8^2$
$=225-128=\boldsymbol{97}$

⇐(1) から　$\alpha^2+\beta^2=-15$

(3) $$\frac{\beta}{1+\alpha^2}+\frac{\alpha}{1+\beta^2}=\frac{\beta(1+\beta^2)+\alpha(1+\alpha^2)}{(1+\alpha^2)(1+\beta^2)}$$
$$=\frac{\alpha^3+\beta^3+\alpha+\beta}{\alpha^2\beta^2+\alpha^2+\beta^2+1}\ \cdots\cdots ①$$

ここで　$\alpha^2+\beta^2=-15$
$\alpha^3+\beta^3=(\alpha+\beta)^3-3\alpha\beta(\alpha+\beta)$
$=1^3-3\cdot8\cdot1=-23$

よって，① は　$$\frac{-23+1}{8^2+(-15)+1}=\frac{-22}{50}=\boldsymbol{-\frac{11}{25}}$$

別解　α，β は2次方程式 $x^2-x+8=0$ の解であるから
$\alpha^2-\alpha+8=0,\quad \beta^2-\beta+8=0$
を満たす。
よって　$\alpha^2=\alpha-8,\quad \beta^2=\beta-8$
ゆえに　$\alpha^2+\beta^2=\alpha-8+\beta-8=1-16=-15$
したがって

$$\frac{\beta}{1+\alpha^2}+\frac{\alpha}{1+\beta^2}=\frac{\beta}{\alpha-7}+\frac{\alpha}{\beta-7}=\frac{\beta(\beta-7)+\alpha(\alpha-7)}{(\alpha-7)(\beta-7)}$$
$$=\frac{\alpha^2+\beta^2-7(\alpha+\beta)}{\alpha\beta-7(\alpha+\beta)+49}=\frac{-15-7}{8-7+49}$$
$$=\boldsymbol{-\frac{11}{25}}$$

inf.　α，β が与えられた方程式の解であるから
$\alpha^2-\alpha+8=0$，
$\beta^2-\beta+8=0$
よって　$\boldsymbol{\alpha^2=\alpha-8}$，
$\boldsymbol{\beta^2=\beta-8}$
これを用いて（すなわち次数を下げて），解と係数の関係を利用すると，計算がスムーズになる。

EX ③41

次の式を，(ア) 有理数，(イ) 実数，(ウ) 複素数 の各範囲で因数分解せよ。
(1) x^4+2x^2-15　(2) $8x^3-27$

(1) (ア) $x^4+2x^2-15=(x^2)^2+2x^2-15=\boldsymbol{(x^2-3)(x^2+5)}$
$x^2-3=0$ を解くと　$x=\pm\sqrt{3}\ \cdots\cdots ①$
$x^2+5=0$ を解くと　$x=\pm\sqrt{5}\,i\ \cdots\cdots ②$
(イ) ① から　$x^2-3=(x+\sqrt{3})(x-\sqrt{3})$
よって　$x^4+2x^2-15=\boldsymbol{(x+\sqrt{3})(x-\sqrt{3})(x^2+5)}$

⇐$x^2=X$ とおくと
$X^2+2X-15$
$=(X-3)(X+5)$

(ウ) ② から　$x^2+5=(x+\sqrt{5}i)(x-\sqrt{5}i)$

よって　x^4+2x^2-15

$=\boldsymbol{(x+\sqrt{3})(x-\sqrt{3})(x+\sqrt{5}i)(x-\sqrt{5}i)}$

(2) (ア) $8x^3-27=(2x)^3-3^3=\boldsymbol{(2x-3)(4x^2+6x+9)}$

$4x^2+6x+9=0$ を解くと

$$x=\frac{-3\pm\sqrt{3^2-4\cdot9}}{4}=\frac{-3\pm3\sqrt{3}i}{4} \quad \cdots\cdots ③$$

(イ) $8x^3-27=\boldsymbol{(2x-3)(4x^2+6x+9)}$

(ウ) ③ から　$4x^2+6x+9$

$$=4\left(x-\frac{-3+3\sqrt{3}i}{4}\right)\left(x-\frac{-3-3\sqrt{3}i}{4}\right)$$

$$=4\left(x+\frac{3-3\sqrt{3}i}{4}\right)\left(x+\frac{3+3\sqrt{3}i}{4}\right)$$

よって　$8x^3-27$

$$=\boldsymbol{4(2x-3)\left(x+\frac{3-3\sqrt{3}i}{4}\right)\left(x+\frac{3+3\sqrt{3}i}{4}\right)}$$

⇦$a^3-b^3=(a-b)(a^2+ab+b^2)$

⇦虚数解

⇦無理数の実数解をもたないので，(ア)と同じ。

⇦括弧の前の 4 を忘れないように。

EX ③42

(1) 2 次方程式 $x^2-5x+9=0$ の 2 つの解を α, β とするとき，2 数 $\alpha+\beta$, $\alpha\beta$ を解とする 2 次方程式を 1 つ作れ。

(2) x の 2 次方程式 $x^2+px+q=0$ の 2 つの解を α, β とする。$\alpha+2$, $\beta+2$ を解とする x の 2 次方程式が $x^2+qx+p=0$ であるとき，p, q の値を求めよ。

(1) 解と係数の関係から

$\alpha+\beta=5$,　$\alpha\beta=9$

よって　$(\alpha+\beta)+\alpha\beta=5+9=14$,

$(\alpha+\beta)\alpha\beta=5\cdot9=45$

ゆえに，$\alpha+\beta$, $\alpha\beta$ を解とする 2 次方程式の 1 つは

$\boldsymbol{x^2-14x+45=0}$

(2) 2 次方程式 $x^2+px+q=0$ において，解と係数の関係から

$\alpha+\beta=-p$ ······ ①,　$\alpha\beta=q$ ······ ②

2 次方程式 $x^2+qx+p=0$ において，解と係数の関係から

$(\alpha+2)+(\beta+2)=-q$ ······ ③

$(\alpha+2)(\beta+2)=p$ ······ ④

③ から　$\alpha+\beta+4=-q$

① を代入して　$-p+4=-q$

よって　$p-q=4$ ······ ⑤

④ から　$\alpha\beta+2(\alpha+\beta)+4=p$

①, ② を代入して　$q-2p+4=p$

よって　$3p-q=4$ ······ ⑥

⑥−⑤ から　$\boldsymbol{p=0}$

このとき，⑤ から　$\boldsymbol{q=-4}$

⇦$x^2-(和)x+(積)=0$

⇦解と係数の関係から，α, β, p, q に関する連立方程式を作る。

⇦p, q の値を求めるので，α, β を消去。

⇦α, β の値を求める必要はない。

EX ②43 連立方程式 $x^2-3xy+y^2=19$, $x+y=2$ を解け。

$x^2-3xy+y^2=19$ …… ①, $x+y=2$ …… ② とする。
① を変形して　$(x+y)^2-5xy=19$
② を代入して　$2^2-5xy=19$
すなわち　$xy=-3$ …… ③
②, ③ から, x, y を解とする 2 次方程式の 1 つは
$t^2-2t-3=0$　すなわち　$(t+1)(t-3)=0$
したがって　$t=-1$, 3
よって, 求める解は
$(\boldsymbol{x}, \boldsymbol{y})=(\mathbf{-1}, \mathbf{3}), (\mathbf{3}, \mathbf{-1})$

別解　② から
$y=2-x$ …… ③
① に代入して
$x^2-3x(2-x)+(2-x)^2=19$
整理して
$x^2-2x-3=0$
よって
$(x+1)(x-3)=0$
ゆえに　$x=-1$, 3
これと ③ から
$x=-1$ のとき $y=3$
$x=3$ のとき $y=-1$
ゆえに, 求める解は
$(\boldsymbol{x}, \boldsymbol{y})=(\mathbf{-1}, \mathbf{3}), (\mathbf{3}, \mathbf{-1})$

EX ③44 2 次方程式 $x^2-2ax+a+6=0$ について, 次の条件を満たすような定数 a の値の範囲を求めよ。
(1) 1 より大きい解と小さい解をもつ　　(2) すべての解が 2 以上である

2 次方程式 $x^2-2ax+a+6=0$ の 2 つの解を α, β とし, 判別式を D とする。

$$\frac{D}{4}=(-a)^2-(a+6)$$
$$=a^2-a-6$$
$$=(a+2)(a-3)$$

解と係数の関係により
$\alpha+\beta=2a$,　$\alpha\beta=a+6$

(1) $\alpha<1<\beta$ または $\beta<1<\alpha$ であるための条件は
$(\alpha-1)(\beta-1)<0$　すなわち　$\alpha\beta-(\alpha+\beta)+1<0$
$\alpha+\beta=2a$, $\alpha\beta=a+6$ を代入して
$a+6-2a+1<0$
したがって　$\boldsymbol{a>7}$

⇐例えば $\alpha<1<\beta \iff \alpha-1<0$ かつ $\beta-1>0$ よって $(\alpha-1)(\beta-1)<0$

(2) $\alpha\geqq2$, $\beta\geqq2$ であるための条件は, 次の ①, ②, ③ が同時に成り立つことである。
$D\geqq0$ …… ①
$(\alpha-2)+(\beta-2)\geqq0$ …… ②
$(\alpha-2)(\beta-2)\geqq0$ …… ③
① から　$(a+2)(a-3)\geqq0$
よって　$a\leqq-2$, $3\leqq a$ …… ④
② から　$\alpha+\beta-4\geqq0$
$\alpha+\beta=2a$ を代入すると　$2a-4\geqq0$
ゆえに　$a\geqq2$ …… ⑤

⇐$\alpha=\beta$ となる場合もあるから, $D\geqq0$ とする。
⇐2 つの解がともに 2 以上であるから　$\alpha-2\geqq0$, $\beta-2\geqq0$

③ から　　$\alpha\beta-2(\alpha+\beta)+4\geqq 0$

$\alpha+\beta=2a$，$\alpha\beta=a+6$ を代入すると

$a+6-2\cdot 2a+4\geqq 0$

よって　　$a\leqq\dfrac{10}{3}$　　　　……⑥

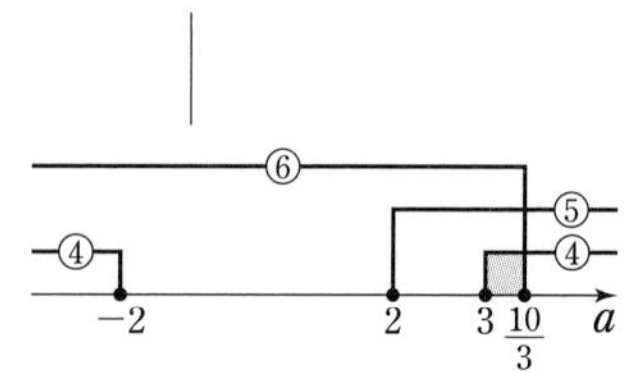

④，⑤，⑥ の共通範囲を求めて　　$\boldsymbol{3\leqq a\leqq\dfrac{10}{3}}$

別解　**(上の解答の 5 行目までは同じ)**

$f(x)=x^2-2ax+a+6$ とする。

⇐2 次関数のグラフを利用した解法。(数学Ⅰ)

(1)　関数 $y=f(x)$ のグラフは，下に凸の放物線である。

このグラフが，x 軸の $x<1$，$1<x$ の部分と交わるための条件は　$f(1)<0$

よって　　$1^2-2a\cdot 1+a+6<0$

ゆえに　　$\boldsymbol{a>7}$

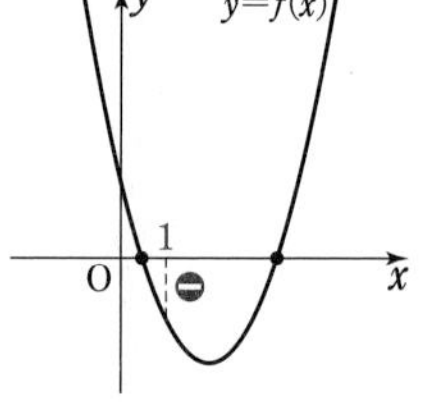

(2)　関数 $y=f(x)$ のグラフが，x 軸の $x\geqq 2$ の部分と，異なる 2 点で交わる，または接するための条件は，次の ①，②，③ が同時に成り立つことである。

⇐関数 $y=f(x)$ のグラフは，下に凸の放物線である。

$\dfrac{D}{4}\geqq 0$　　　　……①

軸：$a\geqq 2$　　　　……②

$f(2)\geqq 0$　　　　……③

① から　　$(a+2)(a-3)\geqq 0$

よって　　$a\leqq -2$，$3\leqq a$　……④

③ から　　$2^2-2a\cdot 2+a+6\geqq 0$

よって　　$a\leqq\dfrac{10}{3}$　　　　……⑤

②，④，⑤ の共通範囲を求めて　　$\boldsymbol{3\leqq a\leqq\dfrac{10}{3}}$

EX ③45　2 次方程式 $2x^2+4x+3=0$ の 2 つの解を α，β とする。このとき，次の値を求めよ。
(1)　$(\alpha-1)(\beta-1)$　　　　(2)　$(\alpha-1)^3+(\beta-1)^3$　　　〔類　慶応大〕

解と係数の関係から　　$\alpha+\beta=-2$，$\alpha\beta=\dfrac{3}{2}$

(1)　$(\alpha-1)(\beta-1)=\alpha\beta-(\alpha+\beta)+1$

$=\dfrac{3}{2}-(-2)+1=\boldsymbol{\dfrac{9}{2}}$

(2)　$(\alpha-1)^3+(\beta-1)^3$

$=\{(\alpha-1)+(\beta-1)\}^3-3(\alpha-1)(\beta-1)\{(\alpha-1)+(\beta-1)\}$

$=(\alpha+\beta-2)^3-3(\alpha-1)(\beta-1)(\alpha+\beta-2)$

$=(-2-2)^3-3\cdot\dfrac{9}{2}\cdot(-2-2)$

$=-64+54=\boldsymbol{-10}$

⇐$a^3+b^3=(a+b)^3-3ab(a+b)$

⇐(1) から $(\alpha-1)(\beta-1)=\dfrac{9}{2}$

別解 1　$\alpha-1=\gamma$, $\beta-1=\delta$ とおくと，γ, δ は2次方程式 $2(x+1)^2+4(x+1)+3=0$ すなわち $2x^2+8x+9=0$ の2つの解である。

解と係数の関係から　$\gamma+\delta=-4$, $\gamma\delta=\dfrac{9}{2}$

(1)　$(\alpha-1)(\beta-1)=\gamma\delta=\boldsymbol{\dfrac{9}{2}}$

(2)　$(\alpha-1)^3+(\beta-1)^3=\gamma^3+\delta^3$

$$=(\gamma+\delta)^3-3\gamma\delta(\gamma+\delta)$$
$$=(-4)^3-3\cdot\frac{9}{2}\cdot(-4)$$
$$=-64+54=\boldsymbol{-10}$$

⇐$\alpha-1$, $\beta-1$ を解とする2次方程式を新たに作成する。新しく作成した方程式に対し，解と係数の関係を利用する。

⇐δ はギリシャ文字でデルタと読む。

別解 2　(1)　2次方程式 $2x^2+4x+3=0$ の2つの解が α, β であるから　$2x^2+4x+3=2(x-\alpha)(x-\beta)$

両辺に $x=1$ を代入すると

$$2+4+3=2(1-\alpha)(1-\beta)$$

よって　$(\alpha-1)(\beta-1)=\boldsymbol{\dfrac{9}{2}}$

⇐2次方程式 $ax^2+bx+c=0$ の解が α, β $\Longleftrightarrow$ $ax^2+bx+c=a(x-\alpha)(x-\beta)$

EX ③46

2次方程式 $x^2-(a+c)x+ac-b^2=0$ ……① を考える。ただし，a, b, c は実数で $a>0$ とする。

(1)　① が異なる2つの実数解をもつための条件を求めよ。

(2)　すべての実数 t について不等式 $at^2+2bt+c>0$ が成り立つとき，① は正の解のみをもつことを示せ。

(1)　① の判別式を D とすると

$$D=\{-(a+c)\}^2-4(ac-b^2)=a^2-2ac+c^2+4b^2$$
$$=(a-c)^2+4b^2$$

① が異なる2つの実数解をもつための条件は

$D>0$　すなわち　$(a-c)^2+4b^2>0$

したがって　$\boldsymbol{a\neq c}$ **または** $\boldsymbol{b\neq 0}$

⇐$a^2+2ac+c^2-4ac+4b^2$

⇐$A^2+B^2\geqq0$ (A, B は実数) で等号が成り立つのは，$A=0$ かつ $B=0$ のとき。

(2)　$a>0$ であるから，条件より　$b^2-ac<0$❶

① の2つの解を α, β とすると，解と係数の関係から

$$\alpha+\beta=a+c,\quad \alpha\beta=ac-b^2$$

$b^2-ac<0$ であるから　$b^2<ac$

b は実数であるから　$b^2\geqq0$　よって　$0\leqq b^2<ac$

また，$a>0$ であるから　$c>0$

ゆえに　$\alpha+\beta=a+c>0$

更に，$b^2-ac<0$ より，$ac-b^2>0$ であるから　$\alpha\beta>0$

① の判別式 D について，(1) から　$D=(a-c)^2+4b^2$

a, b, c は実数であるから　$(a-c)^2\geqq0$, $4b^2\geqq0$

よって　$D\geqq0$　ゆえに，α, β は実数である。

したがって　$\alpha>0$, $\beta>0$

すなわち，① は正の解のみをもつ。

❶ x の2次式 Ax^2+Bx+C が常に正である条件は
$A>0$, $B^2-4AC<0$
特に，$B=2B'$ のときは $B'^2-AC<0$

⇐α, β が実数のとき $\alpha+\beta>0$, $\alpha\beta>0$ $\Longleftrightarrow$ $\alpha>0$, $\beta>0$

別解　$at^2+2bt+c>0$ $(a>0)$ がすべての実数 t について成り立つための条件は，$at^2+2bt+c=0$ の判別式を D_1 とすると

$D_1<0$

すなわち　$b^2-ac<0$

これから　$0\leqq b^2<ac$

$a>0$ であるから　$c>0$

このとき，$f(x)=x^2-(a+c)x+ac-b^2$ とおき，$f(x)=0$ の判別式を D_2 とすると

$$D_2=(a+c)^2-4(ac-b^2)$$
$$=a^2-2ac+c^2+4b^2$$
$$=(a-c)^2+4b^2\geqq 0$$

$$軸：x=\frac{a+c}{2}>0$$

$$f(0)=ac-b^2>0$$

よって，$f(x)=0$ すなわち，① は正の解のみをもつ。

⇦**絶対不等式**
(数学Ⅰ本冊 $p.146$ 参照)。

⇦2次関数のグラフ利用。

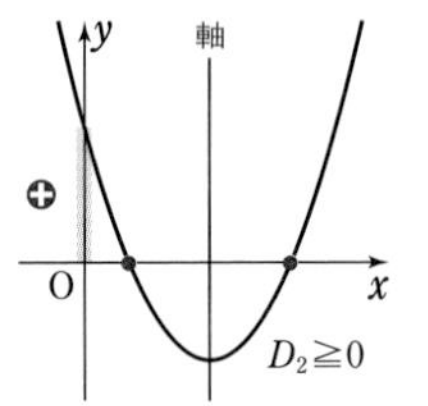

EX ④47　x の2次方程式 $x^2-(k+4)x+2k+10=0$ の2つの解が，ともに整数であるような整数 k の値をすべて求めよ。

2次方程式 $x^2-(k+4)x+2k+10=0$ の2つの解を α，β $(\alpha\leqq\beta)$ とすると，解と係数の関係から

$$\alpha+\beta=k+4,\quad \alpha\beta=2k+10$$

k を消去すると　$\alpha\beta=2(\alpha+\beta-4)+10$

よって　$\alpha\beta-2(\alpha+\beta)=2$

したがって　$(\alpha-2)(\beta-2)=6$ ……①

α，β は $\alpha\leqq\beta$ を満たす整数であるから，$\alpha-2$，$\beta-2$ は $\alpha-2\leqq\beta-2$ を満たす整数である。

よって，① を満たす $\alpha-2$，$\beta-2$ の組は

$$(\alpha-2,\ \beta-2)=(-6,\ -1),\ (-3,\ -2),\ (1,\ 6),\ (2,\ 3)$$

ゆえに　$(\alpha,\ \beta)=(-4,\ 1),\ (-1,\ 0),\ (3,\ 8),\ (4,\ 5)$

$k=\alpha+\beta-4$ であるから　$\boldsymbol{k=-7,\ -5,\ 7,\ 5}$

別解　$x^2-(k+4)x+2k+10=0$ を解くと

$$x=\frac{k+4\pm\sqrt{k^2-24}}{2}$$

よって，x が整数であるためには k^2-24 が平方数であることが必要である。

$k^2-24=m^2$ $(m\geqq 0)$ とすると　$(k+m)(k-m)=24$

$k+m\geqq k-m$ かつ $(k+m)-(k-m)=2m$ (偶数) であるから

$$(k+m,\ k-m)=(12,\ 2),\ (6,\ 4),\ (-4,\ -6),\ (-2,\ -12)$$

ゆえに　$k=7,\ 5,\ -5,\ -7$

⇦$k=\alpha+\beta-4$

⇦$\alpha\beta-2(\alpha+\beta)$
$=\alpha(\beta-2)-2(\beta-2)-4$
$=(\alpha-2)(\beta-2)-4$
を考えて式変形する。

⇦負の数を忘れないように。

⇦まとめると
$k=\pm5,\ \pm7$

⇦必要条件であるが十分条件ではない。k^2-24 が平方数ならば x は有理数となるが，整数になるとは限らない。

逆に，$k=7$ のとき　方程式は $x^2-11x+24=0$

すなわち $(x-3)(x-8)=0$

$k=5$ のとき　方程式は $x^2-9x+20=0$

すなわち $(x-4)(x-5)=0$

$k=-5$ のとき　方程式は $x^2+x=0$

すなわち $x(x+1)=0$

$k=-7$ のとき　方程式は $x^2+3x-4=0$

すなわち $(x+4)(x-1)=0$

したがって，いずれの場合も方程式の解はともに整数になる。

よって　$\boldsymbol{k=\pm 5,\ \pm 7}$

⇦逆すなわち十分条件であることの確認を忘れずに。

EX
②**48**

次の第１式が第２式で割り切れるように，定数 $a,\ b,\ c,\ d,\ e$ の値を定めよ。

(1) $x^3+2x^2+4x+a,\ x+1$　　(2) $x^3+6x^2+bx+c,\ (x+1)(x+2)$

(3) $dx^3+x^2+ex-40,\ x^2-2x-8$

(1) $P(x)=x^3+2x^2+4x+a$ とする。

$P(x)$ が $x+1$ で割り切れるための条件は　$P(-1)=0$

すなわち　$(-1)^3+2\cdot(-1)^2+4\cdot(-1)+a=0$

これを解いて　$\boldsymbol{a=3}$

⇦$x+1=0$ の解 $x=-1$ を代入。

(2) $P(x)=x^3+6x^2+bx+c$ とする。

$P(x)$ が $(x+1)(x+2)$ で割り切れるための条件は，$P(x)$ が $x+1,\ x+2$ で割り切れることである。

よって　$P(-1)=0$ かつ $P(-2)=0$

⇦$x+1=0,\ x+2=0$ の解 $x=-1,\ -2$ を代入。

$P(-1)=0$ から

$$(-1)^3+6\cdot(-1)^2+b(-1)+c=0$$

整理すると　$b-c=5$　……①

$P(-2)=0$ から

$$(-2)^3+6\cdot(-2)^2+b(-2)+c=0$$

整理すると　$2b-c=16$ ……②

①，② を解いて　$\boldsymbol{b=11,\ c=6}$

(3) $P(x)=dx^3+x^2+ex-40$ とする。

$x^2-2x-8=(x+2)(x-4)$ であるから，$P(x)$ が x^2-2x-8 で割り切れるための条件は，$P(x)$ が $x+2,\ x-4$ で割り切れることである。

よって　$P(-2)=0$ かつ $P(4)=0$

⇦$x+2=0,\ x-4=0$ の解 $x=-2,\ 4$ を代入。

$P(-2)=0$ から　$d(-2)^3+(-2)^2+e(-2)-40=0$

整理すると　$4d+e=-18$ ……①

$P(4)=0$ から　$d\cdot 4^3+4^2+e\cdot 4-40=0$

整理すると　$16d+e=6$　……②

①，② を解いて　$\boldsymbol{d=2,\ e=-26}$

EX ②49 多項式 $x^{1010}+x^{101}+x^{10}+x$ を x^3-x で割ったときの余りを求めよ。〔学習院大〕

$x^{1010}+x^{101}+x^{10}+x$ を 3 次式 x^3-x，すなわち $x(x+1)(x-1)$ で割ったときの商を $Q(x)$，余りを ax^2+bx+c とすると，次の等式が成り立つ。

$x^{1010}+x^{101}+x^{10}+x=x(x+1)(x-1)Q(x)+ax^2+bx+c$ …… ①

① の両辺に $x=0$ を代入すると　$0=c$ …… ②

① の両辺に $x=1$ を代入すると

$$1^{1010}+1^{101}+1^{10}+1=a+b+c$$

よって　$a+b+c=4$ …… ③

① の両辺に $x=-1$ を代入すると

$$(-1)^{1010}+(-1)^{101}+(-1)^{10}-1=a-b+c$$

よって　$a-b+c=0$ …… ④

②，③，④ を解いて　$a=2$，$b=2$，$c=0$

したがって，求める余りは　$\boldsymbol{2x^2+2x}$

⇐ 3 次式 x^3-x で割った余りは，2 次以下である。

⇐ $x(x+1)(x-1)=0$ の解 $x=0$，±1 を代入。

⇐ $(-1)^{偶数}=1$，$(-1)^{奇数}=-1$

⇐ ax^2+bx+c に代入。

EX ③50 $P(x)=x^4-4x^3+10x^2-15x+20$ のとき，$P(2+\sqrt{3}i)$ の値を求めよ。

$x=2+\sqrt{3}i$ から　$x-2=\sqrt{3}i$

両辺を 2 乗して　$(x-2)^2=-3$

これを整理して　$x^2-4x+7=0$ …… ①

$P(x)$ を x^2-4x+7 で割ると

$$\begin{array}{r}
x^2 \qquad\quad +\ 3 \qquad\qquad\qquad \\
x^2-4x+7\,\overline{)\,x^4-4x^3+10x^2-15x+20} \\
\underline{x^4-4x^3+\ \ 7x^2 \qquad\qquad\qquad} \\
3x^2-15x+20 \\
\underline{3x^2-12x+21} \\
-\ 3x-\ 1
\end{array}$$

よって　$P(x)=(x^2-4x+7)(x^2+3)-3x-1$

これに $x=2+\sqrt{3}i$ を代入すると，① から

$$P(2+\sqrt{3}i)=0-3(2+\sqrt{3}i)-1$$
$$=\boldsymbol{-7-3\sqrt{3}i}$$

別解　**次数を下げる方法**

① から　$x^2=4x-7$

$x^3=x\cdot x^2=x(4x-7)$
$=4x^2-7x=4(4x-7)-7x$
$=9x-28$

$x^4=x\cdot x^3=x(9x-28)$
$=9x^2-28x=9(4x-7)-28x$
$=8x-63$

よって

$P(2+\sqrt{3}i)=(8x-63)-4(9x-28)+10(4x-7)-15x+20$

⇐ i を消去。

⇐ $A=BQ+R$

⇐ $x^2=4x-7$ を用いて，次数を 1 次まで下げる。

$=-3x-1=-3(2+\sqrt{3}i)-1$
$=\mathbf{-7-3\sqrt{3}\,i}$

⇦次数を1次に下げてから，$x=2+\sqrt{3}i$ を代入。

EX ②51 次の式を因数分解せよ。
(1) $x^4-3x^3-3x^2+11x-6$　(2) $x^4-x^3-4x^2-2x-12$
(3) $6x^3+x^2+7x+4$

(1) $P(x)=x^4-3x^3-3x^2+11x-6$ とすると
$P(1)=1^4-3\cdot1^3-3\cdot1^2+11\cdot1-6=0$
よって，$P(x)$ は $x-1$ を因数にもつから
$P(x)=(x-1)(x^3-2x^2-5x+6)$
$Q(x)=x^3-2x^2-5x+6$ とすると
$Q(1)=1^3-2\cdot1^2-5\cdot1+6=0$
よって，$Q(x)$ は $x-1$ を因数にもつから
$Q(x)=(x-1)(x^2-x-6)$
$=(x-1)(x+2)(x-3)$
ゆえに　$P(x)=\mathbf{(x-1)^2(x+2)(x-3)}$

⇦$1-3-3+11-6=0$

```
1  -3  -3  11  -6 | 1
    1  -2  -5   6
1  -2  -5   6   0 | 1
    1  -1  -6
1  -1  -6   0
```

(2) $P(x)=x^4-x^3-4x^2-2x-12$ とすると
$P(-2)=(-2)^4-(-2)^3-4\cdot(-2)^2-2\cdot(-2)-12$
$=0$
よって，$P(x)$ は $x+2$ を因数にもつから
$P(x)=(x+2)(x^3-3x^2+2x-6)$
$Q(x)=x^3-3x^2+2x-6$ とすると
$Q(3)=3^3-3\cdot3^2+2\cdot3-6=0$
よって，$Q(x)$ は $x-3$ を因数にもつから
$Q(x)=(x-3)(x^2+2)$
よって　$P(x)=\mathbf{(x+2)(x-3)(x^2+2)}$

⇦$16+8-16+4-12=0$

```
1  -1  -4  -2  -12 | -2
   -2   6  -4   12
1  -3   2  -6    0 | 3
    3   0   6
1   0   2   0
```

(3) $P(x)=6x^3+x^2+7x+4$ とすると
$$P\left(-\frac{1}{2}\right)=6\left(-\frac{1}{2}\right)^3+\left(-\frac{1}{2}\right)^2+7\left(-\frac{1}{2}\right)+4=0$$
よって，$P(x)$ は $x+\frac{1}{2}$ を因数にもつから
$$P(x)=\left(x+\frac{1}{2}\right)(6x^2-2x+8)$$
$=\mathbf{(2x+1)(3x^2-x+4)}$

⇦x に代入する数値の候補は
$\pm\dfrac{\text{定数項の約数}}{\text{最高次の項の係数の約数}}$

```
6   1   7   4 | -1/2
   -3   1  -4
6  -2   8   0
```

EX ③52

x の多項式 $f(x)$ を $(x-1)^2$ で割ったときの商と余りはそれぞれ $g(x)$, $3x-1$ であり，$f(x)$ を $x-2$ で割ったときの余りは6であるという。このとき，$g(x)$ を $x-2$ で割ったときの余りは ア□ であり，$f(x)$ を $(x-1)(x-2)$ で割ったときの余りは イ□$x-$ウ□ である。

〔東京理科大〕

$f(x)$ を $(x-1)^2$ で割ったときの商は $g(x)$，余りは $3x-1$ であるから，次の等式が成り立つ。

$$f(x)=(x-1)^2g(x)+3x-1 \quad \cdots\cdots ①$$

また，$f(x)$ を $x-2$ で割ったときの余りが6であるから

$$f(2)=6$$

⇦$x-2=0$ の解 $x=2$ を代入する。

① の両辺に $x=2$ を代入すると

$$f(2)=g(2)+3\cdot2-1$$

よって　$6=g(2)+5$

ゆえに　$g(2)=1$

したがって，$g(x)$ を $x-2$ で割ったときの余りは　ア**1**

⇦剰余の定理。

次に，$f(x)$ を $(x-1)(x-2)$ で割ったときの商を $h(x)$，余りを $ax+b$ とすると，次の等式が成り立つ。

⇦割る式は2次式であるから，余りは1次式または定数となる。

$$f(x)=(x-1)(x-2)h(x)+ax+b \quad \cdots\cdots ②$$

② の両辺に $x=2$ を代入すると

$$f(2)=2a+b$$

$f(2)=6$ であるから　$2a+b=6 \quad \cdots\cdots ③$

また，① の両辺に $x=1$ を代入すると　$f(1)=3\cdot1-1=2$

② の両辺に $x=1$ を代入すると　$f(1)=a+b$

よって　$a+b=2 \quad \cdots\cdots ④$

⇦$f(x)$ を $x-1$ で割った余りが等しいとおく。

③，④ を解いて　$a=4$，$b=-2$

したがって，$f(x)$ を $(x-1)(x-2)$ で割った余りは

イ**4**$x-$ウ**2**

⇦$ax+b$ に代入。

EX ④53

整式 $P(x)$ を x^2-4 で割った余りは $2x+1$，x^2-3x+2 で割った余りは $x+3$ である。

(1) $P(2)$ を求めよ。　(2) $P(x)$ を x^2+x-2 で割った余りを求めよ。

(3) $P(x)$ を x^3-x^2-4x+4 で割った余りを求めよ。

〔東京女子大〕

(1) $P(x)$を $x^2-4=(x-2)(x+2)$ で割った商を $Q_1(x)$ とすると

$$P(x)=(x-2)(x+2)Q_1(x)+2x+1 \quad \cdots\cdots ①$$

よって　$P(2)=2\cdot2+1=$**5**

(2) $P(x)$ を $x^2-3x+2=(x-1)(x-2)$ で割った商を $Q_2(x)$ とすると

$$P(x)=(x-1)(x-2)Q_2(x)+x+3 \quad \cdots\cdots ②$$

$P(x)$ を $x^2+x-2=(x-1)(x+2)$ で割った商を $Q_3(x)$，余りを $ax+b$ とすると

⇦2次式で割った余りは1次式または定数である。

$$P(x)=(x-1)(x+2)Q_3(x)+ax+b$$

よって　$P(1)=a+b$，$P(-2)=-2a+b$

⇦$x=1$，$x=-2$ を代入。

① から　$P(-2)=2\cdot(-2)+1=-3$

② から　$P(1)=1+3=4$

ゆえに　$-2a+b=-3$, $a+b=4$

これを解いて　$a=\frac{7}{3}$, $b=\frac{5}{3}$

よって，余りは　$\boldsymbol{\frac{7}{3}x+\frac{5}{3}}$

別解　**(上の解答の 6 行目までは同じ)**

① より，$P(-2)=-3$ であるから

$$P(x)=(x-1)(x+2)Q_3(x)+a(x+2)-3$$

⇐ $(x-1)(x+2)Q_3(x)$ は $x+2$ で割り切れるから，$P(x)$ を $x+2$ で割った余りは $ax+b$ を $x+2$ で割った余りに等しい。

② より，$P(1)=4$ であるから

$3a-3=4$　よって　$a=\frac{7}{3}$

したがって，求める余りは　$\frac{7}{3}(x+2)-3=\boldsymbol{\frac{7}{3}x+\frac{5}{3}}$

⇐ a を代入して整理する。

(3)　$P(x)$ を $x^3-x^2-4x+4=(x-1)(x+2)(x-2)$ で割った商を $Q_4(x)$，余りを px^2+qx+r とすると

⇐ 3 次式で割った余りは 2 次式または 1 次式または定数である。

$$P(x)=(x-1)(x+2)(x-2)Q_4(x)+px^2+qx+r$$

よって　$\begin{cases} P(1)=p+q+r \\ P(-2)=4p-2q+r \\ P(2)=4p+2q+r \end{cases}$

① から　$P(-2)=-3$, $P(2)=5$

② から　$P(1)=4$

ゆえに　$\begin{cases} p+q+r=4 \\ 4p-2q+r=-3 \\ 4p+2q+r=5 \end{cases}$

これらの連立方程式を解いて　$p=-\frac{1}{3}$, $q=2$, $r=\frac{7}{3}$

よって，余りは　$\boldsymbol{-\frac{1}{3}x^2+2x+\frac{7}{3}}$

別解　**(上の解答の 3 行目までは同じ)**

(2) の結果から

$$P(x)=(x-1)(x+2)(x-2)Q_4(x)+p(x-1)(x+2)+\frac{7}{3}x+\frac{5}{3}$$

⇐ px^2+qx+r を $(x-1)(x+2)$ で割った余りは $\frac{7}{3}x+\frac{5}{3}$

① より，$P(2)=5$ であるから

$4p+\frac{19}{3}=5$　よって　$p=-\frac{1}{3}$

したがって，求める余りは

$$-\frac{1}{3}(x-1)(x+2)+\frac{7}{3}x+\frac{5}{3}=\boldsymbol{-\frac{1}{3}x^2+2x+\frac{7}{3}}$$

⇐ p を代入して整理する。

EX ④54

x についての整式 $P(x)$ は，$(x+1)^2$ で割ると $-x+4$ 余り，$(x-1)^2$ で割ると $2x+5$ 余るとする。
(1) $P(x)$ を $(x+1)(x-1)$ で割ったときの余りを求めよ。
(2) $P(x)$ を $(x+1)(x-1)^2$ で割ったときの余りを求めよ。 〔類 宮崎大〕

$P(x)$ を $(x+1)^2$ で割ったときの商を $Q_1(x)$ とすると，等式
$P(x)=(x+1)^2Q_1(x)-x+4$ が成り立つ。
よって　$P(-1)=5$ ……①
また，$P(x)$ を $(x-1)^2$ で割ったときの商を $Q_2(x)$ とすると，
等式 $P(x)=(x-1)^2Q_2(x)+2x+5$ が成り立つ。
よって　$P(1)=7$ ……②

⇦割り算の基本公式
$A=BQ+R$

(1) $P(x)$ を $(x+1)(x-1)$ で割ったときの商を $Q_3(x)$，余りを $ax+b$ とすると，次の等式が成り立つ。

$$P(x)=(x+1)(x-1)Q_3(x)+ax+b$$

ゆえに　$P(-1)=-a+b$，$P(1)=a+b$
①，② から　$-a+b=5$，$a+b=7$
これを解いて　$a=1$，$b=6$
したがって，求める余りは　$\boldsymbol{x+6}$

⇦2次式で割った余りは1次式または定数である。

(2) $P(x)$ を $(x+1)(x-1)^2$ で割ったときの商を $Q_4(x)$，余りを cx^2+dx+e とすると，次の等式が成り立つ。

$$P(x)=(x+1)(x-1)^2Q_4(x)+cx^2+dx+e \quad \cdots\cdots ③$$

ここで，$(x+1)(x-1)^2Q_4(x)$ は $(x-1)^2$ で割り切れるから，$P(x)$ を $(x-1)^2$ で割ったときの余りは，cx^2+dx+e を $(x-1)^2$ で割ったときの余りと等しい。
$P(x)$ を $(x-1)^2$ で割ると余りが $2x+5$ であるから，cx^2+dx+e は

$$cx^2+dx+e=c(x-1)^2+2x+5$$

と表される。ゆえに，③ は次のように表される。

$$P(x)=(x+1)(x-1)^2Q_4(x)+c(x-1)^2+2x+5$$

よって　$P(-1)=c(-1-1)^2+2\cdot(-1)+5=4c+3$
① から　$4c+3=5$　　ゆえに　$c=\frac{1}{2}$
よって，求める余りは　$\frac{1}{2}(x-1)^2+2x+5=\boldsymbol{\frac{1}{2}x^2+x+\frac{11}{2}}$

⇦3次式で割った余りは2次式または1次式または定数である。

⇦これから c の値を求めれば $P(x)$ を $(x+1)(x-1)^2$ で割った余りを求めることができる。

EX ③55

次の方程式を解け。
(1) $2x^4-7x^2-4=0$　(2) $3x^3-7x^2-10x+4=0$
(3) $x^4-16x^2+16=0$　(4) $x(x+1)(x+2)(x+3)=24$
〔(3) 中央大，(4) 昭和女子大〕

(1) $2x^4-7x^2-4=0$ から　$(x^2-4)(2x^2+1)=0$
よって　$(x+2)(x-2)(2x^2+1)=0$
ゆえに

$$x+2=0 \text{ または } x-2=0 \text{ または } 2x^2+1=0$$

これを解いて　$\boldsymbol{x=-2,\ 2,\ \pm\frac{1}{\sqrt{2}}i}$

⇦$x^2=t$ とおくと
$2t^2-7t-4$
$=(t-4)(2t+1)$

⇦$x^2=-\frac{1}{2}$ から
$x=\pm\sqrt{-\frac{1}{2}}=\pm\frac{1}{\sqrt{2}}i$

(2)　$P(x)=3x^3-7x^2-10x+4$ とすると

$$P\left(\frac{1}{3}\right)=3\cdot\left(\frac{1}{3}\right)^3-7\cdot\left(\frac{1}{3}\right)^2-10\cdot\frac{1}{3}+4=0$$

⇐ $\frac{1}{9}-\frac{7}{9}-\frac{10}{3}+4$

よって，$P(x)$ は $x-\frac{1}{3}$ を因数にもつから

$$P(x)=\left(x-\frac{1}{3}\right)(3x^2-6x-12)$$
$$=(3x-1)(x^2-2x-4)$$

3	−7	−10	4	$\frac{1}{3}$
	1	−2	−4	
3	−6	−12	0	

$P(x)=0$ から　　$3x-1=0$ または $x^2-2x-4=0$

これを解いて　　$\boldsymbol{x=\frac{1}{3},\ 1\pm\sqrt{5}}$

(3)　$x^4-16x^2+16=(x^4-8x^2+16)-8x^2$
$$=(x^2-4)^2-(2\sqrt{2}x)^2$$
$$=(x^2-4+2\sqrt{2}x)(x^2-4-2\sqrt{2}x)$$

⇐平方の差に変形して，$a^2-b^2=(a+b)(a-b)$ を利用。

よって，与えられた方程式は

$$(x^2+2\sqrt{2}x-4)(x^2-2\sqrt{2}x-4)=0$$

ゆえに

$$x^2+2\sqrt{2}x-4=0 \text{ または } x^2-2\sqrt{2}x-4=0$$

⇐ $x^2+2\sqrt{2}x-4=0$，$x^2-2\sqrt{2}x-4=0$ の解は，2次方程式の解の公式から求める。

これを解いて　　$\boldsymbol{x=-\sqrt{2}\pm\sqrt{6},\ \sqrt{2}\pm\sqrt{6}}$

(4)　$P(x)=\{x(x+3)\}\{(x+1)(x+2)\}-24$ とすると

$$P(x)=(x^2+3x)\{(x^2+3x)+2\}-24$$
$$=(x^2+3x)^2+2(x^2+3x)-24$$
$$=\{(x^2+3x)-4\}\{(x^2+3x)+6\}$$
$$=(x-1)(x+4)(x^2+3x+6)$$

⇐ $x^2+3x=t$ とおくと $P(x)=t^2+2t-24$ $=(t-4)(t+6)$

inf. $x(x+1)(x+2)(x+3)$ は4つの連続した整数の積と考えると，$x=1$，-4 は見当がつく。

$P(x)=0$ から

$$x-1=0 \text{ または } x+4=0 \text{ または } x^2+3x+6=0$$

これを解いて　　$\boldsymbol{x=1,\ -4,\ \frac{-3\pm\sqrt{15}i}{2}}$

EX ③56　立方体の縦を 2 cm，横を 1 cm，それぞれ伸ばし，高さを 1 cm 縮めて直方体を作ると，体積が 50 % 増加した。このとき，もとの立方体の1辺の長さを求めよ。

もとの立方体の1辺の長さを x cm とすると，直方体の縦は $(x+2)$ cm，横は $(x+1)$ cm，高さは $(x-1)$ cm となる。

辺の長さは正であるから　　$x>1$ ……①

⇐ $x>0$，$x+2>0$，$x+1>0$，$x-1>0$ の共通範囲は　$x>1$

この直方体の体積に関して，次の等式が成り立つ。

$$(x+2)(x+1)(x-1)=\left(1+\frac{50}{100}\right)x^3$$

⇐50 % 増加 ⟶ $\left(1+\frac{50}{100}\right)$ 倍

整理して　　$x^3-4x^2+2x+4=0$

左辺を因数分解すると　　$(x-2)(x^2-2x-2)=0$

1	−4	2	4	2
	2	−4	−4	
1	−2	−2	0	

これを解いて　　$x=2,\ 1\pm\sqrt{3}$

この3つの解のうち，① を満たすものは $x=2,\ 1+\sqrt{3}$ である。

したがって　　**2 cm または $(1+\sqrt{3})$ cm**

EX ③57 4 次方程式 $x^4+ax^3+7x^2+bx+26=0$ は，2 次方程式 $x^2+2x+2=0$ と共通な解を 2 つもっている。〔徳島文理大〕

(1) 実数の定数 a，b の値を求めよ。 (2) 4 次方程式の残りの解を求めよ。

HINT $x^2+2x+2=0$ の 2 つの解がいずれも $x^4+ax^3+7x^2+bx+26=0$ の解 ⟶ x^2+2x+2 を因数にもつ と考える。

(1) $f(x)=x^4+ax^3+7x^2+bx+26$ とする。

方程式 $f(x)=0$ は，$x^2+2x+2=0$ と共通な 2 つの解をもつから，$f(x)$ は x^2+2x+2 を因数にもつ。

x^4 の係数は 1，定数項は 26 であるから，p を定数とすると

$$f(x)=(x^2+2x+2)(x^2+px+13) \quad \cdots\cdots ①$$

が成り立つ。よって

$$x^4+ax^3+7x^2+bx+26$$
$$=x^4+(p+2)x^3+(2p+15)x^2+(2p+26)x+26$$

⇦ x についての恒等式。

両辺の係数を比較して　$a=p+2$，$7=2p+15$，$b=2p+26$

⇦係数比較法

これを解いて　$p=-4$，$\boldsymbol{a=-2}$，$\boldsymbol{b=18}$

(2) ① に $p=-4$ を代入して

$$f(x)=(x^2+2x+2)(x^2-4x+13)$$

よって　$(x^2+2x+2)(x^2-4x+13)=0$

したがって，残りの解は，$x^2-4x+13=0$ を解いて

$$\boldsymbol{x=2\pm 3i}$$

別解 (1) $x^2+2x+2=0$ を解くと　$x=-1\pm i$

⇦ 2 次方程式の解を 4 次方程式に代入し，複素数の相等を利用。

$x=-1+i$ が 4 次方程式の解であるから

$$(-1+i)^4+a(-1+i)^3+7(-1+i)^2+b(-1+i)+26=0$$

ここで　$(-1+i)^2=-2i$

$$(-1+i)^3=(-1+i)(-2i)=2+2i$$
$$(-1+i)^4=(-2i)^2=-4$$

よって　$-4+a(2+2i)+7(-2i)+b(-1+i)+26=0$

i について整理すると

$$2a-b+22+(2a+b-14)i=0$$

$2a-b+22$，$2a+b-14$ は実数であるから

⇦この断り書きは重要。

$$2a-b+22=0,\ 2a+b-14=0$$

⇦複素数の相等。

これを解いて　$\boldsymbol{a=-2}$，$\boldsymbol{b=18}$

(2) (1) から，方程式は　$x^4-2x^3+7x^2+18x+26=0$

よって

$$x^4-2x^3+7x^2+18x+26$$
$$=(x^2+2x+2)(x^2-4x+13)$$

$$\begin{array}{r} x^2-4x+13 \\ x^2+2x+2 \overline{) x^4-2x^3+7x^2+18x+26} \\ \underline{x^4+2x^3+2x^2 } \\ -4x^3+5x^2+18x \\ \underline{-4x^3-8x^2-\ 8x } \\ 13x^2+26x+26 \\ \underline{13x^2+26x+26} \\ 0 \end{array}$$

ゆえに　$(x^2+2x+2)(x^2-4x+13)=0$

残りの解は，$x^2-4x+13=0$ を解いて

$$\boldsymbol{x=2\pm 3i}$$

EX ③58

3次方程式 $x^3+(a+2)x^2-4a=0$ がちょうど2つの実数解をもつような実数 a をすべて求めよ。〔学習院大〕

$f(x)=x^3+(a+2)x^2-4a$ とすると

$$f(-2)=-8+4(a+2)-4a=0$$

よって，$f(x)$ は $x+2$ を因数にもつから

$$f(x)=(x+2)(x^2+ax-2a)$$

1	$a+2$	0	$-4a$	$\lfloor -2$
	-2	$-2a$	$4a$	
1	a	$-2a$	0	

ゆえに，3次方程式は

$$(x+2)(x^2+ax-2a)=0$$

この3次方程式がちょうど2つの異なる解をもつための条件は，次の [1] または [2] が成り立つことである。

$g(x)=x^2+ax-2a$ とすると

[1]　2次方程式 $g(x)=0$ が -2 でない重解をもつ。

判別式を D とすると　$D=0$　かつ　$g(-2)\neq 0$

$$D=a^2-4\cdot(-2a)=a^2+8a$$

$D=0$ とすると　$a=0,\ -8$

ここで，$g(-2)=4-2a-2a=4-4a$ であるから，

$a=0,\ -8$ は，$g(-2)\neq 0$ を満たす。

⇐$a=0$ のとき $g(x)=x^2$ よって，3次方程式は $x^2(x+2)=0$ $a=-8$ のとき $g(x)=x^2-8x+16=(x-4)^2$ よって，3次方程式は $(x+2)(x-4)^2=0$

[2]　2次方程式 $g(x)=0$ の1つの解が -2 で他の解が -2 でない。

$x=-2$ が解であるから　$g(-2)=0$

$g(-2)=4-4a$ から　$a=1$

このとき　$g(x)=x^2+x-2=(x+2)(x-1)$

ゆえに，$g(x)=0$ の解は　$x=1,\ -2$

したがって，他の解が -2 でないから適する。

[1]，[2] から，求める実数 a は　$\boldsymbol{a=-8,\ 0,\ 1}$

EX ③59

方程式 $x^4-6x^3+10x^2-6x+1=0$ について，次の問いに答えよ。

(1)　$x+\dfrac{1}{x}=X$ とおいて，与えられた方程式を X の方程式で表せ。

(2)　与えられた方程式の解を求めよ。

(1)　$x=0$ は，与えられた方程式の解ではないから，

⇐$x=0$ を方程式に代入しても成り立たない。$x\neq 0$ から $x^2\neq 0$

$x^4-6x^3+10x^2-6x+1=0$ の両辺を x^2 で割ると

$$x^2-6x+10-\frac{6}{x}+\frac{1}{x^2}=0$$

⇐$x^2+\dfrac{1}{x^2}=\left(x+\dfrac{1}{x}\right)^2-2$

よって　$\left(x+\dfrac{1}{x}\right)^2-2-6\left(x+\dfrac{1}{x}\right)+10=0$

すなわち　$\left(x+\dfrac{1}{x}\right)^2-6\left(x+\dfrac{1}{x}\right)+8=0$

$x+\dfrac{1}{x}=X$ とおくと　$\boldsymbol{X^2-6X+8=0}$

(2) (1)から　$(X-2)(X-4)=0$　よって　$X=2,\ 4$

$x+\dfrac{1}{x}=2$ のとき，$x^2-2x+1=0$ から　$x=1$

$x+\dfrac{1}{x}=4$ のとき，$x^2-4x+1=0$ から　$x=2\pm\sqrt{3}$

したがって　$\boldsymbol{x=1,\ 2\pm\sqrt{3}}$

⇐$x \neq 0$ のとき
$x+\dfrac{1}{x}=2$
$\Longleftrightarrow \left(x+\dfrac{1}{x}\right)x=2x$
すなわち $x^2-2x+1=0$

inf. 与えられた方程式のように，係数が左右対称である方程式 $ax^n+bx^{n-1}+cx^{n-2}+\cdots\cdots+cx^2+bx+a=0$ を **相反方程式**（そうはん）という。これは次のような方針で解く。

[1] n が偶数のとき，$x+\dfrac{1}{x}=X$ とおくと，X について $\dfrac{n}{2}$ 次の方程式となる（本問の場合）。

[2] n が奇数のとき，例えば
$ax^5+bx^4+cx^3+cx^2+bx+a=0$ の場合，左辺に $x=-1$ を代入すると 0 になるから，$x=-1$ は解の 1 つである。
因数定理から
$(x+1)\{ax^4+(b-a)x^3+(a-b+c)x^2+(b-a)x+a\}=0$
よって，$x=-1$ は解の 1 つであり，他の解は 4 次（偶数次）の相反方程式
$ax^4+(b-a)x^3+(a-b+c)x^2+(b-a)x+a=0$
を，[1] の方法によって解くと得られる。

⇐$-a+b-c+c-b+a=0$

⇐組立除法を利用。

EX ③60

次の不等式を解け。
(1) $2x^4-x^2-1>0$　(2) $x^3+2x^2-5x-6 \leqq 0$

(1) $2x^4-x^2-1=(x^2-1)(2x^2+1)=(x+1)(x-1)(2x^2+1)$
よって，不等式は　$(x+1)(x-1)(2x^2+1)>0$
常に $2x^2+1>0$ であるから　$(x+1)(x-1)>0$
したがって　$\boldsymbol{x<-1,\ 1<x}$

⇐$x^2=X$ とおくと
$2X^2-X-1=(X-1)(2X+1)$
⇐$x^2 \geqq 0$ であるから
$2x^2+1 \geqq 0+1>0$

(2) $P(x)=x^3+2x^2-5x-6$ とすると
$P(-1)=(-1)^3+2\cdot(-1)^2-5\cdot(-1)-6=0$
よって，$P(x)$ は $x+1$ を因数にもつから
$P(x)=(x+1)(x^2+x-6)=(x+1)(x-2)(x+3)$
因数 $x+1$, $x-2$, $x+3$ の，x の値に対する符号の変化を調べて表にすると，次のようになる。

1	2	−5	−6	|−1
	−1	−1	6	
1	1	−6	0	

x	……	-3	……	-1	……	2	……
$x+1$	−	−	−	0	+	+	+
$x-2$	−	−	−	−	−	0	+
$x+3$	−	0	+	+	+	+	+
$P(x)$	−	0	+	0	−	0	+

この表から，$P(x) \leqq 0$ を満たす x の範囲は
$\boldsymbol{x \leqq -3,\ -1 \leqq x \leqq 2}$

⇐例えば $x-2$ の符号は $x<2$ で負，$x>2$ で正。
また，$P(x)$ の符号は，例えば $-1<x<2$ において
正と負と正の積
であるから負となる。

inf.　(2) と同様に，因数の符号の変化を調べると

3 次不等式の解　$\alpha<\beta<\gamma$ であるとき

$(\boldsymbol{x}-\boldsymbol{\alpha})(\boldsymbol{x}-\boldsymbol{\beta})(\boldsymbol{x}-\boldsymbol{\gamma})>0$ **の解は** $\boldsymbol{\alpha}<\boldsymbol{x}<\boldsymbol{\beta},\ \boldsymbol{\gamma}<\boldsymbol{x}$

$(\boldsymbol{x}-\boldsymbol{\alpha})(\boldsymbol{x}-\boldsymbol{\beta})(\boldsymbol{x}-\boldsymbol{\gamma})<0$ **の解は** $\boldsymbol{x}<\boldsymbol{\alpha},\ \boldsymbol{\beta}<\boldsymbol{x}<\boldsymbol{\gamma}$

であることがわかる。

⇦第 6 章微分法を学習すると，3 次関数のグラフからも確認できる。

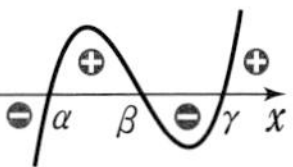

2章
EX

EX ③61　多項式 x^3+ax^2+bx-a を x^2+x+1 で割った余りが $-x+3$ であるとき，定数 a, b の値を求めよ。　〔名城大〕

x^3+ax^2+bx-a を x^2+x+1 で割った商を $Q(x)$ とすると

$$x^3+ax^2+bx-a=(x^2+x+1)Q(x)-x+3 \quad \cdots\cdots ①$$

ここで，$x^2+x+1=0$ の虚数解の 1 つを ω とすると

$$\omega^2+\omega+1=0$$

⇦ω は $x^3=1$ の 1 つの虚数解。

このとき　$\omega^2=-\omega-1$

また　$\omega^3=(\omega-1)(\omega^2+\omega+1)+1=1$

① に $x=\omega$ を代入すると

$$(\text{左辺})=\omega^3+a\omega^2+b\omega-a=1+a(-\omega-1)+b\omega-a$$
$$=1-2a+(-a+b)\omega$$
$$(\text{右辺})=(\omega^2+\omega+1)Q(\omega)-\omega+3=-\omega+3$$

⇦$\omega^2+\omega+1=0$

よって　$1-2a+(-a+b)\omega=3-\omega$

$1-2a$, $-a+b$ は実数であり，ω は虚数であるから

$$1-2a=3,\quad -a+b=-1$$

これを解いて　$\boldsymbol{a=-1,\ b=-2}$

⇦**この断り書きは重要。**

inf.　a, b, c, d が実数のとき
$a+bi=c+di$
$\iff a=c,\ b=d$
と同様に，z が虚数のとき
$a+bz=c+dz$
$\iff a=c,\ b=d$
が成り立つ。

別解 1　x^3+ax^2+bx-a を x^2+x+1 で割ると
右の計算の結果から，余りは　$(b-a)x-2a+1$
これが $-x+3$ と一致するから
$$(b-a)x-2a+1=-x+3$$
これは x についての恒等式であるから，両辺の係数を比較して　$b-a=-1,\ -2a+1=3$
これを解いて
$$\boldsymbol{a=-1,\ b=-2}$$

$$\begin{array}{r} x+a-1 \\ x^2+x+1\,\big)\overline{\,x^3+ax^2+bx-a} \\ \underline{x^3+x^2+x} \\ (a-1)x^2+(b-1)x-a \\ \underline{(a-1)x^2+(a-1)x+a-1} \\ (b-a)x-2a+1 \end{array}$$

別解 2　条件を満たすためには，
$$x^3+ax^2+bx-a-(-x+3)=x^3+ax^2+(b+1)x-a-3$$
が x^2+x+1 で割り切れればよいから，次の等式が成り立つ。
$$x^3+ax^2+(b+1)x-a-3=(x^2+x+1)(x+c)$$
$(\text{右辺})=x^3+(c+1)x^2+(c+1)x+c$
であるから，左辺と係数を比較して
$$a=c+1,\ b+1=c+1,\ -a-3=c$$
これを解いて　$\boldsymbol{a=-1,\ b=-2},\ c=-2$

⇦整理して $\begin{cases} a-c=1 \\ a+c=-3 \\ b=c \end{cases}$

EX ④62 3次方程式 $x^3+2x^2+3x+4=0$ の3つの解を α, β, γ とするとき, $\alpha+\beta$, $\beta+\gamma$, $\gamma+\alpha$ を3つの解とする3次方程式を作れ。ただし, x^3 の係数を1とする。〔類 拓殖大〕

α, β, γ は3次方程式 $x^3+2x^2+3x+4=0$ の解であるから, 解と係数の関係により

$$\alpha+\beta+\gamma=-2,\ \alpha\beta+\beta\gamma+\gamma\alpha=3,\ \alpha\beta\gamma=-4$$

よって　$(\alpha+\beta)+(\beta+\gamma)+(\gamma+\alpha)=2(\alpha+\beta+\gamma)$

$=2\cdot(-2)=-4$

$\alpha+\beta=-2-\gamma$, $\beta+\gamma=-2-\alpha$, $\gamma+\alpha=-2-\beta$ であるから

$$(\alpha+\beta)(\beta+\gamma)+(\beta+\gamma)(\gamma+\alpha)+(\gamma+\alpha)(\alpha+\beta)$$
$$=(-2-\gamma)(-2-\alpha)+(-2-\alpha)(-2-\beta)+(-2-\beta)(-2-\gamma)$$
$$=4+2(\gamma+\alpha)+\gamma\alpha+4+2(\alpha+\beta)+\alpha\beta+4+2(\beta+\gamma)+\beta\gamma$$
$$=12+4(\alpha+\beta+\gamma)+(\alpha\beta+\beta\gamma+\gamma\alpha)$$
$$=12+4\cdot(-2)+3$$
$$=7$$

$$(\alpha+\beta)(\beta+\gamma)(\gamma+\alpha)=(-2-\gamma)(-2-\alpha)(-2-\beta)$$
$$=-(2+\alpha)(2+\beta)(2+\gamma)$$
$$=-2^3-2^2(\alpha+\beta+\gamma)-2(\alpha\beta+\beta\gamma+\gamma\alpha)-\alpha\beta\gamma$$
$$=-8-4\cdot(-2)-2\cdot3-(-4)$$
$$=-2$$

したがって, 求める3次方程式は

$$x^3-(-4)x^2+7x-(-2)=0$$

すなわち　$\boldsymbol{x^3+4x^2+7x+2=0}$

[別解] $(\alpha+\beta)(\beta+\gamma)(\gamma+\alpha)=-2$ の求め方

$$(\alpha+\beta)(\beta+\gamma)(\gamma+\alpha)=(-2-\alpha)(-2-\beta)(-2-\gamma)$$

また　$x^3+2x^2+3x+4=(x-\alpha)(x-\beta)(x-\gamma)$

これに $x=-2$ を代入すると

$$-8+8-6+4=(-2-\alpha)(-2-\beta)(-2-\gamma)$$

よって　$(-2-\alpha)(-2-\beta)(-2-\gamma)=-2$

ゆえに　$(\alpha+\beta)(\beta+\gamma)(\gamma+\alpha)=-2$

[inf.] $\alpha+\beta=-2-\gamma$, $\beta+\gamma=-2-\alpha$, $\gamma+\alpha=-2-\beta$ であるから, この問題は $-2-\gamma$, $-2-\alpha$, $-2-\beta$ を解とする3次方程式を求めることと同じである。
そこで, $x=\alpha$, β, γ に対して, $-2-x=X$ とおくと, $x=-2-X$ は $x^3+2x^2+3x+4=0$ を満たすから

$$(-2-X)^3+2(-2-X)^2+3(-2-X)+4=0 \ \cdots\cdots ①$$

$X=-2-\gamma$, $-2-\alpha$, $-2-\beta$ は, 等式①を満たし, この等式①が求める方程式である。後は, X を x におき換え, 左辺を展開して整理することにより, 求める等式 $\boldsymbol{x^3+4x^2+7x+2=0}$ が得られる。

[inf.] α, β, γ を3つの解とする3次方程式の1つは $(x-\alpha)(x-\beta)(x-\gamma)=0$
すなわち $x^3-(\alpha+\beta+\gamma)x^2+(\alpha\beta+\beta\gamma+\gamma\alpha)x-\alpha\beta\gamma=0$

⇐ $\alpha+\beta+\gamma=-2$ から。

⇐ $(\alpha+\beta)(\beta+\gamma)(\gamma+\alpha)$ は[別解]のように求めてもよい。

⇐ $x^3+2x^2+3x+4=0$ の解が α, β, γ ⟶ 左辺は $(x-\alpha)(x-\beta)(x-\gamma)$ と因数分解できる。
EXERCISES 45 解答編[別解]2参照。

⇐ $-2-\gamma$, $-2-\alpha$, $-2-\beta$ はいずれも $-2-x$ の形。

PR ②65

(1) 座標平面上の2点をA(−3, 2), B(4, 0)とする。x軸上，y軸上にあって，2点A，Bから等距離にある点の座標をそれぞれ求めよ。
(2) 3点A(1, 5), B(0, 2), C(−1, 3)から等距離にある点の座標を求めよ。

(1) 2点A，Bから等距離にあるx軸上の点をP(x, 0)とすると，AP=BP すなわち $AP^2=BP^2$ であるから

$$\{x-(-3)\}^2+(0-2)^2=(x-4)^2+0$$

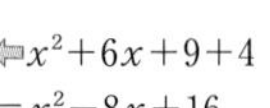
⇦$x^2+6x+9+4=x^2-8x+16$

整理すると　$14x=3$　　よって　$x=\dfrac{3}{14}$

したがって，点Pの座標は　$\boldsymbol{\left(\dfrac{3}{14},\ 0\right)}$

次に，2点A，Bから等距離にあるy軸上の点をQ(0, y)とすると，AQ=BQ すなわち $AQ^2=BQ^2$ であるから

$$\{0-(-3)\}^2+(y-2)^2=(0-4)^2+(y-0)^2$$

⇦$9+y^2-4y+4=16+y^2$

整理すると　$-4y=3$　　よって　$y=-\dfrac{3}{4}$

したがって，点Qの座標は　$\boldsymbol{\left(0,\ -\dfrac{3}{4}\right)}$

(2) 求める点をD(x, y)とする。
AD=BD=CD　すなわち　$AD^2=BD^2=CD^2$
$AD^2=BD^2$ から

$$(x-1)^2+(y-5)^2=(x-0)^2+(y-2)^2$$

$BD^2=CD^2$ から

$$(x-0)^2+(y-2)^2=\{x-(-1)\}^2+(y-3)^2$$

それぞれ整理すると

$$x+3y=11,\ x-y=-3$$

これを解いて　$x=\dfrac{1}{2},\ y=\dfrac{7}{2}$

ゆえに，求める点の座標は　$\boldsymbol{\left(\dfrac{1}{2},\ \dfrac{7}{2}\right)}$

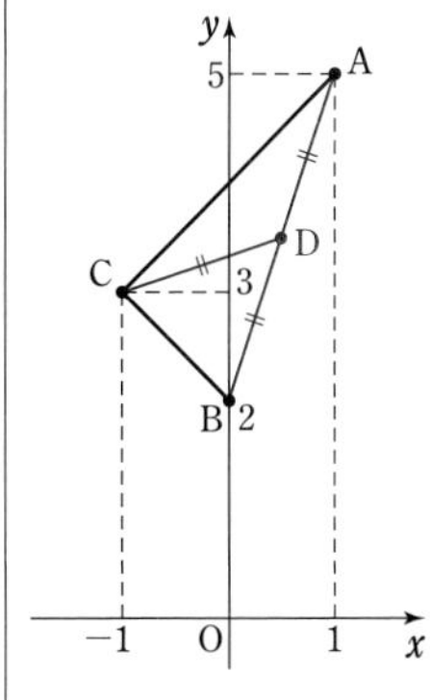

PR ③66

3点A(1, 1), B(2, 4), C(a, 0)を頂点とする△ABCについて
(1) △ABCが直角三角形となるとき，aの値を求めよ。
(2) △ABCが二等辺三角形となるとき，aの値を求めよ。

HINT　(1) 直角三角形 ⟶ **三平方の定理　$a^2+b^2=c^2$** を利用。
どの内角が直角になるかで場合に分けて考える。
(2) (1)と同様に，どの2辺が等しくなるかで3つの場合に分けて考える。

$AB^2=(2-1)^2+(4-1)^2=10$
$BC^2=(a-2)^2+(0-4)^2=a^2-4a+20$
$CA^2=(1-a)^2+(1-0)^2=a^2-2a+2$

(1) [1] ∠Aが直角のとき　$CA^2+AB^2=BC^2$
よって　$(a^2-2a+2)+10=a^2-4a+20$
整理すると　$2a=8$　　ゆえに　$a=4$

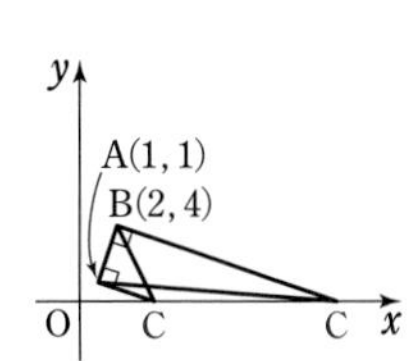

[2] ∠B が直角のとき　$AB^2+BC^2=CA^2$

よって　$10+(a^2-4a+20)=a^2-2a+2$

整理すると　$2a=28$　ゆえに　$a=14$

[3] ∠C が直角のとき　$BC^2+CA^2=AB^2$

よって　$(a^2-4a+20)+(a^2-2a+2)=10$

整理すると　$a^2-3a+6=0$ …… ①

ここで　$a^2-3a+6=\left(a-\frac{3}{2}\right)^2+\frac{15}{4}>0$

⇐$D=(-3)^2-4\cdot1\cdot6=-15<0$ からもいえる。

ゆえに，① を満たす a の値は存在しない。

[1]，[2]，[3] から　$\boldsymbol{a=4,\ 14}$

(2) [1] AB=BC のとき

$AB^2=BC^2$ から　$10=a^2-4a+20$

⇐最初に計算した AB^2，BC^2，CA^2 を利用する。

よって　$a^2-4a+10=0$ …… ②

ここで　$a^2-4a+10=(a-2)^2+6>0$

⇐$\frac{D}{4}=(-2)^2-1\cdot10=-6<0$ からもいえる。

ゆえに，② を満たす a の値は存在しない。

[2] BC=CA のとき

$BC^2=CA^2$ から　$a^2-4a+20=a^2-2a+2$

整理すると　$2a=18$　よって　$a=9$

[3] CA=AB のとき

$CA^2=AB^2$ から　$a^2-2a+2=10$

よって　$(a+2)(a-4)=0$　ゆえに　$a=-2,\ 4$

[1]，[2]，[3] から　$\boldsymbol{a=-2,\ 4,\ 9}$

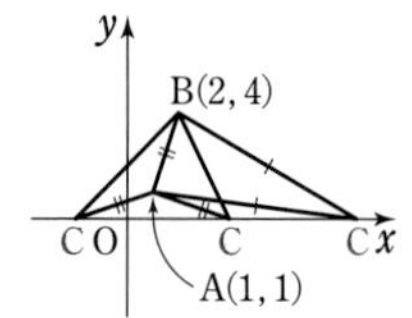

PR ②67

(1) △ABC の辺 BC の中点を M とするとき，
$AB^2+AC^2=2(AM^2+BM^2)$ (**中線定理**) が成り立つことを証明せよ。

(2) △ABC において，辺 BC を 3：2 に内分する点を D とする。このとき，
$3(2AB^2+3AC^2)=5(3AD^2+2BD^2)$ が成り立つことを証明せよ。

(1) 直線 BC を x 軸に，辺 BC の垂直二等分線を y 軸にとると，中点 M は原点 O になり，
A$(a,\ b)$，B$(-c,\ 0)$，C$(c,\ 0)$
と表すことができる。

y
A(a, b)
B　C
$(-c, 0)$　O M　$(c, 0)$　x

inf. B を原点として，A$(a,\ b)$，C$(2c,\ 0)$，M$(c,\ 0)$ とおいてもよい。

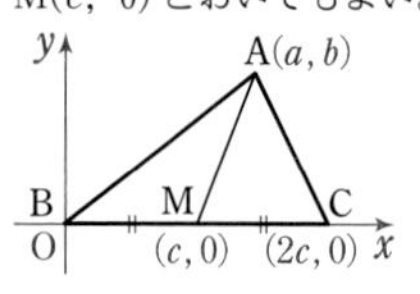

このとき　AB^2+AC^2

$=\{(-c-a)^2+(0-b)^2\}+\{(c-a)^2+(0-b)^2\}$

$=\{(c+a)^2+b^2\}+\{(c-a)^2+b^2\}$

$=(c^2+2ca+a^2+b^2)+(c^2-2ca+a^2+b^2)$

$=2(a^2+b^2+c^2)$ …… ①

⇐両辺を別々に計算して比較する。

また　$AM^2+BM^2=\{(-a)^2+(-b)^2\}+c^2$

$=a^2+b^2+c^2$ …… ②

①，② から　$AB^2+AC^2=2(AM^2+BM^2)$

⇐**パップスの定理** ともいう。

(2)　直線BCをx軸に，点Dを通り直線BCに垂直な直線をy軸にとると，点Dは原点Oになり，
$A(a,\ b)$，$B(-3c,\ 0)$，$C(2c,\ 0)$
と表すことができる。

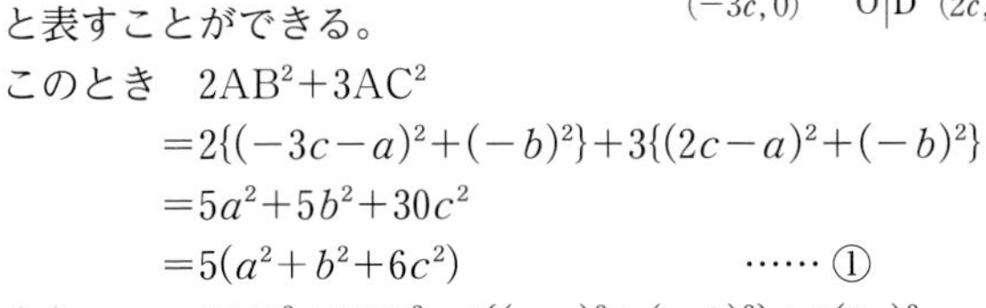

このとき　$2AB^2+3AC^2$

$=2\{(-3c-a)^2+(-b)^2\}+3\{(2c-a)^2+(-b)^2\}$

$=5a^2+5b^2+30c^2$

$=5(a^2+b^2+6c^2)$　…… ①

また　$3AD^2+2BD^2=3\{(-a)^2+(-b)^2\}+2(3c)^2$

$=3(a^2+b^2+6c^2)$　…… ②

①，② から　$3(2AB^2+3AC^2)=5(3AD^2+2BD^2)$

HINT　図のように，直線BCをx軸に，点Dを通り直線BCに垂直な直線をy軸にとって，$A(a,\ b)$，$B(-3c,\ 0)$，$C(2c,\ 0)$と表すと，計算がスムーズになる。

PR ②68　3点A(4, 5)，B(6, 7)，C(7, 3)を頂点とする平行四辺形の残りの頂点Dの座標を求めよ。〔類　駒澤大〕

残りの頂点Dの座標を$(x,\ y)$とする。
平行四辺形の頂点の順序は，次の3つの場合がある。

[1]　ABCD　　[2]　ABDC

[3]　ADBC

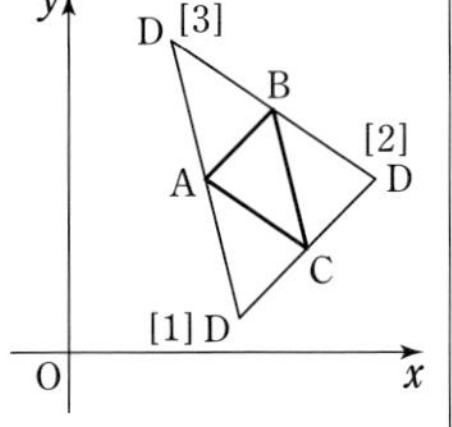

[1]　平行四辺形ABCDの場合
線分DBと線分ACの中点が一致するから　$\dfrac{x+6}{2}=\dfrac{4+7}{2}$，$\dfrac{y+7}{2}=\dfrac{5+3}{2}$

⇦対角線はDB，AC

したがって　$x=5$，$y=1$

[2]　平行四辺形ABDCの場合
線分DAと線分BCの中点が一致するから

$$\frac{x+4}{2}=\frac{6+7}{2},\quad \frac{y+5}{2}=\frac{7+3}{2}$$

⇦対角線はDA，BC

したがって　$x=9$，$y=5$

[3]　平行四辺形ADBCの場合
線分DCと線分ABの中点が一致するから

$$\frac{x+7}{2}=\frac{4+6}{2},\quad \frac{y+3}{2}=\frac{5+7}{2}$$

⇦対角線はDC，AB

したがって　$x=3$，$y=9$

以上から，頂点Dの座標は　**(5, 1)，(9, 5)，(3, 9)**

PR ②69　3点A(7, 6)，B(−3, 1)，C(8, 1)に対して，辺BCの中点をP，辺CAを3：2に外分する点をQ，辺ABを3：2に内分する点をRとする。このとき，△PQRの重心の座標を求めよ。

点Pの座標は　$\left(\dfrac{(-3)+8}{2},\ \dfrac{1+1}{2}\right)$　すなわち　$P\left(\dfrac{5}{2},\ 1\right)$

CHART
中点は2点の座標の平均

点Qの座標は $\left(\dfrac{(-2)\cdot 8+3\cdot 7}{3-2},\ \dfrac{(-2)\cdot 1+3\cdot 6}{3-2}\right)$

すなわち　Q(5, 16)

点Rの座標は $\left(\dfrac{2\cdot 7+3\cdot(-3)}{3+2},\ \dfrac{2\cdot 6+3\cdot 1}{3+2}\right)$

すなわち　R(1, 3)

よって，△PQR の重心の座標は $\left(\dfrac{\frac{5}{2}+5+1}{3},\ \dfrac{1+16+3}{3}\right)$

したがって　$\left(\boldsymbol{\dfrac{17}{6}},\ \boldsymbol{\dfrac{20}{3}}\right)$

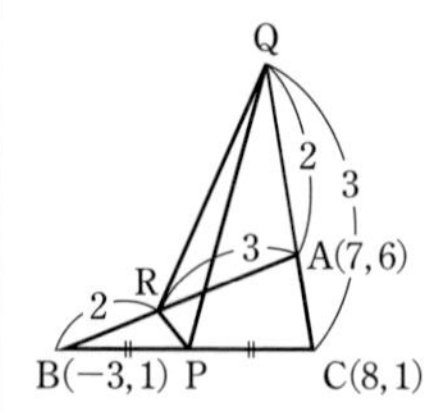

CHART
重心は3点の座標の平均

PR ①70

次の直線の方程式を求めよ。

(1) 点 (−3, 5) を通り，傾きが $\sqrt{3}$　(2) 2点 (5, −3), (−7, 3) を通る
(3) 2点 (5, 1), (3, 2) を通る　(4) x 切片が 4, y 切片が −2
(5) 2点 (−3, 1), (−3, −3) を通る　(6) 2点 (1, −2), (−5, −2) を通る

(1) $y-5=\sqrt{3}\{x-(-3)\}$　すなわち　$\boldsymbol{y=\sqrt{3}x+3\sqrt{3}+5}$

(2) $y-(-3)=\dfrac{3-(-3)}{-7-5}(x-5)$ すなわち　$y+3=-\dfrac{1}{2}(x-5)$

よって　$\boldsymbol{y=-\dfrac{1}{2}x-\dfrac{1}{2}}$

⇦2点 $(x_1,\ y_1)$, $(x_2,\ y_2)$ を通る直線の方程式は
$\boldsymbol{y-y_1=\dfrac{y_2-y_1}{x_2-x_1}(x-x_1)}$
または　$\boldsymbol{x=x_1}$

(3) $y-1=\dfrac{2-1}{3-5}(x-5)$　すなわち　$y-1=-\dfrac{1}{2}(x-5)$

よって　$\boldsymbol{y=-\dfrac{1}{2}x+\dfrac{7}{2}}$

(4) $\dfrac{x}{4}+\dfrac{y}{-2}=1$　すなわち　$\boldsymbol{\dfrac{x}{4}-\dfrac{y}{2}=1}$

別解　$y-0=\dfrac{-2-0}{0-4}(x-4)$　すなわち　$\boldsymbol{y=\dfrac{1}{2}x-2}$

⇦$a\neq 0$, $b\neq 0$ のとき，x 切片が a, y 切片が b である直線の方程式は
$\boldsymbol{\dfrac{x}{a}+\dfrac{y}{b}=1}$

(5) x 座標がともに −3 であるから　$\boldsymbol{x=-3}$

(6) y 座標がともに −2 であるから　$\boldsymbol{y=-2}$

PR ②71

2直線 $3x+y=17$, $x+ay=9$ がある。これらが平行であるとき $a=$ ア□，垂直であるとき $a=$ イ□ である。　[大阪産大]

$3x+y=17$ …… ①, $x+ay=9$ …… ② とする。
$a=0$ のとき，直線 ② は $x=9$ となり，① と ② は平行でも垂直でもないから　$a\neq 0$

⇦直線 ② は x 軸に垂直でない。

よって，直線 ① の傾きは　−3,　直線 ② の傾きは　$-\dfrac{1}{a}$

2直線 ①, ② が平行であるための条件は

$-3=-\dfrac{1}{a}$　　これを解いて　$a=$ ア $\boldsymbol{\dfrac{1}{3}}$

⇦**平行 ⟺ 傾きが一致**

2直線①，②が垂直であるための条件は

$-3\cdot\left(-\frac{1}{a}\right)=-1$　　これを解いて　$a=$ ^{イ} $\mathbf{-3}$

⇦垂直 ⟺ 傾きの積が -1

別解　2直線①，②が平行であるための条件は

$3\cdot a-1\cdot 1=0$　　よって　$a=$ ^{ア} $\boldsymbol{\frac{1}{3}}$

2直線①，②が垂直であるための条件は

$3\cdot 1+1\cdot a=0$　　よって　$a=$ ^{イ} $\mathbf{-3}$

⇦2直線 $a_1x+b_1y+c_1=0$ と $a_2x+b_2y+c_2=0$ が
平行 ⟺ $\boldsymbol{a_1b_2-a_2b_1=0}$
垂直 ⟺ $\boldsymbol{a_1a_2+b_1b_2=0}$

3章 PR

PR ②72　直線 ℓ：$2x+3y=4$ に平行で点 $(1,\ 2)$ を通る直線の方程式を求めよ。また，直線 ℓ に垂直で点 $(2,\ 3)$ を通る直線の方程式を求めよ。〔足利工大〕

直線 ℓ：$2x+3y=4$ の傾きは　$-\frac{2}{3}$

⇦$y=-\frac{2}{3}x+\frac{4}{3}$

よって，ℓ に平行で点 $(1,\ 2)$ を通る直線の方程式は

$y-2=-\frac{2}{3}(x-1)$　　すなわち　$\boldsymbol{y=-\frac{2}{3}x+\frac{8}{3}}$

⇦平行 ⟺ 傾きが一致

また，直線 ℓ に垂直な直線の傾きを m とすると

⇦垂直 ⟺ 傾きの積が -1

$m\cdot\left(-\frac{2}{3}\right)=-1$　　これを解いて　$m=\frac{3}{2}$

よって，ℓ に垂直で点 $(2,\ 3)$ を通る直線の方程式は

$y-3=\frac{3}{2}(x-2)$　　すなわち　$\boldsymbol{y=\frac{3}{2}x}$

別解　直線 ℓ に平行で点 $(1,\ 2)$ を通る直線の方程式は

$2(x-1)+3(y-2)=0$　　すなわち　$\mathbf{2x+3y=8}$

直線 ℓ に垂直で点 $(2,\ 3)$ を通る直線の方程式は

$3(x-2)-2(y-3)=0$　　すなわち　$\mathbf{3x-2y=0}$

⇦点 $(x_1,\ y_1)$ を通り，直線 $ax+by+c=0$ に平行な直線の方程式は
$\boldsymbol{a(x-x_1)+b(y-y_1)=0}$
垂直な直線の方程式は
$\boldsymbol{b(x-x_1)-a(y-y_1)=0}$

PR ①73　連立方程式 $3x-2y+4=0$，$ax+3y+c=0$ が，次のようになるための条件を求めよ。
(1)　ただ1組の解をもつ　(2)　解をもたない　(3)　無数の解をもつ

$3x-2y+4=0$ から　$y=\frac{3}{2}x+2$　……①

$ax+3y+c=0$ から　$y=-\frac{a}{3}x-\frac{c}{3}$　……②　とする。

(1)　連立方程式①，②がただ1組の解をもつための条件は，2直線①，②が1点で交わる，すなわち平行でないことである。

よって　$-\frac{a}{3}\neq\frac{3}{2}$　　ゆえに　$\boldsymbol{a\neq-\frac{9}{2}}$，**$c$ は任意の実数**

(2)　連立方程式①，②が解をもたないための条件は，2直線①，②が平行で一致しないことである。

よって　$-\frac{a}{3}=\frac{3}{2}$，$-\frac{c}{3}\neq 2$

別解　(1)　2直線が平行でない条件を求めればよいから
$3\cdot 3-a(-2)\neq 0$
よって　$\boldsymbol{a\neq-\frac{9}{2}}$，
c は任意の実数

(2)　2直線が平行で一致しない条件を求めればよいから
$3\cdot 3-a(-2)=0$
かつ　$\frac{3}{-2}\neq\frac{c}{4}$
よって
$\boldsymbol{a=-\frac{9}{2}}$，$\boldsymbol{c\neq-6}$

ゆえに　$a=-\frac{9}{2}$, $c \neq -6$

(3) 連立方程式 ①, ② が無数の解をもつための条件は，2 直線 ①, ② が一致することである。

よって　$-\frac{a}{3}=\frac{3}{2}$, $-\frac{c}{3}=2$

ゆえに　$a=-\frac{9}{2}$, $c=-6$

(3) 2 直線が一致する条件を求めればよい。
2 直線の係数の比から
$\frac{a}{3}=\frac{3}{-2}=\frac{c}{4}$
よって
$a=-\frac{9}{2}$, $c=-6$

PR
②**74**

xy 平面上に 3 点 A(2, −2), B(5, 7), C(6, 0) がある。△ABC の各辺の垂直二等分線は 1 点で交わることを証明せよ (この交点は，△ABC の外接円の中心であり **外心** という)。

HINT　線分 AC の垂直二等分線と線分 AB の垂直二等分線の交点が，線分 BC の垂直二等分線上にあることを示す。

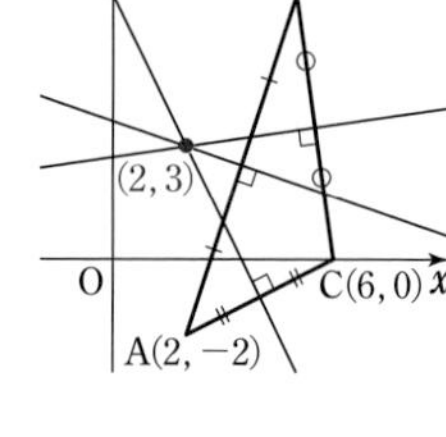

線分 AC の中点の座標は

$\left(\frac{2+6}{2}, \frac{-2+0}{2}\right)$　すなわち　$(4, -1)$

直線 AC の傾きは　$\frac{0-(-2)}{6-2}=\frac{1}{2}$

よって，線分 AC の垂直二等分線は点 $(4, -1)$ を通り，その傾きは -2 である。

⇐垂直 ⟺ 傾きの積が −1
$\frac{1}{2}\cdot m=-1$ から
$m=-2$

ゆえに，線分 AC の垂直二等分線の方程式は

$$y-(-1)=-2(x-4)$$

すなわち　$y=-2x+7$ …… ①

⇐点 (x_1, y_1) を通り，傾き m の直線の方程式は
$y-y_1=m(x-x_1)$

また，線分 AB の中点の座標は

$$\left(\frac{2+5}{2}, \frac{-2+7}{2}\right) \quad \text{すなわち} \quad \left(\frac{7}{2}, \frac{5}{2}\right)$$

直線 AB の傾きは　$\frac{7-(-2)}{5-2}=3$

よって，線分 AB の垂直二等分線は点 $\left(\frac{7}{2}, \frac{5}{2}\right)$ を通り，その傾きは $-\frac{1}{3}$ である。

⇐垂直 ⟺ 傾きの積が −1
$3\cdot m=-1$ から
$m=-\frac{1}{3}$

ゆえに，線分 AB の垂直二等分線の方程式は

$$y-\frac{5}{2}=-\frac{1}{3}\left(x-\frac{7}{2}\right)$$

すなわち　$x+3y-11=0$ …… ②

方程式 ①, ② を連立させて解くと　$x=2$, $y=3$

したがって，2 直線 ①, ② の交点の座標は　$(2, 3)$

⇐線分 AC の垂直二等分線と線分 AB の垂直二等分線の交点の座標を求めている。

更に，線分 BC の中点の座標は

$$\left(\frac{5+6}{2}, \frac{7+0}{2}\right) \quad \text{すなわち} \quad \left(\frac{11}{2}, \frac{7}{2}\right)$$

直線 BC の傾きは　$\frac{0-7}{6-5}=-7$

よって，線分 BC の垂直二等分線は点 $\left(\frac{11}{2}, \frac{7}{2}\right)$ を通り，その傾きは $\frac{1}{7}$ である。

ゆえに，線分 BC の垂直二等分線の方程式は

$$y-\frac{7}{2}=\frac{1}{7}\left(x-\frac{11}{2}\right)$$

すなわち　$x-7y+19=0$ …… ③

$x=2,\ y=3$ は ③ を満たすから，点 $(2,\ 3)$ は直線 ③ 上にある。

したがって，△ABC の各辺の垂直二等分線は 1 点 $(2,\ 3)$ で交わる。

⇐**垂直**
⟺ 傾きの積が −1
$-7\cdot m=-1$ から
$m=\frac{1}{7}$

⇐ 点 $(2,\ 3)$ が線分 BC の垂直二等分線上にあることを示している。

3章
PR

PR ③75

(1)　3 点 $A(a,\ -1)$，$B(1,\ 3)$，$C(4,\ -2)$ が同じ直線上にあるとき，定数 a の値を求めよ。

(2)　3 直線 $2x-y-1=0$，$3x+2y-2=0$，$y=\frac{1}{2}x+k$ が 1 点Aで交わるとき，$k=$ ア□ であり，点Aの座標は (イ□，ウ□) である。　〔(2) 大阪工大〕

(1)　2 点 B，C を通る直線の方程式は

$$y-3=\frac{-2-3}{4-1}(x-1)$$

すなわち　$y=-\frac{5}{3}x+\frac{14}{3}$

直線 BC 上に点 $A(a,\ -1)$ があるから　$-1=-\frac{5}{3}a+\frac{14}{3}$

これを解いて　$\boldsymbol{a=\frac{17}{5}}$

⇐$(-2-3)(x-1)-(4-1)(y-3)=0$ から $5x+3y-14=0$ と求めてもよい。

別解　$a=1$ のとき，直線 AB の方程式は　$x=1$

点Cは直線 $x=1$ 上にないから，この場合は不適で　$a\neq 1$

3 点 A，B，C が同じ直線上にあるとき

$$\frac{3-(-1)}{1-a}=\frac{-2-3}{4-1}\quad すなわち\quad \frac{4}{1-a}=-\frac{5}{3}$$

これを解いて　$\boldsymbol{a=\frac{17}{5}}$

⇐**3 点 A，B，C が同じ直線上 ⟹ AB の傾き＝BC の傾き**
ただし，この考え方は，x 軸に垂直な直線については通用しないから，その吟味が必要である。

(2)　$2x-y-1=0$ …… ①，$3x+2y-2=0$ …… ②，

$y=\frac{1}{2}x+k$ …… ③　とする。

①，② の交点の座標は，方程式 ①，② を連立させて解いて

$$x=\frac{4}{7},\ y=\frac{1}{7}\qquad よって\quad \left(\frac{4}{7}, \frac{1}{7}\right)$$

①，② の交点 $\left(\frac{4}{7}, \frac{1}{7}\right)$ は直線 ③ 上にもあるから

$$\frac{1}{7}=\frac{1}{2}\cdot\frac{4}{7}+k$$

これを解いて　$k=-\frac{1}{7}$

⇐係数に文字を含まない ①，② を使用する。
①×2＋② から
$7x-4=0$ など。

⇐3 直線が 1 点で交わるから，2 直線 ①，② の交点が直線 ③ 上にもある。

したがって，3 直線が 1 点Aで交わるとき，$k=^{ア}-\frac{1}{7}$ であり，点Aの座標は $\left(^{イ}\frac{4}{7},\ ^{ウ}\frac{1}{7}\right)$

PR ③76 直線 $(5k+3)x-(3k+5)y-10k+10=0$ …… ① は，実数 k の値にかかわらず，定点Aを通ることを示し，この点Aの座標を求めよ。 〔類 北海学園大〕

方針 1 直線の方程式を k について整理すると

$$(5x-3y-10)k+(3x-5y+10)=0 \quad \cdots\cdots ①'$$

①′ が実数 k の恒等式となるための条件は

$$5x-3y-10=0,\ 3x-5y+10=0$$

これを解いて　$x=5,\ y=5$

このとき，①′ は k の値にかかわらず成り立つ。

よって，①′ は k の値にかかわらず定点 **A(5, 5)** を通る。

⇐$kf+g=0$ が k の恒等式 ⟺ $f=0,\ g=0$

方針 2 k に適当な値を代入。

$k=0$ のとき，① は

$$(5\cdot0+3)x-(3\cdot0+5)y-10\cdot0+10=0$$

整理すると　$3x-5y+10=0$ …… ②

$k=1$ のとき，① は

$$(5\cdot1+3)x-(3\cdot1+5)y-10\cdot1+10=0$$

整理すると　$8x-8y=0$ …… ③

2 直線 ②，③ の交点の座標は　(5, 5)

逆に，このとき

$$(①\text{の左辺})=(5k+3)\cdot5-(3k+5)\cdot5-10k+10=0$$

ゆえに，① は k の値にかかわらず成り立つ。

よって，① は k の値にかかわらず定点 **A(5, 5)** を通る。

⇐x，y の係数を 0 にする $k=-\frac{3}{5}$，$k=-\frac{5}{3}$ を代入してもよい。

⇐必要条件。

⇐十分条件の確認。

PR ③77 次の直線の方程式を求めよ。
(1) 2 直線 $x+y-4=0$，$2x-y+1=0$ の交点と点 $(-2,\ 1)$ を通る直線
(2) 2 直線 $x-2y+2=0$，$x+2y-3=0$ の交点を通り，直線 $5x+4y+7=0$ に垂直な直線

(1) k を定数とするとき，次の方程式 ① は，2 直線の交点を通る直線を表す。

$$k(x+y-4)+(2x-y+1)=0 \quad \cdots\cdots ①$$

① が点 $(-2,\ 1)$ を通るとすると，① に $x=-2$，$y=1$ を代入して

$$-5k-4=0 \qquad \text{よって} \qquad k=-\frac{4}{5}$$

これを ① に代入すると

$$-\frac{4}{5}(x+y-4)+(2x-y+1)=0$$

整理すると　$\boldsymbol{2x-3y+7=0}$

⇐① は，2 直線の交点を通る直線（ただし，直線 $x+y-4=0$ を除く）を表す。

⇐両辺に 5 を掛けて $-4(x+y-4)+5(2x-y+1)=0$ から $6x-9y+21=0$

別解　$x+y-4=0$，$2x-y+1=0$ を連立させて解くと，
この2直線の交点の座標は　$(1,\ 3)$
よって，2点 $(1,\ 3)$，$(-2,\ 1)$ を通る直線の方程式は

$$y-3=\frac{1-3}{-2-1}(x-1)$$

すなわち　$\mathbf{2x-3y+7=0}$

⇐$(1-3)(x-1)-(-2-1)(y-3)=0$ と求めてもよい。

(2)　k を定数とするとき，次の方程式①は，2直線の交点を通る直線を表す。

$$k(x-2y+2)+(x+2y-3)=0 \quad \cdots\cdots ①$$

すなわち　$(k+1)x-2(k-1)y+2k-3=0 \quad \cdots\cdots ①'$
直線①′は直線 $5x+4y+7=0$ と垂直であるから

$$5(k+1)+4\{-2(k-1)\}=0$$

ゆえに　$-3k+13=0$　よって　$k=\frac{13}{3}$
求める直線の方程式は，$k=\frac{13}{3}$ を①′に代入して

$$\frac{16}{3}x-2\cdot\frac{10}{3}y+\frac{26}{3}-3=0$$

すなわち　$\mathbf{16x-20y+17=0}$

⇐2直線が垂直
$a_1a_2+b_1b_2=0$

inf.　垂直 ⟺ 傾きの積が -1 から k の値を求めてもよいが，直線①′の傾きを求める際に $k\neq1$ であることを確かめる必要があり，手間が増える。

別解　$x-2y+2=0$，$x+2y-3=0$ を連立させて解くと，
この2直線の交点の座標は　$\left(\frac{1}{2},\ \frac{5}{4}\right)$
この点を通り，直線 $5x+4y+7=0$ に垂直な直線の方程式は

$$y-\frac{5}{4}=\frac{4}{5}\left(x-\frac{1}{2}\right)$$

すなわち　$\mathbf{16x-20y+17=0}$

⇐$4\left(x-\frac{1}{2}\right)-5\left(y-\frac{5}{4}\right)=0$ と求めてもよい。

PR ②78　直線 ℓ：$y=2x$ に関して点 $\mathrm{P}(3,\ 1)$ と対称な点Qの座標を求めよ。　〔類 立教大〕

点Qの座標を $(a,\ b)$ とする。
直線 ℓ の傾きは　2
直線PQの傾きは　$\frac{b-1}{a-3}$
直線PQが ℓ に垂直であるから

$$2\cdot\frac{b-1}{a-3}=-1$$

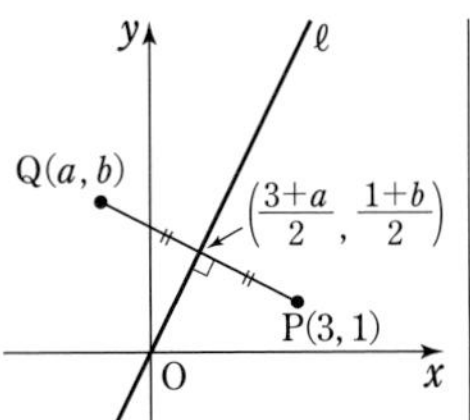

⇐直線PQは x 軸に垂直ではないから　$a\neq3$

よって

$$a+2b-5=0 \quad \cdots\cdots ①$$

⇐両辺に $a-3$ を掛けて
$2(b-1)=-(a-3)$

また，線分PQの中点 $\left(\frac{3+a}{2},\ \frac{1+b}{2}\right)$ が直線 ℓ 上にあるから

$$\frac{1+b}{2}=2\cdot\frac{3+a}{2}$$

よって　$2a-b+5=0 \quad \cdots\cdots ②$

①，② を連立させて解くと

$a=-1,\ b=3$

したがって，点Qの座標は　**$(-1,\ 3)$**

⇦①×2−② から
$5b-15=0$ など。

PR ②79

(1) 直線 $y=\dfrac{4}{3}x-2$ に平行で，原点からの距離が 6 である直線の方程式をすべて求めよ。
(2) 平行な 2 直線 $x-2y+3=0$，$x-2y-1=0$ の間の距離を求めよ。

(1) 求める直線は $y=\dfrac{4}{3}x$ に平行であるから，$y=\dfrac{4}{3}x+k$ と表せる。

⇦傾きが一致。

原点と直線 $4x-3y+3k=0$ の距離が 6 であるから

⇦一般形に変形する。

$$\frac{|3k|}{\sqrt{4^2+(-3)^2}}=6$$

すなわち　$|3k|=30$

ゆえに　$k=\pm10$

したがって，求める直線の方程式は

$$\boldsymbol{y=\frac{4}{3}x\pm10}$$

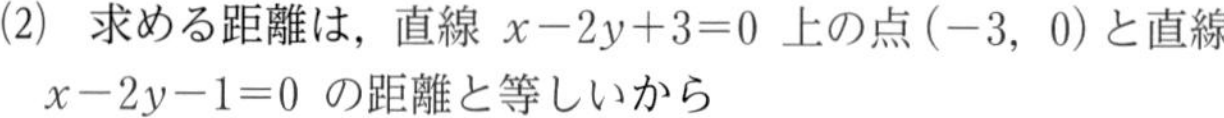

(2) 求める距離は，直線 $x-2y+3=0$ 上の点 $(-3,\ 0)$ と直線 $x-2y-1=0$ の距離と等しいから

$$\frac{|(-3)-2\cdot0-1|}{\sqrt{1^2+(-2)^2}}=\boldsymbol{\frac{4}{\sqrt{5}}}$$

⇦計算に都合のよい点，例えば，座標が整数になるような点を選ぶ。
$(-1,\ 1)$ などでもよい。

PR ③80

3 点 $A(-4,\ 3)$，$B(-1,\ 2)$，$C(3,\ -1)$ について次のものを求めよ。
(1) 点Aと直線 BC の距離　(2) △ABC の面積　〔類 広島修道大〕

(1) 直線 BC の方程式は　$y-2=\dfrac{-1-2}{3-(-1)}\{x-(-1)\}$

すなわち　$3x+4y-5=0$

点Aと直線 BC の距離を d とすると

$$d=\frac{|3\cdot(-4)+4\cdot3-5|}{\sqrt{3^2+4^2}}=\frac{5}{5}=\boldsymbol{1}$$

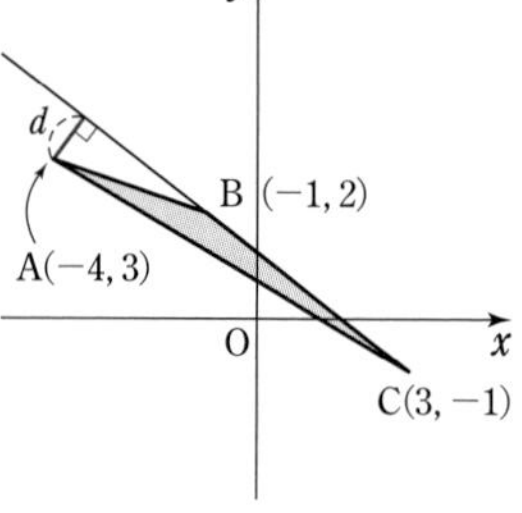

(2) $BC=\sqrt{\{3-(-1)\}^2+(-1-2)^2}=5$

よって　$\triangle ABC=\dfrac{1}{2}BC\cdot d$

$$=\frac{1}{2}\cdot5\cdot1=\boldsymbol{\frac{5}{2}}$$

別解　$A(-4,\ 3)$ が原点にくるように △ABC を平行移動すると，B，C はそれぞれ $B'(3,\ -1)$，$C'(7,\ -4)$ に移動する。

よって　$\triangle ABC=\triangle OB'C'$

$$=\frac{1}{2}|3\cdot(-4)-(-1)\cdot7|=\boldsymbol{\frac{5}{2}}$$

⇦本冊 $p.133$ STEP UP の公式利用。
⇦$B'(-1+4,\ 2-3)$，
$C'(3+4,\ -1-3)$

別解　直線ACの方程式は　$y=-\frac{4}{7}x+\frac{5}{7}$

点Bを通り，y 軸に平行な直線 $x=-1$ と直線ACとの交点Dの y 座標は　$y=-\frac{4}{7}\cdot(-1)+\frac{5}{7}=\frac{9}{7}$

したがって，$BD=2-\frac{9}{7}=\frac{5}{7}$ となるから

$$\triangle ABC=\triangle ABD+\triangle CBD$$
$$=\frac{1}{2}\cdot\frac{5}{7}\cdot3+\frac{1}{2}\cdot\frac{5}{7}\cdot4=\boldsymbol{\frac{5}{2}}$$

別解　$\triangle ABC=7\times4-\frac{1}{2}(7\cdot4+4\cdot4+7\cdot1)$

$$=28-\frac{51}{2}=\boldsymbol{\frac{5}{2}}$$

⇐$y-3=\frac{-1-3}{3+4}(x+4)$

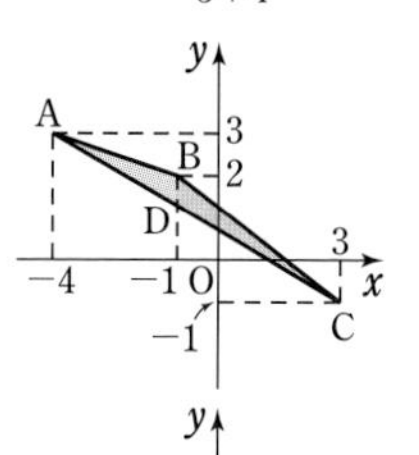

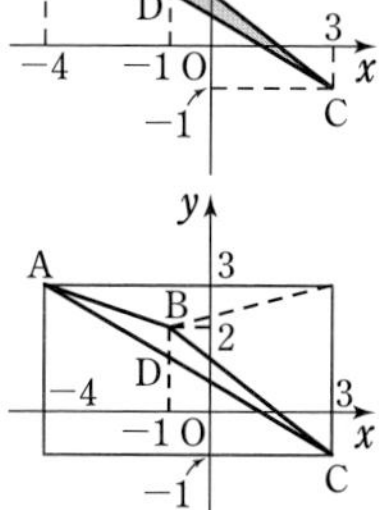

3章
PR

PR ③81　異なる3直線 $x-y=1$ ……①，$2x+3y=1$ ……②，$ax+by=1$ ……③　が1点で交わるとき，3点 $(1,\ -1)$，$(2,\ 3)$，$(a,\ b)$ は，同じ直線上にあることを示せ。

①，② を連立して解くと　$x=\frac{4}{5}$，$y=-\frac{1}{5}$

⇐係数に文字を含まない①，② を使用する。

よって，2直線①，② の交点の座標は　$\left(\frac{4}{5},\ -\frac{1}{5}\right)$

この交点 $\left(\frac{4}{5},\ -\frac{1}{5}\right)$ は直線③ 上にもあるから

$$\frac{4}{5}a-\frac{1}{5}b=1 \qquad ゆえに \qquad 4a-b=5 \quad \cdots\cdots ④$$

⇐3直線が1点で交わるから，2直線①，② の交点が直線③ 上にもある。

また，2点 $(1,\ -1)$，$(2,\ 3)$ を通る直線の方程式は

$$y-(-1)=\frac{3-(-1)}{2-1}(x-1) \qquad すなわち \qquad 4x-y=5$$

⇐3点が同じ直線上にあることを示すには，2点を通る直線上にもう1点があることを示す。

④ から，$x=a$，$y=b$ は $4x-y=5$ を満たす。
よって，点 $(a,\ b)$ は，直線 $4x-y=5$ 上にある。
したがって，3点 $(1,\ -1)$，$(2,\ 3)$，$(a,\ b)$ は，同じ直線 $4x-y=5$ 上にある。

⇐$4a-b=5$
⟺ 点 $(a,\ b)$ は直線 $4x-y=5$ 上にある。

別解　原点を通らない3直線①，②，③ が1点で交わるから，その点の座標を $P(p,\ q)$ とすると，Pは原点にはならない。
3直線①，②，③ が，点Pを通ることから

$$p-q=1,\ 2p+3q=1,\ ap+bq=1$$

つまり　$p\cdot1+q\cdot(-1)=1$ ……⑤
$p\cdot2+q\cdot3=1$ ……⑥
$p\cdot a+q\cdot b=1$ ……⑦

であり　$p\neq0$ または $q\neq0$

ゆえに，方程式 $px+qy=1$ ……⑧ を考えると，⑧ は直線を表し，⑤~⑦ から，3点 $(1,\ -1)$，$(2,\ 3)$，$(a,\ b)$ は，直線⑧ 上にある。

⇐「$p=0$ かつ $q=0$」ではない。……(＊)

⇐点 $(p,\ q)$ が直線 $x-y=1$ 上にある。
⟺ $\boldsymbol{p-q=1}$
⟺ 点 $(1,\ -1)$ が直線 $px+qy=1$ 上にある。

⇐(＊) より，$p\neq0$ または $q\neq0$ であるから，⑧ は直線を表す。

PR ③82

直線 $\ell: y=\frac{1}{2}x+1$ と2点A(1, 4), B(5, 6)がある。直線ℓ上の点Pで，AP+PBを最小にする点Pの座標を求めよ。〔類 富山大〕

2点A，Bが直線ℓに関して同じ側にある。

直線$\ell: y=\frac{1}{2}x+1$ ……① に関して点Aと対称な点をA′(a, b)とする。

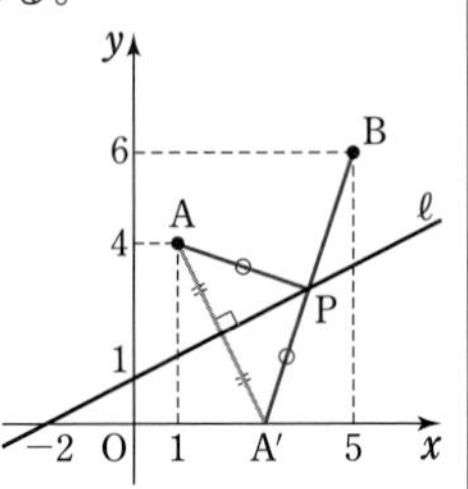

AA′⊥ℓ から　$\frac{b-4}{a-1}\cdot\frac{1}{2}=-1$

⇦直線AA′はx軸に垂直ではないから　$a\neq1$
垂直 ⟺ 傾きの積が −1

よって　$2a+b=6$ ……②

線分AA′の中点が直線ℓ上にあるから　$\frac{4+b}{2}=\frac{1}{2}\cdot\frac{1+a}{2}+1$

よって　$a-2b=3$ ……③

②，③を解いて　$a=3$, $b=0$　ゆえに　A′(3, 0)

このとき　AP+PB=A′P+PB≧A′B

⇦線分AA′の垂直二等分線上の点は，**2点A，A′から等距離**にある。よって　AP=A′P

よって，3点A′，P，Bが一直線上にあるとき，AP+PBは最小になる。

直線A′Bの方程式は　$y-0=\frac{6-0}{5-3}(x-3)$

すなわち　$y=3x-9$ ……④

直線A′Bと直線ℓの交点をP_0とすると，その座標は

①，④を解いて　$x=4$, $y=3$　ゆえに　$P_0(4, 3)$

したがって，AP+PBを最小にする点Pの座標は　**(4, 3)**

PR ③83

放物線 $y=-x^2$ ……① と直線 $y=2x+3$ ……② がある。直線②上の点で，放物線①との距離が最小となる点の座標と，その距離の最小値を求めよ。

放物線①上の点を$P(t, -t^2)$とし，点Pから直線②に引いた垂線をPHとすると

$$PH=\frac{|2t+t^2+3|}{\sqrt{2^2+(-1)^2}}$$

⇦$y=2x+3$ から $2x-y+3=0$

$$=\frac{1}{\sqrt{5}}|(t+1)^2+2|$$

⇦2次式は基本形に変形

$$=\frac{1}{\sqrt{5}}(t+1)^2+\frac{2}{\sqrt{5}}$$

⇦$(t+1)^2+2>0$ から絶対値記号がはずせる。

よって，PHは $t=-1$ のとき最小値 $\frac{2}{\sqrt{5}}$ をとる。

$t=-1$ のとき，P(−1, −1)であるから，直線PHの方程式は

$$y+1=-\frac{1}{2}(x+1)\quad すなわち\quad y=-\frac{1}{2}x-\frac{3}{2}\ ……③$$

⇦PH⊥直線②から，直線PHの傾きは $-\frac{1}{2}$

点Hは，直線 ② 上の点でもあるから，その座標を求めると ②，③ から　$x=-\frac{9}{5}$，$y=-\frac{3}{5}$

したがって，求める点の座標は　$\left(-\frac{9}{5},\ -\frac{3}{5}\right)$

また，距離の最小値は　$\frac{2\sqrt{5}}{5}$

PR ②84

次の円の方程式を求めよ。
(1) 中心が $(3,\ -4)$ で，原点を通る円
(2) 中心が $(1,\ 2)$ で，x 軸に接する円
(3) 2点 $(1,\ 4)$，$(5,\ 6)$ を直径の両端とする円
(4) 2点 $(2,\ 1)$，$(1,\ 2)$ を通り，中心が x 軸上にある円

(1) 中心と原点の距離は　$\sqrt{3^2+(-4)^2}=5$
これが半径に等しいから，求める円の方程式は
$$(x-3)^2+(y+4)^2=25$$

(2) 中心と x 軸の距離 2 が半径に等しいから，求める円の方程式は　$(x-1)^2+(y-2)^2=4$

⇐ x 軸に接する ⟶ |中心の y 座標|=(半径)

(3) 2点 $(1,\ 4)$，$(5,\ 6)$ を結ぶ線分の中点が円の中心となる。

⇐中心は直径の中点。

その座標は　$\left(\frac{1+5}{2},\ \frac{4+6}{2}\right)$　すなわち　$(3,\ 5)$
半径は，中心 $(3,\ 5)$ と点 $(1,\ 4)$ の距離であるから
$$\sqrt{(1-3)^2+(4-5)^2}=\sqrt{5}$$

⇐半径は中心と端点の距離。

よって，求める円の方程式は
$$(x-3)^2+(y-5)^2=5$$

別解　2点 $(1,\ 4)$，$(5,\ 6)$ を直径の両端とする円の方程式は
$$(x-1)(x-5)+(y-4)(y-6)=0$$

⇐本冊 $p.140$ INFORMATION 参照。

整理して
$$x^2+y^2-6x-10y+29=0$$

⇐答えは一般形でもよい。

(4) 中心が x 軸上にあるから，その座標を $(a,\ 0)$ とする。

⇐ x 軸上の点であるから，y 座標は 0 である。

2点 $(2,\ 1)$ と $(1,\ 2)$ から，点 $(a,\ 0)$ へのそれぞれの距離が等しいから
$$\sqrt{(a-2)^2+(0-1)^2}=\sqrt{(a-1)^2+(0-2)^2}$$
両辺を 2 乗して整理すると　$a=0$
よって，半径は　$\sqrt{(0-2)^2+(0-1)^2}=\sqrt{5}$
ゆえに，求める円の方程式は　$x^2+y^2=5$

inf.　半径を r として，$(x-a)^2+y^2=r^2$ に通る 2 点の座標を代入してもよい。

PR ②85

3点 $(4,\ -1)$，$(6,\ 3)$，$(-3,\ 0)$ を通る円の方程式を求めよ。

求める円の方程式を $x^2+y^2+lx+my+n=0$ とする。
点 $(4,\ -1)$ を通るから　$4^2+(-1)^2+4l-m+n=0$
整理すると　$4l-m+n+17=0$　…… ①

HINT　3点を通る ⟶ 一般形を利用する ⟶ 方程式に座標を代入。

点 $(6,\ 3)$ を通るから　$6^2+3^2+6l+3m+n=0$
整理すると　$6l+3m+n+45=0$ ……②
点 $(-3,\ 0)$ を通るから　$(-3)^2+0^2-3l+0\cdot m+n=0$
整理すると　$-3l+n+9=0$ ……③
③ から　$n=3l-9$ ……④
④ を ① に代入して整理すると　$7l-m+8=0$
よって　$m=7l+8$ ……⑤
④，⑤ を ② に代入して整理すると
$30l+60=0$　ゆえに　$l=-2$
このとき，⑤ から　$m=-6$
④ から　$n=-15$
よって，求める円の方程式は　$\boldsymbol{x^2+y^2-2x-6y-15=0}$

PR
③**86**

次の円の方程式を求めよ。
(1)　2 点 $(0,\ 2)$，$(-1,\ 1)$ を通り，中心が直線 $y=2x-8$ 上にある。
(2)　点 $(2,\ 3)$ を通り，y 軸に接して中心が直線 $y=x+2$ 上にある。
(3)　点 $(4,\ 2)$ を通り，x 軸，y 軸に接する。

HINT　(1)　中心の座標は $(t,\ 2t-8)$ と表される。
(2)　条件から，中心の座標は $(t,\ t+2)$，半径は $|t|$ と表される。
(3)　中心の座標は $(t,\ t)$，半径は $t\ (t>0)$ と表される。

(1)　中心が直線 $y=2x-8$ 上にあるから，その座標は $(t,\ 2t-8)$ と表される。
2 点 $(0,\ 2)$ と $(-1,\ 1)$ から点 $(t,\ 2t-8)$ へのそれぞれの距離が等しいから

$$\sqrt{(t-0)^2+(2t-8-2)^2}=\sqrt{(t+1)^2+(2t-8-1)^2}$$

両辺を 2 乗して整理すると　$-6t=-18$
よって　$t=3$
中心が点 $(3,\ -2)$ であるから，
半径は　$\sqrt{(3-0)^2+(-2-2)^2}=5$
よって，求める円の方程式は　$\boldsymbol{(x-3)^2+(y+2)^2=25}$

inf.　半径を r として，$(x-t)^2+\{y-(2t-8)\}^2=r^2$ に通る 2 点の座標を代入してもよい。
⇦$t^2+4t^2-40t+100=t^2+2t+1+4t^2-36t+81$

別解　円は 2 点 A$(0,\ 2)$，B$(-1,\ 1)$ を通るから，円の中心は 2 点 A，B から等距離の位置にある。
すなわち，円の中心は，線分 AB の垂直二等分線上にある。
線分 AB の中点の座標は

$$\left(\frac{0+(-1)}{2},\ \frac{2+1}{2}\right)\quad すなわち \quad \left(-\frac{1}{2},\ \frac{3}{2}\right)$$

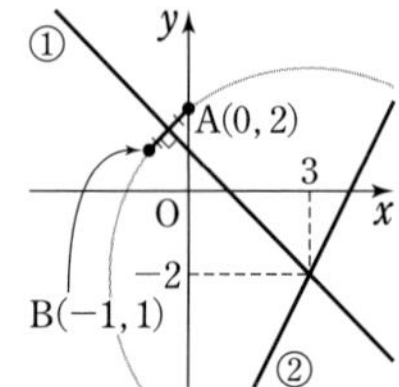

直線 AB の傾きは　$\dfrac{1-2}{-1-0}=1$
よって，線分 AB の垂直二等分線の方程式は

$$y-\frac{3}{2}=-\left(x+\frac{1}{2}\right)\quad すなわち \quad y=-x+1 \quad \cdots\cdots ①$$

⇦垂直二等分線の傾きを m とすると　$m\cdot 1=-1$
よって　$m=-1$

また，円の中心は，直線 $y=2x-8$ ……② 上にもあるから，中心は2直線①，②の交点である。
方程式①，②を連立させて解くと　　$x=3,\ y=-2$
ゆえに，中心の座標は　　$(3,\ -2)$
半径を r とすると　　$r^2=(3-0)^2+(-2-2)^2=25$
よって，求める円の方程式は　　$\boldsymbol{(x-3)^2+(y+2)^2=25}$

⇐ 2点 $(0,\ 2)$，$(3,\ -2)$ 間の距離が半径となる。

(2) 中心が直線 $y=x+2$ 上にあるから，その座標は $(t,\ t+2)$ と表される。
中心と y 軸の距離 $|t|$ が半径に等しいから，求める円の方程式は　　$(x-t)^2+\{y-(t+2)\}^2=t^2$ ……①
円①が点 $(2,\ 3)$ を通るから　　$(2-t)^2+(3-t-2)^2=t^2$
整理して　　$t^2-6t+5=0$
ゆえに　　$(t-1)(t-5)=0$
これを解いて　　$t=1,\ 5$
よって，求める円の方程式は
$$\boldsymbol{(x-1)^2+(y-3)^2=1,\ (x-5)^2+(y-7)^2=25}$$

⇐ y 軸に接する ⟶ |中心の x 座標|=(半径)

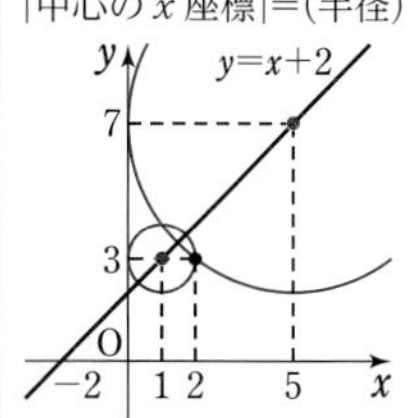

(3) 求める円は，x 軸，y 軸に接して，第1象限の点 $(4,\ 2)$ を通るから，中心の座標は $(t,\ t)$，半径は $t\ (t>0)$ と表される。
よって，求める円の方程式は，次のように表される。
$$(x-t)^2+(y-t)^2=t^2 \quad \cdots\cdots ①$$
円①が点 $(4,\ 2)$ を通るから
$$(4-t)^2+(2-t)^2=t^2$$
整理して　　$t^2-12t+20=0$
ゆえに　　$(t-2)(t-10)=0$
これを解いて　　$t=2,\ 10$
これらは $t>0$ を満たす。
よって，求める円の方程式は
$$\boldsymbol{(x-2)^2+(y-2)^2=4,\ (x-10)^2+(y-10)^2=100}$$

⇐ x 軸，y 軸に接する ⟶ |中心の x 座標| =|中心の y 座標| =(半径)
更に，第1象限の点を通ることから，中心も第1象限にある。

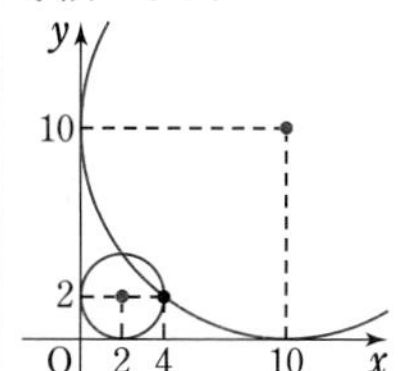

PR ②87
(1) 方程式 $x^2+y^2+5x-3y+6=0$ はどのような図形を表すか。
(2) 方程式 $x^2+y^2+6px-2py+28p+6=0$ が円を表すとき，定数 p の値の範囲を求めよ。

(1) $\left\{x^2+5x+\left(\dfrac{5}{2}\right)^2\right\}+\left\{y^2-3y+\left(\dfrac{3}{2}\right)^2\right\}=\left(\dfrac{5}{2}\right)^2+\left(\dfrac{3}{2}\right)^2-6$
ゆえに　　$\left(x+\dfrac{5}{2}\right)^2+\left(y-\dfrac{3}{2}\right)^2=\left(\dfrac{\sqrt{10}}{2}\right)^2$
よって，**中心 $\left(-\dfrac{5}{2},\ \dfrac{3}{2}\right)$，半径 $\dfrac{\sqrt{10}}{2}$ の円** を表す。

⇐ 両辺に x，y の係数の半分の2乗をそれぞれ加える。

(2) $(x^2+6px+9p^2)+(y^2-2py+p^2)=9p^2+p^2-28p-6$
したがって　　$(x+3p)^2+(y-p)^2=10p^2-28p-6$
この方程式が円を表すための条件は　　$10p^2-28p-6>0$
ゆえに　　$(p-3)(5p+1)>0$　　よって　　$\boldsymbol{p<-\dfrac{1}{5},\ 3<p}$

⇐ x，y について，それぞれ平方完成する。

PR ②88 次の円と直線に共有点はあるか。あるときは，その点の座標を求めよ。
(1) $x^2+y^2=1,\ x-y=1$　(2) $x^2+y^2=4,\ x+y=3$
(3) $x^2+y^2=2,\ 2x-y=1$　(4) $x^2+y^2=5,\ x-2y=5$

(1) $x^2+y^2=1$ ……①，$x-y=1$ ……② とする。
②から　$y=x-1$ ……③
③を①に代入すると　$x^2+(x-1)^2=1$
整理すると　$x(x-1)=0$　よって　$x=0,\ 1$
③から　$x=0$ のとき $y=-1$，　$x=1$ のとき $y=0$
ゆえに，円①と直線②の**共有点はあり，**
その座標は　$(\mathbf{0},\ \mathbf{-1}),\ (\mathbf{1},\ \mathbf{0})$

⇐ $x^2+x^2-2x+1=1$

inf. 円の中心と直線の距離 d と半径 r との大小により位置関係を判断してもよい。(本冊 $p.145$ 基本例題 89 参照)

(2) $x^2+y^2=4$ ……①，$x+y=3$ ……② とする。
②から　$y=3-x$ ……③
③を①に代入すると　$x^2+(3-x)^2=4$
整理すると　$2x^2-6x+5=0$
この2次方程式の判別式を D とすると
$$\frac{D}{4}=(-3)^2-2\cdot5=-1<0$$
ゆえに，円①と直線②の**共有点はない。**

⇐ $x^2+9-6x+x^2=4$

⇐ $D<0 \iff$ 円と直線が**共有点をもたない**

(3) $x^2+y^2=2$ ……①，$2x-y=1$ ……② とする。
②から　$y=2x-1$ ……③
③を①に代入すると　$x^2+(2x-1)^2=2$
整理すると　$5x^2-4x-1=0$
よって　$(5x+1)(x-1)=0$　ゆえに　$x=-\frac{1}{5},\ 1$
③から　$x=-\frac{1}{5}$ のとき $y=-\frac{7}{5}$，　$x=1$ のとき $y=1$
ゆえに，円①と直線②の**共有点はあり，**
その座標は　$\left(-\frac{\mathbf{1}}{\mathbf{5}},\ -\frac{\mathbf{7}}{\mathbf{5}}\right),\ (\mathbf{1},\ \mathbf{1})$

⇐ $x^2+4x^2-4x+1=2$

⇐ $\frac{D}{4}=(-2)^2-5(-1)$
$=9>0$
$\iff$ **異なる2点で交わる**

(4) $x^2+y^2=5$ ……①，$x-2y=5$ ……② とする。
②から　$x=2y+5$ ……③
③を①に代入すると　$(2y+5)^2+y^2=5$
整理すると　$y^2+4y+4=0$　ゆえに　$(y+2)^2=0$
よって　$y=-2$ (重解)　このとき，③から　$x=1$
ゆえに，円①と直線②の**共有点はあり，**
その座標は　$(\mathbf{1},\ \mathbf{-2})$

⇐本問の場合，x を消去した方が計算がスムーズ。

⇐ $\frac{D}{4}=2^2-1\cdot4=0$
$\iff$ **接する**

PR ②89 円 $x^2+y^2-4x-6y+9=0$ ……① と直線 $y=kx+2$ ……② が共有点をもつような，定数 k の値の範囲を求めよ。

方針 1　②を①に代入して整理すると
$(k^2+1)x^2-2(k+2)x+1=0$ ……③
$k^2+1\neq0$ であるから，③の判別式を D とすると

⇐判別式利用による解法。

⇐(x^2 の係数)$\neq0$ を確認。

$$\frac{D}{4}=\{-(k+2)\}^2-(k^2+1)\cdot 1=4k+3$$

円 ① と直線 ② が共有点をもつための条件は　　$D \geqq 0$

よって　　$4k+3 \geqq 0$　　　ゆえに　　$\boldsymbol{k \geqq -\frac{3}{4}}$

方針 2　① を変形すると　　$(x-2)^2+(y-3)^2=4$

よって，円 ① の中心は点 $(2,\ 3)$，半径は 2 である。

また，② から　　　$kx-y+2=0$

円 ① の中心と直線 ② の距離を d とすると，円 ① と直線 ② が共有点をもつための条件は　　$d \leqq 2$

$d=\dfrac{|k\cdot 2-3+2|}{\sqrt{k^2+(-1)^2}}$ であるから　　$\dfrac{|2k-1|}{\sqrt{k^2+1}} \leqq 2$

両辺に正の数 $\sqrt{k^2+1}$ を掛けて　　$|2k-1| \leqq 2\sqrt{k^2+1}$

両辺は負でないから，2 乗して　　$(2k-1)^2 \leqq 4(k^2+1)$

整理すると　　$-4k \leqq 3$　　　よって　　$\boldsymbol{k \geqq -\frac{3}{4}}$

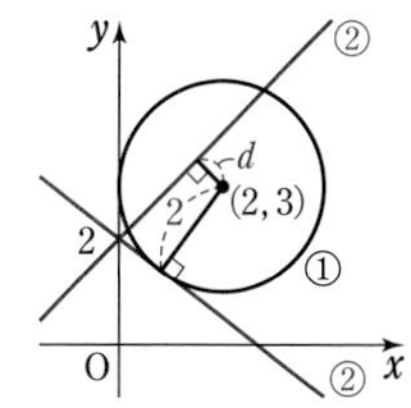

⇦$A \geqq 0$，$B \geqq 0$ のとき
$A \leqq B \iff A^2 \leqq B^2$

PR ③90　円 $(x-2)^2+(y-1)^2=4$ と直線 $y=-2x+3$ の 2 つの交点を A，B とするとき，弦 AB の長さを求めよ。　〔東京電機大〕

方針 1　円の中心を C(2, 1)，線分 AB の中点をMとする。

線分 CM の長さは，中心Cと直線 $2x+y-3=0$ との距離に等しいから　　$\mathrm{CM}=\dfrac{|2\cdot 2+1-3|}{\sqrt{2^2+1^2}}=\dfrac{2}{\sqrt{5}}$

円の半径は 2 であるから

$$\mathrm{AB}=2\mathrm{AM}=2\sqrt{\mathrm{CA}^2-\mathrm{CM}^2}$$
$$=2\sqrt{2^2-\left(\frac{2}{\sqrt{5}}\right)^2}=\boldsymbol{\frac{8\sqrt{5}}{5}}$$

⇦三平方の定理

方針 2　$(x-2)^2+(y-1)^2=4$，$y=-2x+3$ から y を消去して整理すると

$$5x^2-12x+4=0 \quad \cdots\cdots ①$$

⇦$(x-2)^2+(-2x+3-1)^2=4$

円と直線の交点の座標を $(\alpha,\ -2\alpha+3)$，$(\beta,\ -2\beta+3)$ とすると，α，β は 2 次方程式 ① の解であるから，解と係数の関係より　　$\alpha+\beta=\dfrac{12}{5}$，$\alpha\beta=\dfrac{4}{5}$

よって，弦 AB の長さは

$$\mathrm{AB}=\sqrt{(\beta-\alpha)^2+\{(-2\beta+3)-(-2\alpha+3)\}^2}$$
$$=\sqrt{5(\beta-\alpha)^2}=\sqrt{5\{(\alpha+\beta)^2-4\alpha\beta\}}$$
$$=\sqrt{5\left\{\left(\frac{12}{5}\right)^2-4\cdot\frac{4}{5}\right\}}$$
$$=\boldsymbol{\frac{8\sqrt{5}}{5}}$$

inf.　① から $(x-2)(5x-2)=0$
よって　$x=2,\ \dfrac{2}{5}$
ゆえに，交点の座標は $(2,\ -1)$，$\left(\dfrac{2}{5},\ \dfrac{11}{5}\right)$
したがって
$\mathrm{AB}=\sqrt{\left(2-\dfrac{2}{5}\right)^2+\left(-1-\dfrac{11}{5}\right)^2}$
$=\dfrac{8\sqrt{5}}{5}$

PR ③91 円 $x^2+y^2-2x-4y-20=0$ 上の点 A(4, 6) における，この円の接線の方程式を求めよ。

$x^2+y^2-2x-4y-20=0$ を変形すると

$(x-1)^2+(y-2)^2=25$ …… ①

方針 1 点Aにおける接線は，x 軸に垂直でないから，求める接線の方程式は，傾きを m とすると

$y-6=m(x-4)$ すなわち $y=mx-4m+6$ …… ②

と表される。

⇐ x 軸に垂直な直線でないから，傾きを m とする。

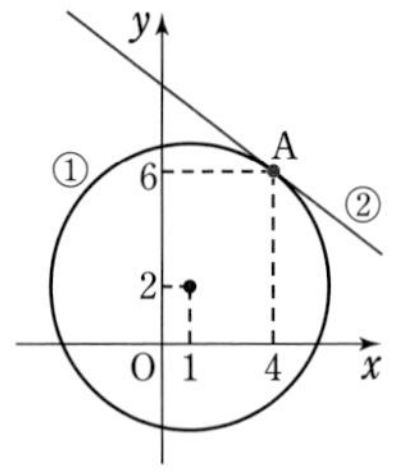

② を ① に代入して　$(x-1)^2+(mx-4m+4)^2=25$

展開して

$x^2-2x+1+m^2x^2-8m(m-1)x+16(m-1)^2=25$

整理して

$(m^2+1)x^2-2(4m^2-4m+1)x+8(2m^2-4m-1)=0$

この 2 次方程式の判別式を D とすると

$$\frac{D}{4}=(4m^2-4m+1)^2-8(m^2+1)(2m^2-4m-1)$$
$$=16m^4+16m^2+1-32m^3-8m+8m^2-8(2m^4-4m^3-m^2+2m^2-4m-1)$$
$$=16m^2+24m+9=(4m+3)^2$$

⇐ $(a+b+c)^2=a^2+b^2+c^2+2ab+2bc+2ca$

①，② が接するための条件は $D=0$　ゆえに　$m=-\frac{3}{4}$

⇐ 接する ⟺ $D=0$

よって，接線の方程式は　$\boldsymbol{y=-\frac{3}{4}x+9}$

⇐ ② に $m=-\frac{3}{4}$ を代入。

方針 2 点Aにおける接線は，x 軸に垂直でないから，求める接線の方程式は，傾きを m とすると $y-6=m(x-4)$ すなわち $mx-y-4m+6=0$ …… ③ と表される。

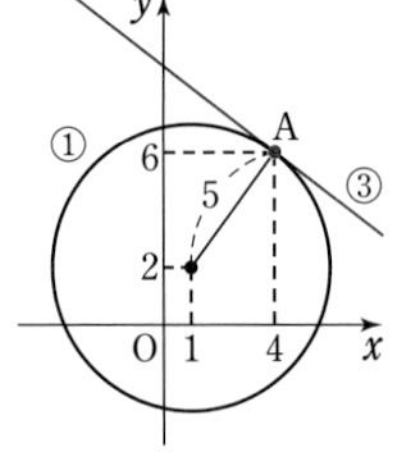

①，③ が接するとき，円の中心 (1, 2) と接線の距離が半径 5 と等しいから

$$\frac{|m-2-4m+6|}{\sqrt{m^2+(-1)^2}}=5$$

よって　$|-3m+4|=5\sqrt{m^2+1}$

両辺を 2 乗して　$(-3m+4)^2=25(m^2+1)$

⇐ $9m^2-24m+16=25m^2+25$ ゆえに $16m^2+24m+9=0$

ゆえに　$(4m+3)^2=0$ から $m=-\frac{3}{4}$

よって，接線の方程式は　$\boldsymbol{3x+4y-36=0}$

方針 3 円 ① の中心 C(1, 2) を原点に移す平行移動を行うと円 ① は，円 ①′ $x^2+y^2=25$ に，点Aは，点 A′(3, 4) にそれぞれ移る。円 ①′ 上の点 A′ における接線の方程式は

$3x+4y=25$

⇐ $x_1x+y_1y=r^2$

であるから，求める接線の方程式は逆の平行移動を考えることにより　$3(x-1)+4(y-2)=25$

すなわち　$\boldsymbol{3x+4y-36=0}$

方針 4　円 ① の中心 C(1, 2) と点Aを通る直線の傾きは

$$\frac{6-2}{4-1}=\frac{4}{3}$$

求める接線の傾きを m とすると垂直条件から

$$m\times\frac{4}{3}=-1 \qquad したがって \qquad m=-\frac{3}{4}$$

⇦垂直 ⟺ 傾きの積が -1

よって，求める接線の方程式は

$$y-6=-\frac{3}{4}(x-4) \quad すなわち \quad \boldsymbol{y=-\frac{3}{4}x+9}$$

方針 5　円 ① 上の点 A(4, 6) における接線の方程式は

$$(4-1)(x-1)+(6-2)(y-2)=25$$

整理すると　$\boldsymbol{3x+4y-36=0}$

⇦本冊 $p.149$ INFORMATION の公式を利用。

PR ②92
(1) 点 (7, 1) を通り，円 $x^2+y^2=25$ に接する直線の方程式と，そのときの接点の座標を求めよ。
(2) 円 $x^2+y^2=8$ の接線で，直線 $7x+y=0$ に垂直である直線の方程式を求めよ。

(1) **方針 1**　接点を $\mathrm{P}(x_1,\ y_1)$ とすると

$$x_1{}^2+y_1{}^2=25 \quad \cdots\cdots ①$$

⇦点Pは円 $x^2+y^2=25$ 上にある。

点Pにおけるこの円の接線の方程式は

$$x_1x+y_1y=25$$

⇦円 $x^2+y^2=r^2$ 上の点 $(x_1,\ y_1)$ における接線の方程式は $\boldsymbol{x_1x+y_1y=r^2}$

この直線が点 (7, 1) を通るから

$$7x_1+y_1=25 \quad \cdots\cdots ②$$

①, ② から y_1 を消去して整理すると

$$x_1{}^2-7x_1+12=0$$

⇦② から　$y_1=25-7x_1$　これを ① に代入して　$x_1{}^2+(25-7x_1)^2=25$

よって　$(x_1-3)(x_1-4)=0$　　ゆえに　$x_1=3,\ 4$

② に代入して

$x_1=3$ のとき $y_1=4$,　$x_1=4$ のとき $y_1=-3$

したがって，求める接線の方程式と接点の座標は

$$\boldsymbol{3x+4y=25,\ (3,\ 4)}\ ;\quad \boldsymbol{4x-3y=25,\ (4,\ -3)}$$

⇦接線は 2 本ある。

方針 2　点 (7, 1) を通る接線は，x 軸に垂直でないから，求める接線の方程式は，傾きを m とすると次のようになる。

⇦x 軸に垂直でないから，傾きを m とする。

$$y-1=m(x-7) \quad すなわち \quad y=mx-(7m-1) \quad \cdots\cdots ③$$

③ を円の方程式に代入して整理すると

$$(m^2+1)x^2-2m(7m-1)x+\{(7m-1)^2-25\}=0 \quad \cdots\cdots ④$$

⇦$x^2+\{mx-(7m-1)\}^2=25$

$m^2+1\neq 0$ であるから，2 次方程式 ④ の判別式を D とすると

⇦(x^2 の係数)$\neq 0$ の確認。

$$\begin{aligned}\frac{D}{4}&=\{-m(7m-1)\}^2-(m^2+1)\{(7m-1)^2-25\}\\&=\{m^2-(m^2+1)\}(7m-1)^2+25(m^2+1)\\&=-24m^2+14m+24\\&=-2(4m+3)(3m-4)\end{aligned}$$

⇦m の 4 次式に見えるが，整理すると 2 次式になる。

円と直線 ③ が接するための条件は　$D=0$

⇦接する ⟺ $\boldsymbol{D=0}$

よって　$m=-\dfrac{3}{4},\ \dfrac{4}{3}$

$m=-\frac{3}{4}$ のとき，④ の重解は　　$x=\frac{m(7m-1)}{m^2+1}=3$

このとき　　$y=mx-(7m-1)=-\frac{3}{4}\cdot 3-\left(-\frac{25}{4}\right)=4$

同様に，$m=\frac{4}{3}$ のとき，④ の重解は　　$x=4$

このとき　　$y=-3$

したがって，求める接線の方程式と接点の座標は

$\boldsymbol{y=-\frac{3}{4}x+\frac{25}{4}}$，**(3，4)**；　$\boldsymbol{y=\frac{4}{3}x-\frac{25}{3}}$，**(4，−3)**

⇐$ax^2+bx+c=0$ で $D=0$ のとき，重解は $x=-\frac{b}{2a}$

方針 3　(方針 2 と 3 行目までは同じ)

③ から　　$mx-y-(7m-1)=0$ ……⑤

円の中心 (0，0) と接線の距離が円の半径 5 に等しいから

$$\frac{|m\cdot 0-0-(7m-1)|}{\sqrt{m^2+(-1)^2}}=5$$

⇐**接する ⟺ $d=r$**

両辺に $\sqrt{m^2+1}$ を掛けて　　$|-7m+1|=5\sqrt{m^2+1}$

両辺を 2 乗して整理すると　　$12m^2-7m-12=0$

⇐$(7m-1)^2=25(m^2+1)$

ゆえに　$(4m+3)(3m-4)=0$　　よって　$m=-\frac{3}{4}$，$\frac{4}{3}$

[1]　$m=-\frac{3}{4}$ のとき，⑤ は　　$\boldsymbol{3x+4y-25=0}$ ……⑥

直線 OP は $y=\frac{4}{3}x$ と表されるから，⑥ と連立させて解くと，接点の座標は　　**(3，4)**

⇐**接線⊥半径**
また，半径は原点 O を通るから　$y=-\frac{1}{m}x$

[2]　$m=\frac{4}{3}$ のとき，⑤ は　　$\boldsymbol{4x-3y-25=0}$ ……⑦

直線 OP は $y=-\frac{3}{4}x$ と表されるから，⑦ と連立させて解くと，接点の座標は　　**(4，−3)**

(2)　直線 $7x+y=0$ と垂直な直線の傾きは $\frac{1}{7}$ であるから，求める接線の方程式を $x-7y+k=0$ とする。

円の中心 (0，0) と接線の距離が円の半径 $2\sqrt{2}$ に等しいから

$$\frac{|0-7\cdot 0+k|}{\sqrt{1^2+(-7)^2}}=2\sqrt{2}$$

よって　　$|k|=20$　　すなわち　　$k=\pm 20$

ゆえに，求める接線の方程式は

$\boldsymbol{x-7y+20=0}$，　$\boldsymbol{x-7y-20=0}$

⇐接点の座標を求めなくてよいから「中心と接線の距離＝半径」の方針で解くのがスムーズ。

⇐$\frac{|k|}{5\sqrt{2}}=2\sqrt{2}$ から $|k|=20$

別解　直線 $7x+y=0$ と垂直な直線の傾きは $\frac{1}{7}$ であるから，

求める接線の方程式を $y=\frac{1}{7}x+n$ ……① とする。

① を円の方程式 $x^2+y^2=8$ に代入して整理すると

$$50x^2+14nx+49(n^2-8)=0$$

⇐判別式利用による解法。

この2次方程式の判別式を D とすると

$$\frac{D}{4}=(7n)^2-50\cdot 49(n^2-8)=-49(49n^2-400)$$

円と直線①が接するための条件は　$D=0$

ゆえに　$n^2=\frac{400}{49}$　これを解いて　$n=\pm\frac{20}{7}$

よって，求める接線の方程式は

$$\boldsymbol{y=\frac{1}{7}x+\frac{20}{7},\quad y=\frac{1}{7}x-\frac{20}{7}}$$

⇐接する ⟺ $D=0$

⇐答えの式は，前の解答と同じ直線を表す。

PR ③93

(1) 円 $C_1：x^2+y^2=5$ と点 $(2,\ 4)$ を中心とする円 C_2 が内接している。円 C_2 の方程式を求めよ。

(2) 2つの円 $x^2+y^2=r^2\ (r>0)$ ……①，$x^2+y^2-6x+8y+16=0$ ……② が共有点をもつような r の値の範囲を求めよ。

(1) 円 C_1 は中心が原点，半径が $\sqrt{5}$ である。

円 C_2 は中心が点 $(2,\ 4)$ であるから，2つの円の中心間の距離 d は

$$d=\sqrt{2^2+4^2}=\sqrt{20}=2\sqrt{5}$$

円 C_1，C_2 は内接しているから，C_2 の半径を $r(>0)$ とすると

$$|r-\sqrt{5}|=2\sqrt{5}$$

よって　$r-\sqrt{5}=\pm 2\sqrt{5}$

ゆえに　$r=\sqrt{5}\pm 2\sqrt{5}$

$r>0$ であるから　$r=3\sqrt{5}$

したがって，円 C_2 の方程式は

$$\boldsymbol{(x-2)^2+(y-4)^2=45}$$

⇐r と $\sqrt{5}$ の大小関係が不明なので，絶対値を用いて表している。

(2) 円①は中心 $(0,\ 0)$，半径 r，円②は $(x-3)^2+(y+4)^2=9$ から，中心 $(3,\ -4)$，半径3である。

2つの円の中心間の距離は

$$\sqrt{3^2+(-4)^2}=5$$

2つの円①，②が共有点をもつ条件は

$$|r-3|\leqq 5\leqq r+3$$

$|r-3|\leqq 5$ から　$-5\leqq r-3\leqq 5$

よって　$-2\leqq r\leqq 8$ ……③

$5\leqq r+3$ から　$2\leqq r$ ……④

$r>0$ と，③，④の共通範囲を求めて　$\boldsymbol{2\leqq r\leqq 8}$

⇐$|r-r'|\leqq d\leqq r+r'$

⇐$|A|\leqq B$ ⟺ $-B\leqq A\leqq B$

PR ②94

2つの円 $x^2+y^2=10$，$x^2+y^2-2x+6y+2=0$ の2つの交点の座標を求めよ。また，2つの交点と原点を通る円の中心と半径を求めよ。

求める交点の座標は，次の連立方程式の実数解である。

$x^2+y^2=10$ ……①，$x^2+y^2-2x+6y+2=0$ ……②

②−①から　$-2x+6y+2=-10$

すなわち　$x=3y+6$ ……③

inf. ③は，2つの円の共有点を通る直線の方程式である。これは，④に $k=-1$ を代入して得られる式と同じである。

③ を ① に代入して　$(3y+6)^2+y^2=10$

整理すると　$5y^2+18y+13=0$　よって　$(5y+13)(y+1)=0$

これを解いて　$y=-\frac{13}{5},\ -1$

③ に代入して　$y=-\frac{13}{5}$ のとき　$x=-\frac{9}{5}$,

$y=-1$ のとき　$x=3$

よって，交点の座標は　$\left(-\frac{9}{5},\ -\frac{13}{5}\right)$, **(3, −1)**

また，k を定数として

$$k(x^2+y^2-10)+(x^2+y^2-2x+6y+2)=0 \quad \cdots\cdots ④$$

（ただし，$k \neq -1$）

とすると，④ は 2 つの円 ①，② の交点を通る円の方程式を表す。円 ④ が原点を通るとして，④ に $x=0$，$y=0$ を代入すると

$$k(0^2+0^2-10)+(0^2+0^2-2\cdot0+6\cdot0+2)=0$$

よって　$-10k+2=0$　ゆえに　$k=\frac{1}{5}$

これを ④ に代入して

$$\frac{1}{5}(x^2+y^2-10)+(x^2+y^2-2x+6y+2)=0$$

展開して整理すると　$x^2+y^2-\frac{5}{3}x+5y=0$

すなわち　$\left(x-\frac{5}{6}\right)^2+\left(y+\frac{5}{2}\right)^2=\frac{125}{18}$

したがって　**中心** $\left(\frac{5}{6},\ -\frac{5}{2}\right)$，**半径** $\frac{5\sqrt{10}}{6}$

⇦$k=-1$ のとき，x^2，y^2 の項が消えて，④ は直線を表すことになる。

inf.　3 点 $\left(-\frac{9}{5},\ -\frac{13}{5}\right)$，(3, −1)，(0, 0) を通る円の方程式を，円の方程式の一般形を利用して求めてもよい。
この問題の場合，原点を通るので計算量はそれほど多くならないが，一般には計算量が多くなる。
左のように $kf+g=0$ を用いる解法がスムーズ。

⇦$\sqrt{\frac{125}{18}}=\sqrt{\frac{5^3}{2\cdot3^2}}=\frac{5\sqrt{5}}{3\sqrt{2}}=\frac{5\sqrt{10}}{6}$

PR ④95　放物線 $y=x^2$ と円 $x^2+(y-4)^2=r^2$ $(r>0)$ がある。放物線と円の交点が 4 個となる r の範囲を求めよ。〔駒澤大〕

放物線と円が 1 点で接するときの円の半径は 4

放物線と円が 2 点で接するときの円の半径を r_1 とする。

放物線と円の交点が 4 個となるのは，右の図から $r_1<r<4$ のときである。

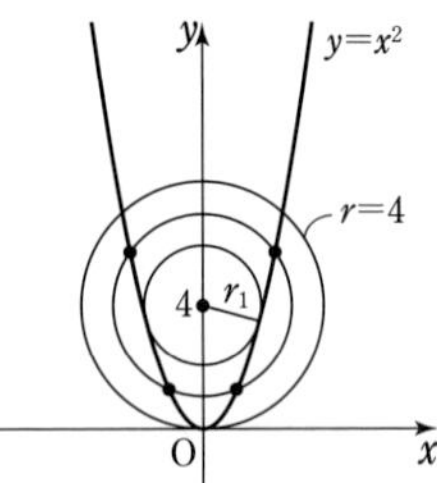

r_1 の値を求める。

$y=x^2$ と $x^2+(y-4)^2=r_1{}^2$ から x を消去すると

$y+(y-4)^2=r_1{}^2$　すなわち　$y^2-7y+16-r_1{}^2=0$

この 2 次方程式の判別式を D とすると

$$D=(-7)^2-4(16-r_1{}^2)=4r_1{}^2-15$$

$D=0$ から　$r_1{}^2=\frac{15}{4}$

⇦1 点で接するときは原点で接する。

別解　$y>0$ の y の 1 つの値に対して，x の値は 2 つあり，$y=0$ なら $x=0$ だけであるから，放物線と円が 4 個の共有点をもつための条件は，$y=x^2$ と $x^2+(y-4)^2=r^2$ から x を消去して得られる y の 2 次方程式 $y^2-7y+16-r^2=0$ が，異なる 2 つの正の解をもつことである。
判別式は
$D=7^2-4(16-r^2)$

$r_1>0$ であるから　　$r_1=\dfrac{\sqrt{15}}{2}$

したがって，求める r の範囲は　　$\boldsymbol{\dfrac{\sqrt{15}}{2}<r<4}$

$D>0$ から
$49-64+4r^2>0$
$r>0$ であるから
$r>\dfrac{\sqrt{15}}{2}$　　…… ①
軸について $\dfrac{7}{2}>0$
$f(y)=y^2-7y+16-r^2$ とすると $f(0)=16-r^2>0$ から $-4<r<4$ …… ②
①，② の共通範囲を求めて　　$\boldsymbol{\dfrac{\sqrt{15}}{2}<r<4}$

PR ④96　円 $(x-5)^2+y^2=1$ と円 $x^2+y^2=4$ について
(1) 2つの円に共通な接線は全部で何本あるか。
(2) 2つの円に共通な接線の方程式をすべて求めよ。

(1) 円 $(x-5)^2+y^2=1$ の中心の座標は $(5,\ 0)$，半径は 1，
円 $x^2+y^2=4$ の中心の座標は $(0,\ 0)$，半径は 2 である。
2つの円の中心間の距離は 5 であり，
(2つの円の半径の和)<(中心間の距離)
が成り立つから，2つの円は一方が他方の外部にある。
したがって，共通接線は **4本** ある。

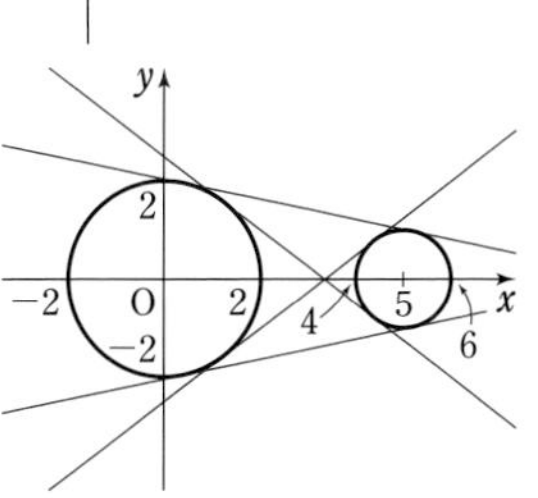

(2) 求める接線は x 軸に垂直ではないから，その方程式を
$y=mx+n$ すなわち $mx-y+n=0$ …… ① とする。
直線 ① が円 $(x-5)^2+y^2=1$ と接するとき，半径は 1 であるから　　$\dfrac{|m\cdot 5-0+n|}{\sqrt{m^2+(-1)^2}}=1$

⇦接する ⟺ $d=r$

よって　　$|5m+n|=\sqrt{m^2+1}$ …… ②

直線 ① が円 $x^2+y^2=4$ と接するとき，半径は 2 であるから
$\dfrac{|m\cdot 0-0+n|}{\sqrt{m^2+(-1)^2}}=2$

⇦接する ⟺ $d=r$

よって　　$|n|=2\sqrt{m^2+1}$　　…… ③

②，③ から　$|n|=2|5m+n|$　　ゆえに　$n=\pm 2(5m+n)$

⇦$|A|=2|B|$ ⟺ $A=\pm 2B$

よって　　$n=-10m$　または　$n=-\dfrac{10}{3}m$

⇦$n=2(5m+n)$ または $n=-2(5m+n)$ から。

[1] $n=-10m$ のとき
③ に代入して　　$|-10m|=2\sqrt{m^2+1}$
ゆえに　　$|5m|=\sqrt{m^2+1}$
両辺を 2 乗して整理すると　　$24m^2=1$

⇦$(5m)^2=m^2+1$

よって　　$m=\pm\dfrac{1}{2\sqrt{6}}$

このとき　　$n=\mp\dfrac{5}{\sqrt{6}}$ (複号同順)

[2] $n=-\dfrac{10}{3}m$ のとき

③ に代入して　$\left|-\dfrac{10}{3}m\right|=2\sqrt{m^2+1}$

ゆえに　$|5m|=3\sqrt{m^2+1}$

両辺を 2 乗して整理すると　$16m^2=9$

⇦$(5m)^2=9(m^2+1)$

よって　$m=\pm\dfrac{3}{4}$　このとき　$n=\mp\dfrac{5}{2}$ (複号同順)

したがって，求める接線の方程式は

⇦(1) で調べたように，接線は 4 本ある。

$$\boldsymbol{y=\pm\frac{1}{2\sqrt{6}}(x-10),\ \ y=\pm\frac{1}{4}(3x-10)}$$

別解　円 $x^2+y^2=4$ との接点の座標を $(x_1,\ y_1)$ とすると，接線の方程式は

⇦公式 $x_1x+y_1y=r^2$ の利用。

$$x_1x+y_1y=4 \ \cdots\cdots ①$$

円 $(x-5)^2+y^2=1$ の中心 $(5,\ 0)$ と，この接線の距離は円の半径 1 と等しいから　$\dfrac{|5x_1-4|}{\sqrt{x_1{}^2+y_1{}^2}}=1$ ……②

$x_1{}^2+y_1{}^2=4$ ……③ であるから　$\sqrt{x_1{}^2+y_1{}^2}=\sqrt{4}=2$

⇦接点 $(x_1,\ y_1)$ は円 $x^2+y^2=4$ 上にある。

よって，② から　$|5x_1-4|=2$　ゆえに　$x_1=\dfrac{6}{5},\ \dfrac{2}{5}$

$x_1=\dfrac{6}{5}$ のとき，③ から $y_1{}^2=\dfrac{64}{25}$　ゆえに　$y_1=\pm\dfrac{8}{5}$

$x_1=\dfrac{2}{5}$ のとき，③ から $y_1{}^2=\dfrac{96}{25}$　ゆえに　$y_1=\pm\dfrac{4\sqrt{6}}{5}$

したがって，求める接線の方程式は，① から

$$\frac{6}{5}x\pm\frac{8}{5}y=4,\ \ \frac{2}{5}x\pm\frac{4\sqrt{6}}{5}y=4$$

すなわち　$\boldsymbol{3x\pm4y=10,\ \ x\pm2\sqrt{6}\,y=10}$

inf.　1 つの直線が 2 つの円に接しているとき，この直線を 2 つの円の **共通接線** という。共通接線は，2 つの円が接線の同じ側にあるとき **共通外接線**，反対側にあるとき **共通内接線** という。(数学A)

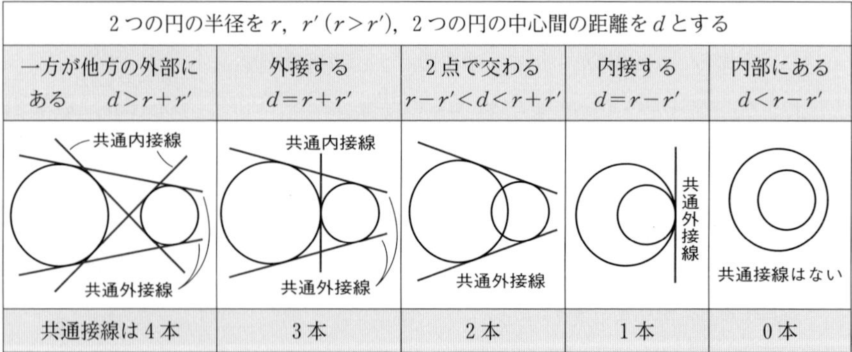

2 つの円の半径を r，r' $(r>r')$，2 つの円の中心間の距離を d とする				
一方が他方の外部にある　$d>r+r'$	外接する $d=r+r'$	2 点で交わる $r-r'<d<r+r'$	内接する $d=r-r'$	内部にある $d<r-r'$
共通接線は 4 本	3 本	2 本	1 本	0 本

PR ②97

次の条件を満たす点Pの軌跡を求めよ。
(1) 2点 A$(-4,\ 0)$，B$(4,\ 0)$ からの距離の2乗の和が36である点P
(2) 2点 A$(0,\ 0)$，B$(9,\ 0)$ からの距離の比が PA：PB＝2：1 である点P
(3) 2点 A$(3,\ 0)$，B$(-1,\ 0)$ と点Pを頂点とする△PABが，PA：PB＝3：1 を満たしながら変化するときの点P

点Pの座標を $(x,\ y)$ とする。

(1) Pの満たす条件は　$AP^2+BP^2=36$

よって　$(x+4)^2+y^2+(x-4)^2+y^2=36$

整理すると　$x^2+y^2=2$ …… ①

ゆえに，条件を満たす点は円①上にある。

逆に，円①上の任意の点は，条件を満たす。

したがって，求める軌跡は

中心 $(0,\ 0)$，半径 $\sqrt{2}$ の円

⇐逆が明らかなときは，この確認を省略してもよい。

(2) Pの満たす条件は　PA：PB＝2：1

よって　PA＝2PB　すなわち　$AP^2=4BP^2$

ゆえに　$x^2+y^2=4\{(x-9)^2+y^2\}$

整理すると　$x^2+y^2-24x+108=0$

変形して　$(x-12)^2+y^2=6^2$ …… ①

よって，条件を満たす点は円①上にある。

逆に，円①上の任意の点は，条件を満たす。

したがって，求める軌跡は　**中心 $(12,\ 0)$，半径6の円**

inf. アポロニウスの円
求める軌跡は，線分ABを2：1に内分する点 $(6,\ 0)$，2：1に外分する点 $(18,\ 0)$ を直径の両端とする円であるから
$(x-6)(x-18)+(y-0)(y-0)=0$
(本冊 $p.140$ INFORMATION 参照)
整理して
$x^2+y^2-24x+108=0$
と求めることもできる。

(3) PA：PB＝3：1 から　PA＝3PB

すなわち　$AP^2=9BP^2$

ゆえに　$(x-3)^2+y^2=9\{(x+1)^2+y^2\}$

整理すると　$x^2+3x+y^2=0$

変形して　$\left(x+\dfrac{3}{2}\right)^2+y^2=\left(\dfrac{3}{2}\right)^2$ …… ①

また，Pは△PABの頂点であるから，直線AB上，すなわち x 軸上にはない。

⇐直線AB上に点Pがあるとき，△PABを作ることはできない。

円①上の点のうち，x 軸上にあるのは

2点 $(0,\ 0)$，$(-3,\ 0)$

ゆえに，点Pは，円①から2点 $(0,\ 0)$，$(-3,\ 0)$ を除いた図形上にある。

逆に，この図形上の任意の点は，条件を満たす。

したがって，求める軌跡は

中心 $\left(-\dfrac{3}{2},\ 0\right)$，半径 $\dfrac{3}{2}$ の円

ただし，2点 $(0,\ 0)$，$(-3,\ 0)$ を除く。

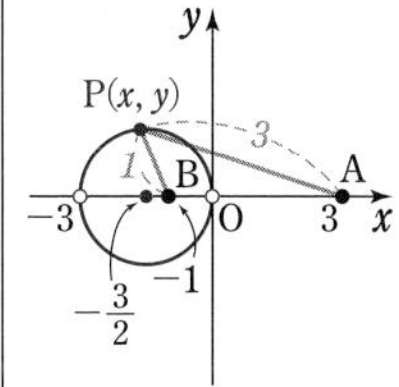

PR ②98

放物線 $y=x^2$ ……① と A(1, 2), B(−1, −2), C(4, −1) がある。点Pが放物線①上を動くとき，次の点Q，R の軌跡を求めよ。
(1) 線分 AP を 2：1 に内分する点Q　　(2) △PBC の重心R

P$(s,\ t)$ とすると　$t=s^2$ ……②

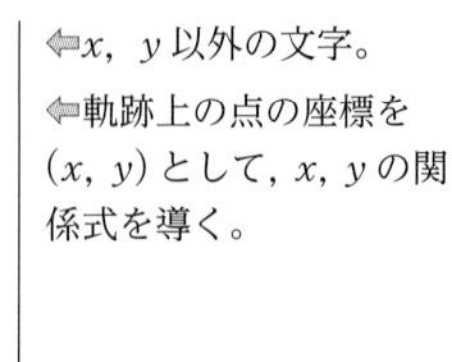
⇐x, y 以外の文字。
⇐軌跡上の点の座標を $(x,\ y)$ として，x, y の関係式を導く。

(1) Q$(x,\ y)$ とする。

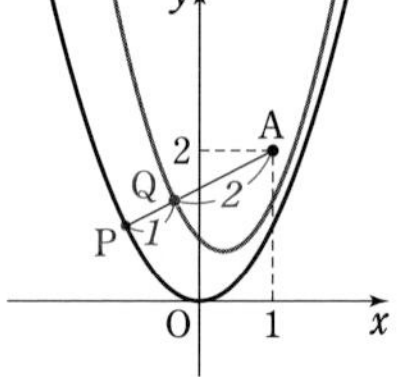

Qは線分 AP を 2：1 に内分する点であるから　$x=\dfrac{1\cdot1+2s}{2+1}=\dfrac{1+2s}{3}$,

$y=\dfrac{1\cdot2+2t}{2+1}=\dfrac{2+2t}{3}$

よって　$s=\dfrac{3x-1}{2}$, $t=\dfrac{3y-2}{2}$

⇐s, t を x, y で表す。

これを②に代入すると　$\dfrac{3y-2}{2}=\left(\dfrac{3x-1}{2}\right)^2$

⇐つなぎの文字 s, t を消去する。

よって　$y=\dfrac{3}{2}x^2-x+\dfrac{5}{6}$ ……③

ゆえに，点Qは放物線③上にある。

逆に，放物線③上の任意の点は，条件を満たす。

よって，求める軌跡は　**放物線** $\boldsymbol{y=\dfrac{3}{2}x^2-x+\dfrac{5}{6}}$

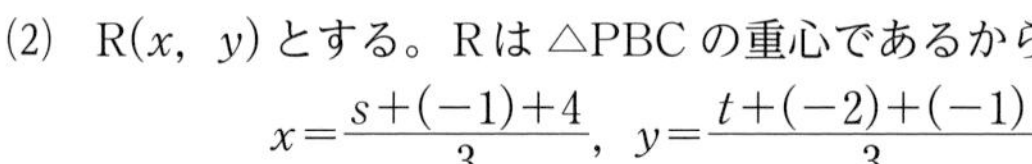
(2) R$(x,\ y)$ とする。Rは△PBC の重心であるから

$x=\dfrac{s+(-1)+4}{3}$, $y=\dfrac{t+(-2)+(-1)}{3}$

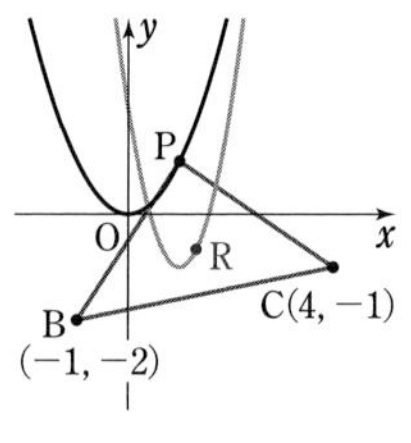

ゆえに　$s=3x-3$, $t=3y+3$

②に代入して　$3y+3=(3x-3)^2$

よって　$y=3x^2-6x+2$ ……④

ゆえに，点Rは放物線④上にある。

逆に，放物線④上の任意の点は，条件を満たす。

よって，求める軌跡は　**放物線** $\boldsymbol{y=3x^2-6x+2}$

inf. 直線BC は放物線①と共有点をもたないから，△PBC は常に作ることができ，除外する点は存在しない。

PR ③99

a は定数とする。放物線 $y=x^2+ax+3-a$ について，a がすべての実数値をとって変化するとき，頂点の軌跡を求めよ。

放物線の方程式を変形すると　$y=\left(x+\dfrac{a}{2}\right)^2-\dfrac{a^2}{4}-a+3$

⇐頂点の座標は $\left(-\dfrac{a}{2},\ -\dfrac{a^2}{4}-a+3\right)$

放物線の頂点を P$(x,\ y)$ とすると

$$x=-\frac{a}{2}\ \cdots\cdots①,\quad y=-\frac{a^2}{4}-a+3\ \cdots\cdots②$$

①から　$a=-2x$

これを②に代入して　$y=-\dfrac{1}{4}(-2x)^2-(-2x)+3$

$=-x^2+2x+3$

⇐①，②から a を消去。

ゆえに，求める軌跡は　**放物線**　$\boldsymbol{y=-x^2+2x+3}$

PR ③100 直線 $2x-y+3=0$ に関して点Qと対称な点をPとする。点Qが直線 $3x+y-1=0$ 上を動くとき，点Pの軌跡を求めよ。

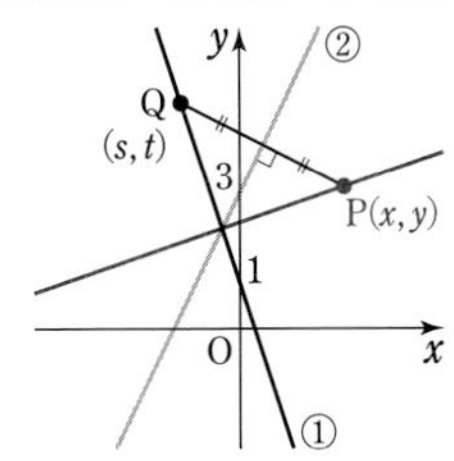
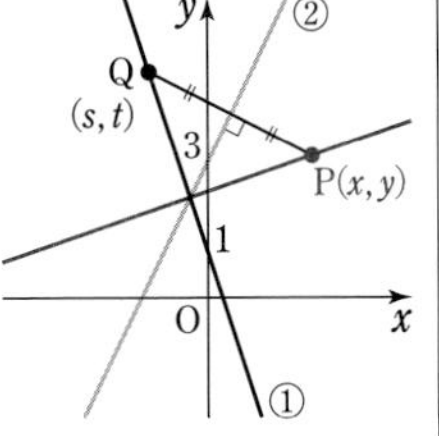

直線 $3x+y-1=0$ ……① 上を動く点を $\mathrm{Q}(s,\ t)$ とし，
直線 $2x-y+3=0$ ……② に関して点Qと対称な点を $\mathrm{P}(x,\ y)$ とする。

[1] 点PとQが一致しないとき，直線PQが直線②に垂直であり，線分PQの中点が直線②上にあるから

$$\frac{t-y}{s-x}\cdot 2=-1,\quad 2\cdot\frac{x+s}{2}-\frac{y+t}{2}+3=0$$

よって　$s+2t=x+2y$，$2s-t=-2x+y-6$

s，t について解くと

$$s=\frac{-3x+4y-12}{5},\quad t=\frac{4x+3y+6}{5}\ \cdots\cdots ③$$

点Qは直線①上の点であるから　$3s+t-1=0$ ……④

③を④に代入して　$3\cdot\dfrac{-3x+4y-12}{5}+\dfrac{4x+3y+6}{5}-1=0$

整理すると　$x-3y+7=0$ ……⑤

[2] 点PとQが一致するとき，点Pは直線①と②の交点であるから　$x=-\dfrac{2}{5}$，$y=\dfrac{11}{5}$

これは⑤を満たす。

以上から，求める直線の方程式は　$\boldsymbol{x-3y+7=0}$

⇐垂直
⟺ **傾きの積が −1**

⇐線分PQの中点の座標は $\left(\dfrac{x+s}{2},\ \dfrac{y+t}{2}\right)$

⇐s，t を x，y で表す。

⇐s，t を消去する。

⇐方程式①と②を連立させて解く。

PR ④101 xy 平面において，直線 $\ell : x+t(y-3)=0$，$m : tx-(y+3)=0$ を考える。t が実数全体を動くとき，直線 ℓ と m の交点はどのような図形を描くか。　［類　岐阜大］

$\ell : x+t(y-3)=0$ ……①，$m : tx-(y+3)=0$ ……② とする。

[1] $x\neq 0$ のとき，②から　$t=\dfrac{y+3}{x}$

これを①に代入して　$x+\dfrac{y+3}{x}(y-3)=0$

両辺に x を掛けて　$x^2+y^2-9=0$

したがって　$x^2+y^2=9$ ……③

③において $x=0$ とすると　$y=\pm 3$

ゆえに，$x\neq 0$ のとき，2直線の交点は円③から2点 $(0,\ 3)$，$(0,\ -3)$ を除いた図形上にある。

[2] $x=0$ のとき，②から　$y=-3$

$x=0$，$y=-3$ を①に代入して　$t=0$

よって，点 $(0,\ -3)$ は2直線の交点である。

以上から，ℓ と m の交点の軌跡は

円　$\boldsymbol{x^2+y^2=9}$　ただし，点 $(0,\ 3)$ を除く。

⇐$t=\dfrac{y+3}{x}$ を利用するため，$x\neq 0$ と $x=0$ の場合に分けて考える。

⇐$x\neq 0$ から，$x=0$ のときの点は除く。

⇐$(0,\ -3)$ は除外点ではない。

別解 （上の解答の1行目までは同じ）

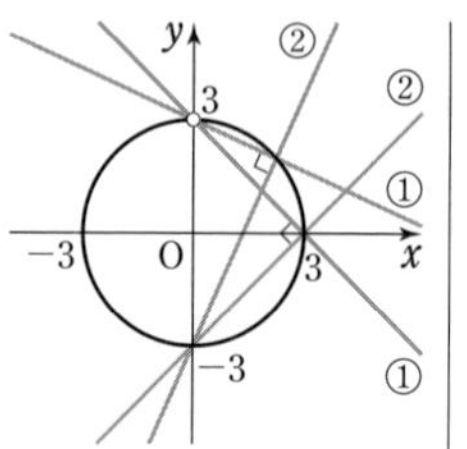

① が任意の t について成り立つための条件は　　$x=0,\ y=3$

ゆえに，ℓ は t の値にかかわらず，定点 $(0,\ 3)$ を通る。

また，② が任意の t について成り立つための条件は　　$x=0,\ y=-3$

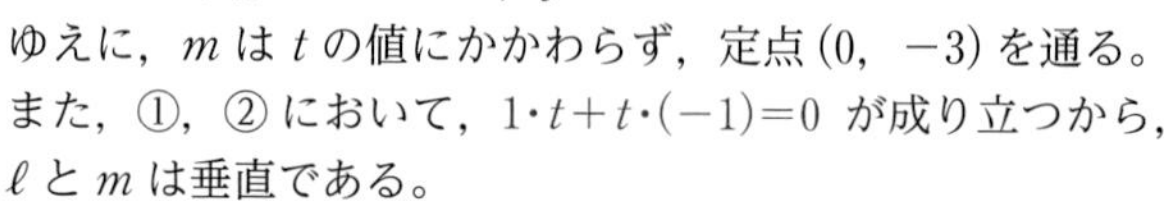

ゆえに，m は t の値にかかわらず，定点 $(0,\ -3)$ を通る。

また，①，② において，$1\cdot t+t\cdot(-1)=0$ が成り立つから，ℓ と m は垂直である。

したがって，t が実数全体を動くとき，ℓ と m の交点は2点 $(0,\ 3)$，$(0,\ -3)$ を直径の両端とする円周上を動く。

ただし，どのような t の値に対しても，m が点 $(0,\ 3)$ を通ることはない。よって，ℓ と m の交点の軌跡は

円　$x^2+y^2=9$　ただし，点 $(0,\ 3)$ を除く。

⇦$x=0$ かつ $y-3=0$

⇦$x=0$ かつ $y+3=0$

⇦2直線 $a_1x+b_1y+c_1=0$ と $a_2x+b_2y+c_2=0$ が垂直 $\Longleftrightarrow$ $a_1a_2+b_1b_2=0$

⇦② に $x=0$，$y=3$ を代入すると $-6=0$ となり，成り立たない。

PR ④102

点 $\mathrm{A}(-1,\ 0)$ を通り，傾きが a の直線を ℓ とする。放物線 $y=\frac{1}{2}x^2$ と直線 ℓ は，異なる2点P，Qで交わっている。

(1) 傾き a の値の範囲を求めよ。

(2) 線分PQの中点Rの座標を a を用いて表せ。

(3) 点Rの軌跡を xy 平面にかけ。

(1) $y=\frac{1}{2}x^2$ ……① とする。

直線 ℓ の方程式は　　$y=a(x+1)$ ……②

①，② から y を消去すると　　$\frac{1}{2}x^2=a(x+1)$

すなわち　$x^2-2ax-2a=0$ ……③

③ の判別式を D とすると　　$\frac{D}{4}=a^2+2a=a(a+2)$

放物線 ① と直線 ② が異なる2点で交わるための条件は

$D>0$　　　よって　　**$a<-2,\ 0<a$**

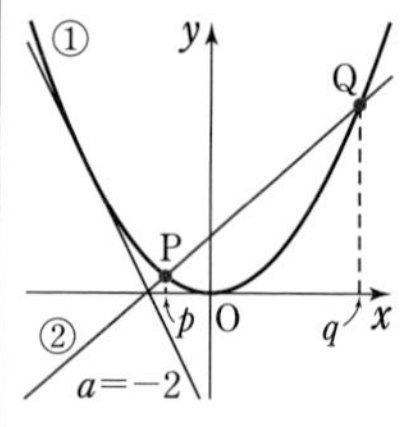

⇦放物線 ① と直線 ② が異なる2点で交わるとき，2次方程式 ③ は異なる2つの実数解をもつ。

(2) 2点P，Qの x 座標をそれぞれ p，q とすると，p，q は ③ の解であるから，解と係数の関係により　　$p+q=2a$

したがって，線分PQの中点Rの座標を $(x,\ y)$ とすると

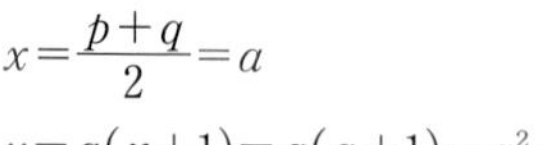

$$x=\frac{p+q}{2}=a$$

$$y=a(x+1)=a(a+1)=a^2+a$$

よって，点Rの座標は　　**$(a,\ a^2+a)$**

(3) (2) より，$a=x$ を $y=a^2+a$ に代入して

$y=x^2+x$

ただし，(1) から　　$x<-2,\ 0<x$

よって，点Rの軌跡は**図の実線部分**となる。

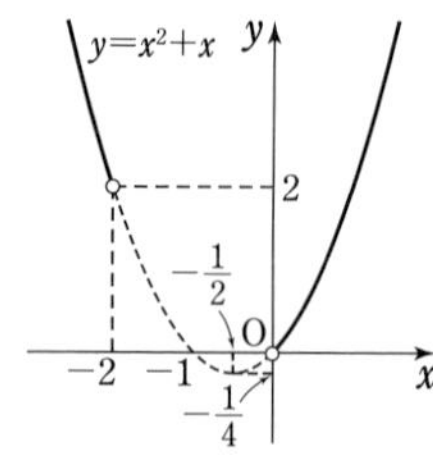

PR
②**103**

次の不等式の表す領域を図示せよ。
(1)　$x-2y+3\geqq 0$　(2)　$x^2+y^2+3x+2y+1>0$　(3)　$y\leqq -2|x|+4$

(1)　不等式を変形すると　$y\leqq \frac{1}{2}x+\frac{3}{2}$

よって，求める領域は直線 $y=\frac{1}{2}x+\frac{3}{2}$ およびその下側の部分で，**図の斜線部分。ただし，境界線を含む。**

⇐$y\leqq f(x)$ の形に変形。≦であるから，境界線を含む。

(2)　不等式を変形すると　$\left(x+\frac{3}{2}\right)^2+(y+1)^2>\frac{9}{4}$

よって，求める領域は円 $\left(x+\frac{3}{2}\right)^2+(y+1)^2=\frac{9}{4}$ の外部で，**図の斜線部分。ただし，境界線を含まない。**

⇐基本形に変形。境界線は中心 $\left(-\frac{3}{2},\ -1\right)$，半径 $\frac{3}{2}$ の円。

(3)　$x\geqq 0$ のとき　$y\leqq -2x+4$
よって，直線 $y=-2x+4$ およびその下側の部分。
$x<0$ のとき　$y\leqq 2x+4$
よって，直線 $y=2x+4$ およびその下側の部分。
ゆえに，領域は **図の斜線部分。ただし，境界線を含む。**

⇐絶対値記号の中の式 x が 0 以上か負かで場合分けする。

(1)
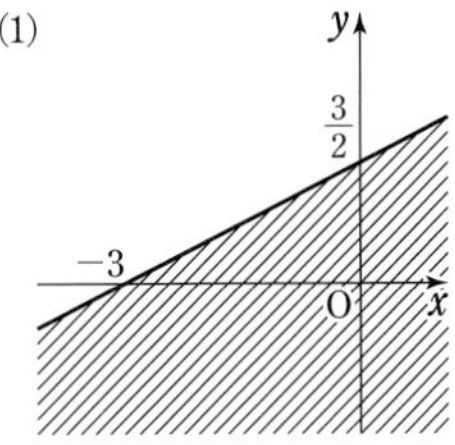

(2)
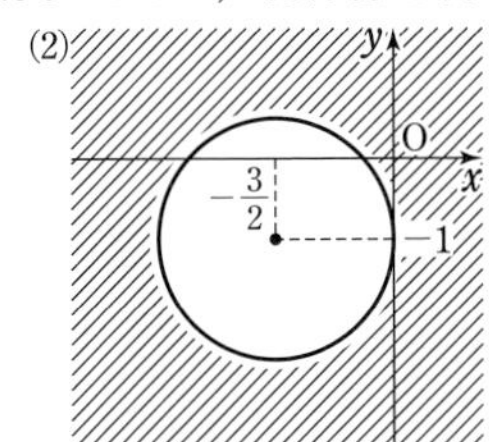

(3)
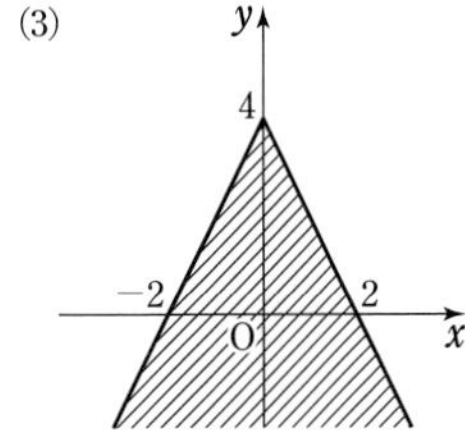

PR
②**104**

次の不等式の表す領域を図示せよ。
(1)　$\begin{cases} 3x+2y-2\geqq 0 \\ (x+2)^2+(y-2)^2<4 \end{cases}$　(2)　$\begin{cases} y\leqq -x^2+4x+1 \\ y\leqq x+1 \end{cases}$
(3)　$1\leqq x^2+y^2\leqq 3$

(1)　$3x+2y-2\geqq 0$ から

$$y\geqq -\frac{3}{2}x+1$$

求める領域は，直線 $y=-\frac{3}{2}x+1$
およびその上側と，
円 $(x+2)^2+(y-2)^2=4$ の内部の
共通部分で，**図の斜線部分。**
ただし，境界線は，直線を含み，円周および，直線と円の交点を含まない。

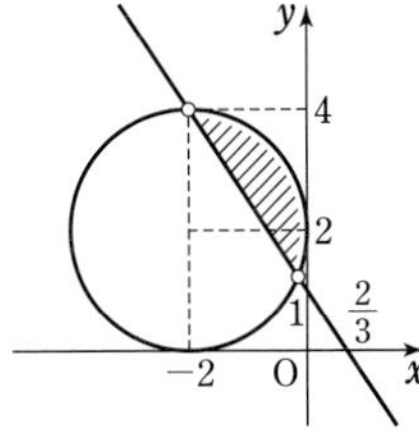

注意　境界線の共有点の座標は $\left(-\frac{2}{13},\ \frac{16}{13}\right)$，$(-2,\ 4)$ で，これは $3x+2y-2\geqq 0$ を満たすが $(x+2)^2+(y-2)^2<4$ を満たさない。2 つの不等式を同時に満たさないから，共有点は領域に含まれない。

(2) $y \leqq -x^2+4x+1$ から

$$y \leqq -(x-2)^2+5$$

求める領域は，放物線
$y=-(x-2)^2+5$ およびその下側と，
直線 $y=x+1$ およびその下側の
共通部分で，**図の斜線部分**。
ただし，境界線を含む。

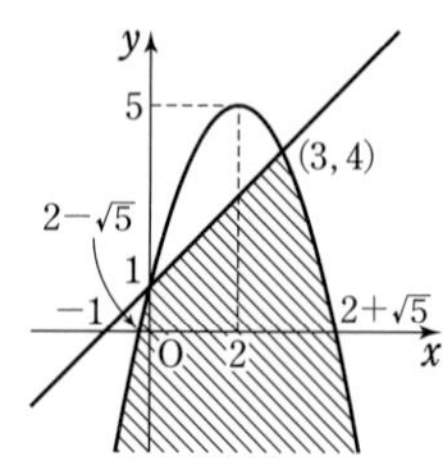

⇦$-x^2+4x+1$
$=-(x^2-2\cdot2x+2^2)$
$\quad+2^2+1$

⇦放物線と直線の交点の x 座標は
$-x^2+4x+1=x+1$
を解くと　$x=0,\ 3$
$x=0$ のとき　$y=1$
$x=3$ のとき　$y=4$

(3) 与式は 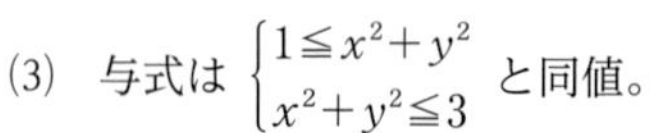 $\begin{cases} 1 \leqq x^2+y^2 \\ x^2+y^2 \leqq 3 \end{cases}$ と同値。

求める領域は，円 $x^2+y^2=1$ の周
および外部と，円 $x^2+y^2=3$ の周
および内部の共通部分で，**図の斜線部分**。
ただし，境界線を含む。

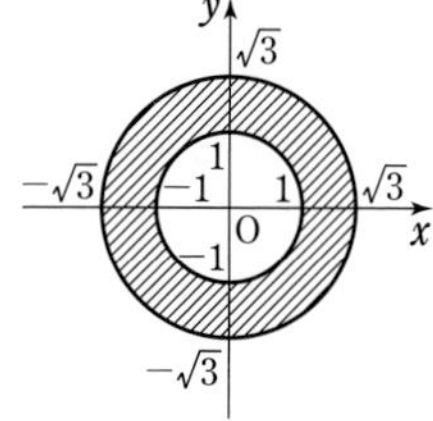

⇦$P \leqq Q \leqq R$
$\iff \begin{cases} P \leqq Q \\ Q \leqq R \end{cases}$

PR
②**105**

次の不等式の表す領域を図示せよ。
(1) $(x-1)(x-2y)<0$　　(2) $(x-y)(x^2+y^2-1) \geqq 0$
(3) $(x^2+y^2-4)(x^2+y^2-4x+3) \leqq 0$

(1) $(x-1)(x-2y)<0$ から

$$\begin{cases} x-1>0 \\ x-2y<0 \end{cases} \text{ または } \begin{cases} x-1<0 \\ x-2y>0 \end{cases}$$

⇦$AB<0 \iff$
$\begin{cases} A>0 \\ B<0 \end{cases}$ または $\begin{cases} A<0 \\ B>0 \end{cases}$

すなわち

$$\begin{cases} x>1 \\ y>\dfrac{1}{2}x \end{cases} \cdots\cdots Ⓐ \quad \text{または}$$

$$\begin{cases} x<1 \\ y<\dfrac{1}{2}x \end{cases} \cdots\cdots Ⓑ$$

inf. 例えば，点 $(0,\ 1)$ は $(0-1)(0-2\cdot1)=2>0$ を満たすので正領域にある。求める負領域はこの点の領域から境界線を1つ越えるごとに斜線を引けばよい。(2), (3) も同様。

求める領域は，Ⓐ の表す領域と
Ⓑ の表す領域の和集合である。
よって，求める領域は **図の斜線部分。ただし，境界線を含まない。**

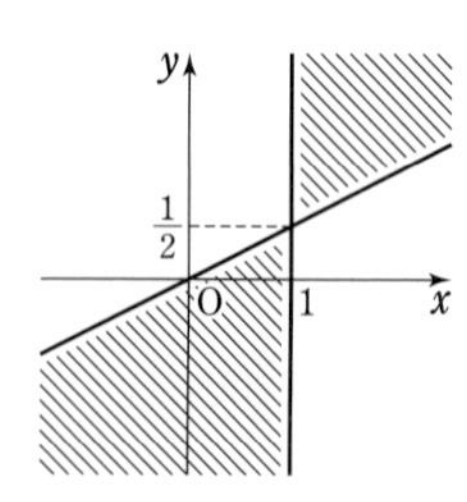

⇦Ⓐ∪Ⓑ が解。共通部分 Ⓐ∩Ⓑ は誤り！

(2) $(x-y)(x^2+y^2-1) \geqq 0$ から

$$\begin{cases} x-y \geqq 0 \\ x^2+y^2-1 \geqq 0 \end{cases} \text{ または } \begin{cases} x-y \leqq 0 \\ x^2+y^2-1 \leqq 0 \end{cases}$$

⇦$AB \geqq 0 \iff$
$\begin{cases} A \geqq 0 \\ B \geqq 0 \end{cases}$ または $\begin{cases} A \leqq 0 \\ B \leqq 0 \end{cases}$

すなわち

$\begin{cases} y \leqq x \\ x^2+y^2 \geqq 1 \end{cases}$ …… Ⓐ　または

$\begin{cases} y \geqq x \\ x^2+y^2 \leqq 1 \end{cases}$ …… Ⓑ

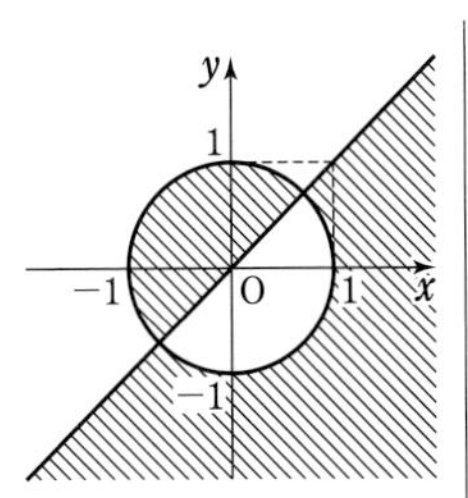

求める領域は，Ⓐ の表す領域と Ⓑ の表す領域の和集合である。

よって，求める領域は **図の斜線部分。ただし，境界線を含む。**

(3)　$(x^2+y^2-4)(x^2+y^2-4x+3) \leqq 0$ から

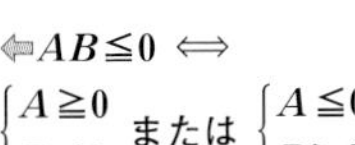
⇐$AB \leqq 0$ ⟺ $\begin{cases} A \geqq 0 \\ B \leqq 0 \end{cases}$ または $\begin{cases} A \leqq 0 \\ B \geqq 0 \end{cases}$

$\begin{cases} x^2+y^2-4 \geqq 0 \\ x^2+y^2-4x+3 \leqq 0 \end{cases}$　または　$\begin{cases} x^2+y^2-4 \leqq 0 \\ x^2+y^2-4x+3 \geqq 0 \end{cases}$

すなわち

$\begin{cases} x^2+y^2 \geqq 4 \\ (x-2)^2+y^2 \leqq 1 \end{cases}$ …… Ⓐ　または

$\begin{cases} x^2+y^2 \leqq 4 \\ (x-2)^2+y^2 \geqq 1 \end{cases}$ …… Ⓑ

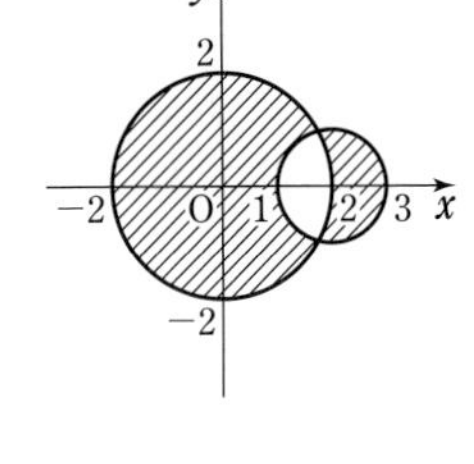

求める領域は，Ⓐ の表す領域と Ⓑ の表す領域の和集合である。

よって，求める領域は **図の斜線部分。ただし，境界線を含む。**

PR ②106　x，y が 4 つの不等式 $x \geqq 0$，$y \geqq 0$，$x-2y+8 \geqq 0$，$3x+y-18 \leqq 0$ を満たすとき，$x-4y$ のとる値の最大値および最小値を求めよ。

与えられた連立不等式の表す領域 D は，4 点 (0, 4)，(0, 0)，(6, 0)，(4, 6) を頂点とする四角形の周および内部である。

⇐2 直線 $x-2y+8=0$，$3x+y-18=0$ の交点の座標は (4, 6)

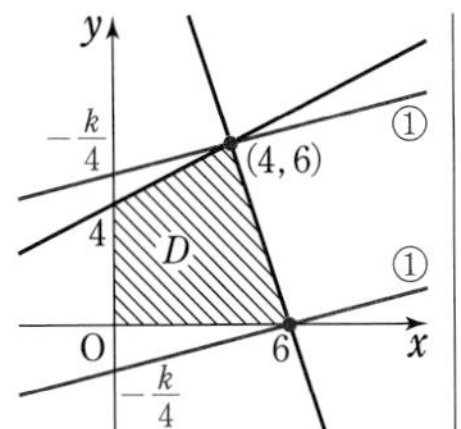

ここで，$x-4y=k$ …… ① とおくと，① は傾き $\frac{1}{4}$，y 切片 $-\frac{k}{4}$ の直線を表す。

⇐$x-4y=k$ から $y=\frac{1}{4}x-\frac{k}{4}$

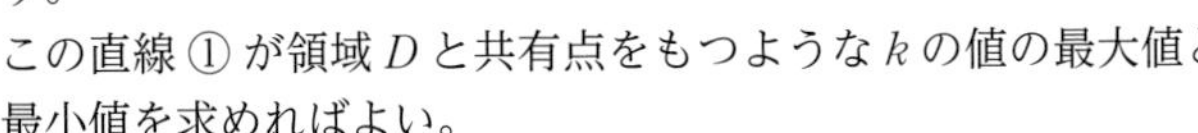
この直線 ① が領域 D と共有点をもつような k の値の最大値と最小値を求めればよい。

図から，直線 ① が

点 (6, 0) を通るとき $-\frac{k}{4}$ は最小すなわち k は最大となり，

点 (4, 6) を通るとき $-\frac{k}{4}$ は最大すなわち k は最小となる。

⇐領域 D は四角形であるから，4 つの頂点のどこかで最大・最小をとる。
⟶ 傾き $\frac{1}{4}$ の直線を平行移動して調べる。

したがって，$x-4y$ は

$x=6$，$y=0$ のとき最大値 6　をとり，

$x=4$，$y=6$ のとき最小値 -20　をとる。

3章 PR

PR ②107

x, y は実数とする。
(1) $x+y>0$ かつ $x-y>0$ ならば $2x+y>0$ であることを証明せよ。
(2) 「$x^2+y^2\leqq 1$ ならば $3x+y\geqq k$ である」が成り立つような k の最大値を求めよ。

(1) 不等式 $x+y>0$ かつ $x-y>0$ の表す領域を P,
不等式 $2x+y>0$ の表す領域を Q とすると，領域 P, Q は，それぞれ右の図（境界線を含まない）のようになり，図から $P\subset Q$ が成り立つ。
よって，$x+y>0$ かつ $x-y>0$
ならば　$2x+y>0$
である。

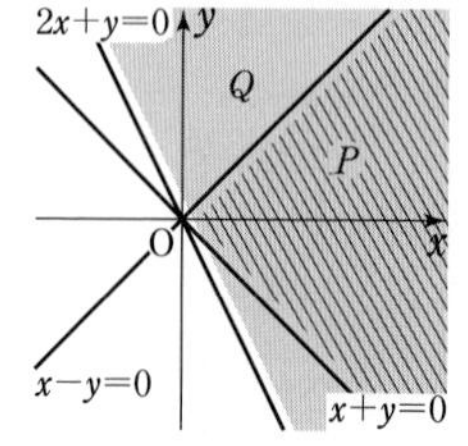

⇐$x+y>0$ かつ $x-y>0$
$\iff$ $y>-x$ かつ $y<x$
また，$2x+y>0$ から
$y>-2x$

(2) 不等式 $x^2+y^2\leqq 1$ の表す領域を P,
不等式 $3x+y\geqq k$ の表す領域を Q とすると，命題が成り立つための条件は，$P\subset Q$ が成り立つことである。
P は円 $x^2+y^2=1$ の周および内部，
Q は直線 $y=-3x+k$ およびその上側である。

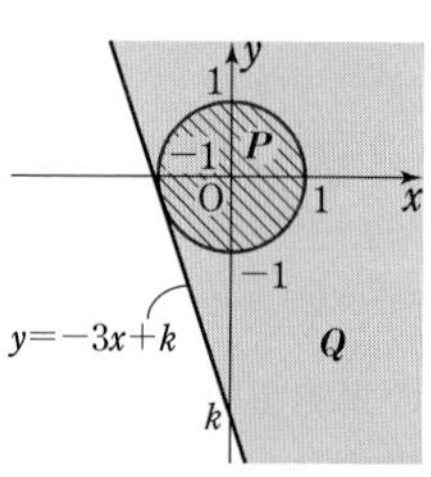

⇐$3x+y\geqq k$ から
$y\geqq -3x+k$

よって，求める k の最大値は，直線 $3x+y=k$ が，円 $x^2+y^2=1$ と第 3 象限において接するときの k の値である。
円の中心 $(0,\ 0)$ と直線 $3x+y-k=0$ の距離は

$$\frac{|3\cdot 0+0-k|}{\sqrt{3^2+1^2}}=\frac{|k|}{\sqrt{10}}$$

⇐点 $(x_1,\ y_1)$ と直線 $ax+by+c=0$ の距離は $\dfrac{|\boldsymbol{a}\boldsymbol{x}_1+\boldsymbol{b}\boldsymbol{y}_1+\boldsymbol{c}|}{\sqrt{\boldsymbol{a}^2+\boldsymbol{b}^2}}$

円 $x^2+y^2=1$ と直線 $3x+y=k$ が第 3 象限において接するとき，$x<0$ かつ $y<0$ より，$k<0$ であるから

$$k<0 \text{ かつ } \frac{|k|}{\sqrt{10}}=1$$

⇐第 3 象限 $\iff$ $x<0$ かつ $y<0$

ゆえに　　$\boldsymbol{k=-\sqrt{10}}$

PR ③108

直線 $y=ax+b$ が，2 点 A$(-1,\ 5)$, B$(2,\ -1)$ を結ぶ線分と共有点をもつような a, b の条件を求め，ab 平面に図示せよ。

直線 ℓ：$y=ax+b$ が線分 AB と共有点をもつのは，次の[1]または[2]の場合である。

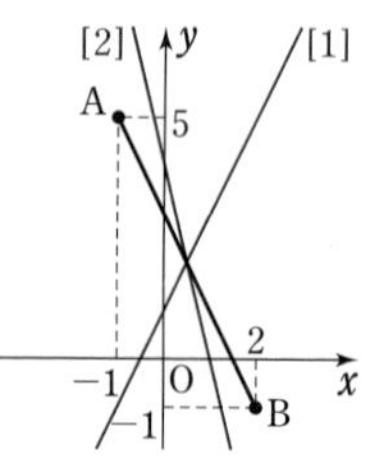

[1] 点 A が直線 ℓ 上の点を含む上側，点 B が直線 ℓ 上の点を含む下側にある。
その条件は　　$5\geqq -a+b$ かつ $-1\leqq 2a+b$ ……①

[2] 点 A が直線 ℓ 上の点を含む下側，点 B が直線 ℓ 上の点を含む上側にある。
その条件は　　$5\leqq -a+b$ かつ $-1\geqq 2a+b$ ……②

求める a，b の条件は，①，② から，

$$\begin{cases} b \leqq a+5 \\ b \geqq -2a-1 \end{cases}$$

または $\begin{cases} b \geqq a+5 \\ b \leqq -2a-1 \end{cases}$

と同値である。

よって，求める領域は **図の斜線部分。ただし，境界線を含む。**

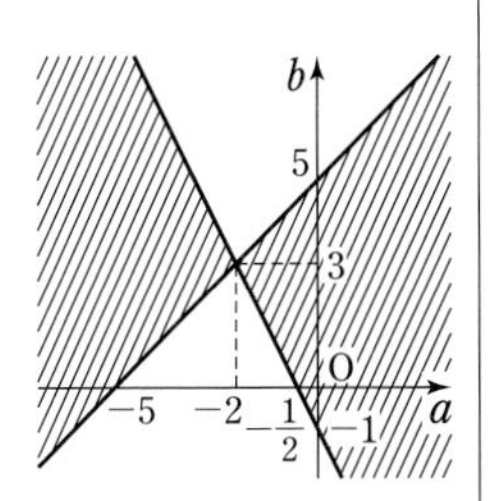

inf. $f(x,\ y)=ax-y+b$ として，

$f(-1,\ 5)\cdot f(2,\ -1) \leqq 0$

と考えることもできる。

PR ③109

ある工場で２種類の製品A，Bが，２人の職人M，Wによって生産されている。製品Aについては，１台当たり組立作業に６時間，調整作業に２時間が必要である。また，製品Bについては，組立作業に３時間，調整作業に５時間が必要である。いずれの作業も日をまたいで継続することができる。職人Mは組立作業のみに，職人Wは調整作業のみに従事し，かつ，これらの作業にかける時間は職人Mが１週間に18時間以内，職人Wが１週間に10時間以内と制限されている。
４週間での製品A，Bの合計生産台数を最大にしたい。その合計生産台数を求めよ。〔岩手大〕

４週間でのAの生産台数を x，Bの生産台数を y とすると，条件から

$x \geqq 0$，$y \geqq 0$，

$6x+3y \leqq 18\cdot 4$，$2x+5y \leqq 10\cdot 4$

	組立	調整
A	6時間	2時間
B	3時間	5時間

すなわち　$x \geqq 0$，$y \geqq 0$，$2x+y \leqq 24$，$2x+5y \leqq 40$

この連立不等式の表す領域は右の図の斜線部分である。ただし，境界線を含む。合計生産台数を k とすると

$$k=x+y \quad \cdots\cdots ①$$

これは傾きが -1，y 切片が k の直線を表す。図から，直線 ① が点 $(10,\ 4)$ を通るとき，k の値は最大になり

$$k=10+4=14$$

したがって，合計生産台数は最大 **14 台** である。

inf. x，y がいくつかの１次不等式を満たすとき，x，y のある１次式の値を最大または最小にする問題を**線形計画法**の問題といい，経済の問題でも利用される。

⇐$y=-x+k$

⇐直線 ① の傾きが -1 から，領域の境界線の傾きについて

$-2<-1<-\dfrac{2}{5}$

⇐A 10台，B 4台

PR ④110

座標平面上の点 $P(x,\ y)$ が $3y \leqq x+11$，$x+y-5 \geqq 0$，$y \geqq 3x-7$ の範囲を動くとき，x^2+y^2-4y の最大値と最小値を求めよ。〔類　北海道薬大〕

与えられた連立不等式の表す領域 D は，３点 $A(1,\ 4)$，$B(3,\ 2)$，$C(4,\ 5)$ を頂点とする三角形の周および内部である。

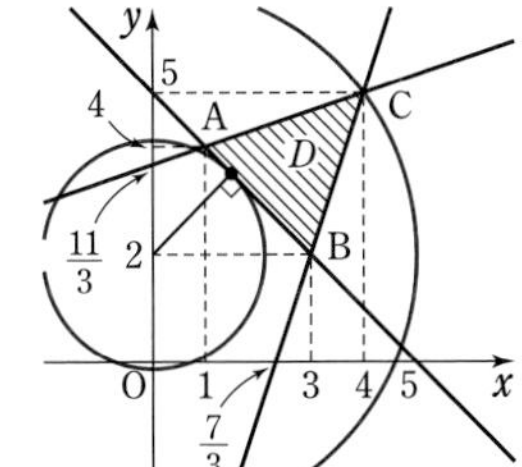

$x^2+y^2-4y=k$ とおくと

$$x^2+(y-2)^2=k+4 \quad \cdots\cdots ①$$

$k+4>0$ のとき，① は点 $(0,\ 2)$ を中心とする半径 $\sqrt{k+4}$ の円を表す。この円 ① が領域 D と共有点をもつような k の値の最大値と最小値を求めればよい。

⇐境界線の交点 A，B，C の座標はそれぞれ次の連立方程式を解くと得られる。

(A) $\begin{cases} 3y=x+11 \\ x+y-5=0 \end{cases}$

(B) $\begin{cases} x+y-5=0 \\ y=3x-7 \end{cases}$

(C) $\begin{cases} y=3x-7 \\ 3y=x+11 \end{cases}$

図から，円 ① が C(4, 5) を通るとき，k は最大で

$$k=4^2+(5-2)^2-4=21$$

また，図から円 ① が直線 AB：$y=-x+5$ …… ② に接するとき，k が最小になる。

接点の座標は，円 ① の中心 (0, 2) を通り直線 ② に垂直な直線 $y=x+2$ と直線 ② の交点であるから

$$(x,\ y)=\left(\frac{3}{2},\ \frac{7}{2}\right)$$

円 ① がこの点を通るとき，k は最小で

$$k=\left(\frac{3}{2}\right)^2+\left(\frac{7}{2}-2\right)^2-4=\frac{1}{2}$$

したがって　　**$x=4$，$y=5$ のとき最大値 21，**

$x=\frac{3}{2}$，$y=\frac{7}{2}$ のとき最小値 $\frac{1}{2}$

別解 (最小値について)
①, ② から x を消去すると

$2y^2-14y+25-k=0$ …… ③

円 ① が直線 ② に接するための条件は，判別式を D とすると　$D=0$

$\frac{D}{4}=(-7)^2-2(25-k)$
$=2k-1$

であるから　$k=\frac{1}{2}$

このとき，③ の重解は

$y=\frac{7}{2}$

よって，② から　$x=\frac{3}{2}$

したがって　**$x=\frac{3}{2}$，**

$y=\frac{7}{2}$ のとき最小値 $\frac{1}{2}$

PR ⑤111

実数 t に対して xy 平面上の直線 ℓ_t：$y=2tx+t^2$ を考える。
(1) 点Pを通る直線 ℓ_t はただ1つであるとする。このような点Pの軌跡の方程式を求めよ。
(2) t がすべての実数値をとって変わるとき，直線 ℓ_t が通る点 $(x,\ y)$ の全体を図示せよ。

(1) P$(p,\ q)$ とする。

直線 ℓ_t が点Pを通るとき　　$q=2tp+t^2$

すなわち　　$t^2+2pt-q=0$ …… ①

点Pを通る直線 ℓ_t がただ1つであるための条件は，① を満たす実数 t がただ1つ存在することである。

t の2次方程式 ① の判別式を D とすると

$$\frac{D}{4}=p^2+q$$

$D=0$ から　　$q=-p^2$

したがって，点Pの軌跡の方程式は　　$\boldsymbol{y=-x^2}$

inf. (1) 例えば，直線 ℓ_t が点 P(1, −1) を通るとすると $-1=2t\cdot1+t^2$
よって　$t^2+2t+1=0$
ゆえに　$t=-1$ (重解)
すなわち，P(1, −1) を通る直線 ℓ_t は
$y=-2x+1$ のみ。

(2) $y=2tx+t^2$ から　　$t^2+2xt-y=0$ …… ②

直線 ℓ_t が点 $(x,\ y)$ を通る条件は，② を満たす実数 t が存在することである。

⇦逆像法

t の2次方程式 ② の判別式を D とすると

$$\frac{D}{4}=x^2+y$$

$D\geqq0$ から　　$y\geqq-x^2$

したがって，直線 ℓ_t が通る領域は
図の斜線部分。
ただし，境界線を含む。

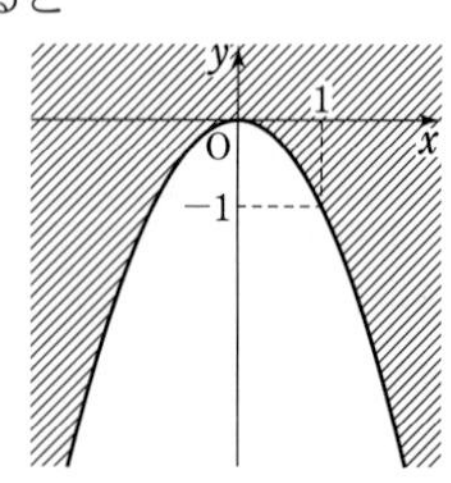

別解　$\ell_t : y=2tx+t^2$

実数 t の値を変化させるとき，直線 ℓ_t と直線 $x=p$ との共有点の y 座標のとりうる値の範囲を考える。

$$y=2tp+t^2=(t+p)^2-p^2 \geqq -p^2$$

したがって，$x=p$ のとき，y のとりうる値の範囲は，$y \geqq -p^2$ である。

これから，p の値を変化させると，求める直線 ℓ_t が通る領域は，放物線 $y=-x^2$ およびその上側の部分で，**図の斜線部分。ただし，境界線を含む。**

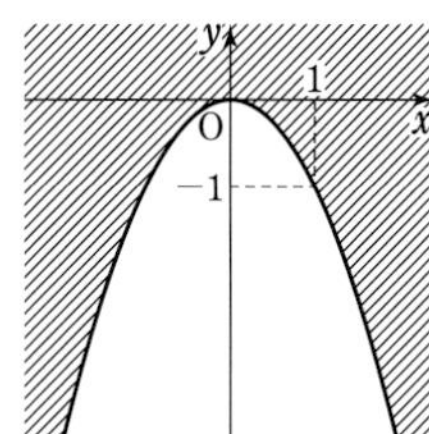

⇦ファクシミリ論法

⇦$x=p$ のとき，$y \geqq -p^2$ であるから p をすべての実数で動かすと，$y \geqq -x^2$ となる。

3章
PR

PR ④112　座標平面上の点 $(p,\ q)$ は $x^2+y^2 \leqq 8$，$x \geqq 0$，$y \geqq 0$ で表される領域を動く。点 $(p+q,\ pq)$ の動く範囲を図示せよ。〔類　関西大〕

条件から　　$p^2+q^2 \leqq 8$ …… ①，　$p \geqq 0$，$q \geqq 0$

$X=p+q$，$Y=pq$ とおく。

p，q は2次方程式 $t^2-Xt+Y=0$ の0以上の解であるから，判別式を D とすると

$$D \geqq 0 \quad かつ \quad p+q \geqq 0 \quad かつ \quad pq \geqq 0$$

よって　　$X^2-4Y \geqq 0$　かつ　$X \geqq 0$ かつ $Y \geqq 0$ …… ②

また，① から　　$(p+q)^2-2pq \leqq 8$

よって　　$X^2-2Y \leqq 8$ …… ③

したがって，

② かつ ③の表す領域を，変数 X，Y を x，y におき換えて xy 平面上に図示すると，**図の斜線部分。ただし，境界線を含む。**

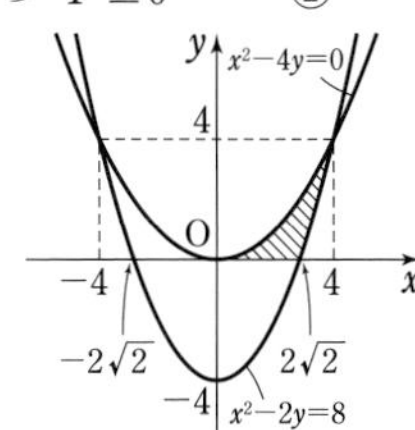

⇦点 $(X,\ Y)$ が求める範囲内にある
$\iff$ $X=p+q$，$Y=pq$，$p^2+q^2 \leqq 8$，$p \geqq 0$，$q \geqq 0$ を満たす実数の組 $(p,\ q)$ が存在する。

⇦$p^2+q^2=(p+q)^2-2pq$

⇦$\frac{1}{4}x^2=\frac{1}{2}x^2-4$ とすると　$x=\pm 4$

注意　解答の図は，次の連立不等式の表す領域である。

$$\begin{cases} x^2-2y \leqq 8 \\ x^2-4y \geqq 0 \\ x \geqq 0 \\ y \geqq 0 \end{cases} \quad すなわち \quad \begin{cases} y \geqq \dfrac{1}{2}x^2-4 \\ y \leqq \dfrac{1}{4}x^2 \\ x \geqq 0 \\ y \geqq 0 \end{cases}$$

また，放物線 $x^2-2y=8$ と $x^2-4y=0$ の交点の座標は，2つの放物線の方程式を連立して解くと

$$(x,\ y)=(-4,\ 4),\ (4,\ 4)$$

⇦x^2 を消去して解くとよい。

EX ②63 数直線上に3点 A(3)，B(−3)，C(5) がある。線分 AB を 2：1 に内分する点を D，線分 AC を 3：1 に外分する点を E とするとき，線分 DE を 3：4 に内分する点の座標を求めよ。

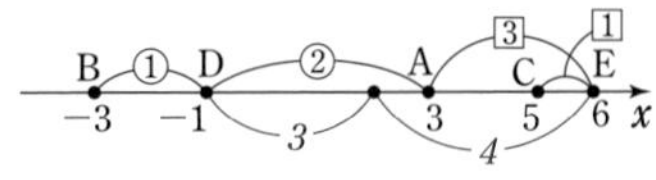

点 D の座標は　$\dfrac{1\cdot3+2\cdot(-3)}{2+1}=\dfrac{-3}{3}=-1$

点 E の座標は　$\dfrac{-1\cdot3+3\cdot5}{3-1}=\dfrac{12}{2}=6$

よって，線分 DE を 3：4 に内分する点の座標は

$$\frac{4\cdot(-1)+3\cdot6}{3+4}=\frac{14}{7}=\mathbf{2}$$

EX ③64 O を原点とする座標平面上に2点 A(−1, 2)，B(4, 2) をとる。実数 t は $0<t<1$ を満たすとし，線分 OA を $t:(1-t)$ に内分する点を P，線分 OB を $(1-t):t$ に内分する点を Q とする。このとき，線分 PQ の長さの最小値，およびそのときの t の値を求めよ。〔東京電機大〕

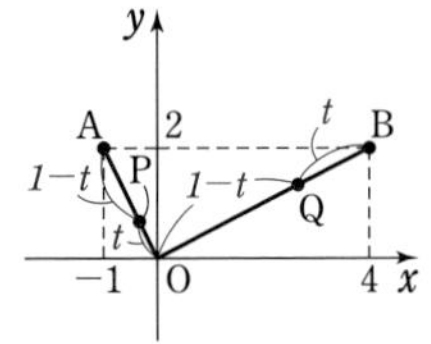

点 P は線分 OA を $t:(1-t)$ に内分するから，座標は

$$\left(\frac{(1-t)\cdot0+t\cdot(-1)}{t+(1-t)},\ \frac{(1-t)\cdot0+t\cdot2}{t+(1-t)}\right)$$

よって　$(-t,\ 2t)$

点 Q は線分 OB を $(1-t):t$ に内分するから，座標は

$$\left(\frac{t\cdot0+(1-t)\cdot4}{(1-t)+t},\ \frac{t\cdot0+(1-t)\cdot2}{(1-t)+t}\right)$$

よって　$(4-4t,\ 2-2t)$

ゆえに　$PQ^2=\{(4-4t)-(-t)\}^2+\{(2-2t)-2t\}^2$

⇦距離の2乗で計算する。

$$=(4-3t)^2+(2-4t)^2$$
$$=25t^2-40t+20$$
$$=25\left(t-\frac{4}{5}\right)^2+4$$

⇦PQ^2 は t の2次関数 →基本形に変形

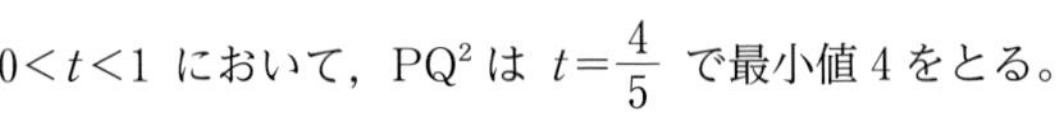

$0<t<1$ において，PQ^2 は $t=\dfrac{4}{5}$ で最小値 4 をとる。

⇦放物線の軸 $t=\dfrac{4}{5}$ は $0<t<1$ の範囲内。

$PQ>0$ であるから，PQ^2 が最小となるとき PQ も最小となる。

よって，PQ は，$\boldsymbol{t=\dfrac{4}{5}}$ **で最小値** $\sqrt{4}=\mathbf{2}$ をとる。

EX ③65 3点 $A(2a,\ a+\sqrt{3}a)$，$B(3a,\ a)$，$C(4a,\ a+\sqrt{3}a)$ を頂点とする△ABC の形を調べよ。ただし，$a>0$ とする。

$$AB^2=(3a-2a)^2+\{a-(a+\sqrt{3}a)\}^2$$
$$=a^2+3a^2=4a^2$$
$$BC^2=(4a-3a)^2+(a+\sqrt{3}a-a)^2$$
$$=a^2+3a^2=4a^2$$
$$CA^2=(2a-4a)^2+\{a+\sqrt{3}a-(a+\sqrt{3}a)\}^2=4a^2$$

したがって　$AB^2=BC^2=CA^2=4a^2$

$a>0$ であるから　$AB=BC=CA=2a$

⇦ 3辺が等しい ⟺ 正三角形

よって，△ABC は1辺の長さが $2a$ の **正三角形** である。

EX ②66

三角形 ABC において，辺 BC を 3 等分する点 P，Q を BP=PQ=QC となるようにとる。このとき，次の関係式が成り立つことを証明せよ。

$2AB^2+AC^2=3(AP^2+2BP^2)$　〔福島大〕

HINT　B を原点に，直線 BC を x 軸にとる。
辺 BC を 3 等分する点を考えるから，C$(3c,\ 0)$ とすると，分数が出てこないので，計算がスムーズになる。

点 B を原点に，直線 BC を x 軸にとり，A$(a,\ b)$，C$(3c,\ 0)$ $(b\neq0,\ c\neq0)$ とすると，条件から，P$(c,\ 0)$，Q$(2c,\ 0)$ と表すことができる。このとき

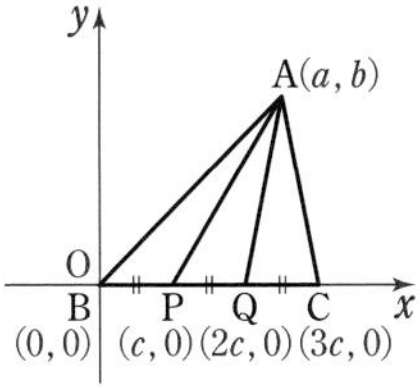

$2AB^2+AC^2$
$=2\{(-a)^2+(-b)^2\}+\{(3c-a)^2+(-b)^2\}$
$=3a^2+3b^2+9c^2-6ca$

$3(AP^2+2BP^2)=3AP^2+6BP^2$
$=3\{(c-a)^2+(-b)^2\}+6c^2$
$=3a^2+3b^2+9c^2-6ca$

よって　$2AB^2+AC^2=3(AP^2+2BP^2)$

⇐次の図のように座標軸を定めてもよい。

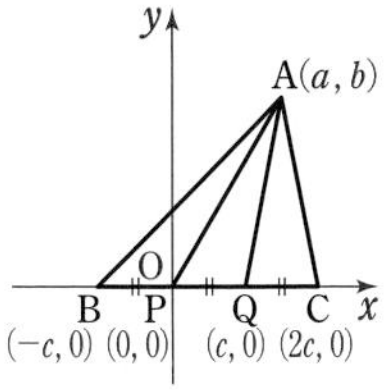

別解　中線定理を用いる。

△ABQ において，中線定理から
$AB^2+AQ^2=2(AP^2+PQ^2)$ …… ①

△APC において，中線定理から
$AC^2+AP^2=2(AQ^2+PQ^2)$ …… ②

①×2+② から
$2AB^2+2AQ^2+AC^2+AP^2=4(AP^2+PQ^2)+2(AQ^2+PQ^2)$

ゆえに　$2AB^2+AC^2=3(AP^2+2PQ^2)$

PQ=BP から　$2AB^2+AC^2=3(AP^2+2BP^2)$

⇐解答編 $p.96$ PRACTICE 67 (1) 参照。
⇐△ABQ において，点 P は，辺 BQ の中点。
⇐△APC において，点 Q は，辺 PC の中点。
⇐両辺から $2AQ^2$ を引き，AP^2 を右辺へ移項する。

EX ③67

△ABC の辺 BC，CA，AB の上に，それぞれ点 D，E，F をとり，BD：DC=CE：EA=AF：FB となるようにするとき，△DEF の重心と △ABC の重心は一致することを証明せよ。〔近畿大〕

HINT　BD：DC=m：n とし，B$(-mc,\ 0)$，C$(nc,\ 0)$ とすると点 D は原点となる。A$(a,\ b)$ とし，△DEF，△ABC の重心の座標を a，b，c，m，n で表す。

BD：DC=CE：EA=AF：FB=m：n とし，直線 BC を x 軸にとり，B$(-mc,\ 0)$，C$(nc,\ 0)$，A$(a,\ b)$ とすると，点 D は原点 O となる。このとき

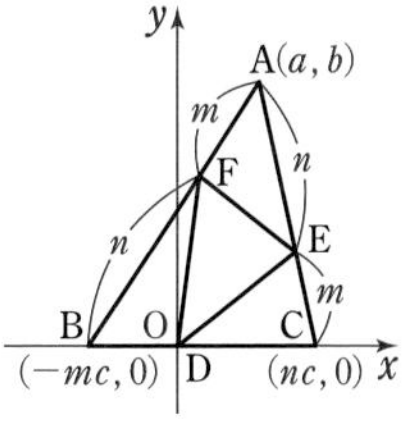

$$E\left(\frac{n^2c+ma}{m+n},\ \frac{mb}{m+n}\right),\ F\left(\frac{na-m^2c}{m+n},\ \frac{nb}{m+n}\right)$$

また，△ABC の重心を $G_1(x_1,\ y_1)$ とすると

$$x_1=\frac{a+(-m+n)c}{3},\ y_1=\frac{b}{3}$$

△DEF の重心を $G_2(x_2,\ y_2)$ とすると

$$x_2=\frac{1}{3}\left(\frac{n^2c+ma+na-m^2c}{m+n}\right)$$
$$=\frac{1}{3}\left\{\frac{(m+n)a-(m+n)(m-n)c}{m+n}\right\}$$
$$=\frac{a+(-m+n)c}{3}$$
$$y_2=\frac{1}{3}\left(\frac{mb+nb}{m+n}\right)=\frac{b}{3}$$

よって　　$x_1=x_2$, $y_1=y_2$

ゆえに，△DEF の重心と △ABC の重心は一致する。

別解　$A(a_1,\ a_2)$, $B(b_1,\ b_2)$, $C(c_1,\ c_2)$ とし，

BD：DC＝CE：EA＝AF：FB＝$t:(1-t)$ $(0<t<1)$ とすると

$D((1-t)b_1+tc_1,\ (1-t)b_2+tc_2)$,　$E((1-t)c_1+ta_1,\ (1-t)c_2+ta_2)$,

$F((1-t)a_1+tb_1,\ (1-t)a_2+tb_2)$

また，△ABC の重心を $G_1(x_1,\ y_1)$ とすると　　$x_1=\dfrac{a_1+b_1+c_1}{3}$, $y_1=\dfrac{a_2+b_2+c_2}{3}$

△DEF の重心を $G_2(x_2,\ y_2)$ とすると

$$x_2=\frac{1}{3}\{(1-t)b_1+tc_1+(1-t)c_1+ta_1+(1-t)a_1+tb_1\}=\frac{a_1+b_1+c_1}{3}$$

同様に計算して　　$y_2=\dfrac{a_2+b_2+c_2}{3}$

よって，G_1 と G_2 は一致する。

EX ②68　3 点 A(0, 2), B(−1, −1), C(3, 0) がある。

(1) △ABC の重心 G の座標を求めよ。

(2) 3 点 A，B，C と，もう 1 つの点 D を結んで平行四辺形を作る。第 4 の頂点 D の座標を求めよ。　〔徳島文理大〕

(1) △ABC の重心 G の座標を G$(x,\ y)$ とすると

$$x=\frac{0+(-1)+3}{3},\ y=\frac{2+(-1)+0}{3}$$

ゆえに，点 G の座標は　　$\left(\dfrac{2}{3},\ \dfrac{1}{3}\right)$

⇐重心は 3 点の座標の平均

(2) 頂点 D の座標を $(x,\ y)$ とする。

平行四辺形の頂点の順序は，次の 3 つの場合がある。

[1] ABCD　　[2] ABDC　　[3] ADBC

⇐平行四辺形の条件「**2 本の対角線の中点は一致する**」を利用。

[1] 平行四辺形 ABCD の場合

線分 DB と線分 AC の中点が一致するから

$$\frac{x-1}{2}=\frac{0+3}{2},$$
$$\frac{y-1}{2}=\frac{2+0}{2}$$

したがって　　$x=4$, $y=3$

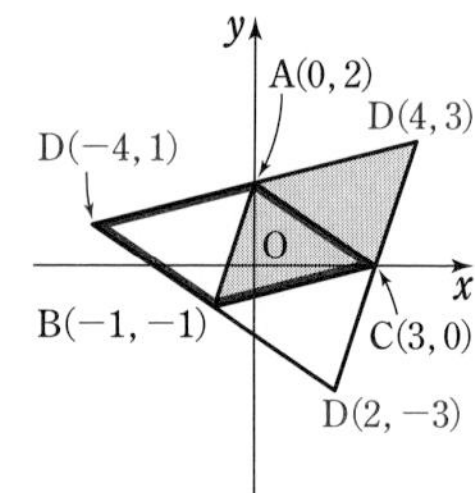

[2] 平行四辺形 ABDC の場合

線分 DA と線分 BC の中点が一致するから

$$\frac{x+0}{2}=\frac{-1+3}{2},\ \frac{y+2}{2}=\frac{-1+0}{2}$$

したがって　　$x=2,\ y=-3$

[3]　平行四辺形 ADBC の場合

線分 DC と線分 AB の中点が一致するから

$$\frac{x+3}{2}=\frac{0-1}{2},\ \frac{y+0}{2}=\frac{2-1}{2}$$

したがって　　$x=-4,\ y=1$

以上から，頂点 D の座標は　　**(4, 3), (2, −3), (−4, 1)**

3章
EX

EX ③69　3 点 A(0, 0), B(2, 5), C(6, 0) に対し $PA^2+PB^2+PC^2$ の最小値およびそのときの点 P の座標を求めよ。

点 P の座標を $(x,\ y)$ とすると

$PA^2+PB^2+PC^2$

$=(x^2+y^2)+\{(x-2)^2+(y-5)^2\}$
$\quad+\{(x-6)^2+y^2\}$

$=3x^2-16x+3y^2-10y+65$

$=3\left\{\left(x-\frac{8}{3}\right)^2-\left(\frac{8}{3}\right)^2\right\}$
$\quad+3\left\{\left(y-\frac{5}{3}\right)^2-\left(\frac{5}{3}\right)^2\right\}+65$

$=3\left(x-\frac{8}{3}\right)^2+3\left(y-\frac{5}{3}\right)^2+\frac{106}{3}$ ······ ①

⇐ 2 次式は基本形に変形 $x,\ y$ それぞれについて平方完成する。

⇐ $-3\left(\frac{8}{3}\right)^2-3\left(\frac{5}{3}\right)^2+65$
$=-\frac{64}{3}-\frac{25}{3}+\frac{195}{3}$
$=\frac{106}{3}$

① において　　$3\left(x-\frac{8}{3}\right)^2\geqq 0,\ 3\left(y-\frac{5}{3}\right)^2\geqq 0$

よって，$PA^2+PB^2+PC^2$ は，$x=\frac{8}{3},\ y=\frac{5}{3}$ のとき

最小値 $\boldsymbol{\frac{106}{3}}$ をとり，そのときの点 P の座標は　$\boldsymbol{\left(\frac{8}{3},\ \frac{5}{3}\right)}$

EX ②70　座標平面上の 3 点 A(−2, −2), B(2, 6), C(5, −3) について
(1)　線分 AB の垂直二等分線の方程式を求めよ。
(2)　△ABC の外心の座標を求めよ。

(1)　線分 AB の中点 M の座標は　　M(0, 2)

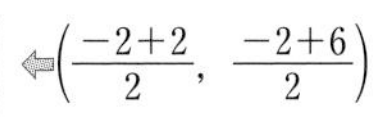
⇐ $\left(\frac{-2+2}{2},\ \frac{-2+6}{2}\right)$

線分 AB の傾きは　$\frac{6-(-2)}{2-(-2)}=2$

したがって，線分 AB の垂直二等分線は，点 M を通り，傾きが $-\frac{1}{2}$ であるから

$$y-2=-\frac{1}{2}(x-0)$$

すなわち　　$\boldsymbol{y=-\frac{1}{2}x+2}$ ······ ①

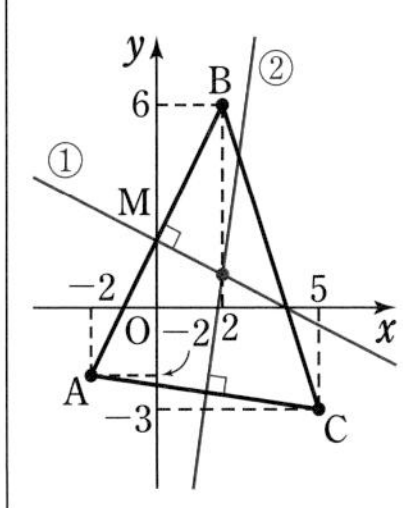

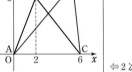

別解　項目 ⑬ で学ぶ「軌跡」の考えを用いた別解

求める線分 AB の垂直二等分線上の点を P$(x,\ y)$ とすると，

AP=BP より　$\mathrm{AP}^2=\mathrm{BP}^2$

したがって

$$(x+2)^2+(y+2)^2=(x-2)^2+(y-6)^2$$

整理して　$\boldsymbol{x+2y-4=0}$

(2)　線分 AC の中点の座標は

$$\left(\frac{3}{2},\ -\frac{5}{2}\right)$$

⇐$\left(\frac{-2+5}{2},\ \frac{-2-3}{2}\right)$

線分 AC の傾きは　$\dfrac{-3-(-2)}{5-(-2)}=-\dfrac{1}{7}$

したがって，線分 AC の垂直二等分線の方程式は

$$y-\left(-\frac{5}{2}\right)=7\left(x-\frac{3}{2}\right)$$

⇐2 直線の垂直条件 $mm'=-1$

ゆえに　$y=7x-13$ …… ②

求める外心は，①，② の交点であるから

$$-\frac{1}{2}x+2=7x-13 \quad \text{から} \quad x=2,\ y=1$$

よって，外心の座標は　$(\mathbf{2},\ \mathbf{1})$

inf.　外心を P$(x,\ y)$ とおいて $\mathrm{AP}^2=\mathrm{BP}^2=\mathrm{CP}^2$ から外心の座標を求めることもできる。

EX ③71

2 直線 $\ell：2x-y+3=0$，$m：3x-2y-1=0$ について，次の問いに答えよ。
(1)　2 直線 ℓ，m の交点の座標を求めよ。
(2)　m 上の点 P(3, 4) の，直線 ℓ に関する対称点の座標を求めよ。
(3)　直線 ℓ に関して，直線 m と対称な直線の方程式を求めよ。

(1)　$2x-y+3=0$ …… ①，$3x-2y-1=0$ …… ② とする。

①×2−② から　$x+7=0$　よって　$x=-7$

① に代入して　$y=2x+3=2\cdot(-7)+3=-11$

ゆえに，2 直線 ℓ，m の交点の座標は　$(\mathbf{-7},\ \mathbf{-11})$

inf.　線対称な図形を求めるのに，軌跡の考え方を利用する方法もある。(本冊 p.163 基本例題 100 参照)

(2)　求める対称点を Q$(a,\ b)$ とする。

PQ⊥ℓ から　$\dfrac{b-4}{a-3}\cdot2=-1$

⇐直線 ℓ の傾きは 2，直線 PQ の傾きは $\dfrac{b-4}{a-3}$

よって　$a+2b-11=0$ …… ③

線分 PQ の中点は直線 ℓ 上にあるから

$$2\cdot\frac{3+a}{2}-\frac{4+b}{2}+3=0$$

⇐線分 PQ の中点の座標は $\left(\frac{3+a}{2},\ \frac{4+b}{2}\right)$

よって　$2a-b+8=0$ …… ④

③，④ を連立させて解くと　$a=-1,\ b=6$

したがって，求める点の座標は　$(\mathbf{-1},\ \mathbf{6})$

(3)　2 直線 ℓ，m の交点 $(-7,\ -11)$ と，(2) で求めた対称点Qとを通る直線が求める直線である。その方程式は

$$y-6=\frac{-11-6}{-7-(-1)}\{x-(-1)\}$$

⇐$(-11-6)\{x-(-1)\}-\{-7-(-1)\}(y-6)=0$ と求めてもよい。

すなわち　$\boldsymbol{17x-6y+53=0}$

EX ③72　平面上の2点 (5, 0) および (3, 6) から，直線 ℓ に下ろした垂線の長さが等しいとき，直線 ℓ の方程式を求めよ。ただし，直線 ℓ は原点を通るものとする。〔青山学院大〕

A(5, 0)，B(3, 6) とする。原点を通る直線のうち，直線 $x=0$ は条件を満たさないから，直線 ℓ の方程式は $y=mx$ と表せる。したがって　$mx-y=0$

2点A，Bからの距離が等しいことから

$$\frac{|5m|}{\sqrt{m^2+1}}=\frac{|3m-6|}{\sqrt{m^2+1}}$$

これから　$|5m|=|3m-6|$

すなわち　$5m=\pm(3m-6)$

$5m=3m-6$　から　$m=-3$

$5m=-3m+6$　から　$m=\dfrac{3}{4}$

よって，求める直線 ℓ の方程式は　$\boldsymbol{y=-3x,\ y=\dfrac{3}{4}x}$

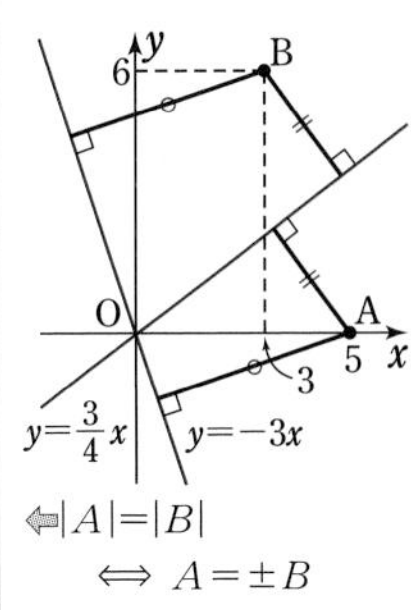

⇐ $|A|=|B|$ $\iff A=\pm B$

別解　線分ABの中点をMとすると，Mの座標は

$\left(\dfrac{5+3}{2},\ \dfrac{0+6}{2}\right)$　すなわち　(4, 3)

直線 ℓ が点Mを通るとき，2点A，Bからの距離が等しい。

このとき ℓ の方程式は　$y=\dfrac{3}{4}x$

また，ℓ // AB のときも2点A，Bからの距離が等しい。

直線ABの傾きは　$\dfrac{6-0}{3-5}=-3$　であるから，このとき ℓ の方程式は　$y=-3x$

よって，求める直線 ℓ の方程式は　$\boldsymbol{y=-3x,\ y=\dfrac{3}{4}x}$

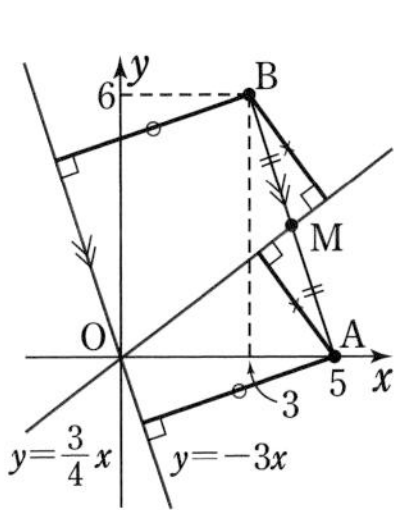

EX ③73　3直線 $x-y+1=0$，$2x+y-2=0$，$x+2y=0$ で作られる三角形の面積を求めよ。〔類　駒澤大〕

$x-y+1=0$ ……①，$2x+y-2=0$ ……②，
$x+2y=0$ ……③　とする。

また，直線①と直線②の交点をA，直線②と直線③の交点をB，直線③と直線①の交点をCとする。

①，②を連立させて解くと　$x=\dfrac{1}{3}$，$y=\dfrac{4}{3}$

⇐①+②から $3x-1=0$ など。

よって，点Aの座標は　$\mathrm{A}\left(\dfrac{1}{3},\ \dfrac{4}{3}\right)$

②，③を連立させて解くと　$x=\dfrac{4}{3}$，$y=-\dfrac{2}{3}$

⇐②×2−③から $3x-4=0$ など。

よって，点Bの座標は　$\mathrm{B}\left(\dfrac{4}{3},\ -\dfrac{2}{3}\right)$

①，③を連立させて解くと　$x=-\dfrac{2}{3}$，$y=\dfrac{1}{3}$

⇐①−③から $-3y+1=0$ など。

よって，点Cの座標は　　$C\left(-\frac{2}{3},\ \frac{1}{3}\right)$

したがって　　$BC=\sqrt{\left(-\frac{2}{3}-\frac{4}{3}\right)^2+\left\{\frac{1}{3}-\left(-\frac{2}{3}\right)\right\}^2}=\sqrt{5}$

⇦線分 BC の長さ
⟶ 三角形の底辺

また，点Aと直線 ③ の距離は

$$\frac{\left|\frac{1}{3}+2\cdot\frac{4}{3}\right|}{\sqrt{1^2+2^2}}=\frac{3}{\sqrt{5}}$$

⇦点Aと直線 ③ の距離
⟶ 三角形の高さ

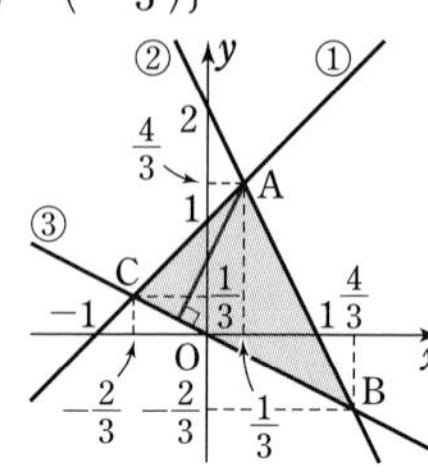

ゆえに，求める三角形の面積は

$$\triangle ABC=\frac{1}{2}\cdot\sqrt{5}\cdot\frac{3}{\sqrt{5}}=\boldsymbol{\frac{3}{2}}$$

別解　(後半)

$A\left(\frac{1}{3},\ \frac{4}{3}\right)$ が原点 O(0, 0) にくるように △ABC を平行移動すると，B，C はそれぞれ B′(1, −2)，C′(−1, −1) に移動する。よって　　△ABC＝△OB′C′

$$=\frac{1}{2}|1\cdot(-1)-(-1)\cdot(-2)|=\boldsymbol{\frac{3}{2}}$$

⇦本冊 $p.133$ STEP UP の公式利用。

⇦$B'\left(\frac{4}{3}-\frac{1}{3},\ -\frac{2}{3}-\frac{4}{3}\right)$，
$C'\left(-\frac{2}{3}-\frac{1}{3},\ \frac{1}{3}-\frac{4}{3}\right)$

EX ③74　座標平面上の 3 直線 $x+3y=2$，$x+y=0$，$ax-2y=-4$ が平面を 6 個の部分に分けるような定数 a の値をすべて求めよ。　〔類 芝浦工大〕

$x+3y=2$ ……①，$x+y=0$ ……②，$ax-2y=-4$ ……③

とする。連立方程式 ①，② を解くと　　$x=-1$，$y=1$

よって，2 直線 ①，② は点 (−1, 1) で交わる。

また，① から　　$y=-\frac{1}{3}x+\frac{2}{3}$　　② から　　$y=-x$

③ から　　$y=\frac{a}{2}x+2$

直線 ①，②，③ は y 切片がすべて異なるから，①，②，③ のうち，どの 2 直線も一致することはない。

よって，直線 ①，②，③ が座標平面を 6 個の部分に分けるのは，次の [1]，[2]，[3] のいずれかの場合である。

[1]　直線 ③ が直線 ①，② の交点 (−1, 1) を通るとき

[2]　直線 ③ が直線 ① と平行であるとき

[3]　直線 ③ が直線 ② と平行であるとき

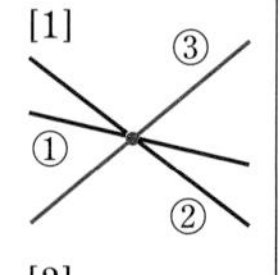

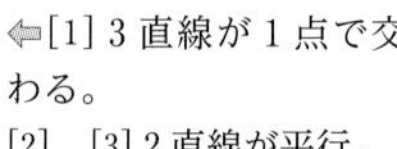

⇦[1] 3 直線が 1 点で交わる。
[2]，[3] 2 直線が平行。

[1] のとき，③ に $x=-1$，$y=1$ を代入して

$a\cdot(-1)-2\cdot1=-4$　　よって　$a=2$

[2] のとき　　$\frac{a}{2}=-\frac{1}{3}$　　よって　$a=-\frac{2}{3}$

[3] のとき　　$\frac{a}{2}=-1$　　よって　$a=-2$

したがって，求める a の値は　　$\boldsymbol{a=\pm2,\ -\frac{2}{3}}$

⇦異なる 3 直線が 1 点で交わる ⟺ 2 直線の交点が第 3 の直線上にある

⇦**平行 ⟺ 傾きが一致**
どの 2 直線も一致しないことがわかっているから，傾きが等しい条件のみを考えればよい。

EX ③75　A(5, 1), B(2, 6) とする。x 軸上に点 P, y 軸上に点 Q をとるとき，AP+PQ+QB を最小にする点 P，Q の座標を求めよ。また，そのときの最小値を求めよ。

x 軸に関して A と対称な点を A′,
y 軸に関して B と対称な点を B′
とすると，その座標は
$A'(5,\ -1)$, $B'(-2,\ 6)$
このとき　$AP+PQ+QB$
$=A'P+PQ+QB' \geqq A'B'$
よって，4 点 A′, P, Q, B′ が一直線上にあるとき，AP+PQ+QB は最小になる。

⇐ x 軸に関して対称な点
→ y 座標の符号が変わる。
y 軸に関して対称な点
→ x 座標の符号が変わる。

⇐ 2 点 A′, B′ 間の最短経路は，2 点を結ぶ線分 A′B′ である。

直線 A′B′ の方程式は　$y-(-1)=\dfrac{6-(-1)}{-2-5}(x-5)$

すなわち　$y=-x+4$

直線 A′B′ と x 軸，y 軸の交点を，それぞれ P_0, Q_0 とすると，その座標は　$P_0(4,\ 0)$,　$Q_0(0,\ 4)$

また，2 点 A′, B′ 間の距離は

$$A'B'=\sqrt{(-2-5)^2+\{6-(-1)\}^2}=\sqrt{(-7)^2+7^2}=7\sqrt{2}$$

したがって，AP+PQ+QB は，**P(4, 0)，Q(0, 4) のとき，最小値 $7\sqrt{2}$** をとる。

EX ④76　平面上に放物線 $C: y=x^2-2$ と直線 $\ell: y=4x$ がある。
(1) C と ℓ の交点A，Bの座標を求めよ。
(2) C 上の動点PがAからBまで動くとする。三角形PABの面積が最大となるときの点Pの座標を求めよ。

(1) $y=x^2-2$ ……①，$y=4x$ ……②　とする。
①，② から　$x^2-2=4x$　すなわち　$x^2-4x-2=0$
したがって　$x=2\pm\sqrt{6}$,
$y=4(2\pm\sqrt{6})=8\pm4\sqrt{6}$（複号同順）
よって，求める交点A，Bの座標は
$\boldsymbol{(2+\sqrt{6},\ 8+4\sqrt{6}),\ (2-\sqrt{6},\ 8-4\sqrt{6})}$

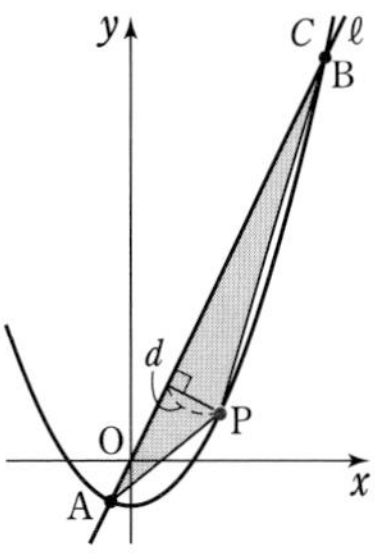

(2) C 上の動点Pの座標を $(t,\ t^2-2)$ とすると，点PはAからBまで動くことから　$2-\sqrt{6} \leqq t \leqq 2+\sqrt{6}$ ……③
点Pと直線 $\ell: 4x-y=0$ の距離を d とすると，三角形PABの面積が最大となるのは，③において d が最大となるときである。

ここで　$d=\dfrac{|4t-(t^2-2)|}{\sqrt{4^2+(-1)^2}}=\dfrac{1}{\sqrt{17}}|t^2-4t-2|$

③のとき，$t^2-4t-2=(t-2)^2-6 \leqq 0$ であるから

$$d=-\frac{1}{\sqrt{17}}\{(t-2)^2-6\}=-\frac{1}{\sqrt{17}}(t-2)^2+\frac{6}{\sqrt{17}}$$

よって，$t=2$ のとき，d は最大値 $\dfrac{6}{\sqrt{17}}$ をとる。

⇐ $t=2$ は③を満たす。

このとき，点Pの座標は　**(2, 2)**

EX ③77 3直線 $x+3y-7=0$, $x-3y-1=0$, $x-y+1=0$ の囲む三角形の外接円の方程式を求めよ。また，この三角形の面積と外接円の面積を求めよ。〔類 西南学院大〕

$x+3y-7=0$ …… ①，$x-3y-1=0$ …… ②，
$x-y+1=0$ …… ③　とする。

2直線①，②の交点の座標は　$(4,\ 1)$
2直線②，③の交点の座標は　$(-2,\ -1)$
2直線①，③の交点の座標は　$(1,\ 2)$

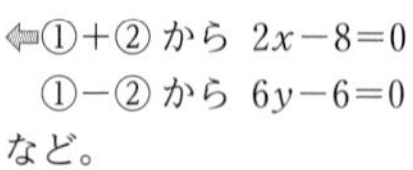
⇐①+②から $2x-8=0$
①−②から $6y-6=0$
など。

求める円の方程式を

$$x^2+y^2+lx+my+n=0$$

とすると，この円が

⇐一般形

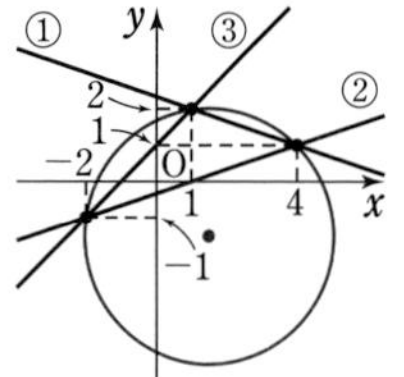

点 $(4,\ 1)$ を通るから　$4l+m+n+17=0$ …… ④
点 $(-2,\ -1)$ を通るから　$-2l-m+n+5=0$ …… ⑤
点 $(1,\ 2)$ を通るから　$l+2m+n+5=0$ …… ⑥
(④−⑤)÷2 から　$3l+m+6=0$ …… ⑦
(⑥−⑤)÷3 から　$l+m=0$ …… ⑧
⑦−⑧から　$2l+6=0$　よって　$l=-3$
これを⑧に代入して　$m=-l=3$
これらを⑤に代入して　$n=2l+m-5=-8$

⇐$n=-6+3-5$

したがって，求める外接円の方程式は

$$\boldsymbol{x^2+y^2-3x+3y-8=0}$$

直線③上の2点，$(-2,\ -1)$，$(1,\ 2)$ 間の距離は

$$\sqrt{\{1-(-2)\}^2+\{2-(-1)\}^2}=3\sqrt{2}$$

また，点 $(4,\ 1)$ と直線③の距離は

$$\frac{|4-1+1|}{\sqrt{1^2+(-1)^2}}=\frac{4}{\sqrt{2}}=2\sqrt{2}$$

よって，求める三角形の面積は

$$\frac{1}{2}\cdot 3\sqrt{2}\cdot 2\sqrt{2}=\boldsymbol{6}$$

inf.　3点 $O(0,\ 0)$，$A(x_1,\ y_1)$，$B(x_2,\ y_2)$ を頂点とする三角形の面積は

$$S=\frac{1}{2}|x_1y_2-x_2y_1|$$

を利用する。（本冊 $p.133$ STEP UP 参照）
点 $(1,\ 2)$ が原点にくるように平行移動すると，点 $(4,\ 1)$，$(-2,\ -1)$ はそれぞれ点 $(3,\ -1)$，$(-3,\ -3)$ に移動する。
よって，三角形の面積は
$\frac{1}{2}|3\cdot(-3)-(-3)\cdot(-1)|=6$

また，外接円の方程式を変形すると

$$\left(x-\frac{3}{2}\right)^2+\left(y+\frac{3}{2}\right)^2=\frac{25}{2}$$

⇐$\left(x-\frac{3}{2}\right)^2+\left(y+\frac{3}{2}\right)^2=8+\left(\frac{3}{2}\right)^2+\left(\frac{3}{2}\right)^2$

ゆえに，この円の半径を r とすると　$r^2=\frac{25}{2}$

よって，外接円の面積は　$\pi r^2=\boldsymbol{\frac{25}{2}\pi}$

EX ②78 直線 $y=mx+1$ と円 $x^2+y^2-2x+2y+1=0$ との共有点の個数を求めよ。

方針 1　$y=mx+1$ を $x^2+y^2-2x+2y+1=0$ に代入して

$$x^2+(mx+1)^2-2x+2(mx+1)+1=0$$

整理して　$(m^2+1)x^2+2(2m-1)x+4=0$
$m^2+1\neq 0$ であるから，この2次方程式の判別式を D とすると

円と直線の共有点
$D>0 \iff$ 2個
$D=0 \iff$ 1個
$D<0 \iff$ 0個

$$\frac{D}{4}=(2m-1)^2-4(m^2+1)=-4m-3$$

よって，求める共有点の個数は

$D>0$ すなわち $\boldsymbol{m<-\frac{3}{4}}$ **のとき　2個,**

$D=0$ すなわち $\boldsymbol{m=-\frac{3}{4}}$ **のとき　1個,**

$D<0$ すなわち $\boldsymbol{m>-\frac{3}{4}}$ **のとき　0個**

方針 2　$y=mx+1$ …… ①，$x^2+y^2-2x+2y+1=0$ …… ② とする。

② を変形すると　　$(x-1)^2+(y+1)^2=1$

よって，円 ② は中心 $(1,\ -1)$，半径 1 である。

また，① から　　$mx-y+1=0$

円 ② の中心と直線 ① の距離 d は

$$d=\frac{|m\cdot 1-(-1)+1|}{\sqrt{m^2+(-1)^2}}=\frac{|m+2|}{\sqrt{m^2+1}}$$

[1]　直線 ① と円 ② が異なる 2 つの共有点をもつための条件は

$d<1$　すなわち　$\frac{|m+2|}{\sqrt{m^2+1}}<1$

ゆえに　　$|m+2|<\sqrt{m^2+1}$

両辺は負でないから，2 乗して　　$(m+2)^2<m^2+1$

よって　　$4m<-3$　　　ゆえに　　$m<-\frac{3}{4}$

[2]　直線 ① と円 ② が 1 点で接するための条件は

$d=1$　すなわち　$\frac{|m+2|}{\sqrt{m^2+1}}=1$

同様にして　　$m=-\frac{3}{4}$

[3]　直線 ① と円 ② が共有点をもたないための条件は

$d>1$　すなわち　$\frac{|m+2|}{\sqrt{m^2+1}}>1$

同様にして　　$m>-\frac{3}{4}$

よって，求める共有点の個数は

$\boldsymbol{m<-\frac{3}{4}}$ **のとき　2個,**　　$\boldsymbol{m=-\frac{3}{4}}$ **のとき　1個,**

$\boldsymbol{m>-\frac{3}{4}}$ **のとき　0個**

円と直線の共有点
$d<r \iff$ 2個
$d=r \iff$ 1個
$d>r \iff$ 0個

⇐ $\sqrt{m^2+1}>0$

⇐ $m^2+4m+4<m^2+1$

inf.　直線と円の共有点の個数

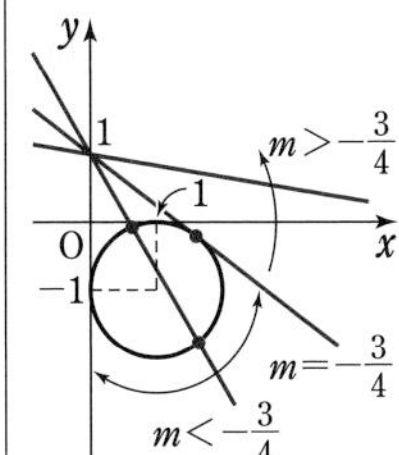

直線 $y=mx+1$ は m の値にかかわらず，定点 $(0,\ 1)$ を通る直線。
ただし，直線 $x=0$ は除く。

3章 EX

EX ③79 円 $C: x^2+y^2-2x-4y+4=0$ と直線 $\ell: y=mx+1$ について，ℓ が C によって切り取られる線分の長さが $\sqrt{2}$ であるとき，定数 m の値を求めよ。〔類 倉敷芸科大〕

方針 1 円 C の方程式を変形すると

$$(x-1)^2+(y-2)^2=1$$

円の中心 $(1,\ 2)$ と直線 $y=mx+1$ すなわち $mx-y+1=0$ の距離は

$$\frac{|m\cdot 1-2+1|}{\sqrt{m^2+(-1)^2}}=\frac{|m-1|}{\sqrt{m^2+1}}$$

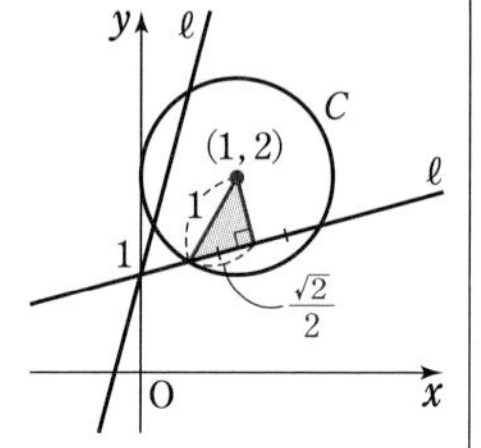

円 C の半径が 1，直線 ℓ が円 C によって切り取られる線分の長さが $\sqrt{2}$ であるから，円 C の中心と直線 ℓ の距離は

$$\sqrt{1^2-\left(\frac{\sqrt{2}}{2}\right)^2}=\frac{1}{\sqrt{2}}$$

したがって　$\dfrac{|m-1|}{\sqrt{m^2+1}}=\dfrac{1}{\sqrt{2}}$

両辺に $\sqrt{2(m^2+1)}$ を掛けて　$\sqrt{2}\,|m-1|=\sqrt{m^2+1}$

両辺は負でないから，2 乗して　$2(m-1)^2=m^2+1$

よって　$m^2-4m+1=0$　ゆえに　$\boldsymbol{m=2\pm\sqrt{3}}$

方針 2 $y=mx+1$ を円の方程式に代入して整理すると

$$(m^2+1)x^2-2(m+1)x+1=0 \quad \cdots\cdots ①$$

① の判別式を D とすると

$$\frac{D}{4}=\{-(m+1)\}^2-(m^2+1)\cdot 1=2m$$

円 C と直線 ℓ は異なる 2 点で交わるから

$D>0$ すなわち $m>0$ ……②

円と直線の交点の座標を $(\alpha,\ m\alpha+1)$, $(\beta,\ m\beta+1)$ とすると，α, β は 2 次方程式 ① の解であるから，解と係数の関係により

$$\alpha+\beta=\frac{2(m+1)}{m^2+1},\quad \alpha\beta=\frac{1}{m^2+1} \quad \cdots\cdots ③$$

求める条件は　$(\beta-\alpha)^2+\{(m\beta+1)-(m\alpha+1)\}^2=(\sqrt{2}\,)^2$

$$(\text{左辺})=(\beta-\alpha)^2+m^2(\beta-\alpha)^2=(m^2+1)(\beta-\alpha)^2$$
$$=(m^2+1)\{(\alpha+\beta)^2-4\alpha\beta\}$$

③ を代入して　$(m^2+1)\left\{\dfrac{4(m+1)^2}{(m^2+1)^2}-\dfrac{4}{m^2+1}\right\}=2$

よって　$m^2-4m+1=0$　ゆえに　$\boldsymbol{m=2\pm\sqrt{3}}$

これは，② を満たす。

⇐ $(x-1)^2+(y-2)^2=-4+1^2+2^2$

⇐点と直線の距離の公式を適用。

⇐図の赤い三角形に三平方の定理を適用。

⇐ $A>0$, $B>0$ のとき $A=B \iff A^2=B^2$

⇐ $m^2+1>0$ であるから，① は 2 次方程式。

inf. 本冊 p.146 inf. の直線の傾きを利用して，$|\beta-\alpha|\sqrt{1^2+m^2}=\sqrt{2}$ からも求めることができる。

⇐ $4(m+1)^2-4(m^2+1)=8m$

EX ③80
(1) 中心が $(1,\ 1)$ で，直線 $4x+3y-12=0$ に接する円の方程式を求めよ。
(2) 点 $(1,\ 3)$ から円 $(x-2)^2+(y+1)^2=1$ に引いた接線の方程式を求めよ。

(1) 円の中心 $(1,\ 1)$ と直線 $4x+3y-12=0$ の距離は

$$\frac{|4\cdot1+3\cdot1-12|}{\sqrt{4^2+3^2}}=\frac{|-5|}{5}=1$$

⇦点と直線の距離の公式を適用

これが円の半径に等しいから，求める円の方程式は

$$(\boldsymbol{x}-\mathbf{1})^2+(\boldsymbol{y}-\mathbf{1})^2=\mathbf{1}$$

(2) 点 $(1,\ 3)$ を通る直線のうち，直線 $x=1$ は求める円の接線である。

⇦円の中心は $(2,\ -1)$，半径は1であるから，直線 $x=1$ に接する。

他の接線の方程式は，傾きを m とすると次のように表される。

$$y-3=m(x-1)$$

すなわち　$mx-y-(m-3)=0$

円の中心 $(2,\ -1)$ と接線の距離が半径1に等しいから

⇦接する ⟺ $\boldsymbol{d=r}$

$$\frac{|2m+1-(m-3)|}{\sqrt{m^2+(-1)^2}}=1$$

⇦点 $(x_1,\ y_1)$ と直線 $ax+by+c=0$ の距離 $\dfrac{|\boldsymbol{ax_1+by_1+c}|}{\sqrt{\boldsymbol{a}^2+\boldsymbol{b}^2}}$

すなわち　$\dfrac{|m+4|}{\sqrt{m^2+1}}=1$

よって　$|m+4|=\sqrt{m^2+1}$

両辺は負でないから，2乗して

$$(m+4)^2=m^2+1$$

これを解いて　$m=-\dfrac{15}{8}$

ゆえに，求める接線の方程式は

$$\boldsymbol{x}=\mathbf{1},\ \boldsymbol{y}=-\frac{\mathbf{15}}{\mathbf{8}}\boldsymbol{x}+\frac{\mathbf{39}}{\mathbf{8}}$$

inf. 接線の方程式を円の方程式に代入し，判別式 $D=0$ を利用して求めてもよい。

EX ②81
点 A$(3,\ 1)$ を通り，円 $x^2+y^2=5$ に接する2本の接線の接点をP，Qとする。このとき，直線PQの方程式を求めよ。

接点の座標を $(x_1,\ y_1)$ とする。

接線の方程式は　$x_1x+y_1y=5$

これが点A$(3,\ 1)$ を通るから　$3x_1+y_1=5$ …… ①

また，$(x_1,\ y_1)$ は円 $x^2+y^2=5$ 上にあるから

$x_1{}^2+y_1{}^2=5$ …… ②

①，② から　$(x_1,\ y_1)=(1,\ 2),\ (2,\ -1)$

よって，2つの接点の座標は　$(1,\ 2),\ (2,\ -1)$

ゆえに，直線PQの方程式は　$y-(-1)=\dfrac{2-(-1)}{1-2}(x-2)$

したがって　$\boldsymbol{y}=-\mathbf{3}\boldsymbol{x}+\mathbf{5}$

inf. この問題では，P，Qの座標が簡単に求まるので，この解法でもよいが，接点の座標を求めるのが大変な問題もあるので，別解の解法（本冊 p.134 重要例題81参照）で解けるようにしておくとよい。

別解　P(p, q), Q(p', q') とすると, P, Q における接線の方程式はそれぞれ　$px+qy=5$,　$p'x+q'y=5$

これらがいずれも点 A(3, 1) を通るから

$$3p+q=5, \quad 3p'+q'=5$$

これは P(p, q), Q(p', q') が直線 $3x+y=5$ 上にあることを示している。

したがって, 直線 PQ の方程式は

$$\mathbf{3x+y=5}$$

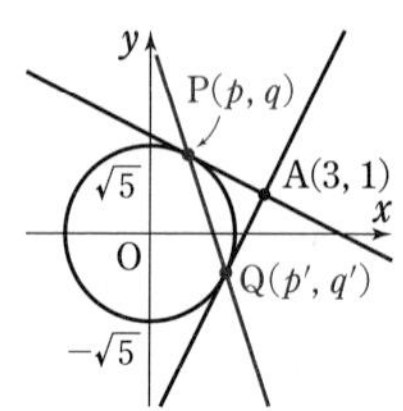

HINT　$x_1x+y_1y=r^2$ を利用。P, Q の座標は求めなくてもよい。
1つの等式を2通りに読み取る 方針で示す。

inf.　この例題を一般化すると, 次のことが成り立つ。

円 $x^2+y^2=r^2$ 外の点 A(p, q) からこの円に引いた2本の接線の接点 P, Q を通る直線 ℓ の方程式は　$px+qy=r^2$

このとき, 直線 ℓ を点Aに関する円の **極線** といい, Aを **極** という。

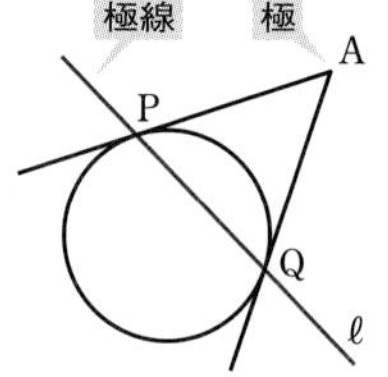

極線に関しては, 次のことが成り立つ。

点Aに関する極線が他の点Bを通るとき, Bに関する極線はAを通る。

証明　A(p, q) とする。

点Aに関する円の極線の方程式は

$$px+qy=r^2$$

これが他の点 B(s, t) を通るとき

$$ps+qt=r^2 \quad \cdots\cdots Ⓐ$$

また, 点Bに関する円の極線の方程式は

$$sx+ty=r^2$$

Ⓐ の式から, この直線は点 A(p, q) を通る。

EX ③**82**

$a \neq 1$ とする。円 C_1：$x^2+y^2-4ax-2ay=5-10a$, 円 C_2：$x^2+y^2=10$, 円 C_3：$x^2+y^2-8x-6y=-10$ について, 次の問いに答えよ。

(1) 定数 a の値にかかわらず円 C_1 は定点Aを通る。この定点Aの座標を求めよ。

(2) 円 C_2 と円 C_3 の2つの交点と原点を通る円の中心と半径を求めよ。〔類 島根大〕

(1) 円 C_1 の方程式を a について整理すると

$$(-4x-2y+10)a+(x^2+y^2-5)=0$$

この等式が a の恒等式となるための条件は

$$-4x-2y+10=0 \quad \cdots\cdots ①, \quad x^2+y^2-5=0 \quad \cdots\cdots ②$$

①, ② から y を消去して　$x^2-4x+4=0$

よって　$(x-2)^2=0$　ゆえに　$x=2$

よって, ① から　$y=1$

したがって, 定点Aの座標は　**(2, 1)**

⇦ a についての恒等式とみる。

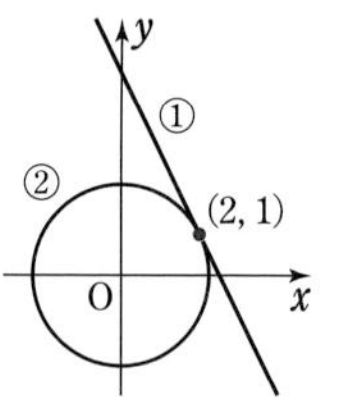

(2)　k を定数として

$$k(x^2+y^2-10)+(x^2+y^2-8x-6y+10)=0 \quad \cdots\cdots ③$$

とすると，③ は円 C_2 と円 C_3 の 2 つの交点を通る図形を表す。

③ が原点を通るとして，③ に $x=0$，$y=0$ を代入すると

$-10k+10=0$　　よって　$k=1$

これを ③ に代入して整理すると　$x^2+y^2-4x-3y=0$

すなわち　$(x-2)^2+\left(y-\frac{3}{2}\right)^2=\frac{25}{4}$

よって，求める円の **中心は点** $\left(\mathbf{2},\ \frac{\mathbf{3}}{\mathbf{2}}\right)$，**半径は** $\frac{\mathbf{5}}{\mathbf{2}}$ である。

⇦$k(x^2+y^2-8x-6y+10)+(x^2+y^2-10)=0$ としてもよい。

EX ③83

2 点 A(3, 0)，B(5, 4) を通り，点 (2, 3) を中心とする円を C_1 とする。円 C_1 の半径は ア□ である。直線 AB に関して円 C_1 と対称な円を C_2 とする。円 C_2 の中心の座標は イ□ である。また，点 P，点Q をそれぞれ円 C_1，円 C_2 上の点とするとき，点 P と点 Q の距離の最大値は ウ□ である。〔北里大〕

円 C_1 の半径を $r(r>0)$ とすると，円 C_1 の方程式は

$$(x-2)^2+(y-3)^2=r^2$$

円 C_1 は点A を通るから，$x=3$，$y=0$ を代入すると　$r^2=10$

よって，円 C_1 の方程式は　$(x-2)^2+(y-3)^2=10$

したがって，円 C_1 の半径は　$r=$ ア $\boldsymbol{\sqrt{10}}$

⇦点 (2, 3) と A または B の距離から半径を求めてもよい。

⇦これは $x=5$，$y=4$ を満たすから，点 B を通る。

円 C_2 の中心の座標を $(a,\ b)$ とする。

点 (2, 3) と点 $(a,\ b)$ を結ぶ線分の中点の座標は $\left(\frac{a+2}{2},\ \frac{b+3}{2}\right)$ であり，これは線分 AB の中点と一致する。

線分 AB の中点の座標は (4, 2) であるから

$$\frac{a+2}{2}=4,\quad \frac{b+3}{2}=2$$

⇦線分 AB の中点の座標は $\left(\frac{3+5}{2},\ \frac{0+4}{2}\right)$

よって　$a=6$，$b=1$

したがって，円 C_2 の中心の座標は

イ $\mathbf{(6,\ 1)}$

PQ が最大となるのは，右上の図のように，線分 PQ が円 C_1 と円 C_2 の中心を通るときである。

したがって，最大値は

$$\sqrt{(6-2)^2+(1-3)^2}+\sqrt{10}+\sqrt{10}=\text{ウ}\ \boldsymbol{2\sqrt{10}+2\sqrt{5}}$$

⇦(C_1 と C_2 の中心間の距離)＋(C_1 の半径)＋(C_2 の半径)

EX ②84 2 定点 $(5,\ 0)$, $(0,\ 3)$ と，原点からの距離が 2 の動点で作る三角形の重心は，曲線 x^2+y^2- ア□$x-$ イ□$y+$ ウ□$=0$ の上にある。

原点からの距離が 2 の動点を $\mathrm{Q}(s,\ t)$ とすると

$$s^2+t^2=4 \quad \cdots\cdots ①$$

⇐s, t の関係式。

また，$\mathrm{A}(5,\ 0)$, $\mathrm{B}(0,\ 3)$ とし，△ABQ の重心を $\mathrm{G}(x,\ y)$ とすると $\quad x=\dfrac{5+0+s}{3},\quad y=\dfrac{0+3+t}{3}$

CHART 重心は 3 点の座標の平均

よって $\quad s=3x-5,\quad t=3y-3 \quad \cdots\cdots ②$

⇐s, t を x, y で表す。

② を ① に代入すると $\quad (3x-5)^2+(3y-3)^2=4 \quad \cdots\cdots ③$

⇐s, t を消去。

ゆえに，点 G は円 ③ 上にある。

③ を整理して $\quad x^2+y^2-{}^{ア}\boldsymbol{\dfrac{10}{3}}x-{}^{イ}\boldsymbol{2}y+{}^{ウ}\boldsymbol{\dfrac{10}{3}}=0$

EX ③85 関数 $f(x)=x^2+4x-4-4a(x-1)$ について

(1) 放物線 $y=f(x)$ の頂点の座標 $(x,\ y)$ を a で表せ。

(2) $0<a\leqq 2$ のとき，頂点の描く軌跡の方程式を求めよ。

(3) (2) で得られた軌跡の概形を描け。 〔北海道薬大〕

(1) $x^2-4(a-1)x-4+4a=\{x-2(a-1)\}^2-4(a-1)^2-4+4a$

$\qquad =\{x-2(a-1)\}^2-4a^2+12a-8$

⇐2 次式は基本形に変形。

よって $\quad f(x)=\{x-2(a-1)\}^2-4a^2+12a-8$

したがって，放物線 $y=f(x)$ の頂点の座標は

$$\boldsymbol{(2a-2,\ -4a^2+12a-8)}$$

(2) 放物線 $y=f(x)$ の頂点の座標を $(x,\ y)$ とすると

$x=2a-2 \quad \cdots\cdots ①,\quad y=-4a^2+12a-8 \quad \cdots\cdots ②$

① から $\quad a=\dfrac{x+2}{2}$

これを ② に代入して $\quad y=-4\left(\dfrac{x+2}{2}\right)^2+12\cdot\dfrac{x+2}{2}-8$

すなわち $\quad y=-x^2+2x$

また，$0<a\leqq 2$ であるから $\quad 0<\dfrac{x+2}{2}\leqq 2$

⇐x のとりうる値の範囲に注意。

よって $\quad -2<x\leqq 2$

したがって，求める方程式は

$$\boldsymbol{y=-x^2+2x\ (-2<x\leqq 2)}$$

(3) $-x^2+2x=-(x-1)^2+1$

ゆえに $\quad y=-(x-1)^2+1$

よって，(2) で得られた軌跡の概形は

図の実線部分 のようになる。

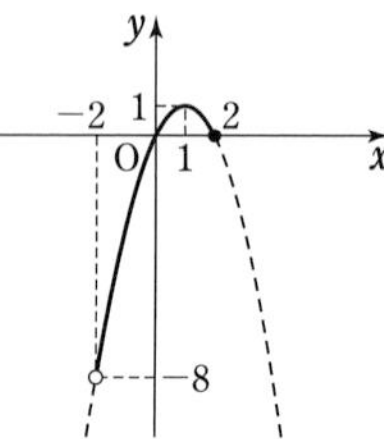

EX ③86

方程式 $x^2+y^2-6kx+(12k-2)y+46k^2-16k+1=0$ が円を表すとき
(1) 定数 k の値の範囲を求めよ。
(2) k の値がこの範囲で変化するとき，円の中心の軌跡を求めよ。　〔類 駒澤大〕

(1) 方程式を変形して

$$(x-3k)^2+(y+6k-1)^2=-k^2+4k$$

これが円を表すための条件は　$-k^2+4k>0$

よって　$k(k-4)<0$

したがって　$\boldsymbol{0<k<4}$

⇐(半径)$^2>0$

(2) 円の中心の座標を $(x,\ y)$ とすると

$$x=3k,\ y=-6k+1 \quad (0<k<4)$$

k を消去すると　$y=-2x+1$

また，$0<k<4$ であるから　$0<3k<12$

すなわち　$0<x<12$

よって，求める軌跡は

直線　$\boldsymbol{y=-2x+1}$ の $\boldsymbol{0<x<12}$ の部分

⇐軌跡上の点の座標を $(x,\ y)$ として，$x,\ y$ の関係式を導く。

⇐x のとりうる値の範囲に注意。

EX ③87

座標平面上で点 $(2,\ 2)$ を中心とする半径1の円を C とする。C に外接し，x 軸に接する円の中心Pの軌跡を求めよ。

Pの座標を $(x,\ y)$ とする。

第1象限内の円 C に外接し，x 軸に接する円の半径は y である。

⇐x 軸に接する
|(中心の y 座標)|=(半径)

2つの円が外接するから

$$\sqrt{(x-2)^2+(y-2)^2}=y+1$$

⇐2つの円が外接する
(中心間の距離)=(半径の和)

両辺は正であるから2乗して

$$(x-2)^2+(y-2)^2=(y+1)^2$$

整理して　$y=\dfrac{1}{6}(x-2)^2+\dfrac{1}{2}$

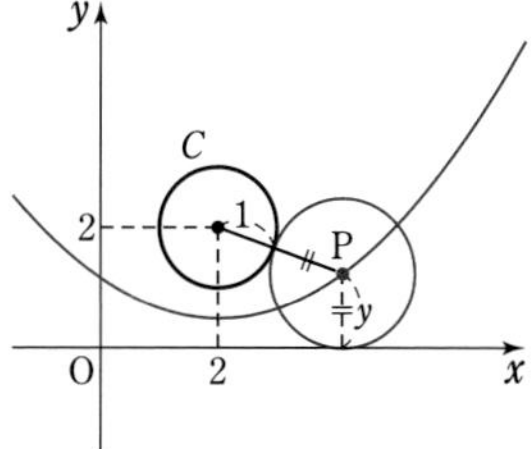

したがって，求める軌跡は

放物線　$\boldsymbol{y=\dfrac{1}{6}(x-2)^2+\dfrac{1}{2}}$

EX ④88

a は $a>1$ を満たす定数とする。また，座標平面上に点 M(2，−1) がある。M と異なる点 P(s，t) に対して，点Qを，3点M，P，Q がこの順に同一直線上に並び，線分 MQ の長さが線分 MP の長さの a 倍となるようにとる。

(1) 点Qの座標を (x，y) とするとき，s，t をそれぞれ x，y，a で表せ。

(2) 原点Oを中心とする半径1の円 C がある。点Pが C 上を動くとき，点Qは円 $(x+{}^{ア}\square)^2+(y+{}^{イ}\square)^2={}^{ウ}\square$ ……① の周上にある。

(3) k を正の定数とし，直線 $\ell：x+y-k=0$ と円 $C：x^2+y^2=1$ は接しているとする。このとき，$k={}^{エ}\square$ であり，点Pが ℓ 上を動くとき，点Q(x，y) の軌跡の方程式は $x+y+({}^{オ}\square)a-{}^{カ}\square=0$ ……② である。

(4) (2)の①が表す円を C_a，(3)の②が表す直線を ℓ_a とする。C_a の中心と ℓ_a の距離を調べることにより，a の値によらず C_a と ℓ_a は接することを示せ。 〔類 共通テスト〕

(1) 3点M，P，Qの位置関係は右の図のようになるから，点Pは線分 MQ を $1：(a-1)$ に内分する。

よって，点Qの座標を (x，y) とすると

$$s=\frac{(a-1)\cdot 2+1\cdot x}{1+(a-1)}=\boldsymbol{\frac{x+2a-2}{a}} \quad \cdots\cdots ③$$

$$t=\frac{(a-1)\cdot(-1)+1\cdot y}{1+(a-1)}=\boldsymbol{\frac{y-a+1}{a}} \quad \cdots\cdots ④$$

(2) 点Pが円 $C：x^2+y^2=1$ 上にあるとき $s^2+t^2=1$

これに③，④を代入して $\left(\frac{x+2a-2}{a}\right)^2+\left(\frac{y-a+1}{a}\right)^2=1$

⇦両辺に a^2 を掛ける。

よって，点Qは円 $(x+{}^{ア}\boldsymbol{2a-2})^2+(y+{}^{イ}\boldsymbol{1-a})^2={}^{ウ}\boldsymbol{a^2}$ …① の周上にある。

(3) 直線 $\ell：x+y-k=0$ と円 C が接するから

$$\frac{|-k|}{\sqrt{1^2+1^2}}=1$$

⇦接する ⟺ (円の中心と接線の距離)＝(円の半径)

よって $|k|=\sqrt{2}$

$k>0$ であるから $k={}^{エ}\boldsymbol{\sqrt{2}}$

点Pが ℓ 上を動くとき $s+t-\sqrt{2}=0$

これに③，④を代入して $\frac{x+2a-2}{a}+\frac{y-a+1}{a}-\sqrt{2}=0$

⇦両辺に a を掛けて整理する。

ゆえに，点Qの軌跡の方程式は

$$x+y+({}^{オ}\boldsymbol{1-\sqrt{2}})a-{}^{カ}\boldsymbol{1}=0 \quad \cdots\cdots ②$$

(4) C_a の中心と ℓ_a の距離は

$$\frac{|(-2a+2)+(a-1)+(1-\sqrt{2})a-1|}{\sqrt{1^2+1^2}}=\frac{|-\sqrt{2}a|}{\sqrt{2}}=a$$

⇦①から，C_a の中心は $(-2a+2,\ a-1)$

これは，円 C_a の半径と等しい。

よって，a の値によらず，C_a と ℓ_a は接する。

⇦接する ⟺ (円の中心と接線の距離)＝(円の半径)

EX ⑤89

座標平面上で原点Oから出る半直線の上に2点P，Qがあり OP・OQ＝2 を満たしている。

(1) 点P，Qの座標をそれぞれ (x，y)，(X，Y) とするとき，x，y を X，Y で表せ。

(2) 点Pが直線 $x-3y+2=0$ 上を動くとき，点Qの軌跡を求めよ。 〔北星学園大〕

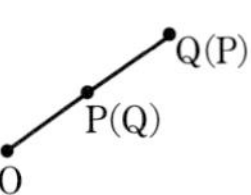

(1)　点 $\mathrm{P}(x,\ y)$, $\mathrm{Q}(X,\ Y)$ がともに原点から出る半直線上にあるから, $x=tX$, $y=tY$ となる正の実数 t が存在する。
また, $\mathrm{OP}\cdot\mathrm{OQ}=2$ から, P, Q はOと一致しない。

$\mathrm{OP}\cdot\mathrm{OQ}=2$ から　$\sqrt{x^2+y^2}\sqrt{X^2+Y^2}=2$

⇐$\mathrm{OP}=\sqrt{x^2+y^2}$
$\mathrm{OQ}=\sqrt{X^2+Y^2}$

$x=tX$, $y=tY$ を代入して　$\sqrt{(tX)^2+(tY)^2}\sqrt{X^2+Y^2}=2$

よって　$t(X^2+Y^2)=2$

$X^2+Y^2\neq 0$ であるから　$t=\dfrac{2}{X^2+Y^2}$

したがって　$\boldsymbol{x=\dfrac{2X}{X^2+Y^2},\ y=\dfrac{2Y}{X^2+Y^2}}$

⇐ t を消去する。

(2)　P は直線 $x-3y+2=0$ 上を動くから, (1) より

$$\frac{2X}{X^2+Y^2}-3\cdot\frac{2Y}{X^2+Y^2}+2=0$$

よって　$X^2+Y^2+X-3Y=0$

⇐上の式の両辺に $X^2+Y^2\,(>0)$ を掛ける。

ゆえに　$\left(X+\dfrac{1}{2}\right)^2+\left(Y-\dfrac{3}{2}\right)^2=\dfrac{5}{2}$

ただし, $X^2+Y^2\neq 0$ であるから, 点 $\mathrm{Q}(X,\ Y)$ は原点と一致しない。
したがって, 求める軌跡は

円　$\boldsymbol{\left(x+\dfrac{1}{2}\right)^2+\left(y-\dfrac{3}{2}\right)^2=\dfrac{5}{2}}$　**ただし, 点 (0, 0) を除く。**

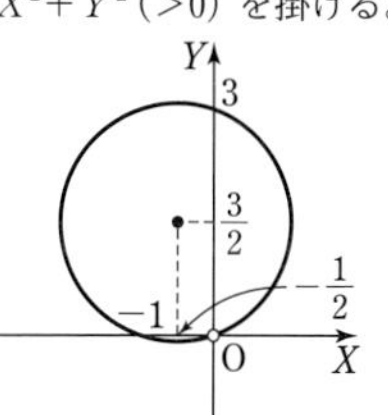

EX
②**90**

右の図の斜線部分は, どのような不等式で表されるか。ただし, 境界線を含まないものとする。

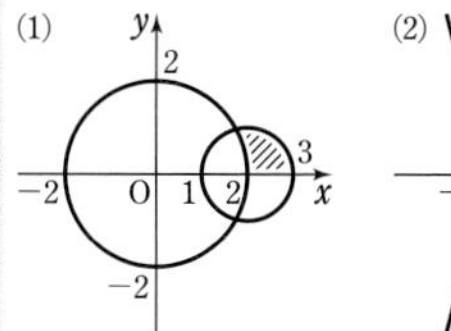

(1)　円 $x^2+y^2=2^2$ の外部を領域 A,
円 $(x-2)^2+y^2=1^2$ の内部を領域 B, x 軸の上側を領域 C とすると, 与えられた図の斜線部分は $A\cap B\cap C$ であるから, 求める不等式は
$\begin{cases} \boldsymbol{x^2+y^2>4} \\ \boldsymbol{(x-2)^2+y^2<1} \\ \boldsymbol{y>0} \end{cases}$

⇐境界線は円 $x^2+y^2=2^2$, 円 $(x-2)^2+y^2=1^2$, x 軸
⇐A, B, C の共通部分。

(2)　放物線 $y=x^2-1$ の上側を領域 A, 下側を領域 B,
放物線 $y=-x^2+1$ の上側を領域 C, 下側を領域 D とすると, 与えられた図の斜線部分は $(A\cap C)\cup(B\cap D)$ であるから, 求める不等式は

$$\begin{cases} y>x^2-1 \\ y>-x^2+1 \end{cases} \text{または} \begin{cases} y<x^2-1 \\ y<-x^2+1 \end{cases}$$

⇐境界線は放物線 $y=x^2-1$ と $y=-x^2+1$
⇐$A\cap C$ と $B\cap D$ の和集合。

すなわち　$\begin{cases} x^2-y-1<0 \\ x^2+y-1>0 \end{cases}$ または $\begin{cases} x^2-y-1>0 \\ x^2+y-1<0 \end{cases}$

よって　$\boldsymbol{(x^2-y-1)(x^2+y-1)<0}$

⇐$\begin{cases} A<0 \\ B>0 \end{cases}$ または $\begin{cases} A>0 \\ B<0 \end{cases}$
$\iff AB<0$

EX ③91 xy 平面において，連立不等式 $x \geqq 0$，$y \geqq 0$，$x+2y \leqq 30$，$5x+2y \leqq 66$ の表す領域をDとする。点 $(x,\ y)$ が領域Dを動くとき $kx+y$ の最大値を求めよう。ただし，k は $1 \leqq k \leqq 3$ を満たす実数である。$1 \leqq k \leqq$ ア□ のとき，$kx+y$ の最大値を k を用いて表すと イ□ であり，ア□ $\leqq k \leqq 3$ のとき，$kx+y$ の最大値を k を用いて表すと ウ□ である。〔関西学院大〕

領域Dは，4点 $(0,\ 15)$，$(0,\ 0)$，$\left(\dfrac{66}{5},\ 0\right)$，$\left(9,\ \dfrac{21}{2}\right)$ を頂点とする四角形の周および内部である。

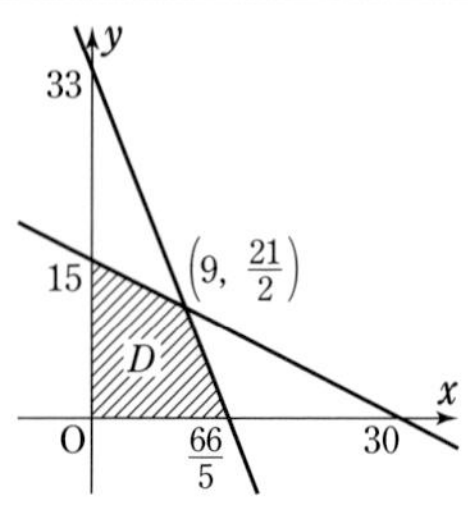

⇦2直線 $x+2y=30$，$5x+2y=66$ の交点の座標は $\left(9,\ \dfrac{21}{2}\right)$

$kx+y=a$ とすると

$$y=-kx+a \quad \cdots\cdots ①$$

① は傾き $-k$，y 切片 a の直線を表す。

$1 \leqq k \leqq 3$ であるから

$$-3 \leqq -k \leqq -1$$

[1] $-\dfrac{5}{2} \leqq -k \leqq -1$

すなわち $1 \leqq k \leqq$ ア $\boldsymbol{\dfrac{5}{2}}$ のとき

① が点 $\left(9,\ \dfrac{21}{2}\right)$ を通るとき，

a は最大値 イ $\boldsymbol{9k+\dfrac{21}{2}}$ をとる。

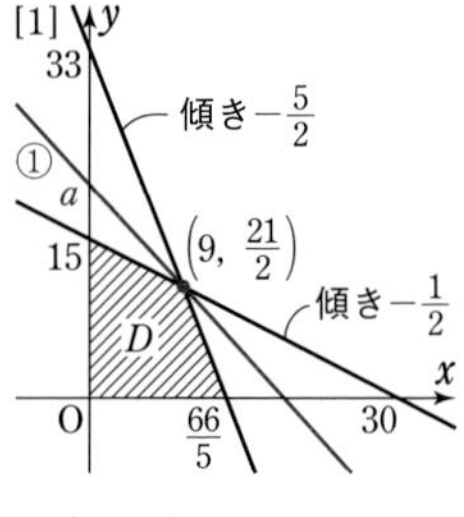
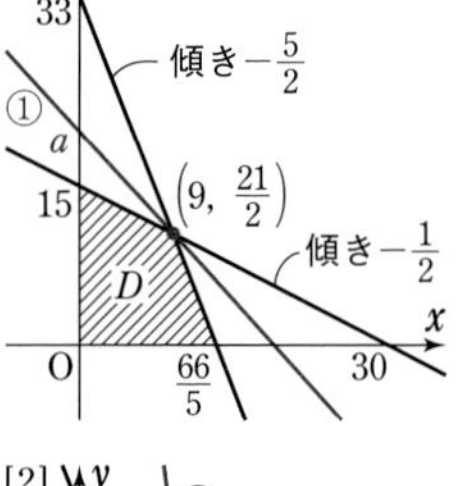

⇦直線 ① の傾きの大きさにより最大値をとる点の位置が変わるから，場合分けをする。
$-k \leqq -1$ から ① の傾きは $-\dfrac{1}{2}$ より小さい。

⇦$a=kx+y$ に，$x=9$，$y=\dfrac{21}{2}$ を代入。

[2] $-3 \leqq -k \leqq -\dfrac{5}{2}$

すなわち $\dfrac{5}{2} \leqq k \leqq 3$ のとき

① が点 $\left(\dfrac{66}{5},\ 0\right)$ を通るとき，

a は最大値 ウ $\boldsymbol{\dfrac{66}{5}k}$ をとる。

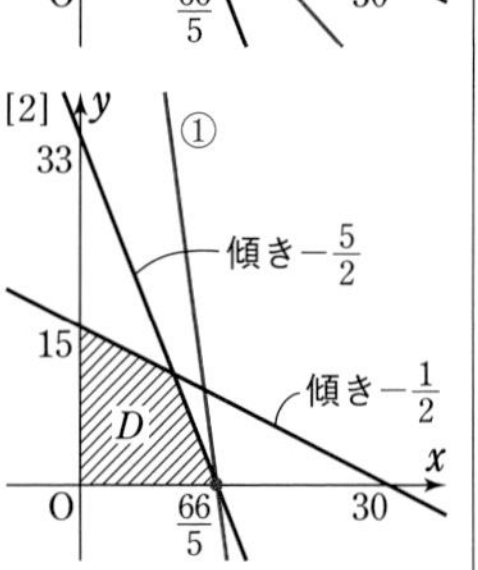

⇦$a=kx+y$ に，$x=\dfrac{66}{5}$，$y=0$ を代入。

EX ③92 (1) 連立不等式 $\begin{cases} x^2+y^2-2x+2y-7 \geqq 0 \\ x \geqq y \end{cases}$ が表す領域を図示せよ。

(2) $r>0$ とする。「$(x-4)^2+(y-2)^2 \leqq r^2$ ならば，(1)の連立不等式が成り立つ」を満たす r の最大値を求めよ。〔関西大〕

(1) $x^2+y^2-2x+2y-7 \geqq 0$ から

$$(x-1)^2+(y+1)^2 \geqq 9$$

求める領域は，

円 $(x-1)^2+(y+1)^2=9$ の周および外部と，

直線 $y=x$ およびその下側

の共通部分で，**右の図の斜線部分。ただし，境界線を含む。**

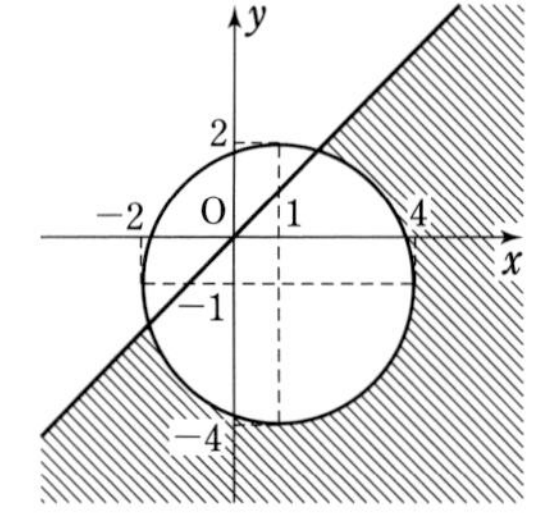

(2)　$P=\{(x,\ y)\,|\,(x-4)^2+(y-2)^2 \leqq r^2\}$,
$Q=\{(x,\ y)\,|\,(x-1)^2+(y+1)^2 \geqq 9$ かつ $x \geqq y\}$,
円 C_1：$(x-4)^2+(y-2)^2=r^2$,
円 C_2：$(x-1)^2+(y+1)^2=9$
とする。

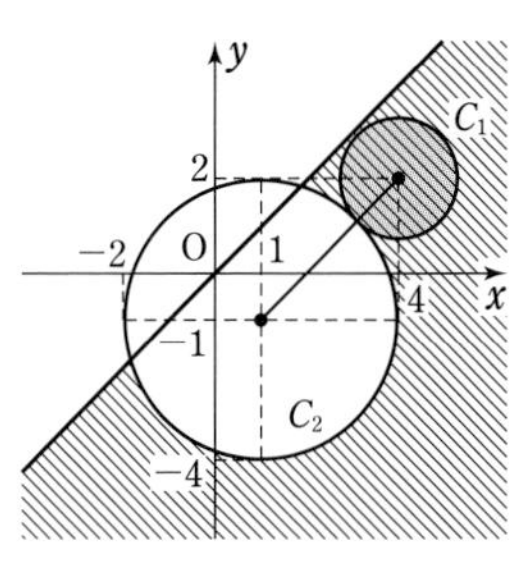

$(x-4)^2+(y-2)^2 \leqq r^2$ ならば(1)の連立不等式が成り立つための条件は　$P \subset Q$

直線 $y=x$ と円 C_1 の中心 $(4,\ 2)$ の距離を d とすると

$$d=\frac{|4-2|}{\sqrt{1^2+(-1)^2}}=\frac{2}{\sqrt{2}}=\sqrt{2}$$

⇐$x-y=0$ と $(4,\ 2)$ の距離。

よって，直線 $y=x$ と円 C_1 が接するとき　$r=\sqrt{2}$

⇐接する ⟺ $d=r$

また，円 C_1 と円 C_2 が外接するとき

$$3+r=\sqrt{(4-1)^2+\{2-(-1)\}^2}$$

⇐(半径の和)＝(中心間の距離)

ゆえに　$r=3\sqrt{2}-3$

ここで　$\sqrt{2}-(3\sqrt{2}-3)=3-2\sqrt{2}=\sqrt{9}-\sqrt{8}>0$

⇐差をとって大小比較。

したがって，$P \subset Q$ となる r の最大値は　$\mathbf{3\sqrt{2}-3}$

⇐２つの r の小さい方。

EX ③93　次の不等式の表す領域を，それぞれ xy 平面に図示せよ。
(1)　$|2x+5y| \leqq 4$　　(2)　$|x|+|y+1| \leqq 2$

(1)　$|2x+5y| \leqq 4$　から　$-4 \leqq 2x+5y \leqq 4$

⇐$|x| \leqq A$ $(A>0)$ ⟺ $-A \leqq x \leqq A$

したがって　$-2x-4 \leqq 5y \leqq -2x+4$

ゆえに　$-\dfrac{2}{5}x-\dfrac{4}{5} \leqq y \leqq -\dfrac{2}{5}x+\dfrac{4}{5}$

よって，求める領域は，**図の斜線部分。ただし，境界線上の点を含む。**

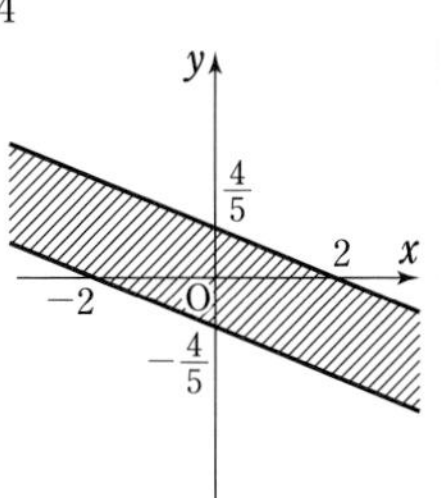

(2)　$|x|+|y+1| \leqq 2$

[1]　$x \geqq 0$ かつ $y \geqq -1$ のとき　$x+y+1 \leqq 2$
すなわち　$y \leqq -x+1$

[2]　$x \geqq 0$ かつ $y<-1$ のとき　$x-(y+1) \leqq 2$
すなわち　$y \geqq x-3$

[3]　$x<0$ かつ $y \geqq -1$ のとき　$-x+y+1 \leqq 2$
すなわち　$y \leqq x+1$

[4]　$x<0$ かつ $y<-1$ のとき　$-x-(y+1) \leqq 2$
すなわち　$y \geqq -x-3$

よって，求める領域は，**図の斜線部分。ただし，境界線上の点を含む。**

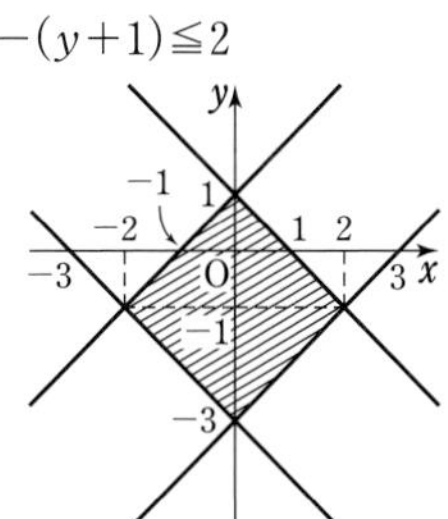

inf.　$|x|+|y| \leqq a$ $(a>0)$ の表す領域は，下図の正方形の周および内部である。

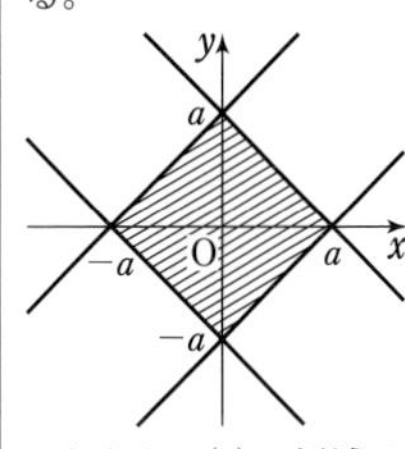

これから，(2)の領域は
$|x|+|y| \leqq 2$
の表す領域を y 軸方向に -1 だけ平行移動したと考えることもできる。

EX ③94 放物線 $y=x^2+ax+b$ に関して，点 $(1,\ 1)$ と点 $(2,\ 2)$ が反対側にあるとき，点 $(a,\ b)$ の存在する範囲を図示せよ。　〔類　日本女子大〕

放物線 $y=x^2+ax+b$ に関して，点 $(1,\ 1)$ と点 $(2,\ 2)$ が反対側にあるから

$$\begin{cases}1>1^2+a\cdot1+b\\ 2<2^2+a\cdot2+b\end{cases}\quad \text{または}\quad \begin{cases}1<1^2+a\cdot1+b\\ 2>2^2+a\cdot2+b\end{cases}$$

すなわち $\begin{cases}b<-a\\ b>-2a-2\end{cases}$

または $\begin{cases}b>-a\\ b<-2a-2\end{cases}$

が成り立つ。

よって，点 $(a,\ b)$ の存在する範囲は，**図の斜線部分。**

ただし，境界線を含まない。

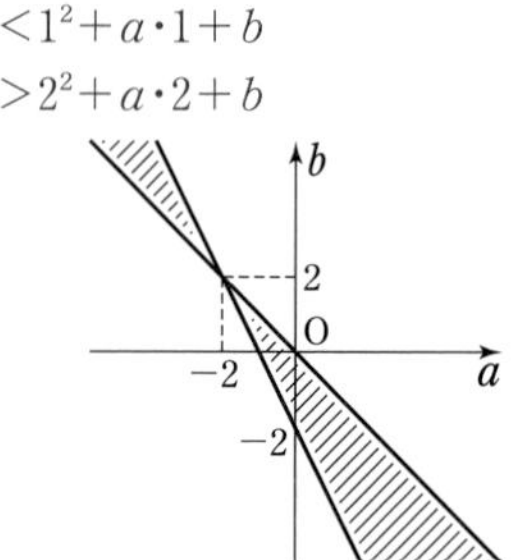

HINT　点 $(1,\ 1)$ と点 $(2,\ 2)$ は，下の図のような状態にある。

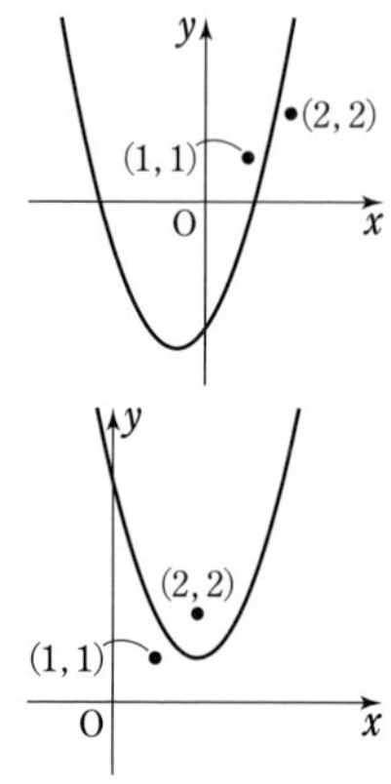

EX ④95 点 $(x,\ y)$ が，不等式 $(x-3)^2+(y-2)^2\leqq1$ の表す領域上を動くとする。　〔東京理科大〕

(1) $2x-1$ の最大値は □　　(2) x^2+y^2 の最大値は □

(3) $\dfrac{y}{x}$ の最大値は □　　(4) $10x+10y$ の最大の整数値は □

中心 $(3,\ 2)$，半径 1 の円を C とする。不等式 $(x-3)^2+(y-2)^2\leqq1$ の表す領域 D は，円 C の周およびその内部である。

⇦図の斜線部分。ただし，境界線を含む。

(1) $2x-1=k$ とおくと　$x=\dfrac{k+1}{2}$ ……①

x 軸に垂直な直線①が領域 D と共有点をもつとき，x 軸との交点の x 座標 $\dfrac{k+1}{2}$ が最大となるのは，直線①が円 C に図のように接するときである。

このとき，k も最大となるから

$$\frac{k+1}{2}=4\quad \text{すなわち}\quad k=7$$

よって，求める最大値は　**7**

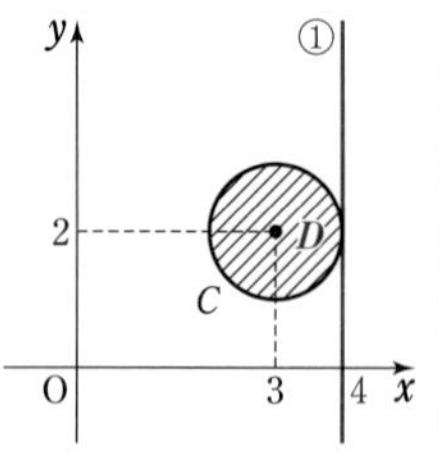

⇦$\dfrac{k+1}{2}$ が最大 $\Longleftrightarrow$ k が最大

⇦最大値をとるのは $x=4,\ y=2$ のとき。

(2) $x^2+y^2=R\ (R>0)$ ……② とおく。

原点を中心とする円②が領域 D と共有点をもつとき，円②の半径 $\sqrt{R}$ が最大となるのは，円 C が円②に図のように内接するときである。

⇦$R>0$ のとき，$\sqrt{R}$ が最大 $\Longleftrightarrow$ R が最大

このとき

(円 ② の半径)=(中心間の距離)+(円 C の半径)

よって　$\sqrt{R}=\sqrt{3^2+2^2}+1=\sqrt{13}+1$

ゆえに　$R=(\sqrt{13}+1)^2=14+2\sqrt{13}$

このとき R も最大であるから，求める最大値は　$\mathbf{14+2\sqrt{13}}$

(3)　$\dfrac{y}{x}=m$ とおくと　　$y=mx$ ……③

原点を通る直線 ③ が領域 D と共有点をもつとき，傾き m が最大となるのは，直線 ③ が円 C に図のように接するときである。

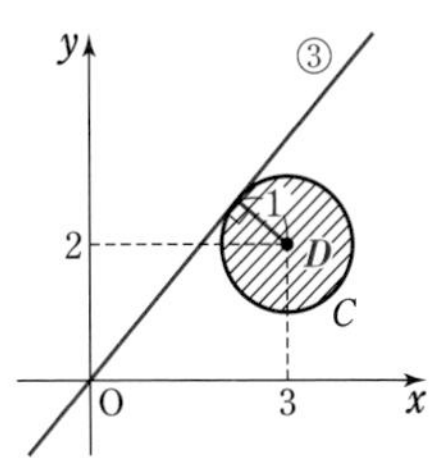

このとき，円 C の中心 $(3,\ 2)$ と直線 ③ の距離が円 C の半径 1 と一致するから

$$\frac{|3m-2|}{\sqrt{m^2+(-1)^2}}=1 \quad \text{すなわち} \quad |3m-2|=\sqrt{m^2+1}$$

⇦点 $(3,\ 2)$ と直線 ③ すなわち $mx-y=0$ の距離。

両辺を 2 乗して　$(3m-2)^2=m^2+1$

整理して　$8m^2-12m+3=0$

これを解いて　$m=\dfrac{-(-6)\pm\sqrt{(-6)^2-8\cdot 3}}{8}=\dfrac{3\pm\sqrt{3}}{4}$

⇦2 次方程式 $ax^2+2b'x+c=0$ の解は $x=\dfrac{-b'\pm\sqrt{b'^2-ac}}{a}$

よって，求める最大値は　$\mathbf{\dfrac{3+\sqrt{3}}{4}}$

(4)　$10x+10y=n$ ……④ とおく。

傾き -1 の直線 ④ が領域 D と共有点をもつとき，円 C の中心 $(3,\ 2)$ と直線 ④ の距離は円 C の半径 1 以下であるから

$$\frac{|10\cdot 3+10\cdot 2-n|}{\sqrt{10^2+10^2}}\leqq 1$$

よって　$|50-n|\leqq 10\sqrt{2}$

⇦$c>0$ のとき $|x|\leqq c \iff -c\leqq x\leqq c$

ゆえに　$-10\sqrt{2}\leqq 50-n\leqq 10\sqrt{2}$

すなわち　$50-10\sqrt{2}\leqq n\leqq 50+10\sqrt{2}$

$1.4<\sqrt{2}<1.5$ であるから，これを満たす最大の整数値は

$n=50+10\cdot 1.4=\mathbf{64}$

PR ①113 θ が次の値のとき，$\sin\theta$，$\cos\theta$，$\tan\theta$ の値を求めよ。

(1) $\dfrac{13}{4}\pi$　　(2) $-\dfrac{19}{6}\pi$　　(3) -5π

(1) $\dfrac{13}{4}\pi=2\pi+\dfrac{5}{4}\pi$

図で円の半径が $\sqrt{2}$ のとき，点Pの座標は　$(-1,\ -1)$

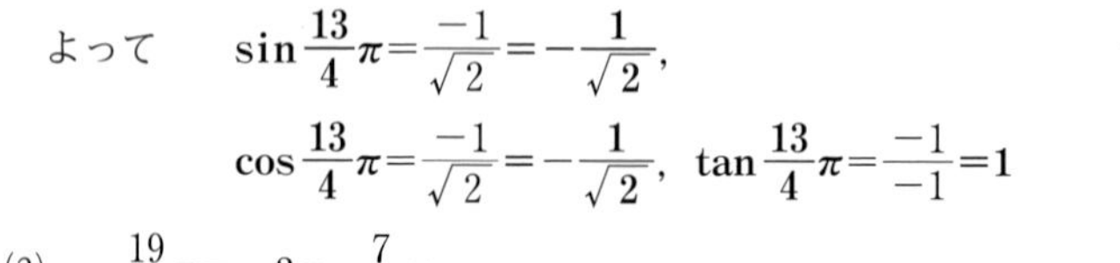

よって　$\sin\dfrac{13}{4}\pi=\dfrac{-1}{\sqrt{2}}=-\dfrac{1}{\sqrt{2}}$，

$\cos\dfrac{13}{4}\pi=\dfrac{-1}{\sqrt{2}}=-\dfrac{1}{\sqrt{2}}$，$\tan\dfrac{13}{4}\pi=\dfrac{-1}{-1}=1$

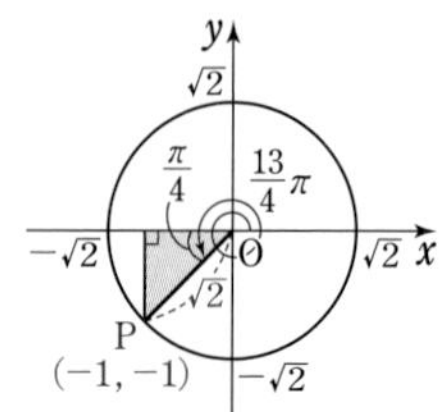

(2) $-\dfrac{19}{6}\pi=-2\pi-\dfrac{7}{6}\pi$

図で円の半径が 2 のとき，点Pの座標は　$(-\sqrt{3},\ 1)$

よって　$\sin\left(-\dfrac{19}{6}\pi\right)=\dfrac{1}{2}$，

$\cos\left(-\dfrac{19}{6}\pi\right)=\dfrac{-\sqrt{3}}{2}=-\dfrac{\sqrt{3}}{2}$，

$\tan\left(-\dfrac{19}{6}\pi\right)=\dfrac{1}{-\sqrt{3}}=-\dfrac{1}{\sqrt{3}}$

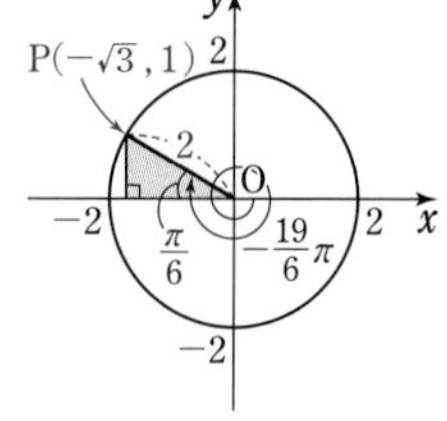

(3) $-5\pi=-2\cdot2\pi-\pi$

図で円の半径が 1 のとき，点Pの座標は　$(-1,\ 0)$

よって　$\sin(-5\pi)=\dfrac{0}{1}=0$，

$\cos(-5\pi)=\dfrac{-1}{1}=-1$，$\tan(-5\pi)=\dfrac{0}{-1}=0$

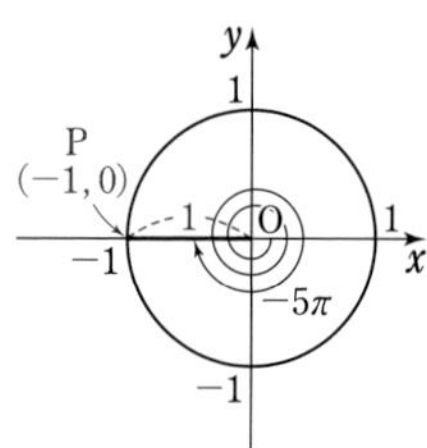

PR ②114 (1) θ の動径が第 2 象限にあり，$\sin\theta=\dfrac{1}{3}$ のとき，$\cos\theta$，$\tan\theta$ の値を求めよ。

(2) $\tan\theta=-3$ のとき，$\sin\theta$，$\cos\theta$ の値を求めよ。

(1) $\sin^2\theta+\cos^2\theta=1$ から

$$\cos^2\theta=1-\sin^2\theta=1-\left(\frac{1}{3}\right)^2=\frac{8}{9}$$

θ の動径が第 2 象限にあるから　$\cos\theta<0$

よって　$\cos\theta=-\sqrt{\dfrac{8}{9}}=-\dfrac{2\sqrt{2}}{3}$

また　$\tan\theta=\dfrac{\sin\theta}{\cos\theta}=\dfrac{1}{3}\div\left(-\dfrac{2\sqrt{2}}{3}\right)=-\dfrac{1}{2\sqrt{2}}=-\dfrac{\sqrt{2}}{4}$

⇐有理化しなくてもよい。

別解　$\sin\theta=\dfrac{1}{3}$ より，$r=3$，$\mathrm{P}(x,\ 1)$

⇐$\sin\theta=\dfrac{y}{r}$

とすると，θ の動径が第 2 象限にあるから　$x=-\sqrt{3^2-1^2}=-2\sqrt{2}$

第 2 象限では
$x<0$，$y>0$

よって　$\cos\theta=\dfrac{x}{r}=-\dfrac{2\sqrt{2}}{3}$，

$\tan\theta=\dfrac{y}{x}=-\dfrac{1}{2\sqrt{2}}=-\dfrac{\sqrt{2}}{4}$

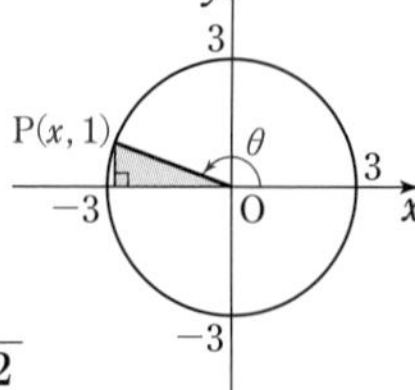

(2) $\cos^2\theta=\frac{1}{1+\tan^2\theta}=\frac{1}{1+(-3)^2}=\frac{1}{10}$

したがって　$\cos\theta=\pm\sqrt{\frac{1}{10}}=\pm\frac{1}{\sqrt{10}}$

$\tan\theta=-3<0$ であるから，θ の動径が第 2 象限または第 4 象限にある。

⇐各象限における三角関数の符号に注意する。

[1] θ の動径が第 2 象限にあるとき　$\cos\theta<0$

よって　$\cos\theta=-\frac{1}{\sqrt{10}}$

$\sin\theta=\tan\theta\cos\theta=(-3)\cdot\left(-\frac{1}{\sqrt{10}}\right)=\frac{3}{\sqrt{10}}$

⇐$\sin^2\theta=1-\cos^2\theta$ から導いてもよいが，$\sin\theta$ の符号に注意。

[2] θ の動径が第 4 象限にあるとき　$\cos\theta>0$

よって　$\cos\theta=\frac{1}{\sqrt{10}}$

$\sin\theta=\tan\theta\cos\theta=(-3)\cdot\frac{1}{\sqrt{10}}=-\frac{3}{\sqrt{10}}$

以上から

$$(\boldsymbol{\sin\theta},\ \boldsymbol{\cos\theta})=\left(\frac{3}{\sqrt{10}},\ -\frac{1}{\sqrt{10}}\right),\ \left(-\frac{3}{\sqrt{10}},\ \frac{1}{\sqrt{10}}\right)$$

⇐$\left(\pm\frac{3}{\sqrt{10}},\ \mp\frac{1}{\sqrt{10}}\right)$ (複号同順) でもよい。

別解 [1] θ の動径が第 2 象限にあるとき

$\tan\theta=-3=\frac{3}{-1}$ より，P$(-1,\ 3)$ とすると

$\mathrm{OP}=r=\sqrt{(-1)^2+3^2}=\sqrt{10}$

よって　$\boldsymbol{\sin\theta}=\frac{y}{r}=\frac{3}{\sqrt{10}}$

$\boldsymbol{\cos\theta}=\frac{x}{r}=-\frac{1}{\sqrt{10}}$

P(−1, 3)
θ: 第 2 象限
θ: 第 4 象限
P(1, −3)

⇐$\tan\theta=\frac{y}{x}$
第 2 象限では
$x<0,\ y>0$

[2] θ の動径が第 4 象限にあるとき

$\tan\theta=-3=\frac{-3}{1}$ より，P$(1,\ -3)$ とすると

$\mathrm{OP}=r=\sqrt{1^2+(-3)^2}=\sqrt{10}$

よって　$\boldsymbol{\sin\theta}=\frac{y}{r}=-\frac{3}{\sqrt{10}}$，$\boldsymbol{\cos\theta}=\frac{x}{r}=\frac{1}{\sqrt{10}}$

⇐$\tan\theta=\frac{y}{x}$
第 4 象限では
$x>0,\ y<0$

PR ②115

次の等式を証明せよ。

(1) $\frac{2\sin\theta\cos\theta-\cos\theta}{1-\sin\theta+\sin^2\theta-\cos^2\theta}=\frac{1}{\tan\theta}$

(2) $(\tan\theta-\sin\theta)^2+(1-\cos\theta)^2=\left(\frac{1}{\cos\theta}-1\right)^2$

(1) $\frac{2\sin\theta\cos\theta-\cos\theta}{1-\sin\theta+\sin^2\theta-\cos^2\theta}$

$=\frac{\cos\theta(2\sin\theta-1)}{(1-\cos^2\theta)-\sin\theta+\sin^2\theta}$

⇐複雑な方の左辺を変形して，右辺を導く。
⇐$\boldsymbol{1-\cos^2\theta=\sin^2\theta}$

4章 PR

$$=\frac{\cos\theta(2\sin\theta-1)}{\sin^2\theta-\sin\theta+\sin^2\theta}=\frac{\cos\theta(2\sin\theta-1)}{2\sin^2\theta-\sin\theta}$$

$$=\frac{\cos\theta(2\sin\theta-1)}{\sin\theta(2\sin\theta-1)}=\frac{\cos\theta}{\sin\theta}=\frac{1}{\tan\theta}$$

⇦右辺の式が導かれた。

よって　$\dfrac{2\sin\theta\cos\theta-\cos\theta}{1-\sin\theta+\sin^2\theta-\cos^2\theta}=\dfrac{1}{\tan\theta}$

(2)　$(\tan\theta-\sin\theta)^2+(1-\cos\theta)^2$

⇦左辺を変形。

$=(\tan\theta-\tan\theta\cos\theta)^2+(1-\cos\theta)^2$

⇦$\boldsymbol{\sin\theta=\tan\theta\cos\theta}$

$=\tan^2\theta(1-\cos\theta)^2+(1-\cos\theta)^2$

$=(1+\tan^2\theta)(1-\cos\theta)^2=\dfrac{1}{\cos^2\theta}\cdot(1-\cos\theta)^2$

⇦$\boldsymbol{1+\tan^2\theta=\dfrac{1}{\cos^2\theta}}$

$=\left(\dfrac{1-\cos\theta}{\cos\theta}\right)^2=\left(\dfrac{1}{\cos\theta}-1\right)^2$

⇦右辺の式が導かれた。

よって　$(\tan\theta-\sin\theta)^2+(1-\cos\theta)^2=\left(\dfrac{1}{\cos\theta}-1\right)^2$

PR
③**116**

$\sin\theta+\cos\theta=-\dfrac{1}{2}$ のとき，次の式の値を求めよ。

(1)　$\sin\theta\cos\theta$，$\tan\theta+\dfrac{1}{\tan\theta}$　　(2)　$\sin^3\theta-\cos^3\theta$ $\left(\dfrac{\pi}{2}<\theta<\pi\right)$

(1)　$\sin\theta+\cos\theta=-\dfrac{1}{2}$ の両辺を 2 乗すると

$$\sin^2\theta+2\sin\theta\cos\theta+\cos^2\theta=\frac{1}{4}$$

よって　$1+2\sin\theta\cos\theta=\dfrac{1}{4}$

⇦$\sin^2\theta+\cos^2\theta=1$

ゆえに　$\boldsymbol{\sin\theta\cos\theta}=\left(\dfrac{1}{4}-1\right)\div2=\boldsymbol{-\dfrac{3}{8}}$

また　$\boldsymbol{\tan\theta+\dfrac{1}{\tan\theta}}=\dfrac{\sin\theta}{\cos\theta}+\dfrac{\cos\theta}{\sin\theta}=\dfrac{\sin^2\theta+\cos^2\theta}{\sin\theta\cos\theta}$

$=1\div\left(-\dfrac{3}{8}\right)=\boldsymbol{-\dfrac{8}{3}}$

⇦$\sin^2\theta+\cos^2\theta=1$

(2)　$\sin^3\theta-\cos^3\theta=(\sin\theta-\cos\theta)(\sin^2\theta+\sin\theta\cos\theta+\cos^2\theta)$

$=(\sin\theta-\cos\theta)(1+\sin\theta\cos\theta)$　……①

⇦a^3-b^3
$=(a-b)(a^2+ab+b^2)$

ここで　$(\sin\theta-\cos\theta)^2=\sin^2\theta-2\sin\theta\cos\theta+\cos^2\theta$

$=1-2\sin\theta\cos\theta$

$=1-2\left(-\dfrac{3}{8}\right)=\dfrac{7}{4}$

⇦(1) の結果を利用。

$\dfrac{\pi}{2}<\theta<\pi$ であるから　$\sin\theta>0$，$\cos\theta<0$

⇦θ は第 2 象限の角。

よって　$\sin\theta-\cos\theta>0$

⇦(正)−(負)>0

ゆえに　$\sin\theta-\cos\theta=\sqrt{\dfrac{7}{4}}=\dfrac{\sqrt{7}}{2}$

したがって，① から

$$\boldsymbol{\sin^3\theta-\cos^3\theta}=\frac{\sqrt{7}}{2}\left(1-\frac{3}{8}\right)=\frac{\sqrt{7}}{2}\cdot\frac{5}{8}=\boldsymbol{\frac{5\sqrt{7}}{16}}$$

PR ④117 x についての2次方程式 $8x^2-4x-a=0$ の2つの解が $\sin\theta$, $\cos\theta$ であるとき，定数 a の値と2つの解を求めよ。〔類　慶応大〕

2次方程式の解と係数の関係から

$$\sin\theta+\cos\theta=-\frac{-4}{8}=\frac{1}{2} \quad \cdots\cdots ①$$

$$\sin\theta\cos\theta=-\frac{a}{8} \quad \cdots\cdots ②$$

① の両辺を2乗して　$\sin^2\theta+2\sin\theta\cos\theta+\cos^2\theta=\frac{1}{4}$

よって　$1+2\sin\theta\cos\theta=\frac{1}{4}$　　ゆえに　$\sin\theta\cos\theta=-\frac{3}{8}$

② を代入して　$-\frac{a}{8}=-\frac{3}{8}$　　よって　$\boldsymbol{a=3}$

このとき，与えられた2次方程式は　$8x^2-4x-3=0$

これを解いて，2つの解は

$$\boldsymbol{x}=\frac{-(-2)\pm\sqrt{(-2)^2-8\cdot(-3)}}{8}=\boldsymbol{\frac{1\pm\sqrt{7}}{4}}$$

⇦解と係数の関係
$ax^2+bx+c=0$ $(a\neq0)$ の2つの解を α, β とすると
$\alpha+\beta=-\frac{b}{a}$, $\alpha\beta=\frac{c}{a}$

⇦**かくれた条件**
$\boldsymbol{\sin^2\theta+\cos^2\theta=1}$

⇦$ax^2+2b'x+c=0$ $(a\neq0)$ の解は
$x=\frac{-b'\pm\sqrt{b'^2-ac}}{a}$

4章 PR

PR ①118 次の関数のグラフをかけ。また，その周期を求めよ。

(1) $y=3\tan\theta$　　(2) $y=\cos\left(\theta+\frac{\pi}{4}\right)$

(3) $y=\tan2\theta$　　(4) $y=-\sin\theta+1$

(1) $y=3\tan\theta$ のグラフは，$y=\tan\theta$ のグラフを y 軸方向に3倍に拡大したものである。

〔図〕　周期は　$\boldsymbol{\pi}$

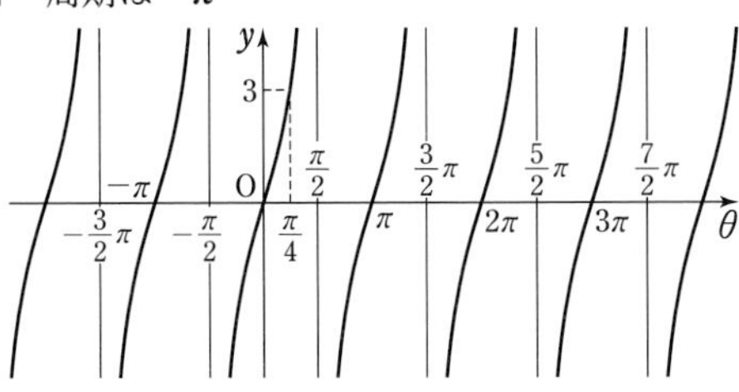

⇦y 軸方向に拡大・縮小しても周期は変わらない。

(2) $y=\cos\left(\theta+\frac{\pi}{4}\right)$ のグラフは，$y=\cos\theta$ のグラフを θ 軸方向に $-\frac{\pi}{4}$ だけ平行移動したものである。

〔図〕　周期は　$\boldsymbol{2\pi}$

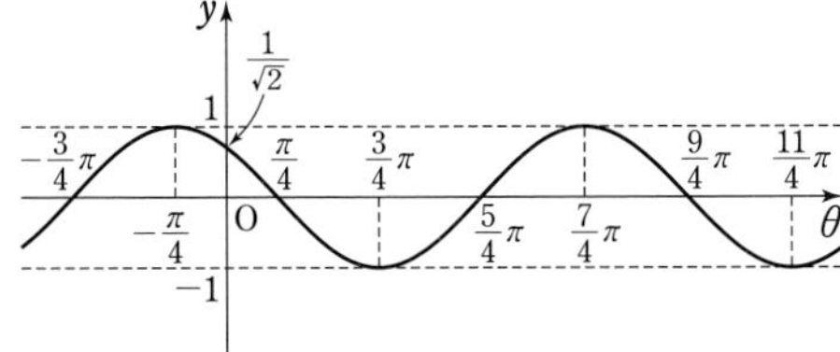

⇦$\theta+\frac{\pi}{4}=\theta-\left(-\frac{\pi}{4}\right)$

⇦平行移動しても周期は変わらない。

⇦点 $\left(-\frac{\pi}{4},\ 1\right)$ を点 $(0,\ 1)$ とみて，$y=\cos\theta$ のグラフをかくとよい。

(3)　$y=\tan 2\theta$ のグラフは，$y=\tan\theta$ のグラフを θ 軸方向に $\dfrac{1}{2}$ 倍に縮小したものである。

〔図〕　周期は　$\pi\div 2=\boldsymbol{\dfrac{\pi}{2}}$

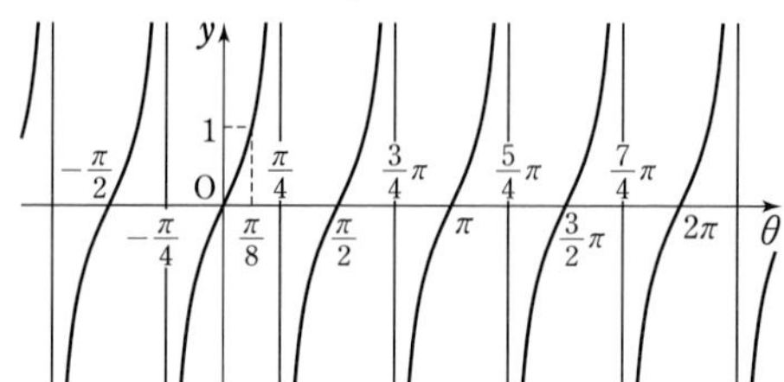

(4)　$y=-\sin\theta+1$ のグラフは，$y=\sin\theta$ のグラフを θ 軸に関して対称移動して，更に，y 軸方向に 1 だけ平行移動したものである。

⇦$y=f(\theta)$ のグラフと $y=-f(\theta)$ のグラフは，θ 軸に関して対称。

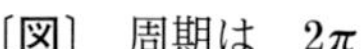
〔図〕　周期は　$\boldsymbol{2\pi}$

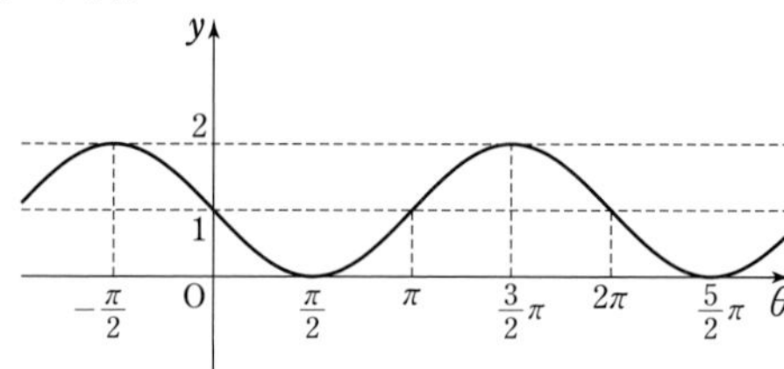

PR
②119

次の関数のグラフをかけ。また，その周期を求めよ。

(1)　$y=-\cos\left(\dfrac{\theta}{2}+\dfrac{\pi}{3}\right)$　　(2)　$y=2\sin\left(2\theta-\dfrac{\pi}{3}\right)+1$

(1)　$y=-\cos\left(\dfrac{\theta}{2}+\dfrac{\pi}{3}\right)$ から　　$y=-\cos\dfrac{1}{2}\left(\theta+\dfrac{2}{3}\pi\right)$

よって，与えられた関数のグラフは，$y=\cos\theta$ のグラフを θ 軸に関して対称移動した後，θ 軸方向に 2 倍に拡大して，更に，θ 軸方向に $-\dfrac{2}{3}\pi$ だけ平行移動したものである。

〔図〕　周期は　$2\pi\div\dfrac{1}{2}=\boldsymbol{4\pi}$

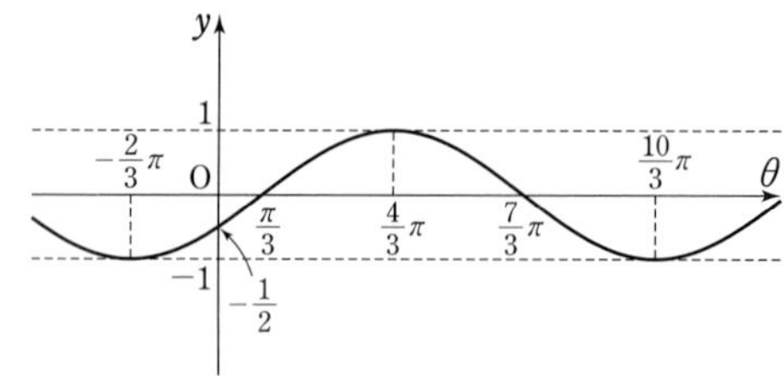

⇦$\dfrac{\theta}{2}+\dfrac{\pi}{3}$ を θ の係数 $\dfrac{1}{2}$ でくくる。

θ 軸に関して対称移動
$\longrightarrow$ $y=-\cos\theta$
θ 軸方向に 2 倍
$\longrightarrow$ $y=-\cos\dfrac{\theta}{2}$
θ 軸方向に $-\dfrac{2}{3}\pi$ だけ平行移動
$\longrightarrow$ $y=-\cos\dfrac{1}{2}\left(\theta+\dfrac{2}{3}\pi\right)$

⇦点 $\left(-\dfrac{2}{3}\pi,\ -1\right)$ を点 $(0,\ -1)$ とみて，$y=-\cos\dfrac{\theta}{2}$ のグラフをかくとよい。

(2) $y=2\sin\left(2\theta-\frac{\pi}{3}\right)+1$ から　$y=2\sin 2\left(\theta-\frac{\pi}{6}\right)+1$

よって，与えられた関数のグラフは，$y=\sin\theta$ のグラフを y 軸方向に 2 倍に拡大，θ 軸方向に $\frac{1}{2}$ 倍に縮小して，更に，θ 軸方向に $\frac{\pi}{6}$，y 軸方向に 1 だけ平行移動したものである。

〔図〕 周期は　$2\pi\div 2=\boldsymbol{\pi}$

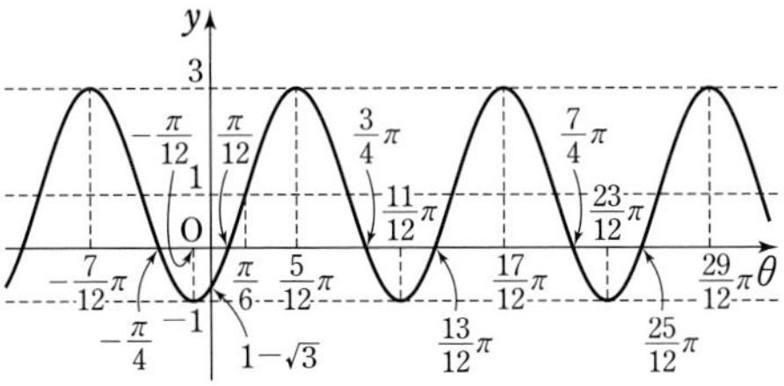

⇐$2\theta-\frac{\pi}{3}$ を θ の係数 2 でくくる。
y 軸方向に 2 倍
$\longrightarrow y=2\sin\theta$
θ 軸方向に $\frac{1}{2}$ 倍
$\longrightarrow y=2\sin 2\theta$
θ 軸方向に $\frac{\pi}{6}$，y 軸方向に 1 だけ平行移動
$\longrightarrow y=2\sin 2\left(\theta-\frac{\pi}{6}\right)+1$
⇐点 $\left(\frac{\pi}{6},\ 1\right)$ を原点とみて，$y=2\sin 2\theta$ のグラフをかくとよい。

4章
PR

PR ②120 次の値を求めよ。

(1) $2\sin\left(\frac{\pi}{2}+\alpha\right)+\sin(\pi-\beta)+\cos\left(\frac{\pi}{2}+\beta\right)+2\cos(\pi-\alpha)$

(2) $\sin\left(-\frac{\pi}{5}\right)\cos\frac{3}{10}\pi+\sin\frac{7}{10}\pi\cos\frac{6}{5}\pi$

(1) $2\sin\left(\frac{\pi}{2}+\alpha\right)+\sin(\pi-\beta)+\cos\left(\frac{\pi}{2}+\beta\right)+2\cos(\pi-\alpha)$

$=2\cos\alpha+\sin\beta-\sin\beta-2\cos\alpha$

$=\mathbf{0}$

(2) $\sin\left(-\frac{\pi}{5}\right)\cos\frac{3}{10}\pi+\sin\frac{7}{10}\pi\cos\frac{6}{5}\pi$

$=\sin\left(-\frac{\pi}{5}\right)\cos\left(\frac{\pi}{2}-\frac{\pi}{5}\right)+\sin\left(\frac{\pi}{2}+\frac{\pi}{5}\right)\cos\left(\pi+\frac{\pi}{5}\right)$

$=-\sin\frac{\pi}{5}\sin\frac{\pi}{5}+\cos\frac{\pi}{5}\left(-\cos\frac{\pi}{5}\right)$

$=-\left(\sin^2\frac{\pi}{5}+\cos^2\frac{\pi}{5}\right)$

$=\mathbf{-1}$

⇐$\sin\left(\frac{\pi}{2}+\theta\right)=\cos\theta$
$\sin(\pi-\theta)=\sin\theta$
$\cos\left(\frac{\pi}{2}+\theta\right)=-\sin\theta$
$\cos(\pi-\theta)=-\cos\theta$

⇐$\frac{3}{10}=\frac{5-2}{10}=\frac{1}{2}-\frac{1}{5}$
$\frac{7}{10}=\frac{5+2}{10}=\frac{1}{2}+\frac{1}{5}$
⇐$\sin(-\theta)=-\sin\theta$
$\cos\left(\frac{\pi}{2}-\theta\right)=\sin\theta$
$\sin\left(\frac{\pi}{2}+\theta\right)=\cos\theta$
$\cos(\pi+\theta)=-\cos\theta$

PR ②121 $0\leqq\theta<2\pi$ のとき，次の方程式を解け。また，θ の範囲に制限がないときの解を求めよ。

(1) $\sin\theta=\frac{\sqrt{3}}{2}$　(2) $\cos\theta=-\frac{1}{\sqrt{2}}$　(3) $\tan\theta=\sqrt{3}$

求める θ は，それぞれの図において，動径 OP，OQ の表す角である。また，n を整数とする。

(1) $0\leqq\theta<2\pi$ における解は　$\boldsymbol{\theta=\frac{\pi}{3},\ \frac{2}{3}\pi}$

θ の範囲に制限がないときの解は

$$\boldsymbol{\theta=\frac{\pi}{3}+2n\pi,\ \frac{2}{3}\pi+2n\pi}\ (\boldsymbol{n}\text{ は整数})$$

(2) $0\leqq\theta<2\pi$ における解は　$\boldsymbol{\theta=\frac{3}{4}\pi,\ \frac{5}{4}\pi}$

θ の範囲に制限がないときの解は

$$\boldsymbol{\theta=\frac{3}{4}\pi+2n\pi,\ \frac{5}{4}\pi+2n\pi}\ (\boldsymbol{n}\text{ は整数})$$

⇐$\theta=\pm\frac{3}{4}\pi+2n\pi$ としてもよい。

(3) $0\leqq\theta<2\pi$ における解は　$\boldsymbol{\theta=\frac{\pi}{3},\ \frac{4}{3}\pi}$

θ の範囲に制限がないときの解は　$\boldsymbol{\theta=\frac{\pi}{3}+n\pi}\ (\boldsymbol{n}\text{ は整数})$

⇐$\tan\theta$ の周期は π
$\theta=\frac{4}{3}\pi$ は，$n=1$ の場合。

(1)
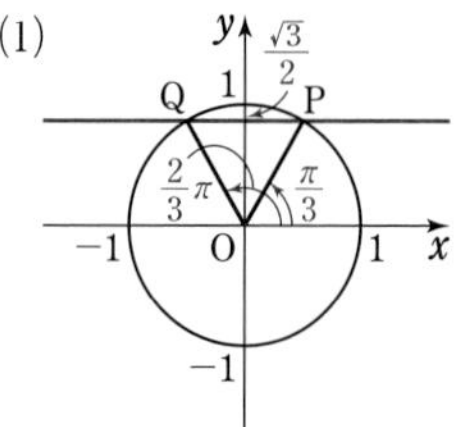

(2)
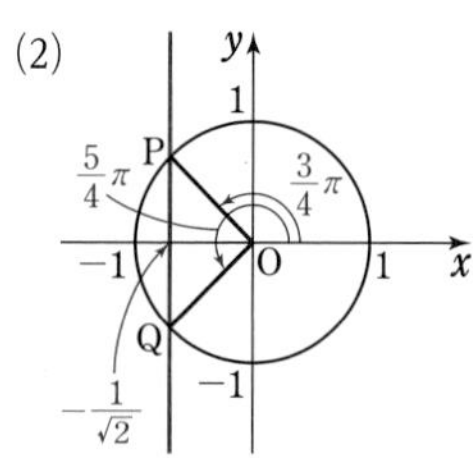

(3)
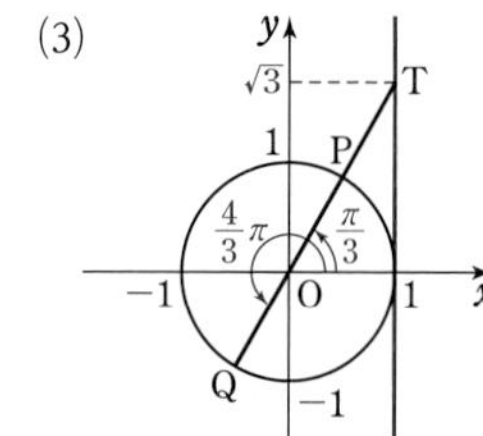

PR ②122　$0\leqq\theta<2\pi$ のとき，次の不等式を解け。
(1) $2\cos\theta\leqq-\sqrt{2}$　(2) $-\sqrt{2}\sin\theta+1\geqq0$　(3) $\sqrt{3}\tan\theta-1<0$

(1) 不等式を変形して　$\cos\theta\leqq-\frac{\sqrt{2}}{2}=-\frac{1}{\sqrt{2}}$

$0\leqq\theta<2\pi$ の範囲で $\cos\theta=-\frac{1}{\sqrt{2}}$ を満たす θ の値は

$\theta=\frac{3}{4}\pi,\ \frac{5}{4}\pi$

よって，角 θ の動径が右の図の色の部分にあるとき，θ は与えられた不等式を満たす。

ゆえに，θ の値の範囲は

$$\boldsymbol{\frac{3}{4}\pi\leqq\theta\leqq\frac{5}{4}\pi}$$

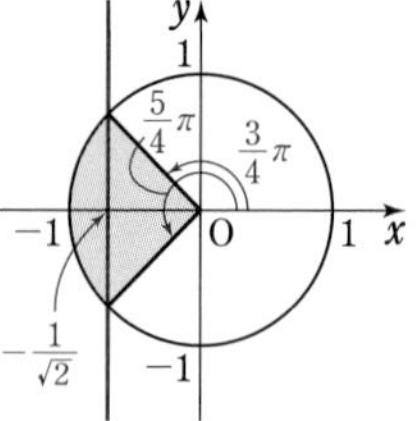

⇐単位円上の点の x 座標が $-\frac{1}{\sqrt{2}}$ 以下になるような θ の値の範囲を求める。

別解　求める θ の値の範囲は，関数 $y=\cos\theta$ $(0\leqq\theta<2\pi)$ のグラフが，直線 $y=-\frac{1}{\sqrt{2}}$ 上またはそれより下側にあるような θ の値の範囲である。

よって，右の図から　$\boldsymbol{\frac{3}{4}\pi\leqq\theta\leqq\frac{5}{4}\pi}$

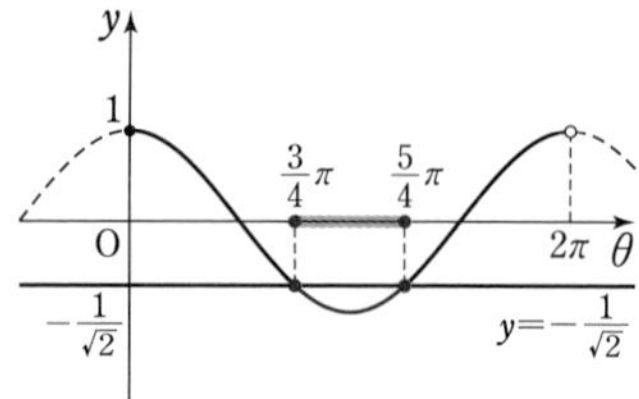

(2)　不等式を変形して　　$\sin\theta \leqq \dfrac{1}{\sqrt{2}}$

$0 \leqq \theta < 2\pi$ の範囲で $\sin\theta = \dfrac{1}{\sqrt{2}}$ を満たす θ の値は

$$\theta = \frac{\pi}{4},\ \frac{3}{4}\pi$$

よって，角 θ の動径が右の図の色の部分にあるとき，θ は与えられた不等式を満たす。

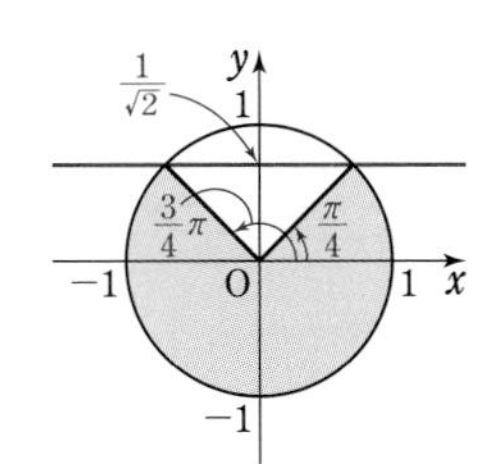

⇦単位円上の点の y 座標が $\dfrac{1}{\sqrt{2}}$ 以下になるような θ の値の範囲を求める。

ゆえに，θ の値の範囲は

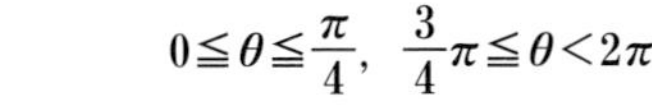

$$\boldsymbol{0 \leqq \theta \leqq \frac{\pi}{4},\ \frac{3}{4}\pi \leqq \theta < 2\pi}$$

別解　求める θ の値の範囲は，関数 $y=\sin\theta$ $(0 \leqq \theta < 2\pi)$ のグラフが，直線 $y=\dfrac{1}{\sqrt{2}}$ 上またはそれより下側にあるような θ の値の範囲である。

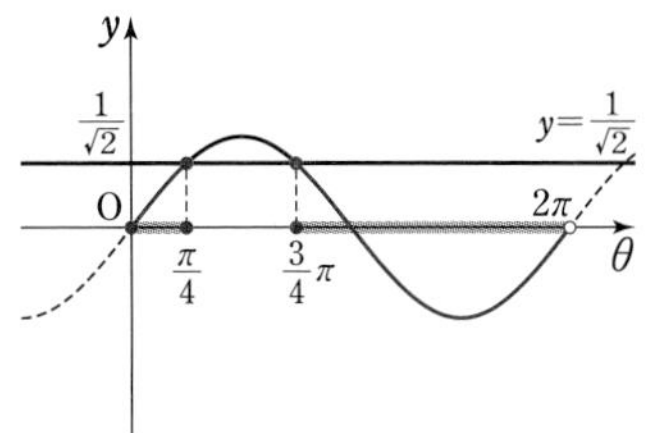

よって，右の図から

$$\boldsymbol{0 \leqq \theta \leqq \frac{\pi}{4},\ \frac{3}{4}\pi \leqq \theta < 2\pi}$$

(3)　不等式を変形して　　$\tan\theta < \dfrac{1}{\sqrt{3}}$

$0 \leqq \theta < 2\pi$ の範囲で $\tan\theta = \dfrac{1}{\sqrt{3}}$ を満たす θ の値は

$$\theta = \frac{\pi}{6},\ \frac{7}{6}\pi$$

よって，角 θ の動径が右の図の色の部分にあるとき，θ は与えられた不等式を満たす。

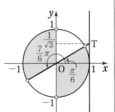

⇦直線 $x=1$ 上の点 T の y 座標が $\dfrac{1}{\sqrt{3}}$ 未満になるような θ の値の範囲を求める。

ゆえに，θ の値の範囲は

$$\boldsymbol{0 \leqq \theta < \frac{\pi}{6},\ \frac{\pi}{2} < \theta < \frac{7}{6}\pi,}$$

$$\boldsymbol{\frac{3}{2}\pi < \theta < 2\pi}$$

別解　求める θ の値の範囲は，関数 $y=\tan\theta$ $(0 \leqq \theta < 2\pi)$ のグラフが，直線 $y=\dfrac{1}{\sqrt{3}}$ より下側にあるような θ の値の範囲である。

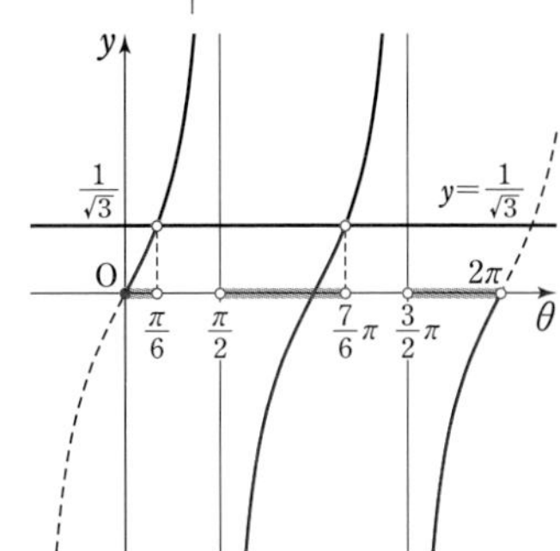

よって，右の図から

$$\boldsymbol{0 \leqq \theta < \frac{\pi}{6},\ \frac{\pi}{2} < \theta < \frac{7}{6}\pi,}$$

$$\boldsymbol{\frac{3}{2}\pi < \theta < 2\pi}$$

4章
PR

PR ③123

$0 \leqq \theta < 2\pi$ のとき，次の方程式・不等式を解け。

(1) $\sin\left(2\theta+\dfrac{\pi}{3}\right)=-\dfrac{\sqrt{3}}{2}$　　(2) $\cos\left(\dfrac{\theta}{2}-\dfrac{\pi}{3}\right) \leqq \dfrac{1}{\sqrt{2}}$

(1) $2\theta+\dfrac{\pi}{3}=t$ とおくと　$\sin t=-\dfrac{\sqrt{3}}{2}$ ……①

⇦おき換え

$0 \leqq \theta < 2\pi$ であるから

$$\frac{\pi}{3} \leqq 2\theta+\frac{\pi}{3} < 4\pi+\frac{\pi}{3} \quad \text{すなわち} \quad \frac{\pi}{3} \leqq t < \frac{13}{3}\pi$$

⇦ t の変域に注意。

この範囲で，① を満たす t の値は

$$t=\frac{4}{3}\pi,\ \frac{5}{3}\pi,\ \frac{10}{3}\pi,\ \frac{11}{3}\pi$$

よって　$2\theta+\dfrac{\pi}{3}=\dfrac{4}{3}\pi,\ \dfrac{5}{3}\pi,\ \dfrac{10}{3}\pi,\ \dfrac{11}{3}\pi$

⇦おき換えを戻す。

ゆえに　$\boldsymbol{\theta=\dfrac{\pi}{2},\ \dfrac{2}{3}\pi,\ \dfrac{3}{2}\pi,\ \dfrac{5}{3}\pi}$

⇦ $2\theta=\pi,\ \dfrac{4}{3}\pi,\ 3\pi,\ \dfrac{10}{3}\pi$

(2) $\dfrac{\theta}{2}-\dfrac{\pi}{3}=t$ とおくと　$\cos t \leqq \dfrac{1}{\sqrt{2}}$ ……①

$0 \leqq \theta < 2\pi$ であるから

$$-\frac{\pi}{3} \leqq \frac{\theta}{2}-\frac{\pi}{3} < \pi-\frac{\pi}{3} \quad \text{すなわち} \quad -\frac{\pi}{3} \leqq t < \frac{2}{3}\pi$$

この範囲で，① を満たす t の値の範囲は

$$-\frac{\pi}{3} \leqq t \leqq -\frac{\pi}{4},\quad \frac{\pi}{4} \leqq t < \frac{2}{3}\pi$$

よって　$-\dfrac{\pi}{3} \leqq \dfrac{\theta}{2}-\dfrac{\pi}{3} \leqq -\dfrac{\pi}{4}$,

$\dfrac{\pi}{4} \leqq \dfrac{\theta}{2}-\dfrac{\pi}{3} < \dfrac{2}{3}\pi$

すなわち　$0 \leqq \dfrac{\theta}{2} \leqq \dfrac{\pi}{12},\ \dfrac{7}{12}\pi \leqq \dfrac{\theta}{2} < \pi$

したがって　$\boldsymbol{0 \leqq \theta \leqq \dfrac{\pi}{6},\ \dfrac{7}{6}\pi \leqq \theta < 2\pi}$

inf.　$y=\cos\left(\dfrac{\theta}{2}-\dfrac{\pi}{3}\right)$ $(0 \leqq \theta < 2\pi)$ のグラフと直線 $y=\dfrac{1}{\sqrt{2}}$ の位置関係は次のようになる。

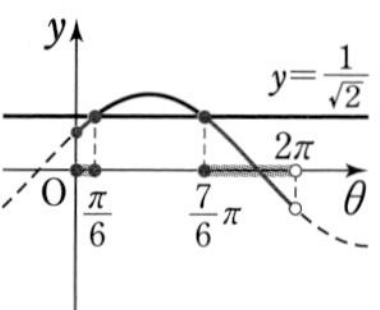

PR ③124

$0 \leqq \theta < 2\pi$ のとき，次の方程式・不等式を解け。

(1) $2\sin^2\theta-\sqrt{2}\cos\theta=0$　　(2) $2\cos^2\theta+\sqrt{3}\sin\theta+1>0$

(1) 方程式を変形して　$2(1-\cos^2\theta)-\sqrt{2}\cos\theta=0$

⇦ $\sin^2\theta=1-\cos^2\theta$ を代入して，$\cos\theta$ だけの式に変形。

整理すると　$2\cos^2\theta+\sqrt{2}\cos\theta-2=0$

因数分解して　$(\sqrt{2}\cos\theta+2)(\sqrt{2}\cos\theta-1)=0$

⇦ $\sqrt{2}$ ╳ $2 \to 2\sqrt{2}$，$\sqrt{2}$ ╳ $-1 \to -\sqrt{2}$，2　-2　$\sqrt{2}$

$-1 \leqq \cos\theta \leqq 1$ より，$\sqrt{2}\cos\theta+2>0$

であるから　$\sqrt{2}\cos\theta-1=0$

すなわち　$\cos\theta=\dfrac{1}{\sqrt{2}}$

$0 \leqq \theta < 2\pi$ であるから

$$\boldsymbol{\theta=\frac{\pi}{4},\ \frac{7}{4}\pi}$$

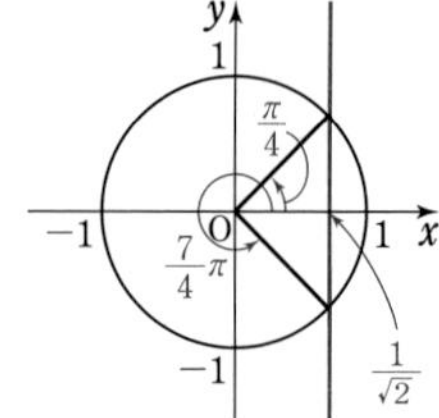

inf.　$(\cos\theta+\sqrt{2})\times(2\cos\theta-\sqrt{2})=0$ としてもよい。その場合，$\cos\theta+\sqrt{2}>0$ から　$2\cos\theta-\sqrt{2}=0$

(2) 不等式を変形して　$2(1-\sin^2\theta)+\sqrt{3}\sin\theta+1>0$

整理すると　$2\sin^2\theta-\sqrt{3}\sin\theta-3<0$

因数分解して　$(\sin\theta-\sqrt{3})(2\sin\theta+\sqrt{3})<0$

$-1\leqq\sin\theta\leqq1$ より，$\sin\theta-\sqrt{3}<0$

であるから　$2\sin\theta+\sqrt{3}>0$

すなわち　$\sin\theta>-\dfrac{\sqrt{3}}{2}$

$0\leqq\theta<2\pi$ であるから

$$\boldsymbol{0\leqq\theta<\frac{4}{3}\pi,}$$

$$\boldsymbol{\frac{5}{3}\pi<\theta<2\pi}$$

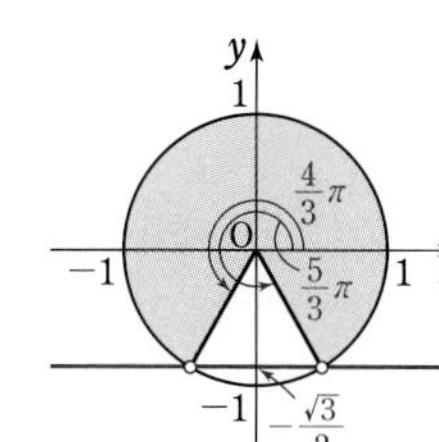

⇐$\cos^2\theta=1-\sin^2\theta$

⇐ 1 ╳ $-\sqrt{3}$ → $-2\sqrt{3}$
　 2 　 $\sqrt{3}$ → $\sqrt{3}$
　 2 　 -3 　 $-\sqrt{3}$

⇐$0\leqq\theta<2\pi$ の範囲で，$\sin\theta=-\dfrac{\sqrt{3}}{2}$ を満たす θ の値は　$\theta=\dfrac{4}{3}\pi,\ \dfrac{5}{3}\pi$

4章 PR

PR ②125

(1)，(2) は $0\leqq\theta<2\pi$ の範囲で，(3)，(4) は $-\dfrac{\pi}{2}\leqq\theta\leqq\dfrac{\pi}{2}$ の範囲で，それぞれの関数の最大値・最小値を求めよ。また，そのときの θ の値を求めよ。

(1) $y=\sin^2\theta-2\sin\theta+2$　　(2) $y=\cos^2\theta+\cos\theta$

(3) $y=-\cos^2\theta-\sqrt{3}\sin\theta$　　(4) $y=\sin^2\theta+\sqrt{2}\cos\theta+1$

(1) $\sin\theta=t$ とおくと，$0\leqq\theta<2\pi$ であるから　$-1\leqq t\leqq1$

y を t で表すと　$y=t^2-2t+2$

よって　$y=(t-1)^2+1$

$-1\leqq t\leqq1$ の範囲で，y は

$t=-1$ で最大値 5,

$t=1$ 　で最小値 1

をとる。

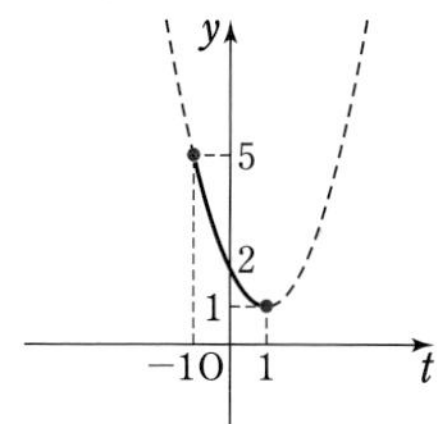

また，$0\leqq\theta<2\pi$ であるから

$t=-1$ となるとき，$\sin\theta=-1$ から　$\theta=\dfrac{3}{2}\pi$

$t=1$ 　となるとき，$\sin\theta=1$ 　から　$\theta=\dfrac{\pi}{2}$

ゆえに，与えられた関数は，$\boldsymbol{\theta=\dfrac{3}{2}\pi}$ **で最大値 5,**

$\boldsymbol{\theta=\dfrac{\pi}{2}}$ **で最小値 1** をとる。

⇐ t の変域に注意。

⇐t^2-2t+2
$=(t-1)^2-1^2+2$

⇐端点

⇐頂点 かつ 端点

(2) $\cos\theta=t$ とおくと，$0\leqq\theta<2\pi$ であるから　$-1\leqq t\leqq1$

y を t で表すと　$y=t^2+t$

よって　$y=\left(t+\dfrac{1}{2}\right)^2-\dfrac{1}{4}$

$-1\leqq t\leqq1$ の範囲で，y は

$t=1$ 　で最大値 2,

$t=-\dfrac{1}{2}$ で最小値 $-\dfrac{1}{4}$

をとる。

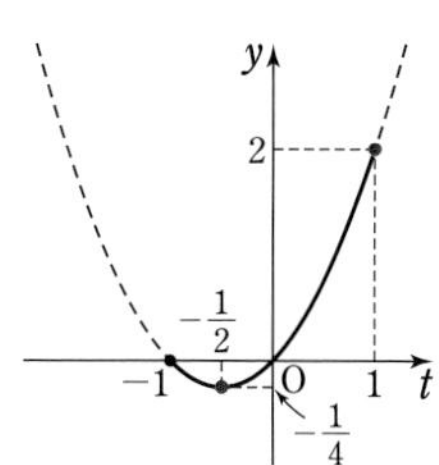

⇐t^2+t
$=\left(t+\dfrac{1}{2}\right)^2-\left(\dfrac{1}{2}\right)^2$

⇐端点

⇐頂点

また，$0 \leqq \theta < 2\pi$ であるから

$t=1$ となるとき，$\cos\theta=1$ から $\theta=0$

$t=-\dfrac{1}{2}$ となるとき，$\cos\theta=-\dfrac{1}{2}$ から $\theta=\dfrac{2}{3}\pi,\ \dfrac{4}{3}\pi$

$\cos\theta=-\dfrac{1}{2}$ の解（下図）

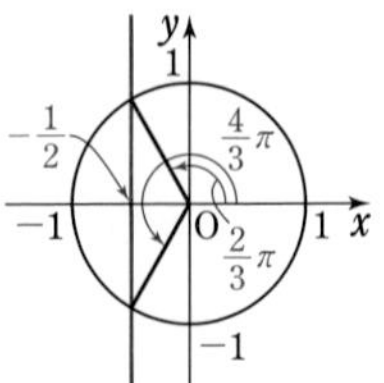

ゆえに，与えられた関数は，**$\theta=0$ で最大値 2,**

$\theta=\dfrac{2}{3}\pi,\ \dfrac{4}{3}\pi$ で最小値 $-\dfrac{1}{4}$ をとる。

(3) 右辺を変形すると

$$-\cos^2\theta-\sqrt{3}\sin\theta=-(1-\sin^2\theta)-\sqrt{3}\sin\theta$$
$$=\sin^2\theta-\sqrt{3}\sin\theta-1$$

⇦$\cos^2\theta=1-\sin^2\theta$ を代入して，$\sin\theta$ だけの式に変形。

$\sin\theta=t$ とおくと，$-\dfrac{\pi}{2} \leqq \theta \leqq \dfrac{\pi}{2}$ であるから $-1 \leqq t \leqq 1$

y を t で表すと $y=t^2-\sqrt{3}\,t-1$

よって $y=\left(t-\dfrac{\sqrt{3}}{2}\right)^2-\dfrac{7}{4}$

⇦$t^2-\sqrt{3}\,t-1$
$=\left(t-\dfrac{\sqrt{3}}{2}\right)^2-\left(\dfrac{\sqrt{3}}{2}\right)^2-1$

$-1 \leqq t \leqq 1$ の範囲で，y は

$t=-1$ で最大値 $\sqrt{3}$,

⇦端点

$t=\dfrac{\sqrt{3}}{2}$ で最小値 $-\dfrac{7}{4}$

⇦頂点

をとる。

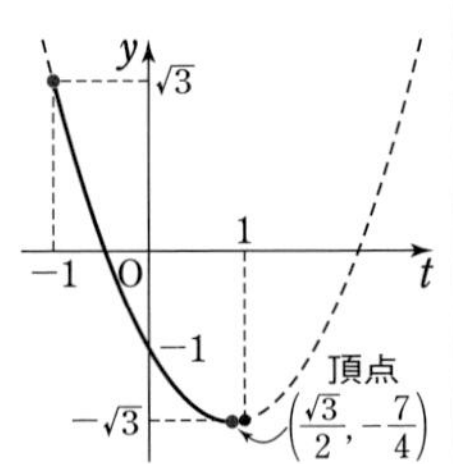

また，$-\dfrac{\pi}{2} \leqq \theta \leqq \dfrac{\pi}{2}$ であるから

$t=-1$ となるとき，$\sin\theta=-1$ から $\theta=-\dfrac{\pi}{2}$

$t=\dfrac{\sqrt{3}}{2}$ となるとき，$\sin\theta=\dfrac{\sqrt{3}}{2}$ から $\theta=\dfrac{\pi}{3}$

$\sin\theta=\dfrac{\sqrt{3}}{2}$ の解（下図）

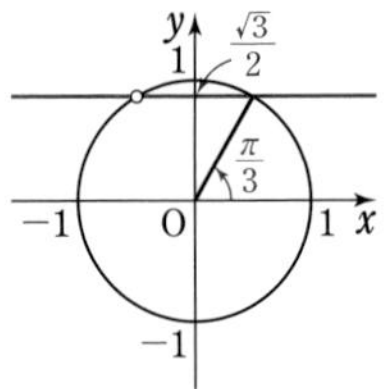

ゆえに，与えられた関数は，**$\theta=-\dfrac{\pi}{2}$ で最大値 $\sqrt{3}$,**

$\theta=\dfrac{\pi}{3}$ で最小値 $-\dfrac{7}{4}$ をとる。

(4) 右辺を変形すると

$$\sin^2\theta+\sqrt{2}\cos\theta+1=1-\cos^2\theta+\sqrt{2}\cos\theta+1$$
$$=-\cos^2\theta+\sqrt{2}\cos\theta+2$$

⇦$\sin^2\theta=1-\cos^2\theta$ を代入して，$\cos\theta$ だけの式に変形。

$\cos\theta=t$ とおくと，$-\dfrac{\pi}{2} \leqq \theta \leqq \dfrac{\pi}{2}$ であるから $0 \leqq t \leqq 1$

⇦ t の変域に注意。
$-1 \leqq t \leqq 1$ としないこと。

y を t で表すと $y=-t^2+\sqrt{2}\,t+2$

よって $y=-\left(t-\dfrac{1}{\sqrt{2}}\right)^2+\dfrac{5}{2}$

⇦$-t^2+\sqrt{2}\,t+2$
$=-\left(t-\dfrac{1}{\sqrt{2}}\right)^2+\left(\dfrac{1}{\sqrt{2}}\right)^2+2$

$0 \leqq t \leqq 1$ の範囲で，y は

$t=\dfrac{1}{\sqrt{2}}$ で最大値 $\dfrac{5}{2}$,

⇦頂点

$t=0$ で最小値 2

⇦端点

をとる。

また，$-\dfrac{\pi}{2} \leqq \theta \leqq \dfrac{\pi}{2}$ であるから

$t=\dfrac{1}{\sqrt{2}}$ となるとき，$\cos\theta=\dfrac{1}{\sqrt{2}}$ から　　$\theta=-\dfrac{\pi}{4},\ \dfrac{\pi}{4}$

$t=0$　　となるとき，$\cos\theta=0$　　から　　$\theta=-\dfrac{\pi}{2},\ \dfrac{\pi}{2}$

ゆえに，与えられた関数は，$\boldsymbol{\theta=-\dfrac{\pi}{4},\ \dfrac{\pi}{4}}$ **で最大値** $\boldsymbol{\dfrac{5}{2}}$,

$\boldsymbol{\theta=-\dfrac{\pi}{2},\ \dfrac{\pi}{2}}$ **で最小値 2 をとる。**

$\cos\theta=\dfrac{1}{\sqrt{2}}$ の解（下図）

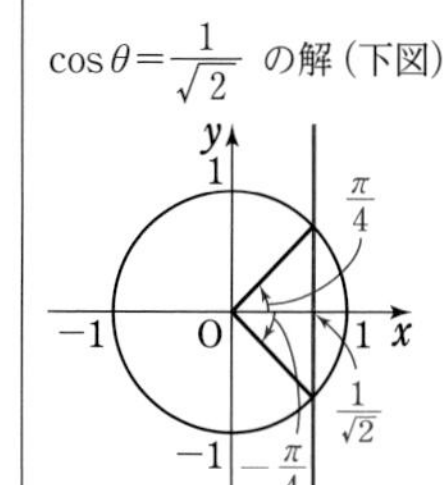

PR ④126

a を定数とする。方程式 $4\cos^2 x-2\cos x-1=a$ の解の個数を $-\pi<x\leqq\pi$ の範囲で求めよ。
［類　大分大］

$4\cos^2 x-2\cos x-1=a$ …… ①　とする。
$\cos x=t$ とおくと　　$4t^2-2t-1=a$　　…… ②
ただし，$-\pi<x\leqq\pi$ から　　$-1\leqq t\leqq 1$　…… ③
したがって，方程式 ① が解をもつための条件は，方程式 ② が ③ の範囲の解をもつことである。

⇦ t でおき換えたら，まず t のとりうる値の範囲を求めておく。

方程式 ② の実数解は，$y=4t^2-2t-1=4\left(t-\dfrac{1}{4}\right)^2-\dfrac{5}{4}$ のグラフと直線 $y=a$ の共有点の t 座標である。

したがって，方程式 ① の解の個数は，図から次のようになる。

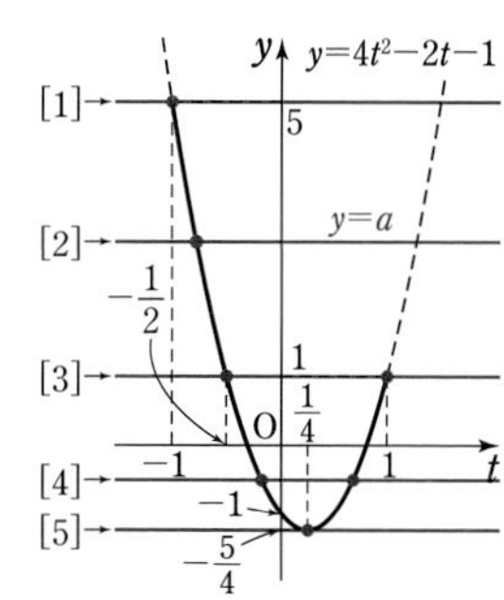

[1]　$\boldsymbol{a=5}$ **のとき**
　$t=-1$ から　　**1 個**

[2]　$\boldsymbol{1<a<5}$ **のとき**
　$-1<t<-\dfrac{1}{2}$ から　　**2 個**

[3]　$\boldsymbol{a=1}$ **のとき**
　$t=-\dfrac{1}{2},\ 1$ から　　**3 個**

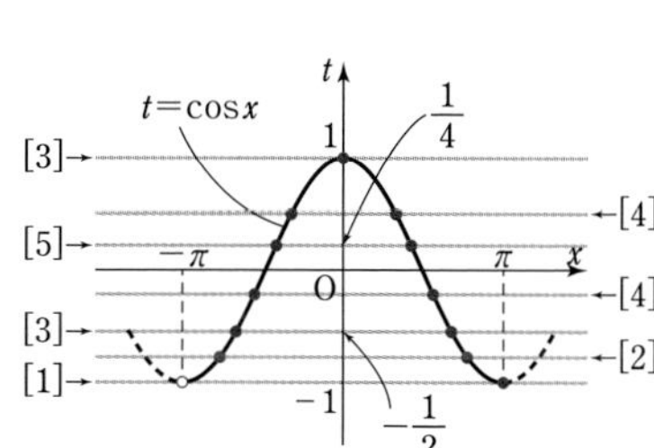

[4]　$\boldsymbol{-\dfrac{5}{4}<a<1}$ **のとき**
　$-\dfrac{1}{2}<t<\dfrac{1}{4},\ \dfrac{1}{4}<t<1$ の範囲に共有点がそれぞれ 1 個ずつあり，それぞれ 2 個ずつの解をもつから　　**4 個**

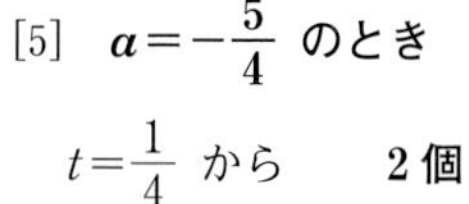

[5]　$\boldsymbol{a=-\dfrac{5}{4}}$ **のとき**
　$t=\dfrac{1}{4}$ から　　**2 個**

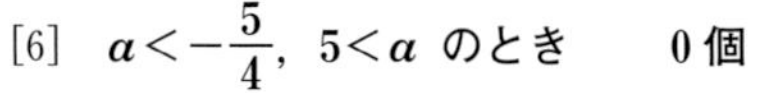

[6]　$\boldsymbol{a<-\dfrac{5}{4},\ 5<a}$ **のとき**　　**0 個**

PR ①127

(1) 195° の正弦・余弦・正接の値を求めよ。

(2) $\frac{11}{12}\pi$ の正弦・余弦・正接の値を求めよ。

(1) $\mathbf{\sin 195^\circ}=\sin(135^\circ+60^\circ)=\sin 135^\circ\cos 60^\circ+\cos 135^\circ\sin 60^\circ$

$$=\frac{1}{\sqrt{2}}\cdot\frac{1}{2}+\left(-\frac{1}{\sqrt{2}}\right)\cdot\frac{\sqrt{3}}{2}=\mathbf{\frac{\sqrt{2}-\sqrt{6}}{4}}$$

⇦ 195°=150°+45° と考えてもよい。

$\mathbf{\cos 195^\circ}=\cos(135^\circ+60^\circ)$

$$=\cos 135^\circ\cos 60^\circ-\sin 135^\circ\sin 60^\circ$$

$$=\left(-\frac{1}{\sqrt{2}}\right)\cdot\frac{1}{2}-\frac{1}{\sqrt{2}}\cdot\frac{\sqrt{3}}{2}=\mathbf{-\frac{\sqrt{2}+\sqrt{6}}{4}}$$

$\mathbf{\tan 195^\circ}=\tan(135^\circ+60^\circ)=\dfrac{\tan 135^\circ+\tan 60^\circ}{1-\tan 135^\circ\tan 60^\circ}$

$$=\frac{-1+\sqrt{3}}{1-(-1)\cdot\sqrt{3}}=\frac{(\sqrt{3}-1)^2}{(\sqrt{3}+1)(\sqrt{3}-1)}=\mathbf{2-\sqrt{3}}$$

⇦分母の有理化。

別解 $\mathbf{\tan 195^\circ}=\dfrac{\sin 195^\circ}{\cos 195^\circ}=\dfrac{\frac{\sqrt{2}-\sqrt{6}}{4}}{-\frac{\sqrt{2}+\sqrt{6}}{4}}=\dfrac{\sqrt{2}(1-\sqrt{3})}{-\sqrt{2}(1+\sqrt{3})}$

⇦ $\tan\theta=\dfrac{\sin\theta}{\cos\theta}$

$$=\frac{\sqrt{3}-1}{\sqrt{3}+1}=\frac{(\sqrt{3}-1)^2}{(\sqrt{3}+1)(\sqrt{3}-1)}=\mathbf{2-\sqrt{3}}$$

⇦分母の有理化。

(2) $\mathbf{\sin\frac{11}{12}\pi}=\sin\left(\frac{2}{3}\pi+\frac{\pi}{4}\right)$

$$=\sin\frac{2}{3}\pi\cos\frac{\pi}{4}+\cos\frac{2}{3}\pi\sin\frac{\pi}{4}$$

$$=\frac{\sqrt{3}}{2}\cdot\frac{1}{\sqrt{2}}+\left(-\frac{1}{2}\right)\cdot\frac{1}{\sqrt{2}}=\mathbf{\frac{\sqrt{6}-\sqrt{2}}{4}}$$

⇦ $\frac{11}{12}\pi$ は 165° であるから 165°=120°+45°
よって
$\frac{11}{12}\pi=\frac{2}{3}\pi+\frac{\pi}{4}$
または 165°=30°+135°
よって $\frac{11}{12}\pi=\frac{\pi}{6}+\frac{3}{4}\pi$
と考えても求められる。

$\mathbf{\cos\frac{11}{12}\pi}=\cos\left(\frac{2}{3}\pi+\frac{\pi}{4}\right)$

$$=\cos\frac{2}{3}\pi\cos\frac{\pi}{4}-\sin\frac{2}{3}\pi\sin\frac{\pi}{4}$$

$$=-\frac{1}{2}\cdot\frac{1}{\sqrt{2}}-\frac{\sqrt{3}}{2}\cdot\frac{1}{\sqrt{2}}=\mathbf{-\frac{\sqrt{6}+\sqrt{2}}{4}}$$

$\mathbf{\tan\frac{11}{12}\pi}=\tan\left(\frac{2}{3}\pi+\frac{\pi}{4}\right)=\dfrac{\tan\frac{2}{3}\pi+\tan\frac{\pi}{4}}{1-\tan\frac{2}{3}\pi\tan\frac{\pi}{4}}$

$$=\frac{-\sqrt{3}+1}{1+\sqrt{3}}=\frac{-(\sqrt{3}-1)^2}{(\sqrt{3}+1)(\sqrt{3}-1)}=\mathbf{-2+\sqrt{3}}$$

⇦分母の有理化。

別解 $\mathbf{\tan\frac{11}{12}\pi}=\dfrac{\sin\frac{11}{12}\pi}{\cos\frac{11}{12}\pi}=\dfrac{\frac{\sqrt{6}-\sqrt{2}}{4}}{-\frac{\sqrt{6}+\sqrt{2}}{4}}=\dfrac{\sqrt{2}(\sqrt{3}-1)}{-\sqrt{2}(\sqrt{3}+1)}$

⇦ $\tan\theta=\dfrac{\sin\theta}{\cos\theta}$

$$=-\frac{(\sqrt{3}-1)^2}{(\sqrt{3}+1)(\sqrt{3}-1)}=\mathbf{-2+\sqrt{3}}$$

⇦分母の有理化。

PR ②128

$\sin\alpha=\frac{1}{2}\left(0<\alpha<\frac{\pi}{2}\right)$, $\sin\beta=\frac{1}{3}\left(\frac{\pi}{2}<\beta<\pi\right)$ のとき，$\sin(\alpha+\beta)$, $\cos(\alpha-\beta)$, $\tan(\alpha-\beta)$ の値を求めよ。　〔類　北海道教育大〕

$0<\alpha<\frac{\pi}{2}$ であるから　$\cos\alpha>0$

$\frac{\pi}{2}<\beta<\pi$ であるから　$\cos\beta<0$

よって　$\cos\alpha=\sqrt{1-\sin^2\alpha}=\sqrt{1-\left(\frac{1}{2}\right)^2}=\frac{\sqrt{3}}{2}$

$\cos\beta=-\sqrt{1-\sin^2\beta}=-\sqrt{1-\left(\frac{1}{3}\right)^2}=-\frac{2\sqrt{2}}{3}$

ゆえに　$\sin(\alpha+\beta)=\sin\alpha\cos\beta+\cos\alpha\sin\beta$

$$=\frac{1}{2}\cdot\left(-\frac{2\sqrt{2}}{3}\right)+\frac{\sqrt{3}}{2}\cdot\frac{1}{3}$$

$$=\frac{-2\sqrt{2}+\sqrt{3}}{6}$$

$\cos(\alpha-\beta)=\cos\alpha\cos\beta+\sin\alpha\sin\beta$

$$=\frac{\sqrt{3}}{2}\cdot\left(-\frac{2\sqrt{2}}{3}\right)+\frac{1}{2}\cdot\frac{1}{3}$$

$$=\frac{-2\sqrt{6}+1}{6}$$

また　$\sin(\alpha-\beta)=\sin\alpha\cos\beta-\cos\alpha\sin\beta$

$$=\frac{1}{2}\cdot\left(-\frac{2\sqrt{2}}{3}\right)-\frac{\sqrt{3}}{2}\cdot\frac{1}{3}$$

$$=-\frac{2\sqrt{2}+\sqrt{3}}{6}$$

よって　$\tan(\alpha-\beta)=\frac{\sin(\alpha-\beta)}{\cos(\alpha-\beta)}$

$$=-\frac{2\sqrt{2}+\sqrt{3}}{6}\div\frac{-2\sqrt{6}+1}{6}$$

$$=\frac{2\sqrt{2}+\sqrt{3}}{2\sqrt{6}-1}=\frac{(2\sqrt{2}+\sqrt{3})(2\sqrt{6}+1)}{(2\sqrt{6}-1)(2\sqrt{6}+1)}$$

$$=\frac{8\sqrt{2}+9\sqrt{3}}{23}$$

別解　$\tan\alpha=\frac{\sin\alpha}{\cos\alpha}=\frac{1}{\sqrt{3}}$, $\tan\beta=\frac{\sin\beta}{\cos\beta}=-\frac{1}{2\sqrt{2}}$

よって　$\tan(\alpha-\beta)=\frac{\tan\alpha-\tan\beta}{1+\tan\alpha\tan\beta}$

$$=\left\{\frac{1}{\sqrt{3}}-\left(-\frac{1}{2\sqrt{2}}\right)\right\}\div\left\{1+\frac{1}{\sqrt{3}}\cdot\left(-\frac{1}{2\sqrt{2}}\right)\right\}$$

$$=\frac{2\sqrt{2}+\sqrt{3}}{2\sqrt{6}-1}=\frac{(2\sqrt{2}+\sqrt{3})(2\sqrt{6}+1)}{(2\sqrt{6}-1)(2\sqrt{6}+1)}$$

$$=\frac{8\sqrt{2}+9\sqrt{3}}{23}$$

⇐ α は第1象限の角であるから　$\cos\alpha>0$
β は第2象限の角であるから　$\cos\beta<0$

inf.　$\sin\alpha=\frac{1}{2}$

$0<\alpha<\frac{\pi}{2}$ から $\alpha=\frac{\pi}{6}$

よって

$\cos\alpha=\cos\frac{\pi}{6}=\frac{\sqrt{3}}{2}$

$\tan\alpha=\tan\frac{\pi}{6}=\frac{1}{\sqrt{3}}$

⇐ $\tan\theta=\frac{\sin\theta}{\cos\theta}$

⇐ $\frac{8\sqrt{3}+2\sqrt{2}+6\sqrt{2}+\sqrt{3}}{24-1}$

⇐ $\frac{\sin\alpha}{\cos\alpha}=\frac{1}{2}\div\frac{\sqrt{3}}{2}$,
$\frac{\sin\beta}{\cos\beta}=\frac{1}{3}\div\left(-\frac{2\sqrt{2}}{3}\right)$

4章
PR

PR ②129

(1) 2 直線 $y=x-3$, $y=-(2+\sqrt{3})x-1$ のなす鋭角 θ を求めよ。

(2) 点 $(1, \sqrt{3})$ を通り，直線 $y=-x+1$ と $\dfrac{\pi}{3}$ の角をなす直線の方程式を求めよ。

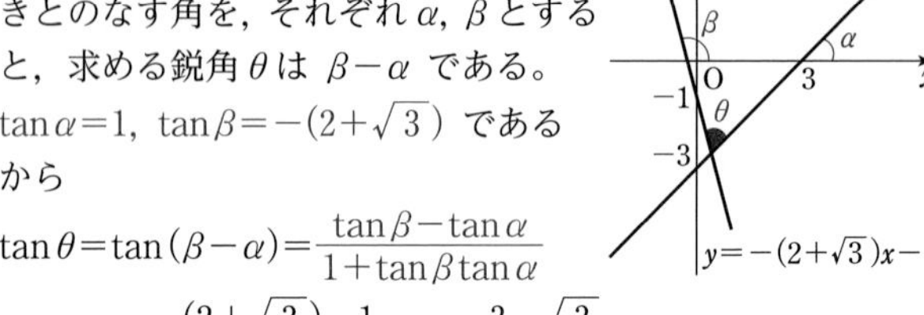

(1) 図のように，2 直線と x 軸の正の向きとのなす角を，それぞれ α, β とすると，求める鋭角 θ は $\beta-\alpha$ である。

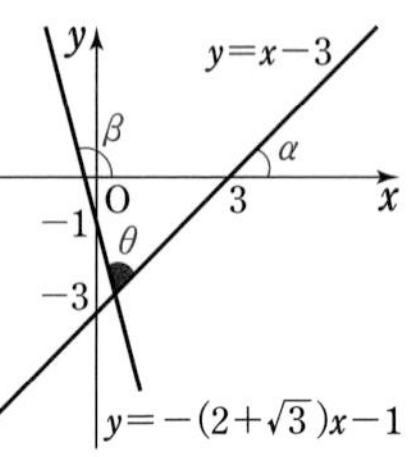

$\tan\alpha=1$, $\tan\beta=-(2+\sqrt{3})$ であるから

$$\tan\theta=\tan(\beta-\alpha)=\frac{\tan\beta-\tan\alpha}{1+\tan\beta\tan\alpha}$$

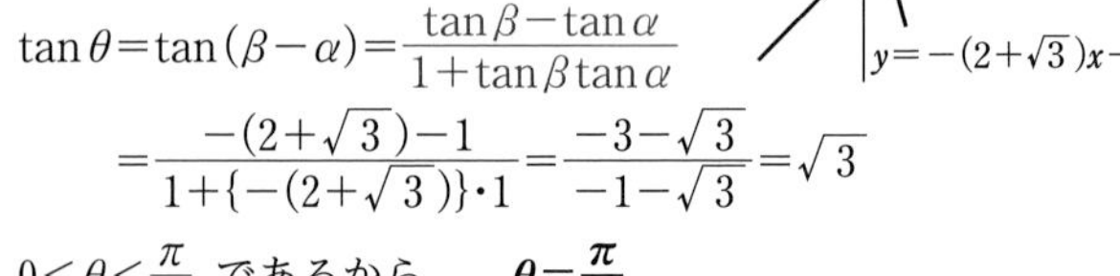

$$=\frac{-(2+\sqrt{3})-1}{1+\{-(2+\sqrt{3})\}\cdot 1}=\frac{-3-\sqrt{3}}{-1-\sqrt{3}}=\sqrt{3}$$

$0<\theta<\dfrac{\pi}{2}$ であるから　　$\boldsymbol{\theta=\dfrac{\pi}{3}}$

別解　2 直線は垂直でないから　$\tan\theta$

$$=\left|\frac{1-\{-(2+\sqrt{3})\}}{1+1\cdot\{-(2+\sqrt{3})\}}\right|=\sqrt{3}$$

$0<\theta<\dfrac{\pi}{2}$ から　$\boldsymbol{\theta=\dfrac{\pi}{3}}$

⇐ $\dfrac{\sqrt{3}(-\sqrt{3}-1)}{-1-\sqrt{3}}=\sqrt{3}$

(2) 直線 $y=-x+1$ と x 軸の正の向きとのなす角を α とすると

$$\tan\alpha=-1$$

よって，求める直線の傾きは

$$\tan\left(\alpha\pm\frac{\pi}{3}\right)$$

y
1
y=−x+1
−π/3
π/3
α
α
O
1
x
y=−x

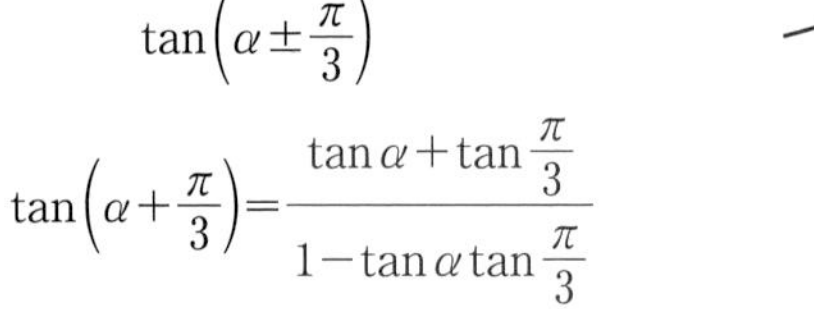

$$\tan\left(\alpha+\frac{\pi}{3}\right)=\frac{\tan\alpha+\tan\frac{\pi}{3}}{1-\tan\alpha\tan\frac{\pi}{3}}$$

$$=\frac{-1+\sqrt{3}}{1-(-1)\cdot\sqrt{3}}=\frac{(\sqrt{3}-1)^2}{(\sqrt{3}+1)(\sqrt{3}-1)}=2-\sqrt{3}$$

⇐分母の有理化。

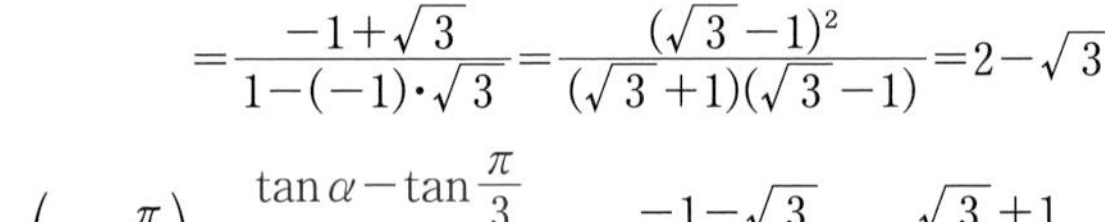

$$\tan\left(\alpha-\frac{\pi}{3}\right)=\frac{\tan\alpha-\tan\frac{\pi}{3}}{1+\tan\alpha\tan\frac{\pi}{3}}=\frac{-1-\sqrt{3}}{1+(-1)\cdot\sqrt{3}}=\frac{\sqrt{3}+1}{\sqrt{3}-1}$$

$$=\frac{(\sqrt{3}+1)^2}{(\sqrt{3}-1)(\sqrt{3}+1)}=2+\sqrt{3}$$

⇐分母の有理化。

したがって，求める直線の方程式は

$$y-\sqrt{3}=(2-\sqrt{3})(x-1),\ y-\sqrt{3}=(2+\sqrt{3})(x-1)$$

すなわち　　$\boldsymbol{y=(2-\sqrt{3})x-2+2\sqrt{3}}$, $\boldsymbol{y=(2+\sqrt{3})x-2}$

別解　求める直線の傾きを m とすると

$$\tan\frac{\pi}{3}=\left|\frac{-1-m}{1+(-1)\cdot m}\right|=\left|\frac{m+1}{m-1}\right|$$

⇐本冊 $p.207$ 基本事項 2 参照。
$\tan\theta=\left|\dfrac{m_1-m_2}{1+m_1m_2}\right|$
において，$\theta=\dfrac{\pi}{3}$, $m_1=-1$, $m_2=m$ の場合。

よって　　$\sqrt{3}|m-1|=|m+1|$

両辺を 2 乗して　$3(m-1)^2=(m+1)^2$

整理して　$m^2-4m+1=0$　　　したがって　$m=2\pm\sqrt{3}$

この直線が点 $(1, \sqrt{3})$ を通るから

$$y-\sqrt{3}=(2\pm\sqrt{3})(x-1)$$

すなわち　　$\boldsymbol{y=(2-\sqrt{3})x-2+2\sqrt{3}}$, $\boldsymbol{y=(2+\sqrt{3})x-2}$

PR
③**130**

(1) 点 $P(4,\ 2\sqrt{3})$ を，原点を中心として $\frac{\pi}{6}$ だけ回転させた点Qの座標を求めよ。

(2) 点 $P(4,\ 2)$ を，点 $A(2,\ 5)$ を中心として $\frac{\pi}{3}$ だけ回転させた点Qの座標を求めよ。

(1) $OP=r$，OP と x 軸の正の向きとのなす角を α とすると

$4=r\cos\alpha$，$2\sqrt{3}=r\sin\alpha$

点Qの座標を $(x,\ y)$ とすると

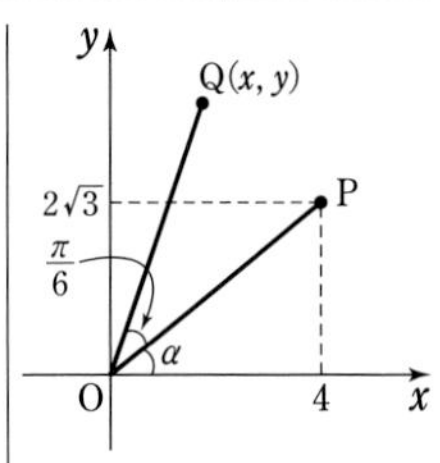

$$x=r\cos\left(\alpha+\frac{\pi}{6}\right)=r\cos\alpha\cos\frac{\pi}{6}-r\sin\alpha\sin\frac{\pi}{6}$$

$$=4\cdot\frac{\sqrt{3}}{2}-2\sqrt{3}\cdot\frac{1}{2}=\sqrt{3}$$

$$y=r\sin\left(\alpha+\frac{\pi}{6}\right)=r\sin\alpha\cos\frac{\pi}{6}+r\cos\alpha\sin\frac{\pi}{6}$$

$$=2\sqrt{3}\cdot\frac{\sqrt{3}}{2}+4\cdot\frac{1}{2}=5$$

⇐ $\cos(\alpha+\beta)=\cos\alpha\cos\beta-\sin\alpha\sin\beta$
$\sin(\alpha+\beta)=\sin\alpha\cos\beta+\cos\alpha\sin\beta$

したがって，点Qの座標は　$\boldsymbol{(\sqrt{3},\ 5)}$

(2) 点Aが原点Oに移るような平行移動により，点Pは点 $P'(2,\ -3)$ に移る。次に，点 P' を原点を中心として $\frac{\pi}{3}$ だけ回転させた点を Q'，点 Q' の座標を $(x',\ y')$ とする。また，$OP'=r$，OP' と x 軸の正の向きとのなす角を α とすると

⇐ x 軸方向に -2，y 軸方向に -5 だけ平行移動する。

$2=r\cos\alpha$，$-3=r\sin\alpha$　　　よって

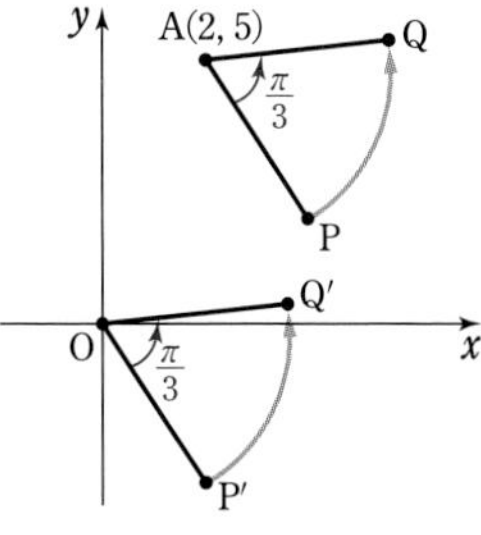

$$x'=r\cos\left(\alpha+\frac{\pi}{3}\right)=r\cos\alpha\cos\frac{\pi}{3}-r\sin\alpha\sin\frac{\pi}{3}$$

$$=2\cdot\frac{1}{2}-(-3)\cdot\frac{\sqrt{3}}{2}=\frac{2+3\sqrt{3}}{2}$$

$$y'=r\sin\left(\alpha+\frac{\pi}{3}\right)=r\sin\alpha\cos\frac{\pi}{3}+r\cos\alpha\sin\frac{\pi}{3}$$

$$=-3\cdot\frac{1}{2}+2\cdot\frac{\sqrt{3}}{2}=\frac{2\sqrt{3}-3}{2}$$

したがって，点 Q' の座標は　$\left(\frac{2+3\sqrt{3}}{2},\ \frac{2\sqrt{3}-3}{2}\right)$

点 Q' は，原点が点Aに移るような平行移動によって，点Qに移るから，点Qの座標は

⇐ x 軸方向に 2，y 軸方向に 5 だけ平行移動して，元に戻す。

$$\left(\frac{2+3\sqrt{3}}{2}+2,\ \frac{2\sqrt{3}-3}{2}+5\right)$$

すなわち　$\boldsymbol{\left(\frac{6+3\sqrt{3}}{2},\ \frac{2\sqrt{3}+7}{2}\right)}$

PR
②**131**

$\frac{\pi}{2}<\theta<\pi$ で $\cos\theta=-\frac{2}{3}$ のとき，$\cos 2\theta$，$\sin\frac{\theta}{2}$，$\sin 3\theta$ の値を求めよ。

$$\boldsymbol{\cos 2\theta}=2\cos^2\theta-1=2\cdot\left(-\frac{2}{3}\right)^2-1=\boldsymbol{-\frac{1}{9}}$$

⇐ **2倍角の公式**

次に　$\sin^2\dfrac{\theta}{2}=\dfrac{1-\cos\theta}{2}=\dfrac{1}{2}\left\{1-\left(-\dfrac{2}{3}\right)\right\}=\dfrac{5}{6}$

⇐半角の公式

$\dfrac{\pi}{2}<\theta<\pi$ より，$\dfrac{\pi}{4}<\dfrac{\theta}{2}<\dfrac{\pi}{2}$ であるから　$\sin\dfrac{\theta}{2}>0$

⇐$\dfrac{\theta}{2}$ は第1象限の角。

ゆえに　$\boldsymbol{\sin\dfrac{\theta}{2}=\sqrt{\dfrac{5}{6}}=\dfrac{\sqrt{30}}{6}}$

また　$\sin^2\theta=1-\cos^2\theta=1-\dfrac{4}{9}=\dfrac{5}{9}$

$\dfrac{\pi}{2}<\theta<\pi$ より，$\sin\theta>0$ であるから　$\sin\theta=\dfrac{\sqrt{5}}{3}$

⇐θ は第2象限の角。

よって　$\boldsymbol{\sin 3\theta}=3\sin\theta-4\sin^3\theta$

$=3\cdot\dfrac{\sqrt{5}}{3}-4\left(\dfrac{\sqrt{5}}{3}\right)^3=\boldsymbol{\dfrac{7\sqrt{5}}{27}}$

⇐**3倍角の公式**　忘れたら，$\sin(\theta+2\theta)$ として，加法定理から導く。

PR ②132　$0\leqq\theta<2\pi$ のとき，次の方程式・不等式を解け。
(1)　$\cos 2\theta=\sqrt{3}\cos\theta+2$　　(2)　$\sin 2\theta<\sin\theta$

(1)　$\cos 2\theta=2\cos^2\theta-1$ を方程式に代入すると

$2\cos^2\theta-1=\sqrt{3}\cos\theta+2$

よって　$2\cos^2\theta-\sqrt{3}\cos\theta-3=0$

ゆえに　$(\cos\theta-\sqrt{3})(2\cos\theta+\sqrt{3})=0$

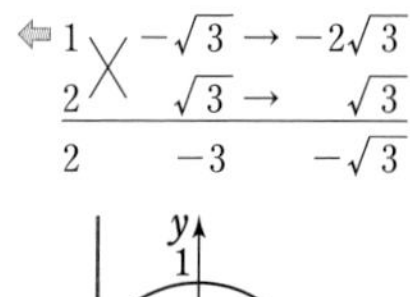

$-1\leqq\cos\theta\leqq 1$ より，$\cos\theta-\sqrt{3}<0$ であるから

$2\cos\theta+\sqrt{3}=0$　すなわち　$\cos\theta=-\dfrac{\sqrt{3}}{2}$

$0\leqq\theta<2\pi$ であるから　$\boldsymbol{\theta=\dfrac{5}{6}\pi,\ \dfrac{7}{6}\pi}$

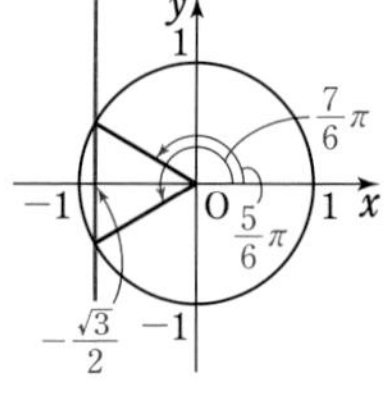

(2)　$\sin 2\theta=2\sin\theta\cos\theta$ を不等式に代入すると

$2\sin\theta\cos\theta<\sin\theta$

よって　$\sin\theta(2\cos\theta-1)<0$　ゆえに

$\begin{cases}\sin\theta>0\\2\cos\theta-1<0\end{cases}$ ……①　または　$\begin{cases}\sin\theta<0\\2\cos\theta-1>0\end{cases}$ ……②

連立不等式①について，$0\leqq\theta<2\pi$ であるから

$\sin\theta>0$ より　$0<\theta<\pi$

$2\cos\theta-1<0$　すなわち　$\cos\theta<\dfrac{1}{2}$ より　$\dfrac{\pi}{3}<\theta<\dfrac{5}{3}\pi$

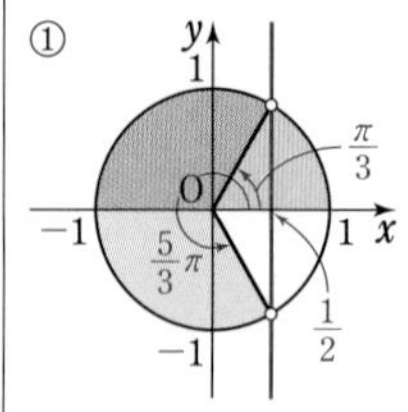

共通範囲を求めて　$\dfrac{\pi}{3}<\theta<\pi$ ……③

連立不等式②について，$0\leqq\theta<2\pi$ であるから

$\sin\theta<0$ より　$\pi<\theta<2\pi$

$2\cos\theta-1>0$　すなわち　$\cos\theta>\dfrac{1}{2}$ より

$0\leqq\theta<\dfrac{\pi}{3}$，$\dfrac{5}{3}\pi<\theta<2\pi$

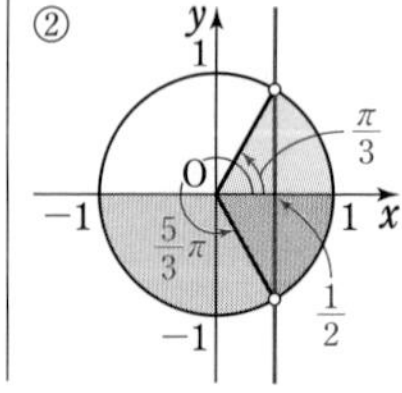

共通範囲を求めて　　$\frac{5}{3}\pi<\theta<2\pi$　…… ④

以上から，求める不等式の解は ③ と ④ の範囲を合わせて

$$\boldsymbol{\frac{\pi}{3}<\theta<\pi,\ \frac{5}{3}\pi<\theta<2\pi}$$

PR ①133　次の式を $r\sin(\theta+\alpha)$ の形に表せ。ただし，$r>0$，$-\pi<\alpha\leqq\pi$ とする。
(1) $\sin\theta-\cos\theta$　(2) $\sqrt{3}\cos\theta-\sin\theta$　(3) $5\sin\theta+4\cos\theta$

(1) P(1, −1) をとると　　$OP=\sqrt{1^2+(-1)^2}=\sqrt{2}$

線分 OP と x 軸の正の向きとのなす角は　$-\frac{\pi}{4}$

よって　　$\sin\theta-\cos\theta=\boldsymbol{\sqrt{2}\sin\left(\theta-\frac{\pi}{4}\right)}$

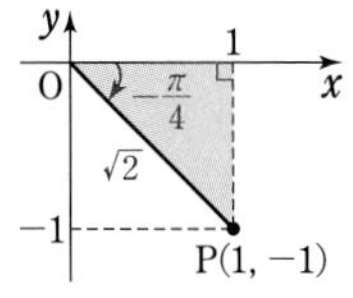

inf.　cos で合成をすると次のようになる。

$$\sin\theta-\cos\theta=-\cos\theta+\sin\theta$$
$$=\sqrt{(-1)^2+1^2}\left(-\frac{1}{\sqrt{2}}\cos\theta+\frac{1}{\sqrt{2}}\sin\theta\right)$$
$$=\sqrt{2}\cos\left(\theta-\frac{3}{4}\pi\right)$$

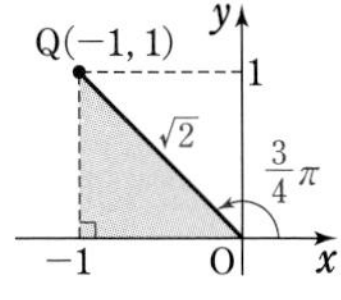

(2) $\sqrt{3}\cos\theta-\sin\theta=-\sin\theta+\sqrt{3}\cos\theta$

⇐$a\sin\theta+b\cos\theta$ に変形。

P$(-1,\ \sqrt{3})$ をとると　　$OP=\sqrt{(-1)^2+(\sqrt{3})^2}=2$

線分 OP と x 軸の正の向きとのなす角は　$\frac{2}{3}\pi$

よって　　$\sqrt{3}\cos\theta-\sin\theta=-\sin\theta+\sqrt{3}\cos\theta$

$$=\boldsymbol{2\sin\left(\theta+\frac{2}{3}\pi\right)}$$

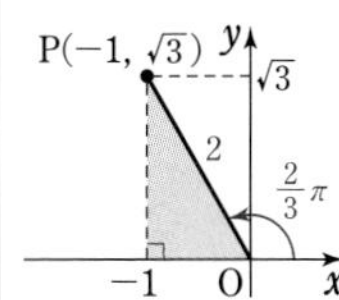

inf.　cos で合成をすると次のようになる。

$$\sqrt{3}\cos\theta-\sin\theta=\sqrt{(\sqrt{3})^2+(-1)^2}\left(\frac{\sqrt{3}}{2}\cos\theta-\frac{1}{2}\sin\theta\right)$$
$$=2\cos\left(\theta+\frac{\pi}{6}\right)$$

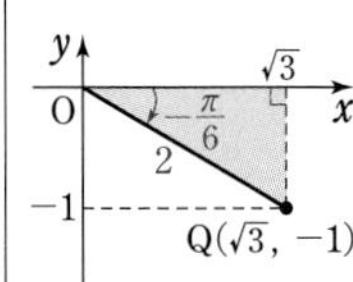

(3) P(5, 4) をとると　　$OP=\sqrt{5^2+4^2}=\sqrt{41}$

線分 OP と x 軸の正の向きとのなす角を α とすると

$$\cos\alpha=\frac{5}{\sqrt{41}},\ \sin\alpha=\frac{4}{\sqrt{41}}$$

よって　　$5\sin\theta+4\cos\theta=\boldsymbol{\sqrt{41}\sin(\theta+\alpha)}$

ただし，$\boldsymbol{\cos\alpha=\frac{5}{\sqrt{41}},\ \sin\alpha=\frac{4}{\sqrt{41}}}$

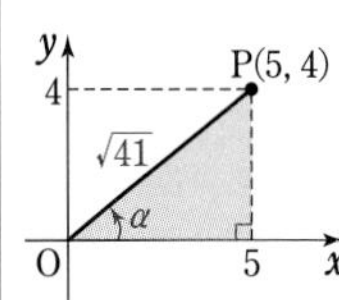

⇐α を具体的に表すことができない場合は，左のように表す。

PR ②134

$0 \leqq \theta < 2\pi$ のとき，次の方程式・不等式を解け。

(1) $\sin\theta + \sqrt{3}\cos\theta = \sqrt{2}$　　(2) $\sin\theta + \cos\theta \geqq \dfrac{1}{\sqrt{2}}$

(1) 左辺を変形して　$2\sin\left(\theta+\dfrac{\pi}{3}\right)=\sqrt{2}$

⇐sin で合成。

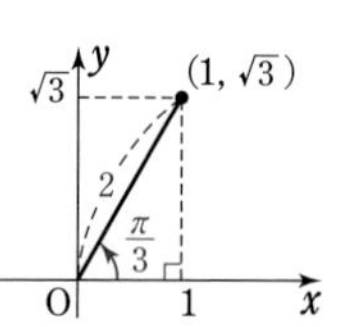

よって

$$\sin\left(\theta+\frac{\pi}{3}\right)=\frac{1}{\sqrt{2}} \quad \cdots\cdots ①$$

⇐$\theta+\dfrac{\pi}{3}=t$ とおき換えてもよい。

$0 \leqq \theta < 2\pi$ のとき

$$\frac{\pi}{3} \leqq \theta+\frac{\pi}{3} < \frac{7}{3}\pi$$

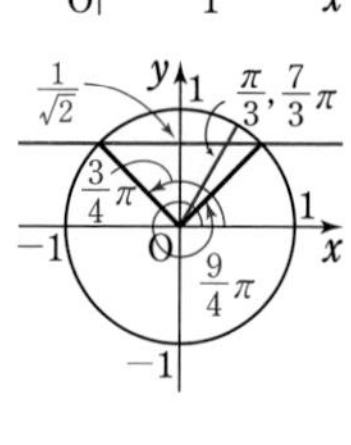

この範囲で ① を解くと

$$\theta+\frac{\pi}{3}=\frac{3}{4}\pi,\ \frac{9}{4}\pi$$

ゆえに　　$\boldsymbol{\theta=\dfrac{5}{12}\pi,\ \dfrac{23}{12}\pi}$

(2) 左辺を変形して

$$\sqrt{2}\sin\left(\theta+\frac{\pi}{4}\right) \geqq \frac{1}{\sqrt{2}}$$

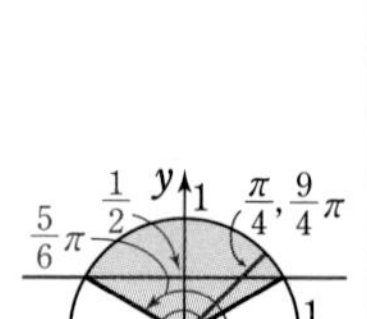

inf. (2)の解は，関数 $y=\sin\left(\theta+\dfrac{\pi}{4}\right)$ のグラフが，$0 \leqq \theta < 2\pi$ で直線 $y=\dfrac{1}{2}$ およびその上側にあるような θ の値の範囲である。

よって

$$\sin\left(\theta+\frac{\pi}{4}\right) \geqq \frac{1}{2} \quad \cdots\cdots ①$$

$0 \leqq \theta < 2\pi$ のとき

$$\frac{\pi}{4} \leqq \theta+\frac{\pi}{4} < \frac{9}{4}\pi$$

この範囲で ① を解くと

$$\frac{\pi}{4} \leqq \theta+\frac{\pi}{4} \leqq \frac{5}{6}\pi,$$

$$\frac{13}{6}\pi \leqq \theta+\frac{\pi}{4} < \frac{9}{4}\pi$$

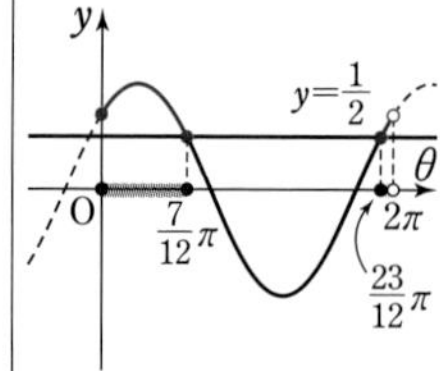

ゆえに　　$\boldsymbol{0 \leqq \theta \leqq \dfrac{7}{12}\pi,\ \dfrac{23}{12}\pi \leqq \theta < 2\pi}$

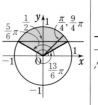

PR ②135

次の関数の最大値と最小値を求めよ。また，そのときの θ の値を求めよ。

(1) $y=\cos\theta-\sin\theta\ (0 \leqq \theta < 2\pi)$　　(2) $y=\sqrt{3}\sin\theta-\cos\theta\ (\pi \leqq \theta < 2\pi)$

(1) $y=\cos\theta-\sin\theta=\sqrt{2}\sin\left(\theta+\dfrac{3}{4}\pi\right)$

⇐sin で合成。

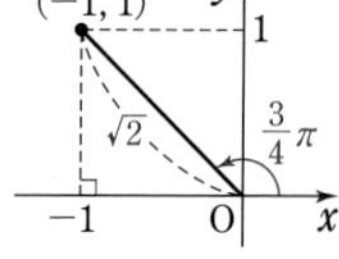

$0 \leqq \theta < 2\pi$ のとき

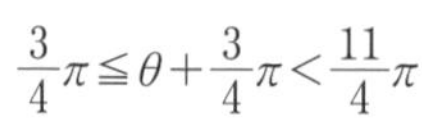

$$\frac{3}{4}\pi \leqq \theta+\frac{3}{4}\pi < \frac{11}{4}\pi$$

よって，$\sin\left(\theta+\dfrac{3}{4}\pi\right)$ がとる値の範囲は

$-1 \leqq \sin\left(\theta+\dfrac{3}{4}\pi\right) \leqq 1$ であるから　　$-\sqrt{2} \leqq y \leqq \sqrt{2}$

⇐1周するので

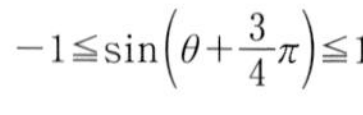

$-1 \leqq \sin\left(\theta+\dfrac{3}{4}\pi\right) \leqq 1$

ゆえに

$\theta+\frac{3}{4}\pi=\frac{5}{2}\pi$ すなわち **$\theta=\frac{7}{4}\pi$ で最大値 $\sqrt{2}$**

$\theta+\frac{3}{4}\pi=\frac{3}{2}\pi$ すなわち **$\theta=\frac{3}{4}\pi$ で最小値 $-\sqrt{2}$**

(2) $y=\sqrt{3}\sin\theta-\cos\theta$

$=2\sin\left(\theta-\frac{\pi}{6}\right)$

⇐sin で合成。

$\pi\leqq\theta<2\pi$ のとき

$$\frac{5}{6}\pi\leqq\theta-\frac{\pi}{6}<\frac{11}{6}\pi$$

よって，$\sin\left(\theta-\frac{\pi}{6}\right)$ がとる値の範囲は

$$-1\leqq\sin\left(\theta-\frac{\pi}{6}\right)\leqq\frac{1}{2}$$

⇐1周しないため $-1\leqq\sin\left(\theta-\frac{\pi}{6}\right)\leqq1$ とならないので注意。

ゆえに　$-2\leqq y\leqq1$

したがって

$\theta-\frac{\pi}{6}=\frac{5}{6}\pi$ すなわち **$\theta=\pi$ で最大値 1**

$\theta-\frac{\pi}{6}=\frac{3}{2}\pi$ すなわち **$\theta=\frac{5}{3}\pi$ で最小値 -2**

4章 PR

PR ③136

$y=\sin2\theta-\sin\theta+\cos\theta$，$t=\sin\theta-\cos\theta$ $(0\leqq\theta\leqq\pi)$ とする。
(1) y を t の式で表せ。また，t のとりうる値の範囲を求めよ。
(2) y の最大値と最小値を求めよ。

(1) $y=\sin2\theta-\sin\theta+\cos\theta$ ……①

$t=\sin\theta-\cos\theta$ ……② とする。

HINT　$t=\sin\theta-\cos\theta$ の両辺を2乗すると $t^2=1-2\sin\theta\cos\theta$ $=1-\sin2\theta$ これを y の式に代入。t の値の範囲は，三角関数の合成を利用。

②の両辺を2乗して

$$t^2=\sin^2\theta-2\sin\theta\cos\theta+\cos^2\theta$$

よって　$t^2=1-\sin2\theta$

ゆえに　$\sin2\theta=1-t^2$

これと②を①に代入すると

$y=1-t^2-t$ すなわち **$y=-t^2-t+1$**

また，②を変形すると

$t=\sin\theta-\cos\theta$

$=\sqrt{2}\sin\left(\theta-\frac{\pi}{4}\right)$

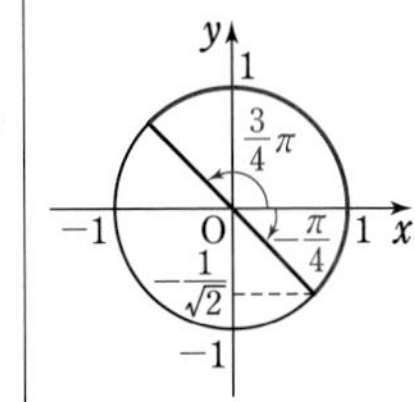

$0\leqq\theta\leqq\pi$ であるから

$$-\frac{\pi}{4}\leqq\theta-\frac{\pi}{4}\leqq\frac{3}{4}\pi$$

よって　$-\frac{1}{\sqrt{2}}\leqq\sin\left(\theta-\frac{\pi}{4}\right)\leqq1$

ゆえに　**$-1\leqq t\leqq\sqrt{2}$**

(2) (1)から　　$y=-t^2-t+1$

$$=-\left(t+\frac{1}{2}\right)^2+\frac{5}{4}$$

$-1\leqq t\leqq\sqrt{2}$ の範囲において，y は，

$t=-\dfrac{1}{2}$ で **最大値 $\dfrac{5}{4}$**，

$t=\sqrt{2}$ で **最小値 $-1-\sqrt{2}$** をとる。

inf. $t=-\dfrac{1}{2}$ のとき，θ の値を求めることはできない。このような場合は，最大値・最小値を与える θ の値は示さなくてよい。

$y=-t^2-t+1$ $(-1\leqq t\leqq\sqrt{2})$ のグラフ

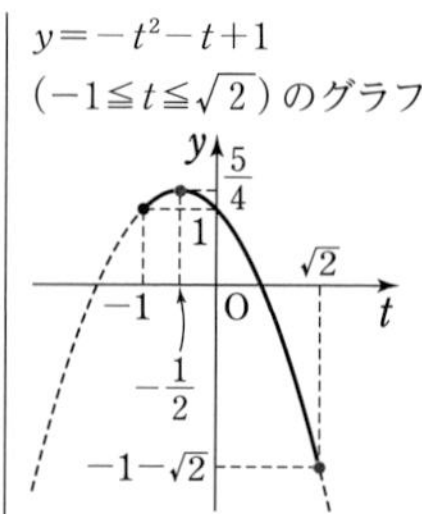

PR ③137 関数 $f(\theta)=8\sqrt{3}\cos^2\theta+6\sin\theta\cos\theta+2\sqrt{3}\sin^2\theta$ $(0\leqq\theta\leqq\pi)$ の最大値と最小値を求めよ。〔類 釧路公立大〕

$$f(\theta)=8\sqrt{3}\cdot\frac{1+\cos2\theta}{2}+6\cdot\frac{\sin2\theta}{2}+2\sqrt{3}\cdot\frac{1-\cos2\theta}{2}$$

$$=3\sin2\theta+3\sqrt{3}\cos2\theta+5\sqrt{3}$$

$$=3(\sin2\theta+\sqrt{3}\cos2\theta)+5\sqrt{3}$$

$$=6\sin\left(2\theta+\frac{\pi}{3}\right)+5\sqrt{3}$$

$0\leqq\theta\leqq\pi$ であるから　　$\dfrac{\pi}{3}\leqq2\theta+\dfrac{\pi}{3}\leqq\dfrac{7}{3}\pi$

よって，$f(\theta)$ は

$2\theta+\dfrac{\pi}{3}=\dfrac{\pi}{2}$ すなわち **$\theta=\dfrac{\pi}{12}$** で **最大値 $6+5\sqrt{3}$**，

$2\theta+\dfrac{\pi}{3}=\dfrac{3}{2}\pi$ すなわち **$\theta=\dfrac{7}{12}\pi$** で **最小値 $-6+5\sqrt{3}$**

をとる。

$f(\theta)=6\sin\left(2\theta+\frac{\pi}{3}\right)+5\sqrt{3}$ $(0\leqq\theta\leqq\pi)$ のグラフ

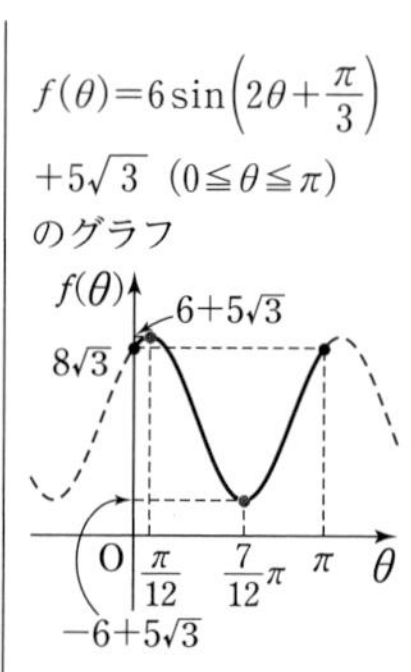

PR ④138 (1) 等式 $\cos3\theta=4\cos^3\theta-3\cos\theta$ が成り立つことを証明せよ。
(2) $\theta=18^\circ$ のとき，$\sin2\theta=\cos3\theta$ が成り立つことを示し，$\sin18^\circ$ の値を求めよ。〔類 岡山県大〕

(1) $\cos3\theta=\cos(\theta+2\theta)=\cos\theta\cos2\theta-\sin\theta\sin2\theta$

$$=\cos\theta(2\cos^2\theta-1)-\sin\theta\cdot2\sin\theta\cos\theta$$

$$=2\cos^3\theta-\cos\theta-2\cos\theta(1-\cos^2\theta)$$

$$=4\cos^3\theta-3\cos\theta$$

よって　　$\cos3\theta=4\cos^3\theta-3\cos\theta$

⇐$\cos(\alpha+\beta)=\cos\alpha\cos\beta-\sin\alpha\sin\beta$，$\cos2\theta=2\cos^2\theta-1$，$\sin2\theta=2\sin\theta\cos\theta$，$\sin^2\theta+\cos^2\theta=1$

(2) $\sin2\theta=\sin(2\times18^\circ)=\sin36^\circ$，

$\cos3\theta=\cos(3\times18^\circ)=\cos54^\circ=\cos(90^\circ-36^\circ)=\sin36^\circ$

よって，$\theta=18^\circ$ のとき　　$\sin2\theta=\cos3\theta$

ゆえに　　$2\sin\theta\cos\theta=4\cos^3\theta-3\cos\theta$

$\cos\theta=\cos18^\circ\neq0$ であるから，両辺を $\cos\theta$ で割って

$$2\sin\theta=4\cos^2\theta-3$$

よって　　$2\sin\theta=4(1-\sin^2\theta)-3$

⇐$\cos(90^\circ-\alpha)=\sin\alpha$

別解 (2)（前半）
$\theta=18^\circ$ のとき　$5\theta=90^\circ$
よって
$\sin2\theta=\sin(5\theta-3\theta)$
$=\cos3\theta$

⇐$\sin\theta$ だけの式にする。

整理して　$4\sin^2\theta+2\sin\theta-1=0$

ゆえに　$\sin\theta=\dfrac{-1\pm\sqrt{5}}{4}$

$0<\sin 18^\circ<1$ であるから　$\mathbf{\sin 18^\circ=\dfrac{-1+\sqrt{5}}{4}}$

⇐解の公式による。

PR ②139 次の式の値を求めよ。

(1) $\cos 75^\circ\cos 45^\circ$　(2) $\sin 75^\circ\sin 45^\circ$

(3) $\sin 105^\circ+\sin 15^\circ$　(4) $\cos 105^\circ-\cos 15^\circ$

(1) $\cos 75^\circ\cos 45^\circ=\dfrac{1}{2}\{\cos(75^\circ+45^\circ)+\cos(75^\circ-45^\circ)\}$

$=\dfrac{1}{2}(\cos 120^\circ+\cos 30^\circ)$

$=\dfrac{1}{2}\left(-\dfrac{1}{2}+\dfrac{\sqrt{3}}{2}\right)=\mathbf{\dfrac{\sqrt{3}-1}{4}}$

(2) $\sin 75^\circ\sin 45^\circ=-\dfrac{1}{2}(\cos 120^\circ-\cos 30^\circ)$

$=-\dfrac{1}{2}\left(-\dfrac{1}{2}-\dfrac{\sqrt{3}}{2}\right)=\mathbf{\dfrac{\sqrt{3}+1}{4}}$

(3) $\sin 105^\circ+\sin 15^\circ=2\sin\dfrac{105^\circ+15^\circ}{2}\cos\dfrac{105^\circ-15^\circ}{2}$

$=2\sin 60^\circ\cos 45^\circ$

$=2\cdot\dfrac{\sqrt{3}}{2}\cdot\dfrac{1}{\sqrt{2}}=\mathbf{\dfrac{\sqrt{6}}{2}}$

(4) $\cos 105^\circ-\cos 15^\circ=-2\sin 60^\circ\sin 45^\circ$

$=-2\cdot\dfrac{\sqrt{3}}{2}\cdot\dfrac{1}{\sqrt{2}}=\mathbf{-\dfrac{\sqrt{6}}{2}}$

⇐(1), (2) は積 ⟶ 和公式，(3), (4) は和 ⟶ 積公式を利用。

別解 (1) $\cos 75^\circ\cos 45^\circ$
$=\cos(45^\circ+30^\circ)\cos 45^\circ$
$=(\cos 45^\circ\cos 30^\circ-\sin 45^\circ\sin 30^\circ)\times\cos 45^\circ$
$=\left(\dfrac{1}{\sqrt{2}}\cdot\dfrac{\sqrt{3}}{2}-\dfrac{1}{\sqrt{2}}\cdot\dfrac{1}{2}\right)\cdot\dfrac{1}{\sqrt{2}}$
$=\dfrac{\sqrt{3}-1}{2\sqrt{2}}\cdot\dfrac{1}{\sqrt{2}}=\dfrac{\sqrt{3}-1}{4}$
以下，同じように，加法定理を用いて求めることもできる。

PR ③140 $0\leqq\theta<2\pi$ において，方程式 $\cos 3\theta-\cos 2\theta+\cos\theta=0$ を満たす θ を求めよ。

与式から　$(\cos 3\theta+\cos\theta)-\cos 2\theta=0$

ここで　$\cos 3\theta+\cos\theta=2\cos\dfrac{3\theta+\theta}{2}\cos\dfrac{3\theta-\theta}{2}$

$=2\cos 2\theta\cos\theta$

よって　$2\cos 2\theta\cos\theta-\cos 2\theta=0$

すなわち　$\cos 2\theta(2\cos\theta-1)=0$

したがって　$\cos 2\theta=0$ または $\cos\theta=\dfrac{1}{2}$

$0\leqq\theta<2\pi$ であるから　$0\leqq 2\theta<4\pi$

この範囲で $\cos 2\theta=0$ を解くと

$2\theta=\dfrac{\pi}{2},\ \dfrac{3}{2}\pi,\ \dfrac{5}{2}\pi,\ \dfrac{7}{2}\pi$

よって　$\theta=\dfrac{\pi}{4},\ \dfrac{3}{4}\pi,\ \dfrac{5}{4}\pi,\ \dfrac{7}{4}\pi$

⇐$(3\theta+\theta)\div 2=2\theta$ であるから $\cos 3\theta$，$\cos\theta$ を組み合わせる。

⇐積$=0$ の形に。

$0 \leqq \theta < 2\pi$ の範囲で $\cos\theta = \frac{1}{2}$ を解くと　$\theta = \frac{\pi}{3}, \frac{5}{3}\pi$

したがって，解は　$\boldsymbol{\theta = \frac{\pi}{4}, \frac{\pi}{3}, \frac{3}{4}\pi, \frac{5}{4}\pi, \frac{5}{3}\pi, \frac{7}{4}\pi}$

別解　$\cos 3\theta - \cos 2\theta + \cos\theta$

$= -3\cos\theta + 4\cos^3\theta - (2\cos^2\theta - 1) + \cos\theta$

$= -2\cos\theta + 4\cos^3\theta - (2\cos^2\theta - 1)$

$= 2\cos\theta(2\cos^2\theta - 1) - (2\cos^2\theta - 1)$

$= (2\cos\theta - 1)(2\cos^2\theta - 1)$

$= (2\cos\theta - 1)(\sqrt{2}\cos\theta - 1)(\sqrt{2}\cos\theta + 1)$

よって，方程式は

$(2\cos\theta - 1)(\sqrt{2}\cos\theta - 1)(\sqrt{2}\cos\theta + 1) = 0$

ゆえに　$\cos\theta = \frac{1}{2}, \pm\frac{1}{\sqrt{2}}$

したがって，$0 \leqq \theta < 2\pi$ から解は

$\boldsymbol{\theta = \frac{\pi}{4}, \frac{\pi}{3}, \frac{3}{4}\pi, \frac{5}{4}\pi, \frac{5}{3}\pi, \frac{7}{4}\pi}$

$\cos\theta = \frac{1}{2}$ の解（下図）

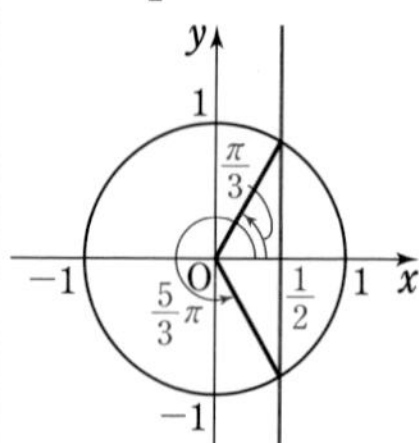

PR ④141

△ABC において，∠A，∠B，∠C の大きさをそれぞれ A，B，C で表す。

(1) $\cos C = \sin^2\frac{A+B}{2} - \cos^2\frac{A+B}{2}$ であることを加法定理を用いて示せ。

(2) $A = B$ のとき，$\cos A + \cos B + \cos C$ の最大値を求めよ。また，そのときの A，B，C の値を求めよ。　〔類 関西大〕

(1) $A + B + C = \pi$ であるから

$$(\text{右辺}) = -\left(\cos^2\frac{A+B}{2} - \sin^2\frac{A+B}{2}\right)$$

$$= -\cos\left(2\cdot\frac{A+B}{2}\right)$$

$$= -\cos(A+B)$$

$$= -\cos(\pi - C)$$

$$= \cos C$$

⇦複雑な方の右辺を変形。2 倍角の公式 $\cos^2\alpha - \sin^2\alpha = \cos 2\alpha$ を利用。

⇦$\cos(\pi - \alpha) = -\cos\alpha$

よって　$\cos C = \sin^2\frac{A+B}{2} - \cos^2\frac{A+B}{2}$

(2) $A = B$ のとき　$\cos A + \cos B = 2\cos A$

(1) の結果から

$$\cos A + \cos B + \cos C$$

$$= 2\cos A + \sin^2\frac{A+B}{2} - \cos^2\frac{A+B}{2}$$

$$= 2\cos A + \sin^2 A - \cos^2 A$$

$$= 2\cos A + (1 - \cos^2 A) - \cos^2 A$$

$$= -2\cos^2 A + 2\cos A + 1$$

$$= -2\left(\cos A - \frac{1}{2}\right)^2 + \frac{3}{2}$$

⇦$A = B$ のとき $\frac{A+B}{2} = A$

⇦$\cos A$ の 2 次式 ⟶ 基本形に直す

$0<A<\frac{\pi}{2}$ より，$0<\cos A<1$ であるから，

$\cos A+\cos B+\cos C$ は $\cos A=\frac{1}{2}$ のとき **最大値 $\frac{3}{2}$** をとる。

$\cos A=\frac{1}{2}$ から　　$\boldsymbol{A=\frac{\pi}{3}}$

$A=B$ であるから　　$\boldsymbol{B=\frac{\pi}{3}}$

よって　　$\boldsymbol{C}=\pi-A-B=\boldsymbol{\frac{\pi}{3}}$

⇦$A\geqq\frac{\pi}{2}$ のとき，$A=B$ とはならない。

⇦△ABC は正三角形。

EX ①96

(1) 1ラジアンとは，[　　]のことである。[　　]に当てはまるものを，次の ①～④ のうちから1つ選べ。

① 半径が1，面積が1の扇形の中心角の大きさ
② 半径が π，面積が1の扇形の中心角の大きさ
③ 半径が1，弧の長さが1の扇形の中心角の大きさ
④ 半径が π，弧の長さが1の扇形の中心角の大きさ　〔類 センター試験〕

(2) $0<\alpha<\frac{\pi}{2}$ である角 α を6倍して得られる角 6α を表す動径が角 α を表す動径と一致するという。角 α の大きさを求めよ。

(1) 1ラジアンとは，

半径が1，弧の長さが1の扇形の中心角の大きさ (③)

である。

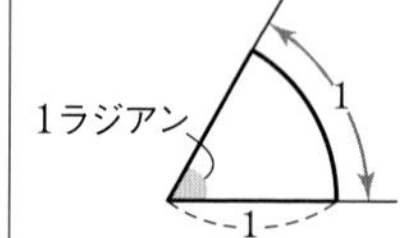

(2) n を整数とすると，条件から

$$6\alpha=\alpha+2n\pi$$

ゆえに　$5\alpha=2n\pi$　　よって　$\alpha=\frac{2}{5}\pi\times n$

$0<\alpha<\frac{\pi}{2}$ であるから　$n=1$

ゆえに　$\boldsymbol{\alpha=\frac{2}{5}\pi}$

(2) θ と α の動径が一致するとは，$\theta=\alpha+2n\pi$（n は整数）の関係があること。

EX ②97

次の等式を証明せよ。

(1) $\sin^2\alpha\cos^2\beta-\cos^2\alpha\sin^2\beta=\sin^2\alpha-\sin^2\beta$

(2) $\cos\theta(\tan\theta+2)(2\tan\theta+1)=\frac{2}{\cos\theta}+5\sin\theta$

(1) $\sin^2\alpha\cos^2\beta-\cos^2\alpha\sin^2\beta$

$$=\sin^2\alpha(1-\sin^2\beta)-(1-\sin^2\alpha)\sin^2\beta$$
$$=\sin^2\alpha-\sin^2\alpha\sin^2\beta-\sin^2\beta+\sin^2\alpha\sin^2\beta$$
$$=\sin^2\alpha-\sin^2\beta$$

よって　$\sin^2\alpha\cos^2\beta-\cos^2\alpha\sin^2\beta=\sin^2\alpha-\sin^2\beta$

⇐右辺が2項とも sin の式であるから，左辺を sin のみで表すことを考える。

(2) $\cos\theta(\tan\theta+2)(2\tan\theta+1)$

$$=\cos\theta\left(\frac{\sin\theta}{\cos\theta}+2\right)\left(\frac{2\sin\theta}{\cos\theta}+1\right)$$
$$=\cos\theta\cdot\frac{\sin\theta+2\cos\theta}{\cos\theta}\cdot\frac{2\sin\theta+\cos\theta}{\cos\theta}$$
$$=\frac{1}{\cos\theta}(\sin\theta+2\cos\theta)(2\sin\theta+\cos\theta)$$
$$=\frac{1}{\cos\theta}(2\sin^2\theta+5\sin\theta\cos\theta+2\cos^2\theta)$$
$$=\frac{1}{\cos\theta}(2+5\sin\theta\cos\theta)$$
$$=\frac{2}{\cos\theta}+5\sin\theta$$

よって　$\cos\theta(\tan\theta+2)(2\tan\theta+1)=\frac{2}{\cos\theta}+5\sin\theta$

⇐複雑な方の左辺を変形。

⇐$\tan\theta=\frac{\sin\theta}{\cos\theta}$

⇐$\sin^2\theta+\cos^2\theta=1$

EX ②98

$\tan\theta=\frac{3}{4}$ のとき，$\frac{\cos^2\theta-\sin^2\theta}{1+2\sin\theta\cos\theta}$ の値を求めよ。

$\tan\theta=\frac{3}{4}$ のとき　$\cos\theta\neq0$

⇐割り算のための断り。

また，$\tan\theta=\frac{3}{4}$ から　$\sin\theta=\frac{3}{4}\cos\theta$

⇐$\frac{\sin\theta}{\cos\theta}=\frac{3}{4}$

よって

$$\frac{\cos^2\theta-\sin^2\theta}{1+2\sin\theta\cos\theta}=\frac{(\cos\theta+\sin\theta)(\cos\theta-\sin\theta)}{\sin^2\theta+\cos^2\theta+2\sin\theta\cos\theta}$$

⇐$1=\sin^2\theta+\cos^2\theta$

$$=\frac{(\cos\theta+\sin\theta)(\cos\theta-\sin\theta)}{(\cos\theta+\sin\theta)^2}$$

⇐$\cos\theta+\sin\theta$ で約分。

$$=\frac{\cos\theta-\sin\theta}{\cos\theta+\sin\theta}=\frac{\cos\theta-\frac{3}{4}\cos\theta}{\cos\theta+\frac{3}{4}\cos\theta}$$

⇐$\sin\theta=\frac{3}{4}\cos\theta$ を代入。

$$=\frac{\frac{1}{4}\cos\theta}{\frac{7}{4}\cos\theta}=\mathbf{\frac{1}{7}}$$

⇐分母・分子をそれぞれ $\cos\theta$ で割る。

別解　$\tan\theta=\frac{3}{4}$ のとき $\cos\theta\neq0$ であるから，与式の分母・分子を $\cos^2\theta$ で割って

⇐与式を tan のみで表すことを考える。

$$\frac{\cos^2\theta-\sin^2\theta}{1+2\sin\theta\cos\theta}=\frac{1-\left(\frac{\sin\theta}{\cos\theta}\right)^2}{\frac{1}{\cos^2\theta}+2\cdot\frac{\sin\theta}{\cos\theta}}$$

⇐$\frac{\sin\theta}{\cos\theta}=\tan\theta$，$\frac{1}{\cos^2\theta}=1+\tan^2\theta$

$$=\frac{1-\tan^2\theta}{1+\tan^2\theta+2\tan\theta}$$

$$=\frac{(1+\tan\theta)(1-\tan\theta)}{(1+\tan\theta)^2}=\frac{1-\tan\theta}{1+\tan\theta}$$

⇐$1+\tan\theta$ で約分。

$$=\left(1-\frac{3}{4}\right)\div\left(1+\frac{3}{4}\right)=\mathbf{\frac{1}{7}}$$

EX ③99

θ が第2象限の角のとき，次の角は第何象限の角になりうるか。
ただし，動径が x 軸上，y 軸上にある場合は除く。

(1)　2θ　　(2)　$\frac{\theta}{2}$　　(3)　$\frac{\theta}{3}$

θ は第2象限の角であるから，n を整数とすると

$$\frac{\pi}{2}+2n\pi<\theta<\pi+2n\pi \quad \cdots\cdots ①$$

と表される。

⇐$\frac{\pi}{2}<\theta<\pi$ としないこと。一般角で考える。

(1)　① の各辺を2倍すると

$$\pi+4n\pi<2\theta<2\pi+4n\pi$$

よって，2θ は，

第3象限または第4象限の角

になりうる。

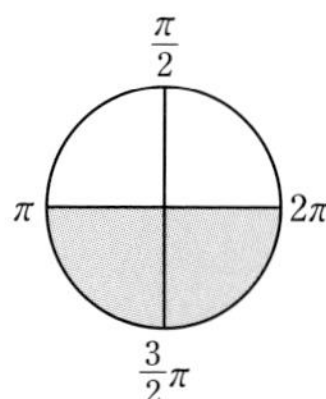

⇐動径の表す角の1つを α とすると，$\alpha+2n\pi$ のように，$\alpha+2\pi\times$(整数)の形にする。

4章 EX

(2)　① の各辺を 2 で割ると

$$\frac{\pi}{4}+n\pi<\frac{\theta}{2}<\frac{\pi}{2}+n\pi$$

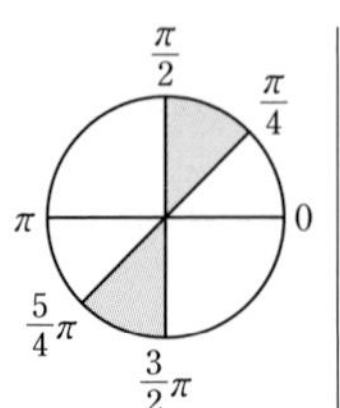

⇦左の不等式から直ちに $\frac{\theta}{2}$ は第 1 象限の角と答えると誤り！

ここで，k を整数とすると

$n=2k$ のとき

$$\frac{\pi}{4}+2k\pi<\frac{\theta}{2}<\frac{\pi}{2}+2k\pi$$

⇦第 1 象限にある。

$n=2k+1$ のとき

$$\frac{\pi}{4}+(2k+1)\pi=\frac{\pi}{4}+2k\pi+\pi=\frac{5}{4}\pi+2k\pi$$

$$\frac{\pi}{2}+(2k+1)\pi=\frac{\pi}{2}+2k\pi+\pi=\frac{3}{2}\pi+2k\pi$$

となるから

$$\frac{5}{4}\pi+2k\pi<\frac{\theta}{2}<\frac{3}{2}\pi+2k\pi$$

⇦第 3 象限にある。

よって，$\frac{\theta}{2}$ は，**第 1 象限または第 3 象限の角** になりうる。

(3)　① の各辺を 3 で割ると

$$\frac{\pi}{6}+\frac{2}{3}n\pi<\frac{\theta}{3}<\frac{\pi}{3}+\frac{2}{3}n\pi$$

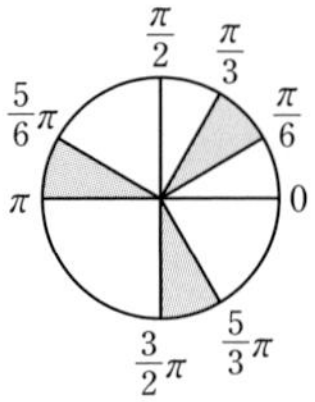

ここで，k を整数とすると

$n=3k$ のとき

$$\frac{\pi}{6}+2k\pi<\frac{\theta}{3}<\frac{\pi}{3}+2k\pi$$

⇦第 1 象限にある。

$n=3k+1$ のとき

$$\frac{\pi}{6}+\frac{2(3k+1)}{3}\pi=\frac{\pi}{6}+2k\pi+\frac{2}{3}\pi=\frac{5}{6}\pi+2k\pi$$

$$\frac{\pi}{3}+\frac{2(3k+1)}{3}\pi=\frac{\pi}{3}+2k\pi+\frac{2}{3}\pi=\pi+2k\pi$$

となるから

$$\frac{5}{6}\pi+2k\pi<\frac{\theta}{3}<\pi+2k\pi$$

⇦第 2 象限にある。

$n=3k+2$ のとき

$$\frac{\pi}{6}+\frac{2(3k+2)}{3}\pi=\frac{\pi}{6}+2k\pi+\frac{4}{3}\pi=\frac{3}{2}\pi+2k\pi$$

$$\frac{\pi}{3}+\frac{2(3k+2)}{3}\pi=\frac{\pi}{3}+2k\pi+\frac{4}{3}\pi=\frac{5}{3}\pi+2k\pi$$

となるから

$$\frac{3}{2}\pi+2k\pi<\frac{\theta}{3}<\frac{5}{3}\pi+2k\pi$$

⇦第 4 象限にある。

よって，$\frac{\theta}{3}$ は，**第 1 象限または第 2 象限または第 4 象限の角** になりうる。

EX ③100　$\frac{\pi}{2}<\theta<\pi$, $\sin\theta\cos\theta=-\frac{1}{4}$ のとき，次の値を求めよ。
(1) $\sin\theta-\cos\theta$　　(2) $\sin\theta$, $\cos\theta$

(1) $(\sin\theta-\cos\theta)^2=\sin^2\theta-2\sin\theta\cos\theta+\cos^2\theta$
$$=1-2\left(-\frac{1}{4}\right)=\frac{3}{2}$$

⇐$\sin^2\theta+\cos^2\theta=1$
また，条件から
$\sin\theta\cos\theta=-\frac{1}{4}$

$\frac{\pi}{2}<\theta<\pi$ であるから　$\sin\theta>0$, $\cos\theta<0$

よって　$\sin\theta-\cos\theta>0$

ゆえに　$\sin\theta-\cos\theta=\sqrt{\frac{3}{2}}=\boldsymbol{\frac{\sqrt{6}}{2}}$ …… ①

(2) (1)と同様にして
$$(\sin\theta+\cos\theta)^2=\sin^2\theta+2\sin\theta\cos\theta+\cos^2\theta$$
$$=1+2\left(-\frac{1}{4}\right)=\frac{1}{2}$$

よって　$\sin\theta+\cos\theta=\pm\frac{1}{\sqrt{2}}=\pm\frac{\sqrt{2}}{2}$ …… ②

①，②から
$$\sin\theta=\frac{\sqrt{6}\pm\sqrt{2}}{4},\ \cos\theta=\frac{\pm\sqrt{2}-\sqrt{6}}{4}\ \text{(複号同順)}$$

⇐(①+②)÷2,
(②−①)÷2
を計算する。

これは $\sin\theta>0$, $\cos\theta<0$ を満たす。

⇐条件を満たすかどうかを確認する。

したがって
$$\boldsymbol{\sin\theta=\frac{\sqrt{6}\pm\sqrt{2}}{4},\ \cos\theta=\frac{-\sqrt{6}\pm\sqrt{2}}{4}}\ \textbf{(複号同順)}$$

別解　条件から　$\sin\theta\cdot(-\cos\theta)=\frac{1}{4}$

また，①から　$\sin\theta+(-\cos\theta)=\frac{\sqrt{6}}{2}$

ゆえに，$\sin\theta$, $-\cos\theta$ は2次方程式
$$t^2-\frac{\sqrt{6}}{2}t+\frac{1}{4}=0\quad すなわち\quad 4t^2-2\sqrt{6}\,t+1=0$$
の解である。

⇐**2次方程式の作成**
2数 α, β を解とする2次方程式の1つは
$x^2-(\alpha+\beta)x+\alpha\beta=0$
(本冊 $p.75$ 参照)

これを解いて　$t=\frac{\sqrt{6}\pm\sqrt{2}}{4}$

よって
$$(\sin\theta,\ -\cos\theta)=\left(\frac{\sqrt{6}\pm\sqrt{2}}{4},\ \frac{\sqrt{6}\mp\sqrt{2}}{4}\right)\ \text{(複号同順)}$$

ゆえに
$$\boldsymbol{(\sin\theta,\ \cos\theta)=\left(\frac{\sqrt{6}\pm\sqrt{2}}{4},\ \frac{-\sqrt{6}\pm\sqrt{2}}{4}\right)}\ \textbf{(複号同順)}$$

これは $\sin\theta>0$, $\cos\theta<0$ を満たす。

⇐条件を満たすかどうかを確認する。

EX ④101 2次方程式 $2x^2-2(2a-1)x-a=0$ の2つの解が $\sin\theta$, $\cos\theta$ である。このとき，正の定数 a と $\sin\theta$, $\cos\theta$ の値を求めよ。ただし，$0\leqq\theta\leqq\pi$ とする。

2次方程式の解と係数の関係から

$$\sin\theta+\cos\theta=-\frac{-2(2a-1)}{2}=2a-1 \quad \cdots\cdots ①$$

$$\sin\theta\cos\theta=\frac{-a}{2}=-\frac{a}{2} \quad \cdots\cdots ②$$

① の両辺を2乗して

$$\sin^2\theta+2\sin\theta\cos\theta+\cos^2\theta=(2a-1)^2$$

よって　$1+2\sin\theta\cos\theta=(2a-1)^2$

⇐かくれた条件 $\sin^2\theta+\cos^2\theta=1$

② を代入して　$1+2\left(-\frac{a}{2}\right)=(2a-1)^2$

整理すると　$a(4a-3)=0$

$a>0$ であるから　$\boldsymbol{a=\frac{3}{4}}$

このとき，与えられた2次方程式は

$$2x^2-x-\frac{3}{4}=0 \quad \text{すなわち} \quad 8x^2-4x-3=0$$

これを解いて　$x=\frac{1\pm\sqrt{7}}{4}$

⇐$8x^2-4x-3=0$ の解は $x=\frac{2\pm2\sqrt{7}}{8}=\frac{1\pm\sqrt{7}}{4}$

また　$\frac{1-\sqrt{7}}{4}<0<\frac{1+\sqrt{7}}{4}$

$0\leqq\theta\leqq\pi$ のとき，$\sin\theta\geqq0$ であるから

$$\boldsymbol{\sin\theta=\frac{1+\sqrt{7}}{4},\ \cos\theta=\frac{1-\sqrt{7}}{4}}$$

EX ②102 関数 $f(\theta)=a\cos(b\theta+c)+d$ について，a, b, c, d の値に応じた $y=f(\theta)$ のグラフが表示されるコンピュータソフトがある。いま，$a=b=1$, $c=d=0$ として，$y=\cos\theta$ のグラフが表示されている。この状態から，a, b, c, d の値のうち，いずれか1つの値だけ変化させたとき，次の ①〜③ の変化が起こりうるのは，どの値を変化させたときか，それぞれすべて答えよ。

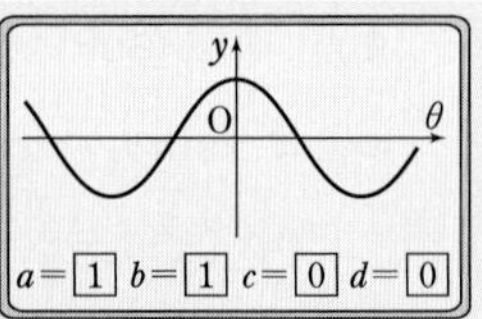

① 関数 $f(\theta)$ の周期が変わった。
② 関数 $f(\theta)$ の最大値と最小値が変わった。
③ 関数 $f(\theta)$ が偶関数から奇関数に変わった。

[1]　a の値だけ変化させると，$y=\cos\theta$ のグラフは，θ 軸をもとにして y 軸方向に拡大(縮小)される。
よって，最大値と最小値が変わるから　②

[2]　b の値だけ変化させると，$y=\cos\theta$ のグラフは，y 軸をもとにして θ 軸方向に拡大(縮小)される。
よって，周期が変わるから　①

[3]　c の値だけ変化させると，$y=\cos\theta$ のグラフは，θ 軸方向に平行移動される。
よって，偶関数から奇関数に変わる可能性があるから　③

$y=f(\theta)$ のグラフに対し
$\boldsymbol{y-q=f(\theta-p)}$
⟶ θ 軸方向に $\boldsymbol{p}$，y 軸方向に $\boldsymbol{q}$ だけ平行移動
$\boldsymbol{y=Af(\theta)}$
⟶ y 軸方向に $\boldsymbol{A}$ 倍 に拡大・縮小
$\boldsymbol{y=f(k\theta)}$
⟶ θ 軸方向に $\boldsymbol{\frac{1}{k}}$ 倍 に拡大・縮小

[4]　d の値だけ変化させると，$y=\cos\theta$ のグラフは，y 軸方向に平行移動される。
よって，最大値と最小値が変わるから　②
以上から　① $\boldsymbol{b}$　② $\boldsymbol{a}$，$\boldsymbol{d}$　③ $\boldsymbol{c}$

EX ③103
(1) $0\leqq\theta<2\pi$ の条件で，等式 $\cos^2\theta+\sqrt{3}\sin\theta\cos\theta=1$ を満たす θ の値を求めよ。〔立教大〕
(2) $\frac{\pi}{2}<\theta<\frac{3}{2}\pi$ のとき，$2\cos\theta-3\tan\theta>0$ を満たす θ の値の範囲を求めよ。

(1) $\cos\theta=0$ は与式を満たさないから　$\cos\theta\neq0$
与式の両辺を $\cos^2\theta$ で割ると
$$1+\sqrt{3}\tan\theta=\frac{1}{\cos^2\theta}$$
よって　$1+\sqrt{3}\tan\theta=1+\tan^2\theta$
ゆえに　$\tan^2\theta-\sqrt{3}\tan\theta=0$
変形して　$\tan\theta(\tan\theta-\sqrt{3})=0$
これを解いて　$\tan\theta=0,\ \sqrt{3}$
$0\leqq\theta<2\pi$ であるから　$\boldsymbol{\theta=0,\ \frac{\pi}{3},\ \pi,\ \frac{4}{3}\pi}$

⇦割り算のための断り。
⇦$\frac{\sin\theta}{\cos\theta}=\tan\theta$
⇦$\frac{1}{\cos^2\theta}=1+\tan^2\theta$
$\tan\theta$ だけの式に直す。

(2) $2\cos\theta-3\tan\theta>0$ から　$2\cos\theta-\frac{3\sin\theta}{\cos\theta}>0$　…… ①
$\frac{\pi}{2}<\theta<\frac{3}{2}\pi$ のとき　$\cos\theta<0$
① の両辺に $\cos\theta$ (<0) を掛けて　$2\cos^2\theta-3\sin\theta<0$
よって　$2(1-\sin^2\theta)-3\sin\theta<0$
ゆえに　$2\sin^2\theta+3\sin\theta-2>0$
すなわち　$(\sin\theta+2)(2\sin\theta-1)>0$
$-1<\sin\theta<1$ であるから常に
$\sin\theta+2>0$
よって　$2\sin\theta-1>0$
ゆえに　$\sin\theta>\frac{1}{2}$
$\frac{\pi}{2}<\theta<\frac{3}{2}\pi$ であるから
$$\boldsymbol{\frac{\pi}{2}<\theta<\frac{5}{6}\pi}$$

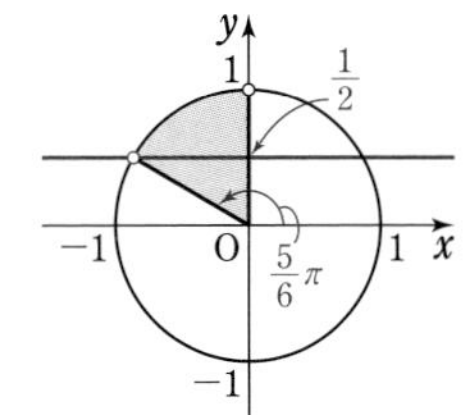

⇦$\tan\theta=\frac{\sin\theta}{\cos\theta}$
⇦不等号の向きが変わる。
⇦$\cos^2\theta=1-\sin^2\theta$
⇦ 1 ╳ 2 ⟶ 4
2　−1 ⟶ −1
2　−2　3

EX ③104
sin1，sin2，sin3，sin4 の中で，負となるものは ア[　　] である。また，正となるものの最小値は イ[　　] であり，最大値は ウ[　　] である。〔神戸薬大〕

$0<1<2<3<\pi<4<2\pi$ であるから
$\sin1>0,\ \sin2>0,\ \sin3>0,\ \sin4<0$
ゆえに，sin1，sin2，sin3，sin4 の中で負となるものは ア**sin4** である。

⇦$\pi\fallingdotseq3.14$
⇦$0<\theta<\pi$ では
$0<\sin\theta\leqq1$
$\pi<\theta<2\pi$ では
$-1\leqq\sin\theta<0$

また，$\frac{\pi}{6}<1<\frac{\pi}{3}$，$\frac{\pi}{2}<2<\frac{2}{3}\pi$，$\frac{5}{6}\pi<3<\pi$ であるから

$\frac{1}{2}<\sin 1<\frac{\sqrt{3}}{2}$，$\frac{\sqrt{3}}{2}<\sin 2<1$，$0<\sin 3<\frac{1}{2}$

よって，$\sin 1$，$\sin 2$，$\sin 3$，$\sin 4$ の中で正となるものの最小値は ^{イ}**sin3** であり，最大値は ^{ウ}**sin2** である。

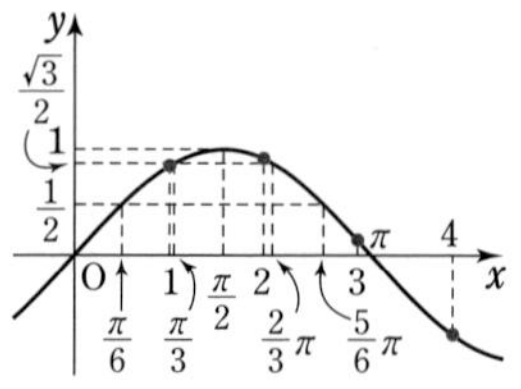

EX ④105 方程式 $2\sin^2 x-\cos x+a=0$ が $0\leqq x\leqq\pi$ において実数解をもつとき，定数 a の値の範囲を求めよ。

$2\sin^2 x-\cos x+a=0$ から　　$-2\sin^2 x+\cos x=a$

$y=-2\sin^2 x+\cos x$，$\cos x=t$ とおくと

$y=-2(1-\cos^2 x)+\cos x=2\cos^2 x+\cos x-2$　　⇦$\cos x$ だけの式で表す。

$=2t^2+t-2=2\left(t+\frac{1}{4}\right)^2-\frac{17}{8}$　……①

また，$0\leqq x\leqq\pi$ であるから　　$-1\leqq t\leqq 1$

方程式が $0\leqq x\leqq\pi$ において実数解をもつための条件は，t についての 2 次関数 ① のグラフが，$-1\leqq t\leqq 1$ において直線 $y=a$ と共有点をもつことである。

よって，図から，求める a の値の範囲は

$$-\frac{17}{8}\leqq a\leqq 1$$

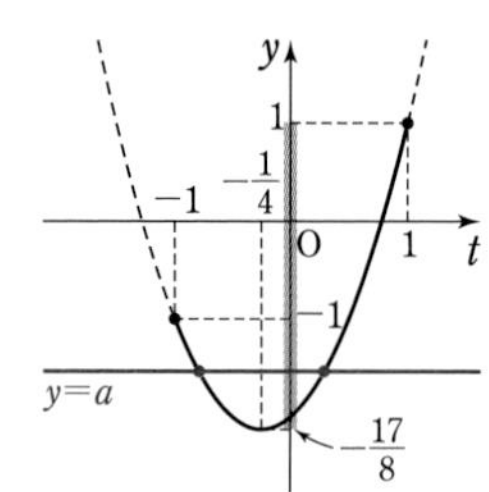

EX ④106 a を実数とする。$0\leqq\theta\leqq\pi$ のとき，関数 $y=a\cos\theta-2\sin^2\theta$ の最大値，最小値をそれぞれ $M(a)$，$m(a)$ とする。

(1) $M(a)$，$m(a)$ を求めよ。

(2) a が実数全体を動くとき，$M(a)$ の最小値と $m(a)$ の最大値を求めよ。　〔熊本大〕

(1) $y=a\cos\theta-2\sin^2\theta=a\cos\theta-2(1-\cos^2\theta)$　　⇦$\sin^2\theta=1-\cos^2\theta$

$=2\cos^2\theta+a\cos\theta-2$

また，$0\leqq\theta\leqq\pi$ のとき　　$-1\leqq\cos\theta\leqq 1$

よって，$\cos\theta=x$ とおいて得られる関数

$f(x)=2x^2+ax-2=2\left(x+\frac{a}{4}\right)^2-\frac{a^2}{8}-2$　$(-1\leqq x\leqq 1)$

の最大値が $M(a)$，最小値が $m(a)$ である。

放物線 $y=f(x)$ の軸は，直線 $x=-\frac{a}{4}$ である。

まず，$M(a)$ について考える。

定義域の中央の値は $x=0$ である。

[1]　$-\frac{a}{4}<0$ すなわち $a>0$ のとき　　軸の位置はそれぞれ ⇦定義域の中央より左。

図 [1] から，$x=1$ で最大となる。

よって　　$M(a)=f(1)=a$

[2]　$-\frac{a}{4}=0$ すなわち $a=0$ のとき　　⇦定義域の中央。

図 [2] から，$x=-1,\ 1$ で最大となる。

よって　　$M(a)=f(-1)=f(1)=0$

[3]　$-\dfrac{a}{4}>0$ すなわち $a<0$ のとき

⇦定義域の中央より右。

図 [3] から，$x=-1$ で最大となる。

よって　　$M(a)=f(-1)=-a$

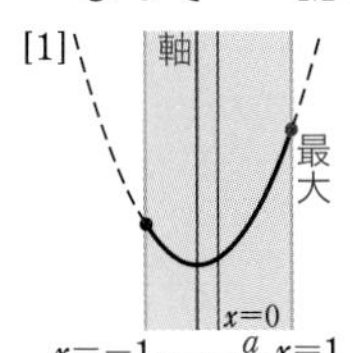

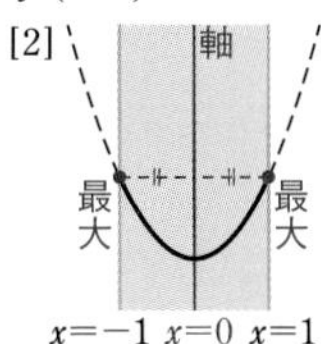

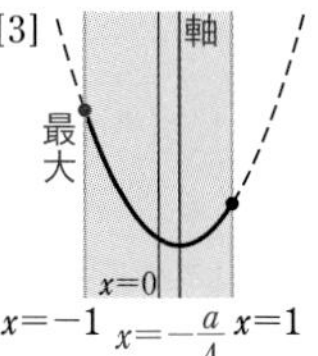

続いて，$m(a)$ について考える。

軸の位置はそれぞれ

[4]　$-\dfrac{a}{4}<-1$ すなわち $a>4$ のとき

⇦定義域の左外。

図 [4] から，$x=-1$ で最小となる。

よって　　$m(a)=f(-1)=-a$

[5]　$-1\leqq -\dfrac{a}{4}\leqq 1$ すなわち $-4\leqq a\leqq 4$ のとき

⇦定義域内。

図 [5] から，$x=-\dfrac{a}{4}$ で最小となる。

よって　　$m(a)=f\left(-\dfrac{a}{4}\right)=-\dfrac{a^2}{8}-2$

[6]　$-\dfrac{a}{4}>1$ すなわち $a<-4$ のとき

⇦定義域の右外。

図 [6] から，$x=1$ で最小となる。

よって　　$m(a)=f(1)=a$

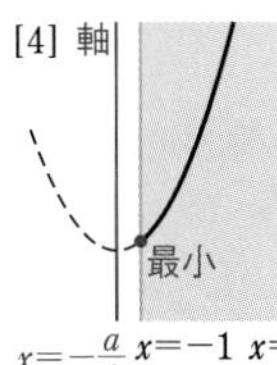

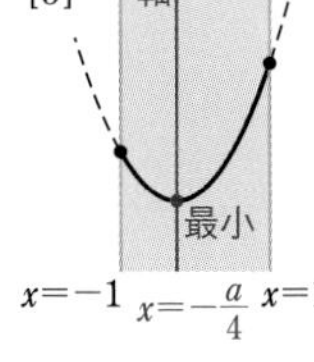

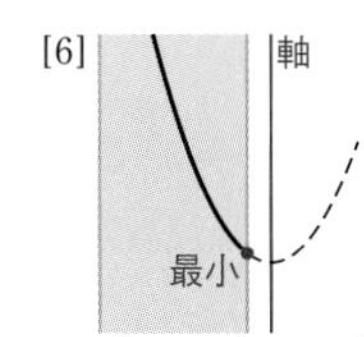

以上から　　$\boldsymbol{M(a)=\begin{cases} a & (a\geqq 0) \\ -a & (a<0) \end{cases}}$　　$\boldsymbol{m(a)=\begin{cases} a & (a<-4) \\ -\dfrac{a^2}{8}-2 & (-4\leqq a\leqq 4) \\ -a & (a>4) \end{cases}}$

(2)　$y=M(a)$，$y=m(a)$ のグラフは右の図のようになる。

よって，**$\boldsymbol{M(a)}$ の最小値は**

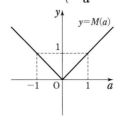

　　$\boldsymbol{a=0}$ のとき $\boldsymbol{0}$

$\boldsymbol{m(a)}$ の最大値は

　　$\boldsymbol{a=0}$ のとき $\boldsymbol{-2}$

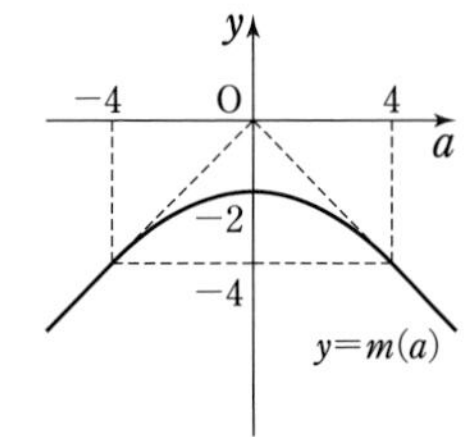

EX ④107 不等式 $a\sin^2 x+6\sin x+1\geqq 0$ が常に成り立つような a の最小値を求めよ。〔防衛大〕

$\sin x=t$ とおくと　$-1\leqq t\leqq 1$
また，与式から　$at^2+6t+1\geqq 0$
$f(t)=at^2+6t+1\ (-1\leqq t\leqq 1)$ とし，$f(t)$ の最小値が 0 以上になるような a の値の範囲を求めればよい。

[1]　$a=0$ のとき　$f(t)=6t+1$ となる。
このとき $-1\leqq t\leqq 1$ において，$-5\leqq f(t)\leqq 7$ であるから不適。

[2]　$a\neq 0$ のとき　$f(t)=a\left\{t-\left(-\dfrac{3}{a}\right)\right\}^2+1-\dfrac{9}{a}$

(i)　$a>0$ のとき　$-\dfrac{3}{a}<0$ である。

(ア)　$-1\leqq -\dfrac{3}{a}<0$　すなわち　$a\geqq 3$ のとき
最小値は　$f\left(-\dfrac{3}{a}\right)=1-\dfrac{9}{a}$
$1-\dfrac{9}{a}\geqq 0$ とすると $a>0$ から　$a\geqq 9$
これと $a\geqq 3$ の共通範囲は　$a\geqq 9$

(イ)　$-\dfrac{3}{a}<-1$　すなわち　$0<a<3$ のとき
最小値は　$f(-1)=a-5$
$a-5\geqq 0$ とすると　$a\geqq 5$
これは $0<a<3$ を満たさないから不適。

(ii)　$a<0$ のとき　$-\dfrac{3}{a}>0$ であるから，
最小値は　$f(-1)=a-5$
$a-5\geqq 0$ とすると　$a\geqq 5$
これは $a<0$ を満たさないから不適。

以上から　$a\geqq 9$
これを満たす a の最小値は　**$a=9$**

(i)(ア)　軸が定義域内。
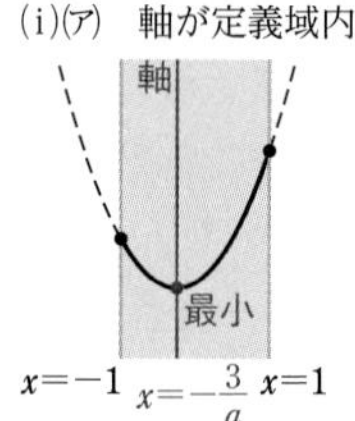

(i)(イ)　軸が定義域内の左外。
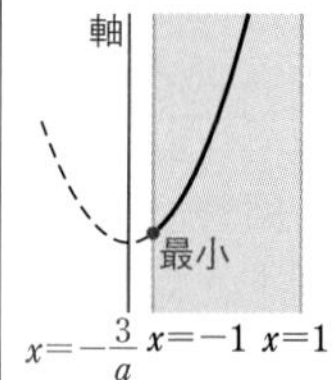

(ii)　軸が定義域の中央より右。
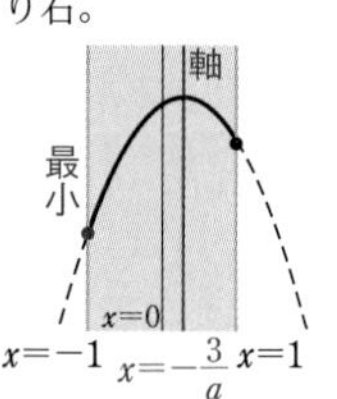

EX ③108 $0\leqq\alpha\leqq\dfrac{\pi}{2}$，$0\leqq\beta\leqq\dfrac{\pi}{2}$ で $\sin\alpha+\cos\beta=\dfrac{5}{4}$，$\cos\alpha+\sin\beta=\dfrac{5}{4}$ のとき，$\sin(\alpha+\beta)$，$\tan(\alpha+\beta)$ の値を求めよ。〔工学院大〕

HINT　まず $\sin(\alpha+\beta)$ を求める。条件式それぞれの両辺を 2 乗する。

条件式それぞれの両辺を 2 乗して

$\sin^2\alpha+2\sin\alpha\cos\beta+\cos^2\beta=\dfrac{25}{16}$

$\cos^2\alpha+2\cos\alpha\sin\beta+\sin^2\beta=\dfrac{25}{16}$

これらの辺々を加えると

$2+2\sin(\alpha+\beta)=\dfrac{25}{8}$

よって　$\boldsymbol{\sin(\alpha+\beta)=\dfrac{9}{16}}$

次に　$\tan^2(\alpha+\beta)=\dfrac{\sin^2(\alpha+\beta)}{\cos^2(\alpha+\beta)}=\dfrac{\sin^2(\alpha+\beta)}{1-\sin^2(\alpha+\beta)}$

$=\dfrac{\left(\dfrac{9}{16}\right)^2}{1-\left(\dfrac{9}{16}\right)^2}=\dfrac{9^2}{16^2-9^2}=\dfrac{9^2}{25\cdot 7}$

$0\leqq\alpha\leqq\dfrac{\pi}{2}$, $0\leqq\beta\leqq\dfrac{\pi}{2}$ であるから　$0\leqq\alpha+\beta\leqq\pi$

ゆえに　$\boldsymbol{\tan(\alpha+\beta)}=\pm\dfrac{9}{5\sqrt{7}}=\boldsymbol{\pm\dfrac{9\sqrt{7}}{35}}$

⇐$(\sin\alpha+\cos\beta)^2=\left(\dfrac{5}{4}\right)^2$

⇐$(\cos\alpha+\sin\beta)^2=\left(\dfrac{5}{4}\right)^2$

⇐$\sin^2\alpha+\cos^2\alpha=1$, $\sin^2\beta+\cos^2\beta=1$, $\sin\alpha\cos\beta+\cos\alpha\sin\beta=\sin(\alpha+\beta)$

⇐$16^2-9^2=(16+9)(16-9)$

⇐$\tan(\alpha+\beta)$ は正，負の値をともにとりうる。

4章 EX

EX ③109

(1) 座標平面上に 3 点 O，A，B がある。O(0, 0)，A$(1,\ 2\sqrt{3})$ であり，点Bは第 2 象限にあるとする。△OAB が正三角形であるとき，Bの座標を求めよ。

(2) 3 点 A(6, 1)，B(2, 3)，C$(a,\ b)$ について，△ABC が正三角形であるとき，a，b の値を求めよ。

(1) 点Bが第 2 象限にあり，△OAB が正三角形となるには，点Aを原点を中心として $\dfrac{\pi}{3}$ だけ回転させた位置に点Bがあればよい。

OA$=r$，動径 OA と x 軸の正の向きとのなす角を α とすると　$1=r\cos\alpha$，$2\sqrt{3}=r\sin\alpha$

点Bの座標を $(x,\ y)$ とすると

$x=r\cos\left(\alpha+\dfrac{\pi}{3}\right)=r\cos\alpha\cos\dfrac{\pi}{3}-r\sin\alpha\sin\dfrac{\pi}{3}=-\dfrac{5}{2}$

$y=r\sin\left(\alpha+\dfrac{\pi}{3}\right)=r\sin\alpha\cos\dfrac{\pi}{3}+r\cos\alpha\sin\dfrac{\pi}{3}=\dfrac{3\sqrt{3}}{2}$

したがって，点Bの座標は　$\boldsymbol{\left(-\dfrac{5}{2},\ \dfrac{3\sqrt{3}}{2}\right)}$

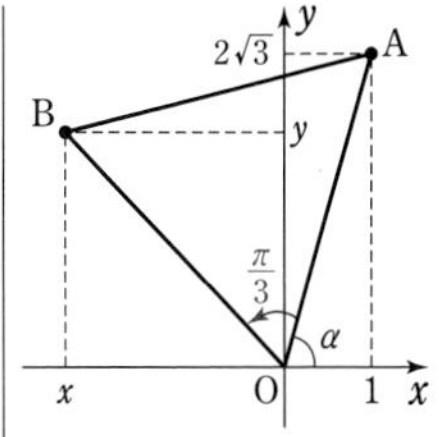

⇐$\cos(\alpha+\beta)=\cos\alpha\cos\beta-\sin\alpha\sin\beta$

⇐$\sin(\alpha+\beta)=\sin\alpha\cos\beta+\cos\alpha\sin\beta$

(2) 点Aが原点Oに移るような平行移動により，点Bは点 B$'(-4,\ 2)$ に移る。

点 B$'$ を原点を中心として $\pm\dfrac{\pi}{3}$ だけ回転した点 C$'$ の座標を $(x',\ y')$ とする(以下，複号はすべて同順)。

⇐x 軸方向に -6，y 軸方向に -1 だけ平行移動する。

$OB'=r$, OB' と x 軸の正の向きとのなす角を α とすると

$$-4=r\cos\alpha,\ 2=r\sin\alpha$$

よって　$x'=r\cos\left(\alpha\pm\frac{\pi}{3}\right)=r\cos\alpha\cos\frac{\pi}{3}\mp r\sin\alpha\sin\frac{\pi}{3}$

$$=-4\cdot\frac{1}{2}\mp2\cdot\frac{\sqrt{3}}{2}=-2\mp\sqrt{3}$$

$$y'=r\sin\left(\alpha\pm\frac{\pi}{3}\right)=r\sin\alpha\cos\frac{\pi}{3}\pm r\cos\alpha\sin\frac{\pi}{3}$$

$$=2\cdot\frac{1}{2}\pm(-4)\cdot\frac{\sqrt{3}}{2}=1\mp2\sqrt{3}$$

したがって，点 C′ の座標は

$$(-2-\sqrt{3},\ 1-2\sqrt{3}),\ (-2+\sqrt{3},\ 1+2\sqrt{3})$$

点 C′ は，原点が点Aに移るような平行移動によって，点C に移る。

よって　**$(a,\ b)=(4-\sqrt{3},\ 2-2\sqrt{3}),\ (4+\sqrt{3},\ 2+2\sqrt{3})$**

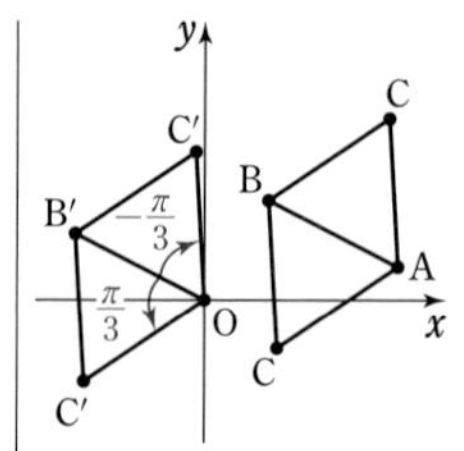

EX
③**110**

(1) $t=\tan\frac{\theta}{2}$ $(t\neq\pm1)$ のとき，次の等式が成り立つことを証明せよ。

$$\sin\theta=\frac{2t}{1+t^2},\quad \cos\theta=\frac{1-t^2}{1+t^2},\quad \tan\theta=\frac{2t}{1-t^2}$$

(2) 等式 $\frac{1+\sin\theta-\cos\theta}{1+\sin\theta+\cos\theta}=\tan\frac{\theta}{2}$ を証明せよ。

(1) $\tan\theta=\tan2\cdot\frac{\theta}{2}=\frac{2\tan\frac{\theta}{2}}{1-\tan^2\frac{\theta}{2}}=\frac{2t}{1-t^2}$

⇦$\tan2\alpha=\frac{2\tan\alpha}{1-\tan^2\alpha}$ で，$\alpha=\frac{\theta}{2}$ とおく。

$$\cos\theta=\cos2\cdot\frac{\theta}{2}=2\cos^2\frac{\theta}{2}-1$$

$$=\frac{2}{1+\tan^2\frac{\theta}{2}}-1=\frac{2}{1+t^2}-1=\frac{1-t^2}{1+t^2}$$

⇦$\cos2\alpha=2\cos^2\alpha-1$ で，$\alpha=\frac{\theta}{2}$ とおく。
$\cos^2\alpha=\frac{1}{1+\tan^2\alpha}$

$$\sin\theta=\tan\theta\cos\theta=\frac{2t}{1-t^2}\cdot\frac{1-t^2}{1+t^2}=\frac{2t}{1+t^2}$$

⇦$\tan\theta=\frac{\sin\theta}{\cos\theta}$ から。

(2) (1)の等式を用いて

$$\frac{1+\sin\theta-\cos\theta}{1+\sin\theta+\cos\theta}=\frac{1+\frac{2t}{1+t^2}-\frac{1-t^2}{1+t^2}}{1+\frac{2t}{1+t^2}+\frac{1-t^2}{1+t^2}}$$

⇦分母・分子に $1+t^2$ を掛ける。

$$=\frac{(1+t^2)+2t-(1-t^2)}{(1+t^2)+2t+(1-t^2)}$$

$$=\frac{2t(t+1)}{2(t+1)}=t=\tan\frac{\theta}{2}$$

よって　$\frac{1+\sin\theta-\cos\theta}{1+\sin\theta+\cos\theta}=\tan\frac{\theta}{2}$

別解　(左辺)$=\dfrac{1+2\sin\dfrac{\theta}{2}\cos\dfrac{\theta}{2}-\left(1-2\sin^2\dfrac{\theta}{2}\right)}{1+2\sin\dfrac{\theta}{2}\cos\dfrac{\theta}{2}+2\cos^2\dfrac{\theta}{2}-1}$

$=\dfrac{2\sin\dfrac{\theta}{2}\left(\sin\dfrac{\theta}{2}+\cos\dfrac{\theta}{2}\right)}{2\cos\dfrac{\theta}{2}\left(\sin\dfrac{\theta}{2}+\cos\dfrac{\theta}{2}\right)}=\dfrac{\sin\dfrac{\theta}{2}}{\cos\dfrac{\theta}{2}}$

$=\tan\dfrac{\theta}{2}=$(右辺)

よって　$\dfrac{1+\sin\theta-\cos\theta}{1+\sin\theta+\cos\theta}=\tan\dfrac{\theta}{2}$

⇐2倍角の公式
$\sin2\alpha=2\sin\alpha\cos\alpha$,
$\cos2\alpha=2\cos^2\alpha-1$
$=1-2\sin^2\alpha$
を利用。

EX ②111

$0\leqq\theta<2\pi$ のとき，次の方程式・不等式を解け。

(1)　$2\sin2\theta=\tan\theta+\dfrac{1}{\cos\theta}$　〔弘前大〕

(2)　$\sin2\theta+\sin\theta-\cos\theta>\dfrac{1}{2}$　〔関西大〕

(1)　$\tan\theta$ の定義域と $\cos\theta\neq0$ から　　$\theta\neq\dfrac{\pi}{2},\ \dfrac{3}{2}\pi$　……①

与えられた方程式から　　$2\cdot2\sin\theta\cos\theta=\dfrac{\sin\theta}{\cos\theta}+\dfrac{1}{\cos\theta}$　　⇐2倍角の公式

変形すると　$4\sin\theta\cos^2\theta=\sin\theta+1$

$4\sin\theta(1-\sin^2\theta)-(\sin\theta+1)=0$　　⇐$\sin\theta$ に統一。

$4\sin\theta(1+\sin\theta)(1-\sin\theta)-(\sin\theta+1)=0$

$(\sin\theta+1)\{4\sin\theta(1-\sin\theta)-1\}=0$　　⇐$(\sin\theta+1)$ が共通因数。

$(\sin\theta+1)(4\sin^2\theta-4\sin\theta+1)=0$

$(\sin\theta+1)(2\sin\theta-1)^2=0$

よって　　$\sin\theta=-1$ または $\sin\theta=\dfrac{1}{2}$

$0\leqq\theta<2\pi$ であるから　　$\theta=\dfrac{3}{2}\pi$ または $\theta=\dfrac{\pi}{6},\ \dfrac{5}{6}\pi$

このうち，① を満たす θ は　　$\boldsymbol{\theta=\dfrac{\pi}{6},\ \dfrac{5}{6}\pi}$　　⇐① の条件を忘れないように。

(2)　$\sin2\theta+\sin\theta-\cos\theta>\dfrac{1}{2}$ から

$2\sin\theta\cos\theta+\sin\theta-\cos\theta-\dfrac{1}{2}>0$　　⇐2倍角の公式を利用して，角を θ に統一。

すなわち　$4\sin\theta\cos\theta+2\sin\theta-2\cos\theta-1>0$

よって　$(2\sin\theta-1)(2\cos\theta+1)>0$

ゆえに　$\begin{cases}\sin\theta>\dfrac{1}{2}\\ \cos\theta>-\dfrac{1}{2}\end{cases}$ …①　または　$\begin{cases}\sin\theta<\dfrac{1}{2}\\ \cos\theta<-\dfrac{1}{2}\end{cases}$ …②

⇐$\begin{cases}2\sin\theta-1>0\\ 2\cos\theta+1>0\end{cases}$
または
$\begin{cases}2\sin\theta-1<0\\ 2\cos\theta+1<0\end{cases}$

$0 \leqq \theta < 2\pi$ であるから

① の解は　$\dfrac{\pi}{6} < \theta < \dfrac{2}{3}\pi$，　② の解は　$\dfrac{5}{6}\pi < \theta < \dfrac{4}{3}\pi$

よって　　$\boldsymbol{\dfrac{\pi}{6} < \theta < \dfrac{2}{3}\pi,\ \dfrac{5}{6}\pi < \theta < \dfrac{4}{3}\pi}$

EX ③112　$-\dfrac{\pi}{3} \leqq x \leqq \dfrac{\pi}{3}$ のとき，$f(x)=\left(\dfrac{1}{2}\cos 2x+\sin^2\dfrac{x}{2}\right)\tan x+\dfrac{1}{2}\sin x$ は，$x=$ ア□ で最大値 イ□ をとる。　〔南山大〕

$\dfrac{1}{2}\cos 2x+\sin^2\dfrac{x}{2}=\dfrac{1}{2}(2\cos^2 x-1)+\dfrac{1}{2}(1-\cos x)$

$=\cos^2 x-\dfrac{1}{2}\cos x$

ゆえに　　$f(x)=\left(\cos^2 x-\dfrac{1}{2}\cos x\right)\cdot\dfrac{\sin x}{\cos x}+\dfrac{1}{2}\sin x$

$=\left(\cos x-\dfrac{1}{2}\right)\sin x+\dfrac{1}{2}\sin x$

$=\sin x\cos x=\dfrac{1}{2}\sin 2x$

$-\dfrac{\pi}{3} \leqq x \leqq \dfrac{\pi}{3}$ のとき　　$-\dfrac{2}{3}\pi \leqq 2x \leqq \dfrac{2}{3}\pi$

よって，$f(x)$ は，

$2x=\dfrac{\pi}{2}$ すなわち $x=$ ア $\boldsymbol{\dfrac{\pi}{4}}$ で最大値 イ $\boldsymbol{\dfrac{1}{2}}$

をとる。

⇐ $\cos 2x=2\cos^2 x-1$, $\sin^2\dfrac{x}{2}=\dfrac{1-\cos x}{2}$

⇐ $\tan x=\dfrac{\sin x}{\cos x}$

EX ③113　$\alpha=\cos 10°$，$\beta=\cos 50°$，$\gamma=\cos 70°$ のとき，$\alpha-\beta-\gamma$，$\alpha^2-\beta\gamma$，$\alpha^2+\beta^2+\gamma^2$ の値を，それぞれ求めよ。　〔類 西南学院大〕

$\boldsymbol{\alpha-\beta-\gamma}=\cos 10°-(\cos 50°+\cos 70°)$

$=\cos 10°-2\cos 60°\cos(-10°)$

$=\cos 10°-2\cdot\dfrac{1}{2}\cos 10°=\boldsymbol{0}$

$\beta\gamma=\cos 50°\cos 70°=\dfrac{1}{2}\{\cos 120°+\cos(-20°)\}$

$=\dfrac{1}{2}\cos 20°-\dfrac{1}{4}$

$=\dfrac{1}{2}(2\cos^2 10°-1)-\dfrac{1}{4}=\cos^2 10°-\dfrac{3}{4}$

よって　　$\boldsymbol{\alpha^2-\beta\gamma}=\cos^2 10°-\left(\cos^2 10°-\dfrac{3}{4}\right)=\boldsymbol{\dfrac{3}{4}}$

また，$\alpha-\beta-\gamma=0$ から　　$\beta+\gamma=\alpha$

ゆえに　　$\boldsymbol{\alpha^2+\beta^2+\gamma^2}=\alpha^2+(\beta+\gamma)^2-2\beta\gamma=\alpha^2+\alpha^2-2\beta\gamma$

$=2(\alpha^2-\beta\gamma)=2\cdot\dfrac{3}{4}=\boldsymbol{\dfrac{3}{2}}$

⇐ 和 ⟶ 積の公式
$\cos A+\cos B$
$=2\cos\dfrac{A+B}{2}\cos\dfrac{A-B}{2}$

⇐ 積 ⟶ 和の公式
$\cos\alpha\cos\beta$
$=\dfrac{1}{2}\{\cos(\alpha+\beta)+\cos(\alpha-\beta)\}$

⇐ $\cos 2\theta=2\cos^2\theta-1$

EX ③114

$\tan\alpha+\tan\beta+\tan\gamma=\tan\alpha\tan\beta\tan\gamma$ $\left(-\frac{\pi}{2}<\alpha<\frac{\pi}{2},\ -\frac{\pi}{2}<\beta<\frac{\pi}{2},\ -\frac{\pi}{2}<\gamma<\frac{\pi}{2}\right)$ のとき，$\alpha+\beta+\gamma$ の値をすべて求めよ。〔東北大〕

加法定理により

$$\tan(\alpha+\beta+\gamma)=\tan\{(\alpha+\beta)+\gamma\}$$
$$=\frac{\tan(\alpha+\beta)+\tan\gamma}{1-\tan(\alpha+\beta)\tan\gamma}$$
$$=\frac{\dfrac{\tan\alpha+\tan\beta}{1-\tan\alpha\tan\beta}+\tan\gamma}{1-\dfrac{\tan\alpha+\tan\beta}{1-\tan\alpha\tan\beta}\cdot\tan\gamma}$$
$$=\frac{\tan\alpha+\tan\beta+\tan\gamma-\tan\alpha\tan\beta\tan\gamma}{1-\tan\alpha\tan\beta-\tan\beta\tan\gamma-\tan\gamma\tan\alpha}$$

⇐分母・分子に $1-\tan\alpha\tan\beta$ を掛けて整理する。

$\tan\alpha+\tan\beta+\tan\gamma=\tan\alpha\tan\beta\tan\gamma$ であるから

$$\tan(\alpha+\beta+\gamma)=0$$

$-\frac{3}{2}\pi<\alpha+\beta+\gamma<\frac{3}{2}\pi$ であるから

$$\boldsymbol{\alpha+\beta+\gamma=-\pi,\ 0,\ \pi}$$

別解　$\tan\alpha+\tan\beta+\tan\gamma=\tan\alpha\tan\beta\tan\gamma$ から

$$\tan\alpha(1-\tan\beta\tan\gamma)=-(\tan\beta+\tan\gamma)$$

⇐$\tan\alpha$ を含む項を左辺，それ以外の項を右辺に移項する。

[1]　$\tan\beta\tan\gamma\neq1$ のとき

$$\tan\alpha=-\frac{\tan\beta+\tan\gamma}{1-\tan\beta\tan\gamma}=-\tan(\beta+\gamma)$$

⇐加法定理

したがって　　$\tan\alpha+\tan(\beta+\gamma)=0$

ここで，$\tan(\alpha+\beta+\gamma)=\dfrac{\tan\alpha+\tan(\beta+\gamma)}{1-\tan\alpha\tan(\beta+\gamma)}$ であるから

$$\tan(\alpha+\beta+\gamma)=0$$

$-\frac{3}{2}\pi<\alpha+\beta+\gamma<\frac{3}{2}\pi$ であるから

$$\alpha+\beta+\gamma=-\pi,\ 0,\ \pi$$

[2]　$\tan\beta\tan\gamma=1$ のとき

$$\tan\beta+\tan\gamma=0$$

ここで，$\tan\beta$，$\tan\gamma$ を 2 つの解とする 2 次方程式は $t^2+1=0$ で表され，実数解をもたないから適さない。

⇐$t^2-0\cdot t+1=0$

[1]，[2] から　　$\boldsymbol{\alpha+\beta+\gamma=-\pi,\ 0,\ \pi}$

EX ④115

c を正の実数とする。座標平面上の 3 点 A(0, 3)，B(0, 1)，C(c, 0) をとり，∠ACB を $\theta\left(0<\theta<\frac{\pi}{2}\right)$ とする。

(1)　$\tan\theta$ を c で表せ。

(2)　θ の最大値とそのときの c の値を求めよ。〔類 東京理科大〕

4章 EX

(1) $\angle ACO=\alpha$, $\angle BCO=\beta$ とすると

$$\tan\alpha=\frac{3}{c},\quad \tan\beta=\frac{1}{c}$$

また，$\theta=\alpha-\beta$ であるから

$$\boldsymbol{\tan\theta}=\tan(\alpha-\beta)=\frac{\tan\alpha-\tan\beta}{1+\tan\alpha\tan\beta}$$

$$=\frac{\frac{3}{c}-\frac{1}{c}}{1+\frac{3}{c}\cdot\frac{1}{c}}=\boldsymbol{\frac{2c}{c^2+3}}$$

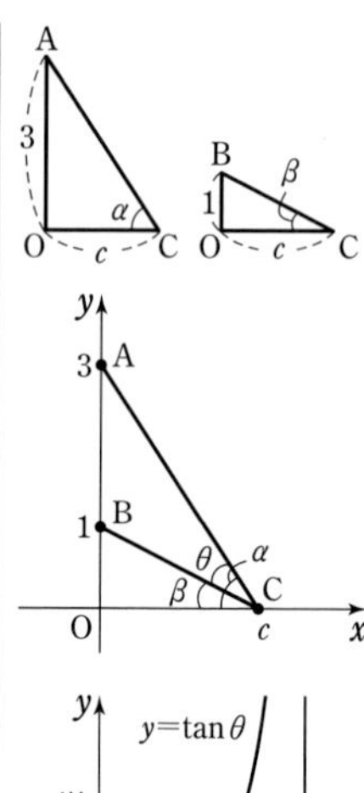

(2) $\tan\theta$ は $0<\theta<\frac{\pi}{2}$ において，θ が増加するとそれにともなって増加するから，θ が最大であることと，$\tan\theta$ が最大であることは同値である。

$c>0$, $\frac{3}{c}>0$ であるから，相加平均と相乗平均の大小関係により

$$\tan\theta=\frac{2c}{c^2+3}=\frac{2}{c+\frac{3}{c}}\leqq\frac{2}{2\sqrt{c\cdot\frac{3}{c}}}=\frac{1}{\sqrt{3}}$$

等号が成り立つのは，

$$c>0 \text{ かつ } c=\frac{3}{c} \quad \text{すなわち} \quad c=\sqrt{3}$$

のときである。

⇦等号が成り立つ c の値が存在することを必ず確認する。

ゆえに，$\tan\theta$ は $\boldsymbol{c=\sqrt{3}}$ **のとき** 最大値 $\frac{1}{\sqrt{3}}$ をとる。

このとき θ は **最大値** $\boldsymbol{\frac{\pi}{6}}$ をとる。

EX ④116 長さ 2 の線分 AB を直径とする半円周上の 1 点を P とする。ただし，P は A，B とは一致しないものとする。

(1) $\angle PAB=\theta$ とするとき，$2AP+BP$ を θ を用いて表せ。

(2) $2AP+BP$ の最大値とそのときの $\sin\theta$ と $\cos\theta$ の値を求めよ。 〔類 鳥取大〕

(1) P は線分 AB を直径とする半円周上にあるから

$$\angle APB=\frac{\pi}{2}$$

よって，$\angle PAB=\theta$ のとき　$AP=2\cos\theta$, $BP=2\sin\theta$

したがって　$2AP+BP=\boldsymbol{2(\sin\theta+2\cos\theta)}$

ただし，P は A，B とは一致しないから　$\boldsymbol{0<\theta<\frac{\pi}{2}}$

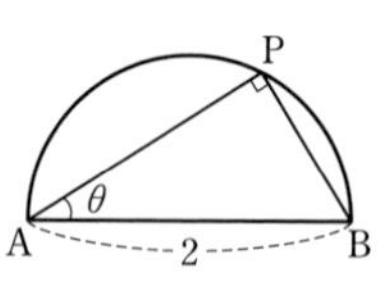

(2) (1) から　$2AP+BP=2(\sin\theta+2\cos\theta)$

$$=2\sqrt{5}\sin(\theta+\alpha)$$

ただし　$\cos\alpha=\frac{1}{\sqrt{5}}$, $\sin\alpha=\frac{2}{\sqrt{5}}$

$0<\theta<\frac{\pi}{2}$ のとき　$\alpha<\theta+\alpha<\frac{\pi}{2}+\alpha$

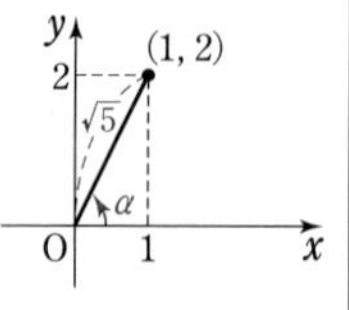

⇦$\sqrt{2^2+1^2}=\sqrt{5}$

⇦α の値は，具体的に求めることができない。

また，$\cos\alpha>0$，$\sin\alpha>0$ より，α は鋭角であるから

$$0<\sin(\theta+\alpha)\leqq 1$$

⇐$0<\theta<\dfrac{\pi}{2}$，$0<\alpha<\dfrac{\pi}{2}$ であるから $0<\theta+\alpha<\pi$

よって，2AP+BP は $\theta+\alpha=\dfrac{\pi}{2}$ のとき最大値 $2\sqrt{5}$ をとる。

このとき，$\theta=\dfrac{\pi}{2}-\alpha$ であり

$$\sin\theta=\sin\left(\frac{\pi}{2}-\alpha\right)=\cos\alpha=\frac{1}{\sqrt{5}}$$

$$\cos\theta=\cos\left(\frac{\pi}{2}-\alpha\right)=\sin\alpha=\frac{2}{\sqrt{5}}$$

ゆえに，2AP+BP は，

$$\boldsymbol{\sin\theta=\frac{1}{\sqrt{5}},\ \cos\theta=\frac{2}{\sqrt{5}}} \text{ **で最大値** } \boldsymbol{2\sqrt{5}}$$

をとる。

4章 EX

EX ④117 関数 $f(\theta)=a\cos^2\theta+(a-b)\sin\theta\cos\theta+b\sin^2\theta$ の最大値が $3+\sqrt{7}$，最小値が $3-\sqrt{7}$ となるように，a，b の値を定めよ。〔信州大〕

$$f(\theta)=a\cdot\frac{1+\cos 2\theta}{2}+(a-b)\cdot\frac{\sin 2\theta}{2}+b\cdot\frac{1-\cos 2\theta}{2}$$

$$=\frac{a-b}{2}(\sin 2\theta+\cos 2\theta)+\frac{a+b}{2}$$

$$=\frac{a-b}{\sqrt{2}}\sin\left(2\theta+\frac{\pi}{4}\right)+\frac{a+b}{2}$$

⇐$\cos^2\theta=\dfrac{1+\cos 2\theta}{2}$，$\sin\theta\cos\theta=\dfrac{\sin 2\theta}{2}$，$\sin^2\theta=\dfrac{1-\cos 2\theta}{2}$，$\sin 2\theta+\cos 2\theta=\sqrt{2}\sin\left(2\theta+\dfrac{\pi}{4}\right)$

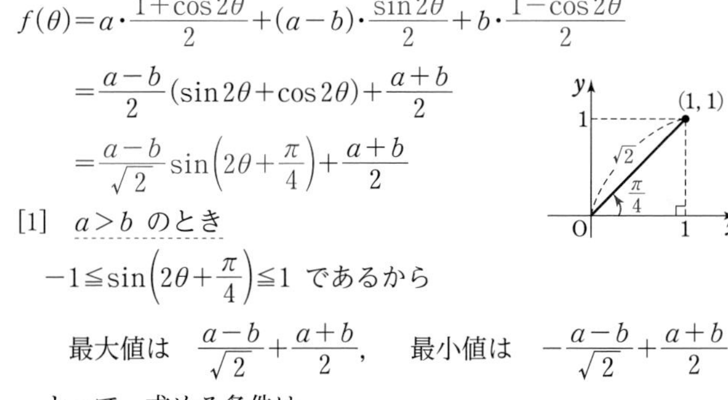

[1]　$a>b$ のとき

$-1\leqq\sin\left(2\theta+\dfrac{\pi}{4}\right)\leqq 1$ であるから

最大値は　$\dfrac{a-b}{\sqrt{2}}+\dfrac{a+b}{2}$，　最小値は　$-\dfrac{a-b}{\sqrt{2}}+\dfrac{a+b}{2}$

よって，求める条件は

$$\frac{a-b}{\sqrt{2}}+\frac{a+b}{2}=3+\sqrt{7}\quad\cdots\cdots ①$$

$$-\frac{a-b}{\sqrt{2}}+\frac{a+b}{2}=3-\sqrt{7}\quad\cdots\cdots ②$$

①＋② から　　$a+b=6$

(①－②)÷$\sqrt{2}$ から　　$a-b=\sqrt{14}$

⇐①－② は $2\cdot\dfrac{a-b}{\sqrt{2}}=2\sqrt{7}$

この2式を連立して解くと　　$a=\dfrac{6+\sqrt{14}}{2}$，$b=\dfrac{6-\sqrt{14}}{2}$

[2]　$a=b$ のとき

$f(\theta)=a$ となり，$f(\theta)$ は常に一定の値 a をとるから，最大値 $3+\sqrt{7}$，最小値 $3-\sqrt{7}$ となることはない。

⇐$f(\theta)$ は定数関数。

[3]　$a<b$ のとき

最大値は　$-\dfrac{a-b}{\sqrt{2}}+\dfrac{a+b}{2}$，　最小値は　$\dfrac{a-b}{\sqrt{2}}+\dfrac{a+b}{2}$

⇐$a-b<0$ であることに注意。

よって，求める条件は

$$-\frac{a-b}{\sqrt{2}}+\frac{a+b}{2}=3+\sqrt{7} \quad \cdots\cdots ③$$

$$\frac{a-b}{\sqrt{2}}+\frac{a+b}{2}=3-\sqrt{7} \quad \cdots\cdots ④$$

③＋④ から　　$a+b=6$

(④−③)$\div\sqrt{2}$ から　　$a-b=-\sqrt{14}$

⇦④−③ は $2\cdot\frac{a-b}{\sqrt{2}}=-2\sqrt{7}$

この 2 式を連立して解くと　$a=\frac{6-\sqrt{14}}{2}$，$b=\frac{6+\sqrt{14}}{2}$

以上から，条件を満たす a，b の値は

$$\boldsymbol{a=\frac{6\pm\sqrt{14}}{2}},\ \boldsymbol{b=\frac{6\mp\sqrt{14}}{2}}$$ **（複号同順）**

EX ③118

連立方程式 $\begin{cases}\cos x-\sin y=1\\ \cos y+\sin x=-\sqrt{3}\end{cases}$ を解け。

ただし，$0\leqq x\leqq 2\pi$，$0\leqq y\leqq 2\pi$ とする。　〔近畿大〕

$\cos x-\sin y=1$ ……①,

$\cos y+\sin x=-\sqrt{3}$ ……② とする。

①，② の辺々を 2 乗して加えると

$$(\sin^2 x+\cos^2 x)+(\sin^2 y+\cos^2 y)+2(\sin x\cos y-\cos x\sin y)=4$$

⇦加法定理

よって　$\sin(x-y)=1$　また　$-2\pi\leqq x-y\leqq 2\pi$

ゆえに　$x-y=-\frac{3}{2}\pi,\ \frac{\pi}{2}$

$y=x+\frac{3}{2}\pi$ のとき，

① から　$2\cos x=1$　よって　$\cos x=\frac{1}{2}$

② から　$2\sin x=-\sqrt{3}$　よって　$\sin x=-\frac{\sqrt{3}}{2}$

$0\leqq x\leqq 2\pi$ であるから　$x=\frac{5}{3}\pi$

このとき $y=\frac{19}{6}\pi>2\pi$ となり不適。

$y=x-\frac{\pi}{2}$ のとき，

① から　$2\cos x=1$　よって　$\cos x=\frac{1}{2}$

② から　$2\sin x=-\sqrt{3}$　よって　$\sin x=-\frac{\sqrt{3}}{2}$

$0\leqq x\leqq 2\pi$ であるから　$\boldsymbol{x=\frac{5}{3}\pi}$

このとき $\boldsymbol{y=\frac{7}{6}\pi}$ となり適する。

別解　$\cos x-\sin y=1$ から　$\cos x=1+\sin y$ …… ①
$\cos y+\sin x=-\sqrt{3}$ から　$\sin x=-(\sqrt{3}+\cos y)$ …… ②
これらを $\sin^2 x+\cos^2 x=1$ に代入して
$$(\sqrt{3}+\cos y)^2+(1+\sin y)^2=1$$
整理して　$\sin y+\sqrt{3}\cos y=-2$

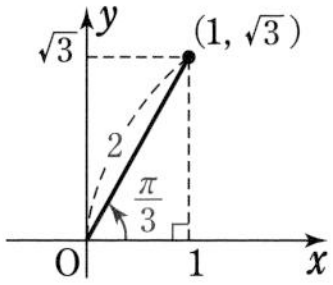

ゆえに　$2\sin\left(y+\frac{\pi}{3}\right)=-2$

すなわち　$\sin\left(y+\frac{\pi}{3}\right)=-1$

$0 \leqq y \leqq 2\pi$ のとき　$\frac{\pi}{3} \leqq y+\frac{\pi}{3} \leqq \frac{7}{3}\pi$

よって　$y+\frac{\pi}{3}=\frac{3}{2}\pi$　ゆえに　$\boldsymbol{y=\frac{7}{6}\pi}$

このとき，①，② から
$$\cos x=1-\frac{1}{2}=\frac{1}{2},\ \sin x=-\left(\sqrt{3}-\frac{\sqrt{3}}{2}\right)=-\frac{\sqrt{3}}{2}$$
$0 \leqq x \leqq 2\pi$ であるから　$\boldsymbol{x=\frac{5}{3}\pi}$

HINT　かくれた条件
$\sin^2\theta+\cos^2\theta=1$
を利用して，未知数の一方を消去する。
⇐$\sin^2 y+\cos^2 y=1$ であるから
(左辺)
$=3+2\sqrt{3}\cos y+\cos^2 y$
$\quad+1+2\sin y+\sin^2 y$
$=5+2\sin y+2\sqrt{3}\cos y$

EX ④119

$0<\theta<\frac{\pi}{2}$ の範囲で $\sin 4\theta=\cos\theta$ …… ① を満たす θ と $\sin\theta$ の値を求める。

(1) $\cos x=\sin\left(\frac{\pi}{2}-x\right)$ が成り立つことを用いて，$0<\theta<\frac{\pi}{2}$ の範囲で ① を満たす 2 つの θ の値を求めよ。

(2) (1) で求めた 2 つの θ の値に対し，$\sin\theta$ の値をそれぞれ求めよ。　〔類 センター試験〕

(1) ① を変形すると　$\sin 4\theta=\sin\left(\frac{\pi}{2}-\theta\right)$

$0<\theta<\frac{\pi}{2}$ から

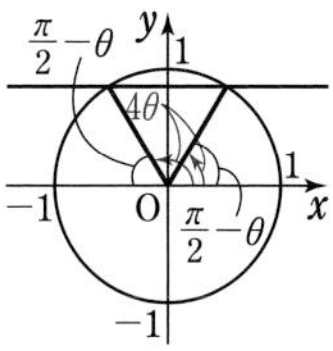

$$0<4\theta<2\pi,\ 0<\frac{\pi}{2}-\theta<\frac{\pi}{2}$$
ゆえに
$$4\theta=\frac{\pi}{2}-\theta \text{ または } 4\theta=\pi-\left(\frac{\pi}{2}-\theta\right)$$
$4\theta=\frac{\pi}{2}-\theta$ を解くと，$5\theta=\frac{\pi}{2}$ から　$\boldsymbol{\theta=\frac{\pi}{10}}$

$4\theta=\pi-\left(\frac{\pi}{2}-\theta\right)$ を解くと，$3\theta=\frac{\pi}{2}$ から　$\boldsymbol{\theta=\frac{\pi}{6}}$

(2) $\boldsymbol{\sin\frac{\pi}{6}=\frac{1}{2}}$

以下，$\sin\frac{\pi}{10}$ を求める。

$\sin 4\theta=2\sin 2\theta\cos 2\theta$ であるから，① は
$$2\sin 2\theta\cos 2\theta=\cos\theta$$

⇐$\cos x=\sin\left(\frac{\pi}{2}-x\right)$ を用いて sin に統一。
$\sin 4\theta=\sin\left(\frac{\pi}{2}-\theta\right)$ が成り立つのは，角 4θ を表す動径と角 $\left(\frac{\pi}{2}-\theta\right)$ を表す動径が
[1] 一致する
または
[2] y 軸に関して対称
のときである。
[2] を忘れないように。

⇐2 倍角の公式

この左辺に $\sin 2\theta=2\sin\theta\cos\theta$, $\cos 2\theta=1-2\sin^2\theta$ を代入して，整理すると

⇐２倍角の公式

$$(4\sin\theta-8\sin^3\theta)\cos\theta=\cos\theta$$

$\cos\theta>0$ であるから，両辺を $\cos\theta$ で割って整理すると

$$8\sin^3\theta-4\sin\theta+1=0 \quad \cdots\cdots ②$$

よって　$(2\sin\theta-1)(4\sin^2\theta+2\sin\theta-1)=0$

⇐$\sin\theta=\frac{1}{2}$ が②を満たすことから，②の左辺は $2\sin\theta-1$ を因数にもつことがわかる。

$\theta=\frac{\pi}{10}$ のとき，$\sin\theta\neq\frac{1}{2}$ であるから

$$4\sin^2\theta+2\sin\theta-1=0$$

これを解くと　$\sin\theta=\frac{-1\pm\sqrt{5}}{4}$

$\sin\frac{\pi}{10}>0$ であるから　$\boldsymbol{\sin\frac{\pi}{10}=\frac{-1+\sqrt{5}}{4}}$

EX ④120

△ABC の内角 A, B, C について，次の問いに答えよ。

(1) $\sin A+\sin B+\sin C=1$ のとき，$\cos\frac{A}{2}\cos\frac{B}{2}\cos\frac{C}{2}$ の値を求めよ。

(2) 等式 $\cos^2 A+\cos^2 B+\cos^2 C=1-2\cos A\cos B\cos C$ が成り立つことを示せ。

A, B, C は △ABC の内角であるから

$$A+B+C=\pi$$

HINT
(1) $\cos\frac{A}{2}\cos\frac{B}{2}\cos\frac{C}{2}$ を変形して $\sin A+\sin B+\sin C$ を導く。

(1) $\cos\frac{A}{2}\cos\frac{B}{2}\cos\frac{C}{2}$

$=\cos\frac{A}{2}\cdot\frac{1}{2}\left(\cos\frac{B+C}{2}+\cos\frac{B-C}{2}\right)$　⇐積 ⟶ 和の公式

$=\frac{1}{2}\left(\cos\frac{A}{2}\cos\frac{\pi-A}{2}+\cos\frac{A}{2}\cos\frac{B-C}{2}\right)$　⇐$B+C=\pi-A$

$=\frac{1}{2}\left\{\cos\frac{A}{2}\sin\frac{A}{2}+\frac{1}{2}\left(\cos\frac{A+B-C}{2}+\cos\frac{A-B+C}{2}\right)\right\}$　⇐積 ⟶ 和の公式

$=\frac{1}{2}\left(\frac{1}{2}\sin A+\frac{1}{2}\cos\frac{\pi-2C}{2}+\frac{1}{2}\cos\frac{\pi-2B}{2}\right)$　⇐$A+B=\pi-C$, $A+C=\pi-B$

$=\frac{1}{4}\left\{\sin A+\cos\left(\frac{\pi}{2}-C\right)+\cos\left(\frac{\pi}{2}-B\right)\right\}$

$=\frac{1}{4}(\sin A+\sin B+\sin C)=\frac{1}{4}\cdot 1=\boldsymbol{\frac{1}{4}}$

別解　$\sin A+\sin B=2\sin\frac{A+B}{2}\cos\frac{A-B}{2}$　⇐和 ⟶ 積の公式

$=2\sin\frac{\pi-C}{2}\cos\frac{A-B}{2}=2\cos\frac{C}{2}\cos\frac{A-B}{2}$　⇐$A+B=\pi-C$, $\sin\frac{\pi-C}{2}=\sin\left(\frac{\pi}{2}-\frac{C}{2}\right)=\cos\frac{C}{2}$

$\sin C=2\sin\frac{C}{2}\cos\frac{C}{2}=2\cos\frac{C}{2}\sin\frac{\pi-(A+B)}{2}$

$=2\cos\frac{C}{2}\cos\frac{A+B}{2}$

であるから

$\sin A+\sin B+\sin C$

$=2\cos\dfrac{C}{2}\cos\dfrac{A-B}{2}+2\cos\dfrac{C}{2}\cos\dfrac{A+B}{2}$

$=2\cos\dfrac{C}{2}\left(\cos\dfrac{A+B}{2}+\cos\dfrac{A-B}{2}\right)$

$=2\cos\dfrac{C}{2}\cdot 2\cos\dfrac{A}{2}\cos\dfrac{B}{2}=4\cos\dfrac{A}{2}\cos\dfrac{B}{2}\cos\dfrac{C}{2}$ 　⇐和 ⟶ 積の公式

よって，$4\cos\dfrac{A}{2}\cos\dfrac{B}{2}\cos\dfrac{C}{2}=1$ であるから 　⇐条件から。

$$\cos\frac{A}{2}\cos\frac{B}{2}\cos\frac{C}{2}=\boldsymbol{\frac{1}{4}}$$

(2)　$\cos^2 A+\cos^2 B+\cos^2 C$

$=\dfrac{1}{2}(1+\cos 2A)+\dfrac{1}{2}(1+\cos 2B)+\cos^2 C$ 　⇐半角の公式から $\cos^2\theta=\dfrac{1+\cos 2\theta}{2}$

$=1+\dfrac{1}{2}(\cos 2A+\cos 2B)+\cos^2 C$

$=1+\dfrac{1}{2}\cdot 2\cos\dfrac{2A+2B}{2}\cos\dfrac{2A-2B}{2}+\cos^2 C$ 　⇐和 ⟶ 積の公式

$=1+\cos(A+B)\cos(A-B)+\cos^2 C$

$=1+\cos(\pi-C)\cos(A-B)+\cos C\cos\{\pi-(A+B)\}$ 　⇐$A+B=\pi-C$, $\cos^2 C=\cos C\cos C$ $=\cos C\times\cos\{\pi-(A+B)\}$

$=1-\cos C\{\cos(A-B)+\cos(A+B)\}$

$=1-\cos C(2\cos A\cos B)=1-2\cos A\cos B\cos C$

よって　　$\cos^2 A+\cos^2 B+\cos^2 C=1-2\cos A\cos B\cos C$

PR ②142

次の計算をせよ。 〔(1) 北海道薬大 (2) 千葉工大〕

(1) $\frac{5}{3}\sqrt[6]{4}+\sqrt[3]{\frac{1}{4}}-\sqrt[3]{54}$ (2) $\frac{2}{3}\sqrt[6]{\frac{9}{64}}+\frac{1}{2}\sqrt[3]{24}$

(1) (与式) $=\frac{5}{3}\sqrt[6]{2^2}+\sqrt[3]{\frac{2}{2^3}}-\sqrt[3]{3^3\times 2}$

$=\frac{5}{3}\sqrt[3]{2}+\frac{\sqrt[3]{2}}{2}-3\sqrt[3]{2}$

$=\left(\frac{5}{3}+\frac{1}{2}-3\right)\sqrt[3]{2}$

$=\boldsymbol{-\frac{5}{6}\sqrt[3]{2}}$

⇐□$\sqrt[3]{2}$ の形にそろえる。
$\sqrt[mp]{a^{np}}=\sqrt[m]{a^n}$
$\sqrt[n]{ka^n}=a\sqrt[n]{k}$
($a>0$, $k>0$, m, n, p は正の整数)

(2) (与式) $=\frac{2}{3}\sqrt[6]{\frac{3^2}{2^6}}+\frac{1}{2}\sqrt[3]{2^3\cdot 3}$

$=\frac{2}{3}\cdot\frac{\sqrt[3]{3}}{2}+\frac{1}{2}\cdot 2\cdot\sqrt[3]{3}$

$=\frac{\sqrt[3]{3}}{3}+\sqrt[3]{3}=\left(\frac{1}{3}+1\right)\sqrt[3]{3}$

$=\boldsymbol{\frac{4}{3}\sqrt[3]{3}}$

⇐□$\sqrt[3]{3}$ の形にそろえる。

PR ②143

次の計算をせよ。ただし，$a>0$，$b>0$ とする。

(1) $a^4\times(a^3)^{-2}$ (2) $\sqrt[3]{3}\times\sqrt{27}\div\sqrt[6]{243}$ (3) $\sqrt[3]{\sqrt{64}}\times\sqrt{16}\div\sqrt[3]{8}$

(4) $\left\{\left(\frac{81}{25}\right)^{-\frac{2}{3}}\right\}^{\frac{3}{4}}$ (5) $(a^{\frac{1}{4}}-b^{\frac{1}{4}})(a^{\frac{1}{4}}+b^{\frac{1}{4}})(a^{\frac{1}{2}}+b^{\frac{1}{2}})$

(6) $(\sqrt[6]{a}+\sqrt[6]{b})(\sqrt[6]{a}-\sqrt[6]{b})(\sqrt[3]{a^2}+\sqrt[3]{ab}+\sqrt[3]{b^2})$

(1) (与式) $=a^4\times a^{-6}=a^{4-6}=\boldsymbol{a^{-2}}$

(2) (与式) $=3^{\frac{1}{3}}\times 27^{\frac{1}{2}}\div 243^{\frac{1}{6}}=3^{\frac{1}{3}}\times(3^3)^{\frac{1}{2}}\times(3^5)^{-\frac{1}{6}}$

$=3^{\frac{1}{3}}\times 3^{\frac{3}{2}}\times 3^{-\frac{5}{6}}=3^{\frac{1}{3}+\frac{3}{2}-\frac{5}{6}}=3^1=\boldsymbol{3}$

⇐$3^{\square}$ の形にそろえる。

(3) (与式) $=(64^{\frac{1}{2}})^{\frac{1}{3}}\times 16^{\frac{1}{2}}\div 8^{\frac{1}{3}}=\{(2^6)^{\frac{1}{2}}\}^{\frac{1}{3}}\times(2^4)^{\frac{1}{2}}\times(2^3)^{-\frac{1}{3}}$

$=2\times 2^2\times 2^{-1}=2^{1+2-1}=2^2=\boldsymbol{4}$

⇐$2^{\square}$ の形にそろえる。

(4) (与式) $=\{(3^4\times 5^{-2})^{-\frac{2}{3}}\}^{\frac{3}{4}}=(3^4\times 5^{-2})^{-\frac{1}{2}}$

$=3^{-2}\times 5=\boldsymbol{\frac{5}{9}}$

(5) (与式) $=\{(a^{\frac{1}{4}})^2-(b^{\frac{1}{4}})^2\}(a^{\frac{1}{2}}+b^{\frac{1}{2}})=(a^{\frac{1}{2}}-b^{\frac{1}{2}})(a^{\frac{1}{2}}+b^{\frac{1}{2}})$

$=(a^{\frac{1}{2}})^2-(b^{\frac{1}{2}})^2=\boldsymbol{a-b}$

⇐$(A-B)(A+B)$
$=A^2-B^2$

(6) (与式) $=\{(a^{\frac{1}{6}})^2-(b^{\frac{1}{6}})^2\}(a^{\frac{2}{3}}+a^{\frac{1}{3}}b^{\frac{1}{3}}+b^{\frac{2}{3}})$

$=(a^{\frac{1}{3}}-b^{\frac{1}{3}})\{(a^{\frac{1}{3}})^2+a^{\frac{1}{3}}b^{\frac{1}{3}}+(b^{\frac{1}{3}})^2\}$

$=(a^{\frac{1}{3}})^3-(b^{\frac{1}{3}})^3=\boldsymbol{a-b}$

⇐$(A-B)(A^2+AB+B^2)$
$=A^3-B^3$

PR ③144

(1) $x^{\frac{1}{3}}-x^{-\frac{1}{3}}=3$ のとき，$x-x^{-1}=$ ア□，$x^2+x^{-2}=$ イ□　〔久留米大〕
(2) $2^x-2^{-x}=1$ のとき，$2^x+2^{-x}=$ ウ□，$4^x+4^{-x}=$ エ□，$8^x-8^{-x}=$ オ□
(3) $9^x=2$ のとき，$\dfrac{27^x-27^{-x}}{3^x-3^{-x}}$ の値を求めよ。　〔駒澤大〕

(1) $x-x^{-1}=(x^{\frac{1}{3}})^3-(x^{-\frac{1}{3}})^3$
$=(x^{\frac{1}{3}}-x^{-\frac{1}{3}})^3+3x^{\frac{1}{3}}\cdot x^{-\frac{1}{3}}(x^{\frac{1}{3}}-x^{-\frac{1}{3}})$
$=3^3+3\cdot1\cdot3=$ ア**36**

⇐$a^3-b^3=(a-b)^3+3ab(a-b)$

$x^2+x^{-2}=(x-x^{-1})^2+2x\cdot x^{-1}$
$=36^2+2\cdot1=$ イ**1298**

⇐(ア) で求めた $x-x^{-1}$ の値を利用。

(2) $2^x-2^{-x}=1$ の両辺を 2 乗すると
$2^{2x}-2+2^{-2x}=1$

⇐$(2^x)^2-2\cdot2^x\cdot2^{-x}+(2^{-x})^2=2^{2x}-2\cdot1+2^{-2x}$

よって　$2^{2x}+2^{-2x}=3$
ゆえに　$(2^x+2^{-x})^2=2^{2x}+2\cdot2^x\cdot2^{-x}+2^{-2x}$
$=3+2\cdot1=5$

⇐$2^{2x}+2^{-2x}=3$ を代入。

$2^x+2^{-x}>0$ であるから　$2^x+2^{-x}=$ ウ$\boldsymbol{\sqrt{5}}$

⇐すべての実数 x に対して　$2^x>0$，$2^{-x}=\dfrac{1}{2^x}>0$

よって　$4^x+4^{-x}=(2^2)^x+(2^2)^{-x}$
$=2^{2x}+2^{-2x}=$ エ**3**

$8^x-8^{-x}=(2^x)^3-(2^{-x})^3$
$=(2^x-2^{-x})(2^{2x}+2^x\cdot2^{-x}+2^{-2x})$
$=1\cdot(3+1)=$ オ**4**

⇐$a^3-b^3=(a-b)(a^2+ab+b^2)$

(3) $\dfrac{27^x-27^{-x}}{3^x-3^{-x}}=\dfrac{(3^x)^3-(3^{-x})^3}{3^x-3^{-x}}$
$=\dfrac{(3^x-3^{-x})\{(3^x)^2+3^x\cdot3^{-x}+(3^{-x})^2\}}{3^x-3^{-x}}$
$=(3^2)^x+1+(3^2)^{-x}=9^x+1+\dfrac{1}{9^x}$
$=2+1+\dfrac{1}{2}=\boldsymbol{\dfrac{7}{2}}$

⇐$a^3-b^3=(a-b)(a^2+ab+b^2)$

別解　$9^x=2$ から　$(3^x)^2=2$
$3^x>0$ であるから　$3^x=\sqrt{2}$

$$\frac{27^x-27^{-x}}{3^x-3^{-x}}=\frac{(\sqrt{2})^3-\left(\dfrac{1}{\sqrt{2}}\right)^3}{\sqrt{2}-\dfrac{1}{\sqrt{2}}}=\frac{2\sqrt{2}-\dfrac{1}{2\sqrt{2}}}{\sqrt{2}-\dfrac{1}{\sqrt{2}}}$$
$$=\frac{4-\dfrac{1}{2}}{2-1}=\boldsymbol{\frac{7}{2}}$$

別解　(与式)$=\dfrac{3^{3x}-3^{-3x}}{3^x-3^{-x}}$
分母・分子に 3^x を掛けて
(与式)$=\dfrac{3^{4x}-3^{-2x}}{3^{2x}-1}$
$=\dfrac{(9^x)^2-(9^x)^{-1}}{9^x-1}$
$=\dfrac{2^2-2^{-1}}{2-1}$
$=4-\dfrac{1}{2}=\dfrac{7}{2}$

5章 PR

PR ②145

次の関数のグラフをかき，関数 $y=3^x$ のグラフとの位置関係を述べよ。
(1) $y=3^{x-1}$　(2) $y=\left(\dfrac{1}{3}\right)^{x+1}$　(3) $y=3^{x+1}+2$

(1) $y=3^{x-1}$ のグラフは，$y=3^x$ のグラフを **x 軸方向に 1 だけ平行移動したもの** である。〔図〕

(2) $\left(\dfrac{1}{3}\right)^{x+1}=3^{-(x+1)}=3^{-\{x-(-1)\}}$

よって，$y=\left(\dfrac{1}{3}\right)^{x+1}$ のグラフは $y=3^{-x}$ のグラフを x 軸方向に -1 だけ平行移動したもの，すなわち $y=3^x$ のグラフを **y 軸に関して対称移動し，更に x 軸方向に -1 だけ平行移動したもの** である。〔図〕

(3) $3^{x+1}+2=3^{x-(-1)}+2$

よって，$y=3^{x+1}+2$ のグラフは，$y=3^x$ のグラフを **x 軸方向に -1，y 軸方向に 2 だけ平行移動したもの** である。〔図〕

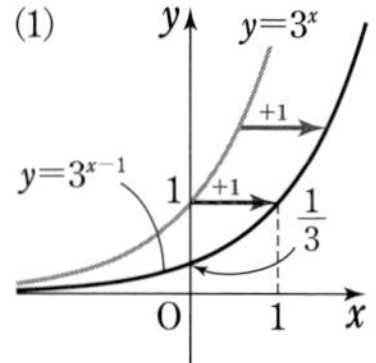

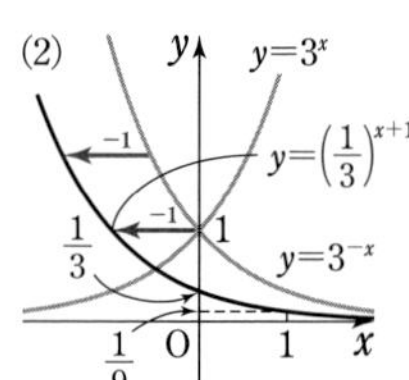

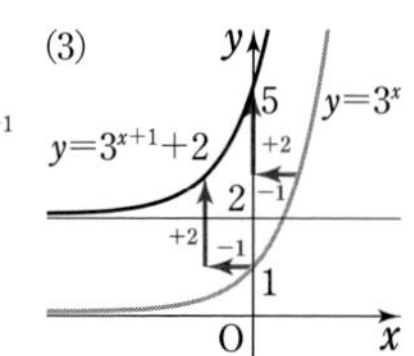

$\boxed{\text{inf.}}$ $3^{x-1}=3^x\cdot3^{-1}=\dfrac{1}{3}\cdot3^x$ であるから，(1) のグラフは $y=3^x$ のグラフを y 軸方向に $\dfrac{1}{3}$ 倍したものでもある。また，$f(x)=3^{x-1}$ とおくと $f(-x)=3^{-x-1}=3^{-(x+1)}$ であるから，(2) のグラフは (1) のグラフと y 軸に関して対称である。

⇐$\left(\dfrac{1}{3}\right)^{x+1}=(3^{-1})^{x+1}$

PR ②146 次の各組の数の大小を不等号を用いて表せ。

(1) $\sqrt{3}$，$9^{\frac{1}{3}}$，$\sqrt[5]{27}$，$81^{-\frac{1}{7}}$，$\dfrac{1}{\sqrt[8]{243}}$ (2) 3^8，5^6，7^4 (3) $\sqrt[3]{5}$，$\sqrt{3}$，$\sqrt[4]{8}$

(1) $\sqrt{3}=3^{\frac{1}{2}}$，$9^{\frac{1}{3}}=(3^2)^{\frac{1}{3}}=3^{\frac{2}{3}}$，$\sqrt[5]{27}=\sqrt[5]{3^3}=3^{\frac{3}{5}}$，

$81^{-\frac{1}{7}}=(3^4)^{-\frac{1}{7}}=3^{-\frac{4}{7}}$，$\dfrac{1}{\sqrt[8]{243}}=\dfrac{1}{\sqrt[8]{3^5}}=\dfrac{1}{3^{\frac{5}{8}}}=3^{-\frac{5}{8}}$

⇐底をそろえて，指数を比較。

底 3 は 1 より大きく，$-\dfrac{5}{8}<-\dfrac{4}{7}<\dfrac{1}{2}<\dfrac{3}{5}<\dfrac{2}{3}$ であるから

$$3^{-\frac{5}{8}}<3^{-\frac{4}{7}}<3^{\frac{1}{2}}<3^{\frac{3}{5}}<3^{\frac{2}{3}}$$

すなわち $\boldsymbol{\dfrac{1}{\sqrt[8]{243}}<81^{-\frac{1}{7}}<\sqrt{3}<\sqrt[5]{27}<9^{\frac{1}{3}}}$

⇐$a>1$ のとき $p<q \iff a^p<a^q$

(2) $3^8=(3^4)^2=81^2$，$5^6=(5^3)^2=125^2$，$7^4=(7^2)^2=49^2$

$49<81<125$ であるから $49^2<81^2<125^2$

すなわち $\boldsymbol{7^4<3^8<5^6}$

⇐指数を 2 にそろえる。$a>0$，$b>0$ のとき $a<b \iff a^2<b^2$

(3) $(\sqrt[3]{5})^{12}=5^4=625$，$(\sqrt{3})^{12}=3^6=729$，$(\sqrt[4]{8})^{12}=8^3=512$

$512<625<729$ であるから $(\sqrt[4]{8})^{12}<(\sqrt[3]{5})^{12}<(\sqrt{3})^{12}$

$\sqrt[4]{8}>0$，$\sqrt[3]{5}>0$，$\sqrt{3}>0$ であるから

$$\boldsymbol{\sqrt[4]{8}<\sqrt[3]{5}<\sqrt{3}}$$

⇐指数の形で表すと $5^{\frac{1}{3}}$，$3^{\frac{1}{2}}$，$8^{\frac{1}{4}}$
指数の分母 3，2，4 の最小公倍数は 12 であるから 12 乗する。

別解 $\sqrt[3]{5}=5^{\frac{1}{3}}=(5^4)^{\frac{1}{12}}=625^{\frac{1}{12}}$，$\sqrt{3}=3^{\frac{1}{2}}=(3^6)^{\frac{1}{12}}=729^{\frac{1}{12}}$，

$\sqrt[4]{8}=8^{\frac{1}{4}}=(8^3)^{\frac{1}{12}}=512^{\frac{1}{12}}$

$512<625<729$ であるから

$512^{\frac{1}{12}}<625^{\frac{1}{12}}<729^{\frac{1}{12}}$ すなわち $\boldsymbol{\sqrt[4]{8}<\sqrt[3]{5}<\sqrt{3}}$

⇐指数をそろえて，底を比較。

PR ②147

次の方程式を解け。

(1) $2^{x-1}=2\sqrt{2}$　　(2) $81^x=27^{2x+3}$　〔大阪工大〕

(3) $2^{2x+1}-5\cdot2^x+2=0$　〔専修大〕　(4) $27^{x+1}+26\cdot9^x-3^x=0$　〔拓殖大〕

(1) $2^{x-1}=2\sqrt{2}$ から　$2^{x-1}=2^{\frac{3}{2}}$

よって　$x-1=\dfrac{3}{2}$　ゆえに　$\boldsymbol{x=\dfrac{5}{2}}$

⇐$2^m=2^n$ の形に両辺の底をそろえる。

(2) $81^x=3^{4x}$，$27^{2x+3}=3^{3(2x+3)}$ から　$3^{4x}=3^{3(2x+3)}$

⇐$3^m=3^n$ の形にする。

よって　$4x=3(2x+3)$

⇐$4x=6x+9$

これを解いて　$\boldsymbol{x=-\dfrac{9}{2}}$

(3) $2^{2x+1}=2^{2x}\cdot2^1=2(2^x)^2$ であるから，方程式は

$2(2^x)^2-5\cdot2^x+2=0$

⇐2^x で表す。

$2^x=t$ とおくと　$t>0$

方程式は　$2t^2-5t+2=0$

因数分解すると　$(2t-1)(t-2)=0$

よって　$t=\dfrac{1}{2}$，2

⇐$t>0$ を満たす。

ゆえに　$2^x=\dfrac{1}{2}$，2

したがって　$\boldsymbol{x=-1,\ 1}$

⇐$\dfrac{1}{2}=2^{-1}$，$2=2^1$

(4) $27^{x+1}=27^x\cdot27^1=27(3^x)^3$，$9^x=(3^x)^2$ であるから，方程式は

$27(3^x)^3+26(3^x)^2-3^x=0$

⇐3^x で表す。

$3^x=t$ とおくと　$t>0$

方程式は　$27t^3+26t^2-t=0$

因数分解すると　$t(t+1)(27t-1)=0$

$t>0$ であるから　$t=\dfrac{1}{27}$

⇐$t>0$ のとき $t+1>0$ であるから $27t-1=0$

よって　$3^x=\dfrac{1}{27}$

したがって　$\boldsymbol{x=-3}$

⇐$\dfrac{1}{27}=3^{-3}$

5章 PR

PR ②148

次の不等式を解け。　〔(3) 関西大〕

(1) $2^x>\dfrac{1}{4}$　(2) $9^x>\left(\dfrac{1}{3}\right)^{1-x}$　(3) $\left(\dfrac{1}{4}\right)^x-9\left(\dfrac{1}{2}\right)^{x-1}+32\leqq0$　(4) $4^x+3\cdot2^x-4\leqq0$

(1) $\dfrac{1}{4}=2^{-2}$ であるから，不等式は　$2^x>2^{-2}$

⇐(1)，(2) は底をそろえて，指数を比較。

底2は1より大きいから　$\boldsymbol{x>-2}$

(2) $\left(\dfrac{1}{3}\right)^{1-x}=(3^{-1})^{1-x}=3^{x-1}$ であるから，不等式は

$3^{2x}>3^{x-1}$

⇐$9^x=(3^2)^x=3^{2x}$

底3は1より大きいから　$2x>x-1$

したがって　$\boldsymbol{x>-1}$

(3) $\left(\frac{1}{4}\right)^x=\left(\frac{1}{2}\right)^{2x}$, $\left(\frac{1}{2}\right)^{x-1}=2\left(\frac{1}{2}\right)^x$ である。

$\left(\frac{1}{2}\right)^x=t$ とおくと　　$t>0$

不等式は　　$t^2-18t+32\leqq 0$

よって　　$(t-2)(t-16)\leqq 0$

ゆえに　　$2\leqq t\leqq 16$

これは $t>0$ を満たす。

したがって　　$\left(\frac{1}{2}\right)^{-1}\leqq\left(\frac{1}{2}\right)^x\leqq\left(\frac{1}{2}\right)^{-4}$

底 $\frac{1}{2}$ は1より小さいから　　$\boldsymbol{-4\leqq x\leqq -1}$

(4) $2^x=t$ とおくと　　$t>0$

不等式は　　$t^2+3t-4\leqq 0$

よって　　$(t+4)(t-1)\leqq 0$

$t+4>0$ であるから　　$t-1\leqq 0$　　すなわち　　$t\leqq 1$

ゆえに　　$2^x\leqq 1$　　すなわち　　$2^x\leqq 2^0$

底2は1より大きいから　　$\boldsymbol{x\leqq 0}$

⇦$\left(\frac{1}{2}\right)^x$ で表す。
$\left(\frac{1}{2}\right)^{x-1}=\left(\frac{1}{2}\right)^x\left(\frac{1}{2}\right)^{-1}$

⇦$\left(\frac{1}{2}\right)^x=2^{-x}$ であるから底を2にそろえてもよい。

⇦$4^x=(2^2)^x=(2^x)^2=t^2$

⇦$t>0$ から $t+4>0$

⇦$1=2^0$

PR ②149　次の関数に最大値，最小値があれば，それを求めよ。　〔(2) 大阪産大〕
(1) $y=9^x-6\cdot 3^x+10$　　(2) $y=4^x-2^{x+2}$ $(-1\leqq x\leqq 3)$

(1) $3^x=t$ とおくと　　$t>0$　……①

与えられた関数の式を変形すると

$$y=3^{2x}-6\cdot 3^x+10=(3^x)^2-6\cdot 3^x+10$$

y を t で表すと

$$y=t^2-6t+10=(t-3)^2+1$$

よって，① の範囲において，y は

$t=3$ で最小値1をとる。最大値はない。

また，$t=3$ のとき　　$3^x=3$　　ゆえに　　$x=1$

よって，**$x=1$ で最小値1，最大値はない。**

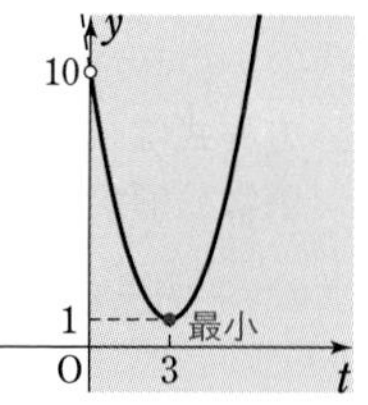

⇦最小値をとるときの x の値も示す。

(2) $2^x=t$ とおくと，$-1\leqq x\leqq 3$ のとき

$2^{-1}\leqq t\leqq 2^3$　　よって　　$\frac{1}{2}\leqq t\leqq 8$　……①

⇦底2は1より大きい。

与えられた関数の式を変形すると

$$y=2^{2x}-2^{x+2}=(2^x)^2-4\cdot 2^x$$

y を t で表すと

$$y=t^2-4t=(t-2)^2-4$$

ゆえに，① の範囲において，y は

$t=8$ で最大値32，$t=2$ で最小値 -4 をとる。

また，$t=8$ のとき　　$2^x=8$　　ゆえに　　$x=3$

$t=2$ のとき　　$2^x=2$　　ゆえに　　$x=1$

よって，**$x=3$ で最大値32，$x=1$ で最小値 -4** をとる。

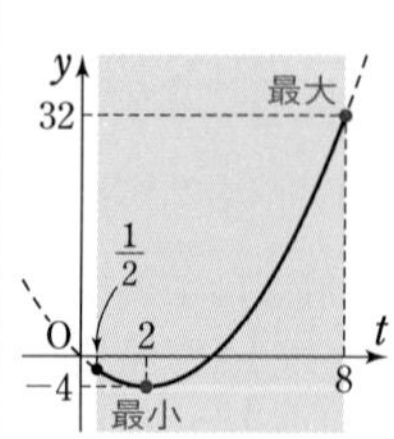

⇦x の値も示す。

PR ③150

$y=2^{2x}+2^{-2x}-3(2^x+2^{-x})+3$ について
(1) $t=2^x+2^{-x}$ とおいて，y を t の式で表せ。
(2) y の最小値と，そのときの x の値を求めよ。

(1) $2^{2x}+2^{-2x}=(2^x)^2+(2^{-x})^2=(2^x+2^{-x})^2-2\cdot2^x\cdot2^{-x}$
$=(2^x+2^{-x})^2-2=t^2-2$

よって　$y=t^2-2-3t+3$

ゆえに　$\boldsymbol{y=t^2-3t+1}$ …… ①

⇐ a^2+a^{-2}
$=(a+a^{-1})^2-2a\cdot a^{-1}$
$=(a+a^{-1})^2-2$

(2) $2^x>0$，$2^{-x}>0$ であるから，相加平均と相乗平均の大小関係により　$2^x+2^{-x}\geqq2\sqrt{2^x\cdot2^{-x}}=2$

すなわち　$t\geqq2$

等号は，$2^x=2^{-x}$ すなわち $x=-x$ から $x=0$ のとき成り立つ。…… ②

① から　$y=\left(t-\dfrac{3}{2}\right)^2-\dfrac{5}{4}$

$t\geqq2$ の範囲において，y は
$t=2$ で最小値 -1 をとる。

$t=2$ のとき，② から　$x=0$

よって，y は $\boldsymbol{x=0}$ で**最小値** $\boldsymbol{-1}$ をとる。

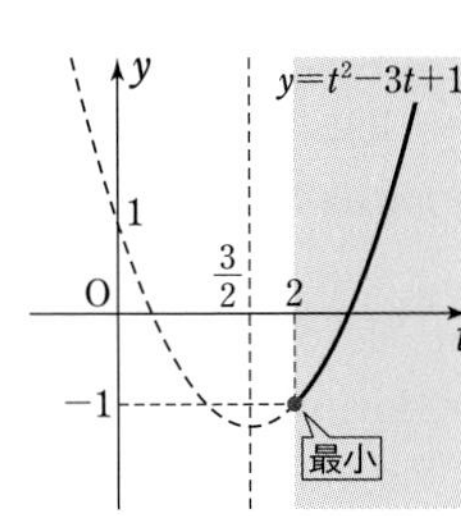

⇐**(相加平均)≧(相乗平均)**
$a>0$，$b>0$ のとき
$\dfrac{a+b}{2}\geqq\sqrt{ab}$
$a=b$ のとき等号成立

⇐ **2 次式は基本形に変形。**

5章
PR

PR ④151

x についての方程式 $9^x+2a\cdot3^x+2a^2+a-6=0$ が正の解，負の解を 1 つずつもつとき，定数 a のとりうる値の範囲を求めよ。

$3^x=t$ とおくと　$t>0$

このとき，x と t の値は 1 対 1 に対応する。

また，次の関係が成り立つ。

$$x<0 \iff 0<t<1,\quad x>0 \iff t>1$$

$9^x=(3^x)^2=t^2$ から，与えられた方程式は

$$t^2+2at+2a^2+a-6=0 \quad \cdots\cdots ①$$

よって，与えられた方程式が正の解，負の解を 1 つずつもつための条件は，t についての 2 次方程式 ① が $0<t<1$，$1<t$ の範囲に 1 つずつ解をもつことである。

① の左辺を $f(t)$ とすると，$y=f(t)$ のグラフは下に凸の放物線であるから，$0<t<1$，$1<t$ の範囲で t 軸と共有点をもてばよい。すなわち，$f(0)>0$ かつ $f(1)<0$ を満たせばよい。

$f(0)=2a^2+a-6=(a+2)(2a-3)>0$

から　$a<-2$，$\dfrac{3}{2}<a$ …… ②

$f(1)=2a^2+3a-5=(2a+5)(a-1)<0$

から　$-\dfrac{5}{2}<a<1$ …… ③

②，③ の共通範囲を求めて

$$\boldsymbol{-\frac{5}{2}<a<-2}$$

別解　① の 2 つの解を α, β とすると，解と係数の関係から
$\alpha+\beta=-2a$
$\alpha\beta=2a^2+a-6>0$
$(\alpha-1)(\beta-1)$
$=\alpha\beta-(\alpha+\beta)+1$
$=2a^2+3a-5<0$
これを解いて
$\boldsymbol{-\dfrac{5}{2}<a<-2}$

PR ②152

次の式を簡単にせよ。　〔(3) 大阪経大　(4) 星薬大〕

(1) $2\log_2\frac{2}{3}-\log_2\frac{8}{9}$　(2) $2\log_2\sqrt{10}-\log_2 30+2\log_2 3$

(3) $\log_2 12^2+\frac{2}{3}\log_2\frac{2}{3}-\frac{4}{3}\log_2 3$　(4) $2\log_3 441-9\log_3\sqrt{7}-\frac{1}{6}\log_3\frac{27}{343}$

(5) $\log_3 54+\log_3 4.5+\log_3\frac{1}{27\sqrt{3}}-\log_3\sqrt[3]{81}$

(1) **方針 1** $(与式)=\log_2\left(\frac{2}{3}\right)^2-\log_2\frac{8}{9}=\log_2\left\{\left(\frac{2}{3}\right)^2\div\frac{8}{9}\right\}$

$=\log_2\left(\frac{4}{9}\times\frac{9}{8}\right)=\log_2\frac{1}{2}=\log_2 2^{-1}=\mathbf{-1}$

方針 2 $(与式)=2(\log_2 2-\log_2 3)-(3\log_2 2-2\log_2 3)$

$=-\log_2 2=\mathbf{-1}$

⇦$\log_2\frac{8}{9}=\log_2\frac{2^3}{3^2}$ $=3\log_2 2-2\log_2 3$

(2) **方針 1** $(与式)=\log_2(\sqrt{10})^2-\log_2 30+\log_2 3^2$

$=\log_2\frac{10\times 9}{30}=\mathbf{\log_2 3}$

⇦全体を $\log_2 M$ の形にまとめる。

方針 2 $(与式)=2\log_2 10^{\frac{1}{2}}-\log_2(3\times 10)+2\log_2 3$

$=\log_2 10-(\log_2 3+\log_2 10)+2\log_2 3$

$=\mathbf{\log_2 3}$

⇦$\log_2 30$ を分解する。

(3) **方針 1** $(与式)=\log_2(2^2\cdot 3)^2+\log_2(2\cdot 3^{-1})^{\frac{2}{3}}-\log_2 3^{\frac{4}{3}}$

$=\log_2\frac{2^4\cdot 3^2\cdot 2^{\frac{2}{3}}\cdot 3^{-\frac{2}{3}}}{3^{\frac{4}{3}}}=\log_2 2^{\frac{14}{3}}$

$=\frac{14}{3}\log_2 2=\mathbf{\frac{14}{3}}$

⇦全体を $\log_2 M$ の形にまとめる。

方針 2 $\log_2 12^2=\log_2(2^2\cdot 3)^2=\log_2 2^4\cdot 3^2=4+2\log_2 3$

$\log_2\frac{2}{3}=\log_2 2-\log_2 3=1-\log_2 3$

よって

$(与式)=4+2\log_2 3+\frac{2}{3}(1-\log_2 3)-\frac{4}{3}\log_2 3$

$=\mathbf{\frac{14}{3}}$

⇦$\log_2 3$ で表せるように分解する。

(4) **方針 1** $(与式)=\log_3(3^2\cdot 7^2)^2+\log_3 7^{-\frac{9}{2}}+\log_3\left\{\left(\frac{3}{7}\right)^3\right\}^{-\frac{1}{6}}$

$=\log_3(3^4\cdot 7^4)+\log_3 7^{-\frac{9}{2}}+\log_3(3^{-\frac{1}{2}}\cdot 7^{\frac{1}{2}})$

$=\log_3(3^{4-\frac{1}{2}}\cdot 7^{4-\frac{9}{2}+\frac{1}{2}})=\log_3 3^{\frac{7}{2}}=\mathbf{\frac{7}{2}}$

⇦全体を $\log_3 M$ の形にまとめる。

方針 2 $(与式)=2\log_3(3^2\cdot 7^2)-9\log_3 7^{\frac{1}{2}}-\frac{1}{6}\log_3(3^3\cdot 7^{-3})$

$=4\log_3 3+4\log_3 7-\frac{9}{2}\log_3 7-\frac{1}{2}(\log_3 3-\log_3 7)$

$=4-\frac{1}{2}=\mathbf{\frac{7}{2}}$

⇦1つ1つの対数に分解する。

(5)　**方針 1**　(与式) $=\log_3\left(54\times4.5\times\frac{1}{27\sqrt{3}}\div\sqrt[3]{81}\right)$

$=\log_3\frac{54\times4.5}{27\sqrt{3}\times3\sqrt[3]{3}}=\log_3\frac{2\times1.5}{\sqrt{3}\times\sqrt[3]{3}}$

$=\log_3\frac{\sqrt{3}}{\sqrt[3]{3}}=\log_3 3^{\frac{1}{2}-\frac{1}{3}}=\log_3 3^{\frac{1}{6}}=\mathbf{\frac{1}{6}}$

方針 2　(与式) $=\log_3(2\cdot3^3)+\log_3\frac{3^2}{2}+\log_3 3^{-\frac{7}{2}}-\log_3 3^{\frac{4}{3}}$

$=\log_3 2+3+2-\log_3 2-\frac{7}{2}-\frac{4}{3}=\mathbf{\frac{1}{6}}$

⇐全体を $\log_3 M$ の形にまとめる。

⇐$\sqrt[3]{81}=\sqrt[3]{3^4}=3\sqrt[3]{3}$

⇐$\frac{2\times1.5}{\sqrt{3}}=\frac{3}{\sqrt{3}}=\sqrt{3}$

⇐$\frac{1}{27\sqrt{3}}=3^{-3}\cdot3^{-\frac{1}{2}}=3^{-\frac{7}{2}}$,
$\sqrt[3]{81}=(3^4)^{\frac{1}{3}}=3^{\frac{4}{3}}$

5章
PR

PR ②153

a, b, c は1以外の正の数とする。
(1)　次の等式を証明せよ。
(ア)　$\log_a b=\frac{1}{\log_b a}$　　(イ)　$\log_a b\cdot\log_b c\cdot\log_c a=1$
(2)　$\log_a b=\log_b a$ ならば，$a=b$ または $ab=1$ であることを示せ。

(1)　(ア)　$\log_a b=\frac{\log_b b}{\log_b a}=\frac{1}{\log_b a}$

(イ)　$\log_a b\cdot\log_b c\cdot\log_c a=\log_a b\cdot\frac{\log_a c}{\log_a b}\cdot\frac{1}{\log_a c}=1$

(2)　$\log_a b=\log_b a$ から　　$\log_a b=\frac{1}{\log_a b}$

したがって　　$(\log_a b)^2=1$
これから　　$\log_a b=1$　または　$\log_a b=-1$
すなわち　　$b=a^1$　または　$b=a^{-1}$
よって，$a=b$ または $ab=1$ である。

⇐底を b に変換。

⇐底を a にそろえる。

⇐底を a にそろえる。

⇐$b=\frac{1}{a}\iff ab=1$

PR ③154

(1)　次の式を簡単にせよ。
(ア)　$\log_2 25-2\log_4 10-3\log_8 10$　　(イ)　$(\log_3 4+\log_9 16)(\log_4 9+\log_{16} 3)$
(ウ)　$\log_2 25\cdot\log_3 16\cdot\log_5 27$
(2)　(ア)　$5^a=2$, $5^b=3$ とするとき，$\log_{10}1.35$ を a, b で表せ。
(イ)　$\log_3 5=a$, $\log_5 7=b$ とするとき，$\log_{105}175$ を a, b で表せ。　［(2) 弘前大］

(1)　(ア)　(与式) $=\log_2 25-2\cdot\frac{\log_2 10}{\log_2 4}-3\cdot\frac{\log_2 10}{\log_2 8}$

$=\log_2 5^2-2\cdot\frac{\log_2 10}{\log_2 2^2}-3\cdot\frac{\log_2 10}{\log_2 2^3}$

$=2\log_2 5-\log_2 10-\log_2 10=2(\log_2 5-\log_2 10)$

$=2\log_2\frac{1}{2}=2\log_2 2^{-1}=\mathbf{-2}$

(イ)　(与式) $=\left(\log_3 4+\frac{\log_3 16}{\log_3 9}\right)\left(\frac{\log_3 9}{\log_3 4}+\frac{\log_3 3}{\log_3 16}\right)$

$=\left(\log_3 2^2+\frac{\log_3 2^4}{\log_3 3^2}\right)\left(\frac{\log_3 3^2}{\log_3 2^2}+\frac{\log_3 3}{\log_3 2^4}\right)$

$=(2\log_3 2+2\log_3 2)\left(\frac{1}{\log_3 2}+\frac{1}{4\log_3 2}\right)$

⇐底を2にそろえる。
底の変換公式 を利用。
$\log_a b=\frac{\log_c b}{\log_c a}$

⇐底を3にそろえる。

$=(4\log_3 2)\left(\dfrac{4+1}{4\log_3 2}\right)=\mathbf{5}$

(ウ) $(与式)=\log_2 25\cdot\dfrac{\log_2 16}{\log_2 3}\cdot\dfrac{\log_2 27}{\log_2 5}$ ⇦底を 2 にそろえる。

$=\log_2 5^2\cdot\dfrac{\log_2 2^4}{\log_2 3}\cdot\dfrac{\log_2 3^3}{\log_2 5}$

$=2\log_2 5\cdot\dfrac{4}{\log_2 3}\cdot\dfrac{3\log_2 3}{\log_2 5}$

$=2\cdot 4\cdot 3=\mathbf{24}$

(2) (ア) $5^a=2$, $5^b=3$ から　$a=\log_5 2$, $b=\log_5 3$ ⇦対数の定義

よって　$\mathbf{\log_{10} 1.35}=\dfrac{\log_5 1.35}{\log_5 10}=\dfrac{\log_5 \frac{27}{20}}{\log_5 10}=\dfrac{\log_5 \frac{3^3}{2^2\cdot 5}}{\log_5 (2\cdot 5)}$ ⇦底を 5 にそろえる。

$=\dfrac{3\log_5 3-(2\log_5 2+1)}{\log_5 2+1}$

$=\boldsymbol{\dfrac{-2a+3b-1}{a+1}}$

(イ) $\log_3 5=a$, $\log_5 7=b$ から　$b=\dfrac{\log_3 7}{\log_3 5}=\dfrac{\log_3 7}{a}$ ⇦底が異なるので，底を 3 にそろえると，$\log_3 7$ が a，b で表される。

よって　$\log_3 7=ab$

ゆえに　$\mathbf{\log_{105} 175}=\dfrac{\log_3 175}{\log_3 105}=\dfrac{\log_3 (5^2\cdot 7)}{\log_3 (3\cdot 5\cdot 7)}$

$=\dfrac{\log_3 5^2+\log_3 7}{\log_3 3+\log_3 5+\log_3 7}$

$=\dfrac{2\log_3 5+\log_3 7}{1+\log_3 5+\log_3 7}=\boldsymbol{\dfrac{2a+ab}{1+a+ab}}$

PR ③155

(1) 次の値を求めよ。

(ア) $16^{\log_2 3}$　(イ) $7^{\log_{49} 4}$　(ウ) $\left(\dfrac{1}{\sqrt{2}}\right)^{3\log_2 5}$　〔(ウ) 青山学院大〕

(2) 0 でない実数 x, y, z が，$2^x=5^y=10^{\frac{z}{2}}$ を満たすとき，$\dfrac{1}{x}+\dfrac{1}{y}-\dfrac{2}{z}$ の値を求めよ。〔東京工芸大〕

(1) (ア) $16^{\log_2 3}=M$ とおく。

左辺は正であるから，両辺の 2 を底とする対数をとると

$\log_2 16^{\log_2 3}=\log_2 M$ すなわち $\log_2 3\cdot\log_2 16=\log_2 M$ ⇦$\log_2 16=\log_2 2^4=4$

ゆえに　$4\log_2 3=\log_2 M$　よって　$M=3^4=\mathbf{81}$

別解　$16^{\log_2 3}=(2^4)^{\log_2 3}=2^{4\log_2 3}=(2^{\log_2 3})^4=3^4=\mathbf{81}$ ⇦$\boldsymbol{a^{\log_a M}=M}$ を利用。

(イ) $\log_{49} 4=\dfrac{\log_7 4}{\log_7 49}=\dfrac{2\log_7 2}{2\log_7 7}=\log_7 2$ から　$7^{\log_{49} 4}=7^{\log_7 2}$

$7^{\log_7 2}=M$ とおく。

左辺は正であるから，両辺の 7 を底とする対数をとると

$\log_7 7^{\log_7 2}=\log_7 M$　すなわち　$\log_7 2=\log_7 M$

したがって　$M=\mathbf{2}$

別解　$7^{\log_{49} 4}=7^{\log_7 2}=\mathbf{2}$ ⇦$\boldsymbol{a^{\log_a M}=M}$ を利用。

(ウ) $\left(\dfrac{1}{\sqrt{2}}\right)^{3\log_2 5}=M$ とおく。

左辺は正であるから，両辺の 2 を底とする対数をとると

$$\log_2\left(\frac{1}{\sqrt{2}}\right)^{3\log_2 5}=\log_2 M$$ したがって

$3\log_2 5\cdot\log_2\dfrac{1}{\sqrt{2}}=\log_2 M$ すなわち $-\dfrac{3}{2}\log_2 5=\log_2 M$

⇦$\log_2\dfrac{1}{\sqrt{2}}=\log_2 2^{-\frac{1}{2}}=-\dfrac{1}{2}$

よって　$M=5^{-\frac{3}{2}}=\dfrac{1}{5^{\frac{3}{2}}}=\dfrac{1}{5\sqrt{5}}=\boldsymbol{\dfrac{\sqrt{5}}{25}}$

⇦$a^{-r}=\dfrac{1}{a^r}$

別解 $\left(\dfrac{1}{\sqrt{2}}\right)^{3\log_2 5}=\left(2^{-\frac{1}{2}}\right)^{3\log_2 5}=2^{-\frac{3}{2}\log_2 5}=(2^{\log_2 5})^{-\frac{3}{2}}=5^{-\frac{3}{2}}$

$$=\frac{1}{5\sqrt{5}}=\boldsymbol{\frac{\sqrt{5}}{25}}$$

⇦$\dfrac{1}{\sqrt{2}}=\left(\dfrac{1}{2}\right)^{\frac{1}{2}}=2^{-\frac{1}{2}}$

5章 PR

(2) $2^x=5^y=10^{\frac{z}{2}}$ の各辺は正であるから，各辺の 10 を底とする対数をとると

⇦底は 2，5 でもよい。

$$x\log_{10}2=y\log_{10}5=\frac{z}{2}$$

すなわち　$2x\log_{10}2=z$，$2y\log_{10}5=z$

$x\neq0$，$y\neq0$，$z\neq0$ であるから

$$\frac{1}{x}=\frac{2\log_{10}2}{z},\quad \frac{1}{y}=\frac{2\log_{10}5}{z}$$

⇦文字を減らす。

よって　$\dfrac{1}{x}+\dfrac{1}{y}-\dfrac{2}{z}=\dfrac{1}{z}(2\log_{10}2+2\log_{10}5-2)$

$$=\frac{1}{z}(2\log_{10}10-2)=\frac{1}{z}(2-2)=\boldsymbol{0}$$

⇦$2\log_{10}2+2\log_{10}5$
$=2(\log_{10}2+\log_{10}5)$
$=2\log_{10}(2\cdot5)$

別解 $2^x=5^y=10^{\frac{z}{2}}=k$ とおくと　$k>0$，$k\neq1$

各辺の k を底とする対数をとると

$$x\log_k 2=y\log_k 5=\frac{z}{2}\log_k 10=1$$

よって　$\dfrac{1}{x}+\dfrac{1}{y}-\dfrac{2}{z}=\log_k 2+\log_k 5-\log_k 10$

$$=\log_k 10-\log_k 10=\boldsymbol{0}$$

PR ③156

次の関数のグラフをかき，関数 $y=\log_2 x$ のグラフとの位置関係を述べよ。

(1) $y=\log_2\dfrac{x-1}{2}$　　(2) $y=\log_{\frac{1}{2}}\dfrac{1}{2x}$

(1) $\log_2\dfrac{x-1}{2}=\log_2(x-1)-1$

⇦$\log_2\dfrac{x-1}{2}$
$=\log_2(x-1)-\log_2 2$

よって，$y=\log_2\dfrac{x-1}{2}$ のグラフは，$y=\log_2 x$ のグラフを

x 軸方向に 1，y 軸方向に -1 だけ平行移動したもの である。

〔図〕

(2) $\log_{\frac{1}{2}}\dfrac{1}{2x}=\dfrac{\log_2\dfrac{1}{2x}}{\log_2\dfrac{1}{2}}=\dfrac{-1-\log_2 x}{-1}=\log_2 x+1$

よって，$y=\log_{\frac{1}{2}}\dfrac{1}{2x}$ のグラフは，$y=\log_2 x$ のグラフを **y 軸方向に 1 だけ平行移動したもの** である。〔図〕

⇦底を 2 にそろえる。
本冊 $p.246$ 基本例題 153 (2)(ア)の結果を用いると
$\log_{\frac{1}{2}}\dfrac{1}{2x}=\log_{2^{-1}}(2x)^{-1}$
$=\dfrac{1}{-1}\log_2(2x)^{-1}$
$=\log_2 2x=\log_2 x+1$
inf. $\log_2 x+1=\log_2 2x$ であるから，(2) のグラフは，$y=\log_2 x$ のグラフを x 軸方向に $\dfrac{1}{2}$ 倍にしたものでもある。

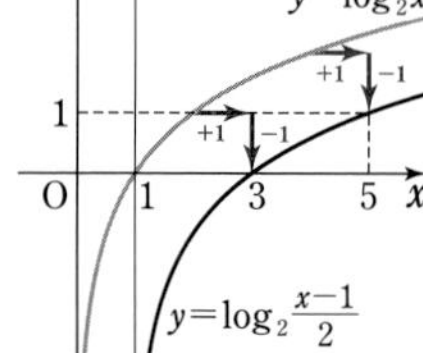

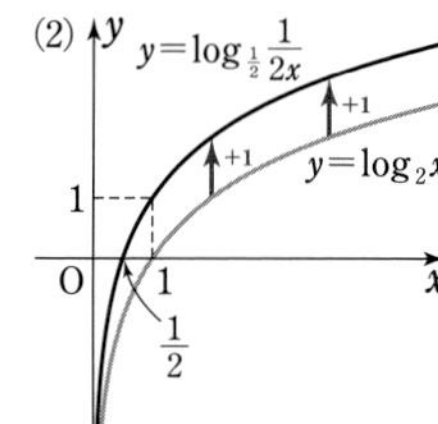

PR ②157 次の各組の数の大小を不等号を用いて表せ。

(1) $\log_{10}4$, $\dfrac{3}{5}$ 〔浜松医大〕 (2) $\dfrac{\log_{10}2}{2}$, $\dfrac{\log_{10}3}{3}$, $\sqrt[3]{3}$

(3) $\log_3 4$, $\log_4 3$, $\log_9 27$

(1) $\dfrac{3}{5}=\dfrac{3}{5}\log_{10}10=\log_{10}10^{\frac{3}{5}}$

また　$4^5=1024$, $(10^{\frac{3}{5}})^5=10^3=1000$

ゆえに　$(10^{\frac{3}{5}})^5<4^5$

よって　$10^{\frac{3}{5}}<4$

底 10 は 1 より大きいから　$\log_{10}10^{\frac{3}{5}}<\log_{10}4$

よって　$\boldsymbol{\dfrac{3}{5}<\log_{10}4}$

⇦$10^{\frac{3}{5}}$ の指数を整数にするために，4 と $10^{\frac{3}{5}}$ をそれぞれ 5 乗する。

(2) $\dfrac{\log_{10}2}{2}=\dfrac{3\log_{10}2}{6}=\dfrac{\log_{10}2^3}{6}=\dfrac{\log_{10}8}{6}<1$,

$\dfrac{\log_{10}3}{3}=\dfrac{2\log_{10}3}{6}=\dfrac{\log_{10}3^2}{6}=\dfrac{\log_{10}9}{6}<1$

底 10 は 1 より大きいから　$\dfrac{\log_{10}8}{6}<\dfrac{\log_{10}9}{6}$

また，$\sqrt[3]{3}>1$ であるから　$\dfrac{\log_{10}8}{6}<\dfrac{\log_{10}9}{6}<\sqrt[3]{3}$

よって　$\boldsymbol{\dfrac{\log_{10}2}{2}<\dfrac{\log_{10}3}{3}<\sqrt[3]{3}}$

⇦$\dfrac{\log_{10}2}{2}$ と $\dfrac{\log_{10}3}{3}$ の大小を比較するために，分母を 6 にそろえる。

⇦$(\sqrt[3]{3})^3>1^3$ であるから $\sqrt[3]{3}>1$

別解 $\dfrac{\log_{10}2}{2}=\log_{10}2^{\frac{1}{2}}<1$, $\dfrac{\log_{10}3}{3}=\log_{10}3^{\frac{1}{3}}<1$

$(2^{\frac{1}{2}})^6=2^3=8$, $(3^{\frac{1}{3}})^6=3^2=9$ であるから　$2^{\frac{1}{2}}<3^{\frac{1}{3}}$

⇦$\log_{10}M$ の形にして真数を比較する。

底10は1より大きいから　$\log_{10}2^{\frac{1}{2}}<\log_{10}3^{\frac{1}{3}}$

また，$\sqrt[3]{3}>1$ であるから　$\dfrac{\log_{10}2}{2}<\dfrac{\log_{10}3}{3}<\sqrt[3]{3}$

⇐$\sqrt[3]{3}=3^{\frac{1}{3}}>3^0=1$

(3)　$\log_3 4>1$，$\log_4 3<1$，$\log_9 27>1$ であるから

$\log_3 4>\log_4 3$，$\log_9 27>\log_4 3$　…… ①

⇐$1<a<b$ のとき $\log_a b>1$，$\log_b a<1$

ここで　$\log_9 27=\dfrac{\log_3 27}{\log_3 9}=\dfrac{3}{2}=\log_3 3^{\frac{3}{2}}=\log_3 3\sqrt{3}$

⇐底を3にそろえる。

底3は1より大きく，$4<3\sqrt{3}$ であるから

$\log_3 4<\log_3 3\sqrt{3}$

すなわち　$\log_3 4<\log_9 27$

これと①から　$\boldsymbol{\log_4 3<\log_3 4<\log_9 27}$

⇐$3\sqrt{3}=\sqrt{27}$
$16<27$ から　$\sqrt{16}<\sqrt{27}$
すなわち　$4<3\sqrt{3}$

PR ②158

次の方程式を解け。

(1)　$\log_{81}x=-\dfrac{1}{4}$　〔慶応大〕　(2)　$\log_{x-1}9=2$

(3)　$\log_3(x^2+6x+5)-\log_3(x+3)=1$　(4)　$\log_2(3-x)-2\log_2(2x-1)=1$

(1)　対数の定義から　$x=81^{-\frac{1}{4}}=(3^4)^{-\frac{1}{4}}=3^{-1}=\boldsymbol{\dfrac{1}{3}}$

(2)　底の条件から　$x-1>0$　かつ　$x-1\neq1$

すなわち　$x>1$　かつ　$x\neq2$　…… ①

⇐$\log_a M$ の底の条件は $a>0$，$a\neq1$

対数の定義から　$(x-1)^2=9$

これから　$x-1=\pm3$　すなわち　$x=4,\ -2$

①から　$\boldsymbol{x=4}$

⇐底の条件を確認。

(3)　真数は正であるから　$x^2+6x+5>0$　かつ　$x+3>0$

$x^2+6x+5>0$ から　$(x+1)(x+5)>0$

よって　$x<-5,\ -1<x$

$x+3>0$ から　$x>-3$

共通範囲をとって　$x>-1$　…… ①

与式を変形して　$\log_3(x^2+6x+5)=1+\log_3(x+3)$

ゆえに　$\log_3(x^2+6x+5)=\log_3 3(x+3)$

⇐$1=\log_3 3$ であるから
$1+\log_3(x+3)$
$=\log_3 3+\log_3(x+3)$
$=\log_3 3(x+3)$

よって　$x^2+6x+5=3(x+3)$

整理すると　$x^2+3x-4=0$

ゆえに　$(x-1)(x+4)=0$

よって　$x=1,\ -4$

①から　$\boldsymbol{x=1}$

⇐真数の条件を確認。

(4)　真数は正であるから　$3-x>0$　かつ　$2x-1>0$

$3-x>0$ から　$x<3$

$2x-1>0$ から　$x>\dfrac{1}{2}$

共通範囲をとって　$\dfrac{1}{2}<x<3$　…… ①

与式を変形して　$\log_2(3-x)=1+\log_2(2x-1)^2$

ゆえに　$\log_2(3-x)=\log_2 2(2x-1)^2$

よって　$3-x=2(2x-1)^2$

整理すると　$8x^2-7x-1=0$

ゆえに　$(x-1)(8x+1)=0$　よって　$x=1,\ -\dfrac{1}{8}$

① から　$\boldsymbol{x=1}$

⇦$1=\log_2 2$ であるから $1+\log_2(2x-1)^2$ $=\log_2 2+\log_2(2x-1)^2$ $=\log_2 2(2x-1)^2$

⇦真数の条件を確認。

PR ③159

次の方程式を解け。

(1) $5\log_3 3x^2-4(\log_3 x)^2+1=0$

(2) $\log_x 4-\log_4 x^2-1=0$　〔岐阜薬大〕

(1) $\log_3 3x^2=\log_3 3+\log_3 x^2=1+2\log_3 x$

ゆえに，方程式は

$$5(1+2\log_3 x)-4(\log_3 x)^2+1=0$$

整理して　$2(\log_3 x)^2-5\log_3 x-3=0$

よって　$(2\log_3 x+1)(\log_3 x-3)=0$

ゆえに　$\log_3 x=-\dfrac{1}{2},\ 3$

したがって　$x=3^{-\frac{1}{2}},\ 3^3$

すなわち　$\boldsymbol{x=\dfrac{1}{\sqrt{3}},\ 27}$

⇦$\log_3 x=t$ とおくと $2t^2-5t-3$ $=(2t+1)(t-3)$

(2) 対数の真数，底の条件から

$$x>0 \quad かつ \quad x\neq 1 \quad \cdots\cdots ①$$

このとき，$\log_x 4=\dfrac{1}{\log_4 x}$，$\log_4 x^2=2\log_4 x$ であるから，

方程式は　$\dfrac{1}{\log_4 x}-2\log_4 x-1=0$

よって　$1-2(\log_4 x)^2-\log_4 x=0$

整理して　$2(\log_4 x)^2+\log_4 x-1=0$

ゆえに　$(\log_4 x+1)(2\log_4 x-1)=0$

よって　$\log_4 x=-1,\ \dfrac{1}{2}$

したがって　$x=4^{-1},\ 4^{\frac{1}{2}}$

すなわち　$\boldsymbol{x=\dfrac{1}{4},\ 2}$

これらは ① を満たすから，求める解である。

⇦底は 1 でない正の数。

⇦両辺に $\log_4 x$ $(\neq 0)$ を掛ける。

⇦$\log_4 x=t$ とおくと $2t^2+t-1$ $=(t+1)(2t-1)$

⇦真数，底の条件を確認。

PR ②160

次の不等式を解け。　〔(3) 神戸薬大　(4) 福井工大〕

(1) $\log_{\frac{1}{2}}(1-x)>2$　　(2) $2\log_{0.5}(x-2)>\log_{0.5}(x+4)$

(3) $\log_2(x-2)<1+\log_{\frac{1}{2}}(x-4)$　　(4) $2(\log_2 x)^2+3\log_2 4x<8$

(1) 真数は正であるから　$1-x>0$ ……①

不等式を変形して　$\log_{\frac{1}{2}}(1-x)>\log_{\frac{1}{2}}\left(\frac{1}{2}\right)^2$

⇦底を $\frac{1}{2}$ にそろえる。

底 $\frac{1}{2}$ は1より小さいから　$1-x<\frac{1}{4}$ ……②

⇦対数の大小と真数の大小が逆になる。

①, ② から　$x<1$ かつ $x>\frac{3}{4}$　よって　$\boldsymbol{\frac{3}{4}<x<1}$

(2) 真数は正であるから　$x-2>0$ かつ $x+4>0$

$x-2>0$ から　$x>2$　$x+4>0$ から　$x>-4$

共通範囲をとって　$x>2$ ……①

不等式を変形して　$\log_{0.5}(x-2)^2>\log_{0.5}(x+4)$

底0.5は1より小さいから　$(x-2)^2<x+4$

⇦対数の大小と真数の大小が逆になる。

整理すると　$x^2-5x<0$　よって　$x(x-5)<0$

ゆえに　$0<x<5$ ……②

①, ② から　$\boldsymbol{2<x<5}$

(3) 真数は正であるから　$x-2>0$ かつ $x-4>0$

$x-2>0$ から　$x>2$　$x-4>0$ から　$x>4$

共通範囲をとって　$x>4$ ……①

$\log_{\frac{1}{2}}(x-4)=\dfrac{\log_2(x-4)}{\log_2\frac{1}{2}}=-\log_2(x-4)$ であるから,

⇦底を2にそろえる。

不等式は　$\log_2(x-2)+\log_2(x-4)<1$

すなわち　$\log_2(x-2)(x-4)<\log_2 2$

底2は1より大きいから　$(x-2)(x-4)<2$

整理すると　$x^2-6x+6<0$ ……②

方程式 $x^2-6x+6=0$ の解は　$x=3\pm\sqrt{3}$

よって, 不等式②の解は　$3-\sqrt{3}<x<3+\sqrt{3}$ ……③

①, ③ から　$\boldsymbol{4<x<3+\sqrt{3}}$

⇦$a>0$ のとき $ax^2+bx+c=0$ の解を α, β $(\alpha<\beta)$ とすると $ax^2+bx+c<0$ の解は $\alpha<x<\beta$

(4) 真数は正であるから　$x>0$ ……①

$\log_2 4x=\log_2 4+\log_2 x=2+\log_2 x$ であるから, 不等式は

$2(\log_2 x)^2+3\log_2 x-2<0$

よって　$(\log_2 x+2)(2\log_2 x-1)<0$

ゆえに　$-2<\log_2 x<\frac{1}{2}$

すなわち　$\log_2\frac{1}{4}<\log_2 x<\log_2\sqrt{2}$

底2は1より大きいから　$\boldsymbol{\frac{1}{4}<x<\sqrt{2}}$

これは①を満たすから, 求める解である。

⇦$\log_2 x=t$ とおくと $2t^2+3(2+t)<8$ 整理すると $2t^2+3t-2<0$ ゆえに $(t+2)(2t-1)<0$ これを解くと $-2<t<\frac{1}{2}$

PR ③161 不等式 $2\log_3 x-4\log_x 27\leqq 5$ を解け。 〔類 センター試験〕

対数の真数，底の条件から　$x>0$ かつ $x\neq 1$

また　$\log_x 27=\dfrac{\log_3 27}{\log_3 x}=\dfrac{3}{\log_3 x}$

⇐底を3にそろえる。

よって，不等式は　$2\log_3 x-\dfrac{12}{\log_3 x}\leqq 5$ ……①

[1] $\log_3 x>0$ すなわち $x>1$ のとき

①の両辺に $\log_3 x$ を掛けて　$2(\log_3 x)^2-12\leqq 5\log_3 x$

ゆえに　$2(\log_3 x)^2-5\log_3 x-12\leqq 0$

⇐$\log_3 x=t$ とおくと $2t^2-5t-12=(t-4)(2t+3)$

すなわち　$(\log_3 x-4)(2\log_3 x+3)\leqq 0$

$\log_3 x>0$ より $2\log_3 x+3>0$ であるから　$\log_3 x-4\leqq 0$

よって　$\log_3 x\leqq 4$

⇐$\log_3 x\leqq \log_3 81$

底3は1より大きいから　$x\leqq 81$

$x>1$ との共通範囲は　$1<x\leqq 81$

[2] $\log_3 x<0$ すなわち $0<x<1$ のとき

①の両辺に $\log_3 x$ を掛けて　$2(\log_3 x)^2-12\geqq 5\log_3 x$

⇐不等号の向きが変わる。

ゆえに　$2(\log_3 x)^2-5\log_3 x-12\geqq 0$

すなわち　$(\log_3 x-4)(2\log_3 x+3)\geqq 0$

$\log_3 x<0$ より $\log_3 x-4<0$ であるから　$2\log_3 x+3\leqq 0$

よって　$\log_3 x\leqq -\dfrac{3}{2}$

⇐$\log_3 x\leqq \log_3 3^{-\frac{3}{2}}$
ここで
$3^{-\frac{3}{2}}=\dfrac{1}{3^{\frac{3}{2}}}=\dfrac{1}{(\sqrt{3})^3}=\dfrac{1}{3\sqrt{3}}=\dfrac{\sqrt{3}}{9}$

底3は1より大きいから　$x\leqq \dfrac{\sqrt{3}}{9}$

$0<x<1$ との共通範囲は　$0<x\leqq \dfrac{\sqrt{3}}{9}$

[1]，[2] から，求める x の値の範囲は

$$\boldsymbol{0<x\leqq \frac{\sqrt{3}}{9},\ 1<x\leqq 81}$$

PR ②162 (1) 関数 $y=(\log_5 x)^2-6\log_5 x+7$ $(5\leqq x\leqq 625)$ の最大値，最小値と，そのときの x の値を求めよ。

(2) 関数 $y=\left(\log_2 \dfrac{x}{2}\right)\left(\log_2 \dfrac{x}{8}\right)$ $\left(\dfrac{1}{2}\leqq x\leqq 8\right)$ の最大値，最小値と，そのときの x の値を求めよ。

〔(1) 類 名城大　(2) 類 足利工大〕

(1) $\log_5 x=t$ とおくと，$5\leqq x\leqq 625$ であるから

$\log_5 5\leqq \log_5 x\leqq \log_5 625$　すなわち　$1\leqq t\leqq 4$ ……①

y を t の式で表すと　$y=t^2-6t+7=(t-3)^2-2$

①の範囲において，y は

$t=1$ で最大値 2，$t=3$ で最小値 -2

をとる。

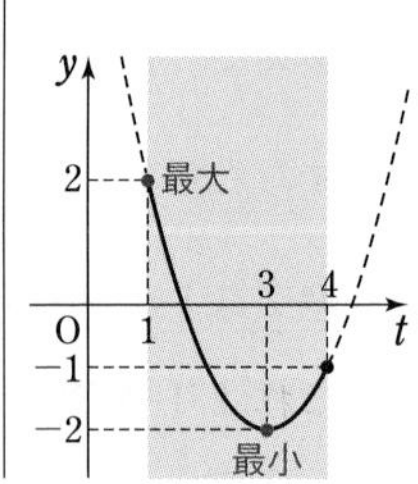

$\log_5 x=t$ より，$x=5^t$ であるから

$t=1$ のとき　$x=5^1=5$，　$t=3$ のとき　$x=5^3=125$

したがって，y は

　　$x=5$ で最大値 2，$x=125$ で最小値 -2

をとる。

(2)　$\log_2 x=t$ とおくと，$\frac{1}{2}\leqq x\leqq 8$ であるから

$$\log_2\frac{1}{2}\leqq\log_2 x\leqq\log_2 8 \quad \text{すなわち} \quad -1\leqq t\leqq 3 \quad \cdots\cdots ①$$

$\log_2\frac{x}{2}=\log_2 x-\log_2 2=\log_2 x-1$,

$\log_2\frac{x}{8}=\log_2 x-\log_2 8=\log_2 x-3$ であるから，y を t の式で表すと

$$y=(t-1)(t-3)=t^2-4t+3=(t-2)^2-1$$

① の範囲において，y は

　　$t=-1$ で最大値 8，$t=2$ で最小値 -1

をとる。

$\log_2 x=t$ より，$x=2^t$ であるから

　　$t=-1$ のとき　$x=2^{-1}=\frac{1}{2}$,

　　$t=2$　のとき　$x=2^2=4$

したがって，y は

　　$x=\frac{1}{2}$ で最大値 8，$x=4$ で最小値 -1

をとる。

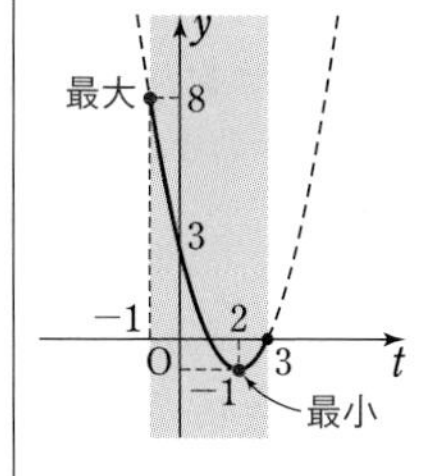

5章
PR

PR ②163　25^{30} は何桁の数であるか。また，$\left(\frac{1}{8}\right)^{30}$ は小数第何位に初めて 0 でない数字が現れるか。ただし，$\log_{10}2=0.3010$ とする。〔芝浦工大〕

$$\log_{10}25^{30}=30\log_{10}5^2=60\log_{10}\frac{10}{2}$$
$$=60(1-\log_{10}2)=60(1-0.3010)$$
$$=60\times 0.6990=41.94$$

⇐常用対数の値を求める。

よって　$41<\log_{10}25^{30}<42$　　ゆえに　$10^{41}<25^{30}<10^{42}$

したがって，25^{30} は **42 桁** の数である。

⇐N が n 桁の整数
$\iff 10^{n-1}\leqq N<10^n$
$\iff n-1\leqq\log_{10}N<n$

また　$\log_{10}\left(\frac{1}{8}\right)^{30}=30\log_{10}2^{-3}=-90\log_{10}2$
$$=-90\times 0.3010=-27.09$$

⇐常用対数の値を求める。

よって　$-28<\log_{10}\left(\frac{1}{8}\right)^{30}<-27$

ゆえに　$10^{-28}<\left(\frac{1}{8}\right)^{30}<10^{-27}$

したがって，$\left(\frac{1}{8}\right)^{30}$ は **小数第 28 位** に初めて 0 でない数字が現れる。

⇐N の小数第 n 位に初めて 0 でない数字が現れる
$\iff \frac{1}{10^n}\leqq N<\frac{1}{10^{n-1}}$
$\iff -n\leqq\log_{10}N<-n+1$

PR ③164 ある国ではこの数年間に石油の消費量が1年に25％ずつ増加している。このままの状態で石油の消費量が増加し続けると，3年後には現在の消費量の約 ア□ 倍になる。また，石油の消費量が初めて現在の10倍以上になるのは イ□ 年後である。ただし，$\log_{10}2=0.3010$ とし，□ には自然数を入れよ。 〔類 慶応大〕

$(1.25)^3=\left(\frac{125}{100}\right)^3=\left(\frac{5}{4}\right)^3=\frac{125}{64}=1.9\cdots\cdots$ であるから，3年後には，約 ア**2** 倍になる。

n 年後に初めて現在の10倍以上になるとすると，n は

$$\left(\frac{5}{4}\right)^n \geqq 10 \quad \cdots\cdots ①$$

を満たす最小の自然数である。

不等式①の両辺の常用対数をとると

$$\log_{10}\left(\frac{5}{4}\right)^n \geqq \log_{10}10$$

よって　$n(\log_{10}5-\log_{10}4)\geqq 1$

$\log_{10}5=1-\log_{10}2$ であるから　$n(1-3\log_{10}2)\geqq 1$

ここで　$1-3\log_{10}2=1-3\times 0.3010=0.097$

ゆえに　$n\geqq \frac{1}{1-3\log_{10}2}=\frac{1}{0.097}=10.3\cdots\cdots$

したがって，消費量が初めて現在の10倍以上になるのは，イ**11** 年後である。

⇐25％増加 ⟶ 1.25倍 すなわち $\frac{125}{100}$ 倍

⇐$\log_{10}4=2\log_{10}2$，$\log_{10}5=\log_{10}\frac{10}{2}$ $=\log_{10}10-\log_{10}2$ $=1-\log_{10}2$

⇐解の吟味。n は自然数。

PR ④165 不等式 $2-\log_y(1+x)<\log_y(1-x)$ の表す領域を図示せよ。 〔山梨大〕

真数と底の条件から　$1+x>0$，$1-x>0$，$y>0$，$y\neq 1$

よって　$-1<x<1$，$y>0$，$y\neq 1$

与えられた不等式から　$2<\log_y(1-x)+\log_y(1+x)$

整理すると　$\log_y y^2<\log_y(1-x^2)$ ……①

[1] $0<y<1$ のとき，①から　$y^2>1-x^2$

　よって　$x^2+y^2>1$

[2] $y>1$ のとき，①から　$y^2<1-x^2$

　よって　$x^2+y^2<1$

　$y>1$ と $x^2+y^2<1$ を同時に満たす実数 x，y は存在しない。

したがって，求める領域は，

連立不等式

$$\begin{cases} -1<x<1 \\ 0<y<1 \\ x^2+y^2>1 \end{cases}$$

が表す領域で，**図の斜線部分。**

ただし，境界線を含まない。

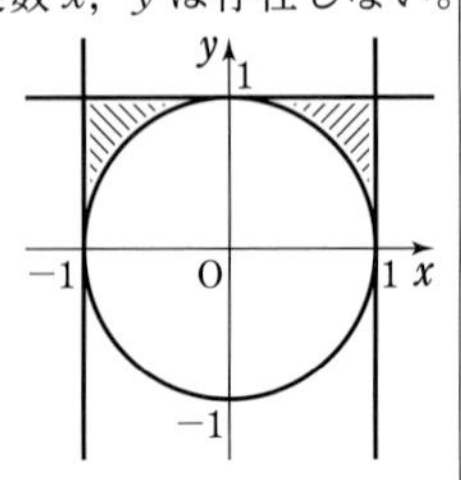

⇐真数>0，底>0，底≠1

⇐$2=\log_y y^2$

⇐大小反対

⇐大小一致

PR ④166 $x \geqq 3,\ y \geqq \frac{1}{3},\ xy=27$ のとき，$(\log_3 x)(\log_3 y)$ の最大値と最小値を求めよ。

$x \geqq 3,\ y \geqq \frac{1}{3},\ xy=27$ の各辺の 3 を底とする対数をとると

$$\log_3 x \geqq 1,\ \log_3 y \geqq -1,\ \log_3 x+\log_3 y=3$$

⇦$\log_3 xy=\log_3 x+\log_3 y$ また　$\log_3 27=\log_3 3^3$

$\log_3 x=X,\ \log_3 y=Y$ とおくと

$$X \geqq 1,\ Y \geqq -1,\ X+Y=3$$

$X+Y=3$ から　　$Y=3-X$ ……①

$Y \geqq -1$ であるから　$3-X \geqq -1$　　ゆえに　$X \leqq 4$

⇦消去する文字Yの条件（$Y \geqq -1$）を，残る文字Xの条件（$X \leqq 4$）におき換える。

$X \geqq 1$ と合わせて　$1 \leqq X \leqq 4$ ……②

また　$(\log_3 x)(\log_3 y)$

$$=XY=X(3-X)$$
$$=-X^2+3X$$
$$=-\left(X-\frac{3}{2}\right)^2+\frac{9}{4}$$

⇦2 次式は基本形に変形。

これを $f(X)$ とすると，② の範囲において，$f(X)$ は

$X=\frac{3}{2}$ で最大値 $\frac{9}{4}$，

$X=4$　で最小値 -4 をとる。

① から　$X=\frac{3}{2}$ のとき $Y=\frac{3}{2}$，

$X=4$ のとき　$Y=-1$

$\log_3 x=X,\ \log_3 y=Y$ より，$x=3^X,\ y=3^Y$ であるから

$\boldsymbol{x=y=3\sqrt{3}}$ **で最大値** $\boldsymbol{\frac{9}{4}}$；

$\boldsymbol{x=81,\ y=\frac{1}{3}}$ **で最小値** $\boldsymbol{-4}$　をとる。

PR ⑤167 xに関する方程式 $\log_2 x-\log_4(2x+a)=1$ が，相異なる 2 つの実数解をもつための実数aの値の範囲を求めよ。

真数は正であるから　　$x>0$ かつ $2x+a>0$ ……①

方程式を変形して　　$\log_2 x-\dfrac{\log_2(2x+a)}{\log_2 4}=\log_2 2$

⇦底を 2 にそろえる。

よって　　$2\log_2 x=\log_2(2x+a)+2\log_2 2$

⇦両辺に $\log_2 4=2$ を掛けて整理。

ゆえに　　$\log_2 x^2=\log_2 4(2x+a)$

したがって　　$x^2=4(2x+a)$

すなわち　　$\dfrac{x^2}{4}=2x+a$

これと ① から，求める条件は

$$\frac{x^2}{4}=2x+a,\ x>0,\ 2x+a>0$$

を満たす異なる 2 つの実数解が存在することである。

すなわち，曲線 $y=\frac{x^2}{4}$ と直線 $y=2x+a$ の $y>0$ の部分が，$x>0$ の範囲で異なる 2 つの共有点をもてばよい。

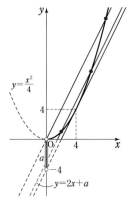

よって，$\frac{x^2}{4}=2x+a$ から

$x^2-8x-4a=0$ ……②

② の判別式を D とすると

$\frac{D}{4}=(-4)^2-(-4a)$

$=4(a+4)$

$D>0$ から　$a>-4$

また，2 つの共有点の x 座標，y 座標が正であるためには，図から

$a<0$

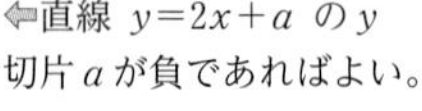
⇐直線 $y=2x+a$ の y 切片 a が負であればよい。

したがって，求める a の値の範囲は

$\mathbf{-4<a<0}$

別解 **（上の解答の 9 行目までは同じ）**

$\frac{x^2}{4}=2x+a$，$x>0$ の実数解を

$y=\frac{x^2}{4}-2x$ $(x>0)$ ……②，　$y=a$ ……③

の 2 つのグラフの共有点の x 座標と考える。

このとき，③ と $2x+a>0$ から

$2x+y>0$

すなわち　$y>-2x$ ……④

⇐$y>-2x$ の表す領域は下の図の斜線部分で，境界線を含まない。

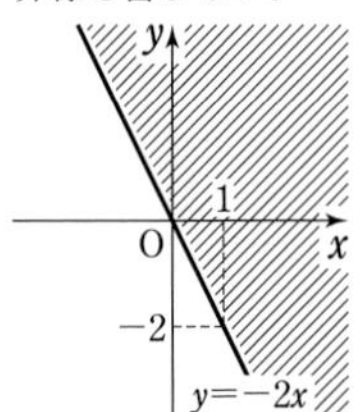

したがって，④ の範囲で，②，③ が異なる 2 つの共有点をもてばよいから，右のグラフから求める a の値の範囲は

$\mathbf{-4<a<0}$

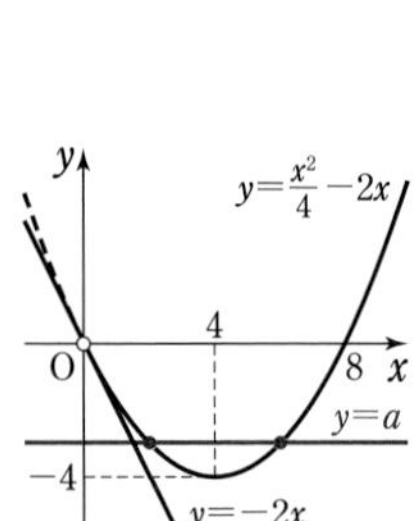

PR
④**168**

$\log_{10}2=0.3010$，$\log_{10}3=0.4771$ とする。

(1) 18^{18} は何桁の数で，最高位の数字と末尾の数字は何か。〔立命館大〕

(2) 0.15^{70} は小数第何位に初めて 0 以外の数字が現れるか。また，その数字は何か。〔慶応大〕

(1) $\log_{10}18^{18}=18\log_{10}(2\cdot3^2)=18(\log_{10}2+2\log_{10}3)$

$=18(0.3010+2\times0.4771)=22.5936$

よって　$22<\log_{10}18^{18}<23$

ゆえに　$10^{22}<18^{18}<10^{23}$

したがって，18^{18} は **23 桁** の数である。

$\log_{10}18^{18}=22.5936=22+0.5936$

⇐$\log_{10}18^{18}$ の小数部分を求めている。

ここで，$\log_{10}3=0.4771$，$\log_{10}4=2\log_{10}2=0.6020$ から

$\log_{10}3<0.5936<\log_{10}4$

よって　$3<10^{0.5936}<4$

ゆえに　$3\cdot10^{22}<10^{22.5936}<4\cdot10^{22}$

すなわち　$3\cdot10^{22}<18^{18}<4\cdot10^{22}$

したがって，18^{18} の **最高位の数字は　3**

また，18^1，18^2，18^3，18^4，18^5，…… の一の位の数字は順に

8，4，2，6，8，……

よって，4つの数字の列 8，4，2，6 が繰り返し現れる。

$18=4\times4+2$ であるから，18^{18} の **末尾の数字は　4**

⇐$q=0.5936$ に対して $\log_{10}a<q<\log_{10}(a+1)$ を満たす整数 a を見つける。

⇐$8^1=8$，$8^2=64$，$8^3=512$，$8^4=4096$，$8^5=32768$，… の一の位のみ考える。

別解　(最高位の数字)

$\log_{10}18^{18}=22.5936$ から

$$18^{18}=10^{22.5936}=10^{22}\cdot10^{0.5936}$$

$10^0<10^{0.5936}<10^1$ であるから，$10^{0.5936}$ の整数部分が 18^{18} の最高位の数字である。

$\log_{10}3=0.4771$，$\log_{10}4=0.6020$ より　$10^{0.4771}=3$，$10^{0.6020}=4$

$10^{0.4771}<10^{0.5936}<10^{0.6020}$ であるから　$3<10^{0.5936}<4$

よって，**最高位の数字は　3**

(2)　$\log_{10}0.15^{70}=70\log_{10}\dfrac{3}{20}=70(\log_{10}3-\log_{10}2-\log_{10}10)$

$=70(0.4771-0.3010-1)=-57.673$

よって　$-58<\log_{10}0.15^{70}<-57$

ゆえに　$10^{-58}<0.15^{70}<10^{-57}$

したがって，0.15^{70} は **小数第58位** に初めて0以外の数字が現れる。

⇐$\log_{10}\dfrac{3}{20}=\log_{10}\dfrac{3}{2\times10}=\log_{10}3-\log_{10}2-\log_{10}10$

$\log_{10}0.15^{70}=-57.673=-58+0.327$

ここで，$\log_{10}2=0.3010$，$\log_{10}3=0.4771$ から

$\log_{10}2<0.327<\log_{10}3$

よって　$2<10^{0.327}<3$

ゆえに　$2\cdot10^{-58}<10^{-57.673}<3\cdot10^{-58}$

すなわち　$2\cdot10^{-58}<0.15^{70}<3\cdot10^{-58}$

したがって，0.15^{70} の **小数首位の数字は　2**

⇐$\log_{10}0.15^{70}$ の小数部分を求めている。

⇐$q=0.327$ に対して $\log_{10}a<q<\log_{10}(a+1)$ を満たす整数 a を見つける。

別解　(小数首位の数字)

$\log_{10}0.15^{70}=-57.673$ から

$$0.15^{70}=10^{-57.673}=10^{-58}\cdot10^{0.327}$$

$10^0<10^{0.327}<10^1$ であるから，$10^{0.327}$ の整数部分が 0.15^{70} の小数首位の数字である。

$\log_{10}2=0.3010$，$\log_{10}3=0.4771$ より　$10^{0.3010}=2$，$10^{0.4771}=3$

$10^{0.3010}<10^{0.327}<10^{0.4771}$ であるから　$2<10^{0.327}<3$

よって，**小数首位の数字は　2**

⇐$10^{-57.673}=10^{-57}\cdot10^{-0.673}$ としては求められない。

5章
PR

EX ②121 次の計算をせよ。

(1) $\sqrt[8]{64}\times\sqrt[4]{162^{-3}}$ 〔足利工大〕 (2) $(\sqrt[3]{16}+2\sqrt[6]{4}-3\sqrt[9]{8})^3$ 〔立命館大〕

(3) $(x^{-\frac{3}{4}})^{-\frac{2}{3}}\div\sqrt[3]{\dfrac{1}{x^2}}\times(x^{\frac{2}{3}}x^{-1})^3$ ただし，$x>0$ とする。 〔久留米工大〕

(1) $(与式)=64^{\frac{1}{8}}\times162^{-\frac{3}{4}}=(2^6)^{\frac{1}{8}}\times(2\cdot3^4)^{-\frac{3}{4}}$

$=2^{\frac{3}{4}}\times(2^{-\frac{3}{4}}\cdot3^{-3})=2^{\frac{3}{4}-\frac{3}{4}}\times3^{-3}=2^0\times3^{-3}=\boldsymbol{\dfrac{1}{27}}$

(2) $\sqrt[3]{16}=\sqrt[3]{2^3\cdot2}=2\sqrt[3]{2}$，$\sqrt[6]{4}=\sqrt[6]{2^2}=\sqrt[3]{2}$，

$\sqrt[9]{8}=\sqrt[9]{2^3}=\sqrt[3]{2}$ より

$(与式)=(2\sqrt[3]{2}+2\sqrt[3]{2}-3\sqrt[3]{2})^3=(\sqrt[3]{2})^3=\boldsymbol{2}$

(3) $(与式)=x^{\frac{1}{2}}\div x^{-\frac{2}{3}}\times(x^{-\frac{1}{3}})^3=x^{\frac{1}{2}}\times x^{\frac{2}{3}}\times x^{-1}=x^{\frac{1}{2}+\frac{2}{3}-1}=\boldsymbol{x^{\frac{1}{6}}}$

⇐ $\sqrt[mp]{a^{np}}=\sqrt[m]{a^n}$

EX ③122 $x^{\frac{1}{2}}+x^{-\frac{1}{2}}=3$ のとき，$P=\dfrac{x^2+x^{-2}}{x^{\frac{3}{2}}+x^{-\frac{3}{2}}}$ の値を求めよ。 〔関西大〕

$x^{\frac{1}{2}}+x^{-\frac{1}{2}}=3$ の両辺を 2 乗すると　$x+2+x^{-1}=9$

よって　$x+x^{-1}=7$

この式の両辺を 2 乗すると　$x^2+2+x^{-2}=49$

ゆえに　$x^2+x^{-2}=47$ ……①

また　$x^{\frac{3}{2}}+x^{-\frac{3}{2}}=(x^{\frac{1}{2}}+x^{-\frac{1}{2}})^3-3x^{\frac{1}{2}}\cdot x^{-\frac{1}{2}}(x^{\frac{1}{2}}+x^{-\frac{1}{2}})$

$=3^3-3\cdot1\cdot3=18$ ……②

①，② から　$P=\boldsymbol{\dfrac{47}{18}}$

⇐ $(x^{\frac{1}{2}}+x^{-\frac{1}{2}})^2=(x^{\frac{1}{2}})^2+2x^{\frac{1}{2}}\cdot x^{-\frac{1}{2}}+(x^{-\frac{1}{2}})^2$

⇐ $a^3+b^3=(a+b)^3-3ab(a+b)$

EX ②123 3 つの数 $\sqrt[3]{\dfrac{4}{9}}$，$\sqrt[4]{\dfrac{8}{27}}$，$\sqrt[3]{\dfrac{9}{16}}$ の大小を不等号を用いて表せ。

$\left(\sqrt[3]{\dfrac{4}{9}}\right)^{12}=\left\{\left(\dfrac{2}{3}\right)^{\frac{2}{3}}\right\}^{12}=\left(\dfrac{2}{3}\right)^8$，$\left(\sqrt[4]{\dfrac{8}{27}}\right)^{12}=\left\{\left(\dfrac{2}{3}\right)^{\frac{3}{4}}\right\}^{12}=\left(\dfrac{2}{3}\right)^9$，

$\left(\sqrt[3]{\dfrac{9}{16}}\right)^{12}=\left\{\left(\dfrac{3}{4}\right)^{\frac{2}{3}}\right\}^{12}=\left(\dfrac{3}{4}\right)^8$

底 $\dfrac{2}{3}$ は 1 より小さく，$8<9$ であるから　$\left(\dfrac{2}{3}\right)^9<\left(\dfrac{2}{3}\right)^8$

また，$\dfrac{2}{3}<\dfrac{3}{4}$ であるから　$\left(\dfrac{2}{3}\right)^8<\left(\dfrac{3}{4}\right)^8$

したがって　$\left(\dfrac{2}{3}\right)^9<\left(\dfrac{2}{3}\right)^8<\left(\dfrac{3}{4}\right)^8$

すなわち　$\left(\sqrt[4]{\dfrac{8}{27}}\right)^{12}<\left(\sqrt[3]{\dfrac{4}{9}}\right)^{12}<\left(\sqrt[3]{\dfrac{9}{16}}\right)^{12}$

$\sqrt[4]{\dfrac{8}{27}}>0$，$\sqrt[3]{\dfrac{4}{9}}>0$，$\sqrt[3]{\dfrac{9}{16}}>0$ であるから

$$\boldsymbol{\sqrt[4]{\dfrac{8}{27}}<\sqrt[3]{\dfrac{4}{9}}<\sqrt[3]{\dfrac{9}{16}}}$$

⇐ 3 と 4 の最小公倍数は 12 であるから 12 乗する。

⇐ $0<a<1$ のとき　$p<q \iff a^p>a^q$

⇐ $a>0$，$b>0$ のとき　$a<b \iff a^8<b^8$

別解　$\sqrt[3]{\frac{4}{9}}=\left\{\left(\frac{2}{3}\right)^2\right\}^{\frac{1}{3}}=\left(\frac{2}{3}\right)^{\frac{2}{3}}$，$\sqrt[4]{\frac{8}{27}}=\left\{\left(\frac{2}{3}\right)^3\right\}^{\frac{1}{4}}=\left(\frac{2}{3}\right)^{\frac{3}{4}}$，

$\sqrt[3]{\frac{9}{16}}=\left\{\left(\frac{3}{4}\right)^2\right\}^{\frac{1}{3}}=\left(\frac{3}{4}\right)^{\frac{2}{3}}$

⇦底または指数をそろえている。

底 $\frac{2}{3}$ は1より小さく，$\frac{2}{3}<\frac{3}{4}$ であるから　$\left(\frac{2}{3}\right)^{\frac{3}{4}}<\left(\frac{2}{3}\right)^{\frac{2}{3}}$

⇦底が同じ。

また，$\frac{2}{3}<\frac{3}{4}$ であるから　$\left(\frac{2}{3}\right)^{\frac{2}{3}}<\left(\frac{3}{4}\right)^{\frac{2}{3}}$

⇦指数が同じ。

したがって　$\left(\frac{2}{3}\right)^{\frac{3}{4}}<\left(\frac{2}{3}\right)^{\frac{2}{3}}<\left(\frac{3}{4}\right)^{\frac{2}{3}}$

すなわち　$\sqrt[4]{\frac{8}{27}}<\sqrt[3]{\frac{4}{9}}<\sqrt[3]{\frac{9}{16}}$

5章
EX

EX ②124　$x\leqq3$ における関数 $y=4^x-2^{x+2}$ の最大値は ア□，最小値は イ□ である。〔明治薬大〕

$2^x=t$ とおくと，$x\leqq3$ のとき

$0<t\leqq2^3$

よって　$0<t\leqq8$　……①

⇦関数 $t=2^x$ は底 $2>1$ で，グラフは右上がり。

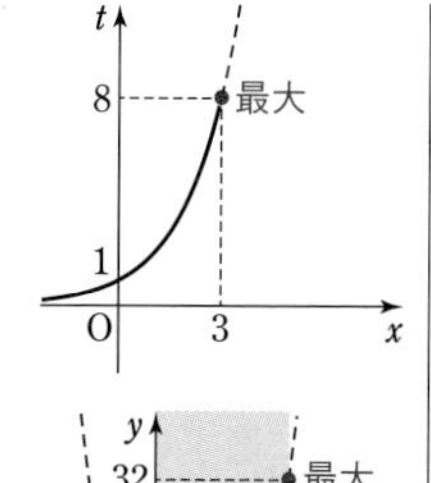

与えられた関数の式を変形すると

$y=4^x-2^{x+2}$

$=(2^x)^2-4\cdot2^x$

y を t で表すと

$y=t^2-4t$

$=(t-2)^2-4$

⇦２次式は基本形に変形。

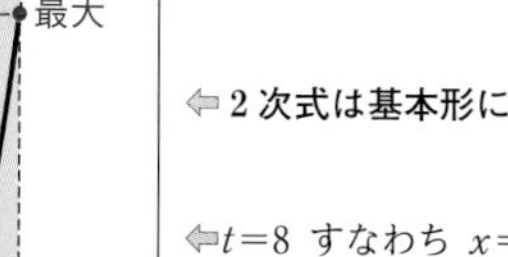

ゆえに，① の範囲で，y は

$t=8$ で最大値 ア**32**

$t=2$ で最小値 イ**−4**

をとる。

⇦$t=8$ すなわち $x=3$ で最大値，$t=2$ すなわち $x=1$ で最小値をとる。

EX ③125　次の連立方程式を解け。

(1) $\begin{cases}2^{x+1}+3^{y-1}=2\\2^{x+3}-3^y=1\end{cases}$　　(2) $\begin{cases}3^{2x}-3^y=-6\\3^{2x+y}=27\end{cases}$　〔(2) 愛知工大〕

(1)　$2^x=X$，$3^y=Y$ とおくと　$X>0$，$Y>0$

$2^{x+1}=2X$，$3^{y-1}=\frac{1}{3}Y$，$2^{x+3}=8X$

⇦$2^{x+1}=2^x\cdot2^1$，$3^{y-1}=3^y\cdot3^{-1}$，$2^{x+3}=2^x\cdot2^3$

よって，連立方程式は

$2X+\frac{1}{3}Y=2$　……①，　$8X-Y=1$　……②

①×3 から　$6X+Y=6$　……③

②＋③ から　$14X=7$　ゆえに　$X=\frac{1}{2}$

⇦$X>0$ を満たす。

すなわち　$2^x=\frac{1}{2}$　よって　$\boldsymbol{x=-1}$

⇦$\frac{1}{2}=2^{-1}$ から。

② から　$Y=8X-1=3$　すなわち　$3^y=3$

⇦$Y>0$ を満たす。

よって　$\boldsymbol{y=1}$

(2)　$3^{2x}=X$，$3^y=Y$ とおくと　$X>0$，$Y>0$

また　$3^{2x+y}=3^{2x}\cdot 3^y=XY$

よって，連立方程式は

$X-Y=-6$　…… ①，　$XY=27$　…… ②

⇦1 次と 2 次の連立方程式は，1 次方程式を変形して 2 次方程式に代入する。

① から　$Y=X+6$　…… ③

③ を ② に代入して　$X(X+6)=27$

整理して　$X^2+6X-27=0$

ゆえに　$(X-3)(X+9)=0$

$X>0$ であるから　$X=3$　すなわち　$3^{2x}=3$

⇦$X+9>0$

よって　$2x=1$　ゆえに　$\boldsymbol{x=\frac{1}{2}}$

③ から　$Y=9$　よって　$3^y=9$

⇦$Y>0$ を満たす。

ゆえに　$\boldsymbol{y=2}$

別解　(上の解答の ①，② までは同じ)

①，② から　$X+(-Y)=-6$，$X(-Y)=-27$

したがって，X，$-Y$ を解とする 2 次方程式は

$t^2+6t-27=0$　すなわち　$(t-3)(t+9)=0$

⇦$x+y=p$，$xy=q$ のとき，x，y を解とする 2 次方程式の 1 つは $t^2-pt+q=0$

ここで，$X>0$，$Y>0$ に適するのは　$(X,\ -Y)=(3,\ -9)$

ゆえに　$3^{2x}=3$，$3^y=9$

よって　$\boldsymbol{x=\frac{1}{2}}$，$\boldsymbol{y=2}$

EX ③**126**

次の方程式・不等式を解け。　〔(1) 京都産大　(2) 自治医大　(3) 中央大〕

(1)　$8^x-3\cdot 4^x-3\cdot 2^{x+1}+8=0$　(2)　$2(3^x+3^{-x})-5(9^x+9^{-x})+6=0$

(3)　$9^x<27^{5-x}<81^{2x+1}$

(1)　方程式から　$(2^x)^3-3\cdot(2^x)^2-6\cdot 2^x+8=0$

$2^x=t$ とおくと　$t>0$

方程式は　$t^3-3t^2-6t+8=0$

⇦因数定理を利用して因数分解する。

よって　$(t-1)(t+2)(t-4)=0$

$t>0$ であるから　$t=1,\ 4$

⇦$t=-2$ は不適。

$t=1$ のとき　$2^x=1$　ゆえに　$x=0$

$t=4$ のとき　$2^x=4$　ゆえに　$x=2$

したがって　$\boldsymbol{x=0,\ 2}$

(2)　$3^x+3^{-x}=t$ とおくと　$9^x+9^{-x}=(3^x+3^{-x})^2-2=t^2-2$

方程式は　$2t-5(t^2-2)+6=0$

すなわち　$5t^2-2t-16=0$

ゆえに　　$(5t+8)(t-2)=0$

ここで $3^x>0$, $3^{-x}>0$ であるから，相加平均と相乗平均の大小関係により　　$t=3^x+3^{-x} \geqq 2\sqrt{3^x \cdot 3^{-x}}=2$ …… ①

よって，$5t+8>0$ であるから　　$t-2=0$　すなわち　$t=2$

$t=2$ となるのは，① で等号が成り立つ場合であり，① の等号は，$3^x=3^{-x}$ すなわち $x=-x$ のときに成り立つ。

したがって　　$\boldsymbol{x=0}$

⇐**$a>0$, $b>0$ のとき $\dfrac{a+b}{2} \geqq \sqrt{ab}$ $a=b$ のとき等号成立**

(3) 不等式から　　$(3^2)^x<(3^3)^{5-x}<(3^4)^{2x+1}$

よって　　$3^{2x}<3^{15-3x}<3^{8x+4}$

底3は1より大きいから　　$2x<15-3x<8x+4$

$2x<15-3x$ から　　$x<3$ …… ①

$15-3x<8x+4$ から　　$x>1$ …… ②

① と ② の共通範囲を求めて　　$\boldsymbol{1<x<3}$

⇐底を3にそろえる。

⇐$A<B<C$ $\iff A<B$ かつ $B<C$

5章 EX

EX ③127　$a>0$, $b>0$, $c>0$ のとき，$\dfrac{a+b+c}{3} \geqq \sqrt[3]{abc}$ が成り立つことを証明せよ。また，等号が成り立つのはどのようなときか。

$\sqrt[3]{a}=x$, $\sqrt[3]{b}=y$, $\sqrt[3]{c}=z$ とおくと，$a>0$, $b>0$, $c>0$ より　　$x>0$, $y>0$, $z>0$ …… ①

このとき

$$\begin{aligned} &a+b+c-3\sqrt[3]{abc} \\ &=(\sqrt[3]{a})^3+(\sqrt[3]{b})^3+(\sqrt[3]{c})^3-3\sqrt[3]{a}\sqrt[3]{b}\sqrt[3]{c} \\ &=x^3+y^3+z^3-3xyz \\ &=(x+y+z)(x^2+y^2+z^2-xy-yz-zx) \\ &=\frac{1}{2}(x+y+z)\{(x-y)^2+(y-z)^2+(z-x)^2\} \end{aligned}$$

⇐本冊 $p.16$ POINT および $p.56$ 重要例題 33 別解参照。

ここで，① から　　$x+y+z>0$

また，$(x-y)^2 \geqq 0$, $(y-z)^2 \geqq 0$, $(z-x)^2 \geqq 0$ から

$(x-y)^2+(y-z)^2+(z-x)^2 \geqq 0$

したがって　　$a+b+c-3\sqrt[3]{abc} \geqq 0$

よって　　$\dfrac{a+b+c}{3} \geqq \sqrt[3]{abc}$ が成り立つ。

等号が成り立つのは，$x-y=0$, $y-z=0$, $z-x=0$ すなわち，**$a=b=c$ のとき** である。

EX ④128　(1) 不等式 $4^x-2^{x+1}+16<2^{x+3}$ を満たす x の範囲を求めよ。

(2) (1) の不等式を満たすすべての x が $ax^2+(2a^2-1)x-2a<0$ を満たすような定数 a の値の範囲を求めよ。ただし，$a>0$ とする。〔類 関西大〕

(1) $4^x=(2^x)^2$, $2^{x+1}=2\cdot 2^x$, $2^{x+3}=8\cdot 2^x$ であるから

不等式は　　$(2^x)^2-2\cdot 2^x+16<8\cdot 2^x$

すなわち　　$(2^x)^2-10\cdot 2^x+16<0$

⇐$2^x=t$ とおくと $t^2-2t+16<8t$ から $(t-2)(t-8)<0$ ゆえに　$2<t<8$

ゆえに　$(2^x-2)(2^x-8)<0$

よって　$2<2^x<8$　すなわち　$2^1<2^x<2^3$

底2は1より大きいから　$\boldsymbol{1<x<3}$ ……①

(2) 不等式の左辺を因数分解すると　$(x+2a)(ax-1)<0$

$a>0$ であるから　$-2a<x<\dfrac{1}{a}$ ……②

① を満たすすべての x が ② を満たす，すなわち ① の範囲が ② の範囲に含まれるための条件は

$-2a \leqq 1$ かつ $3 \leqq \dfrac{1}{a}$

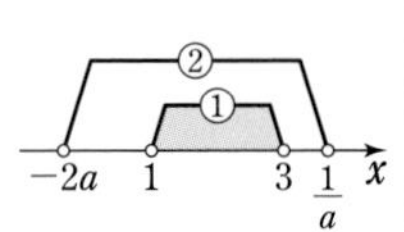

すなわち　$-\dfrac{1}{2} \leqq a \leqq \dfrac{1}{3}$

$a>0$ であるから　$\boldsymbol{0<a \leqq \dfrac{1}{3}}$

$$\begin{array}{ccc} 1 & 2a & \longrightarrow 2a^2 \\ a & -1 & \longrightarrow -1 \\ \hline a & -2a & 2a^2-1 \end{array}$$

⇐ $-2a<1$ かつ $3<\dfrac{1}{a}$ ではない！　等号が付くことに注意する。

EX
④**129**

点 $(x,\ y)$ が直線 $x+3y=3$ 上を動くとき，2^x+8^y の値を最小にする $x,\ y$ を求めよ。また，その最小値を求めよ。〔青山学院大〕

$x+3y=3$ から　$3y=3-x$

よって　$2^x+8^y=2^x+2^{3y}$

$=2^x+2^{3-x}$

$2^x>0,\ 2^{3-x}>0$ であるから，相加平均と相乗平均の大小関係により

$$2^x+2^{3-x} \geqq 2\sqrt{2^x \cdot 2^{3-x}}=2\sqrt{2^3}=4\sqrt{2}$$

等号は，$2^x=2^{3-x}$ すなわち $x=\dfrac{3}{2}$ のとき成り立つ。

このとき　$y=1-\dfrac{1}{3}\cdot\dfrac{3}{2}=\dfrac{1}{2}$

よって，2^x+8^y は $\boldsymbol{x=\dfrac{3}{2},\ y=\dfrac{1}{2}}$ **で最小値 $\boldsymbol{4\sqrt{2}}$** をとる。

⇐底を2にそろえる。

⇐ y を消去。

⇐ **$a>0,\ b>0$ のとき $\dfrac{a+b}{2} \geqq \sqrt{ab}$ $a=b$ のとき等号成立**

⇐ $x=3-x$ から $2x=3$

EX
③**130**

$1<a<b<a^2$ のとき，$\log_a b,\ \log_b a,\ \log_a\left(\dfrac{a}{b}\right),\ \log_b\left(\dfrac{b}{a}\right),\ 0,\ \dfrac{1}{2},\ 1$ を小さい順に並べよ。〔自治医大〕

$a<b<a^2$ の各辺は正であるから，各辺の a を底とする対数をとると，$a>1$ より

$$\log_a a<\log_a b<\log_a a^2$$

すなわち　$1<\log_a b<2$ ……①

$\log_a b=\dfrac{1}{\log_b a}$ であるから　$1<\dfrac{1}{\log_b a}<2$

逆数をとって　$\dfrac{1}{2}<\log_b a<1$ ……②

また　$\log_a\left(\dfrac{a}{b}\right)=1-\log_a b$

⇐ $A,\ B,\ C$ が正の数のとき　$A<B<C$ $\Longleftrightarrow \dfrac{1}{A}>\dfrac{1}{B}>\dfrac{1}{C}$

① から　$1-\log_a b<0$　すなわち　$\log_a\left(\dfrac{a}{b}\right)<0$

更に　$\log_b\left(\dfrac{b}{a}\right)=1-\log_b a$

② から　$-1<-\log_b a<-\dfrac{1}{2}$

⇐② の各辺に -1 を掛ける。大小関係が変わることに注意。

各辺に 1 を加えて　$0<1-\log_b a<\dfrac{1}{2}$

すなわち　$0<\log_b\left(\dfrac{b}{a}\right)<\dfrac{1}{2}$

以上から，各数を小さい順に並べて

$$\boldsymbol{\log_a\left(\frac{a}{b}\right),\ 0,\ \log_b\left(\frac{b}{a}\right),\ \frac{1}{2},\ \log_b a,\ 1,\ \log_a b}$$

inf.　$1<4<8<4^2$ であるから，$a=4$，$b=8$ として大小の見当をつけることができる。

$$\log_a b=\log_4 8=\frac{3}{2},\ \log_b a=\log_8 4=\frac{2}{3}$$

$$\log_a\left(\frac{a}{b}\right)=\log_4\frac{4}{8}=\log_4\frac{1}{2}=-\frac{1}{2}$$

$$\log_b\left(\frac{b}{a}\right)=\log_8\frac{8}{4}=\log_8 2=\frac{1}{3}$$

5章 EX

EX ③131　次の方程式・不等式を解け。ただし，a は 1 と異なる正の定数とする。　[(2) 倉敷芸科大]

(1)　$\log_{\sqrt{2}}(2-x)-\log_2(x+2)=3$　　(2)　$x^{\log_3 9x}=\left(\dfrac{x}{3}\right)^8$

(3)　$\log_a(3x^2-3x-18)>\log_a(2x^2-10x)$

(1)　真数は正であるから　$2-x>0$ かつ $x+2>0$

共通範囲をとって　$-2<x<2$　…… ①

$$\log_{\sqrt{2}}(2-x)=\frac{\log_2(2-x)}{\log_2\sqrt{2}}$$

$$=2\log_2(2-x)=\log_2(2-x)^2$$

⇐底を 2 にそろえる。

ゆえに，方程式は　$\log_2(2-x)^2-\log_2(x+2)=\log_2 2^3$

よって　$\log_2(2-x)^2=\log_2 2^3(x+2)$

⇐$\log_2(x+2)$ を右辺に移項してまとめる。

したがって　$(2-x)^2=8(x+2)$

整理すると　$x^2-12x-12=0$

これを解いて　$x=6\pm4\sqrt{3}$

① から　$\boldsymbol{x=6-4\sqrt{3}}$

⇐真数の条件を確認。

(2)　真数は正であるから　$x>0$　…… ①

ゆえに　$x^{\log_3 9x}>0$，$x^8>0$

よって，$x^{\log_3 9x}=\left(\dfrac{x}{3}\right)^8$ の両辺は正であるから，両辺の 3 を底とする対数をとると　$\log_3 x^{\log_3 9x}=\log_3\left(\dfrac{x}{3}\right)^8$

よって　$(\log_3 9x)(\log_3 x)=8\log_3\dfrac{x}{3}$

ゆえに　$(2+\log_3 x)(\log_3 x)=8(\log_3 x-1)$

整理すると　$(\log_3 x)^2-6\log_3 x+8=0$

よって　$(\log_3 x-2)(\log_3 x-4)=0$

ゆえに　$\log_3 x=2,\ 4$　すなわち　$\boldsymbol{x=9,\ 81}$

これらは ① を満たすから，求める解である。

⇐$\log_3 x=t$ とおくと $t^2-6t+8=(t-2)(t-4)$

(3)　真数は正であるから

$3x^2-3x-18>0$ かつ $2x^2-10x>0$

$3x^2-3x-18>0$ から　$3(x+2)(x-3)>0$

よって　$x<-2,\ 3<x$　…… ①

$2x^2-10x>0$ から　$2x(x-5)>0$

よって　$x<0,\ 5<x$　…… ②

①，② の共通範囲をとって　$x<-2,\ 5<x$　…… ③

[1]　$0<a<1$ のとき

不等式から　$3x^2-3x-18<2x^2-10x$

整理すると　$x^2+7x-18<0$

よって　$(x+9)(x-2)<0$　ゆえに　$-9<x<2$

③ との共通範囲をとって　$-9<x<-2$

⇐底 a は 1 より小さいから，対数の大小と真数の大小が逆になる。

[2]　$a>1$ のとき

不等式から　$3x^2-3x-18>2x^2-10x$

整理すると　$x^2+7x-18>0$

よって　$(x+9)(x-2)>0$　ゆえに　$x<-9,\ 2<x$

③ との共通範囲をとって　$x<-9,\ 5<x$

⇐底 a は 1 より大きいから，対数の大小と真数の大小は変わらない。

したがって，[1]，[2] から

$0<a<1$ のとき　$-9<x<-2$

$a>1$　のとき　$x<-9,\ 5<x$

EX ③132　$x>1$ の範囲で，関数 $f(x)=\log_3 x+\log_x 9$ の最小値を求めよ。

$$f(x)=\log_3 x+\frac{\log_3 9}{\log_3 x}=\log_3 x+\frac{2}{\log_3 x}$$

$x>1$ より $\log_3 x>0$ であるから，相加平均と相乗平均の大小関係により　$f(x)\geqq 2\sqrt{\log_3 x\cdot\dfrac{2}{\log_3 x}}=2\sqrt{2}$

⇐$x>1$ から $\log_3 x>\log_3 1$　$\log_3 1=0$ より $\log_3 x>0$

等号が成り立つのは，$\log_3 x=\dfrac{2}{\log_3 x}$ のときである。

$\log_3 x=\dfrac{2}{\log_3 x}$ から　$(\log_3 x)^2=2$

$\log_3 x>0$ から　$\log_3 x=\sqrt{2}$　よって　$x=3^{\sqrt{2}}$

したがって，**$x=3^{\sqrt{2}}$ で最小値 $2\sqrt{2}$** をとる。

inf.　**無理数の指数**

例えば，$\sqrt{2}=1.414\cdots$ に対して，累乗の列 $3^{1.4}$，$3^{1.41}$，$3^{1.414}$，…は次第に一定の値に近づく。その値を $3^{\sqrt{2}}$ と定める。

EX ③133

a, b を正の整数とする。a^2 が 7 桁, ab^3 が 20 桁の数のとき, a, b はそれぞれ何桁の数になるか。

a^2 は 7 桁の数であるから　$10^6 \leqq a^2 < 10^7$

各辺の常用対数をとると　$6 \leqq \log_{10} a^2 < 7$

すなわち　$3 \leqq \log_{10} a < \dfrac{7}{2} < 4$　…… ①

よって　$10^3 \leqq a < 10^4$

したがって, **a は 4 桁の数** である。

また, ab^3 は 20 桁の数であるから　$10^{19} \leqq ab^3 < 10^{20}$

各辺の常用対数をとると

$$19 \leqq \log_{10} a + 3\log_{10} b < 20 \quad \cdots\cdots ②$$

① の不等式の各辺に -1 を掛けて

$$-\frac{7}{2} < -\log_{10} a \leqq -3 \quad \cdots\cdots ③$$

②, ③ の辺々を加えると

$$\frac{31}{2} < 3\log_{10} b < 17 \quad すなわち \quad \frac{31}{6} < \log_{10} b < \frac{17}{3}$$

よって　$5 < \log_{10} b < 6$　すなわち　$10^5 < b < 10^6$

したがって, **b は 6 桁の数** である。

⇐整数 N が n 桁の数 $\iff 10^{n-1} \leqq N < 10^n$ $\iff n-1 \leqq \log_{10} N < n$

⇐$\log_{10} ab^3 = \log_{10} a + \log_{10} b^3$

⇐②, ③ の辺々を加えると ≦ が < となることに注意。

EX ④134

$f(x) = \left(\log_2 \dfrac{x}{a}\right)\left(\log_2 \dfrac{x}{b}\right)$ (ただし, $ab=8$, $a>b>0$) とする。$f(x)$ の最小値が -1 であるとき, a^2 の値を求めよ。〔早稲田大〕

$\log_2 x = t$ とおくと, $x>0$ であるとき, t は実数全体を動く。

このとき　$f(x) = (t - \log_2 a)(t - \log_2 b)$

$g(t) = (t - \log_2 a)(t - \log_2 b)$ とすると

$$g(t) = t^2 - (\log_2 a + \log_2 b)t + (\log_2 a)(\log_2 b)$$

$ab=8$ であるから

$$\log_2 a + \log_2 b = \log_2 ab = \log_2 8 = 3 \quad \cdots\cdots ①$$

よって　$g(t) = t^2 - 3t + (\log_2 a)(\log_2 b)$

$$= \left(t - \frac{3}{2}\right)^2 + (\log_2 a)(\log_2 b) - \frac{9}{4}$$

よって, $g(t)$ の最小値は　$g\left(\dfrac{3}{2}\right) = (\log_2 a)(\log_2 b) - \dfrac{9}{4}$

$f(x)$ の最小値が -1 であるとき　$(\log_2 a)(\log_2 b) - \dfrac{9}{4} = -1$

すなわち　$(\log_2 a)(\log_2 b) = \dfrac{5}{4}$　…… ②

①, ② から, $\log_2 a$, $\log_2 b$ は, t についての方程式

$t^2 - 3t + \dfrac{5}{4} = 0$ …… ③ の解である。

③ を解くと, $\left(t - \dfrac{1}{2}\right)\left(t - \dfrac{5}{2}\right) = 0$ から　$t = \dfrac{1}{2}, \dfrac{5}{2}$

⇐$\log_a \dfrac{M}{N} = \log_a M - \log_a N$

⇐**2 次式は基本形に変形。**

⇐ $x+y=\alpha$, $xy=\beta$ のとき, x, y は 2 次方程式 $t^2 - \alpha t + \beta = 0$ の解である。

5章 EX

$a>b>0$ から　$\log_2 a>\log_2 b$

よって　$\log_2 a=\dfrac{5}{2}$　ゆえに　$a^2=(2^{\frac{5}{2}})^2=2^5=\mathbf{32}$

⇐底 2 は 1 より大きい。

EX ④135　4^n+3 が 9 桁の数になる自然数 n を求めよ。また，そのとき，4^n+3 の最高位の数を求めよ。ただし，$\log_{10}2=0.3010$，$\log_{10}3=0.4771$，$\log_{10}7=0.8451$ とせよ。〔岩手大〕

4^n の一の位の数は 4 または 6 であるから，4^n と 4^n+3 は桁数も最高位の数も同じである。

4^n が 9 桁の数であるとき　$10^8 \leqq 4^n < 10^9$

各辺の常用対数をとると

$8 \leqq \log_{10}4^n < 9$　すなわち　$8 \leqq 2n\log_{10}2 < 9$

よって　$\dfrac{8}{2\times0.3010} \leqq n < \dfrac{9}{2\times0.3010}$

したがって　$13.2\cdots \leqq n < 14.9\cdots$　ゆえに　$n=14$

4^{14} と $4^{14}+3$ は同じ桁数であるから　$\boldsymbol{n=14}$

次に，$4^{14}+3$ と 4^{14} の最高位の数は同じであるから，4^{14} の最高位の数を求める。

$\log_{10}4^{14}=14\log_{10}4=2\times14\times0.3010=8.428$
$=8+0.428$

ここで，$\log_{10}2=0.3010$，$\log_{10}3=0.4771$ から

$\log_{10}2<0.428<\log_{10}3$

よって　$2<10^{0.428}<3$

ゆえに　$2\cdot10^8<10^{8.428}<3\cdot10^8$

すなわち　$2\cdot10^8<4^{14}<3\cdot10^8$

したがって，**最高位の数は　2**

⇐4^n の一の位の数は
4，6，4，6，……
3 を加えても，一の位が繰り上がることはない。

⇐各辺を 2×0.3010 $(=2\log_{10}2)$ で割る。

別解　**(最高位の数)**
$\log_{10}4^{14}=8.428$ から
$4^{14}=10^8\cdot10^{0.428}$
$10^0<10^{0.428}<10^1$ から，
$10^{0.428}$ の整数部分が 4^{14} の最高位の数である。
$10^{0.3010}<10^{0.428}<10^{0.4771}$
であるから $2<10^{0.428}<3$
よって，
最高位の数は　2

EX ③136　$\log_{10}2=0.3010\cdots\cdots$ を用いずに，不等式 $\dfrac{3}{10}<\log_{10}2<\dfrac{4}{13}$ を示せ。

$2^{10}=1024$，$2^{13}=8192$ であるから　$10^3<2^{10}$，$2^{13}<10^4$

それぞれの不等式で，両辺の常用対数をとると

$3<10\log_{10}2$，　$13\log_{10}2<4$

よって　$\dfrac{3}{10}<\log_{10}2<\dfrac{4}{13}$

EX ④137
(1) $\log_2 3=\dfrac{m}{n}$ を満たす自然数 m，n は存在しないことを証明せよ。
(2) $\log_2 3$ の値の小数第 1 位の数字を求めよ。

(1) $\log_2 3=\dfrac{m}{n}$ を満たす自然数 m，n が存在すると仮定すると，$2^{\frac{m}{n}}=3$ であるから　$2^m=3^n$　……①

ここで，m，n は自然数であるから，① の左辺の 2^m は偶数，右辺の 3^n は奇数となり，矛盾する。

⇐等式 ① は成り立たないこと（矛盾すること）を示す。

よって，$\log_2 3=\dfrac{m}{n}$ を満たす自然数 m，n は存在しない。

(2)　$2^3<3^2$ の両辺の 2 を底とする対数をとると

$$\log_2 2^3<\log_2 3^2 \quad \text{すなわち} \quad 3<2\log_2 3$$

したがって　　$1.5<\log_2 3$　……②

$3^5<2^8$ の両辺の 2 を底とする対数をとると

$$\log_2 3^5<\log_2 2^8 \quad \text{すなわち} \quad 5\log_2 3<8$$

したがって　　$\log_2 3<1.6$　……③

②，③ から，$\log_2 3$ の値の小数第 1 位は　**5**

⇐$\log_2 3$ の小数第 1 位が 5 以上であることがわかる。

⇐②，③ から $1.5<\log_2 3<1.6$

inf.　$2^p<3^q<2^{p+1}$ を満たす自然数 p，q の組を見つけ，各々の 2 を底とする対数をとって絞り込んでいく。

$2<3<2^2 \iff 1<\log_2 3<2$

$2^3<3^2<2^4 \iff 3<2\log_2 3<4 \iff 1.5<\log_2 3<2$

$2^4<3^3<2^5 \iff 4<3\log_2 3<5 \iff 1.3\cdots<\log_2 3<1.6\cdots$

$2^6<3^4<2^7 \iff 6<4\log_2 3<7 \iff 1.5<\log_2 3<1.75$

$2^7<3^5<2^8 \iff 7<5\log_2 3<8 \iff 1.4<\log_2 3<1.6$

PR ②169

(1) 次の関数において，x が［　］内の範囲で変化するときの平均変化率を求めよ。
(ア) $f(x)=-3x^2+2x$　［-2 から b まで］　(イ) $f(x)=x^3-x$　［a から $a+h$ まで］
(2) $f(x)=x^3-x^2$ において，x が 1 から $1+h$ まで変化するときの平均変化率が 4 となるように，h の値を定めよ。

(1) (ア) $\dfrac{f(b)-f(-2)}{b-(-2)}=\dfrac{(-3b^2+2b)-\{-3(-2)^2+2(-2)\}}{b+2}$

$=\dfrac{-3b^2+2b+16}{b+2}=\dfrac{-(b+2)(3b-8)}{b+2}=\boldsymbol{-3b+8}$

(イ) $\dfrac{f(a+h)-f(a)}{(a+h)-a}=\dfrac{\{(a+h)^3-(a+h)\}-(a^3-a)}{h}$

$=\dfrac{3a^2h+3ah^2+h^3-h}{h}=\boldsymbol{3a^2+3ah+h^2-1}$

(2) x が 1 から $1+h$ まで変化するときの平均変化率は

$\dfrac{f(1+h)-f(1)}{(1+h)-1}=\dfrac{\{(1+h)^3-(1+h)^2\}-(1^3-1^2)}{h}$

$=\dfrac{h^3+2h^2+h}{h}=h^2+2h+1$

よって　$h^2+2h+1=4$　　整理すると　$h^2+2h-3=0$
ゆえに　$(h-1)(h+3)=0$　　したがって　$\boldsymbol{h=1,\ -3}$

⇐ x が a から b まで変化するときの平均変化率は $\dfrac{f(b)-f(a)}{b-a}$

⇐ $-(3b^2-2b-16)=-(b+2)(3b-8)$

⇐ $(a+h)^3=a^3+3a^2h+3ah^2+h^3$

⇐ $(1+h)^3=1+3h+3h^2+h^3$
$(1+h)^2=1+2h+h^2$

PR ①170

導関数の定義にしたがって，次の関数の導関数を求めよ。
(1) $y=x^2-3x+9$　　(2) $y=-2x^3+3x^2-1$

$y=f(x)$ とする。

(1) $f(x+h)-f(x)=(x+h)^2-3(x+h)+9-(x^2-3x+9)$

$=2xh+h^2-3h=h(2x+h-3)$

よって　$\boldsymbol{y'}=f'(x)=\displaystyle\lim_{h\to0}\frac{f(x+h)-f(x)}{h}$

$=\displaystyle\lim_{h\to0}(2x+h-3)=\boldsymbol{2x-3}$

(2) $f(x+h)-f(x)=-2(x+h)^3+3(x+h)^2-1$

$-(-2x^3+3x^2-1)$

$=h(-6x^2-6xh-2h^2+6x+3h)$

よって　$\boldsymbol{y'}=f'(x)=\displaystyle\lim_{h\to0}\frac{f(x+h)-f(x)}{h}$

$=\displaystyle\lim_{h\to0}(-6x^2-6xh-2h^2+6x+3h)$

$\boldsymbol{=-6x^2+6x}$

⇐ $f(x)$ の導関数の定義
$f'(x)=\displaystyle\lim_{h\to0}\frac{f(x+h)-f(x)}{h}$

⇐ $=-2x^3-6x^2h-6xh^2-2h^3+3x^2+6xh+3h^2-1+2x^3-3x^2+1$
$=h(-6x^2-6xh-2h^2+6x+3h)$

PR ②171

次の関数を微分せよ。また，$x=0$，1 における微分係数をそれぞれ求めよ。
(1) $y=5x^2-6x+4$　　(2) $y=x^3-3x^2-1$
(3) $y=x^2(2x+1)$　　(4) $y=(x-1)(x^2+x+1)$

$y=f(x)$ とすると，関数 $y=f(x)$ の $x=0$，1 における微分係数は，それぞれ $f'(0)$，$f'(1)$ である。

(1) $\boldsymbol{f'(x)}=5(x^2)'-6(x)'+(4)'=\boldsymbol{10x-6}$

また　$\boldsymbol{f'(0)}=10\cdot0-6=\boldsymbol{-6}$，　$\boldsymbol{f'(1)}=10\cdot1-6=\boldsymbol{4}$

⇐ $(5x^2-6x+4)'=(5x^2)'-(6x)'+(4)'$

(2)　$\boldsymbol{f'(x)}=(x^3)'-3(x^2)'-(1)'=\boldsymbol{3x^2-6x}$

また　　$\boldsymbol{f'(0)}=3\cdot0^2-6\cdot0=\boldsymbol{0}$，　$\boldsymbol{f'(1)}=3\cdot1^2-6\cdot1=\boldsymbol{-3}$

(3)　$x^2(2x+1)=2x^3+x^2$ となるから

　$\boldsymbol{f'(x)}=2(x^3)'+(x^2)'=\boldsymbol{6x^2+2x}$

また　　$\boldsymbol{f'(0)}=6\cdot0^2+2\cdot0=\boldsymbol{0}$，　$\boldsymbol{f'(1)}=6\cdot1^2+2\cdot1=\boldsymbol{8}$

(4)　$(x-1)(x^2+x+1)=x^3-1$ となるから

　$\boldsymbol{f'(x)}=(x^3)'-(1)'=\boldsymbol{3x^2}$

また　　$\boldsymbol{f'(0)}=3\cdot0^2=\boldsymbol{0}$，　$\boldsymbol{f'(1)}=3\cdot1^2=\boldsymbol{3}$

⇐展開する。

⇐$(a-b)(a^2+ab+b^2)=a^3-b^3$

PR ③172

(1)　2 次関数 $f(x)$ が $f'(0)=1$，$f'(1)=2$ を満たすとき，$f'(2)$ の値を求めよ。　〔湘南工科大〕

(2)　3 次関数 $f(x)=x^3+ax^2+bx+c$ が $(x-2)f'(x)=3f(x)$ を満たすとき，a，b，c の値を求めよ。

(1)　$f(x)=ax^2+bx+c\ (a\neq0)$ とすると　　$f'(x)=2ax+b$

$f'(0)=2a\cdot0+b=1$ から　　$b=1$　　…… ①

$f'(1)=2a\cdot1+b=2$ から　　$2a+b=2$　…… ②

① を ② に代入して　　$a=\dfrac{1}{2}$　　これは，$a\neq0$ を満たす。

よって　　$f'(x)=x+1$　　ゆえに　　$f'(2)=2+1=\boldsymbol{3}$

(2)　$f(x)=x^3+ax^2+bx+c$ から　　$f'(x)=3x^2+2ax+b$

これらを $(x-2)f'(x)=3f(x)$ に代入して

$$(x-2)(3x^2+2ax+b)=3(x^3+ax^2+bx+c)$$

整理すると

$$3x^3+(2a-6)x^2+(b-4a)x-2b=3x^3+3ax^2+3bx+3c$$

これが x についての恒等式であるから，両辺の係数を比較して

$$2a-6=3a,\ b-4a=3b,\ -2b=3c$$

よって　　$\boldsymbol{a=-6}$，$\boldsymbol{b=12}$，$\boldsymbol{c=-8}$

⇐係数比較法。

PR ③173

(1)　底面の半径が r，高さが r の円錐がある。r が変化するとき，円錐の側面積 S の $r=\sqrt{2}$ における変化率を求めよ。

(2)　1 辺の長さが 1 cm の立方体があり，毎秒 1 mm の割合で各辺の長さが大きくなっている。10 秒後におけるこの立方体の表面積と体積の変化率 (cm²/s，cm³/s) をそれぞれ求めよ。

(1)　円錐の側面の展開図は扇形で，その半径は $\sqrt{2}\,r$，その弧の長さは $2\pi r$ であるから

$$S=\frac{1}{2}\cdot2\pi r\cdot\sqrt{2}\,r=\sqrt{2}\,\pi r^2$$

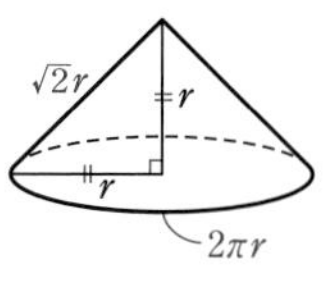

S を r で微分すると　　$\dfrac{dS}{dr}=2\sqrt{2}\,\pi r$

よって，$r=\sqrt{2}$ における S の変化率は

$$2\sqrt{2}\,\pi\cdot\sqrt{2}=\boldsymbol{4\pi}$$

(2)　t 秒後の立方体の 1 辺の長さは $(1+0.1t)$ cm であるから，t 秒後の立方体の表面積を S cm²，体積を V cm³ とすると

$$S=6(1+0.1t)^2=6(0.01t^2+0.2t+1)$$
$$V=(1+0.1t)^3=0.001t^3+0.03t^2+0.3t+1$$

⇐扇形の面積 S は，半径を r，弧の長さを l とすると　$S=\dfrac{1}{2}lr$

(本冊 $p.184$ 参照)

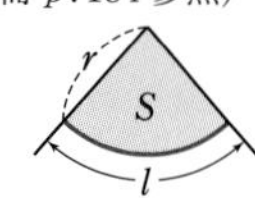

よって　$\dfrac{dS}{dt}=6(0.02t+0.2)$　…… ①

$\dfrac{dV}{dt}=0.003t^2+0.06t+0.3$　…… ②

⇦S を t で微分。

⇦V を t で微分。

$t=10$ のとき，① から　$6(0.02\times10+0.2)=6\times0.4=2.4$

② から　$0.003\times10^2+0.06\times10+0.3$

$=0.3+0.6+0.3=1.2$

したがって，10 秒後における変化率は

表面積が 2.4 cm²/s，体積が 1.2 cm³/s

PR ②174 次の曲線上の点における接線・法線の方程式を求めよ。
(1) $y=x^2-3x+2$，点 $(0,\ 2)$　(2) $y=-x^3+x+2$，点 $(2,\ -4)$

(1) $f(x)=x^2-3x+2$ とすると　$f'(x)=2x-3$

よって　$f'(0)=2\cdot0-3=-3$

ゆえに，**接線の方程式は**　$y-2=-3(x-0)$

すなわち　$\boldsymbol{y=-3x+2}$

また，法線の傾きを m とすると　$m\cdot(-3)=-1$

よって　$m=\dfrac{1}{3}$

ゆえに，**法線の方程式は**　$y-2=\dfrac{1}{3}(x-0)$

すなわち　$\boldsymbol{y=\dfrac{1}{3}x+2}$

(2) $f(x)=-x^3+x+2$ とすると　$f'(x)=-3x^2+1$

よって　$f'(2)=-3\cdot2^2+1=-11$

ゆえに，**接線の方程式は**　$y-(-4)=-11(x-2)$

すなわち　$\boldsymbol{y=-11x+18}$

また，法線の傾きを m とすると　$m\cdot(-11)=-1$

よって　$m=\dfrac{1}{11}$

ゆえに，**法線の方程式は**　$y-(-4)=\dfrac{1}{11}(x-2)$

すなわち　$\boldsymbol{y=\dfrac{1}{11}x-\dfrac{46}{11}}$

⇦**接線の傾き＝微分係数**

⇦**垂直**
⟺ **傾きの積が −1**

inf. 曲線 $y=f(x)$ 上の点 $(a,\ f(a))$ における接線の方程式は
$y-f(a)=f'(a)(x-a)$
法線の方程式は
$y-f(a)=-\dfrac{1}{f'(a)}(x-a)$
$(f'(a)\neq0)$

⇦**接線の傾き＝微分係数**

⇦**垂直**
⟺ **傾きの積が −1**

PR ②175 (1) 点 $(3,\ 4)$ から，曲線 $y=-x^2+4x-3$ に引いた接線の方程式を求めよ。
(2) 点 $(2,\ -4)$ を通り，曲線 $y=x^2-2x$ に接する直線の方程式を求めよ。

(1) $f(x)=-x^2+4x-3$ とすると

$f'(x)=-2x+4$

曲線 $y=f(x)$ 上の点 $(a,\ f(a))$ における接線の方程式は

$y-(-a^2+4a-3)=(-2a+4)(x-a)$

すなわち

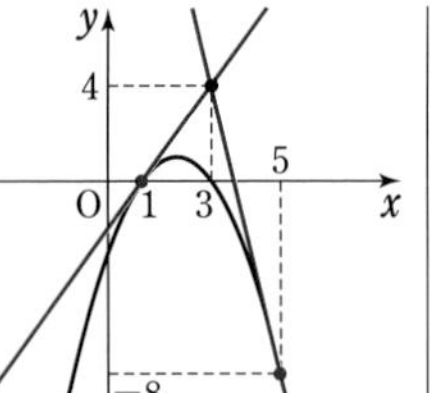

⇦まず，曲線 $y=f(x)$ 上の点 $(a,\ f(a))$ における接線の方程式を求める。

⇦$f(a)=-a^2+4a-3$

⇦$\boldsymbol{y-f(a)=f'(a)(x-a)}$

$y=-2(a-2)x+a^2-3$ ……①

この直線が点 $(3,\ 4)$ を通るから

$4=-2(a-2)\cdot 3+a^2-3$

整理して　$a^2-6a+5=0$

ゆえに　$(a-1)(a-5)=0$　　よって　$a=1,\ 5$

したがって，求める接線の方程式は，① から

$a=1$ のとき　$\boldsymbol{y=2x-2}$,

$a=5$ のとき　$\boldsymbol{y=-6x+22}$

⇐ a についての2次方程式が得られる。

⇐接線は2本ある。

(2)　$f(x)=x^2-2x$ とすると

$f'(x)=2x-2$

曲線 $y=f(x)$ 上の点 $(a,\ f(a))$ における接線の方程式は

$y-(a^2-2a)=(2a-2)(x-a)$

すなわち

$y=2(a-1)x-a^2$ ……①

この直線が点 $(2,\ -4)$ を通るから

$-4=2(a-1)\cdot 2-a^2$

整理して　$a^2-4a=0$

ゆえに　$a(a-4)=0$　　よって　$a=0,\ 4$

したがって，求める接線の方程式は，① から

$a=0$ のとき　$\boldsymbol{y=-2x}$,

$a=4$ のとき　$\boldsymbol{y=6x-16}$

⇐ $f(a)=a^2-2a$

⇐ $\boldsymbol{y-f(a)=f'(a)(x-a)}$

⇐ a についての2次方程式が得られる。

⇐接線は2本ある。

6章 PR

PR ④176　2次関数 $f(x)=-\frac{1}{2}x^2+\frac{3}{2}$, $g(x)=x^2+ax+3$ がある。放物線 $y=f(x)$ と $y=g(x)$ がある1点で接するとき，その点の座標と正の定数 a の値を求めよ。　〔類 立命館大〕

$f'(x)=-x$, $g'(x)=2x+a$

2曲線が1点で接するとき，その接点の x 座標を p とすると

$f(p)=g(p)$　かつ　$f'(p)=g'(p)$

が成り立つ。

よって　$-\frac{1}{2}p^2+\frac{3}{2}=p^2+ap+3$ ……①

$-p=2p+a$ ……②

② から　$a=-3p$ ……③

これを ① に代入して　$-\frac{1}{2}p^2+\frac{3}{2}=p^2+(-3p)\cdot p+3$

ゆえに　$(p+1)(p-1)=0$　　これを解いて　$p=\pm 1$

③ から，a の値は

$p=1$ のとき $a=-3$　　これは $a>0$ を満たさない。

$p=-1$ のとき $a=3$　　これは $a>0$ を満たす。

よって，求める点の座標は　$\boldsymbol{(-1,\ 1)}$,

正の定数 a の値は　$\boldsymbol{a=3}$

⇐ $f(p)=g(p)$
……**接点の y 座標が一致**
$f'(p)=g'(p)$
……**接線の傾きが一致**

⇐ $-\frac{1}{2}p^2+\frac{3}{2}=-2p^2+3$ から　$\frac{3}{2}p^2-\frac{3}{2}=0$

⇐ $f(-1)=1$

PR ④177 2 つの放物線 $C_1 : y=x^2+1$，$C_2 : y=-2x^2+4x-3$ の共通接線の方程式を求めよ。

HINT　**方針 1**　$x=a$ における C_1 の接線が C_2 に接する。
方針 2　$x=a$ における C_1 の接線と，$x=b$ における C_2 の接線が一致する。
方針 3　共通接線の方程式を $y=mx+n$ とおくと，これが C_1，C_2 に接する。

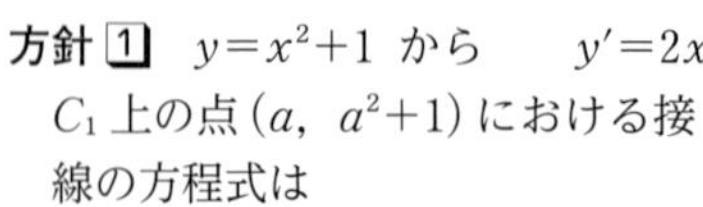

方針 1　$y=x^2+1$ から　$y'=2x$

C_1 上の点 $(a,\ a^2+1)$ における接線の方程式は

$$y-(a^2+1)=2a(x-a)$$

すなわち

$$y=2ax-a^2+1 \quad \cdots\cdots ①$$

直線 ① が C_2 に接するための条件は，y を消去した x の 2 次方程式

$$-2x^2+4x-3=2ax-a^2+1$$

すなわち

$$2x^2+2(a-2)x+(4-a^2)=0$$

が重解をもつことである。

よって，この 2 次方程式の判別式を D とすると

$$\frac{D}{4}=(a-2)^2-2(4-a^2)=3a^2-4a-4$$

$D=0$ から　$3a^2-4a-4=0$　　よって　$(a-2)(3a+2)=0$

これを解くと　　$a=2,\ -\dfrac{2}{3}$

① から，求める共通接線の方程式は

$a=2$ のとき　　$\boldsymbol{y=4x-3}$,

$a=-\dfrac{2}{3}$ のとき　　$\boldsymbol{y=-\dfrac{4}{3}x+\dfrac{5}{9}}$

inf.　C_2 の接線が C_1 に接すると考える。
C_2 上の点
$(a,\ -2a^2+4a-3)$
における接線の方程式
$y=(-4a+4)x$
$+2a^2-3 \cdots ①$
と C_1 の方程式から y を消去した x の 2 次方程式
$x^2+4(a-1)x$
$+(-2a^2+4)=0$ が重解をもつことから
$a=0,\ \dfrac{4}{3}$
① から，求める方程式は
$a=0$ のとき
$\boldsymbol{y=4x-3}$,
$a=\dfrac{4}{3}$ のとき
$\boldsymbol{y=-\dfrac{4}{3}x+\dfrac{5}{9}}$

方針 2　**(方針 1 と 6 行目までは同じ)**

$y=-2x^2+4x-3$ から　　$y'=-4x+4$

C_2 上の点 $(b,\ -2b^2+4b-3)$ における接線の方程式は

$$y-(-2b^2+4b-3)=(-4b+4)(x-b)$$

すなわち　$y=(-4b+4)x+2b^2-3 \quad \cdots\cdots ②$

直線 ① と ② が一致するための条件は

$2a=-4b+4 \quad \cdots\cdots ③$　かつ　$-a^2+1=2b^2-3 \quad \cdots\cdots ④$　　⇐係数比較法。

③ から　　$a=-2(b-1)$　　⇐ a を消去。

④ に代入して　　$-4(b^2-2b+1)+1=2b^2-3$

よって　　$-2b(3b-4)=0$　　ゆえに　　$b=0,\ \dfrac{4}{3}$

② から，求める共通接線の方程式は

$b=0$ のとき　　$\boldsymbol{y=4x-3}$,

$b=\dfrac{4}{3}$ のとき　　$\boldsymbol{y=-\dfrac{4}{3}x+\dfrac{5}{9}}$

方針 3　求める共通接線で x 軸に垂直であるものはないから，その方程式を $y=mx+n$ とおく。$y=x^2+1$ と連立して

$x^2+1=mx+n$　　すなわち　　$x^2-mx-n+1=0$

この2次方程式の判別式を D_1 とすると

$$D_1=(-m)^2-4(-n+1)=m^2+4n-4$$

$D_1=0$ から　　$m^2+4n-4=0$　…… ①

同様に，$y=-2x^2+4x-3$ と連立して

$$-2x^2+4x-3=mx+n$$

すなわち　　$2x^2+(m-4)x+n+3=0$

この2次方程式の判別式を D_2 とすると

$$D_2=(m-4)^2-8(n+3)=m^2-8m-8n-8$$

$D_2=0$ から　　$m^2-8m-8n-8=0$　…… ②

①×2+② から　　$3m^2-8m-16=0$

したがって　　$(m-4)(3m+4)=0$

ゆえに　　$m=4,\ -\dfrac{4}{3}$

① から　　$m=4$　のとき　$n=-3$,

$m=-\dfrac{4}{3}$ のとき　$n=\dfrac{5}{9}$

よって，求める共通接線の方程式は

$$\boldsymbol{y=4x-3,\ y=-\frac{4}{3}x+\frac{5}{9}}$$

⇐①，② から n を消去

$$\begin{array}{r} 2m^2+8n-8=0 \\ +)\ m^2-8m-8n-8=0 \\ \hline 3m^2-8m-16=0 \end{array}$$

⇐
$$\begin{array}{cccc} 1 & \diagdown\!\!\!\diagup & -4 \longrightarrow & -12 \\ 3 & & 4 \longrightarrow & 4 \\ \hline 3 & & -16 & -8 \end{array}$$

PR ③178

次の公式を用いて，次の関数を微分せよ。

$\{f(x)g(x)\}'=f'(x)g(x)+f(x)g'(x)$

n が自然数のとき $\{(ax+b)^n\}'=n(ax+b)^{n-1}(ax+b)'$　（a，b は定数）

(1)　$y=(3x+2)(3x^2-1)$　　(2)　$y=(3-x)^3$　　(3)　$y=(x+3)(2x-5)^2$

(1)　$\boldsymbol{y'}=(3x+2)'(3x^2-1)+(3x+2)(3x^2-1)'$

$=3(3x^2-1)+(3x+2)\cdot 6x\boldsymbol{=27x^2+12x-3}$

(2)　$\boldsymbol{y'}=3(3-x)^2(3-x)'=3(3-x)^2(-1)\boldsymbol{=-3(3-x)^2}$

(3)　$\boldsymbol{y'}=(x+3)'(2x-5)^2+(x+3)\{(2x-5)^2\}'$

$=(2x-5)^2+(x+3)\cdot 2(2x-5)(2x-5)'$

$=(2x-5)^2+4(x+3)(2x-5)$

$=(2x-5)\{(2x-5)+4(x+3)\}=\boldsymbol{(2x-5)(6x+7)}$

⇐$9x^2-3+18x^2+12x$

⇐$(3-x)^2$ は展開せずにそのままでよい。

⇐展開せずにそのままでよい。

PR ③179

(1)　次の極限値を求めよ。

(ア)　$\displaystyle\lim_{x\to 3}\frac{x-3}{x^3-27}$　　(イ)　$\displaystyle\lim_{x\to 1}\frac{x^3-1}{x^2+4x-5}$

(2)　$f(x)=x^3$ のとき，$\displaystyle\lim_{h\to 0}\frac{f(2+3h)-f(2)}{h}$ の値を求めよ。　〔(2) 東北学院大〕

(1)　(ア)　$\displaystyle\lim_{x\to 3}\frac{x-3}{x^3-27}=\lim_{x\to 3}\frac{x-3}{(x-3)(x^2+3x+9)}$

$\displaystyle=\lim_{x\to 3}\frac{1}{x^2+3x+9}=\frac{1}{3^2+3\cdot 3+9}=\boldsymbol{\frac{1}{27}}$

⇐$x-3$ で約分する。

(イ) $\displaystyle\lim_{x\to1}\frac{x^3-1}{x^2+4x-5}=\lim_{x\to1}\frac{(x-1)(x^2+x+1)}{(x-1)(x+5)}$

$\displaystyle=\lim_{x\to1}\frac{x^2+x+1}{x+5}=\frac{1^2+1+1}{1+5}=\frac{3}{6}=\boldsymbol{\frac{1}{2}}$

⇐$x-1$ で約分する。

(2) $3h=k$ とおくと，$h\longrightarrow0$ のとき $k\longrightarrow0$ であるから

$\displaystyle\lim_{h\to0}\frac{f(2+3h)-f(2)}{h}=\lim_{k\to0}\frac{f(2+k)-f(2)}{\frac{k}{3}}$

$\displaystyle=\lim_{k\to0}3\cdot\frac{f(2+k)-f(2)}{k}=3\lim_{k\to0}\frac{f(2+k)-f(2)}{k}=3f'(2)$

$f(x)=x^3$ であるから　　$f'(x)=3x^2$

よって　　$f'(2)=12$　　ゆえに　　$3f'(2)=\mathbf{36}$

⇐慣れてきたらおき換えをせずに
(与式)
$\displaystyle=\lim_{h\to0}3\cdot\frac{f(2+3h)-f(2)}{3h}$
$=3f'(2)$
としてよい。

別解　$f(2+3h)-f(2)=(2+3h)^3-2^3$

$=36h+54h^2+27h^3$

よって　　$\displaystyle\lim_{h\to0}\frac{f(2+3h)-f(2)}{h}=\lim_{h\to0}\frac{h(36+54h+27h^2)}{h}$

$\displaystyle=\lim_{h\to0}(36+54h+27h^2)=\mathbf{36}$

⇐$(2+3h)^3$
$=2^3+3\cdot2^2\cdot3h$
$+3\cdot2\cdot(3h)^2+(3h)^3$
⇐h で約分する。

PR
②**180**

次の関数の極値を求めよ。また，そのグラフをかけ。
(1) $y=2x^3-3x^2+1$　　(2) $y=-x^3+12x$　　(3) $y=-x^3+6x^2-12x+7$

(1) $y'=6x^2-6x=6x(x-1)$

$y'=0$ とすると　　$x=0,\ 1$

y の増減表は次のようになる。

x	$\cdots$	0	$\cdots$	1	$\cdots$
y'	＋	0	－	0	＋
y	↗	極大 1	↘	極小 0	↗

よって，y は $\boldsymbol{x=0}$ **で極大値 1,**

$\boldsymbol{x=1}$ **で極小値 0** をとる。

また，グラフは **図** のようになる。

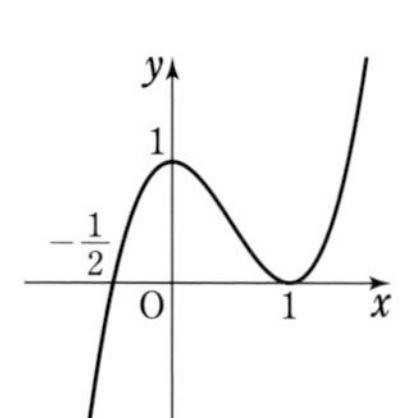

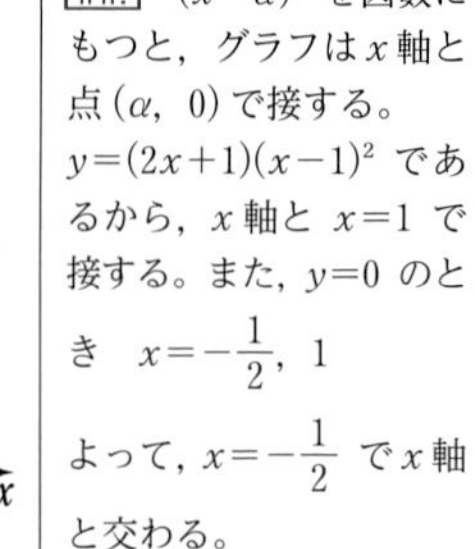
inf. $(x-\alpha)^2$ を因数にもつと，グラフは x 軸と点 $(\alpha,\ 0)$ で接する。
$y=(2x+1)(x-1)^2$ であるから，x 軸と $x=1$ で接する。また，$y=0$ のとき　$x=-\frac{1}{2},\ 1$
よって，$x=-\frac{1}{2}$ で x 軸と交わる。

(2) $y'=-3x^2+12=-3(x^2-4)$

$=-3(x+2)(x-2)$

$y'=0$ とすると　　$x=-2,\ 2$

y の増減表は次のようになる。

x	$\cdots$	-2	$\cdots$	2	$\cdots$
y'	－	0	＋	0	－
y	↘	極小 -16	↗	極大 16	↘

よって，y は

$\boldsymbol{x=2}$ **で極大値 16,**

$\boldsymbol{x=-2}$ **で極小値 -16** をとる。

また，グラフは **図** のようになる。

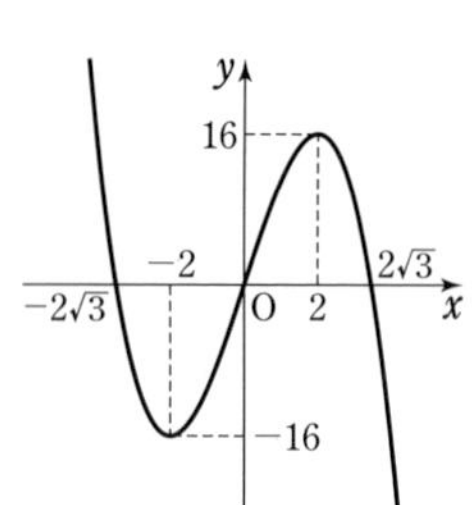

inf. $f(x)=-x^3+12x$ とすると
$f(-x)=x^3-12x$
$=-f(x)$
よって，グラフは原点に関して対称(奇関数：本冊 $p.192$ 参照)である。

(3)　$y'=-3x^2+12x-12$

$=-3(x^2-4x+4)=-3(x-2)^2$

$y'=0$ とすると　　$x=2$

y の増減表は次のようになる。

x	$\cdots$	2	$\cdots$
y'	$-$	0	$-$
y	↘	-1	↘

よって，y は常に減少し，**極値をもたない。**

また，グラフは 図 のようになる。

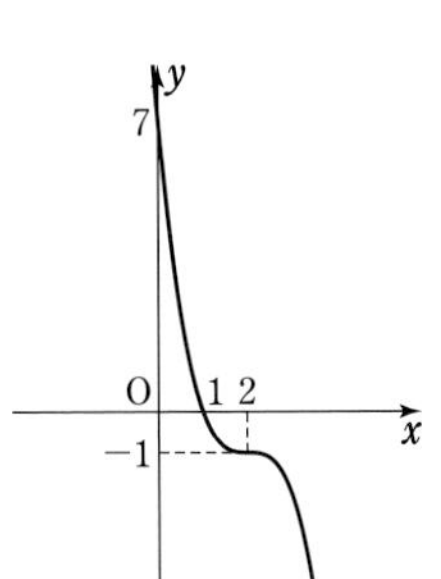

inf.　$y=0$ とすると $x^3-6x^2+12x-7=0$ から，因数定理を用いて

$(x-1)(x^2-5x+7)=0$

$x^2-5x+7=0$ の判別式は

$D=(-5)^2-4\cdot1\cdot7<0$

よって，グラフと x 軸の交点の x 座標は $x=1$ のみである。

⇐$x=2$ のときに $y'=0$（接線が x 軸と平行）であることを意識してグラフをかく。

6章
PR

PR ③181　次の関数の極値を求めよ。また，そのグラフをかけ。

(1)　$y=x^4-2x^3-2x^2$　　　(2)　$y=x^4-4x+3$

(1)　$y'=4x^3-6x^2-4x=2x(2x^2-3x-2)$

$=2x(2x+1)(x-2)$

$y'=0$ とすると　　$x=-\frac{1}{2},\ 0,\ 2$

y の増減表は次のようになる。

x	$\cdots$	$-\frac{1}{2}$	$\cdots$	0	$\cdots$	2	$\cdots$
y'	$-$	0	$+$	0	$-$	0	$+$
y	↘	極小 $-\frac{3}{16}$	↗	極大 0	↘	極小 -8	↗

よって，y は

$x=-\frac{1}{2}$ **で極小値** $-\frac{3}{16}$，

$x=0$ **で極大値** 0，

$x=2$ **で極小値** -8 をとる。

また，グラフは 図 のようになる。

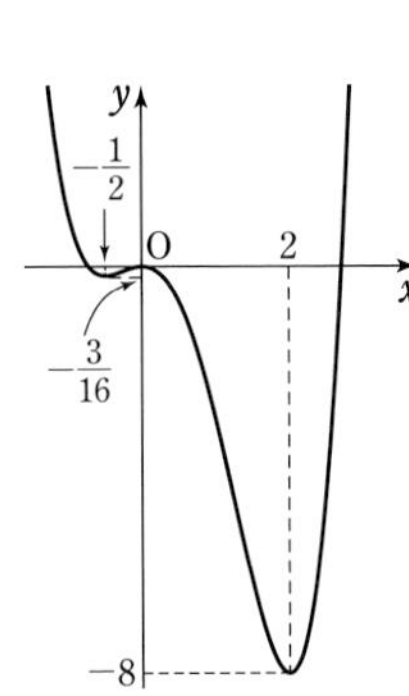

⇐y' の符号判断には，$z=y'$ のグラフをイメージすると早い。

$z=y'=2x(2x+1)(x-2)$ のグラフの概形

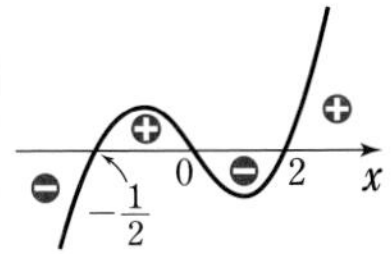

⇐2か所で極小となる。

(2)　$y'=4x^3-4=4(x^3-1)$

$=4(x-1)(x^2+x+1)$

$y'=0$ とすると　　$x=1$

y の増減表は次のようになる。

x	$\cdots$	1	$\cdots$
y'	$-$	0	$+$
y	↘	極小 0	↗

よって，y は

$x=1$ **で極小値** 0 をとる。

また，グラフは 図 のようになる。

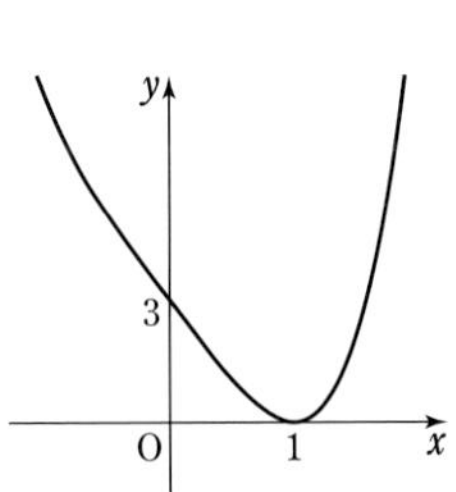

⇐$x^2+x+1=\left(x+\frac{1}{2}\right)^2+\frac{3}{4}>0$ から，y' の符号は $(x-1)$ の符号で定まる。

PR ②**182**

3 次関数 $f(x)=ax^3+bx^2+cx+d$ が $x=0$ で極大値 2 をとり，$x=2$ で極小値 -6 をとるとき，定数 a，b，c，d の値を求めよ。〔近畿大〕

$f'(x)=3ax^2+2bx+c$

$f(x)$ は $x=0$ で極大値 2，$x=2$ で極小値 -6 をとるから

$f'(0)=0$，$f(0)=2$，$f'(2)=0$，$f(2)=-6$

⇦$f'(0)=0$，$f'(2)=0$ は必要条件。

よって　$c=0$，$d=2$，

$12a+4b+c=0$，$8a+4b+2c+d=-6$

前の 2 式を後の 2 式に代入して整理すると

$3a+b=0$，$2a+b=-2$

これらを連立させて解くと　$a=2$，$b=-6$

⇦ここで終わっては不十分。増減表を作って，$a=2$，$b=-6$，$c=0$，$d=2$ が十分条件であることを確かめる。

逆に，このとき

$f(x)=2x^3-6x^2+2$，$f'(x)=6x^2-12x=6x(x-2)$

$f'(x)=0$ とすると　$x=0$，2

よって，$f(x)$ の増減表は右のようになり，条件を満たす。

x	$\cdots$	0	$\cdots$	2	$\cdots$
$f'(x)$	$+$	0	$-$	0	$+$
$f(x)$	↗	極大 2	↘	極小 -6	↗

以上から

$\boldsymbol{a=2}$，$\boldsymbol{b=-6}$，

$\boldsymbol{c=0}$，$\boldsymbol{d=2}$

PR ③**183**

(1) 関数 $f(x)=x^3-3mx^2+6mx$ が極値をもつような定数 m の値の範囲を求めよ。〔類 東京薬大〕

(2) 関数 $f(x)=x^3+(k-9)x^2+(k+9)x+1$（$k$ は定数）が極値をもたないような k の値の範囲を求めよ。〔千葉工大〕

(1) $f'(x)=3x^2-6mx+6m=3(x^2-2mx+2m)$

$f(x)$ が極値をもつための必要十分条件は，$f'(x)$ の符号が変化することである。

ゆえに，$f'(x)=0$ すなわち $x^2-2mx+2m=0$ ……① が異なる 2 つの実数解をもつ。

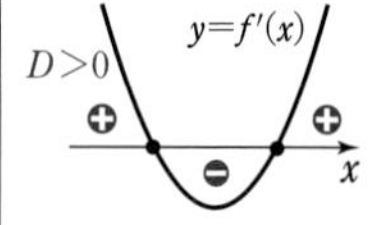

① の判別式を D とすると　$\dfrac{D}{4}=(-m)^2-2m=m^2-2m$

$D>0$ から　$m(m-2)>0$　これを解いて　$\boldsymbol{m<0,\ 2<m}$

(2) $f'(x)=3x^2+2(k-9)x+(k+9)$

$f(x)$ が極値をもたないための必要十分条件は，$f'(x)$ の符号が変化しないことである。

ゆえに，$f'(x)=0$ すなわち $3x^2+2(k-9)x+(k+9)=0$ ……②

が重解をもつか実数解をもたない。

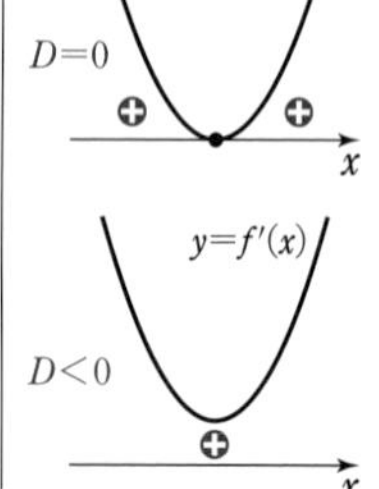

② の判別式を D とすると　$\dfrac{D}{4}=(k-9)^2-3(k+9)$

$D\leqq 0$ から　$k^2-21k+54\leqq 0$　ゆえに　$(k-3)(k-18)\leqq 0$

これを解いて　$\boldsymbol{3\leqq k\leqq 18}$

PR ③184 関数 $f(x)=2x^3+ax^2+(a-4)x+2$ の極大値と極小値の和が 6 であるとき，定数 a の値を求めよ。 〔類　名城大〕

$f'(x)=6x^2+2ax+a-4$

$f'(x)=0$ すなわち $6x^2+2ax+a-4=0$ ……① の判別式を D とすると　$\dfrac{D}{4}=a^2-6(a-4)=a^2-6a+24$

$=(a-3)^2+15>0$

よって，① は異なる 2 つの実数解をもつから $f(x)$ は極大値と極小値をもつ。

⇦ $f(x)$ が極値をもつことを確認。

① の 2 つの実数解を α，β とすると，解と係数の関係により

$$\alpha+\beta=-\frac{a}{3},\quad \alpha\beta=\frac{a-4}{6}$$

ここで

$$\begin{aligned}f(\alpha)+f(\beta)&=2\alpha^3+a\alpha^2+(a-4)\alpha+2\\&\quad+2\beta^3+a\beta^2+(a-4)\beta+2\\&=2(\alpha^3+\beta^3)+a(\alpha^2+\beta^2)+(a-4)(\alpha+\beta)+4\\&=2\{(\alpha+\beta)^3-3\alpha\beta(\alpha+\beta)\}+a\{(\alpha+\beta)^2-2\alpha\beta\}\\&\quad+(a-4)(\alpha+\beta)+4\\&=2\left\{\left(-\frac{a}{3}\right)^3-3\cdot\frac{a-4}{6}\cdot\left(-\frac{a}{3}\right)\right\}\\&\quad+a\left\{\left(-\frac{a}{3}\right)^2-2\cdot\frac{a-4}{6}\right\}+(a-4)\cdot\left(-\frac{a}{3}\right)+4\\&=\frac{a^3}{27}-\frac{a^2}{3}+\frac{4}{3}a+4\end{aligned}$$

⇦ $\alpha^3+\beta^3=(\alpha+\beta)^3-3\alpha\beta(\alpha+\beta)$
$\alpha^2+\beta^2=(\alpha+\beta)^2-2\alpha\beta$

⇦ α，β を消去。
$-\dfrac{2}{27}a^3+\dfrac{a^2}{3}-\dfrac{4}{3}a+\dfrac{a^3}{9}-\dfrac{a^2}{3}+\dfrac{4}{3}a-\dfrac{a^2}{3}+\dfrac{4}{3}a+4$
$=\dfrac{a^3}{27}-\dfrac{a^2}{3}+\dfrac{4}{3}a+4$

極大値と極小値の和が 6 であるから　$f(\alpha)+f(\beta)=6$

すなわち　$\dfrac{a^3}{27}-\dfrac{a^2}{3}+\dfrac{4}{3}a+4=6$

整理すると　$a^3-9a^2+36a-54=0$

よって　$(a-3)(a^2-6a+18)=0$

$a^2-6a+18=(a-3)^2+9>0$ であるから　$\boldsymbol{a=3}$

⇦因数定理を利用。
$g(a)=a^3-9a^2+36a-54$ とおくと　$g(3)=0$

PR ②185 3 次関数 $f(x)=x^3-2x+2$ に対し，曲線 $C：y=f(x)$ 上で，第 2 象限にある点Pにおける傾き 1 の接線を ℓ とする。曲線Cと接線 ℓ の共有点のうち，P 以外の点の x 座標を求めよ。 〔類　岡山理科大〕

$f'(x)=3x^2-2$

点Pの x 座標を $t\,(t<0)$ とすると，接線 ℓ の方程式は

$$y-(t^3-2t+2)=(3t^2-2)(x-t)$$

⇦点Pは第 2 象限の点であるから，x 座標は負。

接線 ℓ の傾きは 1 であるから　$3t^2-2=1$

これを解いて　$t=\pm1$

$t<0$ であるから　$t=-1$

よって，接線 ℓ の方程式は

$$y-3=\{x-(-1)\}\quad すなわち\quad y=x+4$$

曲線Cと接線ℓの共有点のx座標は，次の方程式の実数解である。

$x^3-2x+2=x+4$

よって　$x^3-3x-2=0$　……①

ゆえに　$(x+1)^2(x-2)=0$

よって　$x=-1,\ 2$

したがって，求めるx座標は　**2**

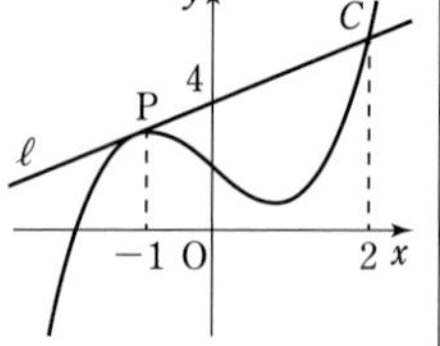

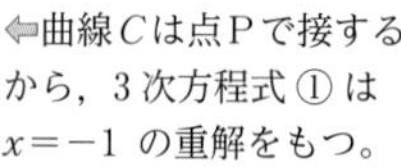

⇦曲線Cは点Pで接するから，3次方程式①は$x=-1$の重解をもつ。

別解　(①までは同じ)

3次方程式①の解を$x=-1$(重解)，βとすると，3次方程式の解と係数の関係から

$-1+(-1)+\beta=0$　　よって　$\beta=2$

ゆえに，求めるx座標は　**2**

⇦3次方程式$ax^3+bx^2+cx+d=0$の解が$x=\alpha,\ \beta,\ \gamma$であるとき
$\alpha+\beta+\gamma=-\dfrac{b}{a}$

PR ②186　次の関数の最大値と最小値を求めよ。

(1)　$y=x^3-4x^2+4x+1\ (0\leqq x\leqq 3)$　　(2)　$y=-x^3+12x+15\ (-3\leqq x\leqq 5)$

(3)　$y=3x^4-4x^3-12x^2+3\ (-1\leqq x\leqq 1)$

(1)　$y'=3x^2-8x+4=(x-2)(3x-2)$

$y'=0$ とすると　$x=\dfrac{2}{3},\ 2$

$0\leqq x\leqq 3$ におけるyの増減表は次のようになる。

x	0	…	$\dfrac{2}{3}$	…	2	…	3
y'		+	0	−	0	+	
y	1	↗	極大 $\dfrac{59}{27}$	↘	極小 1	↗	4

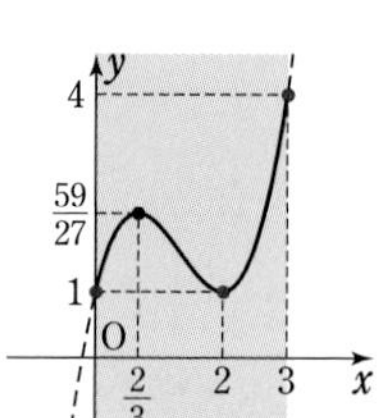

よって，**$x=3$ で最大値 4；$x=0,\ 2$ で最小値 1** をとる。

⇦$\dfrac{59}{27}<4$

(2)　$y'=-3x^2+12=-3(x^2-4)=-3(x+2)(x-2)$

$y'=0$ とすると　$x=\pm 2$

$-3\leqq x\leqq 5$ におけるyの増減表は次のようになる。

x	−3	…	−2	…	2	…	5
y'		−	0	+	0	−	
y	6	↘	極小 −1	↗	極大 31	↘	−50

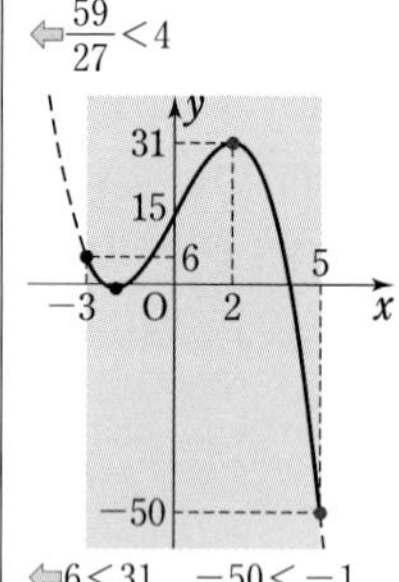

よって，**$x=2$ で最大値 31，$x=5$ で最小値 −50** をとる。

⇦$6<31,\ -50<-1$

(3)　$y'=12x^3-12x^2-24x=12x(x^2-x-2)=12x(x+1)(x-2)$

$y'=0$ とすると　$x=-1,\ 0,\ 2$

$-1\leqq x\leqq 1$ におけるyの増減表は次のようになる。

x	−1	…	0	…	1
y'		+	0	−	
y	−2	↗	極大 3	↘	−10

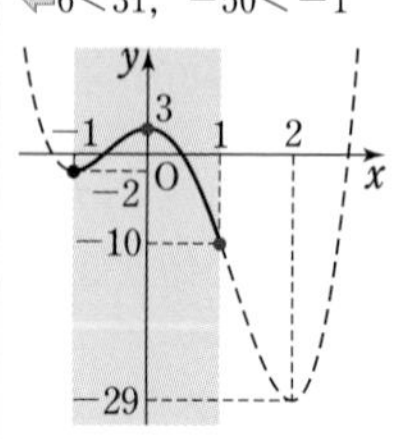

よって，**$x=0$ で最大値 3，$x=1$ で最小値 −10** をとる。

⇦$-10<-2$

PR ②187

曲線 $y=9-x^2$ と x 軸との交点をA，Bとし，線分ABとこの曲線で囲まれた部分に図のように台形ABCDを内接させるとき，この台形の面積の最大値を求めよ。また，そのときの点Cの座標を求めよ。

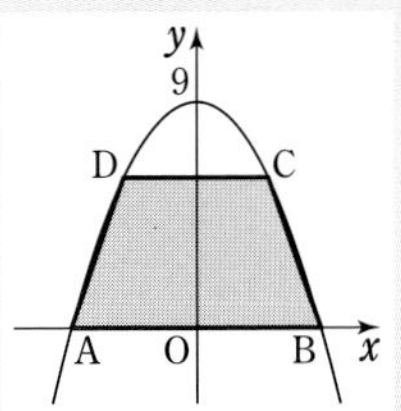

曲線 $y=9-x^2$ と x 軸の交点の x 座標を求めると，
$9-x^2=0$ を解いて　　$x=\pm3$
よって，2点A，Bの座標は　　A$(-3,\ 0)$，B$(3,\ 0)$
また，条件より，2点C，Dは y 軸に関して対称であり，
$0<t<3$ である t に対して，C$(t,\ 9-t^2)$，D$(-t,\ 9-t^2)$
とおける。
$\mathrm{AB}=3-(-3)=6$，$\mathrm{CD}=t-(-t)=2t$ であるから，
台形ABCDの面積を $f(t)$ とすると

$$f(t)=\frac{1}{2}(2t+6)(9-t^2)=-t^3-3t^2+9t+27$$

⇦(台形の面積)
$=\frac{1}{2}\times$(上底＋下底)×(高さ)

$$f'(t)=-3t^2-6t+9=-3(t^2+2t-3)=-3(t-1)(t+3)$$

$0<t<3$ において，$f'(t)=0$ となるのは $t=1$ のときである。
よって，$0<t<3$ における $f(t)$ の増減表は右のようになる。

t	0	…	1	…	3
$f'(t)$		+	0	−	
$f(t)$		↗	極大 32	↘	

ゆえに，$t=1$ で $f(t)$ は極大かつ最大となり，
その値は

$$f(1)=-1^3-3\cdot1^2+9\cdot1+27=32$$

したがって，**面積の最大値は　　32**
そのときの点Cの座標は　　**C(1, 8)**

⇦y 座標は $9-1^2=8$

PR ③188

$0\leqq\theta\leqq2\pi$ で定義された関数 $f(\theta)=8\sin^3\theta-3\cos2\theta-12\sin\theta+7$ の最大値，最小値と，そのときの θ の値をそれぞれ求めよ。　〔東京理科大〕

$$\begin{aligned}f(\theta)&=8\sin^3\theta-3\cos2\theta-12\sin\theta+7\\&=8\sin^3\theta-3(1-2\sin^2\theta)-12\sin\theta+7\\&=8\sin^3\theta+6\sin^2\theta-12\sin\theta+4\end{aligned}$$

⇦2倍角の公式
$\cos2\theta=1-2\sin^2\theta$
を用いて，$\sin\theta$ に統一。

$\sin\theta=t$ とおくと，$0\leqq\theta\leqq2\pi$ であるから　　$-1\leqq t\leqq1$

⇦**おき換えによって，とりうる値の範囲も変わる。**

$g(t)=8t^3+6t^2-12t+4$ を考えると

$$\begin{aligned}g'(t)&=24t^2+12t-12=12(2t^2+t-1)\\&=12(t+1)(2t-1)\end{aligned}$$

⇦$g(t)$ は t の3次関数であるから微分して増減を調べる。

$g'(t)=0$ とすると

$$t=-1,\ \frac{1}{2}$$

$-1\leqq t\leqq1$ における $g(t)$ の増減表は右のようになる。

t	-1	…	$\frac{1}{2}$	…	1
$g'(t)$		−	0	+	
$g(t)$	14	↘	$\frac{1}{2}$	↗	6

6章
PR

よって，$g(t)$ は

$t=-1$ で最大値 14,

$t=\frac{1}{2}$ で最小値 $\frac{1}{2}$ をとる。

$0\leqq\theta\leqq2\pi$ であるから

$t=-1$ のとき　$\theta=\frac{3}{2}\pi$

$t=\frac{1}{2}$ のとき　$\theta=\frac{\pi}{6}, \frac{5}{6}\pi$

したがって，$f(\theta)$ は

$\theta=\frac{3}{2}\pi$ で最大値 14；$\theta=\frac{\pi}{6}, \frac{5}{6}\pi$ で最小値 $\frac{1}{2}$ をとる。

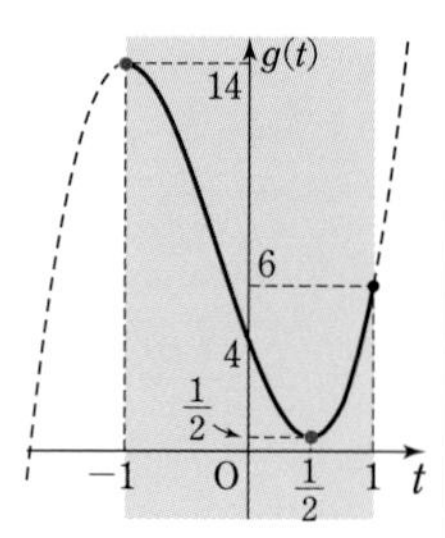

⇦$\sin\theta=-1$ から $\theta=\frac{3}{2}\pi$

$\sin\theta=\frac{1}{2}$ から $\theta=\frac{\pi}{6}, \frac{5}{6}\pi$

PR ③189 $f(x)=ax^2(x-3)+b$ $(a\neq0)$ の区間 $-1\leqq x\leqq1$ における最大値が 5，最小値が -7 であるように，定数 a，b の値を定めよ。

HINT　$a\neq0$ であるから　$a>0$ または $a<0$
3 次の項の係数 a の正負により，$f(x)$ の増減の様子が異なるから，場合分けが必要。

$f(x)=ax^2(x-3)+b=ax^3-3ax^2+b$ であるから

$f'(x)=3ax^2-6ax=3ax(x-2)$

$f'(x)=0$ とすると　$x=0, 2$

[1] $a>0$ のとき

$-1\leqq x\leqq1$ における $f(x)$ の増減表は次のようになる。

x	-1	…	0	…	1
$f'(x)$		$+$	0	$-$	
$f(x)$	$-4a+b$	↗	極大 b	↘	$-2a+b$

⇦最大値は，表から b
最小値の候補は
$f(-1)=-4a+b$ と
$f(1)=-2a+b$

最小値の候補として，$f(-1)$ と $f(1)$ を比較すると，

$a>0$ であるから　$-4a+b<-2a+b$

⇦$(-2a+b)-(-4a+b)=2a>0$

よって，最小値は　$f(-1)=-4a+b$

また，最大値は　$f(0)=b$

ゆえに　$b=5$ ……①，　$-4a+b=-7$ ……②

① を ② に代入して　$-4a+5=-7$

したがって　$a=3$　これは $a>0$ を満たす。

⇦求めた a の値が，場合分けの条件 $(a>0)$ を満たすことを確認。

[2] $a<0$ のとき

$-1\leqq x\leqq1$ における $f(x)$ の増減表は次のようになる。

x	-1	…	0	…	1
$f'(x)$		$-$	0	$+$	
$f(x)$	$-4a+b$	↘	極小 b	↗	$-2a+b$

⇦最大値の候補は
$f(-1)=-4a+b$ と
$f(1)=-2a+b$
最小値は，表から b

最大値の候補として，$f(-1)$ と $f(1)$ を比較すると，

$a<0$ であるから　$-4a+b>-2a+b$

⇦$(-4a+b)-(-2a+b)=-2a>0$

よって，最大値は　　$f(-1)=-4a+b$

また，最小値は　　$f(0)=b$

ゆえに　　$-4a+b=5$ ……③，　$b=-7$ ……④

④を③に代入して　　$-4a-7=5$

したがって　　$a=-3$　　これは $a<0$ を満たす。

以上から　　$\boldsymbol{(a,\ b)=(3,\ 5),\ (-3,\ -7)}$

⇦場合分けの条件を満たすことを確認。

PR ③190

$a>1$ とする。$1 \leqq x \leqq a$ における関数 $y=2x^3-9x^2+12x$ について
(1) 最小値を求めよ。　(2) 最大値を求めよ。

$y'=6x^2-18x+12$
$\quad =6(x-1)(x-2)$

$y'=0$ とすると
$\quad x=1,\ 2$

y の増減表は右のようになる。

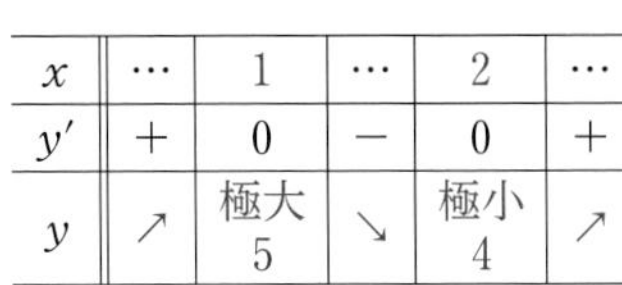

x	$\cdots$	1	$\cdots$	2	$\cdots$
y'	$+$	0	$-$	0	$+$
y	↗	極大 5	↘	極小 4	↗

$2x^3-9x^2+12x=5$ とすると
$\quad 2x^3-9x^2+12x-5=0$

ゆえに　　$(x-1)^2(2x-5)=0$

これを解いて　　$x=1,\ \dfrac{5}{2}$

よって，グラフは右の図のようになる。

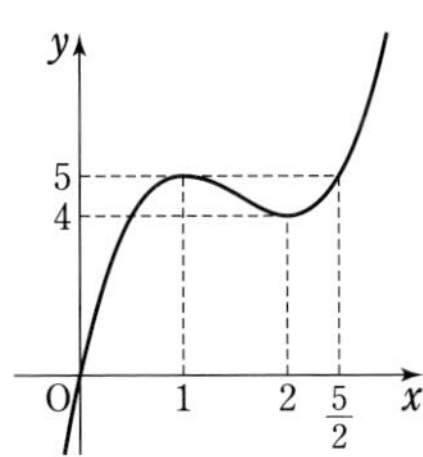

⇦極大値と同じ y の値をとる点の x 座標を求める。$y=2x^3-9x^2+12x$ と $y=5$ の共有点の x 座標を求めるので，$x=1$ で接する ⟹ $(x-1)^2$ を因数にもつことを利用する。

(1) [1] **$1<a<2$ のとき**
グラフは右の図のようになる。
よって，**$x=a$ で最小値 $2a^3-9a^2+12a$** を
とる。

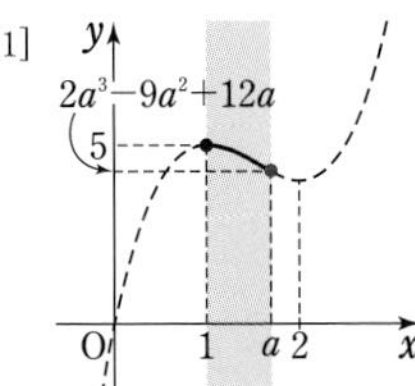

⇦極小値をとる x の値が区間の右外。

[2] **$2 \leqq a$ のとき**
グラフは右の図のようになる。
よって，**$x=2$ で最小値 4** を
とる。

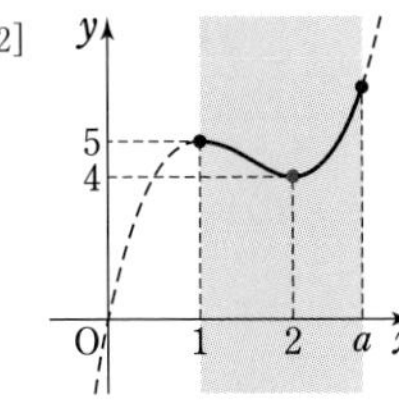

⇦極小値をとる x の値が区間内。

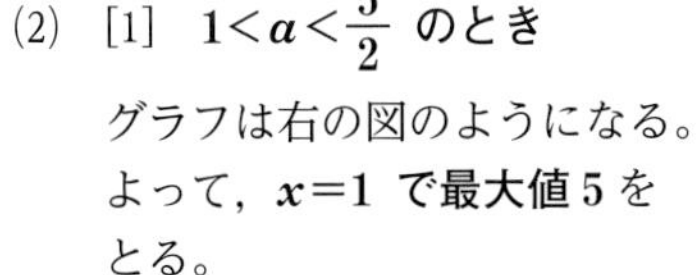

(2) [1] **$1<a<\dfrac{5}{2}$ のとき**
グラフは右の図のようになる。
よって，**$x=1$ で最大値 5** を
とる。

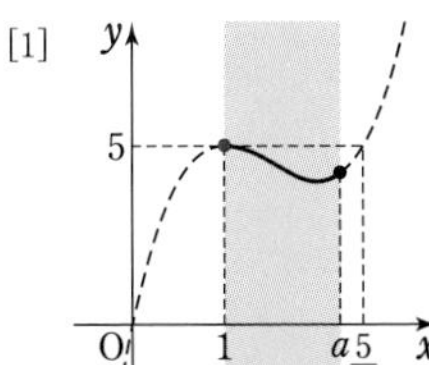

⇦区間の左端で最大。

[2] $a=\dfrac{5}{2}$ **のとき**

グラフは右の図のようになる。

よって，$x=1,\ \dfrac{5}{2}$ **で最大値 5** をとる。

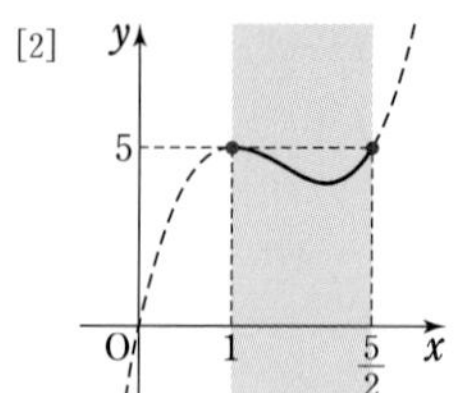

⇦区間の両端で最大。

[3] $\dfrac{5}{2}<a$ **のとき**

グラフは右の図のようになる。

よって，$x=a$ **で最大値** $2a^3-9a^2+12a$ **をとる。**

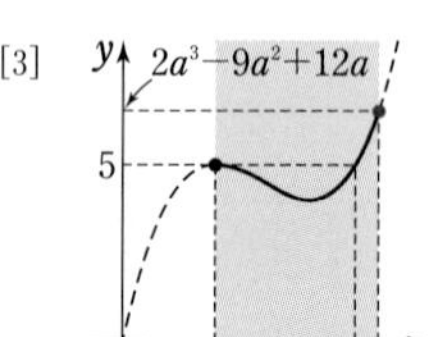

⇦区間の右端で最大。

PR ③191

x の関数 $f(x)=-x^3+\dfrac{3}{2}ax^2-a$ の $0\leqq x\leqq 1$ における最大値を $g(a)$ とおく。$g(a)$ を a を用いて表せ。 〔岡山大〕

HINT $f'(x)=0$ の解，$x=0,\ a$ の大小により，$f(x)$ の増減の様子が異なるから，場合分けが必要。最大値の候補となる極大値をとる x の値と区間の位置関係によっても状況が変わるので，更に場合分けが必要。

$f'(x)=-3x^2+3ax=-3x(x-a)$

$f'(x)=0$ とすると $x=0,\ a$

⇦[1] $a=0$，[2] $a<0$，[3] $0<a$ に場合分け。

[1] $a=0$ のとき

$f(x)$ の増減表は右のようになる。

x	$\cdots$	0	$\cdots$
$f'(x)$	$-$	0	$-$
$f(x)$	↘	0	↘

よって，$0\leqq x\leqq 1$ の範囲で，$f(x)$ は常に減少する。

したがって $g(a)=f(0)=0$

⇦$a=0$ のとき $f'(x)=-3x^2$

[2] $a<0$ のとき

$f(x)$ の増減表は右のようになる。

x	$\cdots$	a	$\cdots$	0	$\cdots$
$f'(x)$	$-$	0	$+$	0	$-$
$f(x)$	↘	極小 $f(a)$	↗	極大 $-a$	↘

よって，$0\leqq x\leqq 1$ の範囲で，$f(x)$ は常に減少する。

したがって $g(a)=f(0)=-a$

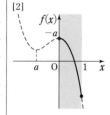

[3] $0<a$ のとき

$f(x)$ の増減表は右のようになる。

x	$\cdots$	0	$\cdots$	a	$\cdots$
$f'(x)$	$-$	0	$+$	0	$-$
$f(x)$	↘	極小 $-a$	↗	極大 $f(a)$	↘

(ア) $0<a\leqq 1$ のとき

$0\leqq x\leqq 1$ の範囲で，$x=a$ のとき極大かつ最大となる。

したがって $g(a)=f(a)=\dfrac{1}{2}a^3-a$

(ア) 極大値をとる x の値が区間に含まれる場合

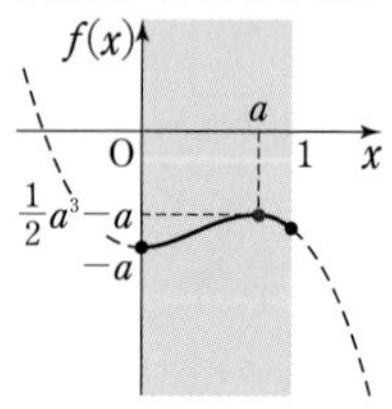

(イ)　$1<a$ のとき

$0 \leqq x \leqq 1$ の範囲で，$f(x)$ は常に増加する。

したがって　　$g(a)=f(1)=\dfrac{1}{2}a-1$

以上から　　**$a \leqq 0$ のとき**　　**$g(a)=-a$**

$0<a \leqq 1$ のとき　　**$g(a)=\dfrac{1}{2}a^3-a$**

$1<a$ のとき　　**$g(a)=\dfrac{1}{2}a-1$**

(イ)　極大値をとる x の値が区間に含まれない場合

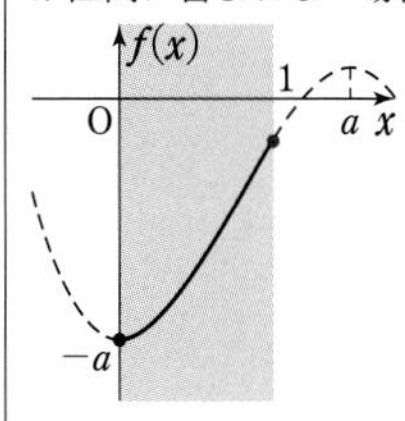

PR ⑤192　$f(x)=2x^3-9x^2+12x-2$ とする。区間 $a \leqq x \leqq a+1$ における $f(x)$ の最大値を表す関数 $g(a)$ を，a の値の範囲によって求めよ。

$f'(x)=6x^2-18x+12=6(x-1)(x-2)$

$f'(x)=0$ とすると　　$x=1,\ 2$

増減表から，$y=f(x)$ のグラフは右下の図のようになる。

x	$\cdots$	1	$\cdots$	2	$\cdots$
$f'(x)$	+	0	−	0	+
$f(x)$	↗	極大 3	↘	極小 2	↗

[1]　$a+1<1$　すなわち　**$a<0$ のとき**

$g(a)$ $=f(a+1)=2(a+1)^3-9(a+1)^2+12(a+1)-2$

$=2a^3-3a^2+3$

[2]　$a+1 \geqq 1$ かつ $a<1$　すなわち　**$0 \leqq a<1$ のとき**

$g(a)=f(1)=3$

$a \geqq 1$ のとき，$f(a)=f(a+1)$ とすると

$2a^3-9a^2+12a-2=2a^3-3a^2+3$ から　　$6a^2-12a+5=0$

よって　　$a=\dfrac{6 \pm \sqrt{6}}{6}$　　　$a \geqq 1$ から　　$a=\dfrac{6+\sqrt{6}}{6}$

y
y=f(x)
3
2
O　1　2　x

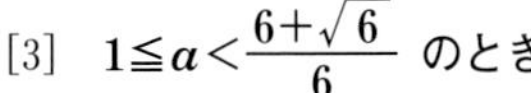

[3]　**$1 \leqq a<\dfrac{6+\sqrt{6}}{6}$ のとき**　　**$g(a)$**$=f(a)=$**$2a^3-9a^2+12a-2$**

[4]　**$\dfrac{6+\sqrt{6}}{6} \leqq a$ のとき**　　**$g(a)$**$=f(a+1)=$**$2a^3-3a^2+3$**

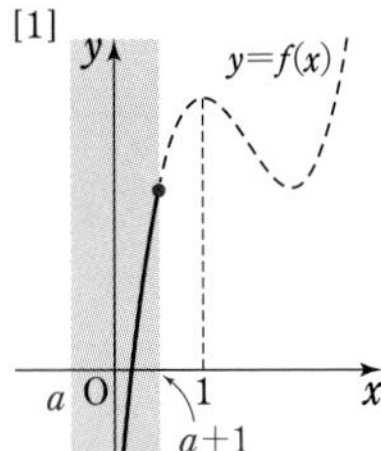

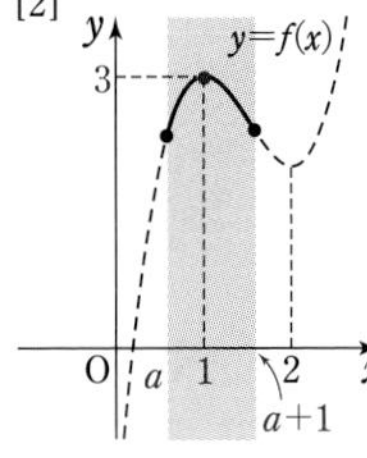

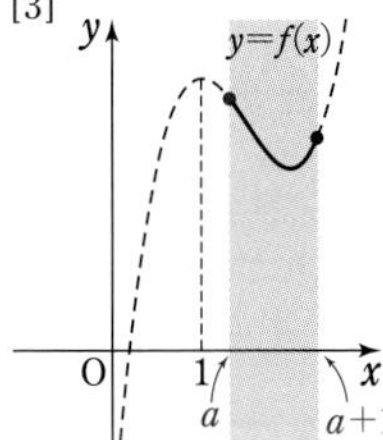

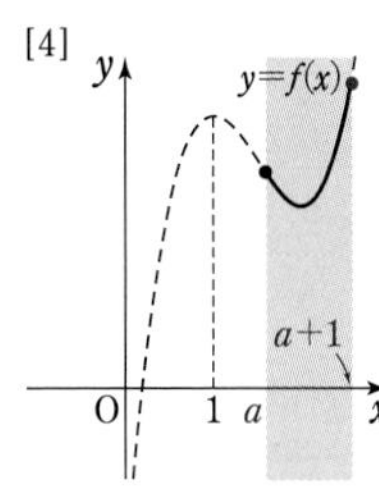

PR ⑤193　$x,\ y,\ z$ は $y+z=1,\ x^2+y^2+z^2=1$ を満たす実数とする。

(1)　yz を x で表せ。また，x のとりうる値の範囲を求めよ。

(2)　$x^3+y^3+z^3$ を x の関数として表し，その最大値，最小値と，そのときの x の値を求めよ。

〔類 東京学芸大〕

(1) $y+z=1$ ……①, $x^2+y^2+z^2=1$ ……② とする。

②から　$y^2+z^2=1-x^2$

よって　$(y+z)^2-2yz=1-x^2$

①を代入して　$1-2yz=1-x^2$

ゆえに　$\boldsymbol{yz=\frac{x^2}{2}}$ ……③

①, ③より, y, z は t の2次方程式 $t^2-t+\frac{x^2}{2}=0$ の2つの実数解であるから, 判別式を D とすると

$$D=(-1)^2-4\cdot1\cdot\frac{x^2}{2}=-2x^2+1$$

$D\geqq0$ から　$(\sqrt{2}x+1)(\sqrt{2}x-1)\leqq0$

これを解いて　$\boldsymbol{-\frac{1}{\sqrt{2}}\leqq x\leqq\frac{1}{\sqrt{2}}}$ ……④

⇦$y+z=1$, $yz=\frac{x^2}{2}$ を満たす y, z は, 2次方程式 $t^2-t+\frac{x^2}{2}=0$ の解である。

(2) $\boldsymbol{x^3+y^3+z^3}=x^3+(y+z)^3-3yz(y+z)$

$$=x^3+1^3-3\cdot\frac{x^2}{2}\cdot1=\boldsymbol{x^3-\frac{3}{2}x^2+1}$$

$f(x)=x^3-\frac{3}{2}x^2+1$ とすると

$$f'(x)=3x^2-3x=3x(x-1)$$

⇦$f'(x)=0$ とすると $x=0$, 1

④の範囲における $f(x)$ の増減表は次のようになる。

x	$-\frac{1}{\sqrt{2}}$	…	0	…	$\frac{1}{\sqrt{2}}$
$f'(x)$		$+$	0	$-$	
$f(x)$	$\frac{1-\sqrt{2}}{4}$	↗	極大 1	↘	$\frac{1+\sqrt{2}}{4}$

$\frac{1-\sqrt{2}}{4}<\frac{1+\sqrt{2}}{4}$ であるから

$\boldsymbol{x=0}$ で**最大値1**,

$\boldsymbol{x=-\frac{1}{\sqrt{2}}}$ で**最小値** $\boldsymbol{\frac{1-\sqrt{2}}{4}}$ をとる。

inf. 最大値は $(x, y, z)=(0,\ 0,\ 1)$, $(0,\ 1,\ 0)$ のときに得られ, また, 最小値は $(x,\ y,\ z)=\left(-\frac{1}{\sqrt{2}},\ \frac{1}{2},\ \frac{1}{2}\right)$ のときに得られる。

PR ③194

$f(x)=-2x^3+9x^2-10$, 曲線 $y=f(x)$ を C とする。

(1) $f(x)$ は $x=\alpha$ で極小値, $x=\beta$ で極大値をとり, 曲線 C 上の2点 $(\alpha,\ f(\alpha))$, $(\beta,\ f(\beta))$ をそれぞれ A, B とする。線分 AB の中点 M は曲線 C 上にあることを示せ。

(2) 曲線 C は点 M に関して対称であることを示せ。

(1) $f'(x)=-6x^2+18x$
$=-6x(x-3)$

$f(x)$ の増減表は右のようになるから,
A$(0,\ -10)$, B$(3,\ 17)$
となる。

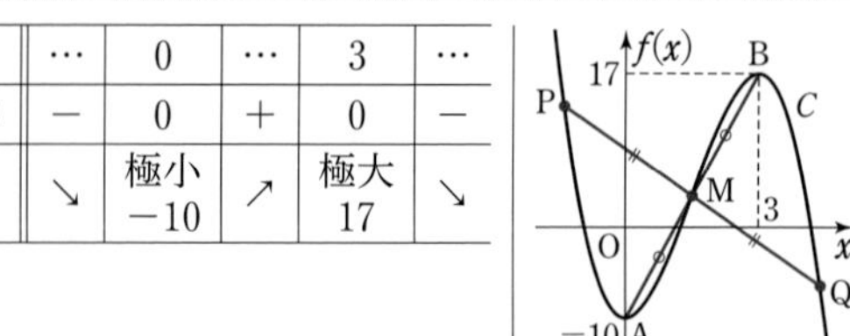

x	…	0	…	3	…
$f'(x)$	$-$	0	$+$	0	$-$
$f(x)$	↘	極小 -10	↗	極大 17	↘

よって, 中点 M の座標を $(p,\ q)$ とすると

$p=\dfrac{0+3}{2}=\dfrac{3}{2}$,　$q=\dfrac{-10+17}{2}=\dfrac{7}{2}$

ここで　　$f(p)=f\left(\dfrac{3}{2}\right)=-2\left(\dfrac{3}{2}\right)^3+9\left(\dfrac{3}{2}\right)^2-10=\dfrac{7}{2}=q$

⇐点 M$(p,\ q)$ が曲線 $y=f(x)$ 上にある $\iff q=f(p)$

したがって，点 M は曲線 C 上にある。

(2)　曲線 C 上の任意の点を $\mathrm{P}(s,\ t)$ とし，点 M に関して P と対称な点を $\mathrm{Q}(u,\ v)$ とすると，(1) から

$\dfrac{s+u}{2}=\dfrac{3}{2}$,　$\dfrac{t+v}{2}=\dfrac{7}{2}$

よって　　$s=3-u$,　　$t=7-v$　……①

点 P は曲線 C 上にあるから　　$t=-2s^3+9s^2-10$

① を代入して　　$7-v=-2(3-u)^3+9(3-u)^2-10$

整理すると　　$v=-2u^3+9u^2-10$

ゆえに，点 Q も曲線 C 上にある。

すなわち，曲線 C は点 M に関して対称である。

別解　点 $\mathrm{M}\left(\dfrac{3}{2},\ \dfrac{7}{2}\right)$ を原点に移す平行移動で曲線 C が移る曲線の方程式は　　$y+\dfrac{7}{2}=f\left(x+\dfrac{3}{2}\right)$

⇐点 M$(p,\ q)$ を原点に移す平行移動は
　x 軸方向に $-p$
　y 軸方向に $-q$
この平行移動によって曲線 $y=f(x)$ は
$y-(-q)=f(x-(-p))$
すなわち
$y+q=f(x+p)$
に移る。

すなわち　　$y+\dfrac{7}{2}=-2\left(x+\dfrac{3}{2}\right)^3+9\left(x+\dfrac{3}{2}\right)^2-10$

整理して　　$y=-2x^3+\dfrac{27}{2}x$

この関数を $g(x)$ とすると

$g(-x)=-2(-x)^3+\dfrac{27}{2}(-x)=2x^3-\dfrac{27}{2}x$

すなわち　　$g(-x)=-g(x)$

よって，$g(x)$ は奇関数であるから，曲線 $y=g(x)$ は原点に関して対称である。

ゆえに，曲線 C は点 M に関して対称である。

inf.　$f'(x)=-6\left(x-\dfrac{3}{2}\right)^2+\dfrac{27}{2}$　であるから，曲線 C の接線の傾きは $x=\dfrac{3}{2}$，すなわち点 M において最大となる。

PR ②195　k は定数とする。3 次方程式 $x^3-3x^2-9x+k=0$ の異なる実数解の個数を調べよ。　〔類　京都産大〕

方程式を変形して　　$k=-x^3+3x^2+9x$

$f(x)=-x^3+3x^2+9x$ とすると

$f'(x)=-3x^2+6x+9$
$\qquad=-3(x+1)(x-3)$

$f'(x)=0$ とすると
$\qquad x=-1,\ 3$

$f(x)$ の増減表は右のよう

x	$\cdots$	-1	$\cdots$	3	$\cdots$
$f'(x)$	$-$	0	$+$	0	$-$
$f(x)$	↘	極小 -5	↗	極大 27	↘

別解　方程式を
　$x^3-3x^2-9x=-k$
の形に変形して，
　$g(x)=x^3-3x^2-9x$
のグラフと直線 $y=-k$ との共有点の個数を調べてもよい。

になる。

よって，$y=f(x)$ のグラフは右の図のようになる。

このグラフと直線 $y=k$ の共有点の個数が，方程式の異なる実数解の個数に一致するから

$k<-5$，$27<k$ のとき　1個

$k=-5$，27 のとき　2個

$-5<k<27$ のとき　3個

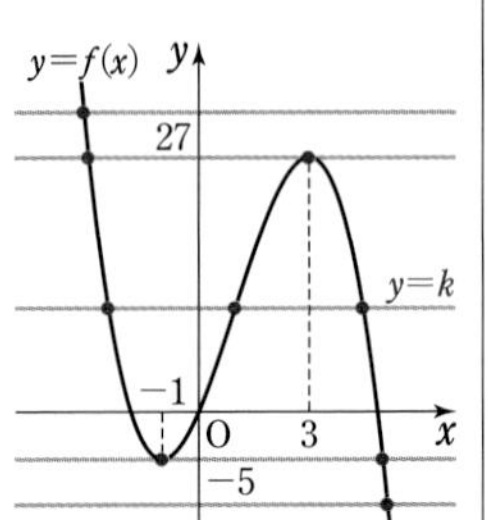

PR
③**196**

3次方程式 $x^3-12x+k=0$ が3つの実数解 α，β，γ $(\alpha<\beta<\gamma)$ をもつとき，次の問いに答えよ。

(1) 定数 k の値の範囲を求めよ。　　(2) α，β，γ の値の範囲を求めよ。

(1) 方程式を変形して　$-x^3+12x=k$

$f(x)=-x^3+12x$ とすると

$f'(x)=-3x^2+12=-3(x+2)(x-2)$

$f'(x)=0$ とすると

$x=\pm 2$

増減表は右のようになり，$y=f(x)$ のグラフは右下のようになる。

x	$\cdots$	-2	$\cdots$	2	$\cdots$
$f'(x)$	$-$	0	$+$	0	$-$
$f(x)$	↘	極小 -16	↗	極大 16	↘

方程式の異なる実数解の個数が，このグラフと直線 $y=k$ の共有点の個数と一致する。

よって，グラフから共有点を3個もつときは

$$-16<k<16$$

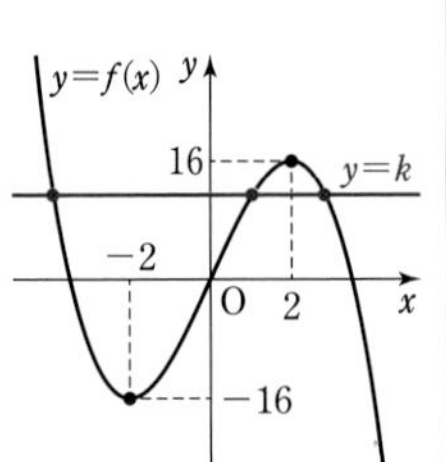

⇦ $y=x^3-12x$，$y=-k$ としてもよいが，直線 $y=-k$ を上下に動かす際注意が必要。

(2) $f(x)=16$ となる x の値を求める。

$-x^3+12x=16$

$(x+4)(x-2)^2=0$ から　$x=-4$，2

同様に，$f(x)=-16$ となる x の値は

$(x+2)^2(x-4)=0$ から　$x=-2$，4

(1) から　$-16<k<16$

方程式の異なる実数解は，曲線 $y=f(x)$ と直線 $y=k$ の共有点の x 座標と一致する。

$\alpha<\beta<\gamma$ であるから，グラフより

$$-4<\alpha<-2,$$
$$-2<\beta<2,$$
$$2<\gamma<4$$

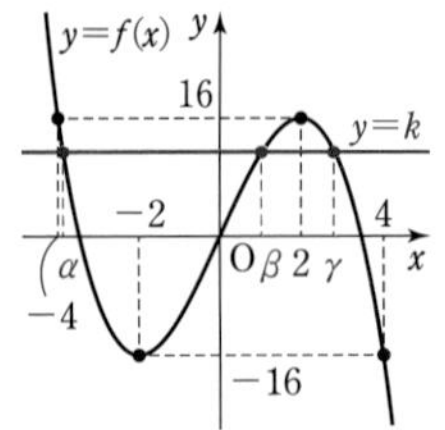

⇦極大値の他に $f(x)=16$ となる x の値を求める。

3次方程式は $x=2$ の重解をもつことを利用。

$f(x)=-16$ も同様。

inf. この3次関数のグラフにも4等分の性質が利用できる。

また，$f(-x)=-f(x)$ が成り立つから $y=f(x)$ は奇関数。「原点に対して対称」であることも利用できる。

PR ③197

方程式 $x^3-3p^2x+8p=0$ が異なる3つの実数解をもつように，定数 p の値の範囲を求めよ。

$f(x)=x^3-3p^2x+8p$ とする。

$y=f(x)$ のグラフと x 軸が異なる3つの共有点をもつ条件を考えればよい。

$$f'(x)=3x^2-3p^2=3(x+p)(x-p)$$

[1]　$p=0$ のとき

$f'(x)=3x^2\geqq 0$ となり，$f(x)$ は常に増加するから，

$y=f(x)$ のグラフは x 軸と1点で交わる。

よって，方程式 $f(x)=0$ の実数解は1個であるから，不適。

[2]　$p\neq 0$ のとき

関数 $f(x)$ は $x=p,\ -p$ において極値をとる。

$y=f(x)$ のグラフと x 軸が異なる3つの共有点をもつための条件は，3次関数 $f(x)$ の極値が異符号，すなわち

$f(p)f(-p)<0$

よって　$(p^3-3p^3+8p)(-p^3+3p^3+8p)<0$

ゆえに　$-4p^2(p^2-4)(p^2+4)<0$

$p\neq 0$ から　$p^2>0$

また，常に　$p^2+4>0$

よって　$p^2-4>0$　すなわち　$(p+2)(p-2)>0$

これを解いて　$p<-2,\ 2<p$

これは $p\neq 0$ を満たす。

[1]，[2] から　$\boldsymbol{p<-2,\ 2<p}$

inf.　3次方程式 $f(x)=0$ が異なる3つの実数解をもつための条件は，関数 $f(x)$ が極値をもち，極大値と極小値が異符号となることである。

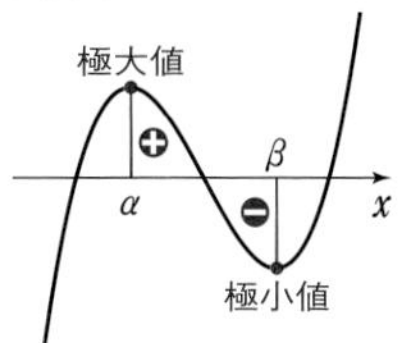

$y=f(x)$ とする

$p>0$ のとき

x	$\cdots$	$-p$	$\cdots$	p	$\cdots$
y'	$+$	0	$-$	0	$+$
y	↗	極大	↘	極小	↗

$p<0$ のとき

x	$\cdots$	p	$\cdots$	$-p$	$\cdots$
y'	$+$	0	$-$	0	$+$
y	↗	極大	↘	極小	↗

PR ②198

次の不等式が成り立つことを証明せよ。

(1)　$x>0$ のとき　$\frac{1}{4}x^3-x+1>0$　〔(1) 名古屋市大〕

(2)　$x\geqq 0$ のとき　$x^3+1>6x(x-2)$

(1)　$f(x)=\frac{1}{4}x^3-x+1$ とすると

$$f'(x)=\frac{3}{4}x^2-1=\frac{3}{4}\left(x^2-\frac{4}{3}\right)=\frac{3}{4}\left(x+\frac{2}{\sqrt{3}}\right)\left(x-\frac{2}{\sqrt{3}}\right)$$

$x>0$ において，$f'(x)=0$ となるのは　$x=\frac{2}{\sqrt{3}}$

$x>0$ における $f(x)$ の増減表は右のようになる。

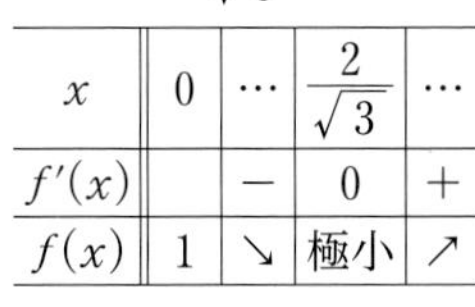

x	0	$\cdots$	$\frac{2}{\sqrt{3}}$	$\cdots$
$f'(x)$		$-$	0	$+$
$f(x)$	1	↘	極小	↗

よって，$f(x)$ は $x=\frac{2}{\sqrt{3}}$ で極小かつ最小となる。

その値は

$$f\left(\frac{2}{\sqrt{3}}\right)=\frac{1}{4}\cdot\frac{8}{3\sqrt{3}}-\frac{2}{\sqrt{3}}+1=\frac{3\sqrt{3}-4}{3\sqrt{3}}$$

$3\sqrt{3}-4=\sqrt{27}-\sqrt{16}>0$ であるから　$3\sqrt{3}-4>0$

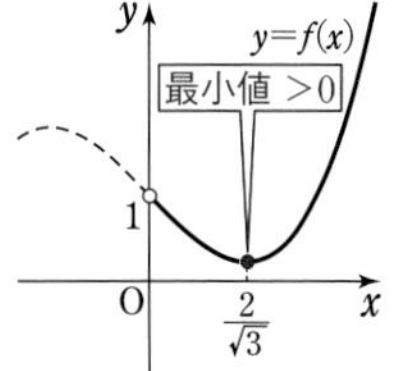

ゆえに　$f\left(\dfrac{2}{\sqrt{3}}\right)>0$

⇦(最小値)>0

よって，$x>0$ のとき　$f(x)>0$

したがって，$x>0$ のとき $\dfrac{1}{4}x^3-x+1>0$ が成り立つ。

(2) $f(x)=x^3+1-6x(x-2)=x^3-6x^2+12x+1$ とすると

$$f'(x)=3x^2-12x+12=3(x-2)^2$$

⇦$f(x)$=(左辺)−(右辺)とする。

よって，常に　$f'(x)\geqq 0$

⇦常に $(x-2)^2\geqq 0$

ゆえに，$f(x)$ は常に増加する。

$f(0)=1>0$ であるから，$x\geqq 0$ のとき　$f(x)\geqq f(0)>0$

⇦出発点で $f(x)>0$

したがって，$x\geqq 0$ のとき　$x^3+1-6x(x-2)>0$

すなわち　$x^3+1>6x(x-2)$　が成り立つ。

PR ④199　$x\geqq 1$ を満たすすべての x に対して，不等式 $x^3-ax^2+2a^2>0$ が成り立つような定数 a の値の範囲を求めよ。

$f(x)=x^3-ax^2+2a^2$ とすると

$$f'(x)=3x^2-2ax=3x\left(x-\frac{2}{3}a\right)$$

$f'(x)=0$ とすると　$x=0,\ \dfrac{2}{3}a$

[1] $\dfrac{2}{3}a\leqq 1$　すなわち　$a\leqq\dfrac{3}{2}$ のとき

$x\geqq 1$ において，常に $f'(x)\geqq 0$ が成り立つ。

⇦$x\geqq 1$ における $f(x)$ の最小値は $f(1)$

よって，$x\geqq 1$ の範囲で $f(x)$ は常に増加する。

また　$f(1)=1-a+2a^2=2\left(a-\dfrac{1}{4}\right)^2+\dfrac{7}{8}>0$

ゆえに，$x\geqq 1$ のとき常に $f(x)>0$ が成り立つ。

[2] $1<\dfrac{2}{3}a$　すなわち　$\dfrac{3}{2}<a$ のとき

$x\geqq 1$ における $f(x)$ の増減表は右のようになり，$f(x)$ は $x=\dfrac{2}{3}a$ で極小かつ最小となる。

x	1	$\cdots$	$\frac{2}{3}a$	$\cdots$
$f'(x)$		−	0	+
$f(x)$		↘	極小	↗

⇦$x\geqq 1$ における $f(x)$ の最小値は $f\left(\frac{2}{3}a\right)$

その値は

$$f\left(\frac{2}{3}a\right)=-\frac{4}{27}a^3+2a^2$$

⇦$\left(\frac{2}{3}a\right)^3-a\left(\frac{2}{3}a\right)^2+2a^2=\frac{8}{27}a^3-a\cdot\frac{4}{9}a^2+2a^2$

よって，$x\geqq 1$ において常に $f(x)>0$ となるための条件は

$-\dfrac{4}{27}a^3+2a^2>0$　ゆえに　$2a^2\left(1-\dfrac{2}{27}a\right)>0$

$a^2>0$ であるから　$1-\dfrac{2}{27}a>0$

よって　$a<\dfrac{27}{2}$　$a>\dfrac{3}{2}$ であるから　$\dfrac{3}{2}<a<\dfrac{27}{2}$

[1]，[2] から，求める a の値の範囲は　$\boldsymbol{a<\dfrac{27}{2}}$

PR ④200　k は定数とする。点 $(0,\ k)$ から曲線 $C: y=-x^3+3x^2$ に引いた接線の本数を求めよ。

$y=-x^3+3x^2$ から　　$y'=-3x^2+6x$

曲線 C 上の点 $(t,\ -t^3+3t^2)$ における接線の方程式は

$$y-(-t^3+3t^2)=(-3t^2+6t)(x-t)$$

すなわち　$y=(-3t^2+6t)x+2t^3-3t^2$

この直線が点 $(0,\ k)$ を通るとき　　$2t^3-3t^2=k$　…… ①

⇦定数 k を分離。

3 次関数のグラフでは，接点が異なると接線も異なるから，t の 3 次方程式 ① の異なる実数解の個数が，求める接線の本数に等しい。

⇦この断り書きは重要。

ここで，$f(t)=2t^3-3t^2$ とすると

$$f'(t)=6t^2-6t=6t(t-1)$$

⇦$f'(t)=0$ とすると　$t=0,\ 1$

$f(t)$ の増減表は次のようになる。

t	$\cdots$	0	$\cdots$	1	$\cdots$
$f'(t)$	$+$	0	$-$	0	$+$
$f(t)$	↗	極大 0	↘	極小 -1	↗

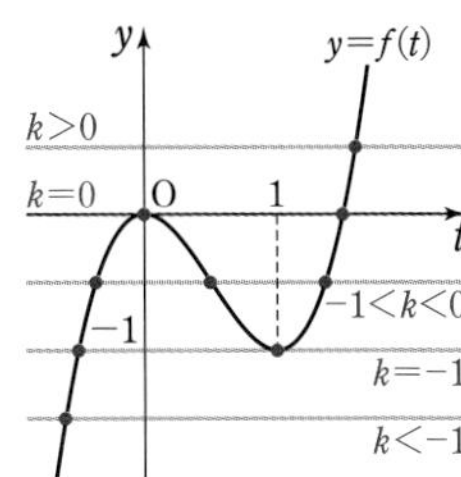

よって，$y=f(t)$ のグラフは上の図のようになる。

① の異なる実数解の個数，すなわち，$y=f(t)$ のグラフと直線 $y=k$ の共有点の個数が接線の本数に等しいから

⇦直線 $y=k$ を，上下に動かしながら，共有点の個数を調べる。

$k<-1,\ 0<k$ のとき　1 本

$k=-1,\ 0$ 　　のとき　2 本

$-1<k<0$ 　　のとき　3 本

別解　(上の解答と 4 行目までは同じ)

この直線が点 $(0,\ k)$ を通るとき

$$2t^3-3t^2-k=0 \quad \cdots\cdots ②$$

3 次関数のグラフでは，接点が異なると接線も異なるから，t の 3 次方程式 ② の異なる実数解の個数が，求める接線の本数に等しい。

⇦この断り書きは重要。

ここで，$h(t)=2t^3-3t^2-k$ とすると

$$h'(t)=6t^2-6t=6t(t-1)$$

$h(t)$ の増減表は次のようになる。

t	$\cdots$	0	$\cdots$	1	$\cdots$
$h'(t)$	$+$	0	$-$	0	$+$
$h(t)$	↗	$-k$	↘	$-1-k$	↗

[1]　方程式 $h(t)=0$ が異なる 3 つの実数解をもつためには

$$-k>0 \quad かつ \quad -1-k<0$$

すなわち　　$-1<k<0$

[2]　異なる 2 つの実数解をもつためには

$$-k=0 \quad または \quad -1-k=0$$

すなわち　　$k=-1,\ 0$

[1] (極大値)>0 かつ (極小値)<0 のとき 3 個

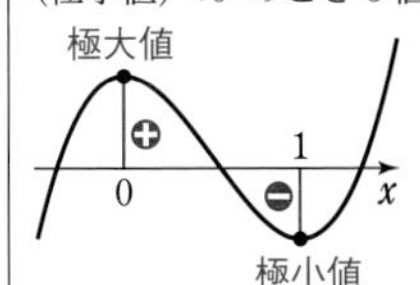

(極大値)・(極小値)<0 でもよい。

[3]　ただ1つの実数解をもつためには

$-k<0$　または　$-1-k>0$

すなわち　　$k<-1,\ 0<k$

② の異なる実数解の個数，すなわち，$y=h(t)$ のグラフと t 軸との共有点の個数が接線の本数に等しいから，求める接線の本数は

$k<-1,\ 0<k$ のとき　1本

$k=-1,\ 0$ のとき　2本

$-1<k<0$ のとき　3本

EX ②138 関数 $f(x)=x^3+5x^2+6x+7$ の $x=-1$ から $x=2$ までの平均変化率は ア□ であり，$x=$ イ□（ただし，$-1<$ イ□ <2）における微分係数に等しい。〔千葉工大〕

$f(2)=2^3+5\cdot2^2+6\cdot2+7=47$,
$f(-1)=(-1)^3+5\cdot(-1)^2+6\cdot(-1)+7=5$

よって，$x=-1$ から $x=2$ までの平均変化率は

$$\frac{f(2)-f(-1)}{2-(-1)}=\frac{47-5}{3}={}^{ア}\mathbf{14} \quad \cdots\cdots ①$$

また　$f'(x)=3x^2+10x+6$

ゆえに，$x=a$ $(-1<a<2)$ における微分係数 $f'(a)$ が ① の値に等しいとすると

$3a^2+10a+6=14$

整理して　$3a^2+10a-8=0$　　よって　$(a+4)(3a-2)=0$

$-1<a<2$ であるから　$a={}^{イ}\boldsymbol{\frac{2}{3}}$

⇐導関数 $f'(x)$ に $x=a$ を代入すれば，微分係数 $f'(a)$ が得られる。

⇐$a=-4$ は不適。

EX ②139 (1) 放物線 $y=x^2-5x+4$ の接線で傾きが -1 であるものの方程式を求めよ。
(2) Pを放物線 $y=-x^2$ 上の点とし，Qを点 $(-5,\ 1)$ とする。2点P，Qを通る直線が，点Pにおける接線と直交しているときの点Pの座標を求めよ。〔(2) 崇城大〕

(1) $f(x)=x^2-5x+4$ とすると　$f'(x)=2x-5$

$f'(x)=-1$ とすると　$2x-5=-1$　　よって　$x=2$

また　$f(2)=2^2-5\cdot2+4=-2$

ゆえに，求める接線の方程式は

$y-(-2)=(-1)(x-2)$　　すなわち　$\boldsymbol{y=-x}$

⇐接線の傾きが -1 であるから　$f'(x)=-1$

(2) $\mathrm{P}(0,\ 0)$ のときは条件を満たさないから，$\mathrm{P}(t,\ -t^2)$ $(t\neq0)$ とする。

$y=-x^2$ より $y'=-2x$ であるから，点Pにおける接線の傾きは　$-2t$

よって，点Pにおける接線に垂直な直線の方程式は

$$y=\frac{1}{2t}(x-t)-t^2$$

この直線が $\mathrm{Q}(-5,\ 1)$ を通るとき

$$1=\frac{1}{2t}(-5-t)-t^2$$

整理すると　$2t^3+3t+5=0$

左辺を因数分解して　$(t+1)(2t^2-2t+5)=0$

$2t^2-2t+5=2\left(t-\frac{1}{2}\right)^2+\frac{9}{2}>0$ であるから　$t=-1$

したがって，点Pの座標は　$\boldsymbol{(-1,\ -1)}$

⇐$\mathrm{P}(0,\ 0)$ のとき点Pにおける接線は x 軸。

⇐すなわち，点Pにおける法線。

⇐両辺に $2t$ を掛けて $2t=(-5-t)-2t^3$

⇐$f(t)=2t^3+3t+5$ とすると $f(-1)=0$

⇐または，$2t^2-2t+5=0$ の判別式を D とすると $\frac{D}{4}=(-1)^2-2\cdot5<0$ から。

EX ④140 x の多項式 $f(x)$ が常に $f(x)+x^2f'(x)=kx^3+k^2x+1$ を満たすとき，次の問いに答えよ。ただし，k は0でない定数である。
(1) 多項式 $f(x)$ を x の n 次式とするとき，n の値を求めよ。
(2) 多項式 $f(x)$ を求めよ。〔大阪電通大〕

(1) $k \neq 0$ から，右辺の次数は　3

$n=0$ のとき，左辺の次数は 0 となり，右辺の次数 3 と一致しないから不適。

$n \geqq 1$ のとき，$f'(x)$ は $(n-1)$ 次式であるから，$x^2f'(x)$ は $(n+1)$ 次式である。

よって，左辺の次数は　$n+1$

ゆえに，$n+1=3$ から　$\boldsymbol{n=2}$

(2) $f(x)=ax^2+bx+c\ (a \neq 0)$ とすると　$f'(x)=2ax+b$

与えられた等式に代入すると

$$(ax^2+bx+c)+x^2(2ax+b)=kx^3+k^2x+1$$

整理して　$2ax^3+(a+b)x^2+bx+c=kx^3+k^2x+1$

この等式が常に成り立つとき

$$2a=k \quad \cdots\cdots ①,\quad a+b=0 \quad \cdots\cdots ②,$$
$$b=k^2 \quad \cdots\cdots ③,\quad c=1$$

①，③ から　$b=4a^2$　…… ④

②，④ から　$a+4a^2=0$　すなわち　$a(4a+1)=0$

$a \neq 0$ であるから　$a=-\dfrac{1}{4}$　② から　$b=\dfrac{1}{4}$

よって　$\boldsymbol{f(x)=-\dfrac{1}{4}x^2+\dfrac{1}{4}x+1}$

⇦$f(x)$ の最高次の項を ax^n とすると，$f'(x)$ の最高次の項は anx^{n-1}，$x^2f'(x)$ の最高次の項は $x^2 \cdot anx^{n-1}=anx^{n+1}$

⇦(1) から $f(x)$ は 2 次式。

⇦常に成り立つ $\Longleftrightarrow$ x の恒等式

⇦$b=k^2=4a^2$

⇦$b=-a=\dfrac{1}{4}$

EX ③141

座標平面上において，点 $(-2,\ -2)$ から放物線 $y=\dfrac{1}{4}x^2$ に引いた 2 本の接線のそれぞれの接点を結ぶ直線の方程式を求めよ。　〔類 関西大〕

$y=\dfrac{1}{4}x^2$ から　$y'=\dfrac{1}{2}x$

放物線上の点 $\left(t,\ \dfrac{1}{4}t^2\right)$ における接線の方程式は

$$y-\frac{1}{4}t^2=\frac{1}{2}t(x-t) \qquad \text{すなわち} \qquad y=\frac{1}{2}tx-\frac{1}{4}t^2$$

これが点 $(-2,\ -2)$ を通るとき　$-2=\dfrac{1}{2}t\cdot(-2)-\dfrac{1}{4}t^2$

よって　$t^2+4t-8=0$　…… ①

2 次方程式 ① の 2 つの解を α，β とすると，α，β は 2 本の接線の接点の x 座標である。

解と係数の関係から　$\alpha+\beta=-4$，$\alpha\beta=-8$　…… ②

ゆえに，2 接点 $\left(\alpha,\ \dfrac{1}{4}\alpha^2\right)$，$\left(\beta,\ \dfrac{1}{4}\beta^2\right)$ を結ぶ直線の方程式は

$$y-\frac{1}{4}\alpha^2=\frac{\frac{1}{4}\beta^2-\frac{1}{4}\alpha^2}{\beta-\alpha}(x-\alpha)$$

すなわち　$y=\dfrac{1}{4}(\alpha+\beta)x-\dfrac{1}{4}\alpha\beta$

② を代入して　$\boldsymbol{y=-x+2}$

⇦ 2 次方程式 ① の解は解の公式により，$t=-2\pm2\sqrt{3}$ と求められるが，直接この値から，直線の方程式を求めるのは煩雑。

⇦傾きは $\dfrac{\frac{1}{4}\beta^2-\frac{1}{4}\alpha^2}{\beta-\alpha}$
$=\dfrac{\frac{1}{4}(\beta^2-\alpha^2)}{\beta-\alpha}$
$=\dfrac{1}{4}(\alpha+\beta)$

EX ④142

x の多項式 $f(x)$ について，次の問いに答えよ。
(1) $f(x)$ を $(x-a)^2$ で割ったときの余りを，a，$f(a)$，$f'(a)$ を用いて表せ。　〔(1) 早稲田大〕
(2) $f(x)=ax^{n+1}+bx^n+1$（n は自然数）が $(x-1)^2$ で割り切れるように，定数 a，b の値を定めよ。

(1) $f(x)$ を $(x-a)^2$ で割ったときの商を $Q(x)$，余りを $px+q$ とすると，次の等式が成り立つ。

$$f(x)=(x-a)^2Q(x)+px+q \quad (p,\ q \text{ は定数}) \quad \cdots\cdots ①$$

このf(x)を微分すると

$$f'(x)=2(x-a)Q(x)+(x-a)^2Q'(x)+p \quad \cdots\cdots ②$$

①，② に $x=a$ を代入すると　$f(a)=pa+q$，$f'(a)=p$

よって　$p=f'(a)$，$q=f(a)-af'(a)$

したがって，求める余りは　$\boldsymbol{xf'(a)+f(a)-af'(a)}$

(2) $f(x)=ax^{n+1}+bx^n+1$ から

$$f'(x)=a(n+1)x^n+bnx^{n-1}$$

(1) から，$f(x)$ を $(x-1)^2$ で割ったときの余りは

$$xf'(1)+f(1)-f'(1)$$

と表される。$f(x)$ が $(x-1)^2$ で割り切れるための条件は

$$f'(1)=0 \quad \text{かつ} \quad f(1)-f'(1)=0$$

すなわち　$f(1)=0$　かつ　$f'(1)=0$

$$f(1)=a+b+1=0 \quad \cdots\cdots ③$$

$$f'(1)=(n+1)a+nb=0 \quad \cdots\cdots ④$$

④$-$③$\times n$ から　$a-n=0$　すなわち　$\boldsymbol{a=n}$

これを ① に代入して　$\boldsymbol{b=-n-1}$

⇐割り算の基本公式
$A=BQ+R$

⇐積や累乗の形の関数の微分
1　$(fg)'=f'g+fg'$
2　$\{(ax+b)^n\}'$
$=n(ax+b)^{n-1}(ax+b)'$

⇐$q=f(a)-pa$ から。

⇐余り $px+q$ が 0
$\Longleftrightarrow$ $p=0$ かつ $q=0$

⇐b を消去。

inf.　**$(x-a)^2$ で割り切れる条件**

$f(x)$ が $(x-a)^2$ で割り切れることは，余りが恒等的に 0 に等しいことであるから

$$f'(a)=0 \quad \text{かつ} \quad f(a)-af'(a)=0 \qquad \text{よって} \qquad f(a)=f'(a)=0$$

したがって，次のことが成り立つ。

x の多項式 $f(x)$ が $(x-a)^2$ で割り切れるための必要十分条件は

$$\boldsymbol{f(a)=f'(a)=0}$$

このとき，$f(x)=0$ は $(x-a)^2Q(x)=0$ の形になる。したがって，この条件は方程式 $f(x)=0$ が **$x=a$ を 2 重解にもつ条件** であるともいえる。

EX ③143

次の極限値を a，$f(a)$，$f'(a)$ で表せ。
(1) $\displaystyle\lim_{x\to a}\frac{xf(a)-af(x)}{x-a}$　　(2) $\displaystyle\lim_{x\to a}\frac{x^2f(a)-a^2f(x)}{x^2-a^2}$

(1)
$$\lim_{x\to a}\frac{xf(a)-af(x)}{x-a}=\lim_{x\to a}\frac{xf(a)-af(a)+af(a)-af(x)}{x-a}$$

$$=\lim_{x\to a}\frac{(x-a)f(a)-a\{f(x)-f(a)\}}{x-a}$$

$$=\lim_{x\to a}\left\{f(a)-a\cdot\frac{f(x)-f(a)}{x-a}\right\}$$

$$=\boldsymbol{f(a)-af'(a)}$$

⇐$af(a)$ を引いて加える。

⇐$\displaystyle\lim_{x\to a}\frac{f(x)-f(a)}{x-a}=f'(a)$

(2) $\displaystyle\lim_{x\to a}\frac{x^2f(a)-a^2f(x)}{x^2-a^2}$

$\displaystyle=\lim_{x\to a}\frac{x^2f(a)-a^2f(a)+a^2f(a)-a^2f(x)}{x^2-a^2}$

$\displaystyle=\lim_{x\to a}\frac{(x^2-a^2)f(a)-a^2\{f(x)-f(a)\}}{x^2-a^2}$

$\displaystyle=\lim_{x\to a}\left\{f(a)-\frac{a^2}{x+a}\cdot\frac{f(x)-f(a)}{x-a}\right\}$

$\displaystyle=\boldsymbol{f(a)-\frac{a}{2}f'(a)}$

⇦$a^2f(a)$ を引いて加える。

⇦$\displaystyle\lim_{x\to a}\frac{a^2}{x+a}=\frac{a^2}{2a}=\frac{a}{2}$
$\displaystyle\lim_{x\to a}\frac{f(x)-f(a)}{x-a}=f'(a)$

EX ③144

(1) 曲線 $y=x^3-4x$ の接線で，傾きが -1 であるものを求めよ。
(2) 点 $(1,\ 0)$ より曲線 $y=x^3$ へ引いた接線の方程式を求めよ。〔類 立命館大〕
(3) 3 次曲線 $y=ax^3+bx^2+cx+d$ は，$x=2$ で x 軸に接しており，原点における接線の方程式が $y=-2x$ であるという。このとき，定数 a，b，c，d の値を求めよ。〔日本歯大〕

(1) $f(x)=x^3-4x$ とすると　$f'(x)=3x^2-4$
$f'(x)=-1$ とすると　$3x^2-4=-1$　　よって　$x=\pm1$
また　$f(1)=1^3-4\cdot1=-3$，$f(-1)=(-1)^3-4\cdot(-1)=3$
ゆえに，求める接線の方程式は
$y-(-3)=(-1)(x-1)$，$y-3=(-1)\{x-(-1)\}$
すなわち　$\boldsymbol{y=-x-2}$，$\boldsymbol{y=-x+2}$

⇦接線の傾きが -1 であるから　$f'(x)=-1$
⇦$y-f(a)=f'(a)(x-a)$
⇦接線は 2 本ある。

(2) $f(x)=x^3$ とすると　$f'(x)=3x^2$
曲線 $y=f(x)$ 上の点 $(a,\ f(a))$ における接線の方程式は
$y-a^3=3a^2(x-a)$
すなわち　$y=3a^2x-2a^3$　…… ①
この直線が点 $(1,\ 0)$ を通るから
$0=3a^2\cdot1-2a^3$
すなわち　$a^2(2a-3)=0$
よって　$a=0,\ \dfrac{3}{2}$
したがって，求める接線の方程式は，① から
$a=0$ のとき　$\boldsymbol{y=0}$，
$a=\dfrac{3}{2}$ のとき　$\boldsymbol{y=\dfrac{27}{4}x-\dfrac{27}{4}}$

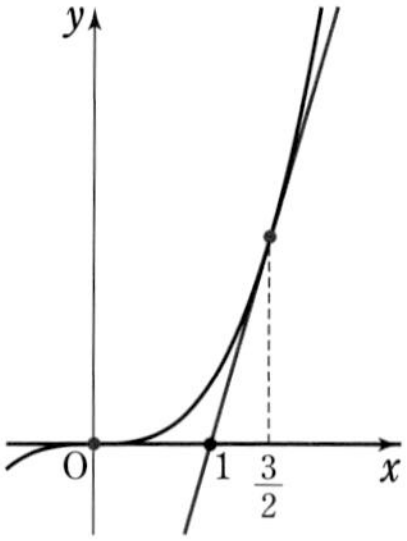

⇦$f(a)=a^3$
⇦$y-f(a)=f'(a)(x-a)$
⇦接線は 2 本ある。

inf. 接線 $y=0$ の接点は原点で，$x<0$ では接線の下側に曲線があり，$x>0$ では接線の上側に曲線がある。このように，その接点で曲線を 2 つに分ける接線もある。

(3) $f(x)=ax^3+bx^2+cx+d$ とすると
$f'(x)=3ax^2+2bx+c$
曲線 $y=f(x)$ が $x=2$ で x 軸に接するから
$f(2)=0$，$f'(2)=0$
よって　$8a+4b+2c+d=0$　…… ①
$12a+4b+c=0$　…… ②

⇦$x=2$ における接線は x 軸で，その傾きは $f'(2)=0$

曲線 $y=f(x)$ の原点における接線の方程式が $y=-2x$ であるから　$f(0)=0$, $f'(0)=-2$

⇦曲線は原点を通り，接線の傾きは　$f'(0)=-2$

ゆえに　$d=0$, $c=-2$ …… ③

③ を ①, ② に代入して整理すると

$$2a+b=1,\ 6a+2b=1$$

これを解いて　$a=-\dfrac{1}{2}$, $b=2$

以上から　$\boldsymbol{a=-\dfrac{1}{2},\ b=2,\ c=-2,\ d=0}$

EX ③145　関数 $f(x)=|x|(x^2-5x+3)$ の増減を調べ，$y=f(x)$ のグラフの概形をかけ。〔類 東北学院大〕

[1] $x \geqq 0$ のとき

$$f(x)=x(x^2-5x+3)=x^3-5x^2+3x$$

よって　$f'(x)=3x^2-10x+3=(x-3)(3x-1)$

⇦ $\begin{array}{l} 1 \quad -3 \to -9 \\ 3 \quad -1 \to -1 \\ \hline 3 \quad\ \ 3 \quad -10 \end{array}$

$f'(x)=0$ とすると　$x=3,\ \dfrac{1}{3}$

$x \geqq 0$ における $f(x)$ の増減表は次のようになる。

x	0	…	$\frac{1}{3}$	…	3	…
$f'(x)$		+	0	−	0	+
$f(x)$	0	↗	極大 $\frac{13}{27}$	↘	極小 −9	↗

[2] $x<0$ のとき

$$f(x)=-x(x^2-5x+3)=-(x^3-5x^2+3x)$$

よって　$f'(x)=-(3x^2-10x+3)=-(x-3)(3x-1)$

$x<0$ のとき　$x-3<0$,　$3x-1<0$

ゆえに，$x<0$ では，常に $f'(x)<0$ が成り立つ。

したがって，$x<0$ の範囲で $f(x)$ は常に減少する。

以上から，$f(x)$ は

$\boldsymbol{x \leqq 0,\ \dfrac{1}{3} \leqq x \leqq 3}$ **で常に減少；**

$\boldsymbol{0 \leqq x \leqq \dfrac{1}{3},\ 3 \leqq x}$ **で常に増加**

する。

また，グラフは **右図** のようになる。

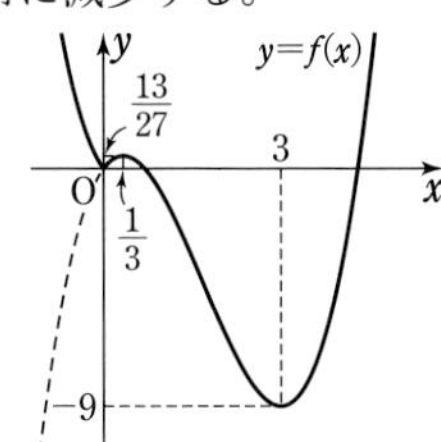

inf.　$y=x^3-5x^2+3x$ と $y=-(x^3-5x^2+3x)$ のグラフは x 軸に関して対称である。
よって，$x<0$ のときのグラフは，$y=x^3-5x^2+3x$ のグラフの $x<0$ の部分を，x 軸に関して対称に折り返したものになる。

EX ③146　3次関数 $y=ax^3+bx^2+cx+d$ のグラフが右の図のようになるとき，a, b, c, d の値の符号をそれぞれ求めよ。

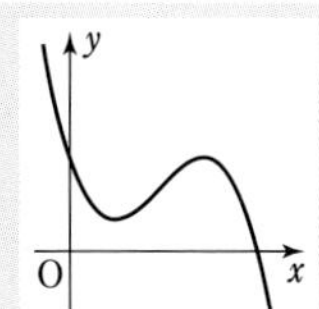

6章 EX

$f(x)=ax^3+bx^2+cx+d$ とする。

このとき　$f'(x)=3ax^2+2bx+c=3a\left(x+\dfrac{b}{3a}\right)^2-\dfrac{b^2}{3a}+c$

$y=f(x)$ のグラフと y 軸の交点の y 座標が正であるから

$f(0)>0$　　すなわち　　$d>0$

また，グラフより $y=f(x)$ の $x=0$ における接線の傾きは負であるから

$f'(0)<0$　　すなわち　　$c<0$

更に，グラフより $f(x)$ は極値を 2 つもち，極値をとる x の値の符号はどちらも正である。

よって，方程式 $f'(x)=0$ を満たす実数 x は 2 つあり，それらを α, β $(0<\alpha<\beta)$ とすると，グラフより $f(x)$ の増減表は右のようになる。

x	$\cdots$	α	$\cdots$	β	$\cdots$
$f'(x)$	$-$	0	$+$	0	$-$
$f(x)$	↘	極小	↗	極大	↘

増減表と $\alpha>0$, $\beta>0$ より，$y=f'(x)$ のグラフは右の図のような，上に凸の放物線となるから　　$a<0$

放物線 $y=f'(x)$ の軸は直線 $x=-\dfrac{b}{3a}$ で，y 軸の右側にあるから

$$-\frac{b}{3a}>0$$

$a<0$ であるから　　$b>0$

以上より，それぞれの符号は

a：負，b：正，c：負，d：正

inf.　$y=f(x)$ のグラフの形から，$a<0$ であることがわかる。詳しくは本冊 $p.291$ まとめを参照。

⇦ d は $x=0$ のときの y の値から判断。

⇦ $0<\alpha<\beta$ と解と係数の関係から
$\alpha+\beta=-\dfrac{2b}{3a}>0$, $\alpha\beta=\dfrac{c}{3a}>0$
としても求められる。

EX ③147　a を実数とする。3 次関数 $f(x)=-x^3+ax^2+a(a+4)x+3$ は $x=-1$ で極小値をとる。定数 a の値と $f(x)$ の極小値をそれぞれ求めよ。

$f'(x)=-3x^2+2ax+a(a+4)$

$f(x)$ は $x=-1$ で極値をとるから　　$f'(-1)=0$

よって　　$-3\cdot(-1)^2+2a\cdot(-1)+a(a+4)=0$

ゆえに　　$a^2+2a-3=0$　　　よって　　$(a+3)(a-1)=0$

したがって　　$a=-3$, 1

[1]　逆に，$a=-3$ のとき

$f'(x)=-3x^2-6x-3=-3(x+1)^2$

$f'(x)=0$ とすると　　$x=-1$

$f(x)$ の増減表は右のようになり，$x=-1$ で極小とはならない。

よって，$a=-3$ は不適。

x	$\cdots$	-1	$\cdots$
$f'(x)$	$-$	0	$-$
$f(x)$	↘	4	↘

⇦ $f'(-1)=0$ は必要条件であるから，これより求められた $a=-3$, 1 も必要条件に過ぎない。
以下，$a=-3$, 1 のそれぞれの場合で，十分条件であるかどうかを確認。

[2]　逆に，$a=1$ のとき

$f'(x)=-3x^2+2x+5=-(x+1)(3x-5)$

$f'(x)=0$ とすると

$x=-1,\ \dfrac{5}{3}$

$f(x)$ の増減表は右のようになり，$x=-1$ で極小値 0 をとる。

x	$\cdots$	-1	$\cdots$	$\dfrac{5}{3}$	$\cdots$
$f'(x)$	$-$	0	$+$	0	$-$
$f(x)$	↘	極小	↗	極大	↘

以上から　　**$a=1,\ x=-1$ で極小値 0**

EX ③148　関数 $f(x)=2x^3+9x^2+6x-1$ の極小値を求めよ。　〔類 慶応大〕

$f'(x)=6x^2+18x+6=6(x^2+3x+1)$

$f'(x)=0$ とすると　　$x=\dfrac{-3\pm\sqrt{5}}{2}$

⇦極値の x 座標が複雑な値。

$f(x)$ の増減表は次のようになる。

x	$\cdots$	$\dfrac{-3-\sqrt{5}}{2}$	$\cdots$	$\dfrac{-3+\sqrt{5}}{2}$	$\cdots$
$f'(x)$	$+$	0	$-$	0	$+$
$f(x)$	↗	極大	↘	極小	↗

⇦増減表から，$f\left(\dfrac{-3+\sqrt{5}}{2}\right)$ が極小値であることがわかるが，$x=\dfrac{-3+\sqrt{5}}{2}$ を直接3次式 $f(x)$ に代入すると計算が煩雑。

$f(x)$ を x^2+3x+1 で割ると

商が $2x+3$,

余りが $-5x-4$

であるから

$$\begin{array}{r} 2x+3 \\ x^2+3x+1\,\overline{)\,2x^3+9x^2+6x-1} \\ 2x^3+6x^2+2x \\ \hline 3x^2+4x-1 \\ 3x^2+9x+3 \\ \hline -5x-4 \end{array}$$

$f(x)=(x^2+3x+1)(2x+3)-5x-4$

⇦等式 $f(x)=f'(x)Q+R$ の形。

$\alpha=\dfrac{-3+\sqrt{5}}{2}$ とおくと，$f'(\alpha)=0$ であるから

$f(\alpha)=\dfrac{f'(\alpha)}{6}\cdot(2\alpha+3)-5\alpha-4=-5\alpha-4$

$=-5\cdot\dfrac{-3+\sqrt{5}}{2}-4=\dfrac{7-5\sqrt{5}}{2}$

⇦α の1次式で表せる。$\alpha=\dfrac{-3+\sqrt{5}}{2}$ の代入が1回で済むのでスムーズ。

よって，$f(x)$ は **$x=\dfrac{-3+\sqrt{5}}{2}$ で極小値 $\dfrac{7-5\sqrt{5}}{2}$** をとる。

inf.　α は，$\alpha^2+3\alpha+1=0$ を満たすことから

$\alpha^2=-3\alpha-1$

これから

$f(\alpha)=2\alpha^3+9\alpha^2+6\alpha-1$

$=2\alpha(-3\alpha-1)+9\alpha^2+6\alpha-1$

$=3\alpha^2+4\alpha-1=3(-3\alpha-1)+4\alpha-1$

$=-5\alpha-4=-5\cdot\dfrac{-3+\sqrt{5}}{2}-4$

$=\dfrac{7-5\sqrt{5}}{2}$

⇦$\alpha^2=-3\alpha-1$ から $f(\alpha)$ の次数を1次まで下げることができる。

EX ③149

a を定数とし，$f(x)=\frac{1}{3}x^3+ax^2+(3a+4)x$ とする。

(1) xy 平面において，曲線 $y=f(x)$ は a の値が変化しても常に 2 つの定点を通る。この 2 つの定点の座標を求めよ。

(2) $f(x)$ が極値をとらないような a の値の範囲を求めよ。〔愛知工大〕

(1) 曲線の方程式 $y=\frac{1}{3}x^3+ax^2+(3a+4)x$ を a について

整理すると　$x(x+3)a+\frac{1}{3}x^3+4x-y=0$

⇦ a の値が変化しても常に成り立つ ⟺ a の恒等式

これが a の値にかかわらずに成り立つとき

$$x(x+3)=0,\ \frac{1}{3}x^3+4x-y=0$$

これを連立して解くと　$(x,\ y)=(0,\ 0),\ (-3,\ -21)$

⇦ $x(x+3)=0$ から $x=0,\ -3$ これを $y=\frac{1}{3}x^3+4x$ に代入する。

したがって，曲線 $y=f(x)$ は，a の値が変化しても常に 2 点 **(0, 0)，(−3, −21)** を通る。

(2) $f(x)=\frac{1}{3}x^3+ax^2+(3a+4)x$ から

$$f'(x)=x^2+2ax+3a+4$$

$f(x)$ が極値をとらないための必要十分条件は，$f'(x)$ の符号が変化しないことである。

ゆえに，2 次方程式 $f'(x)=0$ が重解をもつか実数解をもたない。

$f'(x)=0$ の判別式を D とすると

$$\frac{D}{4}=a^2-(3a+4)=a^2-3a-4$$

$D\leqq 0$ から　$(a+1)(a-4)\leqq 0$

したがって　$\boldsymbol{-1\leqq a\leqq 4}$

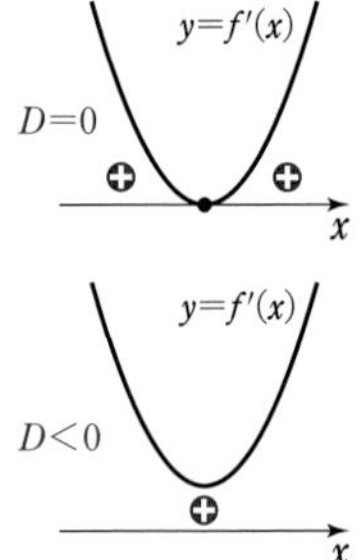

EX ③150

半径 1 の球に内接する直円錐でその側面積が最大になるものに対し，その高さ，底面の半径，および側面積を求めよ。〔類 中央大〕

HINT　側面積 S を直円錐の高さ h で表し，$0<h<2$ において，まず S^2 が最大となる条件を求める。

直円錐の高さを h とすると　$0<h<2$ ……①

また，直円錐の底面の円の半径を r，母線の長さを l，側面積を S とする。

$r^2+(h-1)^2=1^2$ であるから　$r^2=2h-h^2$

よって　$r=\sqrt{2h-h^2}$ ……②

⇦ $0<h<2$ であるから $2h-h^2=h(2-h)>0$

また，$l^2=h^2+r^2$ であるから　$l^2=2h$

ゆえに　$l=\sqrt{2h}$ ……③

よって　$S=\pi rl=\pi\sqrt{(2h-h^2)\cdot 2h}=\pi\sqrt{4h^2-2h^3}$

⇦ $S=\frac{1}{2}\times 2\pi r\times l$ から。（扇形の面積 本冊 $p.184$ 参照）

ゆえに　$S^2=\pi^2(4h^2-2h^3)$

S^2 を h の関数とみて，h で微分すると

$$\frac{dS^2}{dh}=\pi^2(8h-6h^2)=2\pi^2h(4-3h)$$

① の範囲において，$2\pi^2h(4-3h)=0$ となるのは $h=\frac{4}{3}$ のときである。

よって，① の範囲における S^2 の増減表は右のようになる。

h	0	$\cdots$	$\frac{4}{3}$	$\cdots$	2
$\frac{dS^2}{dh}$		$+$	0	$-$	
S^2		↗	極大	↘	

ゆえに，S^2 は $h=\frac{4}{3}$ で極大かつ最大となる。

$S>0$ であるから，S^2 が最大となるとき，S も最大となる。

$h=\frac{4}{3}$ のとき，② から　　$r=\frac{2\sqrt{2}}{3}$

③ から　　$l=\frac{2\sqrt{6}}{3}$

よって，側面積の最大値は　　$S=\pi\cdot\frac{2\sqrt{2}}{3}\cdot\frac{2\sqrt{6}}{3}=\frac{8\sqrt{3}}{9}\pi$

したがって，求めるものは

高さ $\frac{4}{3}$，底面の半径 $\frac{2\sqrt{2}}{3}$，側面積 $\frac{8\sqrt{3}}{9}\pi$

⇦無理式で表された関数の微分は，数学Ⅲで学習。そこで，$S>0$ であることに着目し，S^2 を考えると根号が消える。

⇦$r=\sqrt{2\cdot\frac{4}{3}-\left(\frac{4}{3}\right)^2}=\sqrt{\frac{8}{9}}$

⇦$S=\pi\sqrt{4h^2-2h^3}$ に $h=\frac{4}{3}$ を代入してもよい。

6章 EX

EX ③151 $f(x)=ax^3-6ax^2+b$ の $-1\leqq x\leqq 2$ における最大値が 3 で，最小値が -29 であるとき，定数 a，b の値を求めよ。〔横浜市大〕

$f'(x)=3ax^2-12ax=3ax(x-4)$

[1]　$a=0$ のとき

$f(x)=b$，すなわち定数関数となって条件を満たさない。

よって，$a=0$ は不適である。

⇦定数関数ならば，常に一定の値をとる。

[2]　$a>0$ のとき

$-1\leqq x\leqq 2$ における $f(x)$ の増減表は次のようになる。

x	-1	$\cdots$	0	$\cdots$	2
$f'(x)$		$+$	0	$-$	
$f(x)$	$-7a+b$	↗	極大 b	↘	$-16a+b$

⇦最大値は，表から b
最小値の候補は
$f(-1)=-7a+b$ と
$f(2)=-16a+b$

最小値の候補として，$f(-1)$ と $f(2)$ を比較すると，

$a>0$ であるから　　$-7a+b>-16a+b$

⇦$(-7a+b)-(-16a+b)=9a>0$

よって，最小値は　　$f(2)=-16a+b$

また，最大値は　　$f(0)=b$

ゆえに　　$b=3$ ……①，　$-16a+b=-29$ ……②

① を ② に代入して　　$-16a+3=-29$

したがって　　$a=2$　　これは $a>0$ を満たす。

⇦場合分けの条件を満たすことを確認する。

[3]　$a<0$ のとき

$-1\leqq x\leqq 2$ における $f(x)$ の増減表は次のようになる。

x	-1	$\cdots$	0	$\cdots$	2
$f'(x)$		$-$	0	$+$	
$f(x)$	$-7a+b$	↘	極小 b	↗	$-16a+b$

最大値の候補として，$f(-1)$ と $f(2)$ を比較すると，

$a<0$ であるから　　$-7a+b<-16a+b$

よって，最大値は　　$f(2)=-16a+b$

また，最小値は　　$f(0)=b$

ゆえに　　$-16a+b=3$ ……③，　$b=-29$ ……④

④ を ③ に代入して　　$-16a-29=3$

したがって　　$a=-2$　　これは $a<0$ を満たす。

以上から　　$\boldsymbol{(a,\ b)=(2,\ 3),\ (-2,\ -29)}$

⇐最大値の候補は $f(-1)=-7a+b$ と $f(2)=-16a+b$ 最小値は，表から b

⇐$(-16a+b)-(-7a+b)=-9a>0$

⇐場合分けの条件を満たすことを確認する。

EX ④152 $f(x)=x^4-8x^3+18kx^2$ が極大値をもたないとき，定数 k の値の範囲を求めよ。〔福島大〕

$f'(x)=4x^3-24x^2+36kx=4x(x^2-6x+9k)$

$f(x)$ が極大値をもたないための必要十分条件は，$f'(x)$ の符号が正から負に変化しないことである。

ゆえに，$f'(x)$ の x^3 の係数が正であるから，3 次方程式 $f'(x)=0$ が異なる 3 つの実数解をもたない。

$f'(x)=0$ とすると　　$x=0$，$x^2-6x+9k=0$

よって，求める条件は，$x^2-6x+9k=0$ が

[1]　重解をもつか実数解をもたない

または　[2]　$x=0$ を解にもつ

[1]　$x^2-6x+9k=0$ の判別式を D とすると

$$\frac{D}{4}=(-3)^2-9k=9-9k=9(1-k)$$

$D\leqq0$ から　　$1-k\leqq0$　　ゆえに　　$k\geqq1$

[2]　$x^2-6x+9k=0$ に $x=0$ を代入すると　　$k=0$

したがって　　$\boldsymbol{k=0,\ k\geqq1}$

$y=f'(x)$ のグラフ

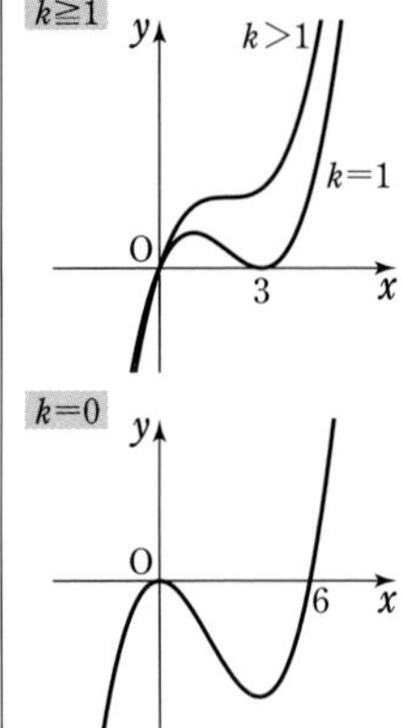

EX ③153 a，b を実数とする。3 次関数 $f(x)=x^3+ax^2+bx$ は $x=\alpha$ で極大値，$x=\beta$ で極小値をとる。ただし，$\alpha<\beta$ である。

(1)　a，b を α，β を用いて表せ。

(2)　$\alpha=\beta-1$ であるとき，$f(\alpha)-f(\beta)$ を求めよ。〔類 高知大〕

(1)　$f'(x)=3x^2+2ax+b$

α，β は 2 次方程式 $f'(x)=0$ すなわち $3x^2+2ax+b=0$ の異なる 2 つの実数解であるから，解と係数の関係により

$$\alpha+\beta=-\frac{2}{3}a,\ \alpha\beta=\frac{b}{3}$$

よって　　$a=-\dfrac{3}{2}(\alpha+\beta)$，$b=3\alpha\beta$

⇐$f'(\alpha)=0$，$f'(\beta)=0$

逆に，このとき
$f'(x)=3(x-\alpha)(x-\beta)$，
$\alpha<\beta$ から，$f(x)$ の増減表は右のようになり，条件を満たす。

x	$\cdots$	α	$\cdots$	β	$\cdots$
$f'(x)$	$+$	0	$-$	0	$+$
$f(x)$	↗	極大	↘	極小	↗

⇐十分条件であることの確認。$f(\alpha)$ が極「大」値，$f(\beta)$ が極「小」値であることを，増減表で確認する。

ゆえに　　$\boldsymbol{a=-\frac{3}{2}(\alpha+\beta)}$，$\boldsymbol{b=3\alpha\beta}$

(2)　$f(\alpha)-f(\beta)=(\alpha^3-\beta^3)+a(\alpha^2-\beta^2)+b(\alpha-\beta)$

$$=(\alpha-\beta)\{(\alpha^2+\alpha\beta+\beta^2)+a(\alpha+\beta)+b\}$$

$$=(\alpha-\beta)\left\{(\alpha^2+\alpha\beta+\beta^2)-\frac{3}{2}(\alpha+\beta)^2+3\alpha\beta\right\}$$

$$=(\alpha-\beta)\left(-\frac{1}{2}\alpha^2+\alpha\beta-\frac{1}{2}\beta^2\right)$$

$$=-\frac{1}{2}(\alpha-\beta)(\alpha^2-2\alpha\beta+\beta^2)$$

$$=-\frac{1}{2}(\alpha-\beta)^3=-\frac{1}{2}(-1)^3=\boldsymbol{\frac{1}{2}}$$

⇐$\alpha^3-\beta^3=(\alpha-\beta)(\alpha^2+\alpha\beta+\beta^2)$

⇐(1) から $a=-\frac{3}{2}(\alpha+\beta)$，$b=3\alpha\beta$ を代入する。

⇐$\alpha=\beta-1$ から $\alpha-\beta=-1$

inf.　一般に，3次関数 $f(x)=ax^3+bx^2+cx+d$ $(a\neq0)$ が，$x=\alpha$ で極大値，$x=\beta$ で極小値をとるとき，極値の差は

$$f(\alpha)-f(\beta)=\frac{a}{2}(\beta-\alpha)^3$$

で求められる。
この証明は，EX 153 と同様に証明することができるが，次のように定積分を利用して証明することもできる。

$$f(\alpha)-f(\beta)=\Big[f(x)\Big]_\beta^\alpha=\int_\beta^\alpha f'(x)\,dx=\int_\beta^\alpha(3ax^2+2bx+c)\,dx$$

$$=3a\int_\beta^\alpha(x-\alpha)(x-\beta)\,dx=-3a\int_\alpha^\beta(x-\alpha)(x-\beta)\,dx$$

$$=-3a\left\{-\frac{1}{6}(\beta-\alpha)^3\right\}\quad\cdots\cdots(*)$$

$$=\frac{a}{2}(\beta-\alpha)^3$$

注意　(＊)の式変形は7章(本冊 $p.322$ 基本例題 205)で学ぶ定積分の公式

$$\int_\alpha^\beta(x-\alpha)(x-\beta)\,dx=-\frac{1}{6}(\beta-\alpha)^3$$

を用いた。

別解　inf. で扱った定積分を用いた解法で (2) を解く。

$$f(\alpha)-f(\beta)=\Big[f(x)\Big]_\beta^\alpha=\int_\beta^\alpha f'(x)\,dx=\int_\beta^\alpha(3x^2+2ax+b)\,dx$$

$$=3\int_\beta^\alpha(x-\alpha)(x-\beta)\,dx=-3\int_\alpha^\beta(x-\alpha)(x-\beta)\,dx$$

$$=-3\cdot\left(-\frac{1}{6}\right)(\beta-\alpha)^3$$

$$=\frac{1}{2}(\beta-\alpha)^3=\boldsymbol{\frac{1}{2}}$$

⇐$x=\alpha$，β それぞれで極値をとるので $f'(x)=3(x-\alpha)(x-\beta)$

⇐$\alpha=\beta-1$

6章 EX

EX ④154

関数 $y=\sin 2x(\sin x+\cos x-1)$ について，$t=\sin x+\cos x$ とおき，y を t の式で表すと，$y=$ ア□ となる。$0\leqq x\leqq\pi$ のとき，t のとりうる値の範囲は イ□ $\leqq t\leqq$ ウ□ より，y のとりうる値の範囲は，エ□ $\leqq y\leqq$ オ□ となる。〔立命館大〕

$t=\sin x+\cos x$ の両辺を 2 乗して

$$t^2=\sin^2 x+2\sin x\cos x+\cos^2 x$$

⇐$\sin^2 x+\cos^2 x=1$，$\sin 2x=2\sin x\cos x$

よって　$t^2=1+\sin 2x$　すなわち　$\sin 2x=t^2-1$

ゆえに　$y=(t^2-1)(t-1)$

$={}^{ア}\boldsymbol{t^3-t^2-t+1}$ ……①

$t=\sin x+\cos x$ から　$t=\sqrt{2}\sin\left(x+\dfrac{\pi}{4}\right)$

⇐ t のとりうる値の範囲を求めるため，三角関数の合成。

$0\leqq x\leqq\pi$ のとき　$\dfrac{\pi}{4}\leqq x+\dfrac{\pi}{4}\leqq\dfrac{5}{4}\pi$

よって　$-\dfrac{1}{\sqrt{2}}\leqq\sin\left(x+\dfrac{\pi}{4}\right)\leqq 1$

ゆえに　${}^{イ}\boldsymbol{-1}\leqq t\leqq{}^{ウ}\boldsymbol{\sqrt{2}}$

① から　$y'=3t^2-2t-1$

$=(3t+1)(t-1)$

$y'=0$ とすると　$t=-\dfrac{1}{3}$，1

$-1\leqq t\leqq\sqrt{2}$ における y の増減表は次のようになる。

x	-1	…	$-\frac{1}{3}$	…	1	…	$\sqrt{2}$
y'		+	0	−	0	+	
y	0	↗	極大 $\frac{32}{27}$	↘	極小 0	↗	$\sqrt{2}-1$

ここで，$\dfrac{32}{27}>1$，$\sqrt{2}-1<1$ であるから　$\dfrac{32}{27}>\sqrt{2}-1$

⇐極値と端の値を比較。

したがって，y のとりうる値の範囲は　${}^{エ}\boldsymbol{0}\leqq y\leqq{}^{オ}\boldsymbol{\dfrac{32}{27}}$

EX ④155

$\dfrac{1}{3}\leqq x\leqq 3$ で定義された関数 $y=-2(\log_3 3x)^3+3(\log_3 x+1)^2+1$ がある。関数 y の最大値と最小値，およびそのときの x の値を求めよ。〔長崎大〕

$\log_3 3x=t$ とおく。

⇐$\log_3 x=t$ とおいてもよいが，計算が面倒。

底 3 は 1 より大きく，$\dfrac{1}{3}\leqq x\leqq 3$ より $1\leqq 3x\leqq 9$ であるから

$\log_3 1\leqq t\leqq\log_3 9$　すなわち　$0\leqq t\leqq 2$

また　$\log_3 x+1=\log_3 x+\log_3 3=\log_3 3x$

⇐$M>0$，$N>0$ のとき $\log_a M+\log_a N=\log_a MN$

よって，y を t の式で表すと　$y=-2t^3+3t^2+1$

y を t で微分すると　$y'=-6t^2+6t=-6t(t-1)$

$y'=0$ とすると　$t=0$，1

$0 \leqq t \leqq 2$ における y の増減表は右のようになる。

t	0	$\cdots$	1	$\cdots$	2
y'		$+$	0	$-$	
y	1	↗	極大 2	↘	-3

よって，y は

$t=1$ で最大値 2,

$t=2$ で最小値 -3

をとる。

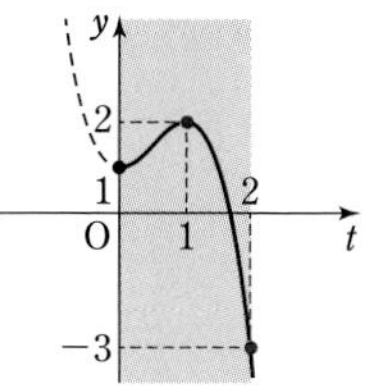

$\log_3 3x=1$ から　　$3x=3^1$　すなわち　$x=1$

$\log_3 3x=2$ から　　$3x=3^2$　すなわち　$x=3$

⇐$\log_a b=c \iff a^c=b$

したがって，y は **$x=1$ で最大値 2, $x=3$ で最小値 -3** をとる。

EX ⑤156

放物線 $y=x^2$ 上の点Pから2直線 $y=x-1$, $y=5x-7$ にそれぞれ垂線PQ, PR を下ろす。点Pがこの放物線上を動くとき，長さの積 PQ·PR の最小値を求めよ。また，そのときの点Pの座標を求めよ。〔日本女子大〕

6章 EX

点Pの座標を $(t,\ t^2)$ とする。

点Pから2直線 $x-y-1=0$, $5x-y-7=0$ に下ろした垂線がそれぞれ PQ, PR であるから

$$\mathrm{PQ}\cdot\mathrm{PR}=\frac{|t-t^2-1|}{\sqrt{1^2+(-1)^2}}\cdot\frac{|5t-t^2-7|}{\sqrt{5^2+(-1)^2}}$$

$$=\frac{|t^2-t+1|}{\sqrt{2}}\cdot\frac{|t^2-5t+7|}{\sqrt{26}}$$

⇐点 $(x_0,\ y_0)$ と直線 $ax+by+c=0$ の距離は $\dfrac{|ax_0+by_0+c|}{\sqrt{a^2+b^2}}$

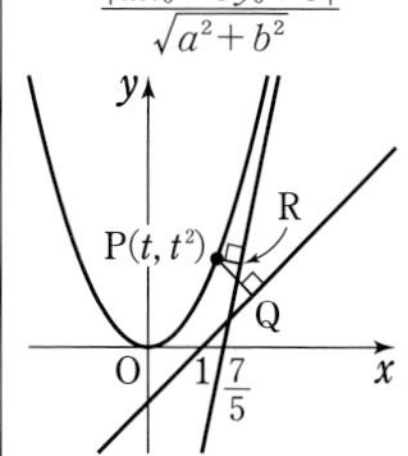

ここで　　$t^2-t+1=\left(t-\dfrac{1}{2}\right)^2+\dfrac{3}{4}>0$,

$t^2-5t+7=\left(t-\dfrac{5}{2}\right)^2+\dfrac{3}{4}>0$

よって　　$\mathrm{PQ}\cdot\mathrm{PR}=\dfrac{(t^2-t+1)(t^2-5t+7)}{2\sqrt{13}}$

$f(t)=(t^2-t+1)(t^2-5t+7)$ とすると

$f(t)=t^4-6t^3+13t^2-12t+7$

⇐ t の4次関数。

$f'(t)=4t^3-18t^2+26t-12$

$=2(2t^3-9t^2+13t-6)$

$=2(t-1)(t-2)(2t-3)$

⇐$P(t)=2t^3-9t^2+13t-6$ とすると，$P(1)=0$ から $P(t)=(t-1)(2t^2-7t+6)=(t-1)(t-2)(2t-3)$

$f'(t)=0$ とすると　　$t=1,\ \dfrac{3}{2},\ 2$

$f(t)$ の増減表は次のようになる。

t	$\cdots$	1	$\cdots$	$\frac{3}{2}$	$\cdots$	2	$\cdots$
$f'(t)$	$-$	0	$+$	0	$-$	0	$+$
$f(t)$	↘	極小 3	↗	極大	↘	極小 3	↗

ゆえに，$f(t)$ は $t=1,\ 2$ で最小値3をとる。

$t=1$ のとき　P(1, 1),　　$t=2$ のとき　P(2, 4)

⇐点Pの座標は $(t,\ t^2)$

したがって，積 PQ・PR は

P(1, 1) または P(2, 4) で最小値 $\dfrac{3}{2\sqrt{13}}=\dfrac{3\sqrt{13}}{26}$

をとる。

EX ⑤157 a は負の定数とする。関数 $f(x)=2x^3-3(a+1)x^2+6ax$ の区間 $-2\leqq x\leqq 2$ における最大値，最小値を求めよ。〔関西大〕

$f'(x)=6x^2-6(a+1)x+6a=6(x-a)(x-1)$

$f'(x)=0$ とすると　$x=a,\ 1$

また　$f(a)=-a^3+3a^2,\quad f(1)=3a-1$

$f(-2)=-24a-28,\quad f(2)=4$

[1]　$a\leqq-2$ のとき

$-2\leqq x\leqq 2$ における $f(x)$ の増減表は次のようになる。

x	-2	$\cdots$	1	$\cdots$	2
$f'(x)$		$-$	0	$+$	
$f(x)$	$-24a-28$	↘	極小 $3a-1$	↗	4

よって，最小値は　$f(1)=3a-1$

また，$a\leqq-2$ であるから　$-24a-28>4$

ゆえに，最大値は　$f(-2)=-24a-28$

[1]　$a\leqq-2$ のとき

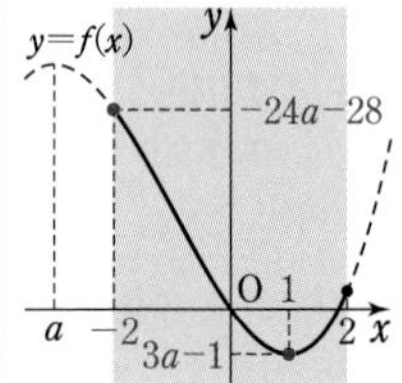

⇐$(-24a-28)-4$
$=-24a-32$
$=-8(3a+4)>0$
（$3a+4$ は負）

[2]　$-2<a<0$ のとき

$-2\leqq x\leqq 2$ における $f(x)$ の増減表は次のようになる。

x	-2	$\cdots$	a	$\cdots$	1	$\cdots$	2
$f'(x)$		$+$	0	$-$	0	$+$	
$f(x)$	$-24a-28$	↗	極大 $-a^3+3a^2$	↘	極小 $3a-1$	↗	4

$(-a^3+3a^2)-4=-(a^3-3a^2+4)$

$=-(a+1)(a^2-4a+4)$

$=-(a+1)(a-2)^2$

⇐$f(a)$ と $f(2)$ の大小比較。

$(a-2)^2>0$ であるから

$-2<a<-1$ のとき　$-a^3+3a^2>4$

よって，最大値は　$f(a)=-a^3+3a^2$

$a=-1$ のとき　$-a^3+3a^2=4$

よって，最大値は　$f(-1)=f(2)=4$

$-1<a<0$ のとき　$-a^3+3a^2<4$

よって，最大値は　$f(2)=4$

また，$(-24a-28)-(3a-1)=-27(a+1)$ であるから

$-2<a<-1$ のとき　$-24a-28>3a-1$

よって，最小値は　$f(1)=3a-1$

$a=-1$ のとき　$-24a-28=3a-1=-4$

よって，最小値は　$f(-2)=f(1)=-4$

[2]　$-2<a<-1$ のとき

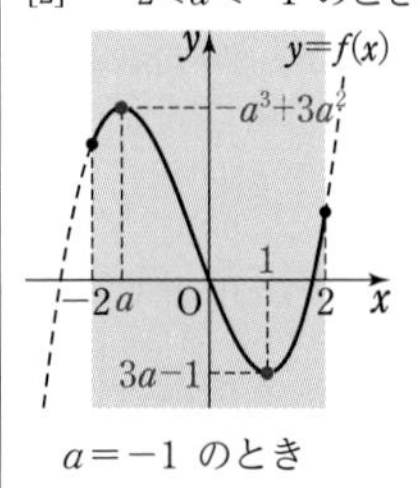

$a=-1$ のとき

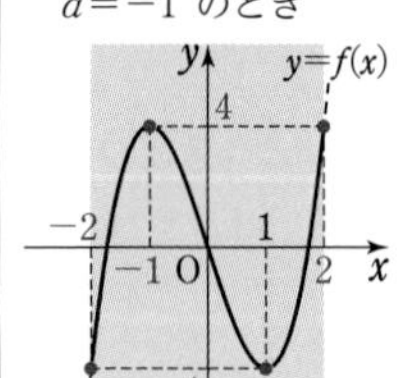

$-1<a<0$ のとき　　$-24a-28<3a-1$

　　よって，最小値は　$f(-2)=-24a-28$

以上から

$a \leqq -2$ のとき　$x=-2$ で最大値 $-24a-28$

$x=1$ で最小値 $3a-1$

$-2<a<-1$ のとき　$x=a$ で最大値 $-a^3+3a^2$

$x=1$ で最小値 $3a-1$

$a=-1$ のとき　$x=-1,\ 2$ で最大値 4

$x=-2,\ 1$ で最小値 -4

$-1<a<0$ のとき　$x=2$ で最大値 4

$x=-2$ で最小値 $-24a-28$

$-1<a<0$ のとき

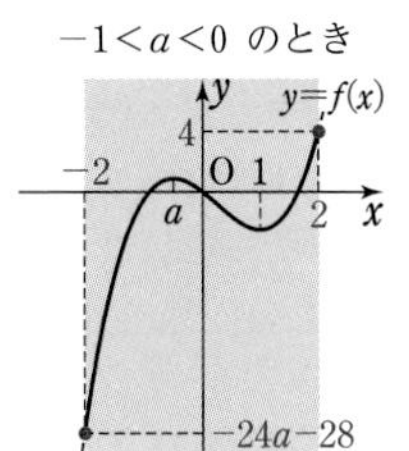

6章
EX

EX ③158

(1) 曲線 $y=x^3-2x+1$ と直線 $y=x+k$ が異なる 3 点を共有するような定数 k の値の範囲を求めよ。〔京都産大〕

(2) 方程式 $x^3-6x+c=0$ が 2 つの異なる正の解と 1 つの負の解をもつような c の値の範囲を求めよ。〔創価大〕

(1) $x^3-2x+1=x+k$ とすると　　$x^3-3x+1=k$

⇐定数 k を分離。

曲線 $y=x^3-2x+1$ と直線 $y=x+k$ が異なる 3 点を共有するための条件は，曲線 $y=x^3-3x+1$ …… ① と直線 $y=k$ が異なる 3 点を共有することである。

① から　　$y'=3x^2-3=3(x^2-1)$

$=3(x+1)(x-1)$

$y'=0$ とすると　　$x=\pm 1$

$y=x^3-3x+1$ の増減表は次のようになる。

x	$\cdots$	-1	$\cdots$	1	$\cdots$
y'	$+$	0	$-$	0	$+$
y	↗	極大 3	↘	極小 -1	↗

⇐$x=-1$ のとき
$y=(-1)^3-3(-1)+1$
$=-1+3+1=3$
$x=1$ のとき
$y=1^3-3\cdot 1+1=-1$

よって，曲線 ① の概形は右の図のようになる。

曲線 ① と直線 $y=k$ が異なる 3 つの共有点をもつような k の値の範囲は，図から

$-1<k<3$

(2) 方程式を変形して　　$-x^3+6x=c$　…… ①

⇐定数 c を分離。

$y=-x^3+6x$ とすると

$y'=-3x^2+6$

$=-3(x+\sqrt{2})(x-\sqrt{2})$

$y'=0$ とすると

$x=\pm\sqrt{2}$

x	$\cdots$	$-\sqrt{2}$	$\cdots$	$\sqrt{2}$	$\cdots$
y'	$-$	0	$+$	0	$-$
y	↘	極小 $-4\sqrt{2}$	↗	極大 $4\sqrt{2}$	↘

y の増減表は上のようになる。

$x=0$ のとき $y=0$ であるから，
$y=-x^3+6x$ のグラフは右の図のようになる。
方程式①が，2つの異なる正の解と1つの負の解をもつための条件は，このグラフと直線 $y=c$ が，$x>0$ の範囲で2個，$x<0$ の範囲で1個の共有点をもつことである。
よって，図から　　$\boldsymbol{0<c<4\sqrt{2}}$

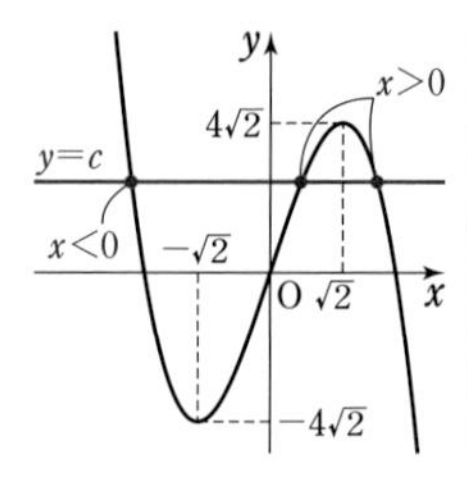

⇦この問題では，グラフと y 軸との交点を確認する必要がある。

EX ③159　x についての方程式 $2x^3-(3a+1)x^2+2ax+4=0$ が異なる2つの実数解をもつときの定数 a の値を求めよ。　〔類　山口大〕

$f(x)=2x^3-(3a+1)x^2+2ax+4$ とする。
$y=f(x)$ のグラフと x 軸が異なる2つの共有点をもつ条件を考えればよい。

$$f'(x)=6x^2-2(3a+1)x+2a=2(x-a)(3x-1)$$

$f'(x)=0$ とすると　　$x=a,\ \dfrac{1}{3}$

$y=f(x)$ のグラフと x 軸が異なる2つの共有点をもつのは，$y=f(x)$ が極値をもち，$y=f(x)$ のグラフが $x=a$ または $x=\dfrac{1}{3}$ で x 軸と接するときである。

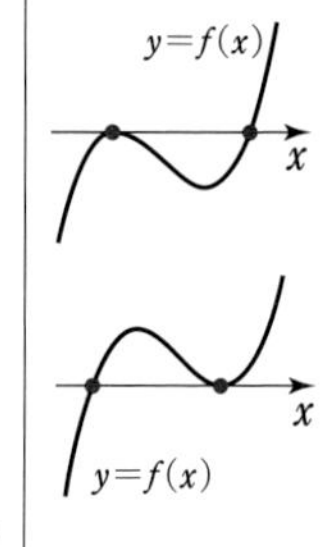

$y=f(x)$ が極値をもつから　　$a\neq\dfrac{1}{3}$　……①

求める条件は，①の条件のもとで　　$f(a)=0$ または $f\left(\dfrac{1}{3}\right)=0$

[1]　$f(a)=0$ のとき　　$-a^3+a^2+4=0$
　すなわち　　$a^3-a^2-4=0$
　因数分解して　　$(a-2)(a^2+a+2)=0$
　$a^2+a+2=\left(a+\dfrac{1}{2}\right)^2+\dfrac{7}{4}>0$ であるから　　$a-2=0$
　ゆえに　　$a=2$　　これは①を満たす。

⇦$g(a)=a^3-a^2-4$ とすると，$g(2)=0$ であるから，$g(a)$ は $a-2$ を因数にもつ。

[2]　$f\left(\dfrac{1}{3}\right)=0$ のとき　　$\dfrac{9a+107}{27}=0$
　よって　　$a=-\dfrac{107}{9}$　　これは①を満たす。

[1]，[2] から　　$\boldsymbol{a=-\dfrac{107}{9},\ 2}$

EX ③160　$a>0,\ b>0,\ c>0$ とする。
(1)　$f(x)=x^3-3abx+a^3+b^3$ の $x>0$ における増減を調べ，極値を求めよ。
(2)　(1)の結果を利用して，$a^3+b^3+c^3\geqq 3abc$ が成り立つことを示せ。また，等号が成立するのは $a=b=c$ のときに限ることを示せ。　〔学習院大〕

HINT　(2)　まず，{$f(x)$ の最小値}$\geqq 0$ を示し，後は x を c におき換えればよい。

(1)　$f'(x)=3x^2-3ab=3(x^2-ab)$

$ab>0$ であるから，$x>0$ において，$f'(x)=0$ となるのは

$x=\sqrt{ab}$

$x>0$ における $f(x)$ の増減表は右のようになる。

x	0	$\cdots$	$\sqrt{ab}$	$\cdots$
$f'(x)$		$-$	0	$+$
$f(x)$		↘	極小	↗

よって，$f(x)$ は

$0<x\leqq\sqrt{ab}$ のとき常に減少，

$\sqrt{ab}\leqq x$ のとき常に増加

また，**$x=\sqrt{ab}$ で極小値**

$$f(\sqrt{ab})=ab\sqrt{ab}-3ab\sqrt{ab}+a^3+b^3$$
$$=a^3-2ab\sqrt{ab}+b^3$$
$$=(\sqrt{a^3})^2-2\sqrt{a^3}\sqrt{b^3}+(\sqrt{b^3})^2$$
$$=(\sqrt{a^3}-\sqrt{b^3})^2$$

をとる。

(2)　(1)の極小値は，$x>0$ における $f(x)$ の最小値であり，

その値は　　$f(\sqrt{ab})=(\sqrt{a^3}-\sqrt{b^3})^2\geqq 0$

よって，$x>0$ のとき　　$f(x)\geqq 0$

したがって，$x>0$ のとき

$x^3-3abx+a^3+b^3\geqq 0$　すなわち　$x^3+a^3+b^3\geqq 3abx$

$c>0$ であるから，$x=c$ とおくと，$a^3+b^3+c^3\geqq 3abc$ が成り立つ。

また，等号が成立するのは　$c=\sqrt{ab}$ かつ $\sqrt{a^3}-\sqrt{b^3}=0$

すなわち，$a=b=c$ のときに限る。

⇦$a^3=(a^{\frac{3}{2}})^2=(\sqrt{a^3})^2$

inf.　(2)　不等式は因数分解を利用して示すことができる。

$a^3+b^3+c^3-3abc$
$=(a+b+c)(a^2+b^2+c^2-ab-bc-ca)$

であり　$a+b+c>0$，

$a^2+b^2+c^2-ab-bc-ca$
$=\frac{1}{2}\{(a-b)^2+(b-c)^2+(c-a)^2\}\geqq 0$

等号は　$a-b=b-c=c-a=0$　すなわち，$a=b=c$　のときのみ成立する。

6章 EX

EX ⑤161　xy 平面上の点 $(a,\ b)$ から曲線 $y=x^3-x$ に3本の相異なる接線が引けるための条件を求め，その条件を満たす点 $(a,\ b)$ のある範囲を図示せよ。〔関西大〕

$y=x^3-x$ から　　$y'=3x^2-1$

よって，曲線上の点 $(t,\ t^3-t)$ における接線の方程式は

$$y-(t^3-t)=(3t^2-1)(x-t)$$

すなわち　　$y=(3t^2-1)x-2t^3$

この直線が点 $(a,\ b)$ を通るとき　　$b=(3t^2-1)a-2t^3$

整理して　　$2t^3-3at^2+a+b=0$　……①

3次関数のグラフでは，接点が異なると接線も異なるから，点 $(a,\ b)$ から3本の相異なる接線が引けるための必要十分条件は，t の3次方程式①が異なる3つの実数解をもつことである。

よって，$f(t)=2t^3-3at^2+a+b$ とすると，$f(t)$ は極値をもち，極大値と極小値の積が負となる。

$f'(t)=6t(t-a)$ であるから，求める条件は

$$a\neq 0 \text{ かつ } f(0)f(a)<0$$

⇦本冊 $p.313$ INFORMATION 参照。

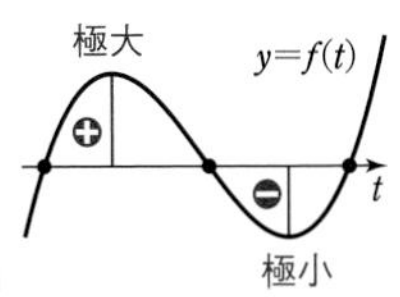

すなわち　　$(\boldsymbol{a}+\boldsymbol{b})(\boldsymbol{b}-\boldsymbol{a}^3+\boldsymbol{a})<\boldsymbol{0}$　…… ②

② で $a=0$ とすると $b^2<0$ となり，これを満たす実数 b は存在しない。

ゆえに，条件 $a \neq 0$ は ② に含まれるから，求める条件は ② である。

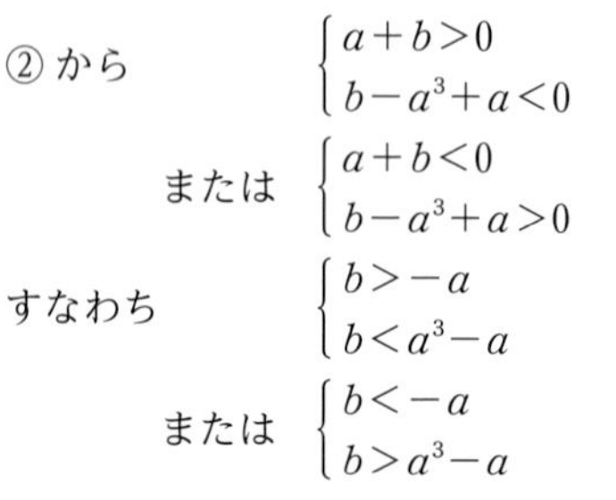

② から　$\begin{cases} a+b>0 \\ b-a^3+a<0 \end{cases}$

または　$\begin{cases} a+b<0 \\ b-a^3+a>0 \end{cases}$

すなわち　$\begin{cases} b>-a \\ b<a^3-a \end{cases}$

または　$\begin{cases} b<-a \\ b>a^3-a \end{cases}$

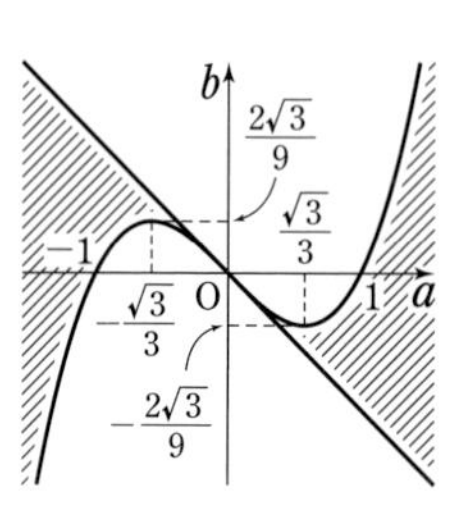

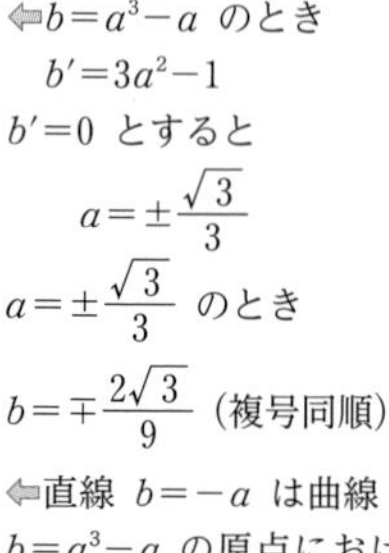

⇦$b=a^3-a$ のとき

$b'=3a^2-1$

$b'=0$ とすると

$a=\pm\frac{\sqrt{3}}{3}$

$a=\pm\frac{\sqrt{3}}{3}$ のとき

$b=\mp\frac{2\sqrt{3}}{9}$（複号同順）

⇦直線 $b=-a$ は曲線 $b=a^3-a$ の原点における接線。

よって，求める範囲は **図の斜線部分。**

ただし，境界線を含まない。

EX ⑤162

関数 $f(x)=x^3+\frac{3}{2}x^2-6x$ について，次の問いに答えよ。

(1)　関数 $f(x)$ の極値をすべて求めよ。

(2)　方程式 $f(x)=a$ が異なる 3 つの実数解をもつとき，定数 a のとりうる値の範囲を求めよ。

(3)　a が (2) で求めた範囲にあるとし，方程式 $f(x)=a$ の 3 つの実数解を α，β，γ $(\alpha<\beta<\gamma)$ とする。$t=(\alpha-\gamma)^2$ とおくとき，t を α，γ，a を用いず β のみの式で表し，t のとりうる値の範囲を求めよ。

〔関西学院大〕

(1)　$f(x)=x^3+\frac{3}{2}x^2-6x$ から

$f'(x)=3x^2+3x-6$

$=3(x+2)(x-1)$

$f'(x)=0$ とすると

$x=-2,\ 1$

$f(x)$ の増減表は右のようになる。

x	…	-2	…	1	…
$f'(x)$	+	0	−	0	+
$f(x)$	↗	極大 10	↘	極小 $-\frac{7}{2}$	↗

⇦$f(-2)$

$=(-2)^3+\frac{3}{2}\cdot(-2)^2-6\cdot(-2)$

$=-8+6+12=10$

$f(1)=1^3+\frac{3}{2}\cdot1^2-6\cdot1$

$=1+\frac{3}{2}-6=-\frac{7}{2}$

よって，$f(x)$ は

$x=-2$ で極大値 10，$x=1$ で極小値 $-\frac{7}{2}$ をとる。

(2)　方程式 $f(x)=a$ が異なる 3 つの実数解をもつとき，曲線 $y=f(x)$ と直線 $y=a$ が異なる 3 つの共有点をもつ。

よって，グラフから

$$-\frac{7}{2}<a<10$$

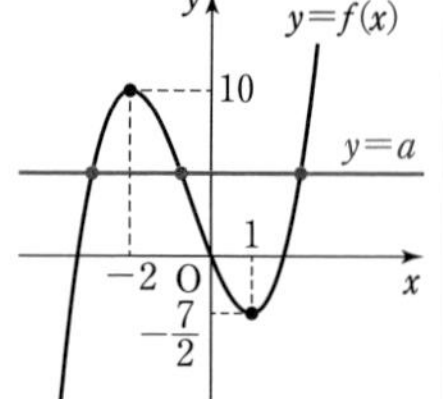

(3)　方程式 $f(x)=a$ から　　$x^3+\frac{3}{2}x^2-6x-a=0$

この方程式の解が α, β, γ $(\alpha<\beta<\gamma)$ であるから，3 次方程式の解と係数の関係により

⇐ 3 次方程式 $ax^3+bx^2+cx+d=0$ の 3 つの解を α, β, γ とすると

$$\alpha+\beta+\gamma=-\frac{b}{a},$$

$$\alpha\beta+\beta\gamma+\gamma\alpha=\frac{c}{a},$$

$$\alpha\beta\gamma=-\frac{d}{a}$$

$$\alpha+\beta+\gamma=-\frac{3}{2} \quad \cdots\cdots ①$$

$$\alpha\beta+\beta\gamma+\gamma\alpha=-6 \quad \cdots\cdots ②,\qquad \alpha\beta\gamma=a$$

① から　　$\alpha+\gamma=-\frac{3}{2}-\beta$　　…… ③

② から　　$\gamma\alpha=-6-(\alpha+\gamma)\beta$　…… ④

③ を ④ に代入して

$$\gamma\alpha=-6-\left(-\frac{3}{2}-\beta\right)\beta=\beta^2+\frac{3}{2}\beta-6 \quad \cdots\cdots ⑤$$

$t=(\alpha-\gamma)^2=(\alpha+\gamma)^2-4\alpha\gamma$ であるから，③，⑤ より

$$\boldsymbol{t}=\left(-\frac{3}{2}-\beta\right)^2-4\left(\beta^2+\frac{3}{2}\beta-6\right)$$

$$=\boldsymbol{-3\beta^2-3\beta+\frac{105}{4}}$$

$$=-3\left(\beta+\frac{1}{2}\right)^2+27 \quad \cdots\cdots ⑥$$

⇐ 2 次式は基本形に変形。

$-\frac{7}{2}<a<10$ のとき，右の図から

β のとりうる値の範囲は

$-2<\beta<1$

$\beta=-\frac{1}{2}$ のとき，⑥ から　　$t=27$

$\beta=-2$, 1 のとき，⑥ から　　$t=\frac{81}{4}$

よって，t のとりうる値の範囲は　　$\boldsymbol{\frac{81}{4}<t\leqq 27}$

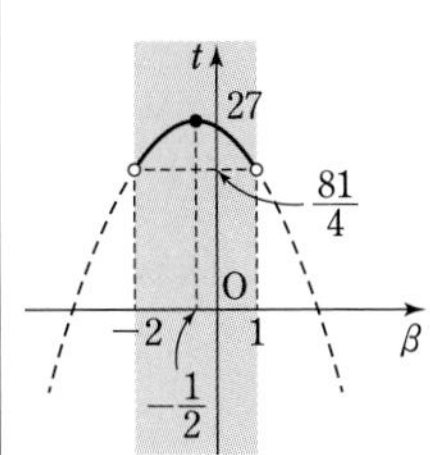

EX ④163　$a\geqq 0$ である定数 a に対して，$f(x)=4x^3-3(2a+1)x^2+6ax+a$ とする。$x\geqq 0$ において $f(x)\geqq 0$ となるような a の値の範囲を求めよ。　〔類　岡山理科大〕

$f'(x)=12x^2-6(2a+1)x+6a=6(2x-1)(x-a)$

$f'(x)=0$ とすると　　$x=\frac{1}{2}$, a

⇐ $\frac{1}{2}$ と a の大小関係を比較して，$f(x)$ の増減を考える。

[1]　$0\leqq a<\frac{1}{2}$ のとき

$x\geqq 0$ における $f(x)$ の増減表は次のようになる。

x	0	…	a	…	$\frac{1}{2}$	…
$f'(x)$		+	0	−	0	+
$f(x)$		↗	極大	↘	極小	↗

$f(0)=a\geqq 0$

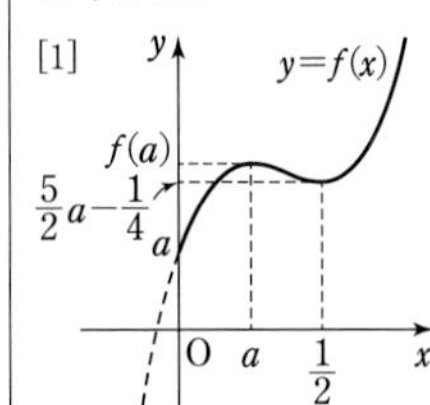

6章 EX

$$f\left(\frac{1}{2}\right)=4\cdot\left(\frac{1}{2}\right)^3-3(2a+1)\cdot\left(\frac{1}{2}\right)^2+6a\cdot\frac{1}{2}+a$$
$$=\frac{5}{2}a-\frac{1}{4}$$

よって，$x\geqq 0$ において $f(x)\geqq 0$ となるのは

$\frac{5}{2}a-\frac{1}{4}\geqq 0$　すなわち　$a\geqq\frac{1}{10}$

のときである。

これと $0\leqq a<\frac{1}{2}$ の共通範囲は　　$\frac{1}{10}\leqq a<\frac{1}{2}$

[2]　$a=\frac{1}{2}$ のとき

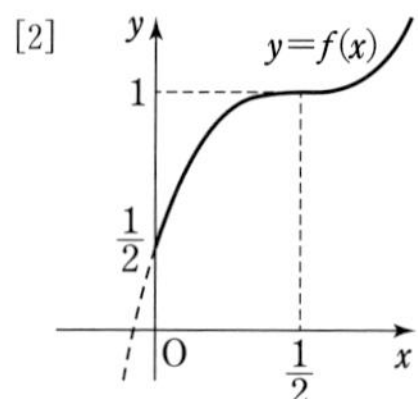

$f'(x)=3(2x-1)^2\geqq 0$

よって，$f(x)$ は増加関数である。

$f(0)=\frac{1}{2}$ より，$x\geqq 0$ において $f(x)\geqq\frac{1}{2}$ であるから，

$a=\frac{1}{2}$ は条件を満たす。

[3]　$a>\frac{1}{2}$ のとき

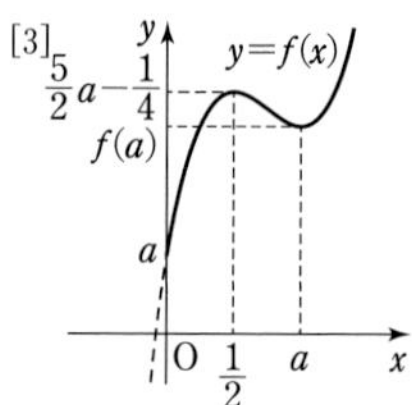

$x\geqq 0$ における $f(x)$ の増減表は次のようになる。

x	0	$\cdots$	$\frac{1}{2}$	$\cdots$	a	$\cdots$
$f'(x)$		$+$	0	$-$	0	$+$
$f(x)$		↗	極大	↘	極小	↗

$f(0)=a\geqq 0$

$$f(a)=4\cdot a^3-3(2a+1)\cdot a^2+6a\cdot a+a$$
$$=-2a^3+3a^2+a$$
$$=-a(2a^2-3a-1)$$

$a>0$ であるから，$x\geqq 0$ において $f(a)\geqq 0$ となるのは

$2a^2-3a-1\leqq 0$　すなわち　$\frac{3-\sqrt{17}}{4}\leqq a\leqq\frac{3+\sqrt{17}}{4}$

のときである。

⇐$2a^2-3a-1=0$ の解は $a=\frac{3\pm\sqrt{17}}{4}$

これと $a>\frac{1}{2}$ の共通範囲は　　$\frac{1}{2}<a\leqq\frac{3+\sqrt{17}}{4}$

[1]，[2]，[3] から，求める a の値の範囲は

$$\boldsymbol{\frac{1}{10}\leqq a\leqq\frac{3+\sqrt{17}}{4}}$$

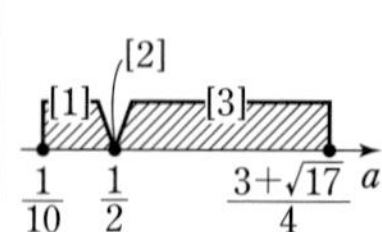

EX
⑤**164**

a は定数，$f(x)=x^2+x+a$，$g(x)=x^3+x^2-8x$ とする。
(1) $x\leqq 0$ を満たすどのような数 x に対しても，$f(x)\geqq g(x)$ となる a の値の範囲を求めよ。
(2) $x_1\leqq 0$，$x_2\leqq 0$ を満たすどのような数 x_1，x_2 に対しても，$f(x_1)\geqq g(x_2)$ となる a の値の範囲を求めよ。

(1) $F(x)=f(x)-g(x)=x^2+x+a-(x^3+x^2-8x)$
$=-x^3+9x+a$ とすると
$F'(x)=-3x^2+9=-3(x^2-3)=-3(x+\sqrt{3})(x-\sqrt{3})$

$F'(x)=0$ とすると　　$x=\pm\sqrt{3}$

$x\leqq 0$ における $F(x)$ の増減表は右のようになる。

x	$\cdots$	$-\sqrt{3}$	$\cdots$	0
$F'(x)$	$-$	0	$+$	
$F(x)$	↘	極小	↗	a

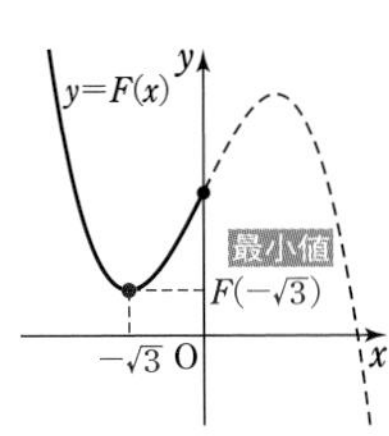

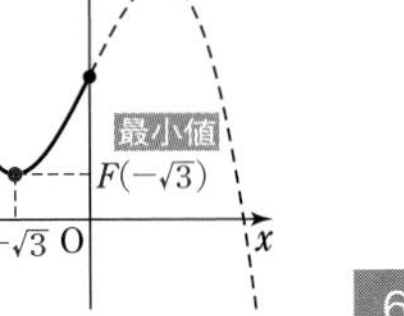

$x\leqq 0$ において，常に $f(x)\geqq g(x)$，すなわち $F(x)\geqq 0$ となる条件は，最小値について　　$F(-\sqrt{3})\geqq 0$

よって　　$-(-\sqrt{3})^3+9(-\sqrt{3})+a\geqq 0$

ゆえに　　$\boldsymbol{a\geqq 6\sqrt{3}}$

別解　$f(x)-g(x)=-x^3+9x+a\geqq 0$ から
$a\geqq x^3-9x$　……①

ここで，$h(x)=x^3-9x$ $(x\leqq 0)$ とすると
$h'(x)=3x^2-9=3(x+\sqrt{3})(x-\sqrt{3})$

$x\leqq 0$ における $h(x)$ の増減表は次のようになる。

x	$\cdots$	$-\sqrt{3}$	$\cdots$	0
$h'(x)$	$+$	0	$-$	
$h(x)$	↗	$6\sqrt{3}$	↘	

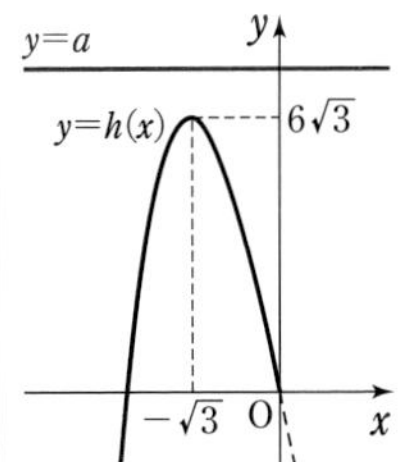

したがって，$x\leqq 0$ において常に ① が成り立つためには
$\boldsymbol{a\geqq 6\sqrt{3}}$

(2) $f(x)=\left(x+\dfrac{1}{2}\right)^2+a-\dfrac{1}{4}$ であるから，$x\leqq 0$ における

$f(x)$ の最小値は　　$f\left(-\dfrac{1}{2}\right)=a-\dfrac{1}{4}$

また　　$g'(x)=3x^2+2x-8=(x+2)(3x-4)$

$x\leqq 0$ における $g(x)$ の増減表は右のようになる。

x	$\cdots$	-2	$\cdots$	0
$g'(x)$	$+$	0	$-$	
$g(x)$	↗	極大	↘	0

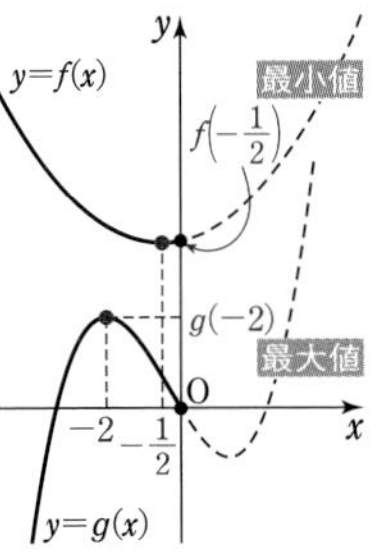

よって，$x\leqq 0$ における $g(x)$ の最大値は　　$g(-2)=12$

$x\leqq 0$ の任意の x_1，x_2 に対して，常に $f(x_1)\geqq g(x_2)$ となるための条件は　　$a-\dfrac{1}{4}\geqq 12$

⇐{$f(x)$ の最小値}
$\geqq${$g(x)$ の最大値}

よって　　$\boldsymbol{a\geqq \dfrac{49}{4}}$

PR ①201

次の不定積分を求めよ。

(1) $\int(x^2-4x)dx$　(2) $\int(4t^2+12t+7)dt$　(3) $\int(x^3+3x^2+1)dx$

(4) $\int x(x+2)(x-3)dx-\int(x-1)(x+2)(x-3)dx$

C を積分定数とする。

(1) $\int(x^2-4x)dx=\boldsymbol{\frac{x^3}{3}-2x^2+C}$

(2) $\int(4t^2+12t+7)dt=\boldsymbol{\frac{4}{3}t^3+6t^2+7t+C}$

⇐dt とあるから，t についての積分 である。

(3) $\int(x^3+3x^2+1)dx=\boldsymbol{\frac{x^4}{4}+x^3+x+C}$

(4) $\int x(x+2)(x-3)dx-\int(x-1)(x+2)(x-3)dx$

$=\int\{x(x+2)(x-3)-(x-1)(x+2)(x-3)\}dx$

⇐まとめる。

$=\int(x+2)(x-3)\{x-(x-1)\}dx$

⇐共通因数 $(x+2)(x-3)$ でくくる。

$=\int(x^2-x-6)dx$

$=\boldsymbol{\frac{x^3}{3}-\frac{x^2}{2}-6x+C}$

PR ②202

(1) $f'(x)=(x+1)(x-3)$，$f(0)=-2$ を満たす関数 $f(x)$ を求めよ。〔類 琉球大〕

(2) a は定数とする。点 $(x,\ f(x))$ における接線の傾きが $6x^2+ax-1$ であり，2点 $(1,\ -1)$，$(2,\ -3)$ を通る曲線 $y=f(x)$ の方程式を求めよ。

(1) $f(x)=\int f'(x)dx=\int(x+1)(x-3)dx$

$=\int(x^2-2x-3)dx$

$=\frac{x^3}{3}-x^2-3x+C$ （C は積分定数）

$f(0)=-2$ であるから　$C=-2$

⇐$f(0)$ $=0-0-0+C=C$

したがって　$\boldsymbol{f(x)=\frac{x^3}{3}-x^2-3x-2}$

(2) 接線の傾きが $6x^2+ax-1$ であるから

$f'(x)=6x^2+ax-1$

よって　$f(x)=\int f'(x)dx=\int(6x^2+ax-1)dx$

$=2x^3+\frac{a}{2}x^2-x+C$ （C は積分定数）

曲線 $y=f(x)$ が2点 $(1,\ -1)$，$(2,\ -3)$ を通るから

⇐**曲線 $y=f(x)$ が点 $(a,\ b)$ を通る $\Longleftrightarrow$ $b=f(a)$**

$f(1)=-1$，$f(2)=-3$

ゆえに　$2+\frac{a}{2}-1+C=-1$，$16+2a-2+C=-3$

すなわち　$a+2C=-4$，$2a+C=-17$

これを連立させて解くと　　$a=-10$，$C=3$

したがって　　$\boldsymbol{y=2x^3-5x^2-x+3}$

PR ③203

$a\neq0$，n を自然数とする。公式 $\int(ax+b)^n dx=\frac{1}{a}\cdot\frac{(ax+b)^{n+1}}{n+1}+C$（$C$ は積分定数）を用いて，次の不定積分を求めよ。

(1) $\int(2x+1)^3 dx$　　(2) $\int(t+1)^3(1-t)dt$

C を積分定数とする。

(1) $\int(2x+1)^3dx=\frac{1}{2}\cdot\frac{(2x+1)^4}{4}+C=\boldsymbol{\frac{1}{8}(2x+1)^4+C}$

⇦$a=2$，$b=1$，$n=3$

(2) $\int(t+1)^3(1-t)dt=\int(t+1)^3\{-(t+1)+2\}dt$

$=-\int(t+1)^4dt+2\int(t+1)^3dt$

$=-\frac{(t+1)^5}{5}+2\cdot\frac{(t+1)^4}{4}+C$

$=-\frac{1}{10}(t+1)^4\{2(t+1)-5\}+C$

$=\boldsymbol{-\frac{1}{10}(t+1)^4(2t-3)+C}$

⇦$(t+1)^n$ の形を作るために $1-t=2-(t+1)$ と変形する。

⇦$\int(x+b)^n dx=\frac{(x+b)^{n+1}}{n+1}+C$（$C$ は積分定数）

PR ①204

次の定積分を求めよ。

(1) $\int_0^2(3t-1)^2dt$　　(2) $\int_{-2}^4(x^3-6x^2+x-3)dx$

(3) $\int_3^{-1}(x^2-2x)dx+\int_{-1}^3(x^2+1)dx$　　(4) $\int_{-1}^0(y-1)^2dy-\int_4^0(1-y)^2dy$

(1) (与式)$=\int_0^2(9t^2-6t+1)dt$

$=\Big[3t^3-3t^2+t\Big]_0^2$

$=(24-12+2)-0=\boldsymbol{14}$

別解　(与式)$=\left[\frac{1}{3}\cdot\frac{(3t-1)^3}{3}\right]_0^2$

$=\frac{1}{9}\{5^3-(-1)^3\}=\boldsymbol{14}$

⇦$\int(ax+b)^n dx=\frac{1}{a}\cdot\frac{(ax+b)^{n+1}}{n+1}+C$（$C$ は積分定数）

(2) (与式)$=\left[\frac{x^4}{4}-2x^3+\frac{x^2}{2}-3x\right]_{-2}^4$

$=(64-128+8-12)-(4+16+2+6)=\boldsymbol{-96}$

(3) (与式)$=-\int_{-1}^3(x^2-2x)dx+\int_{-1}^3(x^2+1)dx$

$=\int_{-1}^3\{-(x^2-2x)+(x^2+1)\}dx$

$=\int_{-1}^3(2x+1)dx=\Big[x^2+x\Big]_{-1}^3$

$=(9+3)-(1-1)=\boldsymbol{12}$

⇦$\int_3^{-1}(x^2-2x)dx$ の上端と下端を入れ替えると，積分区間が同じになり，関数がまとめられる。

(4) $(与式)=\int_{-1}^{0}(y-1)^2dy+\int_{0}^{4}(y-1)^2dy$

$=\int_{-1}^{4}(y-1)^2dy$ ……(＊)

$=\int_{-1}^{4}(y^2-2y+1)dy=\left[\frac{1}{3}y^3-y^2+y\right]_{-1}^{4}$

$=\left(\frac{64}{3}-16+4\right)-\left(-\frac{1}{3}-1-1\right)$

$=\frac{65}{3}-10=\mathbf{\frac{35}{3}}$

⇐ $-\int_{4}^{0}(1-y)^2dy$
$=-\int_{4}^{0}(y-1)^2dy$
$=\int_{0}^{4}(y-1)^2dy$
と変形して，積分区間を連結させる。

別解 **（上の解答の（＊）までは同じ）**

$(与式)=\int_{-1}^{4}(y-1)^2dy=\left[\frac{(y-1)^3}{3}\right]_{-1}^{4}$

$=\frac{(4-1)^3-(-1-1)^3}{3}=\frac{3^3-(-2)^3}{3}=\mathbf{\frac{35}{3}}$

⇐ $\int(x+b)^ndx=\frac{(x+b)^{n+1}}{n+1}+C$
（C は積分定数）

PR ③205

次の定積分を求めよ。

(1) $\int_{-\frac{1}{2}}^{3}(2x^2-5x-3)dx$ (2) $\int_{2-\sqrt{3}}^{2+\sqrt{3}}(x^2-4x+1)dx$

(1) $\int_{-\frac{1}{2}}^{3}(2x^2-5x-3)dx=\int_{-\frac{1}{2}}^{3}(2x+1)(x-3)dx$

$=2\int_{-\frac{1}{2}}^{3}\left\{x-\left(-\frac{1}{2}\right)\right\}(x-3)dx$

$=2\cdot\left(-\frac{1}{6}\right)\left\{3-\left(-\frac{1}{2}\right)\right\}^3=\mathbf{-\frac{343}{24}}$

⇐ $2x+1=2\left(x+\frac{1}{2}\right)=2\left\{x-\left(-\frac{1}{2}\right)\right\}$

(2) $x^2-4x+1=0$ を解くと $x=2\pm\sqrt{3}$

$x^2-4x+1=\{x-(2-\sqrt{3})\}\{x-(2+\sqrt{3})\}$ であるから

$\int_{2-\sqrt{3}}^{2+\sqrt{3}}(x^2-4x+1)dx$

$=\int_{2-\sqrt{3}}^{2+\sqrt{3}}\{x-(2-\sqrt{3})\}\{x-(2+\sqrt{3})\}dx$

$=-\frac{1}{6}\{(2+\sqrt{3})-(2-\sqrt{3})\}^3=\mathbf{-4\sqrt{3}}$

⇐ 2 次方程式 $ax^2+bx+c=0$ の解を α，β とすると
$ax^2+bx+c=a(x-\alpha)(x-\beta)$

PR ③206

次の定積分を求めよ。

(1) $\int_{-1}^{1}(2x^3-4x^2+7x+5)dx$ (2) $\int_{-2}^{2}(x-1)(2x^2-3x+1)dx$

(1) $\int_{-1}^{1}(2x^3-4x^2+7x+5)dx$

$=\int_{-1}^{1}(2x^3+7x)dx+\int_{-1}^{1}(-4x^2+5)dx$

$=0+2\int_{0}^{1}(-4x^2+5)dx=2\left[-\frac{4}{3}x^3+5x\right]_{0}^{1}$

$=2\left(-\frac{4}{3}+5\right)=\mathbf{\frac{22}{3}}$

⇐偶数次と奇数次に分ける。定数項は偶数次として考える。

(2) $\int_{-2}^{2}(x-1)(2x^2-3x+1)dx$

$=\int_{-2}^{2}(2x^3-5x^2+4x-1)dx$

⇦被積分関数の式を展開。

$=\int_{-2}^{2}(2x^3+4x)dx+\int_{-2}^{2}(-5x^2-1)dx$

$=0+2\int_{0}^{2}(-5x^2-1)dx=-2\left[\frac{5}{3}x^3+x\right]_0^2$

$=-2\left(\frac{40}{3}+2\right)=-\boldsymbol{\frac{92}{3}}$

PR ②207

次の等式を満たす関数 $f(x)$ を求めよ。

(1) $f(x)=2x^2+x\int_0^1 f(t)dt$　　(2) $f(x)=2x+\int_0^1 xf(t)dt$

(1) $\int_0^1 f(t)dt=a$ とおくと　$f(x)=2x^2+ax$

⇦$\int_0^1 f(t)dt$ の値はわからないが，定数である。

よって　$\int_0^1 f(t)dt=\int_0^1(2t^2+at)dt$

$=\left[\frac{2}{3}t^3+\frac{a}{2}t^2\right]_0^1=\frac{2}{3}+\frac{a}{2}$

ゆえに　$\frac{2}{3}+\frac{a}{2}=a$　　よって　$a=\frac{4}{3}$

したがって　$\boldsymbol{f(x)=2x^2+\frac{4}{3}x}$

(2) $\int_0^1 f(t)dt=a$ とおくと

$f(x)=2x+ax=(2+a)x$

⇦$\int_0^1 xf(t)dt$ の x は，積分変数 t に無関係であるから，定数として扱う。すなわち
$\int_0^1 xf(t)dt=x\int_0^1 f(t)dt$

よって　$\int_0^1 f(t)dt=\int_0^1(2+a)tdt$

$=\left[\frac{2+a}{2}t^2\right]_0^1=\frac{2+a}{2}$

ゆえに　$\frac{2+a}{2}=a$　　よって　$a=2$

⇦$2+a=2a$

したがって　$\boldsymbol{f(x)=4x}$

PR ②208

(1) 関数 $g(x)=\int_x^2 t(1-t)dt$ を微分せよ。

(2) 次の等式を満たす関数 $f(x)$ および定数 a の値を求めよ。

(ア) $\int_a^x f(t)dt=x^2+5x-6$　　(イ) $\int_x^1 f(t)dt=-x^3-2x^2+a$

HINT　(1), (2) (イ)　$\int_x^a$ の形であるから，まず積分区間の上端と下端を入れ替える。

(1) $g(x)=\int_2^x t(t-1)dt$ であるから

⇦$\int_x^2 t(1-t)dt$
$=-\int_2^x t(1-t)dt$
$=\int_2^x t(t-1)dt$

$\boldsymbol{g'(x)}=\frac{d}{dx}\int_2^x t(t-1)dt$

$=x(x-1)=\boldsymbol{x^2-x}$

(2) (ア) $\int_a^x f(t)dt=x^2+5x-6$ ……① とする。

①の両辺を x で微分すると　$f(x)=2x+5$

また，①において $x=a$ とおくと

$0=a^2+5a-6$　すなわち　$(a-1)(a+6)=0$

よって　$a=1,\ -6$

したがって　$\boldsymbol{f(x)=2x+5}$；$\boldsymbol{a=1,\ -6}$

⇐ $\int_a^a f(t)dt=0$

(イ) $-\int_1^x f(t)dt=-x^3-2x^2+a$ であるから

$\int_1^x f(t)dt=x^3+2x^2-a$ ……② とする。

②の両辺を x で微分すると　$f(x)=3x^2+4x$

また，②において $x=1$ とおくと

$0=1+2-a$　すなわち　$a=3$

したがって　$\boldsymbol{f(x)=3x^2+4x,\ a=3}$

⇐ $\int_1^1 f(t)dt=0$

PR ③209 $f(x)=\int_{-3}^x (t^2+t-2)dt$ のとき，関数 $f(x)$ の極値を求め，$y=f(x)$ のグラフをかけ。

$f(x)=\int_{-3}^x (t^2+t-2)dt$ の両辺を x で微分すると

$$f'(x)=\frac{d}{dx}\int_{-3}^x (t^2+t-2)dt=x^2+x-2$$
$$=(x+2)(x-1)$$

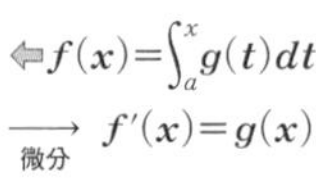

$f'(x)=0$ とすると

$x=-2,\ 1$

$f(x)$ の増減表は右のようになる。

x	…	-2	…	1	…
$f'(x)$	$+$	0	$-$	0	$+$
$f(x)$	↗	極大	↘	極小	↗

ここで　$f(x)=\int_{-3}^x (t^2+t-2)dt$

$$=\left[\frac{t^3}{3}+\frac{t^2}{2}-2t\right]_{-3}^x$$
$$=\frac{x^3}{3}+\frac{x^2}{2}-2x-\frac{3}{2}$$

⇐極値を求めるために，定積分の計算をする。

よって　$f(-2)=\frac{(-2)^3}{3}+\frac{(-2)^2}{2}-2(-2)-\frac{3}{2}=\frac{11}{6}$

$f(1)=\frac{1^3}{3}+\frac{1^2}{2}-2\cdot1-\frac{3}{2}=-\frac{8}{3}$

ゆえに，$f(x)$ は

$\boldsymbol{x=-2}$ **で極大値** $\boldsymbol{\frac{11}{6}}$，

$\boldsymbol{x=1}$　**で極小値** $\boldsymbol{-\frac{8}{3}}$

をとる。

また，グラフは**図**のようになる。

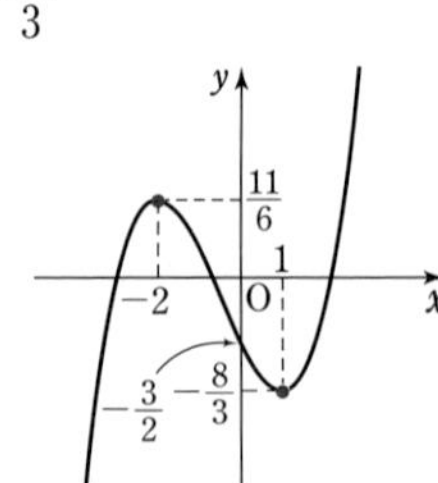

PR ③210

x の3次関数を $f(x)=x^3+ax^2+bx+c$ とする。このとき，x の2次以下のどのような関数 $g(x)$ に対しても $\int_{-1}^{1}f(x)g(x)dx=0$ が成り立つような $f(x)$ を求めよ。〔類　京都大〕

$g(x)=px^2+qx+r$ とすると

$$\int_{-1}^{1}f(x)g(x)dx$$
$$=\int_{-1}^{1}(x^3+ax^2+bx+c)(px^2+qx+r)dx$$
$$=p\int_{-1}^{1}x^2(x^3+ax^2+bx+c)dx$$
$$+q\int_{-1}^{1}x(x^3+ax^2+bx+c)dx+r\int_{-1}^{1}(x^3+ax^2+bx+c)dx$$
$$=2p\int_0^1(ax^4+cx^2)dx+2q\int_0^1(x^4+bx^2)dx+2r\int_0^1(ax^2+c)dx$$
$$=2p\left[\frac{a}{5}x^5+\frac{c}{3}x^3\right]_0^1+2q\left[\frac{x^5}{5}+\frac{b}{3}x^3\right]_0^1+2r\left[\frac{a}{3}x^3+cx\right]_0^1$$
$$=\frac{2}{15}(3a+5c)p+\frac{2}{15}(3+5b)q+\frac{2}{3}(a+3c)r$$

x の2次以下のどのような関数 $g(x)$ に対しても $\int_{-1}^{1}f(x)g(x)dx=0$ が成り立つための条件は

$$\frac{2}{15}(3a+5c)p+\frac{2}{15}(3+5b)q+\frac{2}{3}(a+3c)r=0$$

が p，q，r についての恒等式となることである。

ゆえに　$3a+5c=0$，　$3+5b=0$，　$a+3c=0$

これを解いて　$a=0$，$b=-\frac{3}{5}$，$c=0$

よって，求める $f(x)$ は　$\boldsymbol{f(x)=x^3-\frac{3}{5}x}$

⇐p，q，r について整理。

CHART $\int_{-a}^{a}$ の定積分
偶数次は $2\int_0^a$
奇数次は 0

⇐$Ap+Bq+Cr=0$ が p，q，r の恒等式 $\iff A=B=C=0$

7章 PR

PR ②211

次の曲線，直線と x 軸で囲まれた部分の面積を求めよ。

(1) $y=x^2-2x-8$　　(2) $y=-2x^2+4x+6$

(3) $y=x^3+3$ $(0\leqq x\leqq 1)$，y 軸，$x=1$　　(4) $y=x^2-4x+3$ $(0\leqq x\leqq 5)$，$x=0$，$x=5$

(1) 曲線 $y=x^2-2x-8$ と x 軸の交点の x 座標は，方程式 $x^2-2x-8=0$ を解いて

$(x+2)(x-4)=0$　　よって　$x=-2,\ 4$

$-2\leqq x\leqq 4$ において $y\leqq 0$ であるから，求める面積 S は

$$S=\int_{-2}^{4}\{-(x^2-2x-8)\}dx$$
$$=-\int_{-2}^{4}(x+2)(x-4)dx$$
$$=-\left(-\frac{1}{6}\right)\{4-(-2)\}^3$$
$$=\mathbf{36}$$

⇐$\int_\alpha^\beta(x-\alpha)(x-\beta)dx=-\frac{1}{6}(\beta-\alpha)^3$

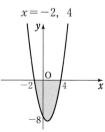

(2) 曲線 $y=-2x^2+4x+6$ と x 軸の交点の x 座標は，方程式 $-2x^2+4x+6=0$ すなわち $x^2-2x-3=0$ を解いて

$(x+1)(x-3)=0$ よって $x=-1,\ 3$

$-1\leqq x\leqq 3$ において $y\geqq 0$ であるから，求める面積 S は

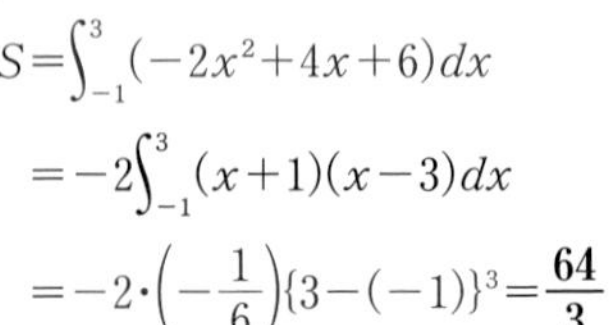

$$S=\int_{-1}^{3}(-2x^2+4x+6)dx$$

$$=-2\int_{-1}^{3}(x+1)(x-3)dx$$

$$=-2\cdot\left(-\frac{1}{6}\right)\{3-(-1)\}^3=\mathbf{\frac{64}{3}}$$

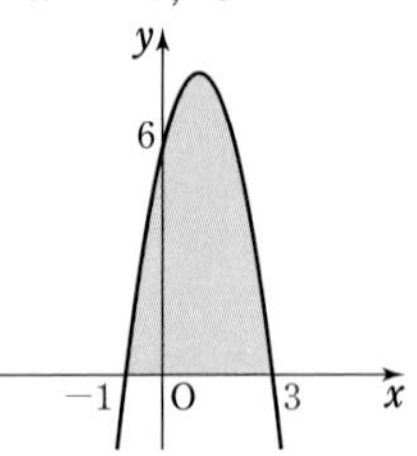

⇐$\displaystyle\int_{\alpha}^{\beta}(x-\alpha)(x-\beta)dx=-\frac{1}{6}(\beta-\alpha)^3$

(3) $0\leqq x\leqq 1$ において $y=x^3+3>0$ であるから，求める面積 S は

$$S=\int_{0}^{1}(x^3+3)dx$$

$$=\left[\frac{x^4}{4}+3x\right]_0^1$$

$$=\frac{1}{4}+3=\mathbf{\frac{13}{4}}$$

(4) 曲線 $y=x^2-4x+3$ と x 軸の交点の x 座標は，方程式 $x^2-4x+3=0$ を解いて

$(x-1)(x-3)=0$ よって $x=1,\ 3$

$0\leqq x\leqq 1$ において $y\geqq 0$，$1\leqq x\leqq 3$ において $y\leqq 0$，$3\leqq x\leqq 5$ において $y\geqq 0$ であるから，求める面積 S は

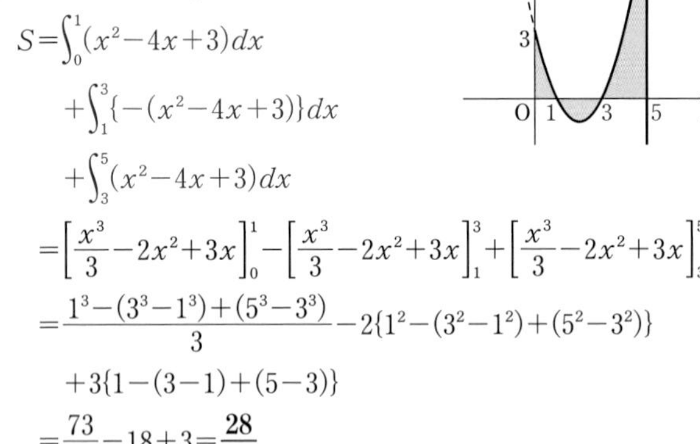

$$S=\int_{0}^{1}(x^2-4x+3)dx+\int_{1}^{3}\{-(x^2-4x+3)\}dx+\int_{3}^{5}(x^2-4x+3)dx$$

$$=\left[\frac{x^3}{3}-2x^2+3x\right]_0^1-\left[\frac{x^3}{3}-2x^2+3x\right]_1^3+\left[\frac{x^3}{3}-2x^2+3x\right]_3^5$$

$$=\frac{1^3-(3^3-1^3)+(5^3-3^3)}{3}-2\{1^2-(3^2-1^2)+(5^2-3^2)\}+3\{1-(3-1)+(5-3)\}$$

$$=\frac{73}{3}-18+3=\mathbf{\frac{28}{3}}$$

inf. $\displaystyle\int_{1}^{3}\{-(x^2-4x+3)\}dx=-\int_{1}^{3}(x-1)(x-3)dx=-\left(-\frac{1}{6}\right)(3-1)^3=\frac{4}{3}$ としてもよい。

⇐分母の等しいもの，係数の等しいものをまとめると計算しやすい。

別解 **(面積の計算)**

$$S=\int_{0}^{1}(x^2-4x+3)dx+\int_{1}^{3}\{-(x^2-4x+3)\}dx+\int_{3}^{5}(x^2-4x+3)dx$$

$$=\left[\frac{x^3}{3}-2x^2+3x\right]_0^1-\left[\frac{x^3}{3}-2x^2+3x\right]_1^3+\left[\frac{x^3}{3}-2x^2+3x\right]_3^5$$

⇐$F(x)=\dfrac{x^3}{3}-2x^2+3x$ とすると

$S=F(1)-F(0)-\{F(3)-F(1)\}+F(5)-F(3)$
$=F(5)-F(0)-2F(3)+2F(1)$

$=\dfrac{5^3}{3}-2\cdot5^2+3\cdot5-2\left(\dfrac{3^3}{3}-2\cdot3^2+3\cdot3\right)+2\left(\dfrac{1}{3}-2+3\right)$

$=\dfrac{125}{3}-50+15+\dfrac{8}{3}=\mathbf{\dfrac{28}{3}}$

PR ②212 次の曲線や直線で囲まれた部分の面積を求めよ。
(1) $y=x^2-4x-2$, $y=-2x+1$ (2) $y=2x^2+3x+1$, $y=-x^2-x+2$

(1) 放物線 $y=x^2-4x-2$ と直線 $y=-2x+1$ の交点の x 座標は，方程式 $x^2-4x-2=-2x+1$ すなわち $x^2-2x-3=0$ を解いて

$(x+1)(x-3)=0$

ゆえに $x=-1,\ 3$

右の図から，求める面積 S は

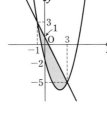

$S=\displaystyle\int_{-1}^{3}\{(-2x+1)-(x^2-4x-2)\}dx$

⇐ $-1\leqq x\leqq3$ では $-2x+1\geqq x^2-4x-2$

$=\displaystyle\int_{-1}^{3}(-x^2+2x+3)dx$

$=-\displaystyle\int_{-1}^{3}(x+1)(x-3)dx$

⇐ $\displaystyle\int_{\alpha}^{\beta}(x-\alpha)(x-\beta)dx=-\frac{1}{6}(\beta-\alpha)^3$

$=-\left(-\dfrac{1}{6}\right)\{3-(-1)\}^3=\mathbf{\dfrac{32}{3}}$

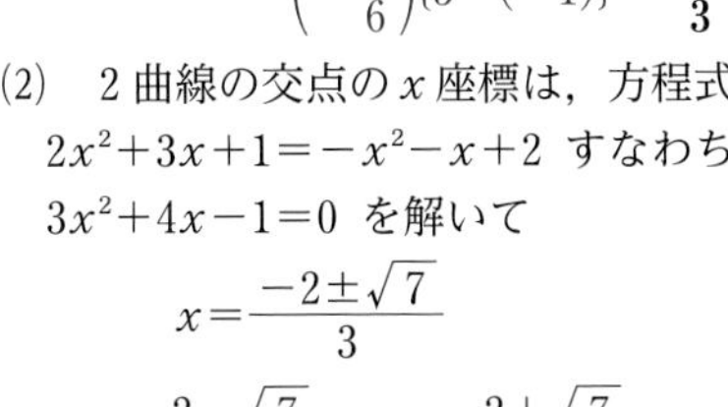

(2) 2曲線の交点の x 座標は，方程式 $2x^2+3x+1=-x^2-x+2$ すなわち $3x^2+4x-1=0$ を解いて

$x=\dfrac{-2\pm\sqrt{7}}{3}$

⇐ $ax^2+2b'x+c=0$ $(a\neq0)$ の解は $x=\dfrac{-b'\pm\sqrt{b'^2-ac}}{a}$

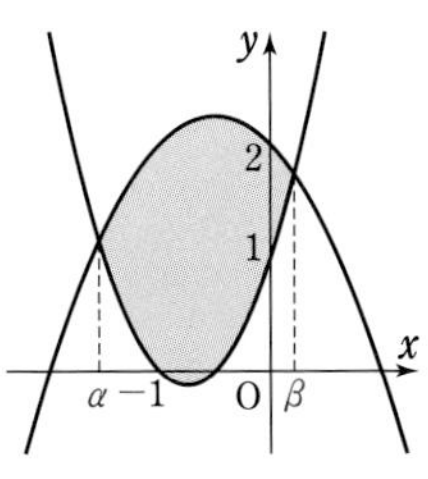

$\alpha=\dfrac{-2-\sqrt{7}}{3}$，$\beta=\dfrac{-2+\sqrt{7}}{3}$ とおくと，右の図から求める面積 S は

⇐ 2つの解を α，β とおくと，定積分の式が見やすくなる。

$S=\displaystyle\int_{\alpha}^{\beta}\{(-x^2-x+2)-(2x^2+3x+1)\}dx$

$=\displaystyle\int_{\alpha}^{\beta}(-3x^2-4x+1)dx$

$=-3\displaystyle\int_{\alpha}^{\beta}(x-\alpha)(x-\beta)dx$

⇐ $3x^2+4x-1=0$ の解を $x=\alpha,\ \beta$ とすると $3x^2+4x-1=3(x-\alpha)(x-\beta)$

$=-3\cdot\left(-\dfrac{1}{6}\right)(\beta-\alpha)^3$

⇐ $\displaystyle\int_{\alpha}^{\beta}(x-\alpha)(x-\beta)dx=-\frac{1}{6}(\beta-\alpha)^3$

$=\dfrac{1}{2}\left(\dfrac{-2+\sqrt{7}}{3}-\dfrac{-2-\sqrt{7}}{3}\right)^3$

$=\dfrac{1}{2}\left(\dfrac{2\sqrt{7}}{3}\right)^3=\mathbf{\dfrac{28\sqrt{7}}{27}}$

PR ③213 連立不等式 $y \geqq x^2-4$, $y \leqq x-2$, $y \geqq -\frac{1}{2}x-\frac{7}{2}$ の表す領域の面積を求めよ。

境界線の交点の座標は，次の 3 つの連立方程式の解である。

① $\begin{cases} y=x^2-4 \\ y=x-2 \end{cases}$　② $\begin{cases} y=x^2-4 \\ y=-\frac{1}{2}x-\frac{7}{2} \end{cases}$　③ $\begin{cases} y=x-2 \\ y=-\frac{1}{2}x-\frac{7}{2} \end{cases}$

⇦まず，不等号を等号に変えて境界線をかく。

連立方程式 ① を解くと

$(x,\ y)=(-1,\ -3),\ (2,\ 0)$

連立方程式 ② を解くと

$(x,\ y)=(-1,\ -3),\ \left(\frac{1}{2},\ -\frac{15}{4}\right)$

連立方程式 ③ を解くと

$(x,\ y)=(-1,\ -3)$

⇦y を消去すると
①：$x^2-4=x-2$ から
$x^2-x-2=0$
よって　$x=-1,\ 2$
②：$x^2-4=-\frac{1}{2}x-\frac{7}{2}$ から
$2x^2+x-1=0$
よって　$x=-1,\ \frac{1}{2}$
③：$x-2=-\frac{1}{2}x-\frac{7}{2}$ から
$x=-1$

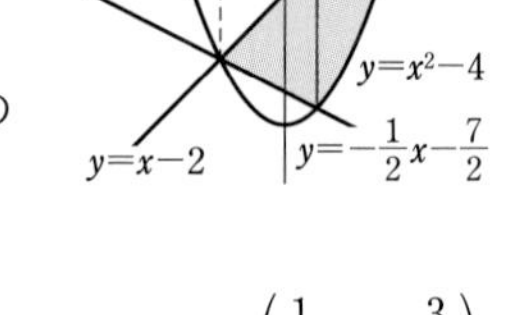

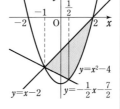

よって，連立不等式の表す領域は図の赤く塗った部分。

ただし，境界線を含む。

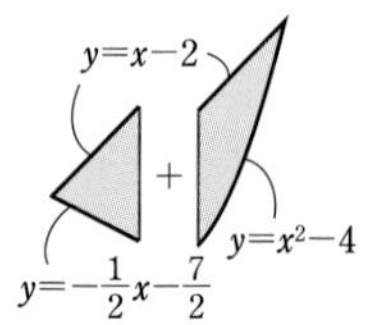

に分けて面積を計算。

直線 $x=\frac{1}{2}$ と直線 $y=x-2$ の交点の座標は　$\left(\frac{1}{2},\ -\frac{3}{2}\right)$

ゆえに，求める面積 S は

$$S=\frac{1}{2}\times\left\{\frac{1}{2}-(-1)\right\}\times\left\{-\frac{3}{2}-\left(-\frac{15}{4}\right)\right\}+\int_{\frac{1}{2}}^{2}\{(x-2)-(x^2-4)\}dx$$

$$=\frac{27}{16}+\int_{\frac{1}{2}}^{2}(-x^2+x+2)dx=\frac{27}{16}+\left[-\frac{x^3}{3}+\frac{x^2}{2}+2x\right]_{\frac{1}{2}}^{2}$$

$$=\frac{27}{16}+5-\frac{22}{8}=\mathbf{\frac{63}{16}}$$

$-1 \leqq x \leqq \frac{1}{2}$ の部分は
高さ $\frac{1}{2}-(-1)=\frac{3}{2}$
底辺 $-\frac{3}{2}-\left(-\frac{15}{4}\right)=\frac{9}{4}$
の三角形。

別解 **（面積の計算）**

$$S=\int_{-1}^{2}\{(x-2)-(x^2-4)\}dx-\int_{-1}^{\frac{1}{2}}\left\{\left(-\frac{1}{2}x-\frac{7}{2}\right)-(x^2-4)\right\}dx$$

$$=-\int_{-1}^{2}(x^2-x-2)dx+\int_{-1}^{\frac{1}{2}}\left(x^2+\frac{1}{2}x-\frac{1}{2}\right)dx$$

$$=-\int_{-1}^{2}(x+1)(x-2)dx+\int_{-1}^{\frac{1}{2}}(x+1)\left(x-\frac{1}{2}\right)dx$$

$$=\frac{1}{6}\{2-(-1)\}^3-\frac{1}{6}\left\{\frac{1}{2}-(-1)\right\}^3=\mathbf{\frac{63}{16}}$$

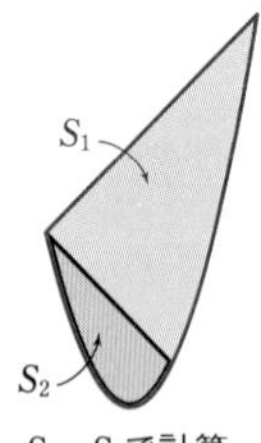

S_1-S_2 で計算。

PR ③214 放物線 $y=-x^2+x$ と点 $(0,\ 0)$ における接線，点 $(2,\ -2)$ における接線により囲まれる図形の面積を求めよ。　〔類　立教大〕

$y=-x^2+x$ から　　$y'=-2x+1$

点 $(0,\ 0)$ における接線の方程式は

$$y-0=1\cdot(x-0)$$

⇦$y-f(a)=f'(a)(x-a)$

すなわち　　$y=x$　……①

点 $(2,\ -2)$ における接線の方程式は

$$y-(-2)=-3(x-2)$$

すなわち　　$y=-3x+4$　…… ②

2 直線 ①, ② の交点の x 座標は，方程式 $x=-3x+4$ を解いて　　$x=1$

よって，求める面積を S とすると，右の図から

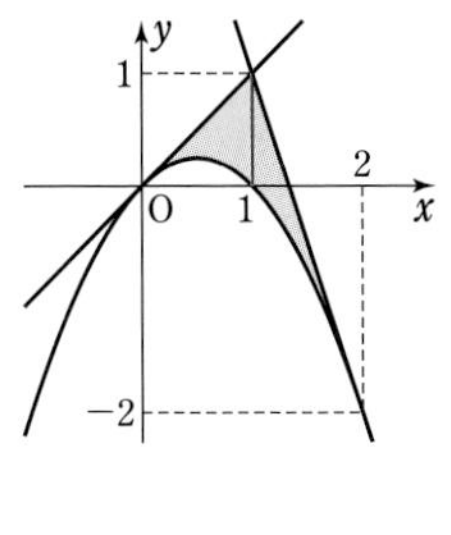

$$S=\int_0^1\{x-(-x^2+x)\}dx+\int_1^2\{(-3x+4)-(-x^2+x)\}dx$$

$$=\int_0^1 x^2dx+\int_1^2(x-2)^2dx$$

$$=\left[\frac{x^3}{3}\right]_0^1+\left[\frac{(x-2)^3}{3}\right]_1^2$$

$$=\frac{1}{3}+\frac{1}{3}=\boldsymbol{\frac{2}{3}}$$

⇦ $\int(x-\alpha)^2dx=\frac{(x-\alpha)^3}{3}+C$

別解　放物線 $y=-x^2+x$ と直線 $y=-x$ で囲まれる部分の面積を S_1 とすると

$$S_1=\int_0^2\{(-x^2+x)-(-x)\}dx$$

$$=-\int_0^2 x(x-2)dx$$

$$=-\left(-\frac{1}{6}\right)(2-0)^3=\frac{4}{3}$$

求める面積を S とすると

$$S=\frac{1}{2}|1\cdot(-2)-2\cdot1|-S_1=2-\frac{4}{3}=\boldsymbol{\frac{2}{3}}$$

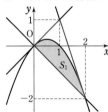

⇦ 2 点 $(0,\ 0)$, $(2,\ -2)$ を通る直線の方程式は $y=-x$

⇦ $(0,\ 0)$, $(x_1,\ y_1)$, $(x_2,\ y_2)$ を頂点とする三角形の面積 S は

$$S=\frac{1}{2}|x_1y_2-x_2y_1|$$

PR ③215　次の曲線と x 軸で囲まれた部分の面積を求めよ。
(1)　$y=x^3-5x^2+6x$　　(2)　$y=2x^3-5x^2+x+2$

(1)　曲線 $y=x^3-5x^2+6x$ と x 軸の交点の x 座標は，方程式 $x^3-5x^2+6x=0$ の解である。

ゆえに　　$x(x^2-5x+6)=0$

よって　　$x(x-2)(x-3)=0$

ゆえに　　$x=0,\ 2,\ 3$

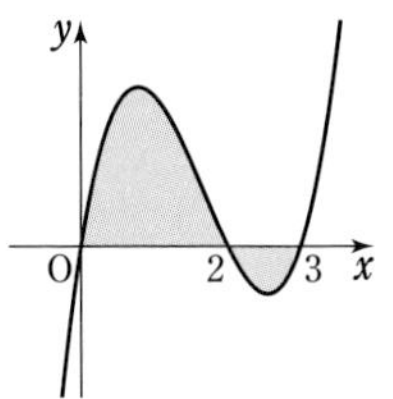

よって，曲線は右の図のようになるから，求める面積 S は

$$S=\int_0^2(x^3-5x^2+6x)dx+\int_2^3\{-(x^3-5x^2+6x)\}dx$$

$$=\left[\frac{x^4}{4}-\frac{5}{3}x^3+3x^2\right]_0^2-\left[\frac{x^4}{4}-\frac{5}{3}x^3+3x^2\right]_2^3$$

$$=2\left(16-\frac{40}{3}\right)-\left(\frac{81}{4}-18\right)=\boldsymbol{\frac{37}{12}}$$

⇦ $\Big[F(x)\Big]_0^2-\Big[F(x)\Big]_2^3=2F(2)-F(0)-F(3)$

(2)　曲線 $y=2x^3-5x^2+x+2$ と x 軸の交点の x 座標は，方程式 $2x^3-5x^2+x+2=0$ の解である。

$P(x)=2x^3-5x^2+x+2$ とすると

$$P(1)=2-5+1+2=0$$

⇐因数定理

よって　$P(x)=(x-1)(2x^2-3x-2)$

$$=(x-1)(x-2)(2x+1)$$

⇐
```
2  -5   1   2 | 1
    2  -3  -2
2  -3  -2   0
```

$P(x)=0$ を解いて　$x=1,\ 2,\ -\dfrac{1}{2}$

ゆえに，曲線は右の図のようになるから，求める面積 S は

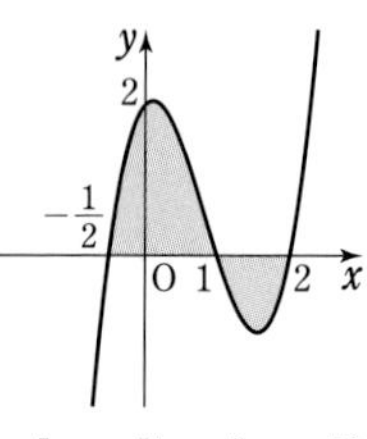

$$S=\int_{-\frac{1}{2}}^{1}(2x^3-5x^2+x+2)dx+\int_1^2\{-(2x^3-5x^2+x+2)\}dx$$

$$=\left[\frac{x^4}{2}-\frac{5}{3}x^3+\frac{x^2}{2}+2x\right]_{-\frac{1}{2}}^{1}-\left[\frac{x^4}{2}-\frac{5}{3}x^3+\frac{x^2}{2}+2x\right]_1^2$$

$$=2\left(\frac{1}{2}-\frac{5}{3}+\frac{1}{2}+2\right)-\left(\frac{2^4}{2}-\frac{5}{3}\cdot2^3+\frac{2^2}{2}+2\cdot2\right)$$

$$-\left\{\frac{1}{2}\left(-\frac{1}{2}\right)^4-\frac{5}{3}\left(-\frac{1}{2}\right)^3+\frac{1}{2}\left(-\frac{1}{2}\right)^2+2\cdot\left(-\frac{1}{2}\right)\right\}$$

$$=\frac{8}{3}-\frac{2}{3}-\left(-\frac{61}{96}\right)=\mathbf{\frac{253}{96}}$$

⇐$\Big[F(x)\Big]_{-\frac{1}{2}}^{1}-\Big[F(x)\Big]_1^2$
$=2F(1)-F(2)-F\left(-\frac{1}{2}\right)$

PR ③216　曲線 $C：y=-x^3+4x$ とする。曲線 C 上の点 $(1,\ 3)$ における接線と曲線 C で囲まれた部分の面積を求めよ。

$y'=-3x^2+4$ であるから，曲線 C 上の点 $(1,\ 3)$ における接線の方程式は

$$y-3=(-3\cdot1^2+4)(x-1)\quad すなわち\quad y=x+2$$

曲線 C と接線の共有点の x 座標は，方程式 $-x^3+4x=x+2$ すなわち $x^3-3x+2=0$ の解である。

ゆえに　$(x-1)^2(x+2)=0$　　よって　$x=-2,\ 1$

⇐曲線 C と接線は $x=1$ で接するから，$(x-1)^2$ を因数にもつ。よって，
x^3-3x+2
$=(x-1)^2(x+a)$
とおけ，定数項を比較して　$a=2$

したがって，図から求める面積 S は

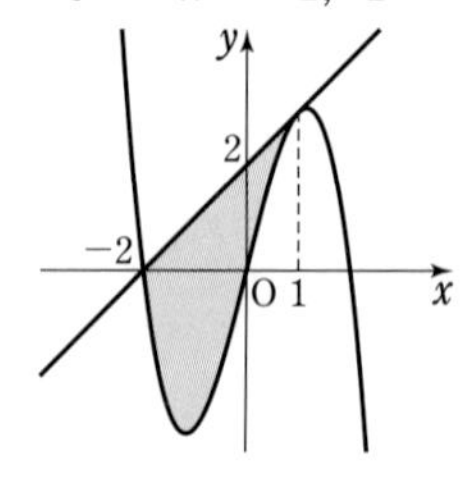

$$S=\int_{-2}^{1}\{(x+2)-(-x^3+4x)\}dx$$

$$=\int_{-2}^{1}(x-1)^2(x+2)dx$$

$$=\int_{-2}^{1}(x-1)^2\{(x-1)+3\}dx$$

$$=\int_{-2}^{1}\{(x-1)^3+3(x-1)^2\}dx$$

$$=\left[\frac{(x-1)^4}{4}+(x-1)^3\right]_{-2}^{1}$$

$$=-\frac{1}{4}\cdot(-3)^4-(-3)^3=\mathbf{\frac{27}{4}}$$

別解 (面積の計算)

$$S=\int_{-2}^{1}(x^3-3x+2)dx=\left[\frac{x^4}{4}-\frac{3}{2}x^2+2x\right]_{-2}^{1}$$
$$=\frac{1}{4}(1-16)-\frac{3}{2}(1-4)+2(1+2)=\mathbf{\frac{27}{4}}$$

PR ③217 連立不等式 $x^2+y^2\leqq 4$, $y\geqq x^2-2$ の表す領域の面積を求めよ。

$x^2+y^2=4$ ……①, $y=x^2-2$ ……② とする。

境界線の交点の座標は, ①, ② を連立させて求める解である。

①, ② から x を消去すると　$y+2+y^2=4$

整理すると　$y^2+y-2=0$

よって　$(y+2)(y-1)=0$　ゆえに　$y=-2, 1$

$y=-2$ のとき　$x=0$,

$y=1$ のとき　$x=\pm\sqrt{3}$

よって, 連立不等式の表す領域は図の赤く塗った部分である。ただし, 境界線を含む。

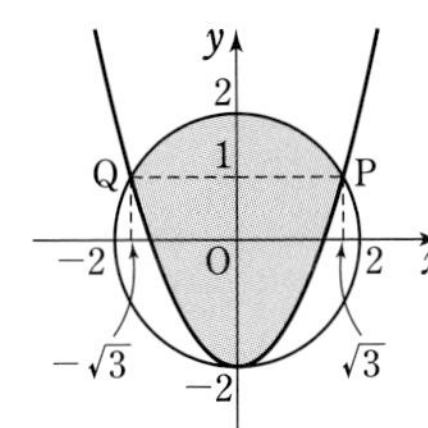

また, 図のように P, Q をとると

$$\angle POQ=\frac{2}{3}\pi$$

ゆえに, 求める面積 S は

$$S=\int_{-\sqrt{3}}^{\sqrt{3}}\{1-(x^2-2)\}dx+\frac{1}{2}\cdot 2^2\cdot\frac{2}{3}\pi-\frac{1}{2}\cdot 2\sqrt{3}\cdot 1$$
$$=-\left(-\frac{1}{6}\right)\{\sqrt{3}-(-\sqrt{3})\}^3+\frac{4}{3}\pi-\sqrt{3}$$
$$=\mathbf{3\sqrt{3}+\frac{4}{3}\pi}$$

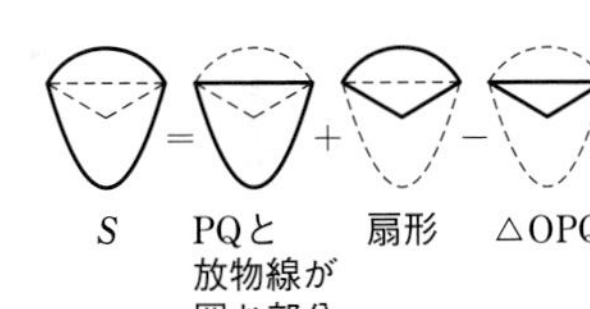

⇐まず, 不等号を等号に変えて境界線をかく。

⇐円と放物線の共有点を求める。x を消去し, y の 2 次方程式を考える。

⇐円が関係する領域の面積を直接求めるのは難しい。共有点と円の中心を結び, 領域を分割する。扇形の面積は公式を, 直線と放物線で囲まれた面積は積分を用いる。

PR ②218 次の定積分を求めよ。

(1) $\int_0^3|x^2-2x|dx$　〔工学院大〕　(2) $\int_0^3 x|x-1|dx$　〔青山学院大〕

(1) $|x^2-2x|=|x(x-2)|$ であるから

$0\leqq x\leqq 2$ のとき　$|x^2-2x|=-(x^2-2x)$

$2\leqq x\leqq 3$ のとき　$|x^2-2x|=x^2-2x$

よって

$$\int_0^3|x^2-2x|dx=\int_0^2\{-(x^2-2x)\}dx+\int_2^3(x^2-2x)dx$$
$$=-\left[\frac{x^3}{3}-x^2\right]_0^2+\left[\frac{x^3}{3}-x^2\right]_2^3$$
$$=-2\left(\frac{2^3}{3}-2^2\right)+\left(\frac{3^3}{3}-3^2\right)$$
$$=-2\cdot\left(-\frac{4}{3}\right)=\mathbf{\frac{8}{3}}$$

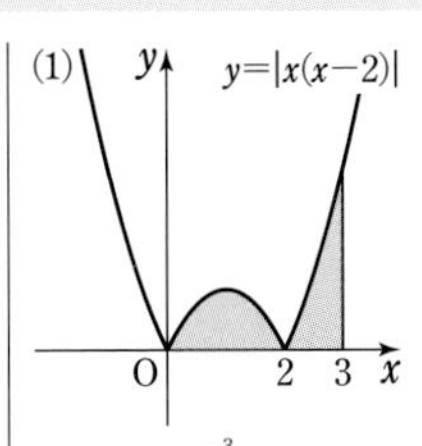

⇐$F(x)=\frac{x^3}{3}-x^2$ とすると $-\left[F(x)\right]_0^2+\left[F(x)\right]_2^3$
$=-2F(2)+F(0)+F(3)$

7章 PR

(2) $0 \leqq x \leqq 1$ のとき　$|x-1|=-(x-1)$
$1 \leqq x \leqq 3$ のとき　$|x-1|=x-1$

よって　$\displaystyle\int_0^3 x|x-1|dx=\int_0^1\{-x(x-1)\}dx+\int_1^3 x(x-1)dx$

$$=-\int_0^1 x(x-1)dx+\int_1^3(x^2-x)dx$$

$$=-\left(-\frac{1}{6}\right)(1-0)^3+\left[\frac{x^3}{3}-\frac{x^2}{2}\right]_1^3$$

$$=\frac{1}{6}+\frac{3^3-1^3}{3}-\frac{3^2-1^2}{2}=\mathbf{\frac{29}{6}}$$

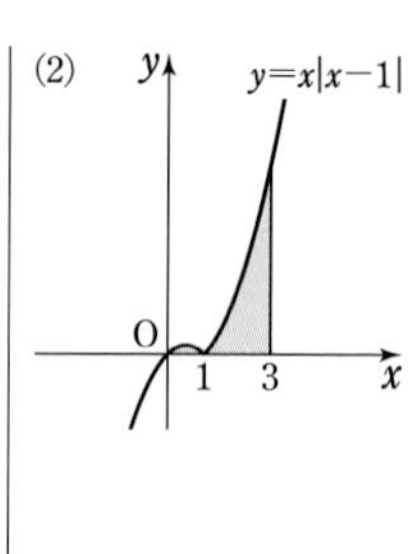

PR ③219

$a>0$ とする。放物線 $y=ax^2+bx+c$ は2点P(1, 1), Q(3, 2)を通るという。このとき，この放物線と2点P, Qを通る直線で囲まれた部分の面積が4になるような定数 a, b, c の値を求めよ。 ［類 慶応大］

放物線 $y=ax^2+bx+c$ が2点P, Qを通るから

$a+b+c=1$ ……①

$9a+3b+c=2$ ……②

②−① から　$8a+2b=1$　よって　$b=\dfrac{1}{2}-4a$ ……③

②−3×① から　$6a-2c=-1$　よって　$c=\dfrac{1}{2}+3a$ ……④

ゆえに，放物線の方程式は　$y=ax^2+\left(\dfrac{1}{2}-4a\right)x+\dfrac{1}{2}+3a$

⇦b, c を消去。

また，直線PQの方程式は　$y=\dfrac{1}{2}x+\dfrac{1}{2}$

⇦$y-1=\dfrac{2-1}{3-1}(x-1)$

$a>0$ であるから，$1 \leqq x \leqq 3$ において

⇦放物線は下に凸。

$$\frac{1}{2}x+\frac{1}{2} \geqq ax^2+\left(\frac{1}{2}-4a\right)x+\frac{1}{2}+3a$$

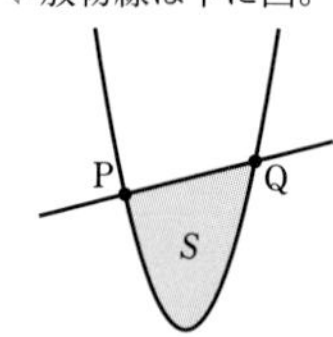

よって，放物線と直線で囲まれた部分の面積 S は

$$S=\int_1^3\left[\left(\frac{1}{2}x+\frac{1}{2}\right)-\left\{ax^2+\left(\frac{1}{2}-4a\right)x+\frac{1}{2}+3a\right\}\right]dx$$

$$=\int_1^3(-ax^2+4ax-3a)dx$$

$$=-a\int_1^3(x-1)(x-3)dx$$

$$=-a\cdot\left(-\frac{1}{6}\right)(3-1)^3=\frac{4}{3}a$$

⇦$\displaystyle\int_\alpha^\beta(x-\alpha)(x-\beta)dx=-\frac{1}{6}(\beta-\alpha)^3$

$S=4$ であるから　$\dfrac{4}{3}a=4$　ゆえに　$a=3$ ……⑤

③, ④, ⑤ から　$\mathbf{a=3,\ b=-\dfrac{23}{2},\ c=\dfrac{19}{2}}$

PR ③220 放物線 $y=-x(x-2)$ と x 軸で囲まれた部分の面積が，直線 $y=ax$ によって 2 等分されるとき，定数 a の値を求めよ。ただし，$0<a<2$ とする。

直線 $y=ax$ と放物線 $y=-x(x-2)$ の交点の x 座標は，方程式 $ax=-x(x-2)$ の解である。

これを解いて　　$x\{x-(2-a)\}=0$

よって　　$x=0,\ 2-a$

⇦$0<a<2$ から $0<2-a<2$

放物線と直線 $y=ax$，放物線と x 軸で囲まれた部分の面積をそれぞれ S_1，S とすると，右の図から

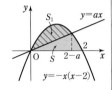

$$S_1=\int_0^{2-a}\{-x(x-2)-ax\}dx$$
$$=-\int_0^{2-a}x\{x-(2-a)\}dx$$
$$=-\left(-\frac{1}{6}\right)\{(2-a)-0\}^3$$
$$=\frac{1}{6}(2-a)^3$$

y
S_1
y=ax
O
S
2−a
2
x
y=−x(x−2)

⇦$\int_\alpha^\beta(x-\alpha)(x-\beta)dx=-\frac{1}{6}(\beta-\alpha)^3$

$$S=\int_0^2\{-x(x-2)\}dx=\frac{1}{6}(2-0)^3=\frac{4}{3}$$

求める条件は　　$2S_1=S$

ゆえに　　$\frac{1}{3}(2-a)^3=\frac{4}{3}$　　すなわち　$(2-a)^3=4$

よって　　$2-a=\sqrt[3]{4}$　　すなわち　$\boldsymbol{a=2-\sqrt[3]{4}}$

⇦$2-a=x$ とおくと，$x^3=4$ を満たす実数 x は $x=\sqrt[3]{4}$ のみ。
なお，$a=2-\sqrt[3]{4}$ は $0<a<2$ を満たす。

参考　x 軸の方程式は $y=0$ で，これは $y=ax$ において $a=0$ とおいたものである。

よって，上の式 $S_1=\frac{1}{6}(2-a)^3$ で $a=0$ とおくと，S_1 は S を表す。

したがって，$S=\frac{1}{6}(2-0)^3=\frac{4}{3}$ としても求められる。

PR ③221 2 つの放物線 $y=-2(x-a)^2+3a$，$y=x^2$ について
(1)　2 つの放物線が異なる 2 つの共有点をもつための実数 a の条件を求めよ。
(2)　(1) のとき，2 つの放物線で囲まれた部分の面積の最大値を求めよ。

(1)　2 つの放物線の共有点の x 座標は，方程式

$$-2(x-a)^2+3a=x^2$$

すなわち　$3x^2-4ax+2a^2-3a=0$ ……①　の解である。

⇦方程式①の実数解があれば，それは 2 つの放物線の共有点の x 座標となる。

2 次方程式①が異なる 2 つの実数解をもつための条件は，2 次方程式①の判別式を D とすると

$$\frac{D}{4}=(-2a)^2-3(2a^2-3a)=-2a^2+9a$$

$D>0$ から　　$a(2a-9)<0$　　ゆえに　　$\boldsymbol{0<a<\frac{9}{2}}$

(2)　2つの放物線で囲まれる部分の面積を $S(a)$ とする。

2つの放物線の共有点の x 座標を α, β $(\alpha<\beta)$ とすると，右の図から

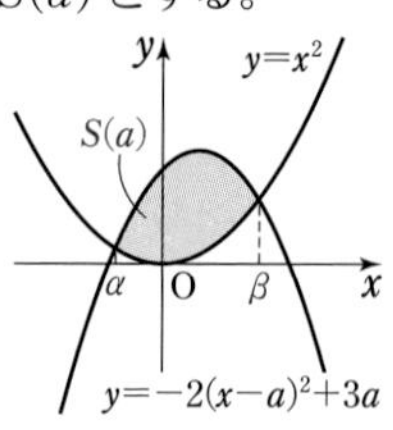

$$S(a)=\int_\alpha^\beta\{-2(x-a)^2+3a-x^2\}dx$$
$$=-3\int_\alpha^\beta(x-\alpha)(x-\beta)dx$$
$$=-3\cdot\left(-\frac{1}{6}\right)(\beta-\alpha)^3$$
$$=\frac{1}{2}(\beta-\alpha)^3$$

2次方程式①の解は　　$x=\dfrac{2a\pm\sqrt{-2a^2+9a}}{3}$

⇐α, β の値は，解の公式から求める。

α, β は①の解であるから

$$\beta-\alpha=\frac{2a+\sqrt{-2a^2+9a}}{3}-\frac{2a-\sqrt{-2a^2+9a}}{3}$$
$$=\frac{2}{3}\sqrt{-2a^2+9a}$$

ゆえに　　$S(a)=\dfrac{1}{2}\left(\dfrac{2}{3}\sqrt{-2a^2+9a}\right)^3=\dfrac{4}{27}(-2a^2+9a)^{\frac{3}{2}}$

⇐$(\sqrt{A})^3=A^{\frac{3}{2}}$

$-2a^2+9a=-2\left(a-\dfrac{9}{4}\right)^2+\dfrac{81}{8}$ であるから，$0<a<\dfrac{9}{2}$ の範囲において，$-2a^2+9a$ は $a=\dfrac{9}{4}$ で最大となり，このとき $S(a)$ も最大となる。

⇐$-2a^2+9a$
$=-2\left(a^2-\dfrac{9}{2}a\right)$
$=-2\left(a-\dfrac{9}{4}\right)^2+2\left(\dfrac{9}{4}\right)^2$

よって，$S(a)$ は $\boldsymbol{a=\dfrac{9}{4}}$ **で最大値**

$$S\left(\frac{9}{4}\right)=\frac{4}{27}\left(\frac{81}{8}\right)^{\frac{3}{2}}=\frac{4}{27}\cdot\frac{81}{8}\sqrt{\frac{81}{8}}=\boldsymbol{\frac{27\sqrt{2}}{8}}$$　をとる。

⇐$\sqrt{\dfrac{81}{8}}=\dfrac{9}{2\sqrt{2}}$

inf.　**$\beta-\alpha$ の計算**

解と係数の関係を用いてもよい。

α, β は①の2つの解であるから

$$\alpha+\beta=\frac{4}{3}a,\quad \alpha\beta=\frac{2a^2-3a}{3}$$

よって　　$(\beta-\alpha)^2=(\alpha+\beta)^2-4\alpha\beta=\left(\dfrac{4}{3}a\right)^2-4\cdot\dfrac{2a^2-3a}{3}$

$$=-\frac{8}{9}a^2+4a=\frac{4}{9}(-2a^2+9a)$$

$\beta-\alpha>0$ であるから　　$\beta-\alpha=\dfrac{2}{3}\sqrt{-2a^2+9a}$

PR
④**222**

放物線 C：$y=x^2$ 上の点 $\mathrm{P}(a,\ a^2)$ における接線を ℓ_1 とする。ただし，$a>0$ とする。

(1)　点Pと異なる C 上の点Qにおける接線 ℓ_2 が ℓ_1 と直交するとき，ℓ_2 の方程式を求めよ。

(2)　接線 ℓ_1, ℓ_2 および放物線 C で囲まれた部分の面積を $S(a)$ とするとき，$S(a)$ の最小値とそのときの a の値を求めよ。　　〔類　立命館大〕

(1)　$y=x^2$ から　　$y'=2x$

よって，接線 ℓ_1 の傾きは $2a$ であり，ℓ_1 の方程式は

$$y-a^2=2a(x-a) \quad \text{すなわち} \quad y=2ax-a^2$$

⇦$y-f(a)=f'(a)(x-a)$

Qの座標を $(b,\ b^2)$ $(b\neq a)$ とすると，ℓ_2 の方程式は

$$y=2bx-b^2$$

$\ell_1\perp\ell_2$ であるから　　$2a\cdot 2b=-1$

⇦傾きの積＝-1

よって　　$b=-\dfrac{1}{4a}$

したがって，ℓ_2 の方程式は　　$y=2\left(-\dfrac{1}{4a}\right)x-\left(-\dfrac{1}{4a}\right)^2$

すなわち　$\boldsymbol{y=-\dfrac{1}{2a}x-\dfrac{1}{16a^2}}$

(2)　$2ax-a^2=2bx-b^2$ とすると　　$2(a-b)x=a^2-b^2$

⇦$a^2-b^2=(a+b)(a-b)$
また，$a\neq b$ から
$a-b\neq 0$

よって，ℓ_1 と ℓ_2 の交点の x 座標は

$$x=\frac{a+b}{2}$$

⇦本冊 $p.337$ STEP UP 参照。

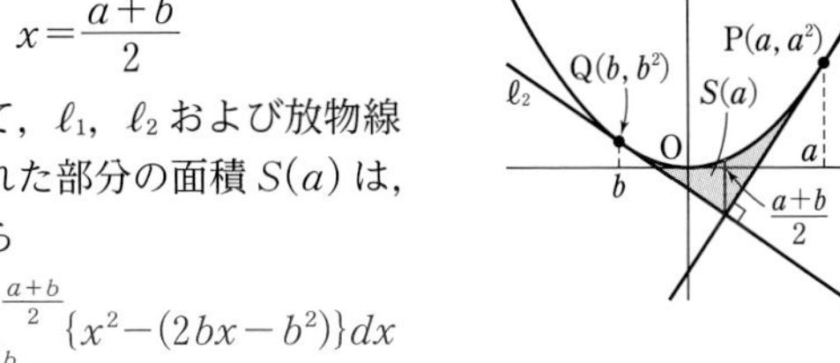

したがって，ℓ_1，ℓ_2 および放物線 C で囲まれた部分の面積 $S(a)$ は，右の図から

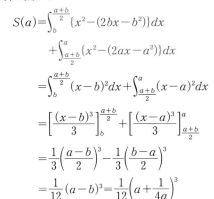

⇦$a>0$，$b=-\dfrac{1}{4a}<0$
よって，点Qは第2象限にある。

$$S(a)=\int_b^{\frac{a+b}{2}}\{x^2-(2bx-b^2)\}dx+\int_{\frac{a+b}{2}}^{a}\{x^2-(2ax-a^2)\}dx$$

$$=\int_b^{\frac{a+b}{2}}(x-b)^2dx+\int_{\frac{a+b}{2}}^{a}(x-a)^2dx$$

$$=\left[\frac{(x-b)^3}{3}\right]_b^{\frac{a+b}{2}}+\left[\frac{(x-a)^3}{3}\right]_{\frac{a+b}{2}}^{a}$$

⇦$\displaystyle\int(x-\alpha)^2dx=\frac{(x-\alpha)^3}{3}+C$

$$=\frac{1}{3}\left(\frac{a-b}{2}\right)^3-\frac{1}{3}\left(\frac{b-a}{2}\right)^3$$

⇦$-\dfrac{1}{3}\left(\dfrac{b-a}{2}\right)^3=\dfrac{1}{24}(a-b)^3$

$$=\frac{1}{12}(a-b)^3=\frac{1}{12}\left(a+\frac{1}{4a}\right)^3$$

$a>0$ であるから，相加平均と相乗平均の大小関係により

$$a+\frac{1}{4a}\geqq 2\sqrt{a\cdot\frac{1}{4a}}=1$$

⇦積が定数となる正の数の和 ⟶ (相加平均)≧(相乗平均)を利用。

ゆえに　　$S(a)\geqq\dfrac{1}{12}\cdot 1^3=\dfrac{1}{12}$

等号が成り立つのは，$a=\dfrac{1}{4a}$ のときである。

⇦$a=\dfrac{1}{4a}$ かつ $a+\dfrac{1}{4a}=1$
よって　$a+a=1$
ゆえに　$a=\dfrac{1}{2}$
としてもよい。

$a=\dfrac{1}{4a}$ から　　$a^2=\dfrac{1}{4}$　　　$a>0$ であるから　　$a=\dfrac{1}{2}$

よって，$S(a)$ は $\boldsymbol{a=\dfrac{1}{2}}$ **で最小値** $\boldsymbol{\dfrac{1}{12}}$ をとる。

7章
PR

PR ④223

2つの放物線を $C_1: y=x^2$, $C_2: y=x^2-6x+15$ とする。
(1) C_1 と C_2 の両方に接する直線 ℓ の方程式を求めよ。
(2) C_1, C_2 および ℓ によって囲まれた部分の面積を求めよ。 〔類 名城大〕

(1) $y=x^2$ から $\quad y'=2x$

よって，C_1 上の点 (a, a^2) における接線の方程式は

$y-a^2=2a(x-a)$ すなわち $y=2ax-a^2$ …… ①

⇐$y-f(a)=f'(a)(x-a)$

$y=x^2-6x+15$ から $\quad y'=2x-6$

よって，C_2 上の点 $(b, b^2-6b+15)$ における接線の方程式は

$$y-(b^2-6b+15)=(2b-6)(x-b)$$

すなわち $\quad y=(2b-6)x-b^2+15$ …… ②

直線 ①，② が一致するための条件は

$2a=2b-6$ …… ③ かつ $-a^2=-b^2+15$ …… ④

⇐直線 ①，② が一致するとき，その直線が ℓ である。

③ から $\quad a=b-3$ …… ⑤

④ から $\quad a^2=b^2-15$ …… ⑥

⑤ を ⑥ に代入して $\quad (b-3)^2=b^2-15$

よって $\quad b=4$ 　　このとき $\quad a=4-3=1$

① から，求める直線 ℓ の方程式は $\quad \boldsymbol{y=2x-1}$

(2) C_1 と C_2 の交点の x 座標は，方程式 $x^2=x^2-6x+15$ の解であるから $\quad x=\dfrac{5}{2}$

⇐C_1 と ℓ，C_2 と ℓ の接点の x 座標はそれぞれ a, b であるから，すでに (1) で求めている。

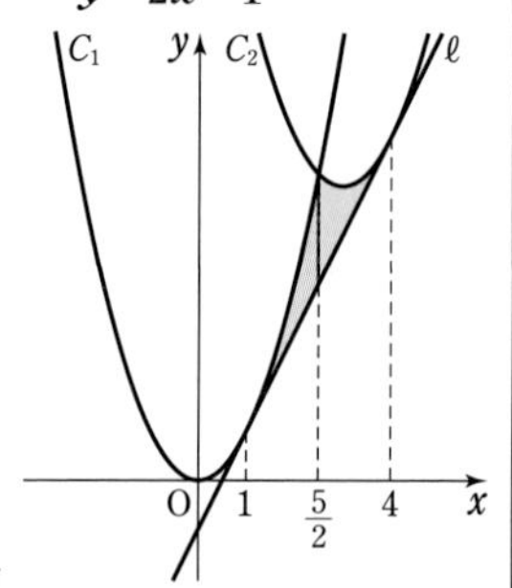

よって，求める面積を S とすると右の図から

$$S=\int_1^{\frac{5}{2}}\{x^2-(2x-1)\}dx+\int_{\frac{5}{2}}^4\{x^2-6x+15-(2x-1)\}dx$$

$$=\int_1^{\frac{5}{2}}(x-1)^2dx+\int_{\frac{5}{2}}^4(x-4)^2dx$$

⇐$\int(x-\alpha)^2dx=\dfrac{(x-\alpha)^3}{3}+C$

$$=\left[\frac{(x-1)^3}{3}\right]_1^{\frac{5}{2}}+\left[\frac{(x-4)^3}{3}\right]_{\frac{5}{2}}^4$$

$$=\frac{1}{3}\left(\frac{3}{2}\right)^3-\frac{1}{3}\left(-\frac{3}{2}\right)^3=\boldsymbol{\frac{9}{4}}$$

PR ④224

2曲線 $y=x^3-(2a+1)x^2+a(a+1)x$, $y=x^2-ax$ が囲む2つの部分の面積が等しくなるように，正の定数 a の値を定めよ。 〔類 立教大〕

2曲線の交点の x 座標は，方程式

$$x^3-(2a+1)x^2+a(a+1)x=x^2-ax$$

の実数解である。

よって $\quad x^3-2(a+1)x^2+a(a+2)x=0$

ゆえに　$x\{x^2-2(a+1)x+a(a+2)\}=0$

すなわち　$x(x-a)(x-a-2)=0$

したがって　$x=0,\ a,\ a+2$

$a>0$ であるから　$0<a<a+2$

よって，2 曲線は 3 つの異なる交点をもつ。

$f(x)=x^3-(2a+1)x^2+a(a+1)x$，$g(x)=x^2-ax$ とすると

$f(x)=x(x-a)(x-a-1)$，$g(x)=x(x-a)$

ゆえに，$f(x)$ のグラフは x 軸と $x=0,\ a,\ a+1$ で交わり，$g(x)$ のグラフは x 軸と $x=0,\ a$ で交わる。

よって，$0\leqq x\leqq a$ では　$f(x)\geqq g(x)$

$a\leqq x\leqq a+2$ では　$f(x)\leqq g(x)$

ゆえに，2 曲線によって囲まれる 2 つの部分の面積が等しくなるための条件は

$$\int_0^a\{f(x)-g(x)\}dx=\int_a^{a+2}\{g(x)-f(x)\}dx$$

すなわち　$\displaystyle\int_0^a\{f(x)-g(x)\}dx-\int_a^{a+2}\{g(x)-f(x)\}dx=0$

したがって　$\displaystyle\int_0^a\{f(x)-g(x)\}dx+\int_a^{a+2}\{f(x)-g(x)\}dx=0$

よって　$\displaystyle\int_0^{a+2}\{f(x)-g(x)\}dx=0$

ここで　$\displaystyle(\text{左辺})=\left[\frac{x^4}{4}-\frac{2}{3}(a+1)x^3+\frac{1}{2}a(a+2)x^2\right]_0^{a+2}$

$$=\frac{1}{4}(a+2)^4-\frac{2}{3}(a+1)(a+2)^3+\frac{1}{2}a(a+2)^3$$

$$=\frac{1}{12}(a+2)^3(a-2)$$

ゆえに　$(a+2)^3(a-2)=0$

$a>0$ であるから，求める a の値は　$\boldsymbol{a=2}$

⇐ $\begin{array}{ccc} 1 & -a & \to -a \\ 1 & -(a+2) & \to -(a+2) \\ \hline 1 & a(a+2) & -2(a+1) \end{array}$

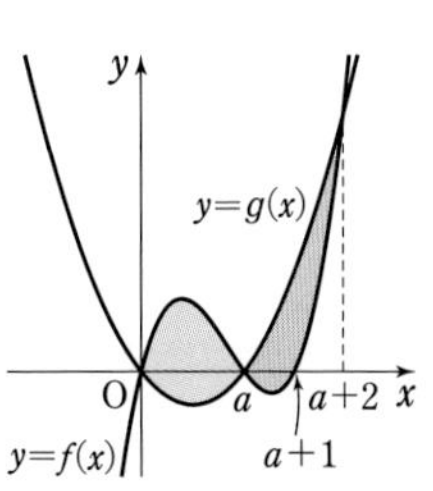

⇐ $\displaystyle\int_0^a+\int_a^{a+2}=\int_0^{a+2}$

⇐ $\displaystyle\frac{1}{12}(a+2)^3$
$\times\{3(a+2)-8(a+1)+6a\}$
$\displaystyle=\frac{1}{12}(a+2)^3(a-2)$

PR ④225　$0\leqq t\leqq 1$ とする。定積分 $\displaystyle\int_0^1|x^2-t^2|dx$ の値を最大，最小にする t の値とその最大値，最小値をそれぞれ求めよ。〔類 長崎大〕

$|x^2-t^2|=|(x+t)(x-t)|$

$0\leqq t\leqq 1$ のとき，$0\leqq x\leqq 1$ において　$x+t\geqq 0$

よって　$|x^2-t^2|=(x+t)|x-t|$

$0\leqq x\leqq t$ のとき　$x-t\leqq 0$ であるから

$|x^2-t^2|=-(x+t)(x-t)=-(x^2-t^2)$

$t\leqq x\leqq 1$ のとき　$x-t\geqq 0$ であるから

$|x^2-t^2|=(x+t)(x-t)=x^2-t^2$

$y=|x^2-t^2|$ のグラフ

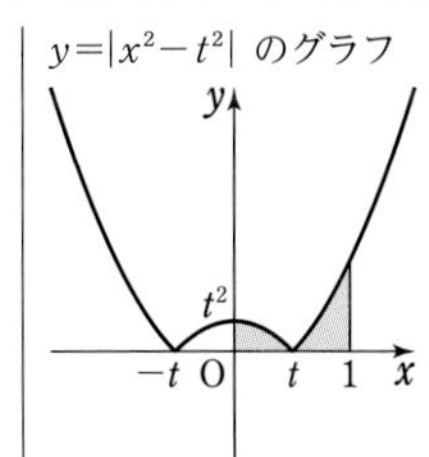

ゆえに　$\displaystyle\int_0^1|x^2-t^2|dx=\int_0^t\{-(x^2-t^2)\}dx+\int_t^1(x^2-t^2)dx$

$$=-\left[\frac{x^3}{3}-t^2x\right]_0^t+\left[\frac{x^3}{3}-t^2x\right]_t^1$$

$$=-2\left(\frac{t^3}{3}-t^3\right)+\frac{1}{3}-t^2$$

$$=\frac{4}{3}t^3-t^2+\frac{1}{3}$$

⇐積分区間 $0 \leqq x \leqq 1$ を $x=t$ $(0 \leqq t \leqq 1)$ で分割する。

⇐$-\Big[F(x)\Big]_a^c+\Big[F(x)\Big]_c^b$ $=-2F(c)+F(a)+F(b)$

この関数を $F(t)$ とすると　$F'(t)=4t^2-2t=2t(2t-1)$

$F'(t)=0$ とすると

$$t=0,\ \frac{1}{2}$$

$0 \leqq t \leqq 1$ における $F(t)$ の増減表は，右のようになる。

t	0	$\cdots$	$\frac{1}{2}$	$\cdots$	1
$F'(t)$		$-$	0	$+$	
$F(t)$	$\frac{1}{3}$	↘	極小	↗	$\frac{2}{3}$

⇐$F(t)=\frac{4}{3}t^3-t^2+\frac{1}{3}$

よって　$F(0)=\frac{1}{3}$

$F\left(\frac{1}{2}\right)=\frac{4}{3}\left(\frac{1}{2}\right)^3-\left(\frac{1}{2}\right)^2+\frac{1}{3}=\frac{1}{4}$

$F(1)=\frac{4}{3}\cdot1^3-1^2+\frac{1}{3}=\frac{2}{3}$

したがって，

$t=1$ で最大値 $\frac{2}{3}$，$t=\frac{1}{2}$ で最小値 $\frac{1}{4}$

をとる。

EX ②165

次の不定積分を求めよ。ただし，(1)の a，b，x は y に無関係とする。

(1) $\int(ax+y)(bx-y)dy$　　(2) $\int(t-1)(t^3+t^2+t+1)dt$

(3) $\int(4-x)(2x+1)dx-2\int(x+2)(2x+1)dx$

C を積分定数とする。

(1) $\int(ax+y)(bx-y)dy=\int\{-y^2+(b-a)xy+abx^2\}dy$

$$=-\frac{y^3}{3}+\frac{(b-a)x}{2}y^2+abx^2y+C$$

⇐dy とあるから，y についての積分。a，b，x は定数として扱う。

(2) $\int(t-1)(t^3+t^2+t+1)dt=\int(t^4-1)dt$

$$=\frac{t^5}{5}-t+C$$

⇐$(t-1)\times(t^{n-1}+t^{n-2}+\cdots\cdots+t+1)=t^n-1$

(3) $\int(4-x)(2x+1)dx-2\int(x+2)(2x+1)dx$

$=\int\{(4-x)(2x+1)-2(x+2)(2x+1)\}dx$

⇐まとめる。

$=\int(2x+1)\{(4-x)-2(x+2)\}dx$

⇐ここで展開すると少し煩雑。そこで，{　}内の式を $2x+1$ でくくる。

$=\int(2x+1)(-3x)dx=\int(-6x^2-3x)dx$

$$=-2x^3-\frac{3}{2}x^2+C$$

7章 EX

EX ③166

x の２次関数 $f(x)$ およびその原始関数 $F(x)$ が次の等式を満たすとき，$F(x)$ を求めよ。

$$x^2f'(x)+F(x)=14x^3+6x^2+3x+5$$

〔星薬大〕

$f(x)=px^2+qx+r$ $(p\neq0)$ とすると

⇐$f(x)$ は２次関数。

$$f'(x)=2px+q$$

$$F(x)=\int f(x)dx=\int(px^2+qx+r)dx$$

$$=\frac{p}{3}x^3+\frac{q}{2}x^2+rx+C \quad (C \text{ は積分定数})$$

よって　$x^2f'(x)+F(x)=x^2(2px+q)+\frac{p}{3}x^3+\frac{q}{2}x^2+rx+C$

$$=\frac{7}{3}px^3+\frac{3}{2}qx^2+rx+C$$

条件より　$\frac{7}{3}px^3+\frac{3}{2}qx^2+rx+C=14x^3+6x^2+3x+5$

この等式が x についての恒等式となるから，両辺の係数を比較すると

$$\frac{7}{3}p=14,\ \frac{3}{2}q=6,\ r=3,\ C=5$$

⇐恒等式の考え。両辺の同類項の係数が等しい。(係数比較法)

すなわち　$p=6$，$q=4$，$r=3$，$C=5$

ゆえに　$\boldsymbol{F(x)=2x^3+2x^2+3x+5}$

EX ②167

次の定積分を求めよ。

(1) $\int_{-2}^{1}(x^3+11x^2+3x+7)dx+\int_{1}^{-2}(x^3+2x^2-5x-3)dx$

(2) $\int_{\frac{1-\sqrt{5}}{2}}^{\frac{1+\sqrt{5}}{2}}(t^2-t-1)dt$

(1) $(与式)=\int_{-2}^{1}(x^3+11x^2+3x+7)dx$

$-\int_{-2}^{1}(x^3+2x^2-5x-3)dx$ ⇦上端・下端を交換。

$=\int_{-2}^{1}(9x^2+8x+10)dx$ ⇦積分区間が同じ ⟶ 1つの定積分にまとめる。

$=\Big[3x^3+4x^2+10x\Big]_{-2}^{1}$

$=3(1+8)+4(1-4)+10(1+2)=\mathbf{45}$

(2) $t^2-t-1=0$ を解くと $t=\dfrac{1\pm\sqrt{5}}{2}$

$\dfrac{1-\sqrt{5}}{2}=\alpha,\ \dfrac{1+\sqrt{5}}{2}=\beta$ とおくと，

$t^2-t-1=(t-\alpha)(t-\beta)$ であるから

$(与式)=\int_{\alpha}^{\beta}(t-\alpha)(t-\beta)dt=-\dfrac{1}{6}(\beta-\alpha)^3$ ⇦公式を適用。

$=-\dfrac{1}{6}\left(\dfrac{1+\sqrt{5}}{2}-\dfrac{1-\sqrt{5}}{2}\right)^3$

$=-\dfrac{1}{6}(\sqrt{5})^3=\mathbf{-\dfrac{5\sqrt{5}}{6}}$

EX ③168

関数 $f(x)=ax^2+bx+c$ が次の3つの条件を満たすように定数 a，b，c の値を定めよ。

$f(1)=8,\ \int_{-1}^{1}f(x)dx=4,\ \int_{-1}^{1}xf'(x)dx=4$ 〔創価大〕

$f(1)=8$ から $a+b+c=8$ ……①

$\int_{-1}^{1}f(x)dx=\int_{-1}^{1}(ax^2+bx+c)dx$

$=2\int_{0}^{1}(ax^2+c)dx$

$=2\left[\dfrac{a}{3}x^3+cx\right]_0^1=2\left(\dfrac{a}{3}+c\right)$

CHART $\int_{-a}^{a}$ の定積分
偶数次は $2\int_0^a$
奇数次は 0

よって $2\left(\dfrac{a}{3}+c\right)=4$ ゆえに $a+3c=6$ ……②

また，$f'(x)=2ax+b$ から

$\int_{-1}^{1}xf'(x)dx=\int_{-1}^{1}x(2ax+b)dx=\int_{-1}^{1}(2ax^2+bx)dx$

$=4a\int_0^1x^2dx=4a\left[\dfrac{x^3}{3}\right]_0^1=\dfrac{4}{3}a$

⇦$\int_{-1}^{1}(2ax^2+bx)dx$
$=2\int_0^1 2ax^2dx$

よって $\dfrac{4}{3}a=4$ ゆえに $\mathbf{a=3}$

したがって，①，② から $\mathbf{b=4,\ c=1}$

EX ③169　等式 $f(x)=x^2+2+\int_{-1}^{1}(x-t)f(t)dt$ を満たす関数 $f(x)$ を求めよ。　〔東京電機大〕

$\int_{-1}^{1}(x-t)f(t)dt=x\int_{-1}^{1}f(t)dt-\int_{-1}^{1}tf(t)dt$ から

$$f(x)=x^2+2+x\int_{-1}^{1}f(t)dt-\int_{-1}^{1}tf(t)dt$$

$\int_{-1}^{1}f(t)dt=a$, $\int_{-1}^{1}tf(t)dt=b$ とおくと

$$f(x)=x^2+ax+2-b$$

よって　$\int_{-1}^{1}f(t)dt=\int_{-1}^{1}(t^2+at+2-b)dt$

$$=2\int_{0}^{1}(t^2+2-b)dt$$

$$=2\left[\frac{t^3}{3}+(2-b)t\right]_0^1$$

$$=2\left(\frac{1}{3}+2-b\right)=\frac{14}{3}-2b$$

$$\int_{-1}^{1}tf(t)dt=\int_{-1}^{1}\{t^3+at^2+(2-b)t\}dt$$

$$=2\int_0^1 at^2dt=2\left[\frac{a}{3}t^3\right]_0^1=\frac{2}{3}a$$

ゆえに　$a=\frac{14}{3}-2b$, $b=\frac{2}{3}a$

これを解くと　$a=2$, $b=\frac{4}{3}$

したがって　$\boldsymbol{f(x)=x^2+2x+\frac{2}{3}}$

⇐$\int_{-1}^{1}(x-t)f(t)dt$
$=\int_{-1}^{1}\{xf(t)-tf(t)\}dt$

⇐$\int_{-1}^{1}f(t)dt$, $\int_{-1}^{1}tf(t)dt$ どちらも定数。

CHART $\int_{-a}^{a}$ の定積分
偶数次は $2\int_0^a$
奇数次は 0

⇐$\int_{-1}^{1}f(t)dt=a$,
$\int_{-1}^{1}tf(t)dt=b$ から。

⇐$f(x)=x^2+ax+2-b$

EX ③170　2つの2次関数 $f(x)$, $g(x)$ が, $f(0)-g(0)=1$, $\frac{d}{dx}\int_0^x\{f(t)+g(t)\}dt=5x^2+11x+13$, $\int_0^x\frac{d}{dt}\{f(t)-g(t)\}dt=x^2+x$ を満たすとき, $f(x)$, $g(x)$ を求めよ。　〔類 金沢工大〕

$$\frac{d}{dx}\int_0^x\{f(t)+g(t)\}dt=f(x)+g(x)$$

よって　$f(x)+g(x)=5x^2+11x+13$　…… ①

$$\int_0^x\frac{d}{dt}\{f(t)-g(t)\}dt=\int_0^x\{f'(t)-g'(t)\}dt=\Big[f(t)-g(t)\Big]_0^x$$

$$=f(x)-g(x)-\{f(0)-g(0)\}$$

$$=f(x)-g(x)-1$$

よって　$f(x)-g(x)-1=x^2+x$

すなわち　$f(x)-g(x)=x^2+x+1$　…… ②

(①＋②)÷2 から　$\boldsymbol{f(x)=3x^2+6x+7}$

(①－②)÷2 から　$\boldsymbol{g(x)=2x^2+5x+6}$

⇐$\frac{d}{dx}\int_a^x f(t)dt$ と $\int_a^x\frac{d}{dx}\{f(t)\}dt$ の違いに注意。下の inf. 参照。

⇐$f(0)-g(0)=1$

⇐$f(x)$, $g(x)$ の連立方程式とみて解く。

inf.　**$\frac{d}{dx}\int_a^x f(t)dt$ と $\int_a^x\frac{d}{dt}\{f(t)\}dt$ の違い**

$F(x)$ を $f(x)$ の原始関数とする。

$$\frac{d}{dx}\int_a^x f(t)dt=\frac{d}{dx}\Big[F(t)\Big]_a^x=\frac{d}{dx}\{F(x)-F(a)\}=f(x),$$

$$\int_a^x \frac{d}{dt}\{f(t)\}dt=\int_a^x f'(t)dt=\Big[f(t)\Big]_a^x=f(x)-f(a)$$

EX ②**171**

(1) $\int_a^x f(t)dt=x^2-5x+6$, $\int_a^{2a} f(t)dt=12$ を同時に満たす関数 $f(x)$ と定数 a の値を求めよ。〔北海道薬大〕

(2) $\int_{-1}^x (3t-5)(4t+a)dt=bx^3-7x^2-18cx-d$ のとき，定数 a，b，c，d の値を求めよ。〔日本工大〕

(1) $\int_a^x f(t)dt=x^2-5x+6$ ……①，　$\int_a^{2a} f(t)dt=12$ ……②

とする。

① の両辺を x で微分すると　　$\boldsymbol{f(x)=2x-5}$

また，① で $x=a$ とおくと

$\int_a^a f(t)dt=a^2-5a+6$　すなわち　$0=(a-2)(a-3)$

⇦$\int_a^a f(t)dt=0$

これを解いて　　$a=2,\ 3$　……③

更に，① で $x=2a$ とおくと　　$\int_a^{2a} f(t)dt=4a^2-10a+6$

⇦両辺の x に $2a$ を代入。

したがって，② から　　$4a^2-10a+6=12$

整理すると

$2a^2-5a-3=0$　すなわち　$(a-3)(2a+1)=0$

⇦ 1 ╳ −3 ⟶ −6
2　　1 ⟶ 1
2　−3　−5

これを解いて　　$a=3,\ -\frac{1}{2}$　……④

したがって，求める a の値は，③，④ から　　$\boldsymbol{a=3}$

(2) 与式の両辺を x で微分すると

$(3x-5)(4x+a)=3bx^2-14x-18c$

⇦$\frac{d}{dx}\int_a^x f(t)dt=f(x)$

よって　　$12x^2+(3a-20)x-5a=3bx^2-14x-18c$

これが x についての恒等式であるから

$12=3b,\ 3a-20=-14,\ -5a=-18c$

ゆえに　　$\boldsymbol{a=2,\ b=4,\ c=\frac{5}{9}}$

よって，与式は

$\int_{-1}^x (3t-5)(4t+2)dt=4x^3-7x^2-10x-d$

この両辺に $x=-1$ を代入すると　　$0=-4-7+10-d$

⇦$\int_a^a f(t)dt=0$

ゆえに　　$\boldsymbol{d=-1}$

EX ③**172**

$-3\leqq x\leqq 3$ のとき，関数 $f(x)=\int_{-3}^x (t^2-2t-3)dt$ のとりうる値の範囲を求めよ。〔群馬大〕

$$f'(x)=\frac{d}{dx}\int_{-3}^x (t^2-2t-3)dt$$
$$=x^2-2x-3=(x+1)(x-3)$$

$f'(x)=0$ とすると
$x=-1,\ 3$
$-3\leqq x\leqq 3$ における $f(x)$ の増減表は右のようになる。

x	-3	$\cdots$	-1	$\cdots$	3
$f'(x)$		$+$	0	$-$	
$f(x)$		↗	極大	↘	

$$f(-3)=\int_{-3}^{-3}(t^2-2t-3)dt=0$$

⇐$\int_a^a g(x)dx=0$

$$f(3)=\int_{-3}^{3}(t^2-2t-3)dt=2\int_0^3(t^2-3)dt=2\left[\frac{t^3}{3}-3t\right]_0^3=0$$

CHART $\int_{-a}^{a}$ の定積分
偶数次は $2\int_0^a$
奇数次は 0

$$f(-1)=\int_{-3}^{-1}(t^2-2t-3)dt=\left[\frac{t^3}{3}-t^2-3t\right]_{-3}^{-1}$$
$$=\left(-\frac{1}{3}-1+3\right)-(-9-9+9)=\frac{32}{3}$$

したがって，$f(x)$ のとりうる値の範囲は　　$\boldsymbol{0\leqq f(x)\leqq\frac{32}{3}}$

inf.　$f(x)=\int_{-3}^{x}(t^2-2t-3)dt=\left[\frac{t^3}{3}-t^2-3t\right]_{-3}^{x}$
$$=\left(\frac{x^3}{3}-x^2-3x\right)-(-9-9+9)=\frac{x^3}{3}-x^2-3x+9$$
としてから，$f(-3)$，$f(3)$，$f(-1)$ の値を求めてもよい。

7章 EX

EX ④173

多項式 $f(x)$ が $xf'(x)+\int_1^x f(t)dt=2x^2+x+1$ を満たすとき，次の問いに答えよ。
(1)　多項式 $f(x)$ の次数を求めよ。　　(2)　多項式 $f(x)$ を求めよ。　〔東北学院大〕

(1)　$f(x)$ の最高次の項を ax^n ($a\neq 0$，n は 0 以上の整数) とすると，$xf'(x)$ の最高次の項は　　$x\cdot anx^{n-1}=anx^n$

⇐多項式の次数は，式に含まれる最高次数。
$xf'(x)$，$\int_1^x f(t)dt$ の次数を比較する。

また，$\int at^n dt=\frac{a}{n+1}t^{n+1}+C$　(C は積分定数) から，

$\int_1^x f(t)dt$ の最高次の項は　　$\frac{a}{n+1}x^{n+1}$

よって，$xf'(x)+\int_1^x f(t)dt$ は $(n+1)$ 次の多項式である。

⇐$xf'(x)$ は n 次，$\int_1^x f(t)dt$ は $(n+1)$ 次。

$xf'(x)+\int_1^x f(t)dt=2x^2+x+1$ から
$n+1=2$　　ゆえに　　$n=1$

⇐右辺と左辺の次数を比較する。

したがって，$f(x)$ の次数は　　**1**

(2)　$f(x)=ax+b$ ($a\neq 0$) とすると

⇐$f(x)$ は 1 次式。

$$xf'(x)+\int_1^x f(t)dt=x\cdot a+\int_1^x(at+b)dt=ax+\left[\frac{a}{2}t^2+bt\right]_1^x$$
$$=ax+\frac{a}{2}x^2+bx-\frac{a}{2}-b$$
$$=\frac{a}{2}x^2+(a+b)x-\frac{a}{2}-b$$

ゆえに　　$\frac{a}{2}x^2+(a+b)x-\frac{a}{2}-b=2x^2+x+1$

これが x についての恒等式であるから

$$\frac{a}{2}=2,\ a+b=1,\ -\frac{a}{2}-b=1$$

第1式，第2式から　$a=4,\ b=-3$

これは第3式を満たす。

したがって　$\boldsymbol{f(x)=4x-3}$

⇦2式から求めた a，b の値が，$-\frac{a}{2}-b=1$ を満たすことを確認する。

EX ④174

x の関数 $f(x)$，$g(x)$ が次の条件①，②を満たしている。

$$\int_1^x f(t)dt=xg(x)+ax+2\ (a\text{ は実数})\ \cdots\cdots ①$$

$$g(x)=x^2-2x\int_0^1 f(t)dt+1\ \cdots\cdots ②$$

このとき，定数 a の値と関数 $f(x)$，$g(x)$ を求めよ。〔北海道薬大〕

①に $x=0$ を代入すると　$\int_1^0 f(t)dt=2$

⇦(右辺) $=0\cdot g(0)+a\cdot 0+2$

よって　$\int_0^1 f(t)dt=-2$

これを②に代入すると　$\boldsymbol{g(x)=x^2+4x+1}$

ゆえに，①から　$\int_1^x f(t)dt=x^3+4x^2+(a+1)x+2$　……③

⇦(右辺) $=x(x^2+4x+1)+ax+2$

③に $x=1$ を代入すると　$\int_1^1 f(t)dt=a+8$

すなわち　$0=a+8$　　よって　$\boldsymbol{a=-8}$

⇦$\int_a^a f(t)dt=0$

これを③に代入すると　$\int_1^x f(t)dt=x^3+4x^2-7x+2$

この両辺を x で微分すると　$\boldsymbol{f(x)=3x^2+8x-7}$

EX ⑤175

すべての a，b，c，d に対して，関数 $f(x)=ax^3+bx^2+cx+d$ が $\int_{-3}^3 f(x)dx=s\cdot f(p)+t\cdot f(q)$ を満たすような s，t，p，q の値を求めよ。ただし，$p\leqq q$ とする。〔室蘭工大〕

$$\int_{-3}^3 f(x)dx=\int_{-3}^3(ax^3+bx^2+cx+d)dx$$

$$=2\int_0^3(bx^2+d)dx$$

$$=2\left[\frac{b}{3}x^3+dx\right]_0^3=18b+6d$$

CHART $\int_{-a}^a$ の定積分
偶数次は $2\int_0^a$
奇数次は 0

また　$s\cdot f(p)+t\cdot f(q)$

$$=(sp^3+tq^3)a+(sp^2+tq^2)b+(sp+tq)c+(s+t)d$$

⇦a，b，c，d について整理する。

すべての a，b，c，d に対して，等式

$$18b+6d=(sp^3+tq^3)a+(sp^2+tq^2)b+(sp+tq)c+(s+t)d$$

が成り立つための条件は，両辺の係数を比較して

$sp^3+tq^3=0$　……①，　$sp^2+tq^2=18$　……②，

$sp+tq=0$　……③，　$s+t=6$　……④

⇦a，b，c，d についての恒等式と考える。

③ から　　$tq=-sp$ ……⑤
① に代入して　$sp^3+(-sp)q^2=0$
よって　$sp(p^2-q^2)=0$
ゆえに　$sp=0$ または $p^2-q^2=0$
$sp=0$ のとき，⑤ から　$tq=0$
この場合，② が成り立たないから不適である。
したがって　$sp\neq 0$
よって　$p^2-q^2=0$ すなわち $q^2=p^2$
$q^2=p^2$ を ② に代入して　$(s+t)p^2=18$
④ を代入して　$6p^2=18$
したがって　$p^2=3$　ゆえに　$p^2=q^2=3$
$q=p$ のとき，③ に代入して　$(s+t)p=0$
$p\neq 0$ から　$s+t=0$　これは ④ に反する。
よって，$p<q$ であるから　$p=-\sqrt{3}$，$q=\sqrt{3}$
③ に代入して　$-\sqrt{3}s+\sqrt{3}t=0$
④ と連立させて解くと　$s=t=3$
以上から　$\boldsymbol{s=3,\ t=3,\ p=-\sqrt{3},\ q=\sqrt{3}}$

⇦② において，$sp\cdot p+tq\cdot q=0$ となる。

⇦すなわち　$s=t$

７章
EX

EX ④176

(1) 不等式 $\left\{\int_0^1(x-a)(x-b)dx\right\}^2\leqq\int_0^1(x-a)^2dx\int_0^1(x-b)^2dx$ を証明せよ。また，等号が成り立つのはどのような場合か。ただし，a，b は定数とする。

(2) $f(x)$ が x の１次式で $\int_0^1 f(x)dx=1$ のとき，$\int_0^1\{f(x)\}^2dx>1$ であることを証明せよ。

〔名古屋大〕

(1) $\int_0^1(x-a)(x-b)dx=\int_0^1\{x^2-(a+b)x+ab\}dx$

$$=\left[\frac{x^3}{3}-\frac{a+b}{2}x^2+abx\right]_0^1$$

$$=\frac{1}{3}-\frac{a+b}{2}+ab$$

⇦$(x-a)(x-b)$ を展開。

また　$\int_0^1(x-a)^2dx=\int_0^1(x^2-2ax+a^2)dx$

$$=\left[\frac{x^3}{3}-ax^2+a^2x\right]_0^1$$

$$=\frac{1}{3}-a+a^2$$

inf.　$\int_0^1(x-a)^2dx$
$=\left[\frac{(x-a)^3}{3}\right]_0^1$
$=\frac{1}{3}\{(1-a)^3-(0-a)^3\}$

同様に　$\int_0^1(x-b)^2dx=\frac{1}{3}-b+b^2$

⇦a を b におき換える。

したがって

$$\int_0^1(x-a)^2dx\int_0^1(x-b)^2dx-\left\{\int_0^1(x-a)(x-b)dx\right\}^2$$

$$=\left(\frac{1}{3}-a+a^2\right)\left(\frac{1}{3}-b+b^2\right)-\left(\frac{1}{3}-\frac{a+b}{2}+ab\right)^2$$

$$=\left(\frac{1}{9}-\frac{1}{3}b+\frac{1}{3}b^2-\frac{1}{3}a+ab-ab^2+\frac{1}{3}a^2-a^2b+a^2b^2\right)$$

⇦(右辺)−(左辺) を計算し，≧0 を導く方針。
一見煩雑な計算だが，それぞれの積と平方を丁寧に計算する。

$$-\left\{\frac{1}{9}+\frac{(a+b)^2}{4}+a^2b^2-\frac{a+b}{3}-ab(a+b)+\frac{2}{3}ab\right\}$$

$$=\frac{1}{3}a^2+ab+\frac{1}{3}b^2-\left(\frac{1}{4}a^2+\frac{7}{6}ab+\frac{1}{4}b^2\right)$$

$$=\frac{1}{12}a^2-\frac{1}{6}ab+\frac{1}{12}b^2=\frac{1}{12}(a^2-2ab+b^2)$$

$$=\frac{1}{12}(a-b)^2\geqq 0$$

⇐$(x+y+z)^2=x^2+y^2+z^2+2xy+2yz+2zx$

⇐$(実数)^2\geqq 0$

よって

$$\left\{\int_0^1(x-a)(x-b)dx\right\}^2\leqq\int_0^1(x-a)^2dx\int_0^1(x-b)^2dx$$

また，**等号は $a=b$ のとき成り立つ。**

⇐$(a-b)^2=0$ のとき，等号が成り立つ。

inf. 一般に，区間 $a\leqq x\leqq b$ において定義された関数 $f(x)$，$g(x)$ に対して不等式

$$\left\{\int_a^b f(x)g(x)dx\right\}^2\leqq\int_a^b\{f(x)\}^2dx\int_a^b\{g(x)\}^2dx$$

が成り立つことが知られている。この不等式を **シュワルツの不等式** という。

なお，この不等式において等号が成り立つための条件は

$a\leqq x\leqq b$ で常に $f(x)=0$ または

$g(x)=0$ または $f(x)=kg(x)$ （k は定数）

が成り立つことである。

(2) $f(x)=ax+b$ $(a\neq 0)$ とすると

⇐$f(x)$ は1次式。

$$\int_0^1 f(x)dx=\int_0^1(ax+b)dx=\left[\frac{a}{2}x^2+bx\right]_0^1=\frac{a}{2}+b$$

よって，条件から　$\frac{a}{2}+b=1$　ゆえに　$b=1-\frac{a}{2}$

したがって

$$\int_0^1\{f(x)\}^2dx=\int_0^1(ax+b)^2dx$$

$$=\int_0^1(a^2x^2+2abx+b^2)dx$$

$$=\left[\frac{a^2}{3}x^3+abx^2+b^2x\right]_0^1$$

$$=\frac{a^2}{3}+ab+b^2$$

$$=\frac{a^2}{3}+a\left(1-\frac{a}{2}\right)+\left(1-\frac{a}{2}\right)^2$$

$$=\frac{a^2}{12}+1$$

⇐$\int(ax+b)^n dx$ の公式（本冊 $p.319$）を使うと
$\int_0^1(ax+b)^2dx=\left[\frac{1}{a}\cdot\frac{(ax+b)^3}{3}\right]_0^1=\frac{1}{3a}\{(a+b)^3-b^3\}=\frac{a^2}{3}+ab+b^2$

$a\neq 0$ であるから

$$\frac{a^2}{12}+1>1 \quad すなわち \quad \int_0^1\{f(x)\}^2dx>1$$

EX ③177

(1)　曲線 $y=x^3-4x$ と曲線 $y=3x^2$ で囲まれた図形の面積を求めよ。　〔東京電機大〕
(2)　2つの関数 $y=-x^2+x+2$，$y=|x|-1$ のグラフで囲まれた部分の面積を求めよ。
(3)　曲線 $y=|3x^2-6x|$ と直線 $y=3x$ で囲まれた部分の面積を求めよ。　〔久留米大〕

(1)　2曲線の共有点の x 座標は，方程式 $x^3-4x=3x^2$
すなわち $x^3-3x^2-4x=0$ の解である。
これを解いて　　$x(x+1)(x-4)=0$
よって　　$x=-1,\ 0,\ 4$
$y=x^3-4x=x(x+2)(x-2)$ から，曲線 $y=x^3-4x$ は
x 軸と $x=-2,\ 0,\ 2$ で交わる。
ゆえに，2曲線の概形は右の図のようになるから，求める面積 S は

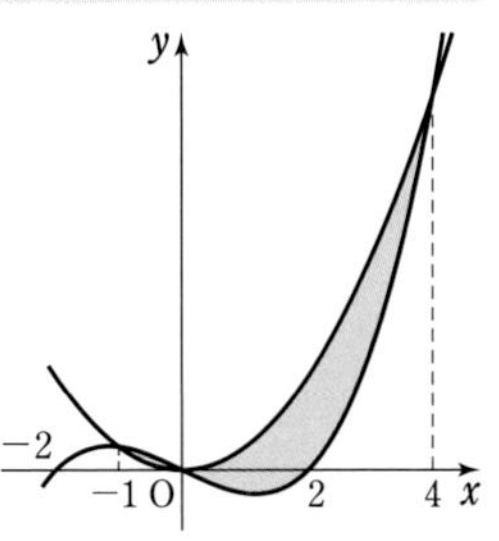

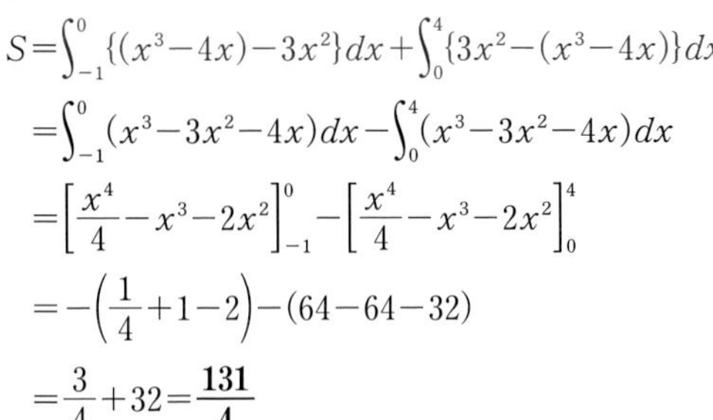

$$S=\int_{-1}^{0}\{(x^3-4x)-3x^2\}dx+\int_0^4\{3x^2-(x^3-4x)\}dx$$
$$=\int_{-1}^{0}(x^3-3x^2-4x)dx-\int_0^4(x^3-3x^2-4x)dx$$
$$=\left[\frac{x^4}{4}-x^3-2x^2\right]_{-1}^{0}-\left[\frac{x^4}{4}-x^3-2x^2\right]_0^4$$
$$=-\left(\frac{1}{4}+1-2\right)-(64-64-32)$$
$$=\frac{3}{4}+32=\boldsymbol{\frac{131}{4}}$$

⇐ $-1\leqq x\leqq 0$ のとき $x^3-4x\geqq 3x^2$
$0\leqq x\leqq 4$ のとき $x^3-4x\leqq 3x^2$

(2)　$-x^2+x+2=|x|-1$ とする。
$x\geqq 0$ のとき　　$-x^2+x+2=x-1$ から　$x^2=3$
　$x\geqq 0$ であるから　　$x=\sqrt{3}$
$x\leqq 0$ のとき　　$-x^2+x+2=-x-1$ から　$x^2-2x-3=0$
　$x\leqq 0$ であるから　　$x=-1$

⇐ $x^2-2x-3=0$ から $(x+1)(x-3)=0$

よって，グラフは右の図のようになるから，求める面積 S は

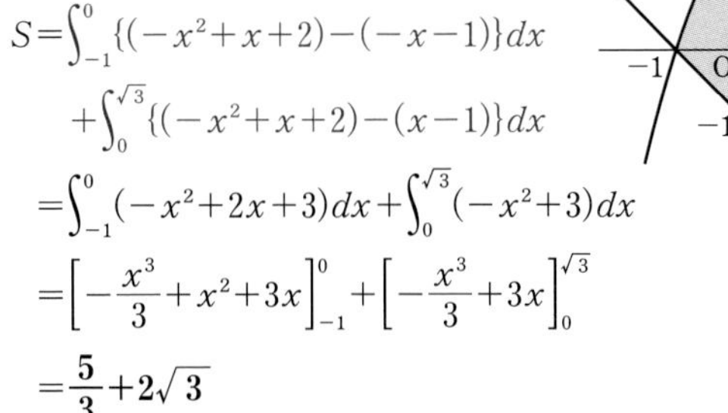

$$S=\int_{-1}^{0}\{(-x^2+x+2)-(-x-1)\}dx$$
$$+\int_0^{\sqrt{3}}\{(-x^2+x+2)-(x-1)\}dx$$
$$=\int_{-1}^{0}(-x^2+2x+3)dx+\int_0^{\sqrt{3}}(-x^2+3)dx$$
$$=\left[-\frac{x^3}{3}+x^2+3x\right]_{-1}^{0}+\left[-\frac{x^3}{3}+3x\right]_0^{\sqrt{3}}$$
$$=\boldsymbol{\frac{5}{3}+2\sqrt{3}}$$

⇐ $-\left(\frac{1}{3}+1-3\right)+(-\sqrt{3}+3\sqrt{3})$

別解　**（上の解答と5行目までは同じ）**
2点 $(-1,\ 0)$，$(\sqrt{3},\ \sqrt{3}-1)$ を通る直線の方程式は

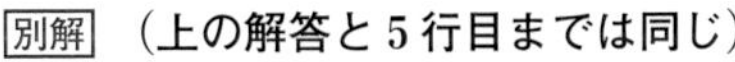

$$y=\frac{(\sqrt{3}-1)-0}{\sqrt{3}-(-1)}(x+1)$$

すなわち　　$y=(2-\sqrt{3})x+2-\sqrt{3}$

よって，右の図から求める面積Sは

$$S=S_1+S_2+S_3$$
$$=\frac{1}{2}\cdot2\cdot1+\frac{1}{2}\cdot2(\sqrt{3}-1)$$
$$+\int_{-1}^{\sqrt{3}}[-x^2+x+2$$
$$-\{(2-\sqrt{3})x+2-\sqrt{3}\}]dx$$
$$=1+\sqrt{3}-1-\int_{-1}^{\sqrt{3}}(x+1)(x-\sqrt{3})dx$$
$$=\sqrt{3}-\left(-\frac{1}{6}\right)\{\sqrt{3}-(-1)\}^3$$
$$=\sqrt{3}+\frac{1}{6}(10+6\sqrt{3})$$
$$=\mathbf{\frac{5}{3}+2\sqrt{3}}$$

⇐2つの三角形と放物線 $y=-x^2+x+2$ と直線 $y=(2-\sqrt{3})x+2\sqrt{3}$ で囲まれた部分に分けた。

(3) $|3x^2-6x|=3x$ とすると　$|3x(x-2)|=3x$

$0\leqq x\leqq2$ のとき　$-3x^2+6x=3x$

整理すると　$x(x-1)=0$

よって　$x=0,\ 1$

$x\leqq0,\ 2\leqq x$ のとき　$3x^2-6x=3x$

整理すると　$x(x-3)=0$

よって　$x=0,\ 3$

ゆえに，曲線 $y=|3x^2-6x|$ と直線 $y=3x$ の概形は右の図のようになるから，求める面積Sは

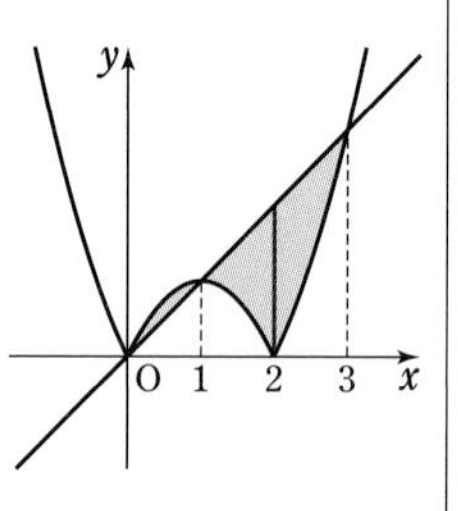

⇐曲線 $y=|3x^2-6x|$ は $0\leqq x\leqq2$ のとき $y=-(3x^2-6x)$ $x\leqq0,\ 2\leqq x$ のとき $y=3x^2-6x$

$$S=\int_0^1\{(-3x^2+6x)-3x\}dx+\int_1^2\{3x-(-3x^2+6x)\}dx+\int_2^3\{3x-(3x^2-6x)\}dx$$
$$=\int_0^1(-3x^2+3x)dx+\int_1^2(3x^2-3x)dx+\int_2^3(-3x^2+9x)dx$$
$$=\left[-x^3+\frac{3}{2}x^2\right]_0^1+\left[x^3-\frac{3}{2}x^2\right]_1^2+\left[-x^3+\frac{9}{2}x^2\right]_2^3$$
$$=-1^3+\frac{3}{2}\cdot1^2+(2^3-1^3)-\frac{3}{2}(2^2-1^2)-(3^3-2^3)+\frac{9}{2}(3^2-2^2)=\mathbf{\frac{13}{2}}$$

別解　S_1，S_2，S_3 を図のようにとると，求める面積Sは

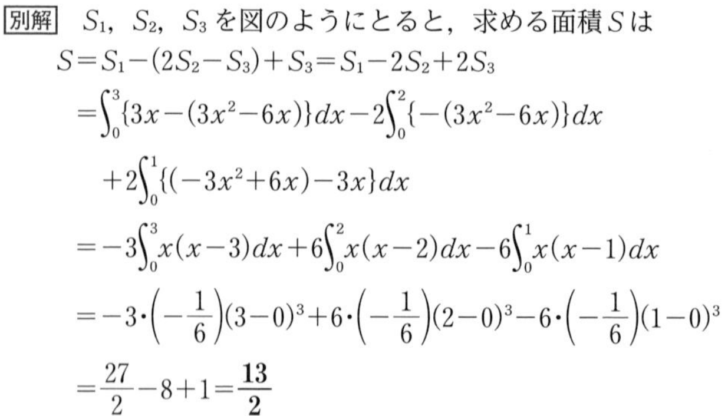

$$S=S_1-(2S_2-S_3)+S_3=S_1-2S_2+2S_3$$
$$=\int_0^3\{3x-(3x^2-6x)\}dx-2\int_0^2\{-(3x^2-6x)\}dx$$
$$+2\int_0^1\{(-3x^2+6x)-3x\}dx$$
$$=-3\int_0^3x(x-3)dx+6\int_0^2x(x-2)dx-6\int_0^1x(x-1)dx$$
$$=-3\cdot\left(-\frac{1}{6}\right)(3-0)^3+6\cdot\left(-\frac{1}{6}\right)(2-0)^3-6\cdot\left(-\frac{1}{6}\right)(1-0)^3$$
$$=\frac{27}{2}-8+1=\mathbf{\frac{13}{2}}$$

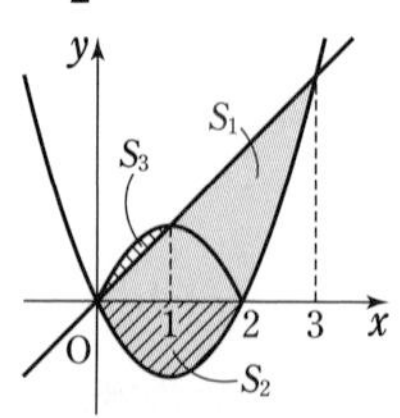

EX ③178

A(1, 0) とする。点Pが放物線 $y=x^2$ の $-1\leqq x\leqq 1$ の部分を動くとき，線分 AP が通過してできる図形の面積を求めよ。〔類 愛知工大〕

点 $(-1,\ 1)$ をQとすると，直線 AQ の方程式は

$$y=-\frac{1}{2}x+\frac{1}{2}$$

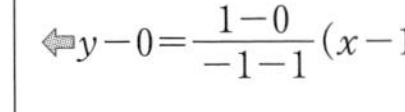

放物線 $y=x^2$ と直線 AQ の交点の x 座標は，方程式 $x^2=-\dfrac{1}{2}x+\dfrac{1}{2}$ すなわち $2x^2+x-1=0$ の解である。

⇐$2x^2=-x+1$ から
$2x^2+x-1=0$
$(x+1)(2x-1)=0$

これを解いて　　$x=-1,\ \dfrac{1}{2}$

よって，線分 AP が通過してできる図形は，右の図の斜線部分である。

したがって，求める面積 S は

$$S=\int_{-1}^{\frac{1}{2}}\left\{\left(-\frac{1}{2}x+\frac{1}{2}\right)-x^2\right\}dx+\int_0^1 x^2dx$$

$$=-\int_{-1}^{\frac{1}{2}}(x+1)\left(x-\frac{1}{2}\right)dx+\left[\frac{x^3}{3}\right]_0^1$$

$$=-\left(-\frac{1}{6}\right)\left\{\frac{1}{2}-(-1)\right\}^3+\frac{1}{3}=\mathbf{\frac{43}{48}}$$

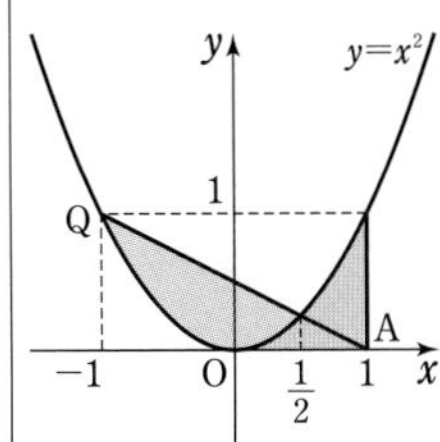

斜線部分を上の図のように分けて計算する。

EX ③179

a は定数とする。直線 $y=ax$ と曲線 $y=-x^2+8x$ があり，$x>0,\ y>0$ の範囲で交点をもつものとする。
(1) a の値の範囲を求めよ。
(2) 直線と曲線に囲まれた図形の面積を S_1，この直線と曲線および x 軸に囲まれた図形の面積を S_2 とすると $S_1:S_2=1:7$ となる。このときの a の値を求めよ。〔立教大〕

(1) $ax=-x^2+8x$ とすると　　$x\{x-(8-a)\}=0$

これを解いて　　$x=0,\ 8-a$

$x=0$ のとき　　$y=0$,

$x=8-a$ のとき　　$y=a(8-a)$

よって，与えられた直線と曲線の交点の座標は

$(0,\ 0)$ と $(8-a,\ a(8-a))$

$x>0,\ y>0$ の範囲で交点をもつから

$8-a>0$　かつ　$a(8-a)>0$

ゆえに　　$\mathbf{0<a<8}$

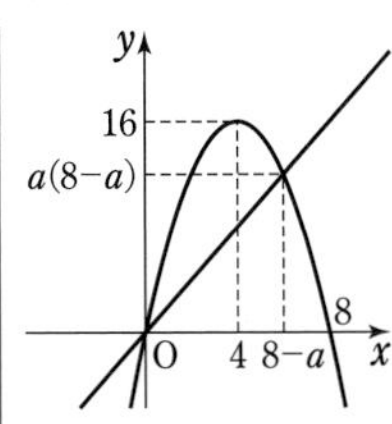

(2) $S_1=\displaystyle\int_0^{8-a}\{(-x^2+8x)-ax\}dx$

$$=-\int_0^{8-a}x\{x-(8-a)\}dx=\frac{1}{6}(8-a)^3$$

⇐$\displaystyle\int_\alpha^\beta(x-\alpha)(x-\beta)dx=-\frac{1}{6}(\beta-\alpha)^3$

S_1+S_2 は，曲線と x 軸に囲まれた部分の面積であるから，$S_1=\dfrac{1}{6}(8-a)^3$ に $a=0$ を代入したものと等しい。

⇐直線 $y=ax$ と曲線と x 軸に囲まれた部分の面積を求めるのは計算が煩雑。

7章 EX

ゆえに　$S_1+S_2=\dfrac{8^3}{6}$

条件より，$7S_1=S_2$ であるから　$8S_1=S_1+S_2$

よって　$8\cdot\dfrac{1}{6}(8-a)^3=\dfrac{8^3}{6}$　ゆえに　$2^3(8-a)^3=8^3$

よって　$2(8-a)=8$　したがって　$\boldsymbol{a=4}$

これは $0<a<8$ を満たす。

⇦$X^3=k^3$ $(k\neq0)$ は1つの実数解と2つの虚数解をもつ。

EX
③**180**

座標平面上で，点 $(1,\ 2)$ を通り傾き a の直線と放物線 $y=x^2$ によって囲まれる部分の面積を $S(a)$ とする。a が $0\leqq a\leqq 6$ の範囲を変化するとき，$S(a)$ を最小にするような a の値を求めよ。〔京都大〕

直線の方程式は　$y-2=a(x-1)$

すなわち　$y=ax-a+2$　……①

$x^2=ax-a+2$ すなわち

$x^2-ax+a-2=0$　……② の判別式をDとすると

$$D=(-a)^2-4(a-2)$$
$$=(a-2)^2+4>0$$

⇦点 $(x_1,\ y_1)$ を通り，傾き m の直線の方程式は　$y-y_1=m(x-x_1)$

よって，放物線 $y=x^2$ と直線①は異なる2つの共有点をもつ。

その2つの共有点の x 座標を α，β $(\alpha<\beta)$ とすると，$S(a)$ は右上の図から

$$S(a)=\int_\alpha^\beta(ax-a+2-x^2)dx=-\int_\alpha^\beta(x-\alpha)(x-\beta)dx$$
$$=-\left(-\frac{1}{6}\right)(\beta-\alpha)^3=\frac{1}{6}(\beta-\alpha)^3$$

ここで，α，β は②の解であるから

$$\beta-\alpha=\frac{a+\sqrt{D}}{2}-\frac{a-\sqrt{D}}{2}=\sqrt{D}=\sqrt{(a-2)^2+4}$$

⇦α，β の値は解の公式から求める。

したがって

$$S(a)=\frac{1}{6}\{\sqrt{(a-2)^2+4}\}^3=\frac{1}{6}\{(a-2)^2+4\}^{\frac{3}{2}}$$

$0\leqq a\leqq 6$ の範囲において，$(a-2)^2+4$ は $a=2$ で最小となり，このとき $S(a)$ も最小となる。

よって，$S(a)$ を最小とする a の値は　$\boldsymbol{a=2}$

inf.　**$\boldsymbol{\beta-\alpha}$ の計算**

解と係数の関係を用いてもよい。

α，β は②の2つの解であるから　$\alpha+\beta=a$，$\alpha\beta=a-2$

よって　$(\beta-\alpha)^2=(\alpha+\beta)^2-4\alpha\beta=a^2-4(a-2)$
$\qquad=a^2-4a+8$

$\beta-\alpha>0$ であるから

$$\beta-\alpha=\sqrt{a^2-4a+8}=\sqrt{(a-2)^2+4}$$

EX ③181

放物線 $y=\frac{1}{2}x^2$ を C とし，C 上に点 $\mathrm{P}\left(a,\ \frac{1}{2}a^2\right)$ をとる。ただし，$a>0$ とする。点Pにおける C の接線を ℓ，直線 ℓ と x 軸との交点をQ，点Qを通り ℓ に垂直な直線を m とするとき，次の問いに答えよ。

(1) 直線 ℓ，m の方程式を求めよ。

(2) 直線 m と y 軸との交点をAとし，三角形APQの面積を S とおく。また，y 軸と線分APおよび曲線 C によって囲まれた図形の面積を T とおく。このとき，$S-T$ の最小値とそのときの a の値を求めよ。　〔類 センター試験〕

(1) $y'=x$ であるから，放物線 C 上の点 $\mathrm{P}\left(a,\ \frac{1}{2}a^2\right)$ における **接線 ℓ の方程式は**

$$y-\frac{1}{2}a^2=a(x-a)\quad すなわち\quad \boldsymbol{y=ax-\frac{1}{2}a^2}$$

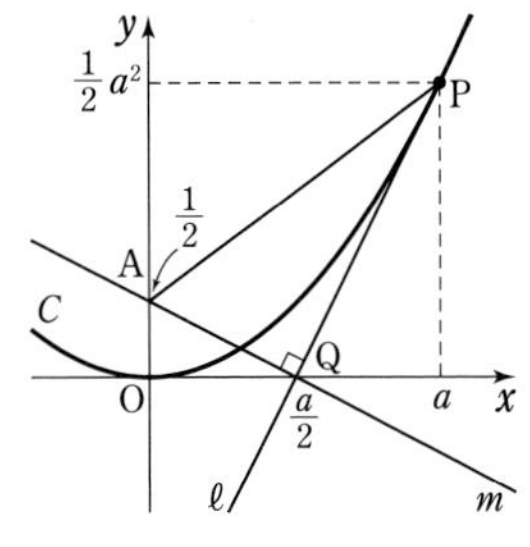

直線 ℓ と x 軸との交点の x 座標は，方程式

$ax-\frac{1}{2}a^2=0$ の解である。

よって　　$ax=\frac{1}{2}a^2$　　　$a\neq0$ より　　$x=\frac{a}{2}$

ゆえに，点Qの座標は　$\left(\frac{a}{2},\ 0\right)$

直線 m は直線 ℓ と垂直に交わるから，その傾きは　$-\frac{1}{a}$

⇐直線 m の傾きを k とすると

$k\times a=-1 \iff k=-\frac{1}{a}$

よって，**直線 m の方程式は**

$$y-0=-\frac{1}{a}\left(x-\frac{a}{2}\right)\quad すなわち\quad \boldsymbol{y=-\frac{1}{a}x+\frac{1}{2}}$$

(2) 直線 m と y 軸との交点Aの座標は　$\left(0,\ \frac{1}{2}\right)$

したがって，$a>0$ から

$$\mathrm{AQ}=\sqrt{\left(\frac{a}{2}-0\right)^2+\left(0-\frac{1}{2}\right)^2}=\sqrt{\frac{a^2+1}{4}}=\frac{\sqrt{a^2+1}}{2}$$

⇐2点間の距離の公式

$$\mathrm{PQ}=\sqrt{\left(\frac{a}{2}-a\right)^2+\left(0-\frac{1}{2}a^2\right)^2}=\sqrt{\frac{a^2+a^4}{4}}$$

$$=\frac{\sqrt{a^2(a^2+1)}}{2}=\frac{a\sqrt{a^2+1}}{2}$$

ここで，AQ⊥PQ であるから，三角形APQの面積 S は

⇐△APQ は，∠Q=90° の直角三角形。

$$S=\frac{1}{2}\mathrm{AQ}\cdot\mathrm{PQ}=\frac{1}{2}\cdot\frac{\sqrt{a^2+1}}{2}\cdot\frac{a\sqrt{a^2+1}}{2}$$

$$=\frac{1}{8}a(a^2+1)$$

次に，直線APの方程式は，$a\neq0$ から

$$y=\frac{\frac{1}{2}a^2-\frac{1}{2}}{a-0}x+\frac{1}{2}=\frac{a^2-1}{2a}x+\frac{1}{2}$$

したがって，y 軸と線分 AP および曲線 C によって囲まれた図形の面積 T は

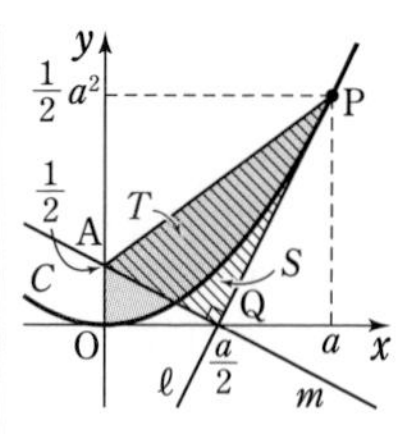

$$T=\int_0^a\left(\frac{a^2-1}{2a}x+\frac{1}{2}-\frac{1}{2}x^2\right)dx$$
$$=\left[\frac{a^2-1}{4a}x^2+\frac{x}{2}-\frac{x^3}{6}\right]_0^a$$
$$=\frac{a^3-a}{4}+\frac{a}{2}-\frac{a^3}{6}=\frac{a^3+3a}{12}=\frac{a(a^2+3)}{12}$$

ゆえに

$$S-T=\frac{a(a^2+1)}{8}-\frac{a(a^2+3)}{12}$$
$$=\frac{a\{3(a^2+1)-2(a^2+3)\}}{24}=\frac{a(a^2-3)}{24}$$

ここで $f(a)=\dfrac{a(a^2-3)}{24}$ とおくと

$$f'(a)=\frac{1}{24}(3a^2-3)=\frac{1}{8}(a+1)(a-1)$$

$a>0$ の範囲で $f(a)$ の増減表は右のようになる。

a	0	…	1	…
$f'(a)$		$-$	0	$+$
$f(a)$		↘	$-\frac{1}{12}$	↗

よって，$S-T$ は

$a=1$ で最小値 $-\dfrac{1}{12}$

をとる。

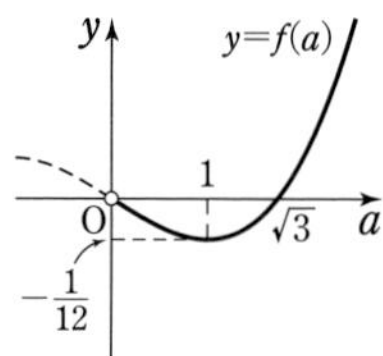

inf. 点Pから x 軸に垂線を下ろした足をR，台形 OAPR の面積を U とすると

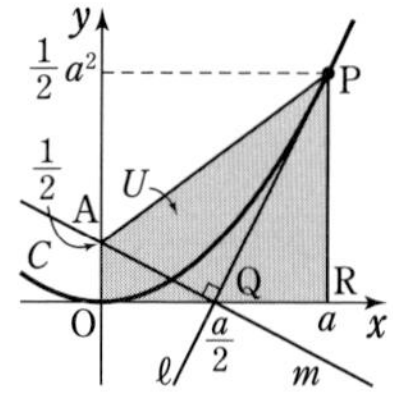

$$U=\frac{1}{2}\cdot(\mathrm{OA}+\mathrm{PR})\cdot\mathrm{OR}=\frac{1}{2}\left(\frac{1}{2}+\frac{1}{2}a^2\right)a=\frac{a(a^2+1)}{4}$$

したがって，y 軸と線分 AP および曲線 C によって囲まれた図形の面積 T は

$$T=U-\int_0^a\frac{1}{2}x^2dx=U-\frac{1}{2}\left[\frac{x^3}{3}\right]_0^a=\frac{a(a^2+1)}{4}-\frac{a^3}{6}$$
$$=\frac{3a(a^2+1)-2a^3}{12}=\frac{a^3+3a}{12}=\frac{a(a^2+3)}{12}$$

EX ④182

曲線 $y=|x^2-1|$ を C とし，点 A$(-1,\ 0)$ を通る傾き m の直線を ℓ とする。
(1) ℓ がA以外の異なる 2 点で C と交わるときの m の値の範囲を求めよ。
(2) m が(1)で求めた範囲を動くとき，C と ℓ で囲まれた図形の面積 S を m で表せ。
(3) (2)の S が最小となるときの m の値を求めよ。 〔東京電機大〕

(1) $y=|x^2-1|$

$$=\begin{cases}x^2-1 & (x\leqq-1,\ 1\leqq x)\\ -x^2+1 & (-1\leqq x\leqq 1)\end{cases}$$

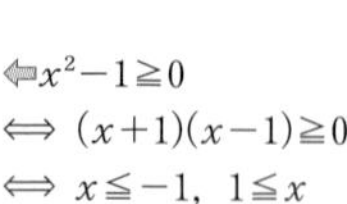

よって，曲線 C は右の図のようになる。

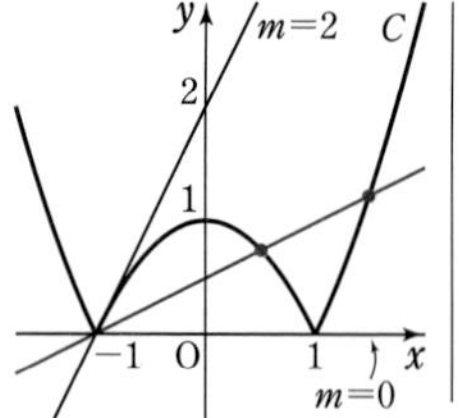

ここで，$y=-x^2+1$ について

$y'=-2x$

よって，曲線 $y=-x^2+1$ 上の点Aにおける接線の傾きは

$-2\cdot(-1)=2$

ゆえに，ℓ がA以外の異なる2点で C と交わるための条件は　$\boldsymbol{0<m<2}$

⇐直線 ℓ が点Aで曲線 $y=-x^2+1$ に接するとき，C と ℓ の共有点はAと点 $(3,\ 8)$ のみである。

(2)　直線 ℓ の方程式は　$y=m(x+1)$

曲線 C と直線 ℓ の共有点の x 座標は，方程式 $|x^2-1|=m(x+1)$ の解である。

$x^2-1\geqq 0$ すなわち $x\leqq -1,\ 1\leqq x$ のとき

$x^2-1=m(x+1)$ から　$(x+1)(x-1-m)=0$

よって　$x=-1,\ 1+m$

⇐$(x+1)(x-1)-m(x+1)=0$
$(x+1)(x-1-m)=0$

$x^2-1<0$ すなわち $-1<x<1$ のとき

$-x^2+1=m(x+1)$ から　$(x+1)(x-1+m)=0$

$-1<x<1$ から　$x=1-m$

⇐$(x+1)(x-1)+m(x+1)=0$
$(x+1)(x-1+m)=0$

したがって，曲線 C と直線 ℓ の共有点の x 座標は

$x=-1,\ 1-m,\ 1+m$

⇐(1)から　$0<m<2$
よって
$-1<1-m<1<1+m$

ここで，右の図のように面積 S_1，S_2 を考えると

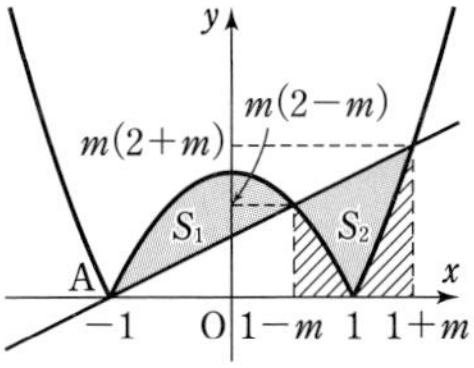

$$S_1=\int_{-1}^{1-m}\{(-x^2+1)-m(x+1)\}dx$$
$$=-\int_{-1}^{1-m}(x+1)(x-1+m)dx$$
$$=-\left(-\frac{1}{6}\right)\{(1-m)-(-1)\}^3$$
$$=\frac{(2-m)^3}{6}$$

⇐$\int_\alpha^\beta(x-\alpha)(x-\beta)dx=-\frac{1}{6}(\beta-\alpha)^3$

$$S_2=\frac{1}{2}\{m(2-m)+m(2+m)\}\{(1+m)-(1-m)\}$$
$$-\int_{1-m}^{1}(-x^2+1)dx-\int_1^{1+m}(x^2-1)dx$$
$$=\frac{1}{2}m\cdot 4\cdot 2m+\left[\frac{x^3}{3}-x\right]_{1-m}^{1}-\left[\frac{x^3}{3}-x\right]_1^{1+m}$$
$$=4m^2+2\left(\frac{1}{3}-1\right)-\left\{\frac{(1-m)^3}{3}-(1-m)\right\}$$
$$-\left\{\frac{(1+m)^3}{3}-(1+m)\right\}$$
$$=4m^2-\frac{4}{3}-\frac{1}{3}\{(1-m)^3+(1+m)^3\}+2$$
$$=4m^2+\frac{2}{3}-\frac{1}{3}(2+6m^2)=2m^2$$

⇐$S_2=\int_{1-m}^{1}\{m(x+1)-(-x^2+1)\}dx+\int_1^{1+m}\{m(x+1)-(x^2-1)\}dx$ を計算すると煩雑である。よって，台形の面積から，斜線部分の面積を引いた。

⇐$\left[F(x)\right]_a^b-\left[F(x)\right]_b^c=2F(b)-F(a)-F(c)$

よって，求める面積 S は

$$\boldsymbol{S}=S_1+S_2=\frac{(2-m)^3}{6}+2m^2$$
$$=\boldsymbol{\frac{1}{6}(-m^3+18m^2-12m+8)}$$

inf. S_2 は次のように求めてもよい。

$$S_2=S_1+\int_{-1}^{1+m}\{m(x+1)-(x^2-1)\}dx-2\int_{-1}^{1}(-x^2+1)dx$$
$$=S_1-\int_{-1}^{1+m}(x+1)(x-1-m)dx+2\int_{-1}^{1}(x+1)(x-1)dx$$
$$=S_1-\left(-\frac{1}{6}\right)\{(1+m)-(-1)\}^3+2\cdot\left(-\frac{1}{6}\right)\{1-(-1)\}^3$$
$$=\frac{(2-m)^3}{6}+\frac{(2+m)^3}{6}-\frac{8}{3}=2m^2$$

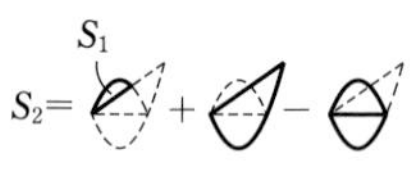

(3) (2)の結果から

$$S'=\frac{1}{6}(-3m^2+36m-12)=-\frac{1}{2}(m^2-12m+4)$$

$0<m<2$ の範囲において $m^2-12m+4=0$ とすると

$$m=6-4\sqrt{2}$$

⇐$0<6-4\sqrt{2}<2$
$2<6+4\sqrt{2}$

したがって，増減表は次のようになる。

m	0	$\cdots$	$6-4\sqrt{2}$	$\cdots$	2
S'		$-$	0	$+$	
S		↘	極小	↗	

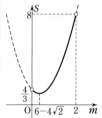

よって，増減表より S が最小となる m の値は

$$\boldsymbol{m=6-4\sqrt{2}}$$

EX ④183 2つの放物線 $y=x^2+x+2$，$y=x^2-7x+10$ の両方に接する直線とこの2つの放物線で囲まれる部分の面積を求めよ。 〔類 慶応大〕

$y=x^2+x+2$ から　$y'=2x+1$

よって，この放物線上の点 $(a,\ a^2+a+2)$ における接線の方程式は

$$y-(a^2+a+2)=(2a+1)(x-a)$$

⇐$y-f(a)=f'(a)(x-a)$

すなわち　$y=(2a+1)x-a^2+2$ ……①

$y=x^2-7x+10$ から　$y'=2x-7$

よって，この放物線上の点 $(b,\ b^2-7b+10)$ における接線の方程式は

$$y-(b^2-7b+10)=(2b-7)(x-b)$$

すなわち　$y=(2b-7)x-b^2+10$ ……②

直線①，②が一致するための条件は

$2a+1=2b-7$ ……③ かつ $-a^2+2=-b^2+10$ ……④

⇐直線①，②が一致するとき，その直線が共通接線である。

③から　$a=b-4$ ……⑤

④から　$a^2=b^2-8$ ……⑥

⑤を⑥に代入して　$(b-4)^2=b^2-8$

よって　$b=3$　このとき　$a=-1$

①から，両方の放物線に接する直線の方程式は　$y=-x+1$

また，2つの放物線の交点の x 座標は，方程式 $x^2+x+2=x^2-7x+10$ の解である。

⇐$8x-8=0$ から $x=1$

よって　$x=1$

ゆえに，求める面積 S は右の図から

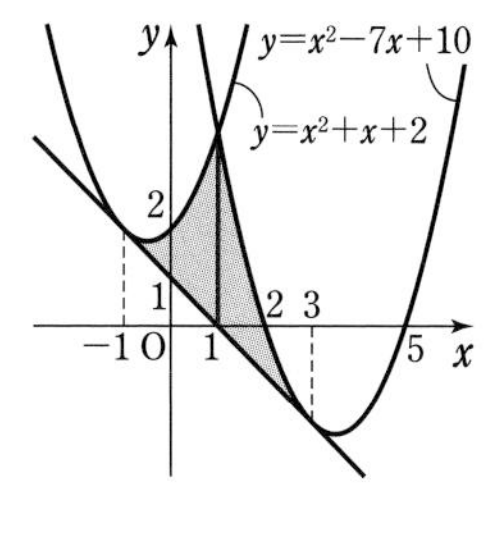

$$S=\int_{-1}^{1}\{(x^2+x+2)-(-x+1)\}dx+\int_{1}^{3}\{(x^2-7x+10)-(-x+1)\}dx$$

$$=\int_{-1}^{1}(x+1)^2dx+\int_{1}^{3}(x-3)^2dx$$

$$=\left[\frac{(x+1)^3}{3}\right]_{-1}^{1}+\left[\frac{(x-3)^3}{3}\right]_{1}^{3}$$

$$=\frac{8}{3}+\frac{8}{3}=\boldsymbol{\frac{16}{3}}$$

⇐$x=-1$，3 で接する。
⟶ 被積分関数が $(x+1)^2$，$(x-3)^2$ を因数にもつ。

7章 EX

EX ④184

k を $0<k<1$ を満たす定数とし，曲線 $y=x(x-1)^2$ ……① と直線 $y=kx$ ……② が原点以外の2つの異なる点 $(a,\ ka)$，$(b,\ kb)$ で交わるものとする。ただし，$0<a<b$ とする。

(1) k を b で表せ。

(2) 曲線①と直線②とが囲む2つの図形の面積が等しいとき，k と b の関係式を求めよ。

(3) (2)の条件のもとで，k の値を求めよ。　〔中央大〕

(1) 曲線①と直線②の交点の x 座標は，方程式 $x(x-1)^2=kx$ の解である。

よって　$x(x^2-2x+1-k)=0$

ゆえに　$x=0$，$x^2-2x+1-k=0$

よって，a，b は2次方程式 $x^2-2x+1-k=0$ の解である。

解と係数の関係から

$$a+b=2 \quad \cdots\cdots ③,\qquad ab=1-k \quad \cdots\cdots ④$$

③から　$a=2-b$

これを④に代入して　$(2-b)b=1-k$

したがって　$\boldsymbol{k}=1+(b-2)b=b^2-2b+1=\boldsymbol{(b-1)^2}$

inf.
$g(x)=x^2-2x+1-k$ とすると，$g(x)=0$ が $0<x<1$，$1<x$ の範囲に1つずつ実数解をもつ条件は $g(0)>0$，$g(1)<0$ から $0<k<1$
問題の条件 $0<k<1$ では必ず $0<x<1$，$1<x$ の範囲に1つずつ実数解をもつ。

(2) 曲線①は x 軸と $x=0$ で交わり，$x=1$ で接する。

また，直線②は原点を通り傾き k であるから，曲線①と直線②は右図のようになる。

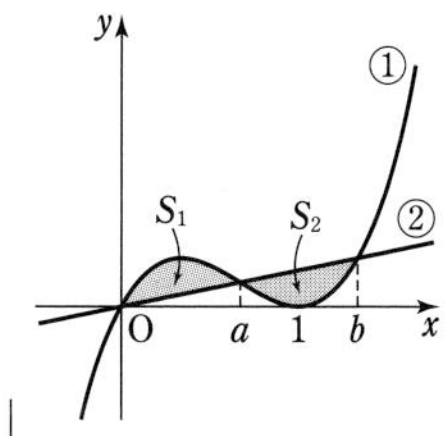

曲線①と直線②が囲む2つの図形のうち，$0\leqq x\leqq a$ の部分の面積を S_1，$a\leqq x\leqq b$ の部分の面積を S_2 とすると

$$S_1=\int_0^a\{x(x-1)^2-kx\}dx,$$

$$S_2=\int_a^b\{kx-x(x-1)^2\}dx$$

$S_1=S_2$ とすると，$S_1-S_2=0$ から

$$\int_0^a\{x(x-1)^2-kx\}dx-\int_a^b\{kx-x(x-1)^2\}dx=0$$

よって　$\displaystyle\int_0^a\{x(x-1)^2-kx\}dx+\int_a^b\{x(x-1)^2-kx\}dx=0$

ゆえに　$\int_0^b\{x(x-1)^2-kx\}dx=0$

ここで　(左辺)$=\left[\dfrac{x^4}{4}-\dfrac{2}{3}x^3+\dfrac{1-k}{2}x^2\right]_0^b$

$=\dfrac{b^4}{4}-\dfrac{2}{3}b^3+\dfrac{1-k}{2}b^2$

$=\dfrac{b^2}{2}\left(\dfrac{b^2}{2}-\dfrac{4}{3}b+1-k\right)$

$b>0$ であるから　$\dfrac{b^2}{2}-\dfrac{4}{3}b+1-k=0$

したがって　$\boldsymbol{k=\dfrac{b^2}{2}-\dfrac{4}{3}b+1}$

(3) (1), (2) から　$(b-1)^2=\dfrac{b^2}{2}-\dfrac{4}{3}b+1$

整理すると　$3b^2-4b=0$

よって　$3b\left(b-\dfrac{4}{3}\right)=0$

$b>0$ であるから　$b=\dfrac{4}{3}$

したがって　$\boldsymbol{k}=\left(\dfrac{4}{3}-1\right)^2=\boldsymbol{\dfrac{1}{9}}$

これは $0<k<1$ を満たす。

⇐$\int_p^q+\int_q^r=\int_p^r$

⇐問題の条件から $0<a<b$

inf. $y=x(x-1)^2$
$=x^3-2x^2+x$
曲線 ① の変曲点（本冊 $p.303$ 参照）の座標は $\left(\dfrac{2}{3},\ \dfrac{2}{27}\right)$
この点と原点を通る直線から　$k=\dfrac{1}{9}$

EX ④185

$f(x)=x^4+2x^3-3x^2$ について，次の問いに答えよ。〔類 東京理科大〕
(1) 曲線 $y=f(x)$ に 2 点で接する直線 ℓ の方程式を求めよ。
(2) 曲線 $y=f(x)$ と (1) で求めた直線 ℓ で囲まれた部分の面積を求めよ。

(1) $f(x)=x^4+2x^3-3x^2$ から　$f'(x)=4x^3+6x^2-6x$

したがって，C 上の点 $A(a,\ a^4+2a^3-3a^2)$ における接線の方程式は

$y-(a^4+2a^3-3a^2)=(4a^3+6a^2-6a)(x-a)$

すなわち

$y=(4a^3+6a^2-6a)x-3a^4-4a^3+3a^2$ …… ①

① と $y=f(x)$ から y を消去すると

$x^4+2x^3-3x^2=(4a^3+6a^2-6a)x-3a^4-4a^3+3a^2$

すなわち

$x^4+2x^3-3x^2-(4a^3+6a^2-6a)x+3a^4+4a^3-3a^2=0$

左辺は $(x-a)^2$ を因数にもつことから，変形すると

$(x-a)^2\{x^2+2(a+1)x+3a^2+4a-3\}=0$

直線 ① が点A以外で曲線 $y=f(x)$ と接するためには，

$x^2+2(a+1)x+3a^2+4a-3=0$ …… ②

が $x=a$ 以外の重解をもてばよい。

② の判別式を D とすると　$\dfrac{D}{4}=(a+1)^2-(3a^2+4a-3)$

⇐$y-f(a)=f'(a)(x-a)$

⇐曲線 $y=f(x)$ と直線 ① は点Aで接する。

⇐inf. 参照。

$D=0$ から　$a^2+a-2=0$　すなわち　$(a+2)(a-1)=0$

ゆえに　$a=-2,\ 1$

$a=-2$ のとき，② の重解は　$x=-(a+1)=1$

$a=1$　のとき，② の重解は　$x=-(a+1)=-2$

$a=1$ を ① に代入すると，求める直線 ℓ の方程式は

$\boldsymbol{y=4x-4}$

⇦$a=-2$ を代入しても，結果は同じ。

(2) 右の図から求める面積 S は

$$S=\int_{-2}^{1}\{(x^4+2x^3-3x^2)-(4x-4)\}dx$$

$$=\left[\frac{x^5}{5}+\frac{x^4}{2}-x^3-2x^2+4x\right]_{-2}^{1}$$

$$=\left(\frac{1}{5}+\frac{1}{2}-1-2+4\right)-\left(-\frac{32}{5}+8+8-8-8\right)$$

$$=\frac{33}{5}+\frac{1}{2}+1=\boldsymbol{\frac{81}{10}}$$

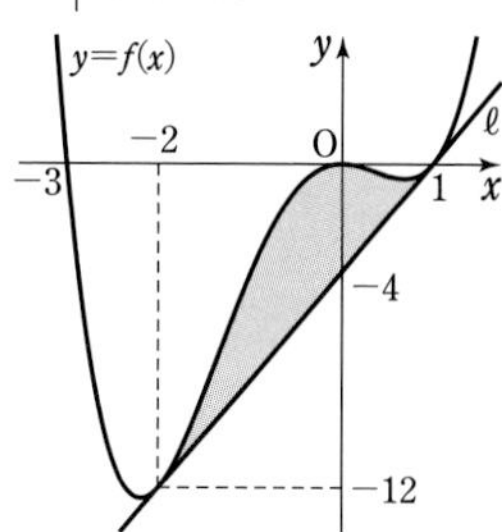

別解　$S=\int_{-2}^{1}(x^4+2x^3-3x^2-4x+4)dx$

$$=\int_{-2}^{1}(x+2)^2(x-1)^2dx=\int_{-2}^{1}(x+2)^2\{(x+2)-3\}^2dx$$

$$=\int_{-2}^{1}(x+2)^2\{(x+2)^2-6(x+2)+9\}dx$$

$$=\int_{-2}^{1}\{(x+2)^4-6(x+2)^3+9(x+2)^2\}dx$$

$$=\left[\frac{(x+2)^5}{5}-\frac{3(x+2)^4}{2}+3(x+2)^3\right]_{-2}^{1}$$

$$=\frac{243}{5}-\frac{243}{2}+81=\boldsymbol{\frac{81}{10}}$$

⇦$f(x)-(4x-4)=0$ は，$x=-2,\ 1$ の2つの重解をもつ。

⇦$\int(x-\alpha)^n dx=\frac{(x-\alpha)^{n+1}}{n+1}+C$

inf.　$x^4+2x^3-3x^2-(4a^3+6a^2-6a)x+3a^4+4a^3-3a^2=0$ の左辺の因数分解は，組立除法を利用して，次のように求められる。

1	2	-3	$-4a^3-6a^2+6a$	$3a^4+4a^3-3a^2$	$\lfloor a$
	a	a^2+2a	a^3+2a^2-3a	$-3a^4-4a^3+3a^2$	
1	$a+2$	a^2+2a-3	$-3a^3-4a^2+3a$	0	$\lfloor a$
	a	$2a^2+2a$	$3a^3+4a^2-3a$		
1	$2a+2$	$3a^2+4a-3$	0		

EX ④186

$f(x)=\frac{1}{3}\int_0^3(x+t)|x-t|dt$ とする。

(1) $f(x)$ を計算せよ。　(2) 関数 $y=f(x)$ のグラフをかけ。

(3) $-1\leqq x\leqq 2$ における関数 $f(x)$ の最大値と最小値を求めよ。　〔類 慶応大〕

(1) $|x-t|=\begin{cases}x-t & (t\leqq x)\\ -(x-t)=t-x & (t\geqq x)\end{cases}$

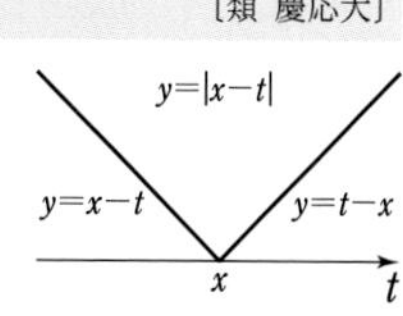

[1] $\boldsymbol{x<0}$ **のとき**

$$\boldsymbol{f(x)}=\frac{1}{3}\int_0^3(x+t)(t-x)dt=\frac{1}{3}\int_0^3(t^2-x^2)dt$$

$$=\frac{1}{3}\left[\frac{t^3}{3}-x^2t\right]_0^3=\boldsymbol{3-x^2}$$

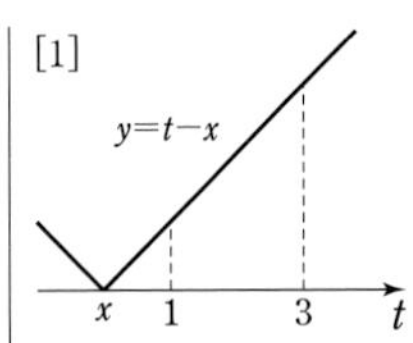

[2] $\boldsymbol{0\leqq x\leqq 3}$ **のとき**

$$\boldsymbol{f(x)}=\frac{1}{3}\int_0^x(x+t)(x-t)dt+\frac{1}{3}\int_x^3(x+t)(t-x)dt$$

$$=\frac{1}{3}\left\{\int_0^x(x+t)(x-t)dt+\int_3^x(x+t)(x-t)dt\right\}$$

$$=\frac{1}{3}\left\{\int_0^x(x^2-t^2)dt+\int_3^x(x^2-t^2)dt\right\}$$

$$=\frac{1}{3}\left(\left[x^2t-\frac{t^3}{3}\right]_0^x+\left[x^2t-\frac{t^3}{3}\right]_3^x\right)$$

$$=\frac{1}{3}\left\{2\left(x^3-\frac{x^3}{3}\right)-(3x^2-9)\right\}$$

$$=\boldsymbol{\frac{4}{9}x^3-x^2+3}$$

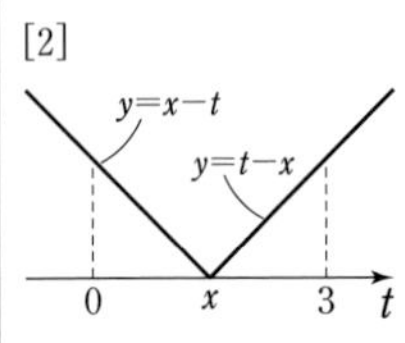

[3] $\boldsymbol{x>3}$ **のとき**

$$\boldsymbol{f(x)}=\frac{1}{3}\int_0^3(x+t)(x-t)dt$$

$$=-\frac{1}{3}\int_0^3(t^2-x^2)dt=\boldsymbol{x^2-3}$$

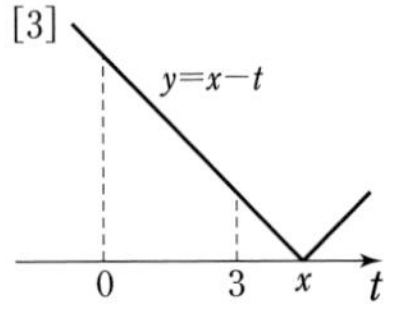

(2) $0\leqq x\leqq 3$ のとき　　$f(x)=\frac{4}{9}x^3-x^2+3$

このとき　　$f'(x)=\frac{4}{3}x^2-2x=\frac{2}{3}x(2x-3)$

$0<x<3$ で $f'(x)=0$ とすると　　$x=\frac{3}{2}$

$0\leqq x\leqq 3$ における $f(x)$ の増減表は次のようになる。

x	0	$\cdots$	$\frac{3}{2}$	$\cdots$	3
$f'(x)$		$-$	0	$+$	
$f(x)$	3	↘	$\frac{9}{4}$	↗	6

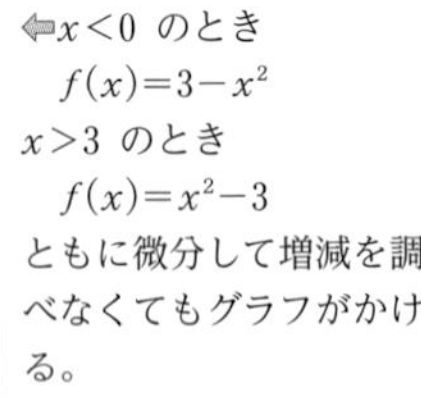

よって，$y=f(x)$ のグラフは，$x<0$，$x>3$ の部分と合わせて，**図** のようになる。

⇐$x<0$ のとき $f(x)=3-x^2$ $x>3$ のとき $f(x)=x^2-3$ ともに微分して増減を調べなくてもグラフがかける。

(3) $f(-1)=3-(-1)^2=2$，$f(0)=3$，$f\left(\frac{3}{2}\right)=\frac{9}{4}$，

$f(2)=\frac{32}{9}-4+3=\frac{23}{9}$

よって，$\boldsymbol{x=0}$ **で最大値 3**，$\boldsymbol{x=-1}$ **で最小値 2** をとる。

⇐最大値の候補 $f(0)$ と $f(2)$ を比較。最小値の候補 $f(-1)$ と $f\left(\frac{3}{2}\right)$ を比較。

Research&Work
（問題に挑戦）の解答

R&W（問題に挑戦）1

〔1〕 太郎さんと花子さんは，宿題に出された次の[問題]に取り組んでいる。

> **[問題]** $a>0$ のとき，$2a+1+\dfrac{3}{a+1}$ の最小値を求めよ。

太郎：次のように考えれば，求められるんじゃないかな。

太郎さんの解答

$a>0$ より $2a+1>0$，$\dfrac{3}{a+1}>0$ であるから，相加平均と相乗平均の大小関係により

$2a+1+\dfrac{3}{a+1}\geqq 2\sqrt{(2a+1)\cdot\dfrac{3}{a+1}}$ ……(＊) が成り立つ。

等号が成り立つのは，$a>0$ かつ $2a+1=\dfrac{3}{a+1}$ のときである。

$2a+1=\dfrac{3}{a+1}$ を解くと　$a=-2,\ \dfrac{1}{2}$　$a>0$ から　$a=\dfrac{1}{2}$

$a=\dfrac{1}{2}$ のとき　$2a+1+\dfrac{3}{a+1}=4$　したがって　$a=\dfrac{1}{2}$ のとき最小値 4

花子：ちょっと待って！ $a=\dfrac{1}{4}$ を $2a+1+\dfrac{3}{a+1}$ に代入すると，

$2\cdot\dfrac{1}{4}+1+\dfrac{3}{\dfrac{1}{4}+1}=\dfrac{39}{10}=3.9$ になるから，最小値は 4 ではないと思うよ。

(1) 太郎さんの解答が間違っている理由として最も適切なものを，次の⓪～④のうちから 1 つ選べ。［ア］

⓪ $a>0$ のとき，不等式(＊)は成り立たないから。

① 不等式(＊)の等号が成り立つのは，$a>0$ かつ $2a+1=\dfrac{3}{a+1}$ のときではないから。

② $a>0$ かつ $2a+1=\dfrac{3}{a+1}$ を満たす a の値が $a=\dfrac{1}{2}$ ではないから。

③ $a=\dfrac{1}{2}$ のときの $2a+1+\dfrac{3}{a+1}$ の値が 4 ではないから。

④ $2a+1+\dfrac{3}{a+1}$ が最小になるのは，不等式(＊)の等号が成り立つときではないから。

(2) $2(a+\boxed{(**)})\cdot\dfrac{3}{a+1}$ が定数となるとき，すなわち，$\boxed{(**)}=\boxed{イ}$ のとき，相加平均と相乗平均の大小関係から $2(a+\boxed{(**)})+\dfrac{3}{a+1}$ の最小値を求めることができる。

このことに注意して解くと，$a=\boxed{ウエ}+\dfrac{\sqrt{\boxed{オ}}}{\boxed{カ}}$ のとき，$2a+1+\dfrac{3}{a+1}$ は最小値 $\boxed{キ}\sqrt{\boxed{ク}}-\boxed{ケ}$ をとる。［イ］～［ケ］に当てはまる数を答えよ。

〔2〕 (1) 次の[問題]に関する花子さんと太郎さんの会話を読んで，次の問いに答えよ。

> **[問題]** 多項式 $P(x)$ を $(x-1)^2$ で割ると余りが $2x+3$，$x+2$ で割ると余りが 17 である。
> 多項式 $P(x)$ を $(x-1)^2(x+2)$ で割ったときの余りを求めよ。

花子：$P(x)$ を $(x-1)^2(x+2)$ で割ったときの商を $Q(x)$，余りを sx^2+tx+u とすると，
　　等式 $P(x)=(x-1)^2(x+2)Q(x)+sx^2+tx+u$ が成り立つね。

太郎：あれ，$x=1$，$x=-2$ を代入して，s，t，u の方程式を作ってもうまくいかないよ。

どうすればいいんだろう？
花子：$P(x)$ を $(x-1)^2$ で割ると余りが $2x+3$ だから，$sx^2+tx+u=$ [コ] と表すことができるよ。

(i) [コ] に当てはまる式を，次の⓪～⑤のうちから1つ選べ。
⓪ sx^2+5　① $sx^2+2sx+3$　② $s(x-1)^2$　③ $s(x-1)^2+5$
④ $s(x-1)^2+2x+3$　⑤ $s(x^2+2x+3)$

(ii) s，t，u の値を求めると，$s=$ [サ]，$t=$ [シス]，$u=$ [セ] である。
[サ]～[セ] に当てはまる数を答えよ。

(2) 多項式 $S(x)$ を $x-3$ で割ると余りが -40，$(x+1)^2$ で割ると余りが8である。多項式 $S(x)$ を x^3-x^2-5x-3 で割ったときの余りは，
[ソタ]x^2-[チ]$x+$[ツ] である。[ソタ]～[ツ] に当てはまる数を答えよ。

(3) 次の [テ]，[ト]，[ナ] に当てはまるものを，下の⓪～⑤のうちから1つずつ選べ。ただし，解答の順序は問わない。また，i は虚数単位を表すものとする。
4次式 $T(x)$ を $x-1$ で割ったときの商が $U_1(x)$，余りが3であり，x^3-x^2+2 で割ったときの商が $U_2(x)$，余りが $3x^2+4$ である。このとき，$T(x)$ についての記述として誤っているものは，[テ]，[ト]，[ナ] である。

⓪ $T(x)$ を $2(x-1)$ で割ったときの商は，$2U_1(x)$ である。

① $T(x)$ を $\dfrac{1}{2}(x-1)$ で割ったとき余りは，$\dfrac{3}{2}$ である。

② $T(x)$ を $2(x^3-x^2+2)$ で割ったときの商は，$\dfrac{1}{2}U_2(x)$ である。

③ $T(x)$ を $\dfrac{1}{2}(x^3-x^2+2)$ で割ったとき余りは，$3x^2+4$ である。

④ $T(x)+3$ は $x-1$ で割り切れる。

⑤ $T(1+i)=4+6i$ である。

〔1〕 (1) 太郎さんの解答では，次の(a)，(b)，(c)が示されている。

(a) $a>0$ のとき

$$2a+1+\frac{3}{a+1}\geqq 2\sqrt{(2a+1)\cdot\frac{3}{a+1}}\quad\cdots\cdots(*)$$

⇐⓪は不適。

(b) 不等式(＊)の等号が成り立つのは，$a>0$ かつ

$2a+1=\dfrac{3}{a+1}$ すなわち，$a=\dfrac{1}{2}$ のときである。

⇐①，②は不適。

(c) $a=\dfrac{1}{2}$ のとき　$2a+1+\dfrac{3}{a+1}=4$

⇐③は不適。

これらは正しいから，解答が間違っている理由として，⓪～③は適切でない。残る④であるが，不等式(＊)は，

$$f(a)=2a+1+\frac{3}{a+1},\ g(a)=2\sqrt{(2a+1)\cdot\frac{3}{a+1}}$$

とすると，$a>0$ のとき，$f(a)\geqq g(a)$ が常に成り立つこと，すなわち「$f(a)$ は常に $g(a)$ 以上の値をとる」という意味であるが「$f(a)$ の最小値は $g(a)$ である」という意味ではない。$g(a)$ は一定の値をとるのではなく変数である。$f(a)=g(a)$ を満たす a の値が存在しても，それは単に等式が成り立つという意味で，$f(a)$ の最小値とは無関係である[1]。

〔1〕 $a=\dfrac{1}{2}$ のときに，$f(a)=g(a)$ は成り立つが，$a=\dfrac{1}{2}$ 以外の a の値に対して，$f(a)$ が $g\left(\dfrac{1}{2}\right)$ より小さい値をとる可能性がある。

よって，不等式(＊)の右辺 $2\sqrt{(2a+1)\cdot\dfrac{3}{a+1}}$ の部分，いわゆる積の部分が定数とならない場合，不等式の等号が成り立つ条件

から最小値を求めることはできない。
したがって　ア④

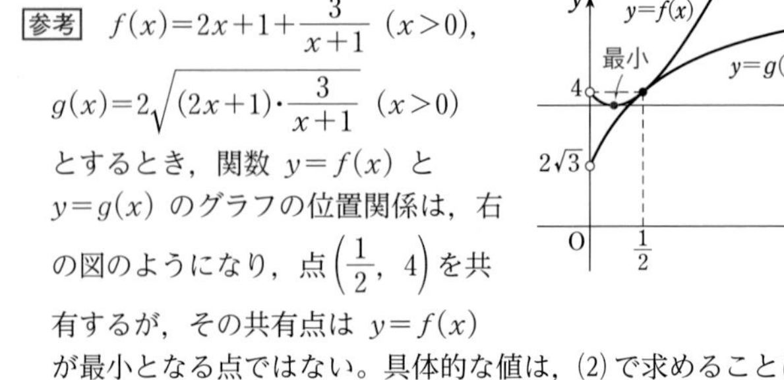

参考　$f(x)=2x+1+\dfrac{3}{x+1}$ $(x>0)$,

$g(x)=2\sqrt{(2x+1)\cdot\dfrac{3}{x+1}}$ $(x>0)$

とするとき，関数 $y=f(x)$ と $y=g(x)$ のグラフの位置関係は，右の図のようになり，点 $\left(\dfrac{1}{2},\ 4\right)$ を共有するが，その共有点は $y=f(x)$ が最小となる点ではない。具体的な値は，(2) で求めることになるが，$y=f(x)$ は $x=\dfrac{1}{2}$ 以外のところで最小となる。

例えば，関数 $y=x+1+\dfrac{3}{x+1}$ $(x>0)$ のグラフは下の図のようになる。

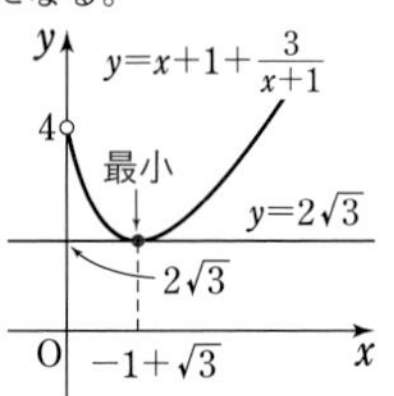

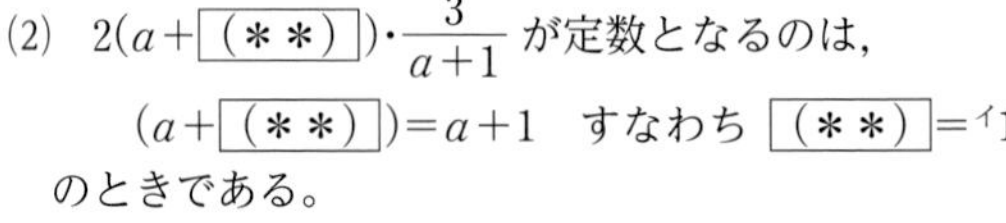

(2)　$2(a+$[(＊＊)]$)\cdot\dfrac{3}{a+1}$ が定数となるのは，

$(a+$[(＊＊)]$)=a+1$　すなわち　[(＊＊)]$=$ イ**1**

のときである。

⇦○＋△≧$2\sqrt{○△}$ の右辺の根号内の式が定数になるように，分母の $a+1$ に注目して変形する。

$a>0$ より，$2(a+1)>0$，$\dfrac{3}{a+1}>0$ であるから，相加平均と相乗平均の大小関係により

$$2a+1+\frac{3}{a+1}=2(a+1)+\frac{3}{a+1}-1$$
$$\geqq 2\sqrt{2(a+1)\cdot\frac{3}{a+1}}-1=2\sqrt{6}-1$$

⇦$2a+1$**+1−1** $=2(a+1)$**−1**
1 を加えて 1 を引く。この −1 を忘れないように。

等号が成り立つのは，$2(a+1)=\dfrac{3}{a+1}$ のときである。

このとき　$(a+1)^2=\dfrac{3}{2}$　　$a+1>0$ から　$a+1=\dfrac{\sqrt{6}}{2}$

⇦$(a+1)^2=\dfrac{3}{2}$ は展開しないで解く方が早い。

ゆえに　　$a=$ ウエ**−1**$+\dfrac{\sqrt{{}^{オ}\mathbf{6}}}{{}^{カ}\mathbf{2}}$ のとき最小値 キ**2**$\sqrt{{}^{ク}\mathbf{6}}-$ ケ**1**

〔2〕　(1)　(i)　$P(x)=$❶$\underline{(x-1)^2(x+2)Q(x)}+$❷$\underline{sx^2+tx+u}$ において，
右辺の❶$\underline{(x-1)^2(x+2)Q(x)}$ は $(x-1)^2$ で割り切れる。
よって，$P(x)$ を $(x-1)^2$ で割ったときの余りは，
❷$\underline{sx^2+tx+u}$ を $(x-1)^2$ で割ったときの余りに等しい。それが $2x+3$ であり，sx^2+tx+u における x^2 の項の係数が s であるから　　$sx^2+tx+u=s(x-1)^2+2x+3$ (コ④)
と表すことができる。

⇦$P(x)$ を $(x-1)^2$ で割ったとき，❶の部分は割り切れるから，余りは❷の部分から出てくる。
⇦sx^2+tx+u を $(x-1)^2$ で割ったときの商は s である。

注意　sx^2+tx+u のままでも，次のようにして[問題]を解くことができる。

$P(1)=5$，$P(-2)=17$ であるから
$s+t+u=5$，$4s-2t+u=17$
ゆえに　　$t=s-4$，$u=-2s+9$
このとき　$sx^2+tx+u=sx^2+(s-4)x-2s+9$
これを $(x-1)^2$ すなわち x^2-2x+1 で割ると余りは

$(3s-4)x-3s+9$ となり，これが $2x+3$ と一致するから

$$3s-4=2,\ -3s+9=3$$

よって　$s=2$

ゆえに　$t=s-4=-2,\ u=-2s+9=5$

(ii) (i) から

$P(x)=(x-1)^2(x+2)Q(x)+s(x-1)^2+2x+3$ …… ①

$P(x)$ を $x+2$ で割ると余りが 17 であるから

$$P(-2)=17$$

① の両辺に $x=-2$ を代入すると　$P(-2)=9s-1$

ゆえに　$9s-1=17$　よって　$s=^{サ}\mathbf{2}$

ゆえに　$s(x-1)^2+2x+3=2(x-1)^2+2x+3$

$$=2x^2-2x+5$$

よって　$t=^{シス}\mathbf{-2},\ u=^{セ}\mathbf{5}$

⇐$P(x)$ を $x-k$ で割ったときの余りは　$P(k)$
$p.87$ 基本事項参照。

(2) x^3-x^2-5x-3 に $x=-1$ を代入すると

$$(-1)^3-(-1)^2-5\cdot(-1)-3=0$$

ゆえに，x^3-x^2-5x-3 は $x+1$ を因数にもつから

$$x^3-x^2-5x-3=(x+1)(x^2-2x-3)$$
$$=(x+1)^2(x-3)$$

⇐x^2-2x-3
$=(x+1)(x-3)$

$S(x)$ を x^3-x^2-5x-3 すなわち $(x+1)^2(x-3)$ で割ったときの商を $Q_1(x)$ とする。

$S(x)$ を $(x+1)^2$ で割ったときの余りが 8 であるから，$S(x)$ を 3 次式 $(x+1)^2(x-3)$ で割ったときの余りは，$c(x+1)^2+8$ と表すことができる。

(2) (1)(i) の考え方がヒントになっている。
(2) でも (1) と同じように，余りのおき方を工夫する。

このとき　$S(x)=(x+1)^2(x-3)Q_1(x)+c(x+1)^2+8$ …… ②

$S(x)$ を $x-3$ で割ると余りが -40 であるから

$$S(3)=-40$$

② の両辺に $x=3$ を代入すると　$S(3)=16c+8$

よって　$16c+8=-40$

ゆえに　$c=-3$

よって，求める余りは

$$c(x+1)^2+8=-3(x+1)^2+8$$
$$=^{ソタ}\mathbf{-3}x^2-^{チ}\mathbf{6}x+^{ツ}\mathbf{5}$$

(3) $T(x)=(x-1)U_1(x)+3$ …… ③,

$T(x)=(x^3-x^2+2)U_2(x)+3x^2+4$ …… ④ とする。

また，$T(x)$ は 4 次式であるから　$U_1(x)\neq 0,\ U_2(x)\neq 0$

(3) 割る式が 2 倍，$\frac{1}{2}$ 倍になったとき，商や余りがどうなるのかが問われている。
整式の割り算の基本公式 $A=BQ+R$ を利用すると，考えやすい。

⓪　③ から　$T(x)=2(x-1)\times\frac{1}{2}U_1(x)+3$　⓪は誤り。

①　③ から　$T(x)=\frac{1}{2}(x-1)\times 2U_1(x)+3$　①は誤り。

②　④ から　$T(x)=2(x^3-x^2+2)\times\frac{1}{2}U_2(x)+3x^2+4$

②は正しい。

③　④ から　$T(x)=\frac{1}{2}(x^3-x^2+2)\times 2U_2(x)+3x^2+4$

③は正しい。

④　③から　　$T(x)+3=(x-1)U_1(x)+6$　　④は誤り。

⑤　$x=1+i$ とするとき　　$x-1=i$

両辺を2乗して　　$(x-1)^2=-1$

よって　　$x^2-2x+2=0$

$x^3-x^2+2=(x^2-2x+2)(x+1)$ であるから，④より

$$T(x)=(x^2-2x+2)(x+1)U_2(x)+3x^2+4$$

ゆえに　　$T(1+i)=0+3(1+i)^2+4=4+6i$

⑤は正しい。

したがって，(テ)，(ト)，(ナ)は　　⓪，①，④

④　補足

$T(x)-3$ は，③より，

$T(x)-3=(x-1)U_1(x)$

となるから，$x-1$ で割り切れる。

⇦組立除法

1	−1	0	2	−1
	−1	2	−2	
1	−2	2	0	

R&W (問題に挑戦) 2

3種類の材料A，B，Cから2種類の製品P，Qを作っている工場がある。製品Pを1kg作るには，材料A，B，Cをそれぞれ1kg，3kg，5kg必要とし，製品Qを1kg作るには，材料A，B，Cをそれぞれ5kg，4kg，2kg必要とする。

また，1日に仕入れることができる材料A，B，Cの量の上限はそれぞれ260kg，230kg，290kgである。

この工場で1日に製品Pを$x$kg，製品Qを$y$kg作るとするとき，次の問いに答えよ。ただし，$x \geqq 0$，$y \geqq 0$ とする。

(1) x，yが満たすべき条件について考える。

材料Aの使用量の条件から　$y \leqq \dfrac{\boxed{アイ}}{\boxed{ウ}}x+\boxed{エオ}$，

材料Bの使用量の条件から　$y \leqq \dfrac{\boxed{カキ}}{\boxed{ク}}x+\dfrac{\boxed{ケコサ}}{\boxed{シ}}$，

材料Cの使用量の条件から　$y \leqq \dfrac{\boxed{スセ}}{\boxed{ソ}}x+\boxed{タチツ}$

である。

$\boxed{アイ}$ ～ $\boxed{タチツ}$ に当てはまる数をそれぞれ答えよ。

(2) この工場において，1日で作ることができる製品P，Qの量の合計$x+y$(kg)は，$(x, y)=(\boxed{テト}, \boxed{ナニ})$ のとき最大となり，そのとき，$x+y=\boxed{ヌネ}$ である。

$\boxed{テト}$ ～ $\boxed{ヌネ}$ に当てはまる数をそれぞれ答えよ。

(3) 製品P，Q 1kg当たりの利益はそれぞれa万円，3万円であるとする。

このとき，1日当たりの利益について考える。ただし，aは正の数とする。

(i) $a=1$ の場合，利益を最大にするx，yは，$(x, y)=(\boxed{ノハ}, \boxed{ヒフ})$ である。

(ii) $\boxed{ヘ}$ の場合，製品Pは作らず，製品Qのみを作れるだけ作るときに限り利益が最大となり，そのときの利益の最大値は $\boxed{ホマミ}$ 万円である。

(iii) 利益を最大にするx，yが$(x, y)=(\boxed{テト}, \boxed{ナニ})$ のみであるための必要十分条件は $\boxed{ム}$ である。

$\boxed{ノハ}$，$\boxed{ヒフ}$，$\boxed{ホマミ}$ に当てはまる数をそれぞれ答えよ。また，$\boxed{ヘ}$，$\boxed{ム}$ に当てはまるものを次の⓪～⑥のうちから1つずつ選べ。

⓪ $0<a<\dfrac{3}{5}$　① $\dfrac{3}{5}<a<\dfrac{9}{4}$　② $\dfrac{9}{4}<a<\dfrac{15}{2}$

③ $a>\dfrac{15}{2}$　④ $a=\dfrac{3}{5}$　⑤ $a=\dfrac{9}{4}$　⑥ $a=\dfrac{15}{2}$

(1) 1日に製品Pを$x$kg，製品Qを$y$kg作るのに必要な材料A，B，Cの量は，それぞれ$(x+5y)$kg，$(3x+4y)$kg，$(5x+2y)$kgである。

1日に仕入れることができる材料の量の上限に注目すると

A：$x+5y \leqq 260$　すなわち　$y \leqq \dfrac{^{アイ}\mathbf{-1}}{^{ウ}\mathbf{5}}x+{}^{エオ}\mathbf{52}$

B：$3x+4y \leqq 230$　すなわち　$y \leqq \dfrac{^{カキ}\mathbf{-3}}{^{ク}\mathbf{4}}x+\dfrac{^{ケコサ}\mathbf{115}}{^{シ}\mathbf{2}}$

C：$5x+2y \leqq 290$　すなわち　$y \leqq \dfrac{^{スセ}\mathbf{-5}}{^{ソ}\mathbf{2}}x+{}^{タチツ}\mathbf{145}$

(2) 連立不等式 $x \geqq 0$，$y \geqq 0$，$y \leqq -\dfrac{1}{5}x+52$，$y \leqq -\dfrac{3}{4}x+\dfrac{115}{2}$，

$y \leqq -\dfrac{5}{2}x+145$ の表す領域をDとする。

$y=-\dfrac{1}{5}x+52$ ……①，$y=-\dfrac{3}{4}x+\dfrac{115}{2}$ ……②，

$y=-\dfrac{5}{2}x+145$ ……③ とする。

P，Qそれぞれ1kg作るのに必要な材料A，B，Cの量を表にまとめると，次のようになる。

	P	Q	上限
A	1	5	260
B	3	4	230
C	5	2	290

(数値の単位はkg)

(2) x，yが5つの不等式 $x \geqq 0$，$y \geqq 0$，$y \leqq -\dfrac{1}{5}x+52$，$y \leqq -\dfrac{3}{4}x+\dfrac{115}{2}$，$y \leqq -\dfrac{5}{2}x+145$ を満たすとき，$x+y$の最大値を求める問題である。

①，② を連立して解くと　　$x=10$，$y=50$
よって，2 直線 ①，② の交点の座標は　　$(10,\ 50)$
②，③ を連立して解くと　　$x=50$，$y=20$
ゆえに，2 直線 ②，③ の交点の座標は　　$(50,\ 20)$
したがって，領域 D は，次の図の斜線部分になる。
ただし，境界線を含む。

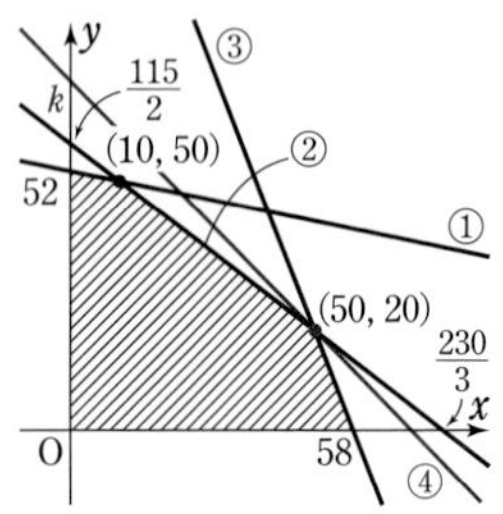

補足　2 直線 ①，③ の交点の座標は　$\left(\dfrac{930}{23},\ \dfrac{1010}{23}\right)$

$x+y=k$ …… ④ とおくと，④ は傾き -1，y 切片 k の直線を表す。この直線 ④ が領域 D と共有点をもつような k の値の最大値を考える。

⇐ $y=-x+k$

直線の傾きについて，$-\dfrac{5}{2}<-1<-\dfrac{3}{4}$ であるから，直線 ④ が点 $(50,\ 20)$ を通るとき，直線 ④ の y 切片 k の値は最大となる。
したがって，$x+y$ は $(x,\ y)=($テト**50**，ナニ**20**$)$ のとき最大となる。
また，このとき
$$x+y=50+20=\text{ヌネ}\mathbf{70}$$

⇐直線 ④ の傾きと，境界線の傾きの大小を比べる。直線 ④ を上下に動かし，図の斜線部分のどの点を通るときに y 切片 k が最大になるかを調べる。

(3)　1 日当たりの利益は $(ax+3y)$ 万円である。

$ax+3y=l$ …… ⑤ とおくと，⑤ は傾き $-\dfrac{a}{3}$，y 切片 $\dfrac{l}{3}$ の直線を表す。

⇐ $y=-\dfrac{a}{3}x+\dfrac{l}{3}$
a の値によって直線の傾きが変わることに注意する。

(i)　$a=1$ の場合，直線 ⑤ の傾きは $-\dfrac{1}{3}$ である。

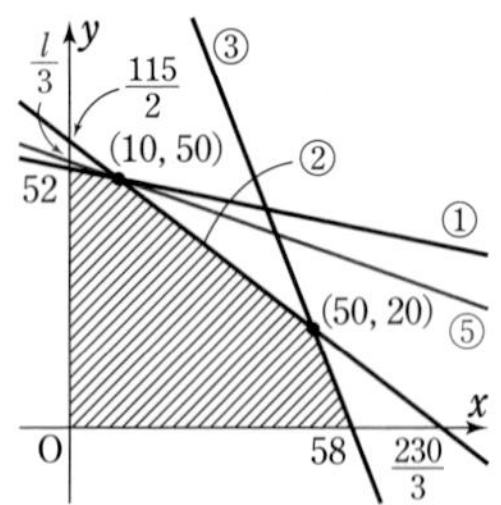

直線の傾きについて，$-\dfrac{3}{4}<-\dfrac{1}{3}<-\dfrac{1}{5}$ であるから，直線 ⑤ が点 $(10,\ 50)$ を通るとき，直線 ⑤ の y 切片 $\dfrac{l}{3}$ の値は最大となり，l も最大となる。
利益 $x+3y$ を最大にする x，y は
$$(x,\ y)=(\text{ノハ}\mathbf{10},\ \text{ヒフ}\mathbf{50})$$

⇐直線 ⑤ が領域 D と共有点をもつような l の値の最大値を考える。

(ii) 製品Pを作らず，製品Qのみを作れるだけ作るとき，$(x,\ y)=(0,\ 52)$ である。

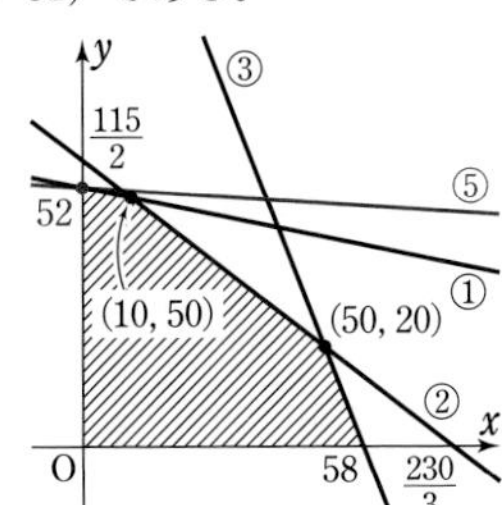

利益 $ax+3y$ が $(x,\ y)=(0,\ 52)$ のときに限り最大となるのは，直線⑤の傾きについて $-\frac{1}{5}<-\frac{a}{3}<0$ となる場合である。

$-\frac{1}{5}<-\frac{a}{3}<0$ から　　$0<a<\frac{3}{5}$　(ヘ⓪)

このとき，利益の最大値は

$a\cdot0+3\cdot52=$ ホマミ**156** (万円)

(ii) ある正の数 s に対し，$(x,\ y)=(0,\ s)$ のみで利益が最大となる，という条件を考える。

⇐ 2直線①，⑤の傾きの大小に注目する。

$-\frac{a}{3}=-\frac{1}{5}$ のときは，線分 $y=-\frac{a}{3}x+\frac{l}{3}$，$0\leqq x\leqq10$ 上のすべての点 $(x,\ y)$ で l は最大となる。

よって　$-\frac{a}{3}\neq-\frac{1}{5}$

(iii)

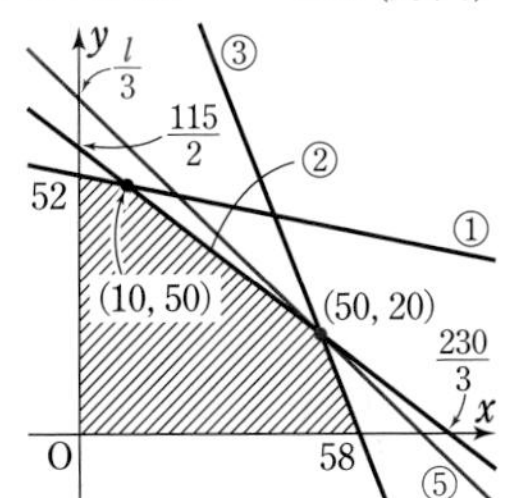

利益 $ax+3y$ が $(x,\ y)=(50,\ 20)$ のときのみに最大となるのは，直線⑤の傾きについて $-\frac{5}{2}<-\frac{a}{3}<-\frac{3}{4}$ となる場合である。

$-\frac{5}{2}<-\frac{a}{3}<-\frac{3}{4}$ から　　$\frac{9}{4}<a<\frac{15}{2}$　(ム②)

(iii) $(x,\ y)\neq$(テト，ナニ) のとき，利益は最大とならない，という条件を考える。

⇐ 3直線②，③，⑤の傾きの大小に注目する。

⇐このときの利益の最大値は

$a\cdot50+3\cdot20$
$=50a+60$ (万円)

R&W (問題に挑戦) 3

関数 $y=\sin 2x+\cos 2x$ ……① の周期について考える。

まず，$y=\sin 2x$，$y=\cos 2x$ のどちらの周期も，正で最小のものは［ア］である。

ここで，① を変形すると

$$y=［イ］\sin(2x+［ウ］)\ (0<［ウ］<2\pi)\ \cdots\cdots ②$$

となるから，① のグラフの概形は［エ］である。

① のグラフや ② の式から，① の周期のうち正で最小のものは［ア］であることがわかる。

(1) ［ア］に当てはまるものを，次の⓪～⑥のうちから1つ選べ。

⓪ $\dfrac{\pi}{8}$　① $\dfrac{\pi}{4}$　② $\dfrac{\pi}{2}$　③ π　④ 2π　⑤ 3π　⑥ 4π

(2) ［イ］，［ウ］に当てはまるものを，次の各解答群のうちから1つずつ選べ。

［イ］の解答群

⓪ $\sqrt{2}$　① $-\sqrt{2}$　② 2　③ -2

［ウ］の解答群

⓪ $\dfrac{\pi}{6}$　① $\dfrac{\pi}{4}$　② $\dfrac{\pi}{3}$　③ $\dfrac{\pi}{2}$　④ $\dfrac{3}{4}\pi$　⑤ π　⑥ $\dfrac{3}{2}\pi$

(3) ［エ］に当てはまるものとして最も適当なものを，次の⓪～⑤のうちから1つ選べ。ただし，各図における点線 P は $y=\sin 2x$ のグラフである。

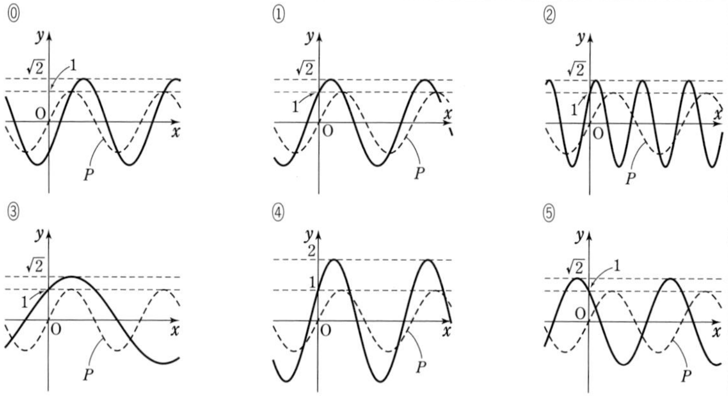

次に，関数 $y=\sin\dfrac{x}{2}+\cos\dfrac{x}{3}$ ……③ の周期について考える。

$y=\sin\dfrac{x}{2}$ の周期のうち，正で最小のものは［オ］，$y=\cos\dfrac{x}{3}$ の周期のうち，正で最小のものは［カ］である。よって，k，l を自然数とすると，

$y=\sin\dfrac{x}{2}$ の周期のうち，正のものは［オ］$\times k$ ……④，

$y=\cos\dfrac{x}{3}$ の周期のうち，正のものは［カ］$\times l$ ……⑤ と表すことができる。

(4) ［オ］，［カ］に当てはまるものを，次の⓪～⑨のうちから1つずつ選べ。ただし，同じものを選んでもよい。

⓪ $\dfrac{\pi}{6}$　① $\dfrac{\pi}{4}$　② $\dfrac{\pi}{3}$　③ $\dfrac{\pi}{2}$　④ π　⑤ $\dfrac{3}{2}\pi$　⑥ 2π

⑦ 3π　⑧ 4π　⑨ 6π

太郎：コンピュータを使って，$y=\sin\frac{x}{2}$，$y=\cos\frac{x}{3}$ のグラフを表示してみたよ。

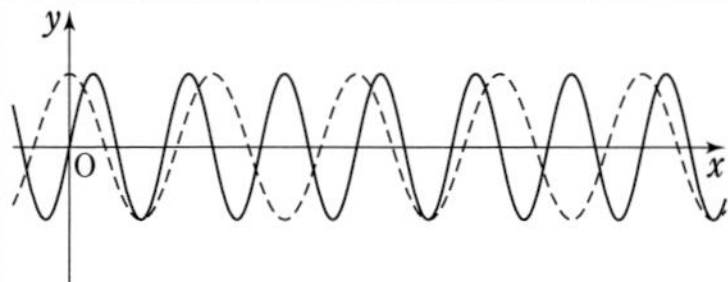

花子：周期が共通のように見える区間があるね。④，⑤ のどちらにも表される数に注目して考えると，③ の周期のうち正で最小のものは キ となるよ。

太郎：コンピュータを使って，③ のグラフをかくと，次の図のようになったよ。 キ が，③ の周期のうち，正で最小のものであることが確認できるね。

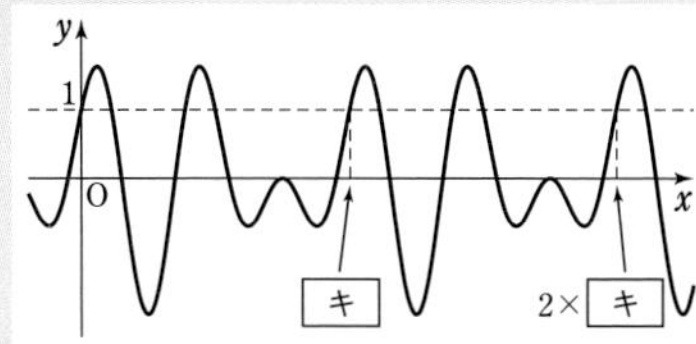

(5) キ に当てはまるものを，次の⓪～⑨のうちから1つ選べ。

⓪ $\frac{\pi}{12}$　① $\frac{\pi}{6}$　② $\frac{5}{12}\pi$　③ $\frac{5}{6}\pi$　④ 2π　⑤ 4π　⑥ 5π
⑦ 6π　⑧ 12π　⑨ 24π

(6) (4)，(5)と同じようにして考えると，関数 $y=\sin\frac{3}{5}x+\cos\frac{7}{5}x$ の周期のうち，正で最小のものは クケ π である。クケ に当てはまる数を答えよ。

(1) $y=\sin x$ の周期のうち，正で最小のものは 2π であるから，

$y=\sin 2x$ の周期のうち，正で最小のものは　$\frac{2\pi}{2}=\pi$

$y=\cos x$ の周期のうち，正で最小のものは 2π であるから，

$y=\cos 2x$ の周期のうち，正で最小のものは　$\frac{2\pi}{2}=\pi$

よって　（ア）③

注意　一般に，「2つの関数 $f(x)$，$g(x)$ について，周期のうち正で最小のものがともに p である」ならば「関数 $f(x)+g(x)$ の周期のうち正で最小のものは p である」は成り立たない。
例えば，$f(x)=|\sin x|+\sin x$，$g(x)=|\sin x|-\sin x$ とする。このとき，3つの関数 $f(x)$，$g(x)$，$f(x)+g(x)$ について，周期のうち正で最小のものはそれぞれ 2π，2π，π である。

⇐$y=f(x)$ の周期のうち，正で最小のものが α ならば，$y=f(kx)$ の周期のうち，正で最小のものは $\frac{\alpha}{k}$ である。

(2) ① を変形すると　$y=\sqrt{2}\sin\left(2x+\frac{\pi}{4}\right)$　（イ ⓪，ウ ①）

⇐三角関数の合成

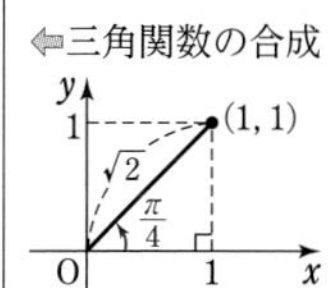

(3) ① で $x=0$ のとき $y=1$ であるから，⓪は該当しない。

次に，$y=\sqrt{2}\sin\left(2x+\frac{\pi}{4}\right)$ を変形すると

$$y=\sqrt{2}\sin 2\left(x+\frac{\pi}{8}\right)$$

ゆえに，① のグラフは，$y=\sin 2x$ のグラフを y 軸方向に $\sqrt{2}$ 倍に拡大し，x 軸方向に $-\frac{\pi}{8}$ だけ平行移動したものである。

関数 $y=\sin 2x$ の最大値は1であるから，関数 ① の最大値は $\sqrt{2}$ である。このことから，① のグラフは，⓪，①，②，④のいずれかであることがわかる。

更に，① を変形した ② より，① の周期のうち正で最小のものは，$y=\sin 2x$ の周期のうち正で最小のものと同じであるから，候補は⓪，④に絞られる。

$y=\sqrt{2}\sin 2\left(x+\dfrac{\pi}{8}\right)$ のグラフは，$y=\sqrt{2}\sin 2x$ のグラフを x 軸方向に $-\dfrac{\pi}{8}$ だけ平行移動したもので，$0<x<\dfrac{\pi}{4}$ では $\sqrt{2}\sin 2\left(x+\dfrac{\pi}{8}\right)>0$ であるから，概形として最も適当なものは　^{エ}⓪

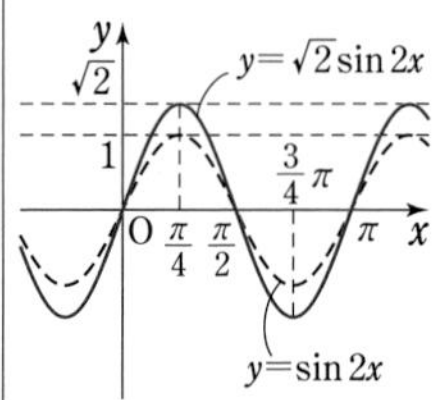

(4)　$y=\sin x$ の周期のうち，正で最小のものは 2π であるから，

$y=\sin\dfrac{x}{2}$ の周期のうち，正で最小のものは

$$2\pi\div\frac{1}{2}=4\pi\ \ ({}^{オ}⑧)$$

⇐ $2\pi\times\dfrac{1}{2}$ としないように。

$y=\cos x$ の周期のうち，正で最小のものは 2π であるから，

$y=\cos\dfrac{x}{3}$ の周期のうち，正で最小のものは

$$2\pi\div\frac{1}{3}=6\pi\ \ ({}^{カ}⑨)$$

(5)　$4\pi\times k=6\pi\times l$ とすると　　$2k=3l$

③ の周期のうち，正で最小のものについて考えているから，$2k=3l$ を満たす自然数 k，l の組のうち，k の値が最小であるものを求めて

$$(k,\ l)=(3,\ 2)$$

⇐ 2と3は互いに素であるから
$k=3s$，$l=2s$
（s は自然数）
$s=1$ を代入して
$(k,\ l)=(3,\ 2)$

よって，③ の周期のうち，正で最小のものは

$$4\pi\times 3=12\pi\ \ ({}^{キ}⑧)$$

⇐ 4と6の最小公倍数が12であることから求めてもよい。

(6)　(4)，(5) と同じようにして考える。

$y=\sin\dfrac{3}{5}x$ の周期のうち，正で最小のものは　$2\pi\div\dfrac{3}{5}=\dfrac{10}{3}\pi$

$y=\cos\dfrac{7}{5}x$ の周期のうち，正で最小のものは　$2\pi\div\dfrac{7}{5}=\dfrac{10}{7}\pi$

$\dfrac{10}{3}\pi\times m=\dfrac{10}{7}\pi\times n$（$m$，$n$ は自然数）とすると

$$\frac{m}{3}=\frac{n}{7}\qquad よって\qquad 7m=3n$$

⇐ 7と3は互いに素であるから
$m=3t$，$n=7t$
（t は自然数）
$t=1$ を代入して
$(m,\ n)=(3,\ 7)$

これを満たす自然数 m，n の組のうち，m の値が最小であるものを求めて　　$(m,\ n)=(3,\ 7)$

ゆえに，求める周期は　　$\dfrac{10}{3}\pi\times 3={}^{クケ}\mathbf{10}\pi$

R&W (問題に挑戦) 4

計算尺について考えよう。計算尺は，次に示すような対数尺を2つ用いたもので，これを利用すると比例式で表された式の計算や数の乗法・除法などが簡単にできる。

<対数尺>　直線上で，基準の点Oと，OE=1 である点Eを下の図のように定め，Oから右に $\log_{10}a$ だけ離れたところに a の目盛りを書いたものを対数尺という。

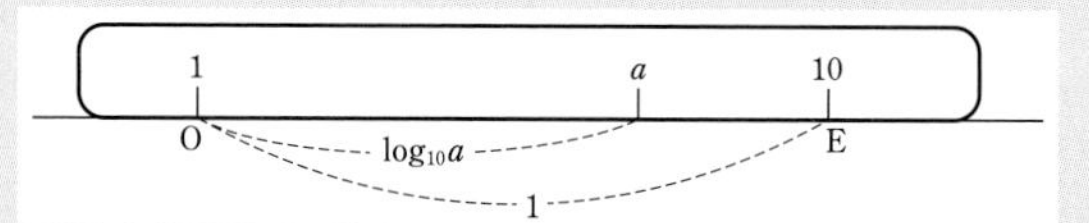

まず，[図1]のように，2つの対数尺①，②を並べた場合を考える。①の目盛り a と②の目盛り c を向かい合わせたとき，①の目盛り $b\,(a<b)$ が②の目盛り $d\,(c<d)$ に合ったとする。このとき，[図1]の距離 X に着目すると，[ア] が必ず成り立つから，a，b，c，d には [イ] という関係式が必ず成り立つ。

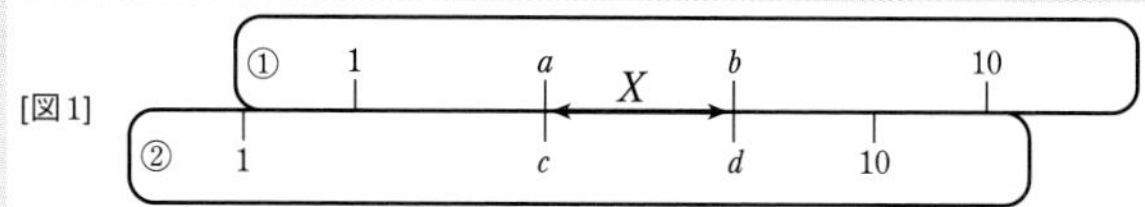

次に，[図2]のように，2つの対数尺③，②を並べた場合を考える。ただし，対数尺③は，①に対して目盛りの向きを反対にしたものである。③の目盛り f と②の目盛り c を向かい合わせたとき，③の目盛り $e\,(e<f)$ が②の目盛り $d\,(c<d)$ に合ったとする。このとき，[図2]の距離 Y に着目すると，[ウ] が必ず成り立つから，c，d，e，f には [エ] という関係式が必ず成り立つ。

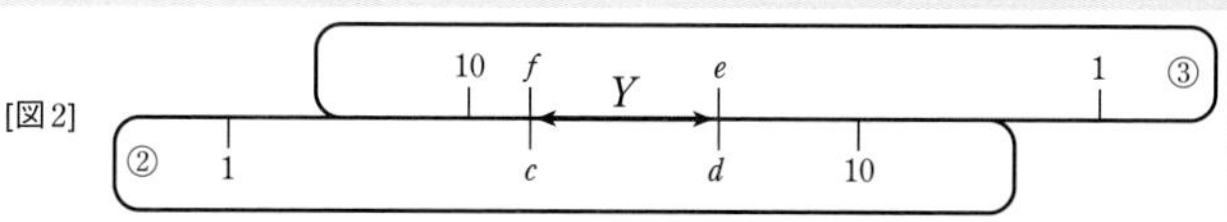

以上のことから，2組の目盛りが向かい合うように対数尺を並べたとき，対数尺①と②については [オ] であることが言え，対数尺③と②については [カ] であることが言える。

(1) [ア] に当てはまるものを，次の⓪～③のうちから1つ選べ。

⓪ $b-a=d-c$　　① $\log_{10}(b-a)=\log_{10}(d-c)$

② $\log_{10}b-\log_{10}a=\log_{10}d-\log_{10}c$　　③ $\dfrac{\log_{10}b}{\log_{10}a}=\dfrac{\log_{10}d}{\log_{10}c}$

(2) [イ] に当てはまるものを，次の⓪～②のうちから1つ選べ。

⓪ $ab=cd$　　① $ac=bd$　　② $ad=bc$

(3) [ウ] に当てはまるものを，次の⓪～③のうちから1つ選べ。

⓪ $f-e=d-c$　　① $\log_{10}(f-e)=\log_{10}(d-c)$

② $\log_{10}f-\log_{10}e=\log_{10}d-\log_{10}c$　　③ $\dfrac{\log_{10}f}{\log_{10}e}=\dfrac{\log_{10}d}{\log_{10}c}$

(4) [エ] に当てはまるものを，次の⓪～②のうちから1つ選べ。

⓪ $ef=cd$　　① $cf=de$　　② $df=ce$

(5) [オ]，[カ] に当てはまる最も適当なものを，次の⓪～③のうちから1つずつ選べ。ただし，同じものを選んでもよい。

⓪ 向かい合った目盛りの和が一定　　① 向かい合った目盛りの差が一定

② 向かい合った目盛りの積が一定　　③ 向かい合った目盛りの比が一定

(6) 次の(あ)の等式を満たす x の値，および(い)と(う)の値を計算尺を用いて調べるとき，計算尺の用法として最も適当なものを，次の⓪～⑥のうちから1つずつ選べ。ただし，同じものを選んでもよい。

(あ) 比例式 $2.3:4.2=3.1:x$　[キ]

(い) 商 $\dfrac{4.2}{3.1}$　[ク]　　(う) 積 2.3×4.2　[ケ]

[用法]　対数尺①，②を下の図のように並べ，

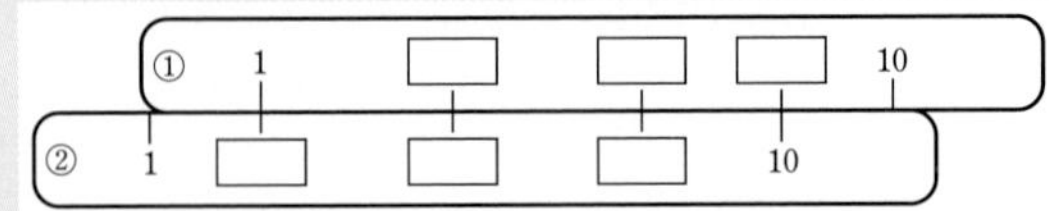

⓪　①の目盛り 2.3 に②の目盛り 4.2 を合わせたとき，①の目盛り 3.1 に対応する②の目盛りを調べる。
①　①の目盛り 3.1 に②の目盛り 10 を合わせたとき，①の目盛り 2.3 に対応する②の目盛りを調べる。
②　①の目盛り 1 に②の目盛り 3.1 を合わせたとき，①の目盛り 4.2 に対応する②の目盛りを調べる。
③　①の目盛り 1 に②の目盛り 2.3 を合わせたとき，①の目盛り 4.2 に対応する②の目盛りを調べる。
④　①の目盛り 2.3 に②の目盛り 4.2 を合わせたとき，①の目盛り 1 に対応する②の目盛りを調べる。
⑤　①の目盛り 3.1 に②の目盛り 4.2 を合わせたとき，①の目盛り 1 に対応する②の目盛りを調べる。
⑥　①の目盛り 4.2 に②の目盛り 10 を合わせたとき，①の目盛り 3.1 に対応する②の目盛りを調べる。

(1), (2)　[図1]について，対数尺①のXに着目すると

$$X=\log_{10}b-\log_{10}a$$

また，対数尺②のXに着目すると

$$X=\log_{10}d-\log_{10}c$$

よって　$\log_{10}b-\log_{10}a=\log_{10}d-\log_{10}c$（ア②）

⇦Xを2通りに表し，それらを等しいとおいた関係式である。

ゆえに　$\log_{10}\dfrac{b}{a}=\log_{10}\dfrac{d}{c}$

よって　$\dfrac{b}{a}=\dfrac{d}{c}$

$\dfrac{b}{a}=\dfrac{d}{c}$ の両辺に ac を掛けて　$bc=ad$（イ②）

(3), (4)　[図2]について，対数尺③のYに着目すると

$$Y=\log_{10}f-\log_{10}e$$

⇦$e<f$ であるから $Y=\log_{10}f-\log_{10}e$

また，対数尺②のYに着目すると

$$Y=\log_{10}d-\log_{10}c$$

よって　$\log_{10}f-\log_{10}e=\log_{10}d-\log_{10}c$（ウ②）

⇦Yを2通りに表し，それらを等しいとおいた関係式である。

ゆえに　$\log_{10}\dfrac{f}{e}=\log_{10}\dfrac{d}{c}$

よって　$\dfrac{f}{e}=\dfrac{d}{c}$

$\dfrac{f}{e}=\dfrac{d}{c}$ の両辺に ce を掛けて　$cf=de$（エ①）

(5)　対数尺①，②について，向かい合った目盛り a と c および b と d に着目すると，$\dfrac{a}{c}=\dfrac{b}{d}$ という関係式が必ず成り立つから，向かい合った目盛りの比が一定（オ③）であることがわかる。

⇦$ad=bc$ の両辺を cd で割ると　$\dfrac{a}{c}=\dfrac{b}{d}$

また，対数尺③，②について，向かい合った目盛り f と c および e と d に着目すると，$cf=de$ という関係式が必ず成り立つ

から，向かい合った目盛りの積が一定（カ②）であることがわかる。

(6) 対数尺①，②について，向かい合った目盛りの比が一定であるから，このことを利用して計算する。

(あ) について，

$$2.3 : 4.2 = 3.1 : x \iff \frac{2.3}{4.2} = \frac{3.1}{x}$$

であるから，①の目盛り 2.3 に②の目盛り 4.2 を合わせたとき，①の目盛り 3.1 に対応する②の目盛りが x である。

よって　（キ）⓪

(い) について，商を y とすると，

$$\frac{4.2}{3.1} = y \iff \frac{3.1}{4.2} = \frac{1}{y}$$

であるから，①の目盛り 3.1 に②の目盛り 4.2 を合わせたとき，①の目盛り 1 に対応する②の目盛りが y である。

ゆえに　（ク）⑤

(う) について，積を z とすると，

$$2.3 \times 4.2 = z \iff \frac{1}{2.3} = \frac{4.2}{z}$$

であるから，①の目盛り 1 に②の目盛り 2.3 を合わせたとき，①の目盛り 4.2 に対応する②の目盛りが z である。

よって　（ケ）③

⇐ $\frac{a}{c} = \frac{b}{d}$ の形を導き，①の目盛り a に②の目盛り c を合わせたとき，①の目盛り b に対応する②の目盛り d を調べる，と考えればよい。

補足　$x \fallingdotseq 5.66$

補足　$y \fallingdotseq 1.35$

補足　$z = 9.66$

R&W（問題に挑戦）5

a を実数とし，$f(x)=x^3-6ax+16$ とおく。

(1) $y=f(x)$ のグラフの概形は

$a=0$ のとき，［ア］

$a<0$ のとき，［イ］　　である。

［ア］，［イ］に当てはまる最も適当なものを，次の⓪～⑤のうちから1つずつ選べ。ただし，同じものを繰り返し選んでもよい。

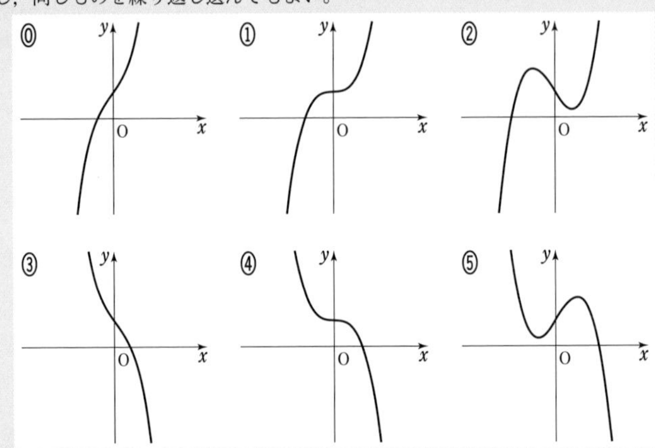

(2) $a>0$ とし，p を実数とする。座標平面上の曲線 $y=f(x)$ と直線 $y=p$ が3個の共有点をもつような p の値の範囲は［ウ］$<p<$［エ］である。

$p=$［ウ］のとき，曲線 $y=f(x)$ と直線 $y=p$ は2個の共有点をもつ。それらの x 座標を q，r $(q<r)$ とする。曲線 $y=f(x)$ と直線 $y=p$ が点 $(r,\ p)$ で接することに注意すると

$$q=\boxed{オカ}\sqrt{\boxed{キ}}\,a^{\frac{1}{2}},\quad r=\sqrt{\boxed{ク}}\,a^{\frac{1}{2}}$$

と表せる。

［ウ］，［エ］に当てはまるものを，次の解答群から1つずつ選べ。また，［オカ］～［ク］に当てはまる数を答えよ。

［ウ］，［エ］の解答群（同じものを繰り返し選んでもよい。）

⓪ $2\sqrt{2}\,a^{\frac{3}{2}}+16$　　① $-2\sqrt{2}\,a^{\frac{3}{2}}+16$

② $4\sqrt{2}\,a^{\frac{3}{2}}+16$　　③ $-4\sqrt{2}\,a^{\frac{3}{2}}+16$

④ $8\sqrt{2}\,a^{\frac{3}{2}}+16$　　⑤ $-8\sqrt{2}\,a^{\frac{3}{2}}+16$

(3) 方程式 $f(x)=0$ の異なる実数解の個数を n とする。次の⓪～⑤のうち，正しいものは［ケ］と［コ］である。

［ケ］，［コ］に当てはまるものを，次の解答群から1つずつ選べ。

［ケ］，［コ］の解答群（解答の順序は問わない。）

⓪ $n=1$ ならば $a<0$　　① $a<0$ ならば $n=1$

② $n=2$ ならば $a<0$　　③ $a<0$ ならば $n=2$

④ $n=3$ ならば $a>0$　　⑤ $a>0$ ならば $n=3$

［類 共通テスト］

(1) $f(x)=x^3-6ax+16$ から　　$f'(x)=3x^2-6a$

$a=0$ のとき　　$f'(x)=3x^2$

$f'(x)=0$ とすると　　$x=0$

$f(x)$ の増減表は次のようになる。

x	$\cdots$	0	$\cdots$
$f'(x)$	$+$	0	$+$
$f(x)$	↗	16	↗

⇦$f'(x)=3x^2\geqq 0$ から $f(x)$ は常に増加すると判断してもよい。ただし，$f'(x)=0$ となる点が存在することに注意。

よって，グラフの概形は　ア①

$a<0$ のとき　　$f'(x)=3x^2-6a$

$3x^2-6a>0$ であるから，常に　　$f'(x)>0$

よって，$f(x)$ は常に増加するから，グラフの概形は　イ⓪

⇐$x=0$ のとき $y=f(x)$ のグラフの接線の傾きは 0（x 軸に平行）である。

⇐$a<0$ から　$-6a>0$
また　$3x^2\geqq 0$
よって　$3x^2-6a>0$

(2)　$f'(x)=0$ とすると　　$3x^2-6a=0$

よって，$a>0$ のとき　　$x=\pm\sqrt{2a}$

⇐$3x^2-6a$
$=3(x+\sqrt{2a})(x-\sqrt{2a})$

$f(x)$ の増減表は次のようになる。

x	$\cdots$	$-\sqrt{2a}$	$\cdots$	$\sqrt{2a}$	$\cdots$
$f'(x)$	$+$	0	$-$	0	$+$
$f(x)$	↗	極大	↘	極小	↗

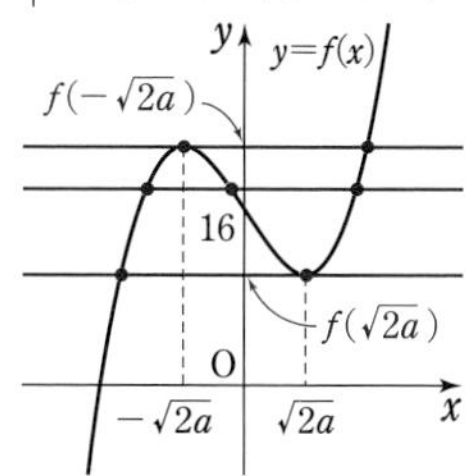

ゆえに，$y=f(x)$ のグラフの概形は右の図のようになる。

また　$f(-\sqrt{2a})=-2a\sqrt{2a}+6a\sqrt{2a}+16$

$=4a\sqrt{2a}+16=4\sqrt{2}\,a^{\frac{3}{2}}+16$

$f(\sqrt{2a})=2a\sqrt{2a}-6a\sqrt{2a}+16$

$=-4a\sqrt{2a}+16=-4\sqrt{2}\,a^{\frac{3}{2}}+16$

よって，曲線 $y=f(x)$ と直線 $y=p$ が 3 個の共有点をもつような p の値の範囲は

$-4\sqrt{2}\,a^{\frac{3}{2}}+16<p<4\sqrt{2}\,a^{\frac{3}{2}}+16$　（ウ③，エ②）

$p=-4\sqrt{2}\,a^{\frac{3}{2}}+16$ のとき，曲線 $y=f(x)$ と直線 $y=p$ は 2 個の共有点をもつ。

⇐$p=f(\sqrt{2a})$

このとき　　$x^3-6ax+16=-4\sqrt{2}\,a^{\frac{3}{2}}+16$

すなわち　　$x^3-6ax+4\sqrt{2}\,a^{\frac{3}{2}}=0$

ゆえに　　$(x-\sqrt{2a})^2(x+2\sqrt{2a})=0$

よって　　$x=\sqrt{2a}$，$-2\sqrt{2a}$

したがって　　$q=$ オカ $\mathbf{-2}\sqrt{{}^{キ}\mathbf{2}}\,a^{\frac{1}{2}}$，

$r=\sqrt{{}^{ク}\mathbf{2}}\,a^{\frac{1}{2}}$

⇐曲線 $y=f(x)$ と直線 $y=p$ は $x=\sqrt{2a}$ の点で接するから，この方程式は $x=\sqrt{2a}$ を重解にもつ。よって，左辺は，$(x-\sqrt{2a})^2$ を因数にもつ。左辺を $(x-\sqrt{2a})^2$ で割ると，残りの因数 $x+2\sqrt{2a}$ が得られる。あるいは，定数項のみに着目して $2\sqrt{2a}$ を求めてもよい。また，3 次関数のグラフの性質からもう 1 つの解を求めてもよい。

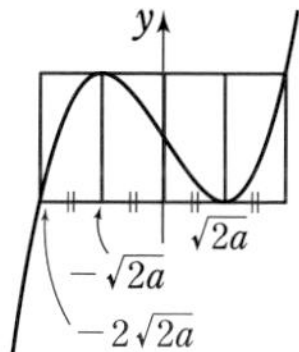

(3)　方程式 $f(x)=0$ の異なる実数解の個数 n は，曲線 $y=f(x)$ と x 軸の共有点の個数に一致する。

(1) により，$a\leqq 0$ のとき　　$n=1$

(2) により，$a>0$ のとき極小値 $-4\sqrt{2}\,a^{\frac{3}{2}}+16$ は a の値によって，正，0，負いずれの場合もあるから

$n=1$，2，3

したがって，(1)，(2) をまとめると，

$n=1$ ならば　$a<0$，$a=0$，$a>0$ いずれもありうる

$n=2$ ならば　$a>0$ に限られる

$n=3$ ならば　$a>0$ に限られる

⓪～⑤それぞれを調べると次の通りである。

⓪　$n=1$ であっても $a=0$ や $a>0$ の場合があるから，正しくない。

①　$a<0$ ならば $n=1$ であるから，正しい。

②　$n=2$ ならば $a>0$ であるから，正しくない。

③ $a<0$ ならば $n=1$ であるから，正しくない。

④ $n=3$ ならば $a>0$ であるから，正しい。

⑤ $a>0$ であっても $n=1,\ 2$ となる場合もあるから，正しくない。

以上から，正しいものは ケ①，コ④ （またはケ④，コ①）

R&W (問題に挑戦) 6

[問題A]と[問題B]について，それぞれ考えてみよう。

[問題A]　連立不等式 $y \geqq x^2-2$，$y \leqq -x+10$，$y \geqq 2x+1$ の表す領域の面積を S とする。次の(1)～(3)の問いに答えよ。

(1) 境界線の放物線，直線について，

$y=x^2-2$ ……①，$y=-x+10$ ……②，$y=2x+1$ ……③

とする。放物線①と直線②，直線③は1点で交わり，その座標は(ア ， イ)である。点(ア ， イ)をCとする。

放物線①と直線②の共有点のうち，C以外の点をAとすると，点Aの座標は，(ウエ ， オカ)である。また，放物線①と直線③の共有点のうち，C以外の点をBとすると，点Bの座標は(キク ， ケコ)である。

ア ～ ケコ に当てはまる数を答えよ。

(2) 点A，B，Cの x 座標を，それぞれ a，b，c とおく。

放物線①，直線②，直線③，および2直線 $x=a$，$x=b$ で囲まれる部分について，下の図の影をつけた部分のように，領域 T，U，V，W，X を定め，それぞれの領域の面積を S_T，S_U，S_V，S_W，S_X とする。ただし，境界線を含む。

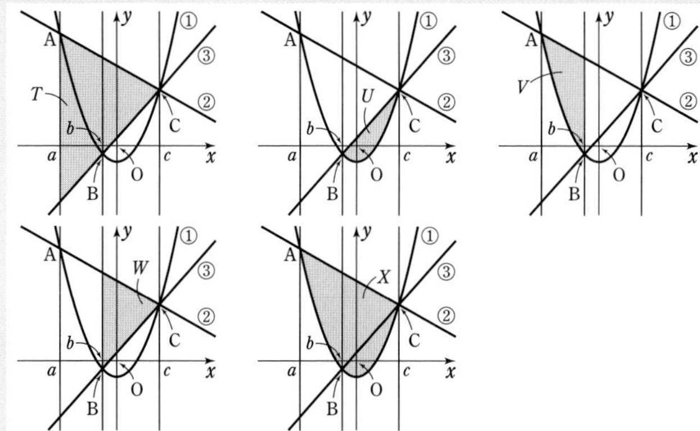

求める面積 S と，上で定めた領域の面積 S_T，S_U，S_V，S_W，S_X との間に成り立つ等式について正しいものを，次の⓪～⑤のうちから2つ選べ。ただし，解答の順序は問わない。 サ ， シ

⓪ $S=S_T+S_U$　　① $S=S_V+S_W$　　② $S=S_T-S_U$

③ $S=S_X+S_T$　　④ $S=S_V-S_W$　　⑤ $S=S_X-S_U$

(3) 面積 S を求めると，$S=\dfrac{\boxed{スセ}}{\boxed{ソ}}$ である。 スセ ， ソ に当てはまる数を答えよ。

[問題B]

m は負の定数とする。右の図のように，放物線 $y=x^2-2$ と2直線 $y=mx$，$y=2x+1$ で囲まれた部分を3つに分割して考え，そのうち，$y \leqq mx$ かつ $y \geqq 2x+1$ を満たす領域の面積を S_1，$y \geqq mx$ かつ $y \leqq 2x+1$ を満たす領域の面積を S_2 とする。このとき，$S_1=S_2$ が成り立つような定数 m の値を求めたい。次の(4)～(6)の問いに答えよ。なお，図の①，③，b，c は[問題A]の(1)，(2)で定めたものと同じものである。

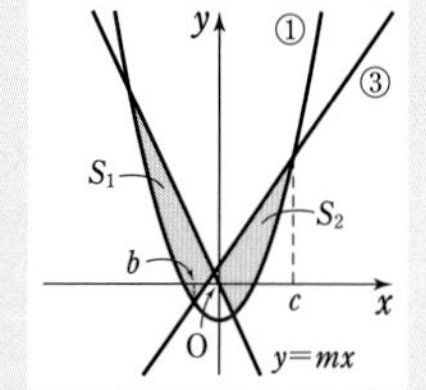

(4) 連立不等式 $y \geqq x^2-2$，$y \leqq mx$，$y \leqq 2x+1$ を満たす領域の面積を S_3 とする。放物線 $y=x^2-2$ と直線 $y=mx$ の共有点の x 座標を α，β $(\alpha<\beta)$ とするとき，面積 S_1 と面積 S_3 の和を定積分で表すと，$S_1+S_3=$ タ である。

タ に当てはまる式を，次の⓪～⑤のうちから1つ選べ。

⓪ $\int_{\alpha}^{c}(x^2-2x-3)\,dx$　① $-\int_{\alpha}^{c}(x^2-2x-3)\,dx$　② $\int_{\beta}^{c}(x^2-2x-3)\,dx$

③ $-\int_{\beta}^{c}(x^2-2x-3)\,dx$　④ $\int_{\alpha}^{\beta}(x^2-mx-2)\,dx$　⑤ $-\int_{\alpha}^{\beta}(x^2-mx-2)\,dx$

(5) 面積 S_2 と面積 S_3 の和を計算すると，$S_2+S_3=\dfrac{\boxed{チツ}}{\boxed{テ}}$ である。

［チツ］，［テ］に当てはまる数を答えよ。

(6) $S_1=S_2$ が成り立つことと，$S_1+S_3=S_2+S_3$ が成り立つことは同値であるから，$S_1=S_2$ のとき，$S_1+S_3=S_2+S_3$ より，$\beta-\alpha=$［ト］が得られる。

これと，α，β は 2 次方程式 $x^2-2=mx$ の 2 つの解であることに着目し，m の値を求めると，$m=$［ナニ］$\sqrt{［ヌ］}$ である。

［ト］〜［ヌ］に当てはまる数を答えよ。

(1) $y=-x+10$ ……②，$y=2x+1$ ……③ を連立して解くと
$x=3$，$y=7$

$x=3$，$y=7$ は $y=x^2-2$ ……① を満たす。

⇦直線②と直線③の交点が放物線①上にあることを確認。

よって，放物線①と直線②，直線③は 1 点で交わり，その座標は，(ア**3**，イ**7**) である。

$y=x^2-2$ ……①，$y=-x+10$ ……② を連立して解くと，

$x^2-2=-x+10$ から　$x^2+x-12=0$

⇦ y を消去。

ゆえに　$(x-3)(x+4)=0$　よって　$x=3,\ -4$

ゆえに，放物線①と直線②の共有点のうち，点 C(3，7) 以外の点Aの x 座標は $x=-4$ である。

②から　$x=-4$ のとき　$y=14$

したがって，点Aの座標は　(ウエ**−4**，オカ**14**)

また，$y=x^2-2$ ……①，$y=2x+1$ ……③ を連立して解くと，

$x^2-2=2x+1$ から　$x^2-2x-3=0$

⇦ y を消去。

ゆえに　$(x+1)(x-3)=0$　よって　$x=-1,\ 3$

ゆえに，放物線①と直線③の共有点のうち，点 C(3，7) 以外の点Bの x 座標は $x=-1$ である。

③から　$x=-1$ のとき　$y=-1$

したがって，点Bの座標は　(キク**−1**，ケコ**−1**)

(2) 右の図のように，放物線①，直線②，直線③，および 2 直線 $x=a$，$x=b$ で囲まれる部分を 4 つの領域に分け，その面積を D_1，D_2，D_3，D_4 とする。

補足　3 点 A，B，C の x 座標はそれぞれ -4，-1，3 であるから，$a=-4$，$b=-1$，$c=3$ である。

補足　面積 S を求めるとき，いくつかの部分に分割して計算することになるが，分割の仕方によって，6 分の 1 公式を利用できる部分や，三角形・四角形の面積として求められる部分も出てくる。この問題では，面積 S を求めるにあたり，どのような分割の仕方があるのか，ということを考える。

このとき，

$S_T=D_1+D_2+D_3$，

$S_U=D_4$，$S_V=D_2$，

$S_W=D_3$，$S_X=D_2+D_3+D_4$

と表され，面積 S については，$S=D_2+D_3$ と表される。

⓪〜⑤の右辺を D_1，D_2，D_3，D_4 で表すと

⓪ $S_T+S_U=D_1+D_2+D_3+D_4>S$

① $S_V+S_W=D_2+D_3=S$

② $S_T-S_U=D_1+D_2+D_3-D_4$

ここで　$D_1=\int_{-4}^{-1}\{x^2-2-(2x+1)\}\,dx=\int_{-4}^{-1}(x^2-2x-3)\,dx$

$=\left[\dfrac{x^3}{3}-x^2-3x\right]_{-4}^{-1}$

$=\dfrac{-1-(-64)}{3}-(1-16)-3\{-1-(-4)\}=27$

$D_4=\int_{-1}^{3}\{2x+1-(x^2-2)\}\,dx$

$=-\int_{-1}^{3}(x^2-2x-3)\,dx=-\int_{-1}^{3}(x+1)(x-3)\,dx$　　⇦6分の1公式を利用。

$=-\left(-\dfrac{1}{6}\right)\{3-(-1)\}^3=\dfrac{32}{3}$

$D_1 \fallingdotseq D_4$ であるから　$S_T-S_U \fallingdotseq S$

③　$S_X+S_T=D_1+2D_2+2D_3+D_4>S$

④　$S_V-S_W=D_2-D_3<S$

⑤　$S_X-S_U=D_2+D_3=S$

したがって，正しいものは　サ①，シ⑤（または サ⑤，シ①）

(3)　(1)の結果から，(2)の a，b，c については，$a=-4$，$b=-1$，$c=3$ である。

(2)の ① $S=S_V+S_W$ を利用して求める。

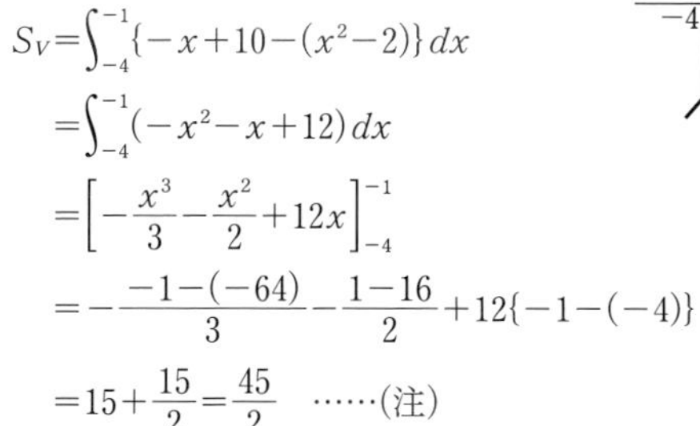

$S_V=\int_{-4}^{-1}\{-x+10-(x^2-2)\}\,dx$

$=\int_{-4}^{-1}(-x^2-x+12)\,dx$

$=\left[-\dfrac{x^3}{3}-\dfrac{x^2}{2}+12x\right]_{-4}^{-1}$

$=-\dfrac{-1-(-64)}{3}-\dfrac{1-16}{2}+12\{-1-(-4)\}$

$=15+\dfrac{15}{2}=\dfrac{45}{2}$　……(注)

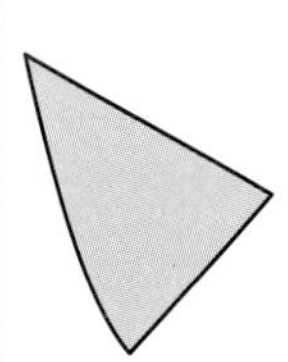

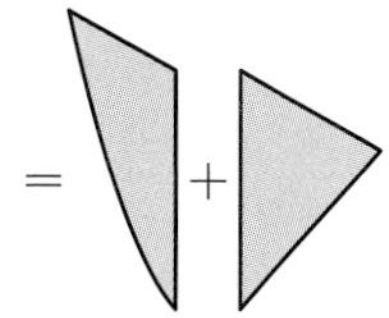

として計算。

S_W は，3点 B$(-1,\ -1)$，$(-1,\ 11)$，C$(3,\ 7)$ を頂点とする三角形の面積を求めて

$$S_W=\frac{1}{2}\{11-(-1)\}\cdot\{3-(-1)\}=24$$

⇦底辺の長さが $\{11-(-1)\}$，高さが $\{3-(-1)\}$ の三角形の面積。

よって　$S=S_V+S_W=\dfrac{45}{2}+24=\dfrac{^{スセ}\mathbf{93}}{^{ソ}\mathbf{2}}$

(注)　$D_1=27$ と求めているから，これと台形の面積を利用し，次のようにして S_V を求めてもよい。

$S_V=\dfrac{1}{2}\cdot(12+21)\cdot3-D_1$

$=\dfrac{99}{2}-27=\dfrac{45}{2}$

別解　(2)の ⑤ $S=S_X-S_U$ を利用して求める。

$S_X=\int_{-4}^{3}\{-x+10-(x^2-2)\}\,dx$

$=-\int_{-4}^{3}(x^2+x-12)\,dx$

$=-\int_{-4}^{3}(x+4)(x-3)\,dx$

$=-\left(-\dfrac{1}{6}\right)\{3-(-4)\}^3$

$=\dfrac{343}{6}$

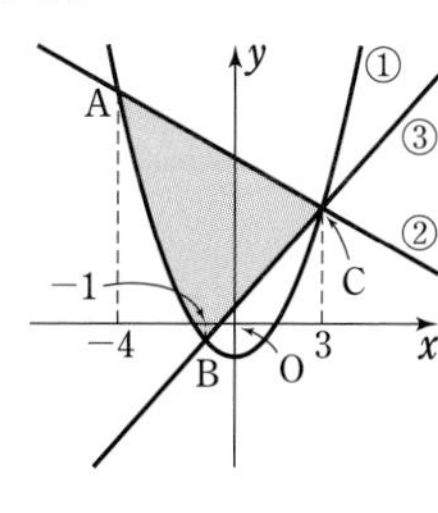

$S_U=D_4=\dfrac{32}{3}$ であるから

$$S=S_X-S_U=\frac{343}{6}-\frac{64}{6}=\frac{279}{6}=\frac{{}^{スセ}\mathbf{93}}{{}^{ソ}\mathbf{2}}$$

(4)　S_1+S_3 は放物線 $y=x^2-2$ と直線 $y=mx$ で囲まれた部分の面積であるから，共有点の x 座標を α，$\beta\,(\alpha<\beta)$ とするとき

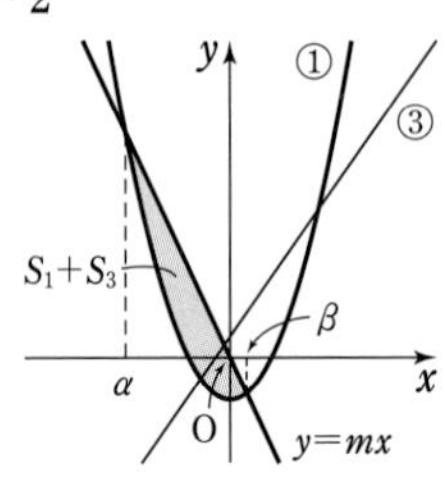

$$S_1+S_3=\int_\alpha^\beta\{mx-(x^2-2)\}\,dx$$

$$=-\int_\alpha^\beta(x^2-mx-2)\,dx$$

したがって　^{タ}⑤

> 補足　2次方程式 $x^2-mx-2=0$ の判別式を D とすると
> $D=(-m)^2-4\cdot(-2)$
> $=m^2+8>0$
> よって，m の値に関係なく，放物線 $y=x^2-2$ と直線 $y=mx$ は異なる2点で交わる。

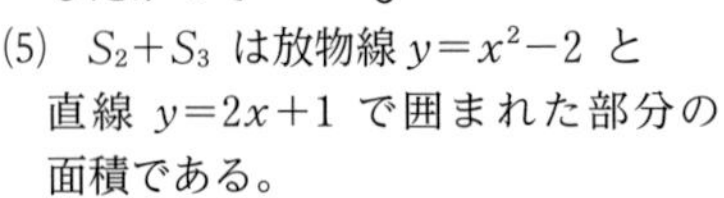

(5)　S_2+S_3 は放物線 $y=x^2-2$ と直線 $y=2x+1$ で囲まれた部分の面積である。
ゆえに，S_2+S_3 は［問題A］の(2)における D_4 と等しいから

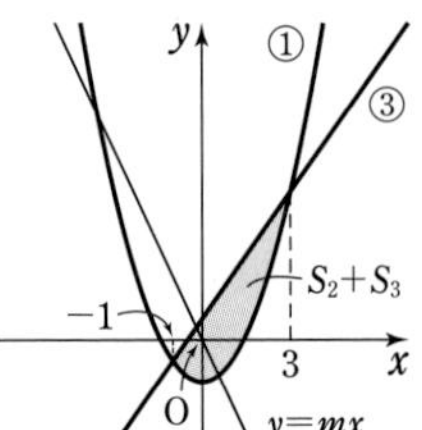

$$S_2+S_3=\frac{{}^{チツ}\mathbf{32}}{{}^{テ}\mathbf{3}}$$

(6)　(4)から

$$S_1+S_3=-\int_\alpha^\beta(x^2-mx-2)\,dx$$

$$=-\int_\alpha^\beta(x-\alpha)(x-\beta)\,dx$$

$$=-\left(-\frac{1}{6}\right)(\beta-\alpha)^3$$

$S_1+S_3=S_2+S_3$ から　　$\dfrac{1}{6}(\beta-\alpha)^3=\dfrac{32}{3}$

すなわち　$(\beta-\alpha)^3=64$

α，β は実数であるから，$(\beta-\alpha)^3=4^3$ より

$$\beta-\alpha={}^{ト}\mathbf{4}$$

> ⇦ h が実数のとき，$x^3=h^3$ の実数解は $x=h$ のみ。

α，β は2次方程式 $x^2-2=mx$ すなわち $x^2-mx-2=0$ の2つの解であるから，解と係数の関係から

$$\alpha+\beta=m,\ \alpha\beta=-2$$

> ⇦本冊 $p.75$ 基本事項参照。

よって　　$(\beta-\alpha)^2=(\alpha+\beta)^2-4\alpha\beta$

$$=m^2+8$$

$\alpha<\beta$ より，$\beta-\alpha>0$ であるから

$$\beta-\alpha=\sqrt{m^2+8}$$

$\beta-\alpha=4$ であるから　　$\sqrt{m^2+8}=4$

ゆえに　　$m^2+8=16$

よって　　$m^2=8$

$m<0$ であるから　　$m={}^{ナニ}\mathbf{-2}\sqrt{{}^{ヌ}\mathbf{2}}$

常用対数表

数	0	1	2	3	4	5	6	7	8	9
1.0	.0000	.0043	.0086	.0128	.0170	.0212	.0253	.0294	.0334	.0374
1.1	.0414	.0453	.0492	.0531	.0569	.0607	.0645	.0682	.0719	.0755
1.2	.0792	.0828	.0864	.0899	.0934	.0969	.1004	.1038	.1072	.1106
1.3	.1139	.1173	.1206	.1239	.1271	.1303	.1335	.1367	.1399	.1430
1.4	.1461	.1492	.1523	.1553	.1584	.1614	.1644	.1673	.1703	.1732
1.5	.1761	.1790	.1818	.1847	.1875	.1903	.1931	.1959	.1987	.2014
1.6	.2041	.2068	.2095	.2122	.2148	.2175	.2201	.2227	.2253	.2279
1.7	.2304	.2330	.2355	.2380	.2405	.2430	.2455	.2480	.2504	.2529
1.8	.2553	.2577	.2601	.2625	.2648	.2672	.2695	.2718	.2742	.2765
1.9	.2788	.2810	.2833	.2856	.2878	.2900	.2923	.2945	.2967	.2989
2.0	.3010	.3032	.3054	.3075	.3096	.3118	.3139	.3160	.3181	.3201
2.1	.3222	.3243	.3263	.3284	.3304	.3324	.3345	.3365	.3385	.3404
2.2	.3424	.3444	.3464	.3483	.3502	.3522	.3541	.3560	.3579	.3598
2.3	.3617	.3636	.3655	.3674	.3692	.3711	.3729	.3747	.3766	.3784
2.4	.3802	.3820	.3838	.3856	.3874	.3892	.3909	.3927	.3945	.3962
2.5	.3979	.3997	.4014	.4031	.4048	.4065	.4082	.4099	.4116	.4133
2.6	.4150	.4166	.4183	.4200	.4216	.4232	.4249	.4265	.4281	.4298
2.7	.4314	.4330	.4346	.4362	.4378	.4393	.4409	.4425	.4440	.4456
2.8	.4472	.4487	.4502	.4518	.4533	.4548	.4564	.4579	.4594	.4609
2.9	.4624	.4639	.4654	.4669	.4683	.4698	.4713	.4728	.4742	.4757
3.0	.4771	.4786	.4800	.4814	.4829	.4843	.4857	.4871	.4886	.4900
3.1	.4914	.4928	.4942	.4955	.4969	.4983	.4997	.5011	.5024	.5038
3.2	.5051	.5065	.5079	.5092	.5105	.5119	.5132	.5145	.5159	.5172
3.3	.5185	.5198	.5211	.5224	.5237	.5250	.5263	.5276	.5289	.5302
3.4	.5315	.5328	.5340	.5353	.5366	.5378	.5391	.5403	.5416	.5428
3.5	.5441	.5453	.5465	.5478	.5490	.5502	.5514	.5527	.5539	.5551
3.6	.5563	.5575	.5587	.5599	.5611	.5623	.5635	.5647	.5658	.5670
3.7	.5682	.5694	.5705	.5717	.5729	.5740	.5752	.5763	.5775	.5786
3.8	.5798	.5809	.5821	.5832	.5843	.5855	.5866	.5877	.5888	.5899
3.9	.5911	.5922	.5933	.5944	.5955	.5966	.5977	.5988	.5999	.6010
4.0	.6021	.6031	.6042	.6053	.6064	.6075	.6085	.6096	.6107	.6117
4.1	.6128	.6138	.6149	.6160	.6170	.6180	.6191	.6201	.6212	.6222
4.2	.6232	.6243	.6253	.6263	.6274	.6284	.6294	.6304	.6314	.6325
4.3	.6335	.6345	.6355	.6365	.6375	.6385	.6395	.6405	.6415	.6425
4.4	.6435	.6444	.6454	.6464	.6474	.6484	.6493	.6503	.6513	.6522
4.5	.6532	.6542	.6551	.6561	.6571	.6580	.6590	.6599	.6609	.6618
4.6	.6628	.6637	.6646	.6656	.6665	.6675	.6684	.6693	.6702	.6712
4.7	.6721	.6730	.6739	.6749	.6758	.6767	.6776	.6785	.6794	.6803
4.8	.6812	.6821	.6830	.6839	.6848	.6857	.6866	.6875	.6884	.6893
4.9	.6902	.6911	.6920	.6928	.6937	.6946	.6955	.6964	.6972	.6981
5.0	.6990	.6998	.7007	.7016	.7024	.7033	.7042	.7050	.7059	.7067
5.1	.7076	.7084	.7093	.7101	.7110	.7118	.7126	.7135	.7143	.7152
5.2	.7160	.7168	.7177	.7185	.7193	.7202	.7210	.7218	.7226	.7235
5.3	.7243	.7251	.7259	.7267	.7275	.7284	.7292	.7300	.7308	.7316
5.4	.7324	.7332	.7340	.7348	.7356	.7364	.7372	.7380	.7388	.7396

数	0	1	2	3	4	5	6	7	8	9
5.5	.7404	.7412	.7419	.7427	.7435	.7443	.7451	.7459	.7466	.7474
5.6	.7482	.7490	.7497	.7505	.7513	.7520	.7528	.7536	.7543	.7551
5.7	.7559	.7566	.7574	.7582	.7589	.7597	.7604	.7612	.7619	.7627
5.8	.7634	.7642	.7649	.7657	.7664	.7672	.7679	.7686	.7694	.7701
5.9	.7709	.7716	.7723	.7731	.7738	.7745	.7752	.7760	.7767	.7774
6.0	.7782	.7789	.7796	.7803	.7810	.7818	.7825	.7832	.7839	.7846
6.1	.7853	.7860	.7868	.7875	.7882	.7889	.7896	.7903	.7910	.7917
6.2	.7924	.7931	.7938	.7945	.7952	.7959	.7966	.7973	.7980	.7987
6.3	.7993	.8000	.8007	.8014	.8021	.8028	.8035	.8041	.8048	.8055
6.4	.8062	.8069	.8075	.8082	.8089	.8096	.8102	.8109	.8116	.8122
6.5	.8129	.8136	.8142	.8149	.8156	.8162	.8169	.8176	.8182	.8189
6.6	.8195	.8202	.8209	.8215	.8222	.8228	.8235	.8241	.8248	.8254
6.7	.8261	.8267	.8274	.8280	.8287	.8293	.8299	.8306	.8312	.8319
6.8	.8325	.8331	.8338	.8344	.8351	.8357	.8363	.8370	.8376	.8382
6.9	.8388	.8395	.8401	.8407	.8414	.8420	.8426	.8432	.8439	.8445
7.0	.8451	.8457	.8463	.8470	.8476	.8482	.8488	.8494	.8500	.8506
7.1	.8513	.8519	.8525	.8531	.8537	.8543	.8549	.8555	.8561	.8567
7.2	.8573	.8579	.8585	.8591	.8597	.8603	.8609	.8615	.8621	.8627
7.3	.8633	.8639	.8645	.8651	.8657	.8663	.8669	.8675	.8681	.8686
7.4	.8692	.8698	.8704	.8710	.8716	.8722	.8727	.8733	.8739	.8745
7.5	.8751	.8756	.8762	.8768	.8774	.8779	.8785	.8791	.8797	.8802
7.6	.8808	.8814	.8820	.8825	.8831	.8837	.8842	.8848	.8854	.8859
7.7	.8865	.8871	.8876	.8882	.8887	.8893	.8899	.8904	.8910	.8915
7.8	.8921	.8927	.8932	.8938	.8943	.8949	.8954	.8960	.8965	.8971
7.9	.8976	.8982	.8987	.8993	.8998	.9004	.9009	.9015	.9020	.9025
8.0	.9031	.9036	.9042	.9047	.9053	.9058	.9063	.9069	.9074	.9079
8.1	.9085	.9090	.9096	.9101	.9106	.9112	.9117	.9122	.9128	.9133
8.2	.9138	.9143	.9149	.9154	.9159	.9165	.9170	.9175	.9180	.9186
8.3	.9191	.9196	.9201	.9206	.9212	.9217	.9222	.9227	.9232	.9238
8.4	.9243	.9248	.9253	.9258	.9263	.9269	.9274	.9279	.9284	.9289
8.5	.9294	.9299	.9304	.9309	.9315	.9320	.9325	.9330	.9335	.9340
8.6	.9345	.9350	.9355	.9360	.9365	.9370	.9375	.9380	.9385	.9390
8.7	.9395	.9400	.9405	.9410	.9415	.9420	.9425	.9430	.9435	.9440
8.8	.9445	.9450	.9455	.9460	.9465	.9469	.9474	.9479	.9484	.9489
8.9	.9494	.9499	.9504	.9509	.9513	.9518	.9523	.9528	.9533	.9538
9.0	.9542	.9547	.9552	.9557	.9562	.9566	.9571	.9576	.9581	.9586
9.1	.9590	.9595	.9600	.9605	.9609	.9614	.9619	.9624	.9628	.9633
9.2	.9638	.9643	.9647	.9652	.9657	.9661	.9666	.9671	.9675	.9680
9.3	.9685	.9689	.9694	.9699	.9703	.9708	.9713	.9717	.9722	.9727
9.4	.9731	.9736	.9741	.9745	.9750	.9754	.9759	.9763	.9768	.9773
9.5	.9777	.9782	.9786	.9791	.9795	.9800	.9805	.9809	.9814	.9818
9.6	.9823	.9827	.9832	.9836	.9841	.9845	.9850	.9854	.9859	.9863
9.7	.9868	.9872	.9877	.9881	.9886	.9890	.9894	.9899	.9903	.9908
9.8	.9912	.9917	.9921	.9926	.9930	.9934	.9939	.9943	.9948	.9952
9.9	.9956	.9961	.9965	.9969	.9974	.9978	.9983	.9987	.9991	.9996

三角関数の表

θ	$\sin\theta$	$\cos\theta$	$\tan\theta$
0°	0.0000	1.0000	0.0000
1°	0.0175	0.9998	0.0175
2°	0.0349	0.9994	0.0349
3°	0.0523	0.9986	0.0524
4°	0.0698	0.9976	0.0699
5°	0.0872	0.9962	0.0875
6°	0.1045	0.9945	0.1051
7°	0.1219	0.9925	0.1228
8°	0.1392	0.9903	0.1405
9°	0.1564	0.9877	0.1584
10°	0.1736	0.9848	0.1763
11°	0.1908	0.9816	0.1944
12°	0.2079	0.9781	0.2126
13°	0.2250	0.9744	0.2309
14°	0.2419	0.9703	0.2493
15°	0.2588	0.9659	0.2679
16°	0.2756	0.9613	0.2867
17°	0.2924	0.9563	0.3057
18°	0.3090	0.9511	0.3249
19°	0.3256	0.9455	0.3443
20°	0.3420	0.9397	0.3640
21°	0.3584	0.9336	0.3839
22°	0.3746	0.9272	0.4040
23°	0.3907	0.9205	0.4245
24°	0.4067	0.9135	0.4452
25°	0.4226	0.9063	0.4663
26°	0.4384	0.8988	0.4877
27°	0.4540	0.8910	0.5095
28°	0.4695	0.8829	0.5317
29°	0.4848	0.8746	0.5543
30°	0.5000	0.8660	0.5774
31°	0.5150	0.8572	0.6009
32°	0.5299	0.8480	0.6249
33°	0.5446	0.8387	0.6494
34°	0.5592	0.8290	0.6745
35°	0.5736	0.8192	0.7002
36°	0.5878	0.8090	0.7265
37°	0.6018	0.7986	0.7536
38°	0.6157	0.7880	0.7813
39°	0.6293	0.7771	0.8098
40°	0.6428	0.7660	0.8391
41°	0.6561	0.7547	0.8693
42°	0.6691	0.7431	0.9004
43°	0.6820	0.7314	0.9325
44°	0.6947	0.7193	0.9657
45°	0.7071	0.7071	1.0000

θ	$\sin\theta$	$\cos\theta$	$\tan\theta$
45°	0.7071	0.7071	1.0000
46°	0.7193	0.6947	1.0355
47°	0.7314	0.6820	1.0724
48°	0.7431	0.6691	1.1106
49°	0.7547	0.6561	1.1504
50°	0.7660	0.6428	1.1918
51°	0.7771	0.6293	1.2349
52°	0.7880	0.6157	1.2799
53°	0.7986	0.6018	1.3270
54°	0.8090	0.5878	1.3764
55°	0.8192	0.5736	1.4281
56°	0.8290	0.5592	1.4826
57°	0.8387	0.5446	1.5399
58°	0.8480	0.5299	1.6003
59°	0.8572	0.5150	1.6643
60°	0.8660	0.5000	1.7321
61°	0.8746	0.4848	1.8040
62°	0.8829	0.4695	1.8807
63°	0.8910	0.4540	1.9626
64°	0.8988	0.4384	2.0503
65°	0.9063	0.4226	2.1445
66°	0.9135	0.4067	2.2460
67°	0.9205	0.3907	2.3559
68°	0.9272	0.3746	2.4751
69°	0.9336	0.3584	2.6051
70°	0.9397	0.3420	2.7475
71°	0.9455	0.3256	2.9042
72°	0.9511	0.3090	3.0777
73°	0.9563	0.2924	3.2709
74°	0.9613	0.2756	3.4874
75°	0.9659	0.2588	3.7321
76°	0.9703	0.2419	4.0108
77°	0.9744	0.2250	4.3315
78°	0.9781	0.2079	4.7046
79°	0.9816	0.1908	5.1446
80°	0.9848	0.1736	5.6713
81°	0.9877	0.1564	6.3138
82°	0.9903	0.1392	7.1154
83°	0.9925	0.1219	8.1443
84°	0.9945	0.1045	9.5144
85°	0.9962	0.0872	11.4301
86°	0.9976	0.0698	14.3007
87°	0.9986	0.0523	19.0811
88°	0.9994	0.0349	28.6363
89°	0.9998	0.0175	57.2900
90°	1.0000	0.0000	な し

※解答・解説は数研出版株式会社が作成したものです。

発行所
数研出版株式会社

〒101-0052 東京都千代田区神田小川町２丁目３番地３
〔振替〕00140-4-118431
〒604-0861 京都市中京区烏丸通竹屋町上る大倉町205番地
〔電話〕代表(075)231-0161
ホームページ https://www.chart.co.jp
印刷 寿印刷株式会社
乱丁本・落丁本はお取り替えします。 221202